2021
최신개정판

합격의 공식 *시대에듀*

출제기준에 맞게 엄선된
이론 + 기출문제

소방설비 기사

본 도서는 항균잉크로 인쇄하였습니다.
항균
99.9%
안심도서

2007~2020년
기출복원문제
및 해설수록!

기계편 실기

과년도 기출문제

편저 이덕수

7

NAVER 카페 진격의 소방(소방학습카페)
cafe.naver.com/sogonghak / 소방 관련 수험자료 무료 제공 및 응시료 지원 이벤트

이 책의 특징

01 가장 어려운 부분인 소방유체역학을 쉽게 풀이하여 해설하였으며, 구조 원리는 화재안전기준에 준하여 작성하였습니다. 02 한국산업인력공단의 출제기준을 토대로 예상문제를 다양하게 수록하였습니다. 03 모든 내용은 최신개정법령을 기준으로 하였습니다. 04 소방관계법규는 소방기본법 → 소방법, 화재예방, 소방시설 설치 · 유지 및 안전관리에 관한 법률 → 설치유지법률, 위험물안전관리법 → 위험물법으로 요약, 정리하였습니다.

소방설비 기사

소방설비기사

기계편 실기

과년도 기출문제

Always with you
사람이 길에서 우연하게 만나거나 함께 살아가는 것만이 인연은 아니라고 생각합니다.
책을 펴내는 출판사와 그 책을 읽는 독자의 만남도 소중한 인연입니다.
(주)시대고시기획은 항상 독자의 마음을 헤아리기 위해 노력하고 있습니다.
늘 독자와 함께하겠습니다.

머리글

현대 문명의 발전이 물질적인 풍요와 안락한 삶을 추구함을 목적으로 급속한 변화를 보이는 현실에 도시의 대형화, 밀집화, 30층 이상의 고층화가 되어 어느 때보다도 소방안전에 대한 필요성을 느끼지 않을 수 없습니다.

발전하는 산업구조와 복잡해지는 도시의 생활, 화재로 인한 재해는 대형화될 수 밖에 없으므로 소방설비의 자체점검(종합정밀점검, 작동기능점검)강화, 홍보의 다양화, 소방인력의 고급화로 화재를 사전에 예방하여 화재로 인한 재해를 최소화 하여야 하는 현실입니다.

특히 소방설비기사 · 산업기사의 수험생 및 소방설비업계에 종사하는 실무자에게 소방관련 서적이 절대적으로 필요하다는 인식이 들어 저자는 오랜 기간 동안에 걸쳐 외국과 국내의 소방관련자료를 입수하여 정리한 한편 오랜 소방학원의 강의 경험과 실무 경험을 토대로 본 서를 집필하게 되었습니다.

이 책의 특징...

❶ 오랜 기간 소방학원 강의 경력을 토대로 집필하였으며
❷ 강의 시 수험생이 가장 어려워하는 소방유체역학을 출제기준에 맞도록 쉽게 해설하였으며, 구조 원리는 개정된 화재안전기준에 맞게 수정하였습니다.
❸ 한국산업인력공단의 출제기준을 토대로 예상문제를 다양하게 수록하였고
❹ 최근 개정된 소방법규에 맞게 수정 · 보완하였습니다.
❺ 내용 중 "고딕체"부분과, PLUS ONE은 과년도 출제문제로서 중요성을 강조하였고
❻ 문제해설 중 소방관계법규는 참고사항으로 소방기본법 → 기본법, 소방시설 공사업법 → 공사업법, 화재예방, 소방시설 설치 · 유지 및 안전관리에 관한 법률 → 설치유지법률, 위험물안전관리법 → 위험물법으로 요약 정리하였습니다.

필자는 부족한 점에 대해서는 계속 수정, 보완하여 좋은 수험대비서가 되도록 노력하겠으며 수험생 여러분의 합격의 영광을 기원하는 바입니다.

끝으로 이 수험서가 출간하기까지 애써주신 시대고시기획 회장님 그리고 임직원 여러분의 노고에 감사드립니다.

편저자 드림

이 책의 구성과 특징

01 핵심이론

기본적으로 알아야 할 이론을 수록했을 뿐 아니라 과년도 기출을 통해 시험합격에 꼭 필요한 이론을 수록함으로써 합격을 위한 틀을 제공하였습니다. 특히, 본문에 중요한 키워드나 이론은 고딕체로 처리하여 보다 반복적인 학습이 될 수 있도록 하였습니다.

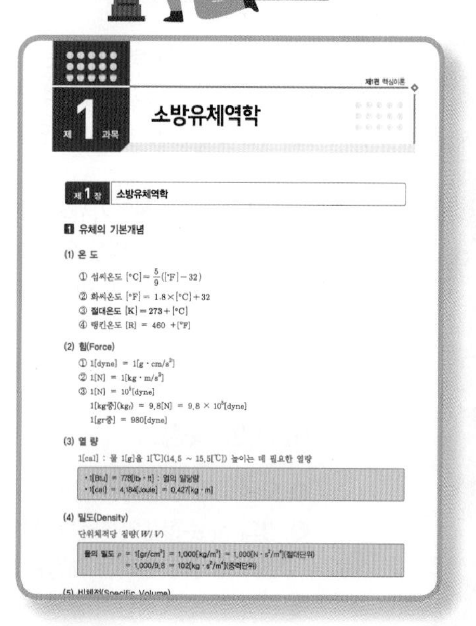

제1편 핵심이론

제1과목 소방유체역학

제1장 소방유체역학

1 유체의 기본개념

(1) 온 도

① 섭씨온도 [°C] $= \frac{5}{9}$([°F] − 32)
② 화씨온도 [°F] = 1.8 × [°C] + 32
③ 절대온도 [K] = 273 + [°C]
④ 랭킨온도 [R] = 460 + [°F]

(2) 힘(Force)

① 1[dyne] = 1[g · cm/s²]
② 1[N] = 1[kg · m/s²]
③ 1[N] = 10^5[dyne]
1[kg중](kg_f) = 9.8[N] = 9.8 × 10^5[dyne]
1[gr중] = 980[dyne]

(3) 열 량

1[cal] : 물 1[g]을 1[℃](14.5 ~ 15.5[℃]) 높이는 데 필요한 열량

- 1[Btu] = 778[lb_f · ft] : 열의 일당량
- 1[cal] = 4.184[Joule] = 0.427[kg · m]

(4) 밀도(Density)

단위체적당 질량(W/V)

물의 밀도 ρ = 1[gr/cm³] = 1,000[kg/m³] = 1,000[N · s²/m⁴](절대단위)
= 1,000/9.8 = 102[kg · s²/m⁴](중력단위)

(5) 비체적(Specific Volume)

02 과년도 기출복원문제

과년도 기출복원문제는 모든 시험에서 학습의 기초가 되면서 한편으로는 자신의 실력을 재점검할 수 있는 지표가 될 수 있습니다. 문항별 점수를 표시하여 수험생 여러분이 실제시험에 응시하는 기분을 갖고 공부할 수 있도록 하였습니다.

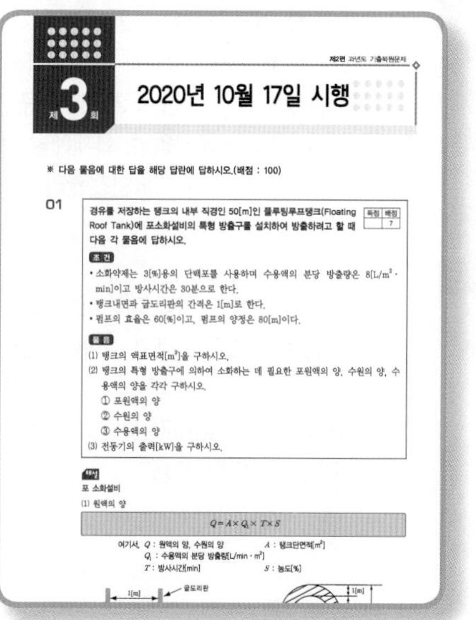

제2편 과년도 기출복원문제

제3회 2020년 10월 17일 시행

※ 다음 물음에 대한 답을 해당 답란에 답하시오.(배점 : 100)

01 경유를 저장하는 탱크의 내부 직경인 50[m]인 플루팅루프탱크(Floating Roof Tank)에 포소화설비의 특형 방출구를 설치하여 방출하려고 할 때 다음 각 물음에 답하시오.

득점	배점
	7

조건
- 소화약제는 3[%]용의 단백포를 사용하며 수용액의 분당 방출량은 8[L/m² · min]이고 방사시간은 30분으로 한다.
- 탱크내면과 굽도리판의 간격은 1[m]로 한다.
- 펌프의 효율은 60[%]이고, 펌프의 양정은 80[m]이다.

물음
(1) 탱크의 액표면적[m²]을 구하시오.
(2) 탱크의 특형 방출구에 의하여 소화하는 데 필요한 포원액의 양, 수원의 양, 수용액의 양을 각각 구하시오.
① 포원액의 양
② 수원의 양
③ 수용액의 양
(3) 전동기의 출력[kW]을 구하시오.

해설

포 소화설비

(1) 원액의 양

$$Q = A \times Q_1 \times T \times S$$

여기서, Q : 원액의 양, 수원의 양　A : 탱크단면적[m²]
Q_1 : 수용액의 분당 방출량[L/min · m²]
T : 방사시간[min]　S : 농도[%]

개 요

건물이 점차 대형화, 고층화, 밀집화되어 감에 따라 화재발생 시 진화보다는 화재의 예방과 초기진압에 중점을 둠으로써 국민의 생명, 신체 및 재산을 보호하는 방법이 더 효과적인 방법이다. 이에 따라 소방설비에 대한 전문인력을 양성하기 위하여 자격제도를 제정하였다.

수행직무

소방시설공사 또는 정비업체 등에서 소방시설공사의 설계도면을 작성하거나 소방시설공사를 시공, 관리하며, 소방시설의 점검 · 정비와 화기의 사용 및 취급 등 방화안전관리에 대한 감독, 소방계획에 의한 소화, 통보 및 피난 등의 훈련을 실시하는 방화관리자의 직무를 수행한다.

시험일정

구 분	필기시험접수(인터넷)	필기시험	필기합격(예정자) 발표	실기시험접수	실기시험	최종 합격자 발표
제1회	1.25~1.28	3.7	3.19	3.31~4.5	4.24~5.7	6.2
제2회	4.12~4.15	5.15	6.2	6.14~6.17	7.10~7.23	8.20
제4회	8.16~8.19	9.12	10.6	10.18~10.21	11.13~11.26	12.24

※ 상기 시험일정은 시행처의 사정에 따라 변경될 수 있으니, www.q-net.or.kr에서 확인하시기 바랍니다.

시험요강

❶ **시행처** : 한국산업인력공단

❷ **관련 학과** : 대학 및 전문대학의 소방학, 건축설비공학, 기계설비학, 가스냉동학, 공조냉동학 관련 학과

❸ **시험과목**

㉠ 필기 : 1. 소방원론 2. 소방유체역학 3. 소방관계법규 4. 소방기계시설의 구조 및 원리

㉡ 실기 : 소방기계시설 설계 및 시공실무

❹ **검정방법**

㉠ 필기 : 객관식 4지 택일형 과목당 20문항(과목당 30분)

㉡ 실기 : 필답형(3시간)

❺ **합격기준**

㉠ 필기 : 100점을 만점으로 하여 과목당 40점 이상, 전 과목 평균 60점 이상

㉡ 실기 : 100점을 만점으로 하여 60점 이상

국가기술검정
응시자격안내

기 사 다음 각 호의 어느 하나에 해당하는 사람

1. 산업기사 등급 이상의 자격을 취득한 후 응시하려는 종목이 속하는 동일 및 유사 직무분야에서 1년 이상 실무에 종사한 사람
2. 기능사 자격을 취득한 후 응시하려는 종목이 속하는 동일 및 유사 직무분야에서 3년 이상 실무에 종사한 사람
3. 응시하려는 종목이 속하는 동일 및 유사 직무분야의 다른 종목의 기사 등급 이상의 자격을 취득한 사람
4. 관련학과의 대학졸업자 등 또는 그 졸업예정자
5. 3년제 전문대학 관련학과 졸업자 등으로서 졸업 후 응시하려는 종목이 속하는 동일 및 유사 직무분야에서 1년 이상 실무에 종사한 사람
6. 2년제 전문대학 관련학과 졸업자 등으로서 졸업 후 응시하려는 종목이 속하는 동일 유사 직무분야에서 2년 이상 실무에 종사한 사람
7. 동일 및 유사 직무분야의 기사 수준 기술훈련과정 이수자 또는 그 이수예정자
8. 동일 및 유사 직무분야의 산업기사 수준 기술훈련과정 이수자로서 이수 후 응시하려는 종목이 속하는 동일 및 유사 직무분야에서 2년 이상 실무에 종사한 사람
9. 응시하려는 종목이 속하는 동일 및 유사 직무분야에서 4년 이상 실무에 종사한 사람
10. 외국에서 동일한 종목에 해당하는 자격을 취득한 사람

산업기사 다음 각 호의 어느 하나에 해당하는 사람

1. 기능사 등급 이상의 자격을 취득한 후 응시하려는 종목이 속하는 동일 및 유사 직무분야에 1년 이상 실무에 종사한 사람
2. 응시하려는 종목이 속하는 동일 및 유사 직무분야의 다른 종목의 산업기사 등급 이상의 자격을 취득한 사람
3. 관련학과의 2년제 또는 3년제 전문대학졸업자 등 또는 그 졸업예정자
4. 관련학과의 대학졸업자 등 또는 그 졸업예정자
5. 동일 및 유사 직무분야의 산업기사 수준 기술훈련과정 이수자 또는 그 이수예정자
6. 응시하려는 종목이 속하는 동일 및 유사 직무분야에서 2년 이상 실무에 종사한 사람
7. 고용노동부령으로 정하는 기능경기대회 입상자
8. 외국에서 동일한 종목에 해당하는 자격을 취득한 사람

CONTENTS

제 1 편 핵심이론

제 1 과목 소방유체역학

제1장 소방유체역학

제 2 과목 소방기계시설의 구조 및 원리

제1장 수(水)계 소화설비

CONTENTS

CONTENTS

제 2 편 과년도 기출복원문제

제 1 편

핵심이론

소방설비 기사 [실기]

[기계편]

Always with you

사람이 길에서 우연하게 만나거나 함께 살아가는 것만이 인연은 아니라고 생각합니다.
책을 펴내는 출판사와 그 책을 읽는 독자의 만남도 소중한 인연입니다.
(주)시대고시기획은 항상 독자의 마음을 헤아리기 위해 노력하고 있습니다. 늘 독자와 함께하겠습니다.

제 1 과목 소방유체역학

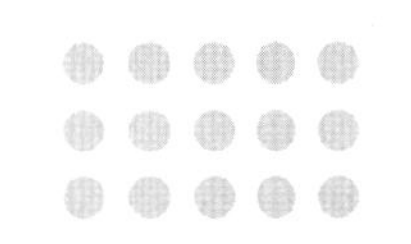

제 1 장 소방유체역학

1 유체의 기본개념

(1) 온 도

① 섭씨온도 $[°C] = \frac{5}{9}([°F] - 32)$

② 화씨온도 $[°F] = 1.8 \times [°C] + 32$

③ **절대온도 $[K] = 273 + [°C]$**

④ 랭킨온도 $[R] = 460 + [°F]$

(2) 힘(Force)

① $1[dyne] = 1[g \cdot cm/s^2]$

② $1[N] = 1[kg \cdot m/s^2]$

③ $1[N] = 10^5[dyne]$

$1[kg중](kg_f) = 9.8[N] = 9.8 \times 10^5[dyne]$

$1[gr중] = 980[dyne]$

(3) 열 량

1[cal] : 물 1[g]을 1[℃](14.5 ~ 15.5[℃]) 높이는 데 필요한 열량

- $1[Btu] = 778[lb_f \cdot ft]$: 열의 일당량
- $1[cal] = 4.184[Joule] = 0.427[kg \cdot m]$

(4) 밀도(Density)

단위체적당 질량(W/V)

물의 밀도 ρ = $1[gr/cm^3]$ = $1,000[kg/m^3]$ = $1,000[N \cdot s^2/m^4]$(절대단위)
= $1,000/9.8$ = **$102[kg \cdot s^2/m^4]$(중력단위)**

(5) 비체적(Specific Volume)

밀도의 역수로 단위질량당 체적이며, 가스계 소화약제의 약제량 산정 시 이용된다.

$$v = \frac{V}{W} = \frac{1}{\rho}[m^3/kg]$$

(6) 비중량(Specific Weight)

단위체적당 중량(무게)

$$비중량(\gamma) = \frac{1}{V_s} = \frac{P}{RT}, \quad \gamma = \rho g$$

여기서, V_S : 비체적　　P : 절대압력
R : 기체상수　　T : 절대온도
ρ : 밀도　　g : 중력가속도

(7) 비중(Specific Gravity)

물 4[℃]를 기준으로 하였을 때 물체의 무게

① 비중$(S) = \dfrac{물체의\ 무게}{4℃의\ 동체적의\ 물의\ 무게} = \dfrac{\gamma}{\gamma_w}$

γ_w(물의 비중량) = 1,000[kg_f/m^3] = 9,800[N/m^3]

② 액체의 비중량

$\gamma = S \times 1,000\,[kg_f/m^3]$

(8) 점도(Viscosity)

동점도 $\nu = \dfrac{\mu}{\rho}[cm^2/s,\ m^2/s]$

- 1[p](poise) = 1[gr/cm · s] = 1[dyne · s/cm^2] = 100[cp] = 0.1[kg/m · s]
- 1[cp](centipoise) = 0.01[gr/cm · s] = 0.001[kg/m · s]

(9) 압력(Pressure)

단위면적에 작용하는 힘 $P = \dfrac{F[N]}{A[m^2]} = [N/m^2] = [Pascal]$

1[atm] = 760[mmHg] = 10.332[mH_2O](mAq) = 10,332[mmH_2O](mmAq)
= 1.0332[kg_f/cm^2] = 10,332[kg_f/m^2] = 1.013 × 10^3[dyne/cm^2]
= 101,325[Pa](N/m^2) = 101.325[kPa](kN/m^2) = 0.101325[MPa](MN/m^2)
= 14.7[Psi](lb_f/in^2)

2 압력 계산

(1) 대기압(Atmospheric Pressure)

전체공기에 의해 발생하는 단위면적당의 힘

(2) 압 력

$$P = \gamma h = \rho g h$$

여기서, P : 압력[atm](kg_f/m^2)
h : 수두[m]
g : 중력가속도(9.8[m/s^2])
γ : 비중량[kg_f/m^3]
ρ : 밀도[kg/m^3]

(3) 절대압

① 절대압 = 대기압 + 게이지압력
② 절대압 = 대기압 − 진공압

3 유체의 측정

(1) 압력 측정

① U자관 Manometer의 압력차

$$\Delta P = \frac{g}{g_c} R(\gamma_A - \gamma_B)$$

여기서, R : Manometer 읽음
γ_B : 물의 비중량
γ_A : 유체의 비중량

② 액주계

• 수은 기압계

$$P_o = P_v + \gamma h$$

여기서, P_o : 대기압
γ : 수은의 비중량[kg_f/m^3]
P_v : 수은의 증기압(적어서 무시할 정도임)
h : 수은의 높이

(2) 유량 측정

① 벤투리미터(Venturi Meter)

㉠ 유량 측정이 정확하고 설치비가 많이 든다.
㉡ 압력손실이 가장 적다.
㉢ 정확도가 높다.

• 유속 $u = \dfrac{C_v}{\sqrt{1-\left(\dfrac{D_2}{D_1}\right)^4}} \sqrt{\dfrac{2g(\gamma_1 - \gamma_2)R}{\gamma_2}}$ [m/s]

• 유량 $Q = \dfrac{C_v A_2}{\sqrt{1-\left(\dfrac{D_2}{D_1}\right)^4}} \sqrt{\dfrac{2g(\gamma_1 - \gamma_2)R}{\gamma_2}}$ [m^3/s]

② 오리피스 미터(Orifice Meter)

㉠ 설치하기는 쉽고, 가격이 싸다.

㉡ 교체가 용이하고, 고압에 적당하다.

㉢ 압력손실이 가장 크다.

- 유속 $u = \dfrac{C_o}{\sqrt{1-\left(\dfrac{D_2}{D_1}\right)^4}}\sqrt{\dfrac{2g(\gamma_1-\gamma_2)R}{\gamma_2}}$
- 유량 $Q = \dfrac{C_o A_2}{\sqrt{1-\left(\dfrac{D_2}{D_1}\right)^4}}\sqrt{\dfrac{2g(\gamma_1-\gamma_2)R}{\gamma_2}}$

4 유체의 연속방정식

(1) 질량유량(질량 유동률)

$$\overline{m} = A_1 u_1 \rho_1 = A_2 u_2 \rho_2 \,[\mathrm{kg/s}]$$

여기서, A : 면적[m^2]　　u : 유속[m/s]
ρ : 밀도[kg/m^3]

(2) 중량유량

$$G = A_1 u_1 \gamma_1 = A_2 u_2 \gamma_2 \,[\mathrm{kg_f/s}]$$

여기서, γ : 비중량[kg$_f$/m^3]

(3) 체적유량(용량유량)

$$Q = A_1 u_1 = A_2 u_2 \,[\mathrm{m^3/s}]$$

(4) 비압축성 유체

유체의 **유속**은 **단면적**에 **반비례**하고 **지름의 제곱**에 **반비례**한다.

$$\frac{u_2}{u_1} = \frac{A_1}{A_2} = \left(\frac{D_1}{D_2}\right)^2$$

5 베르누이 방정식(Bernoulli's Equation)

그림과 같이 유체의 관의 단면 1과 2를 통해 정상적으로 유동하고 있다고 한다. 이상 유체라 하면 에너지보존법칙에 의해 다음과 같은 방정식이 성립된다.

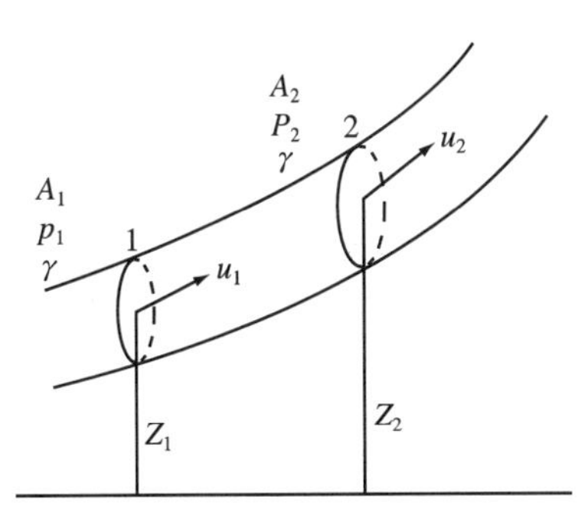

[베르누이 방정식]

$$\frac{u_1^2}{2g}+\frac{p_1}{\gamma}+Z_1=\frac{u_2^2}{2g}+\frac{p_2}{\gamma}+Z_2=\text{Const}$$

여기서, u : 각 단면에 있어서의 유체평균속도[m/s]
p : 압력[kg_f/m^2]
Z : 높이[m]
γ : 비중량(1,000[kg_f/m^3])

그리고, $\frac{u^2}{2g}$: 속도수두(Velocity Head)
$\frac{p}{\gamma}$: 압력수두(Pressure Head)
Z : 위치수두(Potential Head)

6 이상기체 상태방정식

1[mol]에 대해서는 $PV=RT$

$$PV=nRT=\frac{W}{M}RT$$

여기서, P : 압력
V : 부피
n : mol수(무게/분자량)
W : 무게
M : 분자량
R : 기체상수
T : 절대온도(273+[℃])

PLUS ONE 기체상수(R)의 값

- 0.08205[L · atm/g-mol · K]
- 0.08205[m^3 · atm/kg-mol · K]
- 1.987[cal/g-mol · K]
- 0.7302[atm · ft^3/lb-mol · R]
- 848.4[kg · m/kg-mol · K]
- 8.314 × 10^7[erg/g-mol · K]

7 완전기체(Perfect Gas)

$PV_s=RT$ 또는 $\frac{P}{\rho}=RT$를 만족시키는 기체

$$\frac{P}{\rho}=RT \quad \frac{P}{\frac{W}{V}}=RT \qquad \therefore\ PV=WRT$$

여기서, P : 압력
V : 부피
W : 무게
R : 기체상수
T : 절대온도

※ 기체상수(R)와 분자량(M)의 관계

$$R=\frac{848}{M}[\mathrm{kg_f \cdot m/kg \cdot K}]=\frac{8,312}{M}[\mathrm{N \cdot m/kg \cdot K}]$$

기 체	기체 상수 R[J/kg · K]	일반 기체 상수[J/kg-mol · K]
CO_2(이산화탄소)	187.8	8,264
O_2(산소)	259.9	8,318
N_2(질소)	296.5	8,302
H_2(수소)	4126.6	8,318
Air(공기)	286.8	8,312

PLUS ONE **공기의 기체상수**

$R=29.27[\mathrm{kg_f \cdot m/kg \cdot K}]=286.8[\mathrm{N \cdot m/kg \cdot K}]=286.8[\mathrm{J/kg \cdot K}]$

8 보일-샤를의 법칙

(1) 보일의 법칙(Boyle's Law)

기체의 부피는 온도가 일정할 때 **절대압력**에 **반비례**한다.

T = 일정, $PV=k$ (P : 압력, V : 부피)

(2) 샤를의 법칙(Charle's Law)

압력이 일정할 때 **기체**가 차지하는 **부피**는 **절대온도에 비례**한다.

$$\frac{V_1}{T_1}=\frac{V_2}{T_2}$$

(3) 보일-샤를의 법칙

기체가 차지하는 부피는 **압력에 반비례**하고 **절대온도**에 **비례**한다.

$$\frac{P_1V_1}{T_1}=\frac{P_2V_2}{T_2},\quad V_2=V_1\times\frac{P_1}{P_2}\times\frac{T_2}{T_1}$$

9 유체의 관마찰손실

Darcy-Weisbach식 : 수평관을 정상적으로 흐를 때 적용(층류, 난류 모두에서 적용가능)

$$h=\frac{\Delta P}{\gamma}=\frac{flu^2}{2gD}[\mathrm{m}]$$

여기서, h : 마찰손실[m]
ΔP : 압력차[$\mathrm{kg_f/m^2}$]
γ : 유체의 비중량(물의 비중량 1,000[$\mathrm{kg_f/m^3}$])
f : 관의 마찰계수
l : 관의 길이[m]
u : 유체의 유속[m/s]
D : 관의 내경[m]

10 레이놀즈수(Reynolds Number, Re)

$$Re = \frac{Du\rho}{\mu} = \frac{Du}{\nu} \text{ [무차원]}$$

여기서, D : 관의 내경[cm]

u(유속) $= \frac{Q}{A} = \frac{4Q}{\pi D^2}$

$\overline{m} = Au\rho$에서 $u = \frac{\overline{m}}{A\rho}$

ρ : 유체의 밀도[gr/cm^3]

μ : 유체의 점도[gr/cm·s]

ν (동점도) : 절대점도를 밀도로 나눈 값$\left(\frac{\mu}{\rho} = [\text{cm}^2/\text{s}]\right)$

11 에너지선과 동수경사선

(1) **에너지선**이란 총수두(위치수두+압력수두+속도수두)의 합을 연결한 선

(2) **동수경사선**이란 실제유체에서 생기는 손실수두를 고려한 에너지선이며 손실수두는 손실수두를 구하는 여러 방정식을 통해서 구함

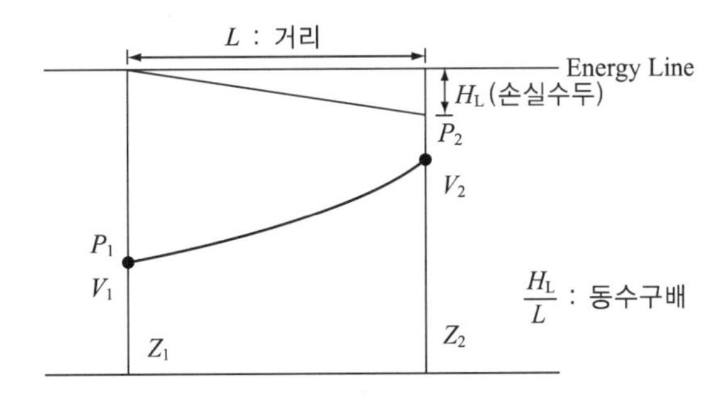

12 하젠-윌리엄스식

$$\Delta P = 6.053 \times 10^4 \times \frac{Q^{1.85}}{C^{1.85} \times D^{4.87}} \times L$$

여기서, ΔP : 압력손실[MPa]

C : 조 도

D : 배관의 내경[mm]

Q : 유량[L/min]

L : 배관의 길이[m]

13 스케줄 넘버(Schedule No)

- Schedule No $= \frac{\text{내부 작용압력[N/mm}^2\text{]}}{\text{재료의 허용응력[N/mm}^2\text{]}} \times 1{,}000$
- 재료의 허용응력[N/mm^2] $= \frac{\text{인장강도[N/mm}^2\text{]}}{\text{안전율}}$

14 관 부속품(Pipe Fitting)

(1) 배관의 이음종류

① 두 개의 관을 연결할 때
  ㉠ 관을 고정하면서 연결 : 플랜지(Flange), 유니언(Union)
  ㉡ 관을 회전하면서 연결 : 니플(Nipple), 소켓(Socket), 커플링(Coupling)

② **관선의 직경을 바꿀 때 : 리듀서**(Reducer), **부싱**(Bushing)

③ 관선의 방향을 바꿀 때 : 엘보(Elbow), Y자관, 티(Tee), 십자(Cross)

④ 유로(관선)를 차단할 때 : 플러그(Plug), 캡(Cap), 밸브(Valve)

⑤ 지선을 연결할 때 : 티(Tee), Y자관, 십자(Cross)

(2) 신축이음(Expansion Joint)

① **정의** : 배관의 온도, 압력변화에 따라 일어나는 팽창, 수축을 흡수하여 배관 및 장치를 보호하는 기구이다.

② **설치목적**
  ㉠ 배관의 파손방지
  ㉡ 배관의 신축흡수
  ㉢ 기기의 보호

③ **종 류**
  ㉠ **루프형**(Loop Type) : 배관을 Loop형으로 굽혀서 신축, 흡수하는 형태로서 고온, 고압에 적당하고 설치공간이 크다.
  ㉡ **스위블형**(Swivel Type) : 2개 이상의 엘보를 사용하여 나사회전에 의하여 신축, 흡수하는 형태로서 신축흡수량이 작고 누수가 용이, 굴곡부에서 압력이 강하하며 시공비가 저렴하다.
  ㉢ **슬리브형**(Sleeve type) : 슬리브의 슬라이딩에 의하여 신축, 흡수하는 형태로서 신축흡수량이 크고 설치공간이 작고 설치 시 패킹마모에 주의하여야 한다.
  ㉣ **벨로스형**(Bellows Type) : 관의 내・외부 영향이 벨로스(주름관)의 신축에 따라서 흡수되는 방식으로 누수가 없고 중・저압에 적당하다.
  ㉤ **볼조인트형**(Ball Joint Type) : 배관에 관절과 같은 볼이 자유롭게 움직일 수 있도록 조인트를 설치해서 관의 내외부의 영향을 흡수하는 방식

15 밸 브

(1) 게이트밸브(Gate Valve)

밸브의 몸체가 문처럼 오르내리면서 유체가 흐르는 통로를 개폐하는 밸브이다.

(2) 글로브밸브(Glove Valve)

유체의 흐름이 **180도**(수평방향)로 흐르게 하여 배관 내부의 유량을 조절하기 위하여 사용하는 밸브로서 성능시험배관의 유량계 2차측에 설치한다.

(3) 앵글밸브(Angle Valve)

유체의 흐름이 **90도** 각도로 전환시켜 흐르게 하면서 유량을 조절하는 옥내소화전의 방수구를 개폐하는 밸브이다.

(4) OS & Y 밸브(Outside Screw & York Valve)

주관로상에 설치하며 Surge에 대한 안정성이 높고 물의 이 물질이 Screw에 걸리면 완전한 수류가 공급되지 않는 단점이 있다.

(5) 체크밸브(역지밸브, Check Valve)

① **스모렌스키 체크밸브**(Smolensky Check Valve) : 평상시는 체크밸브기능을 하며 때로는 By Pass밸브를 열어서 거꾸로 물을 빼낼 수 있기 때문에 주 배관상에 많이 사용한다.
② **웨이퍼 체크밸브**(Wafer Check Valve) : 스모렌스키 체크밸브와 같이 펌프의 토출구로부터 10[m] 내의 강한 Surge 또는 역 Surge가 심하게 걸리는 배관에 설치하는 체크밸브
③ **스윙체크 밸브**(Swing Check Valve) : 물올림장치(호수조)의 배관과 같이 적은 배관로에 주로 설치하는 밸브

16 강관의 이음

(1) 나사이음

엘보, 티, 소켓, 니플 등 나사가 있는 관부속품을 사용하여 접속하는 방법

(2) 용접이음

50[mm] 이상 배관에 관이음 시 사용하는 가스용접, 전기용접 등으로 접속하는 방법

(3) 플랜지이음

배관 이음매 부분에 개스킷을 삽입하고 볼트로 체결하여 접속하는 방법

17 펌 프

(1) 펌프의 종류

[왕복펌프와 원심펌프의 특징]

항 목 ＼ 종 류	왕복펌프	원심펌프
구 분	피스톤펌프, 플런저펌프	벌류트펌프, 터빈펌프
구 조	복 잡	간 단
수송량	적 다	크 다
배출속도	불연속적	연속적
양정거리	크 다	작 다
운전속도	저 속	고 속

(2) 펌프의 성능

펌프 2대 연결방법		직렬연결	병렬연결
성 능	유량(Q)	Q	$2Q$
	양정(H)	$2H$	H

(3) 송수 Pump의 동력계산

① 전동기의 용량

㉠ 방법 I

$$P[\text{kW}] = \frac{0.163 \times Q \times H}{\eta} \times K$$

여기서, 0.163 : 1,000 ÷ 60 ÷ 102
Q : 유량[m^3/min] H : 전양정[m]
K : 전달계수(여유율) η : 펌프효율

㉡ 방법 II

$$P[\text{kW}] = \frac{\gamma \times Q \times H}{102 \times \eta} \times K$$

여기서, γ : 물의 비중량(1,000[kg$_f$/m^3]) Q : 유량[m^3/s]

② 내연기관의 용량

$$P[\text{HP}] = \frac{\gamma \times Q \times H}{76 \times \eta} \times K$$

여기서, γ : 물의 비중량(1,000[kg$_f$/m^3]) Q : 유량[m^3/s]
η : Pump 효율(만약 모터의 효율이 주어지면 나누어 준다)
H : 전양정
① 옥내소화전 $H = h_1 + h_2 + h_3 + 17$
② 옥외소화전 $H = h_1 + h_2 + h_3 + 25$
③ 스프링클러설비 $H = h_1 + h_2 + 10$
K : 전동기 전달계수

[펌프의 전달 계수]

동력의 형식	전달계수(K)의 수치
전동기	1.1
전동기 이외의 것	1.15 ~ 1.2

PLUS ONE **참 고**

- 1[HP] = 76[kg$_f$ · m/s]
- 1[PS] = 75[kg$_f$ · m/s]
- 1[kW] = 102[kg$_f$ · m/s]

$\therefore 1[\text{kW}] = \frac{102}{76} = 1.34[\text{HP}]$ $1[\text{HP}] = \frac{76}{102} = 0.745[\text{kW}]$

③ Pump의 축동력

$$L_S = \frac{\gamma QH}{76 \times \eta}[\text{HP}] \qquad L_S = \frac{\gamma QH}{102 \times \eta}[\text{kW}]$$

④ Pump의 수동력

$$L_w = \frac{\gamma QH}{76}[\text{HP}] \qquad L_w = \frac{\gamma QH}{102}[\text{kW}]$$

여기서, L_W : 수동력 γ : 유체의 비중량[kg_f/m^3]
Q : 유량[m^3/s] H : 전양정[m]

(4) 비교 회전도(Specific Speed)

$$Ns = \frac{N \cdot Q^{1/2}}{\left(\frac{H}{n}\right)^{3/4}}$$

여기서, N : 회전수[rpm] Q : 유량[m^3/min]
H : 양정[m] n : 단수

(5) 펌프의 상사법칙

① 유량 $Q_2 = Q_1 \times \frac{N_2}{N_1} \times \left(\frac{D_2}{D_1}\right)^3$

② 전양정 $H_2 = H_1 \times \left(\frac{N_2}{N_1}\right)^2 \times \left(\frac{D_2}{D_1}\right)^2$

③ 동력 $P_2 = P_1 \times \left(\frac{N_2}{N_1}\right)^3 \times \left(\frac{D_2}{D_1}\right)^5$

여기서, N : 회전수[rpm] D : 내경[mm]

(6) 펌프의 압축비

$$\text{압축비} \quad r = \sqrt[\varepsilon]{\frac{p_2}{p_1}}$$

여기서, ε : 단수 P_1 : 최초의 압력
P_2 : 최종의 압력

(7) 공동현상(Cavitation)

Pump의 흡입측 배관 내에서 발생하는 것으로 배관 내의 수온 상승으로 물이 수증기로 변화하여 물이 Pump로 흡입되지 않는 현상

① 공동현상의 발생원인

㉠ Pump의 **흡입측 수두**가 **클 때**

㉡ Pump의 **마찰손실**이 **클 때**

㉢ Pump의 **Impeller 속도**가 **클 때**

㉣ Pump의 **흡입관경**이 **작을 때**

㉤ Pump 설치위치가 수원보다 높을 때
㉥ 관 내의 유체가 고온일 때
㉦ Pump의 흡입압력이 유체의 증기압보다 낮을 때

PLUS ONE **공동현상의 발생원인**
- Pump의 흡입측 수두가 클 때
- Pump의 마찰손실이 클 때
- Pump의 Impeller 속도가 클 때
- Pump의 흡입관경이 작을 때

② 공동현상의 발생현상
㉠ 소음과 진동 발생
㉡ 관정 부식
㉢ Impeller의 손상
㉣ Pump의 성능저하(토출량, 양정, 효율감소)

③ 공동현상의 방지 대책
㉠ Pump의 흡입측 수두, 마찰손실을 적게 한다.
㉡ Pump **Impeller 속도**를 **작게** 한다.
㉢ Pump 흡입관경을 크게 한다.
㉣ Pump 설치위치를 수원보다 낮게 하여야 한다.
㉤ Pump 흡입압력을 유체의 증기압보다 높게 한다.
㉥ 양흡입 Pump를 사용하여야 한다.
㉦ 양흡입 Pump로 부족 시 펌프를 2대로 나눈다.

(8) 수격현상(Water Hammering)

유체가 유동하고 있을 때 정전 혹은 밸브를 차단할 경우 유체가 감속되어 운동에너지가 압력에너지로 변하여 유체 내의 고압이 발생하고 유속이 급변화하면서 압력변화를 가져와 관로의 벽면을 타격하는 현상

① 수격현상의 발생원인
㉠ Pump의 운전 중에 정전에 의해서
㉡ Pump의 정상 운전일 때의 액체의 압력변동이 생길 때

② 수격현상의 방지대책
㉠ 관로의 **관경**을 **크게** 하고 **유속**을 **낮게** 하여야 한다.
㉡ 압력강하의 경우 Fly Wheel을 설치하여야 한다.
㉢ 조압수조(Surge Tank) 또는 수격방지기(Water Hammering Cushion) 설치하여야 한다.
㉣ Pump 송출구 가까이 송출밸브를 설치하여 압력상승 시 압력을 제어하여야 한다.

PLUS ONE **수격현상의 방지대책**
관경을 크게 하고 유속을 낮게 할 것

(9) 맥동현상(Surging)

Pump의 입구와 출구에 부착된 진공계와 압력계의 침이 흔들리고 동시에 토출유량이 변화를 가져오는 현상

① 맥동현상의 발생원인

㉠ Pump의 양정곡선($Q-H$) 산(山) 모양의 곡선으로 상승부에서 운전하는 경우
㉡ 유량조절밸브가 배관 중 수조의 위치 후방에 있을 때
㉢ 배관 중에 수조가 있을 때
㉣ 배관 중에 기체상태의 부분이 있을 때
㉤ 운전 중인 Pump를 정지할 때

② 맥동현상의 방지대책

㉠ Pump 내의 양수량을 증가시키거나 Impeller의 회전수를 변화시킨다.
㉡ 관로 내의 잔류공기 제거하고 관로의 단면적 유속·저장을 조절한다.

(10) 흡입양정(NPSH)

① 유효흡입양정($NPSH_{av}$; Available Net Positive Suction Head)

펌프를 설치하여 사용할 때 펌프 자체와는 무관하게 흡입측 배관 또는 시스템에 의하여 결정되는 양정이다. 유효흡입양정은 펌프 흡입구 중심으로 유입되는 압력을 절대압력으로 나타낸다.

㉠ 흡입 NPSH(**부압수조방식**, 수면이 펌프 중심보다 낮을 경우)

$$\text{유효 NPSH} = H_a - H_p - H_s - H_L$$

여기서, H_a : 대기압두[m]
H_p : 포화수증기압두[m]
H_s : 흡입실양정[m]
H_L : 흡입측배관 내의 마찰손실수두[m]

㉡ 압입 NPSH(**정압수조방식**, 수면이 펌프 중심보다 높을 경우)

$$\text{유효 NPSH} = H_a - H_p + H_s - H_L$$

② 필요흡입양정($NPSH_{re}$; Required Net Positive Suction Head)

펌프의 형식에 의하여 결정되는 양정으로 펌프를 운전할 때 공동현상을 일으키지 않고 정상운전에 필요한 흡입양정이다.

• 비속도에 의한 양정

$$N_s = \frac{N\sqrt{Q}}{\left(\frac{H}{n}\right)^{3/4}}$$

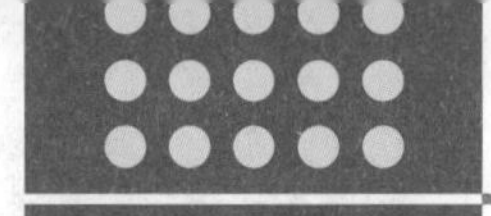

제 2 과목 소방기계시설의 구조 및 원리

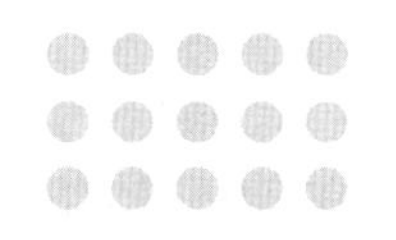

제 1 장 수(水)계 소화설비

1 소방시설의 종류

(1) 소화설비

소화설비는 물 그 밖의 소화약제를 사용하여 소화하는 기계·기구 또는 설비

① 소화기구
- ㉠ 소화기
- ㉡ **간이소화용구** : 에어로졸식 소화용구, 투척용 소화용구, 소공간용 소화용구 및 소화약제 외의 것을 이용한 간이소화 용구
- ㉢ 자동확산소화기

② 자동소화장치
- ㉠ 주거용 주방자동소화장치
- ㉡ 상업용 주방자동소화장치
- ㉢ 캐비닛형 자동소화장치
- ㉣ 가스자동소화장치
- ㉤ 분말자동소화장치
- ㉥ 고체에어로졸자동소화장치

③ 옥내소화전설비(호스릴 옥내소화전설비 포함)

④ 스프링클러설비·간이스프링클러설비(캐비닛형 간이스프링클러설비 포함) 및 화재조기진압형 스프링클러설비

⑤ **물분무 등 소화설비**(물분무소화설비, 미분무소화설비, 포소화설비, 이산화탄소소화설비, 할론 소화설비, 할로겐화합물 및 불활성기체 소화설비, 분말소화설비, 강화액소화설비, 고체에어로졸소화설비)

⑥ 옥외소화전설비

(2) 피난구조설비

화재가 발생한 때에 피난하기 위하여 사용하는 기구 또는 설비

① **피난기구** : 미끄럼대, 피난사다리, 구조대, 완강기, 간이완강기, 피난교, 피난용트랩, 공기안전매트, 다수인피난장비, 승강식 피난기 등

② 피난유도선, 유도등(피난구유도등, 통로유도등, 객석유도등) 및 유도표지

③ 비상조명등 및 휴대용 비상조명등

④ **인명구조기구** : 방열복, 방화복(안전모, 보호장갑, 안전화 포함), 공기호흡기 및 인공소생기

(3) 소화활동설비

화재를 진압하거나 인명구조 활동을 위하여 사용하는 설비

① 제연설비
② 연결송수관설비
③ 연결살수설비
④ 비상콘센트설비
⑤ 무선통신보조설비
⑥ 연소방지설비

PLUS ONE **소화활동설비**
- 제연설비
- 연결송수관설비
- 연결살수설비
- 비상콘센트설비
- 무선통신보조설비
- 연소방지설비

2 소화기의 분류

(1) 가압방식에 의한 분류

① 축압식 : 항상 소화기의 용기 내부에 소화약제와 압축공기 또는 불연성 Gas(질소, CO_2)를 축압시켜 그 압력에 의해 약제가 방출되며, CO_2 소화기 외에는 모두 **지시압력계**가 **부착**되어 있으며 녹색의 지시가 정상 상태이다.

② 가압식 : 소화약제의 방출원이 되는 가압가스를 소화기 본체용기와는 별도의 전용용기에 충전하여 장치하고 소화기 가압용 가스용기의 작동 봉판을 파괴하는 등의 조작에 의하여 방출되는 가스의 압력으로 소화약제를 방사하는 방식의 소화기

(2) 소화능력 단위에 의한 분류

① 소형소화기 : 능력단위 1단위 이상이면서 대형소화기의 능력단위 이하인 소화기

② 대형소화기 : 능력단위가 **A급 화재**는 **10단위** 이상, **B급 화재**는 **20단위** 이상인 것으로서 소화약제 충전량은 표에 기재한 이상인 소화기

종 별	포	강화액	물	분 말	할 론	이산화탄소
소화약제의 충전량	20[L]	60[L]	80[L]	20[kg]	30[kg]	50[kg]

3 소화기의 반응식

(1) 산 · 알칼리소화기

$$H_2SO_4 + 2NaHCO_3 \rightarrow Na_2SO_4 + 2H_2O + 2CO_2\uparrow$$

(2) 강화액소화기

$$H_2SO_4 + K_2CO_3 + H_2O \rightarrow K_2SO_4 + 2H_2O + CO_2\uparrow$$

(3) 분말소화기

① 열분해반응식

㉠ 제1종 분말, $2NaHCO_3 \rightarrow Na_2CO_3 + H_2O\uparrow + CO_2\uparrow$

㉡ 제2종 분말, $2KHCO_3 \rightarrow K_2CO_3 + H_2O\uparrow + CO_2\uparrow$

㉢ 제3종 분말, $NH_4H_2PO_4 \rightarrow HPO_3 + NH_3\uparrow + H_2O\uparrow$

㉣ 제4종 분말, $2KHCO_3 + (NH_2)_2CO \rightarrow K_2CO_3 + 2NH_3\uparrow + 2CO_2\uparrow$

② 약제의 적응화재 및 착색

종 류	주성분	적응화재	착색(분말의 색)
제1종 분말	$NaHCO_3$	B, C급	백 색
제2종 분말	$KHCO_3$	B, C급	담회색
제3종 분말	$NH_4H_2PO_4$	A, B, C급	담홍색, 황색
제4종 분말	$KHCO_3 + (NH_2)_2CO$	B, C급	회 색

(4) 포소화기

$$6NaHCO_3 + Al_2(SO_4)_3 \cdot 18H_2O \rightarrow 3Na_2SO_4 + 2Al(OH)_3 + 6CO_2 + 18H_2O$$

4 소화기구의 설치기준

(1) 각 층마다 설치하되

① **소형소화기** : 보행거리 20[m] 이내

② **대형소화기** : 보행거리 30[m] 이내가 되도록 배치할 것

(2) 소화기구(자동확산소화기를 제외한다)는 거주자 등이 손쉽게 사용할 수 있는 장소에 바닥으로부터 높이 **1.5[m] 이하**의 곳에 비치하고, 소화기에 있어서는 **"소화기"**, 투척용 소화용구 등에 있어서는 **"투척용 소화용구 등"**, 마른모래에 있어서는 **"소화용 모래"**, 팽창질석 및 팽창진주암에 있어서는 **"소화질석"**이라고 표시한 표지를 보기 쉬운 곳에 부착할 것

(3) 주거용 주방자동소화장치의 설치기준

① 설치장소 : 아파트 등 및 30층 이상 오피스텔의 모든 층

② 설치기준

㉠ 소화약제 **방출구**는 환기구(주방에서 발생하는 열기류 등을 밖으로 배출하는 장치)의 청소 부분과 분리되어 있어야 하며, 형식승인 받은 유효설치 높이 및 방호면적에 따라 설치할 것

㉡ **감지부**는 형식승인 받은 유효한 높이 및 위치에 설치할 것

㉢ 차단장치(전기 또는 가스)는 상시 확인 및 점검이 가능하도록 설치할 것

㉣ 가스용 주방자동소화장치를 사용하는 경우 **탐지부**는 수신부와 분리하여 설치하되, 공기보다 가벼운 가스를 사용하는 경우에는 천장 면으로부터 30[cm] 이하의 위치에 설치하고, 공기보다 무거운 가스를 사용하는 장소에는 바닥 면으로부터 30[cm] 이하의 위치에 설치할 것

㉤ **수신부**는 주위의 열기류 또는 습기 등과 주위온도에 영향을 받지 아니하고 사용자가 상시 볼 수 있는 장소에 설치할 것

PLUS ONE **자동소화장치**

주거용 주방자동소화장치, 상업용 주방자동소화장치, 캐비닛형 자동소화장치, 가스 자동소화장치, 분말 자동소화장치, 고체에어로졸 자동소화장치

(4) 이산화탄소 또는 할론을 방사하는 소화기구(자동확산 소화기는 제외)를 설치할 수 없는 장소

① 지하층

② 무창층

③ 밀폐된 거실로서 그 바닥면적이 20[m^2] 미만의 장소

5 간이소화용구의 능력단위

간이소화용구		능력단위
1. 마른모래	삽을 상비한 50[L] 이상의 것 1포	0.5단위
2. 팽창질석 또는 팽창진주암	삽을 상비한 80[L] 이상의 것 1포	

6 특정소방대상물별 소화기구의 능력단위기준

특정소방대상물	소화기구의 능력단위
1. 위락시설	해당 용도의 바닥면적 30[m^2]마다 능력단위 1단위 이상
2. 공연장·집회장·관람장·문화재·장례식장 및 **의료시설**	해당 용도의 바닥면적 50[m^2]마다 능력단위 1단위 이상
3. 근린생활시설·판매시설·운수시설·숙박시설·노유자시설·전시장·공동주택·업무시설·방송통신시설·공장·창고시설·항공기 및 자동차관련시설, 관광휴게시설	해당 용도의 바닥면적 100[m^2]마다 능력단위 1단위 이상
4. 그 밖의 것	해당 용도의 바닥면적 200[m^2]마다 능력단위 1단위 이상

(주) 소화기구의 능력단위를 산출함에 있어서 건축물의 주요구조부가 내화구조이고, 벽 및 반자의 실내에 면하는 부분이 불연재료·준불연재료 또는 난연재료로 된 특정소방대상물에 있어서는 위 표의 기준면적의 2배를 해당 특정소방대상물의 기준면적으로 한다.

7 소화기의 형식승인 및 제품검사의 기술기준

(1) 자동차용 소화기

① 강화액소화기(안개모양으로 방사되는 것)

② 할론소화기

③ 이산화탄소소화기

④ 포소화기
⑤ 분말소화기

(2) 호스를 부착하지 않아도 되는 소화기

① 소화약제의 중량이 **4[kg] 미만**인 **할론소화기**
② 소화약제의 중량이 **3[kg] 미만**인 **이산화탄소소화기**
③ 소화약제의 중량이 **2[kg] 미만**인 **분말소화기**
④ 소화약제의 용량이 3[L] 미만인 액체계소화약제 소화기

(3) 여과망을 설치하여야 하는 소화기

① 물소화기
② 산알칼리소화기
③ 강화액소화기
④ 포소화기

(4) 사용온도범위

① **강화액소화기 : -20[℃] 이상 40[℃] 이하**
② 분말소화기 : -20[℃] 이상 40[℃] 이하
③ 그 밖의 소화기 : 0[℃] 이상 40[℃] 이하

(5) 소화기의 표시사항

① 종별 및 형식
② 형식승인번호
③ 제조연월 및 제조번호
④ 제조업체명 또는 상호, 수입업체명(수입품에 한함)
⑤ 사용온도범위
⑥ 소화능력단위
⑦ 충전된 소화약제의 주성분 및 중(용)량
⑧ 소화기 가압용 가스용기의 가스 종류 및 가스량(가압식 소화기에 한함)
⑨ 총중량
⑩ 취급상의 주의사항
⑪ 적응화재별 표시사항
⑫ 사용방법
⑬ 품질보증에 관한 사항(보증기간, 보증내용, A/S방법, 자체검사필 등)

8 옥내소화전설비의 계통도

(1) 계통도(부압수조방식)

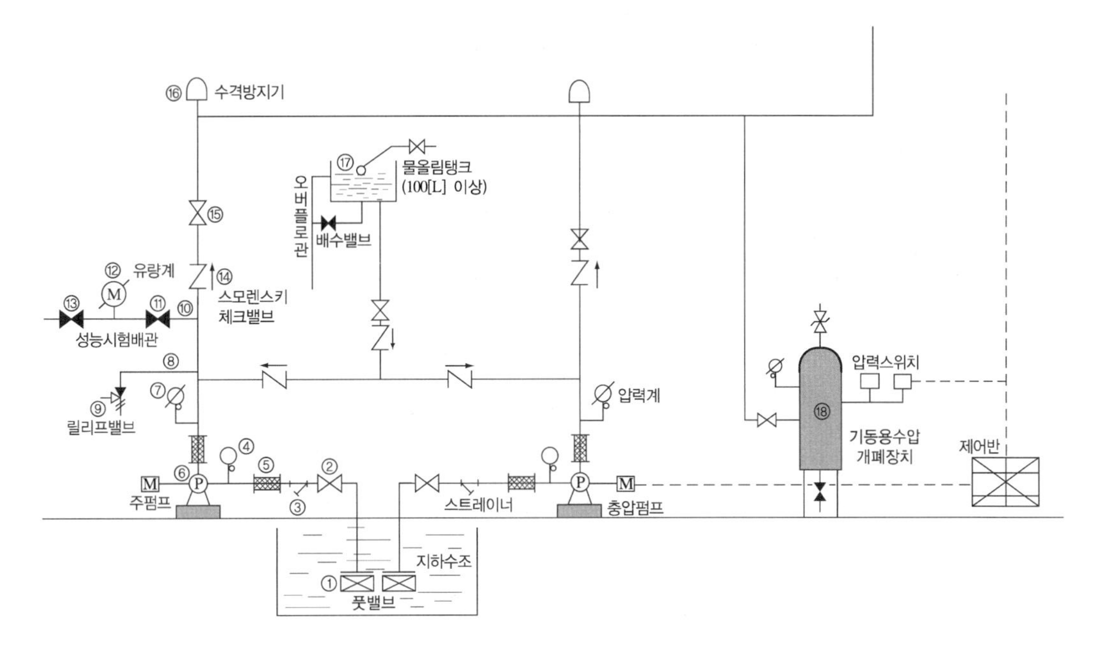

(2) 번호별 명칭 및 기능

번 호	명 칭	기 능
①	풋(후드)밸브	여과기능, 역류방지기능
②	개폐밸브	배관의 개·폐기능
③	스트레이너	흡입측 배관 내의 이물질 제거(여과기능)
④	진공계(연성계)	펌프의 흡입측 압력 표시
⑤	플렉시블조인트	충격을 흡수하여 흡입측 배관의 보호
⑥	주펌프	소화수에 압력과 유속 부여
⑦	압력계	펌프의 토출측 압력 표시
⑧	순환배관	펌프의 체절운전 시 수온상승방지
⑨	릴리프밸브	체절압력 미만에서 개방하여 압력수 방출
⑩	성능시험배관	가압송수장치의 성능시험
⑪	개폐밸브	펌프 성능시험배관의 개·폐기능
⑫	유량계	펌프의 유량 측정
⑬	유량조절밸브	펌프 성능시험배관의 개·폐기능
⑭	체크밸브	역류방지, 수격작용방지
⑮	개폐표시형 밸브	배관수리 시 또는 펌프성능시험 시 개·폐기능
⑯	수격방지기	펌프의 기동 및 정지 시 수격흡수 기능
⑰	물올림장치	펌프의 흡입측 배관에 물을 충만하는 기능
⑱	기동용수압개폐장치(압력체임버)	주펌프의 자동기동, 충압펌프의 자동기동 및 자동정지기능 압력변화에 따른 완충 작용, 압력변동에 따른 설비보호

9 펌프의 토출량 및 수원

(1) 펌프의 토출량

펌프의 토출량[L/min] = N × 130[L/min](호스릴 옥내소화전설비 포함)

여기서, N : 가장 많이 설치된 층의 소화전 수(5개 이상은 5개)

(2) 수원의 용량(저수량)

[옥내소화전설비의 토출량과 수원]

층 수		토출량	수 원
29층 이하		N(최대 5개)×130[L/min]	N(최대 5개) × 130[L/min] × 20[min] = N(최대 5개) × 2,600[L] = N(최대 5개) × 2.6[m^3]
고층 건축물	30층 이상 49층 이하	N(최대 5개)×130[L/min]	N(최대 5개) × 130[L/min] × 40[min] = N(최대 5개) × 5,200[L] = N(최대 5개) × 5.2[m^3]
	50층 이상	N(최대 5개)×130[L/min]	N(최대 5개) × 130[L/min] × 60[min] = N(최대 5개) × 7,800[L] = N(최대 5개) × 7.8[m^3]

(3) 수원 설치 시 유의사항

옥내소화전설비의 수원의 양은 **유효수량 외** 유효수량의 **1/3 이상**을 **옥상에 설치**하여야 한다.

PLUS ONE **예외 규정**

- 지하층만 있는 건축물
- 고가수조를 가압송수장치로 설치한 옥내소화전설비
- 수원이 건축물의 최상층에 설치된 방수구보다 높은 위치에 설치된 경우
- 건축물의 높이가 지표면으로부터 10[m] 이하인 경우
- 주펌프와 동등 이상의 성능이 있는 별도의 펌프로서 내연기관의 기동과 연동하여 작동되거나 비상전원을 연결하여 설치한 경우
- 학교·공장·창고시설(옥상수조 설치대상은 제외)로서 동결의 우려가 있는 장소에 있어서는 기동스위치에 보호판을 부착하여 옥내소화전함 내에 설치하는 경우(ON-OFF방식)
- 가압수조를 가압송수장치로 설치한 옥내소화전설비

위의 단서에도 불구하고 층수가 **30층 이상**(고층 건축물)의 특정소방대상물의 수원은 **유효수량 외에 유효수량의 1/3 이상**을 **옥상**(옥내소화전설비가 설치된 건축물의 주된 옥상을 말한다)에 **설치**하여야 한다.

10 펌프방식

(1) 가압송수장치의 개요

① 펌프는 전용으로 할 것

② 펌프의 **토출측**에는 **압력계**를 **체크밸브 이전**에 **펌프 토출측 플랜지에서 가까운 곳에 설치**하고 **흡입측**에는 **연성계** 또는 **진공계**를 설치할 것

[압력계, 연성계, 진공계 비교]

항 목 \ 구 분	압력계	진공계	연성계
설치위치	펌프 토출측	펌프 흡입측	펌프 흡입측
지시압력범위	0.05~200[MPa]	0~76[cmHg]	0~76[cmHg] 0.1~2.0[MPa]

③ 가압송수장치에는 정격부하 운전 시 펌프의 성능을 시험하기 위한 배관을 설치할 것

④ 가압송수장치에는 체절운전 시 수온의 상승을 방지하기 위한 **순환배관**을 설치할 것

⑤ 하나의 옥내소화전을 사용하는 노즐선단에서의 방수압력이 **0.7[MPa]을 초과할 경우**에는 호스 접결구의 인입측에 **감압장치**를 설치할 것

- **감압장치 설치하는 이유**

  방수압력이 0.7[MPa] 이상이면 반동력으로 인하여 소화활동에 장애를 초래하므로 소화인력 1인당 반동력 20[kg_f]으로 제한하기 위하여

$$F = 1.47 P D^2$$

여기서, F : 반동력[N]　　P : 방수압력[MPa]

D : 내경[mm]　　1[kg_f] = 9.8[N]

- **감압방법**
  - 감압밸브 또는 오리피스를 설치하는 방식
  - 고가수조방식
  - 펌프를 구분하는 방식
  - 중계펌프방식

⑥ 기동장치로는 기동용 수압개폐장치 또는 이와 동등 이상의 성능이 있는 것을 설치할 것. 다만, **학교·공장·창고시설**(옥상수조 설치대상은 제외)로서 동결의 우려가 있는 장소에 있어서는 기동스위치에 보호판을 부착하여 옥내소화전함 내에 설치할 수 있다.

PLUS ONE **수동기동(ON-OFF)방식**

- 작동방식 : ON-OFF버튼을 사용하여 펌프를 원격으로 기동하는 방식
- 설치장소 : 학교·공장·창고시설(옥상수조 설치대상은 제외)로서 동결의 우려가 있는 장소

⑦ 충압펌프의 설치기준

㉠ 펌프의 **정격토출압력**은 그 설비의 최고위 호스접결구의 자연압보다 적어도 **0.2[MPa]**이 더 크도록 하거나 가압송수장치의 정격토출압력과 같게 할 것

㉡ 펌프의 정격토출량은 정상적인 누설량보다 적어서는 아니 되며, 옥내소화전설비가 자동적으로 작동할 수 있도록 충분한 토출량을 유지할 것

(2) 펌프의 양정

$$H = h_1 + h_2 + h_3 + 17$$

여기서, H : 펌프의 전 양정[m]

h_1 : Hose의 마찰손실수두[m]

h_2 : 배관의 마찰손실수두[m]

h_3 : 낙차(펌프의 흡입높이 + 펌프에서 최고위의 소화전 방수구까지의 높이[m])

17 : 노즐선단 방수압력 환산수두[m]

(3) 물올림장치(호수조, 물마중장치, Priming Tank)

① **주기능** : 풋밸브에서 펌프 임펠러까지에 항상 물을 충전시켜서 언제든지 펌프에서 물을 흡입할 수 있도록 대비시켜 주는 부속설비

② **설치기준** : 수원의 수위가 펌프보다 아래에 있을 때

③ **물올림탱크**의 용량 : **100[L] 이상**

④ **물올림탱크**의 급수배관 : 구경 15[mm] 이상

⑤ **물올림배관** : **25[mm] 이상**

(4) 압력체임버(기동용 수압개폐장치)

① **구조** : 압력계, 주펌프 및 보조펌프의 압력스위치, 안전밸브, 배수밸브

② 기 능

㉠ **펌프의 자동기동 및 정지** : 압력체임버 내 수압의 변화를 감지하여 설정된 펌프의 기동점 및 정지점이 되었을 때 펌프가 기동 및 정지시킨다(주펌프는 수동정지).

㉡ **압력변화의 완충작용** : 급격한 압력변화에 따른 압력체임버의 상부에 충전된 공기가 완충작용을 한다.

> 압력체임버의 용량 : 100[L] 이상

③ 압력스위치

㉠ Range : 펌프의 작동 중단점

㉡ Diff : Range에 설정된 압력에서 Diff에 설정된 압력만큼 떨어지면 펌프가 다시 작동되는 압력의 차이

PLUS ONE

Range의 압력설정

해당 설비의 양정 계산 시 산정된 총양정을 10 : 1로 환산하여 그 압력을 맞추어 설정한다.

압력체임버의 공기교체방법

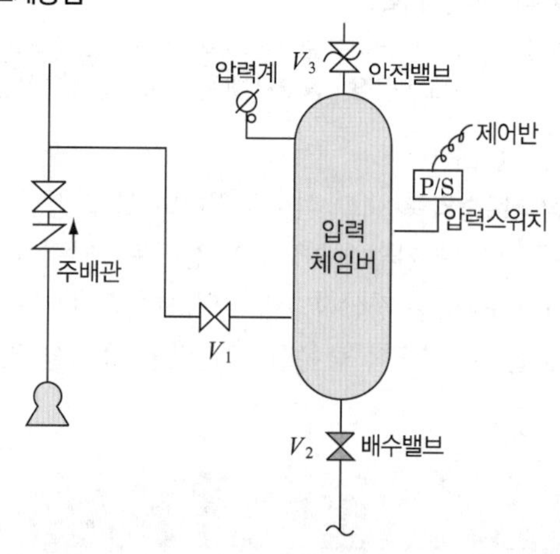

> 현장에서는 압력체임버 상부에 안전밸브(1[MPa]) 또는 Relief Valve(2[MPa])를 설치한다.

- 동력제어반에서 주펌프와 충압펌프를 정지시킨다.
- V_1밸브를 폐쇄하고 V_2, V_3를 개방하여 탱크 내의 물을 완전히 배수한다.
- V_3에 의하여 공기가 유입되면 V_3를 폐쇄한다.
- 그리고 V_2밸브를 폐쇄한다.
- V_1을 개방하여 주배관의 가압수가 압력체임버로 유입되도록 한다.
- 충압펌프를 자동으로 기동시킨다.
- 충압펌프는 일정압력(정지압력)이 되면 자동 정지된다.
- 동력제어반에서 주펌프를 자동위치로 복구한다.

(5) 순환배관

① 기능 : 펌프 내의 체절운전 시 공회전에 의한 수온상승을 방지하기 위해

② 분기점 : 펌프와 **체크밸브** 사이에서 **분기**한다.

③ **릴리프밸브**의 작동압력 : **체절압력 미만**에서 **작동**

④ 순환배관의 구경 : 20[mm] 이상

- **체절운전** : 펌프의 토출측의 개폐밸브와 성능시험배관의 개폐밸브가 잠긴 상태에서 펌프를 운전하는 상태
- 체절압력 : 체절운전 시 압력(릴리프밸브가 가압수를 방출할 때의 압력)
- 체절양정 : 펌프 2차측 개폐밸브를 폐쇄한 상태에서 펌프를 기동했을 때 유량이 토출되지 않는 상태(무부하상태)에서의 양정

(6) 성능시험배관

① 기능 : 정격부하 운전 시 펌프의 성능을 시험하기 위하여

② 분기점 : 펌프의 토출측의 **개폐밸브 이전**에서 **분기**한다.

③ 펌프의 성능 : 체절운전 시 정격토출압력의 **140[%]**를 초과하지 아니하고 정격토출량의 **150[%]**로 운전 시 정격토출압력의 **65[%] 이상**이 되어야 한다.

PLUS ONE

펌프의 성능시험

현장의 펌프 명판에 유량 500[L/min], 양정 100[m]일 때

- 양정 100[m] = 1[MPa]이므로 1[MPa] × 1.4(140[%]) = 1.4[MPa] 이하에서 릴리프밸브가 개방되어 물이 나와야 정상이다.
- 주펌프를 기동하여 정격토출량 500[L/min]×1.5(150[%]) = 750[L/min]로 운전 시 정격토출압력 1[MPa] × 0.65(65[%]) = 0.65[MPa] 이상이 압력게이지로 나타나면 펌프의 성능은 정상이다.
- 유량계는 500[L/min]× 1.75(175[%]) = 875[L/min]까지 측정할 수 있어야 한다.

④ **유량측정장치**는 성능시험배관의 직관부에 설치하되 펌프의 정격토출량의 **175[%] 이상 측정**할 수 있는 성능이 있을 것

⑤ 성능시험배관

$$1.5 \times Q = 0.6597 \times D^2 \times \sqrt{10P \times 0.065}$$

여기서, Q : 분당 토출량[L/min]　　D : 관경[mm]
P : 방수압[MPa]

11 고가수조방식

(1) 낙차(전양정)

$$H = h_1 + h_2 + 17 \text{(호스릴 옥내소화전설비 포함)}$$

여기서, H : 필요한 낙차[m](낙차 : 수조의 하단에서부터 최고층의 방수구까지의 수직거리)
h_1 : 소방용 호스의 마찰손실수두[m]
h_2 : 배관의 마찰손실수두[m]
17 : 노즐선단의 방수압력 환산수두

(2) 설치 부속물

① 수위계
② 배수관
③ 급수관
④ 오버플로관
⑤ 맨 홀

12 압력수조방식

(1) 방 식

압력수조방식은 탱크에 2/3의 물을 넣고 1/3은 압축공기가 충만한 상태에서 압력에 의하여 송수하는 방식

(2) 압력 산출식

$$P = P_1 + P_2 + P_3 + 0.17 \text{(호스릴 옥내소화전설비를 포함)}$$

여기서, P : 필요한 압력[MPa]
P_1 : 소방용 호스의 마찰손실수두압[MPa]
P_2 : 배관의 마찰손실수두압[MPa]
P_3 : 낙차의 환산수두압[MPa]

(3) 설치 부속물

① 수위계
② 급수관
③ 급기관
④ 배수관
⑤ 맨 홀
⑥ 압력계
⑦ 안전장치
⑧ 자동식 공기압축기

13 가압수조방식

(1) 가압수조의 압력은 방수량(130[L/min]) 및 방수압(0.17[MPa])이 20분 이상일 것

(2) 가압수조 및 가압원은 방화구획 된 장소에 설치할 것

(3) **가압수조**에는 **수위계 · 급수관 · 배수관 · 급기관 · 압력계 · 안전장치, 맨홀**

14 배 관

(1) 배관의 구경

배 관 \ 설 비	옥내소화전설비	연결송수관설비와 겸용
주배관	50[mm] 이상(호스릴방식 : 32[mm] 이상)	100[mm] 이상
방수구로 연결되는 배관	40[mm] 이상(호스릴방식 : 25[mm] 이상)	65[mm] 이상

※ 펌프의 토출측 주배관의 구경은 유속이 4[m/s] 이하

(2) 방수량에 따른 배관 구경

사용 관경[mm]	40	50	65	80	100
방수량[L/min]	130	260	390	520	650

15 동력장치

(1) 방법 Ⅰ

$$P[\text{kW}] = \frac{\gamma \times Q \times H}{102 \times \eta} \times K$$

여기서, γ : 물의 비중량(1,000[kg_f/m^3])
Q : 방수량[m^3/s]
H : 펌프의 양정[m]
K : 전달계수(여유율)
η : Pump의 효율

(2) 방법 Ⅱ

$$P[\text{kW}] = \frac{0.163 \times Q \times H}{\eta} \times K$$

여기서, $0.163 = \frac{1,000}{102 \times 60}$
Q : 방수량[m^3/min]
H : 펌프의 양정[m]
K : 전달계수(여유율)
η : 펌프의 효율

PLUS ONE **단위 참고**

- 1[kW] = 102[kg_f · m/s]
- 1[HP] = 76[kg_f · m/s]
- 1[PS] = 75[kg_f · m/s]
- 1[HP] = 0.745[kW]

16 옥내소화전함 등

(1) 구 조

① 함의 재질 : 두께 1.5[mm] 이상의 강판 또는 두께 4[mm] 이상의 합성수지재료
② 소화전함 : 구경 40[mm] 이상으로 물이 유효하게 뿌려질 수 있는 길이로 설치할 것

(2) 표시등

① 표시등의 두께 : 2[mm] 이상

② 표시등의 점등색상 : 적색

③ 식별도 시험 : 표시등의 불빛은 부착면과 **15° 이하**의 각도로 발산되어야 하며, 주위의 밝기가 0[lx]인 장소에서 측정하여 10[m] 떨어진 위치에서 켜진 등이 확실히 식별되어야 한다.

④ **기동표시등** : 옥내소화전함 상부 또는 직근에 **적색등**으로 설치할 것

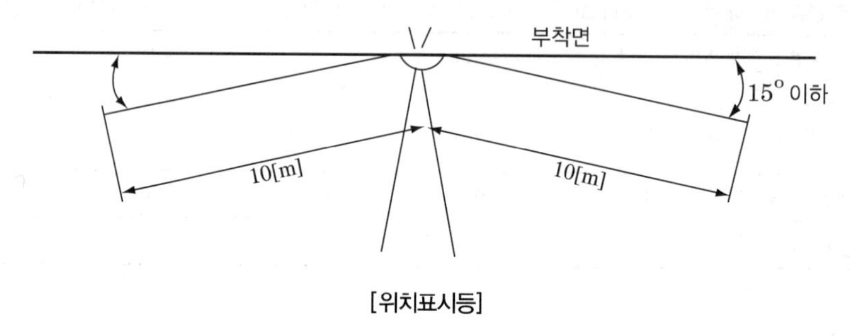

[위치표시등]

(3) 방수구(개폐밸브)

① 방수구(개폐밸브)는 **층마다** 설치할 것

② 하나의 옥내소화전 방수구까지의 수평거리 : **25[m] 이하**(**호스릴** 옥내소화전설비를 포함한다)

③ 설치위치 : 바닥으로부터 **1.5[m] 이하**

④ 호스의 구경 : **40[mm] 이상**(호스릴 옥내소화전설비 : 25[mm] 이상)

⑤ **옥내소화전 방수구의 설치 제외**

㉠ 냉장창고 중 온도가 영하인 냉장실 또는 냉동창고의 냉동실

㉡ 고온의 노가 설치된 장소 또는 물과 격렬하게 반응하는 물품의 저장 또는 취급 장소

㉢ 발전소·변전소 등으로서 전기시설이 설치된 장소

㉣ 식물원·수족관·목욕실·수영장(관람석 부분은 제외), 그 밖의 이와 비슷한 장소

㉤ 야외음악당·야외극장 또는 그 밖의 이와 비슷한 장소

17 소방용 플랜지 볼트에 걸리는 반발력

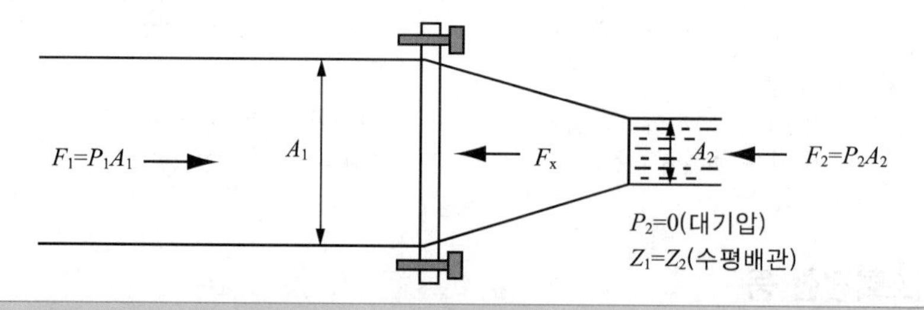

$$F=\frac{\gamma A_1 Q^2}{2g}\left(\frac{A_1-A_2}{A_1A_2}\right)^2$$

여기서, F : 힘[kg_f]

Q : 유량[m^3/s]

A_1 : 호스단면적[m^2]

γ : 비중량[kg_f/m^3]

g : 중력가속도(9.8[m/s^2])

A_2 : 노즐단면적[m^2]

18 점검 및 작동방법

(1) 방수압력측정

옥내소화전의 수가 **5개 이상**일 때는 **5개**, 5개 이하일 때는 설치개수를 동시에 개방하여 노즐 선단에서 $\frac{d}{2}$ 만큼 떨어진 지점에서 압력을 측정하고 최상층 부분의 소화전 설치개수를 동시 개방하여 방수압력을 측정하였을 때 소화전에서 **0.17[MPa]**의 압력으로 **130[L/min]**의 방수량 이상이어야 한다.

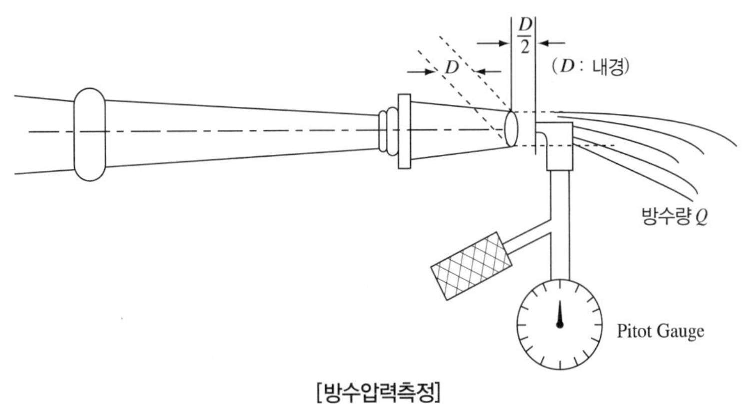

[방수압력측정]

$$Q = 0.6597CD^2\sqrt{10P} = 0.653D^2\sqrt{10P}$$

여기서, Q : 분당토출량[L/min]
C : 유량계수(0.99)
D : 관경(또는 노즐구경)[mm]
P : 방수압력[MPa]

(2) 펌프의 성능시험방법 및 성능곡선

① **성능시험종류**

㉠ **무부하시험(체절운전시험)** : 펌프토출측의 주밸브와 성능시험배관의 유량조절밸브를 잠근 상태에서 운전할 경우에 양정이 정격양정의 **140[%] 이하**인지 확인하는 시험

㉡ **정격부하시험** : 펌프를 기동한 상태에서 유량조절밸브를 개방하여 유량계의 유량이 정격유량상태(100[%])일 때 토출압력계와 흡입압력계의 차이가 정격압력 이상이 되는지 확인하는 시험

㉢ **피크부하시험(최대운전시험)** : 유량조절밸브를 개방하여 정격토출량의 **150[%]**로 운전 시 정격토출압력의 **65[%] 이상**이 되는지 확인하는 시험

② 펌프 성능곡선

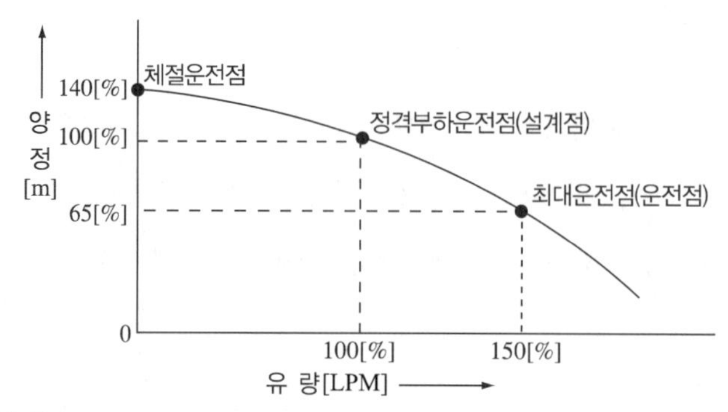

③ 펌프 성능시험방법

㉠ 동력제어반의 주펌프, 충압펌프를 정지(수동) 위치로 한다.
㉡ 주배관의 개폐밸브를 잠근다.
㉢ 동력제어반에서 펌프를 수동으로 기동시킨다.
㉣ 성능시험배관의 개폐밸브를 완전히 개방하고 유량조절밸브를 서서히 개방하여 유량계와 압력계를 확인하면서 펌프의 성능을 측정한다.
㉤ 유량조절밸브와 개폐밸브를 잠그고 주밸브를 개방한다.
㉥ 동력제어반에서 주펌프, 충압펌프의 스위치를 자동위치로 한다.

(3) 펌프의 체절 운전방법

① 주밸브와 성능시험배관의 개폐밸브를 잠그고 주펌프와 충압펌프를 수동으로 한다.
② 수동으로 주펌프를 기동시킨다.
③ Pump가 기동되면 토출측의 압력이 계속 상승되며 체절압력이 순환배관상의 릴리프밸브가 압력수를 방출시킨다.
④ 이때 압력계상의 압력이 Setting된 체절압력이 된다.

19 옥외소화전설비

(1) 펌프의 토출량(Q)

펌프의 토출량[L/min] = N × 350[L/min]

여기서, N : 옥외소화전의 설치개수(2개 이상은 2개)

(2) 수 원

수원의 양[L] = N(최대 2개) × 350[L/min] × 20[min] = N × 7[m^3](7,000[L])

(3) 규격방수압력 및 방수량

① 방수압력 : 0.25[MPa]

② 방수량 : 350[L/min] 이상

(4) 펌프의 양정

① 지하수조(펌프방식)

$$H = h_1 + h_2 + h_3 + 25$$

여기서, H : 전양정[m]
h_1 : 소방용 호스의 마찰손실수두[m]
h_2 : 배관의 마찰손실수두[m]
h_3 : 낙차[m]
25 : 노즐선단 방수압력수두

② 고가수조

$$H = h_1 + h_2 + 25$$

여기서, H : 필요한 낙차[m]
h_1 : 소방용 호스의 마찰손실수두[m]
h_2 : 배관의 마찰손실수두[m]
25 : 노즐선단의 방수압력 수두

③ 압력수조

$$P = p_1 + p_2 + p_3 + 0.25[\mathrm{MPa}]$$

여기서, P : 필요한 압력[MPa]
p_1 : 소방용 호스의 마찰손실수두압[MPa]
p_2 : 배관의 마찰손실수두압[MPa]
p_3 : 낙차의 환산수두압[MPa]
0.25 : 노즐선단의 방수압력

(5) 옥외소화전의 소화전함

① 옥외소화전함의 설치기준 : **5[m] 이내**의 장소

소화전의 개수	설치기준
10개 이하	옥외소화전마다 5[m] 이내에 1개 이상 설치
11개 이상 30개 이하	11개를 각각 분산하여 설치
31개 이상	옥외소화전 3개마다 1개 이상 설치

② 옥외소화전설비의 소화전함 표면에는 “옥외소화전” 이라고 표시한 표지를 할 것

③ 기동을 표시하는 표시등은 옥내소화전함의 상부 또는 그 직근에 설치하되 적색등으로 할 것

20 스프링클러설비의 종류 및 계통도

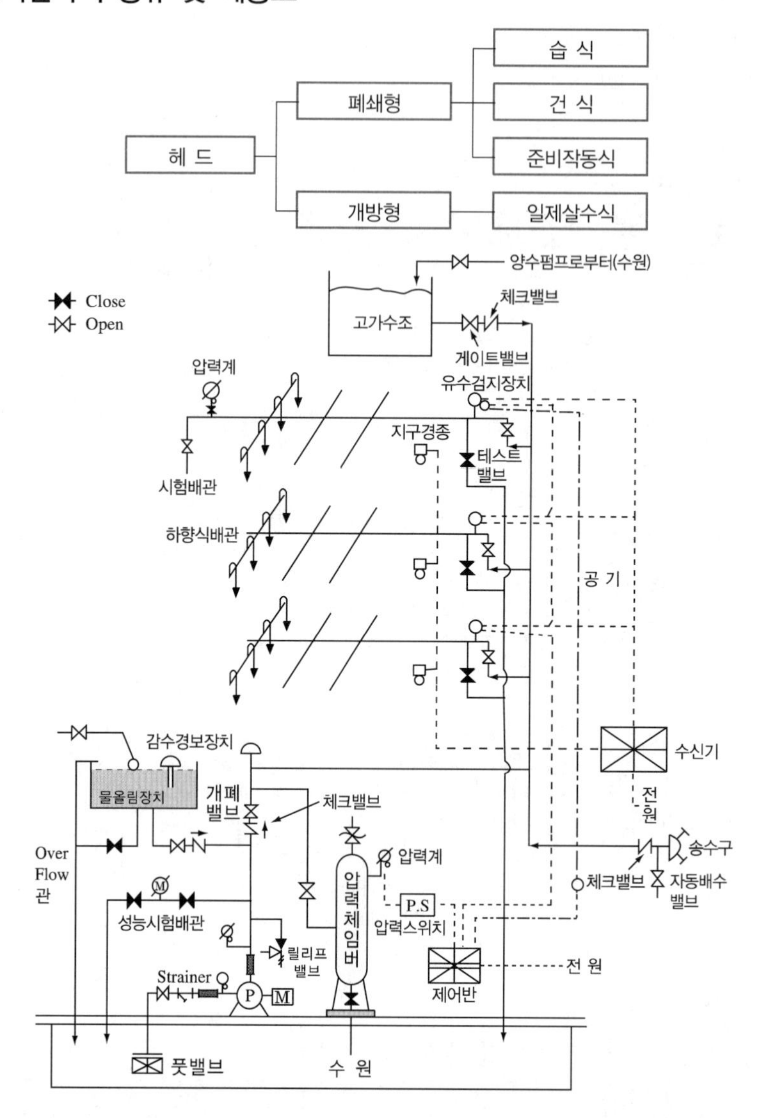

(1) 폐쇄형 스프링클러설비

① **습식 스프링클러설비**(Wet Sprinkler System) : 이 설비는 가압송수장치에서 폐쇄형 스프링클러헤드까지 배관 내에 항상 물이 가압되어 있다가 화재로 인한 열로 폐쇄형 스프링클러헤드가 개방되면 배관 내에 유수가 발생하여 습식 유수검지장치가 작동하게 되는 스프링클러설비를 말한다.

② **건식 스프링클러설비**(Dry Sprinkler System) : 이 설비는 건식 유수검지장치 2차측에 압축공기 또는 질소 등의 기체로 충전된 배관에 폐쇄형 스프링클러헤드가 부착된 스프링클러설비로서, 폐쇄형 스프링클러헤드가 개방되어 배관 내의 압축공기 등이 방출되면 건식 유수검지장치 1차측의 수압에 의하여 건식 유수검지장치가 작동하게 되는 스프링클러설비를 말한다.

[종류별 스프링클러설비의 특징]

항 목 \ 종 류		습 식	건 식	부압식	준비작동식	일제살수식
사용 헤드		폐쇄형	폐쇄형	폐쇄형	폐쇄형	개방형
배 관	1차측	가압수	가압수	가압수	가압수	가압수
	2차측	가압수	압축공기	부압수	대기압, 저압공기	대기압(개방)
경보밸브		알람체크밸브	건식밸브	준비작동밸브	준비작동밸브	일제개방밸브
감지기 설치방식		–	–	단일회로	교차회로	교차회로
시험장치 유무		있 다	있 다	있 다	없 다	없 다

③ **준비작동식 스프링클러설비**(Preaction Sprinkler System) : 가압송수장치에서 준비작동식 유수검지장치 1차측까지 배관 내에 항상 물이 가압되어 있고 2차측에서 폐쇄형 스프링클러헤드까지 대기압 또는 저압으로 있다가 화재발생 시 감지기의 작동으로 준비작동식 유수검지장치가 작동하여 폐쇄형 스프링클러헤드까지 소화용수가 송수되어 폐쇄형 스프링클러헤드가 열에 따라 개방되는 방식의 스프링클러설비를 말한다.

④ **부압식 스프링클러설비** : 가압송수장치에서 **준비작동식 유수검지장치**의 **1차측**까지는 항상 **정압의 물**이 가압되고, **2차측** 폐쇄형 스프링클러헤드까지는 **소화수가 부압**으로 되어 있다가 화재 시 감지기의 작동에 의해 정압으로 변하여 유수가 발생하면 작동하는 스프링클러설비를 말한다.

(2) 개방형 스프링클러설비

가압송수장치에서 일제개방밸브 1차측까지 배관 내에 항상 물이 가압되어 있고 2차측에서 개방형 스프링클러헤드까지 대기압으로 있다가 화재발생 시 자동감지장치 또는 수동식 기동장치의 작동으로 일제개방밸브가 개방되면 스프링클러헤드까지 소화용수가 송수되는 방식의 스프링클러설비를 말한다.

21 헤드의 설치방향(반사판)에 의한 분류

(1) 상향형

배관상부에 부착하는 것으로 천장에 반자가 없는 곳에 설치하며 **하방 살수를 목적**으로 설치되어 있다.

(2) 하향형

파이프, 배관 아래에 부착하는 것으로 천장 반자가 있는 곳에 사용하며 분사패턴은 상향형보다 떨어지나 반자를 너무 적시지 않으며 반구형의 패턴으로 분사하는 장점이 있다. 상방살수를 목적으로 설치한다.

(3) 상하향형

천정면이나 바닥면에 설치하는 것으로 디플렉터가 적어서 하향형과 같이 쓰고 있으나 현재는 거의 사용하지 않고 있다.

(4) 측벽형

실내의 벽상부에 취부하여 사용한다.

22 습식 스프링클러설비의 구성 부분

(1) 리타딩체임버(Retarding Chamber)

누수로 인한 유수검지장치의 오동작을 방지하기 위한 안전장치로서 누수기타 이유로 2차 압력이 저하되어 발생하는 Pump의 기동 및 화재경보를 미연에 방지하는 장치

(2) 압력스위치(Pressure Switch)

리타딩체임버를 통한 압력이 압력스위치에 도달하면 일정 압력 내에서 회로를 연결시켜 수신부에 화재표시 및 경보를 발하는 스위치

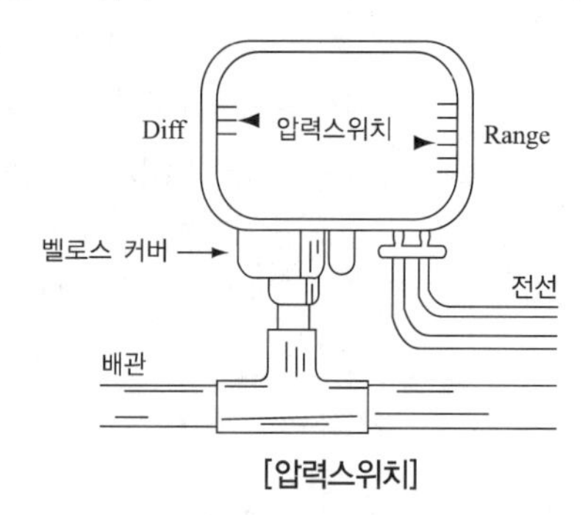

[압력스위치]

23 건식 스프링클러설비의 구성 부분

(1) 건식 밸브(Dry Pipe Valve)

습식 설비에서의 자동경보밸브와 같은 역할을 하는 것으로 배관 내의 압축공기를 빼내 가압수(물)가 흐르게 해서 경보를 발하게 하는 밸브

(2) 액셀레이터(Accelater)

건식 설비의 2차측 배관 내 압축공기의 압력이 설정압력 이하로 저하되면 액셀레이터가 감지하여 2차측의 압축공기를 1차측으로 우회시켜 클래퍼 하부에 있는 중간 체임버로 보내 수압과 공기압이 합해져 클래퍼를 신속하게 개방시켜주는 배출가속장치이다.

(3) 익져스터(Exhauster)

건식 설비의 2차측에 배관 내 압축공기의 압력이 설정압력 이하로 저하되면 익져스터가 감지하여 2차측 배관 내의 압축공기를 대기로 배출시키는 배출가속장치이다.

(4) 자동식 공기압축기

건식 스프링클러설비에는 밸브의 2차측(토출측)에 압축공기를 채우기 위해 공기압축기를 설치하는데 전용으로 하나 일반 공기압축기를 사용하는 경우에는 건식 밸브와 주공기 공급관 사이에 반드시 에어레귤레이터를 설치하여야 한다.

(5) 스프링클러헤드

상향형 스프링클러설비는 습식 스프링클러설비와 같이 사용하고 **하향형 헤드**는 **드라이펜던트형 헤드**를 설치하여야 한다. 건식 설비에는 배관 내에 물이 없기 때문에 화재 시 설비에 급수가 되면 하향형 헤드에 물이 들어가 배수시키더라도 일부 물이 남아있어 동파 때문에 롱니플(Long Nipple) 속에 부동액을 충진시켜 설비가 작동되더라도 배수 후에 부동액이 남아서 동파를 방지할 수 있다.

PLUS ONE **드라이펜던트 헤드의 사용목적 및 기능**
- 사용목적 : 하향식 배관의 경우 배관 안에 물이 배수되지 않아 동파 및 부식의 원인이 됨
- 기능 : 배관 안에 부동액 또는 질소를 봉입해 하향식 헤드가 감열되어 개방되는 경우 부동액 및 질소가 방사된 후에 물이 방사될 수 있도록 되어 있음

24 개방형 스프링클러설비의 구성 부분

(1) 일제개방밸브

① 가압개방식 일제개방밸브 : 밸브의 1차측에는 가압수로 충만되어 있고 배관상에 전자개방밸브 또는 수동개방밸브를 설치하여 화재감지기가 감지하여 솔레노이드밸브 혹은 수동개방밸브를 개방하면 압력수가 들어가 피스톤을 밀어 올리면 일제개방밸브가 개방되어 가압수가 헤드로 방출되는 방식

② 감압개방식 일제개방밸브 : 밸브 1차측 가압수가 충만되어 있고 바이패스 배관상에 설치된 전자개방밸브 또는 수동개방밸브가 개방되어 압력이 감압되어 실린더가 열려서 일제개방밸브가 열려 가압수가 헤드로 방출되는 방식

(2) 전자개방밸브(솔레노이드밸브)

일제개방밸브나 준비작동밸브에 설치하는 전자개방밸브(솔레노이드밸브)는 감지기가 작동되면 스프링에 의해 지지되고 있던 밸브가 뒤로 올라가면 송수가 된다.

25 스프링클러설비에 사용되는 부품

(1) 탬퍼스위치(Tamper Switch)

관로상의 주 밸브인 Gate밸브의 요크에 걸어서 밸브의 개폐를 수신반에 전달하는 주밸브의 감시기능 스위치

(2) 압력수조 수위감시 스위치

멈춤판이 아래로 내려가면 스위치를 접촉시켜 급수펌프를 가동시키고 아래에 부착된 멈춤판이 스위치에 접촉되면 만수위를 의미하여 송수펌프를 멈추게 하는 스위치

(3) 밸 브

① OS & Y 밸브(Outside Screw & York Valve) : 주관로상에 설치하며 Surge에 대한 안정성이 높고 물의 이 물질이 Screw에 걸리면 완전한 수류가 공급되지 않는 단점이 있다.

② **앵글밸브**(Angle Valve) : 옥외소화전설비의 방수구 및 옥내소화전에 사용되며 수류의 방향을 90° 방향으로 전환시켜 주는 밸브

③ 글로브밸브(Glove Valve) : 밸브 디스크가 파이프 접속구 방향에서 90°각도의 위에서 오르내려서 유체를 조정하는 밸브이다.

④ 체크밸브(역지밸브, Check Valve)

㉠ **스모렌스키 체크밸브**(Smolensky Check Valve) : 평상시는 체크밸브기능을 하며 때로는 By Pass밸브를 열어서 거꾸로 물을 빼낼 수 있기 때문에 **주 배관상**에 많이 사용한다.

㉡ **웨이퍼 체크밸브**(Wafer Check Valve) : 스모렌스키 체크밸브와 같이 펌프의 토출구로부터 10[m] 내의 강한 Surge 또는 **역** Surge가 심하게 걸리는 배관에 설치하는 체크밸브

㉢ **스윙 체크밸브**(Swing Check Valve) : **물올림장치**(호수조)의 배관과 같이 적은 배관로에 주로 설치하는 밸브

26 펌프의 토출량 및 수원

(1) 펌프의 토출량

$$Q = N \times 80[\text{L/min}]$$

여기서, Q : 펌프의 토출량[L/min]
N : 헤드수

- 헤드의 방수압력 : 0.1[MPa] 이상 1.2[MPa] 이하
- 토출량 : 80[L/min] 이상

(2) 수원의 양

① 폐쇄형 헤드의 수원의 양

층 수		토출량	수 원
29층 이하		헤드수×80[L/min] 이상	헤드수×80[L/min]×20[min] = 헤드수×1,600[L] = 헤드수×1.6[m^3] 이상
고층 건축물	30층 이상 49층 이하	헤드수×80[L/min] 이상	헤드수×80[L/min]×40[min] = 헤드수×3,200[L] = 헤드수×3.2[m^3] 이상
	50층 이상	헤드수×80[L/min] 이상	헤드수×80[L/min]×60[min] = 헤드수×4,800[L] = 헤드수×4.8[m^3] 이상

② 개방형 헤드의 수원의 양

㉠ 30개 이하일 때

$$\text{수원}[\text{m}^3] = N \times 1.6[\text{m}^3]$$

여기서, N : 헤드 수

㉡ 30개 이상일 때

$$수원[L] = N \times Q(K\sqrt{10P}) \times 20[min]$$

여기서, Q : 헤드의 방수량[L/min]　　P : 방수압력[MPa]
K : 상수　　N : 헤드수

[폐쇄형 스프링클러헤드의 설치개수]

특정소방대상물			헤드의 기준개수
10층 이하 소방대상물(지하층 제외)	공장, 창고(랙식 창고 포함)	특수가연물 저장·취급	30
		그 밖의 것	20
	근린생활시설, 판매시설, 운수시설 또는 복합건축물	판매시설 또는 복합건축물(판매시설이 설치되는 복합건축물을 말한다)	30
		그 밖의 것	20
	그 밖의 것	헤드의 부착높이 8[m] 이상	20
		헤드의 부착높이 8[m] 미만	10
아파트			10
11층 이상인 특정소방대상물(아파트는 제외), 지하가, 지하역사			30

비고 : 하나의 특정소방대상물이 2 이상의 "스프링클러헤드의 기준개수"란에 해당하는 때에는 기준개수가 많은 난을 기준으로 한다. 다만, 각 기준개수에 해당하는 수원을 별도로 설치하는 경우에는 그러하지 아니하다.

(3) 수원 설치 시 유의사항

스프링클러설비의 **수원**은 산출된 유효수량 외에 유효수량의 **1/3 이상을 옥상**(스프링클러설비가 설치된 건축물의 주된 옥상을 말한다)에 **설치**하여야 한다.

PLUS ONE 제외 대상

- **지하층만 있는 건축물**
- **고가수조를 가압송수장치**로 설치한 스프링클러설비
- **수원**이 **건축물의 최상층에 설치된 헤드보다 높은 위치**에 설치된 경우
- 건축물의 높이가 지표면으로부터 **10[m] 이하**인 경우
- 주펌프와 동등 이상의 성능이 있는 별도의 펌프로서 내연기관의 기동과 연동하여 작동되거나 비상전원을 연결하여 설치한 경우
- 가압수조를 가압송수장치로 설치한 스프링클러설비

30층 이상(고층 건축물)의 특정소방대상물의 **수원** : 유효수량 외에 **유효수량의 1/3 이상**을 **옥상**에 **설치**하여야 한다(단, 고가수조를 가압송수장치로 설치한 스프링클러설비와 수원이 건축물의 지붕보다 높은 위치에 설치한 경우에는 그러하지 아니하다).

27 스프링클러헤드

(1) 헤드의 배치기준

① 스프링클러헤드의 설치기준

설치장소			설치기준
폭 1.2[m] 초과하는 천장 반자 덕트 선반 기타 이와 유사한 부분	무대부, 특수가연물		수평거리 1.7[m] 이하
	랙식 창고		수평거리 2.5[m] 이하 (특수 가연물 저장·취급하는 창고 : 1.7[m] 이하)
	공동주택(아파트) 세대 내의 거실		수평거리 3.2[m] 이하
	그 외의 특정소방대상물	기타구조	수평거리 2.1[m] 이하
		내화구조	수평거리 2.3[m] 이하
랙식 창고	특수가연물		높이 4[m] 이하마다
	그 밖의 것		높이 6[m] 이하마다

② **무대부** 또는 **연소할 우려가 있는 개구부**에 있어서는 **개방형 스프링클러**헤드를 설치하여야 한다.

(2) 헤드의 배치형태

① 정사각형(정방형)형 : 헤드 2개의 거리가 스프링클러 파이프 두 가닥의 거리가 같은 경우이다.

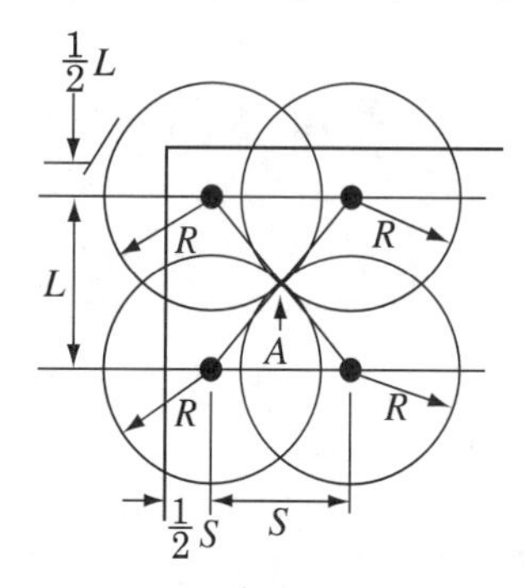

L : 배관 간격
S : 헤드 간격
R : 수평거리[m]
$S = L$
$S = 2R\cos45°$

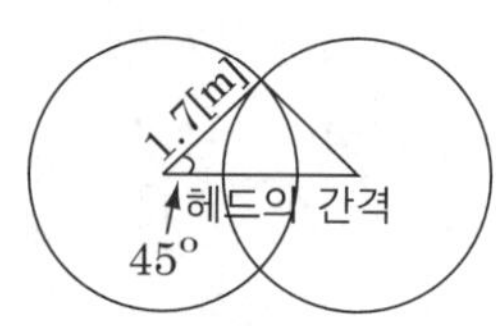

헤드의 간격
- 1.7[m]의 경우
  $2\times1.7\times\cos45° = 2.4$[m]
- 2.1[m]의 경우
  $2\times2.1\times\cos45° = 3$[m]
- 2.3[m]의 경우
  $2\times2.3\times\cos45° = 3.2$[m]

② 직사각형(장방형)형 : 헤드 2개의 거리가 스프링클러파이프 두 가닥의 거리가 같지 않은 경우이다.

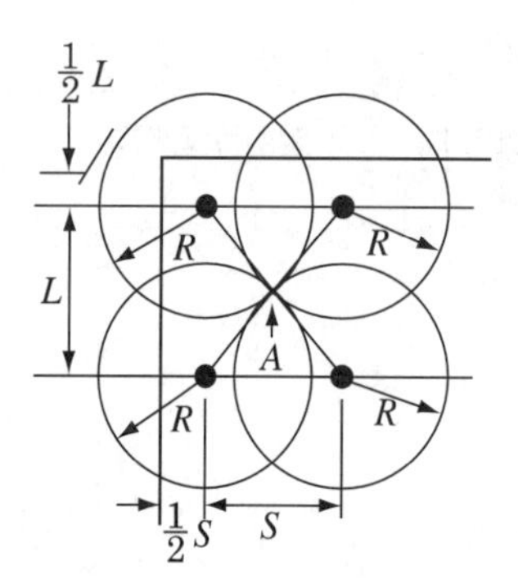

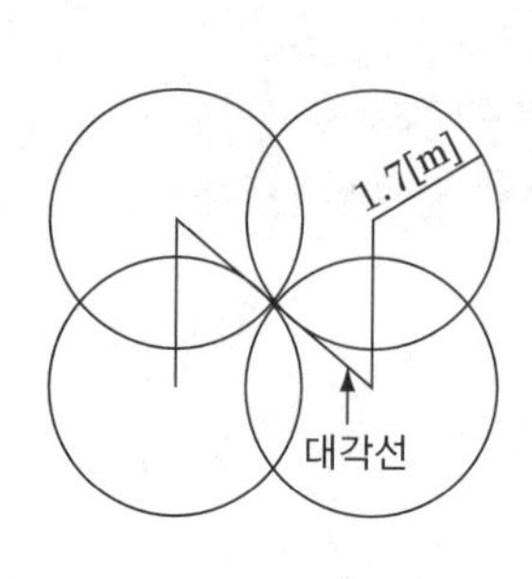

헤드의 간격
헤드 간 거리 $S = \sqrt{4R^2 - L^2}$ 에서
R : 수평거리[m]
$L = 2R\cos\theta$

(3) 헤드의 설치기준

① 폐쇄형 스프링클러헤드의 표시온도

설치장소의 최고주위온도[℃]	표시온도[℃]
39 미만	79 미만
39 이상 64 미만	79 이상 121 미만
64 이상 106 미만	121 이상 162 미만
106 이상	162 이상

② 스프링클러헤드의 공간 : 반경 60[cm] 이상 보유

③ 스프링클러헤드와 그 부착면과의 거리 : 30[cm] 이하

④ 스프링클러헤드의 반사판이 그 부착면과 평행되게 설치할 것(단, 측벽형 헤드 또는 연소할 개구부에 설치시에는 제외)

⑤ 배관, 행가 및 조명기구 등 살수를 방해하는 것이 있는 경우에는 그로부터 아래에 설치하여 살수에 장애가 없도록 할 것

⑥ 표시온도에 따른 헤드의 색상(폐쇄형 헤드에 한한다)

유리벌브형		퓨지블링크형	
표시온도[℃]	액체의 식별	표시온도[℃]	프레임의 색별
57	오렌지	77	색 표시하지 않음
68	빨 강	78 ~ 120	흰 색
79	노 랑	121 ~ 162	파 랑
93	초 록	163 ~ 203	빨 강
141	파 랑	204 ~ 259	초 록
182	연한자주	260 ~ 319	오렌지
227 이상	검 정	320 이상	검 정

⑦ 하향식 스프링클러헤드를 설치할 수 있는 경우

㉠ 드라이펜던트스프링클러헤드를 사용하는 경우

㉡ 스프링클러헤드의 설치장소가 동파의 우려가 없는 곳인 경우

㉢ 개방형 스프링클러헤드를 사용하는 경우

㉣ 습식 스프링클러설비인 경우

㉤ 부압식 스프링클러설비인 경우

⑧ **스프링클러헤드**의 **설치 제외** 대상물

㉠ 계단실(특별피난계단의 부속실 포함)・경사로・승강기의 승강로・비상용 승강기의 승강장・파이프덕트 및 덕트피트・목욕실・수영장(관람석 부분 제외)・화장실・직접 외기에 개방되어 있는 복도・기타 이와 유사한 장소

㉡ **통신기기실**・전자기기실・기타 이와 유사한 장소

㉢ **발전실**・변전실・변압기・기타 이와 유사한 전기설비가 설치되어 있는 장소

㉣ 병원의 수술실・**응급처치실**・기타 이와 유사한 장소

㉤ 천장과 반자 양쪽이 불연재료로 되어 있는 경우로서 그 사이의 거리 및 구조가 다음에 해당하는 부분
   ㉮ 천장과 반자 사이의 거리가 2[m] 미만인 부분
   ㉯ 천장과 반자 사이의 벽이 불연재료이고 천장과 반자 사이의 거리가 2[m] 이상으로서 그 사이에 가연물이 존재하지 아니하는 부분

㉥ 천장·반자 중 한쪽이 불연재료로 되어있고 천장과 반자 사이의 거리가 1[m] 미만인 부분

㉦ 천장 및 반자가 불연재료 외의 것으로 되어 있고 천장과 반자 사이의 거리가 0.5[m] 미만인 부분

㉧ 펌프실·물탱크실, 엘리베이터 권상기실 그 밖의 이와 비슷한 장소

㉨ 현관 또는 로비 등으로서 바닥으로부터 높이가 20[m] 이상인 장소

㉩ 영하의 냉장창고의 냉장실 또는 냉동창고의 냉동실

㉪ 고온의 노가 설치된 장소 또는 물과 격렬하게 반응하는 물품의 저장 또는 취급장소

㉫ 공동주택 중 아파트의 대피공간

28 조기반응형 스프링클러헤드 설치대상물

① 공동주택·노유자시설의 거실

② 오피스텔·숙박시설의 침실, 병원의 입원실

29 유수검지장치 및 방수구역

(1) 폐쇄형 스프링클러설비

① 하나의 방호구역의 바닥면적은 **3,000[m^2]**를 초과하지 아니할 것

② 하나의 방호구역은 2개층에 미치지 아니하도록 하되, 1개층에 설치되는 스프링클러헤드의 수가 **10개 이하**인 경우와 **복층형 구조의 공동주택**에는 **3개층** 이내로 할 수 있다.

③ 유수검지장치 등은 바닥으로부터 **0.8[m] 이상 1.5[m]** 이하의 위치에 설치할 것

(2) 개방형 스프링클러설비

① 하나의 방수구역은 2개층에 미치지 아니할 것

② 방수구역마다 일제개방밸브를 설치할 것

③ **개방형 스프링클러**설비에서 하나의 방수구역을 담당하는 헤드의 개수는 **50개 이하**로 설치할 것(단, 2개 이상의 방수구역으로 나눌 경우에는 25개 이상)

30 스프링클러설비의 배관

(1) 가지배관

① 가지배관의 배열은 토너먼트방식이 아닐 것

② 한쪽 **가지배관**에 설치하는 헤드의 개수는 **8개 이하**로 할 것

(2) 교차배관

① 교차배관은 가지배관 밑에 수평으로 설치하고 구경은 **40[mm] 이상**으로 할 것

② **청소구**는 교차배관 끝에 40[mm] 이상 크기의 개폐밸브를 설치하고 호스접결이 가능한 나사식 또는 고정배수 배관식으로 할 것
③ 하향식 헤드를 설치하는 경우에 가지배관으로부터 헤드에 이르는 헤드접속배관은 가지관 상부에서 분기할 것

(3) 시험장치

① 설치기준
㉠ 유수검지장치에서 가장 먼 가지배관의 끝으로부터 연결하여 설치할 것
㉡ 시험장치배관의 구경은 유수검지장치에서 가장 먼 가지배관 구경과 동일 구경으로 하고 그 끝에 개폐밸브 및 개방형 헤드를 설치할 것(이 경우, 개방형 헤드는 반사판 및 프레임을 제거한 오리피스만으로 설치할 수 있다)
㉢ 시험배관 끝에는 물받이통 및 배수관을 설치하여 시험 중 방사된 물이 바닥에 흐르지 아니하도록 할 것(다만, 목욕실 · 화장실 등 배수처리가 쉬운 장소에 시험배관을 설치한 경우에는 그러하지 아니하다)
② 설치목적 : 헤드를 개방하지 않고 다음의 작동상태를 확인하기 위하여 설치한다.
㉠ 유수검지장치의 기능이 작동되는 지를 확인
㉡ 수신반의 화재표시등의 점등 및 경보가 작동되는지를 확인
㉢ 해당 방호구역의 음향경보장치가 작동되는지를 확인
㉣ 압력체임버의 작동으로 펌프가 작동되는지를 확인

(4) 배수관 및 배관의 기울기

① **수직배수배관**의 구경은 50[mm] 이상으로 할 것
② 습식 스프링클러설비 또는 부압식 스프링클러설비 외의 설비에는 헤드를 향하여 상향으로 수평주행배관의 기울기는 1/500 이상, 가지배관의 기울기는 1/250 이상으로 할 것

31 스프링클러설비의 송수구

(1) 송수구는 소방차가 쉽게 접근할 수 있는 잘 보이는 장소에 설치하되 화재 층으로부터 지면으로 떨어지는 유리창 등이 송수 및 그 밖의 소화작업에 지장을 주지 아니하는 장소에 설치할 것

(2) 송수구로부터 스프링클러설비의 주배관에 이르는 연결배관에 개폐밸브를 설치한 때에는 그 개폐상태를 쉽게 확인 및 조작할 수 있는 옥외 또는 기계실 등의 장소에 설치할 것

(3) 구경은 65[mm]의 **쌍구형**으로 할 것

(4) 송수구에는 그 가까운 곳의 보기 쉬운 곳에 **송수압력범위**를 표시한 표지를 할 것

(5) 폐쇄형 헤드 사용하는 스프링클러설비의 송수구는 하나의 층의 바닥면적이 3,000[m^2]를 넘을 때마다 1개 이상 설치할 것(단, 5개를 넘으면 5개로 한다)

(6) 지면으로부터 높이가 0.5[m] 이상 1[m] 이하의 위치에 설치할 것

(7) 송수구의 가까운 부분에 자동배수밸브(또는 직경 5[mm]의 배수공) 및 체크밸브를 설치할 것

(8) 송수구에는 이물질을 막기 위한 마개를 씌워야 한다.

32 전동기의 용량

$$P[\text{kW}] = \frac{0.163 \times Q \times H}{\eta} \times K$$

여기서, $0.163 = \frac{1,000}{102 \times 60}$

Q : 방수량[m³/min]　　　H : 펌프의 양정[m]

K : 전달계수(여유율)　　　η : 펌프의 효율

PLUS ONE **실기출제 : 전동기의 용량 구하는 문제**

- Q(펌프의 분당 토출량) = 헤드의 설치개수 × 80[L/min]
- H(전양정) = $h_1 + h_2 + \cdots + 10$

여기서, h_1 : 낙차(풋밸브에서 최상부에 설치된 헤드까지의 수직거리[m])

h_2 : 배관의 마찰손실수두[m](0.101325[MPa]=10.332[m])

10 : 방수압력의 환산수두(0.1[MPa]=10[m])

33 간이스프링클러설비

(1) 설치장소

① 영업장의 홀

② 구획된 각 영업실

③ 영업장의 통로

④ 주 방

⑤ 보일러실

⑥ 탈의실

(2) 가압송수장치

① 가장 먼 가지배관에서 2개(영 별표 5 제1호 마목 1) 가 또는 6)과 7)에 해당하는 경우에는 5개)의 간이헤드를 동시에 개방할 경우

㉠ 방수압력 : **0.1[MPa] 이상**

㉡ 방수량 : 50[L/min] 이상

② 수 원

㉠ 상수도직결형의 경우에는 수돗물

㉡ 수조("캐비닛형"을 포함)를 사용하고자 하는 경우에는 적어도 1개 이상의 자동급수장치를 갖추어야 하며, 2개의 간이헤드에서 **최소 10분(영 별표 5 제1호 마목 1) 가 또는 6)과 7)**에 해당하는 경우에는 **5개**의 간이헤드에서 **최소 20분**) 이상 방수량 확보

> **[영 별표 5 제5호 마목 1) 가, 6), 7)]**
> 1) 근린생활시설 중 다음 어느 하나에 해당하는 것
> 가. 근린생활시설로 사용하는 부분의 바닥 면적의 합계가 1,000[m²] 이상인 것은 모든 층
> 6) 생활형 숙박시설로서 해당 용도로 사용되는 바닥 면적의 합계가 600[m²] 이상인 것
> 7) 복합건축물(별표 2 제30호 나목의 복합건축물만 해당)로서 연면적 1,000[m²] 이상인 것은 모든 층

(3) 배관 및 밸브의 설치기준

① **상수도직결형의 경우** : 수도용 계량기 → 급수차단장치 → 개폐표시형 개폐밸브 → 체크밸브 → 압력계 → 유수검지장치(압력스위치 등) → 2개의 시험밸브

② 펌프 등의 가압송수장치를 이용하는 경우 : 수원 → 연성계(진공계) → 펌프 또는 압력수조 → 압력계 → 체크밸브 → 성능시험배관 → 개폐표시형 개폐밸브 → 유수검지장치 → **시험밸브**

③ 가압수조를 가압송수장치로 이용하는 경우 : 수원 → 가압수조 → 압력계 → 체크밸브 → 성능시험배관 → 개폐표시형 밸브 → 유수검지장치 → 2개의 시험밸브

④ 캐비닛형 가압송수장치를 이용하는 경우 : 수원 → 연성계(진공계) → 펌프 또는 압력수조 → 압력계 → 체크밸브 → 개폐표시형 밸브 → 2개의 시험밸브

34 스프링클러헤드의 형식승인 및 제품검사의 기술기준

(1) 용 어

① 디플렉터 : 스프링클러헤드의 방수구에서 유출되는 물을 세분시키는 작용을 하는 것

② 프레임 : 스프링클러헤드의 나사부분과 디플렉터를 연결하는 이음쇠 부분

③ 퓨즈블링크 : 감열체 중 이융성 금속으로 융착되거나 이융성 물질에 의하여 조립된 것

④ 유리벌브 : 감열체 중 유리구 안에 액체 등을 넣어 봉한 것

⑤ 최고주위온도 : 폐쇄형 스프링클러헤드의 설치장소에 관한 기준이 되는 온도. 단, 헤드의 표시온도가 75[℃] 미만인 경우의 최고주위온도는 다음 등식에 불구하고 39[℃]로 한다.

$$T_A = 0.9\,T_M - 27.3$$

여기서, T_A : 최고주위온도　　　T_M : 헤드의 표시온도

⑥ 설계하중 : 폐쇄형 스프링클러헤드에서 방수구를 막고 있는 감열체가 정상상태에서 이탈하지 못하게 하기 위하여 헤드를 조립할 때 헤드에 가하여지도록 미리 설계된 하중

⑦ **반응시간지수(RTI)** : 기류의 **온도 · 속도** 및 **작동시간**에 대하여 스프링클러헤드의 반응을 예상한 지수로서 아래 식에 의하여 계산하고[m · s]$^{0.5}$을 단위로 한다.

$$RTI = \tau\sqrt{U}\ [\text{m/s}]^{0.5}$$

여기서, τ : 감열체의 시간 상수[초]　　　U : 기류속도[m/s]

(2) 헤드의 표시사항

① 종 별
② 형 식
③ 형식승인번호
④ 제조번호 또는 로트번호
⑤ 제조연도
⑥ 제조업체명 또는 상호
⑦ 표시온도(폐쇄형 헤드에 한함)
⑧ 표시온도에 따른 다음 표의 색표시(폐쇄형 헤드에 한함) – 본문 참조
⑨ 최고주위온도(폐쇄형 헤드에 한함)
⑩ 취급상의 주의사항
⑪ 품질보증에 관한 사항(보증기간, 보증내용, A/S방법, 자체검사필증 등)

(3) 표준형 헤드의 감도시험

① 표준반응(Standard Response)의 RTI값 : 80 초과 ~ 350 이하
② 특수반응(Special Response)의 RTI값 : 50 초과 ~ 80 이하
③ 조기반응(Fast Response)의 RTI값 : 50 이하

35 물분무소화설비

(1) 소화효과

① **냉각작용** : 물분무상태로 소화하여 대량의 기화열을 내어서 연소물을 발화점 이하로 낮추어 소화한다.
② **질식작용** : 분무주수이므로 대량의 수증기가 발생하여 체적이 1,700배로 팽창하여 산소농도를 21[%]에서 15[%] 이하로 낮추어 소화한다.
③ **희석작용** : 알코올과 같이 수용성인 액체는 물에 잘 녹아 희석하여 소화한다.
④ **유화작용** : 석유, 제4류 위험물과 같이 유류화재 시 불용성의 가연성액체 표면에 불연성의 유막을 형성하여 소화한다.

(2) 분무상태를 만드는 방법에 의한 분류

① **충돌형** : 유수와 유수의 충돌에 의해 미세한 물방울을 만드는 물분무헤드
② **분사형** : 소구경의 오리피스로부터 고압으로 분사하여 미세한 물방울을 만드는 물분무헤드
③ **선회류형** : 선회류에 의해 확산방출하든가 선회류와 직선류의 충돌에 의해 확산방출하여 미세한 물방울로 만드는 물분무헤드
④ **디플렉터형** : 수류를 살수판에 충돌하여 미세한 물방울을 만드는 물분무헤드
⑤ **슬리트형** : 수류를 슬리트에 의해 방출하여 수막상의 분무를 만드는 물분무헤드

(3) 물분무헤드와 전기기기와의 이격거리

전압[kV]	거리[cm]	전압[kV]	거리[cm]
66 이하	70 이상	154 초과 181 이하	180 이상
66 초과 77 이하	80 이상	181 초과 220 이하	210 이상
77 초과 110 이하	110 이상	220 초과 275 이하	260 이상
110 초과 154 이하	150 이상		

(4) 펌프방식

① 펌프의 양정

$$H = h_1 + h_2$$

여기서, H : 펌프의 양정[m]
h_1 : 물분무헤드의 설계압력 환산수두[m]
h_2 : 배관의 마찰손실수두[m]

② 펌프의 토출량과 수원의 양

특정소방대상물	펌프의 토출량[L/min]	수원의 양[L]
특수가연물 저장, 취급	바닥면적(50[m^2] 이하는 50[m^2]로)×**10[L/min · m^2]**	바닥면적(50[m^2] 이하는 50[m^2]) ×10[L/min · m^2]×20[min]
차고, 주차장	바닥면적(50[m^2] 이하는 50[m^2]로)×20[L/min · m^2]	바닥면적(50[m^2] 이하는 50[m^2]) ×20[L/min · m^2]×20[min]
절연유 봉입변압기	표면적(바닥 부분 제외)×**10[L/min · m^2]**	표면적(바닥 부분 제외) ×10[L/min · m^2]×20[min]
케이블 트레이, 케이블 덕트	투영된 바닥면적×12[L/min m^2]	투영된 바닥면적 ×12[L/min · m^2]×20[min]
컨베이어 벨트	벨트 부분의 바닥면적×**10[L/min · m^2]**	벨트 부분의 바닥면적 ×10[L/min · m^2]×20[min]

(5) 배수설비

① 차량이 주차하는 장소의 적당한 곳에 높이 **10[cm]** 이상의 **경계턱**으로 배수구를 설치할 것
② 배수구에는 새어나온 기름을 모아 소화할 수 있도록 길이 **40[m]** 이하마다 집수관 · 소화피트 등 **기름분리장치**를 설치할 것
③ 차량이 주차하는 바닥은 배수구를 향하여 **2/100** 이상의 **기울기**를 유지할 것
④ 배수설비는 가압송수장치의 최대송수능력의 수량을 유효하게 배수할 수 있는 크기 및 기울기로 할 것

(6) 물분무헤드의 설치 제외 장소

① 물과 심하게 반응하는 물질 또는 물과 반응하여 위험한 물질을 생성하는 물질을 저장 또는 취급하는 장소
② 고온물질 및 증류범위가 넓어 끓어 넘치는 위험이 있는 물질을 저장 또는 취급하는 장소
③ 운전 시에 표면의 온도가 **260[℃]** 이상으로 되는 등 직접 분무를 하는 경우 그 부분에 손상을 입힐 우려가 있는 기계장치 등이 있는 장소

36 미분무소화설비

(1) 압력에 따른 분류

① **저압 미분무소화설비** : 최고사용압력이 1.2[MPa] 이하

② **중압 미분무소화설비** : 사용압력이 1.2[MPa]을 **초과**하고 3.5[MPa] 이하

③ **고압 미분무소화설비** : 최저사용압력이 3.5[MPa]을 **초과**

(2) 수 원

$$Q = N \times D \times T \times S + V$$

여기서, Q : 수원의 양[m^3]

N : 방호구역(방수구역) 내 헤드의 개수

D : 설계유량[m^3/min]

T : 설계방수시간[min]

S : 안전율(1.2 이상)

V : 배관의 총체적[m^3]

37 포소화설비의 특징

(1) 포의 내화성이 커서 대규모 화재에 적합하다.

(2) 실외에서 옥외소화전 보다 소화효력이 크다.

(3) 재연소가 예상되는 화재에도 적응성이 있다.

(4) 약제는 유독성 가스 발생이 없으므로 인체에 무해하다.

(5) **기계포약제**는 혼합기구가 **복잡하다.**

38 포소화약제 저장량

(1) 고정포방출방식의 약제 저장량

구 분	약제량	수원의 양
① 고정포방출구	$Q = A \times Q_1 \times T \times S$ 여기서, Q : 포소화약제의 양[L] A : 탱크의 액표면적[m^2] Q_1 : 단위포소화 수용액의 양[L/m^2 · min] T : 방출시간[min] S : 포소화약제 사용농도[%]	$Q_W = A \times Q_1 \times T$
② 보조포소화전	$Q = N \times S \times 8{,}000$[L] 여기서, Q : 포소화약제의 양[L] N : 호스 접결구수(3개 이상일 경우 3개) S : 포소화약제의 사용농도[%]	$Q_W = N \times 8{,}000$[L]

구 분	약제량	수원의 양
③ 배관보정	가장 먼 탱크까지의 송액관(내경 75[mm] 이하 제외)에 충전하기 위하여 필요한 양 $$Q = Q_A \times S = \frac{\pi}{4} d^2 \times L \times S \times 1{,}000$$ 여기서, Q : 배관 충전 필요량[L] Q_A : 송액관 충전량[L] S : 포소화약제 사용농도[%]	$Q_W = Q_A$
※ 고정포방출방식 약제저장량 = ① + ② + ③		

(2) 옥내포소화전방식 또는 호스릴방식의 약제저장량

구 분	약제량	수원의 양
옥내포소화전방식 호스릴방식	$$Q = N \times S \times 6{,}000[\text{L}]$$ 여기서, N : 호스접결구수(5개 이상은 5개) S : 포소화약제의 농도[%]	$Q_W = N \times 6{,}000[\text{L}]$

PLUS ONE **바닥면적이 200[m²] 미만일 때 호스릴방식의 약제량**

$Q = N \times S \times 6{,}000[\text{L}] \times 0.75$

39 포헤드(Foam Head)

고정포방출구의 경우에 포가 흘러 방출되는 것과 눈과 같이 살포하여 방출하는 것이다.

(1) 포헤드의 종류

① 포워터 스프링클러헤드(Foam Water Sprinkler Head) : 스프링클러헤드와 구조가 비슷하나 포를 발생하는 하우징이 부착되어 있는 기계포소화설비에만 사용하는 포헤드로 소화약제를 방사할 때 헤드 내의 공기로서 포는 발생하여 포를 디플렉터(Deflector)에 살포하는 헤드

② 포워터 스프레이헤드(Foam Water Spray Head) : 기계포소화설비에 많이 사용하는 헤드로서 헤드에서 공기로 포를 발생하여 물만을 방출할 때는 물분무헤드의 성상을 갖는다.

③ 포호스 노즐(Foam Hose Nozzle) : 소방용 호스의 선단에 부착하여 소방대원의 직접 조작에 의하여 화원에 포를 방사하는 것

(2) 포헤드의 설치

① 포의 팽창비율에 따른 포 방출구

팽창비율에 의한 포의 종류	포방출구의 종류
팽창비가 20 이하인 것(저발포)	포헤드
팽창비가 80 이상 1,000 미만인 것(고발포)	고발포용 고정포방출구

② 포헤드의 설치기준

종 류	포워터스프링클러헤드	포헤드
설치기준	8[m²]마다 1개 이상	9[m²]마다 1개 이상

③ 특정소방대상물에 따른 약제 및 분당 방사량

특정소방대상물	포소화약제의종류	바닥면적1[m^2]당 방사량(이상)[L/min · m^2]
차고 · 주차장 및 항공기 격납고	단백포소화약제	6.5
	합성계면활성제 포소화약제	8.0
	수성막포소화약제	3.7
특수가연물을 저장 · 취급하는 특정소방대상물	단백포소화약제	6.5
	합성계면활성제 포소화약제	6.5
	수성막포소화약제	6.5

40 고정식 방출구(Foam Chamber)의 주입방법

포방출구의 종류	포주입방법	탱크의 종류
Ⅰ형	상부포 주입법	고정지붕구조의 탱크(CRT)
Ⅱ형	상부포 주입법	고정지붕구조의 탱크(CRT)
특형	상부포 주입법	**부상지붕구조의 탱크(FRT)**
Ⅲ형	**저부포 주입법**	고정지붕구조의 탱크(CRT)
Ⅳ형	**저부포 주입법**	고정지붕구조의 탱크(CRT)

41 포소화약제의 혼합장치

(1) 펌프 프로포셔너방식(Pump Proportioner, 펌프혼합방식)

펌프의 토출관과 흡입관 사이의 배관 도중에 설치한 흡입기에 펌프에서 토출된 물의 일부를 보내고 농도조절밸브에서 조정된 포소화약제의 필요량을 포소화약제탱크에서 펌프 흡입측으로 보내어 약제를 혼합하는 방식

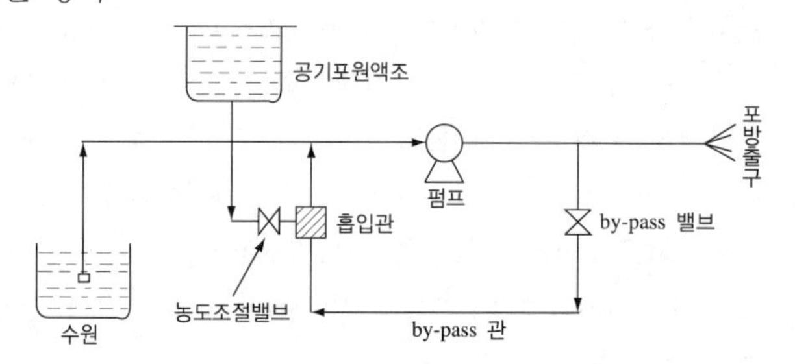

(2) 라인 프로포셔너방식(Line Proportioner, 관로혼합방식)

펌프와 발포기의 중간에 설치된 벤투리관의 벤투리작용에 따라 포소화약제를 흡입 · 혼합하는 방식. 이 방식은 옥외소화전에 연결 주로 1층에 사용하며 원액 흡입력 때문에 송수압력의 손실이 크고, 토출측 호스의 길이, 포원액 탱크의 높이 등에 민감하므로 아주 정밀설계와 시공을 요한다.

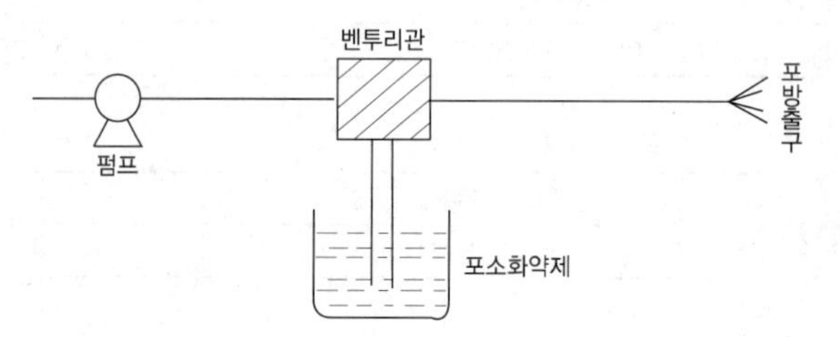

(3) 프레셔 프로포셔너방식(Pressure Proportioner, 차압혼합방식)

펌프와 발포기의 중간에 설치된 벤투리관의 벤투리작용과 펌프 가압수의 포소화약제 저장탱크에 대한 압력에 따라 포소화약제를 흡입·혼합하는 방식. 현재 우리나라에서는 3[%] 단백포 차압혼합방식을 많이 사용하고 있다.

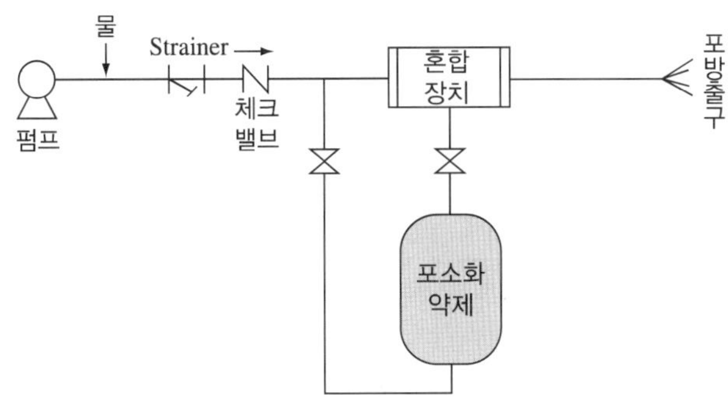

(4) 프레셔 사이드 프로포셔너방식(Pressure Side Proportioner, 압입혼합방식)

펌프의 토출관에 압입기를 설치하여 포소화약제 압입용 펌프로 포소화약제를 압입시켜 혼합하는 방식

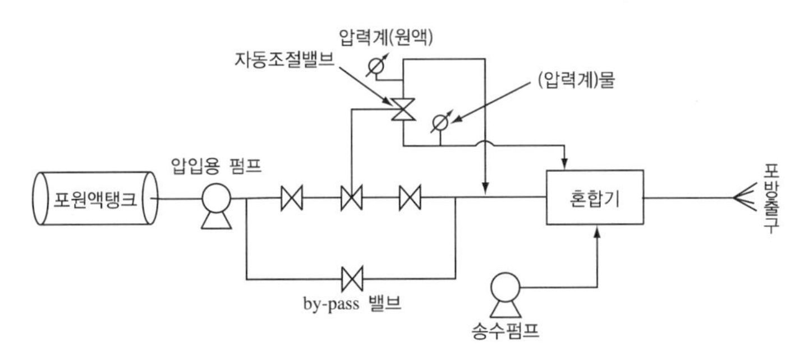

(5) 압축공기포 믹싱체임버방식

압축공기 또는 압축질소를 일정 비율로 포 수용액에 강제 주입 혼합하는 방식

42 포소화약제의 농도 계산

(1) 팽창비

$$팽창비 = \frac{발포된\ 포체적[L]}{포수용액\ 체적[L]} = \frac{발포된\ 포의\ 체적[L]}{\frac{원액의\ 양[L]}{농도[\%]}}$$

(2) 약제의 중량농도

$$약제의\ 중량농도 = \frac{포원액}{포수용액(포원액 + 물)} \times 100$$

43 포소화약제의 기준

(1) 비중 범위

종 류	단백포	합성계면활성제포 및 알코올형포	수성막포
범 위	1.10 이상 1.20 이하	0.90 이상 1.20 이하	1.00 이상 1.15 이하

(2) pH 범위

종 류	단백포	합성계면활성제포	수성막포 및 알코올형포
범 위	6.0 이상 7.5 이하	6.5 이상 8.5 이하	6.0 이상 8.5 이하

(3) 25[%] 환원시간

발포된 포중량의 25[%]가 원래의 포수용액으로 되돌아가는 데 걸리는 시간

포소화약제의 종류	25[%] 환원시간[분]
단백포소화약제	1
합성계면활성제 포소화약제	3
수성막포소화약제	1

제 2 장 가스계 소화설비

1 이산화탄소소화약제의 특징

(1) 장 점

① 오손, 부식, 손상의 우려가 없고 소화 후 흔적이 없다.
② 화재 시 가스이므로 구석까지 침투하므로 소화효과가 좋다.
③ 비전도성이므로 전기설비의 전도성이 있는 장소에 소화가 가능하다.
④ 자체 압력으로도 소화가 가능하므로 가압할 필요가 없다.
⑤ 증거보존이 양호하여 화재원인의 조사가 쉽다.

(2) 단 점

① 소화 시 산소의 농도를 저하시키므로 질식의 우려가 있다.
② 방사 시 액체상태를 영하로 저장하였다가 기화하므로 동상의 우려가 있다.
③ 자체압력으로 소화가 가능하므로 고압 저장 시 주의를 요한다.
④ CO_2 방사 시 소음이 크다.

2 이산화탄소소화설비의 계통도

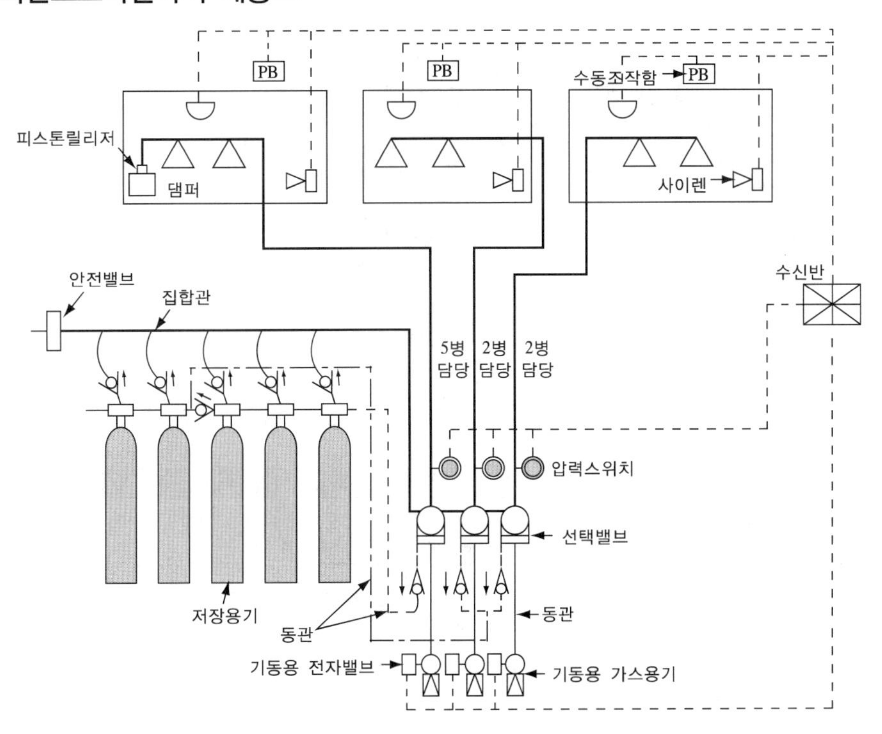

3 이산화탄소소화설비의 종류

(1) 소화약제방출방식에 의한 분류

① 전역방출방식(Total Flooding System) : 고정식 이산화탄소 공급장치에 배관 및 분사헤드를 고정 설치하여 밀폐 방호구역 내에 이산화탄소를 방출하는 설비

② 국소방출방식(Local Aplication Type System) : 고정식 이산화탄소 공급장치에 배관 및 분사헤드를 설치하여 직접 화점에 이산화탄소를 방출하는 설비로 화재발생 부분에만 집중적으로 소화약제를 방출하도록 설치하는 방식

③ 이동식(호스릴식, Portable Installation) : 분사헤드가 배관에 고정되어 있지 않고 소화약제 저장용기에 호스를 연결하여 사람이 직접 화점에 소화약제를 방출하는 이동식 소화설비

(2) 저장방식에 의한 분류

① 고압저장방식 : 15[℃], Gauge압력 **5.3[MPa]**의 압력으로 저장

② 저압저장방식 : −18[℃], Gauge압력 **2.1[MPa]**의 압력으로 저장

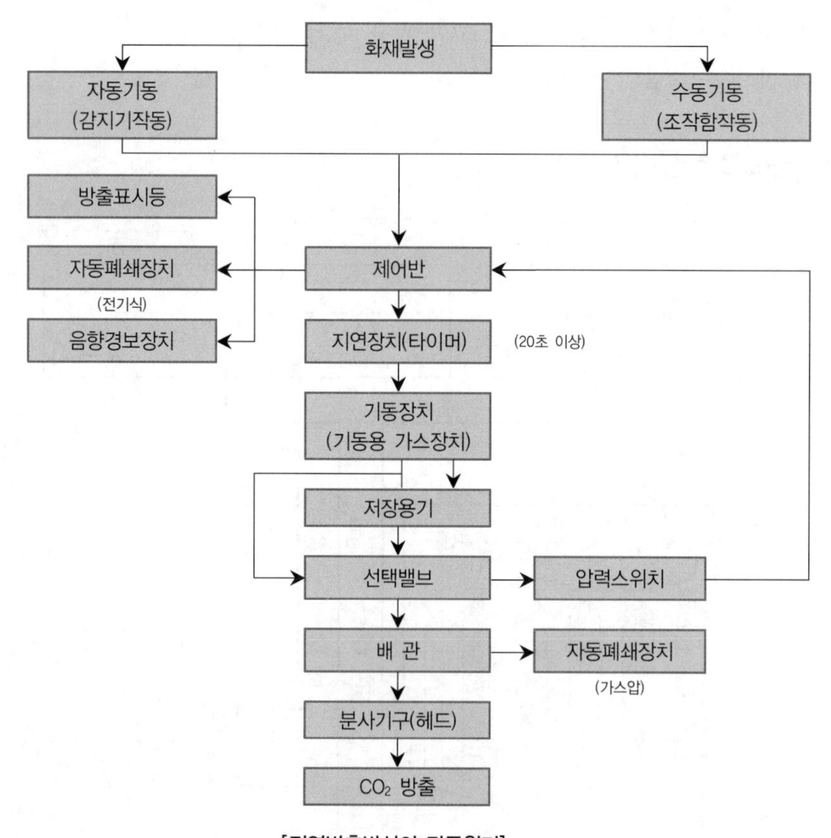

[전역방출방식의 작동원리]

4 이산화탄소소화설비의 사용 부품

명 칭	구 조	설치기준
제어반	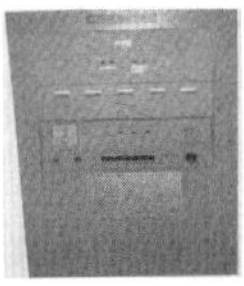	하나의 **특정소방대상물**에 1개가 설치된다.
기동용 솔레노이드밸브		각 **방호구역당 1개씩** 설치한다.
안전밸브		**집합관**에 **1개**를 설치한다.
수동조작함		출입문 부근에 설치하되 **방호구역당 1개씩** 설치한다.
음향경보장치 (사이렌)		사이렌은 실내에 설치하여 화재발생 시 인명을 대피하기 위하여 각 **방호구역당 1개씩** 설치한다.
기동용기		각 **방호구역당 1개씩** 설치한다.
방출표시등		출입문 외부 위에 설치하여 약제가 방출되는 것을 알리는 것으로 각 **방호구역당 1개씩** 설치한다.
선택밸브		**방호구역** 또는 **방호대상물**마다 설치한다.
분사헤드		개수는 방호구역에 방사시간이 충족되도록 설치한다.

가스체크밸브		저장용기와 집합관 사이 : 용기수만큼 역류방지용 : 용기의 병수에 따라 다름 저장용기의 적정 방사용 : 방호구역에 따라 다름
감지기		교차회로방식을 적용하여 각 **방호구역당 2개씩** 설치하여야 한다.
피스톤릴리저		가스방출 시 자동적으로 개구부를 차단시키는 장치로서 각 **방호구역당 1개씩** 설치한다.
압력스위치		각 **방호구역당 1개씩** 설치한다.

5 저장용기와 용기밸브

(1) 저장용기

① 저장용기의 충전비

구 분	저압식	고압식
충전비	1.1 이상 1.4 이하	1.5 이상 1.9 이하

$$\text{충전비} = \frac{\text{용기의 내용적[L]}}{\text{충전하는 탄산가스의 중량[kg]}}$$

② 저장용기는 고압식은 25[MPa] 이상, 저압식은 3.5[MPa] 이상의 내압시험에 합격한 것으로 할 것

③ **저압식 저장용기**의 설치기준

㉠ 내압시험압력의 **0.64배부터 0.8배까지**의 압력에서 작동하는 **안전밸브**를 설치할 것

㉡ 내압시험압력의 **0.8배부터 내압시험압력**에서 작동하는 **봉판**을 설치할 것

㉢ 액면계 및 압력계와 **2.3[MPa] 이상 1.9[MPa] 이하**의 압력에서 작동하는 **압력경보장치**를 설치할 것

㉣ 용기내부의 온도가 **영하 18[℃] 이하**에서 **2.1[MPa] 이상**의 압력을 유지할 수 있는 **자동냉동장치**를 설치할 것

④ 이산화탄소소화약제 **저장용기와 선택밸브** 또는 개폐밸브 사이에는 **내압시험 압력의 0.8배**에서 작동하는 **안전장치**를 설치할 것

[고압식과 저압식의 차이점]

구 분 항 목	고압식	저압식
저장용기	68[L]의 내용적에 48[kg]용기사용	대형탱크 1개 사용
저장압력	20[℃]에서 6[MPa]	−18[℃]에서 2.1[MPa]
충전비	1.5 이상 1.9 이하	1.1 이상 1.4 이하
방사압력	2.1[MPa](헤드 기준)	1.05[MPa](헤드 기준)
배 관	압력배관용 탄소강관(스케줄 80)	압력배관용 탄소강관(스케줄 40)
저장용기의 내압시험압력	25[MPa] 이상	3.5[MPa] 이상
안전장치	안전밸브	안전밸브, 봉판, 압력계, 압력경보장치, 액면계
약제량 측정	현장(액화가스 레벨 미터, 저울)에서 측정	원격감시(이산화탄소 레벨 모니터 이용)
적 응	소용량	대용량

(2) 저장용기의 설치장소 기준

① **방호구역 외의 장소**에 설치할 것(단, 방호구역 내에 설치할 경우에는 조작이 용이하도록 피난구 부근에 설치)

② 온도가 **40[℃] 이하**이고, 온도변화가 적은 곳에 설치할 것

③ 직사광선 및 빗물이 침투할 우려가 없는 곳에 설치할 것

④ 방화문으로 구획된 실에 설치할 것

⑤ 용기의 설치장소에는 해당 용기가 설치된 곳임을 표시하는 표지를 할 것

⑥ 용기 간의 간격은 점검에 지장이 없도록 **3[cm] 이상의 간격**을 유지할 것

⑦ 저장용기와 집합관을 연결하는 **연결배관에는 체크밸브**를 설치할 것(단, 저장용기가 하나의 방호구역만을 담당하는 경우에는 예외)

(3) 용기밸브(Cylinder Valve)

① 개방식과 개폐식이 있는데 개방식은 가스압력, 전자밸브 등 자동조작에 의해 규정량의 탄산가스를 전량 방출하는 방식으로 안전밸브와 액상의 탄산가스를 방출시키는 사이폰관이 부착되어있다.

② 용기밸브에는 18~25[MPa]에서 작동하는 안전밸브(봉판)를 설치할 것

6 분사헤드

(1) 전역방출방식의 분사헤드

① 분사헤드의 방사압력

구 분	고압식	저압식
방사압력	2.1[MPa] 이상	1.05[MPa] 이상

② 특정소방대상물별 약제 방사시간

특정소방대상물	시 간
가연성 액체 또는 가연성 가스 등 표면화재 방호대상물	1분
종이, 목재, 석탄, 섬유류, 합성수지류 등 심부화재 방호대상물 (설계농도가 2분 이내에 30[%] 도달)	7분
국소방출방식	30초

[약제의 방사시간]

설비의 종류		전역방출방식	국소방출방식
이산화탄소소화설비	표면화재(가연성 액체, 가스)	1분	30초
	심부화재(종이, 목재, 석탄 등)	7분	
할론소화설비		10초	10초
할로겐화합물 및 불활성기체 소화설비	할로겐화합물소화약제	10초 이내 95[%] 이상 방출	
	불활성기체 소화약제	A·C급 화재 2분, B급 화재는 1분 이내 95[%] 이상 방출	
분말소화설비		30초	30초

(2) 분사헤드 설치 제외

① 방재실, 제어실 등 **사람이 상시 근무**하는 장소
② 나이트로셀룰로스, 셀룰로이드 제품 등 **자기연소성 물질**을 저장, 취급하는 장소
③ 나트륨, 칼륨, 칼슘 등 **활성 금속물질**을 저장, 취급하는 장소
④ 전시장 등의 관람을 위하여 **다수인이 출입, 통행**하는 통로 및 전시실 등

7 기동장치 설치기준

(1) 수동식 기동장치

① 전역방출방식은 방호구역마다, 국소방출방식은 방호대상물마다 설치할 것
② 해당 방호구역의 출입구 부분 등 조작을 하는 자가 쉽게 피난할 수 있는 장소에 설치할 것
③ **기동장치**의 조작부는 바닥으로부터 높이 **0.8[m] 이상 1.5[m] 이하**의 위치에 설치하고, 보호판 등에 따른 보호장치를 설치할 것
④ 기동장치에는 그 가까운 곳의 보기 쉬운 곳에 "이산화탄소소화설비 기동장치"라고 표시한 표지를 할 것
⑤ 전기를 사용하는 기동장치에는 전원표시등을 설치할 것
⑥ 기동장치의 방출용 스위치는 음향경보장치와 연동하여 조작될 수 있는 것으로 할 것

(2) 자동식 기동장치

① 자동식 기동장치에는 수동으로도 기동할 수 있는 구조로 할 것
② 전기식 기동장치로서 7병 이상의 저장용기를 동시에 개방하는 설비에 있어서는 2병 이상의 저장용기에 **전자개방밸브**를 부착할 것

③ 가스압력식 기동장치의 설치기준

㉠ 기동용 가스용기 및 해당 용기에 사용하는 밸브는 25[MPa] 이상의 압력에 견딜 수 있는 것으로 할 것

㉡ 기동용 가스용기에는 **내압시험압력의 0.8배부터 내압시험압력 이하**에서 작동하는 **안전장치**를 설치할 것

PLUS ONE

기동용 가스용기
- 내용적 : 5[L] 이상
- 충전가스 : 질소 등의 비활성기체
- 충전압력 : 6.0[MPa] 이상(21[℃] 기준)
- 압력게이지 설치

자동식 기동장치
- 정의 : 화재 시 용기밸브를 자동으로 개방시켜 주는 장치
- 종 류
  - **전기식** : 솔레노이드밸브를 용기밸브에 부착하여 화재발생 시 감지기의 작동에 의하여 수신기의 기동출력이 솔레노이드에 전달되어 파괴침이 용기밸브의 봉판을 파괴하여 약제를 방출되는 방식으로 **패키지 타입**에 주로 사용하는 방식이다.
  - **가스압력식** : 감지기의 작동에 의하여 솔레노이드밸브의 파괴침이 작동하면 기동용기가 작동하여 가스압에 의하여 니들밸브의 니들핀이 용기 안으로 움직여 봉판을 파괴하여 약제를 방출되는 방식으로 일반적으로 **주로 사용하는 방식**이다.
  - **기계식** : 용기밸브를 기계적인 힘으로 개방시켜 주는 방식이다.

[솔레노이드밸브]

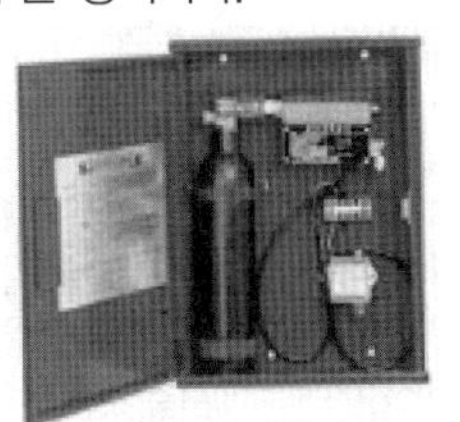
[가스압력식]

8 소화약제 저장량

(1) 전역방출방식

① **표면화재 방호대상물**(가연성 액체, 가연성 가스)

- 자동폐쇄장치가 **설치된 경우**
  탄산가스저장량[kg]=방호구역체적[m^3] × 필요가스량[kg/m^3] × 보정계수
- 자동폐쇄장치가 **설치되지 않는 경우**
  탄산가스저장량[kg]=방호구역체적[m^3] × 필요가스량[kg/m^3] × 보정계수+개구부면적[m^2] × 가산량(5[kg/m^2])

[전역방출방식의 필요 가스량(표면화재)]

방호구역 체적	필요 가스량	최저한도의 양
45[m^3] 미만	1.00[kg/m^3]	45[kg]
45[m^3] 이상 150[m^3] 미만	0.90[kg/m^3]	
150[m^3] 이상 1,450[m^3] 미만	0.80[kg/m^3]	135[kg]
1,450[m^3] 이상	0.75[kg/m^3]	1,125[kg]

② **심부화재 방호대상물**(종이, 목재, 석탄, 섬유류, 합성수지류 등)

> 탄산가스저장량[kg]
> = 방호구역체적[m^3] × 필요가스량[kg/m^3] + 개구부면적[m^2] × 가산량(10[kg/m^2])

[전역방출방식의 필요가스량(심부화재)]

방호대상물	필요가스량	설계농도
유압기기를 제외한 전기설비, 케이블실	1.3[kg/m^3]	50[%]
체적 55[m^3] 미만의 전기설비	1.6[kg/m^3]	50[%]
서고, 전자제품창고, 목재가공품창고, 박물관	**2.0[kg/m^3]**	65[%]
고무류 · **면화류 창고**, 모피 창고, 석탄창고, 집진설비	**2.7[kg/m^3]**	75[%]

(2) 국소방출방식

특정소방대상물	약제 저장량[kg]	
	고압식	저압식
윗면이 개방된 용기에 저장하는 경우와 화재 시 연소면이 한정되고, 가연물이 비산할 우려가 없는 경우	방호대상물의 표면적[m^2] × 13[kg/m^2] × 1.4	방호대상물의 표면적[m^2] × 13[kg/m^2] × 1.1
상기 이외의 것	방호공간의 체적[m^3] $\times\left(8-6\frac{a}{A}\right)$[kg/m^3] × 1.4	방호공간의 체적[m^3] $\times\left(8-6\frac{a}{A}\right)$[kg/m^3] × 1.1

① **방호공간** : 방호대상물의 각 부분으로부터 0.6[m]의 거리에 따라 둘러싸인 공간

② a = 방호대상물 주위에 설치된 벽 면적의 합계[m^2]

A = 방호공간의 벽면적(벽이 없는 경우에는 벽이 있는 것으로 가정한 해당 부분의 면적)의 합계[m^2]

(3) 호스릴방식 비교

설비의 종류		약제저장량	분당 방사량
이산화탄소화설비		90[kg] 이상	60[kg] 이상
할론 소화설비	할론 1301	45[kg] 이상	35[kg] 이상
	할론 1211	50[kg] 이상	40[kg] 이상
	할론 2402	50[kg] 이상	45[kg] 이상

분말 소화설비	제1종 분말	50[kg] 이상	45[kg] 이상
	제2종, 제3종 분말	30[kg] 이상	27[kg] 이상
	제4종 분말	20[kg] 이상	18[kg] 이상

(4) 이산화탄소 공식

① 방사 시 CO_2 농도

$$CO_2\text{ 농도[\%]} = \frac{21 - O_2}{21} \times 100$$

여기서, O_2 : 산소의 농도[%]

② 방사 시 CO_2 농도

$$CO_2\text{ 농도[\%]} = \frac{\text{방출된 } CO_2 \text{ 체적}[m^3]}{\text{방호구역 체적}[m^3] + \text{방출된 } CO_2 \text{ 체적}[m^3]} \times 100$$

③ 방사 시 CO_2 가스량

$$Q = \frac{21 - O_2}{O_2} \times V$$

여기서, Q : 방출된 CO_2 가스량[m^3]
Q_2 : 물질의 연소한계 산소농도[%] 또는 측정된 산소농도[%]
V : 방호구역 체적[m^3]

④ 액화 이산화탄소 증발량

$$CO_2\text{ 증발량[kg]} = \frac{4.19 \times P_{wt} \times C \times (T_1 - T_2)}{H}$$

여기서, P_{wt} : 배관의 중량[kg]
C : 배관 재료의 비열[kcal/kg · ℃]
T_1 : CO_2 방출 전 배관 평균온도[℃]
T_2 : CO_2 방출하는 동안 배관평균온도[℃]
H : 액화 CO_2의 증발잠열[kJ/kg]

⑤ 헤드의 분구면적

$$\text{분구면적}[cm^2] = \frac{\text{헤드 1개의 방출량[kg/s]}}{\text{헤드의 방출압력에 대한 방출량}[kg/s \cdot cm^2]}$$

9 이산화탄소소화설비의 조치방법

(1) 화재목격자의 수동조작방법

① 화재실 내에 근무자가 있는지를 확인한다.

② 수동조작함의 문을 열면 경보음인 사이렌이 울린다.

③ 화재실 내에 근무자가 대피한 것을 확인하고 수동조작함의 조작스위치를 누른다.
④ 화재발생 사실을 제어반으로 통보한다(화재감지기 동작 시 작동과 동일하게 설비가 작동된다).

(2) 상용전원 및 비상전원이 고장일 경우 수동조작방법

① 화재발생구역에 화재발생을 알려 실내의 인명을 대피시킨다.
② 개구부 및 출입문 등을 수동으로 폐쇄시킨다.
③ 약제저장실로 이동하여 해당구역의 기동용기함의 문을 열고 솔레노이드의 안전클립을 제거한다.
④ 솔레노이드밸브의 수동조작버튼을 눌러서 작동시킨다.
⑤ 기동용기의 가스압력으로 해당 선택밸브와 저장용기를 개방시켜 약제를 집합관을 통해 헤드로 방출된다.
⑥ 가스의 압력으로 피스톤릴리저가 작동하여 방화댐퍼 또는 환기장치를 폐쇄시킨다.

10 할론 소화설비의 특징

(1) 장 점

① 오손, 부식, 손상의 우려가 없고 소화 후 흔적이 없다.
② 가스이므로 내부까지 침투하므로 소화효과가 좋다.
③ 비전도성이므로 전기(C급)화재에 적합하다.
④ 저농도로 소화가 가능하고 질식의 우려가 없다.
⑤ 약제로 인한 부식이나 독성이 거의 없다.

(2) 단 점

① 생산과 공급이 중단되어 안정적인 수급이 불가능하다.
② CFC계열의 약제는 오존층을 파괴하는 환경오염원이다.
③ A급 화재에는 적응성이 낮다.
④ 약제가 고가이다.

11 용어 정의

(1) 오존파괴지수(ODP)

어떤 물질의 오존파괴능력을 상대적으로 나타내는 지표

$$ODP = \frac{\text{어떤 물질 1[kg]이 파괴하는 오존량}}{CFC-11(CFCl_3)\,1[kg]\text{이 파괴하는 오존량}}$$

(2) 지구온난화지수(GWP)

어떤 물질이 기여하는 온난화 정도를 상대적으로 나타내는 지표

$$GWP = \frac{\text{어떤 물질 1[kg]이 기여하는 온난화 정도}}{CO_2\ 1[kg]\text{이 기여하는 온난화 정도}}$$

(3) NOAEL(No Observed Adverse Effect Level)

심장 독성시험 시 심장에 영향을 미치지 않는 최대 허용농도

(4) LOAEL(Lowest Observed Adverse Effect Level)

심장 독성시험 시 심장에 영향을 미칠 수 있는 최소 허용농도

12 할론 소화설비의 계통도

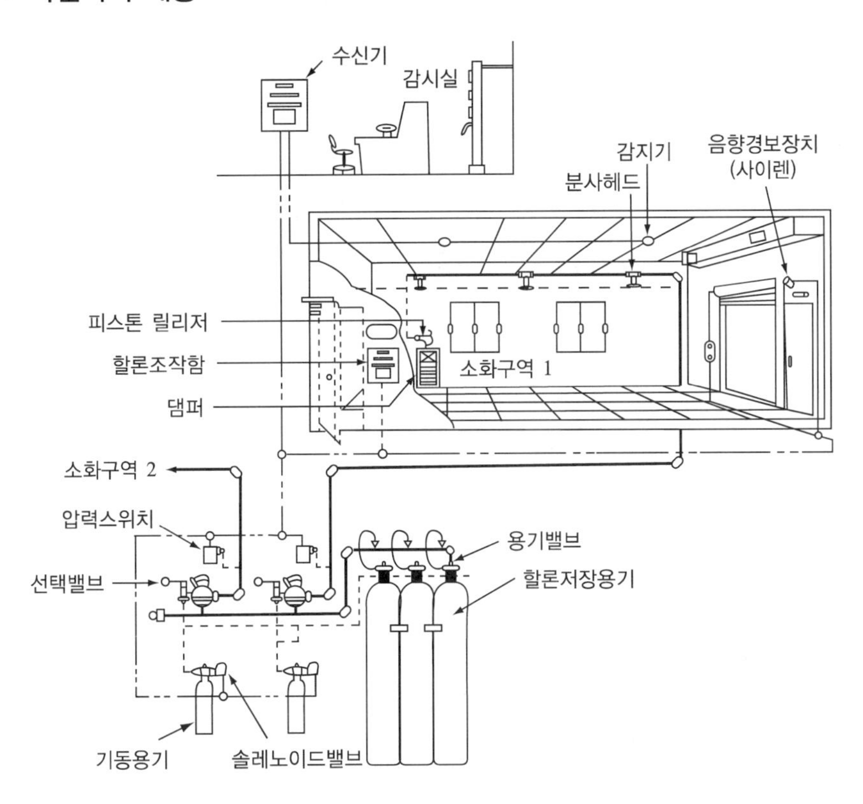

13 저장용기, 가압용 가스용기

(1) 축압식 저장용기의 압력

약 제	할론 1301	할론 1211
저압식	2.5[MPa]	1.1[MPa]
고압식	4.2[MPa]	2.5[MPa]

(2) 저장용기의 충전비

약 제	할론 1301	할론 1211	할론 2402	
충전비	0.9 이상 1.6 이하	0.7 이상 1.4 이하	가압식	0.51 이상 0.67 미만
			축압식	0.67 이상 2.75 이하

(3) 가압용 가스용기

① 충전가스 : 질소(N_2)

② 충전압력 : 2.5[MPa] 또는 4.2[MPa]

14 할론 소화약제 저장량

(1) 전역방출방식

할론가스저장량[kg] = 방호구역체적[m^3]×필요가스량[kg/m^3]+개구부면적[m^2]×가산량[kg/m^2]

[전역방출방식의 할론 필요가스량]

특정소방대상물 또는 그 부분	소화약제	필요가스량	가산량 (자동폐쇄장치 미설치 시)
차고·주차장·전기실·통신기기실·전산실 등	할론 1301	0.32~0.64[kg/m^3]	2.4[kg/m^2]
가연성 고체류·석탄류·목탄류·가연성 액체류	할론 2402	0.40~1.1[kg/m^3]	3.0[kg/m^2]
	할론 1211	0.36~0.71[kg/m^3]	2.7[kg/m^2]
	할론 1301	0.32~0.64[kg/m^3]	2.4[kg/m^2]
면화류·나무껍질 및 대패밥·넝마 및 종이부스러기·사류 및 볏짚류	할론 1211	0.60~0.71[kg/m^3]	4.5[kg/m^2]
	할론 1301	0.52~0.64[kg/m^3]	3.9[kg/m^2]
합성수지류	할론 1211	0.36~0.71[kg/m^3]	2.7[kg/m^2]
	할론 1301	0.32~0.64[kg/m^3]	2.4[kg/m^2]

(2) 국소방출방식

[국소방출방식의 약제저장량]

소화약제의 종별	약제저장량[kg]		
	할론 2402	할론 1211	할론 1301
윗면이 개방된 용기에 저장하는 경우와 화재 시 연소면이 1면에 한정되고 가연물이 비산할 우려가 없는 경우	방호대상물의 표면적[m^2] $\times 8.8[\text{kg/m}^2]\times 1.1$	방호대상물의 표면적[m^2] $\times 7.6[\text{kg/m}^2]\times 1.1$	방호대상물의 표면적[m^2] $\times 6.8[\text{kg/m}^2]\times 1.25$
상기 이외의 경우	방호공간의 체적[m^3] $\times\left(X-Y\frac{a}{A}\right)[\text{kg/m}^3]\times 1.1$	방호공간의 체적[m^3] $\times\left(X-Y\frac{a}{A}\right)[\text{kg/m}^3]\times 1.1$	방호공간의 체적[m^3] $\times\left(X-Y\frac{a}{A}\right)[\text{kg/m}^3]\times 1.25$

① **방호공간** : 방호대상물의 각 부분으로부터 0.6[m]의 거리에 따라 둘러싸인 공간

② a : 방호대상물의 주위에 설치된 벽의 면적 합계[m^2]

③ A : 방호공간의 벽면적(벽이 없는 경우에는 벽이 있는 것으로 가정한 해당 부분의 면적)의 합계[m^2]

④ X 및 Y : 수치

소화약제의 종별	X의 수치	Y의 수치
할론 2402	5.2	3.9
할론 1211	4.4	3.3
할론 1301	4.0	3.0

(3) 호스릴방식

[분사헤드의 방사압력]

종 별	방사압력
할론 2402	0.1[MPa] 이상
할론 1211	0.2[MPa] 이상
할론 1301	0.9[MPa] 이상

(4) 할론약제 공식

① 방출된 할론 가스량

$$G = \frac{21 - O_2}{O_2} \times V$$

여기서, G : 방출된 할론의 가스량[m^3]
O_2 : 물질의 연소한계 산소농도[%] 또는 측정된 산소농도[%]
V : 방호구역 체적[m^3]

② 할론 농도

$$\text{할론 농도[\%]} = \frac{21 - O_2}{21} \times 100$$

여기서, O_2 : 산소의 농도[%]

③ 할론 농도

$$\text{할론 농도[\%]} = \frac{\text{방출된 할론체적}[m^3]}{\text{방호구역 체적}[m^3] + \text{방출된 할론체적}[m^3]} \times 100$$

※ 할론 1301의 분자량=148.9

15 할로겐화합물 및 불활성기체 소화설비의 정의

(1) 할로겐화합물 및 불활성기체 소화약제

할로겐화합물(할론 1301, 할론 2402, 할론 1211 제외) 및 불활성기체로서 전기적으로 비전도성이며 휘발성이 있거나 증발 후 잔여물을 남기지 않는 소화약제

(2) 할로겐화합물 소화약제

플루오린(F), 염소(Cl), 브롬(Br) 또는 **아이오딘(I)** 중 하나 이상의 원소를 포함하고 있는 유기화합물을 기본성분으로 하는 소화약제

(3) 불활성기체 소화약제

헬륨(He), 네온(Ne), 아르곤(Ar) 또는 **질소가스(N_2)** 중 하나 이상의 원소를 기본성분으로 하는 소화약제

16 할로겐화합물 및 불활성기체 소화약제의 종류

소화약제	화학식
퍼플루오르부탄(이하 "FC-3-1-10"이라 한다)	C_4F_{10}
하이드로클로로플루오르카본혼화제 (이하 "HCFC BLEND A"라 한다)	HCFC-123($CHCl_2CF_3$) : 4.75[%] HCFC-22($CHClF_2$) : 82[%] HCFC-124($CHClFCF_3$) : 9.5[%] $C_{10}H_{16}$: 3.75[%]
클로로테트라플루오르에탄(이하 "HCFC-124"라한다)	$CHClFCF_3$
펜타플루오르에탄(이하 "HFC-125"라 한다)	CHF_2CF_3
헵타플루오르프로판(이하 "HFC-227ea"라 한다)	CF_3CHFCF_3
트라이플루오르메탄(이하 "HFC-23"라 한다)	CHF_3
헥사플루오르프로판(이하 "HFC-236fa"라 한다)	$CF_3CH_2CF_3$
트라이플루오르이오다이드(이하 "FIC-13I1"라 한다)	CF_3I
불연성·불활성기체 혼합가스(이하 "IG-01"이라 한다)	Ar
불연성·불활성기체 혼합가스(이하 "IG-100"이라 한다)	N_2
불연성·불활성기체 혼합가스(이하 "IG-541"이라 한다)	N_2 : 52[%], Ar : 40[%], CO_2 : 8[%]
불연성·불활성기체 혼합가스(이하 "IG-55"이라 한다)	N_2 : 50[%], Ar : 50[%]
도데카플루오르-2-메틸펜탄-3-원(이하 "FK-5-1-12"이라 한다)	$CF_3CF_2C(O)CF(CF_3)_2$

17 소화약제의 분류

(1) 할로겐화합물 계열

계 열	정 의	해당 물질
HFC(Hydro Fluoro Carbons)계열	C(탄소)에 F(플루오린)과 H(수소)가 결합된 것	HFC-125, HFC-227ea HFC-23, HFC-236fa
HCFC(Hydro Chloro Fluoro Carbons)계열	C(탄소)에 Cl(염소), F(플루오린), H(수소)가 결합된 것	HCFC-BLEND A, HCFC-124
FIC(Fluoro Iodo Carbons) 계열	C(탄소)에 F(플루오린)과 I(아이오딘)이 결합된 것	FIC-13I1
FC(PerFluoro Carbons)계열	C(탄소)에 F(플루오린)이 결합된 것	FC-3-1-10, FK-5-1-12

(2) 불활성기체 계열

종 류	화학식
IG-01	Ar
IG-100	N_2

IG－55	N_2(50[%]), Ar(50[%])
IG－541	N_2(52[%]), Ar(40[%]), CO_2(8[%])

18 할로겐화합물 및 불활성기체약제의 구비조건

(1) 독성이 낮고 설계농도는 NOAEL 이하일 것

(2) 오존파괴지수(ODP), 지구온난화지수(GWP)가 낮을 것

(3) 소화효과는 할론소화약제와 유사할 것

(4) 비전도성이고 소화 후 증발잔유물이 없을 것

(5) 저장 시 분해하지 않고 용기를 부식시키지 않을 것

19 소화약제의 설치 제외 장소

(1) 사람이 상주하는 곳으로 최대허용설계농도를 초과하는 장소

(2) **제3류 위험물** 및 **제5류 위험물**을 사용하는 장소

20 소화약제의 저장용기

(1) 저장용기의 표시사항

① 약제명
② 저장용기의 자체중량과 총중량
③ 충전일시
④ 충전압력
⑤ 약제의 체적

(2) 재충전 또는 교체시기

약제량 손실이 5[%] 초과 또는 **압력손실이 10[%] 초과** 시(단, 불활성기체 소화약제 : 압력손실이 5[%] 초과 시)

21 소화약제의 저장량

(1) 할로겐화합물 소화약제

$$W = \frac{V}{S} \times \left(\frac{C}{100 - C}\right)$$

여기서, W : 소화약제의 무게[kg]
V : 방호구역의 체적[m^3]
C : 소화약제의 설계농도[%][= 소화농도 × 안전계수(A · C급 : 1.2 / B급 : 1.3)]

t : 방호구역의 최소예상온도[℃]
S : 소화약제별 선형상수($K_1 + K_2 \times t$)[m³/kg]

(2) 불활성기체 소화약제

$$X = 2.303\frac{V_S}{S} \times \log 10\left(\frac{100}{100-C}\right)$$

여기서, X : 공간용적에 더해진 소화약제의 부피[m³]
C : 소화약제의 설계농도[%] [= 소화농도 × 안전계수(A · C급 : 1.2 / B급 : 1.3)]
V_S : 20[℃]에서 소화약제의 비체적[m³/kg]
t : 방호구역의 최소예상온도[℃]
S : 소화약제별 선형상수($K_1 + K_2 \times t$)[m³/kg]

소화약제	K_1	K_2
IG-01	0.5685	0.00208
IG-100	0.7997	0.00293
IG-541	0.65799	0.00239
IG-55	0.6598	0.00242

22 소화약제의 분사헤드

(1) 헤드 설치높이

① 최소 0.2[m] 이상 최대 3.7[m] 이하로 하여야 하며 천장높이가 3.7[m]를 초과할 경우에는 추가로 다른 열의 분사헤드를 설치할 것. 다만, 분사헤드의 성능인정 범위 내에서 설치하는 경우에는 그러하지 아니하다.

② 분사헤드의 오리피스의 면적은 분사헤드가 연결되는 배관구경면적의 70[%]를 초과하여서는 아니 된다.

(2) 방사시간을 10초 이내로 제한하는 이유

① 약제방출 시 발생하는 독성의 부산물인 HBr, HF, HCN, HCl, CO 등인데 HF 발생이 가장 큰 문제이다.

② 방사시간이 짧을수록 열분해생성물인 HF 등의 발생을 억제할 수 있다.

③ 생성되는 부산물인 HF를 최소화하여 독성 물질의 발생을 감소시켜 생명의 안전을 도모하기 위한 것이다.

23 분말소화약제의 종류

(1) 약제의 종류

종 류	주성분	적응화재	착색(분말의 색)
제1종 분말	$NaHCO_3$(중탄산나트륨, 탄산수소나트륨)	B, C급	백 색
제2종 분말	$KHCO_3$(중탄산칼륨, 탄산수소칼륨)	B, C급	담회색
제3종 분말	$NH_4H_2PO_4$(인산암모늄, 제일인산암모늄)	A, B, C급	담홍색, 황색
제4종 분말	$KHCO_3$ + $(NH_2)_2CO$	B, C급	회 색

(2) 분말약제의 열분해반응식

① 제1종 분말 : $2NaHCO_3 \rightarrow Na_2CO_3 + CO_2 + H_2O$

② 제2종 분말 : $2KHCO_3 \rightarrow K_2CO_3 + CO_2 + H_2O$

③ 제3종 분말 : $NH_4H_2PO_4 \rightarrow NH_3 + HPO_3 + H_2O$

④ 제4종 분말 : $2KHCO_3 + (NH_2)_2CO \rightarrow K_2CO_3 + 2NH_3 + 2CO_2$

24 분말소화약제 저장용기

(1) 저장용기의 내용적

소화약제의 종별	소화약제 1[kg]당 저장용기의 내용적
제1종 분말(탄산수소나트륨을 주성분으로 한 분말)	0.8[L]
제2종 분말(탄산수소칼륨을 주성분으로 한 분말)	1.0[L]
제3종 분말(인산염을 주성분으로 한 분말)	1.0[L]
제4종 분말(탄산수소칼륨과 요소가 화합된 분말)	1.25[L]

(2) 안전밸브의 작동압력

① 가압식 : 최고사용압력의 1.8배 이하

② 축압식 : 내압시험압력의 0.8배 이하

25 분말소화약제 저장량

(1) 전역방출방식

소화약제 저장량[kg]
= 방호구역 체적[m^3] × 소화약제량[kg/m^3] +개구부의 면적[m^2] × 가산량[kg/m^2]

※ 개구부의 면적은 자동폐쇄장치가 설치되어 있지 않는 면적이다.

[분말소화약제의 소화약제량]

약제의 종류	소화약제량	가산량
제1종 분말	0.60[kg/m^3]	4.5[kg/m^2]
제2종 또는 제3종 분말	0.36[kg/m^3]	2.7[kg/m^2]
제4종 분말	0.24[kg/m^3]	1.8[kg/m^2]

(2) 국소방출방식

$$Q = \left(X - Y\frac{a}{A}\right) \times 1.1$$

여기서, Q : 방호공간에 1[m^3]에 대한 분말소화약제의 양[kg/m^3]
a : 방호대상물의 주변에 설치된 벽면적의 합계[m^2]
A : 방호공간의 벽면적의 합계[m^2]
X 및 Y : 수치

소화약제의 종별	X의 수치	Y의 수치
제1종 분말	5.2	3.9
제2종 분말 또는 제3종 분말	3.2	2.4
제4종 분말	2.0	1.5

(3) 호스릴방식

약제저장량[kg] = 노즐 수 × 소화약제의 양

소화약제의 종별	소화약제 저장량	분당 방사량
제1종 분말	50[kg]	45[kg]
제2종 분말 또는 제3종 분말	30[kg]	27[kg]
제4종 분말	20[kg]	18[kg]

26 분말소화설비의 배관청소량

종류 \ 가스	질소(N_2)	이산화탄소(CO_2)
가압식	40[L/kg] 이상	약제 1[kg]에 대하여 20[g]에 배관 청소에 필요량을 가산한 양 이상
축압식	10[L/kg] 이상	약제 1[kg]에 대하여 20[g]에 배관 청소에 필요량을 가산한 양 이상

※ 배관의 **청소에 필요한 양**의 가스는 **별도의 용기**에 저장할 것

27 분말소화설비의 정압작동장치

(1) 기 능

15[MPa]의 압력으로 충전된 가압용 가스용기에서 1.5~2.0[MPa]로 감압하여 저장용기에 보내어 약제와 혼합하여 소정의 방사압력에 달하여(통상 15~30초) **주밸브를 개방**시키기 위하여 설치하는 것으로 저장용기의 압력이 낮을 때는 열려 가스를 보내고 적정압력에 달하면 정지하는 구조로 되어 있다.

(2) 종 류

① 압력스위치(가스압식)방식 : 분말약제 저장용기에 유입된 가스압력에 의하여 설정된 압력이 되면 압력스위치가 압력을 감지하여 전자밸브를 개방시켜 메인밸브를 개방시키는 방식

② 기계적(스프링식) 방식 : 분말약제 저장용기에 유입된 가스압력에 의하여 밸브의 레버를 당겨서 가스의 통로를 개방, 가스를 메인밸브로 보내어 메인밸브를 개방시키는 방식

③ 전기식(타이머) 방식 : 분말약제 저장용기에 유입된 가스가 설정된 압력에 도달하는 시간을 미리 산출하여 시한릴레이에 입력시키고 기동과 동시에 시한릴레이를 작동케 하여 입력 시간이 지나면 릴레이가 작동 전자밸브를 개방하여 메인밸브를 개방시키는 방법

28 분말소화설비의 배관

(1) 동관을 사용하는 경우의 배관은 고정압력 또는 최고사용압력의 **1.5배** 이상의 압력에 견딜 수 있는 것을 사용할 것

(2) 저장용기 등으로 부터 배관의 굴절부까지의 거리는 배관 **내경의 20배 이상**으로 할 것

(3) 주밸브에서 헤드까지의 배관의 분기는 **방사량**과 **방사압력**을 일정하기 위해서 전부 **토너먼트 방식**으로 할 것

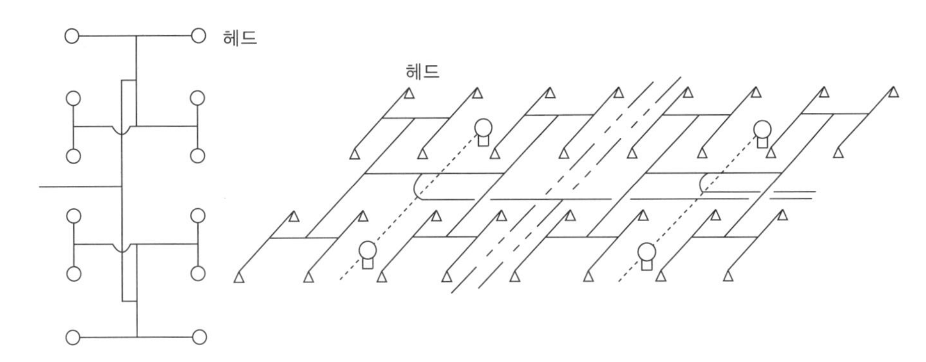

[토너먼트방식]

제 3 장 소화활동설비

1 제연설비의 종류

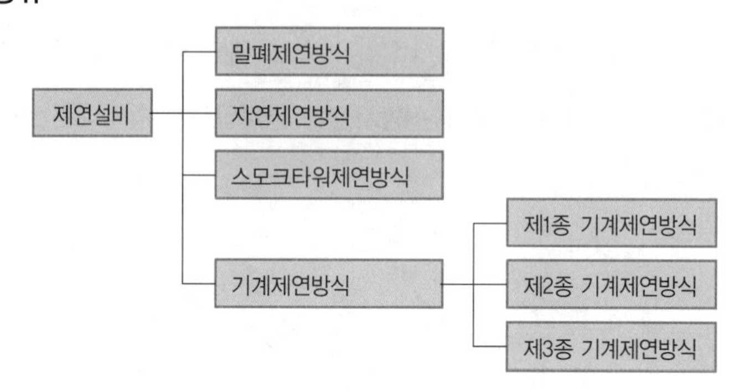

(1) 밀폐제연방식

화재발생 시 연기를 밀폐하여 연기의 외부유출, 외부의 신선한 공기의 유입을 막아 제연하는 방식

(2) 자연제연방식

화재 시 발생되는 온도 상승에 의해 발생한 부력 또는 외부 공기의 흡출효과에 의하여 내부의 실 상부에 설치된 창 또는 전용의 제연구로부터 연기를 옥외로 배출하는 방식

(3) 스모크타워제연방식

전용 샤프트를 설치하여 건물 내・외부의 온도차와 화재 시 발생되는 열기에 의한 밀도 차이를 이용하여 지붕외부의 **루프모니터** 등을 이용하여 옥외로 배출・환기시키는 방식

(4) 기계제연방식

① **제1종** 기계제연방식 : **제연팬**으로 **급기**와 **배기**를 동시에 행하는 제연방식
② **제2종** 기계제연방식 : **제연팬**으로 **급기**를 하고 자연배기를 하는 제연방식
③ **제3종** 기계제연방식 : **제연팬**으로 **배기**를 하고 자연급기를 하는 제연방식

2 제연구역의 기준

① 하나의 제연구역의 면적을 1,000[m^2] 이내로 할 것
② 거실과 통로(복도포함)는 상호 제연구획할 것
③ 통로상의 제연구역은 보행 중심선의 길이가 60[m]를 초과하지 아니할 것
④ 하나의 제연 구역은 직경 60[m] 원 내에 들어갈 수 있을 것
⑤ 하나의 구역은 2개 이상 층에 미치지 아니하도록 할 것

3 제연설비의 소요배출량

(1) 바닥면적 400[m^2] 미만인 거실의 예상제연구역 배출량

① 바닥면적 1[m^2]당 [m^3/min] 이상으로 하되, 예상제연구역 전체에 대한 **최저 배출량은**

5,000[m³/h] 이상으로 할 것. 다만, 예상제연구역이 다른 거실의 피난을 위한 **경유거실**인 경우에는 그 예상제연구역의 배출량은 이 **기준량에 1.5배** 이상으로 한다.

㉠ 피난을 위한 경유거실이 아닌 경우

$$Q_V = S \times 1[\mathrm{m^3/min \cdot m^2}] \times 60[\mathrm{min/h}]$$

여기서, Q_V : 배출량[m³/h]　　S : 바닥면적[m²]

㉡ 피난을 위한 **경유거실인 경우**

$$Q_V = S \times 1[\mathrm{m^3/min \cdot m^2}] \times 60[\mathrm{min/h}] \times 1.5$$

여기서, Q_V : 배출량[m³/h]　　S : 바닥면적[m²]

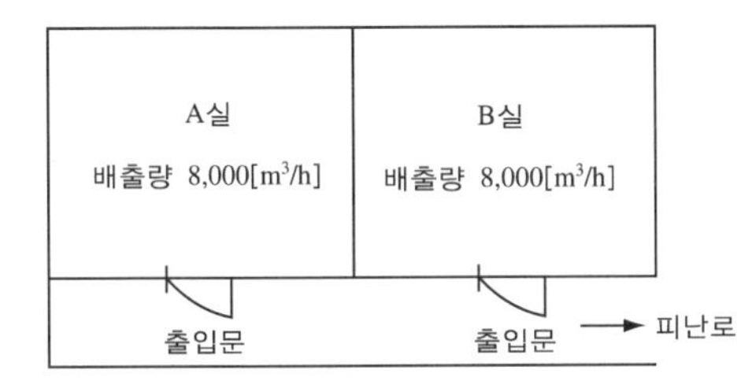

[피난을 위한 경유 거실이 아닌 경우]

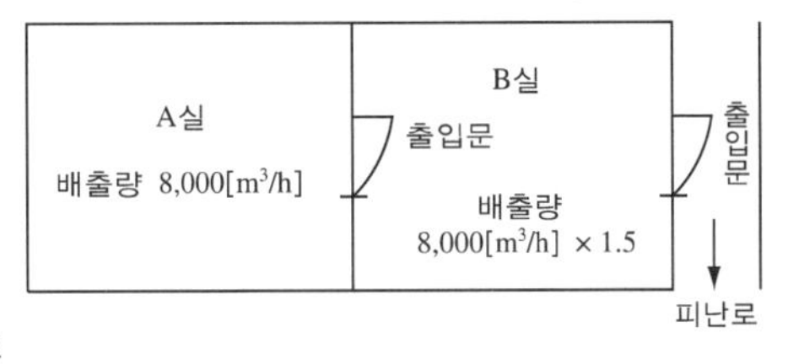

[피난을 위한 경유 거실인 경우]

② 예상제연구역의 바닥 면적이 50[m²] 미만이며 통로배출방식으로 하는 경우

통로 길이	수직거리	배출량	비 고
40[m] 이하	2[m] 이하	25,000[m³/h]	벽으로 구획된 경우를 포함한다.
	2[m] 초과 2.5[m] 이하	30,000[m³/h]	
	2.5[m] 초과 3[m] 이하	35,000[m³/h]	
	3[m] 초과	45,000[m³/h]	
40[m] 초과 60[m] 이하	2[m] 이하	30,000[m³/h]	벽으로 구획된 경우를 포함한다.
	2[m] 초과 2.5[m] 이하	35,000[m³/h]	
	2.5[m] 초과 3[m] 이하	40,000[m³/h]	
	3[m] 초과	50,000[m³/h]	

(2) 바닥면적 400[m²] 이상인 거실의 예상제연구역 배출량

① 예상제연구역이 직경 **40[m]인 원의 범위 안에 있을 경우**에는 배출량이 **40,000[m³/h] 이상**으로 할 것. 다만, 예상제연구역이 제연경계로 구획된 경우에는 그 수직거리에 따라 배출량은 다음 표에 의한다.

수직거리	배출량
2[m] 이하	40,000[m³/h] 이상
2[m] 초과 2.5[m] 이하	45,000[m³/h] 이상
2.5[m] 초과 3[m] 이하	50,000[m³/h] 이상
3[m] 초과	60,000[m³/h] 이상

② 예상제연구역이 직경 **40[m]인 원의 범위를 초과할 경우**에는 배출량이 **45,000[m³/h] 이상**으로 할 것. 다만, 예상제연구역이 제연경계로 구획된 경우에는 그 수직거리에 따라 배출량은 다음 표에 의한다.

수직거리	배출량
2[m] 이하	45,000[m³/h] 이상
2[m] 초과 2.5[m] 이하	50,000[m³/h] 이상
2.5[m] 초과 3[m] 이하	55,000[m³/h] 이상
3[m] 초과	65,000[m³/h] 이상

(3) 예상제연구역이 통로인 경우의 배출량

45,000[m³/h] 이상으로 할 것. 다만, 예상제연구역이 제연경계로 구획된 경우에는 그 수직거리에 따라 배출량은 다음 표에 의한다.

수직거리	배출량
2[m] 이하	45,000[m³/h] 이상
2[m] 초과 2.5[m] 이하	50,000[m³/h] 이상
2.5[m] 초과 3[m] 이하	55,000[m³/h] 이상
3[m] 초과	65,000[m³/h] 이상

4 배출풍도

(1) 배출풍도

① 배출풍도는 아연도금강판 등 내식성·내열성이 있는 것으로 할 것

② 배출기 **흡입측** 풍도 안의 풍속은 **15[m/s]** 이하로 하고, **배출측**의 풍속은 **20[m/s]** 이하로 할 것

유입풍도 안의 풍속 : 20[m/s] 이하

(2) 강판의 두께에 따른 배출풍도의 크기

풍도단면의 긴변 또는 직경의 크기	450[mm] 이하	450[mm] 초과 750[mm] 이하	750[mm] 초과 1,500[mm] 이하	1,500[mm] 초과 2,250[mm] 이하	2,250[mm] 초과
강판두께	0.5[mm]	0.6[mm]	0.8[mm]	1.0[mm]	1.2[mm]

5 원심식 송풍기

(1) 터보팬(Turbo Fan)

깃의 각도가 90°보다 작으며 외형은 크고 효율은 가장 크다.

(2) 다익팬(시로코팬)

Sirocco Fan : 깃의 각도가 90°보다 크며 풍량이 가장 크다.

PLUS ONE **다익팬의 특징**
- 비교적 큰 풍량을 얻을 수 있다.
- 설치공간이 적다.
- 깃의 설치각도가 90°보다 크다.
- 풍량에 따른 풍압의 변화가 적다.

(3) 익형팬

익형의 깃을 가지며 가격이 비싸고 효율이 좋다.

(4) 한계부하팬

깃의 형태는 S자인 회전자를 가지며 설계점 이상의 풍량이 되어도 축동력은 증가하지 않는다.

(5) 반경류팬

깃의 각도가 90°이며 다익팬에 비해 깃수가 적고, 깃폭이 짧다.

6 댐퍼(Damper)의 종류

(1) 구조상에 의한 분류

① **솔레노이드댐퍼(Solenoid Damper ; SD)** : 솔레노이드가 누르게 핀을 이동시켜 작동되는 것으로 개구부 면적이 작은 장소에 설치한다.

② **모터댐퍼(Motor Damper ; MD)** : 모터가 누르게 핀을 이동시켜 작동되는 것으로 개구부 면적이 큰 장소에 설치한다.

③ **퓨즈댐퍼(Fuse Damper)** : 온도가 70[℃] 이상이 되면 퓨즈가 용융되어 자동으로 폐쇄되는 댐퍼

(2) 기능상에 의한 분류

① **풍량조절댐퍼** : 수동이나 자동으로 댐퍼의 개구율을 조절하여 덕트 내의 배출량을 조절하는 댐퍼

② **방연댐퍼** : 연기감지기가 작동되었을 때 연동하여 자동으로 폐쇄되는 댐퍼

③ **방화댐퍼** : 연기감지기 또는 퓨즈메탈의 용융과 함께 작동하여 폐쇄되는 댐퍼

7 배출기의 용량

$$동력[\text{kW}] = \frac{Q[\text{m}^3/\text{min}] \times P_r[\text{mmAq}]}{6{,}120 \times \eta} \times K = \frac{Q[\text{m}^3/\text{s}] \times P_r[\text{kg}_f/\text{m}^2]}{102 \times \eta} \times K$$

여기서, Q : 풍량 　　　P_r : 풍압
K : 여유율 　　　η : 배풍기의 효율

8 피난로의 급기풍량 계산방법

$$Q = 0.827 \times A \times P^{\frac{1}{N}}$$

여기서, Q : 급기풍량[m³/s]　　A : 틈새면적[m²]
P : 문을 경계로 한 실내외 기압차(1[N/m²]=1[Pa])
N : 누설 면적 상수(일반출입문=2, 창문=1.6)

(1) 병렬상태인 경우의 틈새면적[m²]

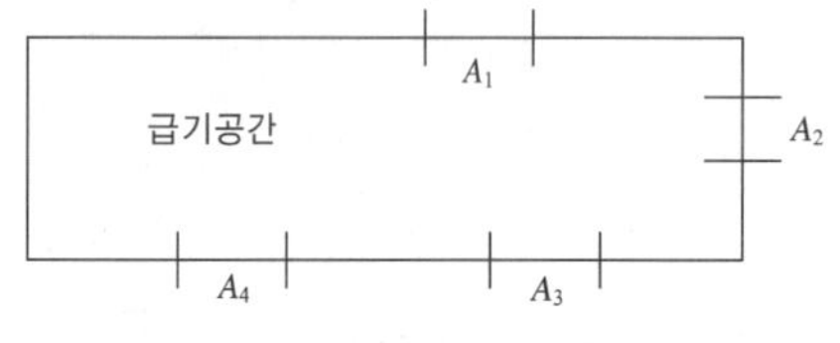

(출입문)

$$A_T = A_1 + A_2 + A_3 + A_4$$

여기서, A_T : 총틈새면적
A_1, A_2, A_3, A_4 : 각 누설경로의 문틈새면적

(2) 직렬상태인 경우의 틈새면적[m²]

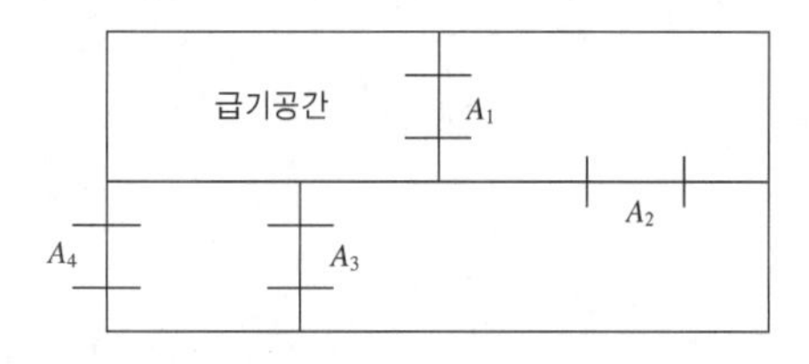

$$A_T = \frac{1}{\sqrt{\frac{1}{A_1^2} + \frac{1}{A_2^2} + \frac{1}{A_3^2} + \frac{1}{A_4^2}}}$$

(3) 병렬 및 직렬상태인 경우의 틈새면적[m²]

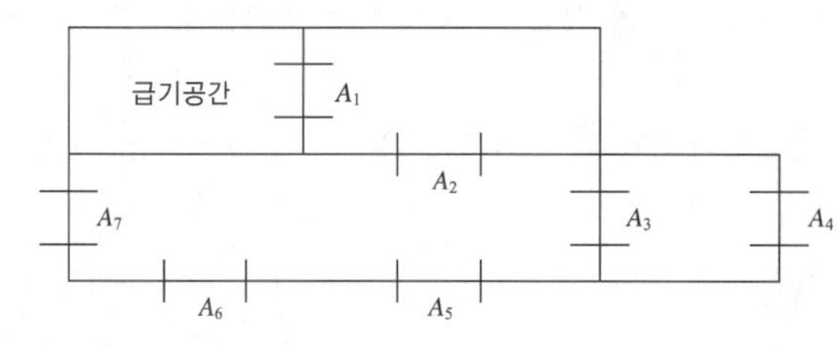

$$A_{1\sim7} = \frac{1}{\sqrt{\frac{1}{A_1^2} + \frac{1}{A_2^2} + \frac{1}{(A_{3\sim4} + A_{5\sim7})^2}}}$$

$$A_{3\sim4} = \frac{1}{\sqrt{\frac{1}{A_3^2} + \frac{1}{A_4^2}}}$$

9 특별피난계단의 계단실 및 부속실의 제연설비

(1) 제연구역 선정

① 계단실 및 그 부속실을 동시에 제연하는 것
② 부속실만을 단독으로 제연하는 것
③ 계단실 단독제연하는 것
④ 비상용 승강기 승강장 단독제연하는 것

(2) 차압 등

① 제연구역과 옥내와의 사이에 유지하여야 하는 **최소차압**은 **40[Pa]**(옥내에 **스프링클러설비**가 설치된 경우에는 **12.5[Pa]**) 이상으로 하여야 한다.

② 제연설비가 가동되었을 경우 **출입문의 개방에 필요한 힘**은 **110[N] 이하**로 하여야 한다.

③ 출입문이 일시적으로 개방되는 경우 개방되지 아니하는 제연구역과 옥내와의 차압은 ①의 기준에 불구하고 ①의 기준에 따른 차압의 70[%] 미만이 되어서는 아니 된다.

④ 계단실과 부속실을 동시에 제연하는 경우 부속실의 기압은 계단실과 같게 하거나 계단실의 기압보다 낮게 할 경우에는 부속실과 계단실의 압력 차이는 5[Pa] 이하가 되도록 하여야 한다.

(3) 방연풍속

<table>
<tr><th colspan="2">제연구역</th><th>방연풍속</th></tr>
<tr><td colspan="2">계단실 및 그 부속실을 동시에 제연하는 것 또는 계단실만 단독으로 제연하는 것</td><td>0.5[m/s] 이상</td></tr>
<tr><td rowspan="2">부속실만 단독으로 제연하는 것 또는 비상용 승강기의 승강장만 단독으로 제연하는 것</td><td>부속실 또는 승강장이 면하는 옥내가 거실인 경우</td><td>0.7[m/s] 이상</td></tr>
<tr><td>부속실 또는 승강장이 면하는 옥내가 복도로서 그 구조가 방화구조(내화시간이 30분 이상인 구조를 포함한다)인 것</td><td>0.5[m/s] 이상</td></tr>
</table>

(4) 제연설비의 댐퍼의 개폐상태

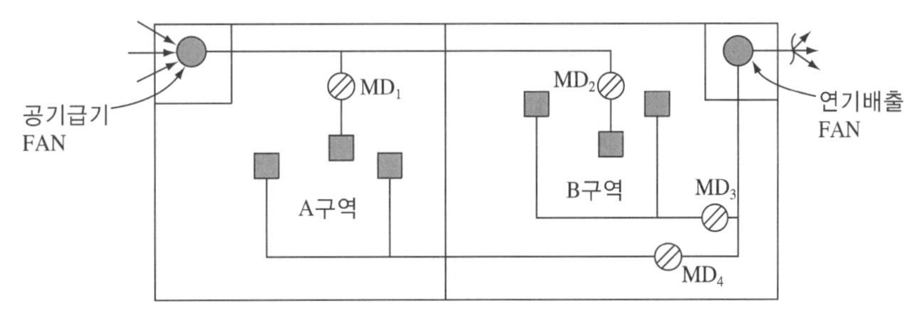

① 동일실 제연방식일 경우

㉠ 방식 : 화재실에 급기와 배기를 동시에 실시하는 방식

㉡ 댐퍼의 상태 : 화재실에는 급기와 배기를 동시에 실시하고 인접구역에는 급기와 배기를 폐쇄한다.

제연구역	급기댐퍼	배연댐퍼
A구역 화재 시	MD_1 열림	MD_4 열림
	MD_2 닫힘	MD_3 닫힘
B구역 화재 시	MD_2 열림	MD_3 열림
	MD_1 닫힘	MD_4 닫힘

② 인접구역 제연방식일 경우

㉠ 방식 : 화재실에는 배기(연기를 배출)하고 인접구역에는 급기를 실시하는 방식

㉡ 댐퍼의 상태 : A구역의 화재 시 화재구역인 MD_4 열려 연기를 배출하고 인접구역인 B구역의 MD_2는 열려 급기를 한다.

제연구역	급기댐퍼	배기댐퍼
A구역 화재 시	MD_2 열림	MD_4 열림
	MD_1 닫힘	MD_3 닫힘

B구역 화재 시	MD_1 열림	MD_3 열림
	MD_2 닫힘	MD_4 닫힘

10 연결송수관설비

(1) 가압송수장치

① 지표면에서 최상층 방수구의 **높이가 70[m] 이상**의 특정소방대상물에는 연결송수관설비의 **가압송수장치**를 설치하여야 한다.

② 펌프의 **토출량**은 **2,400[L/min]**(계단식 아파트 : 1,200[L/mm]) 이상이 되는 것으로 할 것. 다만, 해당 층에 설치된 방수구가 3개 초과(5개 이상은 5개)하는 경우에는 1개마다 800 [L/min](계단식 아파트 : 400[L/mm])를 가산한 양이 될 것

PLUS ONE **펌프의 토출량 계산**

- 1개층에 방수구가 3개 설치된 경우
  ∴ 토출량 = 2,400[L/min]
- 1개층에 방수구가 5개 설치된 경우
  ∴ 토출량 = 2,400[L/min] + 1,600[L/min] = 4,000[L/min]

③ 펌프의 양정은 최상층에 설치된 노즐선단의 압력이 **0.35[MPa]** 이상일 것

(2) 송수구

① 지면으로부터 높이가 **0.5[m] 이상 1[m] 이하**의 위치에 설치할 것

② 구경 **65[mm]의 쌍구형**으로 할 것

③ 송수구에는 그 가까운 곳의 보기 쉬운 곳에 **송수압력범위**를 표시한 표지를 할 것

④ 송수구는 연결송수관의 수직배관마다 1개 이상을 설치할 것

⑤ 송수구의 부근에 자동배수밸브 및 체크밸브를 설치순서

㉠ **습식** : **송수구 → 자동배수밸브 → 체크밸브**

㉡ **건식** : **송수구 → 자동배수밸브 → 체크밸브 → 자동배수밸브**

⑥ 송수구에는 가까운 곳의 보기 쉬운 곳에 "연결송수관설비송수구"라고 표시한 표지를 설치할 것

(3) 배관 등

① **주배관**의 구경은 **100[mm] 이상**의 것으로 할 것

② 지면으로부터의 높이가 **31[m] 이상**인 특정소방대상물 또는 지상 **11층 이상**인 특정소방대상물에 있어서는 **습식 설비**로 할 것

③ 연결송수관설비의 배관은 주배관의 구경이 100[mm] 이상인 옥내소화전설비 · 스프링클러설비 또는 물분무 등 소화설비의 배관과 겸용할 수 있다.

(4) 방수구

① 연결송수관설비의 **방수구**는 그 특정소방대상물의 **층마다** 설치할 것

PLUS ONE **방수구 층마다 설치 예외**
- 아파트의 1층 및 2층
- 소방자동차 접근이 가능한 피난층

② **방수구 설치**

㉠ **아파트** 또는 **바닥면적이 1,000[m^2] 미만인 층** : **계단**으로부터 **5[m] 이내**에 설치

㉡ **바닥면적 1,000[m^2] 이상인 층**(아파트 제외) : 각 계단으로부터 **5[m] 이내**에 설치
그 방수구로부터 그 층의 각 부분까지의 거리가 다음의 기준을 초과하는 경우에는 그 기준 이하가 되도록 방수구를 추가하여 설치할 것

㉮ 지하가(터널은 제외), 지하층의 바닥면적의 합계가 3,000[m^2] 이상 : 수평거리 25[m]

㉯ ㉮에 해당하지 아니하는 것 : 수평거리 50[m]

③ **11층 이상**에 설치하는 **방수구**는 **쌍구형**으로 할 것

PLUS ONE **단구형으로 설치할 수 있는 경우**
- **아파트**의 **용도**로 사용되는 층
- 스프링클러설비가 유효하게 설치되어 있고 **방수구**가 **2개소 이상** 설치된 층

④ 방수구의 **설치위치** : **0.5[m] 이상 1[m] 이하**

⑤ 방수구의 **구경** : 구경 **65[mm]**의 것

⑥ 방수구의 위치표시 : 방수구의 함의 상부에 설치할 것

(5) 연결송수관설비의 방수기구함

① 방수기구함은 피난층과 가장 가까운 층을 기준으로 **3개층 마다** 설치하되, 그 층의 방수구마다 **보행거리 5[m] 이내**에 설치할 것

② 방수기구함에는 길이 15[m]의 **호스**와 **방사형 관창**의 비치기준

㉠ 호스는 방수구에 연결하였을 때 그 방수구가 담당하는 구역의 각 부분에 유효하게 물이 뿌려질 수 있는 개수 이상을 비치할 것

㉡ 방사형 관창은 단구형 방수구의 경우에는 1개, 쌍구형 방수구의 경우에는 2개 이상 비치할 것

③ 방수기구함에는 "방수기구함"이라고 표시한 축광식 표지를 할 것

11 연결살수설비

(1) 송수구 등

① **송수구**는 구경 **65[mm]**의 쌍구형으로 할 것(단, 살수헤드의 수가 **10개 이하**인 것은 **단구형**)

② 송수구로부터 주 배관에 이르는 **연결 배관**에는 **개폐밸브**를 **설치하지 아니 할 것**(다만, 스프링클러설비 · 물분무소화설비 · 포소화설비 또는 연결송수관설비의 배관과 겸용하는 경우에는 그러하지 아니하다)

③ **송수구**는 지면으로부터 높이가 **0.5[m] 이상 1[m] 이하**의 위치에 설치할 것

④ 송수구 부근의 설치기준

㉠ 폐쇄형 헤드 사용 : 송수구 → 자동배수밸브 → 체크밸브

㉡ 개방형 헤드 사용 : 송수구 → 자동배수밸브

⑤ 송수구의 부근에는 "연결살수설비 송수구"라고 표시한 표지와 **송수구역 일람표**를 설치할 것. 다만, 선택밸브를 설치한 경우에는 그러하지 아니하다.

⑥ 송수구에는 이물질을 막기 위한 마개를 씌워야 한다.

⑦ **개방형 헤드**를 사용하는 연결살수설비에 있어서 하나의 송수구역에 설치하는 살수헤드의 수는 **10개 이하**가 되도록 할 것

(2) 연결살수설비의 헤드

① 천장 또는 반자의 각 부분으로부터 하나의 살수헤드까지의 수평거리

㉠ 연결살수 설비전용헤드의 경우 : 3.7[m] 이하

㉡ 스프링클러헤드의 경우 : 2.3[m] 이하

② 헤드의 설치장소의 주위온도에 따른 표시온도

설치장소의 최고주위온도	표시온도
39[℃] 미만	79[℃] 미만
39[℃] 이상 64[℃] 미만	79[℃] 이상 121[℃] 미만
64[℃] 이상 106[℃] 미만	121[℃] 이상 162[℃] 미만
106[℃] 이상	162[℃] 이상

③ **습식 연결살수설비 외의 설비**에는 **상향식 스프링클러헤드**를 설치할 것

PLUS ONE **예외규정**

- 드라이펜던트 스프링클러헤드를 사용하는 경우
- 스프링클러헤드의 설치장소가 동파의 우려가 없는 곳인 경우
- 개방형 스프링클러헤드를 사용하는 경우

(3) 헤드의 설치 제외

① 상점(판매시설과 운수시설을 말하며, 바닥면적이 150[m^2] 이상인 지하층에 설치된 것을 제외한다)으로서 주요구조부가 내화구조 또는 방화구조로 되어 있고 바닥면적이 500[m^2] 미만으로 방화구획되어 있는 특정소방대상물 또는 그 부분

② 계단실(특별피난계단의 부속실을 포함한다) · 경사로 · 승강기의 승강로 · 파이프덕트 · 목욕실 · 수영장(관람석 부분을 제외한다) · 화장실 · 직접 외기에 개방되어 있는 복도 기타 이와 유사한 장소

③ 통신기기실 · 전자기기실 · 기타 이와 유사한 장소

④ 발전실 · 변전실 · 변압기 · 기타 이와 유사한 전기설비가 설치되어 있는 장소

⑤ 병원의 수술실 · 응급처치실 · 기타 이와 유사한 장소

⑥ 천장과 반자 양쪽이 불연재료로 되어 있는 경우로서 그 사이의 거리 및 구조가 다음의 어느 하나에 해당하는 부분

㉠ 천장과 반자 사이의 거리가 2[m] 미만인 부분

㉡ 천장과 반자 사이의 벽이 불연재료이고 천장과 반자 사이의 거리가 2[m] 이상으로서 그 사이에 가연물이 존재하지 아니하는 부분

⑦ 천장·반자 중 한쪽이 불연재료로 되어있고 천장과 반자 사이의 거리가 1[m] 미만인 부분
⑧ 천장 및 반자가 불연재료 외의 것으로 되어 있고 천장과 반자 사이의 거리가 0.5[m] 미만인 부분
⑨ 현관 또는 로비 등으로서 바닥으로부터 높이가 20[m] 이상인 장소
⑩ 영하의 냉장창고의 냉장실 또는 냉동창고의 냉동실
⑪ 고온의 노가 설치된 장소 또는 물과 격렬하게 반응하는 물품의 저장 또는 취급장소
⑫ 공동주택 중 아파트의 대피공간

12 연소방지설비

(1) 배 관

연소방지설비에 있어서의 수평주행배관의 구경은 **100[mm] 이상**의 것으로 하되, 연소방지설비전용헤드 및 스프링클러헤드를 향하여 상향으로 **1/1,000 이상**의 기울기로 설치하여야 한다.

(2) 방수헤드의 설치기준

① 천장 또는 벽면에 설치할 것
② 방수헤드 간의 수평거리는 **연소방지설비 전용헤드**의 경우에는 **2[m] 이하**, **스프링클러헤드**의 경우에는 **1.5[m] 이하**로 할 것
③ 살수구역은 환기구 등을 기준으로 지하구의 길이방향으로 350[m] 이내마다 1개 이상 설치하되, 하나의 살수구역의 길이는 **3[m] 이상**으로 할 것

(3) 산소지수

$$\text{산소지수} = \frac{O_2}{O_2 + N_2} \times 100$$

여기서, O_2 : 산소유량[L/min]　　N_2 : 질소유량[L/min]

제 4 장 피난구조설비

1 피난구조설비의 종류

(1) 피난기구

피난사다리, 완강기, 간이완강기, 구조대, 미끄럼대, 피난교, 피난용트랩, 다수인피난장비, 승강식 피난기 등

(2) 인명구조기구

방열복, 공기호흡기, 인공소생기

(3) 피난유도선, 피난유도등(피난구유도등, 통로유도등, 객석유도등) 및 유도표지

(4) 비상조명등 및 휴대용 비상조명등

2 완강기의 구성 및 기능

(1) 속도조절기

피난자의 하강속도를 조정하는 것으로 피난자의 체중에 의해 주행하는 로프가 V형 홈을 설치한 도르레를 회전시켜 회전의 치차 기구에 의해서 원심 브레이크를 작동하여 하강 속도를 일정하게 조절하는 장치

(2) 로 프

로프는 직경이 3[mm] 이상의 와이어로프는 심으로 면사를 외장한 것

(3) 벨 트

가슴둘레에 맞게 길이를 조정하는 조정고리를 부착하는 피난자의 흉부에 감아서 몸을 유지하는 것이다.

(4) 속도조절기의 연결부(훅)

훅은 완강기 본체와 사용자의 체중을 지지하는 것으로 건축물에 설치한 부착금구에 쉽게 결합되고 사용 중 꼬이거나 분해 절단 이탈되지 않아야 한다.

(5) 연결금속구

PLUS ONE **완강기의 구성 부분**

- 속도조절기
- 로 프
- 벨 트
- 훅
- 연결금속구

3 피난기구의 설치개수

특정소방대상물	설치수량
모든 특정소방대상물	층마다 설치
숙박시설, 노유자시설, 의료시설로 사용되는 층	그 층의 바닥면적 500[m^2]마다 1개 이상 설치
위락시설, 문화 및 집회시설, 운동시설, 판매시설로 사용되는 층 또는 복합용도의 층	그 층의 바닥면적 800[m^2]마다 1개 이상 설치
계단실형 아파트	각 세대마다 1개 이상 설치
그 밖의 용도의 층	그 층의 바닥면적 1,000[m^2]마다 1개 이상 설치

4 피난기구 추가 설치기준

특정소방대상물	설치기준	피난기구
숙박시설 (휴양콘도미니엄은 제외)	객실마다	완강기 또는 둘 이상의 간이완강기
아파트	하나의 관리주체가 관리하는 아파트 구역마다(옥상으로 피난가능 또는 인접세대로 피난할 수 있는 경우는 추가로 설치 제외)	공기안전매트 1개 이상

5 특정소방대상물의 설치장소별 피난기구의 적응성

층 별 / 설치장소별 구분	지하층	1층	2층	3층	4층 이상 10층 이하
1. 노유자시설	피난용트랩	미끄럼대 · 구조대 · 피난교 · 다수인피난장비 · 승강식피난기	미끄럼대 · 구조대 · 피난교 · 다수인피난장비 · 승강식피난기	미끄럼대 · 구조대 · 피난교 · 다수인피난장비 · 승강식피난기	피난교 · 다수인피난장비 · 승강식피난기
2. 의료시설 · 근린생활시설 중 입원실이 있는 의원 · 접골원 · 조산원	피난용트랩	–	–	미끄럼대 · 구조대 · 피난교 · 피난용트랩 · 다수인피난장비 · 승강식피난기	구조대 · 피난교 · 피난용트랩 · 다수인피난장비 · 승강식피난기
3. 다중이용업소의 안전관리에 관한 특별법 시행령 제2조에 따른 다중이용업소로서 영업장의 위치가 4층 이하인 다중이용업소	–	–	미끄럼대 · 피난사다리 · 구조대 · 완강기 · 다수인피난장비 · 승강식피난기	미끄럼대 · 피난사다리 · 구조대 · 완강기 · 다수인피난장비 · 승강식피난기	미끄럼대 · 피난사다리 · 구조대 · 완강기 · 다수인피난장비 · 승강식피난기
4. 그 밖의 것	피난사다리 · 피난용트랩	–	–	미끄럼대 · 피난사다리 · 구조대 · 완강기 · 피난교 · 피난용트랩 · 간이완강기 · 공기안전매트 · 다수인피난장비 · 승강식피난기	피난사다리 · 구조대 · 완강기 · 피난교 · 간이완강기 · 공기안전매트 · 다수인피난장비 · 승강식피난기

※ 간이완강기의 적응성은 숙박시설의 3층 이상에 있는 객실에, 공기안전매트의 적응성은 공동주택(공동주택관리법 시행령 제2조의 규정에 해당하는 공동주택)에 한한다.

6 피난기구를 1/2로 감소할 수 있는 경우

① 주요구조부가 내화구조로 되어 있을 것
② 직통계단인 피난계단 또는 특별피난계단이 2 이상 설치되어 있을 것

7 완강기(간이완강기)의 표시사항

① 종별 및 형식
② 형식승인번호
③ 제조연월 및 제조번호
④ 제조업체명 또는 상호
⑤ 길 이
⑥ 최대사용하중 및 최대사용자수

8 인명구조기구 설치대상물

특정소방대상물	인명구조기구와 종류	설치수량
지하층을 포함하는 층수가 7층 이상인 관광호텔 및 5층 이상인 병원	• 방열복 또는 방화복(헬멧, 보호장갑 및 안전화 포함) • 공기호흡기 • 인공소생기	각 2개 이상 비치할 것. 다만, 병원의 경우에는 인공소생기를 설치하지 않을 수 있다.
• 문화 및 집회시설 중 수용인원 100명 이상의 영화상영관 • 판매시설 중 대규모 점포 • 운수시설 중 지하역사 • 지하가 중 지하상가	공기호흡기	층마다 2개 이상 비치할 것. 다만, 각 층마다 갖추어 두어야 할 공기호흡기 중 일부를 직원이 상주하는 인근 사무실에 갖추어 둘 수 있다.
물분무 등 소화설비 중 이산화탄소소화설비를 설치하여야 하는 특정소방대상물	공기호흡기	이산화탄소소화설비가 설치된 장소의 출입구 외부 인근에 1대 이상 비치할 것

제 5 장 기타설비

1 소화용수설비

(1) 소화수조 등

① 소화수조, 저수조의 채수구 또는 흡수관의 투입구는 소방차가 **2[m] 이내**의 지점까지 접근할 수 있는 위치에 설치할 것

② 소화수조 또는 저수조의 저수량은 특정소방대상물의 연면적을 다음 표에 의한 기준면적으로 나누어 얻은 수(소수점 이하의 수는 1로 본다)에 20[m^3]를 곱한 양 이상이 되도록 할 것

특정소방대상물의 구분	기준면적[m^2]
1층 및 2층의 바닥면적의 합계가 15,000[m^2] 이상인 특정소방대상물	7,500
그 밖의 특정소방대상물	12,500

③ 소화용수량과 채수구의 수

소요수량	20[m^3] 이상 40[m^3] 미만	40[m^3] 이상 100[m^3] 미만	100[m^3] 이상
채수구의 수	1개	2개	3개

④ 채수구의 설치 : 0.5[m] 이상 1[m] 이하

(2) 가압송수장치

소요수량	20[m^3] 이상 40[m^3] 미만	40[m^3] 이상 100[m^3] 미만	100[m^3] 이상
채수구의 수	1개	2개	3개
가압송수장치의 1분당 양수량	1,100[L] 이상	2,200[L] 이상	3,300[L] 이상

2 도로터널

(1) 소화기의 설치기준

① 소화기의 능력단위

화재종류	A급 화재	B급 화재	C급 화재
능력단위	3단위 이상	5단위 이상	적 응

② **소화기**의 **총중량**은 사용 및 운반이 편리성을 고려하여 **7[kg] 이하**로 할 것

③ 설치기준

터널 구분	설치기준
편도 1차선 양방향 터널 3차로 이하의 일방향 터널	우측 측벽에 50[m] 이내의 간격으로 2개 이상 설치
편도 2차선 이상의 양방향 터널 4차로 이상의 일방향 터널	양쪽 측벽에 각각 50[m] 이내의 간격으로 엇갈리게 2개 이상 설치

(2) 옥내소화전설비의 설치기준

① 소화전함과 방수구의 설치기준

터널 구분	설치기준
편도 1차선 양방향 터널 3차로 이하의 일방향 터널	우측 측벽에 50[m] 이내의 간격으로 설치
편도 2차선 이상의 양방향 터널 4차로 이상의 일방향 터널	양쪽 측벽에 각각 50[m] 이내의 간격으로 엇갈리게 설치

② **방수량 및 수원**

터널 구분	방수량	수 원
3차로 이하의 터널	2개 × 190[L/min]	2개 × 190[L/min] × 40[min] = 2개 × 7.6[m^3](7,600[L])
4차로 이상의 터널	3개 × 190[L/min]	3개 × 190[L/min] × 40[min] = 3개 × 7.6[m^3](7,600[L])

③ 방수압력은 **0.35[MPa] 이상**, 방수량은 **190[L/min] 이상**

④ **방수구는 40[mm] 구경의 단구형**을 옥내소화전이 설치된 벽면의 바닥면으로부터 1.5[m] 이하의 높이에 설치할 것

⑤ **소화전함**에는 옥내소화전 **방수구 1개, 15[m] 이상의 소방호스 3본 이상** 및 방수노즐을 비치할 것

⑥ 옥내소화전설비의 비상전원은 **40분 이상** 작동할 수 있을 것

(3) 연결송수관설비의 설치기준

① 방수압력은 **0.35[MPa] 이상**, 방수량은 **400[L/min] 이상**을 유지할 수 있도록 할 것

② **방수구**는 **50[m] 이내**의 **간격**으로 옥내소화전함에 병설하거나 독립적으로 터널출입구 부근과 피난연결통로에 설치할 것

③ **방수기구함**은 **50[m] 이내의 간격**으로 옥내소화전함 안에 설치하거나 독립적으로 설치하고, 하나의 방수 기구함에는 **65[mm] 방수노즐 1개**와 **15[m] 이상**의 **호스 3본**을 설치하도록 할 것

3 임시소방시설

(1) 용어 정의

① **간이소화장치** : 공사현장에서 화재위험작업 시 신속한 화재 진압이 가능하도록 물을 방수하는 이동식 또는 고정식 형태의 소화장치

② **비상경보장치** : 화재위험작업 공간 등에서 수동조작에 의해서 화재경보상황을 알려줄 수 있는 설비(비상벨, 사이렌, 휴대용확성기 등)

③ **간이피난유도선** : 화재위험작업 시 작업자의 피난을 유도할 수 있는 케이블형태의 장치

(2) 소화기의 성능 및 설치기준

① 소화기의 소화약제는 소화기구의 화재안전기준(NFSC 101)의 별표 1에 따른 적응성이 있는 것을 설치하여야 한다.

② 소화기는 각 층마다 능력단위 3단위 이상인 소화기 2개 이상을 설치하고, 「**화재예방, 소방시설 설치 · 유지 및 안전관리에 관한 법률 시행령**」 **제15조의5 제1항에 해당하는 경우** 작업종료시까지 작업지점으로부터 5[m] 이내 쉽게 보이는 장소에 능력단위 3단위 이상인 소화기 2개 이상과 대형소화기 1개를 추가 배치하여야 한다.

(3) 간이소화장치 성능 및 설치기준

① 수원은 20분 이상의 소화수를 공급할 수 있는 양을 확보하여야 하며, 소화수의 방수압력은 최소 0.1[MPa] 이상, 방수량은 65[L/min] 이상이어야 한다.

② 영 제15조의5 제1항에 해당하는 작업을 하는 경우 작업종료시까지 작업지점으로부터 25[m] 이내에 설치 또는 배치하여 상시 사용이 가능하여야 하며 동결방지조치를 하여야 한다.

③ 넘어질 우려가 없어야 하고 손쉽게 사용할 수 있어야 하며, 식별이 용이하도록 "간이소화장치" 표시를 하여야 한다.

(4) 비상경보장치의 성능 및 설치기준

① 비상경보장치는 **영 제15조의5 제1항에 해당하는 작업**을 하는 경우 작업종료 시까지 작업지점으로부터 5[m] 이내에 설치 또는 배치하여 상시 사용이 가능하여야 한다.

② 비상경보장치는 화재사실 통보 및 대피를 해당 작업장의 모든 사람이 알 수 있을 정도의 음량을 확보하여야 한다.

PLUS ONE

[영 제15조의5 제1항에 해당하는 작업]

1. 인화성 · 가연성 · 폭발성 물질을 취급하거나 가연성 가스를 발생시키는 작업
2. 용접 · 용단 등 불꽃을 발생시키거나 화기를 취급하는 작업
3. 전열기구, 가열전선 등 열을 발생시키는 기구를 취급하는 작업
4. 소방청장이 정하여 고시하는 폭발성 부유분진을 발생시킬 수 있는 작업
5. 그 밖에 제1호부터 제4호까지와 비슷한 작업으로 소방청장이 정하여 고시하는 작업

(5) 간이피난유도선의 성능 및 설치기준

① 간이피난유도선은 광원점등방식으로 공사장의 출입구까지 설치하고 공사의 작업 중에는 상시 점등되어야 한다.

② 설치위치는 바닥으로부터 높이 1[m] 이하로 하며, 작업장의 어느 위치에서도 출입구로의 피난 방향을 알 수 있는 표시를 하여야 한다.

(6) 간이소화장치 설치제외

영 제15조의5 제3항 별표 5의2 제3호 가목의 "소방청장이 정하여 고시하는 기준에 맞는 소화기"란 "대형소화기를 작업지점으로부터 25[m] 이내 쉽게 보이는 장소에 6개 이상을 배치한 경우"를 말한다.

제 6 장 소방시설 도시기호

분 류	명 칭		도시기호
배관	일반배관		
	옥내 · 외소화전		H
	스프링클러		SP
	물분무		WS
	포소화		F
	배수관		D
	전선관	입 상	
		입 하	
		통 과	
관이음쇠	플랜지		
	유니언		
	플러그		
	90°엘보		
	45°엘보		
	티		
	크로스		
	맹플랜지		
	캡		

분 류	명 칭	도시기호
헤드류	스프링클러헤드폐쇄형 상향식(평면도)	
	스프링클러헤드폐쇄형 하향식(평면도)	
	스프링클러헤드개방형 상향식(평면도)	
	스프링클러헤드개방형 하향식(평면도)	
	스프링클러헤드폐쇄형 상향식(계통도)	
	스프링클러헤드폐쇄형 하향식(입면도)	
	스프링클러헤드폐쇄형 상 · 하향식(입면도)	
	스프링클러헤드 상향형(입면도)	
	스프링클러헤드 하향형(입면도)	
	분말 · 이산화탄소 · 할로겐헤드	
	연결살수헤드	
	물분무헤드(평면도)	
	물분무헤드(입면도)	
	드렌처헤드(평면도)	
	드렌처헤드(입면도)	
	포헤드(평면도)	
	포헤드(입면도)	
	감지헤드(평면도)	

분 류	명 칭	도시기호	분 류	명 칭	도시기호
헤드류	감지헤드(입면도)		밸브류	릴리프밸브 (이산화탄소용)	
	할로겐화합물 및 불활성기체 방출헤드(평면도)			릴리프밸브 (일반)	
	할로겐화합물 및 불활성기체 방출헤드(입면도)			동체크밸브	
밸브류	체크밸브			앵글밸브	
	가스체크밸브			FOOT밸브	
	게이트밸브 (상시개방)			볼밸브	
	게이트밸브 (상시폐쇄)			배수밸브	
	선택밸브			자동배수밸브	
	조작밸브(일반)			여과망	
	조작밸브(전자식)			자동밸브	G
	조작밸브(가스식)			감압밸브	R
	경보밸브(습식)			공기조절밸브	
	경보밸브(건식)		계기류	압력계	
	프리액션밸브	P		연성계	
	경보델류지밸브	D		유량계	M
	프리액션밸브수동 조작함	SVP	소화전	옥내소화전함	
	플렉시블조인트			옥내소화전 방수용기구병설	
	솔레노이드밸브	S		옥외소화전	H
	모터밸브	M		포소화전	F

분 류	명 칭	도시기호
소화전	송수구	
	방수구	
스트 레이너	Y형	
	U형	
저장 탱크류	고가수조 (물올림장치)	
	압력체임버	
	포원액탱크	(수직) (수평)
리듀서	편심리듀서	
	원심리듀서	
혼합 장치류	프레셔프로포셔너	
	라인프로포셔너	
	프레셔사이드 프로포셔너	
	기 타	
펌프류	일반펌프	
	펌프모터(수평)	
	펌프모터(수직)	
저장용 기류	분말약제 저장용기	
	저장용기	

분 류	명 칭	도시기호
경보설비기기류	차동식스포트형감지기	
	보상식스포트형감지기	
	정온식스포트형감지기	
	연기감지기	
	감지선	
	공기관	
	열전대	
	열반도체	
	차동식분포형 감지기의 검출기	
	발신기세트 단독형	
	발신기세트 옥내소화전내장형	
	경계구역번호	
	비상용 누름버튼	
	비상전화기	
	비상벨	
	사이렌	
	모터사이렌	
	전자사이렌	
	조작장치	
	증폭기	

분 류	명 칭	도시기호
경보설비기기류	기동누름버튼	E
	이온화식감지기 (스포트형)	S I
	광전식연기감지기 (아날로그)	S A
	광전식연기감지기 (스포트형)	S P
	감지기간선 HIV1.2mm×4(22C)	— F ╱╱╱╱
	감지기간선 HIV1.2mm×8(22C)	— F ╱╱╱╱ ╱╱╱╱
	유도등간선 HIV2.0mm×3(22C)	— EX —
	경보버저	BZ
	제어반	
	표시반	
	회로시험기	
	화재경보벨	B
	시각경보기 (스트로브)	
	수신기	
	부수신기	
	중계기	
	표시등	
	피난구유도등	
	통로유도등	→
	표시판	
	보조전원	TR

분 류	명 칭		도시기호
경보설비 기기류	종단저항		
제연설비	수동식제어		
	천장용 배풍기		
	벽부착용 배풍기		
	배풍기	일반배풍기	
		관로배풍기	
	댐퍼	화재댐퍼	
		연기댐퍼	
		화재/연기 댐퍼	
스위치류	압력스위치		PS
	탬퍼스위치		TS
방연 · 방화문	연기감지기(전용)		S
	열감지기(전용)		
	자동폐쇄장치		ER
	연동제어기		
	배연창기동 모터		M
	배연창수동조작함		
피뢰침	피뢰부(평면도)		
	피뢰부(입면도)		
	피뢰도선 및 지붕 위 도체		

분 류	명 칭	도시기호	분 류	명 칭	도시기호
제연설비	접 지		기 타	비상콘센트	
	접지저항 측정용 단자			비상분전반	
소화기류	ABC소화기	소		가스계 소화설비의 수동조작함	RM
	자동확산 소화기	자		전동기구동	M
	자동소화장치 (개정 예정)	소		엔진구동	E
	이산화탄소 소화기	C		배관행거	
	할론소화기			기압계	
기 타	안테나			배기구	
	스피커			바닥은폐선	
	연기 방연벽			노출배선	
	화재방화벽			소화가스 패키지	PAC
	화재 및 연기방벽				

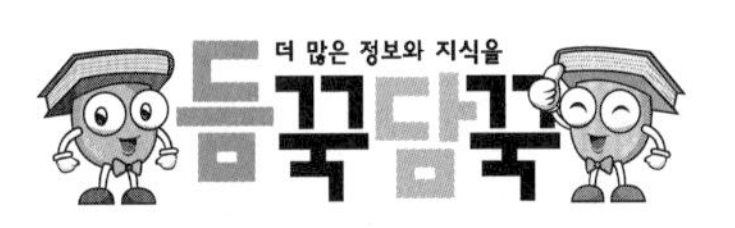
더 많은 정보와 지식을
듬꾹담꾹

여기서 멈출 거예요? 고지가 바로 눈앞에 있어요.
마지막 한 걸음까지 시대에듀가 함께할게요!

소방설비 기사 [실기] [기계편]

제 2 편

과년도 기출복원문제

2007년 과년도 기출복원문제(4월, 7월, 11월)
2008년 과년도 기출복원문제(4월, 7월, 11월)
2009년 과년도 기출복원문제(4월, 7월, 10월)
2010년 과년도 기출복원문제(4월, 7월, 10월)
2011년 과년도 기출복원문제(5월, 7월, 11월)
2012년 과년도 기출복원문제(4월, 7월, 11월)
2013년 과년도 기출복원문제(4월, 7월, 11월)
2014년 과년도 기출복원문제(4월, 7월, 11월)
2015년 과년도 기출복원문제(4월, 7월, 11월)
2016년 과년도 기출복원문제(4월, 6월, 11월)
2017년 과년도 기출복원문제(4월, 6월, 11월)
2018년 과년도 기출복원문제(4월, 6월, 11월)
2019년 과년도 기출복원문제(4월, 6월, 11월)
2020년 최근 기출복원문제(5월, 7월, 10월)

소방설비 기사 [실기]

[기계편]

Always with you

사람이 길에서 우연하게 만나거나 함께 살아가는 것만이 인연은 아니라고 생각합니다.
책을 펴내는 출판사와 그 책을 읽는 독자의 만남도 소중한 인연입니다.
(주)시대고시기획은 항상 독자의 마음을 헤아리기 위해 노력하고 있습니다. 늘 독자와 함께하겠습니다.

성 명	
수험번호	
감독확인	

국가기술자격 실기시험문제 및 답안지

○○○○년 기사 ○회 필답형 실기시험(기사)

종 목	시험시간	형 별
소방설비기사(기계분야)	3시간	

[수험자 유의사항]

1. 시험문제지를 받는 즉시 응시하고자 하는 종목의 문제지가 맞는지 여부를 확인하여야 합니다.
2. 시험문제지 총면수, 문제번호순서, 인쇄상태 등을 확인하고 수험번호 및 성명을 답안지에 기재하여야 합니다.
3. 부정행위를 방지하기 위하여 답안지 작성(계산식 포함)은 흑색 또는 청색 필기구만 사용하되 동일한 한 가지 색의 필기구만 사용하여야 하며 흑색, 청색을 제외한 필기구 또는 연필류를 사용하거나 2가지 이상의 색을 혼합 사용하였을 경우 그 문항은 0점 처리됩니다.
4. 답란에는 문제와 관련 없는 불필요한 낙서나 특이한 기록사항 등을 기재하여서는 안 되며 부정의 목적으로 특이한 표식을 하였다고 판단될 경우에는 모든 득점이 0점 처리됩니다.
5. **답안을 정정**할 때에는 반드시 **정정 부분을 두 줄로 그어 표시**하여야 하며 두 줄로 긋지 않은 답안은 정정하지 않은 것으로 간주합니다.
6. 계산문제는 반드시 「계산과정」과 「답」란에 계산과정과 답을 정확히 기재하여야 하며 **계산과정이 틀리거나 없는 경우 0점 처리**됩니다(단, 계산연습이 필요한 경우는 연습란을 이용하여야 하며 연습란은 채점대상이 아닙니다).
7. **계산문제는 최종 결과 값**(답)에서 소수 셋째자리에서 반올림하여 **둘째자리까지 구하여야** 하나 개별문제에서 **소수 처리에 대한 요구사항이 있을 경우 그 요구사항에 따라야 합니다**(단, 문제의 특수한 성격에 따라 정수로 표기되는 문제도 있으며 반올림한 값이 0이 되는 경우는 첫 유효숫자까지 기재하되 반올림하여 기재하여야 합니다).
8. 답의 단위가 없으면 오답으로 처리됩니다(단, 문제의 요구사항에 단위가 주어졌을 경우는 생략되어도 무방합니다).
9. 문제에서 요구한 가지 수(항수) 이상을 답란에 표기한 경우에는 답란 기재 순으로 요구한 가지 수(항수)만 채점하여 한 항에 여러 가지를 기재하더라도 한 가지로 보며 그중 정답과 오답이 함께 기재되어 있을 경우 오답으로 처리합니다.
10. 한 문제에서 소문제로 파생되는 문제나 가짓수를 요구하는 문제는 **대부분의 경우 부분배점**을 **적용**합니다.
11. 부정 또는 불공정한 방법으로 시험을 치른 자는 부정행위자로 처리되어 당해 시험을 중지 또는 무효로 하고 3년간 국가기술자격시험의 응시자격이 정지됩니다.
12. 복합형 시험의 경우 시험의 전 과정(필답형, 작업형)을 응시하지 않은 경우 채점대상에서 제외합니다.
13. 저장용량이 큰 전자계산기 및 유사 전자제품 사용 시에는 반드시 저장된 메모리를 초기화한 후 사용하여야 하며 시험위원이 초기화 여부를 확인할 시 협조하여야 한다. 초기화되지 않는 전자계산기 및 유사 전자제품을 사용하여 적발 시에는 부정행위로 간주합니다.
14. 시험위원이 시험 중 신분확인을 위하여 **신분증과 수험표**를 요구할 경우 반드시 제시하여야 합니다.
15. 시험 중에는 통신기기 및 전자기기(휴대용 전화기 등)를 지참하거나 사용할 수 없습니다.
16. 문제 및 답안(지), 채점기준을 일절 공개하지 않습니다.

제 1 회 2007년 4월 22일 시행

※ 다음 물음에 대한 답을 해당 답란에 답하시오.(배점 : 100)

01

다음과 같은 조건이 주어질 때 할론 1301의 소화설비를 설계하는 데 필요한 다음 각 물음에 답하시오.

득점	배점
	10

조 건

- 약제소요량 120[kg](출입구 자동폐쇄장치 설치)
- 초기 압력강하 1.6[MPa]
- 고저에 의한 압력손실 0.04[MPa]
- A, B 간의 마찰저항에 의한 압력손실 0.04[MPa]
- B−C, B−D 간의 각 압력손실 0.02[MPa]
- 약제 저장압력 4.2[MPa]
- 작동 30초 이내에 약제 전량이 방출

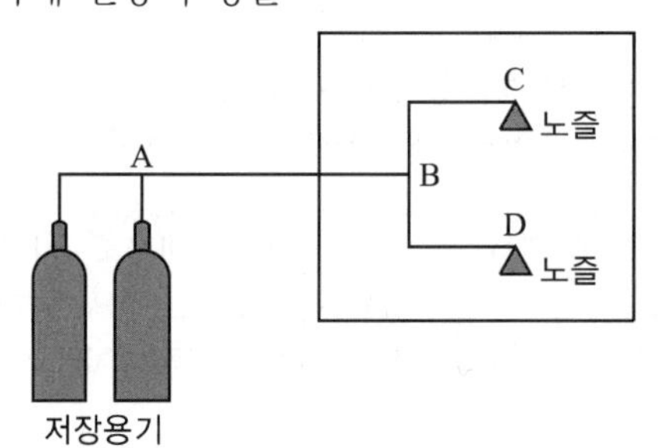

물 음

(1) 소화설비가 작동하였을 때 A−B 간의 배관 내를 흐르는 유량[kg/s]은 얼마인가?
(2) B−C 간 약제의 유량[kg/s]은 얼마인가?(단, B−D 간 약제의 유량과 같다)
(3) C점 노즐에서 방출되는 약제의 압력[MPa]은 얼마인가?
(4) 노즐 1개의 방사량[kg/개]은 얼마인가?
(5) C점 노즐에서의 방출량이 2.5[kg/s·cm^2]이면 헤드의 등가분구면적[cm^2]은 얼마인가?

해설

(1) A−B 간의 배관 내를 흐르는 유량

∴ 유량 $= 120[\text{kg}] \div 30[\text{s}] = 4[\text{kg/s}]$

화재안전기준에서 할론약제의 방출시간은 10초이지만 조건에서 30초로 주어짐

(2) B－C 간 약제의 유량
토너먼트배관으로 마찰손실이 B~C와 B~D로 2개로 나누어지므로
∴ 유량 $=4[\text{kg/s}]\div 2=2[\text{kg/s}]$

(3) P=초기 저장압력－초기 압력강하－고저에 의한 압력손실－A, B구간의 마찰저항에 의한 마찰손실－(B~C 또는 B~D 간의 각 압력손실)
$=4.2[\text{MPa}]-1.6[\text{MPa}]-0.04[\text{MPa}]-0.04[\text{MPa}]-0.02[\text{MPa}]=2.5[\text{MPa}]$

(4) 노즐 1개의 방사량
약제 소요량 120[kg], 노즐 2개로 방사하므로
∴ 120[kg]/2개=60[kg/개]

(5) 헤드의 등가분구면적$=\dfrac{2[\text{kg/s}]}{2.5[\text{kg/s}\cdot\text{cm}^2]}=0.8[\text{cm}^2]$

해답 (1) 4[kg/s]
(2) 2[kg/s]
(3) 2.5[MPa]
(4) 60[kg/개]
(5) $0.8[\text{cm}^2]$

02

폐쇄형 헤드를 사용한 스프링클러설비에서 나타난 스프링클러헤드 중 A점에 설치된 헤드 1개만이 개방되었을 때 A점에서의 헤드 방사압력은 몇 [MPa]인가?

득점	배점
	15

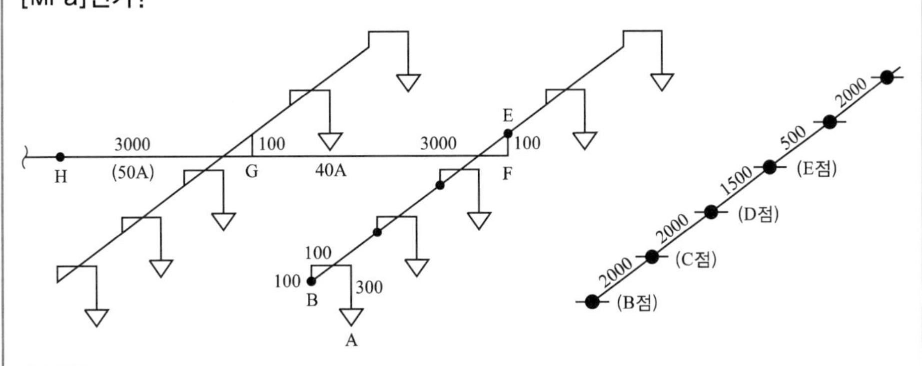

조 건

- 급수관 중 H점에서의 가압수 압력은 0.15[MPa]로 계산한다.
- 티 및 엘보는 직경이 다른 티 및 엘보는 사용치 않는다.
- 스프링클러헤드는 [15A] 헤드가 설치된 것으로 한다.
- 직관 마찰손실(100[m]당) (단위 : [m])

유 량	25A	32A	40A	50A
80[L/min]	39.82	11.38	5.40	1.68

(A점에서의 헤드 방수량 80[L/min]로 계산한다)

• 관이음쇠 마찰손실에 해당하는 직관길이 (단위 : [m])

구 분	25A	32A	40A	50A
엘보(90°)	0.9	1.20	1.50	2.10
리듀서	(25×15A)0.54	(32×25A)0.72	(40×32A)0.90	(50×40A)1.20
티(직류)	0.27	0.36	0.45	0.60
티(분류)	1.50	1.80	2.10	3.00

• 방사압력 산정에 필요한 계산과정을 상세히 명시하고, 방사압력을 소수점 4자리까지 구하시오(소수점 4자리 미만은 삭제).

해설

구 간	관 경	유 량	직관 및 등가길이[m]	100[m]당 마찰손실[m]	마찰손실[m]
G ~ H	50A	80[L/min]	직관 : 3[m] 관부속품 티(직류)1개×0.60=0.60[m] 리듀서(50×40)1개×1.20=1.20[m] 계 : 4.80[m]	1.68	$4.8\times\frac{1.68}{100}$ =0.0806
E ~ G	40A	80[L/min]	직관 : 3+0.1=3.1[m] 관부속 엘보(90°)1개×1.50=1.50[m] 티(분류)1개×2.10=2.10[m] 리듀서(40×32)1개×0.90=0.90[m] 계 : 7.60[m]	5.40	$7.60\times\frac{5.40}{100}$ =0.4104
D ~ E	32A	80[L/min]	직관 : 1.5[m] 관부속 티(직류)1개×0.36=0.36[m] 리듀서(32×25)1개×0.72=0.72[m] 계 : 2.58[m]	11.38	$2.58\times\frac{11.38}{100}$ =0.2936
A ~ D	25A	80[L/min]	직관 : 2+2+0.1+0.1+0.3=4.5[m] 관부속 티(직류)1개×0.27=0.27[m] 엘보(90°)3개×0.9=2.70[m] 리듀서(25×15)1개×0.54=0.54[m] 계 : 8.01[m]	39.82	$8.01\times\frac{39.82}{100}$ =3.1895
			총 계		3.9741[m]

① E ~ F구간에서 100[mm] 상승=0.1[m]
② B ~ A구간에서 100[mm] 상승 후 300[mm] 하강=0.1[m]−0.3[m]=−0.2[m]
∴ 총마찰손실=3.9741[m]+0.1[m]−0.2[m]=3.8741[m] ⇒ 0.0380[MPa]
③ A점의 방사압력을 구하면
A 헤드에서 방사압력=0.15[MPa]−0.0380[MPa]=0.1120[MPa]

해답 0.1120[MPa]

03

절연유 봉입 변압기에 소화설비를 그림과 같이 적용하고자 한다. 바닥 부분을 제외한 변압기의 표면적을 100[m^2]라고 할 때 다음 물음에 답하시오(표준방사량은 1[m^2]당 10[LPM]으로 하며 물분무헤드의 방사압력은 0.4[MPa]로 한다).

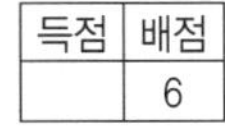

득점	배점
	6

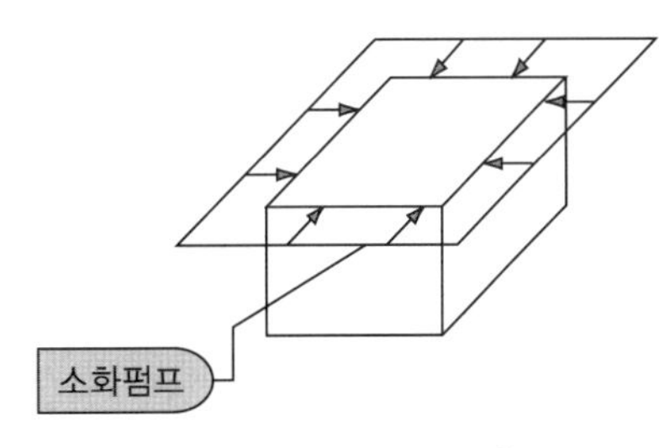

[물분무헤드 8개 설치]

(1) 헤드 한 개당 방사량[L/min]은 얼마인가?
(2) 방출계수 K값은 얼마인가?
(3) 소화수로 저장하여야 할 저장량[m^3]은 얼마인가?

해설

(1) 헤드의 분당 방사량

$$\text{헤드의 분당 방사량} = \frac{\text{방사량}}{\text{헤드 수}}$$

여기서, 방사량 Q[L/min] = 표면적[m^2]×10[L/min·m^2]
= 100[m^2]×10[L/min·m^2] = 1,000[L/min]

$\therefore$ 헤드의 분당 방사량 $= \dfrac{1{,}000[\text{L/min}]}{8\text{개}} = 125[\text{L/min}]$

(2) 방출계수 K값

$Q = K\sqrt{10P}$ 에서 $K = \dfrac{Q}{\sqrt{10P}} = \dfrac{125[\text{L/min}]}{\sqrt{10 \times 0.4[\text{MPa}]}} = 62.5$

(3) 저장량

$$Q = A \times Q_1 \times T$$

여기서, A : 면적[m^2]
Q_1 : 표준방사량[L/min·m^2]
T : 시간[min]

$\therefore Q = A \times Q_1 \times T = 100[\text{m}^2] \times 10[\text{L/min} \cdot \text{m}^2] \times 20[\text{min}] = 20{,}000[\text{L}] = 20[\text{m}^3]$

해답 (1) 125[L/min]
(2) 62.5
(3) 20[m^3]

04

가스 계통의 소화설비에 사용되는 할론 소화약제는 환경에 미치는 영향 때문에 할로겐화합물 및 불활성기체 소화설비로 대체되는 과정에 있다. 다음 각 물음에 답하시오.

득점	배점
	5

(1) 할론 소화약제 방사 시 지구촌에 미치는 영향 2가지만 쓰시오.

(2) 할로겐화합물 및 불활성기체 소화약제는 방사시간을 10초 이내로 제한하고 있는데 그 이유를 간단히 쓰시오.

해설

- 할론 소화약제 미치는 영향
  - 오존층 파괴 : 대기 중에 방출된 할론가스가 성층권까지 상승하여 오존층을 파괴한다.
  - 지구온난화현상 : 할론이나 이산화탄소는 대기 중으로 방출하여 대기의 온도를 상승시켜 지구의 온난화현상을 초래한다.

- **오존파괴지수(ODP)**

  어떤 물질의 오존파괴능력을 상대적으로 나타내는 지표

  $$ODP = \frac{\text{어떤 물질 1[kg]이 파괴하는 오존량}}{\text{CFC-11}(CFCl_3)\text{ 1[kg]이 파괴하는 오존량}}$$

- **지구온난화지수(GWP)**

  어떤 물질이 기여하는 온난화 정도를 상대적으로 나타내는 지표

  $$GWP = \frac{\text{어떤 물질 1[kg]이 기여하는 온난화 정도}}{CO_2\text{ 1[kg]이 기여하는 온난화 정도}}$$

- 할로겐화합물 및 불활성기체 소화약제 방출시간 10초로 제한하는 이유

  약제 방출 시 독성물질인 불화수소(HF) 등 부산물 생성을 최소화하여 인명의 안전을 도모하기 위하여 10초 이내로 제한한다.

해답 (1) 오존층파괴, 지구온난화현상

(2) 할론물질이 열분해로 유해물질이 생성되기 때문

05

물분무 등 소화설비의 하나인 분말소화설비에서 정압작동장치의 설치목적과 종류 3가지를 쓰고 설명하시오.

득점	배점
	10

해설

정압작동장치

- 목 적

  15[MPa]의 압력으로 충전된 가압용 가스용기에서 1.5~2.0[MPa]로 감압하여 저장용기에 보내어 약제와 혼합하여 소정의 방사압력에 달하여(통상 15~30초) 주밸브를 개방시키기 위하여 설치하는 것으로 저장용기의 압력이 낮을 때는 열려 가스를 보내고 적정압력에 달하면 정지하는 구조로 되어 있다.

• 종 류
- **압력스위치(가스압식)방식** : 분말약제 저장용기에 유입된 가스압력에 의하여 설정된 압력이 되면 압력스위치가 압력을 감지하여 전자밸브를 개방시켜 메인밸브를 개방시키는 방식
- **기계적(스프링식) 방식** : 분말약제 저장용기에 유입된 가스압력에 의하여 밸브의 레버를 당겨서 가스의 통로를 개방하여 가스를 메인밸브로 보내어 메인밸브를 개방시키는 방식
- **시한릴레이(타이머)방식** : 분말약제 저장용기에 유입된 가스가 설정된 압력에 도달하는 시간을 미리 산출하여 시한릴레이에 입력시키고 기동과 동시에 시한릴레이를 작동케 하여 입력시간이 지나면 릴레이가 작동 전자밸브를 개방하여 메인밸브를 개방시키는 방법

해답 (1) 설치목적 : 약제저장용기의 내부압력이 설정압력이 되었을 때 주밸브를 개방시키는 장치
(2) 종류 : 압력스위치, 기계적 방식, 시한릴레이방식
① 압력스위치(가스압식)방식 : 분말약제 저장용기에 유입된 가스압력에 의하여 설정된 압력이 되면 압력스위치가 압력을 감지하여 전자밸브를 개방시켜 메인밸브를 개방시키는 방식
② 기계적(스프링식) 방식 : 분말약제 저장용기에 유입된 가스압력에 의하여 밸브의 레버를 당겨서 가스의 통로를 개방하여 가스를 메인밸브로 보내어 메인밸브를 개방시키는 방식
③ 시한릴레이(타이머)방식 : 분말약제 저장용기에 유입된 가스가 설정된 압력에 도달하는 시간을 미리 산출하여 시한릴레이에 입력시키고 기동과 동시에 시한릴레이를 작동케 하여 입력시간이 지나면 릴레이가 작동 전자밸브를 개방하여 메인밸브를 개방시키는 방법

06

등가길이(등가관장)(Le)와 상당관 직경(De)에 대하여 간단히 설명하시오.

득점	배점
	5

해답 (1) 등가길이 : 관부속품을 동일구경과 동일유량에 대하여 동일한 마찰손실을 갖는 직관 길이로 환산한 값
(2) 상당관 직경 : 배관이 원형이 아닌 경우에 유체가 접하는 표면적을 같은 크기의 원형모양을 환산한 직경

07

건식 스프링클러에 하향식 헤드를 부착하는 경우 드라이펜던트(건식형)의 헤드를 사용한다. 사용목적과 구조 및 기능에 대하여 간단히 설명하시오.

득점	배점
	5

해답 (1) 사용목적 : 하향식 배관의 경우 배관 안에 물이 배수되지 않아 동파 및 부식의 원인이 됨
(2) 구조 및 기능 : 배관 안에 부동액 또는 질소를 봉입해 하향식 헤드가 감열되어 개방되는 경우 부동액 및 질소가 방사된 후에 물이 방사될 수 있도록 되어 있음

08

다음 그림은 가로 30[m], 세로 20[m]인 직사각형 형태의 실의 평면도이다. 이 실의 내부에는 기둥이 없다. 이 실내에 방호반경 2.3[m]로 스프링클러헤드를 직사각형으로 배치하고자 할 때 가로 및 세로변의 최대 및 최소개수를 주어진 보기와 같이 작성 산출하시오(단, 반자 속에는 헤드를 설치하지 아니하며 헤드 설치 시 장애물은 모두 무시하고, 헤드 배치 간격은 헤드배치각도(θ)를 30도 및 60도 2가지로 최대/최소개수를 산출하시오).

득점	배점
	10

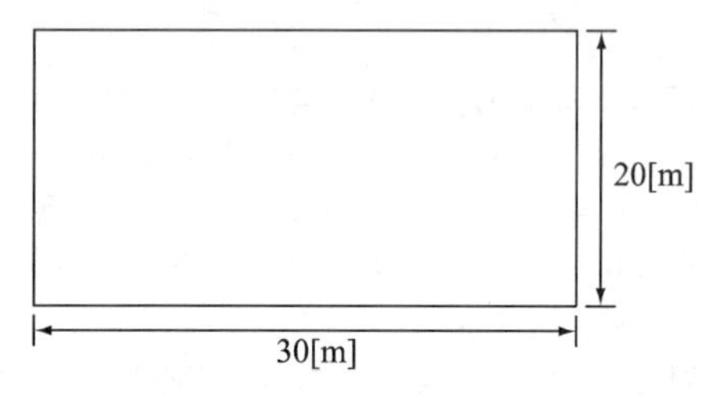

보 기

가로변 : 최소헤드수(6개), 최대헤드수(9개)

세로변 : 최소헤드수(3개), 최대헤드수(5개)

세로열의 헤드수 \ 가로열의 헤드수	6	7	8	9
3	18	21	24	27
4	24	28	32	36
5	30	35	40	45

물 음

(1) 가로변 설치 헤드 최소개수는 몇 개인가?

(2) 가로변 설치 헤드 최대개수는 몇 개인가?

(3) 세로변 설치 헤드 최소개수는 몇 개인가?

(4) 세로변 설치 헤드 최대개수는 몇 개인가?

(5) 산출과정의 작성 “예”와 같이 헤드의 배치 수량표를 만드시오.

(6) 만약 정사각형으로 배치할 때 헤드의 설치간격은?

(7) 정사각형으로 헤드 배치할 때 설치개수는 몇 개인가?

(8) 헤드가 폐쇄형으로 표시온도가 79[℃]일 때 작동온도의 범위는?

해설

(1) 가로변 헤드 최소개수

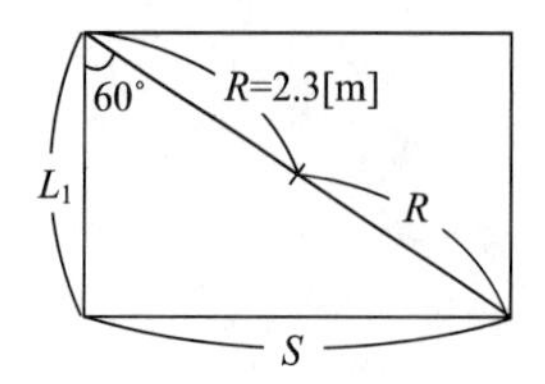

$$S=\sqrt{4R^2-L_1^2}=\sqrt{4\times 2.3^2-2.3^2}=3.98[\text{m}]$$

여기서, R = 수평거리(내화구조 2.3[m])

$L_1 = 2R\cos\theta = 2 \times 2.3 \times \cos 60° = 2.3[\text{m}]$

$\therefore$ 가로변의 헤드최소개수$= \dfrac{\text{가로길이}}{S} = \dfrac{30[\text{m}]}{3.98[\text{m}]} = 7.54 \Rightarrow$ **8개**

(2) 가로변 헤드최대개수

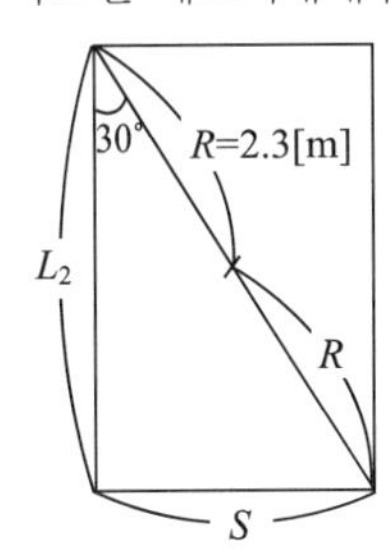

$$S = \frac{2R}{2} = 2.3[\text{m}]$$

$\therefore$ 가로변의 헤드최대개수$= \dfrac{\text{가로길이}}{S} = \dfrac{30[\text{m}]}{2.3[\text{m}]} = 13.04 \Rightarrow$ **14개**

(3) 세로변 헤드최소개수

S : (1)에서 구한 3.98[m]

$\therefore$ 세로변 헤드최소개수$= \dfrac{\text{세로길이}}{S} = \dfrac{20[\text{m}]}{3.98[\text{m}]} = 5.03 \Rightarrow$ **6개**

(4) 세로변 헤드최대개수

S : (2)에서 구한 2.3[m]

$\therefore$ 세로변 헤드최대개수$= \dfrac{\text{세로길이}}{S} = \dfrac{20[\text{m}]}{2.3[\text{m}]} = 8.69 \Rightarrow$ **9개**

(5) 헤드의 배치수량표

가로변 헤드수 / 세로변 헤드수	8	9	10	11	12	13	14
6	48	54	60	66	72	78	84
7	56	63	70	77	84	91	98
8	64	72	80	88	96	104	112
9	72	81	90	99	108	117	126

(6) 헤드의 설치간격

정사각형(정방형)의 경우 $\theta = 45°$

$\therefore$ $S = 2R\cos\theta = 2 \times 2.3[\text{m}] \times \cos 45° = 3.25[\text{m}]$

(7) 정사각형으로 헤드 배치 시 설치개수

① 가로변 소요헤드개수$= 30[\text{m}] \div 3.25[\text{m}] = 9.225 \Rightarrow$ 10개

② 세로변 소요헤드개수$= 20[\text{m}] \div 3.25[\text{m}] = 6.153 \Rightarrow$ 7개

$\therefore$ 총헤드개수$=$ 10개 $\times$ 7개 $=$ 70개

(8) 폐쇄형 헤드의 작동온도

헤드의 작동온도범위는 표시온도의 ±3[%]이다.

∴ 작동온도 = (79[℃]×0.97) ~ (79[℃]×1.03) = 76.63 ~ 81.37[℃]

해답

(1) 8개 (2) 14개

(3) 6개 (4) 9개

(5) 헤드의 배치 수량표

세로열 헤드수 \ 가로열 헤드수	8	9	10	11	12	13	14
6	48	54	60	66	72	78	84
7	56	63	70	77	84	91	98
8	64	72	80	88	96	104	112
9	72	81	90	99	108	117	126

(6) 3.25[m]

(7) 70개

(8) 76.63 ~ 81.37[℃]

09

평상시에는 공조설비의 급기로 사용하고 화재 시에만 제연에 이용하는 배출기가 답안지의 도면과 같이 설치되어 있다. 화재 시 유효하게 제연할 수 있도록 도면의 필요한 곳에 절환댐퍼를 표시하고 평상시와 화재 시를 구분하여 각 절환댐퍼의 상태를 기술하시오(단, 절환댐퍼는 4개로 설치하고, 댐퍼 심벌은 ⊘ D_1 개방, ⊘ D_2 폐쇄 등으로 표시한다).

득점	배점
	5

물음

(1) 절환댐퍼 표시

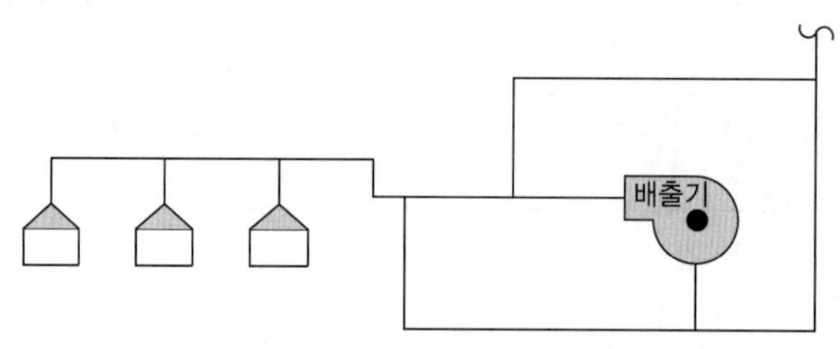

(2) 댐퍼상태

① 평상시 :

② 화재 시 :

해설

동작상황

(1) **평상시** : 공조설비로 이용되므로 댐퍼 D_1, D_3을 폐쇄하고 댐퍼 D_2, D_4를 개방하여 외부의 신선한 공기를 주입한다.

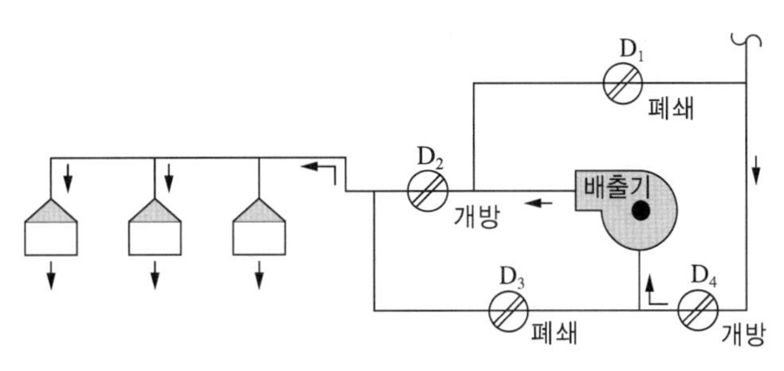

(2) **화재 시** : 댐퍼 D_2, D_4를 폐쇄하고 댐퍼 D_1, D_3을 개방하여 화재발생구역의 연기를 외부로 배출시키는 제연설비로 사용한다.

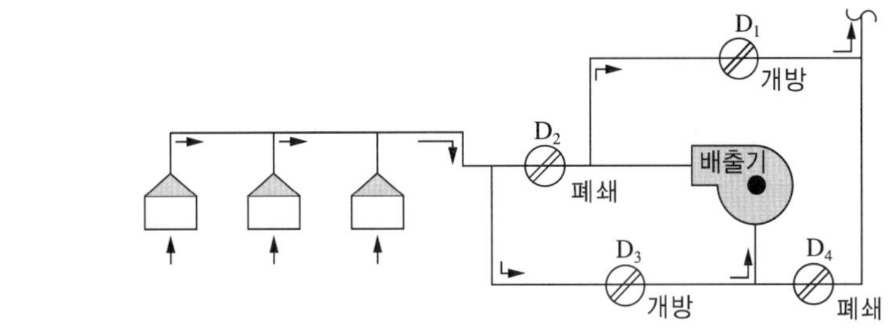

해답 (1)

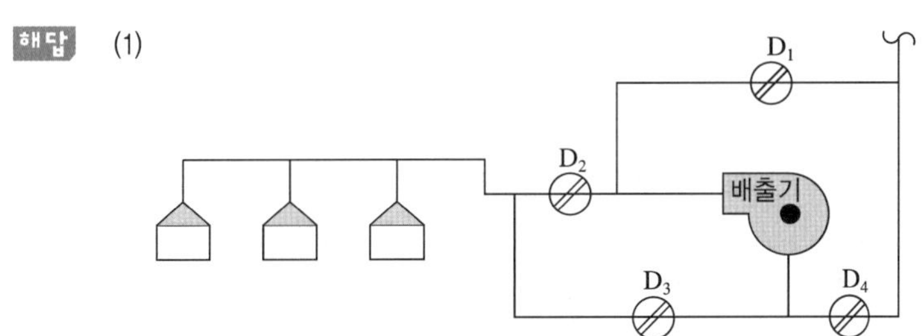

(2) ① 평상시 : 댐퍼 D_1, D_3 폐쇄, 댐퍼 D_2, D_4 개방
② 화재 시 : 댐퍼 D_2, D_4 폐쇄, 댐퍼 D_1, D_3 개방

10

아래 그림은 포소화설비에서 포소화약제의 혼합방식 중 1가지이다. 혼합방식의 종류를 쓰고 (가)에 설치하여야 하는 장치의 명칭을 쓰시오.

득점	배점
	5

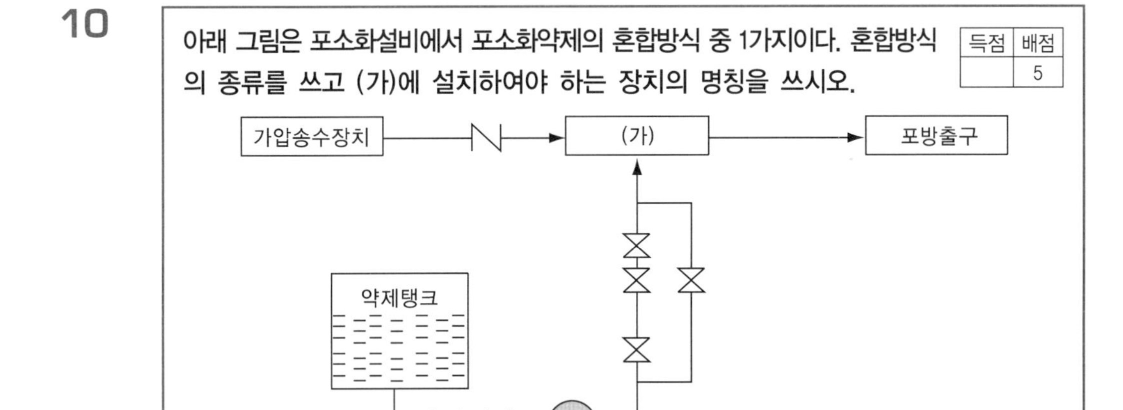

해설

프레셔 사이드 프로포셔너방식(Pressure Side Proportioner, 압입혼합방식)

펌프의 토출관에 압입기를 설치하여 포소화약제 압입용 펌프로 포소화약제를 압입시켜 혼합하는 방식으로 장기간 보존이 가능하고 운전 후에도 재사용이 가능하나 설치비용이 든다.

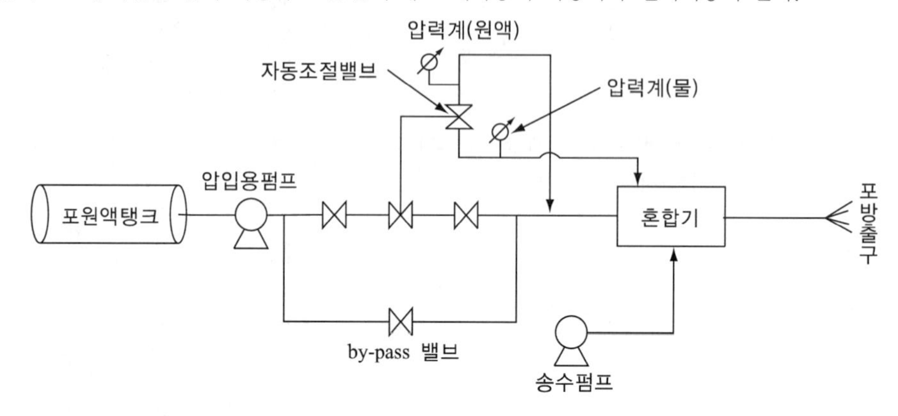

해답 (1) 혼합방식 종류 : 프레셔 사이드 프로포셔너방식
(2) 프로포셔너(혼합기)

11

바닥면적이 60[m^2]인 어느 실내에 제연설비를 설치하고자 할 때 최소 소요배출량은 시간당 [m^3]인가?(단, 거실의 바닥면적이 400[m^2] 미만으로 구획되고 피난을 위하여 경유하는 거실이 아님)

득점	배점
	4

해설

시간당 소요배출량

배출량[m^3/min] = 바닥면적[m^2] × 1[m^3/min · m^2] = 60 × 1 = 60[m^3/min]

분당을 시간당으로 고치면 60[m^3/min] = 60[m^3/min] × 60[min/h] = 3,600[m^3/h]

화재안전기준 501에 의하면 최소배출량은 5,000[m^3/h]이므로 5,000[m^3/h]이 안 되면 5,000[m^3/h]으로 하여야 한다.

해답 5,000[m^3/h]

12

득점	배점
	15

다음 물음에 답하시오.

(1) 습식 스프링클러설비의 구성과 구조를 나타낼 수 있는 계통도를 그리시오.

(2) 시스템의 작동방식(작동순서 포함)을 설명하시오.

(3) 시스템의 유지관리를 위한 작동기능점검 사항으로 필요한 것 중 5가지만을 선택하여 설명하시오.

해답 (1) 습식 스프링클러설비의 계통도

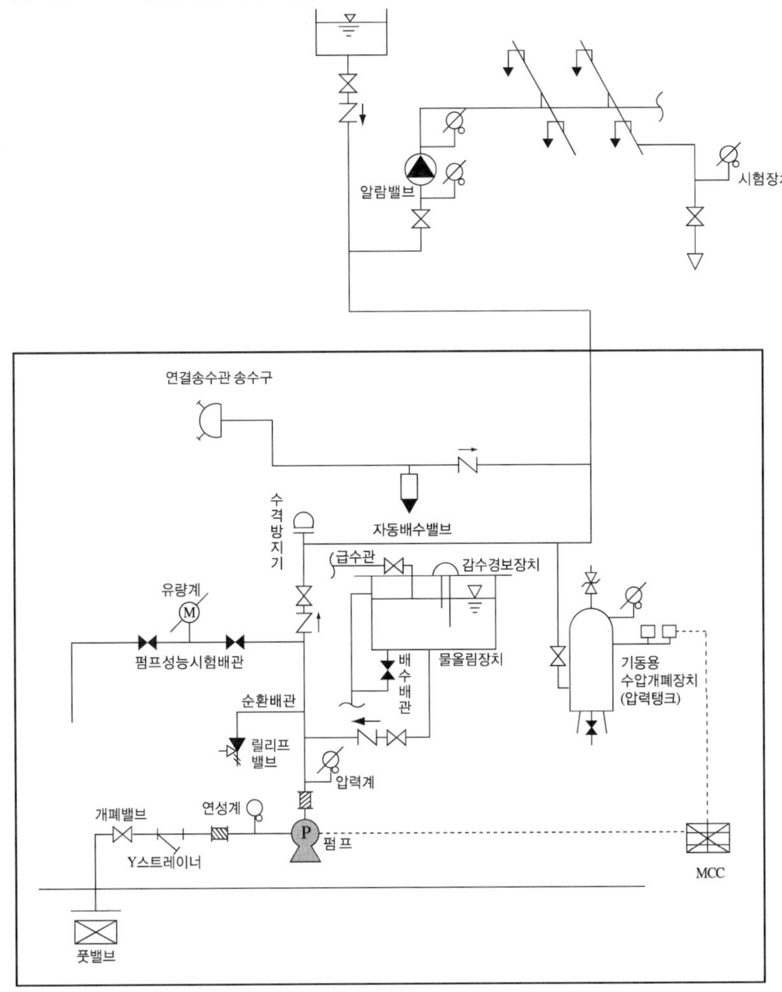

(2) 습식 스프링클러설비의 작동방식과 작동순서

① 작동방식 : 알람밸브의 1차측과 2차측 배관 내에 항상 가압수가 충수되어 있다가 헤드 개방과 동시에 가압수가 방출되는 방식

② 작동순서

㉠ 화재발생

㉡ 헤드 감열 후 헤드 개방

㉢ 2차측 압력이 저하되어 유수검지장치 작동(클래퍼 개방)
㉣ 압력스위치 작동(수신부로 동작 신호 및 사이렌 경보)
㉤ 기동용 수압개폐장치(압력체임버)가 작동하여 펌프기동
㉥ 소 화

(3) 외관점검 및 기능점검사항
① 수원의 수위계 : 정상작동 여부
② 수원의 저수위 경보장치 : 정상작동 여부
③ 수원의 밸브류 : 개폐조작이 쉬운지의 여부
④ 전동기제어장치의 표시등 : 정상적인 점등 여부
⑤ 기동용 수압 개폐장치 : 작동압력치가 적정한지의 여부

13

원심펌프의 회전속도가 1,800[rpm], 양정은 30[m], 토출량은 2,400[LPM]이었다. 만약 펌프의 회전속도를 3,600[rpm]으로 변경하였을 경우, 다음 물음에 답하시오.

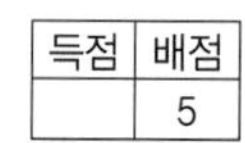

득점	배점
	5

물 음

(1) 전양정은 얼마인가?
(2) 전동기동력은 처음 동력의 몇 배인가?

해설

상사법칙

- 유량 $Q_2 = Q_1 \times \left(\frac{N_2}{N_1}\right) \times \left(\frac{D_2}{D_1}\right)^3$
- 양정 $H_2 = H_1 \times \left(\frac{N_2}{N_1}\right)^2 \times \left(\frac{D_2}{D_1}\right)^2$
- 동력 $P_2 = P_1 \times \left(\frac{N_2}{N_1}\right)^3 \times \left(\frac{D_2}{D_1}\right)^5$

여기서, N : 회전수　　　D : 직경

(1) 전양정

$$\therefore H_2 = H_1 \times \left(\frac{N_2}{N_1}\right)^2 = 30[\mathrm{m}] \times \left(\frac{3{,}600[\mathrm{rpm}]}{1{,}800[\mathrm{rpm}]}\right)^2 = 120[\mathrm{m}]$$

(2) $P_2 = P_1 \times \left(\frac{N_2}{N_1}\right)^3 \times \left(\frac{D_2}{D_1}\right)^5$ 에서 직경이 동일하므로

$$P_2 = P_1 \times \left(\frac{N_2}{N_1}\right)^3 = P_1 \times \left(\frac{3{,}600[\mathrm{rpm}]}{1{,}800[\mathrm{rpm}]}\right)^3 = 8P_1 \Rightarrow 8배$$

해답 (1) 120[m]
(2) 8배

제 2 회

2007년 7월 8일 시행

※ 다음 물음에 대한 답을 해당 답란에 답하시오.(배점 : 100)

01

어떤 지하상가 제연설비를 화재안전기준과 아래조건에 따라 설치하려고 한다.

득점	배점
	12

조 건

- 주덕트의 높이제한은 600[mm]이다(강판 두께, 덕트 플랜지 및 보온두께는 고려하지 않는다).
- 배출기는 원심 다익형이다.
- 각종 효율은 무시한다.
- 예상 제연구역의 설계 배출량은 45,000[m^3/h]이다.

물 음

(1) 배출기의 흡입측 주덕트의 최소 폭[m]을 계산하시오.

(2) 배출기의 배출측 주덕트의 최소 폭[m]를 계산하시오.

(3) 준공 후 풍량시험을 한 결과 풍량은 36,000[m^3/h], 회전수는 600[rpm], 축동력은 7.5[kW]로 측정되었다. 배출량 45,000[m^3/h]를 만족시키기 위한 배출구 회전수[rpm]를 계산하시오.

(4) 회전수를 높여서 배출량을 만족시킬 경우의 예상 축동력[kW]을 계산하시오.

해설

(1) 흡입측 주덕트의 최소 폭

$$Q = u\,A$$

여기서, Q = 45,000[m^3/h] = 45,000[m^3]/3,600[s] = 12.5[m^3/s]

u = 풍속(배출기 흡입측 풍도 안의 풍속 : 15[m/s] 이하)

A = 0.6[m](600[mm]) × L

$\therefore\ Q = uA$

$12.5[\text{m}^3/\text{s}] = 15[\text{m/s}] \times (0.6[\text{m}] \times L)$

덕트의 최소 폭 $L = 1.388[\text{m}] \Rightarrow 1.39[\text{m}]$

(2) 배출측 주덕트의 최소 폭

$$Q = u\,A$$

여기서, Q = 45,000[m^3/h] = 45,000[m^3]/3,600[s] = 12.5[m^3/s]

u = 풍속(배출기 배출측 풍도 안의 풍속 : 20[m/s] 이하)

A = 0.6[m] × L

$\therefore\ Q = u\,A$

$12.5[\mathrm{m^3/s}] = 20[\mathrm{m/s}] \times (0.6[\mathrm{m}] \times L)$

덕트의 최소 폭 $L = 1.042[\mathrm{m}] \Rightarrow 1.04[\mathrm{m}]$

(3) 배출구 회전수

$$\frac{Q_2}{Q_1} = \frac{N_2}{N_1}$$

여기서, Q : 풍량[m³/h] N : 회전수[rpm]

$$\therefore \text{ 배출구 회전수 } N_2 = N_1 \times \left(\frac{Q_2}{Q_1}\right) = 600[\mathrm{rpm}] \times \left(\frac{45{,}000[\mathrm{m^3/h}]}{36{,}000[\mathrm{m^3/h}]}\right) = 750[\mathrm{rpm}]$$

(4) 축동력

$$\frac{P_2}{P_1} = \left(\frac{N_2}{N_1}\right)^3$$

여기서, P : 축동력[kW] N : 회전수[rpm]

$$\therefore \text{ 축동력 } P_2 = P_1 \times \left(\frac{N_2}{N_1}\right)^3 = 7.5[\mathrm{kW}] \times \left(\frac{750[\mathrm{rpm}]}{600[\mathrm{rpm}]}\right)^3 = 14.65[\mathrm{kW}]$$

해답 (1) 1.39[m]
(2) 1.04[m]
(3) 750[rpm]
(4) 14.65[kW]

02

다음 그림은 어느 스프링클러설비의 Isometric Diagram이다. 이 도면과 주어진 조건에 의하여 헤드 A만을 개방하였을 때 실제 방수량을 계산하시오.

득점	배점
	20

조 건

- 펌프의 양정력은 토출량에 관계없이 일정하다고 가정한다(펌프토출압 = 0.3[MPa]).
- 헤드의 방출계수(K)는 90이다.
- 배관의 마찰손실은 하젠-윌리엄스공식을 따르되 계산의 편의상 다음 식과 같다고 가정한다.

$$\Delta P = \frac{6 \times 10^4 \times Q^2}{120^2 \times d^5}$$

단, ΔP : 배관 1[m]당 마찰손실압력[MPa]
Q : 배관 내의 유수량[L/min]
d : 배관의 안지름[mm]

• 배관의 호칭구경별 안지름은 다음과 같다.

호칭구경	25ϕ	32ϕ	40ϕ	50ϕ	65ϕ	80ϕ	100ϕ
내 경	28	37	43	54	69	81	107

• 배관부속 및 밸브류의 등가길이[m]는 아래 표와 같으며, 이 표에 없는 부속 또는 밸브류의 등가길이는 무시해도 좋다.

호칭구경	25[mm]	32[mm]	40[mm]	50[mm]	65[mm]	80[mm]	100[mm]
90°엘보	0.8	1.1	1.3	1.6	2.0	2.4	3.2
티측류	1.7	2.2	2.5	3.2	4.1	4.9	6.3
게이트밸브	0.2	0.2	0.3	0.3	0.4	0.5	0.7
체크밸브	2.3	3.0	3.5	4.4	5.6	6.7	8.7
알람밸브	–	–	–	–	–	–	8.7

• 가지관과 헤드 간의 마찰손실은 무시한다.
• 배관의 마찰손실, 등가길이, 마찰손실압력은 호칭구경 25ϕ와 같이 구하도록 한다.

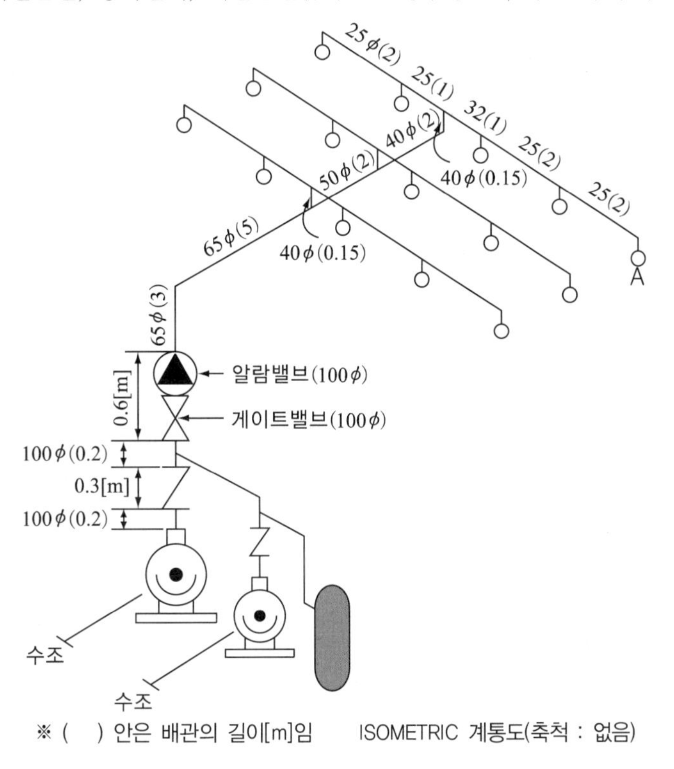

※ (　) 안은 배관의 길이[m]임　　ISOMETRIC 계통도(축척 : 없음)

산출근거

호칭구경	배관의 마찰손실[MPa]	등가길이	마찰손실압력[MPa]
25ϕ	$\Delta P = 2.421 \times 10^{-7} \times Q^2$	직관 : 2+2=4 엘보 : 1×0.8=0.8 계 : 4.8[m]	$1.162 \times 10^{-6} \times Q^2$
32ϕ			
40ϕ			
50ϕ			
65ϕ			
100ϕ			

(1) 배관의 총마찰손실[MPa] :
(2) 실층고 환산 낙차수두[m] :
(3) A점의 방수량[L/min] :
(4) A점의 방수압[MPa] :

해답 **산출근거**

호칭구경	배관의 마찰손실[MPa]	등가길이	마찰손실압력[MPa]
25ϕ	$\Delta P = 6 \times 10^4 \times \dfrac{Q^2}{120^2 \times 28^5}$ $= 2.421 \times 10^{-7} \times Q^2$	직관 : 2[m]+2[m]=4[m] 엘보 : 1개×0.8[m]=0.8[m] 계 : 4.8[m]	$2.421 \times 10^{-7} \times Q^2 \times 4.8[\text{m}]$ $= 1.162 \times 10^{-6} \times Q^2$
32ϕ	$\Delta P = 6 \times 10^4 \times \dfrac{Q^2}{120^2 \times 37^5}$ $= 6.008 \times 10^{-8} \times Q^2$	직관 : 1[m] 계 : 1[m]	$6.008 \times 10^{-8} \times Q^2 \times 1[\text{m}]$ $= 6.008 \times 10^{-8} \times Q^2$
40ϕ	$\Delta P = 6 \times 10^4 \times \dfrac{Q^2}{120^2 \times 43^5}$ $= 2.834 \times 10^{-8} \times Q^2$	직관 : 2[m]+0.15[m]=2.15[m] 90°엘보 : 1.3[m] 티측류 : 2.5[m] 계 : 5.95[m]	$2.834 \times 10^{-8} \times Q^2 \times 5.95[\text{m}]$ $= 1.686 \times 10^{-7} \times Q^2$
50ϕ	$\Delta P = 6 \times 10^4 \times \dfrac{Q^2}{120^2 \times 54^5}$ $= 9.074 \times 10^{-9} \times Q^2$	직관 : 2[m] 계 : 2[m]	$9.074 \times 10^{-9} \times Q^2 \times 2[\text{m}]$ $= 1.815 \times 10^{-8} \times Q^2$
65ϕ	$\Delta P = 6 \times 10^4 \times \dfrac{Q^2}{120^2 \times 69^5}$ $= 2.664 \times 10^{-9} \times Q^2$	직관 : 5[m]+3[m]=8[m] 90°엘보 : 2[m] 계 : 10[m]	$2.664 \times 10^{-9} \times Q^2 \times 10[\text{m}]$ $= 2.664 \times 10^{-8} \times Q^2$
100ϕ	$\Delta P = 6 \times 10^4 \times \dfrac{Q^2}{120^2 \times 107^5}$ $= 2.97 \times 10^{-10} \times Q^2$	직관 : 0.2[m]+0.2[m]=0.4[m] 체크밸브 : 8.7[m] 게이트밸브 : 0.7[m] 알람밸브 : 8.7[m] 계 : 18.5[m]	$2.97 \times 10^{-10} \times Q^2 \times 18.5[\text{m}]$ $= 5.494 \times 10^{-9} \times Q^2$

(1) 배관의 총마찰손실

: $(1.162\times 10^{-6}\times Q^2)+(6.008\times 10^{-8}\times Q^2)+(1.686\times 10^{-7}\times Q^2)$

$+(1.815\times 10^{-8}\times Q^2)+(2.664\times 10^{-8}\times Q^2)+(5.495\times 10^{-9}\times Q^2)$

$=1.44\times 10^{-6}Q^2$

$\therefore\ 1.44\times 10^{-6}Q^2[\mathrm{MPa}]$

(2) **실층고 환산 낙차수두**

0.2[m]+0.3[m]+0.2[m]+0.6[m]+3[m]+0.15[m]=4.45[m]

(3) **A점의 방수량** : $Q=K\sqrt{10P}$에서 $K=90$

P(헤드압)=펌프토출압−(실층고낙차환산수두압+배관손실압)

$P=0.3-(0.044+1.44\times 10^{-6}Q^2)=0.256-1.44\times 10^{-6}Q^2$[MPa]

$$4.45[\mathrm{m}]=\frac{4.45[\mathrm{m}]}{10.332[\mathrm{m}]}\times 0.101325[\mathrm{MPa}]=0.044[\mathrm{MPa}]$$

$$\therefore\ Q=90\sqrt{10\times(0.256-1.44\times 10^{-6}Q^2)}$$

양변을 제곱하여 풀면

$Q^2=90^2(2.56-1.44\times 10^{-5}Q^2)$ $\quad$ $Q^2=90^2\times 2.56-90^2\times 1.44\times 10^{-5}Q^2)$

$Q^2=20{,}736-0.1166Q^2$ $\quad$ $Q^2+0.1166Q^2=20{,}736$

$1.1166Q^2=20{,}736$ $\quad$ $Q=\sqrt{\dfrac{20{,}736}{1.1166}}=136.27[\mathrm{L/min}]$

$\therefore Q$=136.27[L/min]

(4) **A점의 방수압** : $Q=K\sqrt{10P}$

$$10P=\left(\frac{Q}{K}\right)^2=\left(\frac{136.27[\mathrm{L/min}]}{90}\right)^2=2.29$$

$$\therefore\ P=\frac{2.29[\mathrm{MPa}]}{10}=0.229[\mathrm{MPa}]$$

03

그림과 같은 옥내소화전설비를 아래의 조건에 따라 설치하려고 한다. 이때 다음 물음에 답하시오.

득점	배점
	20

조 건

- $\mathrm{P_1}$=옥내소화전 펌프
- $\mathrm{P_2}$=잡용수 양수펌프
- 펌프의 풋밸브로부터 6층 옥내소화전함 호스 접결구까지의 마찰손실 및 저항손실수두는 실양정의 30[%]로 한다.
- 펌프의 체적효율(η_v)=0.95, 기계효율(η_m)=0.85, 수력효율(η_n)=0.8이다.
- 옥내소화전의 개수는 각 층 3개씩이다.
- 소방호스의 마찰손실수두는 7[m]이다.
- 전동기 전달계수(K)는 1.2이다.

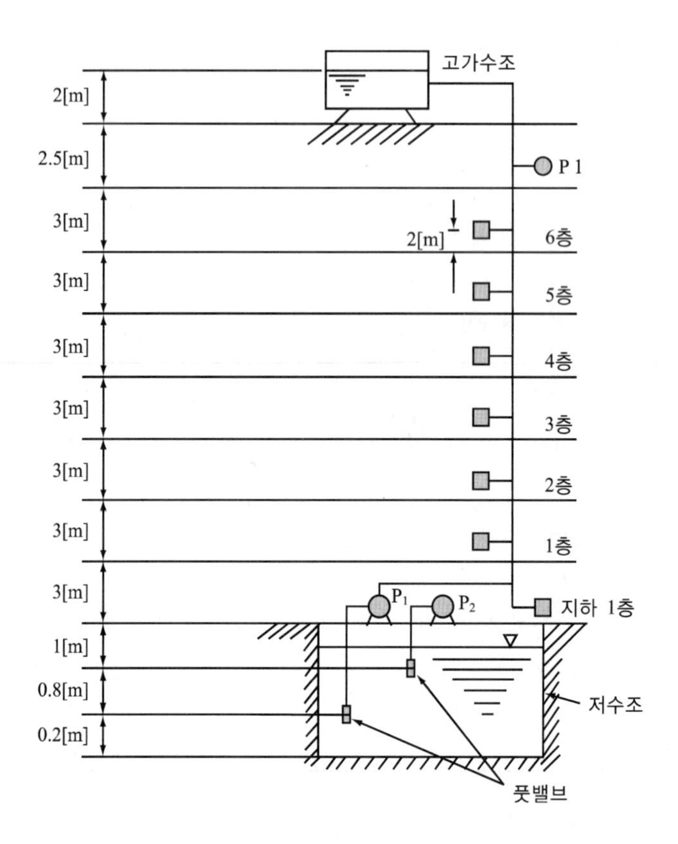

물 음

(1) 펌프의 최소유량은 몇 [L/min]인가?

(2) 수원의 최소유효저수량은 몇 [m^3]인가?(옥상수조를 포함한다)

(3) 펌프의 양정은 몇 [m]인가?

(4) 펌프의 전효율은 몇 [%]인가?

(5) 펌프의 수동력, 축동력, 모터동력은 각각 몇 [kW]인가?

① 수동력 :

② 축동력 :

③ 모터동력 :

(6) 6층의 옥내소화전에 지름 40[mm] 소방호스 끝에 노즐구경 13[mm]인 노즐팁이 부착되어 있다. 이때 유량 130[L/min]의 물을 대기 중으로 방수할 경우 다음의 물음에 답하시오(단, 유동에는 마찰이 없다).

① 소방호스의 평균 유속[m/s]를 구하시오.

② 소방호스에 연결된 방수노즐의 평균 유속[m/s]을 구하시오.

③ 운동량 때문에 생기는 반발력[N]을 계산하시오.

(7) 만약 노즐에서 방수압력이 0.7[MPa]를 초과할 경우 감압하는 방법 3가지를 쓰시오.

(8) 노즐 선단에서 봉상 방수의 경우 방수압 측정 요령을 쓰시오.

해설

(1) 최소유량

$$Q= N(\text{최대 5개}) \times 130[\text{L/min}]$$

$\therefore\ Q= N \times 130[\text{L/min}] = 3\text{개} \times 130[\text{L/min}] = 390[\text{L/min}]$

(2) 저수량

$$Q= N(\text{최대 5개}) \times 2.6[\text{m}^3]\ (130[\text{L/min}] \times 20[\text{min}])$$

$Q= N \times 2.6[\text{m}^3]\ (130[\text{L/min}] \times 20[\text{min}]) = 3\text{개} \times 2.6[\text{m}^3] = 7.8[\text{m}^3]$

∴ 수원은 유효수량 외에 유효수량의 $\frac{1}{3}$ 이상을 옥상(옥내소화전설비가 설치된 건축물의 주된 옥상)에 설치하여야 한다.

그래서 옥상수조를 포함하면 $7.8[\text{m}^3] + \left(7.8[\text{m}^3] \times \frac{1}{3}\right) = 10.4[\text{m}^3]$

[옥내소화전설비의 토출량과 수원]

층 수	토출량	수 원
29층 이하	N(최대 5개)×130[L/min]	N(최대 5개)×130[L/min]×20[min] = N(최대 5개)×2,600[L] = N(최대 5개)×2.6[m³]
30층 이상 49층 이하	N(최대 5개)×130[L/min]	N(최대 5개)×130[L/min]×40[min] = N(최대 5개)×5,200[L] = N(최대 5개)×5.2[m³]
50층 이상	N(최대 5개)×130[L/min]	N(최대 5개)×130[L/min]×60[min] = N(최대 5개)×7,800[L] = N(최대 5개)×7.8[m³]

(3) 양 정

$$H= h_1 + h_2 + h_3 + 17$$

여기서, H : 전양정[m]

h_1 : 소방호스마찰손실수두(7[m])

h_2 : 배관마찰손실수두(21.8[m] × 0.3 = 6.54[m])

h_3 : 실양정(흡입양정+토출양정) = (0.8[m] + 1[m]) + (3[m] ×6개층) + 2[m] = 21.8[m]

$\therefore\ H= 7[\text{m}] + 6.54[\text{m}] + 21.8[\text{m}] + 17 = 52.34[\text{m}]$

(4) 펌프효율(η)=기계효율(η_m)×체적효율(η_v)×수력효율(η_w)

$= 0.85 \times 0.95 \times 0.8 = 0.646 \times 100 = 64.6[\%]$

(5) 동 력

① 수동력[kW]= $\frac{\gamma Q H}{102}$

② 축동력[kW]= $\frac{\gamma Q H}{102\eta}$

③ 모터동력[kW]= $\frac{\gamma Q H}{102\,\eta} \times K$

여기서, γ : 비중량(1,000[kg_f/m^3])　　　Q : 유량[m^3/s]
H : 전양정[m]　　　η : 효율
K : 전달계수

① 수동력 $= \frac{\gamma QH}{102} = \frac{1,000[kg_f/m^3] \times 0.39[m^3]/60[s] \times 52.34[m]}{102} = 3.34[kW]$

② 축동력 $= \frac{\gamma QH}{102\eta} = \frac{1,000[kg_f/m^3] \times 0.39[m^3]/60[s] \times 52.34[m]}{102 \times 0.646} = 5.16[kW]$

③ 모터동력 $= \frac{\gamma QH}{102\eta} \times K = \frac{1,000[kg_f/m^3] \times 0.39[m^3]/60[s] \times 52.34[m]}{102 \times 0.646} \times 1.2$
$= 6.20[kW]$

(6) ① 호스의 평균유속

$\therefore u = \frac{Q}{A} = \frac{0.13[m^3]/60[s]}{\frac{\pi}{4}(0.04[m])^2} = 1.72[m/s]$

② 방수노즐의 평균유속

$\therefore u = \frac{Q}{A} = \frac{0.13[m^3]/60[s]}{\frac{\pi}{4}(0.013[m])^2} = 16.32[m/s]$

③ 반발력

$$F = Q\rho u = Q\rho(u_2 - u_1)$$

여기서, F : 운동량에 의한 반발력[N]　　　Q : 유량[m^3/s]
ρ : 물의 밀도[$N \cdot s^2/m^4$]　　　u : 유속[m/s]

$\therefore F = Q\rho(u_2 - u_1) = 1,000[N \cdot s^2/m^4] \times 0.13[m^3]/60[s] \times (16.32 - 1.72)[m/s]$
$= 31.63[N]$

PLUS ONE

$$F = \frac{\gamma A_1 Q^2}{2g} \cdot \left(\frac{A_1 - A_2}{A_1 A_2}\right)^2$$

여기서, F : 플랜지볼트에 작용하는 힘[N]
γ : 비중량(9,800[N/m^3])
Q : 유량[m^3/s]
A_1 : 호스단면적[m^2]
A_2 : 노즐단면적[m^2]
g : 중력가속도(9.8[m/s^2])

(7) 감압방식

① 중계펌프(Booster Pump)에 의한 방법

고층부와 저층부로 구역을 설정한 후 중계펌프를 건물 중간에 설치하는 방식으로 기존방식보다 설치비가 많이 들고 소화펌프의 설치대수가 증가한다.

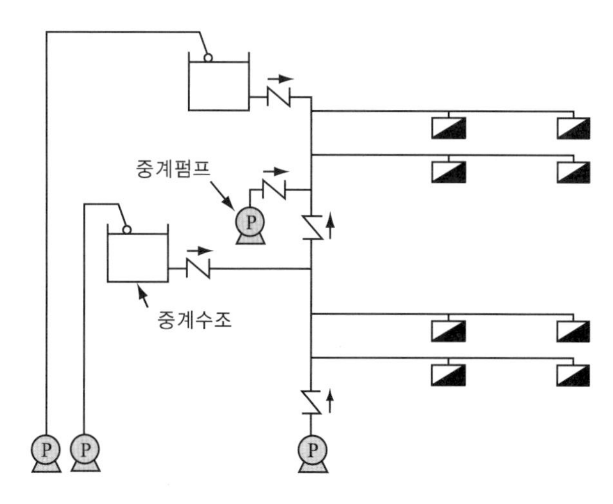

② 구간별 전용배관에 의한 방법
고층부와 저층부를 구분하여 펌프와 배관을 분리하여 설치하는 방식으로 저층부는 저양정 펌프를 설치하여 비교적 안전하지만 고층부는 고양정의 펌프를 설치하여야 한다.

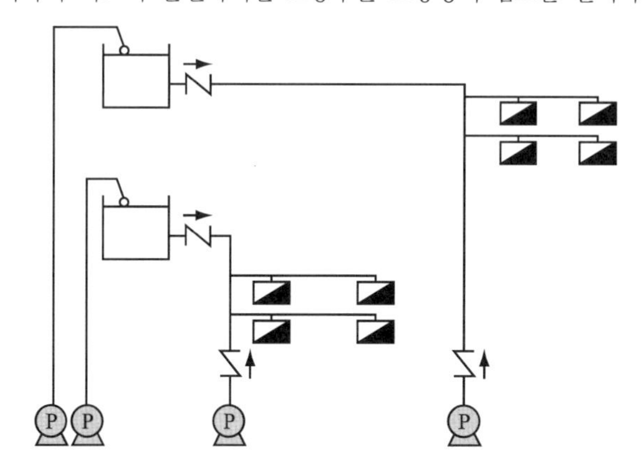

③ 고가수조에 의한 방법
고가수조를 고층부와 저층부로 구역을 설정한 후 낙차의 압력을 이용하는 방식이다. 별도의 소화펌프가 필요없으며 비교적 안정적인 방수압력을 얻을 수 있다.

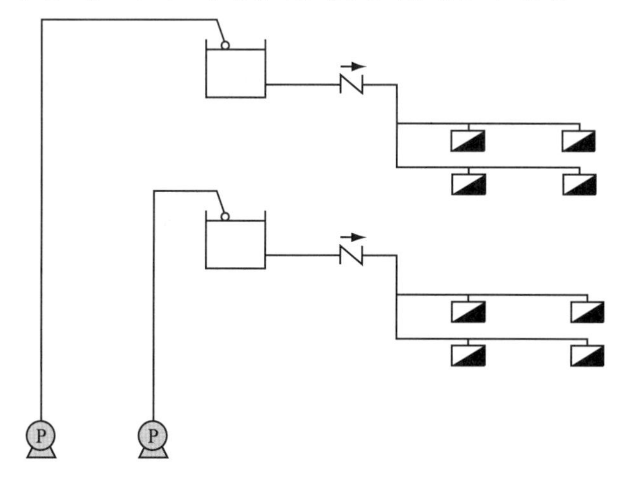

④ 감압밸브에 의한 방법

호스접결구 인입측에 감압장치(감압밸브) 또는 오리피스를 설치하여 방사압력을 낮추거나 또는 펌프의 토출측에 압력조절밸브를 설치하여 토출압력을 낮추는 방식으로 가장 많이 사용하는 방식이다.

(8) 방수압 측정방법

직사형 노즐이 선단에 노즐직경의 $0.5D$(내경)만큼 떨어진 지점에서 피토게이지상의 눈금을 읽어 압력을 구하고 유량을 계산한다.

$$Q = 0.6597\,CD^2\sqrt{10\,P}$$

여기서, Q : 유량[L/min]　　C : 유량계수
D : 노즐직경[mm]　　P : 압력[MPa]

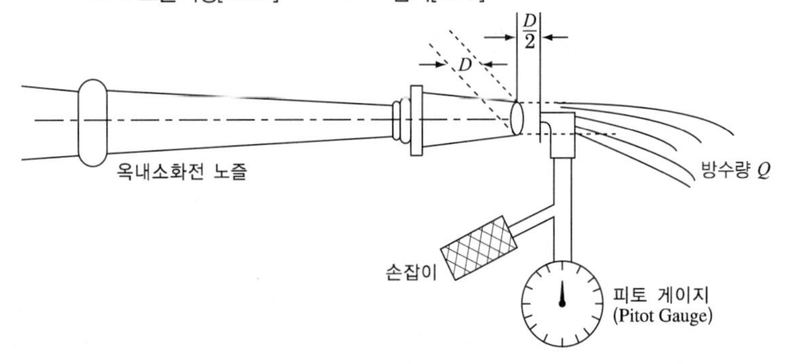

[방수량 측정 상세도]

해답

(1) 390[L/min]　　(2) 10.4[m^3]

(3) 52.34[m]　　(4) 64.6[%]

(5) ① 수동력 3.34[kW]
② 축동력 5.16[kW]
③ 모터동력 6.20[kW]

(6) ① 1.72[m/s]
② 16.32[m/s]
③ 31.63[N]

(7) ① 중계펌프방식
② 고가수조방식
③ 감압밸브설치방식

(8) 직사형 노즐이 선단에 노즐직경의 $0.5D$(내경)만큼 떨어진 지점에서 피토게이지상의 눈금을 읽어 압력을 구한다.

04

건식 스프링클러설비의 가압송수장치(펌프방식)의 성능시험을 실시하고자 한다. 다음 주어진 도면을 참고로 성능시험순서 및 시험결과 판정기준을 쓰시오.

득점	배점
	5

①
②
⑥
⑤
M
③
④
수원
릴리프
밸브
P
펌프

(1) 성능시험 순서
(2) 판정기준

해설

펌프의 성능시험방법 및 성능곡선

- 성능시험방법
  - 무부하시험(체절운전시험)
    펌프토출측의 주밸브와 성능시험배관의 유량조절밸브를 잠근 상태에서 운전할 경우에 양정이 전격양정의 140[%] 이하인지 확인하는 시험
  - 정격부하시험
    펌프를 기동한 상태에서 유량조절밸브를 개방하여 유량계의 유량이 정격유량상태(100[%])일 때 토출압력계와 흡입압력계의 차이가 정격압력 이상이 되는지 확인하는 시험
  - 피크부하시험(최대운전시험)
    유량조절밸브를 개방하여 정격토출량의 150[%]로 운전 시 정격토출압력의 65[%] 이상이 되는지 확인하는 시험
- 펌프의 성능곡선

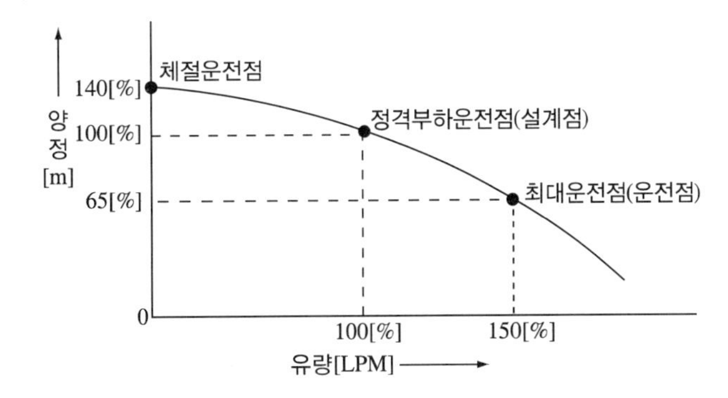

• 펌프의 성능시험(유량측정시험)방법(유량조절밸브가 있는 경우)

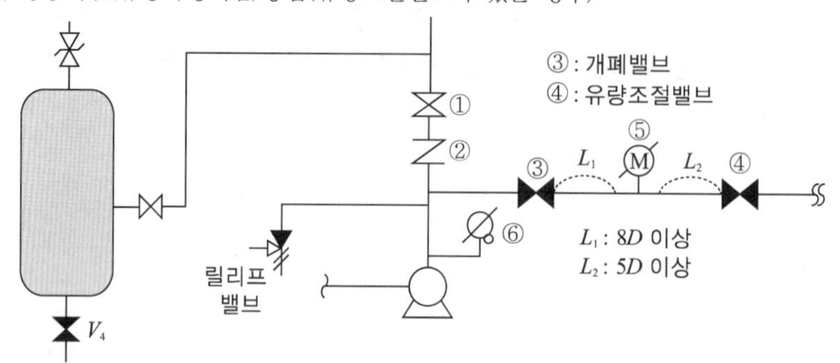

• 펌프의 토출측 주밸브(①)를 잠근다.
• 성능시험배관상의 개폐밸브(③)를 완전 개방한다.
• 동력제어반에서 충압펌프를 수동 또는 정지위치에 놓는다.
• 동력세어반에서 주펌프를 수동으로 기동시킨다.
• 성능시험배관상의 유량조절밸브(④)를 서서히 개방하여 유량계를 통과하는 유량이 정격토출유량(펌프사양에 명시됨)이 되도록 조절한다.

이때 정격토출유량이 되었을 때 펌프 토출측 압력계를 보고 정격토출압력(펌프 사양에 명시된 전양정 ÷ 10의 값) 이상인지 확인한다.

• 성능시험배관상의 유량조절밸브(④)를 조금 더 개방하여 유량계를 통과하는 유량이 정격토출유량의 150[%]가 되도록 조절한다.

[예시]
펌프의 토출유량이 400[LPM](L/min)이면 400×1.5 = 600[LPM]이면 된다.

• 이때 펌프의 토출측 압력은 정격토출압력의 65[%] 이상이어야 한다.

[예시]
펌프의 전양정이 60[m]이면 약 0.6[MPa]이므로
현장에서는 0.6×0.65 = 0.39[MPa] 이상이어야 한다.
※ 주펌프를 기동하여 유량 600[L/min]으로 운전 시 압력이 0.39[MPa] 이상이 나와야 펌프의 성능시험은 양호하다.

• 주펌프를 정지하고 성능시험배관상의 밸브(③, ④)를 서서히 잠근다.
• 펌프의 토출측 주밸브(①)를 개방하고 동력제어반에서 충압펌프를 자동으로 하면 정지점까지 압력이 도달하면 정지된다. 그리고 주펌프를 자동위치로 한다.

해답 (1) 성능시험 순서
• 펌프의 토출측 주밸브(①)를 잠근다.
• 성능시험배관상의 개폐밸브(③)를 완전 개방한다.
• 동력제어반에서 충압펌프를 수동 또는 정지위치에 놓는다.
• 동력제어반에서 주펌프를 수동으로 기동시킨다.
• 성능시험배관상의 유량조절밸브(④)를 서서히 개방하여 유량계를 통과하는 유량이 정격토출유량(펌프사양에 명시됨)이 되도록 조절한다.
• 성능시험배관상의 유량조절밸브(④)를 조금 더 개방하여 유량계를 통과하는 유량이 정격토출유량의 150[%]가 되도록 조절한다.
• 이때 펌프의 토출측 압력은 정격토출압력의 65[%] 이상이어야 한다.
• 주펌프를 정지하고 성능시험배관상의 밸브(③, ④)를 서서히 잠근다.

- 펌프의 토출측 주밸브(①)를 개방하고 동력제어반에서 충압펌프를 자동으로 하면 정지점까지 압력이 도달하면 정지된다. 그리고 주펌프를 자동위치로 한다.

(2) 판정기준

펌프의 성능은 체절운전 시 정격토출압력의 140[%]를 초과하지 아니하고, 정격토출량의 150[%]로 운전 시 정격토출압력의 65[%] 이상이면 정상이다.

05

다음의 글을 잘 읽어보고 (   ) 안에 적당한 답을 쓰시오.

득점	배점
	6

할론 1301은 대기압 및 상온에서 (①) 상태로만 존재하는 물질로서 무색, 무취이고 21[℃]에서 공기보다 약 (②)배 무겁다. 할론 1301은 21[℃], 상온에서 약 (③)[MPa]의 압력으로 가압하면 액화된다. 할론 1301은 약 (④)[℃] 이상의 온도에서, CO_2는 약(⑤) [℃] 이상의 온도에서는 아무리 큰 압력으로 압축하여도 결코 액화하지 않는데 이 온도를 (⑥)라고 부른다. CO_2는 불에 대해 산소의 농도를 낮추어 주는 이른바 (⑦)효과에 의하여 소화하지만, 할론 1301은 불꽃의 연쇄반응에 대한 (⑧)로서 소화의 기능을 보여준다.

해설

할론 1301은 대기압 및 상온에서 **기체** 상태로만 존재하는 물질로서 무색, 무취이고 21[℃]에서 공기보다 약 **5.14배**(분자량/29 = 148.93/28.96 = 5.14) 무겁다. 할론 1301은 21[℃], 상온에서 약 **1.4[MPa]**의 압력으로 가압하면 액화된다. 할론 1301은 약 **67[℃] 이상**의 온도에서, CO_2는 약 **31.35[℃]** 이상의 온도에서는 아무리 큰 압력으로 압축하여도 결코 액화하지 않는데 이 온도를 **임계온도**라고 부른다. CO_2는 불에 대해 산소의 농도를 낮추어 주는 이른바 **질식효과**에 의하여 소화하지만, 할론 1301은 불꽃의 연쇄반응에 대한 **부촉매**로서 소화의 기능을 보여준다.

해답

① 기 체 ② 5.14
③ 1.4 ④ 67
⑤ 31.35 ⑥ 임계온도
⑦ 질 식 ⑧ 부촉매

06

다음 조건을 기준으로 이산화탄소소화설비에 대한 물음에 답하시오.

득점	배점
	15

조 건

- 특정소방대상물의 천장까지의 높이는 3[m]이고 방호구역의 크기와 용도는 다음과 같다.

통신기기실 가로 12[m]×세로 10[m] 자동폐쇄장치 설치	전자제품창고 가로 20[m]×세로 10[m] 개구부 2[m]×2[m]
위험물저장창고 가로 32[m]×세로 10[m] 자동폐쇄장치 설치	

- 소화약제는 고압저장방식으로 하고 충전량은 45[kg]이다.
- 통신기기실과 전자제품창고는 전역방출방식으로 설치하고 위험물 저장창고에는 국소방출방식을 적용한다.
- 개구부 가산량은 10[kg/m^2], 사용하는 CO_2는 순도 99.5[%], 헤드의 방사율은 1.3[kg/mm^2·min·개]이다.
- 위험물저장창고에는 가로 세로가 각각 5[m], 높이가 2[m]인 개방된 용기에 제4류 위험물을 저장한다.
- 주어진 조건 외는 소방관련법규 및 화재안전기준에 준한다.

물 음

(1) 각 방호구역에 대한 약제저장량은 몇 [kg] 이상인가?
  ① 통신기기실
  ② 전자제품창고
  ③ 위험물저장창고

(2) 각 방호구역별 약제저장용기는 몇 병인가?
  ① 통신기기실
  ② 전자제품창고
  ③ 위험물저장창고

(3) 통신기기실 헤드의 방사압력은 몇 [MPa]이어야 하는가?

(4) 통신기기실에서 설계농도에 도달하는 시간은 몇 분 이내여야 하는가?

(5) 전자제품창고의 헤드 수를 14개로 할 때 헤드의 분구 면적[mm^2]을 구하시오.

(6) 약제저장용기의 저장온도가 15[℃]일 때 압력은 얼마인가?

(7) 전자제품 창고에 저장된 약제가 모두 분사되었을 때 CO_2의 체적은 몇 [m^3]이 되는가?(단, 온도는 25[℃]이다)

(8) 소화설비용으로 강관을 사용할 때의 배관기준을 설명하시오.

해설

• 전역방출방식

소요약제저장량[kg]

=방호구역체적[m^3]×소요약제량[kg/m^3]+개구부면적[m^2]×개구부가산량[kg/m^2]

[종이, 목재, 석탄, 섬유류, 합성수지류 등 심부화재 방호대상물]

방호대상물	방호구역 1[m^3]에 대한 소화약제의 양	설계농도[%]	개구부 가산량[kg/m^2] (자동폐쇄장치 미설치 시)
유압기기를 제외한 전기설비·케이블실	1.3[kg]	50	10[kg]
체적 55[m^3] 미만의 전기설비	1.6[kg]	50	10[kg]
서고, 전자제품창고, 목재가공품 창고, 박물관	2.0[kg]	65	10[kg]
고무류, 면화류창고, 모피창고, 석탄창고, 집진설비	2.7[kg]	75	10[kg]

• 국소방출방식

– 윗면이 개방된 용기에 저장하는 경우, 화재 시 연소면이 한정되고 가연물이 비산할 우려가 없는 경우

소요약제저장량[kg]=방호대상물 표면적[m^2]×13[kg/m^2]×$\begin{pmatrix}\text{고압식 } 1.4 \\ \text{저압식 } 1.1\end{pmatrix}$

– 그 외의 경우

소요약제저장량[kg]=방호공간의 체적[m^3]×Q×$\begin{pmatrix}\text{고압식 } 1.4 \\ \text{저압식 } 1.1\end{pmatrix}$

$$Q=8-6\frac{a}{A}$$

여기서, Q : 소요약제량[kg/m^3]

A : 방호공간의 벽면적의 합계[m^2]

a : 방호대상물 주위에 설치된 벽면적의 합계[m^2]

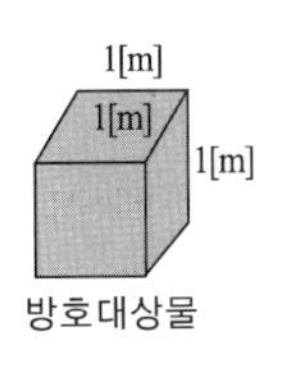

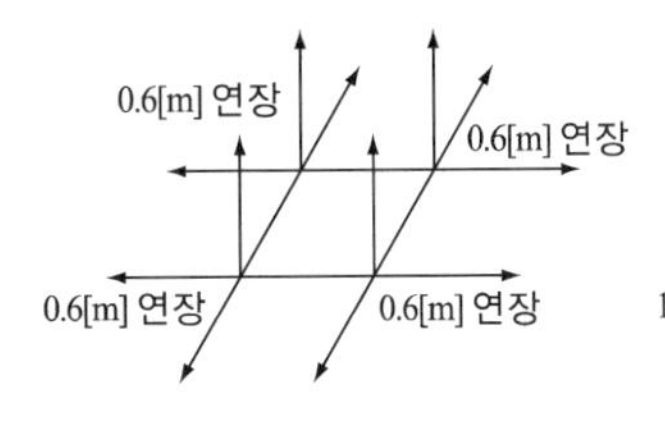

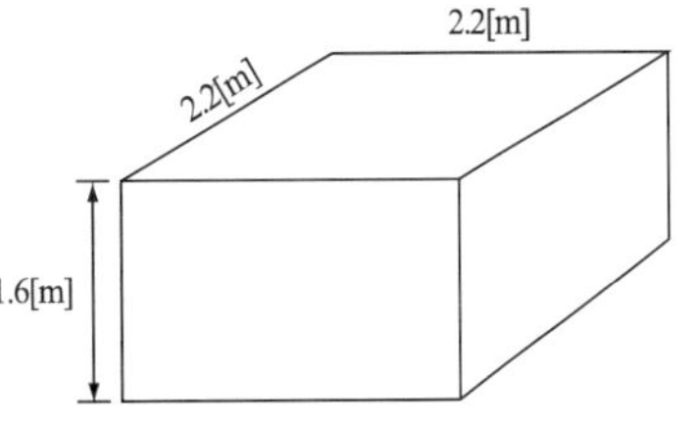

(1) 약제저장량

① 통신기기실(전역방출)

$Q=(12[m]\times10[m]\times3[m])\times1.3[kg/m^3]=468[kg]$

∴ 순도 99.5[%]이므로 $\frac{468[kg]}{0.995}=470.35[kg]$

② 전자제품창고(전역방출)

$Q=(20[m]\times10[m]\times3[m])\times2[kg/m^3]+(2[m]\times2[m])\times10[kg/m^3]=1,240[kg]$

∴ 순도 99.5[%]이므로 $\frac{1,240[kg]}{0.995}=1,246.23[kg]$

개구부 가산량은 표면화재 $5[kg/m^2]$, 심부화재 $10[kg/m^2]$

③ 위험물 저장창고(국소방출)

$Q = (5[m] \times 5[m]) \times 13[kg/m^2] \times 1.4(\text{고압식}) = 455[kg]$

∴ 순도 99.5[%]이므로 $\dfrac{455[kg]}{0.995} = 457.29[kg]$

(2) 약제저장용기

① 통신기기실 470.35[kg]/45[kg] = 10.45병 ⇒ 11병

② 전자제품창고 1,246.23[kg]/45[kg] = 27.69병 ⇒ 28병

③ 위험물 저장창고 457.29[kg]/45[kg] = 10.16병 ⇒ 11병

(3) 헤드의 방사압력

고압식	저압식
2.1[MPa] 이상	1.05[MPa] 이상

(4) 특정소방대상물의 약제 방사시간

특정소방대상물		시 간
전역방출방식	가연성 액체 또는 가연성 가스 등 표면화재 방호대상물	1분
	종이, 목재, 석탄, 섬유류, 합성수지류 등 **심부화재** 방호대상물 **(설계농도가 2분 이내에 30[%] 도달)**	7분
국소방출방식		30초

(5) 헤드의 분구 면적

=약제량[kg]÷헤드수(개)÷헤드의 방사율$(1.3[kg/mm^2 \cdot \text{분} \cdot \text{개}])$÷방출시간[min]

$= (28\text{병} \times 45[kg]) \div 14\text{개} \div 1.3[kg/mm^2 \cdot \text{분} \cdot \text{개}] \div 7\text{분} = 9.89[mm^2]$

(6) 고압식 저장용기의 압력 : 5.3[MPa]

(7) 이상기체 방정식

$$PV = nRT = \frac{W}{M}RT$$

여기서, P : 압력[atm]　　V : 체적$[m^3]$

W : 무게(28병×45[kg] = 1,260[kg])　　M : 분자량

R : 기체상수$(0.08205[atm \cdot m^3/kg\text{-}mol \cdot K])$

T : 절대온도(273+25[℃] = 298[K])

$$\therefore V = \frac{WRT}{PM} = \frac{1,260[kg] \times 0.08205[atm \cdot m^3/kg-mol \cdot K] \times 298[K]}{1[atm] \times 44} = 700.18[m^3]$$

(8) 배관의 설치기준

① 강관을 사용하는 경우의 배관은 압력배관용 탄소강관(KS D 3562) 중 스케줄 80(저압식에 있어서는 스케줄 40) 이상의 것 또는 이와 동등 이상의 강도를 가진 것으로 아연도금 등으로 방식처리된 것을 사용할 것. 다만, 배관의 호칭구경이 20[mm] 이하인 경우에는 스케줄 40 이상인 것을 사용할 수 있다.

② 동관을 사용하는 경우의 배관은 이음이 없는 동 및 동합금관(KS D 5301)으로서 고압식은 16.5[MPa] 이상, 저압식은 3.75[MPa] 이상의 압력에 견딜 수 있는 것을 사용할 것

해답 (1) ① 통신기기실 : 470.35[kg]
② 전자제품창고 : 1,246.23[kg]
③ 위험물저장창고 : 457.29[kg]

(2) ① 통신기기실 : 11병
② 전자제품창고 : 28병
③ 위험물저장창고 : 11병

(3) 2.1[MPa] 이상

(4) 7분 이내(설계농도가 2분 이내에 30[%] 도달)

(5) 9.89[mm^2]

(6) 5.3[MPa]

(7) 700.18[m^3]

(8) CO_2소화설비의 강관 배관기준
강관을 사용하는 경우의 배관은 **압력배관용 탄소강관**(KS D 3562) 중 **스케줄** 80(**저압식**에 있어서는 **스케줄 40**) 이상의 것 또는 이와 동등 이상의 강도를 가진 것으로 아연도금 등으로 방식처리된 것을 사용할 것. 다만, 배관의 호칭이 20[mm] 이하인 경우에는 스케줄 40 이상인 것을 사용할 수 있다.

07

소화기구에 의한 분류 중 자동소화장치의 종류 4가지를 쓰시오.

득점	배점
	4

해설

자동소화장치의 종류
- 주거용 주방자동소화장치
- 상업용 주방자동소화장치
- 캐비닛형 자동소화장치
- 가스자동소화장치
- 분말자동소화장치
- 고체에어로졸 자동소화장치

해답 (1) 주거용 주방자동소화장치
(2) 상업용 주방자동소화장치
(3) 캐비닛형 자동소화장치
(4) 가스자동소화장치

08

스프링클러설비가 설치된 건물에서 최고층 건물 높이가 70[m]이고, 헤드가 최고층까지 설치되었다면 충압펌프(Jockey Pump)의 전동기 용량[kW]을 구하시오(조건 : 펌프토출량은 150[L/min], 펌프효율은 55[%], 전달계수는 1.1).

득점	배점
	4

해설

전동기 용량

$$P = \frac{0.163 \times Q \times H}{\eta} \times K$$

충압펌프의 토출압력은 최고의 살수장치의 자연압보다 적어도 0.2[MPa]이 더 크도록 하거나 가압송수장치의 정격토출압력과 같게 할 것

$$\frac{0.2[\text{MPa}]}{0.101325[\text{MPa}]} \times 10.332[\text{m}] = 20.39[\text{m}]$$

여기서, P : 전동기 동력[kW]　　Q : 유량(0.15[m^3/min])

H(전양정) = 자연압 + 0.2[MPa] = 70[m] + 20.39[m] = 90.39[m]

η : 효율　　K : 전달계수

$$\therefore P[\text{kW}] = \frac{0.163 \times 0.15[\text{m}^3/\text{min}] \times 90.39[\text{m}]}{0.55} \times 1.1 = 4.42[\text{kW}]$$

해답　4.42[kW]

09

습식 배관의 동파를 방지하기 위해서 보온재로 피복할 때 보온재의 구비조건 4가지를 쓰시오.

득점	배점
	4

해설

보온재의 구비조건

- 보온능력이 우수할 것
- 가격이 저렴할 것
- 시공이 용이할 것
- 가볍고 흡습성이 적을 것
- 단열효과가 뛰어날 것
- 장시간 사용하여도 변질 등이 없을 것

해답　(1) 보온능력이 우수할 것
(2) 가격이 저렴할 것
(3) 시공이 용이할 것
(4) 가볍고 흡습성이 적을 것

10

그림에서 "㉮"실을 급기 가압하여 옥외와의 압력차가 50[Pa]이 유지되도록 하려고 한다. 급기량은 몇 [m³/min]이어야 하는가?

득점	배점
	5

조 건

- 급기량(Q)은 $Q = 0.827 \times A \times \sqrt{P_1 - P_2}$로 구한다.
- 그림에서 A_1, A_2, A_3, A_4는 닫힌 출입문으로 공기누설 틈새면적은 모두 $0.01[m^2]$로 한다(Q : 급기량$[m^3/s]$, A : 틈새면적$[m^2]$, P_1, P_2 : 급기 가압실 내·외의 기압[Pa]).

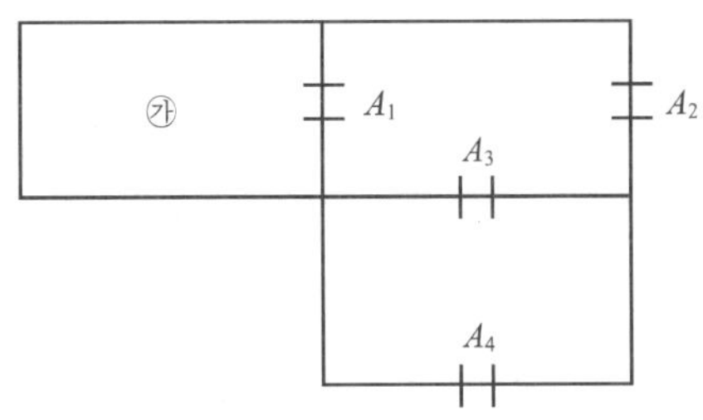

해설

- A_3와 A_4의 누설면적은 직렬관계

$$A_3 + A_4 = \frac{1}{\sqrt{\frac{1}{(A_3)^2} + \frac{1}{(A_4)^2}}} = \frac{1}{\sqrt{\frac{1}{(0.01[m^2])^2} + \frac{1}{(0.001[m^2])^2}}} = 7.071 \times 10^{-3}[m^2]$$

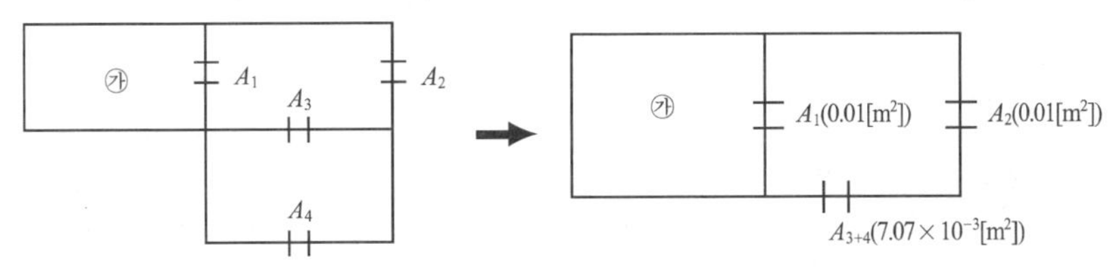

- A_2와 A_{3+4}는 병렬관계

$$A_2 + A_{3+4} = 0.01[m^2] + 7.071 \times 10^{-3}[m^2] = 0.017071[m^2]$$

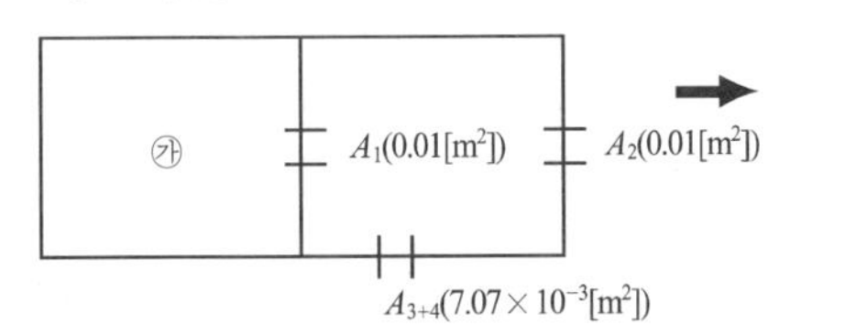

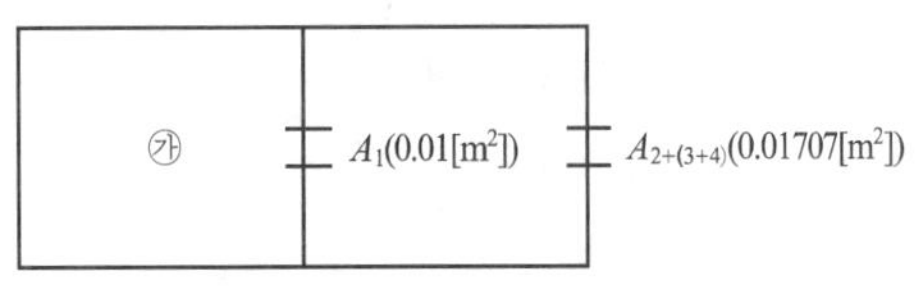

- A_1과 A_{2+3+4}는 직렬관계

$$A_1 + A_{2+3+4} = \frac{1}{\sqrt{\frac{1}{(A_1)^2} + \frac{1}{(A_{2+3+4})^2}}} = \frac{1}{\sqrt{\frac{1}{(0.01[m^2])^2} + \frac{1}{(0.017[m^2])^2}}} = 0.00863[m^2]$$

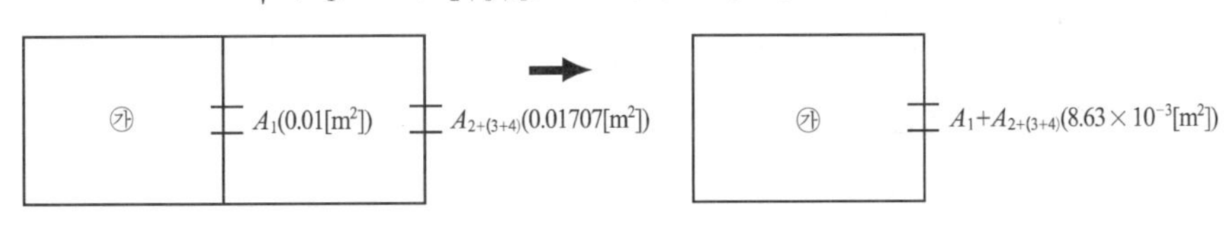

$\therefore\ Q = 0.827 \times A \times \sqrt{50[\text{Pa}]} = 0.827 \times 0.00863[\text{m}^2] \times \sqrt{50} = 0.05047[\text{m}^3/\text{s}]$

$[\text{m}^3/\text{s}]$를 $[\text{m}^3/\text{min}]$으로 환산하면 $0.05047[\text{m}^3/\text{s}] \times 60[\text{s}/\text{min}] = 3.028[\text{m}^3/\text{min}]$

해답 $3.03[\text{m}^3/\text{min}]$

11

피난구조설비 중 실제 화재 시 사용할 수 있는 피난기구 중 7가지를 쓰시오.

득점	배점
	7

해설

- 피난구조설비 : 화재가 발생할 경우 피난하기 위하여 사용하는 기구 또는 설비
  - 피난기구 : 미끄럼대 · 피난사다리 · 구조대 · 완강기 · 피난교 · 공기안전매트 · 다수인 피난장비 그 밖의 피난기구
  - 인명구조기구 : 방열복, 방화복(안전모, 보호장갑, 안전화 포함) · 공기호흡기 및 인공소생기
  - 피난유도선 · 유도등 및 유도표지
  - 비상조명등 및 휴대용 비상조명등
- 특정소방대상물의 설치장소별 피난기구의 적응성(제4조 제1항 관련)

층 별 / 설치장소별 구분	지하층	1층	2층	3층	4층 이상 10층 이하
1. 노유자시설	피난용트랩	미끄럼대 · 구조대 · 피난교 · 다수인피난장비 · 승강식피난기	미끄럼대 · 구조대 · 피난교 · 다수인피난장비 · 승강식피난기	미끄럼대 · 구조대 · 피난교 · 다수인피난장비 · 승강식피난기	피난교 · 다수인피난장비 · 승강식피난기
2. 의료시설 · 근린생활시설 중 입원실이 있는 의원 · 접골원 · 조산원	피난용트랩	–	–	미끄럼대 · 구조대 · 피난교 · 피난용트랩 · 다수인피난장비 · 승강식피난기	구조대 · 피난교 · 피난용트랩 · 다수인피난장비 · 승강식피난기
3. 다중이용업소의 안전관리에 관한 특별법 시행령 제2조에 따른 다중이용업소로서 영업장의 위치가 4층 이하인 다중이용업소	–	–	미끄럼대 · 피난사다리 · 구조대 · 완강기 · 다수인피난장비 · 승강식피난기	미끄럼대 · 피난사다리 · 구조대 · 완강기 · 다수인피난장비 · 승강식피난기	미끄럼대 · 피난사다리 · 구조대 · 완강기 · 다수인피난장비 · 승강식피난기
4. 그 밖의 것	피난사다리 · 피난용트랩	–	–	미끄럼대 · 피난사다리 · 구조대 · 완강기 · 피난교 · 피난용트랩 · 간이완강기 · 공기안전매트 · 다수인피난장비 · 승강식피난기	피난사다리 · 구조대 · 완강기 · 피난교 · 간이완강기 · 공기안전매트 · 다수인피난장비 · 승강식피난기

※ 비고 : 간이완강기의 적응성은 숙박시설의 3층 이상에 있는 객실에, 공기안전매트의 적응성은 공동주택(공동주택관리법 시행령 제2조의 규정에 해당하는 공동주택)에 한한다.

해답 (1) 완강기 (2) 피난사다리
(3) 구조대 (4) 미끄럼대
(5) 피난교 (6) 피난용 트랩
(7) 승강식 피난기

12

할로겐화합물 및 불활성기체 소화설비의 시공 시 배관과 배관, 배관과 배관부속 및 밸브류의 접속방법 3가지를 쓰시오.

득점	배점
	3

해설

할로겐화합물 및 불활성기체 소화설비의 배관 접속방법

- 용접접합
- 나사접합
- 압축접합
- 플랜지접합

해답 (1) 용접접합
(2) 나사접합
(3) 압축접합

제4회 2007년 11월 4일 시행

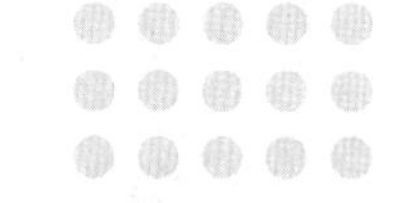

※ 다음 물음에 대한 답을 해당 답란에 답하시오.(배점 : 100)

01

득점	배점
	10

옥내소화전 설치대상 건축물로서 소화전 설치수가 지하 1층 2개소, 1~3층까지 각 4개소씩, 5, 6층에 각 3개소, 옥상 층에는 시험용 소화전을 설치하였다. 본 건축물의 층고는 28[m](지하층은 제외), 가압펌프의 흡입고 1.5[m], 직관의 마찰손실 6[m], 호스의 마찰손실 6.5[m], 이음쇠 밸브류 등의 마찰손실 8[m]일 때 다음 물음에 답하시오(단, 지하층의 층고는 3.5[m]로 하고, 기타 사항은 무시한다).

(1) 본 소화설비 전용 수원의 확보 용량은 얼마 이상이어야 하는가?
(단, 전용 수원 확보량은 법적 수원 확보량의 15[%]를 가산한 양으로 한다)

(2) 옥내소화전을 가압송수장치의 Pump 토출량[m^3/min]은 얼마 이상이어야 하는가?(단, Pump 토출량은 안전율 15[%]를 가산한 양으로 산정한다)

(3) 가압송수장치를 지하층에 설치할 경우 Pump의 전양정[m]은 얼마로 해야 하는가?

(4) 가압송수장치의 전동기의 용량[kW]은 얼마 이상으로 설치해야 하는가?
(단, $E=0.65$, $K=1.1$)

(5) 옥상층(PH층)에서 옥내소화전의 수압력을 측정한 결과 70,000[kg_f/m^2]이었다. 이때의 유량계수를 결정하시오(단, 유량은 펌프토출량으로 하고, 노즐구경은 16[mm]임).

해설

(1) 수 원

$$Q = N \times 2.6[m^3]$$

$\therefore\ Q = N \times 2.6[m^3] = 4개 \times 2.6[m^3] \times 1.15(가산량) = 11.96[m^3]$

옥상에 1/3을 설치하여야 하므로

수원$= 11.96 + \left(11.96 \times \frac{1}{3}\right) = 15.95[m^3]$

(2) 토출량

$$Q = N \times 130[L/min]$$

$\therefore\ Q = N \times 130[L/min] = 4 \times 130[L/min] \times 1.15(가산량) = 598[L/min] = 0.598[m^3/min]$
$= 0.60[m^3/min]$

(3) 전양정

$$H = h_1 + h_2 + h_3 + 17$$

여기서, H : 전양정[m]

h_1 : 호스마찰손실수두(6.5[m])

h_2 : 배관마찰손실수두(6[m]+8[m]=14[m])

h_3 : 실양정(지하층 층고 흡입고+토출양정=3.5[m]+1.5[m]+28[m]=33[m])

$\therefore\ H = 6.5[\text{m}] + 14[\text{m}] + 33[\text{m}] + 17 = 70.5[\text{m}]$

(4) 전동기 용량

$$P[\text{kW}] = \frac{0.163 \times Q \times H}{\eta} \times K$$

여기서, Q : 토출량(0.598[m³/min]=0.6[m³/min])

H : 전양정(70.5[m])

K : 전달계수(1.1)

$\eta(E)$: 펌프의 효율(0.65=65[%])

$$\therefore\ P[\text{kW}] = \frac{0.163 \times Q \times H}{\eta} \times K = \frac{0.163 \times 0.6[\text{m}^3/\text{min}] \times 70.5[\text{m}]}{0.65} \times 1.1 = 11.67[\text{kW}]$$

(5) 유량계수

$$Q = 0.6597\,CD^2\sqrt{10P}$$

여기서, C : 유량계수 D : 구경(16[mm])

$$P = \frac{70{,}000[\text{kg}_\text{f}/\text{m}^2]}{10{,}332[\text{kg}_\text{f}/\text{m}^2]} \times 0.101325[\text{MPa}] = 0.69[\text{MPa}]$$

$$\therefore\ C = \frac{Q}{0.6597 \times D^2 \times \sqrt{10P}} = \frac{598[\text{L/min}]}{0.6597 \times (16[\text{mm}])^2 \times \sqrt{10 \times 0.69[\text{MPa}]}} = 1.35$$

해답 (1) 15.95[m³] (2) 0.60[m³/min]

(3) 70.5[m] (4) 11.67[kW]

(5) 1.35

02

소화배관에 사용되는 강관의 인장강도는 200[N/mm²]이고, 최고사용압력은 4[MPa]이다. 이 배관의 스케줄수(Schedule No)는 얼마인가?(단, 안전율은 4이다)

득점	배점
	3

해설

스케줄수

- $\text{Sch No} = \dfrac{\text{사용압력}[\text{kN/m}^2]}{\text{재료의 허용응력}[\text{kN/m}^2]} \times 1{,}000$
- $\text{재료의 허용응력}[\text{kN/m}^2] = \dfrac{\text{인장강도}[\text{kN/m}^2]}{\text{안전율}}$
- $\text{안전율} = \dfrac{\text{인장강도}[\text{kN/m}^2]}{\text{재료의 허용응력}[\text{kN/m}^2]}$

$$재료의\ 허용응력[kN/m^2] = \frac{인장강도}{안전율} = \frac{200 \times 10^{-3}[kN/10^{-6}m^2]}{4} = 50,000[kN/m^2]$$

$$\therefore\ 스케줄수 = \frac{4[MN/m^2] \times 1,000[kN/m^2]}{50,000[kN/m^2]} \times 1,000 = 80$$

해답 80

03

습식 스프링클러설비를 아래의 조건을 이용하여 그림과 같이 9층 백화점 건물에 시공할 경우 다음 물음에 답하시오.

득점	배점
	8

조 건

- 배관 및 부속류의 마찰손실수두는 실양정의 40[%]이다.
- 펌프의 연성계 눈금은 −0.05[MPa]이다.
- 펌프의 체적효율(η_v) = 0.95, 기계효율(η_m) = 0.9, 수력효율(η_h) = 0.8이다.
- 전동기의 전달계수(K)는 1.2이다.

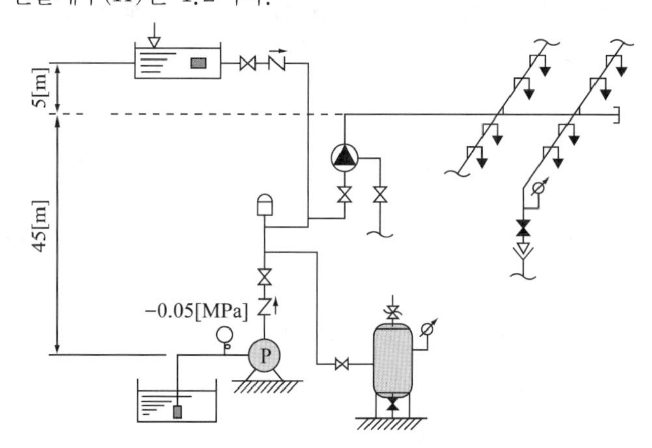

물 음

(1) 주펌프의 양정[m]을 구하시오.
(2) 주펌프의 토출량[L/min]을 구하시오.
(3) 주펌프의 효율[%]을 구하시오.
(4) 주펌프의 모터동력[kW]을 구하시오.

해설

(1) 양 정

$$H = h_1 + h_2 + 10$$

여기서, H : 전양정[m]

h_1 : 실양정{흡입양정+토출양정=45[m]+5.1[m](0.05[MPa])=50.1[m]}

h_2 : 배관마찰손실수두[m]=50.1[m]×0.4=20.04[m]

$\therefore\ H = 50.1[m] + 20.04[m] + 10 = 80.14[m]$

(2) 토출량

$$Q = N \times 80[\text{L/min}]$$

여기서, N : 헤드수(백화점 : 30개)

[헤드의 기준개수]

<table>
<tr><th colspan="3">특정소방대상물</th><th>헤드의 기준개수</th></tr>
<tr><td rowspan="6">지하층을 제외한 층수가 10층 이하인 소방대상물</td><td rowspan="2">공장 또는 창고(랙식 창고를 포함한다)</td><td>특수가연물을 저장, 취급하는 것</td><td>30</td></tr>
<tr><td>그 밖의 것</td><td>20</td></tr>
<tr><td rowspan="2">근린생활시설, 판매시설, 운수시설 또는 복합건축물</td><td>판매시설 또는 복합건축물(판매시설이 설치되는 복합건축물을 말한다)</td><td>30</td></tr>
<tr><td>그 밖의 것</td><td>20</td></tr>
<tr><td rowspan="2">그 밖의 것</td><td>헤드의 부착높이가 8[m] 이상의 것</td><td>20</td></tr>
<tr><td>헤드의 부착높이가 8[m] 미만의 것</td><td>10</td></tr>
<tr><td colspan="3">아파트</td><td>10</td></tr>
<tr><td colspan="3">지하층을 제외한 층수가 11층 이상인 특정소방대상물(아파트를 제외한다) 지하가 또는 지하역사</td><td>30</td></tr>
</table>

$\therefore\ Q = 30\text{개} \times 80[\text{L/min}] = 2{,}400[\text{L/min}] = 2.4[\text{m}^3/\text{mm}]$

(3) 효 율

전체효율(η)=체적효율(η_v)×기계효율(η_m)×수력효율(η_h)

$= 0.95 \times 0.9 \times 0.8 = 0.684 \times 100 = 68.4[\%]$

(4) 모터동력

$$P[\text{kW}] = \frac{0.163 \times Q \times H}{\eta} \times K$$

여기서, Q : 유량[m^3/min]　　H : 전양정[m]

η : 전체효율[%]　　K : 전달계수(1.2)

$$\therefore\ P[\text{kW}] = \frac{0.163 \times 2.4[\text{m}^3/\text{min}] \times 80.14[\text{m}]}{0.684} \times 1.2 = 55.00[\text{kW}]$$

해답
(1) 80.14[m]
(2) 2,400[L/min]
(3) 68.4[%]
(4) 55.00[kW]

04

다음 그림은 어느 실에 대한 CO_2설비의 평면도이다. 이 도면과 주어진 조건을 이용하여 다음의 물음에 답하시오.

득점	배점
	14

조 건

모터사이렌을 약제의 방출사전 예고 시는 파상음으로, 약제방출 시는 연속음을 발한다.

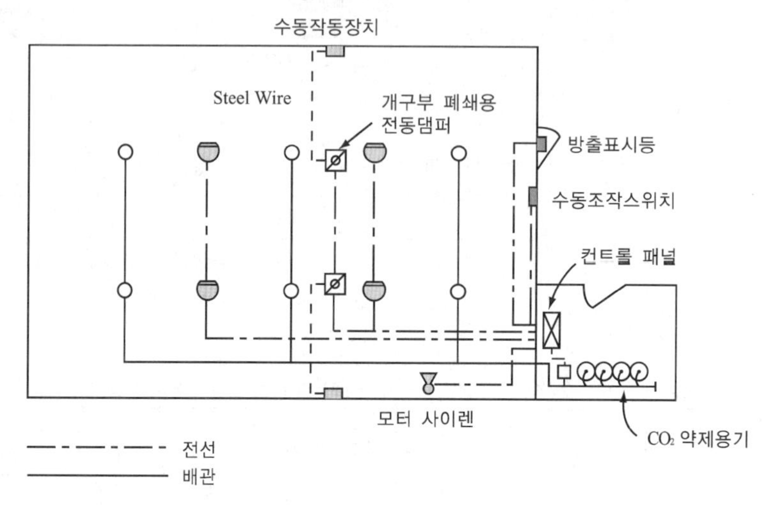

물 음

(1) 화재가 발생하여 화재감지기가 작동되었을 경우 설비의 작동연계성(Operation Sequence)을 순서도로 설명하시오(단, 구성장치의 기능이 모두 정상이다).

(2) 화재감지기 작동 이전에 실내거주자가 화재를 먼저 발견하였을 경우 이 설비의 작동과 관련된 조치방법을 설명하시오.

(3) 화재가 실내거주자에게 발견되었으나 상용 및 비상전원이 고장일 경우 이 설비의 작동과 관련된 조치방법을 설명하시오.

해설

이산화탄소소화설비

(1) 화재발생 시 작동순서

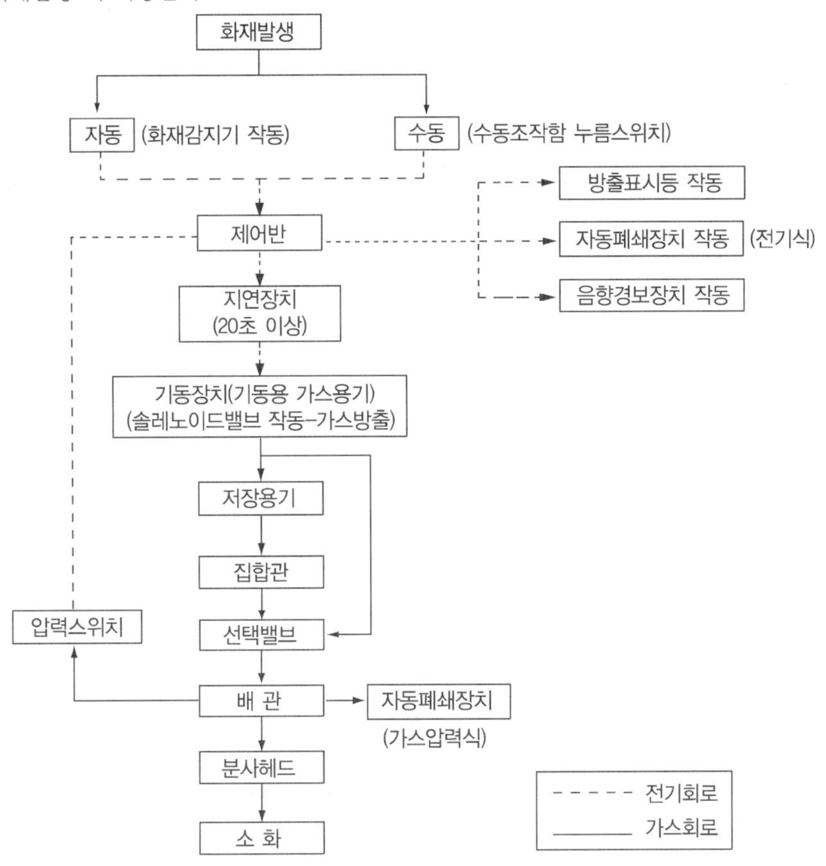

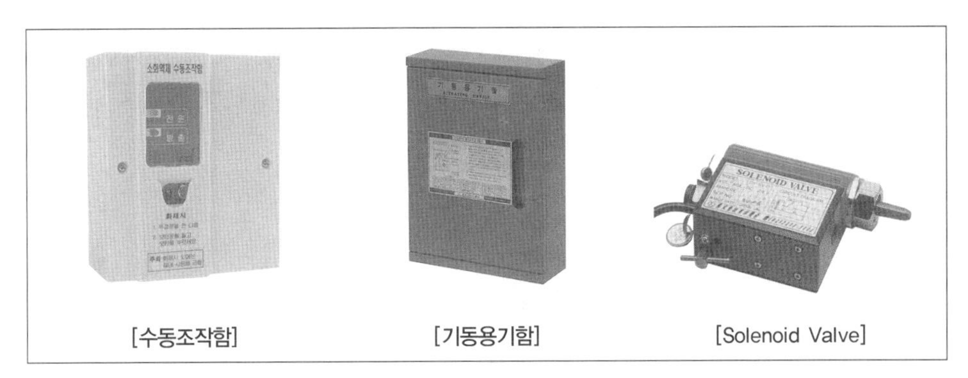

[수동조작함] [기동용기함] [Solenoid Valve]

(2) 수동조작방법

① 화재실 내에 근무자가 있는지를 확인한다.

② 수동조작함의 문을 열면 경보음인 사이렌이 울린다.

③ 화재실 내에 근무자가 대피한 것을 확인하고 수동조작함의 조작스위치를 누른다.

④ 화재발생 사실을 제어반으로 통보한다(화재감지기 동작 시 작동과 동일하게 설비가 작동된다).

(3) 상용전원 및 비상전원이 고장일 경우 수동조작방법
① 화재발생구역에 화재발생을 알려 실내의 인명을 대피시킨다.
② 개구부 및 출입문 등을 수동으로 폐쇄시킨다.
③ 약제저장실로 이동하여 해당구역의 기동용기함의 문을 열고 솔레노이드의 안전클립을 제거한다.
④ 솔레노이드밸브의 수동조작버튼을 눌러서 작동시킨다.
⑤ 기동용기의 가스압력으로 해당 선택밸브와 저장용기를 개방시켜 약제를 집합관을 통해 헤드로 방출된다.
⑥ 가스의 압력으로 피스톤릴리저가 작동하여 방화댐퍼 또는 환기장치를 폐쇄시킨다.

해답 (1) 작동연계성
① 화재감지기(A감지기, B감지기, 교차회로방식) 작동
② 제어반에 신호전달
③ 모터사이렌 작동 및 개구부 폐쇄용 전동댐퍼 기동
④ 지연장치 작동
⑤ 기동용 솔레노이드밸브 작동
⑥ 약제저장용기 개방
⑦ 집합관으로 약제 통과
⑧ 선택밸브 개방
⑨ 배관(압력스위치 작동, 방출표시등 점등)
⑩ 헤드 방출

(2) 수동조작방법
① 화재실 내에 근무자가 있는지를 확인한다.
② 수동조작함의 문을 열면 수동조작함의 조작스위치를 누른다.

(3) 상용전원 및 비상전원이 고장일 경우 수동조작방법
① 화재발생구역에 화재발생을 알려 실내의 인명을 대피시킨다.
② 개구부 및 출입문 등을 수동으로 폐쇄시킨다.
③ 약제저장실로 이동하여 해당구역의 기동용기함의 문을 열고 솔레노이드의 안전클립을 제거한다.
④ 솔레노이드밸브의 수동조작버튼을 눌러서 작동시킨다.
⑤ 기동용기의 가스압력으로 해당 선택밸브와 저장용기를 개방시켜 약제를 집합관을 통해 헤드로 방출된다.

05

다음 그림은 어느 작은 주차장에 설치하고자 하는 포소화설비의 평면도이다. 그림과 주어진 조건을 이용하여 요구사항에 답하시오.

득점	배점
	12

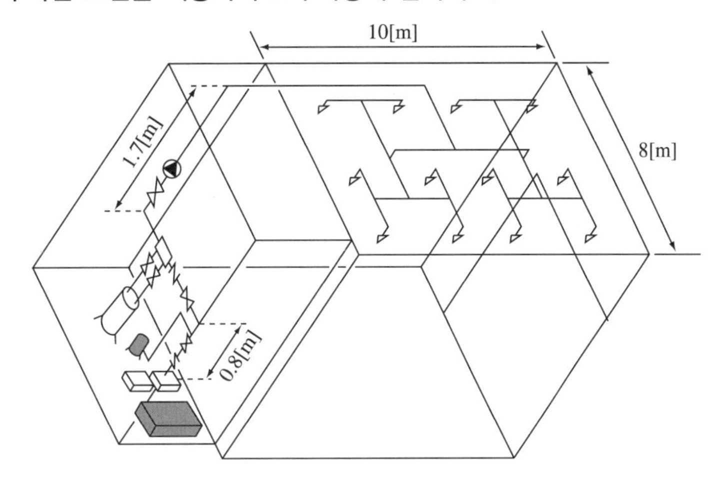

조 건

- 사용하는 포원액은 단백포로서 3[%]용이다.
- 방사시간은 10분이다.

물 음

(1) 포원액의 최소소요량은 얼마인가?

① 계산과정 :

② 답 :

(2) 펌프의 최소소요양정, 최소소요토출량, 최소소요동력을 계산하시오(단, 각 포헤드에서 방사압력은 0.25[MPa], 펌프 토출구로부터 포헤드까지 마찰손실압은 0.14[MPa]이고, 포수용액의 비중은 물의 비중과 같다고 가정하며, 펌프의 효율은 0.6, 축동력 전달계수는 1.1이다).

① 최소소요양정[m]

㉠ 계산과정 :

㉡ 답 :

② 최소소요토출량[L/min]

㉠ 계산과정 :

㉡ 답 :

③ 최소소요동력[kW]

㉠ 계산과정 :

㉡ 답 :

(3) 배관에 표시된 리듀서로는 편심 리듀서를 사용하는 것이 가장 합리적이다. 그 이유는 무엇인가?

해설

(1) 포원액의 최소소요량

$$Q = A \times Q_1 \times T \times S$$

여기서, A : 대상물의 바닥면적$[m^2]$
Q_1 : 포소화약제량$(6.5[L/min \cdot m^2])$
T : 방출시간$[min]$
S : 약제농도

$\therefore Q = A \times Q_1 \times T \times S = (10[m] \times 8[m]) \times 6.5[L/m^2 \cdot min] \times 10[min] \times 0.03 = 156[L]$

[특정소방대상물별 포소화약제 1분당 방사량]

특정소방대상물	포소화약제의 종류	바닥면적1$[m^2]$당 방사량
차고 · **주차장** 및 항공기격납고	**단백포소화약제**	**6.5[L] 이상**
	합성계면활성제포소화약제	8.0[L] 이상
	수성막포소화약제	3.7[L] 이상
특수가연물을 저장 · 취급하는 특정소방대상물	단백포소화약제	6.5[L] 이상
	합성계면활성제포소화약제	6.5[L] 이상
	수성막포소화약제	6.5[L] 이상

(2) 최소소요양정, 최소소요토출량, 최소소요동력

① 최소소요양정

$$H = h_1 + h_2 + h_3$$

여기서, H : 전양정[m]
h_1 : 노즐방사압력$(0.25[MPa] = 25.49[m])$
h_2 : 배관마찰손실수두(0.14[MPa] = 14.28[m])
h_3 : 실양정(흡입양정+토출양정$=0.8[m] + 1.7[m] = 2.5[m]$)

$\therefore H = 25.49[m] + 14.28[m] + 2.5[m] = 42.27[m]$

② 최소소요토출량

$$Q = A \times Q_1$$

$\therefore Q = (10[m] \times 8[m]) \times 6.5[L/m^2 \cdot min] = 520[L/min]$

③ 최소소요동력

$$P = \frac{0.163 \times Q \times H}{\eta} \times K$$

여기서, Q : 유량(0.52$[m^3/min]$)
η : 효율(0.6)
H : 전양정(42.27[m])
K : 전달계수(1.10)

$\therefore P = \frac{0.163 \times Q \times H}{\eta} \times K = \frac{0.163 \times 0.52[m^3/min] \times 42.27[m]}{0.6} \times 1.1 = 6.57[kW]$

(3) 공동현상(배관 흡입측의 공기고임현상)을 방지하기 위하여 편심리듀서를 사용한다.

해답 (1) ① 계산과정 : $Q=(10[\text{m}]\times 8[\text{m}])\times 6.5[\text{L/m}^2\cdot\text{min}]\times 10[\text{min}]\times 0.03=156[\text{L}]$

② 답 : 156[L]

(2) ① 최소소요양정[m]

㉠ 계산과정 $H=25.49[\text{m}]+14.28[\text{m}]+2.5[\text{m}]=42.27[\text{m}]$

㉡ 답 : 42.27[m]

② 최소소요토출량[L/min]

㉠ 계산과정 $Q=(10[\text{m}]\times 8[\text{m}])\times 6.5[\text{L/m}^2\cdot\text{min}]=520[\text{L/min}]$

㉡ 답 : 520[L/min]

③ 최소소요동력[kW]

㉠ 계산과정

$$P=\frac{0.163\times Q\times H}{\eta}\times K=\frac{0.163\times 0.52[\text{m}^3/\text{min}]\times 42.27[\text{m}]}{0.6}\times 1.1=6.57[\text{kW}]$$

㉡ 답 : 6.57[kW]

(3) 공동현상 방지를 위해

06

직경이 0.3[m]인 배관에 물이 3[m/s]로 흐를 때 중량유량[kg_f/s]과 체적유량[m^3/s]을 계산하시오.

득점	배점
	6

해설

유 량

- 체적유량 $Q=uA=[\text{m/s}]\times[\text{mm}^2]=[\text{m}^3/\text{s}]$
- 질량유량 $\overline{m}=Au\rho=[\text{m}^2]\times[\text{m/s}]\times[\text{kg/m}^3]=[\text{kg/s}]$
- 중량유량 $G=Au\gamma=[\text{m}^2]\times[\text{m/s}]\times[\text{kg}_f/\text{m}^3]=[\text{kg}_f/\text{s}]$

(1) 중량유량 $G=Au\gamma=\frac{\pi}{4}(0.3[\text{m}])^2\times 3[\text{m/s}]\times 1{,}000[\text{kg}_f/\text{m}^3]=212.06[\text{kg}_f/\text{s}]$

(2) 체적유량 $Q=uA=3[\text{m/s}]\times\frac{\pi}{4}(0.3[\text{m}])^2=0.212[\text{m}^3/\text{s}]$

해답 (1) 중량유량 : $212.06[\text{kg}_f/\text{s}]$

(2) 체적유량 : $0.21[\text{m}^3/\text{s}]$

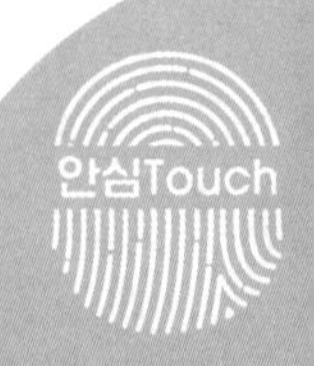

07

그림은 어느 배관평면도에서 화살표 방향으로 물이 흐르고 있다. 단, 주어진 조건을 참조하여 Q_1, Q_2의 유량을 각각 계산하시오.

득점	배점
	10

조 건

- 하젠-윌리엄스공식은 다음과 같다.

$$\Delta P = \frac{6.053 \times 10^4 \times Q^{1.85}}{C^{1.85} \times D^{4.87}}$$

단, ΔP : 배관 1[m]당 마찰손실압력[MPa]
Q : 배관 내 유수량[L/min]
C : 조도(Roughness)
D : 배관 안지름[mm]

- 호칭 25[mm] 배관의 안지름은 27[mm]이다.
- 호칭 25[mm] 엘보(90°)의 등가길이는 0.9[m]이다.
- 배관은 아연도강관이다.
- A 및 D점에 있는 티(Tee)의 마찰손실은 무시한다.

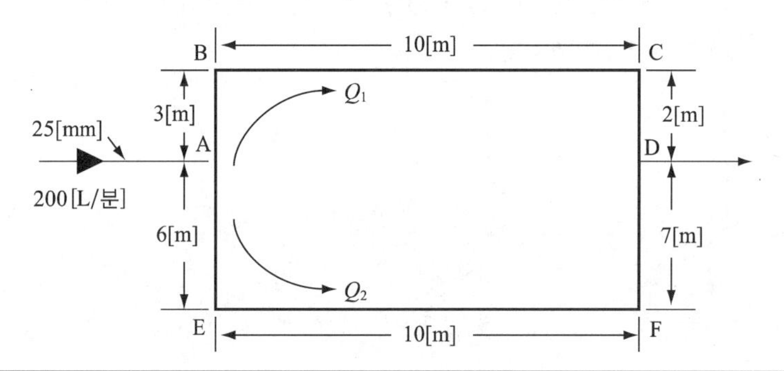

해설

$Q_1 + Q_2 = 200$[L/분]

$$\Delta P_{\text{ABCD}} = \Delta P_{\text{AEFD}}$$

$6.053 \times 10^4 \times \dfrac{Q_1^{1.85}}{120^{1.85} \times (27[\text{mm}])^{4.87}} \times (\underbrace{3[\text{m}] + 10[\text{m}] + 2[\text{m}]}_{\text{직관길이}} + \underbrace{(2\text{개} \times 0.9[\text{m}])}_{\text{관부속 등가길이}})$

$= 6.053 \times 10^4 \times \dfrac{Q_2^{1.85}}{120^{1.85} \times (27[\text{mm}])^{4.87}} \times (\underbrace{6[\text{m}] + 10[\text{m}] + 7[\text{m}]}_{\text{직관길이}} + \underbrace{(2\text{개} \times 0.9[\text{m}])}_{\text{관부속 등가길이}})$

$6.053 \times 10^4 \times \dfrac{1}{120^{1.85} \times (27[\text{mm}])^{4.87}}$ 이 동일하므로

$16.8 Q_1^{1.85} = 24.8 Q_2^{1.85}$

$Q_1^{1.85} = \dfrac{24.8}{16.8} Q_2^{1.85} = 1.476 Q_2^{1.85}$

$Q_1 = 1$이면 $1^{1.85} = 1.476 Q_2^{1.85}$

$$Q_2 = \left(\frac{1}{1.476}\right)^{\frac{1}{1.85}} = 0.810$$

$$Q_1 + Q_2 = 1 + 0.810 = 1.810$$

(1) $Q_1 = \frac{1}{1.810} \times 200[\text{L/min}] = 110.497[\text{L/min}]$

(2) $Q_2 = \frac{0.81}{1.810} \times 200[\text{L/min}] = 89.503[\text{L/min}]$

해답 (1) Q_1 = 110.50[L/min]
(2) Q_2 = 89.50[L/min]

08

아래 그림은 스프링클러설비의 송수구 주위 배관을 나타낸 것이다. 각 물음에 답하시오.

득점	배점
	8

(1)

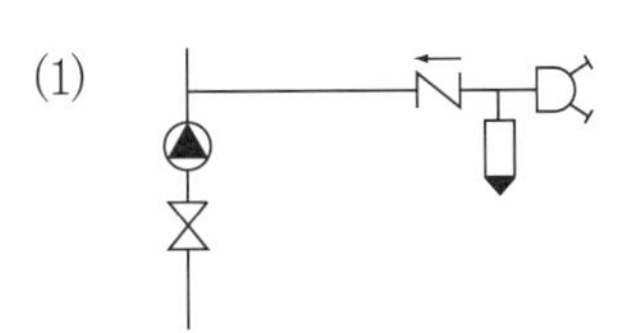

(2)

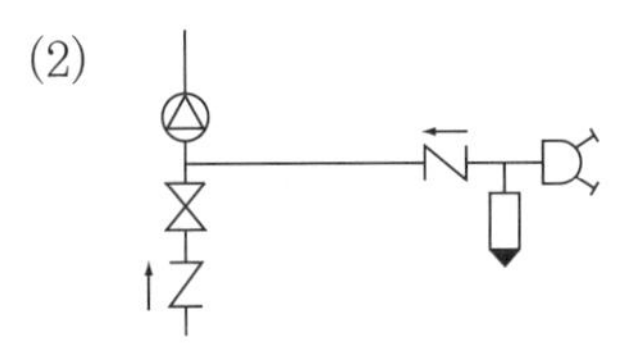

(3)

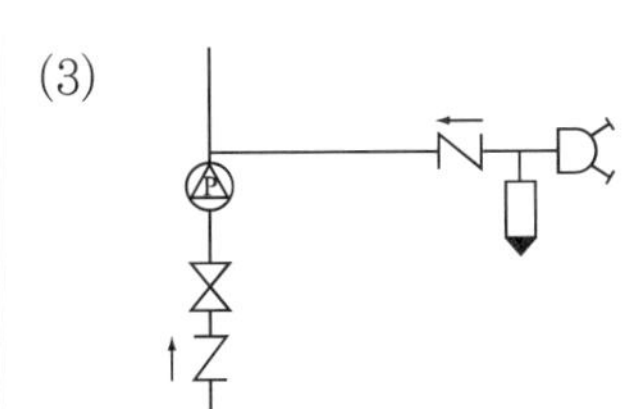

(4)

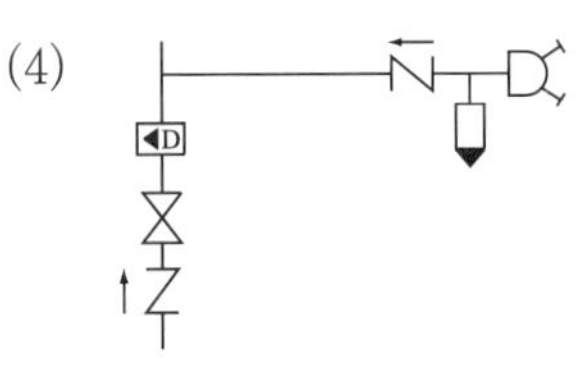

물 음

(1) 위의 그림을 보고 번호에 따른 스프링클러설비의 종류를 쓰시오.
(2) 각 번호에 따른 유수검지장치의 밸브명칭을 쓰시오.

해설

[스프링클러설비의 비교]

종 류 / 항 목		습식 스프링클러설비	건식 스프링클러설비	준비작동식 스프링클러설비	일제 살수식 스프링클러설비
사용 헤드		폐쇄형	폐쇄형	폐쇄형	개방형
배 관	1차측	가압수	가압수	가압수	가압수
	2차측	가압수	압축공기	대기압, 저압공기	대기압(개방)
경보밸브		습식 유수검지장치	건식 유수검지장치	준비작동식 유수검지장치	일제개방밸브
감지기의 유무		없 다	없 다	있 다	있 다

해답 (1) ① 습식 스프링클러설비
② 건식 스프링클러설비
③ 준비작동식 스프링클러설비
④ 일제살수식 스프링클러설비
(2) ① 습식 유수검지장치
② 건식 유수검지장치
③ 준비작동식 유수검지장치
④ 일제개방밸브

09

강관은 사용용도 및 사용목적에 따라 KS 규격에 규정되어 사용하고 있다. 대부분 온도, 압력, 용도 등에 따라 여러 종류로 규격이 정해져 있다. 이에 따른 배관용 강관의 종류를 4가지만 쓰시오.

득점	배점
	4

해답 (1) 배관용 탄소강관
(2) 압력배관용 탄소강관
(3) 고압배관용 탄소강관
(4) 고온배관용 탄소강관

10

화재 시 인간의 본능 중 지광본능에 대하여 간단히 쓰시오.

득점	배점
	5

해설

화재 시 인간의 피난 행동 특성

- 귀소본능 : 평소에 사용하던 출입구나 통로 등 습관적으로 친숙해 있는 경로로 도피하려는 본능
- **지광본능** : 화재발생 시 연기와 정전 등으로 가시거리가 짧아져 시야가 흐리면 밝은 방향으로 도피하려는 본능
- 추종본능 : 화재발생 시 최초로 행동을 개시한 사람에 따라 전체가 움직이는 본능(많은 사람들이 달아나는 방향으로 무의식적으로 안전하다고 느껴 위험한 곳임에도 불구하고 따라가는 경향)
- 퇴피본능 : 연기나 화염에 대한 공포감으로 화원의 반대방향으로 이동하려는 본능
- 좌회본능 : 좌측으로 통행하고 시계의 반대방향으로 회전하려는 본능

해답 지광본능 : 화재발생 시 연기와 정전 등으로 가시거리가 짧아져 시야가 흐리면 밝은 방향으로 도피하려는 본능

11

소화용 펌프의 토출량이 30[m^3/min], 양정이 150[m]로 선정되어 1,770[rpm]으로 운전되고 있다. 토출량을 40[m^3/min]으로 변경한다면 양정[m]은 얼마가 되겠는가?

득점	배점
	4

해설

상사법칙

- 유량 $Q_2 = Q_1 \times \left(\frac{N_2}{N_1}\right) \times \left(\frac{D_2}{D_1}\right)^3$
- 양정 $H_2 = H_1 \times \left(\frac{N_2}{N_1}\right)^2 \times \left(\frac{D_2}{D_1}\right)^2$
- 동력 $P_2 = P_1 \times \left(\frac{N_2}{N_1}\right)^3 \times \left(\frac{D_2}{D_1}\right)^5$

여기서, N : 회전수 D : 직경

(1) 회전수

$$\therefore\ Q_2 = Q_1 \times \left(\frac{N_2}{N_1}\right) \text{에서 } N_2 = N_1 \times \frac{Q_2}{Q_1} = 1{,}770[\text{rpm}] \times \frac{40[\text{m}^3/\text{min}]}{30[\text{m}^3/\text{min}]} = 2{,}360[\text{rpm}]$$

(2) 전양정

$$\therefore\ H_2 = H_1 \times \left(\frac{N_2}{N_1}\right)^2 = 150[\text{m}] \times \left(\frac{2{,}360[\text{rpm}]}{1{,}770[\text{rpm}]}\right)^2 = 266.67[\text{m}]$$

해답 266.67[m]

12

다음 각 물음에 답하시오.

득점	배점
	3

(1) 분말소화약제 중 A, B, C급 화재에 적용되는 소화약제의 화학식을 쓰시오.

(2) 할론 소화약제 중 염소가 포함되지 않고, 소화력이 가장 우수한 약제의 화학식을 쓰시오.

(3) 소화약제 중 증기비중이 1.52이고 임계온도가 31.35[℃], 삼중점이 −56.3[℃]인 약제의 화학식을 쓰시오.

해설

소화약제

- 분말소화약제

종 별	소화약제	약제의 착색	적응화재
제1종 분말	중탄산나트륨($NaHCO_3$)	백 색	B, C급
제2종 분말	중탄산칼륨($KHCO_3$)	담회색	B, C급
제3종 분말	인산암모늄($NH_4H_2PO_4$)	담홍색, 황색	A, B, C급
제4종 분말	중탄산칼륨+요소[$KHCO_3$ + $(NH_2)_2CO$]	회 색	B, C급

- 할론 1301소화약제
  - 할론 1301은 메탄(CH_4)에 플루오린(F) 3원자와 브롬(Br) 1원자가 치환되어 있는 약제로서 분자식은 CF_3Br이며 분자량은 148.93이다.
  - 상온(21[℃])에서 기체이며 무색, 무취로 전기 전도성이 없으며 공기보다 약 5.1배(148.93/29 = 5.13배) 무겁다.
  - 할론 소화약제 중에서 독성이 가장 약하고 소화효과는 가장 좋다.
  - 적응화재는 B급(유류)화재, C급(전기)화재에 적합하다.
- 이산화탄소의 물성

구 분	물성치
화학식	CO_2
분자량	44
비중(공기=1)	1.52
비 점	-78[℃]
삼중점	-56.3[℃](0.42[MPa])
임계 압력	72.75[atm]
임계 온도	31.35[℃]

해답 (1) $NH_4H_2PO_4$ (2) CF_3Br
(3) CO_2

13

다음의 조건을 참조하여 제연설비에 대한 각 물음에 답하시오.

득점	배점
	15

조 건

- 거실 바닥면적은 390[m^2]이고 경유 거실이다.
- Duct의 길이는 80[m]이고, Duct저항은 0.2[mmAq/m]이다.
- 배출구 저항은 8[mmAq], 그릴저항은 3[mmAq], 부속류저항은 덕트저항의 50[%]로 한다.
- 송풍기는 Sirocco Fan을 선정하고 효율은 50[%]로 하고 전동기 전달계수 K = 1.1이다.

물 음

(1) 예상제연구역에 필요한 배출량[m^3/h]은 얼마인가?
(2) 송풍기에 필요한 정압[mmAq]은 얼마인가?
(3) 송풍기의 전동기 동력[kW]은 얼마인가?
(4) 바닥면적 100[m^2] 미만의 거실에서 최저배출량은 5,000[m^3/h] 이상으로 규정하고 있다. 그 이유를 설명하시오.
(5) 다익(Multiblade)형 Fan의 특징 2가지를 쓰시오.
(6) 회전수가 1,750[rpm]일 때 이 송풍기의 정압을 1.2배로 높이려면 회전수 얼마로 증가시켜야 하는지 계산하시오.

해설

(1) 배풍량

400[m²] 미만이고 1[m²]당 1[m³/min]의 배출량이 소요, 경유 거실이므로 1.5배 가산하여야 하므로

Q= 바닥면적[m²]×1[m³/m² · min]×60[min]×1.5

=390[m²]×1[m³/m² · min]×60[min]×1.5=35,100[m³/h]

> CMH=[m³/h], CMM=[m³/min], CMS=[m³/s]

(2) 정 압

P=덕트길이에 따른 손실압+배출구저항손실압+그릴저항손실압+관부속류의 덕트저항

=80[m]×0.2[mmAq/m]+8[mmAq]+3[mmAq]+(80[m]×0.2[mmAq/m])×0.5

=35[mmAq]

(3) 전동기의 동력

$$P[\text{kW}] = \frac{Q \times P_T}{102\eta} \times K$$

여기서, P : 동력[kW] Q : 풍량[m³/s]
P_T : 정압[mmAq] η : 효율
K : 전달계수

$$\therefore\ P = \frac{35{,}100[\text{m}^3]/3{,}600[\text{s}] \times 35[\text{mmAq}]}{102 \times 0.5} \times 1.1 = 7.36[\text{kW}]$$

(4) 별도 구획된 거실의 경우 400[m²] 미만이라도 거실의 연기의 농도나 확산을 저하시킬수 있기 때문에 최저배출량 5,000[m³/h] 이상으로 배출하도록 규정하고 있다.

(5) 다익팬의 특징

① 비교적 큰 풍량을 얻을 수 있다.
② 설치공간이 적다.
③ 깃의 설치각도가 90°보다 크다
④ 풍량에 따른 풍압의 변화가 적다.

(6) 회전수

$$H_2 = H_1 \times \left(\frac{N_2}{N_1}\right)^2$$

여기서, H : 양정[m] N : 회전수

$$\therefore\ N_2 = N_1 \times \sqrt{\frac{H_2}{H_1}} = 1{,}750[\text{rpm}] \times \sqrt{\frac{1.2}{1}} = 1{,}917.03[\text{rpm}]$$

해답

(1) 35,100[m³/h] (2) 35[mmAq]
(3) 7.36[kW]
(4) 거실의 연기의 농도나 확산을 저하시킬 수 있기 때문에
(5) ① 풍량이 크다. ② 설치공간이 적다.
③ 풍량에 따른 풍압의 변화가 작다.
(6) 1,917.03[rpm]

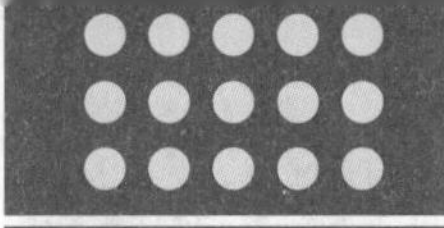

제 1 회 2008년 4월 20일 시행

※ 다음 물음에 대한 답을 해당 답란에 답하시오.(배점 : 100)

01

그림은 어느 옥내소화전설비의 계통을 나타내는 Isometric Diagram이다. 이 설비에서 펌프의 정격토출량이 200[L/min]일 때 주어진 조건을 이용하여 물음에 답하시오.

득점	배점
	18

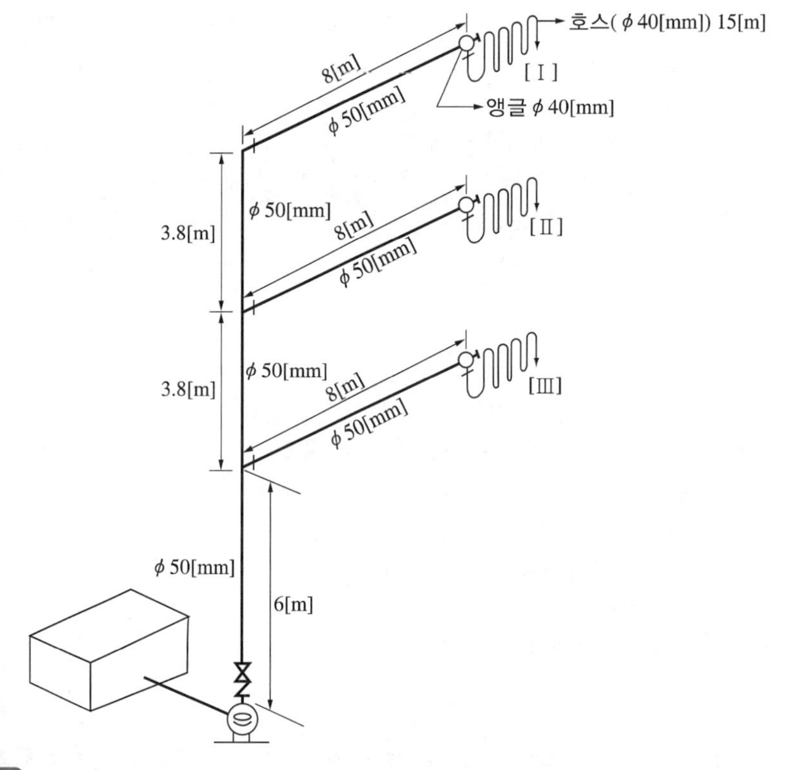

조 건

- 옥내소화전[I]에서 호스 관창 선단의 방수압과 방수량은 각각 0.17[MPa], 130[L/min]이다.
- 호스길이 100[m]당 130[L/min]의 유량에서 마찰손실수두는 15[m]이다.
- 각 밸브와 배관부속의 등가길이는 다음과 같다.

관부속품	등가길이	관부속품	등가길이
앵글밸브(40[mm])	10[m]	엘보(50[mm])	1[m]
게이트밸브(50[mm])	1[m]	분류티(50[mm])	4[m]
체크밸브(50[mm])	5[m]		

• 배관의 마찰손실압은 다음의 공식을 따른다고 가정한다.

$$\Delta P = \frac{6 \times 10^4 \times q^2}{120^2 \times d^5}$$

여기서, ΔP : 배관길이 1[m]당 마찰손실압력[MPa]
q : 유량[L/min]
d : 관의 내경[mm](ϕ50[mm] 배관의 경우 내경은 53[mm], ϕ40[mm]의 배관의 경우 내경은 42[mm]로 한다.

• 펌프의 양정은 토출량의 대소에 관계없이 일정하다고 가정한다.
• 정답을 산출할 때 펌프 흡입측의 마찰손실수두, 정압, 동압 등은 일체 계산에 포함시키지 않는다.
• 본 조건에 자료가 제시되지 아니한 것은 계산에 포함되지 아니한다.

물 음

(1) 소방호스의 마찰손실수두[m]를 구하시오.
• 계산과정 :
• 답 :

(2) 최고위 앵글밸브에서의 마찰손실압력[kPa]을 구하시오.
• 계산과정 :
• 답 :

(3) 최고위 앵글밸브의 인입구로부터 펌프 토출구까지 배관의 총 등가길이[m]를 구하시오.
• 계산과정 :
• 답 :

(4) 최고위 앵글밸브의 인입구로부터 펌프 토출구까지의 마찰손실압력[kPa]을 구하시오.
• 계산과정 :
• 답 :

(5) 펌프 전동기의 소요동력[kW]을 구하시오(단, 펌프의 효율은 0.6, 전달계수는 1.1이다).
• 계산과정 :
• 답 :

(6) 옥내소화전[Ⅲ]을 조작하여 방수하였을 때의 방수량을 q[L/min]라고 할 때,
① 이 소화전호스를 통하여 일어나는 마찰손실압력[Pa]을 구하시오(단, q는 기호 그대로 사용하고, 마찰손실의 크기는 유량의 제곱에 정비례한다).

• 계산과정 :
• 답 :

② 해당 앵글밸브 인입구로부터 펌프 토출구까지의 마찰손실압력[Pa]을 구하시오(단, q는 기호 그대로 사용한다).
• 계산과정 :
• 답 :

③ 해당 앵글밸브의 마찰손실압력[Pa]을 구하시오(단, q는 기호 그대로 사용한다).
• 계산과정 :
• 답 :

④ 호스 관창선단의 방수량[L/min]과 방수압[kPa]을 구하시오.
• 계산과정 :
• 답 :

해설

옥내소화전설비

(1) 소방호스의 마찰손실수두[m]

$$\therefore\ 15[\text{m}] \times \frac{15[\text{m}]}{100[\text{m}]} = 2.25[\text{m}]$$

(2) 최고위 앵글밸브에서의 마찰손실압력[kPa]

$$\therefore\ \Delta P = \frac{6\times10^4\times q^2}{120^2\times d^5}\times L = \frac{6\times10^4\times130^2}{120^2\times42^5}\times10[\text{m}] = 0.005388[\text{MPa}] = 5.39[\text{kPa}]$$

(3) 최고위 앵글밸브의 인입구로부터 펌프 토출구까지 배관의 총 등가길이

구 분	등가 길이
직 관	6.0[m] + 3.8[m] + 3.8[m] + 8.0[m] = 21.6[m]
관부속품	체크밸브 : 5[m] 게이트밸브 : 1[m], 90°엘보 : 1[m]
합 계	28.6[m](21.6[m] + 5[m] + 1[m] + 1[m])

직류티는 도면에 2개가 있으나 문제조건에 없으니까 제외함

(4) 최고위 앵글밸브의 인입구로부터 펌프 토출구까지의 마찰손실압력

$$\therefore\ \Delta P = \frac{6\times10^4\times q^2}{120^2\times d^5}\times L = \frac{6\times10^4\times130^2}{120^2\times53^5}\times28.6[\text{m}] = 0.004816[\text{MPa}] = 4.82[\text{kPa}]$$

(5) 펌프 전동기의 소요동력

$$P[\text{kW}] = \frac{0.163\times Q\times H}{\eta}\times K$$

① 토출량 : 200[L/min]

② 전양정

$$H = h_1 + h_2 + h_3 + 17\text{(노즐방사압력)}$$

여기서, H : 전양정[m], h_1 : 호스마찰손실수두($15[\text{m}] \times \frac{15}{100} = 2.25[\text{m}]$)

h_2 : 배관마찰손실수두($5.39[\text{kPa}] + 4.82[\text{kPa}] = \frac{10.21[\text{kPa}]}{101.325[\text{kPa}]} \times 10.332[\text{m}] = 1.04[\text{m}]$)

h_3 : 실양정($6[\text{m}] + 3.8[\text{m}] + 3.8[\text{m}] = 13.6[\text{m}]$)

※ 전양정 $H = 2.25[\text{m}] + 1.04[\text{m}] + 13.6[\text{m}] + 17 = 33.89[\text{m}]$

$$\therefore P[\text{kW}] = \frac{0.163 \times 0.2[\text{m}^3/\text{min}] \times 33.89[\text{m}]}{0.6} \times 1.1 = 2.03[\text{kW}]$$

(6) 옥내소화전[III]을 조작하여 방수하였을 때의 방수량을 q[L/min]라고 할 때,

① 소화전호스를 통하여 일어나는 마찰손실압력

(1)에서 호스의 마찰손실수두가 $2.25[\text{m}] = \frac{2.25[\text{m}]}{10.332[\text{m}]} \times 101.325[\text{kPa}] = 22.07[\text{kPa}]$이다.

조건에서 "마찰손실의 크기는 유량의 제곱에 정비례한다"로서 비례식을 이용하면

$22.07[\text{kPa}] : 130^2 = P[\text{kPa}] : q^2$

$130^2 \times P = 22.07 \times q^2$

$$\therefore P = \frac{22.07q^2}{130^2} = 0.001306q^2[\text{kPa}] = 1.306 \times 10^{-3}q^2[\text{kPa}] = 1.306q^2[\text{Pa}]$$

② 당해 앵글밸브 인입구로부터 펌프 토출구까지의 마찰손실압력

먼저 총 등가길이를 구하면

구 분	등가 길이
직 관	6.0[m] + 8.0[m] = 14[m]
관부속품	체크밸브 : 5[m] 게이트밸브 : 1[m] 분류 티 : 4[m]
합 계	24.0[m]

$$\therefore \Delta P = \frac{6 \times 10^4 \times q^2}{120^2 \times d^5} \times L = \frac{6 \times 10^4 \times q^2}{120^2 \times 53^5} \times 24[\text{m}] = 2.39 \times 10^{-7}q^2[\text{MPa}] = 0.24q^2[\text{Pa}]$$

③ 당해 앵글밸브의 마찰손실압력

$$\therefore \Delta P = \frac{6 \times 10^4 \times q^2}{120^2 \times d^5} \times L = \frac{6 \times 10^4 \times q^2}{120^2 \times 42^5} \times 10[\text{m}] = 3.19 \times 10^{-7}q^2[\text{MPa}] = 0.32q^2[\text{Pa}]$$

④ 호스 관창선단의 방수압과 방수량

㉮ 방수량

$$q = K\sqrt{10P}$$

㉠ D : 구경[mm]

㉡ P(압력)을 구하기 위하여

$$P = P_1 + P_2 + P_3 + 0.17$$

여기서, P_1 = 소방호스의 마찰손실수두압[MPa]{(1)에서 구한 2.25[m] = 0.022[MPa]}

P_2 = 0.005388[MPa][(2)에서 구한 값]+0.004816[MPa][(4)에서 구한 값] = 0.01[MPa]

P_3 = 0.059[MPa](토출양정 6[m]) + 0.037[MPa](3.8[m])+ 0.037[MPa](3.8[m])

= 0.133[MPa]

※ $P = 0.022 + 0.01 + 0.133 + 0.17 = 0.335[\text{MPa}]$

∴ 옥내소화전 방수압(P_4)

$$P_4 = P - P_1 - P_2 - P_3$$

여기서, $P = 0.335[\text{MPa}]$

$P_1 = 1.306 \times 10^{-3} q^2 [\text{kPa}] = 13.06 \times 10^{-7} q^2 [\text{MPa}]$

$P_2 = 3.19 \times 10^{-7} q^2 [\text{MPa}] + 2.39 \times 10^{-7} q^2 [\text{MPa}] = 5.58 \times 10^{-7} q^2 [\text{MPa}]$

$P_3 = 6[\text{m}] = \dfrac{6[\text{m}]}{10.332[\text{m}]} \times 0.101325[\text{MPa}] = 0.059[\text{MPa}]$

∴ $P_4 = P - P_1 - P_2 - P_3$

$= 0.335[\text{MPa}] - (13.06 + 5.58) \times 10^{-7} q^2 [\text{MPa}] - 0.059[\text{MPa}]$

$= 0.335[\text{MPa}] - 0.059[\text{MPa}] - 18.64 \times 10^{-7} q^2 [\text{MPa}]$

$= 0.276[\text{MPa}] - 18.64 \times 10^{-7} q^2 [\text{MPa}]$

※ 공식에 대입하면

$$q = K\sqrt{10P}$$

$K = \dfrac{q}{\sqrt{10P}} = \dfrac{130[\text{L/min}]}{\sqrt{10 \times 0.17[\text{MPa}]}} = 99.705$

방수량을 구하면

$q = K\sqrt{10P} = 99.705 \times \sqrt{10 \times (0.276 - 18.64 \times 10^{-7} q^2)[\text{MPa}]}$

양변에 제곱을 하면

$q^2 = (99.705)^2 \times \left(\sqrt{2.76 - 18.64 \times 10^{-6} q^2}\right)^2$

$q^2 = (99.705)^2 \times (2.76 - 18.64 \times 10^{-6} q^2)$

$q^2 = 27{,}437.40 - 0.1853 q^2$

$q^2 + 0.1853 q^2 = 27{,}437.40$

$(1 + 0.1853) q^2 = 27{,}437.40$

$1.1853 q^2 = 27{,}437.40$

$q^2 = \dfrac{27{,}437.40}{1.1853} = 23{,}148.06$

∴ $q = \sqrt{23{,}148.06} = 152.14[\text{L/min}]$

㉯ 방수압

$P_4 = 0.276[\text{MPa}] - 18.64 \times 10^{-7} q^2 [\text{MPa}]$

$= 0.276[\text{MPa}] - 18.64 \times 10^{-7} \times (152.14[\text{L/min}])^2 [\text{MPa}]$

$= 0.232855[\text{MPa}] = 232.86[\text{kPa}]$

(1) 2.25[m]

(2) 5.39[kPa]

(3) 28.6[m]

(4) 4.82[kPa]

(5) 2.03[kW]

(6) ① $1.31q^2$[Pa]

② $0.24q^2$[Pa]

③ $0.32q^2$[Pa]

④ 방수량 : 152.14[L/min], 방수압 : 232.86[kPa]

02

특정소방대상물에 스프링클러설비를 설치하는 경우 적용대상에 따라 개방형 헤드 또는 폐쇄형 헤드를 설치한다. 폐쇄형 헤드 설치 시 유수검지장치에서 가장 먼 가지배관 끝부분에 설비의 작동상태를 확인할 수 있는 장치를 설치한다. 장치에 대한 다음 각 물음에 답하시오.

득점	배점
	6

물 음

(1) 장치의 명칭

(2) 장치구성요소

(3) 장치의 설치목적

해설

시험장치

• 설치기준

- 유수검지장치에서 가장 먼 가지배관의 끝으로부터 연결하여 설치할 것
- 시험장치배관의 구경은 유수검지장치에서 가장 먼 가지배관의 구경과 동일한 구경으로 하고, 그 끝에 개방형 헤드를 설치할 것. 이 경우 개방형 헤드는 반사판 및 프레임을 제거한 오리피스만으로 설치할 수 있다(압력계는 법적으로 설치기준이 아니다).
- 시험배관의 끝에는 물받이통 및 배수관을 설치하여 시험 중 방사된 물이 바닥에 흘러내리지 아니하도록 할 것(예외 : 목욕실·화장실 또는 그 밖의 곳으로서 배수처리가 쉬운 장소)

• 설치 목적

헤드를 개방하지 않고 다음의 작동상태를 확인하기 위하여 설치한다.

- 유수검지장치의 기능이 작동되는지를 확인
- 수신반의 화재표시등의 점등 및 경보가 작동되는지를 확인
- 해당 방호구역의 음향경보장치가 작동되는지를 확인
- 압력체임버의 작동으로 펌프가 작동되는지를 확인
- 시험밸브함 내의 압력계가 적정한지를 확인(권장사항)

• 시험밸브 작동 시 확인사항

- 화재표시등 점등 확인
- 수신반의 경보(버저) 작동 확인
- 알람밸브 작동표시등 점등 확인
- 펌프 자동기동 여부확인
- 해당구역의 경보(사이렌) 작동확인

시험장치 설치 : 습식 유수검지장치, 건식 유수검지장치, 부압식 스프링클러설비

해답 (1) 시험장치

(2) 개폐밸브, 반사판 및 프레임을 제거한 개방형 헤드

(3) 시험밸브를 개방하여 유수검지장치의 작동과 기동용 수압개폐장치의 작동으로 펌프 자동기동 여부 확인

03

가로 10[m], 세로 15[m], 높이 4[m]인 전기실에 화재안전기준과 다음 조건에 따라 전역방출방식의 이산화탄소소화설비를 설치하려고 한다. 조건을 참조하여 각 물음에 답하시오.

득점	배점
	12

조 건

- 대기압은 760[mmHg]이고 CO_2방출 후 방호구역 내 압력은 770[mmHg]이며 기준 온도는 20[℃]이다.
- CO_2의 분자량은 44이고 기체상수 $R = 0.082$[atm · m^3/kg-mol · K]이다.
- 개구부는 자동폐쇄장치가 설치되어 있다.

물 음

(1) 이산화탄소소화약제를 방사 후 방호구역 내 산소농도가 14[%]이었다. 방호구역 내 이산화탄소 농도[%]를 구하시오.

(2) 방사된 이산화탄소의 양[kg]은 얼마인가?

(3) 약제용기는 내용적 68[L]에 1.7의 충전비로 약제가 충전된 것으로 하면 소요 약제 용기수는 몇 병인가?

(4) 다음은 이산화탄소소화설비의 분사헤드 설치 제외 장소이다. (   ) 안에 알맞은 답을 쓰시오.

- 방재실, 제어실 등 사람이 (①)하는 장소
- 나이트로셀룰로스, 셀룰로이드제품 등 (②)을 저장, 취급하는 장소
- 나트륨, 칼륨, 칼슘 등 (③)을 저장, 취급하는 장소
- 전시장 등의 관람을 위하여 다수인이 출입, 통행하는 통로 및 전시실 등

해설

(1) 이산화탄소의 농도

$$CO_2[\%] = \frac{21 - O_2[\%]}{21} \times 100$$

$\therefore$ $CO_2[\%] = \frac{21 - 14}{21} \times 100 = 33.333[\%]$

(2) 이산화탄소의 양

$$\text{방사가스체적}[m^3] = \frac{21 - O_2[\%]}{O_2[\%]} \times V[m^3]$$

$\therefore$ $\text{방사가스체적}[m^3] = \frac{21 - 14}{14} \times (10[m] \times 15[m] \times 4[m]) = 300[m^3]$

체적을 무게로 환산하면

$$PV = nRT = \frac{W}{M}RT$$

여기서, P : 압력[atm]　　V : 체적[m^3]
W : 무게[kg]　　M : 분자량
R : 기체상수(0.082[atm · m^3/kg-mol · K])
T : 절대온도(273+[℃])

$$\therefore\ W = \frac{PVM}{RT} = \frac{\frac{770[\text{mmHg}]}{760[\text{mmHg}]} \times 1[\text{atm}] \times 300[\text{m}^3] \times 44}{0.082[\text{atm} \cdot \text{m}^3/\text{kg}-\text{mol} \cdot \text{K}] \times 293[\text{K}]} = 556.63[\text{kg}]$$

(3) 용기의 수

$$\text{충전비} = \frac{\text{약제용기내용적[L]}}{\text{약제충전량[kg]}}$$

$$1.7 = \frac{68[\text{L}]}{\text{약제충전량[kg]}}$$

$$\text{약제충전량[kg]} = \frac{68[\text{L}]}{1.7} = 40[\text{kg}]$$

∴ 소요약제 용기수=총약제량[kg]/약제충전량[kg]=556.63[kg]/40[kg]=13.9 ⇒ 14병

(4) 분사헤드 설치 제외 장소

- 방재실, 제어실 등 사람이 **상시근무**하는 장소
- 나이트로셀룰로스, 셀룰로이드제품 등 **자기연소성 물질**을 저장, 취급하는 장소
- 나트륨, 칼륨, 칼슘 등 **활성금속물질**을 저장, 취급하는 장소
- 전시장 등의 관람을 위하여 다수인이 출입, 통행하는 통로 및 전시실 등

해답 (1) 33.33[%]
(2) 556.63[kg]
(3) 14병
(4) ① 상시근무
② 자기연소성 물질
③ 활성금속물질

04

그림은 어느 물분무소화설비의 송수펌프의 계통를 나타내고 있다. 다음 자료를 이용하여 이 펌프가 가져야 할 최대이론 NPSH를 구하시오.

득점	배점
	4

조 건

- 25[℃]에서의 수증기압 : 0.002[MPa]
- 펌프의 사용최대 송수량 : 2,000[L/min]
- 펌프 흡입배관에서의 마찰손실압 : 0.02[MPa](최대송수 시)(단, 설계기준 온도는 25[℃]이며, 대기압은 1[atm], 물의 밀도는 1[g/cm^3] 펌프운전 시 배관에서의 속도수두는 무시한다. 1[MPa]=100[m], 1[atm]=10[m]로 한다)

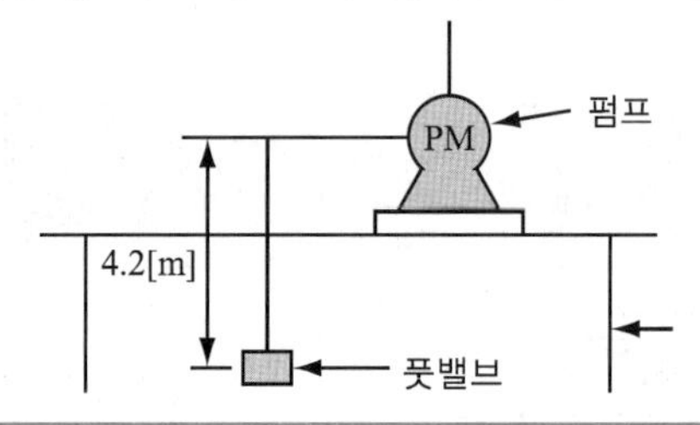

해설

NPSH (유효흡입수두) = 대기압수두 − 마찰손실수두 − 흡입수두 − 수증기압수두
= 10[m] − 2.04[m] − 4.2[m] − 0.2[m] = 3.56[m]

- 대기압수두 = 10[m]
- 마찰손실수두 = 0.02[MPa] = $\dfrac{0.02[\text{MPa}]}{0.101325[\text{MPa}]} \times 10.332[\text{m}] = 2.04[\text{m}]$
- 흡입수두 = 4.2[m](그림에서)
- 수증기압수두 = 0.002[MPa] = $\dfrac{0.002[\text{MPa}]}{0.101325[\text{MPa}]} \times 10.332[\text{m}] = 0.20[\text{m}]$

> 1[atm] = 1.0332[kg_f/cm^2] = 10.332[mH_2O] = 0.101325[MPa]

해답 3.56[m]

05

아래의 표는 분말소화설비에 관한 것이다. 빈칸에 적당한 답을 쓰시오.

득점	배점
	8

종 별	주성분	기 타		
1종		안전밸브 작동압력	가압식	
2종			축압식	
3종		충전비		
4종		가압용 가스용기를 3병 이상 설치한 경우 전자개방밸브 수		

해답

종 별	주성분	기 타		
1종	탄산수소나트륨	안전밸브 작동압력	가압식	최고사용압력의 1.8배 이하
2종	탄산수소칼륨		축압식	내압시험압력의 0.8배 이하
3종	인산암모늄	충전비		0.8 이상
4종	탄산수소칼륨+요소	가압용 가스용기를 3병 이상 설치한 경우 전자개방밸브 수		2개

06

다음 용어를 간단히 설명하시오.

(1) ODP(오존파괴지수)

(2) GWP(지구온난화지수)

득점	배점
	4

해설

용어 정의

(1) 오존파괴지수(ODP)

어떤 물질의 오존파괴능력을 상대적으로 나타내는 지표

$$ODP = \frac{\text{어떤 물질 1[kg]이 파괴하는 오존량}}{\text{CFC-11}(CFCl_3)\text{ 1[kg]이 파괴하는 오존량}}$$

(2) 지구온난화지수(GWP)

어떤 물질이 기여하는 온난화 정도를 상대적으로 나타내는 지표

$$GWP = \frac{\text{어떤 물질 1[kg]이 기여하는 온난화 정도}}{CO_2\text{ 1[kg]이 기여하는 온난화 정도}}$$

해답 (1) ODP : 어떤 물질의 오존파괴능력을 상대적으로 나타내는 지표

(2) GWP : 어떤 물질이 기여하는 온난화 정도를 상대적으로 나타내는 지표

07

다음 그림은 펌프의 양정곡선이다. 릴리프밸브의 작동압력[MPa]은 얼마인가?

득점	배점
	6

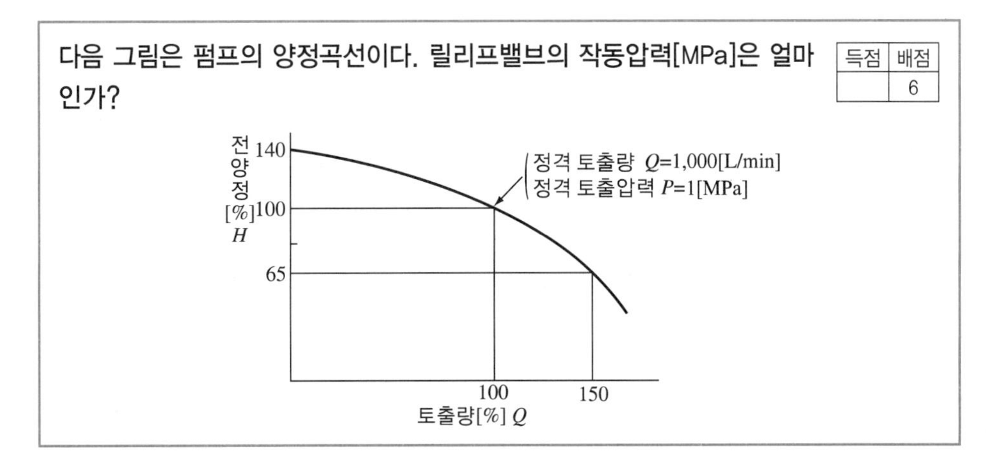

해설

릴리프밸브는 순환배관에 설치되며 **체절압력 미만**에서 **작동**되어 과압을 방지하는 역할을 하는 장치

체절압력=정격압력×140[%] 미만이어야 하므로

=1[MPa]×1.4(140[%]) 미만

=1.4[MPa] 미만에 작동

해답 1.4[MPa] 미만

08

다음은 저압식 이산화탄소소화설비 계통도이다. 항상 닫혀 있는 밸브와 열려있는 밸브의 번호를 열거하시오.

득점	배점
	9

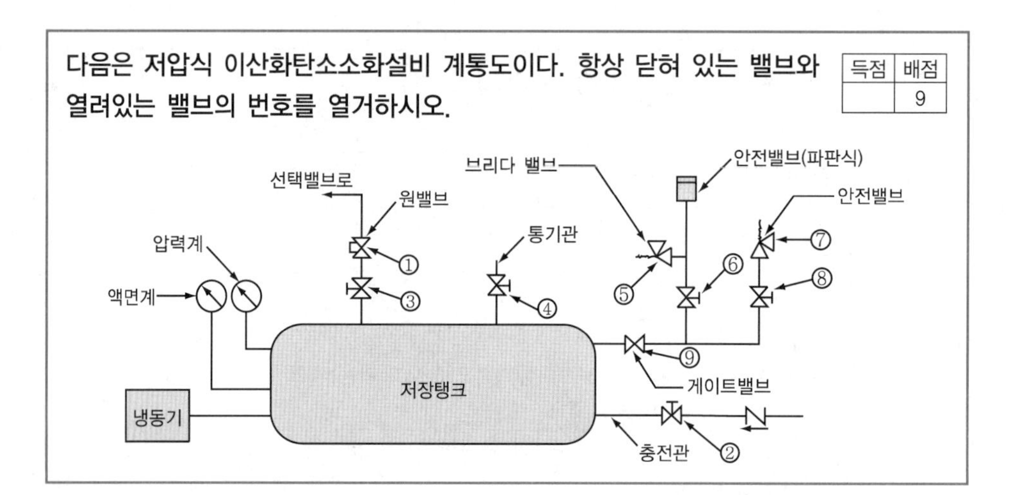

해설

① 약제방출 시만 개방
② 개폐밸브는 충전 시에만 개방
④ 약제저장 탱크 공기 유통 시에 사용개방
⑤, ⑦ 과압 발생 시에만 개방

해답 (1) 항상 닫혀있는 밸브 : ① ② ④ ⑤ ⑦
(2) 항상 열려있는 밸브 : ③ ⑥ ⑧ ⑨

09

다음 그림은 어느 습식 스프링클러설비에서 배관의 일부를 나타내는 평면도이다. 점선 내에 필요한 관 부속품의 개수를 답란의 빈칸에 기입하시오.

득점	배점
	10

C D A B

지 점	관부속	규 격	수 량	지 점	관부속	규 격	수 량
A	티	25×25×25A	( )	B	티	50×50×40A	( )
	니 플	25A	( )		티	40×40×40A	( )
	엘 보	25A	( )		니 플	40A	( )
	리듀서	25×15A	( )		니 플	50A	( )
					리듀서	40×25A	( )
C	엘 보	25A	( )		리듀서	50×40A	( )
	니 플	25A	( )				
	리듀서	25×15A	( )	D	티	40×40×40A	( )
					니 플	40A	( )
					리듀서	40×25A	( )

해답

[폐쇄형 스프링클러헤드의 관경이 담당하는 헤드의 개수]

관경[mm]	25	32	40	50	65	80	90	100
담당하는 헤드의 수[개]	2	3	5	10	30	60	80	100

[A 구역]

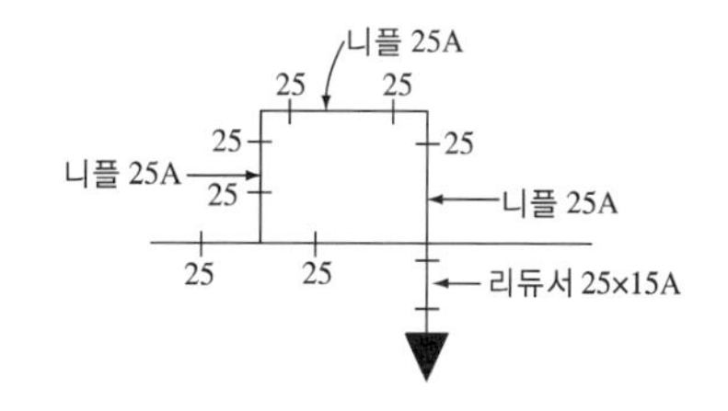

관부속	규 격	수 량
티	25×25×25A	1개
니 플	25A	3개
엘 보	25A	2개
리듀서	25×15A	1개

[B 구역]

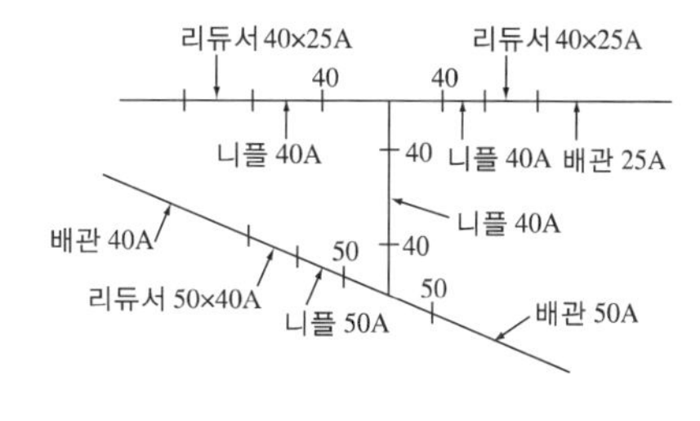

관 부 속	규 격	수 량
티	50×50×40A	1개
티	40×40×40A	1개
니 플	40A	3개
니 플	50A	1개
리듀서	40×25A	2개
리듀서	50×40A	1개

[C 구역]

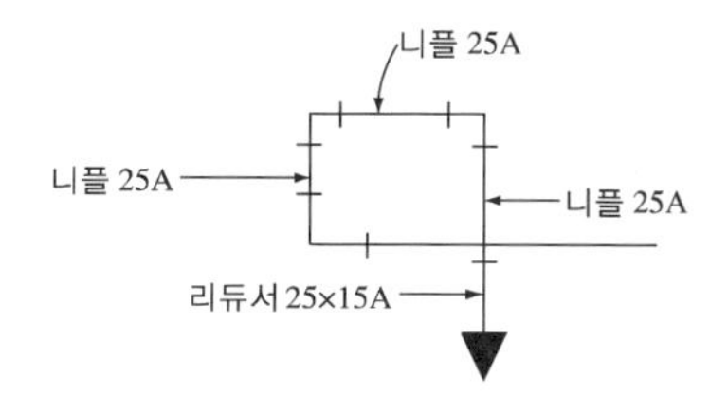

관부속	규 격	수 량
엘 보	25A	3개
니 플	25A	3개
리듀서	25×15A	1개

[D 구역]

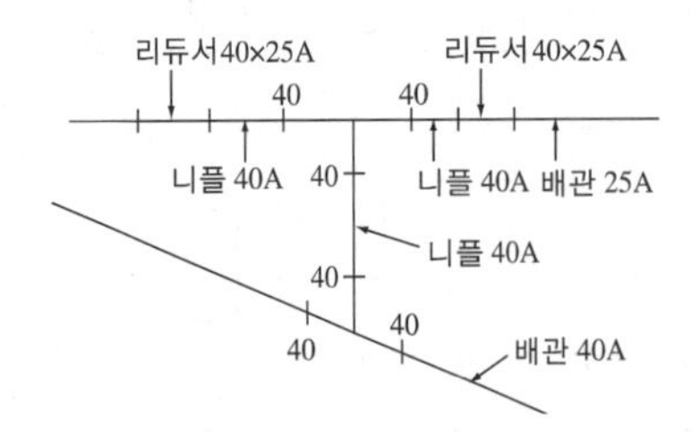

관부속	규 격	수 량
티	40×40×40A	2개
니 플	40A	3개
리듀서	40×25A	2개

10

아래 그림은 건식 스프링클러설비의 압축공기 공급배관 계통도의 일부이다. 각 물음에 답하시오.

득점	배점
	5

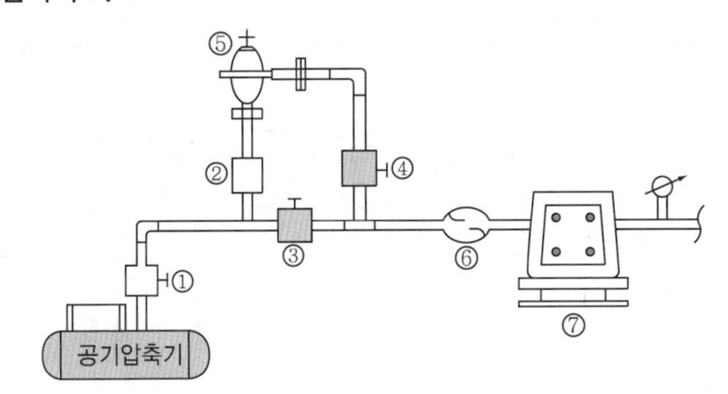

물 음

(1) 항상 폐지되어 있는 밸브 번호를 쓰시오.

(2) ⑤, ⑥, ⑦의 명칭을 쓰시오.

해설

(1)

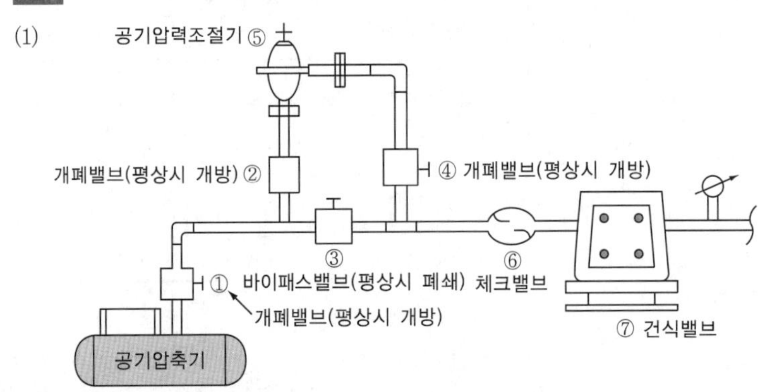

[공기 압력 조정정치]

해답 (1) ③ 바이패스밸브(By-pass Valve)

(2) ⑤ 공기압력조절기

⑥ 체크밸브

⑦ 건식밸브

11

다음 그림은 어느 실의 평면도이다. 이들 실 중 A실을 급기 가압하고자 한다. 주어진 조건을 참조하여 문의 총합성 틈새면적[m²]을 계산하시오.

득점	배점
	5

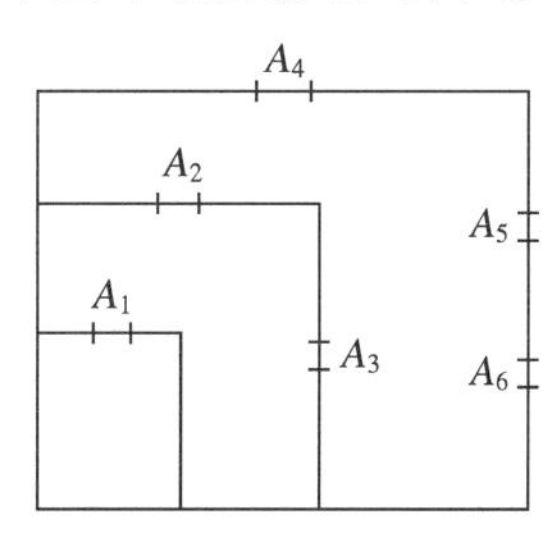

조 건

- $A_1 \sim A_3$ 문의 틈새면적은 $0.02[m^2]$이다.
- $A_4 \sim A_6$ 문의 틈새면적은 $0.01[m^2]$이다.

해설

A_4, A_5, A_6 틈새면적의 합은 병렬

$A_4 + A_5 + A_6 = 0.01[m^2] + 0.01[m^2] + 0.01[m^2] = 0.03[m^2]$

A_2, A_3 틈새면적의 합은 병렬

$A_2 + A_3 = 0.02[m^2] + 0.02[m^2] = 0.04[m^2]$

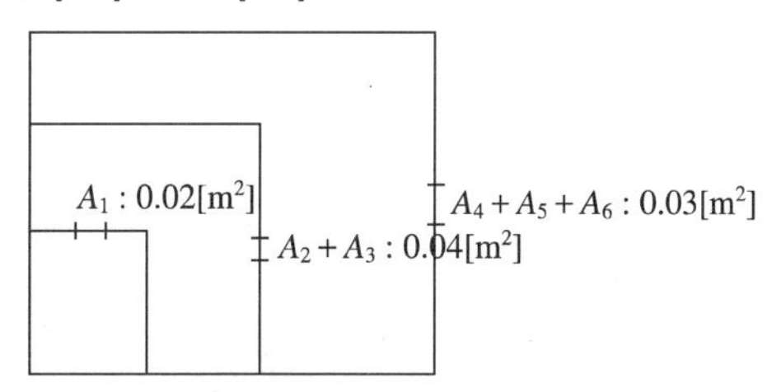

$A_4 + A_5 + A_6$과 $A_2 + A_3$의 틈새면적의 합은 직렬

$$A_{2\sim6} = \frac{1}{\sqrt{\frac{1}{(A_4+A_5+A_6)^2} + \frac{1}{(A_2+A_3)^2}}} = \frac{1}{\sqrt{\frac{1}{(0.03[m^2])^2} + \frac{1}{(0.04[m^2])^2}}}$$

$= 0.024[m^2]$

$A_{2\sim6}$과 A_1의 틈새면적의 합은 직렬

$$A_{1\sim6} = \frac{1}{\sqrt{\frac{1}{(A_2+A_3+A_4+A_5+A_6)^2} + \frac{1}{A_1^2}}} = \frac{1}{\sqrt{\frac{1}{(0.024[m^2])^2} + \frac{1}{(0.02[m^2])^2}}}$$

$= 0.0153 = 0.02[m^2]$

해답 $0.02[m^2]$

12

다음은 각종 제연방식 중 자연제연방식에 대한 내용이다. 주어진 조건을 참조하여 각 물음에 답하시오.

득점	배점
	10

조 건

- 연기층과 공기층의 높이차는 3[m]이다.
- 화재실의 온도는 707[℃]이고, 외부온도는 27[℃]이다.
- 공기평균분자량은 28이고, 연기평균분자량은 29라고 가정한다.
- 화재실 및 실외의 기압은 1기압이다.
- 중력가속도는 9.8[m/s^2]으로 한다.

물 음

(1) 연기의 유출속도[m/s]를 산출하시오.

(2) 외부풍속[m/s]를 산출하시오.

(3) 자연제연방식을 변경하여 화재실 상부에 배연기(배풍기)를 설치하여 연기를 배출하는 형식으로 한다면 그 방식은 무엇인가?

(4) 일반적으로 가장 많이 이용하고 있는 제연방식을 3가지만 쓰시오.

(5) 화재실의 바닥면적이 300[m^2]이고 Fan의 효율은 60[%], 전압 70[mmAq], 여유율 10[%]로 할 경우 설비의 풍량을 송풍할 수 있는 배출기의 최소동력[kW]을 산출하시오.

해설

(1) 연기의 유출속도

$$u = \sqrt{2gH\left(\frac{\rho_a}{\rho_s} - 1\right)}$$

여기서, u : 연기속도[m/s]
g : 중력가속도(9.8[m/s^2])
ρ_s : 연기밀도[kg/m^3]
ρ_a : 공기밀도[kg/m^3]
H : 연기와 공기의 높이차[m]

① 연기의 밀도

$$\rho = \frac{PM}{RT}$$

여기서, P : 압력[N/m^2]
M : 분자량
R : 기체상수(8,314[N · m/kg-mol · K])
T : 절대온도(273 + 707 = 980[K])

$$\therefore \rho_s = \frac{PM}{RT} = \frac{101{,}325[\text{N/m}^2] \times 29[\text{kg/kg}-\text{mol}]}{8{,}314[\text{N} \cdot \text{m/kg}-\text{mol} \cdot \text{K}] \times 980[\text{K}]} = 0.36[\text{kg/m}^3]$$

② 공기의 밀도

$$\therefore \rho_a = \frac{PM}{RT} = \frac{101{,}325[\text{N/m}^2] \times 28[\text{kg/kg}-\text{mol}]}{8{,}314[\text{N} \cdot \text{m/kg}-\text{mol} \cdot \text{K}] \times (273+27)[\text{K}]} = 1.14[\text{kg/m}^3]$$

③ 연기의 유출속도

$$u_s = \sqrt{2gH\left(\frac{\rho_a}{\rho_s} - 1\right)} = \sqrt{2 \times 9.8[\mathrm{m/s^2}] \times 3[\mathrm{m}] \times \left(\frac{1.14[\mathrm{kg/m^3}]}{0.36[\mathrm{kg/m^3}]} - 1\right)} = 11.29[\mathrm{m/s}]$$

(2) 외부풍속

$$u_o = u_s \times \sqrt{\frac{\rho_s}{\rho_a}}$$

여기서, u_s : 연기의 유출속도[m/s]

ρ_s : 연기밀도[kg/m³]　　ρ_a : 공기밀도[kg/m³]

$$\therefore\ u_o = u_s \times \sqrt{\frac{\rho_s}{\rho_a}} = 11.29[\mathrm{m/s}] \times \sqrt{\frac{0.36[\mathrm{kg/m^3}]}{1.14[\mathrm{kg/m^3}]}} = 6.34[\mathrm{m/s}]$$

(3), (4) 제연방식의 종류

① 자연제연방식 : 화재 시 발생되는 온도 상승에 의해 발생한 부력 또는 외부 공기의 흡출효과에 의하여 내부의 실 상부에 설치된 창 또는 전용의 제연구로부터 연기를 옥외로 배출하는 방식

② 스모크타워제연방식 : 전용 샤프트를 설치하여 건물 내・외부의 온도차와 화재 시 발생되는 열기에 의한 밀도 차이를 이용하여 지붕외부의 **루프모니터** 등을 이용하여 옥외로 배출환기시키는 방식

③ 기계제연방식

㉠ 제1종 기계제연방식 : 제연팬으로 급기와 배기를 동시에 행하는 제연방식

㉡ 제2종 기계제연방식 : 제연팬으로 급기를 하고 자연배기를 하는 제연방식

㉢ 제3종 기계제연방식 : **제연팬으로 배기**를 하고 자연급기를 하는 제연방식

(5) 배출기의 동력

$$P[\mathrm{kW}] = \frac{Q \times P_T}{102 \times \eta} \times K$$

여기서, Q : 풍량($300[\mathrm{m^2}] \times 1[\mathrm{m^3/min \cdot m^2}] = 300[\mathrm{m^3/min}]$)

P_T : 전압($70[\mathrm{mmAq}]$)

η : 전동기효율(0.6)

K : 전달계수(1.1)

$$\therefore\ P = \frac{300[\mathrm{m^3}]/60[\mathrm{s}] \times 70[\mathrm{mmAq}]}{102 \times 0.6} \times 1.1 = 6.29[\mathrm{kW}]$$

해답

(1) 11.29[m/s]

(2) 6.34[m/s]

(3) 제3종 기계제연방식(흡입방연방식)

(4) ① 자연제연방식

② 스모크타워제연방식

③ 기계제연방식

(5) 6.29[kW]

13

소화배관에 사용되는 강관의 인장강도는 200[N/mm^2]이고, 최고사용압력은 4[MPa]이다. 이 배관의 스케줄수(Schedule No)는 얼마인가?(단, 안전율은 4이다)

득점	배점
	3

해설

스케줄수

- $\text{Sch No} = \dfrac{\text{사용압력[kN/m}^2]}{\text{재료의 허용응력[kN/m}^2]} \times 1{,}000$
- $\text{재료의 허용응력[kN/m}^2] = \dfrac{\text{인장강도[kN/m}^2]}{\text{안전율}}$
- $\text{안전율} = \dfrac{\text{인장강도[kN/m}^2]}{\text{재료의 허용응력[kN/m}^2]}$

$$\text{재료의 허용응력[kN/m}^2] = \frac{\text{인장강도}}{\text{안전율}} = \frac{200 \times 10^{-3}[\text{kN}]/10^{-6}[\text{m}^2]}{4} = 50{,}000[\text{kN/m}^2]$$

$$\therefore \text{ 스케줄수} = \frac{4[\text{MN/m}^2] \times 1{,}000[\text{kN/m}^2]}{50{,}000[\text{kN/m}^2]} \times 1{,}000 = 80$$

해답 80

제 2 회 2008년 7월 6일 시행

※ 다음 물음에 대한 답을 해당 답란에 답하시오.(배점 : 100)

01

폐쇄형 헤드를 사용한 스프링클러설비의 일부 배관 계통도이다. 주어진 조건을 참조하여 각 물음에 답하시오.

득점	배점
	16

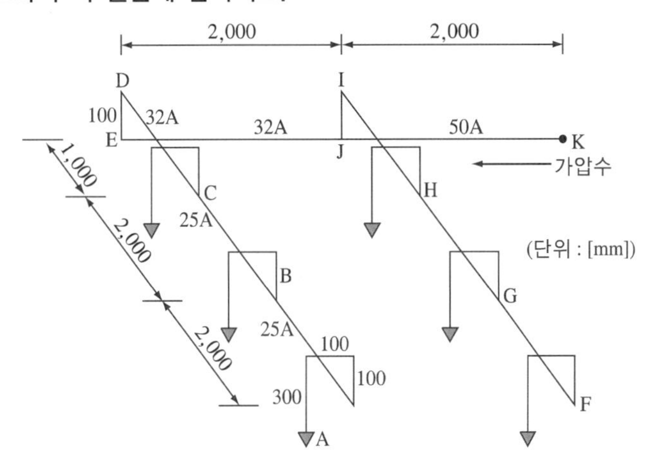

조 건

• 직관 마찰손실수두(100[m]당) (단위 : [m])

개 수	유 량	25A	32A	40A	50A
1	80[L/min]	**39.82**	11.38	5.40	1.68
2	160[L/min]	**150.42**	42.84	20.29	6.32
3	240[L/min]	307.77	**87.66**	41.51	12.93
4	320[L/min]	521.92	148.66	70.40	21.93
5	400[L/min]	789.04	224.75	106.31	32.99
6	480[L/min]		321.55	152.26	**47.43**

• 관이음쇠 마찰손실에 해당하는 직관길이 (단위 : [m])

구 분	25A	32A	40A	50A
엘보(90°)	0.9	1.20	1.50	2.10
리듀서	0.54	0.72	0.90	1.20
티(직류)	0.27	0.36	0.45	0.60
티(분류)	1.50	1.80	2.10	3.00

- 헤드나사는 PT$\frac{1}{2}$(15A) 기준
- 헤드방사압은 0.1[MPa] 기준

물 음

(1) ① A ~ B 구간의 마찰손실수두[m]를 산출하시오.
② B ~ C 구간의 마찰손실수두[m]를 산출하시오.
③ C ~ J 구간의 마찰손실수두[m]를 산출하시오.
④ J ~ K 구간의 마찰손실수두[m]를 산출하시오.
(2) 낙차수두[m]를 산출하시오.
(3) 배관상 총마찰손실수두[m]를 산출하시오.
(4) 전양정[m]을 산출하시오.
(5) K점에 필요한 압력수의 수압[MPa]을 산출하시오.

해설

(1)

구 간	관 경	유 량	직관 및 등가길이	마찰손실수두
K ~ J	50A	480[L/min] (헤드6개)	직관 : 2[m] 티(직류) 1개×0.6[m]=0.6[m] 리듀서(50×32A) 1개×1.2[m]=1.2[m] 총길이 : 3.8[m]	$3.8[m] \times \frac{47.43[m]}{100[m]}$ = 1.80[m]
J ~ C	32A	240[L/min] (헤드3개)	직관 : 2[m]+0.1[m]+1[m]=3.1[m] 엘보(90°) : 2개×1.2=2.4[m] 티(직류) : 1개×0.36[m]=0.36[m] 리듀서(32×25A) 1개×0.72[m]=0.72[m] 총길이 : 6.58[m]	$6.58[m] \times \frac{87.66[m]}{100[m]}$ = 5.77[m]
C ~ B	25A	160[L/min] (헤드2개)	직관 : 2[m] 티(직류) : 1개×0.27[m]=0.27[m] 총길이 : 2.27[m]	$2.27[m] \times \frac{150.42[m]}{100[m]}$ = 3.41[m]
B ~ A	25A	80[L/min] (헤드1개)	직관 : 2[m]+0.1[m]+0.1[m]+0.3[m]=2.5[m] 엘보(90°) : 3개×0.9[m]=2.7[m] 리듀서(25×15A) : 1개×0.54[m]=0.54[m] 총길이 : 5.74[m]	$5.74[m] \times \frac{39.82[m]}{100[m]}$ = 2.29[m]
총마찰손실수두				13.27[m]

(2) $h_1 = 100[\text{mm}] + 100[\text{mm}] - 300[\text{mm}] = -100[\text{mm}] = -0.1[\text{m}]$

(3) $h_2 = 2.29[\text{m}] + 3.41[\text{m}] + 5.77[\text{m}] + 1.80[\text{m}] = 13.27[\text{m}]$

(4) $H = h_1 + h_2 + 10[\text{m}]$

$\therefore H = -0.1[\text{m}] + 13.27[\text{m}] + 10[\text{m}] = 23.17[\text{m}]$

(5) $P = \frac{23.17[\text{m}]}{10.332[\text{m}]} \times 0.101325[\text{MPa}] = 0.23[\text{MPa}]$

(1) ① 2.29[m] ② 3.41[m] ③ 5.77[m] ④ 1.80[m]
(2) −0.1[m] (3) 13.27[m]
(4) 23.17[m] (5) 0.23[MPa]

02

지상 18층의 아파트에 스프링클러설비를 화재안전기준과 다음 조건에 따라 설계하려고 한다. 다음 각 물음에 답하시오.

득점	배점
	7

조 건

- 전양정은 76[m]이다.
- 펌프의 효율은 65[%]이다.
- 모든 규격치는 최소량을 적용한다.
- 옥상수조는 없는 건축물이다.

물 음

(1) 펌프의 최소유량[L/min]을 산정하시오.
(2) 수원의 최소유효저수량[m^3]은 얼마인가?
(3) 펌프의 축동력[kW]을 계산하시오.
(4) 옥상수조를 철거할 경우 추가되는 설비를 쓰시오.

해설

(1) 펌프의 최소유량

$$Q = N \times 80[\mathrm{L/min}]$$

여기서, N : 헤드 수(아파트 : 10개)

$\therefore\ Q = 10개 \times 80[\mathrm{L/min}] = 800[\mathrm{L/min}]$

(2) 저수량

$$Q = N \times 1.6[\mathrm{m^3}]$$

$\therefore\ Q = 10 \times 1.6[\mathrm{m^3}] = 16[\mathrm{m^3}]$

(3) 펌프의 축동력

$$P[\mathrm{kW}] = \frac{\gamma \times Q \times H}{102 \times \eta}$$

여기서, γ : 비중량($1,000[\mathrm{kg_f/m^3}]$) Q : 유량[$\mathrm{m^3/s}$]
H : 전양정[m] η : 효율

$\therefore\ P[\mathrm{kW}] = \dfrac{1,000[\mathrm{kg_f/m^3}] \times (0.8[\mathrm{m^3}]/60[\mathrm{s}]) \times 76[\mathrm{m}]}{102 \times 0.65} = 15.28[\mathrm{kW}]$

(4) 옥상수조를 철거할 경우
① 주펌프와 동등 이상의 성능을 가진 엔진펌프(내연기관에 의한 펌프) 설치
② 옥상수조의 원래 목적인 펌프고장과 정전의 경우를 대비하여 비상전원인 발전기에 연결된 펌프설치

해답
(1) 800[L/min]
(2) 16[m^3]
(3) 15.28[kW]

(4) ① 주펌프와 동등 이상의 성능을 가진 엔진펌프(내연기관에 의한 펌프) 설치
② 옥상수조의 원래 목적인 펌프고장과 정전의 경우를 대비하여 비상전원인 발전기에 연결된 펌프설치

03

다음은 아파트의 각 세대별로 주방에 설치하는 주거용 주방자동소화장치의 설치기준이다. 각 물음의 ( )에 답하시오.

득점	배점
	5

(1) ( )는 형식승인받은 유효한 높이 및 위치에 설치할 것
(2) 탐지부는 수신부와 분리하여 설치하되 공기보다 가벼운 가스를 사용하는 경우에는 천장면으로부터 (①)의 위치에 설치하고 공기보다 무거운 가스를 사용하는 장소에는 바닥면으로부터 (②)의 위치에 설치할 것

해설

주거용 주방자동소화장치 설치기준

- 설치장소
  아파트 등 및 30층 이상 오피스텔의 모든 층
- 설치기준
  - 소화약제 **방출구**는 환기구(주방에서 발생하는 열기류 등을 밖으로 배출하는 장치)의 청소 부분과 분리되어 있어야 하며, 형식승인 받은 유효설치 높이 및 방호면적에 따라 설치할 것
  - **감지부**는 형식승인 받은 유효한 높이 및 위치에 설치할 것
  - 차단장치(전기 또는 가스)는 상시 확인 및 점검이 가능하도록 설치할 것
  - 가스용 주방자동소화장치를 사용하는 경우 **탐지부**는 수신부와 분리하여 설치하되, **공기보다 가벼운 가스**를 사용하는 경우에는 **천장면으로부터 30[cm] 이하**의 위치에 설치하고, **공기보다 무거운 가스**를 사용하는 장소에는 **바닥면으로부터 30[cm] 이하**의 위치에 설치할 것
  - **수신부**는 주위의 열기류 또는 습기 등과 주위온도에 영향을 받지 아니하고 사용자가 상시 볼 수 있는 장소에 설치할 것

해답 (1) 감지부
(2) ① 30[cm] 이하
② 30[cm] 이하

04

다음 그림은 국소방출방식의 이산화탄소소화설비이다. 각 물음에 답하시오 (단, 고압식이며 방호대상물은 제1종 가연물이고, 가연물이 비산할 우려가 있는 경우이다).

득점	배점
	7

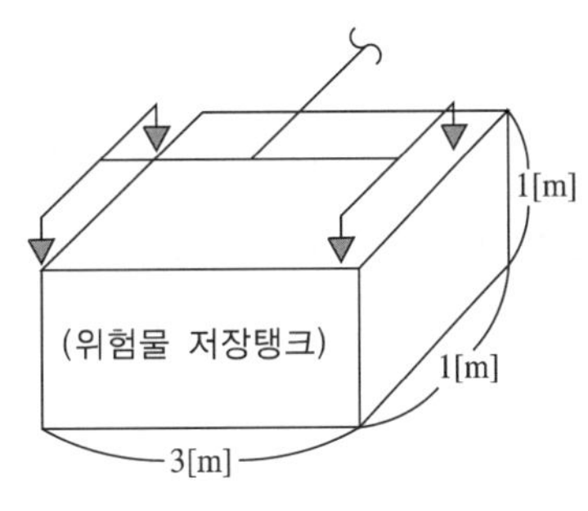

(1) 방호공간 체적[m^3]은 얼마인가?
(2) 소화약제 최소저장량[kg]은 얼마인가?
(3) 헤드 1개의 방출량[kg/s]은 얼마인가?

해설

(1) 방호공간 체적

방호공간 : 방호대상물의 각 부분으로부터 0.6[m]의 거리에 따라 둘러싸인 공간

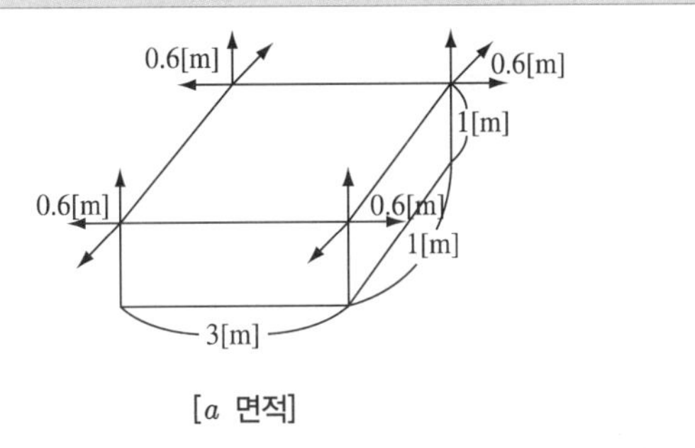

[a 면적]

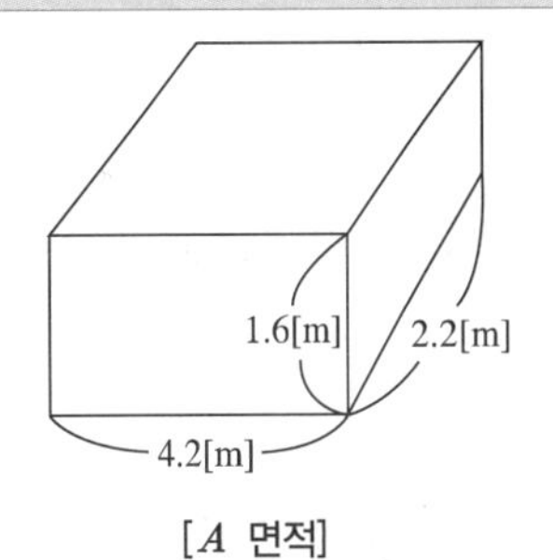

[A 면적]

∴ 방호공간체적[m^3] $= 4.2[m] \times 2.2[m] \times 1.6[m] = 14.784[m^3]$

(2) 소화약제의 최소저장량

$$\text{약제저장량[kg]} = \text{방호공간체적}[m^3] \times \left(8 - 6\frac{a}{A}\right) \times \begin{pmatrix} \text{고압식 } 1.4 \\ \text{저압식 } 1.1 \end{pmatrix}$$

여기서, a : 방호대상물 주위에 설치된 벽면적의 합계(방호대상물 주위에 설치된 벽이 없거나 벽에 대한 조건이 없는 경우에는 "0"이다)

A : 방호공간의 벽면적의 합계(앞면 + 뒷면) + (좌면 + 우면) = (4.2[m] × 1.6 × 2면) + (1.6[m] × 2.2[m] × 2면) = 20.48[m^2]

$$\therefore \text{약제량} = 14.78[m^3] \times \left(8 - 6\frac{0}{20.48}\right) \times 1.4 = 165.54[kg]$$

(3) 헤드 1개의 방출량

헤드 1개당 방출량 = 약제량[kg] ÷ 헤드수[개] ÷ 방출시간[s]

= 165.54[kg] ÷ 4개 ÷ 30[s] = 1.38[kg/s]

해답 (1) 14.78[m^3]
(2) 165.54[kg]
(3) 1.38[kg/s]

05

어떤 물분무소화설비의 배관에 물이 흐르고 있다. 두 지점에 흐르는 물의 압력을 측정하여 보니 각각 0.45[MPa], 0.4[MPa]이었다. 만약 유량을 1.5배로 송수하였다면 두 지점 간의 압력차는 얼마인가?(단, 배관의 마찰손실압력은 하젠-윌리엄스공식을 이용하시오)

득점	배점
	5

해설

하젠-윌리엄스식에서

$$\Delta P_m = 6.053 \times 10^4 \times \frac{Q^{1.85}}{C^{1.85} \times D^{4.87}}$$

여기서, ΔP_m: 배관 1[m]당 압력손실[MPa]
Q : 유량[L/min]
C : 조도
D : 관의 내경[mm]

$\therefore$ $\Delta P_m = Q^{1.85}$ 이므로 유량을 1.5배로 증가하였을 때 압력차는

$$\Delta P = (P_1 - P_2) \times Q^{1.85} = (0.45 - 0.4)[\text{MPa}] \times (1.5)^{1.85} = 0.11[\text{MPa}]$$

해답 0.11[MPa]

06

옥내소화전 노즐(관창)의 방수압력을 피토게이지를 사용하여 측정하니 0.3[MPa]이었다. 이때 노즐을 통하여 방수되는 물의 순간 유출속도[m/s]를 계산하시오(단, 노즐의 흐름계수는 0.95로 한다).

득점	배점
	3

해설

유출속도

$$V = C_o \sqrt{2gH}$$

여기서, C_o : 흐름계수(0.95)
g : 중력가속도
H : 수두$\left(\frac{0.3[\text{MPa}]}{0.101325[\text{MPa}]} \times 10.332[\text{m}] = 30.59[\text{m}]\right)$

$$\therefore V = C_o \sqrt{2gH} = 0.95 \times \sqrt{2 \times 9.8[\text{m/s}^2] \times 30.59[\text{m}]} = 23.26[\text{m/s}]$$

해답 23.26[m/s]

07

다음은 할론소화설비의 배치도이다. 아래 그림의 조건에 적합하도록 체크밸브를 도시하시오.

득점	배점
	10

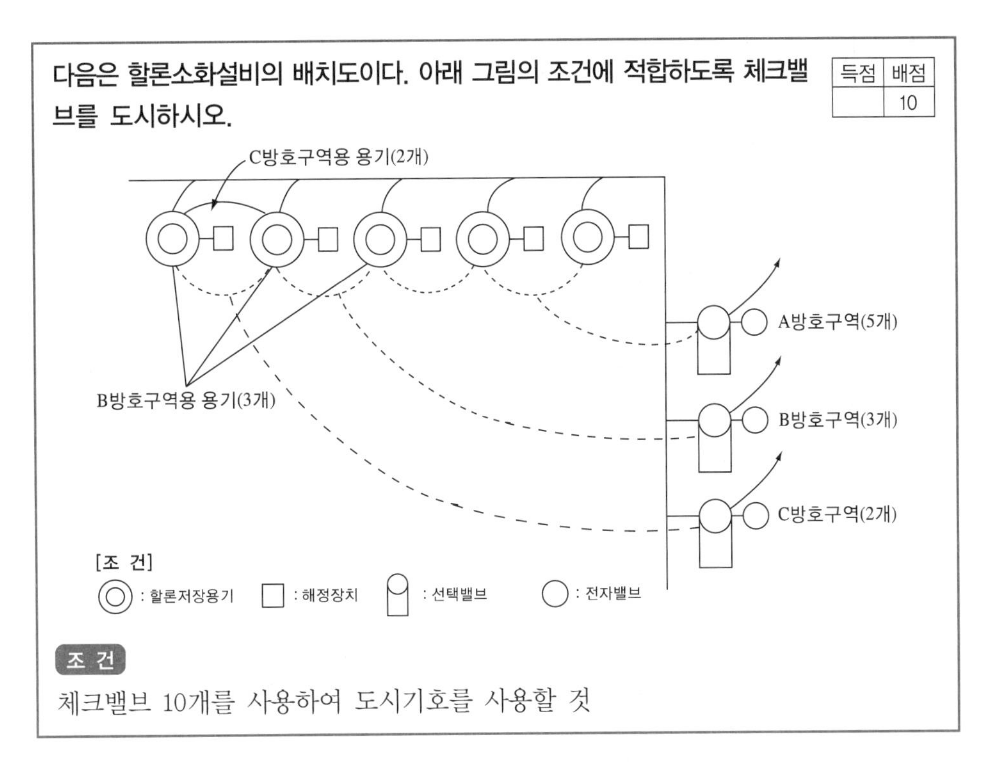

조 건

체크밸브 10개를 사용하여 도시기호를 사용할 것

해설

가스체크밸브는 방출된 가스의 역류방지를 위해 사용하며 약제저장용기에서 집합관 사이에도 설치하여야 한다.

해답 가스체크밸브 설치

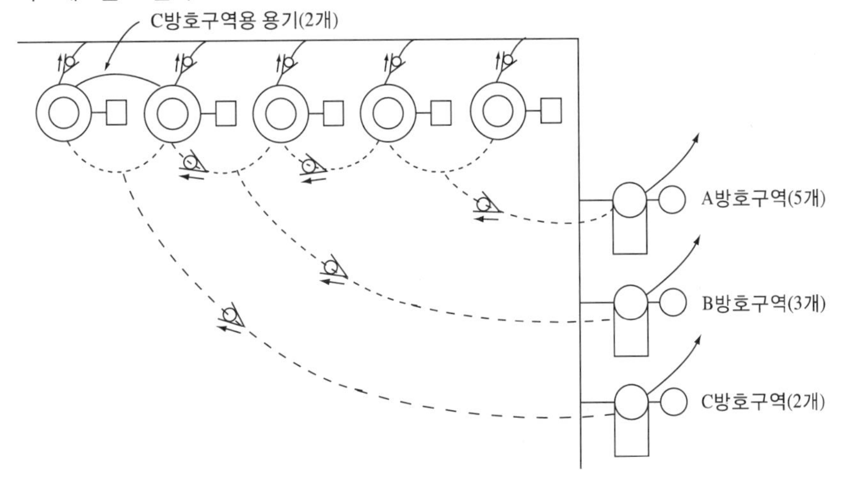

08

어느 배관의 인장강도가 200[MPa]이고 내부작업 압력이 4[MPa]이었다면 이 배관의 스케줄(Schedule)수는 얼마인가?(단, 안전율은 5이다)

득점	배점
	5

해설

스케줄(Schedule)수

- $\text{Sch No} = \dfrac{\text{내부작업압력[MPa]}}{\text{재료의 허용응력[MPa]}} \times 1{,}000$
- $\text{허용응력[MPa]} = \dfrac{\text{인장강도[MPa]}}{\text{안전율}}$

- $\text{허용응력[MPa]} = \dfrac{\text{인장강도[MPa]}}{\text{안전율}} = \dfrac{200[\text{MPa}]}{5} = 40[\text{MPa}]$
- $\text{Sch No} = \dfrac{\text{내부작업압력}}{\text{재료의 허용응력}} \times 1{,}000 = \dfrac{4[\text{MPa}]}{40[\text{MPa}]} \times 1{,}000 = 100$

해답 100

09

아래 그림은 어느 거실에 대한 급기 및 배출풍도와 급기 및 배출 FAN을 나타내고 있는 평면도이다. 각 물음에 답하시오(단, ⊘ 표기는 댐퍼를 뜻한다).

득점	배점
	12

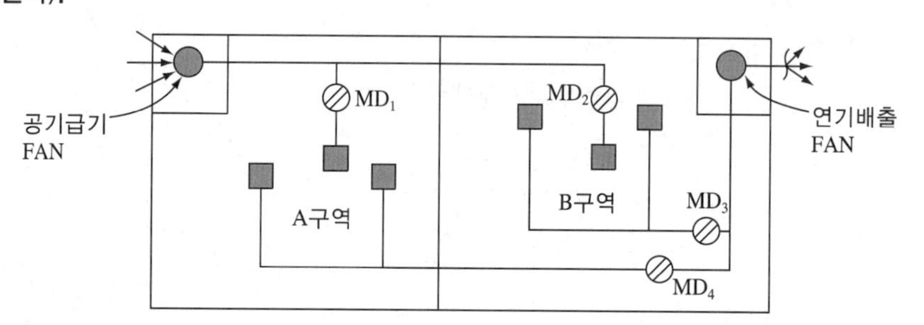

물 음

(1) 동일실 제연방식에 대하여 간단히 서술하시오.

(2) 상기 평면도에서 동일실 제연방식을 적용할 경우 상황에 따른 댐퍼의 닫힘(Close) 및 열림(Open) 상태를 쓰시오.

제연구역	급기댐퍼	배기댐퍼
A구역 화재 시	MD_1 (　)	MD_4 (　)
	MD_2 (　)	MD_3 (　)
B구역 화재 시	MD_2 (　)	MD_3 (　)
	MD_1 (　)	MD_4 (　)

(3) 인접구역 상호제연방식에 대하여 간단히 서술하시오.

(4) 상기 평면도에서 인접구역 상호제연방식을 적용할 경우 상황에 따른 댐퍼의 닫힘(Close) 및 열림(Open) 상태를 쓰시오.

제연구역	급기댐퍼	배기댐퍼
A구역 화재 시	MD_2 (　)	MD_4 (　)
	MD_1 (　)	MD_3 (　)
B구역 화재 시	MD_1 (　)	MD_3 (　)
	MD_2 (　)	MD_4 (　)

해설

(1) 동일실 제연방식

① 방식 : 화재실에 급기와 배기를 동시에 실시하는 방식

② 댐퍼의 상태 : 화재실에는 급기와 배기를 동시에 실시하고 인접구역에는 급기와 배기를 폐쇄한다.

제연구역	급기댐퍼	배기댐퍼
A구역 화재 시	MD_1 열림	MD_4 열림
	MD_2 닫힘	MD_3 닫힘
B구역 화재 시	MD_2 열림	MD_3 열림
	MD_1 닫힘	MD_4 닫힘

(2) 인접구역 상호제연방식

① 방식 : 화재실에는 배기(연기를 배출)하고 인접구역에는 급기를 실시하는 방식

② 댐퍼의 상태 : A구역의 화재 시 화재구역인 **MD_4가 열려 연기를 배출하고 인접구역인 B구역의 MD_2가 열려 급기를 한다.**

제연구역	급기댐퍼	배기댐퍼
A구역 화재 시	**MD_2 열림**	**MD_4 열림**
	MD_1 닫힘	MD_3 닫힘
B구역 화재 시	MD_1 열림	MD_3 열림
	MD_2 닫힘	MD_4 닫힘

해답 (1) 화재실에 급기와 배기를 동시에 실시하는 방식

(2) 댐퍼의 개폐상태

제연구역	급기댐퍼	배기댐퍼
A구역 화재 시	MD_1 열림	MD_4 열림
	MD_2 닫힘	MD_3 닫힘
B구역 화재 시	MD_2 열림	MD_3 열림
	MD_1 닫힘	MD_4 닫힘

(3) 화재실에는 배기하고 인접구역에는 급기를 실시하는 방식

(4) 댐퍼의 개폐상태

제연구역	급기댐퍼	배기댐퍼
A구역 화재 시	MD_2 열림	MD_4 열림
	MD_1 닫힘	MD_3 닫힘
B구역 화재 시	MD_1 열림	MD_3 열림
	MD_2 닫힘	MD_4 닫힘

10

무대부에 아래 그림과 같이 개방형 스프링클러헤드를 설치하였다. 조건을 참조하여 각 물음에 답하시오.

득점	배점
	15

조 건

- 말단에 설치된 ⓐ헤드의 방사압은 0.1[MPa]이다.
- 하젠-윌리엄스공식은 다음과 같다.

$$\Delta P = \frac{6 \times 10^4 \times Q^2}{100^2 \times d^5}$$

여기서, ΔP : 배관 1[m]당 마찰손실압력[MPa]

Q : 유량[L/min]

d : 배관안지름[mm]

- 방출계수 K=80으로 한다.
- 계산은 소수점 둘째자리까지만 계산하시오.

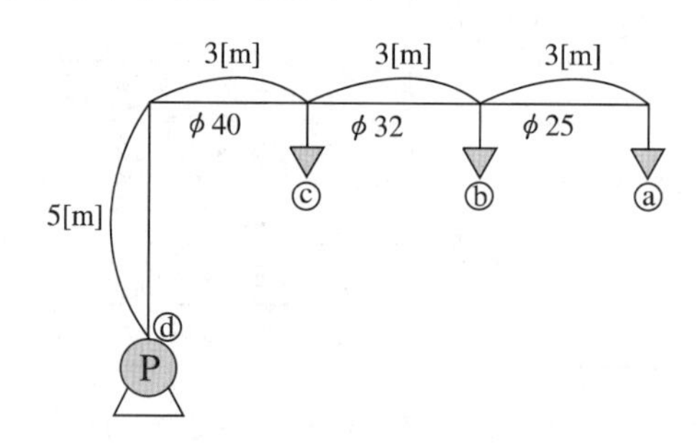

물 음

(1) 헤드 ⓐ의 방수량[L/min]을 계산하시오.

(2) 헤드 ⓑ의 방수량[L/min]을 계산하시오.

(3) 헤드 ⓒ의 방수량[L/min]을 계산하시오.

(4) ⓓ점의 유량[L/min]을 계산하시오.

(5) 펌프의 토출압력[MPa]은 얼마 이상이어야 하는가?

해설

(1) 헤드 ⓐ의 방수량

$$Q_{ⓐ} = K\sqrt{10P}$$

여기서, Q : 유량[L/min] K : 방출계수
P : 압력[MPa]

$Q_{ⓐ} = 80\sqrt{10 \times 0.1[\text{MPa}]} = 80[\text{L/min}]$

(2) 헤드 ⓑ의 방수량

$\Delta P_{ⓐ\sim ⓑ}$: a헤드와 b헤드 사이 마찰손실 고려

$\Delta P_{ⓐ\sim ⓑ} = \dfrac{6 \times 10^4 \times Q^2}{100^2 \times d^5} \times L = \dfrac{6 \times 10^4 \times (80)^2}{100^2 \times (25)^5} \times 3[\text{m}] = 0.0118[\text{MPa}]$

$P_{ⓑ}$ = 0.1[MPa] + 0.0118[MPa] = 0.11[MPa]

$Q_{ⓑ} = 80\sqrt{10 \times 0.11[\text{MPa}]} = 83.90[\text{L/min}]$

(3) 헤드 ⓒ의 방수량

$\Delta P_{ⓑ\sim ⓒ}$: b헤드와 c헤드 사이 마찰손실 고려

$\Delta P_{ⓑ\sim ⓒ} = \dfrac{6 \times 10^4 \times (80 + 83.90)^2}{100^2 \times (32)^5} \times 3[\text{m}] = 0.0144[\text{MPa}]$

$P_{ⓒ}$ = 0.11[MPa] + 0.0144[MPa] = 0.1244[MPa]

$Q_{ⓒ} = 80\sqrt{10 \times 0.12[\text{MPa}]} = 87.64[\text{L/min}]$

(4) ⓓ점의 유량

$Q_{ⓓ}$ =ⓐ헤드+ⓑ헤드+ⓒ헤드

$= 80[\text{L/min}] + 83.90[\text{L/min}] + 87.64[\text{L/min}] = 251.54[\text{L/min}]$

(5) 펌프의 토출압력

$\Delta P_{ⓒ\sim ⓓ}$: c헤드와 펌프토출측 사이 마찰손실 고려

$\Delta P_{ⓒ\sim ⓓ} = \dfrac{6 \times 10^4 \times (251.54[\text{L/min}])^2}{100^2 \times (40[\text{mm}])^5} \times (3[\text{m}] + 5[\text{m}]) = 0.030[\text{MPa}]$

∴ 펌프의 토출압

=실양정(5[m])$+ \Delta P_{ⓒ\sim ⓓ} + \Delta P_{ⓑ\sim ⓒ} + \Delta P_{ⓐ\sim ⓑ} + 0.1[\text{MPa}]$(노즐방사압력)

$= 0.05[\text{MPa}] + 0.03[\text{MPa}] + 0.014[\text{MPa}] + 0.012[\text{MPa}] + 0.1[\text{MPa}] = 0.206[\text{MPa}]$

해답 (1) 80[L/min]
(2) 83.90[L/min]
(3) 87.64[L/min]
(4) 251.54[L/min]
(5) 0.21[MPa]

11

경유를 저장하는 위험물 옥외저장탱크의 높이가 7[m], 직경 10[m]인 콘루프탱크(Con Roof Tank)에 Ⅱ형 포방출구 및 옥외보조포소화전 2개가 설치되었다.

득점	배점
	15

조 건

- 배관의 낙차수두와 마찰손실수두는 55[m]이다.
- 폼체임버 압력수두로 양정계산(그림 참조, 보조포소화전 압력수두는 무시)한다.
- 펌프의 효율은 65[%]이고, 전달계수는 1.1이다.
- 배관의 송액량은 제외한다.

※ 그림 및 별표 참조로 계산하시오.

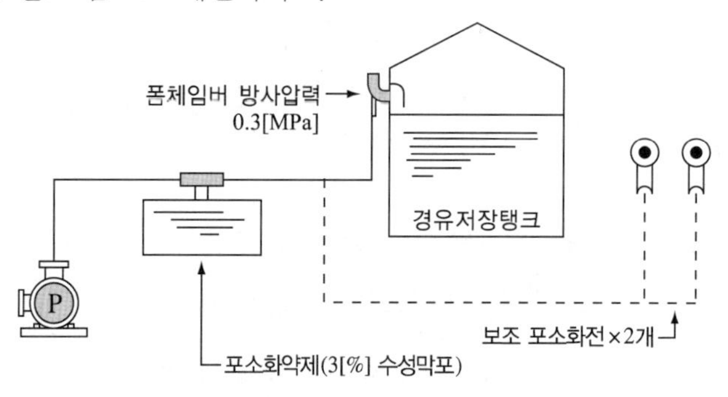

[별표] 고정포방출구의 방출량 및 방사시간

포방출구의 종류 / 위험물의 구분	Ⅰ형		Ⅱ형		특형		Ⅲ형		Ⅳ형	
	포수용액량 [L/m²]	방출률 [L/m²·min]	포수용액량 [L/m²]	방출률 [L/m²·min]	포수용액량 [L/m²]	방출률 [L/m²·min]	포수용액량 [L/m²]	방출률 [L/m²·min]	포수용액량 [L/m²]	방출률 [L/m²·min]
제4류 위험물 중 인화점이 21[℃] 미만인 것	120	4	220	4	240	8	220	4	220	4
제4류 위험물 중 인화점이 21[℃] 이상 70[℃] 미만인 것	80	4	120	4	160	8	120	4	120	4
제4류 위험물 중 인화점이 70[℃] 이상인 것	60	4	100	4	120	8	100	4	100	4

물 음

(1) 포소화약제의 양[L]을 구하시오.

① 고정포방출구의 포소화약제량(Q_1)

② 옥외보조포소화전 약제량(Q_2)

(2) 펌프 동력[kW]을 계산하시오.

해설

(1) 포소화약제의 양

① 고정포방출구의 포소화약제량

$$Q_1 = A \times Q_m \times T \times S$$

여기서, A : 탱크의 액 표면적[m^2]　　Q_m : 분당방출량(4[L/m^2 · min])

T : 방출시간(30[min])　　S : 약제농도(0.03)

$$\therefore\ Q_1 = \frac{\pi \times (10[\text{m}])^2}{4} \times 4[\text{L/m}^2 \cdot \text{min}] \times 30[\text{min}] \times 0.03 = 282.74[\text{L}]$$

포방출구의 종류 / 위험물의 구분	Ⅰ형		Ⅱ형		특형		Ⅲ형		Ⅳ형	
	포수용 액량 [L/m^2]	방출률 [L/m^2 · min]	포수용 액량 [L/m^2]	방출률 [L/m^2 · min]	포수용 액량 [L/m^2]	방출률 [L/m^2 · min]	포수용 액량 [L/m^2]	방출률 [L/m^2 · min]	포수용 액량 [L/m^2]	방출률 [L/m^2 · min]
제4류 위험물 중 인화점이 21[℃] 미만인 것	120	4	220	4	240	8	220	4	220	4
제4류 위험물 중 인화점이 21[℃] 이상 70[℃] 미만인 것	80	4	120	4	160	8	120	4	120	4
제4류 위험물 중 인화점이 70[℃] 이상인 것	60	4	100	4	120	8	100	4	100	4

경유(제4류 위험물 제2석유류)로서 인화점이 50~70[℃]이므로 방출률 4[L/min · m^2]이고 방출시간이 30[min]이므로 포 수용액량은 120[L/m^2]이다.

표 설명

- 인화점이 21[℃] 미만인 것 : 특수인화물(에테르, 이황화탄소, 아세트알데하이드), 제1석유류(휘발유, 아세톤, 벤젠, 톨루엔)
- 인화점이 21[℃] 이상 70[℃] 미만인 것 : 제2석유류(등유, 경유, 초산, 의산)
- 인화점이 70[℃] 이상인 것 : 제3석유류(중유 = 벙커C유, 에틸렌글리콜, 글리세린)

② 보조포소화전 약제량

$$Q_2 = N \times S \times 8{,}000[\text{L}](400[\text{L/min}] \times 20[\text{min}])$$

여기서, N : 호스접결구 수(최대 3개)

S : 약제농도

$$\therefore\ Q_2 = 2 \times 0.03 \times 8{,}000[\text{L}] = 480[\text{L}]$$

(2) 펌프 동력

$$P[\text{kW}] = \frac{0.163 \times Q \times H}{\eta} \times K$$

① $Q = A \times Q_m + 400[\text{L/min}] \times N$

여기서, Q_m : 분당방출량(4[L/m² · min])

N : 보조포 소화전 개수(2개)

$$\therefore Q = \frac{\pi \times (10[\text{m}])^2}{4} \times 4[\text{L/m}^2 \cdot \text{min}] + 400[\text{L/min}] \times 2\text{개}$$

$$= 1{,}114[\text{L/min}] = 1.114[\text{m}^3/\text{min}]$$

② H : 양정{55[m] +30.59[m](0.3[MPa]) = 85.59[m]}

$$\therefore P = \frac{0.163 \times 1.114[\text{m}^3/\text{min}] \times 85.59[\text{m}]}{0.65} \times 1.1 = 26.30[\text{kW}]$$

[다른 방법]

$$P[\text{kW}] = \frac{\gamma\ Q\ H}{102 \times \eta} \times K$$

여기서, γ : 물의 비중량(1,000[kgf/m³])

Q : 방수량[m³/s]

H : 전양정[m]

η : 펌프의 효율

K : 전달계수

$$\therefore P[\text{kW}] = \frac{\gamma\ Q\ H}{102 \times \eta} \times K = \frac{1{,}000 \times 1.114[\text{m}^3]/60[\text{s}] \times 85.59[\text{m}]}{102 \times 0.65} \times 1.1 = 26.37[\text{kW}]$$

해답 (1) ① 282.74[L]

② 480[L]

(2) 26.30[kW]

2008년 11월 2일 시행

※ 다음 물음에 대한 답을 해당 답란에 답하시오.(배점 : 100)

01

아래 그림과 같은 루프(Loop) 배관에 직접 연결된 살수헤드에서 200[L/min]의 유량으로 물이 방수되고 있다. 화살표 방향으로 흐르는 Q_1 및 Q_2의 유량[L/min]을 산출하시오.

득점	배점
	10

조 건

- 배관 마찰손실은 하젠-윌리엄스공식을 사용하되 계산 편의상 다음과 같다고 가정한다.

$$\Delta P = \frac{6 \times 10^4 \times Q^2}{100^2 \times d^5} \times L$$

여기서, ΔP : 마찰손실압력[MPa]
Q : 배관 내 유수량[L/min]
d : 배관의 안지름[mm]
L : 배관의 길이[m]

- 루프(Loop) 배관의 안지름은 40[mm]이다.
- 배관 부속품의 등가길이는 전부 무시한다.

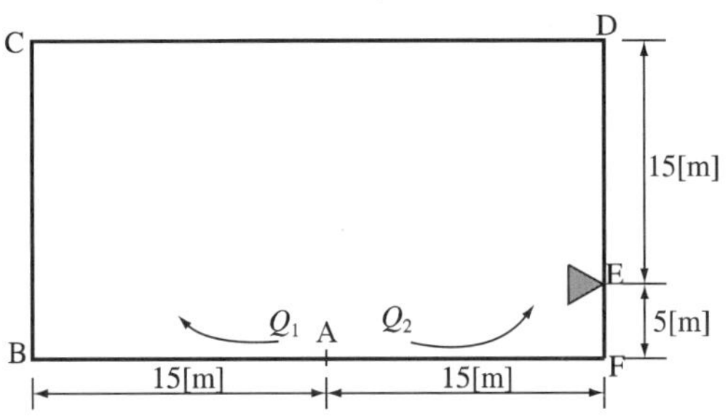

해설

$\Delta P_{ABCDE} = \Delta P_{AFE}$ 마찰손실은 같다.

$Q_1 + Q_2 = Q_{total}$

$$\Delta P_{ABCDE} = 6 \times 10^4 \times \frac{Q_1^2}{100^2 \times (40[\mathrm{mm}])^5}(15[\mathrm{m}] + 20[\mathrm{m}] + 30[\mathrm{m}] + 15[\mathrm{m}])$$

$$\Delta P_{AFE} = 6 \times 10^4 \times \frac{Q_2^2}{100^2 \times (40[\mathrm{mm}])^5}(15[\mathrm{m}] + 5[\mathrm{m}])$$

$6 \times 10^4 \times \dfrac{1}{100^2 \times (40[\mathrm{mm}])^5}$ 을 공통으로 제거하면

$80Q_1^2 = 20Q_2^2$, $4Q_1^2 = Q_2^2$ 양변에 제곱근을 취하면

$\sqrt{Q_2^2} = \sqrt{4Q_1^2} \quad \therefore Q_2 = 2Q_1$

$Q_1 = 1$일 때 $Q_2 = 2$이므로

$\therefore Q_1 = 200[\text{L/min}] \times \dfrac{1}{1+2} = 66.67[\text{L/min}]$

$Q_2 = 200[\text{L/min}] \times \dfrac{2}{1+2} = 133.33[\text{L/min}]$

해답 Q_1 = 66.67[L/min]
Q_2 = 133.33[L/min]

02

절연유 봉입 변압기에 소화설비를 그림과 같이 적용하고자 한다. 바닥 부분을 제외한 변압기의 표면적을 100[m^2]라고 할 때 물분무헤드의 K상수를 구하시오(표준방사량은 1[m^2]당 10[LPM]으로 하며 물분무헤드의 방사압력은 0.4[MPa]로 한다).

득점	배점
	5

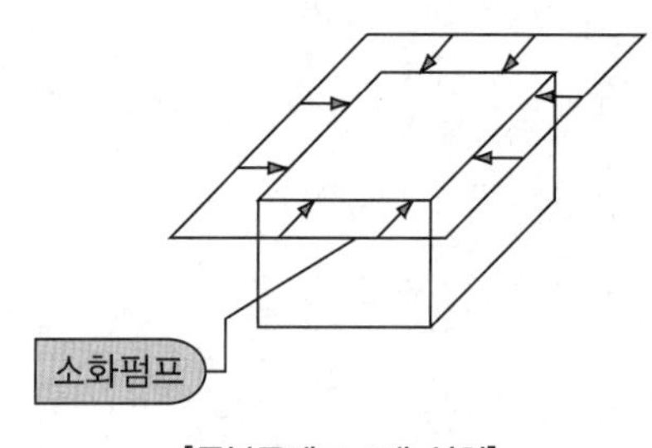

[물분무헤드 8개 설치]

해설

헤드 1개의 방사량

$$Q = K\sqrt{10P}$$

여기서, Q = 표면적[m^2]×10[L/min · m^2] = 100[m^2]×10[L/min · m^2] = 1,000[L/min]

헤드 하나당 방사량 $= \dfrac{1{,}000[\text{L/min}]}{8} = 125$[L/min]

P : 방사압력(0.4[MPa])

$\therefore K = \dfrac{Q_1}{\sqrt{10P}} = \dfrac{125[\text{L/min}]}{\sqrt{10 \times 0.4[\text{MPa}]}} = 62.5$

해답 62.5

03

경유를 저장하는 탱크의 내부직경이 40[m]인 플로팅루프탱크(Floating Roof Tank)에 포소화설비의 특형방출구를 설치하여 방호하려고 할 때 다음의 물음에 답하시오.

득점	배점
	10

조 건

- 소화약제는 3[%]용의 단백포를 사용하며 수용액의 분당방출량은 8[L/m^2 · min]이고 방사시간은 20분을 기준으로 한다.
- 탱크 내면과 굽도리판의 간격은 2.5[m]로 한다.
- 펌프의 효율은 60[%], 전동기의 전달계수는 1.1로 한다.

물 음

(1) 상기 탱크의 특형 고정포 방출구에 의하여 소화하는 데 필요한 수용액의 양[m^3], 수원의 양[m^3], 포소화약제 원액의 양[m^3]은 각각 얼마 이상이어야 하는가?

(2) 수원을 공급하는 가압송수장치(펌프)의 분당토출량[L/min]은 얼마 이상이어야 하는가?

(3) 펌프의 전양정이 80[m]라고 할 때 전동기의 출력[kW]은 얼마 이상이어야 하는가?

해설

(1) 수용액의 양

$$Q = A \times Q_1 \times T \times S$$

여기서, A : 탱크단면적[m^2]

A에서 특형방출구이므로 탱크 양 벽면과 굽도리판 사이를 고려해서 면적을 구하면

$A = \frac{\pi}{4}[(40[\text{m}])^2 - (35[\text{m}])^2] = 294.52[\text{m}^2]$

Q_1 : 단위면적당 분당 방사포 수용액 양(8[L/m^2 · min])

T : 방사시간(20[min])

- 포 원액의 양 Q=294.52[m^2]×8[L/min · m^2]×20[min]×0.03=1,413.696[L]=1.41[m^3]
- 수원의 양 Q=294.52[m^2]×8[L/min · m^2]×20[min]×0.97=45,709.50[L]=45.70[m^3]
- 수용액의 양 Q=원액의 양+수원의 양=1.41[m^3]+45.70[m^3]=47.11[m^3]

(2) 분당 토출량[L/min]

20분간 방사하므로 47.11[m^3]/20[min] = 2.3555[m^3/min] = 2,355.5[L/min]

(3) 전동기 출력

$$P[\text{kW}] = \frac{0.163 \times Q \times H}{\eta} \times K$$

여기서, Q : 유량(2.3555[m^3/min])
H : 전양정(80[m])
K : 전달계수(1.1)
η : 효율(60[%])

$$\therefore\ P[\text{kW}] = \frac{0.163\times Q\times H}{\eta}\times K = \frac{0.163\times 2.3555[\text{m}^3/\text{min}]\times 80[\text{m}]}{0.6}\times 1.1 = 56.31[\text{kW}]$$

해답 (1) • 포 수용액 : 47.1[m³]　　• 수원 : 45.69[m³]
• 포 원액 : 1.41[m³]
(2) 2,355[L/min]
(3) 56.31[kW]

04

그림은 서로 직렬된 2개의 실 Ⅰ, Ⅱ의 평면도로서 A_1, A_2는 출입문이며, 각 실은 출입문 이외의 틈새가 없다고 한다. 출입문이 닫혀진 상태에서 실 Ⅰ을 급기 가압하여 실 Ⅰ과 외부 간에 50[Pa]의 기압차를 얻기 위하여 실 Ⅰ에 급기시켜야 할 풍량은 몇 [m³/s]가 되겠는가?(단, 닫힌 문 A_1, A_2에 의해 공기가 유통될 수 있는 틈새의 면적은 각각 0.02[m²]이며, 임의의 어느 실에 대한 급기량 Q[m³/s]와 얻고자 하는 기압차[Pa]의 관계식은 $Q = 0.827\times A\times P^{\frac{1}{2}}$ 이다)

득점	배점
	5

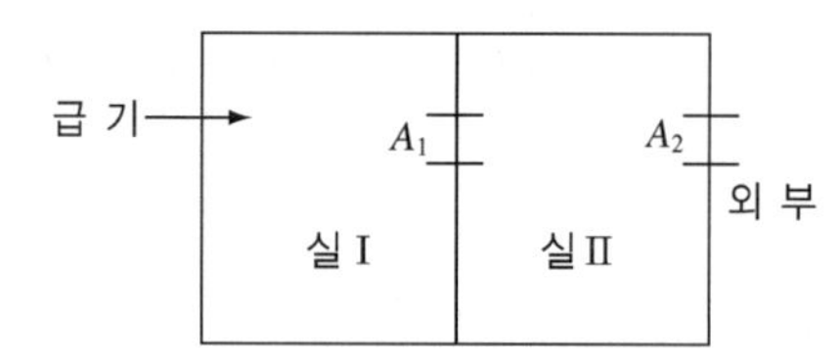

해설

누설면적에 대한 보충량은

$$Q = 0.827AP^{\frac{1}{n}}$$

여기서, Q : 풍량[m³/s]　　A : 누설총면적[m²]
P : 차압[Pa]　　n : 창문(1.6), 문(2.0)

실 Ⅰ의 A_1과 실 Ⅱ의 A_2는 직렬관계이므로 합성 틈새면적 A는

$$A = \frac{1}{\sqrt{\frac{1}{(A_1)^2}+\frac{1}{(A_2)^2}}} = \frac{1}{\sqrt{\frac{1}{(0.02[\text{m}^2])^2}+\frac{1}{(0.02[\text{m}^2])^2}}} = 0.0141[\text{m}^2]$$

$$Q = 0.827\times 0.0141[\text{m}^2]\times (50[\text{Pa}])^{\frac{1}{2}} = 0.082[\text{m}^3/\text{s}]$$

해답 0.08[m³/s]

05

그림은 어느 판매장의 무창층에 대한 제연설비 중 연기 배출풍도와 배출 FAN을 나타내고 있는 평면도이다. 주어진 조건을 이용하여 풍도에 설치되어야 할 제어댐퍼를 가장 적합한 지점에 표기한 다음 물음에 답하시오(단, 댐퍼의 표기는 ⊘의 모양으로 할 것).

득점	배점
	10

조 건

- 건물의 주요 구조부는 모두 내화구조이다.
- 각 실은 불연성 구조물로 구획되어 있다.
- 복도의 내부면은 모두 불연재이고, 복도 내에 가연물을 두는 일은 없다.
- 각 실에 대한 연기배출 방식에서 공동배출구역 방식은 없다.
- 이 판매장에는 음식점은 없다.

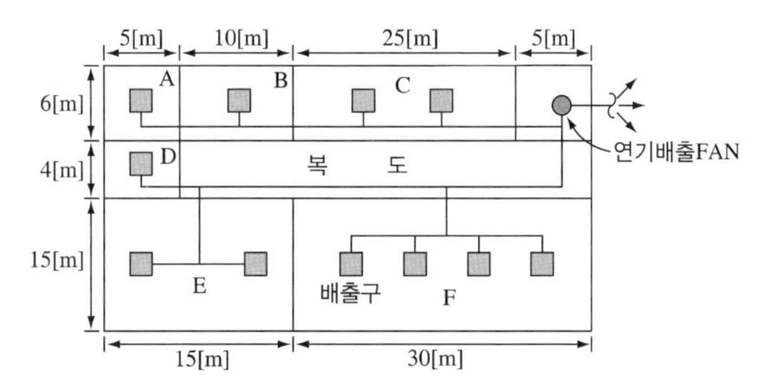

물 음

(1) 제어댐퍼를 설치하시오.

(2) 각 실(A, B, C, D, E, F)의 최소소요배출량은 얼마인가?

(3) 배출 FAN의 소요 최소배출용량은 얼마인가?

(4) C실에 화재가 발생했을 경우 제어댐퍼의 작동상황(개폐 여부)이 어떻게 되어야 하는지 설명하시오.

해설

(1) 각 구획별(A, B, C, D, E, F)로 제어를 해야 하므로 각 실별로 제어댐퍼(Motor Damper ; MD)를 사용. C의 경우 구획에 별도 2개의 배출구가 설치되어 있어 각각 설치하여야 함

(2) 400[m^2] 미만과 400[m^2] 이상의 기준을 이용

① A실 : 5[m]×6[m]×1[$m^3/m^2 \cdot min$]×60[min/h] = 1,800[m^3/h] ⇒5,000[m^3/h](최저배출량)

② B실 : 10[m]×6[m]×1[$m^3/m^2 \cdot min$]×60[min/h] = 3,600[m^3/h] ⇒5,000[m^3/h](최저배출량)

③ C실 : 25[m]×6[m]×1[$m^3/m^2 \cdot min$]×60[min/h] = 9,000[m^3/h]

④ D실 : 5[m]×4[m]×1[$m^3/m^2 \cdot min$]×60[min/h] = 1,200[m^3/h] ⇒5,000[m^3/h](최저배출량)

⑤ E실 : 15[m]×15[m]×1[$m^3/m^2 \cdot min$]×60[min/h] = 13,500[m^3/h]

⑥ F실 : 15[m] × 30[m] = 450[m²]으로 대각선의 직경(길이) $L = \sqrt{30^2 + 15^2} = 33.54$[m]
∴ 400[m²] 이상이고 직경 40[m]원 안에 있으므로 배출량은 40,000[m³/h]이다.

PLUS ONE **NFSC 501 제6조 제2항 참조**
바닥면적이 400[m²] 이상이고 예상 제연구역이 직경 40[m]인 원의 범위 안에 있을 경우에는 배출량이 40,000[m³/h] 이상으로 할 것

(3) 배출량은 한 실에서만 화재가 발생하는 것으로 가정하고 가장 큰 값을 기준으로 하므로 F실이 40,000[m³/h]이 된다.

(4) C실 화재발생 시에는 C실의 배기 제어댐퍼만 개방되고 그 외의 모든 제어댐퍼는 폐쇄되어야 한다.

CMH=[m³/h], CMM=[m³/min], CMS=[m³/s]

해답 (1)

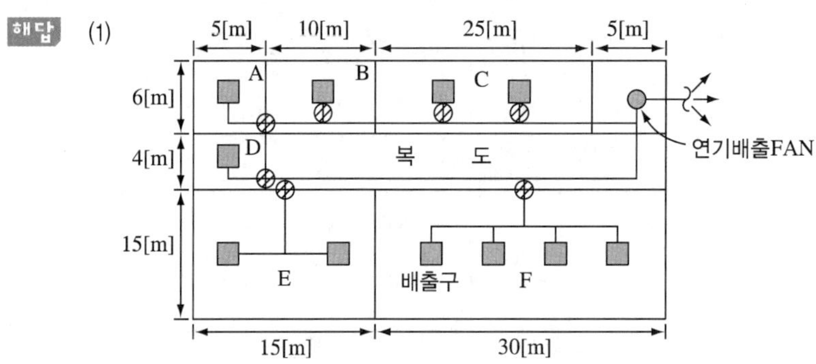

(2) A : 5,000[m³/h]　　B : 5,000[m³/h]
C : 9,000[m³/h]　　D : 5,000[m³/h]
E : 13,500[m³/h]　　F : 40,000[m³/h]

(3) 40,000[m³/h]

(4) C실 화재발생 시에는 C실의 배기 제어댐퍼만 개방되고 그 외의 모든 제어댐퍼는 폐쇄되어야 함

06

Smoke Hatch에 대하여 설명하시오.

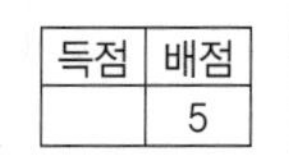

득점	배점
	5

해답 창고, 공장 등에 바닥면적이 큰 건축물의 지붕에 설치하는 배연구로서 드래프트 커튼과 연동하여 연기를 외부로 배출시킨다.

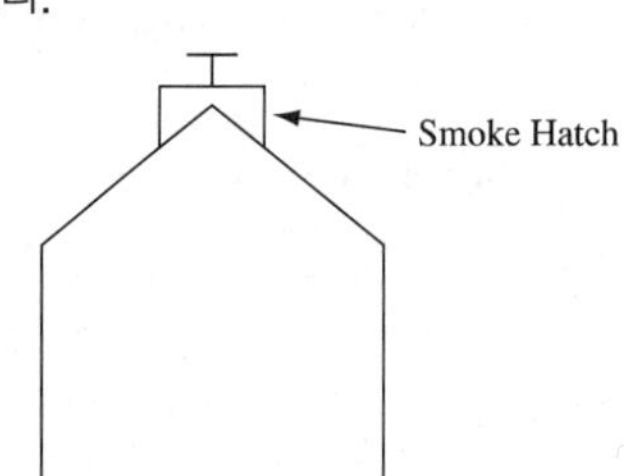

07

내경이 40[mm]인 소방용 호스에 내경이 13[mm]인 노즐이 부착되어 있다. 0.3[m³/min]의 방수량으로 대기 중에 방사할 경우 아래 조건에 따라 각 물음에 답하시오.

득점	배점
	10

조 건

마찰 손실은 무시한다.

물 음

(1) 소방용 호스의 평균유속[m/s]을 계산하시오.
(2) 소방용 호스에 부착된 노즐의 평균유속[m/s]을 계산하시오.
(3) 소방용 호스에 부착된 Flange Volt(플랜지 볼트)에 작용하는 힘[N]을 계산하시오.

해설

(1) 호스의 평균유속

$$Q[\mathrm{m^3/s}] = Au = \frac{\pi D^2}{4} \times u \qquad u = \frac{4Q}{\pi D^2}$$

여기서, A : 배관단면적[$\mathrm{m^2}$]
u : 유속[m/s]
D : 내경[m]

$$\therefore\ u = \frac{4Q}{\pi D^2} = \frac{4 \times 0.3[\mathrm{m^3}]/60[\mathrm{s}]}{\pi \times (0.04[\mathrm{m}])^2} = 3.98[\mathrm{m/s}]$$

(2) 노즐의 평균유속

$$\therefore\ u = \frac{4Q}{\pi D^2} = \frac{4 \times 0.3[\mathrm{m^3}]/60[\mathrm{s}]}{\pi \times (0.013[\mathrm{m}])^2} = 37.67[\mathrm{m/s}]$$

(3) 플랜지 볼트에 작용하는 힘

$$F = \frac{\gamma A_1 Q^2}{2g}\left(\frac{A_1 - A_2}{A_1 A_2}\right)^2$$

여기서, F : 반발력[N]
γ : 비중량(9,800[N/m³])
Q : 유량(0.3[m³]/60[s])
g : 중력가속도(9.8[m/s²])
A : 단면적[m²]

$$F = \frac{9{,}800 \times \frac{\pi}{4}(0.04[\mathrm{m}])^2 \times (0.3[\mathrm{m^3}]/60[\mathrm{s}])^2}{2 \times 9.8[\mathrm{m/s^2}]}\left(\frac{\frac{\pi}{4}(0.04[\mathrm{m}])^2 - \frac{\pi}{4}(0.013[\mathrm{m}])^2}{\frac{\pi}{4}(0.04[\mathrm{m}])^2 \times \frac{\pi}{4}(0.013[\mathrm{m}])^2}\right)^2$$

$= 713.19[\mathrm{N}]$

해답 (1) 3.98[m/s]
(2) 37.67[m/s]
(3) 713.19[N]

08

화재진압을 원활히 하기 위하여 소방대 1인당 반동력은 20[kg]으로 되어 있다. 이때 노즐구경이 13[mm]인 경우 노즐압력은 몇 [MPa]인가?

득점	배점
	5

해설

(1) 방법 Ⅰ

$$F = 0.15 \times P \times D^2$$

여기서, F : 반동력[kg_f]
P : 노즐압력[MPa]
D : 노즐구경(옥내소화전 : 13[mm])

$$\therefore P = \frac{F}{0.15D^2} = \frac{20[kg_f]}{0.15 \times (13[mm])^2} = 0.79[MPa]$$

(2) 방법 Ⅱ

$$F = 1.47 \times P \times D^2$$

여기서, F : 반동력[N]
P : 노즐압력[MPa]
D : 노즐구경(옥내소화전 : 13[mm]
1[kg_f]=9.8[N]

$$\therefore P = \frac{F}{1.47D^2} = \frac{20 \times 9.8[N]}{1.47 \times (13[mm])^2} = 0.79[MPa]$$

해답 0.79[MPa]

09

다음 그림은 가로 30[m], 세로 20[m]인 직사각형 형태의 실의 평면도이다. 이 실의 내부에는 기둥이 없다. 이 실내에 방호반경 2.3[m]로 스프링클러헤드를 직사각형으로 배치하고자 할 때 가로 및 세로변의 최대 및 최소개수를 주어진 보기와 같이 작성 산출하시오(단, 반자 속에는 헤드를 설치하지 아니하며 헤드 설치 시 장애물은 모두 무시하고, 헤드 배치 간격은 헤드배치각도(θ)를 30도 및 60도 2가지로 최대/최소개수를 산출하시오).

득점	배점
	15

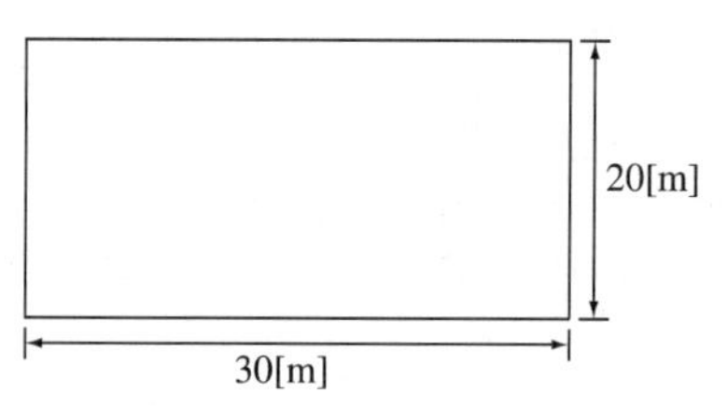

보 기

가로변 : 최소헤드수(6개), 최대헤드수(9개)

세로변 : 최소헤드수(3개), 최대헤드수(5개)

세로열의 헤드수 \ 가로열의 헤드수	6	7	8	9
3	18	21	24	27
4	24	28	32	36
5	30	35	40	45

물 음

(1) 가로변 설치 헤드 최소개수는 몇 개인가?

(2) 가로변 설치 헤드 최대개수는 몇 개인가?

(3) 세로변 설치 헤드 최소개수는 몇 개인가?

(4) 세로변 설치 헤드 최대개수는 몇 개인가?

(5) 산출과정의 작성 "예"와 같이 헤드의 배치수량표를 만드시오.

(6) 만약 정사각형으로 배치할 때 헤드의 설치간격은?

(7) 정사각형으로 헤드 배치할 때 설치개수는 몇 개인가?

(8) 헤드가 폐쇄형으로 표시온도가 79[℃]일 때 작동온도의 범위는?

해설

(1) 가로변 헤드 최소개수

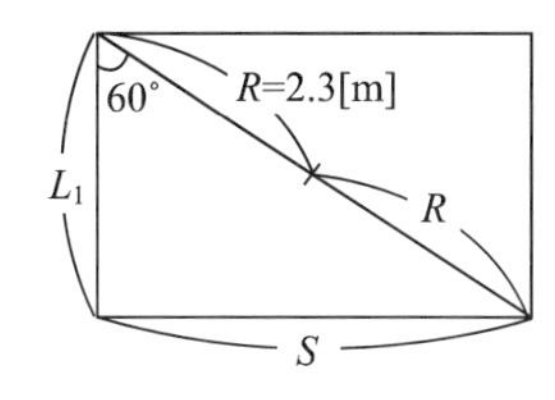

$$S=\sqrt{4R^2-L_1^2}=\sqrt{4\times 2.3^2-2.3^2}=3.98[\mathrm{m}]$$

여기서, R=수평거리(내화구조 2.3[m])

$L_1=2R\cos\theta=2\times 2.3\times\cos 60^\circ=2.3[\mathrm{m}]$

$\therefore$ 가로변의 헤드최소개수$=\dfrac{\text{가로길이}}{S}=\dfrac{30[\mathrm{m}]}{3.98[\mathrm{m}]}=7.54 \Rightarrow$ **8개**

(2) 가로변 헤드 최대개수

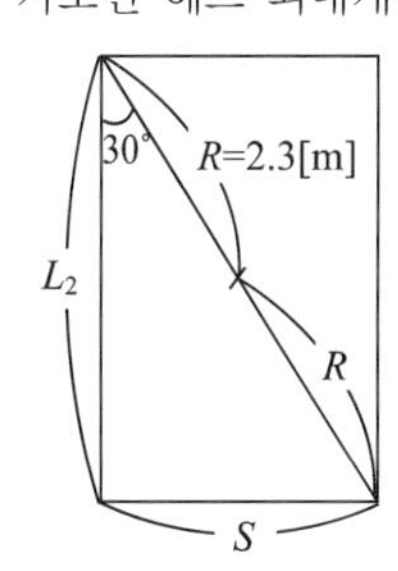

$$S=\frac{2R}{2}=\frac{2\times 2.3[\mathrm{m}]}{2}=2.3[\mathrm{m}]$$

$\therefore$ 가로변의 헤드 최대개수= $\frac{가로길이}{S} = \frac{30[m]}{2.3[m]} = 13.04 \Rightarrow$ **14개**

(3) 세로변 헤드 최소개수

S : (1)에서 구한 3.98[m]

$\therefore$ 세로변 헤드 최소개수 = $\frac{세로길이}{S} = \frac{20[m]}{3.98[m]} = 5.03 \Rightarrow$ **6개**

(4) 세로변 헤드 최대개수

S : (2)에서 구한 2.3[m]

$\therefore$ 세로변 헤드 최대개수 = $\frac{세로길이}{S} = \frac{20[m]}{2.3[m]} = 8.69 \Rightarrow$ **9개**

(5) 헤드의 배치 수량표

세로변 헤드수 \ 가로변 헤드수	8	9	10	11	12	13	14
6	48	54	60	66	72	78	84
7	56	63	70	77	84	91	98
8	64	72	80	88	96	104	112
9	72	81	90	99	108	117	126

(6) 헤드의 설치간격

정사각형(정방형)의 경우 $\theta = 45°$

$\therefore S = 2R\cos\theta = 2 \times 2.3[m] \times \cos 45° = 3.25[m]$

(7) 정사각형으로 헤드 배치 시 설치 개수

① 가로변 소요 헤드개수= 30[m] ÷ 3.25[m] = 9.225 ⇒ 10개

② 세로변 소요 헤드개수= 20[m] ÷ 3.25[m] = 6.153 ⇒ 7개

∴ 총헤드개수= 10개 × 7개 = 70개

(8) 폐쇄형 헤드의 작동온도

헤드의 작동온도범위는 표시온도의 ±3[%]이다.

∴ 작동온도 = (79[℃]×0.97) ~ (79[℃]×1.03) = 76.63 ~ 81.37[℃]

해답

(1) 8개

(2) 14개

(3) 6개

(4) 9개

(5) 헤드의 배치 수량표

세로열 헤드수 \ 가로열 헤드수	8	9	10	11	12	13	14
6	48	54	60	66	72	78	84
7	56	63	70	77	84	91	98
8	64	72	80	88	96	104	112
9	72	81	90	99	108	117	126

(6) 3.25[m]

(7) 70개

(8) 76.63 ~ 81.37[℃]

10

위험물을 취급하는 옥내 일반취급소에 전역방출방식의 분말소화설비를 설치하고자 한다. 방호대상이 되는 일반취급소의 용적은 3,000[m³]이며 자동폐쇄장치가 설치되지 않은 개구부의 면적은 20[m²]이고, 방호구역 내에 설치되어 있는 불연성 물체의 용적은 500[m³]이다. 이때 분말약제 소요량[kg]을 구하시오.

득점	배점
	5

조 건

- 방호구역 1[m³]당 약제량은 0.36[kg]으로 한다.
- 개구부 가산량은 1[m²]당 2.7[kg]으로 한다.

해설

분말약제 소요량[kg]

=방호구역체적[m³]×약제량[kg/m³]+개구부면적[m²]×개구부가산량[kg/m²]

(방호구역체적은 3,000[m³]이나 불연성 물질의 체적이 500[m³]이므로 고려하여야 한다)

∴ 분말약제 소요량[kg]

$= (3{,}000[\text{m}^3] - 500[\text{m}^3]) \times 0.36[\text{kg/m}^3] + 20[\text{m}^2] \times 2.7[\text{kg/m}^2] = 954[\text{kg}]$

해답 954[kg]

11

스프링클러설비에서 헤드의 방사압력이 0.3[MPa]이고 표준 헤드를 설치하였다면 헤드에서의 방사량[LPM]은 얼마인가?

득점	배점
	5

해설

헤드의 방사량

$$Q = K\sqrt{10P}$$

여기서, Q : 유량[L/min]
P : 압력[MPa]
K : 방출계수

호칭구경	10A	15A(표준헤드)	20A
K값	57	80	115

$\therefore Q = 80\sqrt{10 \times 0.3[\text{MPa}]} = 138.564[\text{L/min}]$

해답 138.56[L/min]

12

액화 이산화탄소 100[kg]을 0[℃], 101.325[KPa] 상태의 방호구역에 방사 시 기체의 부피[m^3]을 구하시오(단, 이산화탄소의 순도는 99.5[%]이다).

득점	배점
	5

해설

이상기체 상태방정식

$$PV = nRT = \frac{W}{M}RT \qquad V = \frac{WRT}{PM}$$

여기서, P : 압력(101.325[kPa] =1[atm]) V : 체적[m^3]
W : 무게[kg] M : 분자량
R : 기체상수(0.082[atm m^3/kg−mol · K])
T : 절대온도(273+[℃])

$$\therefore V = \frac{(100 \times 0.995)[\text{kg}] \times 0.08205[\text{atm} \cdot \text{m}^3/\text{kg}-\text{mol} \cdot \text{K}] \times 273[\text{K}]}{1[\text{atm}] \times 44} = 50.654[\text{m}^3]$$

1[atm] =101.325[kPa]

해답 50.65[m^3]

13

아래 그림과 같이 양정 50[m] 성능을 갖는 펌프가 운전 중 노즐에서 방수압을 측정하여 보니 0.15[MPa]이었다. 만약 노즐의 방수압을 0.25[MPa]으로 증가하고자 할 때 조건을 참조하여 펌프가 요구하는 양정[m]은 얼마인가?

득점	배점
	10

조 건

- 배관의 마찰손실은 하젠-윌리엄스공식을 이용한다.
- 노즐의 방출계수 K=100으로 한다.
- 펌프의 특성곡선은 토출유량과 무관하다.
- 펌프와 노즐은 수평관계이다.

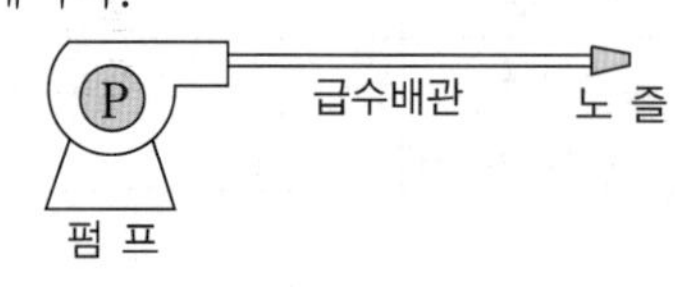

해설

- 양정 50[m]일 때 방수압이 0.15[MPa]이므로

$$Q = K\sqrt{10P}$$

여기서, Q : 유량[L/min] K : 방출계수
P : 압력[MPa]

$$\therefore Q_1 = K\sqrt{10P} = 100\sqrt{10 \times 0.15[\text{MPa}]} = 122.47[\text{L/min}]$$

• 노즐의 방수압이 0.25[MPa]이므로

∴ $Q_2 = K\sqrt{10P} = 100\sqrt{10 \times 0.25[\text{MPa}]} = 158.11[\text{L/min}]$

• 하젠-윌리엄스식에서

$$\Delta P_{\text{Loss}} = 6.053 \times 10^4 \times \frac{Q^{1.85}}{C^{1.85} \times D^{4.87}} \times L$$

여기서, ΔP_{Loss} : 손실값[MPa]
Q : 유량[L/min]
C : 조도
D : 내경[mm]
L : 상당직관장[m]

– 0.15[MPa]와 0.25[MPa]에서 $6.053 \times 10^4 \times \dfrac{Q^{1.85}}{C^{1.85} \times D^{4.87}} \times L$이 같으므로

$\Delta P_1 = 0.49[\text{MPa}](50[\text{m}]) - 0.15[\text{MPa}] = 0.34[\text{MPa}]$

$\Delta P_2 = \Delta P_1 \times \left(\dfrac{Q_2}{Q_1}\right)^{1.85} = 0.34 \times \left(\dfrac{158.11}{122.47}\right)^{1.85} = 0.545[\text{MPa}]$

$$\therefore \text{펌프토출양정} = 0.545[\text{MPa}] + 0.25[\text{MPa}] = 0.795[\text{MPa}]$$
$$= \frac{0.795[\text{MPa}]}{0.101325[\text{MPa}]} \times 10.332[\text{m}]$$
$$= 81.07[\text{m}]$$

해답 81.07[m]

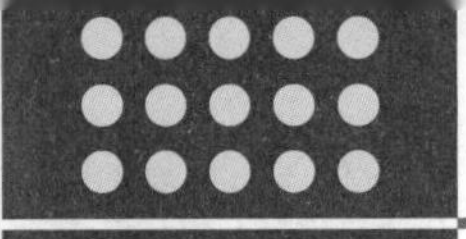

제 1 회 2009년 4월 19일 시행

※ 다음 물음에 대한 답을 해당 답란에 답하시오.(배점 : 100)

01

다음 그림은 어느 실등의 평면도이다. 이 중 A실을 급기 가압하고자 한다. 주어진 조건을 이용하여 A실에 유입시켜야 할 풍량은 몇 [m^3/s]가 되는지 산출하시오.

득점	배점
	9

조 건

- 실외부 대기의 기압은 절대압력으로 101,300[Pa]로서 일정하다.
- A실에 유지하고자 하는 기압은 절대압력으로 101,400[Pa]이다.
- 각 실의 문(Door)들의 틈새면적은 0.01[m^2]이다.
- 어느 실을 급기 가압할 때 그 실의 문의 틈새를 통하여 누출되는 공기의 양은 다음의 식을 따른다.

$$Q = 0.827AP^{\frac{1}{2}}$$

여기서, Q : 누출되는 공기의 양[m^3/s]
A : 문의 틈새면적[m^2]
P : 문을 경계로 한 실내외 기압차[Pa]

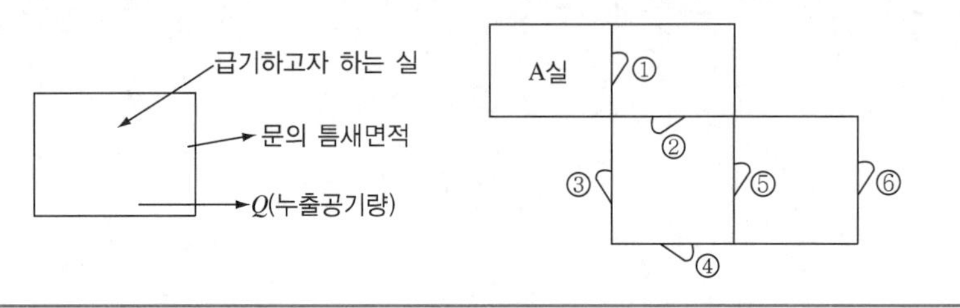

해설

총 틈새면적

$$Q = 0.827AP^{\frac{1}{2}}$$

- A실과 실외와의 차압 $P = 101,400 - 101,300 = 100$[Pa]
- 각 실의 틈새면적

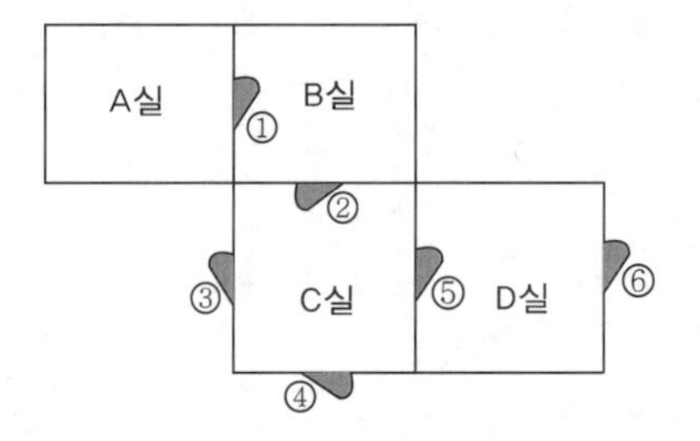

- ⑤와 ⑥은 직렬연결이므로

$$A_{5\sim6} = \frac{1}{\sqrt{\frac{1}{(A_5)^2}+\frac{1}{(A_6)^2}}} = \frac{1}{\sqrt{\frac{1}{(0.01)^2}+\frac{1}{(0.01)^2}}} = 0.00707[\mathrm{m}^2]$$

- ④와 $A_{5\sim6}$은 병렬연결이므로

$$A_{4\sim6} = A_4 + A_{5\sim6} = 0.01[\mathrm{m}^2] + 0.00707[\mathrm{m}^2] = 0.01707[\mathrm{m}^2]$$

- ③과 $A_{4\sim6}$은 병렬연결이므로

$$A_{3\sim6} = A_3 + A_{4\sim6} = 0.01[\mathrm{m}^2] + 0.01707[\mathrm{m}^2] = 0.02707[\mathrm{m}^2]$$

- ②와 $A_{3\sim6}$은 직렬연결이므로

$$A_{2\sim6} = \frac{1}{\sqrt{\frac{1}{(A_2)^2}+\frac{1}{(A_{3\sim6})^2}}} = \frac{1}{\sqrt{\frac{1}{(0.01)^2}+\frac{1}{(0.02707)^2}}} = 0.00938[\mathrm{m}^2]$$

- ①과 $A_{2\sim6}$은 직렬연결이므로

$$A_{1\sim6} = \frac{1}{\sqrt{\frac{1}{(A_1)^2}+\frac{1}{(A_{2\sim6})^2}}} = \frac{1}{\sqrt{\frac{1}{(0.01)^2}+\frac{1}{(0.00938)^2}}} = 0.00684[\mathrm{m}^2]$$

∴ 총틈새면적 : 0.00684[m^2]이므로

∴ 풍량 $Q = 0.827 \times 0.00684[\mathrm{m}^2] \times 100^{\frac{1}{2}} = 0.0566[\mathrm{m}^3/\mathrm{s}]$

해답 유입풍량 : 0.06[m^3/s]

02

지하 1층 용도가 판매시설로서 본 용도로 사용하는 바닥면적이 3,000[m^2]일 경우 이 장소에 분말소화기 1개의 소화능력단위가 A급 화재 기준으로 3단위의 소화기로 설치할 경우 본 판매장소에 필요한 분말소화기의 개수는 최소 몇 개인가?

득점	배점
	6

해설

[특정소방대상물별 소화기구의 능력단위기준]

특정소방대상물	소화기구의 능력단위
1. 위락시설	해당 용도의 바닥면적 30[m^2]마다 능력단위 1단위 이상
2. 공연장, 집회장, 관람장, 문화재・장례식장 및 의료시설	해당 용도의 바닥면적 50[m^2]마다 능력단위 1단위 이상
3. 근린생활시설, **판매시설** 및 운수시설, 숙박시설, 노유자시설, 전시장, 공동주택, 업무시설, 방송통신시설, 공장, 창고시설, 항공기 및 자동차관련시설 및 관광휴게시설	해당 용도의 **바닥면적 100[m^2]마다** 능력단위 1단위 이상
4. 그 밖의 것	해당 용도의 바닥면적 200[m^2]마다 능력단위 1단위 이상

※ 소화기구의 능력단위를 산출함에 있어서 건축물의 **주요구조부가 내화구조**이고, **벽** 및 **반자**의 실내에 면하는 부분이 **불연재료・준불연재료** 또는 **난연재료**로 된 특정소방대상물에 있어서는 위 표의 기준면적의 **2배**를 해당 특정소방대상물의 기준면적으로 함

∴ 표에서 판매시설의 경우 **바닥면적 100[m²]당 1단위**이므로

3,000[m^2] ÷ 100[m^2] = 30단위

소화기 능력단위가 A급 화재기준으로 3단위이므로

30단위 ÷ 3단위/분말소화기 1개 = 10개

해답 10개

03

옥내소화전이 각 층당 1개씩 설치된 설비에서 펌프 토출측 주배관 중 수직배관의 구경은 몇 [mm]인가?(유속은 4[m/s], 연결송수관과 방수구는 연결되지 않음)

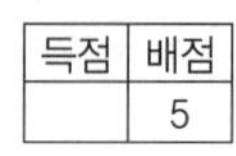

해설

배관의 구경

$$D=\sqrt{\frac{4\,Q}{\pi\,u}}$$

여기서, Q(옥내소화전 1개) = 130[L/min] = 0.13[m^3]/60[s] = 0.00217[m^3/s]

u : 유속(4[m/s])

$$\therefore\ D=\sqrt{\frac{4Q}{\pi u}}=\sqrt{\frac{4\times 0.00217}{\pi\times 4}}=0.026[\mathrm{m}]=26[\mathrm{mm}]\Rightarrow 50[\mathrm{mm}]$$

[옥내소화전설비에 따른 배관의 구경]

설비의 종류		구 경
연결송수관설비의 배관과 겸용하지 않는 경우	주배관 중 수직배관	50[mm] 이상
	주배관 중 수직배관(호스릴방식)	32[mm] 이상
연결송수관설비의 배관과 겸용	주배관	100[mm] 이상
	방수구로 연결되는 배관	65[mm] 이상

해답 50[mm]

04

스프링클러헤드의 감도특성에 따른 분류 3가지를 쓰시오.

득점	배점
	3

해설

RTI(Response Time Index, 반응시간지수)

(1) 기류의 온도, 속도 및 작동시간에 대하여 스프링클러헤드의 반응을 예상하는 지수로서 RTI가 낮을수록 개방온도에 빨리 도달한다.

$$RTI=r\sqrt{u}\,[\mathrm{m/s}]$$

여기서, r : 감열체의 시간상수　　u : 기류속도[m/s]

(2) RTI값
① 조기반응(Fast Response) : 50 이하
② 특수반응(Special Response) : 50 초과 80 이하
③ 표준반응(Standard Response) : 80 초과 350 이하

해답 ① 조기반응
② 특수반응
③ 표준반응

05

3[%]용의 포원액을 사용하여 800 : 1의 발포배율로 고팽창포 1,600[L] 속에는 몇 [L]의 물이 함유되어 있는가?

득점	배점
	5

해설

팽창비

$$\text{팽창비} = \frac{\text{발포 후 포체적}}{\text{발포 전 수용액체적(물 + 원액)}} = \frac{\text{발포 후 포체적}}{\frac{\text{원액의 양[L]}}{\text{농도[\%]}}}$$

$$800 = \frac{1,600[L]}{\text{발포 전 수용액 체적}}$$

$$\text{발포 전 수용액(물+원액)} = \frac{1,600[L]}{800} = 2[L]$$

원액이 3[%]이므로 $2[L] \times 0.03 = 0.06[L]$(원액의 양)

∴ 물의 양$= 2[L] - 0.06[L] = 1.94[L]$

[다른 방법]
물이 97[%]이므로 물의 양 $=2[L] \times 0.97 = 1.94[L]$

해답 1.94[L]

06

수계 소화설비에서 수조의 위치가 가압송수장치보다 낮은 곳에 설치된 경우, 항상 펌프가 정상적으로 소화수의 흡입이 가능하도록 하기 위한 설치장치는 무엇인가?

득점	배점
	5

해설

물올림장치(호수조, 물마중장치, Priming Tank)

• 주기능
풋밸브에서 펌프 임펠러까지에 항상 물을 충전시켜서 언제든지 펌프에서 물을 흡입할 수 있도록 대비시켜 주는 부수설비로서 수원의 수위가 펌프보다 낮을 때 설치하는 것으로 주로 수평회전축 펌프에 이용된다.

• 설치기준
  – 물올림장치에는 전용의 탱크를 설치할 것
  – 탱크의 유효수량은 100[L] 이상으로 하되 구경 15[mm] 이상의 급수배관에 따라 해당 탱크에 물이 계속 보급되도록 할 것
  – 탱크에 물을 공급하는 급수배관의 말단에 일정 수위가 되면 물의 공급을 차단하는 볼탭 등의 장치를 설치할 것
  – 탱크 내에 물이 감소되었을 때 경보를 발하는 감수경보장치를 설치할 것
  – 탱크에는 50[mm] 이상의 오버플로관과 배수관에 배수밸브를 설치할 것
  – 펌프로 연결되는 배관(25[mm] 이상)에는 체크밸브를 설치하여 역류를 방지할 것

해답 물올림장치

07

다음은 10층 건물에 설치한 옥내소화전설비의 계통도이다. 각 물음에 답하시오.

득점	배점
	16

조 건

• 배관의 마찰손실수두는 40[m](소방호스, 관 부속품의 마찰손실수두 포함)이다.
• 펌프의 효율은 65[%]이다.
• 펌프의 여유율은 10[%] 적용한다.

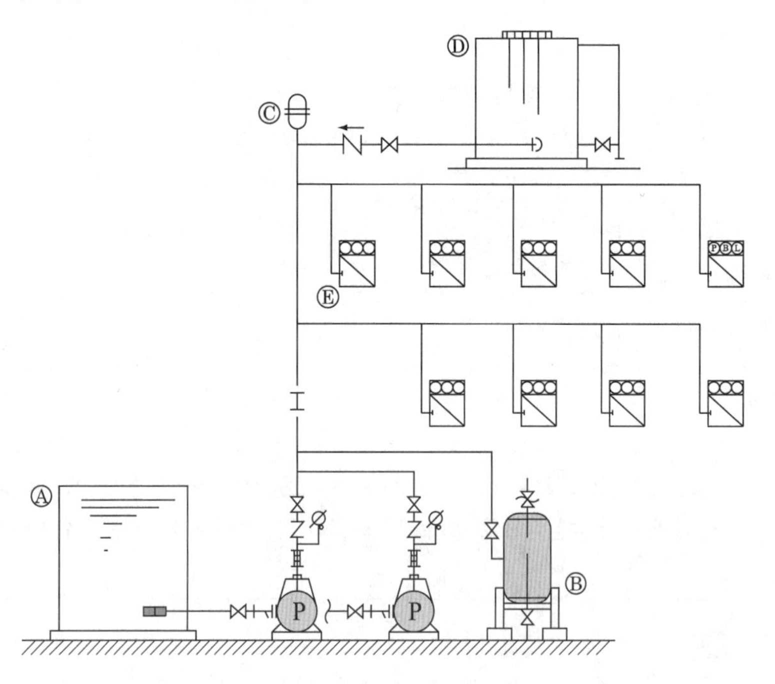

물 음

(1) Ⓐ ~ Ⓔ의 명칭을 쓰시오.
(2) Ⓓ에 보유하여야 할 최소유효저수량[m^3]은?
(3) Ⓑ의 주된 기능은?
(4) Ⓒ의 설치목적은 무엇인가?
(5) Ⓔ함의 문짝의 면적은 얼마 이상이어야 하는가?
(6) 펌프의 전동기 용량[kW]을 계산하시오.

해설

(1) 명 칭
Ⓐ 소화수조 Ⓑ 기동용 수압개폐장치
Ⓒ 수격방지기 Ⓓ 옥상수조
Ⓔ 옥내소화전(발신기세트 옥내소화전 내장형)

(2) 최소유효저수량
Ⓓ는 옥상수조로 유효수량 외의 1/3 이상을 저장하여야 한다.
① $Q = N \times 2.6[m^3] = 5 \times 2.6[m^3] = 13[m^3]$
② 옥상수조 $13[m^3] \times \frac{1}{3} = 4.33[m^3]$

(3) Ⓑ(기동용 수압개폐장치) : 소화설비의 배관 내 압력변동을 검지하여 자동으로 펌프를 기동 및 정지시키는 것으로서 압력체임버 또는 기동용 압력스위치 등을 말한다(주펌프는 자동정지 되지 않는다).

(4) Ⓒ(수격방지기)의 목적 : 수직배관의 최상부에 설치하여 수격작용 방지(완충효과)

(5) Ⓔ(옥내소화전 함)의 문짝의 면적 : 0.5[m^2] 이상

(6) 전동기 용량

$$P[kW] = \frac{\gamma \times Q \times H}{\eta} \times K$$

여기서, Q : 유량$= N \times 130[L/min] = 5 \times 130[L/min] = 650[L/min] = 0.65[m^3]/60[s]$
H : 전양정[m]

$$H = h_1 + h_2 + h_3 + 17$$

여기서, h_1 : 낙차(문제에서 주어진 데이터가 없으므로 0이다)
h_2(배관마찰손실수두)+h_3(소방호스마찰손실수두)$= 40[m]$
$\therefore H = 40[m] + 17[m] = 57[m]$
η : 효율(65[%] = 0.65), K : 전달계수(1.1)

$$\therefore P[kW] = \frac{\gamma \times Q \times H}{102 \times \eta} \times K = \frac{1{,}000 \times 0.65[m^3]/60[s] \times 57[m]}{102 \times 0.65} \times 1.1 = 10.25[kW]$$

해답 (1) Ⓐ : 소화수조 Ⓑ : 기동용 수압개폐장치
Ⓒ : 수격방지기 Ⓓ : 옥상수조
Ⓔ : 옥내소화전(발신기세트 옥내소화전 내장형)

(2) 4.33[m^3] 이상
(3) 펌프의 자동기동 및 정지
(4) 배관 내의 수격작용 방지
(5) 0.5[m^2] 이상
(6) 10.25[kW]

08

어떤 특정소방대상물에 옥외소화전 5개를 화재안전기준과 다음 조건에 따라 설치하려고 한다. 다음 각 물음에 답하시오.

득점	배점
	10

조 건

- 옥외소화전은 지상용 A형을 사용한다.
- 펌프에서 첫째 옥외소화전까지의 직관길이는 150[m]관의 내경은 100[mm]이다.
- 모든 규격치는 최소량을 적용한다.

물 음

(1) 수원의 최소유효저수량은 몇 [m^3]인가?(단, 옥상수조는 제외한다)
(2) 펌프의 최소유량[m^3/min]은 얼마인가?
(3) 직관 부분에서의 마찰손실수두[m]는 얼마인가?(Darcy-Weisbach의 식을 사용하고 마찰손실 계수는 0.02이다)

해설

(1) 수 원

$$Q = N(\text{최대 2개}) \times 7[\text{m}^3]$$

$\therefore Q = N(\text{최개 2개}) \times 7[\text{m}^3] = 2 \times 7[\text{m}^3] = 14[\text{m}^3]$

(2) 최소유량 $Q = N(\text{최대 2개}) \times 350[\text{L/min}]$
$= 2 \times 350[\text{L/min}] = 700[\text{L/min}] = 0.7[\text{m}^3/\text{min}]$

(3) 다르시-바이스바흐식을 적용하면

$$\Delta H = \frac{flu^2}{2gD}$$

① f : 관마찰계수(0.02), l : 배관의 길이(150[m])
② Q : 유량(0.7[m^3]/60[s] = 0.01167[m^3/s])
$Q = uA$ 에서 유속 u는

$$u = \frac{Q}{\frac{\pi}{4}D^2} = \frac{0.01167[\text{m}^3/\text{s}]}{\frac{\pi}{4}(0.1[\text{m}])^2} = 1.4859[\text{m/s}]$$

$$\therefore \Delta H = \frac{fLu^2}{2gD} = \frac{0.02 \times 150[\text{m}] \times (1.486[\text{m/s}])^2}{2 \times 9.8[\text{m/s}^2] \times 0.1[\text{m}]} = 3.38[\text{m}]$$

해답 (1) $14[m^3]$ 이상
(2) $0.7[m^3/min]$
(3) $3.38[m]$

09

준비작동식 스프링클러설비 구성품 중 P.O.R.V(Pressure-Operated Relief Valve)의 기능을 쓰시오.

득점	배점
	5

해설

P.O.R.V(Pressure-Operated Relief Valve)
준비작동식 유수검지장치가 개방되면 2차측의 수압을 이용하여 중간체임버로 가압수가 유입되지 않도록 중간체임버의 압력을 유지하여 준비작동식 밸브가 닫히는 것을 방지하는 밸브

해답 준비작동식 유수검지장치 작동 시 클래퍼가 닫히는 것을 방지하는 밸브

10

액화 이산화탄소 45[kg]을 20[℃] 대기 중(표준대기압)에 방출하였을 경우 각 물음에 답하시오.

득점	배점
	10

물 음

(1) 이산화탄소의 부피$[m^3]$는 얼마가 되겠는가?
(2) 방호구역공간의 체적이 $90[m^3]$인 곳에 약제를 방출하였다면 CO_2의 농도[%]는 얼마가 되겠는가?

해설

(1) 부 피

$$PV = nRT = \frac{W}{M}RT$$

여기서, P : 압력[atm]　　V : 체적$[m^3]$
W : 무게[kg]　　M : 분자량(CO_2 : 44)
R : 기체상수(0.08205[atm · m^3/kg-mol · K])
T : 절대온도(273+[℃])

$$\therefore\ V = \frac{WRT}{PM} = \frac{45[kg] \times 0.08205[atm \cdot m^3/kg-mol \cdot K] \times (273+20)[K]}{1[atm] \times 44} = 24.59[m^3]$$

(2)
$$CO_2\ 약제농도[\%] = \frac{약제방출체적[m^3]}{방호구역체적[m^3] + 약제방출체적[m^3]} \times 100$$

$$= \frac{24.59[m^3]}{90[m^3] + 24.59[m^3]} \times 100 = 21.46[\%]$$

해답 (1) 24.59[m^3]
(2) 21.46[%]

11

스프링클러설비에 헤드를 부착할 때 가지배관과 헤드를 연결하는 관부속품의 이름과 규격을 쓰시오.

득점	배점
	5

물 음

(1) 부속품
(2) 규격(예 40A–25A)

해설

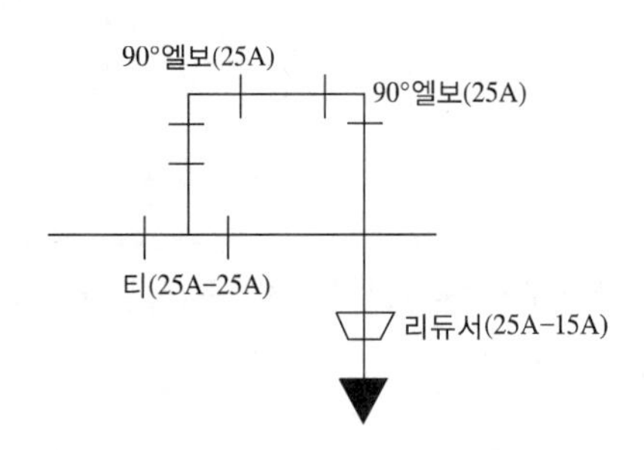

해답 (1) 부속품 : 티, 90°엘보, 리듀서, 스프링클러헤드
(2) 티(25A–25A–25A), 90°엘보 2개(25A), 리듀서(25A–15A)

12

그림과 같이 연결송수구와 체크밸브 사이에 자동배수밸브(Auto Drip Value)를 설치하는 이유에 대하여 설명하시오.

득점	배점
	5

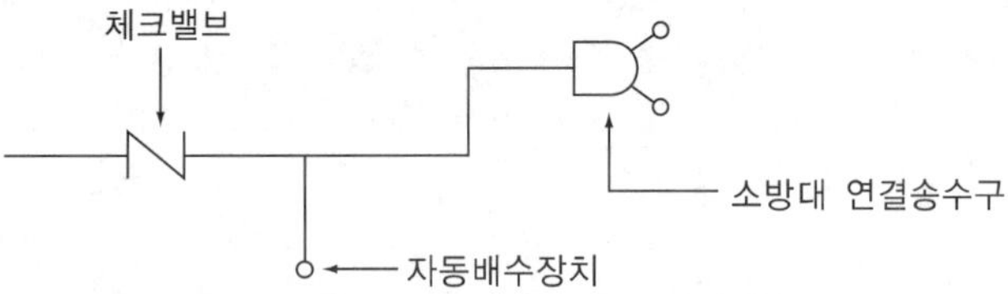

체크밸브
소방대 연결송수구
자동배수장치

해답 소화 작업 후 배관 내에 고인 물을 자동으로 배수시켜 체크밸브와 연결송수구 사이에 배관의 부식 및 동파를 방지하기 위하여 설치한다.

13

펌프의 흡입이론에서 볼 때 물을 흡수할 수 있는 이론최대높이는 몇 [m]인가? (단, 대기압은 760[mmHg], 수은의 비중량 133,280[N/m³], 물의 비중량 9,800[N/m³]이다)

득점	배점
	6

해설

$P = \gamma H$

$$\gamma_1 H_1 = \gamma_2 H_2$$

여기서, γ : 비중량[N/m³]　　H : 높이[m]

$$\therefore \text{ 이론최대높이 } H_2 = H_1 \times \frac{\gamma_1}{\gamma_2} = 0.76[\text{m}] \times \frac{133{,}280[\text{N/m}^3]}{9{,}800[\text{N/m}^3]} = 10.336[\text{m}]$$

해답 10.34[m]

14

단수가 5이고 수평회전축 소화펌프를 운전시키면서 흡입구로 들어가는 물의 수압을 측정하였더니 0.05[MPa]이고 토출측 수압이 1.05[MPa]인 펌프의 몸체내에 있는 하나의 회전차의 가압송수능력을 구하시오.

득점	배점
	5

해설

가압송수능력

$$\text{가압송수능력} = \frac{P_2 - P_1}{\text{단수}}$$

$$\therefore \text{ 가압송수능력} = \frac{P_2 - P_1}{\text{단수}} = \frac{(1.05 - 0.05)[\text{MPa}]}{5} = 0.2[\text{MPa}]$$

해답 0.20[MPa]

15

옥내소화전설비의 펌프 토출측 주배관의 구경을 선정하려한다. 주배관 내의 유량이 650[L/min], 유속이 4[m/s]일 경우 배관관경을 아래 보기에서 선정하시오.

득점	배점
	5

보 기

급수관의 구경[mm]	25	32	40	50	65	80	90	100

해설

유량을 구하는 공식에서

$$Q = Au \qquad D = \sqrt{\frac{4Q}{\pi u}}$$

여기서, Q(유량) $= 650[\mathrm{L/min}] = 0.65[\mathrm{m^3}]/60[\mathrm{s}] = 0.01083[\mathrm{m^3/s}]$
u(유속) $= 4[\mathrm{m/s}]$

$$\therefore\ D = \sqrt{\frac{4Q}{\pi u}} = \sqrt{\frac{4 \times 0.01083[\mathrm{m^3/s}]}{\pi \times 4[\mathrm{m/s}]}} = 0.0587[\mathrm{m}] = 58.7[\mathrm{mm}] \Rightarrow 65[\mathrm{mm}]$$

해답 65[mm]

제 **2** 회

2009년 7월 5일 시행

※ 다음 물음에 대한 답을 해당 답란에 답하시오.(배점 : 100)

01

득점	배점
	10

그림은 어느 판매장의 무창층에 대한 제연설비 중 연기 배출풍도와 배출 FAN을 나타내고 있는 평면도이다. 주어진 조건을 이용하여 풍도에 설치되어야 할 제어댐퍼를 가장 적합한 지점에 표기한 다음 물음에 답하시오(단, 댐퍼의 표기는 ⊘의 모양으로 할 것).

조 건

- 건물의 주요구조부는 모두 내화구조이다.
- 각 실은 불연성 구조물로 구획되어 있다.
- 복도의 내부면은 모두 불연재이고, 복도 내에 가연물을 두는 일은 없다.
- 각 실에 대한 연기배출방식에서 공동배출구역방식은 없다.
- 이 판매장에는 음식점은 없다.

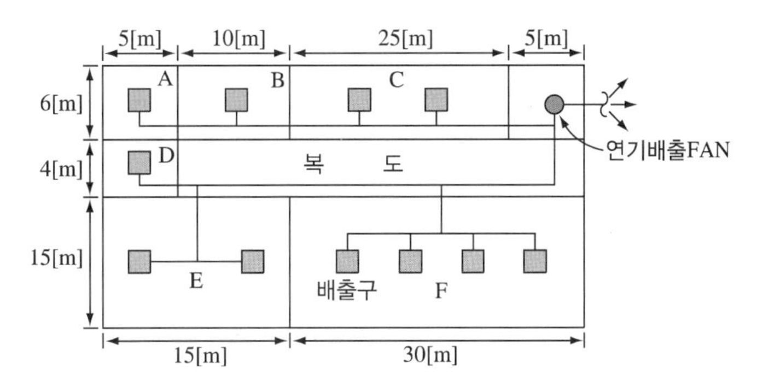

물 음

(1) 제어댐퍼를 설치하시오.
(2) 각 실(A, B, C, D, E, F)의 최소소요배출량은 얼마인가?
(3) 배출 FAN의 소요 최소배출용량은 얼마인가?
(4) C실에 화재가 발생했을 경우 제어댐퍼의 작동상황(개폐 여부)이 어떻게 되어야 하는지 설명하시오.

해설

(1) 각 구획별(A, B, C, D, E, F)로 제어를 해야 하므로 각 실별로 제어댐퍼(Motor Damper ; MD)를 사용 C의 경우 구획에 별도 2개의 배출구가 설치되어 있어 각각 설치하여야 함

(2) $400[m^2]$ 미만과 $400[m^2]$ 이상의 기준을 이용

① A실 : $5[m] \times 6[m] \times 1[m^3/m^2 \cdot min] \times 60[min/h] = 1,800[m^3/h] \Rightarrow 5,000[m^3/h]$(최저배출량)

② B실 : $10[m] \times 6[m] \times 1[m^3/m^2 \cdot min] \times 60[min/h] = 3,600[m^3/h] \Rightarrow 5,000[m^3/h]$(최저배출량)

③ C실 : $25[m] \times 6[m] \times 1[m^3/m^2 \cdot min] \times 60[min/h] = 9,000[m^3/h]$

④ D실 : $5[m] \times 4[m] \times 1[m^3/m^2 \cdot min] \times 60[min/h] = 1,200[m^3/h] \Rightarrow 5,000[m^3/h]$(최저배출량)

⑤ E실 : $15[m] \times 15[m] \times 1[m^3/m^2 \cdot min] \times 60[min/h] = 13,500[m^3/h]$

⑥ F실 : $15[m] \times 30[m] = 450[m^2]$으로

대각선의 직경(길이) $L = \sqrt{30^2 + 15^2} = 33.54[m]$

∴ $400[m^2]$ 이상이고 직경 $40[m]$원 안에 있으므로 배출량은 $40,000[m^3/h]$이다.

PLUS ONE **NFSC 501 제6조 ②참조**

바닥면적이 $400[m^2]$ 이상이고 예상 제연구역이 직경 $40[m]$인 원의 범위 안에 있을 경우에는 배출량을 $40,000[m^3/h]$ 이상으로 할 것

(3) 배출량은 한 실에서만 화재가 발생하는 것으로 가정하고 가장 큰 값을 기준으로 하므로 F실이 $40,000[m^3/h]$이 된다.

(4) C실 화재발생 시에는 C실의 배기 제어댐퍼만 개방되고 그 외의 모든 제어댐퍼는 폐쇄되어야 한다.

CMH=$[m^3/h]$, CMM=$[m^3/min]$, CMS=$[m^3/s]$

해답 (1)

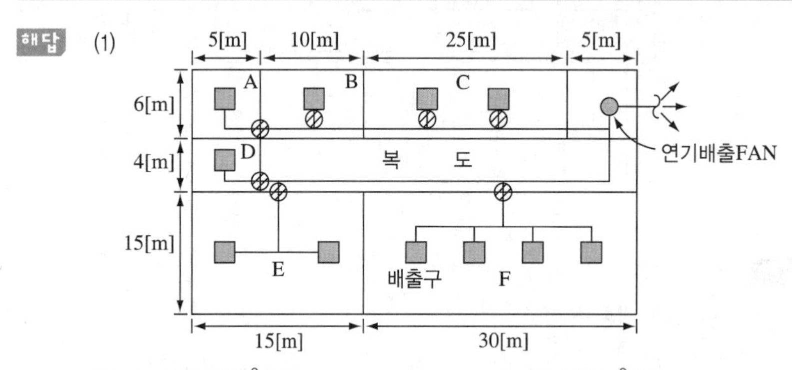

(2) A : $5,000[m^3/h]$　　B : $5,000[m^3/h]$
C : $9,000[m^3/h]$　　D : $5,000[m^3/h]$
E : $13,500[m^3/h]$　　F : $40,000[m^3/h]$

(3) $40,000[m^3/h]$

(4) C실 화재발생 시에는 C실의 배기 제어댐퍼만 개방되고 그 외의 모든 제어댐퍼는 폐쇄되어야 함

02

일제개방밸브를 사용하는 스프링클러설비에 대하여 물음에 답하시오.

득점	배점
	9

물 음

화재 시 화재를 감지하여 자동개방될 수 있는 일제개방밸브 시스템의 계통도를 다음 □ 안에 그리시오(단, 입상관, 배수관, 밸브류, 기동용 수압개폐장치 등 펌프 주위의 계통도를 표시하시오).

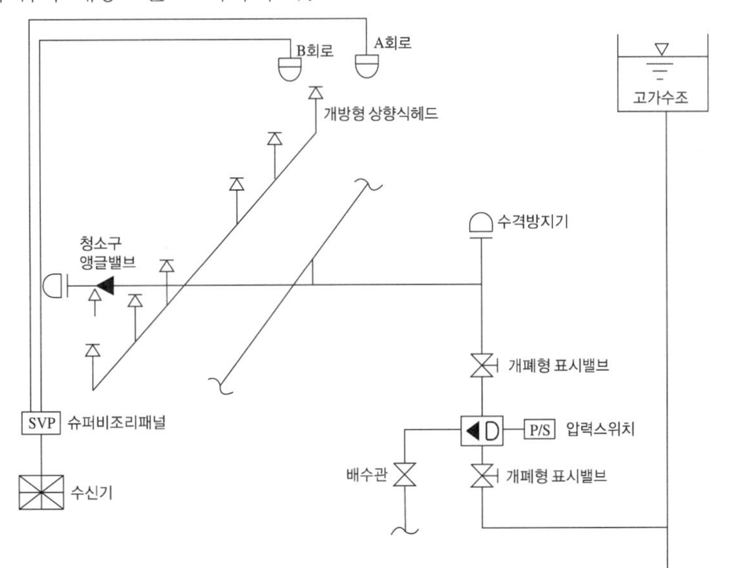

해답 일제개방밸브의 계통도

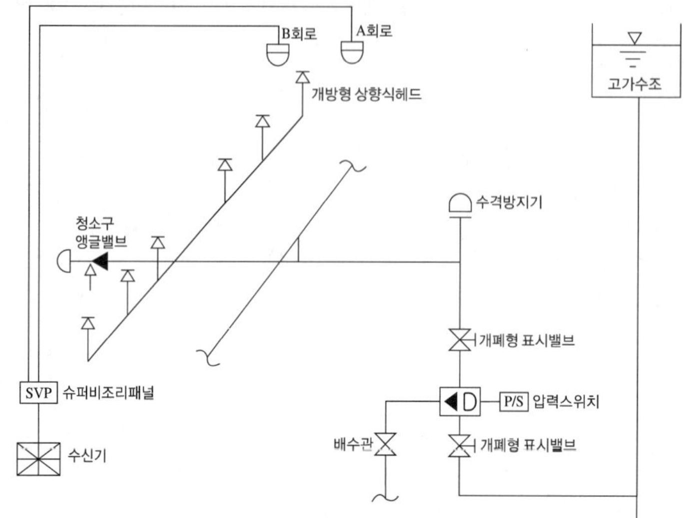

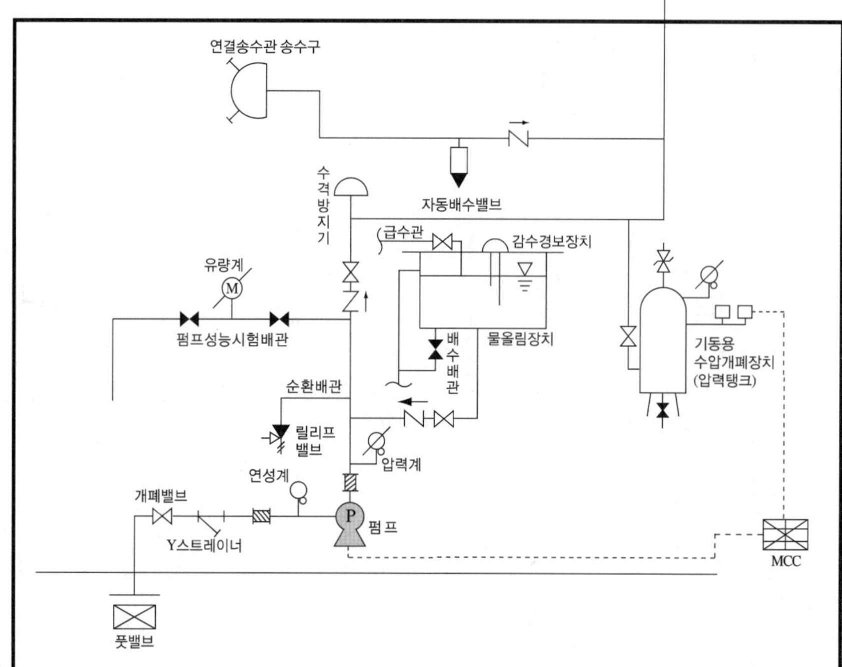

03

아래 그림은 어느 스프링클러설비의 배관계통도이다. 이 도면과 주어진 조건에 따라 각 물음에 답하시오.

득점	배점
	17

도 면

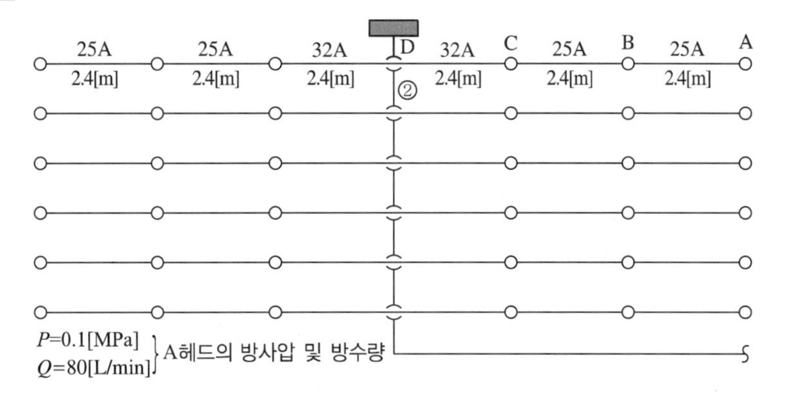

조 건

- 배관 마찰손실압력은 하젠-윌리엄스공식을 따르되 계산의 편의상 다음 식과 같다고 가정한다.

$$\Delta P = 6 \times \frac{Q^2}{C^2 \times D^5} \times 10^4 \times L(\text{배관길이})$$

- 배관 호칭구경과 내경은 같다고 한다.
- 관부속 마찰손실은 무시한다.
- 헤드는 개방형이고 조도 C는 100으로 한다.
- 배관의 구경은 15, 20, 25, 32, 40, 50, 65, 80, 100으로 한다.

물 음

(1) ① B~A 사이의 마찰손실압[MPa]을 계산하시오.
  ② B헤드에서의 방사량[L/min]을 계산하시오.

(2) ① C~B 사이의 마찰손실압[MPa]을 계산하시오.
  ② C헤드에서의 방사량[L/min]을 계산하시오.

(3) D점에서의 압력[MPa]을 계산하시오.

(4) ②지점의 배관 내 유량[L/min]을 계산하시오.

(5) ②지점의 배관 최소관경을 화재안전기준에 따른 배관 내 유속에 따라 관경을 계산하시오.

해설

(1) 마찰손실압과 방사량

① B~A 사이의 마찰손실압

$$\Delta P_{A\sim B} = 6 \times 10^4 \times \frac{(80[\text{L/min}])^2}{100^2 \times (25[\text{mm}])^5} \times 2.4[\text{m}] = 0.0094[\text{MPa}] \fallingdotseq 0.01[\text{MPa}]$$

② B헤드에서의 방사량

$$Q = K\sqrt{10P}$$

여기서, K(방출계수) : 80

$P = 0.1[\text{MPa}] + \text{마찰손실}(0.01[\text{MPa}]) = 0.11[\text{MPa}]$

$\therefore\ Q = K\sqrt{10P} = 80\sqrt{10 \times 0.11[\text{MPa}]} = 83.90[\text{L/min}]$

(2) 마찰손실압과 방사량

① C~B 사이의 마찰손실압

$$\Delta P_{B\sim C} = 6 \times 10^4 \times \frac{(80 + 83.90[\text{L/min}])^2}{100^2 \times (25[\text{mm}])^5} \times 2.4[\text{m}] = 0.04[\text{MPa}]$$

② C헤드에서의 방사량

$$Q = K\sqrt{10P}$$

$P = 0.1 + 0.01 + 0.04[\text{MPa}] = 0.15[\text{MPa}]$

$\therefore\ Q = K\sqrt{10P} = 80\sqrt{10 \times 0.15} = 97.98[\text{L/min}]$

(3) D점에서의 압력

$$\Delta P_{C\sim D} = 6 \times 10^4 \times \frac{(80 + 83.90 + 97.98[\text{L/min}])^2}{100^2 \times (32[\text{mm}])^5} \times 2.4[\text{m}] = 0.03[\text{MPa}]$$

$\therefore$ D점의 압력 $= 0.1 + 0.01 + 0.04 + 0.03 = 0.18[\text{MPa}]$

(4) ②지점의 배관 내 유량

가지배관의 조건이 동일하므로 A, B, C헤드 총합에 2배를 해주면 됨

②지점 유량 $Q = (80 + 83.90 + 97.98)[\text{L/min}] \times 2 = 523.76[\text{L/min}]$

(5) 관 경

개방형 헤드를 사용하는 경우 헤드가 30개를 초과할 때에는 수리계산방법으로 하여야 한다(NFSC 103, 별표 1).

$$Q = uA = u \times \frac{\pi}{4}D^2 \qquad D = \sqrt{\frac{4Q}{\pi u}}$$

여기서, $Q = 523.76[\text{L}]/60[\text{s}] \times \dfrac{0.001[\text{m}^3]}{1[\text{L}]} = 0.008729[\text{m}^3/\text{s}]$

u : 유속(가지배관 : 6[m/s] 이하, 기타 배관은 10[m/s] 이하)

$\therefore\ D = \sqrt{\dfrac{4Q}{\pi u}} = \sqrt{\dfrac{4 \times 0.008729[\text{m}^3/\text{s}]}{\pi \times 10[\text{m/s}]}} = 0.0333[\text{m}] = 33.3[\text{mm}] \Rightarrow 40[\text{mm}]$

해답 (1) ① 0.01[MPa] ② 83.90[L/min]

(2) ① 0.04[MPa] ② 97.98[L/min]

(3) 0.18[MPa]

(4) 523.76[L/min]

(5) 40[mm]

04

플로팅루프 탱크(Floating Roof Tank)의 직경(내경)이 50[m]이며, 이 위험물 탱크에 다음 조건에 따라서 포소화설비를 설치할 경우 각 물음에 답하시오.

득점	배점
	10

조 건

- 굽도리판(Foam Dam)과 탱크 내벽의 간격은 1[m]이다.
- 사용약제는 단백포 3[%], 분당 방출량은 8[L/m² · min], 방사시간은 30분으로 한다.
- 펌프의 효율은 65[%]이다.
- 펌프의 전양정은 80[m]이다. 이외의 조건(동력전달 계수 등)은 모두 무시한다.

물 음

(1) 탱크의 환상면적(포소화설비 포용면적[m²]), 포수용액량[L], 포약제의 원액량[L], 수원의 양[L]을 구하시오.

① 탱크의 환상면적(계산과정 및 답) :

② 포수용액량(계산과정 및 답) :

③ 포 원액량(계산과정 및 답) :

④ 수원의 양(계산과정 및 답) :

(2) 수원을 공급하는 펌프의 전동기 동력[kW]을 구하시오.

해설

(1) FRT 이므로 특형방출구 사용

$$Q_{sol} = A \times Q_1 \times T \times S$$

여기서, Q_{sol} : 포수용액의 양[L]
A : 탱크단면적[m²]
T : 방사시간[min]
Q_1 : 분당방출량[L/m² · min]
S : 농도

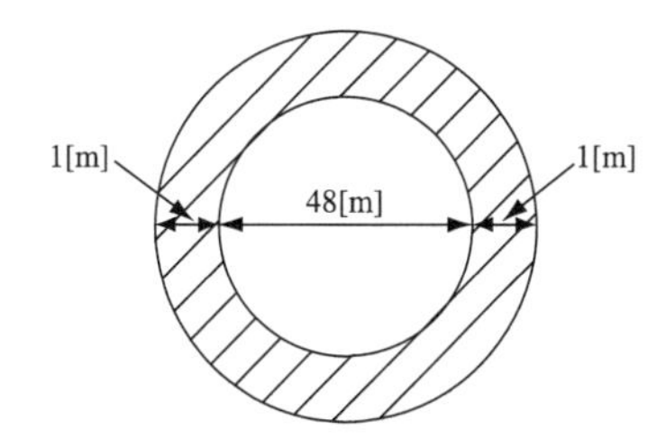

① 탱크의 환상면적 $A = \frac{\pi}{4}[(50[m])^2 - (48[m])^2] = 153.94[m^2]$

② 포수용액량 $Q_{sol} = A \times Q_1 \times T = 153.94[m^2] \times 8[L/m^2 \cdot min] \times 30[min] = 36,945.6[L]$

③ 포원액 $Q_F = 36,945.6[L] \times 0.03 = 1,108.37[L]$

④ 수원 $Q_W = 36,945.6[L] \times 0.97 = 35,837.23[L]$

(2) 전동기의 동력

$$P[\text{kW}] = \frac{0.163 \times Q \times H}{\eta} \times K$$

여기서, Q(분당토출량)$= Q_{sol} \div 30$[min]

$= 36,945.6[\text{L}] \div 30[\text{min}] = 1,231.52[\text{L/min}] = 1.23[\text{m}^3/\text{min}]$

H : 전양정(80[m])

η : 효율(0.65)

K : 전달계수(무시)

$$\therefore\ P[\text{kW}] = \frac{0.163 \times 1.23[\text{m}^3/\text{min}] \times 80[\text{m}]}{0.65} = 24.68[\text{kW}]$$

해답 (1) ① 환상면적 : 153.94[m²]

② 포수용액 : 36,945.6[L]

③ 포원액 : 1,108.37[L]

④ 수원 : 35,837.23[L]

(2) 24.68[kW]

05

다음의 특정소방대상물에 고압식 이산화탄소소화설비를 설치하려고 한다. 높이는 4[m], 약제용기 45[kg], 체적당 적용농도가 0.8[kg/m³]이라면 각 실의 저장용기 수를 산출하고, 계통도를 그리시오.

득점	배점
	15

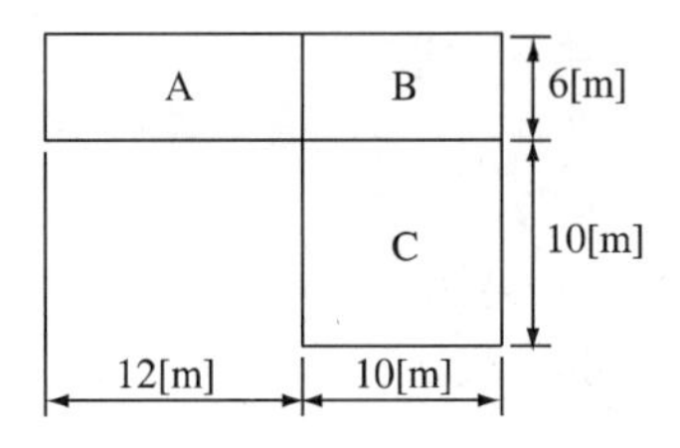

물 음

(1) 각 실의 저장용기 수

① A실

② B실

③ C실

(2) □ 안에 있는 도면을 이용하여 계통도를 그리시오(단, 모든 배관은 직선으로 표기할 것).

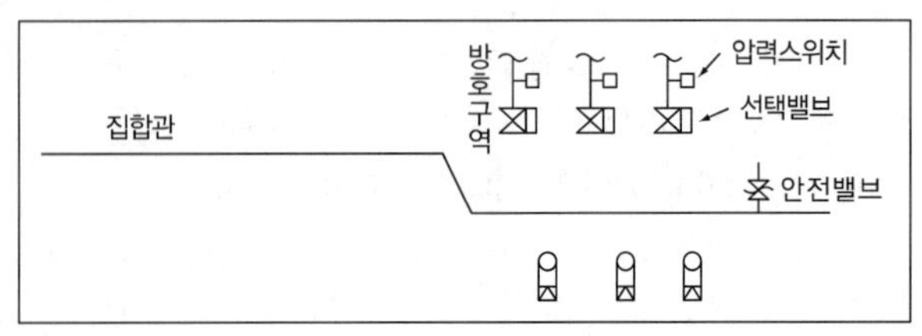

해설

(1) 소요약제저장량[kg]

약제저장량[kg]
=방호구역체적[m^3]×약제량[kg/m^3]+개구부면적[m^2]×개구부가산량[kg/m^2]

① A실 소요약제량$=12[m]\times 6[m]\times 4[m]\times 0.8[kg/m^3]=230.4[kg]$
∴ 저장용기 수=소요약제량[kg]/약제용기저장량(45[kg])
$=230.4[kg]/45[kg]=5.12$ ⇒ 6병

② B실 소요약제량$=10[m]\times 6[m]\times 4[m]\times 0.8[kg/m^3]=192[kg]$
∴ 저장용기수=소요약제량[kg]/약제용기저장량(45[kg])
$=192[kg]/45[kg]=4.266$ ⇒ 5병

③ C실 소요약제량$=10[m]\times 10[m]\times 4[m]\times 0.8[kg/m^3]=320[kg]$
∴ 저장용기수=소요약제량[kg]/약제용기저장량(45[kg])
$=320[kg]/45[kg]=7.111$ ⇒ 8병

해답 (1) ① 6병
② 5병
③ 8병

(2) 계통도

A실 (6병) P/S
B실 (5병) P/S
C실 (8병) P/S
집합관
안전밸브
저장용기
A실 B실 C실 기동용기

06

내경이 65[mm]인 소방용 호스에 36[mm]인 노즐이 부착되어 있다. $0.02[m^3/s]$의 방수량으로 대기 중에 방사할 경우 플랜지 볼트에 걸리는 반발력[N]을 계산하시오.	득점	배점
		8

해설

$$F=\frac{\gamma A_1 Q^2}{2g}\left(\frac{A_1-A_2}{A_1A_2}\right)^2$$

여기서, F : 반발력[kg_f]
γ : 비중량[kg_f/m^3]$=1,000$[kg_f/m^3]

Q : 방출유량$[m^3/s] = 0.02[m^3/s]$

A_1 : 호스단면적$[m^2] = \frac{\pi}{4}(0.065[m])^2$

A_2 : 노즐단면적$(m^2) = \frac{\pi}{4}(0.036[m])^2$

g : 중력가속도$[m/s^2] = 9.8[m/s^2]$

$$\therefore\ F = \frac{1{,}000 \times \frac{\pi}{4}(0.065)^2 \times (0.02)^2}{2 \times 9.8} \times \left(\frac{\frac{\pi}{4}(0.065)^2 - \frac{\pi}{4}(0.036)^2}{\frac{\pi}{4}(0.065)^2 \times \frac{\pi}{4}(0.036)^2} \right)^2 = 31.41[kg_f]$$

$1[kg_f] = 9.8[N]$이므로

$\therefore\ 31.41[kg_f] \times 9.8[N/kg_f] = 307.82[N]$

해답 307.82[N]

07

배관마찰계수가 0.016의 관 내에 유체가 3[m/s]로 흐르고 있다. 관의 길이가 1,000[m], 내경이 100[mm]인 배관 내의 거칠기(조도) C 값을 구하시오(단, 배관 마찰은 Darcy-Weisbach식과 Hazen-Williams식을 이용한다).

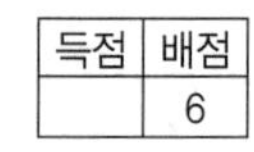

득점	배점
	6

해설

• Darcy-Weisbach식

$$H = \frac{flu^2}{2gD}$$

여기서, f : 관마찰계수(0.016)　　l : 배관의 길이(1,000[m])

D : 내경(0.1[m])　　u : 유속(3[m/s])

$$H = \frac{flu^2}{2gD} = \frac{0.016 \times 1{,}000[m] \times (3[m/s])^2}{2 \times 9.8[m/s] \times 0.1[m]} = 73.47[m]$$

$$= \frac{73.47[m]}{10.332[m]} \times 0.101325[MPa] = 0.72[MPa]$$

• Hazern-Williams식

$$\Delta P = 6.053 \times 10^4 \times \frac{Q^{1.85}}{C^{1.85} \times D^{4.87}} \times l$$

여기서, ΔP : 압력손실

$$Q = uA = u \times \frac{\pi D^2}{4} = 3[m/s] \times \frac{\pi}{4}(0.1[m])^2 = 0.02356[m^3/s]$$

$$= 1{,}413.72[L/min]$$

C : 조도

D : 배관내경(100[mm])

l : 배관길이(1,000[m])

$$\therefore\ \Delta P = 6.053 \times 10^4 \times \frac{(1{,}413.72[L/min])^{1.85}}{C^{1.85} \times (100[mm])^{4.87}} \times 1{,}000[m] = 0.72[MPa]$$

조도 C의 값을 구하면

$$C^{1.85} = \frac{6.053 \times 10^4 \times (1{,}413.72[\mathrm{L/min}])^{1.85}}{0.72[\mathrm{MPa}] \times (100[\mathrm{mm}])^{4.87}} \times 1{,}000[\mathrm{m}] = 10{,}299.37$$

$$C = (10{,}299.37)^{\frac{1}{1.85}} = 147.60$$

해답 147.60

08

지상 4층 건물에 옥내소화전을 설치하려고 한다. 각 층에 옥내소화전 3개씩을 배치하며 이때 실양정은 50[m], 배관의 손실압력수두는 실양정의 25[%]라고 본다. 또 호스의 마찰손실수두가 3.5[m] 펌프효율이 65[%], 전달계수가 1.1이고, 20분간 연속 방수되는 것으로 하였을 때 다음 물음에 답하시오.

득점	배점
	8

물 음

(1) 펌프의 최소토출량[m^3/min]을 구하시오.

(2) 전양정[m]을 구하시오.

(3) 펌프모터의 최소동력[kW]을 구하시오.

(4) 수원의 최소저수량[m^3]을 구하시오(옥상수조는 제외한다).

해설

(1) 최소토출량

$$Q = N \times 130[\mathrm{L/min}]$$

$\therefore\ Q = N \times 130[\mathrm{L/min}] = 3개 \times 130[\mathrm{L/min}] = 390[\mathrm{L/min}] = 0.39[\mathrm{m^3/min}]$

(2) 전양정

$$H = h_1 + h_2 + h_3 + 17$$

여기서, H : 전양정[m]
h_1 : 실양정(50[m])
h_2 : 배관마찰손실수두(50[m]×0.25 = 12.5[m])
h_3 : 소방호스마찰손실수두(3.5[m])

$\therefore\ H = 50[\mathrm{m}] + 12.5[\mathrm{m}] + 3.5[\mathrm{m}] + 17 = 83[\mathrm{m}]$

(3) 펌프모터의 최소동력

$$P[\mathrm{kW}] = \frac{0.163 \times Q \times H}{\eta} \times K$$

여기서, P : 전동기동력[kW]
Q : 유량(0.39[m^3/min])
H : 수두(83[m])
η : 효율(0.65)
K : 전달계수(1.1)

$\therefore\ P = \frac{0.163 \times 0.39[\mathrm{m^3/min}] \times 83[\mathrm{m}]}{0.65} \times 1.1 = 8.93[\mathrm{kW}]$

(4) 최소저수량

$$Q = N \times 2.6[\mathrm{m}^3]$$

여기서, N : 소화전 수(3개)

∴ $Q = 3$개 $\times 2.6[\mathrm{m}^3] = 7.8[\mathrm{m}^3]$

[옥내소화전설비의 토출량과 수원]

층 수	토출량	수 원
29층 이하	N(최대 5개)×130[L/min]	N(최대 5개)×130[L/min]×20[min] = N(최대 5개)×2,600[L] = N(최대 5개)×2.6[m³]
30층 이상 49층 이하	N(최대 5개)×130[L/min]	N(최대 5개)×130[L/min]×40[min] = N(최대 5개)×5,200[L] = N(최대 5개)×5.2[m³]
50층 이상	N(최대 5개)×130[L/min]	N(최대 5개)×130[L/min]×60[min] = N(최대 5개)×7,800[L] = N(최대 5개)×7.8[m³]

해답
(1) 0.39[m³/min]
(2) 83[m]
(3) 8.93[kW]
(4) 7.8[m³]

09

수평회전축 원심펌프를 소화용 펌프로 사용하는 소화설비에서 펌프의 흡입측 배관을 시설할 때 국내화재안전기준상 규정된 설치기준 2가지를 설명하시오(단, 펌프 흡입측 수조의 수위는 펌프의 수위보다 낮다고 가정한다).

득점	배점
	4

해설

수조가 펌프보다 낮은 경우(부압수조방식)

(1) 펌프의 토출측에는 압력계를 체크밸브 이전에 펌프토출측 플랜지에서 가까운 곳에 설치하고, 흡입측에는 연성계 또는 진공계를 설치할 것. 다만, **수원의 수위가 펌프의 위치보다 높거나** 수직회전축 펌프의 경우에는 **연성계** 또는 **진공계**를 설치하지 아니할 수 있다.

(2) **수원의 수위가 펌프보다 낮은 위치**에 있는 가압송수장치에는 다음의 기준에 따른 물올림장치를 설치할 것
① **물올림장치**에는 전용의 탱크를 설치할 것
② 탱크의 유효수량은 **100[L] 이상**으로 하되, **구경 15[mm] 이상**의 급수배관에 따라 해당 탱크에 물이 계속 보급되도록 할 것

해답
(1) 연성계 또는 진공계를 설치할 것
(2) 물올림장치를 할 것

10

그림과 같이 배관을 통하여 할론 1301의 정상흐름(Steady Flow)이 일어나고 있다. 이 흐름이 1차원 유동이라고 할 때 ②지점에서의 할론 1301의 밀도[g/cm³]는 얼마인가?(단, ①, ② 지점에서의 내부면적 단면의 직경은 50[mm], 25[mm]이다)

득점	배점
	5

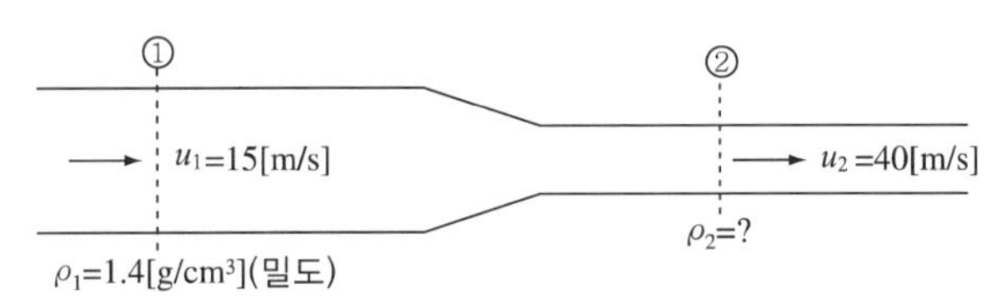

해설

연속방정식을 이용하면

$$m = A_1 u_1 \rho_1 = A_2 u_2 \rho_2$$

$\therefore \frac{\pi}{4}(0.05[\text{m}])^2 \times 15[\text{m/s}] \times 1.4[\text{g/cm}^3] = \frac{\pi}{4}(0.025[\text{m}])^2 \times 40[\text{m/s}] \times \rho_2$

$\rho_2 = \frac{0.0412125}{0.019625} = 2.1[\text{g/cm}^3]$

해답 2.1[g/cm³]

11

분사헤드의 방사압력이 0.4[MPa]일 때 방수량이 140[L/min]라고 하면, 방사압력을 0.3[MPa]으로 하였을 때 방수량[L/min]을 구하시오.

득점	배점
	3

해설

방수량

$$Q = K\sqrt{10P}$$

여기서, Q : 유량(140[L/min]) K : 방출계수
P : 압력(0.4[MPa])

- 0.4[MPa]일 때

  $140[\text{L/min}] = K\sqrt{(10 \times 0.4[\text{MPa}])}$

  $\therefore K = \frac{140[\text{L/min}]}{\sqrt{4[\text{MPa}]}} = 70$

- 0.3[MPa]일 때

  $\therefore Q = 70\sqrt{10 \times 0.3\text{MPa}} = 121.243[\text{L/min}]$

해답 121.24[L/min]

12

방호구역의 체적이 400[m^3]인 특정소방대상물에 CO_2소화설비를 하였다. 이곳에 CO_2 80[kg]을 방사하였을 때 CO_2의 농도[%]를 구하시오(단, 실내압력은 121[kPa]이고, 온도는 22[℃]이다).

득점	배점
	5

해설

이상기체 상태방정식으로 체적을 구하여 농도를 구한다.

$$PV = nRT = \frac{W}{M}RT \qquad V = \frac{WRT}{PM}$$

여기서, P : 압력$\left(\frac{121[\text{kPa}]}{101.325[\text{kPa}]} \times 1[\text{atm}] = 1.194[\text{atm}]\right)$

V : 체적[m^3]　　W : 무게[kg]

M : 분자량　　R : 기체상수(0.08205[atm · m^3/kg − mol · K])

T : 절대온도(273+[℃])

$$V = \frac{80[\text{kg}] \times 0.08205[\text{atm} \cdot \text{m}^3/\text{kg}-\text{mol} \cdot \text{K}] \times (273+22[℃])}{1.194[\text{atm}] \times 44} = 36.86[\text{m}^3]$$

이산화탄소의 농도를 구하면

$$\therefore CO_2\text{농도}[\%] = \frac{\text{약제방출체적}[\text{m}^3]}{\text{방호구역체적}[\text{m}^3] + \text{약제방출체적}[\text{m}^3]} \times 100$$

$$= \frac{36.86[\text{m}^3]}{400[\text{m}^3] + 36.86[\text{m}^3]} \times 100 = 8.44[\%]$$

해답 8.44[%]

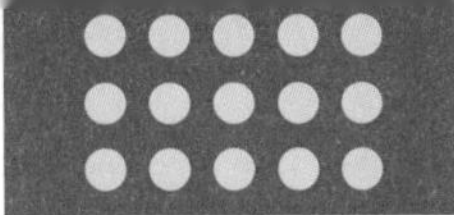

제4회 2009년 10월 18일 시행

※ 다음 물음에 대한 답을 해당 답란에 답하시오.(배점 : 100)

01

내경이 40[mm]인 소방용 호스에 내경이 13[mm]인 노즐이 부착되어 있다. 130[L/min]의 방수량으로 대기 중에 방사할 경우 아래 조건에 따라 각 물음에 답하시오.

득점	배점
	10

조 건

마찰손실은 무시한다.

물 음

(1) 소방용 호스의 평균유속[m/s]을 계산하시오.
(2) 소방용 호스에 부착된 노즐의 평균유속[m/s]을 계산하시오.
(3) 소방용 호스에 부착된 노즐에서 운동량 때문에 생기는 반발력[N]을 계산하시오.

해설

(1) 호스의 평균유속

$$Q[\mathrm{m^3/s}] = Au = \frac{\pi D^2}{4} \times u \qquad u = \frac{4Q}{\pi D^2}$$

여기서, A : 배관단면적[$\mathrm{m^2}$]　　u : 유속[m/s]
D : 배관직경[m]

$$\therefore\ u_1 = \frac{4Q}{\pi D^2} = \frac{4 \times 0.13[\mathrm{m^3}]/60[\mathrm{s}]}{\pi \times (0.04[\mathrm{m}])^2} = 1.72[\mathrm{m/s}]$$

(2) 노즐의 평균유속

$$\therefore\ u_2 = \frac{4Q}{\pi D^2} = \frac{4 \times 0.13[\mathrm{m^3}]/60[\mathrm{s}]}{\pi \times (0.013[\mathrm{m}])^2} = 16.32[\mathrm{m/s}]$$

(3) 운동량 때문에 생기는 반발력

$$F = Q\rho u = Q\rho(u_2 - u_1)$$

여기서, Q : 유량(1.30[L/min] = 0.13[$\mathrm{m^3}$/60s] = 0.002167[$\mathrm{m^3/s}$])
ρ : 밀도(1,000[$\mathrm{kg/m^3}$])　　u : 유속[m/s]

$$\begin{aligned}\therefore\ F &= Q\rho(u_2 - u_1)\\ &= 0.002167[\mathrm{m^3/s}] \times 1{,}000[\mathrm{kg/m^3}] \times (16.32 - 1.72)[\mathrm{m/s}]\\ &= 31.64[\mathrm{kg \cdot m/s^2}]\\ &= 31.64[\mathrm{N}]\end{aligned}$$

해답 (1) 1.72[m/s]　　(2) 16.32[m/s]
(3) 31.64[N]

02

주차장 건물에 물분무소화설비를 설치하려고 한다. 법정 수원의 용량 [m^3]은 얼마 이상이어야 하는지 구하시오(단, 주차장의 바닥면적은 100[m^2]이다).

득점	배점
	3

해설

물문무소화설비펌프의 토출량과 수원

특정소방대상물	펌프의 토출량[L/min]	수원의 양[L]
특수 가연물 저장, 취급	바닥면적(50[m^2] 이하는 50[m^2]) × 10[L/min · m^2]	바닥면적(50[m^2] 이하는 50[m^2]) × 10[L/min · m^2] × 20[min]
차고, **주차장**	바닥면적(50[m^2] 이하는 50[m^2]) × 20[L/min · m^2]	바닥면적(50[m^2] 이하는 50[m^2]) × 20[L/min · m^2] × 20[min]
절연유 봉입변압기	표면적(바닥 부분 제외) × 10[L/min · m^2]	표면적(바닥 부분 제외) × 10[L/min · m^2] × 20[min]
케이블트레이, 케이블덕트	투영된 바닥면적 × 12[L/min · m^2]	투영된 바닥면적 × 12[L/min · m^2] × 20[min]
컨베이어 벨트	벨트 부분의 바닥면적 × 10[L/min · m^2]	벨트 부분의 바닥면적 × 10[L/min · m^2] × 20[min]

$\therefore$ 수원 $= 100[\mathrm{m}^2] \times 20[\mathrm{L/min \cdot m^2}] \times 20[\mathrm{min}] = 40{,}000[\mathrm{L}] = 40[\mathrm{m}^3]$

해답 40[m^3]

03

내경 80[mm]인 배관에 소화용수가 390[LPM]으로 흐르고 있을 때

(1) 평균유속[m/s]

(2) 질량유량[kg/s]

(3) 중량유량[kg_f/s]을 계산하시오.

득점	배점
	9

해설

연속방정식 이용하면

- 체적유량 $Q = uA = [\mathrm{m/s}] \times [\mathrm{m}^2] = [\mathrm{m}^3/\mathrm{s}]$
- 질량유량 $\overline{m} = A \cdot u \cdot \rho = [\mathrm{m}^2] \times [\mathrm{m/s}] \times [\mathrm{kg/m}^3] = [\mathrm{kg/s}]$
- 중량유량 $G = A \cdot u \cdot \gamma = [\mathrm{m}^2] \times [\mathrm{m/s}] \times [\mathrm{kg_f/m}^3] = [\mathrm{kg_f/s}]$

여기서, A : 단면적[m^2]

u : 평균유속[m/s]

ρ : 밀도[kg/m^3]

γ : 비중량[kg_f/m^3]

(1) 체적유량 $Q = uA$ 에서

평균유속 $u = \dfrac{Q}{A} = \dfrac{0.39[\text{m}^3]/60[\text{s}]}{\dfrac{\pi}{4}(0.08[\text{m}])^2} = 1.29[\text{m/s}]$

(2) 질량유량 $m = A \cdot u \cdot \rho = \dfrac{\pi}{4} \times (0.08[\text{m}])^2 \times 1.29[\text{m/s}] \times 1{,}000[\text{kg/m}^3] = 6.48[\text{kg/s}]$

(3) 중량유량 $G = A \cdot u \cdot \gamma = \dfrac{\pi}{4}(0.08[\text{m}])^2 \times 1.29[\text{m/s}] \times 1{,}000[\text{kg}_\text{f}/\text{m}^3] = 6.48[\text{kg}_\text{f}/\text{s}]$

해답 (1) 평균유속 : 1.29[m/s]
(2) 질량유량 : 6.48[kg/s]
(3) 중량유량 : 6.48[kg_f/s]

04

스프링클러설비의 배관방식 중 격자형 배관(Gridded System)방식과 루프형 배관(Looped System)방식을 간단히 그림으로 나타내시오.

득점	배점
	6

해설

설비의 배관방식

- 격자형 배관(Gridded System)
  교차배관을 헤드가 설치된 가지배관에 연결하여 가압수를 공급할 때 가지배관의 양쪽방향으로 급수가 이루어지는 배관방식
- 트리형 배관(Tree System)
  가압수 유체의 흐름방향이 주배관에서 교차배관으로 가지배관을 거쳐 헤드의 순서로 방수되는 단일방향의 배관방식으로 일반적으로 화재안전기준에 따른다.
- 루프형 배관(Looped System)
  가지배관은 연결하지 않고 교차배관과 교차배관이 서로 연결되는 배관방식

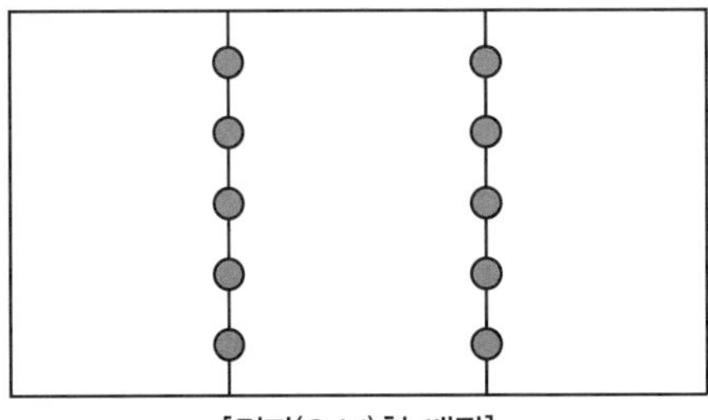

[격자(Grid)형 배관]

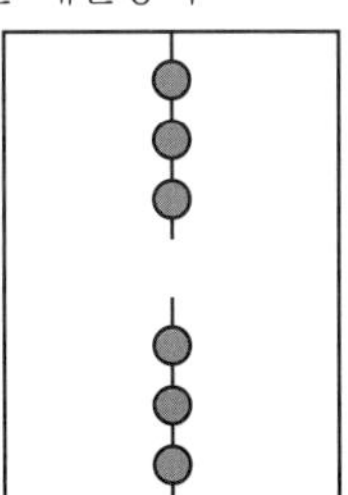

[루프(Loop)형 배관]

해답 (1) **격자형 배관**(Gridded System)

교차배관을 헤드가 설치된 가지배관에 연결하여 가압수를 공급할 때 가지배관의 양쪽방향으로 급수가 이루어지는 배관방식

(2) **루프형 배관**(Looped System)

가지배관은 연결하지 않고 교차배관과 교차배관이 서로 연결되는 배관방식

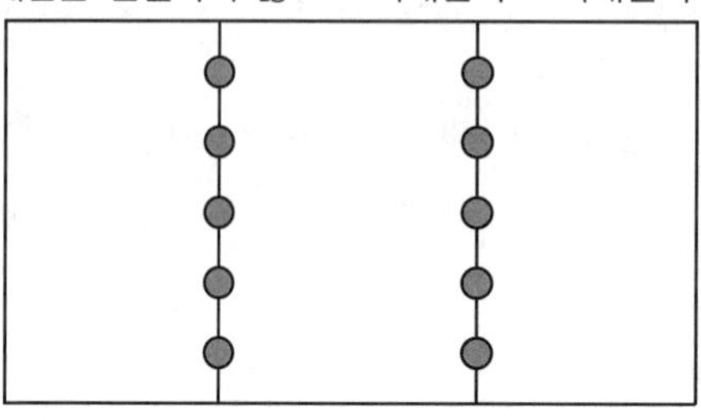

[격자(Grid)형 배관]

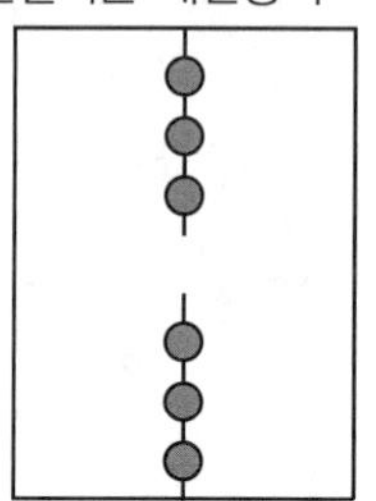

[루프(Loop)형 배관]

05

방호구역의 체적이 500[m³]인 특정소방대상물에 이산화탄소소화설비를 설치하였다. 이곳에 CO_2 100[kg]을 방사하였을 때 CO_2의 농도[%]를 구하시오(단, 실내압력은 121.59[kPa], 실내온도는 25[℃]이다).

득점	배점
	6

해설

이상기체 상태방정식으로 체적을 구하여 농도를 구한다.

$$PV = nRT = \frac{W}{M}RT \qquad V = \frac{WRT}{PM}$$

여기서, P : 압력$\left(\frac{121.59[\text{kPa}]}{101.325[\text{kPa}]} \times 1[\text{atm}] = 1.2[\text{atm}]\right)$

V : 체적$[\text{m}^3]$

W : 무게$[\text{kg}]$

M : 분자량(CO_2 : 44)

R : 기체상수$(0.08205[\text{atm}\cdot\text{m}^3/\text{kg}-\text{mol}\cdot\text{K}])$

T : 절대온도(273+[℃])

$$\therefore V = \frac{100[\text{kg}] \times 0.08205[\text{atm}\cdot\text{m}^3/\text{kg}-\text{mol}\cdot\text{K}] \times (273+25)[\text{K}]}{1.2[\text{atm}] \times 44} = 46.31[\text{m}^3]$$

이산화탄소의 농도를 구하면

$$\therefore CO_2\text{농도}[\%] = \frac{\text{약제방출체적}[\text{m}^3]}{\text{방호구역체적}[\text{m}^3] + \text{약제방출체적}[\text{m}^3]} \times 100$$

$$= \frac{46.31[\text{m}^3]}{500[\text{m}^3] + 46.31[\text{m}^3]} \times 100 = 8.48[\%]$$

해답 8.48[%]

06

기동용 수압개폐장치의 주요기능을 2가지만 쓰시오.

득점	배점
	4

해설

기동용 수압개폐장치(압력체임버)의 기능

펌프의 2차측 게이트밸브에서 분기하여 전 배관 내의 압력을 감지하고 있다가 배관 내의 압력이 떨어지면 압력스위치가 작동하여 충압펌프(Jocky Pump, 보조펌프) 또는 주펌프를 자동기동 및 정지시키기 위하여 설치한다(**주펌프는 수동정지**).

- RANGE : 펌프의 작동 정지점으로 기동이 된 경우에는 자동으로 정지되지 아니하도록 하여야 한다(충압펌프는 제외).
- DIFF : Range에 설정된 압력에서 Diff에 설정된 압력만큼 떨어지면 펌프가 작동되는 압력의 차이를 말한다.

해답 (1) 펌프의 자동기동 및 정지
(2) 규격방수압력유지 및 수격작용 방지

07

5개의 제연구역(A, B, C, D, E)으로 구성된 어느 지하실에 각 제연구역의 소요배출량[m^3/h]을 계산하여 보니 A(5,000), B(7,000), C(5,000), D(10,000), E(15,000)이었다. A, B, C 제연구역은 공동제연구역으로 D, E는 각각 독립제연구역으로 할 경우에 배출 FAN의 소요풍량[m^3/h]을 산출하시오(단, 제연구역은 벽으로 구획되어 있다).

득점	배점
	3

해설

(1) A, B, C의 경우 공동제연구역이므로 제연량을 더하면

$= 5{,}000 + 7{,}000 + 5{,}000 = 17{,}000[m^3/h]$

(2) D와 E의 경우 독립제연구역이므로

$D = 10{,}000[m^3/h]$

(3) $E = 15{,}000[m^3/h]$

CMH = [m^3/h], CMM = [m^3/min], CMS = [m^3/s]

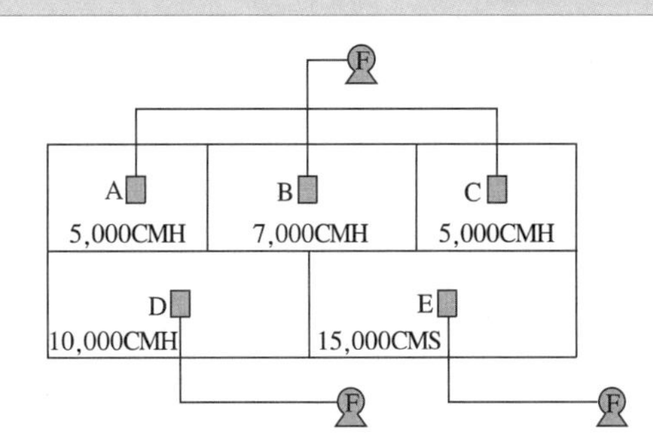

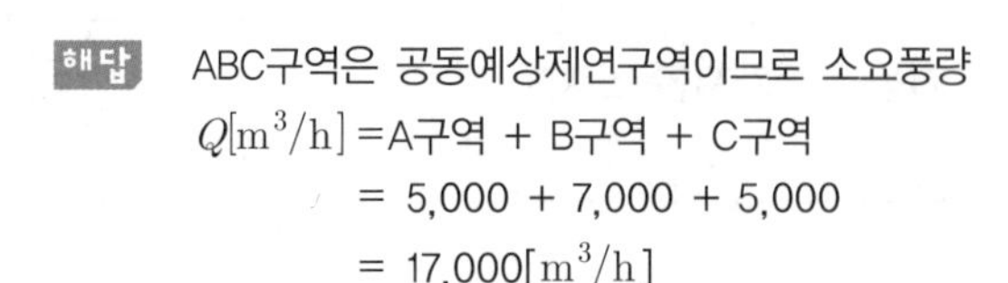

해답 ABC구역은 공동예상제연구역이므로 소요풍량

$Q[\mathrm{m^3/h}]$ = A구역 + B구역 + C구역

= 5,000 + 7,000 + 5,000

= 17,000$[\mathrm{m^3/h}]$

08

어떤 제연설비에서 풍량이 800[m³/min]이고 소요전압 2[mmHg]일 때 배출기는 사일런트팬을 사용하려고 한다. 이때 배출기의 이론 소요동력[kW]을 구하시오(단, 효율은 60[%]이고, 여유율은 없는 것으로 한다).

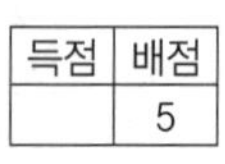

득점	배점
	5

해설

배출기의 축동력

$$P[\mathrm{kW}] = \frac{Q \times P_T}{102\eta} \times K$$

여기서, P : 배출기 동력[kW]

Q : 풍량$(800[\mathrm{m^3}]/60[\mathrm{s}] = 13.333[\mathrm{m^3/s}])$

P_T : 전압$\left(\dfrac{2[\mathrm{mmHg}]}{760[\mathrm{mmHg}]} \times 10{,}332[\mathrm{mmH_2O}] = 27.189[\mathrm{mmH_2O}]\right)$

η : 효율

K : 여유율

$$\therefore P[\mathrm{kW}] = \frac{13.333[\mathrm{m^3/s}] \times 27.189[\mathrm{mmH_2O}]}{102 \times 0.6} = 5.923[\mathrm{kW}]$$

- 수동력 $P[\mathrm{kW}] = \dfrac{Q \times P_T}{102}$
- 축동력 $P[\mathrm{kW}] = \dfrac{Q \times P_T}{102 \times \eta}$
- 전동기 동력 $P[\mathrm{kW}] = \dfrac{Q \times P_T}{102 \times \eta} \times K$

해답 5.92[kW]

09

다음의 정의를 화재안전기준에 의거하여 답하시오.

득점	배점
	6

(1) 대형소화기

(2) 간이소화용구

해설

소화기의 정의

- 소형소화기 : 능력단위 1단위 이상으로 대형 소화기의 능력단위 미만인 소화기
- 대형소화기 : 화재 시 사람이 운반할 수 있도록 운반대와 바퀴가 설치되어 있고 능력단위가 A급 10단위 이상, B급 20단위 이상인 소화기

종 별	소화약제의 충전량	종 별	소화약제의 충전량
포	20[L]	분 말	20[kg]
강화액	60[L]	할 론	30[kg]
물	80[L]	이산화탄소	50[kg]

- **자동소화장치** : 소화약제를 자동으로 방사하는 고정된 소화장치로서 법 규정에 따라 형식승인이나 성능인증을 받은 유효설치범위(설계방호체적, 최대설치높이, 방호면적 등을 말한다) 이내에 설치하여 소화하는 다음의 것을 말한다.
- 주거용 주방자동소화장치 : 주거용 주방에 설치된 열발생조리기구의 사용으로 인한 화재 발생 시 열원(전기 또는 가스)을 자동으로 차단하며, 소화약제를 방출하는 소화장치
- 상업용 주방자동소화장치 : 상업용 주방에 설치된 열발생조리기구의 사용으로 인한 화재 발생 시 열원(전기 또는 가스)을 자동으로 차단하며, 소화약제를 방출하는 소화장치
  - 가스자동소화장치 : 열, 연기 또는 불꽃 등을 감지하여 가스계 소화약제를 방사하여 소화하는 소화장치
  - 분말자동소화장치 : 열, 연기 또는 불꽃 등을 감지하여 분말의 소화약제를 방사하여 소화하는 소화장치
  - 고체에어로졸 자동소화장치 : 열, 연기 또는 불꽃 등을 감지하여 에어로졸의 소화약제를 방사하여 소화하는 소화장치
- **간이소화용구** : 에어로졸식 소화용구, 투척용 소화용구, 소공간용 소화용구 및 소화약제 외의 것을 이용한 소화용구

해답 (1) 대형소화기 : 화재 시 사람이 운반할 수 있도록 운반대와 바퀴가 설치되어 있고 능력단위가 A급 10단위 이상, B급 20단위 이상인 소화기

(2) 간이소화용구 : 에어로졸식 소화용구, 투척용 소화용구, 소공간용 소화용구 및 소화약제 외의 것을 이용한 소화용구

10

관 부속류 또는 배관에 관한 다음의 KS규격 배관 도시기호 명칭을 쓰시오.

득점	배점
	6

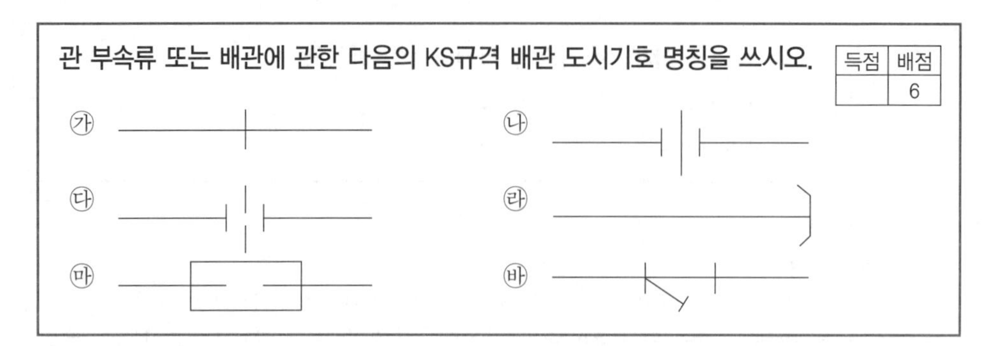

해설

소방시설도시기호

명 칭	도시기호	명 칭	도시기호
일반배관		스프링클러헤드 상향형(입면도)	
옥내 · 외소화전	H (Hydrant의 약자)	스프링클러헤드 하향형(입면도)	
스프링클러	SP (Sprinkler의 약자)	물분무헤드(평면도)	
물분무	WS (Water Spray의 약자)	물분무헤드(입면도)	
포소화	F (Foam의 약자)	**나사이음**	
배수관	D (Drain의 약자)	**슬리브이음**	
플랜지		**오리피스**	
유니언		Y형 스트레이너	
90°엘보		U형 스트레이너	
티		체크밸브	
크로스		가스체크밸브	
맹플랜지		선택밸브	

캡	(도시기호)	편심리듀서	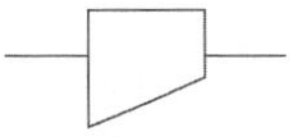 (도시기호)
송수구	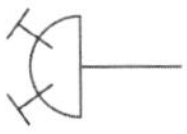 (도시기호)	원심리듀서	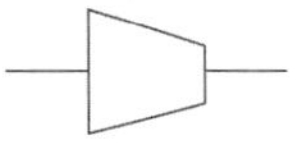 (도시기호)

해답
㉮ 나사이음 ㉯ 유니언
㉰ 오리피스 ㉱ 캡
㉲ 슬리브이음 ㉳ Y형 스트레이너

11

소화설비에 사용하는 펌프의 운전 중 발생하는 공동현상(Cavitation)을 방지하는 대책을 다음 표로 정리하였다. (   ) 안에 크게, 작게, 빠르게 또는 느리게로 구분하여 답하시오.

득점	배점
	3

유효흡입수두($NPSH_{av}$)를	(① :)
펌프의 흡입관경을	(② :)
펌프의 회전수를	(③ :)

해설

공동현상 방지대책

- Pump의 흡입측 수두, 마찰손실, Impeller 속도를 작게 한다.
- Pump 흡입관경, 유효흡입수두($NPSH_{av}$)를 크게 한다.
- Pump 설치위치를 수원보다 낮게 하여야 한다.
- Pump 흡입압력을 유체의 증기압보다 높게 한다.
- 양흡입 Pump를 사용하여야 한다.

해답
① 크 게
② 크 게
③ 느리게

12

아래 그림과 같이 양정 50[m] 성능을 갖는 펌프가 운전 중 노즐에서 방수압을 측정하여 보니 0.15[MPa]이었다. 만약 노즐의 방수압을 0.25[MPa]으로 증가하고자 할 때 조건을 참조하여 펌프가 요구하는 양정[m]은 얼마인가?

득점	배점
	10

조 건

- 배관의 마찰손실은 하젠-윌리엄스공식을 이용한다.
- 노즐의 방출계수 K=100으로 한다.
- 펌프의 특성곡선은 토출유량과 무관하다.
- 펌프와 노즐은 수평관계이다.

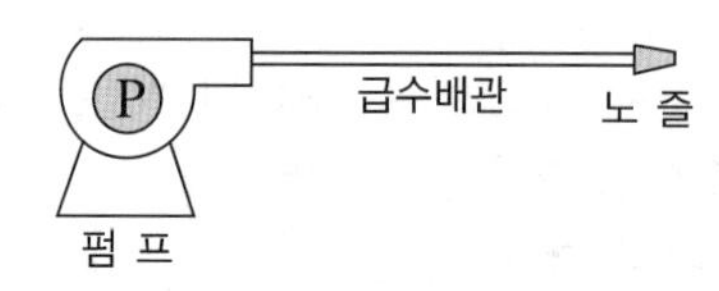

해설

- 양정 50[m]일 때 방수압이 0.15[MPa]이므로

$$Q = K\sqrt{10P}$$

여기서, Q : 유량[L/min]　　K : 방출계수
P : 압력[MPa]

$\therefore\ Q_1 = K\sqrt{10P} = 100\sqrt{10 \times 0.15[\text{MPa}]} = 122.47[\text{L/min}]$

- 노즐의 방수압이 0.25[MPa]이므로

$\therefore\ Q_2 = K\sqrt{10P} = 100\sqrt{10 \times 0.25[\text{MPa}]} = 158.11[\text{L/min}]$

- 하젠-윌리엄스식에서

$$\Delta P_{\text{Loss}} = 6.053 \times 10^4 \times \frac{Q^{1.85}}{C^{1.85} \times D^{4.87}} \times L$$

여기서, ΔP_{Loss} : 손실값[MPa]　　Q : 유량[L/min]
C : 조도　　D : 내경[mm]
L : 상당직관장[m]

- 0.15[MPa]와 0.25[MPa]에서 $6.053 \times 10^4 \times \dfrac{Q^{1.85}}{C^{1.85} \times D^{4.87}} \times L$이 같으므로

$\Delta P_1 = 0.49[\text{MPa}](50[\text{m}]) - 0.15[\text{MPa}] = 0.34[\text{MPa}]$

$\Delta P_2 = \Delta P_1 \times \left(\dfrac{Q_2}{Q_1}\right)^{1.85} = 0.34 \times \left(\dfrac{158.11}{122.47}\right)^{1.85} = 0.545[\text{MPa}]$

$\therefore$ 펌프토출양정 $= 0.545[\text{MPa}] + 0.25[\text{MPa}] = 0.795[\text{MPa}]$

$= \dfrac{0.795[\text{MPa}]}{0.101325[\text{MPa}]} \times 10.332[\text{m}]$

$= 81.07[\text{m}]$

해답 81.07[m]

13

가로 19[m] 세로 9[m]인 무대부에 정방형으로 스프링클러헤드를 설치하려고 할 때 헤드의 최소개수를 산출하시오.

득점	배점
	6

9[m]

19[m]

해설

헤드의 최소개수

헤드 간 거리 $S=2R\cos\theta$

무대부 수평거리 $R=1.7[\text{m}]$

$\therefore\ S=2\times 1.7[\text{m}]\times \cos 45^\circ=2.404[\text{m}]$

- 가로 소요헤드 개수= 가로길이$(19[\text{m}])\div 2.404=7.903\ \Rightarrow$ 8개
- 세로 소요헤드 개수= 세로길이$(9[\text{m}])\div 2.404=3.743\ \Rightarrow$ 4개

$\therefore$ 최소개수= 8개 × 4개 = 32개

해답 32개

14

옥내소화전설비의 가압송수방식 중 하나인 압력수조에 의한 설계도는 다음과 같다. 다음 각 물음에 답하시오(단, 관로 및 부속품(호스 포함) 마찰손실수두는 6.5[m]이다).

득점	배점
	9

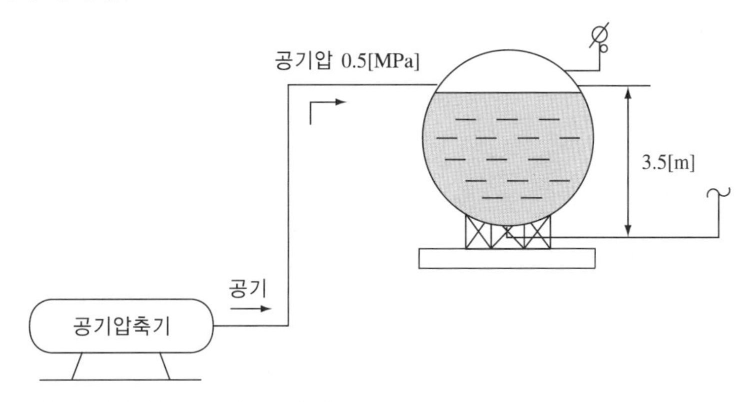

(1) 탱크의 바닥압력[MPa]을 구하시오.

(2) 규정 방수압력을 낼 수 있는 설계 가능한 건축 높이[m]를 구하시오.

(3) 공기압축기의 설치 목적에 대하여 설명하시오.

해설

(1) 탱크바닥 압력 = 0.5[MPa] + 낙차 3.5[m]의 환산수두압(0.034[MPa]) = 0.534[MPa]

(2) 설계 가능한 건축 높이
= 0.534[MPa] - 마찰손실수두 6.5[m]의 환산수두압(0.064[MPa]) - 0.17[MPa](노즐방사압력)
= 0.3[MPa] = 30.59[m]

(3) 압력수조 내의 누설되는 공기를 보충하여 설정압력을 유지하기 위하여 공기압축기를 설치한다.

해답 (1) 0.534[MPa]
(2) 30.59[m]
(3) 압력수조 내의 누설되는 공기를 보충하여 설정압력을 항상 유지하기 위해

15

글라스벌브형 스프링클러헤드의 주요 구성요소 3가지를 쓰시오.

득점	배점
	3

해설

유리벌브형(Glass Bulb Type)

- 형태 : 감열체 중 유리구 안에 액체 등을 넣어 봉한 것을 말한다.
- 구성요소 : 프레임, 반사판(디플렉터), 유리벌브

퓨즈블링크 : 감열체 중 이용성 금속으로 융착되거나 이용성 물질에 의하여 조립된 것

해답 (1) 프레임
(2) 반사판
(3) 유리벌브

16

소화설비의 급수배관에 사용하는 개폐표시형 밸브 중 버터플라이밸브 외의 밸브를 꼭 사용하여야 하는 배관의 이름과 그 이유를 쓰시오.

득점	배점
	4

해설

배 관

- 급수배관에 설치되어 급수를 차단할 수 있는 개폐밸브(옥내소화전방수구를 제외한다)는 개폐표시형으로 하여야 한다. 이 경우 펌프의 흡입측배관에는 버터플라이밸브 외의 개폐표시형 밸브를 설치하여야 한다.
- 펌프의 흡입측에는 과다한 마찰손실로 공동현상이 발생할 우려가 있기 때문에 버터플라이밸브 외의 개폐표시형 밸브를 설치하여야 한다.

해답 (1) 배관명칭 : 펌프 흡입측 배관
(2) 이유 : 과다한 마찰손실로 공동현상이 발생할 우려가 있기 때문

17

제연설비 제연구획 ①실, ②실의 소요 풍량합계[m^3/min]와 축동력[kW]을 구하시오(단, 이때 송풍기의 전압은 100[mmAq], 전압효율은 50[%]임).

득점	배점
	7

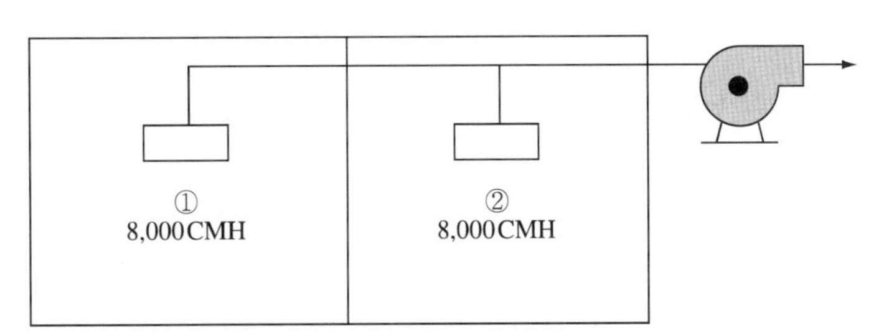

(1) 최소풍량 합계
(2) 축동력

해설

(1) 최소풍량 합계

공동제연방식의 경우 ①실과 ②실의 배출량의 합은 16,000CMH이므로(각각 벽으로 구획된 경우에는 ①과 ②실의 합이다)

$\therefore$ $16{,}000[m^3]/60[min] = 266.67[m^3/min]$

CMH=Cubic Meter per Hour[m^3/h]

(2) 축동력

$$P = \frac{Q \times P_T}{102 \times \eta}$$

여기서, P : 동력[kW]　　Q : 풍량[m^3/s]
P_T : 풍압[mmAq]　　η : 효율[%]

$$\therefore\ P = \frac{Q \times P_T}{102 \times \eta} = \frac{266.67[m^3]/60[s] \times 100[mmAq]}{102 \times 0.5} = 8.714[kW]$$

해답 (1) 266.67[m^3/min]
(2) 8.71[kW]

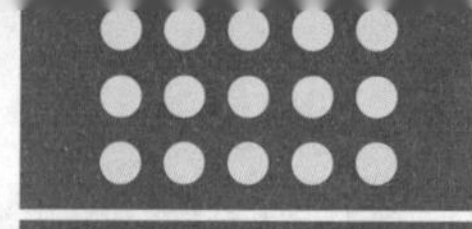

제 1 회 2010년 4월 17일 시행

※ 다음 물음에 대한 답을 해당 답란에 답하시오.(배점 : 100)

01

득점	배점
	22

다음 그림은 어느 일제개방형 스프링클러설비의 계통을 나타내는 구조도(Isometric Diagram)이다. 주어진 조건으로 이 설비가 작동되었을 경우 방수압, 방수량 등을 답란의 요구순서대로 산출하시오.

조 건

- 설치된 개방형 헤드의 방출계수(K)는 모두 각각 80이다.
- 살수 시 최저 방수압이 걸리는 헤드에서의 방수압은 0.1[MPa]이다. (각 헤드에서의 방수압이 같지 않음을 유의할 것)
- 사용되는 배관은 KSD 3507탄소강 강관으로서 아연도 강관이다.
- 가지관 분기점(티, 엘보)으로부터 헤드까지의 마찰손실은 무시한다.
- 호칭구경 50[mm] 이하의 배관은 나사 접속식, 65[mm] 이상의 배관은 용접접속식이다.
- 배관 내의 유수에 따른 마찰손실압력은 하젠-윌리엄스공식을 적용하되, 계산의 편의상 공식은 다음과 같다고 가정한다.

$$\Delta P = \frac{6 \times Q^2 \times 10^4}{120^2 \times d^5}$$

여기서, ΔP : 배관의 길이 1[m]당 마찰손실압력[MPa]
Q : 배관 내의 유수량[L/min]
d : 배관의 내경[mm]

- 배관의 내경은 호칭별로 다음과 같다고 가정한다.

호칭구경	25	32	40	50	65	80	100
내 경	27	36	42	53	69	81	105

- 배관부속 및 밸브류의 마찰손실은 무시한다.
- 수리계산 시 속도수두는 무시한다.
- 계산 시 소수점 이하의 숫자는 소수점 이하 둘째자리에서 반올림할 것
  예) 4.267 → 4.27 12.443 → 12.44
- 살수 시 중력수조 내의 수위의 변동은 없다고 가정한다.

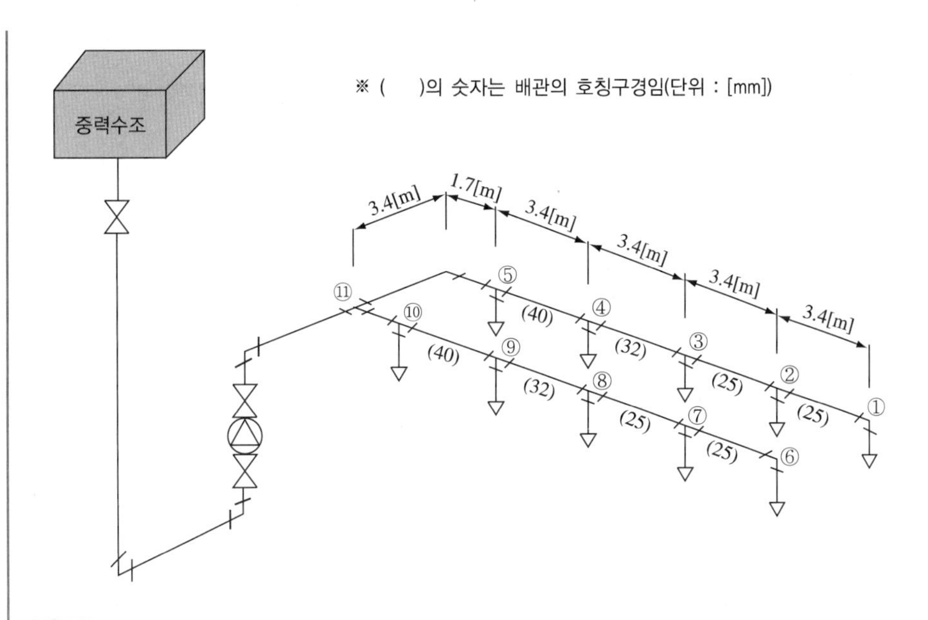

물 음

(1) 다음의 표를 완성하시오.

헤드번호	방수압력[MPa]	방수량[L/min]
①	$P_{①} = 0.1[\text{MPa}]$	$Q_1 = K\sqrt{10P} = 80 \times \sqrt{10 \times 0.1} = 80[\text{L/min}]$
②	계산식	계산식
③	〃	〃
④	〃	〃
⑤	〃	〃

(2) 도면의 배관 ⑤ ~ ⑪의 매분 유수량 q_A[L/min]

- 계산과정 :
- 답 :

해설

(1) 표완성 : 해답 참조

(2) 매분 유수량

$Q_{⑤\sim⑪} = 80 + 83.90 + 94.66 + 101.19 + 104.31 = 464.06[\text{L/min}]$

해답

(1)

헤드	방수압력[MPa]	방수량[L/min]
①	0.1	$Q_1 = K\sqrt{10P}$ $= 80\sqrt{10 \times 0.1}$ $= 80[\text{L/min}]$
②	직관길이 3.4[m] $\Delta P_{①\sim②} = \dfrac{6 \times 10^4 \times 80^2}{120^2 \times 27^5} \times 3.4[\text{m}] = 0.01[\text{MPa}]$ $P_② = P_① + \Delta P_{①\sim②}$ = 0.1+0.01 = 0.11[MPa]	$Q_2 = K\sqrt{10P}$ $= 80\sqrt{10 \times 0.11}$ $= 83.9[\text{L/min}]$
③	직관길이 3.4[m] $\Delta P_{②\sim③} = \dfrac{6 \times 10^4 \times (80+83.9)^2}{120^2 \times 27^5} \times 3.4[\text{m}] = 0.03[\text{MPa}]$ $P_③ = P_② + \Delta P_{②\sim③}$ = 0.11+0.03 = 0.14[MPa]	$Q_3 = K\sqrt{10P}$ $= 80\sqrt{10 \times 0.14}$ $= 94.66[\text{L/min}]$
④	직관길이 3.4[m] $\Delta P_{③\sim④} = \dfrac{6 \times 10^4 \times (80+83.9+94.66)^2}{120^2 \times 36^5} \times 3.4[\text{m}] = 0.02[\text{MPa}]$ $P_④ = P_③ + \Delta P_{③\sim④}$ = 0.14+0.02 = 0.16[MPa]	$Q_4 = K\sqrt{10P}$ $= 80\sqrt{10 \times 0.16}$ $= 101.19[\text{L/min}]$
⑤	직관길이 3.4[m] $\Delta \text{P}_{④\sim⑤} = \dfrac{6 \times 10^4 \times (80+83.9+94.66+101.19)^2}{120^2 \times 42^5} \times 3.4[\text{m}] = 0.01[\text{Pa}]$ $P_⑤ = P_④ + \Delta P_{④\sim⑤}$ = 0.16+0.01 = 0.17[MPa]	$Q_5 = K\sqrt{10P}$ $= 80\sqrt{10 \times 0.17}$ $= 104.31[\text{L/min}]$

(2) 464.06[L/min]

02

옥내소화전설비의 소화펌프 토출측에서 유량이 1,500[LPM], 압력이 0.7[MPa]이었다. 이 소화펌프의 토출측 주배관의 가장 적합한 호칭경을 선정하시오(단, 배관의 내경은 다음 표에 의한다).

득점	배점
	6

호칭경	내경[mm]	호칭경	내경[mm]	호칭경	내경[mm]
25A	25	65A	65	150A	150
32A	32	80A	80	200A	200
40A	40	100A	100	250A	250
50A	50	125A	125	300A	300

방수량

$$Q = uA = u \times \frac{\pi}{4} D^2, \qquad D = \sqrt{\frac{4Q}{\pi u}}$$

여기서, Q : 방수량[m³/s]

D : 직경[mm]

u : 유속(주배관 유속 : 4[m/s] 이하)

$$\therefore\ D=\sqrt{\frac{4Q}{\pi u}}=\sqrt{\frac{4\times 1.5[\mathrm{m^3}]/60[\mathrm{s}]}{\pi\times 4[\mathrm{m/s}]}}=0.0892[\mathrm{m}]=89.2[\mathrm{mm}]\Rightarrow 100\mathrm{A}$$

해답 100A

03

25층인 특정소방대상물에 옥내소화전을 각층에 7개씩 설치되도록 설계하려 할 때 지하수조 수원의 최소유효저수량[m^3]과 가압송수장치의 최소토출량[L/min]을 구하시오(단, 옥상에는 수조가 없다).

득점	배점
	4

(1) 최소유효저수량[m^3]
① 계산과정 :
② 답 :
(2) 최소토출량[L/min]
① 계산과정 :
② 답 :

해설

(1) 유효저수량

$$Q=N(\text{최대 5개})\times 2.6[\mathrm{m^3}]$$

$\therefore\ Q=N\times 2.6[\mathrm{m^3}]=5\text{개}\times 2.6[\mathrm{m^3}]=13[\mathrm{m^3}]$

(2) 최소토출량

$$Q=N(\text{최대 5개})\times 130[\mathrm{L/min}]$$

$\therefore$ 최소토출량 $5\text{개}\times 130[\mathrm{L/min}]=650[\mathrm{L/min}]$

해답 (1) 최소유효저수량
① 계산과정 : $Q=N\times 2.6[\mathrm{m^3}]=5\text{개}\times 2.6[\mathrm{m^3}]=13[\mathrm{m^3}]$
② 답 : 13[m^3] 이상
(2) 최소토출량
① 계산과정 : 최소토출량 $5\text{개}\times 130[\mathrm{L/min}]=650[\mathrm{L/min}]$
② 답 : 650[L/min] 이상

04

위험물을 저장하는 옥외 탱크의 액표면적이 80[m^2]이고, 저장된 비수용성 위험물의 인화점이 21[℃] 미만이고 설치할 고정포 방출구는 I형이다. 또한 포 소화약제는 수성막포로서 4[L/m^2・min]이고 방사시간은 30분이며, 농도는 3[%]를 기준으로 할 경우 필요한 원액량[L]을 구하시오.

득점	배점
	3

원액의 양

$$Q = A \times Q_1 \times T \times S$$

여기서, Q : 포약제 원액량[L]
A : 탱크 액표면적[m^2]
Q_1 : 단위면적당 분당 토출량[$L/m^2 \cdot min$]
S : 포약제 농도[%]

구 분	약 제 량	수원의 양
① 고정포방출구	• 비수용성 위험물 $$Q = A \times Q_1 \times T \times S$$ Q : 포소화약제의 양[L] A : 탱크의 액표면적[m^2] Q_1 : 단위포소화 수용액의 양[$L/m^2 \cdot min$] T : 방출시간(포수용액의 양÷방출률)[min] S : 포소화약제 사용농도[%] • 수용성 위험물 $$Q = A \times Q_1 \times T \times S \times N$$ Q : 포소화약제의 양[L] A : 탱크의 액표면적[m^2] Q_1 : 단위포소화 수용액의 양[$L/m^2 \cdot min$] T : 방출시간(포수용액의 양÷방출률)[min] S : 포소화약제 사용농도[%] N : 위험물의 계수	$Q_W = A \times Q_1 \times T$
② 보조포소화전	$$Q = N \times S \times 8{,}000[L]$$ Q : 포소화약제의 양[L] N : 호스 접결구수(3개 이상일 경우 3개) S : 포소화약제의 사용농도[%]	$Q_W = N \times 8{,}000[L]$
③ 배관보정	가장 먼 탱크까지의 송액관(내경 75[mm] 이하 제외)에 충전하기 위하여 필요한 양 $$Q = Q_A \times S = \frac{\pi}{4}d^2 \times l \times s \times 1{,}000$$ Q : 배관 충전 필요량[L] Q_A : 송액관 충전량[L] S : 포소화약제 사용농도[%]	$Q_W = Q_A$
※ 고정포방출방식 약제저장량 = ① + ② + ③		

$\therefore\ Q = 80[m^2] \times 4[L/m^2 \cdot min] \times 30[min] \times 0.03 = 288[L]$

 288[L]

05

다음 그림은 어느 작은 주차장에 설치하고자 하는 포소화설비의 평면도이다. 그림과 주어진 조건을 이용하여 요구사항에 답하시오.

득점	배점
	12

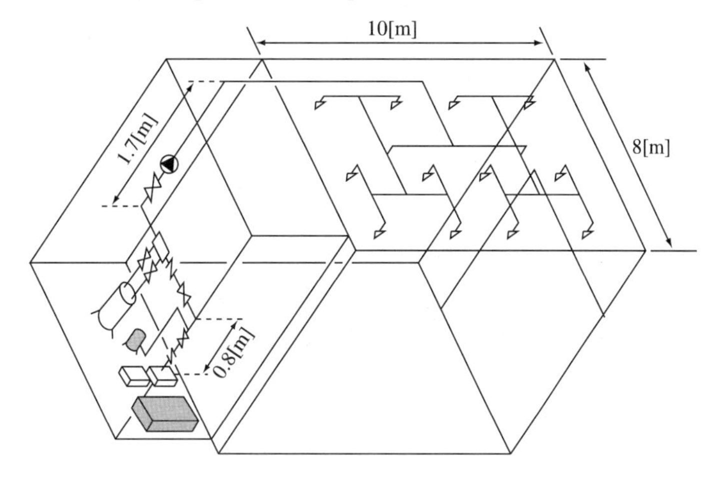

조 건

- 사용하는 포원액은 단백포로서 3[%]용이다.
- 방사시간은 10분이다.

물 음

(1) 포원액의 최소소요량은 얼마인가?

① 계산과정 :

② 답 :

(2) 펌프의 최소소요양정, 최소소요토출량, 최소소요동력을 계산하시오(단, 각 포헤드에서 방사압력은 0.25[MPa], 펌프 토출구로부터 포헤드까지 마찰손실압은 0.14[MPa]이고, 포수용액의 비중은 물의 비중과 같다고 가정하며, 펌프의 효율은 0.6, 축동력 전달계수는 1.1이다).

① 최소소요양정[m]

㉠ 계산과정 :

㉡ 답 :

② 최소소요토출량[L/min]

㉠ 계산과정 :

㉡ 답 :

③ 최소소요동력[kW]

㉠ 계산과정 :

㉡ 답 :

(3) 배관에 표시된 리듀서로는 편심 리듀서를 사용하는 것이 가장 합리적이다. 그 이유는 무엇인가?

해설

(1) 포원액의 최소소요량

$$Q = A \times Q_1 \times T \times S$$

여기서, A : 대상물의 바닥면적[m^2]
Q_1 : 포소화약제량(6.5[$L/min \cdot m^2$])
T : 방출시간[min]
S : 약제농도

$\therefore Q = A \times Q_1 \times T \times S = (10[m] \times 8[m]) \times 6.5[L/m^2 \cdot min] \times 10[min] \times 0.03 = 156[L]$

[특정소방대상물별 포소화약제 1분당 방사량]

특정소방대상물	포소화약제의 종류	바닥면적 1[m²]당 방사량
차고・주차장 및 항공기격납고	단백포소화약제	6.5[L] 이상
	합성계면활성제포소화약제	8.0[L] 이상
	수성막포소화약제	3.7[L] 이상
특수가연물을 저장・취급하는 특정소방대상물	단백포소화약제	6.5[L] 이상
	합성계면활성제포소화약제	6.5[L] 이상
	수성막포소화약제	6.5[L] 이상

(2) 최소소요양정, 최소소요토출량, 최소소요동력

① 최소소요양정

$$H = h_1 + h_2 + h_3 + h_4$$

여기서, H : 전양정[m]
h_1 : 노즐방사압력(0.25[MPa] = 25.49[m])
h_2 : 배관마찰손실수두(0.14[MPa] = 14.28[m])
h_3 : 실양정(흡입양정+토출양정=0.8[m]+1.7[m]=2.5[m])

$\therefore H = 25.49[m] + 14.28[m] + 2.5[m] = 42.27[m]$

② 최소소요토출량

$$Q = A \times Q_1$$

$\therefore Q = (10[m] \times 8[m]) \times 6.5[L/m^2 \cdot min] = 520[L/min]$

③ 최소소요동력

$$P = \frac{0.163 \times Q \times H}{\eta} \times K$$

여기서, Q : 유량(0.52[m^3/min]) H : 전양정(42.27[m])
η : 효율(0.6) K : 전달계수(1.10)

$\therefore P = \frac{0.163 \times Q \times H}{\eta} \times K = \frac{0.163 \times 0.52[m^3/min] \times 42.27[m]}{0.6} \times 1.1 = 6.57[kW]$

(3) 공동현상(배관 흡입측의 공기고임현상)을 방지하기 위하여 편심리듀서를 사용한다.

해답
(1) ① 계산과정 : $Q=(10[\text{m}]\times 8[\text{m}])\times 6.5[\text{L/m}^2\cdot\text{min}]\times 10[\text{min}]\times 0.03=156[\text{L}]$
② 답 : 156[L]
(2) ① 최소소요양정[m]
㉠ 계산과정 $H=25.49[\text{m}]+14.28[\text{m}]+2.5[\text{m}]=42.27[\text{m}]$
㉡ 답 : 42.27[m]
② 최소소요토출량[L/min]
㉠ 계산과정 $Q=(10[\text{m}]\times 8[\text{m}])\times 6.5[\text{L/m}^2\cdot\text{min}]=520[\text{L/min}]$
㉡ 답 : 520[L/min]
③ 최소소요동력[kW]
㉠ 계산과정

$$P=\frac{0.163\times Q\times H}{\eta}\times K=\frac{0.163\times 0.52[\text{m}^3/\text{min}]\times 42.27[\text{m}]}{0.6}\times 1.1$$
$$=6.57[\text{kW}]$$

㉡ 답 : 6.57[kW]
(3) 공동현상 방지를 위해

06

옥내소화전의 시험을 위하여 피토게이지로 압력을 측정하니 0.2[MPa]이었다. 노즐에서의 토출 유속[m/s]을 구하시오.

득점	배점
	4

해설

토출량

$$u=\sqrt{2gH}$$

여기서, u : 유속[m/s]
g : 중력가속도(9.8[m/s²])
H : 양정$\left(\frac{0.2[\text{MPa}]}{0.101325[\text{MPa}]}\times 10.332[\text{m}]=20.39[\text{m}]\right)$

$\therefore u=\sqrt{2gH}=\sqrt{2\times 9.8[\text{m/s}^2]\times 20.39[\text{m}]}=19.99[\text{m/s}]$

해답 19.99[m/s]

07

관로를 유동하는 물의 유속을 측정하고자 〈그림〉과 같은 장치를 설치하였다. U자 관의 읽음이 20[cm]일 때 유속은 몇 [m/s]인지 구하시오(단, 수은의 비중은 13.6, 속도계수는 1로 한다).

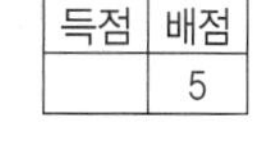

득점	배점
	5

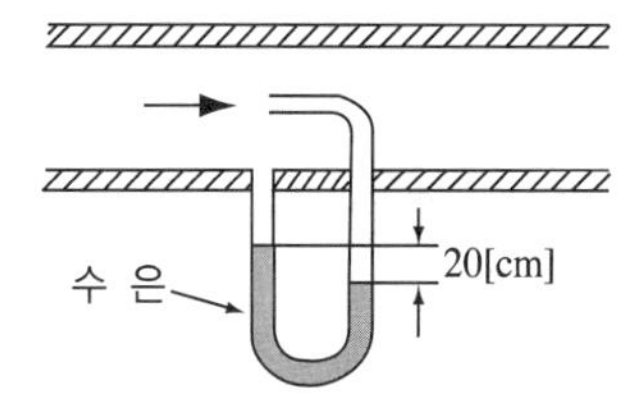

해설

유 속

$$u = c\sqrt{2\,g\,H\left(\frac{\gamma_s - \gamma}{\gamma}\right)}$$

여기서, c : 유량계수

g : 중력가속도(9.8[m/s^2])

H : 높이차(0.2[m])

γ_s : 수은의 비중량($13.6\times 9{,}800$[N/m^3])

γ : 물의 비중량($1\times 9{,}800$[N/m^3])

$$\therefore\ u = \sqrt{2\times 9.8[\mathrm{m/s^2}]\times 0.2\times\left(\frac{(13.6\times 9{,}800)-(1\times 9{,}800)}{1\times 9{,}800}\right)} = 7.028[\mathrm{m/s}]$$

해답 7.03[m/s]

08

운전 중인 펌프의 압력계를 측정한 결과 흡입측 진공계의 눈금이 150[mmHg], 송출측 압력계는 0.294[MPa]이었다. 펌프의 전양정[m]을 구하시오(단, 송출측 압력계는 흡입측 진공계보다 50[cm] 높은 곳에 있고, 흡입측과 송출측의 직경은 동일하다).

득점	배점
	3

해설

$$1[\mathrm{atm}] = 760[\mathrm{mmHg}] = 10.332[\mathrm{mH_2O}] = 101{,}325[\mathrm{Pa}] = 0.101325[\mathrm{MPa}]$$

∴ 전양정

$$H = \left(\frac{150[\mathrm{mmHg}]}{760[\mathrm{mmHg}]}\times 10.332[\mathrm{m}]\right) + \left(\frac{0.294[\mathrm{MPa}]}{0.101325[\mathrm{MPa}]}\times 10.332[\mathrm{m}]\right) + 0.5[\mathrm{m}] = 32.52[\mathrm{m}]$$

해답 32.52[m]

09

다음은 각종 제연방식 중 자연제연방식에 대한 내용이다. 주어진 조건을 참조하여 각 물음에 답하시오.

득점	배점
	10

조 건

- 연기층과 공기층의 높이차는 3[m]이다.
- 화재실의 온도는 707[℃]이고, 외부온도는 27[℃]이다.
- 공기평균분자량은 28이고, 연기평균분자량은 29라고 가정한다.
- 화재실 및 실외의 기압은 1기압이다.
- 중력가속도는 9.8[m/s^2]으로 한다.

물 음

(1) 연기의 유출속도[m/s]를 산출하시오.
(2) 외부풍속[m/s]를 산출하시오.
(3) 자연제연방식을 변경하여 화재실 상부에 배연기(배풍기)를 설치하여 연기를 배출하는 형식으로 한다면 그 방식은 무엇인가?
(4) 일반적으로 가장 많이 이용하고 있는 제연방식을 3가지만 쓰시오.
(5) 화재실의 바닥면적이 300[m²]이고 Fan의 효율은 60[%], 전압 70[mmAq], 여유율 10[%]로 할 경우 설비의 풍량을 송풍할 수 있는 배출기의 최소동력[kW]을 산출하시오.

해설

(1) 연기의 유출속도

$$u = \sqrt{2gH\left(\frac{\rho_a}{\rho_s} - 1\right)}$$

여기서, u : 연기속도[m/s], g : 중력가속도(9.8[m/s²]), ρ_s : 연기밀도[kg/m³], ρ_a : 공기밀도[kg/m³], H : 연기와 공기의 높이차[m]

① 연기의 밀도

$$\rho = \frac{PM}{RT}$$

여기서, P : 압력[N/m²], M : 분자량, R : 기체상수(8,314[N · m/kg-mol · K]), T : 절대온도(273 + 707 = 980[K])

$$\therefore \rho_s = \frac{PM}{RT} = \frac{101{,}325[\text{N/m}^2] \times 29[\text{kg/kg-mol}]}{8{,}314[\text{N} \cdot \text{m/kg-mol} \cdot \text{K}] \times 980[\text{K}]} = 0.36[\text{kg/m}^3]$$

② 공기의 밀도

$$\therefore \rho_a = \frac{PM}{RT} = \frac{101{,}325[\text{N/m}^2] \times 28[\text{kg/kg-mol}]}{8{,}314[\text{N} \cdot \text{m/kg-mol} \cdot \text{K}] \times (273+27)[\text{K}]} = 1.14[\text{kg/m}^3]$$

③ 연기의 유출속도

$$u_s = \sqrt{2gH\left(\frac{\rho_a}{\rho_s} - 1\right)} = \sqrt{2 \times 9.8[\text{m/s}^2] \times 3[\text{m}] \times \left(\frac{1.14[\text{kg/m}^3]}{0.36[\text{kg/m}^3]} - 1\right)} = 11.29[\text{m/s}]$$

(2) 외부풍속

$$u_o = u_s \times \sqrt{\frac{\rho_s}{\rho_a}}$$

여기서, u_s : 연기의 유출속도[m/s], ρ_s : 연기밀도[kg/m³], ρ_a : 공기밀도[kg/m³]

$$\therefore u_o = u_s \times \sqrt{\frac{\rho_s}{\rho_a}} = 11.29[\text{m/s}] \times \sqrt{\frac{0.36[\text{kg/m}^3]}{1.14[\text{kg/m}^3]}} = 6.34[\text{m/s}]$$

(3), (4) 제연방식의 종류

① 자연제연방식 : 화재 시 발생되는 온도 상승에 의해 발생한 부력 또는 외부 공기의 흡출효과에 의하여 내부의 실 상부에 설치된 창 또는 전용의 제연구로부터 연기를 옥외로 배출하는 방식

② 스모크타워제연방식 : 전용 샤프트를 설치하여 건물 내・외부의 온도차와 화재 시 발생되는 열기에 의한 밀도 차이를 이용하여 지붕외부의 **루프모니터** 등을 이용하여 옥외로 배출환기시키는 방식

③ 기계제연방식

㉠ 제1종 기계제연방식 : 제연팬으로 급기와 배기를 동시에 행하는 제연방식

㉡ 제2종 기계제연방식 : 제연팬으로 급기를 하고 자연배기를 하는 제연방식

㉢ 제3종 기계제연방식 : **제연팬으로 배기**를 하고 자연급기를 하는 제연방식

(5) 배출기의 동력

$$P[\mathrm{kW}] = \frac{Q \times P_T}{102 \times \eta} \times K$$

여기서, Q : 풍량($300[\mathrm{m^2}] \times 1[\mathrm{m^3/min \cdot m^2}] = 300[\mathrm{m^3/min}]$)

P_T : 전압($70[\mathrm{mmAq}]$)

η : 전동기효율(0.6)

K : 전달계수(1.1)

$$\therefore\ P = \frac{300[\mathrm{m^3}]/60[\mathrm{s}] \times 70[\mathrm{mmAq}]}{102 \times 0.6} \times 1.1 = 6.29[\mathrm{kW}]$$

해답

(1) 11.29[m/s]

(2) 6.34[m/s]

(3) 제3종 기계제연방식(흡입방연방식)

(4) ① 자연제연방식

② 스모크타워제연방식

③ 기계제연방식

(5) 6.29[kW]

10

전역방출방식 분말소화설비에서 10[m](L)×10[m](W)×10[m](H) 크기를 갖는 방호대상물에 3종 분말소화약제($NH_4H_2PO_4$)를 적용 시 소요약제량을 구하시오(단, 모든 출입구는 자동폐쇄장치를 설치하였다).

득점	배점
	3

해설

소요약제량

소화약제 저장량[kg]
= 방호구역 체적[$\mathrm{m^3}$]× 소화약제량[$\mathrm{kg/m^3}$]+개구부의 면적[$\mathrm{m^2}$] × 가산량[$\mathrm{kg/m^2}$]

※ 개구부의 면적은 자동폐쇄장치가 설치되어 있지 않는 면적이다.

약제의 종류	소화약제량	가산량
제1종 분말	0.60[kg/m^3]	4.5[kg/m^2]
제2종 또는 **제3종 분말**	**0.36[kg/m^3]**	2.7[kg/m^2]
제4종 분말	0.24[kg/m^3]	1.8[kg/m^2]

∴ 약제량[kg] = 방호대상물 체적(10[m] × 10[m] × 10[m]) × 0.36[kg/m^3] = 360[kg]

해답 360[kg]

11

그림은 어느 공장에 설치된 지하매설 소화용 배관도이다. "가 ~ 마"까지의 각각의 옥외소화전의 측정수압이 표와 같을 때 다음 각 물음에 답하시오.

득점	배점
	18

가 나 다 라 마

φ200[mm] φ200[mm] φ150[mm] φ200[mm]

Flow ⟶

277[m] 152[m] 133[m] 277[m]

위 치 / 압 력	가	나	다	라	마
정압(靜壓)	5.57	5.17	5.72	5.86	5.52
방사압력	4.9	3.79	2.96	1.72	0.69

※ 방사압력은 소화전의 노즐 캡을 열고 소화전 본체 직근에서 측정한 Residual Pressure를 말한다.

(1) 다음은 동수경사선(Hydraulic Gradient)을 작성하기 위한 과정이다. 주어진 자료를 활용하여 표의 빈 곳을 채우시오(단, 계산과정을 보일 것).

항 목 / 소화전	구경 [mm]	실관장 [m]	측정압력[MPa] 정 압	측정압력[MPa] 방사 압력	펌프로부터 각 소화전까지 전마찰손실 [MPa]	소화전 간의 배관마찰손실 [MPa]	Gauge Elevation [MPa]	경사선의 Elevation [MPa]
가	–	–	0.557	0.49	①	–	0.029	0.519
나	200	277	0.517	0.379	②	⑤	0.069	⑩
다	200	152	0.572	0.296	③	0.138	⑧	0.31
라	150	133	0.586	0.172	0.414	⑥	0	⑪
마	200	277	0.552	0.069	④	⑦	⑨	⑫

(단, 기준 Elevation으로부터의 정압은 0.586[MPa]으로 본다)

(2) 상기 ㉮항에서 완성된 표를 자료로 하여 답안지의 동수경사선과 Pipe Profile을 완성하시오.

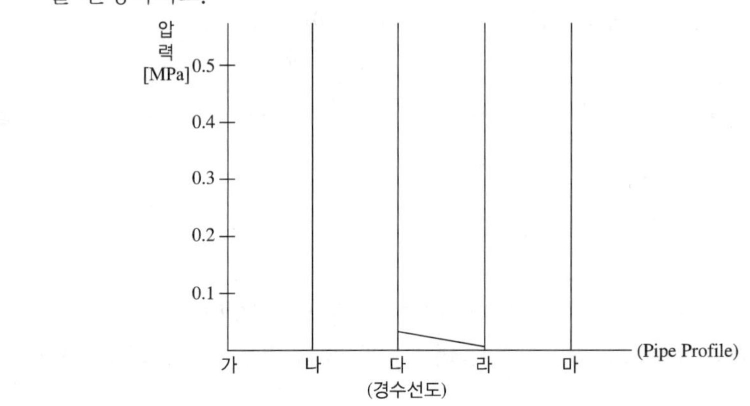

해설

동수경사선 작성

- 펌프로부터 각 소화전까지 전마찰 손실=정압－방사압력
- 소화전 간의 배관마찰손실
  =펌프로부터 소화전까지 전마찰손실－펌프로부터 전단 소화전까지의 전마찰손실
- 게이지압력(Gauge Elevation)=기준정압 Elevation－정압
- 경사선의 Elevation=방사압력+Gauge Elevation

소화전	측정압력 [MPa]		펌프로부터 각 소화전까지 전마찰 손실[MPa]	소화전 간의 배관마찰손실 [MPa]	Gauge Elevation [MPa]	경사선의 Elevation[MPa]
	정 압	방사 압력	정압-방사압력	각소화전 호스까지 마찰손실차	기준정압 Elevation (0.0586[MPa] －정압)	방사압력 +Gauge Elevation
가	0.557	0.49	① 0.557－0.49 =0.067	－	0.586－0.557 =0.029	0.49+0.029 =0.519
나	0.517	0.379	② 0.517－0.379 =0.138	⑤ 0.138－0.067 =0.071	0.586－0.517 =0.069	⑩ 0.379+0.069 =0.448
다	0.572	0.296	③ 0.572－0.296 =0.276	0.276－0.138 =0.138	⑧ 0.586－0.572 =0.014	0.296+0.014 =0.31
라	0.586	0.172	0.586－0.172 =0.414	⑥ 0.414－0.276 =0.138	0.586－0.586 =0	⑪ 0.172+0 =0.172
마	0.552	0.069	④ 0.552－0.069 =0.483	⑦ 0.483－0.414 =0.069	⑨ 0.586－0.552 =0.034	⑫ 0.069+0.034 =0.103

해답 (1)

번 호	계산식	답	번 호	계산식	답
①	0.557－0.49＝0.067	0.067	⑦	0.483－0.414＝0.069	0.069
②	0.517－0.379＝0.138	0.138	⑧	0.586－0.572＝0.014	0.014
③	0.572－0.296＝0.276	0.276	⑨	0.586－0.552＝0.034	0.034
④	0.552－0.069＝0.483	0.483	⑩	0.379＋0.069＝0.448	0.448
⑤	0.138－0.067＝0.071	0.071	⑪	0.172＋0＝0.172	0.172
⑥	0.414－0.276＝0.138	0.138	⑫	0.069＋0.034＝0.103	0.103

(2)

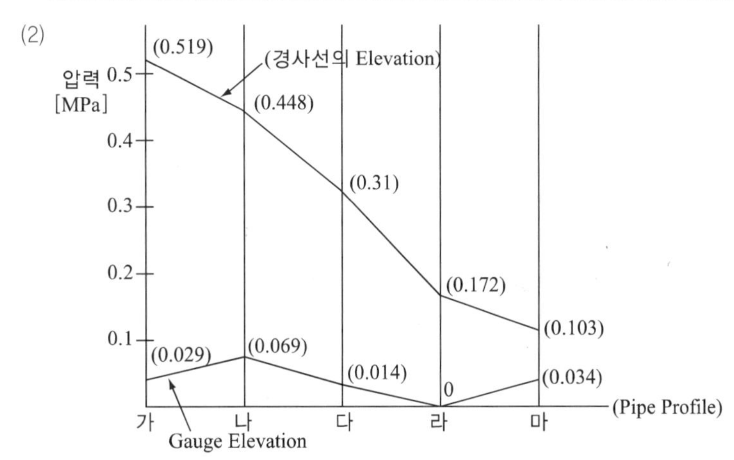

12

합성계면활성제 포소화약제 1.5[%]형을 650 : 1로 방출하였더니 포의 체적이 16.25[m^3]이었다. 다음 각 물음에 답하시오.

득점	배점
	6

(1) 사용된 합성계면활성제 포 1.5[%]형의 포수용액의 양[L]을 구하시오.

(2) 사용된 물의 양[L]을 구하시오.

(3) (1)에서 사용된 합성계면활성제 포수용액을 사용하여 팽창비가 280이 되게 포를 방출한다면 방출된 포의 체적[L]을 구하시오.

해설

(1) 포수용액의 양

$$팽창비 = \frac{방출\ 후\ 포의\ 체적[L]}{방출\ 전\ 포수용액의\ 양[L]}$$

$\therefore 650 = \dfrac{16,250[L]}{x}$

$\therefore x = 25[L]$ – 포수용액(물 + 원액)

$1[m^3] = 1,000[L]$

(2) 물의 양

$\therefore\ 25[\mathrm{L}] \times 0.985(98.5[\%]) = 24.625[\mathrm{L}]$

(3) 팽창비 $= \dfrac{\text{방출 후 포의 체적[L]}}{\text{방출 전 포수용액의 양[L]}}$

$280 = \dfrac{x}{25[\mathrm{L}]}$

$\therefore\ x = 280 \times 25 = 7{,}000[\mathrm{L}]$

해답 (1) 25[L]

(2) 24.63[L]

(3) 7,000[L]

13

소화설비용 수평배관 내의 평균유속이 2.8[m/s], 45.1[kPa]의 압력, 유량이 0.75[m³/s]이고, 손실수두를 무시할 경우 필요한 소화수 펌프동력[kW]을 구하시오(단, 펌프효율 및 동력전달계수는 무시).

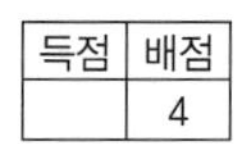

득점	배점
	4

해설

펌프동력

$$P = \frac{0.163 \times Q \times H}{\eta} \times K$$

여기서, P : 펌프동력[kW]

Q : 토출량$(0.75[\mathrm{m^3/s}] \times 60[\mathrm{s/min}] = 45[\mathrm{m^3/min}])$

H : 전양정$\left(H = \dfrac{u^2}{2g} + \dfrac{P}{\gamma} = \dfrac{(2.8[\mathrm{m/s}])^2}{2 \times 9.8[\mathrm{m/s^2}]} + \dfrac{45.1[\mathrm{kN/m^2}]}{9.8[\mathrm{kN/m^3}]} = 5[\mathrm{m}]\right)$

η : 효율[%]

K : 전달계수

$$\gamma = 1{,}000[\mathrm{kg_f/m^3}] = 9{,}800[\mathrm{N/m^3}] = 9.8[\mathrm{kN/m^3}]$$

$$\therefore\ P = \frac{0.163 \times 45[\mathrm{m^3/min}] \times 5[\mathrm{m}]}{1} \times 1 = 36.68[\mathrm{kW}]$$

해답 36.68[kW]

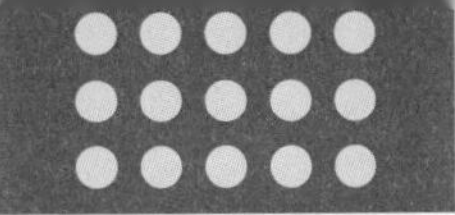

제 2 회 2010년 7월 4일 시행

※ 다음 물음에 대한 답을 해당 답란에 답하시오.(배점 : 100)

01

업무시설의 지하층 전기설비 등에 다음과 같이 이산화탄소소화설비를 설치하고자 한다. 주어진 조건에 적합하게 답하시오.

득점	배점
	10

조 건

- 설비는 전역방출방식으로 하며 설치장소는 전기설비실, 케이블실, 서고, 모피창고임
- 전기설비실과 모피창고에는 가로 1[m]×세로 2[m]의 자동폐쇄장치가 설치되지 않은 개구부가 각각 1개씩 설치됨
- 저장용기의 내용적은 68[L]이며, 충전비는 1.511으로 동일 충전비를 가짐
- 전기설비실과 케이블실은 동일 방호구역으로 설계함
- 소화약제 방출시간은 모두 7분으로 함
- 각 실에 설치할 노즐의 방사량은 각 노즐 1개당 10[kg/min]으로 함
- 각 실의 평면도는 다음과 같다(각 실의 층고는 모두 3[m]임).

전기설비실 (8[m]×6[m])	모피창고 (10[m]×3[m])
전기설비실 (8[m]×6[m])	서 고 (10[m]×7[m])
케이블실 (2[m]×6[m])	서 고 (10[m]×7[m])

저장용기실 (2[m]×3[m])

물 음

(1) 모피창고의 실제 소요가스량[kg]을 구하시오.

(2) 저장용기 1병에 충전되는 가스량[kg]을 구하시오.

(3) 저장용기 실에 설치할 저장용기의 수는 몇 병인지 구하시오.

(4) 설치하여야 할 선택밸브의 수는 몇 개인지 구하시오.

(5) 모피창고에 설치할 헤드 수는 모두 몇 개인지 구하시오(단, 실제 방출 병 수로 계산).

(6) 서고의 선택밸브 주 배관의 유량은 몇 [kg/min]인지 구하시오(실제 방출 병수로 계산).

해설

(1) 각 실의 소요약제량

소화약제 저장량[kg]
= 방호구역 체적[m^3]×소화약제량[kg/m^3]+개구부의 면적[m^2]×가산량[kg/m^2]

[종이, 목재, 석탄, 섬유류, 합성수지류 등 심부화재 방호대상물]

방호대상물	방호구역 1[m^3]에 대한 소화약제의 양	설계농도[%]	개구부 가산량[kg/m^2] (자동폐쇄장치 미설치 시)
유압기기를 제외한 **전기설비·케이블실**	1.3[kg]	50	10[kg]
체적 55[m^3] 미만의 전기설비	1.6[kg]	50	10[kg]
서고, 전자제품창고, 목재가공품 창고, 박물관	2.0[kg]	65	10[kg]
고무류, 면화류창고, **모피창고**, 석탄창고, 집진설비	2.7[kg]	75	10[kg]

① 전기설비실 = (8[m]×6[m]×3[m]×1.3[kg/m^3])+(1[m]×2[m]×10[kg/m^2])
= 207.2[kg]

② **모피창고** = (10[m]×3[m]×3[m]×2.7[kg/m^3])+(1[m]×2[m]×10[kg/m^2])
= **263[kg]**

③ 케이블실 = 2[m]×6[m]×3[m]×1.3[kg/m^3] = 46.8[kg]

④ 서고 = 10[m]×7[m]×3[m]×2.0[kg/m^3] = 420[kg]

∴ 모피창고의 실제 소요가스량 : 263[kg]

(2) 1병에 충전되는 가스량

$$충전비 = \frac{용기체적[L]}{약제저장량[kg]}$$

$$1.511 = \frac{68[L]}{약제\ 저장량[kg]}$$

$$\therefore\ 약제\ 저장량 = \frac{68[L]}{1.511} = 45.00[kg]$$

(3) 저장용기의 수

① 전기설비실 + 케이블실(동일 방호구역)

• 저장용기의 수 $= \frac{(207.2+46.8)[kg]}{45[kg]} = 5.64 \Rightarrow 6$병

② 모피창고

• 저장용기의 수 $= \frac{263[kg]}{45[kg]} = 5.84 \Rightarrow 6$병

③ 서 고

• 저장용기의 수 $= \frac{420[kg]}{45[kg]} = 9.33 \Rightarrow 10$병

※ 약제량이 가장 많은 방호구역을 기준으로 하므로 10병을 저장하여야 한다.

(4) 선택밸브는 각 방호구역마다 설치하므로 모피창고, 전기설비실+케이블실(동일 방호구역), 서고의 3개가 필요하다.

(5) 모피창고의 헤드 수

약제 병수 = 263[kg] ÷ 45[kg] = 5.84병 ⇒ 6병

6병 × 45[kg] = 270[kg]

[대상물별 방사시간]

특정소방대상물	시 간
가연성 액체 또는 가연성 가스 등 표면화재 방호대상물	1분
종이, 목재, 석탄, 섬유류, 합성수지류 등 심부화재 방호대상물(설계농도가 2분 이내에 30[%] 도달)	7분
국소방출방식	30초

분당 약제 방출량=270[kg]÷7분=38.571[kg/분]

문제에서 각 노즐 1개당 10[kg/분]이므로

∴ 소요노즐개수 = 38.571[kg/분] ÷ 10[kg/분] = 3.85개 ⇒ 4개

(6) 서고의 주배관의 유량

420[kg] ÷ 45[kg] = 9.33병 ⇒ 10병

실제 방출량 10병×45[kg] = 450[kg]

∴ 분당 방출량 = 450[kg] ÷ 7분 = 64.29[kg/min]

해답

(1) 263[kg]
(2) 45.00[kg]
(3) 10병
(4) 3개
(5) 4개
(6) 64.29[kg/min]

02

방호대상물 규격이 가로 2[m], 세로 1[m], 높이 1.5[m]인 특수가연물 제1종이 있다. 화재 시 비산할 우려가 있어 밀폐된 용기에 저장하였다. 이산화탄소소화설비 국소방출방식으로 설계할 때, 고압식과 저압식의 경우 각각의 약제 저장량은 몇 [kg]인지 구하시오(단, 특정소방대상물 주위에는 방호대상물과 동일한 크기의 벽을 설치하였다).

득점	배점
	5

(1) 고압식

(2) 저압식

해설

국소방출방식의 CO_2 약제저장량

특정소방대상물	약제저장량[kg]	
	고압식	저압식
윗면이 개방된 용기에 저장하는 경우와 화재 시 연소면이 한정되고, 가연물이 비산할 우려가 없는 경우	방호대상물의 표면적[m^2] × 13[kg/m^2] × 1.4	방호대상물의 표면적[m^2] × 13[kg/m^2] × 1.1
상기 이외의 것	방호공간의 체적[m^3] $\times\left(8-6\frac{a}{A}\right)$[$kg/m^3$] × 1.4	방호공간의 체적[m^3] $\times\left(8-6\frac{a}{A}\right)$[$kg/m^3$] × 1.1

- 윗면이 개방된 용기에 저장하는 경우와 화재 시 연소면이 한정되고, 가연물이 비산할 우려가 없는 경우 외의 약제저장량

• 가로와 세로는 동일한 크기의 벽이 있으니까 막혀있고 높이는 0.6[m]를 적용하면
 – 방호공간의 체적 $=2[\mathrm{m}]\times 1[\mathrm{m}]\times 2.1[\mathrm{m}]=4.2[\mathrm{m}^3]$

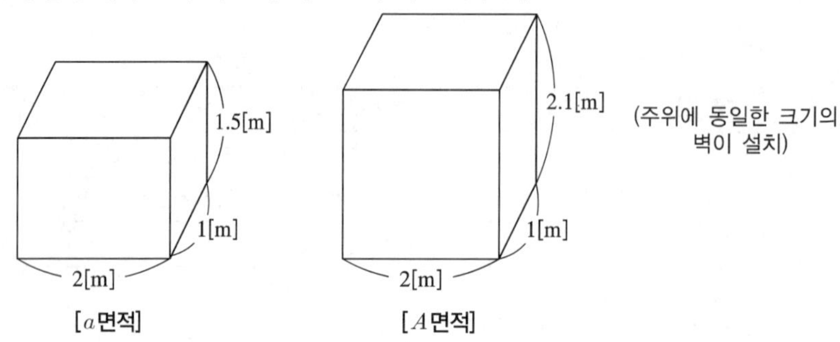

 – 방호공간의 벽면적(A) = $(2[\mathrm{m}]\times 2.1[\mathrm{m}]\times 2\text{면})+(1[\mathrm{m}]\times 2.1[\mathrm{m}]\times 2\text{면})=12.6[\mathrm{m}^2]$
 – 방호대상물 주위에 설치된 벽면적의 합계(a)
 $=(2[\mathrm{m}]\times 1.5[\mathrm{m}]\times 2\text{면})+(1[\mathrm{m}]\times 1.5[\mathrm{m}]\times 2\text{면})=9[\mathrm{m}^2]$

• 약제저장량
 – 고압식

$$\text{방호공간의 체적}[\mathrm{m}^3]\times\left(8-6\frac{a}{A}\right)[\mathrm{kg/m}^3]\times 1.4$$

$\therefore$ 저장량 $=4.2[\mathrm{m}^3]\times\left(8-6\times\dfrac{9}{12.6}\right)\times 1.4=21.84[\mathrm{kg}]$

 – 저압식

$$\text{방호공간의 체적}[\mathrm{m}^3]\times\left(8-6\frac{a}{A}\right)[\mathrm{kg/m}^3]\times 1.1$$

$\therefore$ 저장량 $=4.2[\mathrm{m}^3]\times\left(8-6\times\dfrac{9}{12.9}\right)\times 1.1=17.16[\mathrm{kg}]$

해답 (1) 고압식 : 21.84[kg]
(2) 저압식 : 17.16[kg]

03

건식 스프링클러설비 등에 사용하는 드라이펜던트형 헤드(Dry Pendent Type Sprinkler Head)를 설치하는 목적에 대하여 쓰시오.

득점	배점
	4

해설

건식 스프링클러설비에서 상향형 헤드를 사용하여야 하는데 **하향형 헤드**를 사용하는 경우에는 **동파를 방지**하기 위하여 롱니플 내에 질소를 주입한 **드라이펜던트형 헤드**를 사용한다.

해답 하향식 헤드의 동파방지를 위하여 사용함

04

가로 30[m], 세로 20[m]의 내화구조로 된 특정소방대상물의 스프링클러헤드를 설치하려고 한다. 헤드를 정방형으로 설치할 때 헤드의 소요개수를 계산하시오.

득점	배점
	5

해설

헤드의 설치개수

설치장소	수평거리(r)
무대부, 특수가연물	1.7[m] 이하
비내화구조	2.1[m] 이하
내화구조	**2.3[m] 이하**
랙식창고	2.5[m] 이하
아파트	3.2[m] 이하

내화구조이므로 수평거리 R = 2.3[m]이고 정방형으로 설치하므로 헤드와 헤드 사이 거리

$\therefore\ S = 2R\cos 45^\circ = 2 \times 2.3[\mathrm{m}] \times \cos 45^\circ = 3.253[\mathrm{m}]$

- 가로의 헤드 소요개수 $= 30[\mathrm{m}] \div 3.253[\mathrm{m}] = 9.222 \Rightarrow$ 10개
- 세로의 헤드 소요개수 $= 20[\mathrm{m}] \div 3.253[\mathrm{m}] = 6.148 \Rightarrow$ 7개

※ 총헤드수=가로(10개)×세로(7개)=70개

해답 70개

05

소화설비의 가압송수장치를 작동시켰을 때 주배관의 유속과 토출량을 측정한 결과 유속 6[m/s], 유량이 분당 1,000[L]이었다면 본 소화설비의 주배관의 구경은 몇 [mm]가 되겠는지 구하시오.

득점	배점
	5

해설

구 경

$$Q = uA,\quad D^2 = \frac{Q}{\frac{\pi}{4} \times u} \qquad D = \sqrt{\frac{4Q}{\pi \times u}}$$

여기서, Q : 유량$(1{,}000[\mathrm{L}]/[\mathrm{min}] = 1[\mathrm{m^3}]/60[\mathrm{s}] = 0.0167[\mathrm{m^3/s}])$
u : 유속(6[m/s])

$$\therefore\ D = \sqrt{\frac{4 \times 0.0167[\mathrm{m^3/s}]}{\pi \times 6[\mathrm{m/s}]}} = 0.0595[\mathrm{m}] = 59.5[\mathrm{mm}] \ = 65[\mathrm{mm}]$$

해답 65[mm]

06

아래 설치 도면은 폐쇄형 습식 스프링클러설비에 대한 가지배관의 최고 말단부를 나타낸 것이다. 다음 물음에 답하시오.

득점	배점
	24

조 건

- 회향식 배관의 마찰손실압력은 모두 같다고 가정한다.
- 헤드 설치 도면

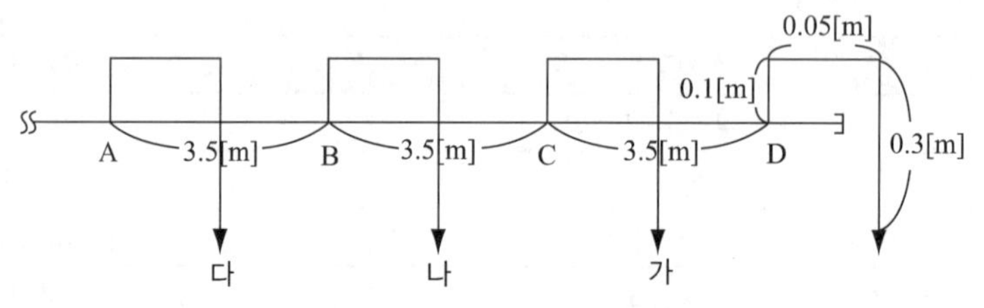

- 배관에 설치된 관부속품의 등가길이[m]는 아래 표와 같다.

호칭경	90° 엘보	분류 T	직류 T	리듀서
50A	2.1	3.0	0.60	1.20
40A	1.5	2.1	0.45	0.90
32A	1.2	1.8	0.36	0.72
25A	0.9	1.5	0.27	0.54

- 호칭 경에 따른 내경 표는 아래와 같다.

호칭경	50A	40A	32A	25A
내 경	53	42	36	28

- 최종 헤드의 방사압력은 0.1[MPa]이다.
- 배관의 마찰손실은 하젠-윌리엄스식에 따른다.

$$\Delta P = \frac{6 \times Q^2 \times 10^4}{120^2 \times d^5}$$

여기서, ΔP : 배관의 길이 1[m]당 마찰손실압력[MPa]
Q : 배관 내의 유수량[L/min]
d : 배관의 내경[mm]

- 계산은 소수점 넷째자리에서 반올림하여 소수점 셋째자리까지 구할 것

물 음

(1) 각 구간별(A→B, B→C, C→D, D→최종헤드) 배관의 마찰손실[MPa]을 구하시오.

① D → 최종헤드 구간(단, 구경 25A)
② C → D 구간(단, 구경 25A)
③ B → C 구간(단, 구경 25A)
④ A → B 구간(단, 구경 32A)

(2) A점에서 최종헤드까지의 총손실압력[MPa]을 구하시오.
(3) D, C, B, A점에서의 압력[MPa]을 구하시오.
(4) 가, 나, 다 헤드의 방사압력[MPa]을 구하시오.

해설

(1) 각 배관의 마찰손실[MPa]

① D → 최종헤드구간

$$\Delta P = \frac{6 \times Q^2 \times 10^4}{120^2 \times d^5} \times L$$

여기서, Q : 유량[L/min] $= K\sqrt{10P} = 80\sqrt{10 \times 0.1} = 80$[L/min]
d : 내경(25A ⇒ 표에서 28[mm])
L : 배관길이(직관 + 관부속품) = 0.45[m] + 1.8[m] + 0.54[m] = 2.79[m]

PLUS ONE **관부속품**
- 90°엘보(25A)×2개 = 0.9[m]×2개 = 1.8[m]
- 리듀서(25A×15A)×1개 = 0.54[m]
- 직관 = 0.3+0.05+0.1 = 0.45[m]

$$\therefore \Delta P_1 = \frac{6 \times 80^2 \times 10^4}{120^2 \times 28^5} \times 2.79 = 0.0043[\text{MPa}] = 0.004[\text{MPa}]$$

② C → D 구간

$$\Delta P = \frac{6 \times Q^2 \times 10^4}{120^2 \times d^5} \times L$$

여기서, Q : 유량[L/min] $= K\sqrt{10P} = 80\sqrt{10 \times 0.1} = 80[\text{L/min}]$
d : 내경(25A ⇒ 표에서 28[mm])
L : 배관길이(직관 + 관부속품) = 3.5[m] + 1.5[m] = 5.0[m]

PLUS ONE **관부속품**
- 분류 티(25A)×1개 = 1.5[m]
- 직관 : 3.5[m]

$$\therefore \Delta P_2 = \frac{6 \times 80^2 \times 10^4}{120^2 \times 28^5} \times 5.0[\text{m}] = 0.0077[\text{MPa}] = 0.008[\text{MPa}]$$

③ B → C 구간

$$\Delta P = \frac{6 \times Q^2 \times 10^4}{120^2 \times d^5} \times L$$

여기서, Q : 유량[L/min] $= K\sqrt{10 \times (P + \Delta P_1 + \Delta P_2 - \Delta P_1)}$
$= 80 \times \sqrt{10 \times (0.1 + 0.004 + 0.008 - 0.04)}$
$= 83.138$[L/min]
d : 내경(25A ⇒ 표에서 28[mm])
L : 배관길이(직관 + 관부속품) = 3.5[m] + 0.27[m] = 3.77[m]

PLUS ONE **관부속품**
- 직류 티(25A)×1개 = 0.27[m]
- 직관 : 3.5[m]

$$\therefore \ \Delta P_3 = \frac{6 \times (80 + 83.138)^2 \times 10^4}{120^2 \times 28^5} \times 3.77[\mathrm{m}] = 0.02429[\mathrm{MPa}] = 0.024[\mathrm{MPa}]$$

④ A → B구간

$$\Delta P = \frac{6 \times Q^2 \times 10^4}{120^2 \times d^5} \times L$$

여기서, Q : 유량[L/min]

$= K\sqrt{10 \times (P + \Delta P_1 + \Delta P_2 + \Delta P_3 - \Delta P_1)}$

$= 80 \times \sqrt{10 \times (0.1 + 0.004 + 0.008 + 0.024 - 0.004)} = 91.913[\mathrm{L/min}]$

d : 내경(32A ⇒ 표에서 36[mm])

L : 배관길이(직관 + 관부속품) = 3.5[m] + 0.36[m] + 0.72[m] = 4.58[m]

PLUS ONE **관부속품**
- 직류 티(32A)×1개 = 0.36[m]
- 리듀서(32A×25A)×1개 = 0.72[m]
- 직관 : 3.5[m]

$$\therefore \ \Delta P_4 = \frac{6 \times (80 + 83.138 + 91.913)^2 \times 10^4}{120^2 \times 36^5} \times 4.58[\mathrm{m}] = 0.2053[\mathrm{MPa}] = 0.021[\mathrm{MPa}]$$

(2) A점에서 최종헤드까지의 총손실압력($P_{1\sim4}$)

회향식 배관에서 낙차의 환산수두압은 수직배관에만 적용하며 유체(물)가 위로 흐르면 +로, 아래로 흐르면 −로 한다.

$0.1[\mathrm{m}] - 0.3[\mathrm{m}] = -0.2[\mathrm{m}] = -0.002[\mathrm{MPa}]$(0.1[MPa]을 10[m]로 환산한다)

$P_T = \Delta P_1 + \Delta P_2 + \Delta P_3 + \Delta P_4 +$ 낙차의 환산수두압

$= 0.004 + 0.008 + 0.024 + 0.021 + (-0.002) = 0.055[\mathrm{MPa}]$

(3) D, C, B, A점에서의 압력

① D점 압력 = $P + \Delta P_1 +$ 낙차의 환산수두압 = $0.1 + 0.004 + (-0.002) = 0.102[\mathrm{MPa}]$

② C점 압력 = D점의 압력 + $\Delta P_2 = 0.102 + 0.008 = 0.11[\mathrm{MPa}]$

③ B점 압력 = C점의 압력 + $\Delta P_3 = 0.11 + 0.024 = 0.134[\mathrm{MPa}]$

④ A점 압력 = B점의 압력 + $\Delta P_4 = 0.134 + 0.021 = 0.155[\mathrm{MPa}]$

(4) 가, 나, 다 헤드의 방사압력

압력 $P = P_1 + P_2 + 0.1[\mathrm{MPa}]$

헤드의 방사압력 $= P - \Delta P_1 - P_2$

여기서, P : 각 지점의 압력

P_1 : 회향식 배관의 마찰손실압(ΔP_1 : 0.004[MPa])

P_2 : 낙차의 환산수두압($0.1 - 0.3 = -0.2[\mathrm{m}] = -0.002[\mathrm{MPa}]$)

① "가" 헤드의 방사압력=C점의 압력 $-\Delta P_1 - P_2$ = 0.11−0.004−(−0.002)=0.108[MPa]

② "나" 헤드의 방사압력=B점의 압력 $-\Delta P_1 - P_2$ = 0.134−0.004−(−0.002)=0.132[MPa]

③ "다" 헤드의 방사압력=A점의 압력 $-\Delta P_1 - P_2$ = 0.155−0.004−(−0.002)=0.153[MPa]

해답
(1) ① 0.004[MPa]
② 0.008[MPa]
③ 0.024[MPa]
④ 0.021[MPa]
(2) 0.055[MPa]
(3) ① D점 압력 : 0.102[MPa]
② C점 압력 : 0.11[MPa]
③ B점 압력 : 0.134[MPa]
④ A점 압력 : 0.155[MPa]
(4) ① "가" 헤드의 방사압력 : 0.108[MPa]
② "나" 헤드의 방사압력 : 0.132[MPa]
③ "다" 헤드의 방사압력 : 0.153[MPa]

07

18층의 복도식 아파트 1동에 아래와 같은 조건으로 습식 스프링클러소화설비를 설치하고자 한다. 아래의 물음에 답하시오.

득점	배점
	8

조 건

- 층별 방호면적 : 990[m^2]
- 실양정 : 65[m], 마찰손실수두 : 25[m],
- 헤드의 방사압력 : 0.1[MPa], 펌프의 효율 : 60[%], 전달계수 : 1.1
- 배관 내의 유속 : 2.0[m/s]

물 음

(1) 본 소화설비의 주 펌프의 토출량을 구하시오(단, 헤드 적용 수량은 최대 기준개수를 적용한다).
(2) 전용 수원의 확보량[m^3]을 구하시오(옥상수조는 제외).
(3) 소화펌프의 축동력[kW]을 구하시오.
(4) 만약 옥상수조를 없애면 추가되는 설비를 쓰시오.

해설

(1) 토출량

$$Q = N(\text{헤드 수}) \times 80[\text{L/min}]$$

여기서, N : 헤드 수(아파트 : 10개)

$\therefore\ Q = 10 \times 80[\text{L/min}] = 800[\text{L/min}]$

(2) 수 원

$$Q = N(\text{헤드 수}) \times 80[\text{L/min}] \times 20[\text{min}]$$

$\therefore\ Q = 10 \times 80[\text{L/min}] \times 20[\text{min}] = 16{,}000[\text{L}] = 16[\text{m}^3]$

(3) 축동력

$$P[\text{kW}] = \frac{0.163 \times Q \times H}{\eta}$$

여기서, Q : 토출량(0.8[m³/min]) η : 효율(0.6)

H : 전수두(= $h_1 + h_2 + h_3$ = 실양정+마찰손실수두+방사압력=65[m]+25[m]+10 =100[m])

$$\therefore P = \frac{0.163 \times Q \times H}{\eta} = \frac{0.163 \times 0.8[\text{m}^3/\text{min}] \times 100[\text{m}]}{0.6} = 21.73[\text{kW}]$$

(4) 옥상수조를 철거할 경우, 주펌프 이상의 성능을 가진 엔진펌프(내연기관에 의한 펌프) 설치, 옥상수조의 원래 목적인 펌프고장과 정전 시를 대비하여 비상전원인 발전기에 연결된 펌프설치

해답 (1) 800[L/min] (2) 16[m³] (3) 21.73[kW]

(4) ① 주펌프 이상의 성능을 가진 엔진펌프(내연기관에 의한 펌프) 설치

② 옥상수조의 원래 목적인 펌프고장과 정전 시를 대비하여 비상전원인 발전기에 연결된 펌프설치

08

습식 스프링클러설비를 아래의 조건을 이용하여 그림과 같이 8층의 백화점 건물에 시공할 경우 다음 물음에 답하시오.

득점	배점
	20

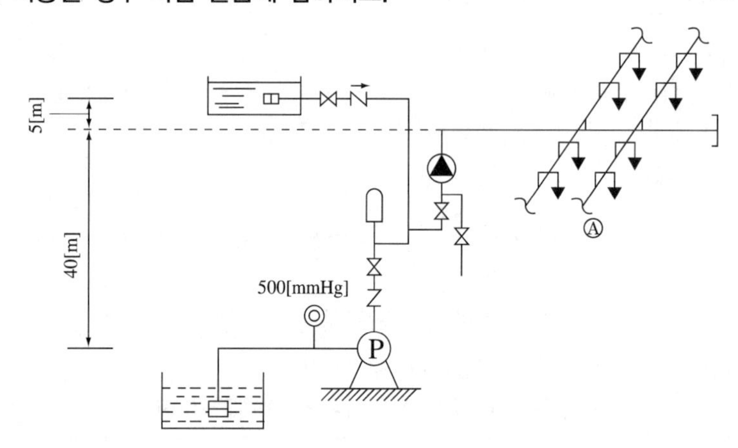

조 건

- 배관 및 부속류의 총마찰손실은 펌프 자연 낙차압의 40[%]이다.
- 펌프의 진공계 눈금은 500[mmHg]이다.
- 펌프의 체적효율(η_v)=0.95, 기계효율(η_m)=0.85, 수력효율(η_h)=0.75이다.
- 전동기의 전달계수(K)는 1.2이다.

물 음

(1) 주펌프의 양정[m]을 구하시오.

(2) 주펌프의 토출량[L/min]을 구하시오(단, 스프링클러헤드는 최대 기준개수 이상 설치되는 기준임).

(3) 주펌프의 전효율[%]를 구하시오.

(4) 주펌프의 수동력, 축동력, 모터동력을 [kW]로 나타내시오.

① 수동력

② 축동력

③ 모터동력

(5) 그림에서 (A) 부분에 말단시험배관을 설치하려고 한다. 설치방법을 그림으로 나타내시오.

(6) 폐쇄형 스프링클러헤드의 선정은 설치장소의 최고주위온도와 선정된 헤드의 표시온도를 고려하여야 한다. 다음 표의 설치장소의 최고주위온도에 대한 표시온도를 쓰시오.

설치장소의 최고주위온도	표시온도
39[℃] 미만	79[℃] 미만
39[℃] 이상 64[℃] 미만	①
64[℃] 이상 106[℃] 미만	②
106[℃] 이상	162[℃] 이상

해설

(1) 양 정

$$H = h_1 + h_2 + 10$$

여기서, H : 전양정[m]

h_1 : 실양정{흡입양정+토출양정$=\left(\frac{500[\text{mmHg}]}{760[\text{mmHg}]}\times 10.332\right)+40[\text{m}]=46.797[\text{m}]$}

h_2 : 배관마찰손실수두{옥상수조로부터 낙차 (40+5)[m]×0.4=18[m]}

$\therefore\ H = 46.797[\text{m}] + 18[\text{m}] + 10 = 74.80[\text{m}]$

(2) 토출량

$$Q = N \times 80[\text{L/min}]$$

여기서, N : 헤드 수(백화점 : 30개)

$\therefore\ Q = 30\text{개} \times 80[\text{L/min}] = 2{,}400[\text{L/min}]$

(3) 전효율(η_{Total})=체적효율(η_v)×기계효율(η_m)×수력효율(η_w)

$= 0.95 \times 0.85 \times 0.75 = 0.60562 \times 100 = 60.56[\%]$

(4) 수동력, 축동력, 모터동력

PLUS ONE **동력**

- 수동력 $P_1 = \frac{\gamma QH}{102}$
- 축동력 $P_2 = \frac{\gamma QH}{102 \times \eta}$
- 모터동력 $P_3 = \frac{\gamma\ Q\ H}{102 \times\ \eta} \times K$

여기서, γ : 비중량(1,000[kg$_f$/m^3])　　Q : 유량[m^3/s]
H : 전양정[m]　　η : 효율
K : 전달계수

① 수동력 $P_1 = \frac{\gamma QH}{102} = \frac{1{,}000[\text{kg}_f/\text{m}^3] \times 2.4[\text{m}^3]/60[\text{s}] \times 74.8[\text{m}]}{102} = 29.33[\text{kW}]$

② 축동력 $P_2 = \frac{\gamma QH}{102 \times \eta} = \frac{1{,}000[\text{kg}_f/\text{m}^3] \times 2.4[\text{m}^3]/60[\text{s}] \times 74.8[\text{m}]}{102 \times 0.6056} = 48.44[\text{kW}]$

③ 모터동력

$$P_3 = \frac{\gamma QH}{102 \times \eta} \times K = \frac{1{,}000[\text{kg}_f/\text{m}^3] \times 2.4[\text{m}^3]/60[\text{s}] \times 74.8[\text{m}]}{102 \times 0.6056} \times 1.2 = 58.12[\text{kW}]$$

(5) 말단시험배관(시험장치)

① 유수검지장치에서 가장 먼 가지배관의 끝으로부터 연결하여 설치할 것
② 시험장치배관의 구경은 유수검지장치에서 가장 먼 가지배관의 구경과 동일한 구경으로 하고, 그 끝에 개폐밸브 및 개방형 헤드를 설치할 것. 이 경우 개방형 헤드는 반사판 및 프레임을 제거한 오리피스만으로 설치할 수 있다(**압력계는 설치의무사항이 아니다**).
③ 시험배관의 끝에는 물받이 통 및 배수관을 설치하여 시험 중 방사된 물이 바닥에 흘러내리지 아니하도록 할 것. 다만, 목욕실・화장실 또는 그 밖의 곳으로서 배수처리가 쉬운 장소에 시험배관을 설치한 경우에는 그러하지 아니하다.

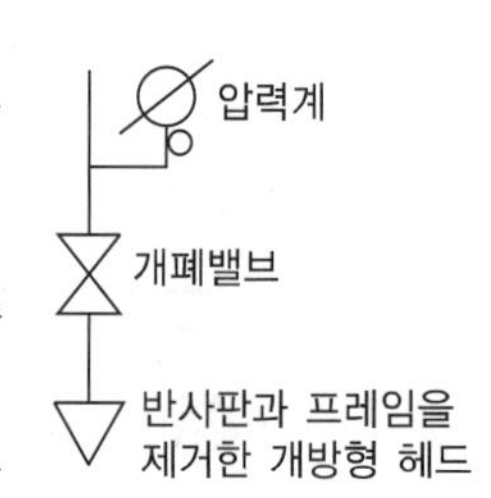

(6) 설치장소의 온도에 따른 표시온도

설치장소의 최고주위온도	표시온도
39[℃] 미만	79[℃] 미만
39[℃] 이상 64[℃] 미만	79[℃] 이상 121[℃] 미만
64[℃] 이상 106[℃] 미만	121[℃] 이상 162[℃] 미만
106[℃] 이상	162[℃] 이상

해답 (1) 74.80[m]
(2) 2,400[L/min]
(3) 60.56[%]
(4) ① 수동력 : 29.33[kW]
② 축동력 : 48.44[kW]
③ 모터동력 : 58.12[kW]
(5)

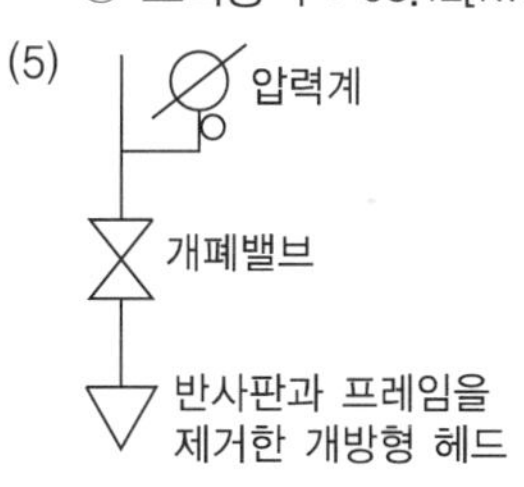

(6) ① 79[℃] 이상 121[℃] 미만
② 121[℃] 이상 162[℃] 미만

09

제연설비의 설치장소는 제연구역으로 구획하도록 명시하고 있다. 아래의 ( ) 안에 해당되는 단어를 기재하시오.

득점	배점
	5

(1) 하나의 제연구역의 면적은 (①)[m^2] 이내로 할 것
(2) 거실과 통로(복도를 포함한다)는 (②)할 것
(3) 통로상의 제연구역은 보행중심선의 길이가 (③)[m]를 초과하지 아니할 것
(4) 하나의 제연구역은 직경(④)[m] 원 내에 들어갈 수 있을 것
(5) 하나의 제연구역은 (⑤) 이상 층에 미치지 아니하도록 할 것
다만, 층의 구분이 불분명한 부분은 그 부분을 다른 부분과 별도로 제연구획하여야 한다.

해설

제연설비의 설치장소의 제연구역 기준

- 하나의 제연구역의 면적은 **1,000[m^2] 이내**로 할 것
- 거실과 통로(복도를 포함한다)는 **상호제연구획**할 것
- 통로상의 제연구역은 보행중심선의 길이가 **60[m]**를 초과하지 아니할 것
- 하나의 제연구역은 직경 **60[m]** 원 내에 들어갈 수 있을 것
- 하나의 제연구역은 **2개** 이상 층에 미치지 아니하도록 할 것. 다만, 층의 구분이 불분명한 부분은 그 부분을 다른 부분과 별도로 제연구획하여야 한다.

해답 ① 1,000
② 상호제연구역
③ 60
④ 60
⑤ 2개

10

펌프의 이상운전 중 공동현상(Cavitation)의 발생원인 및 방지대책을 각각 4가지씩 기술하시오.

(1) 발생원인

(2) 방지대책

득점	배점
	8

해설

공동현상

(1) 공동현상의 발생원인

① Pump의 **흡입측 수두**, **마찰손실**, **Impeller 속도가 클 때**

② Pump의 **흡입관경**이 **적을 때**

③ Pump 설치위치가 수원보다 높을 때

④ 관 내의 유체가 **고온**일 때

⑤ Pump의 흡입압력이 유체의 증기압보다 낮을 때

(2) 공동현상의 방지대책

① Pump의 흡입측 수두, 마찰손실, Impeller 속도를 적게 한다.

② Pump 흡입관경을 크게 한다.

③ Pump 설치위치를 수원보다 낮게 하여야 한다.

④ Pump 흡입압력을 유체의 증기압보다 높게 한다.

⑤ 양흡입 Pump를 사용하여야 한다.

⑥ 양흡입 Pump로 부족 시 펌프를 2대로 나눈다.

해답 (1) **발생원인**

① Pump의 흡입측 수두, 마찰손실, Impeller 속도가 클 때

② Pump의 흡입관경이 적을 때

③ Pump 설치위치가 수원보다 높을 때

④ 관 내의 유체가 고온일 때

(2) **방지대책**

① Pump의 흡입측 수두, 마찰손실, Impeller 속도를 적게 한다.

② Pump 흡입관경을 크게 한다.

③ Pump 설치위치를 수원보다 낮게 하여야 한다.

④ Pump 흡입압력을 유체의 증기압보다 높게 한다.

11

그림과 같이 관에 유량이 980[N/s]로 40[℃]의 물이 흐르고 있다. ②점에서 공동현상이 일어나지 않을 ①점에서의 최소 압력은 몇 [kPa]인지 계산하시오(단, 관의 손실은 무시하고 40[℃] 물의 증기압은 55.324[mmHg · abs]이다).

득점	배점
	5

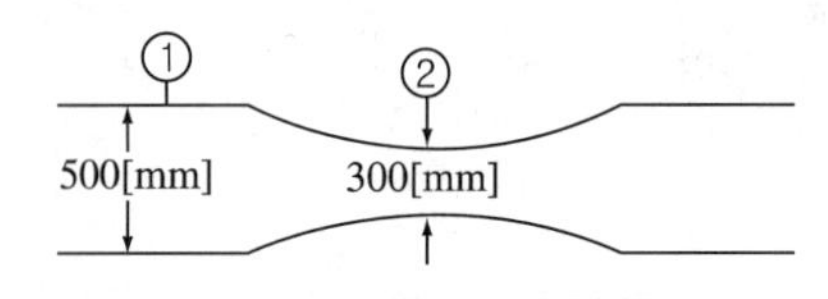

해설

베르누이 방정식을 이용하여 ①의 압력을 구하면

$$\frac{u_1^2}{2g}+\frac{P_1}{\gamma}+Z_1=\frac{u_2^2}{2g}+\frac{P_2}{\gamma}+Z_2$$

위치수두는 동일하므로 무시하면 $Z_1=Z_2$

$$\frac{u_1^2}{2g}+\frac{P_1}{\gamma}=\frac{u_2^2}{2g}+\frac{P_2}{\gamma}$$

$$\frac{P_1}{\gamma}=\frac{u_2^2}{2g}-\frac{u_1^2}{2g}+\frac{P_2}{\gamma}$$

$$P_1=\gamma\left(\frac{u_2^2}{2g}-\frac{u_1^2}{2g}+\frac{P_2}{\gamma}\right)=\gamma\left(\frac{u_2^2}{2g}-\frac{u_1^2}{2g}\right)+\gamma\frac{P_2}{\gamma}=\gamma\left(\frac{u_2^2-u_1^2}{2g}\right)+P_2$$

$$\therefore\ \boldsymbol{P_1=\gamma\left(\frac{u_2^2-u_1^2}{2g}\right)+P_2}$$

- 유 량

$$Q=\frac{980[\text{N/s}]}{9{,}800[\text{N/m}^3]}=0.1[\text{m}^3/\text{s}]$$

물의 비중량 $\gamma=1{,}000[\text{kg}_\text{f}/\text{m}^3]=9{,}800[\text{N/m}^3]$

- 유 속

$$u_1=\frac{Q}{A}=\frac{Q}{\frac{\pi}{4}D^2}=\frac{4Q}{\pi D^2}=\frac{4\times 0.1}{\pi\times(0.5[\text{m}])^2}=0.51[\text{m/s}]$$

$$u_2=\frac{Q}{A}=\frac{Q}{\frac{\pi}{4}D^2}=\frac{4Q}{\pi D^2}=\frac{4\times 0.1}{\pi\times(0.3[\text{m}])^2}=1.41[\text{m/s}]$$

[다른 방법]

유속을 구하면

$$G=Au\gamma$$

여기서, G : 중량유량[N/s]　　A : 면적[m²]
u : 유속[m/s]　　γ : 물의 비중량(9,800[N/m³])

$$u_1=\frac{G}{Ar}=\frac{980[\text{N/s}]}{\frac{\pi}{4}(0.5[\text{m}])^2\times 9{,}800[\text{N/m}^3]}=0.51[\text{m/s}]$$

$$u_2=\frac{G}{Ar}=\frac{980[\text{N/s}]}{\frac{\pi}{4}(0.3[\text{m}])^2\times 9{,}800[\text{N/m}^3]}=1.41[\text{m/s}]$$

- 물의 증기압

$$\frac{55.324[\text{mmHg}]}{760[\text{mmHg}]}\times 101.325[\text{kPa}]=7.376[\text{kPa}]$$

$$\therefore\ P_1=\gamma\left(\frac{u_2^2-u_1^2}{2g}\right)+P_2$$

$$=9.8[\text{kN/m}^3]\times\frac{(1.41[\text{m/s}])^2-(0.51[\text{m/s}])^2}{2\times 9.8[\text{m/s}^2]}+7.376[\text{kPa}]=8.24[\text{kPa}]$$

해답 8.24[kPa]

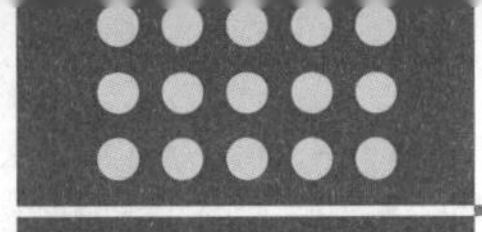

제 4 회 2010년 10월 30일 시행

※ 다음 물음에 대한 답을 해당 답란에 답하시오.(배점 : 100)

01

그림과 같은 옥내소화전설비를 다음 조건과 화재안전기준에 따라 설치하려고 한다. 각 물음에 답하시오.

득점	배점
	12

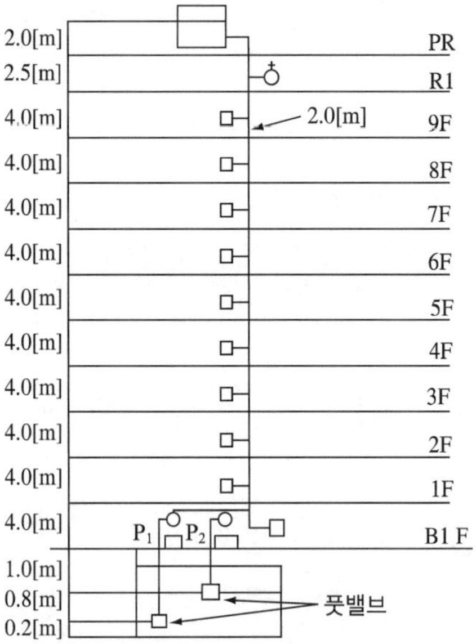

2.0[m] PR
2.5[m] R1
4.0[m] 9F 2.0[m]
4.0[m] 8F
4.0[m] 7F
4.0[m] 6F
4.0[m] 5F
4.0[m] 4F
4.0[m] 3F
4.0[m] 2F
4.0[m] 1F
4.0[m] P_1 P_2 B1 F
1.0[m]
0.8[m] 풋밸브
0.2[m]

조 건

- P_1 : 옥내소화전 펌프
- P_2 : 잡용수 양수펌프
- 펌프의 풋밸브로부터 9층 옥내소화전함의 호스접속구까지 마찰손실 및 저항손실수두는 실양정의 25[%]로 한다.
- 펌프의 효율은 70[%]이다.
- 옥내소화전의 개수는 각 층 2개씩이다.
- 소화호스의 마찰손실수두는 8[m]이다.

물 음

(1) 펌프의 최소유량은 몇 [L/min]인가?
(2) 수원의 최소유효저수량은 몇 [m^3]인가?(옥상수조를 포함한다)
(3) 펌프의 양정은 몇 [m]인가?
(4) 펌프의 축동력은 몇 [kW]인가?

해설

(1) 최소유량

$Q = N(\text{소화전의 수}) \times 130[\text{L/min}] = 2 \times 130[\text{L/min}] = 260[\text{L/min}]$

> 조건에서 소화전은 각 층에 2개씩 설치되어 있다.

(2) 유효저수량

$Q = N \times 2.6[\text{m}^3] = 2\text{개} \times 2.6[\text{m}^3] = 5.2[\text{m}^3]$

∴ 옥상수조를 더하면 $5.2[\text{m}^3] + \left(5.2[\text{m}^3] \times \dfrac{1}{3}\right) = 6.93[\text{m}^3]$

PLUS ONE 옥상 설치 제외 대상

㉠ 지하층만 있는 건축물
㉡ 고가수조를 가압송수장치로 설치한 옥내소화전설비
㉢ 수원이 건축물의 최상층에 설치된 방수구보다 높은 위치에 설치된 경우
㉣ 건축물의 높이가 지표면으로부터 10[m] 이하인 경우
㉤ 주펌프와 동등 이상의 성능이 있는 별도의 펌프로서 내연기관의 기동과 연동하여 작동되거나 비상전원을 연결하여 설치한 경우
㉥ 학교, 공장, 창고시설로서 동결의 우려가 있는 장소에 있어서는 기동스위치에 보호판을 부착하여 옥내소화전함 내에 설치할 수 있는 경우
㉦ 가압수조를 가압송수장치로 설치한 옥내소화전설비
※ ㉥은 수계 소화설비에서 옥내소화전설비만 해당된다.

(3) 펌프의 양정

$$H = h_1 + h_2 + h_3 + 17$$

여기서, h_1 : 실양정(흡입양정+토출양정=0.8[m]+1.0[m]+(4.0[m]×9개층)+2.0[m]=39.8[m])
h_2 : 배관마찰손실수두(39.8[m]×0.25=9.95[m])
h_3 : 소방용 호스의 마찰손실수두(8[m])

∴ $H = 39.8[\text{m}] + 9.95[\text{m}] + 8[\text{m}] + 17 = 74.75[\text{m}]$

(4) 축동력

$$P[\text{kW}] = \frac{0.163 \times Q \times H}{\eta}$$

∴ $P[\text{kW}] = \dfrac{0.163 \times Q \times H}{\eta} = \dfrac{0.163 \times 0.26[\text{m}^3/\text{min}] \times 74.75[\text{m}]}{0.7} = 4.53[\text{kW}]$

해답

(1) 260[L/min]
(2) 6.93[m^3]
(3) 74.75[m]
(4) 4.53[kW]

02

그림과 같이 휘발유탱크 1기와 경유탱크 1기를 1개의 방유제에 설치하는 옥외탱크저장소에 대하여 각 물음에 답하시오(단, 그림에서 길이의 단위는 [mm]이다).

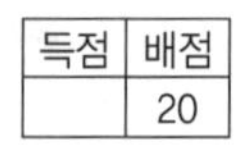

득점	배점
	20

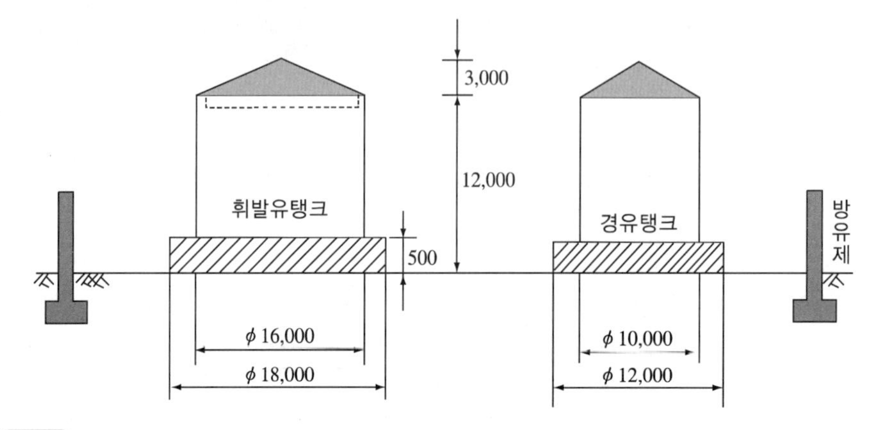

조 건

- 탱크용량 및 형태
  - 휘발유탱크 : 2,000[m^3](지정수량의 10,000배) 플로팅루프탱크(탱크 내 측면과 굽도리판(Foam Dam) 사이의 거리는 0.6[m]이다.
  - 경유탱크 : 콘루프탱크
- 고정포방출구
  - 경유탱크 : Ⅱ형, 휘발유탱크 : 특형
- 포소화약제의 종류 : 수성막포 3[%]
- 보조포소화전 : 쌍구형×2개설치
- 참고사항
  - 옥외탱크저장소의 보유공지

저장 또는 취급하는 위험물의 최대저장량	공지의 너비
지정수량의 500배 이하	3[m] 이상
지정수량의 500배 초과 1,000배 이하	5[m] 이상
지정수량의 1,000배 초과 2,000배 이하	9[m] 이상
지정수량의 2,000배 초과 3,000배 이하	12[m] 이상
지정수량의 3,000배 초과 4,000배 이하	15[m] 이상
지정수량의 4,000배 초과	해당 탱크 수평단면의 최대지름(횡형은 긴변)과 높이 중 큰 것과 같은 거리 이상(단, 30[m] 초과의 경우에는 30[m] 이상으로 할 수 있고, 15[m] 미만의 경우는 15[m] 이상으로 하여야 한다)

- 고정포방출구의 방출량 및 방사시간

포방출구의 종류 / 위험물의 구분	Ⅰ형		Ⅱ형		특형		Ⅲ형		Ⅳ형	
	포수용액량 [L/m²]	방출률 [L/m²·min]	포수용액량 [L/m²]	방출률 [L/m²·min]	포수용액량 [L/m²]	방출률 [L/m²·min]	포수용액량 [L/m²]	방출률 [L/m²·min]	포수용액량 [L/m²]	방출률 [L/m²·min]
제4류 위험물 중 인화점이 21[℃] 미만인 것	120	4	220	4	**240**	**8**	220	4	220	4
제4류 위험물 중 인화점이 21[℃] 이상 70[℃] 미만인 것	80	4	**120**	**4**	160	8	120	4	120	4
제4류 위험물 중 인화점이 70[℃] 이상인 것	60	4	100	4	120	8	100	4	100	4

물 음

(1) 다음 A, B, C 및 D의 법적으로 최소 가능한 거리를 정하시오(단, 탱크 측판 두께의 보온 두께는 무시하시오).

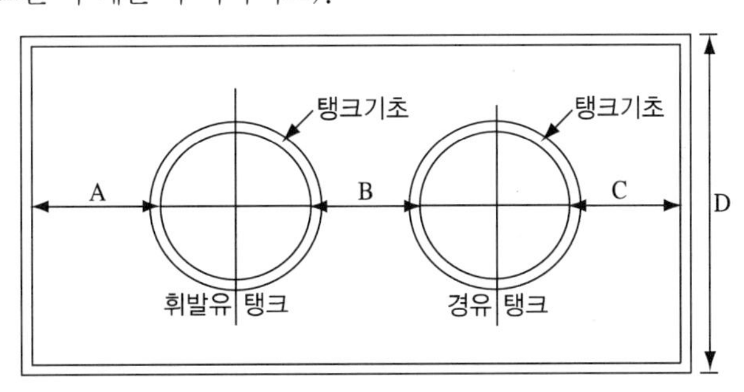

① A(휘발유탱크 측판과 방유제 내측거리, [m])
② B(휘발유탱크 측판과 경유탱크 측판 사이 거리, [m])
③ C(경유탱크 측판과 방유제 내측거리, [m])
④ D(방유제의 최소폭, [m])

(2) 다음에서 요구하는 각 장비의 용량을 구하시오.
① 포저장탱크의 최소용량[L]을 아래 표에서 선정하시오(단, 75A 이상의 배관의 길이는 50[m]이고, 배관 크기는 100A이다).

> 포소화약제의 저장탱크의 종류 : 700[L], 750[L], 800[L], 900[L], 1,000[L], 1,200[L](단, 포소화약제의 저장탱크 용량은 포소화약제의 저장량을 말한다)

② 소화설비의 수원(저수량 : [m^3])(단, 소수점 이하는 절삭하여 정수로 표시한다)
③ 가압송수장치(펌프)의 유량[LPM]

④ 포소화약제의 혼합장치는 프레셔 프로포셔너방식을 사용할 경우에 최소유량과 최대유량의 범위를 정하시오.
㉠ 최소유량[LPM]
㉡ 최대유량[LPM]

해설

(1) A, B, C, D의 거리

탱크 지름	이격거리
15[m] 미만	탱크높이의 $\frac{1}{3}$ 이상
15[m] 이상	탱크높이의 $\frac{1}{2}$ 이상

① 휘발유탱크는 지름 16[m]이므로

A거리=탱크높이× $\frac{1}{2}$ = 12[m] × $\frac{1}{2}$ = 6[m] 이상

② B거리(보유공지)로 지정수량 10,000배이므로 탱크지름(16[m])과 높이(12[m]) 중 큰 것과 같은 거리 이상

∴ B거리=16[m] 이상(※ 물분무소화설비 설치 시 16[m]× $\frac{1}{2}$ =8[m] 이상)

③ 경유탱크는 지름 10[m]이므로

C거리=탱크높이× $\frac{1}{3}$ = 12[m] × $\frac{1}{3}$ = 4[m] 이상

④ 방유제 최소폭(휘발유 탱크를 기준으로 하면)
6[m](A의 거리)+16[m](탱크지름)+6[m](A의 거리)=28[m]

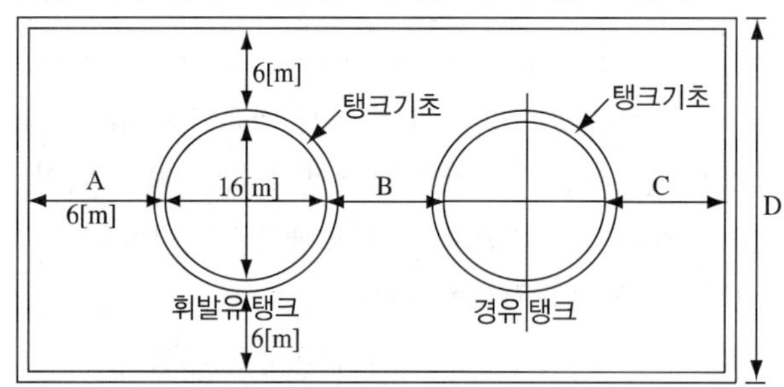

(2) 각 장비의 용량

① **포 저장탱크의 용량**

㉠ 휘발유탱크(FRT로 특형방출구 사용)

㉮ 고정포방출구 약제저장량

$$Q_1 = A \times Q \times T \times S$$

여기서, A : 면적{$\frac{\pi}{4}[(16[\text{m}])^2-(14.8[\text{m}])^2]=29.0[\text{m}^2]$}

Q : 방출률(8[L/m² · min]) T : 방출시간(30[min])

S : 농도(3[%])

∴ $Q_1 = A \times Q \times T \times S = 29.0 \times 8 \times 30 \times 0.03 = 208.8[\text{L}]$

㉯ 보조포소화전 약제저장량

$$Q_2 = N(\text{최대 3개}) \times S \times 8,000[\text{L}]$$

$\therefore\ Q_2 = 3 \times 0.03 \times 8,000[\text{L}] = 720[\text{L}]$

㉰ 배관보정량(75A 이상만 적용)

$$Q_3 = A \times L \times S$$

$\therefore\ Q_3 = A \times L \times S = \frac{\pi}{4}(0.1[\text{m}])^2 \times 50[\text{m}] \times 0.03 = 0.011775[\text{m}^3] = 11.78[\text{L}]$

※ **휘발유탱크의 저장량** $Q_T = Q_1 + Q_2 + Q_3 = 208.8 + 720 + 11.78 = 940.58[\text{L}]$

㉡ 경유탱크(CRT 탱크로 Ⅱ형 방출구 사용)

㉮ 고정포방출구 약제저장량

$$Q_1 = A \times Q \times T \times S$$

여기서, A : 면적$\{\frac{\pi}{4}(10[\text{m}])^2 = 78.54[\text{m}^2]\}$

Q : 방출률(4[L/m^2 · min]) T : 방출시간(30[min])

S : 농도(3[%])

$\therefore\ Q_1 = A \times Q \times T \times S = 78.54 \times 4 \times 30 \times 0.03 = 282.74[\text{L}]$

㉯ 보조포소화전 약제저장량

$$Q_2 = N(\text{최대 3개}) \times S \times 8,000[\text{L}]$$

$\therefore\ Q_2 = 3 \times 0.03 \times 8,000[\text{L}] = 720[\text{L}]$

㉰ 배관 보정량(75A 이상만 적용)

$$Q_3 = A \times L \times S$$

$\therefore\ Q_3 = A \times L \times S = \frac{\pi(0.1[\text{m}])^2}{4} \times 50[\text{m}] \times 0.03 = 0.011775[\text{m}^3] = 11.78[\text{L}]$

※ **경유탱크의 저장량** $Q_T = Q_1 + Q_2 + Q_3 = 282.74 + 720 + 11.78 = 1,014.52[\text{L}]$

휘발유의 저장량은 940.68[L], 경유의 저장량은 1,014.38[L]인데 이중 큰 것은 경유로서 1,014.38[L]인데 표에서 탱크용량을 보면 **1,200[L]로 하여야 한다.**

② **수원(저수량)**

경유탱크의 약제량이 크므로 수원도 경유탱크를 기준으로 하면

㉠ 고정포방출구 약제저장량

$$Q_1 = A \times Q \times T \times S$$

여기서, A : 면적$\{\frac{\pi}{4}(10[\text{m}])^2 = 78.54[\text{m}^2]\}$

Q : 방출률(4[L/m^2 · min])

T : 방출시간(30[min])

S : 농도(97[%])

$\therefore\ Q_1 = A \times Q \times T \times S = 78.54 \times 4 \times 30 \times 0.97 = 9,142.05[\text{L}]$

㉡ 보조포소화전 약제저장량

$$Q_2 = N(\text{최대 3개}) \times S \times 8{,}000[\text{L}]$$

∴ $Q_2 = 3 \times 0.97 \times 8{,}000[\text{L}] = 23{,}280[\text{L}]$

㉢ 배관 보정량(75A 이상만 적용)

$$Q_3 = A \times L \times S$$

∴ $Q_3 = A \cdot L \cdot S = \frac{\pi}{4}(0.1[\text{m}])^2 \times 50[\text{m}] \times 0.97 = 0.38092[\text{m}^3] = 380.92[\text{L}]$

※ 수원의 양 = 9142.05 + 23,280 + 380.92 = 32802.97[L] = 32.8[m³] = 32[m³]

③ **가압송수장치의 유량(경유 기준)**

㉠ 고정포방출구

$$Q_1 = A \times Q \times S$$

∴ $Q_1 = \frac{\pi}{4}D^2 \times 4[\text{L/m}^2 \cdot \text{min}] = \frac{\pi}{4}(10[\text{m}])^2 \times 4[\text{L/m}^2 \cdot \text{min}] \times 1$
$= 314.16[\text{L/min}]$

※ 포 수용액의 양을 기준으로 하므로 농도(S)는 1이다.

㉡ 보조포소화전

$$Q_2 = N \times S \times 8{,}000[\text{L}](8{,}000[\text{L}] = 400[\text{L/min}] \times 20[\text{min}])$$

∴ $Q_2 = N \times 400[\text{L}] = 3 \times 400[\text{L/min}] = 1{,}200[\text{L/min}]$

※ 펌프토출량 $Q_T = Q_1 + Q_2 = 314.16[\text{L/min}] + 1{,}200[\text{L/min}] = 1{,}514.16[\text{L/min}]$(LPM)

④ **프레셔 프로포셔너의 혼합가능 유량범위**

정격유량의 최소 50~200[%]이므로

㉠ 최소유량 $= 1514.16[\text{L/min}] \times 0.5 = 757.08[\text{L/min}]$

㉡ 최대유량 $= 1514.16[\text{L/min}] \times 2.0 = 3{,}028.32[\text{L/min}]$

해답 (1) ① A : 6[m] 이상
② B : 16[m] 이상
③ C : 4[m] 이상
④ 28[m]

(2) ① 1,200[L]
② 32[m³]
③ 1514.16[LPM]
④ ㉠ 최소유량 : 757.08[LPM]
㉡ 최대유량 : 3,028.32[LPM]

03

내경이 2[m]이고 길이 1.5[m]인 원통형 내압용기가 두께 3[mm]인 연강판으로 제작되었다. 용접에 의한 허용응력감소를 무시할 때 이 용기 내부에 허용할 수 있는 최고압력[MPa]을 구하시오(단, 내압용기 재료의 허용응력은 $\sigma_w = 250$[MPa]이다).

득점	배점
	3

해설

관의 두께

$$t = \frac{P \cdot D}{2\sigma_w}$$

여기서, t : 관의 두께[mm]
D : 배관의 바깥지름[mm]
P : 최대허용압력[MPa]
σ_w : 재료의 허용응력[MPa]

$$\therefore P = \frac{t}{\frac{D}{2\sigma_w}} = \frac{3[\text{mm}]}{\frac{2{,}000[\text{mm}]}{2 \times 250[\text{MPa}]}} = 0.75[\text{MPa}]$$

해답 0.75[MPa]

04

소화설비의 시공 시 배관과 배관, 배관과 관부속 및 밸브류의 접속방법 3가지를 쓰시오.

득점	배점
	3

해설

배관 접속방법

- 용접이음 : 65[mm] 이상의 배관 이음 시 사용
- 나사이음 : 50[mm] 이하의 배관 이음 시 사용
- 플랜지이음 : 밸브나 각종 기구류의 분해조립 및 유지보수 용도로 사용

해답 용접이음, 나사이음, 플랜지이음

05

다음은 이산화탄소소화설비(고압식) 배관공사 시 강관을 사용하는 경우 배관의 재료사용 기준에 대하여 간략히 기술한 것이다. (   ) 속에 알맞은 단어를 적으시오.

득점	배점
	5

"강관을 사용하는 경우의 배관은 (①) 중 (②) 이상의 것 또는 이와 동등 이상의 강도를 가진 것으로 (③) 등으로 (④)된 것을 사용할 것"

해설

이산화탄소소화설비의 배관기준

- 배관은 전용으로 할 것
- 강관을 사용하는 경우의 배관은 **압력배관용 탄소강관(KS D 3562)** 중 **스케줄 80**(저압식에 있어서는 스케줄 40) 이상의 것 또는 이와 동등 이상의 강도를 가진 것으로 **아연도금** 등으로 **방식처리**된 것을 사용할 것. 다만, 배관의 호칭구경이 20[mm] 이하인 경우에는 스케줄 40 이상인 것을 사용할 수 있다.
- 동관을 사용하는 경우의 배관은 이음이 없는 동 및 동합금관(KS D 5301)으로서 고압식은 16.5[MPa] 이상, 저압식은 3.75[MPa] 이상의 압력에 견딜 수 있는 것을 사용할 것
- **고압식**의 경우 개폐밸브 또는 선택밸브의 **2차측 배관부속**은 호칭압력 **2.0[MPa] 이상**의 것을 사용하여야 하며, **1차측 배관부속**은 호칭압력 **4.0[MPa] 이상**의 것을 사용하여야 하고, **저압식**의 경우에는 **2.0[MPa]**의 압력에 견딜 수 있는 **배관부속**을 사용할 것

해답 ① 압력배관용 탄소강관(KS D 3562)
② 스케줄 80
③ 아연도금
④ 방식처리

06

판매장에 제연설비를 아래 조건과 같이 설치할 때 전동기의 출력[kW]은 최소 얼마이어야 하는지 구하시오.

득점	배점
	5

조 건

- 팬(FAN)의 풍량은 50,000CMH이다.
- 덕트의 길이는 120[m], 단위 길이당 덕트저항은 0.2[mmAq/m]로 한다.
- 배기구 저항은 8[mmAq], 배기그릴 저항은 4[mmAq], 부속류의 저항은 덕트저항의 40[%]로 한다.
- 송풍기 효율은 50[%]로 하고, 전달계수 K는 1.1로 한다.

해설

전동기의 출력

$$P[\text{kW}] = \frac{Q \times P_T}{102 \times \eta} \times K$$

여기서, Q : 풍량(50,000CMH=50,000[m^3/h]=50,000÷3,600=13.9[m^3/s])

P_T (정압)=24+8+4+9.6 = 45.6[mmAq]

- 덕트저항=120[m]×0.2[mmAq/m] = 24[mmAq]
- 배기구 저항=8[mmAq]
- 배기그릴 저항=4[mmAq]
- 부속류의 저항=24[mmAq] × 0.4=9.6[mmAq]

η : 효율(50[%]=0.5)

K : 전달계수(1.1)

$$\therefore\ P[\text{kW}] = \frac{Q\times P_T}{102\times \eta}\times K = \frac{13.9[\text{m}^3/\text{s}]\times 45.6[\text{mmAq}]}{102\times 0.5}\times 1.1 = 13.67[\text{kW}]$$

해답 13.67[kW]

07

판매시설의 예상제연구역이 바닥면적 350[m²]로 구획된 경우 이 예상제연구역의 최소한의 배출량[m³/h]을 구하시오.

득점	배점
	3

해설

400[m²] 미만의 경우 배출량은 바닥면적 1[m²]당 1[m³/min] 이상이 되게 설계하여야 하므로

$$\text{배출량}[\text{m}^3/\text{h}] = 350[\text{m}^2]\times 1[\text{m}^3/\text{m}^2\cdot\text{min}]\times\frac{60[\text{min}]}{1[\text{h}]} = 21{,}000[\text{m}^3/\text{h}]$$

해답 21,000[m³/h]

08

스프링클러설비에 대하여 각 물음에 답하시오.

득점	배점
	8

(1) 표준헤드를 사용할 경우 방출계수(K)는 얼마인가?
(2) 표준헤드를 사용할 경우 표준방수압[MPa]은 얼마인가?
(3) 속동형 스프링클러헤드의 방수량이 380[L/min]이고, K가 203일 때 방수압[MPa]은 얼마인가?
(4) 속동형 스프링클러헤드의 방수압이 0.52[MPa]이고, K가 203일 때 방수량[L/min]은 얼마인가?

해설

(1) 방출계수(K)

호칭구경	K
10A	57
15A(표준헤드)	80
20A	115

(2) 표준방수압

항 목 \ 설 비	옥내소화전설비	옥외소화전설비	스프링클러설비	연결송수관설비
표준방수압	0.17[MPa]	0.25[MPa]	0.10[MPa]	0.35[MPa]
표준방수량	130[L/min]	350[L/min]	80[L/min]	2,400[L/min]

(3) 방수압

$$Q = K\sqrt{10P}$$

여기서, Q : 방수량[L/min] K : 상수
P : 방사압력[MPa]

정리하면

$10P = \left(\frac{Q}{K}\right)^2$

$P = \frac{\left(\frac{Q}{K}\right)^2}{10} = \frac{\left(\frac{380}{203}\right)^2}{10} = 0.35[\text{MPa}]$

(4) 방수량

$Q = K\sqrt{10P} = 203 \times \sqrt{10 \times 0.52} = 462.91[\text{L/min}]$

해답
(1) 80
(2) 0.1[MPa] 이상
(3) 0.35[MPa]
(4) 462.91[L/min]

09

물분무소화설비를 차고 또는 주차장에 설치할 때, 배수설비기준을 경계턱, 기름분리장치, 바닥기울기에 대하여 각각 기술하시오(단, 배수설비기준에 대하여 주의점을 기술할 것).

득점	배점
	6

(1) 경계턱
(2) 기름분리장치
(3) 바닥기울기

해설

차고 또는 주차장에 설치하는 물분무소화설비의 배수설비의 기준

- 차량이 주차하는 장소의 적당한 곳에 높이 **10[cm] 이상**의 **경계턱**으로 배수구를 설치할 것
- 배수구에는 새어나온 기름을 모아 소화할 수 있도록 길이 **40[m] 이하**마다 집수관·소화피트 등 **기름분리장치**를 설치할 것
- 차량이 주차하는 바닥은 배수구를 향하여 **100분의 2 이상**의 **기울기**를 유지할 것
- 배수설비는 가압송수장치의 최대송수능력의 수량을 유효하게 배수할 수 있는 크기 및 기울기로 할 것

해답
(1) 경계턱 : 10[cm] 이상의 경계턱으로 배수구 설치
(2) 기름분리장치 : 배수구에는 새어나온 기름을 모아 소화할 수 있도록 길이 40[m] 이하마다 집수관, 소화피트 등 기름분리장치를 설치
(3) 바닥기울기 : 배수구를 향하여 100분의 2 이상의 기울기를 유지

10

직사각형 관로망에서 배관 Ⓐ지점에서 0.6[m³/s]의 유량으로 물이 들어와서 Ⓑ와 Ⓒ지점에서 0.2[m³/s], 0.4[m³/s]의 유량으로 물이 흐르고 있다. 다음 조건을 참조하여 Q_1, Q_2, Q_3의 유량[m³/s]을 각각 구하시오(단, 배관마찰손실수두 d_1, d_2는 동일하며 다르시-바이스바흐 방정식을 이용하여 유량을 구한다).

득점	배점
	10

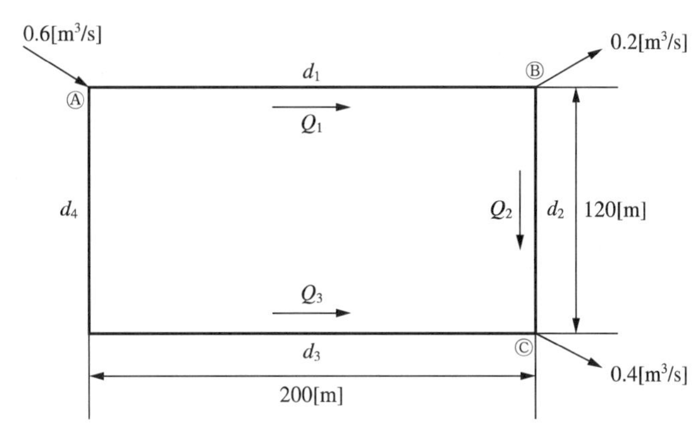

조 건

- 내경 $d_1 = 0.4[\text{m}]$, $d_2 = 0.4[\text{m}]$, $d_3 = 0.322[\text{m}]$, $d_4 = 0.322[\text{m}]$이다.
- 관마찰계수 $f_1 = 0.025$, $f_2 = 0.025$, $f_3 = 0.028$, $f_4 = 0.028$이다.

해설

다르시-바이스바흐 방정식을 이용하면

- 유 속

$$H = \frac{flu^2}{2gd}$$

여기서, H : 마찰손실수두[m]
f : 관의 마찰손실계수
l : 배관의 길이
u : 유속[m/s]
g : 중력가속도(9.8[m/s²])
d : 배관의 내경[m]

$$H = \frac{f_2 l_2 u_2^2}{2gd_2} = \frac{f_3 l_3 u_3^2}{2gd_3}$$

여기서, $2g$는 동일하다.

$$\frac{f_2 l_2 u_2^2}{d_2} = \frac{f_3 l_3 u_3^2}{d_3}$$

$$\frac{0.025 \times 120[\text{m}] \times u_2^2}{0.4[\text{m}]} = \frac{0.028 \times 200[\text{m}] \times u_3^2}{0.322[\text{m}]}$$

$$7.5u_2^2 = 17.391u_3^2$$

$$u_2 = \sqrt{\frac{17.391}{7.5}} \times u_3 = 1.523u_3$$

유량과 유속을 비교하여 u_3를 구하면

$$Q_C = Q_2 + Q_3 = u_2 A_2 + u_3 A_3$$

$0.4[\text{m}^3/\text{s}] = 1.523u_3 \times \frac{\pi}{4}(0.4[\text{m}])^2 + u_3 \times \frac{\pi}{4} \times (0.322[\text{m}])^2$

$0.4[\text{m}^3/\text{s}] = u_3 \times 0.271[\text{m}^2]$

$u_3 = \frac{0.4[\text{m}^3/\text{s}]}{0.271[\text{m}^2]} = 1.476[\text{m/s}]$

• 유 량

$$Q = uA$$

$Q_3 = u_3 A_3 = 1.476[\text{m/s}] \times \frac{\pi}{4} \times (0.322[\text{m}])^2 = 0.12[\text{m}^3/\text{s}]$

$Q_A = Q_1 + Q_2$, $Q_C = Q_2 + Q_3$ 이므로

$Q_2 = Q_C - Q_3 = 0.4[\text{m}^3/\text{s}] - 0.12[\text{m}^3/\text{s}] = 0.28[\text{m}^3/\text{s}]$

$Q_1 = Q_A - Q_3 = 0.6[\text{m}^3/\text{s}] - 0.12[\text{m}^3/\text{s}] = 0.48[\text{m}^3/\text{s}]$

해답 Q_1 : $0.48[\text{m}^3/\text{s}]$, Q_2 : $0.28[\text{m}^3/\text{s}]$, Q_3 : $0.12[\text{m}^3/\text{s}]$

11

피토게이지로 옥내소화전 노즐 선단에서 방수압력을 측정하였더니 0.25[MPa] 이고, 노즐의 내경은 13[mm]이었다. 이때 1분당 방수량[L/min]을 구하시오.

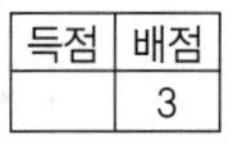

득점	배점
	3

해설

방수량

$$Q = 0.6597\, CD^2 \sqrt{10\,P}$$

여기서, Q : 방수량[L/min]　　C : 유량계수
D : 직경[mm]　　P : 방수압력[MPa]

$\therefore\ Q = 0.6597 CD^2 \sqrt{10P} = 0.6597 \times (13[\text{mm}])^2 \times \sqrt{(10 \times 0.25[\text{MPa}])} = 176.28[\text{L/min}]$

해답 176.28[L/min]

12

다음과 같은 소화용수 배관의 분기점 ③에서의 유량[m³/s]과 유속[m/s]을 구하시오.

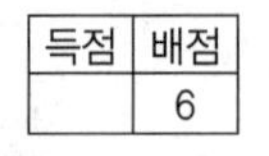

득점	배점
	6

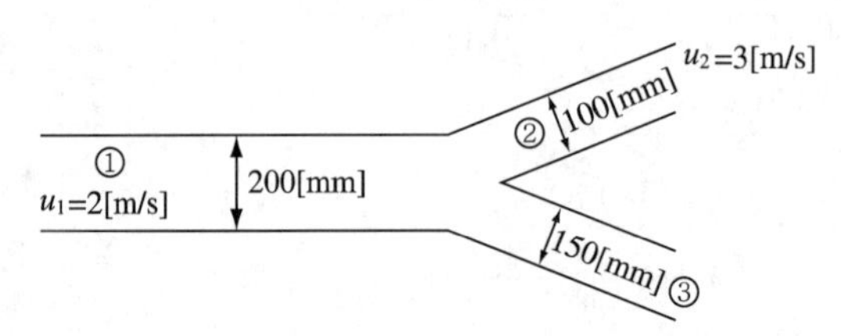

해설

$Q=uA$ (연속방정식)에서

$Q_{①}=Q_{②}+Q_{③}$

$Q_{③}=Q_{①}-Q_{②}=u_1A_1-u_2A_2$

$=2[\text{m/s}]\times\frac{\pi}{4}(0.2[\text{m}])^2-3[\text{m/s}]\times\frac{\pi}{4}(0.1[\text{m}])^2$

$=0.063[\text{m}^3/\text{s}]-0.024[\text{m}^3/\text{s}]=0.039[\text{m}^3/\text{s}]$

$Q_3=u_3A_3$

$$u_3=\frac{Q_3}{A_3}=\frac{0.039[\text{m}^3/\text{s}]}{\frac{\pi}{4}(0.15[\text{m}])^2}=2.207[\text{m/s}]$$

$\therefore\ Q_3=0.04[\text{m}^3/\text{s}],\ u_3=2.21[\text{m/s}]$

해답 Q_3 = 0.04[m^3/s]

u_3 = 2.21[m/s]

13

소방시설의 가압송수장치에서 주로 사용하는 펌프로 터빈펌프와 벌류트 펌프가 있다. 이들 펌프의 특징을 비교하여 다음 표의 빈칸에 유, 무, 대, 소, 고, 저 등으로 작성하시오.

득점	배점
	6

구 분 \ 종 류	벌류트펌프	터빈펌프
임펠러에 안내날개(유, 무)		
송출 유량(대, 소)		
송수 압력(고, 저)		

해설

• **벌류트펌프** : 양정이 낮고 양수량이 많은 경우에 사용하며, 안내날개가 없음

• **터빈펌프** : 양정이 높고 양수량이 적은 경우에 사용하며, 안내날개가 있음

해답

구 분 \ 종 류	벌류트펌프	터빈펌프
임펠러에 안내날개(유, 무)	무	유
송출 유량(대, 소)	대	소
송수 압력(고, 저)	저	고

14

분말소화설비에 설치하는 정압작동장치의 기능과 압력스위치방식에 대하여 작성하시오.

득점	배점
	4

(1) 정압작동장치의 기능
(2) 압력스위치방식

해설

정압작동장치

• 기 능

15[MPa]의 압력으로 충전된 가압용 가스용기에서 1.5~2.0[MPa]로 감압하여 저장용기에 보내어 약제와 혼합하여 소정의 방사압력에 달하여(통상 15~30초) **주밸브를 개방시키기 위하여 설치하는 것**으로 저장용기의 압력이 낮을 때는 열려 가스를 보내고 적정압력에 달하면 정지하는 구조로 되어 있다.

• 종 류

- 압력스위치(가스압식)방식 : 분말약제 저장용기에 유입된 가스압력에 의하여 설정된 압력이 되면 압력스위치가 압력을 감지하여 전자밸브를 개방시켜 메인밸브를 개방시키는 방식
- 기계적(스프링식) 방식 : 분말약제 저장용기에 유입된 가스압력에 의하여 밸브의 레버를 당겨서 가스의 통로를 개방, 가스를 메인밸브로 보내어 메인밸브를 개방시키는 방식
- 전기식(타이머) 방식 : 분말약제 저장용기에 유입된 가스가 설정된 압력에 도달하는 시간을 미리 산출하여 시한릴레이에 입력시키고 기동과 동시에 시한릴레이를 작동케 하여 입력시간이 지나면 릴레이가 작동전자밸브를 개방하여 메인밸브를 개방시키는 방법

해답 (1) 정압작동장치 기능 : 약제저장용기에 내부 압력이 설정압력이 되었을 때 주밸브를 개방하는 장치

(2) 압력스위치방식 : 약제탱크 내부의 압력에 의해서 움직이는 압력스위치를 설치하여 일정한 압력에 도달했을 때 압력스위치가 닫혀 전자밸브를 개방하여 주밸브 개방용의 가스를 보내는 방식

15

고압식 이산화탄소소화설비 약제저장용기 상단에 (V : 68.3[L])라는 각인이 되어 있고, 액화가스레벨 미터로 약제량을 측정하였더니 44[kg]이었다. 이때 충전비를 구하시오.

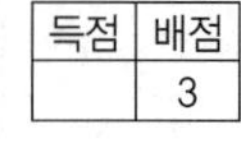

해설

충전비

$$\therefore \text{충전비 } C = \frac{\text{저장용기의 체적[L]}}{\text{약제충전량[kg]}} = \frac{68.3[\text{L}]}{44[\text{kg}]} = 1.55$$

해답 1.55

16

옥내소화전을 위한 고가수조를 설치하려고 한다. 호스의 마찰손실압 0.078[MPa], 배관의 총마찰손실압(부속물 포함)이 0.025[MPa]일 때 고가수조와 최고위 방수구까지의 최소 수직거리[m]를 구하시오.

득점	배점
	3

해설

수직거리

전수두 $H = h_1 + h_2 + 17$

여기서, h_1 : 배관 마찰손실수두$\left(\dfrac{0.025[\text{MPa}]}{0.101325[\text{MPa}]} \times 10.332[\text{m}] = 2.55[\text{m}]\right)$

h_2 : 호스 마찰손실수두$\left(\dfrac{0.078[\text{MPa}]}{0.101325[\text{MPa}]} \times 10.332[\text{m}] = 7.95[\text{m}]\right)$

$\therefore\ H = h_1 + h_2 + 17 = 2.55[\text{m}] + 7.95[\text{m}] + 17 = 27.5[\text{m}]$

해답 27.5[m]

제 1 회 2011년 5월 1일 시행

※ 다음 물음에 대한 답을 해당 답란에 답하시오.(배점 : 100)

01

아래 도면은 어느 특정소방대상물인 전기실(A실), 발전기실(B실), 방재반실(C실), 배터리실(D실)을 방호하기 위한 할론 1301의 배관평면도이다. 도면 및 조건을 참조하여 할론 1301소화약제의 최소용기 개수를 산출하시오.

득점	배점
	15

도 면

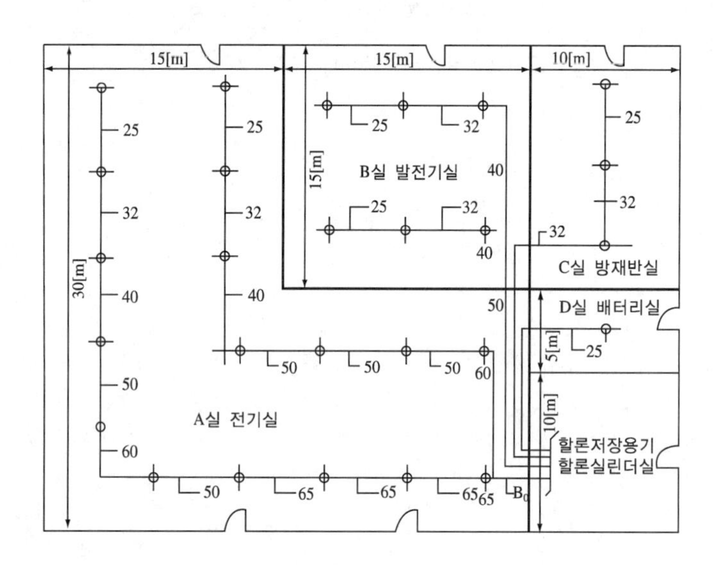

조 건

- 약제저장용기방식은 고압식이다.
- 용기 1개의 약제량은 50[kg]이고 내용적은 68[L]이다.
- 도면상 각 실에 대한 배관내용적(용기실내의 입상관 포함)은 다음과 같다.

A실 배관내용적 : 198[L]	B실 배관내용적 : 78[L]
C실 배관내용적 : 28[L]	D실 배관내용적 : 10[L]

- 할론 집합관의 배관내용적은 88[L]이다.
- 할론약제저장용기와 집합관 사이의 연결관에 대한 내용적은 무시한다.
- 설비의 설계기준온도는 20[℃]로 한다.
- 액화 할론 1301의 비중은 20[℃]에서 1.6이다.
- 각 실의 개구부는 없다고 가정한다.
- 약제소요량 산출 시 각 실의 내부기둥 및 내용물의 체적은 무시한다.

• 각 실의 층고(바닥으로부터 천정까지 높이)는 각각 다음과 같다.

A실 및 B실 : 5[m]	C실 및 D실 : 3[m]

해설

최소 용기 개수

• A실 약제량 = {(30[m]×30[m])−(15[m]×15[m])}×5[m]×0.32[kg/m³] = 1,080[kg]

∴ 용기개수 = 1,080[kg]÷50[kg] = 21.6병 ⇒ 22병

[참고] 할론소화설비의 화재안전기준 제4조 제6항
하나의 구역을 담당하는 소화약제 저장용기의 소화약제량의 체적합계보다 그 소화약제 방출 시 방출경로가 되는 배관(집합관 포함)의 내용적이 1.5배 이상일 경우에는 해당 방호구역에 대한 설비는 별도 독립방식으로 하여야 한다.

[A실] ① 약제의 체적 = 22병×50[kg]÷1.6[kg/L](비중) = 687.5[L]
② 배관내용적 = 88[L]+198[L] = 286[L]
③ 배관내용적/약제의 체적 = 286[L]/687.5[L] = 0.42배
∴ A실은 별도의 독립방식으로 할 필요가 없다.

• B실 약제량 = (15[m]×15[m])×5[m]×0.32[kg/m³] = 360[kg]

∴ 용기개수 = 360[kg] ÷ 50[kg] = 7.2병 ⇒ 8병

[B실] ① 약제의 체적 = 8병 ×50[kg]÷1.6[kg/L](비중) = 250[L]
② 배관내용적 = 88[L]+78[L] = 166[L]
③ 배관내용적/약제의 체적 = 166[L]/250[L] = 0.66배
∴ B실은 별도의 독립방식으로 할 필요가 없다.

• C실 약제량 = (10[m]×15[m])×3[m]×0.32[kg/m³] = 144[kg]

∴ 용기개수 = 144[kg] ÷ 50[kg] = 2.88병 ⇒ 3병

[C실] ① 약제의 체적 = 3병×50[kg]÷1.6[kg/L](비중) = 93.75[L]
② 배관내용적 = 88[L]+28[L] = 116[L]
③ 배관내용적/약제의 체적 = 116[L]/93.75[L] = 1.24배
∴ C실은 별도의 독립방식으로 할 필요가 없다.

• D실 약제량 = (10[m]×5[m])×3[m]×0.32[kg/m³] = 48[kg]

∴ 용기개수 = 48[kg] ÷ 50[kg] = 0.968병 ⇒ 1병

[D실] ① 약제의 체적 = 1병×50[kg]÷1.6[kg/L](비중) = 31.25[L]
② 배관내용적 = 88[L]+10[L] = 98[L]
③ 배관내용적/약제의 체적 = 98[L]/31.25[L] = 3.14배
∴ D실은 별도의 독립방식으로 하여야 한다.
※ 이 문제는 약제량을 구하는 문제이지 방호구역에 대한 설비를 별도 독립방식으로 하라는 문제는 아니므로 참고하시기 바랍니다.

해답 A실 : 22병　　B실 : 8병
C실 : 3병　　D실 : 1병

02

탬퍼스위치의 설치목적과 설치하여야 하는 위치 4개소를 기술하시오.

득점	배점
	6

해설

탬퍼스위치

- 탬퍼스위치의 **설치목적**
  급수배관에 설치하여 급수배관의 개·폐 상태를 제어반에서 감시할 수 있는 스위치
- 탬퍼스위치(급수개폐밸브 작동표시 스위치)의 **설치기준**
  - 급수개폐밸브가 잠길 경우 탬퍼스위치의 동작으로 인하여 감시제어반 또는 수신기에 표시되어야 하며 경보음을 발할 것
  - 탬퍼스위치는 감시제어반 또는 수신기에서 동작의 유무확인과 동작시험, 도통시험을 할 수 있을 것
  - 급수개폐밸브의 작동표시 스위치에 사용되는 전기배선은 내화전선 또는 내열전선으로 설치 할 것
- **탬퍼스위치의 설치위치**
  ① 주펌프의 흡입측 배관에 설치된 개폐밸브
  ② 주펌프의 토출측 배관에 설치된 개폐밸브
  ③ 유수검지장치, 일제개방밸브의 1, 2차측의 개폐밸브
  ④ 고가수조(옥상수조)와 주배관의 수직배관과 연결된 관로상의 개폐밸브

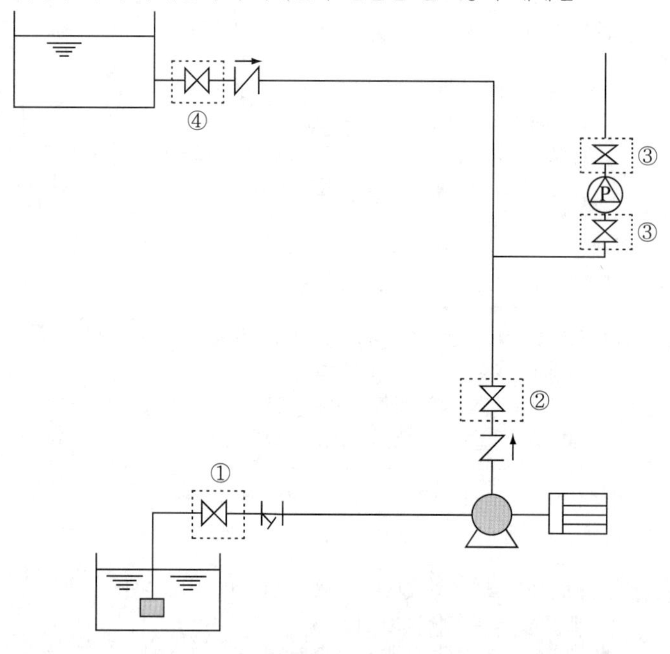

[탬퍼스위치 설치위치]

해답 (1) 설치목적
급수배관에 설치하여 급수배관의 개·폐 상태를 제어반에서 감시할 수 있는 스위치

(2) 설치위치
① 주펌프의 흡입측과 토출측 배관에 설치된 개폐밸브
② 유수검지장치의 1, 2차측의 개폐밸브
③ 고가수조와 주배관의 수직배관과 연결된 관로상의 개폐밸브
④ 일제개방밸브의 1, 2차측의 개폐밸브

03

다음 그림은 어느 실에 대한 CO_2설비의 평면도이다. 이 도면과 주어진 조건을 이용하여 다음의 물음에 답하시오.

득점	배점
	14

조 건

모터사이렌을 약제의 방출사전 예고 시는 파상음으로, 약제방출 시는 연속음을 발한다.

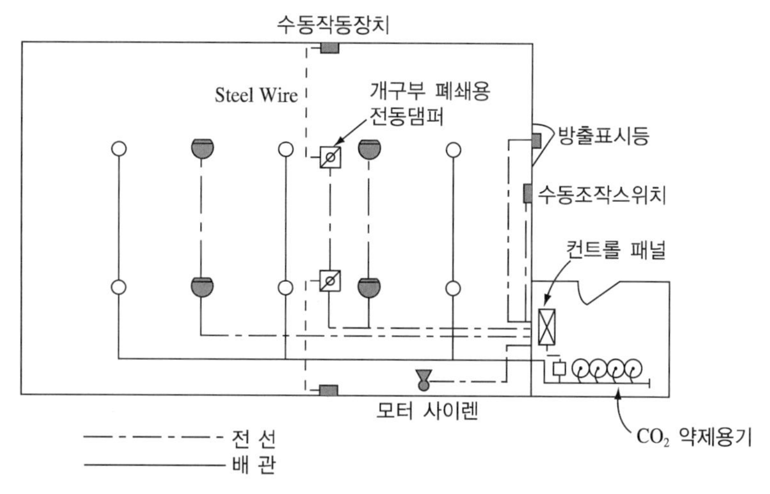

물 음

(1) 화재가 발생하여 화재감지기가 작동되었을 경우 설비의 작동연계성(Operation Sequence)을 순서도로 설명하시오(단, 구성장치의 기능이 모두 정상이다).

(2) 화재감지기 작동 이전에 실내거주자가 화재를 먼저 발견하였을 경우 이 설비의 작동과 관련된 조치방법을 설명하시오.

(3) 화재가 실내거주자에게 발견되었으나 상용 및 비상전원이 고장일 경우 이 설비의 작동과 관련된 조치방법을 설명하시오.

해설

이산화탄소소화설비

(1) 화재발생 시 작동순서

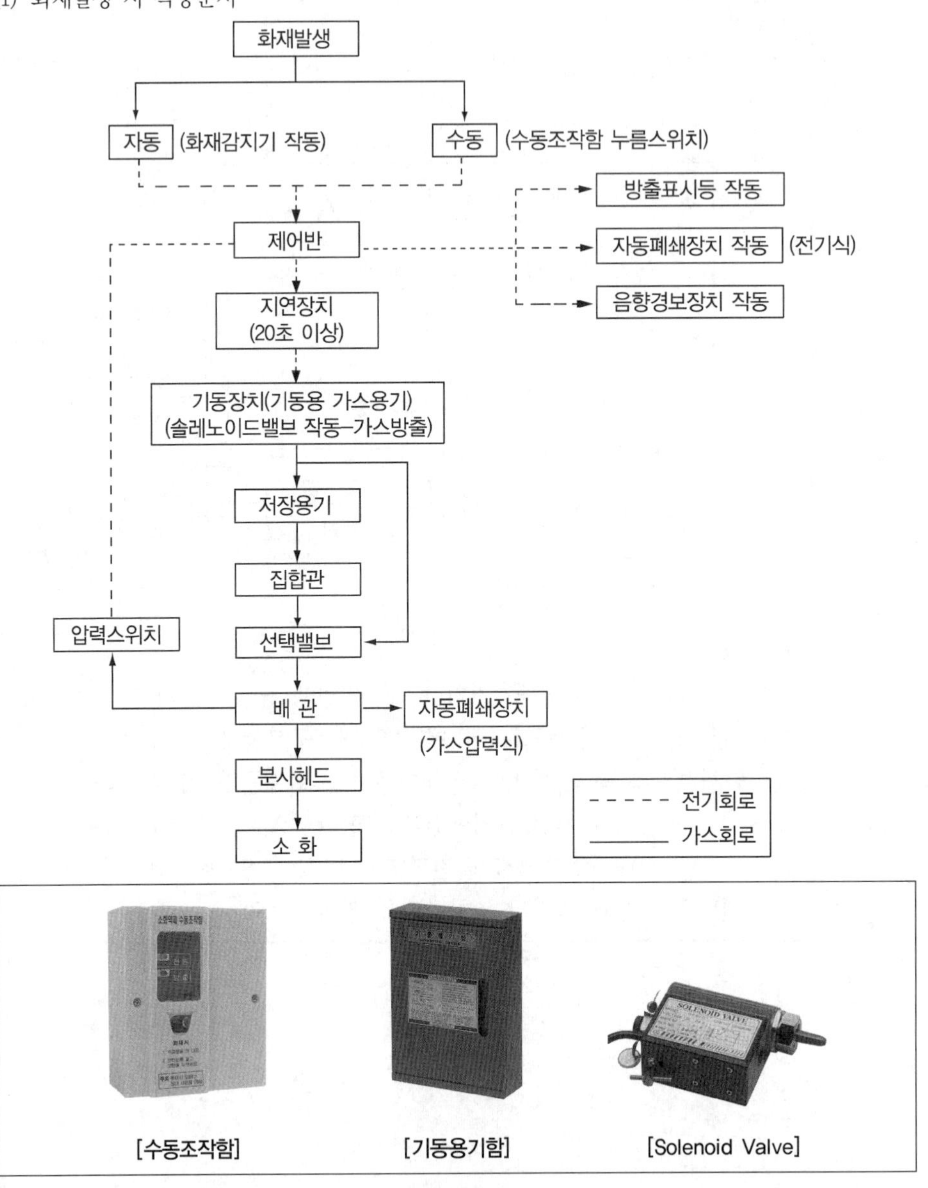

[수동조작함] [기동용기함] [Solenoid Valve]

(2) 수동조작방법

① 화재실 내에 근무자가 있는지를 확인한다.

② 수동조작함의 문을 열면 경보음인 사이렌이 울린다.

③ 화재실 내에 근무자가 대피한 것을 확인하고 수동조작함의 조작스위치를 누른다.

④ 화재발생 사실을 제어반으로 통보한다(화재감지기 동작 시 작동과 동일하게 설비가 작동된다).

(3) 상용전원 및 비상전원이 고장일 경우 수동조작방법

① 화재발생구역에 화재발생을 알려 실내의 인명을 대피시킨다.

② 개구부 및 출입문 등을 수동으로 폐쇄시킨다.

③ 약제저장실로 이동하여 해당구역의 기동용기함의 문을 열고 솔레노이드의 안전클립을 제거한다.
④ 솔레노이드밸브의 수동조작버튼을 눌러서 작동시킨다.
⑤ 기동용기의 가스압력으로 해당 선택밸브와 저장용기를 개방시켜 약제를 집합관을 통해 헤드로 방출된다.
⑥ 가스의 압력으로 피스톤릴리저가 작동하여 방화댐퍼 또는 환기장치를 폐쇄시킨다.

해답 (1) 작동연계성
① 화재감지기(A감지기, B감지기, 교차회로방식) 작동
② 제어반에 신호전달
③ 모터사이렌 작동 및 개구부 폐쇄용 전동댐퍼 기동
④ 지연장치 작동
⑤ 기동용 솔레노이드밸브 작동
⑥ 약제저장용기 개방
⑦ 집합관으로 약제 통과
⑧ 선택밸브 개방
⑨ 배관(압력스위치 작동, 방출표시등 점등)
⑩ 헤드 방출

(2) 수동조작방법
① 화재실내에 근무자가 있는지를 확인한다.
② 수동조작함의 문을 열면 수동조작함의 조작스위치를 누른다.

(3) 상용전원 및 비상전원이 고장일 경우 수동조작방법
① 화재발생구역에 화재발생을 알려 실내의 인명을 대피시킨다.
② 개구부 및 출입문 등을 수동으로 폐쇄시킨다.
③ 약제저장실로 이동하여 해당구역의 기동용기함의 문을 열고 솔레노이드의 안전클립을 제거한다.
④ 솔레노이드밸브의 수동조작버튼을 눌러서 작동시킨다.
⑤ 기동용기의 가스압력으로 해당 선택밸브와 저장용기를 개방시켜 약제를 집합관을 통해 헤드로 방출된다.

04

어떤 특정소방대상물에 옥외소화전 5개를 화재안전기준과 다음 조건에 따라 설치하려고 한다. 다음 각 물음에 답하시오.

득점	배점
	10

조 건

- 옥외소화전은 지상용 A형을 사용한다.
- 펌프에서 첫째 옥외소화전까지의 직관길이는 150[m]관의 내경은 100[mm]이다.
- 모든 규격치는 최소량을 적용한다.

물 음

(1) 수원의 최소유효저수량은 몇 [m^3]인가?(단, 옥상수조는 제외한다)
(2) 펌프의 최소유량[m^3/min]은 얼마인가?
(3) 직관부분에서의 마찰손실수두[m]는 얼마인가?(Darcy-Weisbach의 식을 사용하고 마찰손실 계수는 0.02이다)

해설

(1) 수 원

$$Q = N(\text{최대 2개}) \times 7[\text{m}^3]$$

$\therefore\ Q = N(\text{최개 2개}) \times 7[\text{m}^3] = 2 \times 7[\text{m}^3] = 14[\text{m}^3]$

(2) 최소유량 $Q = N(\text{최대 2개}) \times 350[\text{L/min}]$

$= 2 \times 350[\text{L/min}] = 700[\text{L/min}] = 0.7[\text{m}^3/\text{min}]$

(3) 다르시-바이스바흐식을 적용하면

$$\Delta H = \frac{fLu^2}{2gD}$$

① f : 관마찰계수(0.02), L : 배관의 길이(150[m])

② Q : 유량($0.7[\text{m}^3]/60[\text{s}] = 0.01167[\text{m}^3/\text{s}]$)

$Q = uA$ 에서 유속 u는

$$u = \frac{Q}{\frac{\pi}{4}D^2} = \frac{0.01167[\text{m}^3/\text{s}]}{\frac{\pi}{4}(0.1[\text{m}])^2} = 1.4859[\text{m/s}]$$

$$\therefore\ \Delta H = \frac{fLu^2}{2gD} = \frac{0.02 \times 150[\text{m}] \times (1.486[\text{m/s}])^2}{2 \times 9.8[\text{m/s}^2] \times 0.1[\text{m}]} = 3.38[\text{m}]$$

해답 (1) 14[m^3] 이상

(2) 0.7[m^3/min]

(3) 3.38[m]

05

평상시에는 공조설비의 급기로 사용하고 화재 시에만 제연에 이용하는 배출기가 답안지의 도면과 같이 설치되어 있다. 화재 시 유효하게 제연할 수 있도록 도면의 필요한 곳에 절환댐퍼를 표시하고 평상시와 화재 시를 구분하여 각 절환댐퍼의 상태를 기술하시오(단, 절환댐퍼는 4개로 설치하고, 댐퍼 심벌은 ⊘ D1 개방, ⊘ D2 폐쇄 등으로 표시한다).

득점	배점
	5

물 음

(1) 절환댐퍼 표시

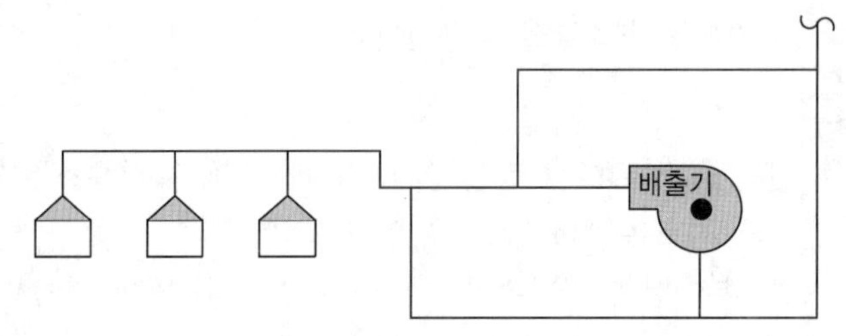

(2) 댐퍼상태
　① 평상시 :
　② 화재 시 :

해설

동작상황

(1) **평상시** : 공조설비로 이용되므로 댐퍼 D_1, D_3을 폐쇄하고 댐퍼 D_2, D_4를 개방하여 외부의 신선한 공기를 주입한다.

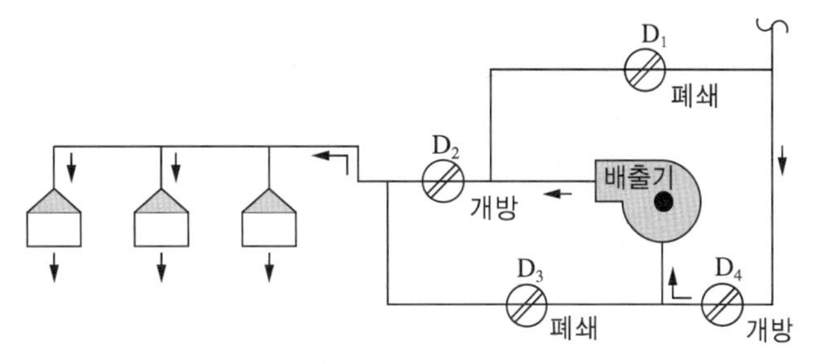

(2) **화재 시** : 댐퍼 D_2, D_4를 폐쇄하고 댐퍼 D_1, D_3을 개방하여 화재발생구역의 연기를 외부로 배출시키는 제연설비로 사용한다.

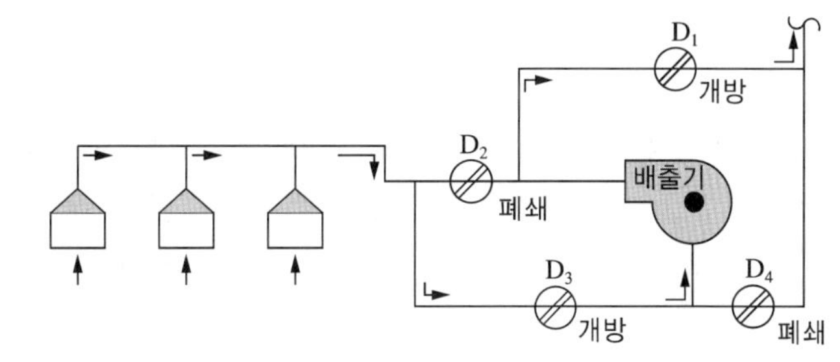

해답 (1)

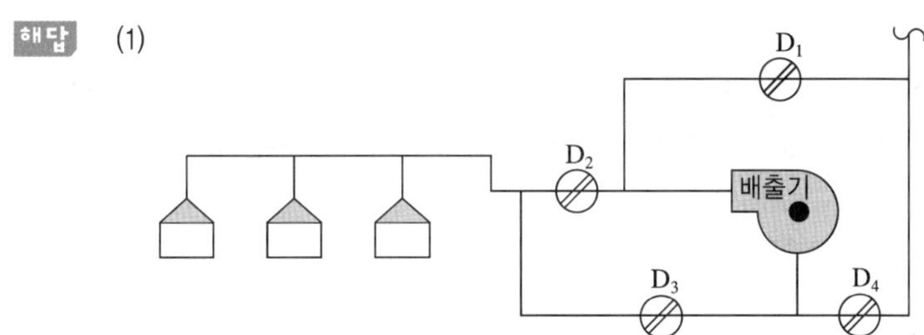

(2) ① 평상시 : 댐퍼 D_1, D_3 폐쇄, 댐퍼 D_2, D_4 개방
　② 화재 시 : 댐퍼 D_2, D_4 폐쇄, 댐퍼 D_1, D_3 개방

06

습식 스프링클러설비에서 비화재 시 오보가 울릴 경우 그 원인을 찾기 위하여 점검하여야 하는 3가지를 쓰시오.

득점	배점
	6

해설

비화재 시 오보가 울릴 경우 점검사항

- 압력스위치 연결 배관상의 오리피스 점검
- 알람밸브 내부의 클래퍼와 시트 부분의 이물질 점검
- 알람밸브의 압력스위치 점검
- 알람밸브의 배수밸브 폐쇄상태 점검
- 주펌프, 충압펌프 세팅 점검

해답 (1) 주펌프, 충압펌프 세팅 점검
(2) 알람밸브 내부의 클래퍼와 시트 부분의 이물질 점검
(3) 알람밸브의 압력스위치 점검

07

습식 스프링클러설비의 유수검지장치의 기능 2가지를 쓰시오.

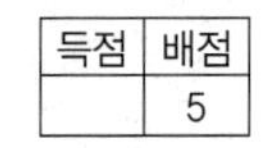

해설

유수검지장치는 **습식 유수검지장치**(패들형을 포함한다), **건식 유수검지장치**, **준비작동식 유수검지장치**를 말하며 본체 내의 유수현상을 자동적으로 검지하여 신호 또는 경보를 발하는 장치

해답 (1) 경보발령 기능 (2) 역류방지 기능

08

전압이 30[mmAq], 풍량 800[m^3/min]이고 전동기 효율이 50[%], 전압력 손실과 제연량 누수도 고려한 여유율을 10[%] 증가시킨 것으로 할 때 배출기의 동력[kW]을 구하시오.

득점	배점
	5

해설

배출기 동력

$$P[\text{kW}] = \frac{Q \times P_T}{102 \times 60 \times \eta} \times K$$

여기서, Q : 풍량[m^3/min]
P_T : 전압[$\text{mmH}_2\text{O} = \text{mmAq}$]
η : 효율
K : 전달계수

$$\therefore P[\text{kW}] = \frac{800[\text{m}^3/\text{min}] \times 30[\text{mmAq}]}{102 \times 60 \times 0.5} \times 1.1 = 8.63[\text{kW}]$$

※ Aq(아쿠아) : 물이란 뜻으로 H_2O와 동일함

해답 8.63[kW]

09

이산화탄소 소화설비에서 설계농도가 34[%]로 방호구역 내로 방출할 경우 이때 방호구역 내의 산소의 농도[%]를 구하시오.	득점	배점
		5

해설

이산화탄소의 농도

$$CO_2[\%] = \frac{21 - O_2[\%]}{21} \times 100$$

$\therefore\ 34[\%] = \frac{21 - O_2}{21} \times 100 \qquad O_2 = 13.86[\%]$

해답 13.86[%]

10

특별피난계단의 계단실 및 부속실 제연설비에서 제연구역의 선정기준 4가지를 쓰시오.	득점	배점
		4

해설

제연구역의 선정기준

(1) 계단실 및 그 부속실을 동시에 제연하는 것
(2) 부속실만을 단독으로 제연하는 것
(3) 계단실 단독제연하는 것
(4) 비상용 승강기 승강장 단독 제연하는 것

- 제연구역과 옥내 사이에 유지하여야 하는 최소차압은 40[Pa](옥내에 스프링클러설비가 설치된 경우에는 12.5[Pa] 이상으로 하여야 한다.
- 제연설비가 가동되었을 경우 **출입문의 개방**에 **필요한 힘은 110[N] 이하**로 하여야 한다.

해답 (1) 계단실 및 그 부속실을 동시에 제연하는 것
(2) 부속실만을 단독으로 제연하는 것
(3) 계단실 단독제연하는 것
(4) 비상용 승강기 승강장 단독제연하는 것

11

습식 스프링클러설비 설치 시 연결송수관설비를 같이 설치하는 이유를 설명하시오.

득점	배점
	4

해설

스프링클러설비 설치 시 연결송수관설비를 같이 설치하는 이유

- 화재 시 자체 수원으로 진압이 어려울 때 소방차가 소화용수를 공급하기 위하여
- 펌프고장이나 전원차단 등으로 소화용수를 공급하기 어려울 때 소화용수를 공급하기 위하여

해답 자체수원 부족 시, 펌프고장, 전원차단 등으로 수원이 부족할 때 수원을 공급하기 위하여

12

포소화설비에서 포소화약제 혼합방식을 4가지 쓰시오.

득점	배점
	4

해설

포소화약제의 혼합장치

(1) 펌프 프로포셔너방식(Pump Proportioner, 펌프혼합방식) : 펌프의 토출관과 흡입관 사이의 배관 도중에 설치한 흡입기에 펌프에서 토출된 물의 일부를 보내고 농도조절밸브에서 조정된 포소화약제의 필요량을 포소화약제 탱크에서 펌프 흡입측으로 보내어 약제를 혼합하는 방식

(2) 라인 프로포셔너방식(Line Proportioner, 관로혼합방식) : 펌프와 발포기의 중간에 설치된 벤투리관의 벤투리작용에 따라 포소화약제를 흡입·혼합하는 방식

(3) 프레셔 프로포셔너방식(Pressure Proportioner, 차압혼합방식) : 펌프와 발포기의 중간에 설치된 벤투리관의 벤투리작용과 펌프 가압수의 포소화약제 저장탱크에 대한 압력에 따라 포소화약제를 흡입 혼합하는 방식

(4) 프레셔 사이드 프로포셔너방식(Pressure Side Proportioner, 압입혼합방식) : 펌프의 토출관에 압입기를 설치하여 포소화약제 압입용 펌프로 포소화약제를 압입시켜 혼합하는 방식

해답 (1) 펌프 프로포셔너방식(펌프혼합방식)
(2) 라인 프로포셔너방식(관로혼합방식)
(3) 프레셔 프로포셔너방식(차압혼합방식)
(4) 프레셔 사이드 프로포셔너방식(압입혼합방식)

13

반응시간지수(RTI)에 대하여 간단히 설명하시오.

득점	배점
	5

해설

반응시간지수

- 정의 : 기류의 온도, 속도 및 작동시간에 대하여 스프링클러헤드의 반응을 예상하는 지수로서 RTI가 낮을수록 개방온도에 빨리 도달한다.

$$RTI = \tau\sqrt{u}\ [\mathrm{m/s}]^{0.5}$$

여기서, τ : 감열체의 시간상수 　　u : 기류의 속도[m/s]

- RTI값
  - 조기반응 : 50 이하
  - 특수반응 : 50 초과 80 이하
  - 표준반응 : 80 초과 350 이하

해답 기류의 온도, 속도 및 작동시간에 대하여 스프링클러헤드의 반응을 예상하는 지수로서 RTI가 낮을수록 개방온도에 빨리 도달한다.

$$RTI = \tau\sqrt{u}\ [\mathrm{m/s}]^{0.5}$$

여기서, τ : 감열체의 시간상수 　　u : 기류의 속도[m/s]

14

옥내소화전설비에서 옥내소화전이 각 층당 1개씩 설치되어 있다. 유속이 4[m/s]일 경우 수직배관의 구경을 아래 보기에서 선정하시오.

득점	배점
	6

급수관의 구경[mm]	25	32	40	50	65	80	90	100

해설

배관의 구경

$$D = \sqrt{\frac{4\,Q}{\pi\,u}}$$

여기서, Q(옥내소화전 1개) = 130[L/min] = 0.13[m^3]/60[s] = 0.00217[m^3/s]

u : 유속(4[m/s])

$$\therefore\ D = \sqrt{\frac{4Q}{\pi u}} = \sqrt{\frac{4\times 0.00217}{\pi\times 4}} = 0.026[\mathrm{m}] = 26[\mathrm{mm}] \Rightarrow 50[\mathrm{mm}]$$

[옥내소화전설비에 따른 배관의 구경]

설비의 종류		구 경
연결송수관설비의 배관과 겸용하지 않는 경우	주배관 중 수직배관	50[mm] 이상
	주배관 중 수직배관(호스릴방식)	32[mm] 이상
연결송수관설비의 배관과 겸용	주배관	100[mm] 이상
	방수구로 연결되는 배관	65[mm] 이상

해답 50[mm]

15

다음 조건을 기준으로 펌프의 단수를 구하시오.

득점	배점
	6

- 펌프의 회전수 : 3,600[rpm]
- 유량 : 1.228[m³/min]
- 양정 : 128[m]
- 비교회전도 : 230

해설

비교회전도(Specific Speed)

$$N_s = \frac{N \cdot Q^{1/2}}{\left(\frac{H}{n}\right)^{3/4}}$$

여기서, N : 회전수[rpm] Q : 유량[m³/min]
H : 양정[m] n : 단수

$$\therefore N_s = \frac{N \cdot Q^{1/2}}{\left(\frac{H}{n}\right)^{3/4}} \quad 230 = \frac{3,600 \times (1.228)^{1/2}}{\left(\frac{128}{n}\right)^{3/4}} \quad \therefore n = 2.85 \Rightarrow 3\text{단}$$

해답 3단

제 2 회 2011년 7월 24일 시행

※ 다음 물음에 대한 답을 해당 답란에 답하시오.(배점 : 100)

01

수원의 수위보다 1[m] 낮은 위치에 펌프가 설치되어 있다. 흡입관의 평균유속이 1[m/s]이고, 손실수두가 0.8[m]일 때 유효수두($NPSH_{av}$)는 몇 [m]인지 구하시오(단, 대기압은 98[kPa], 물의 온도는 20[℃]이고, 이때의 포화수증기압은 2,340[Pa], 비중량은 9,800[N/m^3]이다).

득점	배점
	4

해설

흡입양정(NPSH, Net Positive Suction Head)

NPSH는 펌프가 공동현상을 일으키지 않고 흡입 가능한 압력을 물의 높이로 표시한 것으로 수계 소화설비에서 펌프 설계 시 반드시 NPSH를 고려하여 공동현상이 발생하지 않도록 하여야 한다.

- **유효흡입양정**(NPSHav ; Available Net Positive Suction Head)

  펌프를 설치하여 사용할 때 펌프 자체와는 무관하게 흡입측 배관 또는 시스템에 의하여 결정되는 양정이다. 유효흡입양정은 펌프 흡입구 중심으로 유입되는 압력을 절대압력으로 나타낸다.

  – 흡입 NPSH(**부압수조방식**, 수면이 펌프 중심보다 낮을 경우

  $$\text{유효 NPSH} = H_a - H_p - H_s - H_L$$

  여기서, H_a : 대기압두[m]　　H_p : 포화 수증기압두[m]

  H_s : 흡입실양정[m]　　H_L : 흡입측 배관 내의 마찰손실수두[m]

  – 압입 NPSH(**정압수조방식**, 수면이 펌프 중심보다 높을 경우)

  $$\text{유효 NPSH} = H_a - H_p + H_s - H_L$$

- **필요흡입양정**(NPSHre ; Required Net Positive Suction Head)

  펌프의 형식에 의하여 결정되는 양정으로 펌프를 운전할 때 공동현상을 일으키지 않고 정상운전에 필요한 흡입양정이다.

$\therefore$ NPSH(유효흡입수두)$_{av}$ = 대기압수두 − 포화증기압수두 + 흡입실양정 − 마찰손실수두

$= 9.99 - 0.239 + 1 - 0.8 = \mathbf{9.95[m]}$

여기서, NPSH : 유효흡입양정

$$\text{대기압수두} = \frac{98[\text{kPa}]}{101.325[\text{kPa}]} \times 10.332[\text{m}] = 9.99[\text{m}]$$

$$\text{포화증기압수두} = \frac{2,340[\text{Pa}]}{101,325[\text{Pa}]} \times 10.332[\text{m}] = 0.239[\text{m}]$$

배관의 마찰손실수두 =0.8[m]

실양정 : 1[m]

해답 9.95[m]

02

다음 제연설비의 조건을 참조하여 각 물음에 답하시오.

득점	배점
	10

조 건

- 국가화재안전기준에 따른 제연설비 설치한다.
- 주덕트의 높이 제한은 600[mm]이다(강판두께, 덕트플랜지 및 보온두께는 고려하지 않는다).
- 예상제연구역의 설계풍량은 45,000[m^3/h]이다.
- 배출기는 원심식 다익형이다.
- 기타 조건은 무시한다.

물 음

(1) 배출기의 흡입측 주덕트의 최소 폭[m]을 구하시오.
(2) 배출기의 배출측 주딕드의 최소 폭[m]을 구하시오.
(3) 준공 후 풍량시험을 한 결과 풍량은 36,000[m^3/h], 회전수 600[rpm], 축동력 7.5[kW]로 측정되었다. 배출량 45,000[m^3/h]를 만족시키기 위한 배출기의 회전수[rpm]를 계산하시오.
(4) 회전수를 높여서 배출량을 만족시킬 경우의 예상축동력[kW]을 계산하시오.

해설

제연설비

(1) 흡입측 주덕트의 최소 높이

$$Q = uA$$

① Q(유량) = 45,000[m^3/h] = 45,000[m^3]/3,600[s] = 12.5[m^3/s]
② u(흡입측 덕트의 속도) = 15[m/s] 이하

$$\therefore A = \frac{Q}{u} = \frac{12.5[m^3/s]}{15[m/s]} = 0.833[m^2]$$

③ A(단면적) = 높이 × 폭

$$\therefore 폭 = \frac{단면적[m^2]}{높이[m]} = \frac{0.833[m^2]}{0.6[m]} = 1.39[m]$$

(2) 배출측 주덕트의 최소 높이

$$Q = uA$$

① Q(유량) = 45,000[m^3/h] = 45,000[m^3]/3,600[s] = 12.5[m^3/s]
② u(배출측 덕트의 속도) = 20[m/s] 이하

$$\therefore A = \frac{Q}{u} = \frac{12.5[m^3/s]}{20[m/s]} = 0.625[m^2]$$

③ A(단면적) = 높이 × 폭

$$\therefore 폭 = \frac{단면적[m^2]}{높이[m]} = \frac{0.625[m^2]}{0.6[m]} = 1.04[m]$$

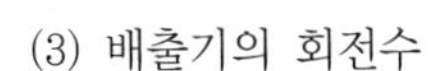

(3) 배출기의 회전수

• 유량 $Q_2 = Q_1 \times \left(\frac{N_2}{N_1}\right) \times \left(\frac{D_2}{D_1}\right)^3$

• 양정 $H_2 = H_1 \times \left(\frac{N_2}{N_1}\right)^2 \times \left(\frac{D_2}{D_1}\right)^2$

• 동력 $P_2 = P_1 \times \left(\frac{N_2}{N_1}\right)^3 \times \left(\frac{D_2}{D_1}\right)^5$

$$\frac{Q_2}{Q_1} = \frac{N_2}{N_1}$$

여기서, Q : 풍량 N : 회전수

$\therefore$ 배출구 회전수 $N_2 = N_1 \times \left(\frac{Q_2}{Q_1}\right) = 600[\text{rpm}] \times \left(\frac{45{,}000[\text{m}^3/\text{h}]}{36{,}000[\text{m}^3/\text{h}]}\right) = 750[\text{rpm}]$

(4) 배출기의 축동력

$$\frac{P_2}{P_1} = \left(\frac{N_2}{N_1}\right)^3$$

여기서, P : 축동력 N : 회전수

$\therefore$ 축동력 $P_2 = P_1 \times \left(\frac{N_2}{N_1}\right)^3 = 7.5[\text{kW}] \times \left(\frac{750}{600}\right)^3 = 14.65[\text{kW}]$

해답

(1) 1.39[m] (2) 1.04[m]
(3) 750[rpm] (4) 14.65[kW]

03

다음 빈칸에 알맞은 부속품을 기입하시오.

득점	배점
	6

(1) (   ) : 배관 내의 이물질을 제거하기 위하여 펌프의 흡입측에 설치한다.
(2) (   ) : 배관 내의 유체의 방향을 90°로 변화시키는 밸브
(3) (   ) : 소화설비 급수 주배관의 펌프 측에 설치하는 차단밸브
(4) (   ) : 관경이 서로 다른 두 관을 연결하는 데 사용하는 관부속품
(5) (   ) : 배관 내 유체의 방향을 변화시키는 연결부속품
(6) (   ) : 대기압 이상의 압력과 이하의 압력을 측정할 수 있는 압력계

해설

부속품

(1) 스트레이너 : 펌프의 흡입측 배관에 설치하는 것으로 여과기능을 한다.
(2) 앵글밸브 : 배관 내 유체의 흐름 방향을 90°변경시킬 때 사용되는 밸브

(3) 개폐표시형 밸브 : 소화설비 급수 주배관의 펌프 측에 설치하는 차단밸브
(4) 리듀서, 부싱 : 관경이 서로 다른 두 관을 연결하는 데 사용하는 관부속품
(5) 엘보, Y자관, 티 : 배관 내 유체의 방향을 변화시키는 연결부속품
(6) 연성계 : 대기압 이상의 압력과 이하의 압력을 측정할 수 있는 압력계

해답 ① 스트레이너 ② 앵글밸브
③ 개폐표시형 밸브 ④ 리듀서
⑤ 엘 보 ⑥ 연성계

04

전기실에 제1종 분말소화약제를 사용한 분말소화설비를 전역방출방식의 가압식으로 설치하려고 한다. 다음 조건을 참조하여 각 물음에 답하시오.

득점	배점
	10

조 건

- 특정소방대상물의 크기는 가로 11[m], 세로 9[m], 높이 4.5[m]인 내화구조로 되어 있다.
- 특정소방대상물의 중앙에 가로 1[m], 세로 1[m]의 기둥이 있고, 기둥을 중심으로 가로, 세로 보가 교차되어 있으며, 보는 천장으로부터 0.6[m], 너비 0.4[m]의 크기이고, 보와 기둥은 내열성 재료이다.
- 전기실에는 0.7[m]×1.0[m], 1.2[m]×0.8[m]인 개구부가 각각 1개씩 설치되어 있으며, 1.2[m]×0.8[m]인 개구부에는 자동폐쇄장치가 설치되어 있다.
- 방호공간에 내화구조 또는 내열성 밀폐재료가 설치된 경우에는 방호공간에서 제외할 수 있다.
- 방사헤드의 방출률은 7.82[kg/mm^2·min·개]이다.
- 약제 저장용기 1개의 내용적은 50[L]이다.
- 방사헤드 1개의 오리피스(방출구) 면적은 0.45[cm^2]이다.
- 소화약제 산정기준 및 기타 필요한 사항은 화재안전기준에 준한다.

물 음

(1) 저장에 필요한 제1종 분말소화약제의 최소 양[kg]은?
- 계산과정 :
- 답 :

(2) 저장에 필요한 약제 저장용기의 수[병]는?
- 계산과정 :
- 답 :

(3) 설치에 필요한 방사 헤드의 최소 개수[개]는?
(단, 소화약제의 양은 문항 "(2)"에서 구한 저장용기 수의 소화약제 양으로 한다)
- 계산과정 :
- 답 :

(4) 설치에 필요한 전체 방사 헤드의 오리피스 면적[mm^2]은?
- 계산과정 :
- 답 :

(5) 방사 헤드 1개의 방사량[kg/min]은?
- 계산과정 :
- 답 :

(6) 문항 "(2)"에서 산출한 지장용기수의 소화약제가 방출되어 모두 열분해 시 발생한 CO_2의 양은 몇 [kg]이며, 이때 CO_2의 부피는 몇 [m^3]인가?
(단, 방호구역 내의 압력은 120[kPa], 주위온도는 500[℃]이고, 제1종 분말 소화약제 주성분에 대한 각 원소의 원자량은 다음과 같으며, 이상기체 상태 방정식을 따른다고 한다.

원소기호	Na	H	C	O
원자량	23	1	12	16

- 계산과정 :
- 답 : CO_2의 양[kg] :
  CO_2의 부피[m^3] :

해설

분말소화약제

(1) 제1종 분말 소화약제의 최소 양(전역방출방식의 약제량)

① 방호구역의 체적 1[m^3]에 대하여 다음 표에 따른 양

소화약제의 종별	방호구역의 체적 1[m^3]에 대한 소화약제의 양
제1종 분말	**0.60[kg]**
제2종 분말 또는 제3종 분말	0.36[kg]
제4종 분말	0.24[kg]

② 방호구역의 개구부에 자동폐쇄장치를 설치하지 아니한 경우에는 ①에 따라 산출한 양에 다음 표에 따라 산출한 양을 가산한 양

소화약제의 종별	가산량(개구부의 면적 1[m^2]에 대한 소화약제의 양)
제1종 분말	4.5[kg]
제2종 분말 또는 제3종 분말	2.7[kg]
제4종 분말	1.8[kg]

※ 이 문제는 자동폐쇄장치가 설치되어 있지 않으므로 개구부의 0.7[m]×1[m]에는 가산량은 계산하여야 한다.

㉠ 특정소방대상물의 체적 = $(11\times9\times4.5)[m^3] = 445.5[m^3]$

㉡ 기둥의 체적 = $(1\times1\times4.5)[m^3] = 4.5[m^3]$

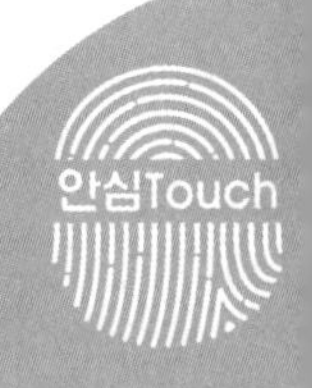

㉢ 보의 체적

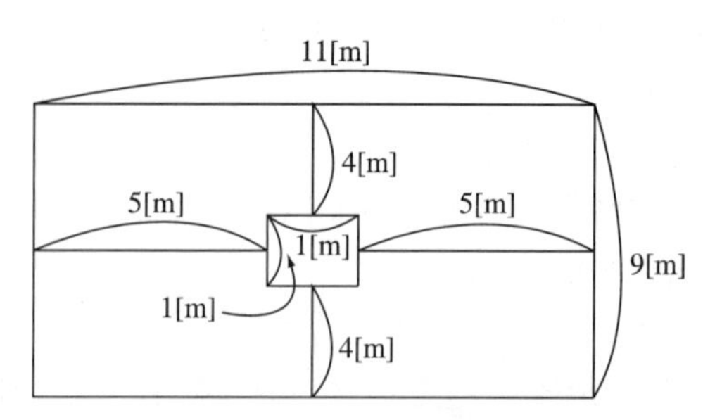

㉮ 가로 보의 체적 = $(5\times0.6\times0.4)[m^3]\times$2개(양쪽) = $2.4[m^3]$

㉯ 세로 보의 체적 = $(4\times0.6\times0.4)[m^3]\times$2개(양쪽) = $1.92[m^3]$

※ 보의 체적의 합계 = $2.4[m^3] + 1.92[m^3] = 4.32[m^3]$

∴ 방호구역의 체적 = 특정소방대상물의 체적 − 기둥의 체적 − 보의 체적
$= 445.5[m^3] - 4.5[m^3] - 4.32[m^3] = 436.68[m^3]$

∴ 약제저장량=방호구역 체적$[m^3]\times$필요가스량$[kg/m^3]$+개구부면적$[m^2]\times$가산량$[kg/m^2]$
$=(436.68[m^3]\times0.6[kg/m^3])+(0.7[m]\times1[m]\times4.5[kg/m^2])=265.16[kg]$

(2) 약제 저장용기의 수

소화약제의 종별	충전비
제1종 분말(탄산수소나트륨을 주성분으로 한 분말)	**0.8[L/kg]**
제2종 분말(탄산수소칼륨을 주성분으로 한 분말)	1.0[L/kg]
제3종 분말(인산염을 주성분으로 한 분말)	**1.0[L/kg]**
제4종 분말(탄산수소칼륨과 요소가 화합된 분말)	**1.25[L/kg]**

$$충전비 = \frac{용기\ 체적[L]}{약제\ 무게[kg]},\quad 약제무게 = \frac{50[L]}{0.8[L/kg]} = 62.5[kg]$$

∴ 저장용기의 수 = 265.16[kg] ÷ 62.5[kg] = 4.24 ⇒ 5병

(3) 설치에 필요한 방사 헤드의 최소 개수

$$\therefore\ 헤드\ 수 = \frac{저장량[kg]}{면적[mm^2]\times 방사시간[min]\times 방출률[kg/mm^2\cdot min\cdot 개]}$$

$$= \frac{5병\times62.5[kg]}{0.45[cm^2]\times30[s]\times7.82[kg/mm^2\cdot min\cdot 개]}$$

$$= \frac{5병\times62.5[kg]}{45[mm^2]\times30[s]\times7.82[kg/mm^2\cdot 60s\cdot 개]}$$

$$= \frac{5병\times62.5[kg]\times60}{45[mm^2]\times30[s]\times7.82[kg/mm^2\cdot s\cdot 개]}$$

$= 1.78 \Rightarrow$ 2개

(4) 설치에 필요한 전체 방사 헤드의 오리피스 면적

∴ 헤드 오리피스 면적 = 헤드 수 × 1개 면적 = 2개 × $(0.45\times100[mm^2]) = 90[mm^2]$

(5) 방사 헤드 1개의 방사량

$$\therefore\ 방사량 = \frac{약제량}{헤드\ 수\times 방사시간} = \frac{5병\times62.5[kg]}{2개\times0.5[min]} = 312.5[kg/min]$$

(6) 열분해 시 발생한 CO_2의 양과 CO_2의 부피

① 이산화탄소의 약제량

※ 약제량 = 62.5[kg] × 5병 = 312.5[kg]

$$2NaHCO_3 \rightarrow Na_2CO_3 + CO_2 + H_2O$$

2×84[kg] ╲╱ 44[kg]

312.5[kg] ╱╲ x

$$\therefore x = \frac{312.5[kg] \times 44[kg]}{2 \times 84[kg]} = 81.85[kg]$$

② 이산화탄소의 부피

$$PV = nRT = \frac{W}{M}RT$$

여기서, P : 압력(1[atm]) V : 부피[m^3]

n : mol수(무게/분자량) W : 무게(81.85[kg])

M : 분자량(44)

R : 기체상수(0.08205[$m^3 \cdot atm/kg-mol \cdot K$])

T : 절대온도(273+[℃] = 273 + 500 = 773[K])

$$\therefore V = \frac{WRT}{PM} = \frac{81.85[kg] \times 0.08205 \times 773[K]}{\left(\frac{120[kPa]}{101.325[kPa]}\right) \times 1[atm] \times 44} = 99.62[m^3]$$

해답

(1) 265.16[kg]

(2) 5병

(3) 2개

(4) 90[mm^2]

(5) 312.5[kg/min]

(6) CO_2의 양[kg] = 81.85[kg]

CO_2의 부피[m^3] = 99.62[m^3]

05

득점	배점
	6

지하 1층의 용도가 판매 시설로서 본 용도로 사용하는 바닥 면적이 3,000[m^2]일 경우 이 장소에 분말소화기 1개의 소화능력단위가 A급 화재기준으로 3단위의 소화기로 설치할 경우 본 판매장소에 필요한 소화 능력단위 수와 분말소화기의 수는 최소 몇 개가 필요한지 구하시오(단, 설명되지 않은 기타 조건은 무시한다).

(1) 필요한 소화능력단위 수 :

(2) 필요한 분말소화기의 수 :

해설

능력단위와 소화기의 수

(1) 소화능력단위 수

[특정소방대상물별 소화기구의 능력단위기준(제4조 제1항 제2호 관련)]

특정소방대상물	소화기구의 능력단위
1. 위락시설	해당 용도의 바닥면적 30[m²]마다 능력단위 1단위 이상
2. 공연장·집회장·관람장·문화재·장례식장 및 의료시설	해당 용도의 바닥면적 50[m²]마다 능력단위 1단위 이상
3. 근린생활시설, **판매시설**, 운수시설, 숙박시설, 노유자시설, 전시장, 공동주택, 업무시설, 방송통신시설, 공장, 창고시설, 항공기 및 자동차관련시설 및 관광휴게시설	해당 용도의 바닥면적 **100[m²]마다** 능력단위 1단위 이상
4. 그 밖의 것	해당 용도의 바닥변적 200[m²]마다 능력단위 1단위 이상

(주) 소화기구의 능력단위를 산출함에 있어서 건축물의 주요구조부가 내화구조이고, 벽 및 반자의 실내에 면하는 부분이 불연재료·준불연재료 또는 난연재료로 된 특정소방대상물에 있어서는 위 표의 기준면적의 2배를 해당 특정소방대상물의 기준면적으로 한다.

$$\therefore \text{ 능력단위} = \frac{\text{바닥면적}}{100[\text{m}^2]} = \frac{3{,}000[\text{m}^2]}{100[\text{m}^2]} = 30\text{단위}$$

(2) 분말소화기의 수

$$\therefore \text{ 소화기 수} = \frac{30\text{단위}}{3\text{단위}} = 10\text{개}$$

해답 (1) 능력단위 : 30단위
(2) 소화기의 수 : 10개

06

피난구조설비는 피난기구와 인명구조기구로 나눈다. 이때 인명구조기구의 종류를 3가지 쓰시오.

득점	배점
	3

해설

피난구조설비 : 화재가 발생할 경우 피난하기 위하여 사용하는 기구 또는 설비

- 피난기구 : 미끄럼대, 피난사다리, 구조대, 완강기, 피난교, 공기안전매트, 다수인 피난장비 그 밖의 피난기구
- **인명구조기구 : 방열복, 방화복(안전모, 보호장갑, 안전화 포함), 공기호흡기 및 인공소생기**
- 피난유도선·유도등 및 유도표지
- 비상조명등 및 휴대용 비상조명등

해답 방열복, 방화복, 공기호흡기, 인공소생기

07

스모크타워 제연방식의 경우 제연효율을 높이기 위하여 화재 시 온도 차이로 인한 비중 차이로 연기가 아래에서 위로 상승하는 효과를 무엇이라 하는가?	득점	배점
		5

해설

연돌효과(Stack Effect) : 연돌효과는 건축물 내·외부의 온도차 및 빌딩의 높이에 발생되는 압력 차이로 실내연기가 수직 유동경로를 따라 최하층에서 최상층으로 이동하는 현상

해답 연돌효과

08

소화펌프의 성능곡선을 체크하는 항목 중에서 체절운전 시 정격토출압력의 140[%]를 초과하지 않도록 되어 있다. 여기에 관련된 체절압력에 대하여 설명하시오.	득점	배점
		4

해설

펌프의 성능시험

- 성능시험
  - **무부하시험(체절운전시험)** : 펌프토출측의 주밸브와 성능시험배관의 유량조절밸브를 잠근 상태에서 운전할 경우에 양정이 전격양정의 140[%] 이하인지 확인하는 시험
  - **정격부하시험** : 펌프를 기동한 상태에서 유량조절밸브를 개방하여 유량계의 유량이 정격유량상태(100[%])일 때 토출압력계와 흡입압력계의 차이가 정격압력 이상이 되는지 확인하는 시험
  - **피크부하시험(최대운전시험)** : 유량조절밸브를 개방하여 정격토출량의 150[%]로 운전 시 정격토출압력의 65[%] 이상이 되는지 확인하는 시험
- 펌프의 성능곡선

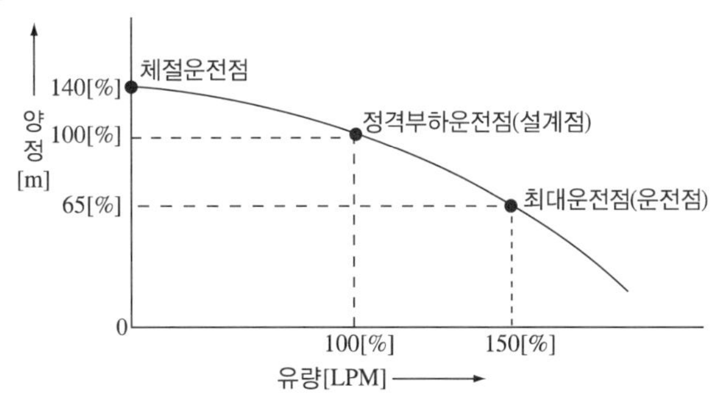

- **체절압력**의 정의 : 펌프 토출측의 배관이 모두 잠긴 상태에서 즉, 물이 전혀 방출되지 않고 펌프가 계속 작동되어 압력이 최상한점에 도달하여 더 이상 올라갈 수 없는 상태에서 Pump가 공회전할 때의 압력

해답 펌프 토출측의 배관이 모두 잠긴 상태에서 즉, 물이 전혀 방출되지 않고 펌프가 계속 작동되어 압력이 최상한점에 도달하여 더 이상 올라갈 수 없는 상태에서 Pump가 공회전할 때의 압력

09

연결송수관설비에 가압송수장치가 높이 120[m]의 건물에 설치되어 있다. 다음 물음에 답하시오.

득점	배점
	6

(1) 가압송수장치 설치이유를 간단히 설명하시오.

(2) 가압송수장치 펌프의 토출량은 몇 [L/min] 이상이어야 하는지 쓰시오
(단, 계단식 아파트가 아니고, 해당 층에 설치된 방수구가 3개 이하이다).

(3) 최상층 노즐 선단의 방수압력은 몇 [MPa] 이상이어야 하는지 쓰시오.

해설

연결송수관설비

(1) 지표면에서 최상층 방수구의 **높이가 70[m] 이상**의 특정소방대상물에는 연결송수관설비의 **가압송수장치**를 설치하여야 한다.

> 가압송수장치 설치 이유 : 소방차에서 토출되는 양정만으로는 부족하여 높이 70[m] 이상에서 규정 방수압력을 얻기 위하여 설치한다.

(2) **펌프의 토출량**은 **2,400[L/min]**(**계단식 아파트**의 경우에는 **1,200[L/min]**) **이상**이 되는 것으로 할 것. 다만, 해당 층에 설치된 방수구가 3개를 초과(방수구가 5개 이상인 경우에는 5개)하는 것에 있어서는 1개마다 800[L/min](계단식 아파트의 경우에는 400[L/min])를 가산한 양이 되는 것으로 할 것

PLUS ONE **연결송수관설비의 펌프 토출량(아파트가 아닌 경우)**

- 방수구가 3개 이하 Q = 2,400[L/min] 이상
- 방수구가 4개일 때 Q = 2,400[L/min] 이상 + 800[L/min] 이상
- 방수구가 5개일 때 Q = 2,400[L/min] 이상 + 800[L/min] + 800[L/min] 이상

(3) 펌프의 양정은 최상층에 설치된 노즐선단의 압력이 **0.35[MPa] 이상**의 압력이 되도록 할 것

해답

(1) 소방차에서 토출되는 양정만으로는 부족하여 높이 70[m] 이상에서 규정 방수압을 얻기 위하여

(2) 2,400[L/min]

(3) 0.35[MPa]

10

내경이 100[mm]인 소방용 호스에 내경이 30[mm]인 노즐이 부착되어 있다. 1.5[m^3/min]의 방수량으로 대기 중에 방사할 경우 아래 조건에 따라 각 물음에 답하시오.

득점	배점
	10

조 건

마찰손실은 무시한다.

물 음

(1) 소방용 호스의 평균유속[m/s]을 계산하시오.

(2) 소방용 호스에 부착된 노즐의 평균유속[m/s]을 계산하시오.

(3) 소방용 호스에 부착된 Flange Volt(플랜지 볼트)에 작용하는 힘[N]을 계산하시오.

해설

(1) 호스의 평균유속

$$Q[\text{m}^3/\text{s}] = Au = \frac{\pi}{4}D^2 \times u \qquad u = \frac{4Q}{\pi D^2}$$

여기서, A : 배관단면적[m^2]　　u : 유속[m/s]

D : 배관직경[m]

$$\therefore\ u = \frac{4Q}{\pi D^2} = \frac{4 \times 1.5[\text{m}^3]/60[\text{s}]}{\pi \times (0.1[\text{m}])^2} = 3.18[\text{m/s}]$$

(2) 노즐의 평균유속

$$\therefore\ u = \frac{4Q}{\pi D^2} = \frac{4 \times 1.5[\text{m}^3]/60[\text{s}]}{\pi \times (0.03[\text{m}])^2} = 35.39[\text{m/s}]$$

(3) 플랜지 볼트에 작용하는 힘

$$F = \frac{\gamma A_1 Q^2}{2g}\left(\frac{A_1 - A_2}{A_1 A_2}\right)^2$$

여기서, F : 반발력[kg_f]　　γ : 비중량(1,000[kg_f/m^3])

Q : 유량(1.5[m^3]/60[s])　　g : 중력가속도(9.8[m/s^2])

A : 단면적[m^2]

$$F = \frac{1{,}000 \times \frac{\pi}{4}(0.1[\text{m}])^2 \times (1.5[\text{m}^3]/60[\text{s}])^2}{2 \times 9.8[\text{m/s}^2]}\left(\frac{\frac{\pi}{4}(0.1[\text{m}])^2 - \frac{\pi}{4}(0.03[\text{m}])^2}{\frac{\pi}{4}(0.1[\text{m}])^2 \times \frac{\pi}{4}(0.03[\text{m}])^2}\right)^2$$

$$= 414.867[\text{kg}_f]$$

$1[\text{kg}_f] = 9.8[\text{N}]$이므로

$$\therefore\ F[\text{N}] = 414.867[\text{kg}_f] \times \frac{9.8[\text{N}]}{1[\text{kg}_f]} = 4{,}065.7[\text{N}]$$

해답 (1) 3.18[m/s]
(2) 35.39[m/s]
(3) 4,065.7[N]

11

백드래프트(Back Draft)현상을 설명하고 발생시기를 쓰시오.

득점	배점
	4

(1) 백드래프트현상
(2) 발생시기

해설

백드래프트(Back Draft)

- 백드래프트현상 : 밀폐된 공간에서 화재발생 시 산소 부족으로 불꽃을 내지 못하고 가연성 가스만 축적되어 있는 상태에서 갑자기 문을 개방하면 신산한 공기 유입으로 폭발적인 연소가 시작되는 현상
- 백드래프트와 플래시오버 비교

[Back Draft와 Flash Over]

구 분 항 목	Back Draft	Flash Over
정 의	밀폐된 공간에서 소방대가 화재진압을 위하여 화재실의 문을 개방할 때 신선한 공기유입으로 실내에 축적되었던 가연성 가스가 폭발적으로 연소함으로서 화재가 폭풍을 동반하여 실외로 분출되는 현상	가연성 가스를 동반하는 연기와 유독가스가 방출하여 실내의 급격한 온도상승으로 실내 전체로 확산되어 연소하는 현상
발생시기	감쇠기	성장기
조 건	실내가 충분히 가열하여 다량의 가연성 가스가 축적할 때	• 산소농도 : 10[%] • 평균온도 : 500[℃] 전후 • CO_2 / CO = 150
공급요인	산소의 공급	열의 공급
폭풍 혹은 충격파	수반한다.	수반하지 않는다.
피 해	• 고압 및 폭풍파 발생 • 농연의 분출	• 인접 건축물에 대한 연소확대 위험 • 개구부에서 화염 혹은 농연의 분출
방지대책	• 폭발력의 억제 • 격리 및 환기 • 소 화	• 가연물의 제한 • 개구부의 제한 • 천장의 불연화 • 화원의 억제

해답 (1) 밀폐된 공간에서 화재발생 시 산소 부족으로 불꽃을 내지 못하고 가연성 가스만 축적되어 있는 상태에서 갑자기 문을 개방하면 신산한 공기 유입으로 폭발적인 연소가 시작되는 현상
(2) 감쇠기

12

그림은 어느 옥내소화전설비의 계통을 나타내는 Isometric Diagram이다. 이 설비에서 펌프의 정격토출량이 200[L/min]일 때 주어진 조건을 이용하여 물음에 답하시오.

득점	배점
	18

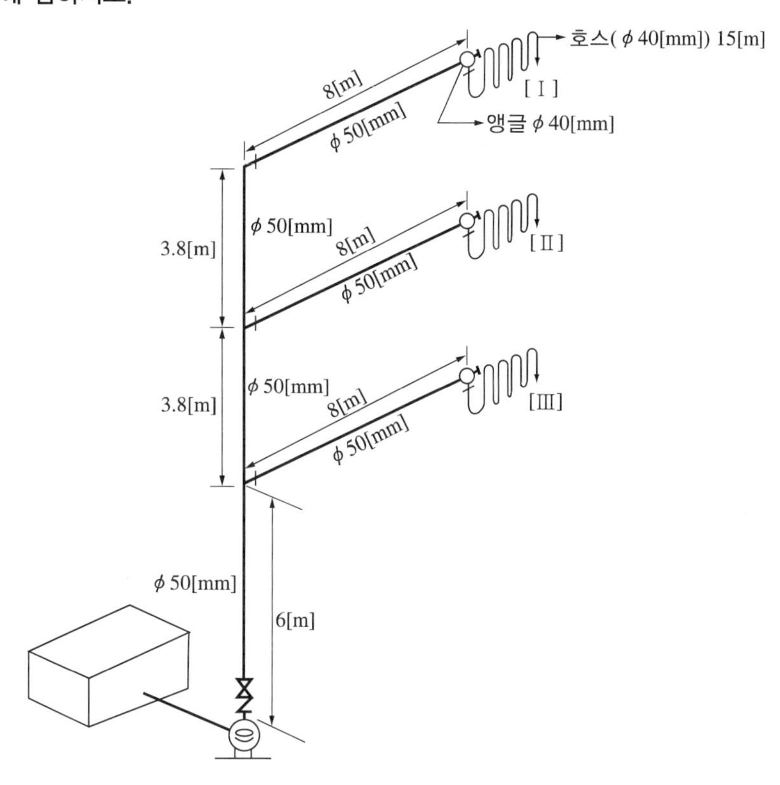

조 건

- 옥내소화전[I]에서 호스 관창 선단의 방수압과 방수량은 각각 0.17[MPa], 130[L/min]이다.
- 호스길이 100[m]당 130[L/min]의 유량에서 마찰손실수두는 15[m]이다.
- 각 밸브와 배관부속의 등가길이는 다음과 같다.

관부속품	등가길이	관부속품	등가길이
앵글밸브(40[mm])	10[m]	엘보(50[mm])	1[m]
게이트밸브(50[mm])	1[m]	분류티(50[mm])	4[m]
체크밸브(50[mm])	5[m]		

- 배관의 마찰손실압은 다음의 공식을 따른다고 가정한다.

$$\Delta P = \frac{6 \times 10^4 \times q^2}{120^2 \times d^5}$$

여기서, ΔP : 배관길이 1[m]당 마찰손실압력[MPa]
q : 유량[L/min]
d : 관의 내경[mm](ϕ50[mm] 배관의 경우 내경은 53[mm], ϕ40[mm]의 배관의 경우 내경은 42[mm]로 한다.

- 펌프의 양정은 토출량의 대소에 관계없이 일정하다고 가정한다.
- 정답을 산출할 때 펌프 흡입측의 마찰손실수두, 정압, 동압 등은 일체 계산에 포함시키지 않는다.
- 본 조건에 자료가 제시되지 아니한 것은 계산에 포함되지 아니한다.

물 음

(1) 소방호스의 마찰손실수두[m]를 구하시오.
- 계산과정 :
- 답 :

(2) 최고위 앵글밸브에서의 마찰손실압력[kPa]을 구하시오.
- 계산과정 :
- 답 :

(3) 최고위 앵글밸브의 인입구로부터 펌프 토출구까지 배관의 총 등가길이[m]를 구하시오.
- 계산과정 :
- 답 :

(4) 최고위 앵글밸브의 인입구로부터 펌프 토출구까지의 마찰손실압력[kPa]을 구하시오.
- 계산과정 :
- 답 :

(5) 펌프 전동기의 소요동력[kW]을 구하시오(단, 펌프의 효율은 0.6, 전달계수는 1.1이다).
- 계산과정 :
- 답 :

(6) 옥내소화전[Ⅲ]을 조작하여 방수하였을 때의 방수량을 q[L/min]라고 할 때,

① 이 소화전호스를 통하여 일어나는 마찰손실압력[Pa]을 구하시오(단, q는 기호 그대로 사용하고, 마찰손실의 크기는 유량의 제곱에 정비례한다).
- 계산과정 :
- 답 :

② 해당 앵글밸브 인입구로부터 펌프 토출구까지의 마찰손실압력[Pa]을 구하시오(단, q는 기호 그대로 사용한다).
- 계산과정 :
- 답 :

③ 해당 앵글밸브의 마찰손실압력[Pa]을 구하시오(단, q는 기호 그대로 사용한다).
- 계산과정 :
- 답 :

④ 호스 관창선단의 방수량[L/min]과 방수압[kPa]을 구하시오.
- 계산과정 :
- 답 :

해설

옥내소화전설비

(1) 소방호스의 마찰손실수두[m]

$$\therefore\ 15[\text{m}] \times \frac{15[\text{m}]}{100[\text{m}]} = 2.25[\text{m}]$$

(2) 최고위 앵글밸브에서의 마찰손실압력[kPa]

$$\therefore\ \Delta P = \frac{6\times10^4\times q^2}{120^2\times d^5}\times L = \frac{6\times10^4\times130^2}{120^2\times42^5}\times10[\text{m}] = 0.005388[\text{MPa}] = 5.39[\text{kPa}]$$

(3) 최고위 앵글밸브의 인입구로부터 펌프 토출구까지 배관의 총 등가길이

구 분	등가 길이
직 관	6.0[m] + 3.8[m] + 3.8[m] + 8.0[m] = 21.6[m]
관부속품	체크밸브 : 5[m] 게이트밸브 : 1[m], 90°엘보 : 1[m]
합 계	28.6[m](21.6[m] + 5[m] + 1[m] + 1[m])

직류티는 도면에 2개가 있으나 문제조건에 없으니까 제외함

(4) 최고위 앵글밸브의 인입구로부터 펌프 토출구까지의 마찰손실압력

$$\therefore\ \Delta P = \frac{6\times10^4\times q^2}{120^2\times d^5}\times L = \frac{6\times10^4\times130^2}{120^2\times53^5}\times 28.6[\text{m}] = 0.004816[\text{MPa}] = 4.82[\text{kPa}]$$

(5) 펌프 전동기의 소요동력

$$P[\text{kW}] = \frac{0.163\times Q\times H}{\eta}\times K$$

① 토출량 : 200[L/min]

② 전양정

$$H = h_1 + h_2 + h_3 + 17(\text{노즐방사압력})$$

여기서, H : 전양정[m], h_1 : 호스마찰손실수두(15[m]×$\frac{15}{100}$=2.25[m])

h_2 : 배관마찰손실수두(5.39[kPa]+4.82[kPa] = $\frac{10.21[\text{kPa}]}{101.325[\text{kPa}]}\times10.332[\text{m}] = 1.04[\text{m}]$)

h_3 : 실양정(6[m]+3.8[m]+3.8[m]=13.6[m])

※ 전양정 H = 2.25[m] + 1.04[m] + 13.6[m] + 17 = 33.89[m]

$$\therefore\ P[\text{kW}] = \frac{0.163\times0.2[\text{m}^3/\text{min}]\times33.89[\text{m}]}{0.6}\times1.1 = 2.03[\text{kW}]$$

(6) 옥내소화전[Ⅲ]을 조작하여 방수하였을 때의 방수량을 q[L/min]라고 할 때,

① 소화전호스를 통하여 일어나는 마찰손실압력

(1)에서 호스의 마찰손실수두가 $2.25[\text{m}] = \frac{2.25[\text{m}]}{10.332[\text{m}]} \times 101.325[\text{kPa}] = 22.07[\text{kPa}]$이다.

조건에서 “마찰손실의 크기는 유량의 제곱에 정비례한다”로서 비례식을 이용하면

$22.07[\text{kPa}] : 130^2 = P[\text{kPa}] : q^2$

$130^2 \times P = 22.07 \times q^2$

$\therefore\ P = \frac{22.07q^2}{130^2} = 0.001306q^2[\text{kPa}] = 1.306 \times 10^{-3}q^2[\text{kPa}] = 1.306q^2[\text{Pa}]$

② 해당 앵글밸브 인입구로부터 펌프 토출구까지의 마찰손실압력

먼저 총 등가길이를 구하면

구 분	등가 길이
직 관	6.0[m] + 8.0[m] = 14[m]
관부속품	체크밸브 : 5[m] 게이트밸브 : 1[m] 분류 티 : 4[m]
합 계	24.0[m]

$\therefore\ \Delta P = \frac{6\times10^4\times q^2}{120^2\times d^5}\times L = \frac{6\times10^4\times q^2}{120^2\times 53^5}\times 24[\text{m}] = 2.39\times10^{-7}q^2[\text{MPa}] = 0.24q^2[\text{Pa}]$

③ 해당 앵글밸브의 마찰손실압력

$\therefore \Delta P = \frac{6\times10^4\times q^2}{120^2\times d^5}\times L = \frac{6\times10^4\times q^2}{120^2\times 42^5}\times 10[\text{m}] = 3.19\times10^{-7}q^2[\text{MPa}] = 0.32q^2[\text{Pa}]$

④ 호스 관창선단의 방수압과 방수량

㉮ 방수량

$$q = K\sqrt{10P}$$

㉠ D : 구경[mm]

㉡ P(압력)을 구하기 위하여

$$P = P_1 + P_2 + P_3 + 0.17$$

여기서, P_1 = 소방호스의 마찰손실수두압[MPa]{(1)에서 구한 2.25[m] = 0.022[MPa]}

P_2 = 0.005388[MPa][(2)에서 구한 값]+0.004816[MPa][(4)에서 구한 값] = 0.01[MPa]

P_3 = 0.059[MPa](토출양정 6[m]) + 0.037[MPa](3.8[m])+ 0.037[MPa](3.8[m])

= 0.133[MPa]

※ P = 0.022+0.01+0.133+0.17 = 0.335[MPa]

∴ 옥내소화전 방수압(P_4)

$$P_4 = P - P_1 - P_2 - P_3$$

여기서, $P = 0.335[\text{MPa}]$

$P_1 = 1.306\times10^{-3}q^2[\text{kPa}] = 13.06\times10^{-7}q^2[\text{MPa}]$

$P_2 = 3.19\times10^{-7}q^2[\text{MPa}] + 2.39\times10^{-7}q^2[\text{MPa}] = 5.58\times10^{-7}q^2[\text{MPa}]$

$P_3 = 6[\text{m}] = \frac{6[\text{m}]}{10.332[\text{m}]}\times 0.101325[\text{MPa}] = 0.059[\text{MPa}]$

$\therefore\ P_4 = P - P_1 - P_2 - P_3$

$= 0.335[\text{MPa}] - (13.06 + 5.58)\times 10^{-7}q^2[\text{MPa}] - 0.059[\text{MPa}]$

$= 0.335[\text{MPa}] - 0.059[\text{MPa}] - 18.64\times 10^{-7}q^2[\text{MPa}]$

$= 0.276[\text{MPa}] - 18.64\times 10^{-7}q^2[\text{MPa}]$

※ 공식에 대입하면

$$q = K\sqrt{10P}$$

$K = \dfrac{q}{\sqrt{10\,P}} = \dfrac{130[\text{L/min}]}{\sqrt{10\times 0.17[\text{MPa}]}} = 99.705$

방수량을 구하면

$q = K\sqrt{10P} = 99.705\times\sqrt{10\times(0.276 - 18.64\times 10^{-7}q^2)[\text{MPa}]}$

양변에 제곱을 하면

$q^2 = (99.705)^2\times\left(\sqrt{2.76 - 18.64\times 10^{-6}q^2}\right)^2$

$q^2 = (99.705)^2\times(2.76 - 18.64\times 10^{-6}q^2)$

$q^2 = 27{,}437.40 - 0.1853q^2$

$q^2 + 0.1853q^2 = 27{,}437.40$

$(1 + 0.1853)q^2 = 27{,}437.40$

$1.1853q^2 = 27{,}437.40$

$q^2 = \dfrac{27{,}437.40}{1.1853} = 23{,}148.06$

$\therefore\ q = \sqrt{23{,}148.06} = 152.14[\text{L/min}]$

㉯ 방수압

$P_4 = 0.276[\text{MPa}] - 18.64\times 10^{-7}q^2[\text{MPa}]$

$= 0.276[\text{MPa}] - 18.64\times 10^{-7}\times(152.14[\text{L/min}])^2[\text{MPa}]$

$= 0.232855[\text{MPa}] = 232.86[\text{kPa}]$

해답 (1) 2.25[m]　　(2) 5.39[kPa]

(3) 28.6[m]　　(4) 4.82[kPa]

(5) 2.03[kW]

(6) ① 1.31q^2[Pa]

② 0.24q^2[Pa]

③ 0.32q^2[Pa]

④ 방수량 : 152.14[L/min], 방수압 : 232.86[kPa]

13

근린생활시설(바닥면적 1,000m^{2}이다)에 간이헤드를 이용하여 간이스프링클러설비를 설치하고자 할 때 전용수조 설치 시 수원의 양[m^3]은?

득점	배점
	4

• 계산과정
• 답 :

해설

간이스프링클러설비

(1) 수 원

① 상수도설비에 직접 연결하는 경우에는 수돗물

② ① 외의 수조("캐비닛형" 포함)를 설치하고자 하는 경우에는 적어도 1개 이상의 자동급수장치를 갖추어야 하며, **2개의 간이헤드**에서 최소 10분(**영 별표 5 제1호 마목 1) 가 또는 6)과 7)**에 해당하는 경우에는 5개의 간이헤드에서 최소 20분) 이상 방수할 수 있는 양 이상으로 할 것

> [영 별표 5 제1호 마목 1) 가 또는 6)과 7)]
> 1) 근린생활시설 중 다음의 어느 하나에 해당하는 것
> 가. 근린생활시설로 사용하는 부분의 바닥면적 합계가 1,000[m^2] 이상인 것은 모든 층
> 6) 생활형 숙박시설로서 해당 용도로 사용되는 바닥면적의 합계가 600[m^2] 이상인 것
> 7) 복합건축물로서 연면적 1,000[m^2] 이상인 것은 모든 층

(2) 가압송수장치

상수도설비에 직접 연결하거나 펌프 · 고가수조 · 압력수조 · 가압수조를 이용하는 가압송수장치를 설치하는 경우에 있어서의 정격토출압력은 가장 먼 가지배관에서 **2개**[영 별표 5 제1호 마목 1) 가 또는 6)과 7)에 해당하는 경우에는 5개의 간이헤드에서 최소 20분]**의 간이헤드를 동시에 개방할 경우** 간이헤드 선단의 방수압력은 0.1[MPa] 이상, **간이스프링클러헤드 1개의 방수량**은 **50[L/min]** 이상이어야 한다.

[간이스프링클러설비의 수원]

별표 5 제1호 마목 1) 가, 6), 7)의 시설	$Q = N$(최대 5개) × 1,000[L](50[L/min] × 20[min]) $= N$(최대 5개) × 1[m^3]
그 밖의 시설	$Q = N$(최대 2개) × 500[L](50[L/min] × 10[min]) $= N$(최대 2개) × 0.5[m^3]

∴ 수원 = N(헤드 수) × 50[L/min] × 20[min] = N(헤드 수) × 1,000[L]
= 5 × 1[m^3] = 5[m^3]

해답 5[m^3]

14

다음 도면은 소화펌프 계통도의 일부분이다. 각 물음에 답하시오.

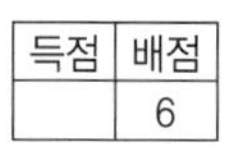

득점	배점
	6

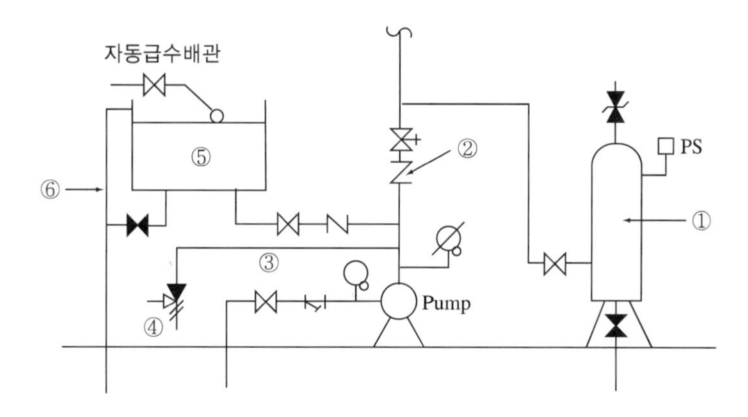

(1) ①의 명칭을 쓰고 최소 용량이 몇 [L] 이상인지 쓰시오.
㉠ 명칭 :
㉡ 최소용량 :

(2) ②의 체크밸브의 고유명칭 및 기능 2가지를 쓰시오(단, 역류방지 기능 설명은 제외한다).
㉠ 고유명칭 :
㉡ 기능 :

(3) ③ 배관의 명칭과 규격[mm]을 쓰시오.
㉠ 배관명칭 :
㉡ 규격 :

(4) ④의 명칭을 쓰시오.

(5) ⑤의 명칭과 최소 용량이 몇 [L] 이상인지 쓰시오.
㉠ 명 칭 :
㉡ 최소용량 :

(6) ⑥의 명칭을 쓰시오.

해설

각 부속품의 설명

- 기동용수압개폐장치(그림 ①)
  - 기능 : 펌프의 2차측 게이트밸브에서 분기하여 전 배관 내의 압력을 감지하고 있다가 배관 내의 압력이 떨어지면 압력스위치가 작동하여 충압펌프(Jocky Pump, 보조펌프) 또는 주펌프를 자동기동 및 정지시키기 위하여 설치한다.
  - 용량 : 100[L] 이상
- 체크밸브(그림 ②)
  - 고유명칭 : 스모렌스키 체크밸브
  - 기능 : By Pass 기능, 수격작용의 방지, 역류방지
- 순환배관(그림 ③)
  - 기능 : 체절 운전 시 수온상승을 방지하기 위하여

- 설치위치 : 체크밸브와 펌프 사이
- 구경 : 20[mm] 이상
• 릴리프밸브(그림 ④)
- 기능 : 설정압력에서 압력수 방출
- 목적 : 체절 운전 시 압력수를 방출하여 펌프 및 설비를 보호하기 위하여
• 물올림장치(그림 ⑤)
- 설치목적 : 펌프의 위치가 수원의 위치보다 높은 경우에 설치한다.
- 탱크의 용량 : 100[L] 이상
- 급수관의 구경 : 15[mm] 이상
• 오버플로관(그림 ⑥)
- 설치목적 : 물올림장치의 물이 넘치는 것을 방지하기 위하여
- 구경 : 50[mm] 이상

해답 (1) ㉠ 명칭 : 기동용수압개폐장치
㉡ 최소용량 : 100[L] 이상
(2) ㉠ 고유명칭 : 스모렌스키 체크밸브
㉡ 기능 : By Pass 기능, 수격작용의 방지
(3) ㉠ 명칭 : 순환배관
㉡ 규격 : 20[mm] 이상
(4) 릴리프밸브
(5) ㉠ 명칭 : 물올림장치
㉡ 최소용량 : 100[L] 이상
(6) Overflow관

15

소방설비 배관방식 중 토너먼트 배관방식을 일반적으로 적용하기 유리한 소화설비의 종류를 4가지 쓰시오.

득점	배점
	4

해설

토너먼트 배관
• 목적 : 헤드의 방사량과 방사압력을 일정하게 유지하기 위하여
• 설치대상 : 이산화탄소소화설비, 할론소화설비, 할로겐화합물 및 불활성기체 소화설비, 분말소화설비

PLUS ONE 교차회로방식
• 정의 : 하나의 방호구역 내에 2 이상의 화재감지기 회로를 설치하고 인접한 2 이상의 화재감지기가 동시에 감지되는 때에 소화설비가 작동하여 소화약제가 방출되는 방식
• 적용설비
- 준비작동식 스프링클러설비
- 일제살수식 스프링클러설비
- 미분무소화설비
- 이산화탄소소화설비
- 할론소화설비
- 할로겐화합물 및 불활성기체 소화설비
- 분말소화설비

해답 (1) 이산화탄소소화설비
(2) 할론소화설비
(3) 할로겐화합물 및 불활성기체 소화설비
(4) 분말소화설비

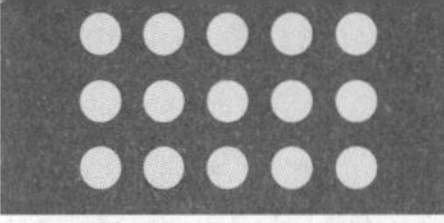

제4회 2011년 11월 13일 시행

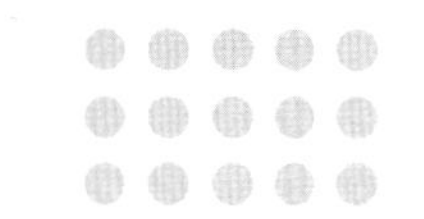

※ 다음 물음에 대한 답을 해당 답란에 답하시오.(배점 : 100)

01

아래 조건을 참조하여 거실 제연설비에 대하여 물음에 답하시오.

득점	배점
	16

20[m] 20[m] 20[m]

← 배 기 (Fan 실)	A구역	B구역	C구역	급 기 ← (Fan 실)

30[m]

조 건

- 제연방식은 상호제연방식으로 공동예상제연구역이 각각 제연경계로 구획되어 있다.
- 덕트는 실선으로 표시한다.
- 급기덕트의 풍속은 15[m/s], 배기덕트의 풍속은 20[m/s]로 한다.
- Fan의 정압은 40[mmAq]로 한다.
- 천장 높이는 2.5[m]이다.

물 음

(1) 예상제연구역의 배출기의 배출량[m^3/h]은 얼마 이상으로 하여야 하는가?
- 계산과정 :
- 답 :

(2) Fan의 동력[kW]을 구하시오(단, 효율 55[%], 여유율 10[%]이다).
- 계산과정 :
- 답 :

(3) 설계조건 및 물음에 따라 다음의 조건을 참조하여 설계(도면포함)하시오.

설계조건
- 덕트의 크기(각형 덕트로 하되 높이는 400[mm]로 한다)
- 급기구 및 배기구의 크기(정사각형) : 구역당 배기구 4개소, 급기구 3개소로 한다.
- 크기는 급기/배기량 [m^3/min]당 35[cm^2] 이상으로 한다.
- 덕트는 실선으로 표기한다.
- 댐퍼의 작동 여부는 표의 빈칸에 표기하시오.
- 효율은 무시하고, 댐퍼는 ⊘로 표시한다.

① 아래 도면에 급기구 및 배기구, 덕트 등을 완성하시오.

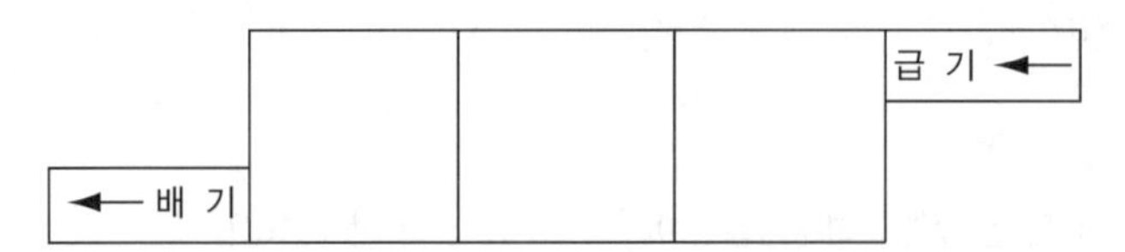

② 급기구와 배기구로 구분하여 필요한 개소별 풍량, 덕트의 단면적, 덕트의 크기를 설계하시오(단, 풍량, 덕트의 단면적, 덕트의 크기는 소수점 이하 첫째자리에서 반올림하여 정수로 나타내시오).

덕트의 구분		풍량(CMH)	덕트의 단면적 [mm^2]	덕트의 크기 (가로[mm]×세로[mm])
배기덕트	A	①	⑦	⑬
배기덕트	B	②	⑧	⑭
배기덕트	C	③	⑨	⑮
급기덕트	A	④	⑩	⑯
급기덕트	B	⑤	⑪	⑰
급기덕트	C	⑥	⑫	⑱

③ 배기댐퍼와 급기댐퍼의 작동상태를 표시하시오.
(댐퍼 작동상태 ○ : Open, ● : Close)

덕트의 구분	배기댐퍼			급기댐퍼		
	A구역	B구역	C구역	A구역	B구역	C구역
A구역 화재 시						
B구역 화재 시						
C구역 화재 시						

④ 급기구의 단면적[cm^2]과 크기[mm]를 계산하시오(정수로 답하시오).
⑤ 배기구의 단면적[cm^2]과 크기[mm]를 계산하시오(정수로 답하시오).

해설

거실 제연설비

(1) 배출량
① 바닥면적 = 20[m]×30[m] = 600[m^2]
② 원의 범위 = $\sqrt{20^2+30^2}$ = 36.06[m]
③ 수직거리 = 천장높이 − (제연경계의 최소폭) = 2.5[m] − 0.6[m] = 1.9[m]

제연경계는 **제연경계의 폭**이 **0.6[m] 이상**이고, **수직거리**는 2[m] **이내**이어야 한다. 다만, 구조상 불가피한 경우는 2[m]를 초과할 수 있다.

※ 바닥면적 **400[m^2] 이상**이고 예상제연구역이 **직경 40[m]**인 원의 범위 안에 있을 경우에는 배출량이 **40,000[m^3/h] 이상**으로 할 것. 다만, 예상제연구역이 제연경계로 구획된 경우에는 그 수직거리에 따라 배출량은 다음 표에 의한다.

수직거리	배출량
2[m] 이하	**40,000[m³/h] 이상**
2[m] 초과 2.5[m] 이하	45,000[m³/h] 이상
2.5[m] 초과 3[m] 이하	50,000[m³/h] 이상
3[m] 초과	60,000[m³/h] 이상

배출량 = 바닥면적 × 1[m³/m² · min]

= (20×30)[m²] × 1[m³/m² · min] = 600[m³/min] = 36,000[m³/h]

∴ 바닥면적 **400[m²]**(600[m²]) **이상**이고 예상제연구역이 **직경 40[m](36.06[m])**인 원의 범위 안에 있을 경우 ⇒ 36,000[m³/h]이라도 최소 **배출량이 40,000[m³/h] 이상이다.**

(2) 전동기의 동력

$$P[\mathrm{kW}] = \frac{Q \times P_T}{102 \times 60 \times \eta} \times K$$

여기서, P : 배출기 전동기 출력[kW]

Q : 풍량(40,000[m³]/60[min] = 666.67[m³/min])

P_T : 전압(40[mmH₂O]=[mmAq])

η : 전동기 효율

K : 전달계수

$$\therefore P[\mathrm{kW}] = \frac{666.67 \times 40}{102 \times 60 \times 0.55} \times 1.1 = 8.71[\mathrm{kW}]$$

(3) 설계도면

① 도면 완성 : 해답참조

② 풍량, 덕트의 단면적, 덕트의 크기

㉠ 풍 량

덕트의 구분		풍량(CMH)
배기덕트	A	(1)에서 구한 배출량 40,000[m³/h]
배기덕트	B	〃
배기덕트	C	〃
급기덕트	A	(1)에서 구한 배출량 40,000[m³/h] ÷ 2 = 20,000[m³/h]
급기덕트	B	〃
급기덕트	C	〃

※ 문제 조건에서 상호제연이므로 배기는 1개 구역, 급기는 2개 구역에서 진행되므로 급기덕트 풍량은 20,000[m³/h]이다.

㉡ 배기덕트 및 급기덕트의 단면적

덕트의 구분		덕트의 단면적[mm²]
배기덕트	A	$A = \frac{Q}{u} = \frac{40{,}000[\mathrm{m^3}]/3{,}600[\mathrm{s}]}{20[\mathrm{m/s}]} = 0.5555555[\mathrm{m^2}] = 555{,}556[\mathrm{mm^2}]$
배기덕트	B	〃
배기덕트	C	〃
급기덕트	A	$A = \frac{Q}{u} = \frac{20{,}000[\mathrm{m^3}]/3{,}600[\mathrm{s}]}{15[\mathrm{m/s}]} = 0.3703703[\mathrm{m^2}] = 370{,}370[\mathrm{mm^2}]$
급기덕트	B	〃
급기덕트	C	〃

㉢ 덕트의 크기

덕트의 구분		덕트의 크기(가로[mm]×세로[mm])
배기덕트	A	$W = \dfrac{A}{H} = \dfrac{555,556[\text{mm}^2]}{400[\text{mm}]} = 1,389[\text{mm}]$ ∴ 1,389[mm]×400[mm]
배기덕트	B	〃
배기덕트	C	〃
급기덕트	A	$W = \dfrac{A}{H} = \dfrac{370,370[\text{mm}^2]}{400[\text{mm}]} = 926[\text{mm}]$ ∴ 926[mm]×400[mm]
급기덕트	B	〃
급기덕트	C	〃

③ 배기댐퍼와 급기댐퍼의 작동상태(댐퍼 작동상태 ○ : Open ● : Close)

덕트의 구분	배 기			급 기		
	A구역	B구역	C구역	A구역	B구역	C구역
A구역 화재 시	○	●	●	●	○	○
B구역 화재 시	●	○	●	○	●	○
C구역 화재 시	●	●	○	○	○	●

④ 급기구의 단면적[cm^2]과 크기[mm]

- 급기구의 단면적 $= \dfrac{20,000[\text{m}^3]/60[\text{min}]}{3\text{개}} \times 35[\text{cm}^2 \cdot \text{min}/\text{m}^3] = 3,889[\text{cm}^2]$
- 급기구의 크기 $L = \sqrt{A} = \sqrt{3,889[\text{cm}^2]} = 62.36[\text{cm}] = 624[\text{mm}]$

  ∴ 급기구의 크기 : 가로 624[mm] × 세로 624[mm]

⑤ 배기구의 단면적[cm^2]과 크기[mm]

- 배기구의 단면적 $= \dfrac{40,000[\text{m}^3]/60[\text{min}]}{4\text{개}} \times 35[\text{cm}^2 \cdot \text{min}/\text{m}^3] = 5,833[\text{cm}^2]$
- 배기구의 크기 $L = \sqrt{A} = \sqrt{5,833[\text{cm}^2]} = 76.37[\text{cm}] = 764[\text{mm}]$

  ∴ 배기구의 크기 : 가로 764[mm] × 세로 764[mm]

해답 (1) 40,000[m^3/h]

(2) 8.71[kW]

(3) ①

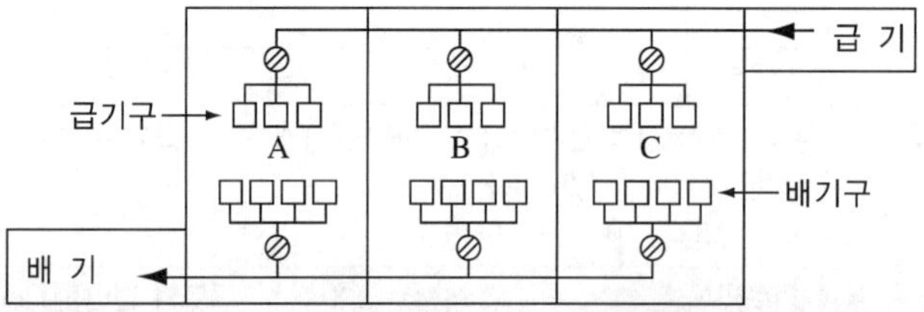

급 기
급기구
A
B
C
배기구
배 기

②

덕트의 구분		풍량(CMH)	덕트의 단면적 [mm^2]	덕트의 크기 (가로[mm]×세로[mm])
배기덕트	A	① 40,000	⑦ 555,556	⑬ 1,389×400
배기덕트	B	② 40,000	⑧ 555,556	⑭ 1,389×400
배기덕트	C	③ 40,000	⑨ 555,556	⑮ 1,389×400
급기덕트	A	④ 20,000	⑩ 370,370	⑯ 926×400
급기덕트	B	⑤ 20,000	⑪ 370,370	⑰ 926×400
급기덕트	C	⑥ 20,000	⑫ 370,370	⑱ 926×400

③

덕트의 구분	배 기			급 기		
	A구역	B구역	C구역	A구역	B구역	C구역
A구역 화재 시	○	●	●	●	○	○
B구역 화재 시	●	○	●	○	●	○
C구역 화재 시	●	●	○	○	○	●

④ 급기구의 단면적 : 3,889[cm^2], 크기 : 가로 624[mm]×세로 624[mm]
⑤ 배기구의 단면적 : 5,833[cm^2], 크기 : 가로 764[mm]×세로 764[mm]

02

소화펌프는 상사의 법칙에 의하면 펌프의 임펠러(Impeller) 회전속도에 따라 유량, 양정, 축동력이 변화한다. 어느 소화펌프의 전양정이 150[m]이고 토출량이 30[m^3/min]으로 운전하다가 소화펌프의 회전수를 증가시켜 토출량이 40[m^3/min]으로 변화되었을 때의 전양정은 몇 [m]인지 계산하시오.

득점	배점
	5

해설

상사법칙

- 유량 $Q_2 = Q_1 \times \left(\dfrac{N_2}{N_1}\right) \times \left(\dfrac{D_2}{D_1}\right)^3$
- 양정 $H_2 = H_1 \times \left(\dfrac{N_2}{N_1}\right)^2 \times \left(\dfrac{D_2}{D_1}\right)^2$
- 동력 $P_2 = P_1 \times \left(\dfrac{N_2}{N_1}\right)^3 \times \left(\dfrac{D_2}{D_1}\right)^5$

여기서, N : 회전수 D : 직경

$\therefore\ Q_2 = Q_1 \times \left(\dfrac{N_2}{N_1}\right)$에서 $\dfrac{Q_2}{Q_1} = \dfrac{N_2}{N_1}$

$$\therefore\ H_2 = H_1 \times \left(\frac{N_2}{N_1}\right)^2 = H_1 \times \left(\frac{Q_2}{Q_1}\right)^2 = 150[\mathrm{m}] \times \left(\frac{40[\mathrm{m^3/min}]}{30[\mathrm{m^3/min}]}\right)^2 = 266.67[\mathrm{m}]$$

해답 266.67[m]

03

스프링클러설비의 소화펌프에 사용되는 전원의 종류 3가지를 쓰시오.

득점	배점
	3

해설

스프링클러설비의 사용하는 전원

(1) 상용전원 : 평상시 주전원으로 사용되는 전원
(2) 비상전원 : 정전 시를 대비하기 위한 전원으로서 자가발전설비, 축전지설비, 비상전원 수전설비가 있다.

(3) 예비전원 : 상용전원 고장 시 대비하기 위한 전원

해답 (1) 상용전원
(2) 비상전원
(3) 예비전원

04

다음 그림은 어느 실의 평면도이다. 이 실들 중 A실을 급기 가압하고자 한다. 주어진 조건을 이용하여 A실에 유입시켜야 할 풍량은 몇 [m³/s]가 되는지 산출하시오.

득점	배점
	9

조 건

- 실외부 대기의 기압은 절대압력으로 101,300[Pa]로서 일정하다.
- A실에 유지하고자 하는 기압은 절대압력으로 101,400[Pa]이다.
- 각 실의 문(Door)의 틈새면적은 0.01[m²]이다.
- 어느 실을 급기가압할 때 그 실의 문의 틈새를 통하여 누출되는 공기의 양은 다음의 식을 따른다.

$$Q = 0.827AP^{\frac{1}{2}}$$

여기서, Q = 누출되는 공기의 양[m³/s]
A = 문의 틈새면적[m²]
P =문을 경계로 한 실내외 기압차[Pa]

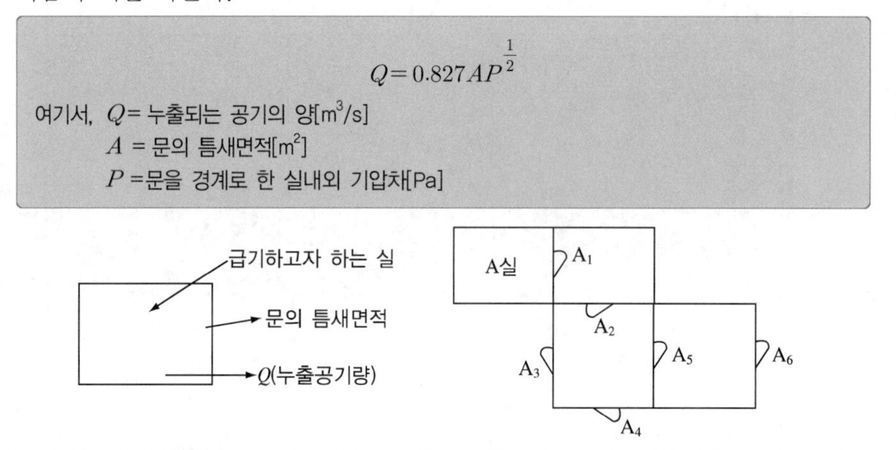

해설

총 틈새면적

$$Q = 0.827AP^{\frac{1}{2}}$$

- A실과 실외와의 차압 $P = 101,400 - 101,300 = 100$[Pa]
- 각 실의 틈새면적

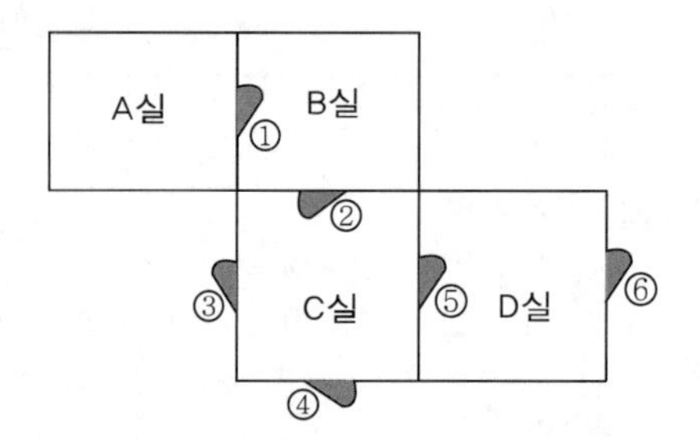

- ⑤와 ⑥은 직렬연결이므로

$$A_{5\sim6} = \frac{1}{\sqrt{\frac{1}{(A_5)^2}+\frac{1}{(A_6)^2}}} = \frac{1}{\sqrt{\frac{1}{(0.01)^2}+\frac{1}{(0.01)^2}}} = 0.00707[\text{m}^2]$$

- ④와 $A_{5\sim6}$은 병렬연결이므로

$$A_{4\sim6} = A_4 + A_{5\sim6} = 0.01[\text{m}^2] + 0.00707[\text{m}^2] = 0.01707[\text{m}^2]$$

- ③과 $A_{4\sim6}$은 병렬연결이므로

$$A_{3\sim6} = A_3 + A_{4\sim6} = 0.01[\text{m}^2] + 0.01707[\text{m}^2] = 0.02707[\text{m}^2]$$

- ②와 $A_{3\sim6}$은 직렬연결이므로

$$A_{2\sim6} = \frac{1}{\sqrt{\frac{1}{(A_2)^2}+\frac{1}{(A_{3\sim6})^2}}} = \frac{1}{\sqrt{\frac{1}{(0.01)^2}+\frac{1}{(0.02707)^2}}} = 0.00938[\text{m}^2]$$

- ①과 $A_{2\sim6}$은 직렬연결이므로

$$A_{1\sim6} = \frac{1}{\sqrt{\frac{1}{(A_1)^2}+\frac{1}{(A_{2\sim6})^2}}} = \frac{1}{\sqrt{\frac{1}{(0.01)^2}+\frac{1}{(0.00938)^2}}} = 0.00684[\text{m}^2]$$

∴ 총 틈새면적 : 0.00684[m^2]이므로

∴ 풍량 $Q = 0.827 \times 0.00684[\text{m}^2] \times 100^{\frac{1}{2}} = 0.0566[\text{m}^3/\text{s}]$

해답 0.06[m^3/s]

05

주어진 평면도와 설계조건을 기준으로 하여 방호대상물에 전역방출방식으로 할론 1301소화설비를 설계하려고 한다. 각 실에 설치된 노즐당 설계방출량은 몇 [kg/s]인지 구하시오.

득점	배점
	8

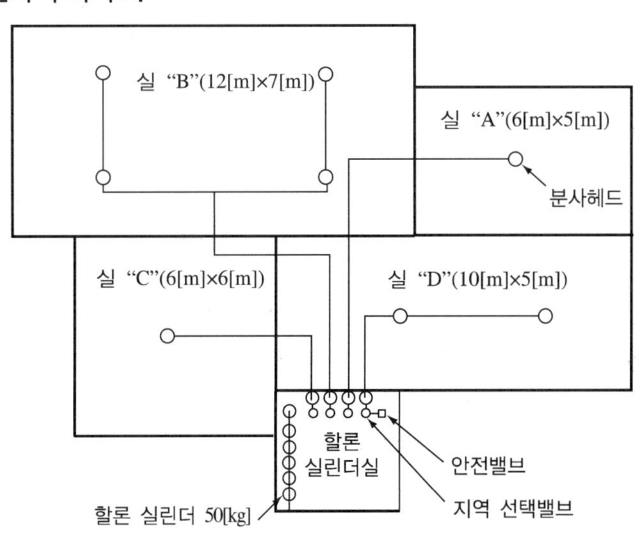

[할론 배관 평면도]

설계조건

- 건물의 층고(높이)는 5[m]이다.
- 개방방식은 가스압력식이다.
- 방호구역은 4개구역으로서 개구부는 무시한다.
- 약제저장용기는 50[kg/병]이다.
- A, C실의 기본약제량은 0.33[kg/m^3]
  B, D실의 기본약제량은 0.52[kg/m^3]이다.
- 분사헤드의 수는 도면 수량기준으로 한다.
- 설계방출량[kg/s] 계산 시 약제용량은 적용되는 용기의 용량기준으로 한다.

해설

약제소요량과 용기 수를 구하여 유량을 구한다.

- A실의 노즐당 설계방출량
  - 약제량

$$약제량 = 방호구역체적[m^3] \times 소요약제량[kg/m^3]$$

$$\therefore\ 약제량 = 6[m] \times 5[m] \times 5[m](층고) \times 0.33[kg/m^3] = 49.5[kg]$$

  - 용기의 병수

$$용기의\ 병수 = \frac{약제저장량}{1병당\ 약제량}$$

$$\therefore\ 용기의\ 병수 = \frac{49.5[kg]}{50[kg]} = 0.99병 \Rightarrow 1병$$

  - 노즐당 설계방출량

$$방출량 = \frac{약제량 \times 병수}{헤드의\ 수 \times 약제방출시간[s]}$$

[약제방사시간]

설비의 종류		전역방출방식	국소방출방식
할론소화설비		**10초 이내**	**10초 이내**
이산화탄소소화설비	표면화재	1분 이내	30초 이내
	심부화재	7분 이내	30초 이내
분말소화설비		30초 이내	30초 이내

$$\therefore\ 방출량 = \frac{50[kg] \times 1병}{1개 \times 10[s]} = 5[kg/s]$$

• B실의 노즐당 설계방출량

– 약제량= $12[m] \times 7[m] \times 5[m](층고) \times 0.52[kg/m^3] = 218.4[kg]$

– 용기의 병수 $= \dfrac{218.4[kg]}{50[kg]} = 4.37병 \Rightarrow 5병$

– 노즐당 설계방출량 $= \dfrac{50[kg] \times 5병}{4개 \times 10[s]} = 6.25[kg/s]$

• C실의 노즐당 설계방출량

– 약제량= $6[m] \times 6[m] \times 5[m](층고) \times 0.33[kg/m^3] = 59.4[kg]$

– 용기의 병수 $= \dfrac{59.4[kg]}{50[kg]} = 1.19병 \Rightarrow 2병$

– 노즐당 설계방출량 $= \dfrac{50[kg] \times 2병}{1개 \times 10[s]} = 10[kg/s]$

• D실의 노즐당 설계방출량

– 약제량= $10[m] \times 5[m] \times 5[m](층고) \times 0.52[kg/m^3] = 130[kg]$

– 용기의 병수 $= \dfrac{130[kg]}{50[kg]} = 2.6병 \Rightarrow 3병$

– 노즐당 설계방출량 $= \dfrac{50[kg] \times 3병}{2개 \times 10[s]} = 7.5[kg/s]$

해답 A실 : 5[kg/s] B실 : 6.25[kg/s]
C실 : 10[kg/s] D실 : 7.5[kg/s]

06

다음 그림과 같이 스프링클러설비의 가압송수장치를 고가수조방식으로 설치할 경우 다음 물음에 답하시오(단, 중력가속도는 반드시 9.8[m/s²]를 적용한다).

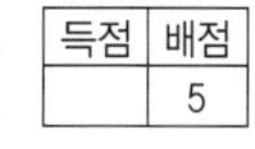

득점	배점
	5

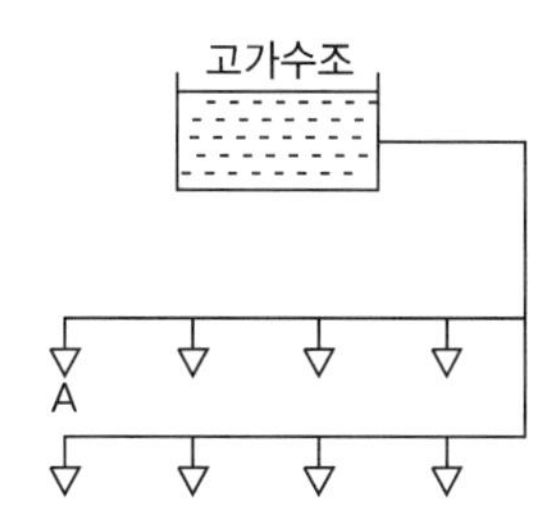

(1) 고가수조에서 최상부층 말단 스프링클러헤드 A까지의 낙차가 15[m]이고, 배관의 마찰손실압력이 0.04[MPa]일 때 최상층 말단 스프링클러헤드 선단에서의 방수압력[MPa]을 구하시오.

• 계산과정 :

• 답 :

(2) (1)에서 A헤드 선단에서의 방수압력을 0.12[MPa] 이상으로 나오게 하려면 현재 위치에 고가수조를 몇 [m] 더 높여야 하는지 구하시오(배관의 마찰손실압력은 0.04[MPa] 기준이다).
- 계산과정 :
- 답 :

해설

고가수조방식 스프링클러설비

(1) 헤드 선단의 방수압력

$$P = \gamma H, \quad \gamma = \rho g \quad P = \rho g H$$

여기서, ρ : 물의 밀도(1,000[kg/m³])
g : 중력가속도(9.8[m/s²])

$H = 15[\text{m}] - 4.08[\text{m}](0.04[\text{MPa}]) = 10.92[\text{m}]$

$\therefore P = \rho g H = 1{,}000[\text{kg/m}^3] \times 9.8[\text{m/s}^2] \times 10.92[\text{m}] = 107{,}016[\text{kg} \cdot \text{m/m}^2 \cdot \text{s}^2]$
$= 107.0[\text{kPa}] = 0.11[\text{MPa}]$

PLUS ONE **단위환산**

$$[\text{Pa}] = [\text{N/m}^2] = [\frac{\text{kg} \cdot \frac{\text{m}}{\text{s}^2}}{\text{m}^2}] = [\frac{\text{kg} \cdot \text{m}}{\text{s}^2 \cdot \text{m}^2}] = [\text{kg/m} \cdot \text{s}^2]$$

(2) 수조의 높이

방수압력 = 낙차의 환산수두압 − 배관의 마찰손실압력

$0.12[\text{MPa}] = (0.147 + x)[\text{MPa}] - 0.04[\text{MPa}]$

x를 구하면 $x = 0.013[\text{MPa}] = 1.33[\text{m}]$

해답 (1) 0.11[MPa]
(2) 1.33[m]

07 할론소화설비에서 그림의 방출방식을 쓰고 그 방출방식을 설명하시오.

득점	배점
	5

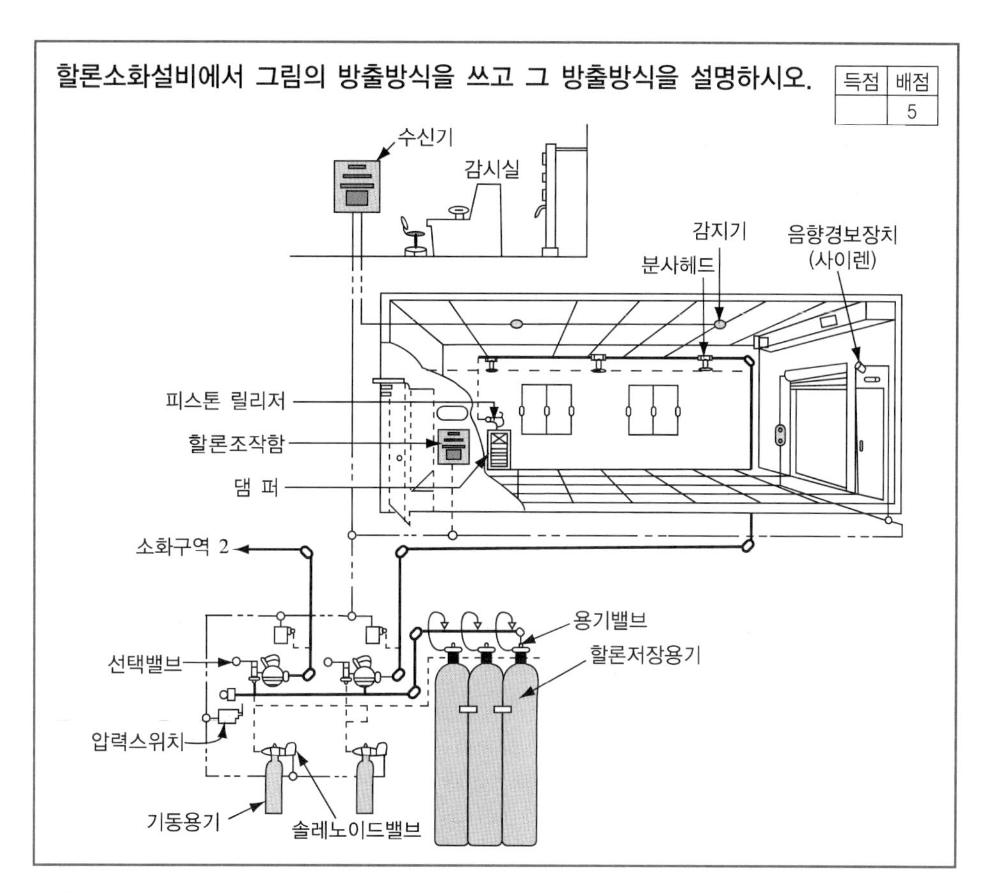

해설

약제의 방출방식

- 전역방출방식 : 고정식 할론 공급장치에 배관 및 분사헤드를 고정 설치하여 밀폐 방호구역 내에 할론을 방출하는 설비
- 국소방출방식 : 고정식 할론 공급장치에 배관 및 분사헤드를 설치하여 직접 화점에 할론을 방출하는 설비로 화재발생 부분에만 집중적으로 소화약제를 방출하도록 설치하는 방식
- 호스릴방식 : 분사헤드가 배관에 고정되어 있지 않고 소화약제 저장용기에 호스를 연결하여 사람이 직접 화점에 소화약제를 방출하는 이동식 소화설비

해답 (1) 명칭 : 전역방출방식
(2) 설명 : 고정식 할론 공급장치에 배관 및 분사헤드를 고정 설치하여 밀폐 방호구역 내에 할론을 방출하는 설비

08

체절운전이란 무엇인지 설명하시오.

득점	배점
	3

해설

체절운전

펌프의 성능시험을 목적으로 펌프 토출측의 배관이 모두 잠긴 상태에서, 즉 물이 전혀 방출되지 않고 펌프가 계속 작동되어 압력이 최상한점에 도달하여 더 이상 올라갈 수 없는 상태에서 Pump가 공회전하는 운전

해답 펌프 토출측의 배관이 모두 잠긴 상태에서, 즉 물이 전혀 방출되지 않고 펌프가 계속 작동되어 압력이 최상한점에 도달하여 더 이상 올라갈 수 없는 상태에서 Pump가 공회전하는 운전

09

절연유 봉입 변압기에 소화설비를 그림과 같이 적용하고자 한다. 바닥 부분을 제외한 변압기의 표면적을 100[m^2]라고 할 때 유량[L/min]과 저수량[m^3]을 구하시오(표준방사량은 1[m^2]당 10[LPM]으로 한다).

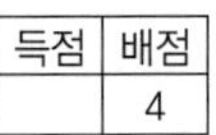

득점	배점
	4

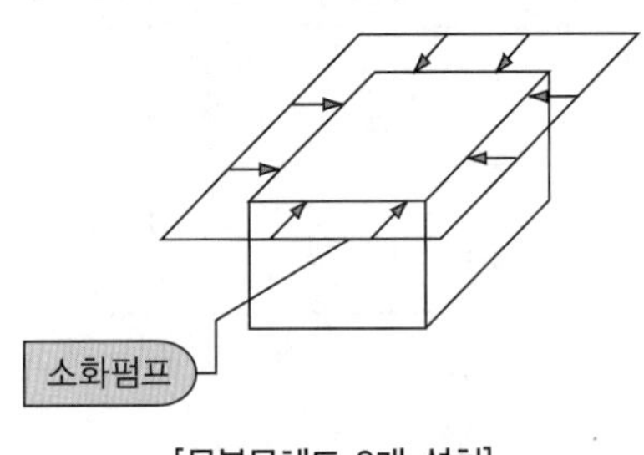

[물분무헤드 8개 설치]

해설

(1) 펌프의 토출량과 수원

특정소방대상물	펌프의 토출량[L/min]	수원의 양[L]
특수 가연물 저장, 취급	바닥면적(50[m^2] 이하는 50[m^2]) × 10[L/min · m^2]	바닥면적(50[m^2] 이하는 50[m^2]) × 10[L/min · m^2]×20[min]
차고, 주차장	바닥면적(50[m^2] 이하는 50[m^2]) × 20[L/min · m^2]	바닥면적(50[m^2] 이하는 50[m^2]) × 20[L/min · m^2]×20[min]
절연유 봉입변압기	**표면적(바닥 부분 제외) × 10[L/min · m^2]**	**표면적(바닥 부분 제외) × 10[L/min · m^2]×20[min]**
케이블트레이, 케이블덕트	투영된 바닥면적 × 12[L/min · m^2]	투영된 바닥면적 × 12[L/min · m^2]×20[min]
컨베이어 벨트	벨트 부분의 바닥면적 × 10[L/min · m^2]	벨트 부분의 바닥면적 × 10[L/min · m^2]×20[min]

∴ 유량 Q= 표면적[m^2] × 10[L/min·m^2] = 100[m^2] × 10[L/min·m^2] = 1,000[L/min]

헤드가 8개이므로 헤드 하나당 방사량은 1,000[L/min] ÷ 8개 = 125[L/min]

(2) 저수량

저수량 = $100[m^2] \times 10[L/min \cdot m^2] \times 20[min] = 20{,}000[L] = 20[m^3]$

해답 (1) 유량 : 125[L/min]
(2) 저수량 : $20[m^3]$

10

지하구의 화재안전기준에서 연소방지설비에 대한 설명이다. 다음 (　) 안에 알맞은 답을 쓰시오.

득점	배점
	6

(1) 소화기 한 대의 총 중량은 사용 및 운반의 편리성을 고려하여 (①)[kg] 이하로 할 것
(2) 지하구 천장의 중심부에 설치하되 감지기와 천장 중심부 하단과의 수직거리는 (②)[cm] 이내로 할 것
(3) 연소방지설비의 헤드 간의 수평거리는 연소방지설비 전용헤드의 경우에는 (③)[m] 이하, 스프링클러헤드의 경우에는 (④)[m] 이하로 할 것
(4) 연소방지설비의 송수구는 구경 (⑤)[mm]의 쌍구형으로 할 것
(5) 연소방지설비의 송수구로부터 (⑥)[m] 이내에 살수구역 안내표지를 설치할 것

해설

(1) 소화기 한 대의 총 중량은 사용 및 운반의 편리성을 고려하여 7[kg] 이하로 할 것
(2) 지하구 천장의 중심부에 설치하되 감지기와 천장 중심부 하단과의 수직거리는 30[cm] 이내로 할 것
(3) 헤드 간 수평거리

헤드의 종류	연소방지설비 전용헤드	스프링클러 헤드
수평거리	2[m] 이하	1.5[m] 이하

(4) 연소방지설비의 송수구는 구경 65[mm]의 쌍구형으로 할 것
(5) 연소방지설비의 송수구로부터 1[m] 이내에 살수구역 안내표지를 설치할 것

해답 ① 7　② 30
③ 2　④ 1.5
⑤ 65　⑥ 1

11

포소화설비에서 송액관에 배액밸브의 설치목적과 설치방법을 설명하시오.

득점	배점
	4

해설

송액관의 배액밸브

(1) 설치목적 : 포의 방출 종료 후 배관 안의 액을 배출하기 위하여
(2) 설치방법 : 적당한 기울기를 유지하도록 가장 낮은 부분에 설치한다.

PLUS ONE **포소화설비의 화재안전기준 제7조**
송액관은 포의 방출 종료 후 배관 안의 액을 배출하기 위하여 적당한 기울기를 유지하도록 하고 그 낮은 부분에 배액밸브를 설치하여야 한다.

해답 (1) 설치목적 : 포의 방출 종료 후 배관 안의 액을 배출하기 위하여
(2) 설치방법 : 적당한 기울기를 유지하도록 가상 낮은 부분에 설치한다.

12

물분무소화설비를 설치하는 차고 또는 주차장에는 배수설비를 설치하여야 한다. 설치기준에 대하여 (   ) 안을 채우시오.

득점	배점
	3

(1) 차량이 주차하는 장소의 적당한 곳에 (①) 이상의 경계턱으로 배수구를 설치할 것
(2) 배수구에는 새어나온 기름을 모아 소화할 수 있도록 길이 (②)[m] 이하마다 집수관, 소화피트 등 기름분리장치를 설치할 것
(3) 차량이 주차하는 바닥은 배수구를 향하여(③) 이상의 기울기를 유지할 것

해설

물분무소화설비의 배수설비기준

- 차량이 주차하는 장소의 적당한 곳에 **10[cm] 이상**의 경계턱으로 배수구를 설치할 것
- 배수구에는 새어나온 기름을 모아 소화할 수 있도록 길이 **40[m] 이하**마다 집수관, 소화피트 등 기름분리장치를 설치할 것
- 차량이 주차하는 바닥은 배수구를 향하여 **2/100 이상**의 **기울기**를 유지할 것
- 배수설비는 가압송수장치의 최대송수능력의 수량을 유효하게 배수할 수 있는 크기 및 기울기로 할 것

해답 ① 10[cm]
② 40[m]
③ 2/100

13

위험물의 옥외탱크에 Ⅰ형 고정포방출구로 포소화설비를 설치하고자 할 때 다음 조건을 보고 물음에 답하시오.

득점	배점
	8

조 건

- 탱크의 지름 : 12[m]
- 사용약제는 수성막포(6[%])로 단위 포소화수용액의 양은 2.27[L/min·m^2]이며 방수시간은 30분이다.
- 보조포소화전은 1개가 설치되어 있다.
- 배관의 길이는 20[m](포원액탱크에서 포방출구까지), 관내경은 150[mm], 기타의 조건은 무시한다.

물 음

(1) 포원액량[L]을 구하시오.

(2) 전용 수원의 양[m^3]을 구하시오.

해설

고정포방출방식

약제량
= 고정포방출구의 양 + 보조포소화전의 양 + 배관 보정량

구 분	약제량	수원의 양
① 고정포방출구	$Q = A \times Q_1 \times T \times S$ Q : 포소화약제의 양[L] A : 탱크의 액표면적[m^2] Q_1 : 단위포소화 수용액의 양[L/m^2·min] T : 방출시간(포수용액의 양÷방출률[min]) S : 포소화약제 사용농도[%]	$Q_W = A \times Q_1 \times T$
② 보조포소화전	$Q = N \times S \times 8{,}000$[L] Q : 포소화약제의 양[L] N : 호스 접결구수(3개 이상일 경우 3개) S : 포소화약제의 사용농도[%]	$Q_W = N \times 8{,}000$[L]
③ 배관보정	가장 먼 탱크까지의 송액관(내경 75[mm] 이하 제외)에 충전하기 위하여 필요한 양 $Q = Q_A \times S = \frac{\pi}{4} d^2 \times l \times S \times 1{,}000$ Q : 배관 충전 필요량[L] Q_A : 송액관 충전량[L] S : 포소화약제 사용농도[%]	$Q_W = Q_A$

※ 고정포방출방식 약제저장량 = ① + ② + ③

(1) 소화약제량

- 고정포방출구

$$Q = A \times Q_1 \times T \times S = \frac{\pi}{4}(12[\mathrm{m}])^2 \times 2.27[\mathrm{L/min \cdot m^2}] \times 30[\mathrm{min}] \times 0.06 = 462.12[\mathrm{L}]$$

- 보조포소화전

$Q = N \times S \times 8{,}000[\mathrm{L}] = 1$개 $\times 0.06 \times 8{,}000[\mathrm{L}] = 480[\mathrm{L}]$

- 배관보정량

$$Q = Q_A \times S = \frac{\pi}{4}d^2 \times l \times S \times 1{,}000$$

$$= \frac{\pi}{4}(0.15[\mathrm{m}])^2 \times 20[\mathrm{m}] \times 0.06 \times 1{,}000 = 21.21[\mathrm{L}]$$

∴ 소화약제 저장량 = 462.12 + 480 + 21.21 = 963.33[L]

(2) 수원의 저장량

- 고정포방출구

$$Q = A \times Q_1 \times T \times S = \frac{\pi}{4}(12[\mathrm{m}])^2 \times 2.27[\mathrm{L/min \cdot m^2}] \times 30[\mathrm{min}] \times 0.94 = 7{,}239.81[\mathrm{L}]$$

- 보조포소화전

$Q = N \times S \times 8{,}000[\mathrm{L}] = 1$개 $\times 0.94 \times 8{,}000[\mathrm{L}] = 7{,}520[\mathrm{L}]$

- 배관보정량

$$Q = Q_A \times S = \frac{\pi}{4}d^2 \times l \times S \times 1{,}000$$

$$= \frac{\pi}{4}(0.15[\mathrm{m}])^2 \times 20[\mathrm{m}] \times 0.94 \times 1{,}000 = 332.22[\mathrm{L}]$$

∴ 소화약제 저장량 = 7,239.81 + 7,520 + 332.22 = 15,092.03[L] = 15.09[m^3]

해답 (1) 963.33[L]
(2) 15.08[m^3]

14

옥내소화전설비에서 옥내소화전이 각 층당 3개씩 설치되어 있다. 유속이 4[m/s]일 경우 수직배관의 구경을 아래 보기에서 선정하시오.

득점	배점
	6

급수관의 구경[mm]	25	32	40	50	65	80	90	100

해설

배관의 구경

$$Q = uA = u \times \frac{\pi}{4}D^2 \qquad D = \sqrt{\frac{4Q}{\pi u}}$$

여기서, u(유속) : 4[m/s] 이하
Q(유량) : 3 × 130[L/min] = 390[L/min] = 0.39[m^3]/60[s] = 0.0065[m^3/s]

∴ 배관구경 $D = \sqrt{\frac{4Q}{\pi u}} = \sqrt{\frac{4 \times 0.0065[\mathrm{m^3/s}]}{\pi \times 4[\mathrm{m/s}]}} = 0.04549[\mathrm{m}] = 45.5[\mathrm{mm}] \Rightarrow 50[\mathrm{mm}]$

해답 50[mm]

15

소방배관의 방식법(부식방지) 중 유전양극방식(희생양극법)의 방식원리 및 특징 3가지를 쓰시오.

득점	배점
	5

해설

희생양극법

(1) 방식원리 : 이온화경향이 큰 금속을 양극으로 하고 방식하는 금속을 음극으로 하여 접촉시켜 전기를 통하여 방식하는 방법

(2) 특 징

① 설치가 간단하다.
② 외부전원이 필요 없다.
③ 과방식의 우려가 없다.
③ 전위 구배가 작은 장소에 적당하다.
④ 방식범위가 좁고 전류조절이 불가능하다.
⑤ 유지관리비가 적게 든다.

해답 (1) 방식원리 : 이온화경향이 큰 금속을 양극으로 하고 방식하는 금속을 음극으로 하여 접촉시켜 전기를 통하여 방식하는 방법

(2) 특 징

① 설치가 간단하다.
② 외부전원이 필요 없다.
③ 과방식의 우려가 없다.

16

그림과 같은 배관시스템을 통하여 유량이 80[L/s]로 흐르고 있다. B, C 관의 마찰손실수두는 3[m]로 같다. B관의 유량은 20[L/s]일 때 C관의 내경 [mm]을 구하시오(단, 하젠-윌리엄스공식 $\Delta P= 6.053\times 10^4\times \dfrac{Q^{1.85}}{C^{1.85}\times D^{4.87}}\times L$, ΔP는 압력차[MPa], L은 배관의 길이[m], Q는 유량[L/min], 조도계수 C는 100이며, D는 내경[mm]을 사용한다).

득점	배점
	5

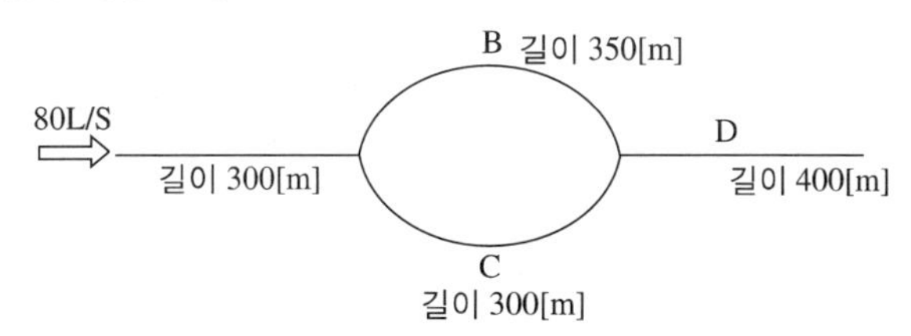

해설

하젠-윌리엄스공식

$$\Delta P= 6.053\times 10^4\times \frac{Q^{1.85}}{C^{1.85}\times D^{4.87}}\times L$$

여기서, P : 압력차(3[m] = 0.03[MPa])
L : 배관의 길이[m]
Q : 유량(80−20[L/s]=60[L/s] ⇒ 60×60[L/min])
C : 조도계수(100)
D : 내경[mm]

$$\therefore \ \Delta P = 6.053 \times 10^4 \times \frac{Q^{1.85}}{C^{1.85} \times D^{4.87}} \times L$$

$$\Delta P = 6.053 \times 10^4 \times \frac{(60 \times 60)^{1.85}}{(100)^{1.85} \times D^{4.87}} \times L$$

$$D^{4.87} = 6.053 \times 10^4 \times \frac{(3{,}600)^{1.85}}{(100)^{1.85} \times 0.03} \times 300[\mathrm{m}]$$

$$D^{4.87} = 4.5828 \times 10^{11}$$

$$D = (4.5828 \times 10^{11})^{\frac{1}{4.87}}$$
$$= 248.02[\mathrm{mm}]$$

해답 248.02[mm]

17

실의 크기가 가로 20[m]×세로 15[m]×높이 5[m]인 공간에서 커다란 화염의 화재가 발생하여 t초 시간이 지난 후의 청결층 높이 y[m]의 값이 1.8[m]가 되었다. 다음의 식을 이용하여 각 물음에 답하시오.

득점	배점
	5

조 건

$$Q = \frac{A(H-y)}{t}$$

여기서, Q : 연기의 발생량[m^3/min]
A : 바닥면적[m^2]
H : 층고[m]

- 위 식에서 시간 t[초]는 다음의 Hinkley식을 만족한다.

  공식 $t = \dfrac{20A}{Pf \times \sqrt{g}} \times \left(\dfrac{1}{\sqrt{y}} - \dfrac{1}{\sqrt{H}}\right)$

  단, g는 중력가속도(9.81[m/s^2])이고 Pf는 화재경계의 길이로서 큰 화염의 경우 12[m], 중간화염의 경우 6[m], 작은 화염의 경우 4[m]를 적용한다.
- 연기 생성률(M, [kg/s])은 다음과 같다.

  $M[\mathrm{kg/s}] = 0.188 \times Pf \times y^{\frac{3}{2}}$

물음

(1) 상부의 배연구로부터 몇 [m^3/min]의 연기를 배출해야 이 청결층의 높이가 유지되는지 계산하시오.

(2) 연기의 생성률[kg/s]을 구하시오.

해설

(1) 청결층의 높이

$$t = \frac{20A}{Pf \times \sqrt{g}} \times \left(\frac{1}{\sqrt{y}} - \frac{1}{\sqrt{H}}\right)$$

여기서, A : 단면적(20[m]×15[m] = 300[m^2])
Pf : 화재경계의 길이(큰화염 : 12[m])
g : 중력가속도(9.81[m/s^2])
y : 청결층의 높이 값(1.8[m])
H : 층고(높이, 5[m])

$$t = \frac{20 \times 300[\mathrm{m}^2]}{12[\mathrm{m}] \times \sqrt{9.81}} \times \left(\frac{1}{\sqrt{1.8[\mathrm{m}]}} - \frac{1}{\sqrt{5[\mathrm{m}]}}\right) = 47.59[\mathrm{s}]$$

$$= \frac{47.59}{60[\mathrm{min}]} = 0.7932[\mathrm{min}]$$

$$\therefore\ Q = \frac{A(H-y)}{t} = \frac{300[\mathrm{m}^2] \times (5[\mathrm{m}] - 1.8[\mathrm{m}])}{0.7932} = 1{,}210.29[\mathrm{m}^3/\mathrm{min}]$$

(2) 연기의 생성률

$$M[\mathrm{kg/s}] = 0.188 \times Pf \times y^{\frac{3}{2}} = 0.188 \times 12[\mathrm{m}] \times (1.8[\mathrm{m}])^{\frac{3}{2}} = 5.45[\mathrm{kg/s}]$$

해답 (1) 1,210.29[m^3/min]
(2) 5.45[kg/s]

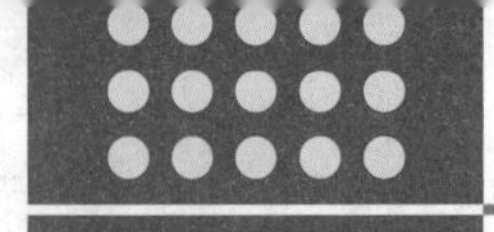

제 1 회 2012년 4월 22일 시행

※ 다음 물음에 대한 답을 해당 답란에 답하시오.(배점 : 100)

01

업무시설의 지하층 전기설비 등에 다음과 같이 이산화탄소소화설비를 설치하고자 한다. 주어진 조건에 적합하게 답하시오.

득점	배점
	13

조 건

- 설비는 전역방출방식으로 하며 설치장소는 전기설비실, 케이블실, 서고, 모피창고임
- 전기설비실과 모피창고에는 가로 1[m]×세로 2[m]의 자동폐쇄장치가 설치되지 않은 개구부가 각각 1개씩 설치됨
- 저장용기의 내용적은 68[L]이며, 충전비는 1.511으로 동일 충전비를 가짐
- 전기설비실과 케이블실은 동일 방호구역으로 설계함
- 소화약제 방출시간은 모두 7분으로 함
- 각 실에 설치할 노즐의 방사량은 각 노즐 1개당 10[kg/min]으로 함
- 각 실의 평면도는 다음과 같다(각 실의 층고는 모두 3[m]임).

물 음

(1) 모피창고의 실제 소요가스량[kg]을 구하시오.

(2) 저장용기 1병에 충전되는 가스량[kg]을 구하시오.

(3) 저장용기 실에 설치할 저장용기의 수는 몇 병인지 구하시오.

(4) 설치하여야 할 선택밸브의 수는 몇 개인지 구하시오.

(5) 모피창고에 설치할 헤드 수는 모두 몇 개인지 구하시오(단, 실제 방출 병 수로 계산).

(6) 서고의 선택밸브 주 배관의 유량은 몇 [kg/min]인지 구하시오(실제 방출 병 수로 계산).

해설

(1) 각 실의 소요약제량

> 소화약제 저장량[kg]
> = 방호구역 체적[m^3]×소화약제량[kg/m^3]+개구부의 면적[m^2]×가산량[kg/m^2]

[종이, 목재, 석탄, 섬유류, 합성수지류 등 심부화재 방호대상물]

방호대상물	방호구역 1[m^3]에 대한 소화약제의 양	설계농도[%]	개구부 가산량[kg/m^2] (자동폐쇄장치 미설치 시)
유압기기를 제외한 **전기설비 · 케이블실**	**1.3[kg]**	50	**10[kg]**
체적 55[m^3] 미만의 전기설비	1.6[kg]	50	10[kg]
서고, 전자제품창고, 목재가공품 창고, 박물관	**2.0[kg]**	65	**10[kg]**
고무류, 면화류창고, **모피창고**, 석탄창고, 집진설비	**2.7[kg]**	75	**10[kg]**

① 전기설비실 = (8[m]×6[m]×3[m]×1.3[kg/m^3])+(1[m]×2[m]×10[kg/m^2])
= 207.2[kg]

② **모피창고** = (10[m]×3[m]×3[m]×2.7[kg/m^3])+(1[m]×2[m]×10[kg/m^2])
= **263[kg]**

③ 케이블실 = 2[m]×6[m]×3[m]×1.3[kg/m^3] = 46.8[kg]

④ 서고 = 10[m]×7[m]×3[m]×2.0[kg/m^3] = 420[kg]

∴ 모피창고의 실제 소요가스량 : 263[kg]

(2) 1병에 충전되는 가스량

$$\text{충전비} = \frac{\text{용기체적[L]}}{\text{약제저장량[kg]}}$$

$$1.511 = \frac{68[\text{L}]}{\text{약제 저장량[kg]}}$$

$$\therefore \text{약제 저장량} = \frac{68[\text{L}]}{1.511} = 45.00[\text{kg}]$$

(3) 저장용기의 수

① 전기설비실 + 케이블실(동일 방호구역)

• 저장용기의 수 $= \frac{(207.2+46.8)[\text{kg}]}{45[\text{kg}]} = 5.64 \Rightarrow$ 6병

② 모피창고

• 저장용기의 수 $= \frac{263[\text{kg}]}{45[\text{kg}]} = 5.84 \Rightarrow$ 6병

③ 서 고

• 저장용기의 수 $= \frac{420[\text{kg}]}{45[\text{kg}]} = 9.33 \Rightarrow$ 10병

※ 약제량이 가장 많은 방호구역을 기준으로 하므로 10병을 저장하여야 한다.

(4) 선택밸브는 각 방호구역마다 설치하므로 모피창고, 전기설비실+케이블실(동일 방호구역), 서고의 3개가 필요하다.

(5) 모피창고의 헤드 수

약제 병수 = 263[kg] ÷ 45[kg] = 5.84병 ⇒ 6병

6병 × 45[kg] = 270[kg]

[대상물별 방사시간]

특정소방대상물	시 간
가연성 액체 또는 가연성 가스 등 표면화재 방호대상물	1분
종이, 목재, 석탄, 섬유류, 합성수지류 등 심부화재 방호대상물(설계농도가 2분 이내에 30[%] 도달)	7분
국소방출방식	30초

분당 약제 방출량=270[kg]÷7분=38.571[kg/분]

문제에서 각 노즐 1개당 10[kg/분]이므로

∴ 소요노즐개수= 38.571[kg/분] ÷ 10[kg/분] = 3.85개 ⇒ 4개

(6) 서고의 주배관의 유량

420[kg] ÷ 45[kg] = 9.33병 ⇒ 10병

실제 방출량 10병×45[kg] = 450[kg]

∴ 분당 방출량= 450[kg] ÷ 7분 = 64.29[kg/min]

해답 (1) 263[kg] (2) 45.00[kg]
(3) 10병 (4) 3개
(5) 4개 (6) 64.29[kg/min]

02

펌프의 흡입측 배관에는 "버터플라이밸브 외의 개폐표시형 밸브를 설치하여야 한다"라고 화재안전기준에 명시되어 있는데 버터플라이밸브를 설치해서는 안 되는 이유 2가지를 쓰시오.

득점	배점
	4

해설

펌프 흡입측에 버터플라이밸브를 제한하는 이유

- 유효흡입수두가 감소하여 공동현상이 발생할 우려가 있기 때문
- 밸브의 개폐조작이 순간적으로 이루어지므로 수격작용이 발생하기 때문
- 물의 유체저항이 커서 흡입측 양정을 증대시키기 때문

해답 (1) 유효흡입수두 감소하여 공동현상 발생
(2) 순간적인 밸브의 개폐조작으로 수격작용 발생

03

흡입측 배관의 마찰손실수두가 2[m]일 때 공동현상이 일어나지 않는 수원의 수면으로부터 소화펌프까지의 설치높이는 몇 [m] 미만으로 하여야 하는지 다음 조건을 참고하여 구하시오.

득점	배점
	5

조 건

- 물의 온도는 20[℃]이고 흡입측 속도수두는 무시한다.
- 대기압은 표준대기압이다.
- 포화수증기압은 2,340[Pa], 비중량은 9,800[N/m^3]이다.
- 펌프의 유효흡입수두($NPSH_{re}$)는 7.5[m]이다.

해설

흡입양정(NPSH ; Net Positive Suction Head)

NPSH는 펌프가 공동현상을 일으키지 않고 흡입 가능한 압력을 물의 높이로 표시한 것으로 수계 소화설비에서 펌프 설계 시 반드시 NPSH를 고려하여 공동현상이 발생하지 않도록 하여야 한다.

- 유효흡입양정($NPSH_{av}$; available Net Positive Suction Head)
  펌프를 설치하여 사용할 때 펌프 자체와는 무관하게 흡입측 배관 또는 시스템에 의하여 결정되는 양정이다. 유효흡입양정은 펌프 흡입구 중심으로 유입되는 압력을 절대압력으로 나타낸다.
  - 흡입 NPSH(**부압수조방식**, 수면이 펌프 중심보다 낮을 경우)

$$\text{유효 NPSH} = H_a - H_p - H_s - H_L$$

여기서, H_a : 대기압두[m] H_p : 포화 수증기압두[m]
H_s : 흡입실양정[m] H_L : 흡입측 배관 내의 마찰손실수두[m]

  - 압입 NPSH(**정압수조방식**, 수면이 펌프 중심보다 높을 경우)

$$\text{유효 NPSH} = H_a - H_p + H_s - H_L$$

- **필요흡입양정**($NPSH_{re}$; Required Net Positive Suction Head)
  펌프의 형식에 의하여 결정되는 양정으로 펌프를 운전할 때 공동현상을 일으키지 않고 정상운전에 필요한 흡입양정이다.
  ∴ 수면에서 펌프까지의 설치높이를 구하면

$$\text{NPSH(유효흡입수두)}_{av} = \text{대기압수두} - \text{포화증기압수두} - \text{흡입수두} - \text{마찰손실수두}$$

여기서, NPSH : 유효흡입양정(7.5[m])

대기압수두 $H_a = \dfrac{P}{\gamma} = \dfrac{101{,}325[\text{N/m}^2]}{9{,}800[\text{N/m}^3]} = 10.3392[\text{m}]$

포화증기압수두 $H_P = \dfrac{P}{\gamma} = \dfrac{2{,}340[\text{N/m}^2]}{9{,}800[\text{N/m}^3]} = 0.2388[\text{m}]$

흡입수두 H_S : 구하려는 값

배관의 마찰손실수두 H_L =2[m]

∴ NPSH(유효흡입수두)$_{av}$ = 대기압수두 − 포화증기압수두 − 흡입수두 − 마찰손실수두

7.5[m] = 10.3392[m] − 0.2388[m] − H_S − 2[m]

H_S = 10.3392[m] − 0.2388[m] − 7.5[m] − 2[m] = 0.6[m]

 0.6[m]

04

제연설비에 사용되는 송풍기를 설계하려고 한다. 다음 조건을 참고하여 각 물음에 답하시오.

득점	배점
	6

조 건

- 국가화재안전기준에 따른 제연설비를 설치한다.
- 덕트의 소요전압 80[mmAq]이다.
- 송풍기 효율 60[%], 여유율 15[%]이다.
- 예상제연구역의 설계풍량은 24,000[m^3/h]이다.

물 음

(1) 전동기 동력[kW]은 얼마인가?

(2) 준공 후 송풍기를 시운전한 결과 600[rpm], 풍량 18,000[m^3/h]으로 측정되었다. 이 송풍기의 풍량은 24,000[m^3/h]를 만족시키기 위한 배출기의 회전수를 몇 [rpm]으로 변경해야 하는가?

(3) 제연설비에서 사용되는 원심식 송풍기의 종류 2가지를 쓰시오.

해설

(1) 전동기의 동력

$$P[\text{kW}] = \frac{Q \times P_T}{102 \times \eta} \times K$$

여기서, P : 동력[kW]

Q : 풍량(24,000[m^3]/3,600[s] = 6.67[m^3/s])

P_T : 정압(80[mmAq])

η : 효율(60[%]=0.6)

K : 전달계수(15[%]=1.15)

$$\therefore P = \frac{6.67[\text{m}^3/\text{s}] \times 80[\text{mmAq}]}{102 \times 0.6} \times 1.15 = 10.03[\text{kW}]$$

(2) 배출기의 회전수

- 유량 $Q_2 = Q_1 \times \left(\frac{N_2}{N_1}\right) \times \left(\frac{D_2}{D_1}\right)^3$
- 양정 $H_2 = H_1 \times \left(\frac{N_2}{N_1}\right)^2 \times \left(\frac{D_2}{D_1}\right)^2$
- 동력 $P_2 = P_1 \times \left(\frac{N_2}{N_1}\right)^3 \times \left(\frac{D_2}{D_1}\right)^5$

$$\frac{Q_2}{Q_1} = \frac{N_2}{N_1}$$

여기서, Q : 풍량 N : 회전수

$$\therefore \text{배출구 회전수 } N_2 = N_1 \times \left(\frac{Q_2}{Q_1}\right) = 600[\text{rpm}] \times \left(\frac{24{,}000[\text{m}^3/\text{h}]}{18{,}000[\text{m}^3/\text{h}]}\right) = 800[\text{rpm}]$$

(3) 원심식 송풍기의 종류

① **터보팬**(Turbo Fan) : 깃의 각도가 90°보다 작으며 외형은 크고 효율은 가장 크다.

② **다익팬**(**시로코팬** : Sirocco Fan) : 깃의 각도가 90°보다 크며 풍량이 가장 크다.

③ 익형팬 : 익형의 깃을 가지며 가격이 비싸고 효율이 좋다.

④ 한계부하팬 : 깃의 형태는 S자인 회전자를 가지며 설계점 이상의 풍량이 되어도 축동력은 증가하지 않는다.

⑤ 반경류팬 : 깃의 각도가 90°이며 다익팬에 비해 깃수가 적고, 깃폭이 짧다.

해답 (1) 10.03[kW] (2) 800[rpm]

(3) 터보팬, 다익팬

05

관부속류에 관한 다음 소방시설 도시기호의 명칭을 쓰시오.

득점	배점
	4

(1) 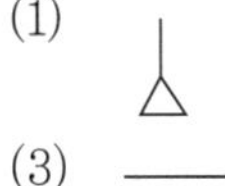

(2) 

(3)

(4) 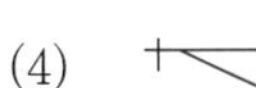

해설

소방시설도시기호

명 칭	도시기호	명 칭	도시기호
일반배관		스프링클러헤드 상향형(입면도)	
옥내·외소화전	H (Hydrant의 약자)	스프링클러헤드 하향형(입면도)	
스프링클러	SP (Sprinkler의 약자)	물분무헤드(평면도)	
물분무	WS (Water Spray의 약자)	물분무헤드(입면도)	
포소화	F (Foam의 약자)	Y형 스트레이너	
배수관	D (Drain의 약자)	분말·이산화탄소·할로겐헤드	
플랜지		U형 스트레이너	
유니언		체크밸브	
90°엘보		가스체크밸브	

티		선택밸브	
크로스		편심리듀서	
맹플랜지		원심리듀서	
캡		송수구	

해답 (1) 분말 · 이산화탄소 · 할로겐헤드 (2) 선택밸브
(3) 맹플랜지 (4) Y형 스트레이너

06

이산화탄소소화설비의 전역방출방식에 있어서 가연성 액체 및 가연성 가스 등 표면화재 방호대상물의 방호구역의 체적에 따른 소화약제의 양에 대한 표를 나타낸 것이다. 빈칸에 적당한 수치를 채우시오.

득점	배점
	7

방호구역의 체적	방호구역의 1[m^3]에 대한 소화약제의 양	소화약제 저장량의 최저한도의 양
45[m^3] 미만	(①)[kg]	(⑤)[kg]
45[m^3] 이상 150[m^3] 미만	(②)[kg]	
150[m^3] 이상 1,450[m^3] 미만	(③)[kg]	(⑥)[kg]
1,450[m^3] 이상	(④)[kg]	(⑦)[kg]

해설

이산화탄소소화설비 전역방출방식의 약제저장량

- 표면화재 방호대상물
  - **자동폐쇄장치가 있는 경우**

소화약제량[kg]
=방호구역체적[m^3]×소요약제량[kg/m^3]×보정계수

  - **자동폐쇄장치가 없는 경우**

소화약제량[kg]
=방호구역체적[m^3]×소요약제량[kg/m^3]×보정계수+개구부면적[m^2]×개구부가산량[kg/m^2]

방호구역 체적	방호구역의 체적 1[m^3]에 대한 소화약제의 양	소화약제 저장량의 최저한도의 양
45[m^3] 미만	1.00[kg]	45[kg]
45[m^3] 이상 150[m^3] 미만	0.90[kg]	
150[m^3] 이상 1,450[m^3] 미만	0.80[kg]	135[kg]
1,450[m^3] 이상	0.75[kg]	1,125[kg]

• 심부화재 방호대상물

– **자동폐쇄장치가 있는 경우**

소화약제량[kg]
=방호구역체적[m^3]×소요약제량[kg/m^3]×보정계수

– **자동폐쇄장치가 없는 경우**

소화약제량[kg]
=방호구역체적[m^3]×소요약제량[kg/m^3]×보정계수+개구부면적[m^2]×개구부가산량[kg/m^2]

방호대상물	방호구역 1[m^3]에 대한 소화약제의 양	설계농도[%]	개구부 가산량[kg/m^2] (자동폐쇄장치 미설치 시)
유압기기를 제외한 전기설비·케이블실	1.3[kg]	50	10[kg]
체적 55[m^3] 미만의 전기설비	1.6[kg]	50	10[kg]
서고, 전자제품창고, 목재가공품창고, 박물관	2.0[kg]	65	10[kg]
고무류, 면화류 창고, 모피창고, 석탄창고, 집진설비	2.7[kg]	75	10[kg]

해답 ① 1.0 ② 0.90
③ 0.80 ④ 0.75
⑤ 45 ⑥ 135
⑦ 1,125

07

지하 2층 지상 11층의 사무소 건물에 스프링클러설비를 설계하려고 한다. 스프링클러설비의 화재안전기준을 이용하여 다음 물음에 답하시오.

득점	배점
	8

조 건

• 건축물은 내화구조이고 연결송수관설비와 겸용한다.
• 펌프의 풋밸브로부터 최상층 스프링클러헤드까지의 실양정은 48[m]이다.
• 펌프가 소요 최소정격용량으로 작동할 때 최상층의 시스템까지 유수에 의하여 일어나는 배관 내 마찰손실수두는 12[m]이다.
• 펌프의 효율은 65[%], 물의 비중량은 1,000[kg_f/m^3], 동력전달계수는 1.1이다.
• 모든 규격치는 최소량을 적용한다.

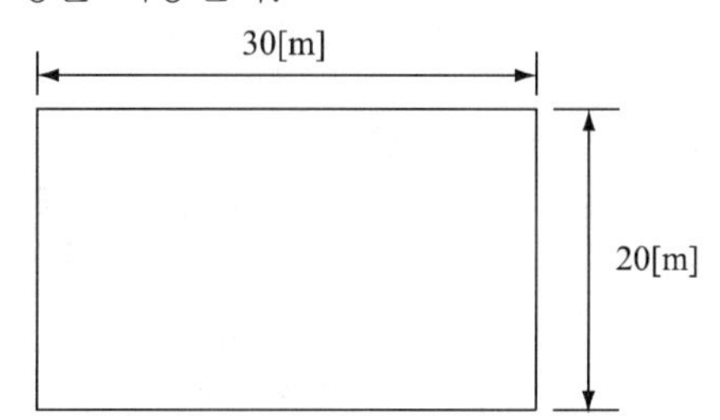

물음

(1) 그림과 같이 내화구조인 건축물에 스프링클러헤드를 정방형으로 배치하려고 한다. 지상층의 헤드 개수를 산정하시오.
(2) 소화수 공급배관인 입상배관의 구경은 몇 [mm] 이상으로 하여야 하는가? (단, 유속은 4[m/s]이다)
(3) 펌프의 전양정[m]은 얼마인가?
(4) 펌프의 운전에 필요한 전동기의 최소동력은 몇 [kW] 이상인가?

해설

(1) 헤드의 개수

내화건축물로서 수평거리 $R = 2.3[\text{m}]$이다.

$$S = 2R\cos\theta$$

$\therefore S = 2R\cos\theta = 2 \times 2.3[\text{m}] \times \cos 45^\circ = 3.25[\text{m}]$

① 가로의 헤드 수 = $\dfrac{30[\text{m}]}{3.25[\text{m}]} = 9.23 \Rightarrow 10$개

② 가로의 헤드 수 = $\dfrac{20[\text{m}]}{3.25[\text{m}]} = 6.15 \Rightarrow 7$개

∴ 1개층에 설치하는 헤드 수 = 10개×7개 = 70개
지상층(1~11층)에 설치하는 헤드 수 = 70개 ×11개층 = **770개**

[헤드까지의 수평거리]

설치 장소			설치기준
폭 1.2[m] 초과하는 천장 반자 덕트 선반 기타 이와 유사한 부분	무대부, 특수가연물		수평거리 1.7[m] 이하
	랙식 창고		수평거리 2.5[m] 이하(특수가연물 저장·취급하는 창고 : 1.7[m] 이하)
	아파트		수평거리 3.2[m] 이하
	그 외의 특정소방대상물	기타구조	수평거리 2.1[m] 이하
		내화구조	**수평거리 2.3[m] 이하**
랙식 창고	특수가연물		높이 4[m] 이하마다
	그 밖의 것		높이 6[m] 이하마다

(2) **입상배관의 구경**

$$Q = uA = u \times \frac{\pi}{4}D^2 \quad D = \sqrt{\frac{4Q}{\pi u}}$$

여기서, u(유속) : 4[m/s] 이하
Q(유량) : N(헤드 수)×80[L/min] = 30×80[L/min] = 2,400[L/min]
= 2.4[m^3]/60[s] = 0.04[m^3/s]

$\therefore$ 배관구경 $D = \sqrt{\dfrac{4Q}{\pi u}} = \sqrt{\dfrac{4 \times 0.04[\text{m}^3/\text{s}]}{\pi \times 4[\text{m/s}]}} = 0.1128[\text{m}] = 112.8[\text{mm}] \Rightarrow 125[\text{mm}]$

(3) **펌프의 전양정**

$$H = h_1 + h_2 + 10$$

여기서, H : 전양정[m]　　h_1 : 실양정(48[m])
h_2 : 배관마찰손실수두(12[m])

$\therefore H = 48[m] + 12[m] + 10 = 70[m]$

(4) **전동기의 동력**

$$P = \frac{0.163 \times Q \times H}{\eta} \times K$$

여기서, Q : 유량$(2.4[m^3/min])$　　H : 전양정(70[m])
η : 효율(65[%]=0.65)　　K : 전달계수(1.1)

$$\therefore P = \frac{0.163 \times Q \times H}{\eta} \times K = \frac{0.163 \times 2.4[m^3/min] \times 70[m]}{0.65} \times 1.1 = 46.34[kW]$$

해답
(1) 770개
(2) 125[mm]
(3) 70[m]
(4) 46.34[kW]

08

100[m³]인 방호구역에 이산화탄소소화설비를 설치하려고 한다. 소화약제를 방출하여 이산화탄소의 농도가 36[%]로 측정되었다면 이산화탄소의 방사된 양[kg]을 구하시오(단, 이산화탄소의 순도는 99.5[%]이고, 조건은 이상기체, 표준상태로 가정한다).

득점	배점
	6

해설

• 이산화탄소의 농도[%]

$$농도 = \frac{21 - O_2}{21} \times 100$$

여기서, O_2 : 산소의 농도[%]

$\therefore 36[\%] = \frac{21 - O_2}{21} \times 100$　　$O_2 = 13.44[\%]$

• 방출가스량

$$방출가스량[m^3] = \frac{21 - O_2[\%]}{O_2[\%]} \times V(방호구역체적)$$

$$방출가스량 = \frac{21 - O_2[\%]}{O_2[\%]} \times V = \frac{21 - 13.44}{13.44} \times 100[m^3] = 56.25[m^3]$$

- **방사된 이산화탄소의 양**

이상기체 방정식에서

$$PV = nRT = \frac{W}{M}RT$$

여기서, P : 압력[atm]
V : 체적[m^3]
m : 무게[kg]
M : 분자량
R : 기체상수(0.08205[atm · m^3/kg−mol · K])
T : 절대온도(273+[℃])

$$\therefore W = \frac{PVM}{RT} = \frac{1[\text{atm}] \times 56.25[\text{m}^3] \times 44}{0.08205[\text{atm} \cdot \text{m}^3/\text{kg}-\text{mol} \cdot \text{K}] \times (273+0)[\text{K}]} = 110.49[\text{kg}]$$

100[%]로 환산하면 110.49[kg] ÷ 0.995 = 111.05[kg]

해답 111.05[kg]

09

옥내소화전설비의 소방용 호스 노즐 선단에서 피토압력계를 사용하여 방수압을 측정하였더니 0.25[MPa]이었다. 이 노즐의 선단으로부터 방사되는 물의 유속은 몇 [m/s]인가?

득점	배점
	4

해설

유 속

$$u = \sqrt{2gH}$$

여기서, g : 중력가속도(9.8[m/s^2])
H : 양정$\left(\frac{0.25[\text{MPa}]}{0.101325[\text{MPa}]} \times 10.332[\text{m}] = 25.49[\text{m}]\right)$

$$\therefore u = \sqrt{2gH} = \sqrt{2 \times 9.8 \times 25.49} = 22.35[\text{m/s}]$$

해답 22.35[m/s]

10

지하 1층 지상 10층의 판매시설인 복합건축물에 화재안전기준에 따라 아래 조건과 같이 스프링클러설비와 옥내소화전설비를 설계하려고 한다. 다음 각 물음에 답하시오.

득점	배점
	10

조 건

- 펌프로부터 최상층 스프링클러헤드까지 수직거리는 45[m]이다.
- 배관의 마찰손실수두는 펌프의 실양정의 32[%]로 한다.
- 펌프의 흡입측 배관에 설치된 연성계는 325[mmHg]를 지시하고 있다.
- 건축물의 층의 높이는 8[m]이다.
- 모든 규격치 최소량을 적용한다.
- 펌프는 체적효율 80[%], 기계효율 95[%], 수력효율 90[%]이다.
- 최고위의 스프링클러설비헤드의 방사압은 0.2[MPa]이다.
- 펌프의 전달계수 $K = 1.1$이다.
- 이 건축물에는 옥상이 없다.

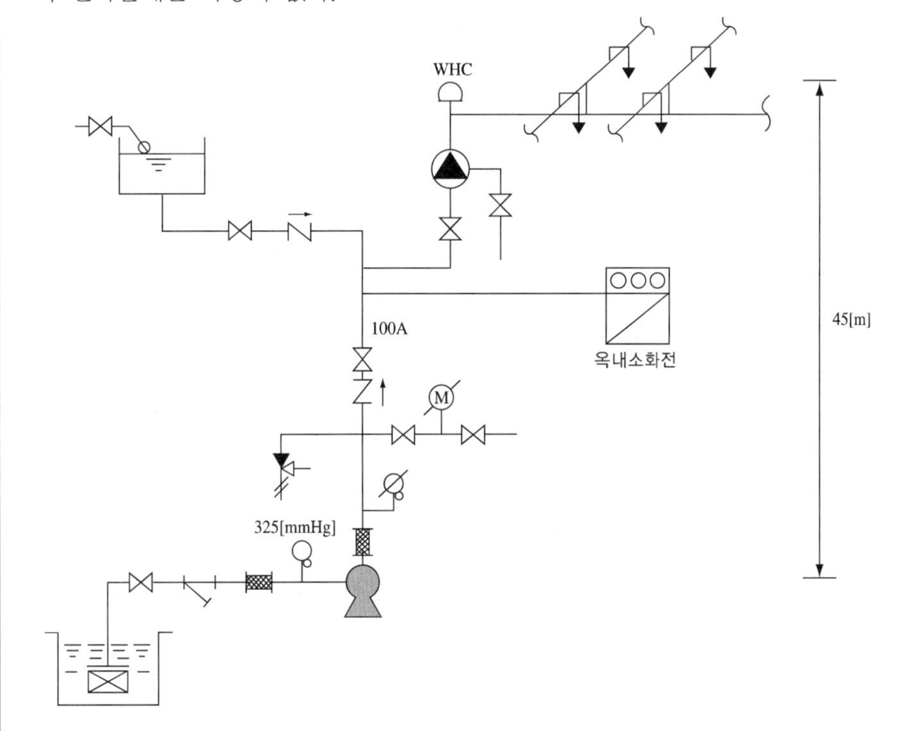

물 음

(1) 펌프의 전양정[m]을 산출하시오.

(2) 이 설비의 수원의 양[m^3]을 구하시오.

(3) 펌프의 전효율[%]을 산출하시오.

(4) 펌프의 축동력[kW]을 산출하시오.

해설

(1) 펌프의 전양정

① **스프링클러설비의 전양정**

$$H = h_1 + h_2 + 20$$

여기서, H : 전양정[m]

h_1 : 실양정(흡입수두+토출수두)

$$= \left(\frac{325[\text{mmHg}]}{760[\text{mmHg}]} \times 10.332[\text{m}]\right) + 45[\text{m}] = 49.42[\text{m}]$$

h_2 : 배관마찰손실수두($49.42[\text{m}] \times 0.32 = 15.81[\text{m}]$)

20 : 헤드의 방사압(0.2[MPa] = 20[m])

$\therefore\ H = 49.42[\text{m}] + 15.81[\text{m}] + 20 = 85.23[\text{m}]$

② **옥내소화전설비의 전양정**

$$H = h_1 + h_2 + h_3 + 17$$

여기서, H : 전양정[m]

h_1 : 소방호스의 마찰손실수두[m](문제에서 주어지지 않으므로 생략)

h_2 : 실양정(흡입수두+토출수두)

$$= \left(\frac{325[\text{mmHg}]}{760[\text{mmHg}]} \times 10.332[\text{m}]\right) + 45[\text{m}] = 49.42[\text{m}]$$

h_3 : 배관마찰손실수두(49.42[m]×0.32=15.81[m])

$\therefore\ H = 49.42[\text{m}] + 15.81[\text{m}] + 17 = 82.23[\text{m}]$

※ 스프링클러설비의 전양정(85.23[m])과 옥내소화전설비의 전양정(82.23[m]) 중 **큰 값을 적용**하므로 **85.23[m]**를 적용한다.

(2) 수원의 양

① **스프링클러설비의 수원**

$$Q = N \times 1.6[\text{m}^3]$$

여기서, N : 헤드 수(복합건축물 : 30개)

$\therefore$ 수원 $Q = N \times 1.6[\text{m}^3] = 30 \times 1.6[\text{m}^3] = 48[\text{m}^3]$ 이상

PLUS ONE **헤드의 기준개수**

특정소방대상물			헤드의 기준개수
지하층을 제외한 층수가 10층 이하인 소방대상물	공장 또는 창고(랙식 창고를 포함한다)	특수가연물을 저장, 취급하는 것	30
		그 밖의 것	20
	근린생활시설, 판매시설, 운수시설 또는 복합건축물	**판매시설** 또는 **복합건축물**(판매시설이 설치되는 복합건축물을 말한다)	30
		그 밖의 것	20
	그 밖의 것	헤드의 부착높이가 8[m] 이상의 것	20
		헤드의 부착높이가 8[m] 미만의 것	10
아파트			10
지하층을 제외한 층수가 11층 이상인 특정소방대상물(아파트를 제외한다) 지하가 또는 지하역사			30

② **옥내소화전설비의 수원**

$$Q = N(\text{최대 5개}) \times 2.6[\text{m}^3]$$

여기서, N : 소화전의 수(도면에 1개)

∴ 수원$Q = 1 \times 2.6[\text{m}^3] = 2.6[\text{m}^3]$ 이상

PLUS ONE **옥내소화전설비의 토출량과 수원**

층 수	토출량	수 원
29층 이하	N(최대 5개)×130[L/min]	N(최대 5개)×130[L/min]×20[min] = N(최대 5개)×2,600[L] = N(최대 5개)×2.6[m³]
30층 이상 49층 이하	N(최대 5개)×130[L/min]	N(최대 5개)×130[L/min]×40[min] = N(최대 5개)×5,200[L] = N(최대 5개)×5.2[m³]
50층 이상	N(최대 5개)×130[L/min]	N(최대 5개)×130[L/min]×60[min] = N(최대 5개)×7,800[L] = N(최대 5개)×7.8[m³]

∴ 수원의 양 = 스프링클러설비의 수원 + 옥내소화전의 수원
= $48[\text{m}^3] + 2.6[\text{m}^3]$ = **50.6[m³] 이상**

(3) 전효율

$$\eta(\text{효율}) = \text{체적효율}(\eta_v) \times \text{기계효율}(\eta_m) \times \text{수력효율}(\eta_w)$$

∴ 전효율$= 0.80 \times 0.95 \times 0.9 = 0.684 \times 100 =$ **68.4[%]**

(4) 펌프의 축동력

$$P[\text{kW}] = \frac{0.163 \times Q \times H}{\eta}$$

여기서, ① P : 전동기 동력[kW]
② Q : 토출량[m³/min]
㉠ 스프링클러설비의 토출량
Q_1 = N(헤드 수)×80[L/min] = 30×80[L/min] = 2,400[L/min]
㉡ 옥내소화전설비의 토출량
Q_2 = N(소화전 수)×130[L/min] = 1×130[L/min] = 130[L/min]
∴ 토출량 $Q = Q_1 + Q_2 = 2{,}400 + 130 = 2{,}530[\text{L/min}] = 2.53[\text{m}^3/\text{min}]$
③ H : 전양정((1)에서 구한 85.23[m])
④ η : 펌프효율(68.4[%])

$$\therefore P = \frac{0.163 \times Q \times H}{\eta} = \frac{0.163 \times 2.53[\text{m}^3/\text{min}] \times 85.23[\text{m}]}{0.684} = 51.39[\text{kW}]$$

해답 (1) 85.23[m]
(2) 50.6[m³] 이상
(3) 68.4[%]
(4) 51.39[kW]

11

소화설비의 배관상에 설치하는 계기류 중 압력계, 진공계, 연성계의 설치위치와 지시압력범위를 쓰시오.

득점	배점
	3

(1) 압력계
① 설치위치 :
② 측정범위 :
(2) 진공계
① 설치위치 :
② 측정범위 :
(3) 연성계
① 설치위치 :
② 측정범위 :

해설

항 목 \ 구 분	압력계	진공계	연성계
설치위치	펌프 토출측	펌프 흡입측	펌프 흡입측
지시압력범위	0.05~200[MPa]	0~76[cmHg]	0~76[cmHg] 0.1~2.0[MPa]

※ 연성계는 +압력과 진공압(-압력)을 측정할 수 있다.

해답 (1) 압력계
① 설치위치 : 펌프의 토출측
② 측정범위 : 0.05~200[MPa]
(2) 진공계
① 설치위치 : 펌프의 흡입측
② 측정범위 : 0~76[cmHg]
(3) 연성계
① 설치위치 : 펌프의 흡입측
② 측정범위 : 0~76[cmHg], 0.1~2.0[MPa]

12

15층인 건축물에 압력수조를 이용한 가압송수장치의 스프링클러설비가 설치되어 있다. 다음 조건을 참조하여 압력수조 내에 요구되는 공기 압력(게이지압력)은 몇 [MPa]인가?

득점	배점
	5

조 건

- 압력수조의 내용적은 100[m³]이고 내용적의 2/3가 물로 채워져 있다.
- 최상층 말단헤드의 방수압력은 0.11[MPa]이고 압력수조와 최상층 말단헤드의 수직높이는 45[m]이다.
- 대기압은 0.1[MPa]이고, 배관의 마찰손실은 무시한다.

해설

- 압력수조의 압력

$$P = P_1 + P_2 + 0.11$$

여기서, P : 필요한 압력[MPa]
P_1 : 낙차의 환산수두압[MPa]
P_2 : 배관의 마찰손실수두압(45[m] = 0.44[MPa])
0.11 : 최상층 말단헤드의 방수압력

$\therefore\ P = P_1 + P_2 + 0.11 = 0.44[\text{MPa}] + 0.11 = 0.55[\text{MPa}]$

- 압력수조 내의 공기압력

$$P_0 = (P + P_a)\frac{V}{V_a} - P_a$$

여기서, P_0 : 압력수조 내의 공기압력[MPa]
P : 필요한 압력[MPa]
P_a : 대기압[MPa]
V : 압력수조의 체적[m³]
V_a : 압력수조 내의 공기 체적[m³]

$$\therefore\ P_0 = (P + P_a)\frac{V}{V_a} - P_a = (0.55 + 0.1)\frac{100[\text{m}^3]}{100[\text{m}^3] \times \frac{1}{3}} - 0.1[\text{MPa}] = 1.85[\text{MPa}]$$

해답 1.85[MPa]

13

옥내소화전에 관한 설계 시 아래 조건을 읽고 답하시오(단, 소수점 이하는 반올림하여 정수만 나타내시오).

득점	배점
	14

조 건

- 건물규모 : 3층×각층의 바닥면적 1,200[m²]
- 옥내소화전 수량 : 총 12개(각 층당 4개 설치)

• 소화펌프에서 최상층 소화전호스 접결구까지 수직거리 : 15[m]
• 소방호스 : ø40[mm]×15[m](고무내장)
• 호스의 마찰손실 수두값(호스 100[m]당)

유 량 [L/min] \ 구 분	호스의 호칭구경[mm]					
	40		50		65	
	아마호스	고무내장호스	아마호스	고무내장호스	아마호스	고무내장호스
130	26[m]	12[m]	7[m]	3[m]	–	–
350	–	–	–	–	10[m]	4[m]

• 배관 및 관부속의 마찰손실수두 합계 : 30[m]
• 배관 내경

호칭구경	15A	20A	25A	32A	40A	50A	65A	80A	100A
내경[mm]	16.4	21.9	27.5	36.2	42.1	53.2	69	81	105.3

• 펌프의 동력전달계수

동력전달형식	전달계수
전동기	1.1
전동기 이외의 것	1.2

• 펌프의 구경에 따른 효율(단, 펌프의 구경은 펌프의 토출측 주배관의 구경과 같다)

펌프의 구경[mm]	40	50 ~ 65	80	100	125 ~ 150
펌프의 효율(E)	0.45	0.55	0.60	0.65	0.70

물 음

(1) 소방펌프의 정격유량과 정격양정을 계산하시오(단, 흡입양정은 무시).
(2) 소화펌프의 토출측 최소관경을 구하시오.
(3) 소화펌프를 디젤엔진으로 구동 시 디젤엔진의 동력[kW]을 계산하시오.
(4) 펌프의 성능시험에 관한 설명이다. 다음 ( ) 안에 적당한 수치를 쓰시오.

> 펌프의 성능은 체절운전 시 정격토출압력의 (①)[%]를 초과하지 아니하고, 유량측정장치는 성능시험배관의 직관부에 설치하되, 펌프의 정격토출량의 (②)[%] 이상 측정할 수 있는 성능이 있어야 한다.

(5) 만일 펌프로부터 제일 먼 옥내소화전노즐과 가장 가까운 곳의 옥내소화전 노즐의 방수압력 차이가 0.4[MPa]이며 펌프로부터 제일 먼 거리에 있는 옥내소화전 노즐의 방수압력이 0.17[MPa] 방수유량이 130[LPM]인 경우 가장 가까운 소화전의 방수유량[LPM]은 얼마인가?
(6) 옥상에 저장하여야 할 소화용수량[m^3]은 얼마인가?

해설

(1) 정격유량과 정격양정

① 정격유량 $Q = N \times 130[\mathrm{L/min}] = 4$개 $\times 130[\mathrm{L/min}] = 520[\mathrm{L/min}]$

② 정격양정

$$H = h_1 + h_2 + h_3 + 17$$

여기서, h_1 : 실양정(흡입양정+토출양정=15[m])

h_2 : 배관마찰손실수두(30[m])

h_3 : 소방호스마찰손실수두$\left(15[\mathrm{m}] \times \dfrac{12[\mathrm{m}]}{100[\mathrm{m}]} = 1.8[\mathrm{m}]\right)$

$\therefore\ H = 15[\mathrm{m}] + 30[\mathrm{m}] + 1.8[\mathrm{m}] + 17 = 63.8[\mathrm{m}] \Rightarrow 64[\mathrm{m}]$

(2) 토출측의 최소관경

$$D = \sqrt{\frac{4Q}{\pi u}}$$

여기서, Q : 유량(0.52[m^3]/60[s] = 0.00867[m^3/s])

u : 유속(4[m/s] 이하)

$\therefore\ D = \sqrt{\dfrac{4 \times 0.00867[\mathrm{m}^3]}{\pi \times 4[\mathrm{m/s}]}} = 0.0525[\mathrm{m}]$ = 52.52[mm] ⇒ 50A(조건 참조)

[배관 내경]

호칭구경	15A	20A	25A	32A	40A	50A	65A	80A	100A
내경[mm]	16.4	21.9	27.5	36.2	42.1	53.2	69	81	105.3

(3) 디젤엔진의 동력

$$P[\mathrm{kW}] = \frac{\gamma \times Q \times H}{102 \times \eta} \times K$$

여기서, γ : 비중량(1,000[kg$_f$/m^3])

Q : 유량(0.00867[m^3/s])

H : 전양정(63.8[m])

η : 효율에서 구경(50~65[mm] ⇒ 효율0.55)

K : 전달계수(1.2)

$\therefore\ P = \dfrac{1{,}000[\mathrm{kg_f/m^3}] \times 0.00867[\mathrm{m^3/s}] \times 63.8[\mathrm{m}]}{102 \times 0.55} \times 1.2 = 11.83[\mathrm{kW}] = 12[\mathrm{kW}]$

(4) **펌프의 성능**

펌프의 성능은 체절운전 시 정격토출압력의 **140[%]**를 초과하지 아니하고, 정격토출량의 150[%]로 운전 시 정격토출압력의 65[%] 이상이 되어야 하며, 펌프의 성능시험배관은 다음의 기준에 적합하여야 한다.

① 성능시험배관은 펌프의 토출측에 설치된 개폐밸브 이전에서 분기하여 설치하고, 유량측정장치를 기준으로 전단 직관부에 개폐밸브를 후단 직관부에는 유량조절밸브를 설치할 것

② **유량측정장치**는 성능시험배관의 직관부에 설치하되, 펌프의 정격토출량의 **175[%]** 이상 측정할 수 있는 성능이 있을 것

(5) 방수유량

가장 가까운 곳의 방사압 $P = 0.17[\text{MPa}] + 0.4[\text{MPa}] = 0.57[\text{MPa}]$

$$Q = K\sqrt{10P}$$

여기서, Q : 유량[L/min] K : 방출계수

P : 압력[MPa]

$$K = \frac{Q}{\sqrt{10P}} = \frac{130[\text{L/min}]}{\sqrt{10 \times 0.17[\text{MPa}]}} = 99.71$$

$$Q = 99.71 \times \sqrt{10 \times 0.57[\text{MPa}]} = 238.05[\text{L/min}] \Rightarrow 238[\text{L/min}]$$

(6) 옥상수조저수량

옥상수조에는 유효수량 외의 $\frac{1}{3}$ 이상을 저장하여야 하므로

$$\therefore\ Q = N \times 2.6[\text{m}^3] \times \frac{1}{3} = 4\text{개} \times 2.6[\text{m}^3] \times \frac{1}{3} = 3.47[\text{m}^3] \Rightarrow 3[\text{m}^3]$$

해답 (1) 정격유량 : 520[L/min], 정격양정 : 64[m]
(2) 50[A]
(3) 12[kW]
(4) ① 140
② 175
(5) 238[L/min]
(6) $3[\text{m}^3]$

14

다음 조건을 참고하여 할로겐화합물 및 불활성기체소화설비에서 배관의 두께[mm]를 구하시오.

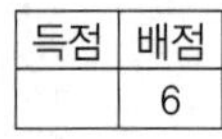

득점	배점
	6

조 건

- 가열맞대기 용접배관을 사용한다.
- 배관의 바깥지름은 84[mm]이다.
- 배관재질의 인장강도 440[MPa], 항복점 300[MPa]이다.
- 배관 내 최대허용압력은 12,000[kPa]이다.
- 화재안전기준의 $t = \frac{PD}{2SE} + A$ 식을 적용한다.
- 주어진 조건 외에는 고려하지 않는다.

해설

배관의 두께

$$t = \frac{PD}{2SE} + A$$

여기서, P(배관허용압력) = 12,000[KPa]

D(배관의 바깥지름) = 84[mm]

SE(배관 재질 인장강도의 1/4값과 항복점의 2/3값 중 작은 값) × 배관이음효율 × 1.2
= 110[MPa] × 0.6 × 1.2 = 79.2[MPa] = 79,200[kPa]

> ① 배관 재질 인장강도의 1/4값 = 440[MPa] × $\frac{1}{4}$ = 110[MPa]
>
> ② 항복점의 2/3값 = 300[MPa] × $\frac{2}{3}$ = 200[MPa]
>
> ③ 배관이음효율 = 0.6
> - 이음매 없는 배관 : 1.0
> - 전기저항 용접배관 : 0.85
> - 가열맞대기 용접배관 : 0.6

A(나사이음, 홈이음 등)의 허용값 = 0(가열맞대기 용접배관)

$$\therefore\ t = \frac{PD}{2SE} + A = \frac{12{,}000 \times 84}{2 \times 79{,}200} + 0 = 6.36[\mathrm{mm}]$$

해답 6.36[mm]

15

화재발생 시 분말소화설비를 작동시켜 넉다운효과로 화재를 진압하였다. 넉다운효과를 간단히 설명하고 넉다운효과가 일어나지 않은 이유 5가지를 설명하시오.

득점	배점
	5

해설

넉다운효과(Knockdown Effect)

(1) 정의 : 화재 시 분말약제가 방사되어 가연물의 표면을 덮어 산소공급을 차단, 질식하고 부촉매작용에 의한 연쇄반응을 중단시켜 순식간에 화재를 진압하는 효과로서 분말약제 방출 후 10~20초 이내에 순식간에 화재를 진압하는 것이다.

(2) 넉다운효과가 일어나지 않은 이유
① 약제가 부족할 때
② 약제방사시간을 초과할 때
③ 축압식 압력이 방출되었을 때
④ 화재성상이 너무 클 때
⑤ 금속화재일 경우

해답 (1) 넉다운효과 : 분말약제 방출 후 10~20초 이내에 순식간에 화재를 진압하는 효과
(2) 넉다운효과가 일어나지 않은 이유
① 약제가 부족할 때
② 약제방사시간을 초과할 때
③ 축압식 압력이 방출되었을 때
④ 화재성상이 너무 클 때
⑤ 금속화재일 경우

제 2 회 2012년 7월 8일 시행

※ 다음 물음에 대한 답을 해당 답란에 답하시오.(배점 : 100)

01

그림에서 "㉮"실을 급기 가압하여 옥외와의 압력차가 50[Pa]이 유지되도록 하려고 한다. 급기량은 몇 [m^3/min]이어야 하는가?

득점	배점
	6

조 건

- 급기량(Q)은 $Q = 0.827 \times A \times \sqrt{P_1 - P_2}$로 구한다.
- 그림에서 A_1, A_2, A_3, A_4는 닫힌 출입문으로 공기누설 틈새면적은 모두 0.01[m^2]로 한다(Q : 급기량[m^3/s], A : 틈새면적[m^2], P_1, P_2 : 급기 가압실 내·외의 기압[Pa]).

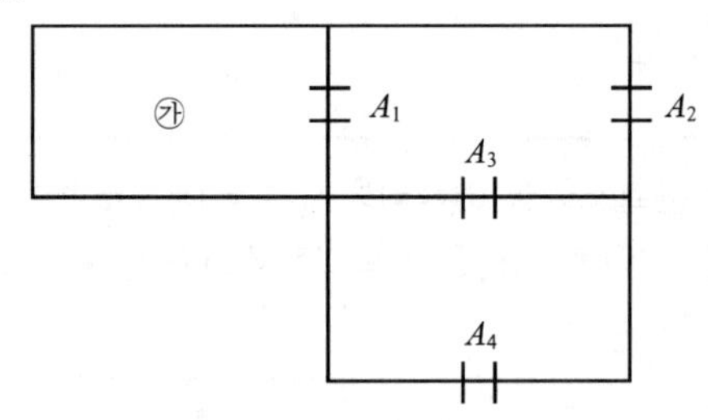

해설

- A_3와 A_4의 누설면적은 직렬관계

$$A_3 + A_4 = \frac{1}{\sqrt{\frac{1}{(A_3)^2} + \frac{1}{(A_4)^2}}} = \frac{1}{\sqrt{\frac{1}{(0.01[m^2])^2} + \frac{1}{(0.001[m^2])^2}}} = 7.071 \times 10^{-3}[m^2]$$

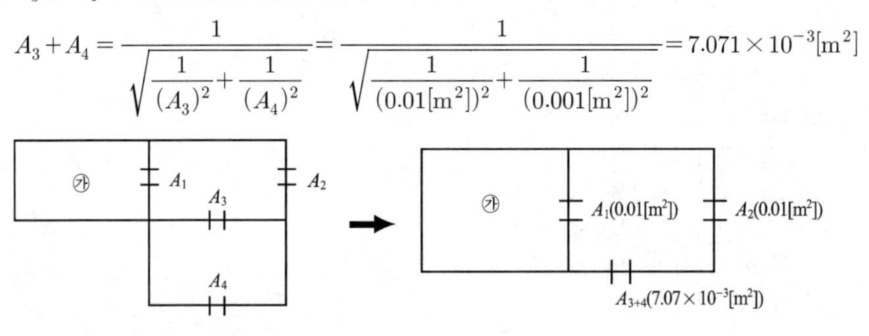

- A_2와 A_{3+4}는 병렬관계

$$A_2 + A_{3+4} = 0.01[m^2] + 7.071 \times 10^{-3}[m^2] = 0.017071[m^2]$$

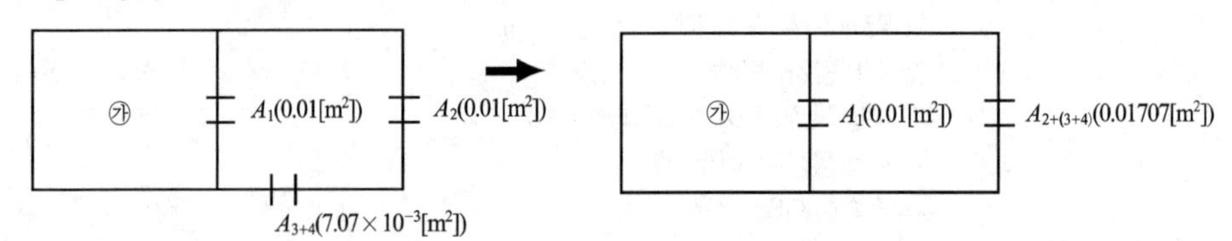

• A_1과 A_{2+3+4}는 직렬관계

$$A_1 + A_{2+3+4} = \frac{1}{\sqrt{\frac{1}{(A_1)^2} + \frac{1}{(A_{2+3+4})^2}}} = \frac{1}{\sqrt{\frac{1}{(0.01[\text{m}^2])^2} + \frac{1}{(0.017[\text{m}^2])^2}}} = 0.00863[\text{m}^2]$$

$\therefore\ Q = 0.827 \times A \times \sqrt{50[\text{Pa}]} = 0.827 \times 0.00863[\text{m}^2] \times \sqrt{50} = 0.05047[\text{m}^3/\text{s}]$

$[\text{m}^3/\text{s}]$를 $[\text{m}^3/\text{min}]$으로 환산하면 $0.05047[\text{m}^3/\text{s}] \times 60[\text{s}/\text{min}] = 3.028[\text{m}^3/\text{min}]$

해답 3.03[m^3/min]

02

위험물을 취급하는 옥내 일반취급소에 전역방출방식의 분말소화설비를 설치하고자 한다. 방호대상이 되는 일반취급소의 용적은 3,000[m^3]이며 자동폐쇄장치가 설치되지 않은 개구부의 면적은 20[m^2]이고, 방호구역 내에 설치되어 있는 불연성 물체의 용적은 500[m^3]이다. 이때 분말약제 소요량[kg]을 구하시오.

득점	배점
	5

조 건

• 방호구역 1[m^3]당 약제량은 0.36[kg]으로 한다.

• 개구부 가산량은 1[m^2]당 2.7[kg]으로 한다.

해설

분말약제 소요량[kg]

=방호구역체적[m^3]×약제량[kg/m^3]+개구부면적[m^2]×개구부가산량[kg/m^2]

(방호구역체적은 3,000[m^3]이나 불연성 물질의 체적이 500[m^3]이므로 고려하여야 한다)

∴ 분말약제 소요량[kg]

$= (3{,}000[\text{m}^3] - 500[\text{m}^3]) \times 0.36[\text{kg/m}^3] + 20[\text{m}^2] \times 2.7[\text{kg/m}^2] = 954[\text{kg}]$

해답 954[kg]

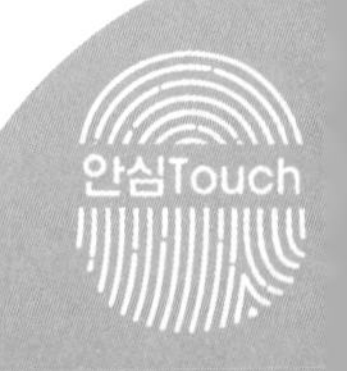

03

폐쇄형 헤드를 사용한 스프링클러설비에서 나타난 스프링클러헤드 중 A점에 설치된 헤드 1개만이 개방되었을 때 A점에서의 헤드 방사압력은 몇 [MPa]인가?

득점	배점
	10

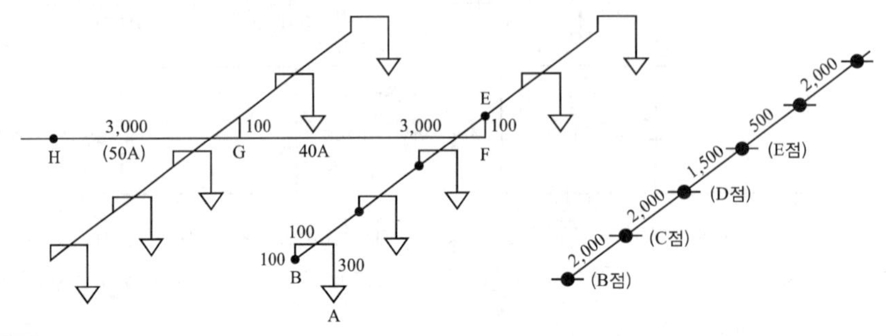

조 건

- 급수관 중 H점에서의 가압수 압력은 0.15[MPa]로 계산한다.
- 티 및 엘보는 직경이 다른 티 및 엘보는 사용치 않는다.
- 스프링클러헤드는 15A 헤드가 설치된 것으로 한다.
- 직관마찰손실(100[m]당) (단위 : [m])

유 량	25A	32A	40A	50A
80[L/min]	39.82	11.38	5.40	1.68

(A점에서의 헤드 방수량 80[L/min]로 계산한다)

- 관이음쇠 마찰손실에 해당하는 직관길이 (단위 : [m])

구 분	25A	32A	40A	50A
엘보(90°)	0.9	1.20	1.50	2.10
리듀서	(25×15A)0.54	(32×25A)0.72	(40×32A)0.90	(50×40A)1.20
티(직류)	0.27	0.36	0.45	0.60
티(분류)	1.50	1.80	2.10	3.00

- 방사압력 산정에 필요한 계산과정을 상세히 명시하고, 방사압력을 소수점 4자리까지 구하시오(소수점 4자리 미만은 삭제).

해설

구 간	관 경	유 량	직관 및 등가길이[m]	100[m]당 마찰손실[m]	마찰손실[m]
G ~ H	50A	80[L/min]	직관 : 3[m] 관부속품 티(직류)1개×0.60=0.60[m] 리듀서(50×40)1개×1.20=1.20[m] 계 : 4.80[m]	1.68	$4.8 \times \frac{1.68}{100}$ =0.0806

E ~ G	40A	80[L/min]	직관 : 3+0.1=3.1[m] 관부속 엘보(90°)1개×1.50=1.50[m] 티(분류)1개×2.10=2.10[m] 리듀서(40×32)1개×0.90=0.90[m] 계 : 7.60[m]	5.40	$7.60 \times \frac{5.40}{100}$ =0.4104
D ~ E	32A	80[L/min]	직관 : 1.5[m] 관부속 티(직류)1개×0.36=0.36[m] 리듀서(32×25)1개×0.72=0.72[m] 계 : 2.58[m]	11.38	$2.58 \times \frac{11.38}{100}$ =0.2936
A ~ D	25A	80[L/min]	직관 : 2+2+0.1+0.1+0.3=4.5[m] 관부속 티(직류)1개×0.27=0.27[m] 엘보(90°)3개×0.9=2.70[m] 리듀서(25×15)1개×0.54=0.54[m] 계 : 8.01[m]	39.82	$8.01 \times \frac{39.82}{100}$ =3.1895
			총 계		3.9741[m]

- E ~ F구간에서 100[mm] 상승=0.1[m]
- B ~ A구간에서 100[mm] 상승 후 300[mm] 하강=0.1[m]−0.3[m]=−0.2[m]

  ∴ 총마찰손실=3.9741[m]+0.1[m]−0.2[m]=3.8741[m] ⇒ 0.0380[MPa]
- A점의 방사압력을 구하면

  A 헤드에서 방사압력=0.15[MPa]−0.0380[MPa]=0.1120[MPa]

해답 0.1120[MPa]

04

다음은 위험물 옥외저장탱크에 포소화설비를 설치한 도면이다. 도면 및 주어진 조건을 참조하여 각 물음에 답하시오.

득점	배점
	14

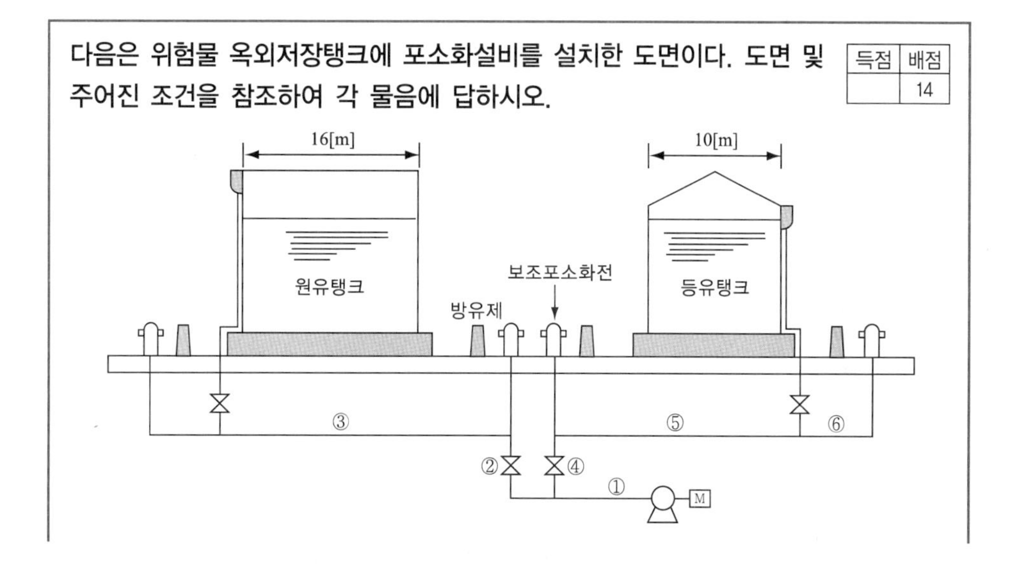

조 건

- 원유저장탱크는 플로팅루프탱크이며 탱크직경은 16[m], 탱크 내 측면과 굽도리판(Foam Dam) 사이의 거리는 0.6[m], 특형방출구수는 2개이다.
- 등유저장탱크는 콘루프 탱크이며 탱크직경은 10[m], Ⅱ형 방출구수는 2개이다.
- 포약제는 3[%]형 단백포이다.
- 각 탱크별 포수용액의 방수량 및 방사시간은 아래와 같다.

구 분	원유저장탱크	등유저장탱크
방수량	8[L/m² · min]	4[L/m² · min]
방사시간	30분	30분

- 보조포소화전 : 4개(보조포소화전에는 호스접결구수가 1개이다)
- 구간별 배관의 길이는 다음과 같다.

번 호	①	②	③	④	⑤	⑥
배관길이[m]	20	10	50	100	20	150

- 송액배관의 내경 산출은 $D = 2.66\sqrt{Q}$ 공식을 이용한다.
- 송액배관 내의 유속은 3[m/s]로 한다.
- 화재는 저장탱크 2개에서 동시에 발생하는 경우는 없는 것으로 간주한다.

물 음

(1) 각 옥외저장탱크에 필요한 방사량[L/min]을 산출하시오.

(2) 각 옥외저장탱크에 필요한 포원액의 양[L]을 산출하시오.

① 원유탱크

② 등유탱크

(3) 보조포소화전에 필요한 방사량[L/min]을 산출하시오.

(4) 보조포소화전에 필요한 포원액의 양[L]을 산출하시오.

(5) 번호별로 각 송액배관의 구경[mm]을 산출하시오.

(6) 송액배관에 필요한 포약제의 양[L]을 산출하시오.

(7) 포소화설비에 필요한 포약제의 양[L]을 산출하시오.

해설

(1) 방사량

① 원유탱크 $Q_S = A \times Q_1 = \frac{\pi}{4}(16^2 - 14.8^2)[m^2] \times 8[L/m^2 \cdot min] = 232.23[L/min]$

② 등유탱크 $Q_S = A \times Q_1 = \frac{\pi}{4}(10[m])^2 \times 4[L/m^2 \cdot min] = 314.16[L/min]$

※ 원유탱크는 FRT이므로 면적 구할 때 주의 요함

(2) 포원액의 양

① 원유탱크 $Q_F = A \times Q_1 \times T \times S = 232.23[\text{L/min}] \times 30[\text{min}] \times 0.03 = 209.0[\text{L}]$

② 등유탱크 $Q_F = A \times Q_1 \times T \times S = 314.16[\text{L/min}] \times 30[\text{min}] \times 0.03 = 282.74[\text{L}]$

(3) 보조포소화전 방사량

$Q_S = N(\text{최대 3개}) \times 400[\text{L/min}] = 3 \times 400[\text{L/min}] = 1{,}200[\text{L/min}]$

(4) 보조포소화전 포원액의 양

$Q_F = N(\text{최대 3개}) \times S \times 8{,}000[\text{L}] = 3\text{개} \times 0.03 \times 8{,}000[\text{L}] = 720[\text{L}]$

(5) 송액배관의 구경

$D = 2.66\sqrt{Q}$ 이용해서 직경을 구한다.

㉠ 배관 ① = 탱크 중 최대송액량 + 보조포소화전 송액량

$= 314.16[\text{L/min}] + (3 \times 400)[\text{L/min}] = 1{,}514.16[\text{L/min}]$

$\therefore D = 2.66\sqrt{1{,}514.16[\text{L/min}]} = 103.51[\text{mm}] \Rightarrow 125[\text{mm}]$

> 배관 ①에 연결된 보조포소화전은 4개이지만 최대 3개만 적용한다(도면 참조).

㉡ 배관 ② = 원유탱크 송액량 + 보조포소화전 송액량

$= 232.23[\text{L/min}] + (2 \times 400)[\text{L/min}] = 1{,}032.23[\text{L/min}]$

$\therefore D = 2.66\sqrt{1{,}032.23[\text{L/min}]} = 85.46[\text{mm}] \Rightarrow 90[\text{mm}]$

> 배관 ②에 연결된 보조포소화전은 2개이다.

㉢ 배관 ③ = 원유탱크 송액량 + 보조포소화전 송액량

$= 232.23[\text{L/min}] + (1 \times 400)[\text{L/min}] = 632.23[\text{L/min}]$

$\therefore D = 2.66\sqrt{632.23[\text{L/min}]} = 66.88[\text{mm}] \Rightarrow 80[\text{mm}]$

㉣ 배관 ④ = 등유탱크 송액량 + 보조포소화전 송액량

$= 314.16[\text{L/min}] + (2 \times 400)[\text{L/min}] = 1{,}114.16[\text{L/min}]$

$\therefore D = 2.66\sqrt{1{,}114.16[\text{L/min}]} = 88.79[\text{mm}] \Rightarrow 90[\text{mm}]$

> 배관 ④에 연결된 보조포소화전은 2개이다.

㉤ 배관 ⑤ = 등유탱크 송액량 + 보조포소화전 송액량

$= 314.16[\text{L/min}] + (1 \times 400)[\text{L/min}] = 714.16[\text{L/min}]$

$\therefore D = 2.66\sqrt{714.16[\text{L/min}]} = 71.08[\text{mm}] \Rightarrow 80[\text{mm}]$

㉥ 배관 ⑥ = 보조포소화전 송액량

$= 1 \times 400[\text{L/min}] = 400[\text{L/min}]$

$\therefore D = 2.66\sqrt{400[\text{L/min}]} = 53.2[\text{mm}] \Rightarrow 65[\text{mm}]$

> 배관 ⑥에 탱크의 송액량은 필요없고 보조포소화전은 1개이다.

(6) 내경 75[mm] 이하는 제외하므로 송액관 중 ①, ②, ③, ④, ⑤ 배관만 고려하면

$$Q_F = A \cdot L \cdot S$$

여기서, A : 배관단면적[m^2]　　L : 배관길이[m]

$$Q_F = \left[\left(\frac{\pi \times (0.125[\text{m}])^2}{4} \times 20[\text{m}]\right) + \left(\frac{\pi \times (0.09[\text{m}])^2}{4} \times 10[\text{m}]\right) + \left(\frac{\pi \times (0.08[\text{m}])^2}{4} \times 50[\text{m}]\right) + \left(\frac{\pi \times (0.09[\text{m}])^2}{4} \times 100[\text{m}]\right) + \left(\frac{\pi \times (0.08[\text{m}])^2}{4} \times 20[\text{m}]\right)\right] \times 0.03 = 0.0389[\text{m}^3] = 38.9[\text{L}]$$

(7) Q_T = 탱크 중 최대필요량(고정포) + 보조포소화전 필요량 + 송액관 필요량
$= 282.74[\text{L}] + 720[\text{L}] + 38.9[\text{L}] = 1{,}041.64[\text{L}]$

해답

(1) ① 원유탱크 : 232.23[L/min] ② 등유탱크 : 314.16[L/min]
(2) ① 원유탱크 : 209.00[L] ② 등유탱크 : 282.74[L]
(3) 1,200[L/min]
(4) 720[L]
(5) 배관 ① : 125[mm] 배관 ② : 90[mm]
배관 ③ : 80[mm] 배관 ④ : 90[mm]
배관 ⑤ : 80[mm] 배관 ⑥ : 65[mm]
(6) 38.9[L]
(7) 1,041.64[L]

05

아래 그림과 같이 제연설비의 풍량이 180[m³/min]이고, A=120×70[cm²], B=120×60[cm²], C=120×50[cm²]일 때 덕트 A, B, C를 통과하는 공기의 유속[m/s]은 얼마인가?

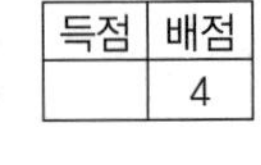

득점	배점
	4

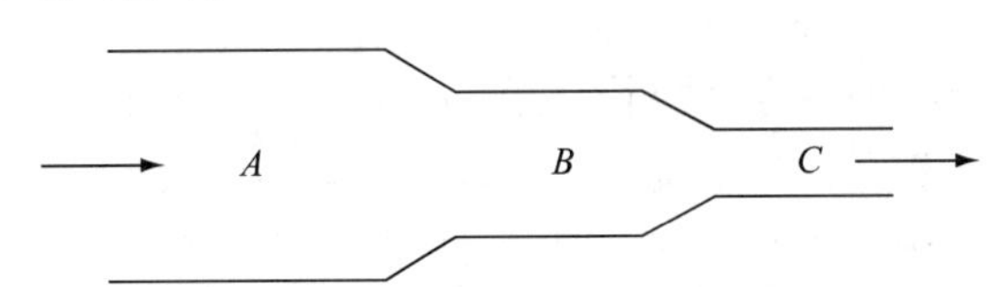

(1) A(계산과정 및 답) :
(2) B(계산과정 및 답) :
(3) C(계산과정 및 답) :

해설

공기의 유속

$$Q = uA \qquad u = \frac{Q}{A}$$

(1) A의 유속

$$u_A = \frac{Q}{A} = \frac{180[\text{m}^3]/60[\text{s}]}{120 \times 70[\text{cm}^2] \times 10^{-4}[\text{m}^2/\text{cm}^2]} = 3.57[\text{m/s}]$$

(2) B의 유속

$$u_B = \frac{Q}{A} = \frac{180[\text{m}^3]/60[\text{s}]}{120 \times 60[\text{cm}^2] \times 10^{-4}[\text{m}^2/\text{cm}^2]} = 4.17[\text{m/s}]$$

(3) C의 유속

$$u_C = \frac{Q}{A} = \frac{180[\text{m}^3]/60[\text{s}]}{120 \times 50[\text{cm}^2] \times 10^{-4}[\text{m}^2/\text{cm}^2]} = 5.00[\text{m/s}]$$

해답 (1) A : 3.57[m/s]
(2) B : 4.17[m/s]
(3) C : 5.00[m/s]

06

다음 조건을 기준으로 이산화탄소소화설비에 대한 물음에 답하시오.

득점	배점
	15

조 건

- 특정소방대상물의 천장까지의 높이는 3[m]이고 방호구역의 크기와 용도는 다음과 같다.

통신기기실 가로 12[m] × 세로 10[m] 자동폐쇄장치 설치	전자제품창고 가로 20[m] × 세로 10[m] 개구부 2[m] × 2[m]
위험물저장창고 가로 32[m] × 세로 10[m] 자동폐쇄장치 설치	

- 소화약제는 고압저장방식으로 하고 충전량은 45[kg]이다.
- 통신기기실과 전자제품창고는 전역방출방식으로 설치하고 위험물 저장창고에는 국소방출방식을 적용한다.
- 개구부 가산량은 10[kg/m^2], 사용하는 CO_2는 순도 99.5[%], 헤드의 방사율은 1.3[kg/mm^2 · min · 개]이다.
- 위험물저장창고에는 가로 세로가 각각 5[m], 높이가 2[m]인 개방된 용기에 제4류 위험물을 저장한다.
- 주어진 조건 외는 소방관련법규 및 화재안전기준에 준한다.

물 음

(1) 각 방호구역에 대한 약제저장량은 몇 [kg] 이상인가?
① 통신기기실
② 전자제품창고
③ 위험물저장창고

(2) 각 방호구역별 약제저장용기는 몇 병인가?
① 통신기기실
② 전자제품창고
③ 위험물저장창고

(3) 통신기기실 헤드의 방사압력은 몇 [MPa]이어야 하는가?
(4) 통신기기실에서 설계농도에 도달하는 시간은 몇 분 이내여야 하는가?
(5) 전자제품창고의 헤드 수를 14개로 할 때 헤드의 분구 면적[mm^2]을 구하시오.
(6) 약제저장용기는 몇 [MPa] 이상의 내압시험압력에 합격한 것으로 하여야하는가?
(7) 전자제품 창고에 저장된 약제가 모두 분사되었을 때 CO_2의 체적은 몇 [m^3]이 되는가?(단, 온도는 25[℃]이다)
(8) 소화설비용으로 강관을 사용할 때의 배관기준을 설명하시오.

강관을 사용하는 경우의 배관은 압력배관용 탄소강관(KS D 3562) 중 스케줄 (①) 이상의 것 또는 이와 동등 이상의 강도를 가진 것으로 (②) 등으로 방식처리된 것을 사용할 것. 다만, 배관의 호칭구경이 20[mm] 이하인 경우에는 스케줄 40 이상인 것을 사용할 수 있다.

해설

- 전역방출방식

소요약제저장량[kg]
=방호구역체적[m^3]×소요약제량[kg/m^3]+개구부면적[m^2]×개구부가산량[kg/m^2]

[종이, 목재, 석탄, 섬유류, 합성수지류 등 심부화재 방호대상물]

방호대상물	방호구역 1[m^3]에 대한 소화약제의 양	설계농도[%]	개구부 가산량[kg/m^2] (자동폐쇄장치 미설치 시)
유압기기를 제외한 전기설비・케이블실	1.3[kg]	50	10[kg]
체적 55[m^3] 미만의 전기설비	1.6[kg]	50	10[kg]
서고, 전자제품창고, 목재가공품 창고, 박물관	2.0[kg]	65	10[kg]
고무류, 면화류창고, 모피창고, 석탄창고, 집진설비	2.7[kg]	75	10[kg]

- 국소방출방식

㉠ 윗면이 개방된 용기에 저장하는 경우, 화재 시 연소면이 한정되고 가연물이 비산할 우려가 없는 경우

$$\text{소요약제저장량[kg]} = \text{방호대상물 표면적}[m^2] \times 13[kg/m^2] \times \begin{pmatrix} \text{고압식 } 1.4 \\ \text{저압식 } 1.1 \end{pmatrix}$$

㉡ ㉠ 외의 경우

$$\text{소요약제저장량[kg]} = \text{방호공간의 체적}[m^3] \times Q \times \begin{pmatrix} \text{고압식 } 1.4 \\ \text{저압식 } 1.1 \end{pmatrix}$$

$$Q = 8 - 6\frac{a}{A}$$

여기서, Q : 소요약제량[kg/m^3]
A : 방호공간의 벽면적의 합계[m^2]
a : 방호대상물 주위에 설치된 벽면적의 합계[m^2]

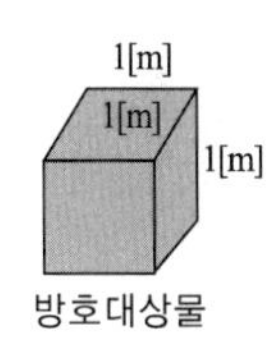

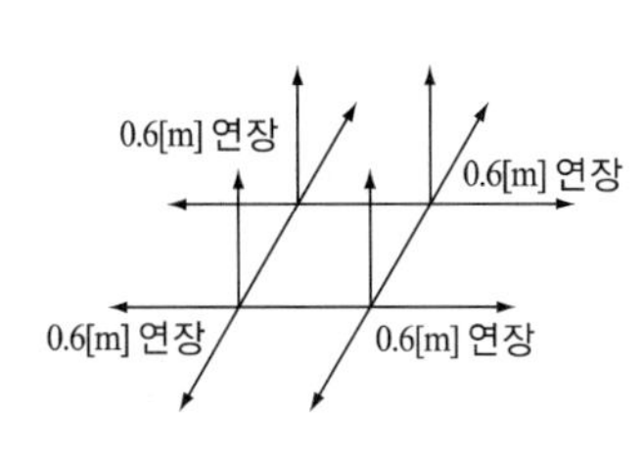

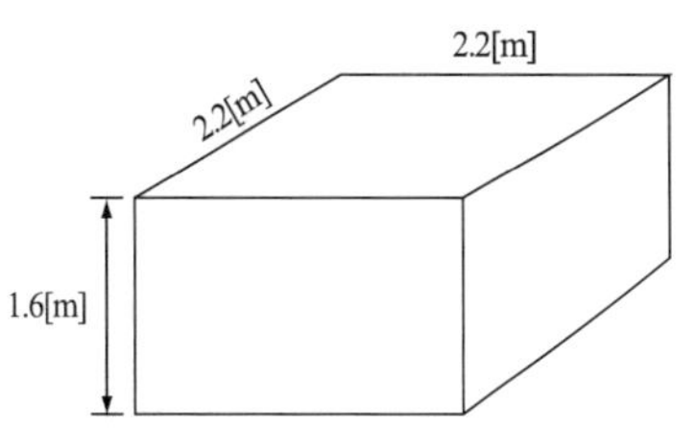

(1) 약제저장량

① 통신기기실(전역방출)

$Q = (12[\text{m}] \times 10[\text{m}] \times 3[\text{m}]) \times 1.3[\text{kg/m}^3] = 468[\text{kg}]$

∴ 순도 99.5[%]이므로 $\dfrac{468[\text{kg}]}{0.995} = 470.35[\text{kg}]$

② 전자제품창고(전역방출)

$Q = (20[\text{m}] \times 10[\text{m}] \times 3[\text{m}]) \times 2[\text{kg/m}^3] + (2[\text{m}] \times 2[\text{m}]) \times 10[\text{kg/m}^3] = 1{,}240[\text{kg}]$

∴ 순도 99.5[%]이므로 $\dfrac{1{,}240[\text{kg}]}{0.995} = 1{,}246.23[\text{kg}]$

개구부가산량은 표면화재 5[kg/m^2], 심부화재 10[kg/m^2]

③ 위험물 저장창고(국소방출)

$Q = (5[\text{m}] \times 5[\text{m}]) \times 13[\text{kg/m}^2] \times 1.4(\text{고압식}) = 455[\text{kg}]$

∴ 순도 99.5[%]이므로 $\dfrac{455[\text{kg}]}{0.995} = 457.29[\text{kg}]$

(2) 약제저장용기

① 통신기기실 470.35[kg]/45[kg] = 10.45병 ⇒ 11병

② 전자제품창고 1,246.23[kg]/45[kg] = 27.69병 ⇒ 28병

③ 위험물 저장창고 457.29[kg]/45[kg] = 10.16병 ⇒ 11병

(3) 헤드의 방사압력

고압식	저압식
2.1[MPa] 이상	1.05[MPa] 이상

(4) 특정소방대상물의 약제 방사시간

특정소방대상물		시 간
전역방출방식	가연성 액체 또는 가연성 가스 등 표면화재 방호 대상물	1분
	종이, 목재, 석탄, 섬유류, 합성수지류 등 **심부화재** 방호대상물 **(설계농도가 2분 이내에 30[%] 도달)**	7분
국소방출방식		30초

(5) 헤드의 분구 면적

= 약제량[kg] ÷ 헤드수(개) ÷ 헤드의 방사율(1.3[kg/mm^2·분·개]) ÷ 방출시간[min]

= (28병 × 45[kg]) ÷ 14개 ÷ 1.3[kg/mm^2·분·개] ÷ 7분 = 9.89[mm^2]

(6) 내압시험압력

① 고압식 : 25[MPa] 이상

② 저압식 : 3.5[MPa] 이상

(7) 이상기체 방정식

$$PV = nRT = \frac{W}{M}RT$$

여기서, P : 압력[atm] V : 체적[m^3]
W : 무게(28병×45[kg] = 1,260[kg]) M : 분자량
R : 기체상수(0.08205[atm · m^3/kg-mol · K])
T : 절대온도(273+25[℃] = 298[K])

$$\therefore V = \frac{WRT}{PM} = \frac{1{,}260[\text{kg}] \times 0.08205[\text{atm} \cdot \text{m}^3/\text{kg-mol} \cdot \text{K}] \times 298[\text{K}]}{1[\text{atm}] \times 44} = 700.18[\text{m}^3]$$

(8) 배관의 설치기준

① 강관을 사용하는 경우의 배관은 압력배관용 탄소강관(KS D 3562) 중 **스케줄 80**(**저압식**에 있어서는 **스케줄 40**) 이상의 것 또는 이와 동등 이상의 강도를 가진 것으로 **아연도금** 등으로 방식처리된 것을 사용할 것. 다만, 배관의 호칭구경이 **20[mm] 이하**인 경우에는 **스케줄 40** 이상인 것을 사용할 수 있다.

② 동관을 사용하는 경우의 배관은 이음이 없는 동 및 동합금관(KS D 5301)으로서 고압식은 16.5[MPa] 이상, 저압식은 3.75[MPa] 이상의 압력에 견딜 수 있는 것을 사용할 것

해답 (1) ① 통신기기실 : 470.35[kg]
② 전자제품창고 : 1,246.23[kg]
③ 위험물저장창고 : 457.29[kg]

(2) ① 통신기기실 : 11병
② 전자제품창고 : 28병
③ 위험물저장창고 : 11병

(3) 2.1[MPa] 이상

(4) 7분 이내(설계농도가 2분 이내에 30[%] 도달)

(5) 9.89[mm^2]

(6) 25[MPa]

(7) 700.18[m^3]

(8) ① 80
② 아연도금

07

6[%]형 단백포의 원액 300[L]를 취해서 포를 방출시켰더니 발포배율이 16배로 되었다. 다음 물음에 답하시오.

득점	배점
	7

(1) 방출된 포의 체적[m^3]얼마인가?

(2) 팽창비율에 따른 포의 종류를 다음 표에 완성하시오.

팽창비율에 따른 포의 종류	포방출구의 종류
팽창비가 (①) 이하인 것(저발포)	포헤드
팽창비가 (②) 이상 (③) 미만인 것(고발포)	고발포용 고정포방출구

해설

(1) 포의 체적

$$팽창비 = \frac{발포\ 후\ 포체적[m^3]}{\frac{원액의\ 양[L]}{농도[\%]}}$$

$$팽창비 = \frac{발포\ 후\ 포체적[m^3]}{\frac{원액의\ 양[L]}{농도[\%]}}$$

$$16 = \frac{x}{\frac{300[L]}{0.06}}$$

$$\therefore x = 80{,}000[L] = 80[m^3]$$

(2) 팽창비율에 따른 포의 종류

팽창비율에 따른 포의 종류	포방출구의 종류
팽창비가 20 이하인 것(저발포)	포헤드
팽창비가 80 이상 1,000 미만인 것(고발포)	고발포용 고정포방출구

해답 (1) $80[m^3]$
(2) ① 20
② 80
③ 1,000

08

화재안전기준으로 옥내소화전 설치대상 건축물로서 소화전 설치수가 지하 1층 2개소, 1~3층까지 각 4개소씩, 5, 6층에 각 3개소, 옥상층에는 시험용 소화전을 설치하였다. 본 건축물의 층고는 28[m](지하층은 제외), 가압펌프의 흡입고 1.5[m], 직관의 마찰손실 6[m], 호스의 마찰손실 6.5[m], 이음쇠 밸브류 등의 마찰손실 8[m]일 때 다음 물음에 답하시오(단, 지하층의 층고는 3.5[m]로 하고, 기타 사항은 무시한다).

득점	배점
	8

(1) 본 소화설비 전용 수원의 확보 용량은 얼마 이상이어야 하는가?
(단, 전용 수원 확보량은 법적 수원 확보량의 15[%]를 가산한 양으로 한다)

(2) 옥내소화전을 가압송수장치의 Pump 토출량[m^3/min]은 얼마 이상이어야 하는가?(단, Pump 토출량은 안전율 15[%]를 가산한 양으로 산정한다)

(3) 가압송수장치를 지하층에 설치할 경우 Pump의 전양정[m]은 얼마로 해야 하는가?

(4) 가압송수장치의 전동기의 용량[kW]은 얼마 이상으로 설치해야 하는가?
(단, E=0.65, K=1.1)

해설

(1) 수 원

$$Q = N \times 2.6[\text{m}^3]$$

∴ $Q = N \times 2.6[\text{m}^3] = 4$개 $\times 2.6[\text{m}^3] \times 1.15$(가산량) $= 11.96[\text{m}^3]$

옥상에 1/3을 설치하여야 하므로

수원$=11.96+\left(11.96 \times \frac{1}{3}\right)=15.95[\text{m}^3]$

(2) 토출량

$$Q = N \times 130[\text{L/min}]$$

∴ $Q = N \times 130[\text{L/min}] = 4 \times 130[\text{L/min}] \times 1.15$(가산량) $= 598[\text{L/min}] = 0.598[\text{m}^3/\text{min}]$ $= 0.60[\text{m}^3/\text{min}]$

(3) 전양정

$$H = h_1 + h_2 + h_3 + 17(\text{노즐방사압력})$$

여기서, H : 전양정[m]
h_1 : 호스마찰손실수두(6.5[m])
h_2 : 배관마찰손실수두(6[m]+8[m]=14[m])
h_3 : 실양정(지하1층 층고 + 흡입고 + 토출양정=3.5[m]+1.5[m]+28[m]=33[m])

∴ $H = 6.5[\text{m}] + 14[\text{m}] + 33[\text{m}] + 17 = 70.5[\text{m}]$

(4) 전동기 용량

$$P[\text{kW}] = \frac{0.163 \times Q \times H}{\eta} \times K$$

여기서, Q : 토출량(0.598[m^3/min]=0.6[m^3/min])
H : 전양정(70.5[m])
K : 전달계수(1.1)
$\eta(E)$: 펌프의 효율(0.65=65[%])

∴ $P[\text{kW}] = \frac{0.163 \times Q \times H}{\eta} \times K = \frac{0.163 \times 0.6[\text{m}^3/\text{min}] \times 70.5[\text{m}]}{0.65} \times 1.1 = 11.67[\text{kW}]$

해답
(1) 15.95[m^3]
(2) 0.60[m^3/min]
(3) 70.5[m]
(4) 11.67[kW]

09

기동용 수압개폐장치 중 압력체임버의 기능을 3가지만 쓰시오.

득점	배점
	5

해설

기동용 수압개폐장치(압력체임버)의 기능

펌프의 2차측 게이트밸브에서 분기하여 전 배관 내의 압력을 감지하고 있다가 배관 내의 압력이 떨어지면 압력스위치가 작동하여 충압펌프(Jocky Pump) 또는 주펌프를 자동기동 및 정지시키기 위하여 설치한다(주펌프는 수동정지).

- 기 능
  - 주펌프의 자동기동 및 충압펌프의 자동기동, 정지
  - 압력체임버 상부의 공기의 완충작용으로 수격작용 등 압력변동에 따른 설비 보호
  - 압축공기가 배관 내로 압축에너지를 공급하여 압력을 유지하는 에너지 공급원
- RANGE와 DIFF
  - RANGE : 펌프의 작동 정지점으로 기동이 된 경우에는 자동으로 정지되지 아니하도록 하여야 한다(충압펌프는 제외).
  - DIFF : Range에 설정된 압력에서 Diff에 설정된 압력만큼 떨어지면 펌프가 작동되는 압력의 차이를 말한다.

해답 (1) 주펌프의 자동기동, 충압펌프의 자동기동 및 정지
(2) 수격작용 등 압력변동에 따른 설비 보호
(3) 배관 내로 압축공기를 공급하여 압력을 유지하는 에너지 공급원

10

스프링클러설비에서 헤드로 방사되는 방수량[L/min]을 최소방수량과 최대방수량으로 구분하여 계산하시오(단, $K=80$으로 하고 속도수두는 계산하지 아니하며 정수로 답할 것).

(1) 최소방수량
(2) 최대방수량

득점	배점
	4

해설

방수량

$$Q = K\sqrt{10P}$$

여기서, Q : 방수량[L/min]
K : 방출계수
P : 방사압력[MPa]

스프링클러설비의 방수압력은 0.1~1.2[MPa]이므로

(1) 최소방수량 $Q = K\sqrt{10P} = 80\sqrt{10 \times 0.1[\text{MPa}]} = 80[\text{L/min}]$

(2) 최대방수량 $Q = K\sqrt{10P} = 80\sqrt{10 \times 1.2[\text{MPa}]} = 277.13[\text{L/min}] = 277[\text{L/min}]$

해답 (1) 최소방수량 : 80[L/min]
(2) 최대방수량 : 277[L/min]

11

안지름이 각각 300[mm]와 450[mm]의 원관이 직접 연결되어 있다. 안지름의 작은 관에서 큰 관 방향으로 매초 230[L]의 물이 흐르고 있다. 돌연 확대 부분의 손실[m]은 얼마인가?

득점	배점
	5

해설

돌연확대부분의 손실

$$H = K\frac{(u_1 - u_2)^2}{2g}$$

여기서, H : 손실수두[m] K : 손실계수
u_1 : 축소관의 유속[m/s] u_2 : 확대관의 유속[m/s]
g : 중력가속도(9.8[m/s²])

- 축소관의 유속 $u_1 = \frac{Q}{A_1} = \frac{Q}{\frac{\pi}{4}D^2} = \frac{0.23[\text{m}^3/\text{s}]}{\frac{\pi}{4}(0.3[\text{m}])^2} = 3.25[\text{m/s}]$
- 확대관의 유속 $u_1 = \frac{Q}{A_1} = \frac{Q}{\frac{\pi}{4}D^2} = \frac{0.23[\text{m}^3/\text{s}]}{\frac{\pi}{4}(0.45[\text{m}])^2} = 1.45[\text{m/s}]$

$\therefore\ H = K\frac{(u_1 - u_2)^2}{2g} = 1 \times \frac{(3.25 - 1.45)^2}{2 \times 9.8} = 0.165[\text{m}] \Rightarrow 0.17[\text{m}]$

해답 0.17[m]

12

다음 그림은 국소방출방식의 이산화탄소소화설비이다. 각 물음에 답하시오 (단, 고압식이며 방호대상물은 제1종 가연물이고, 가연물이 비산할 우려가 있는 경우이다).

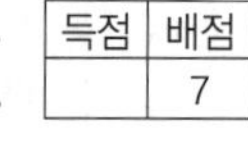

득점	배점
	7

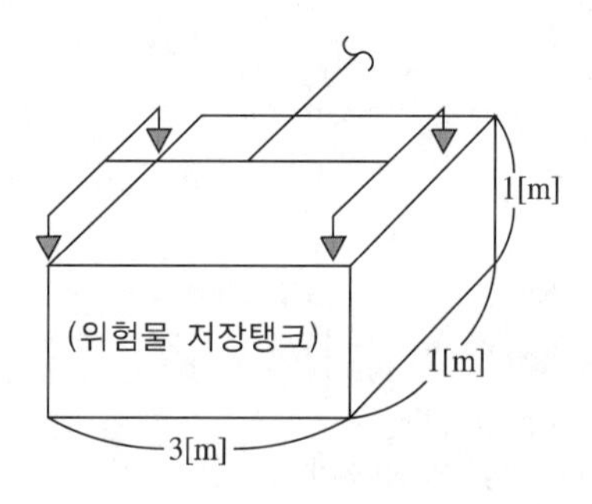

물 음

(1) 방호공간 체적[m³]은 얼마인가?
(2) 소화약제 최소저장량[kg]은 얼마인가?
(3) 헤드 1개의 방출량[kg/s]은 얼마인가?

해설

(1) 방호공간 체적

> 방호공간 : 방호대상물의 각 부분으로부터 0.6[m]의 거리에 따라 둘러싸인 공간

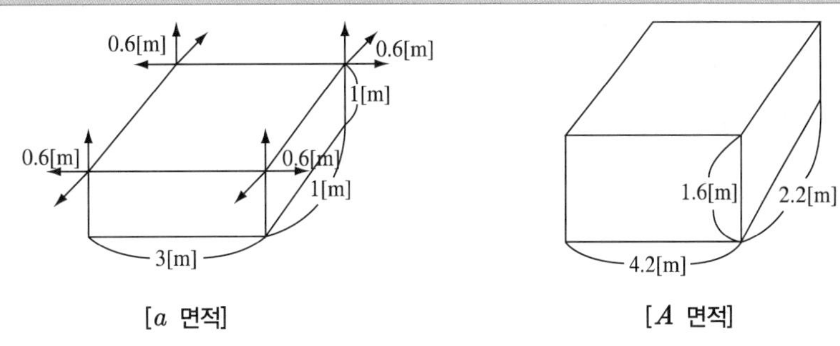

[a 면적]　　　　[A 면적]

$\therefore$ 방호공간체적[m^3] $= 4.2[\text{m}] \times 2.2[\text{m}] \times 1.6[\text{m}] = 14.784[\text{m}^3]$

(2) 소화약제의 최소저장량

> 약제저장량[kg] $=$ 방호공간체적[m^3] $\times \left(8 - 6\dfrac{a}{A}\right) \times \begin{pmatrix} \text{고압식 } 1.4 \\ \text{저압식 } 1.1 \end{pmatrix}$

여기서, a : 방호대상물 주위에 설치된 벽면적의 합계(방호대상물 주위에 설치된 벽이 없거나 벽에 대한 조건이 없는 경우에는 "0"이다)

A : 방호공간의 벽면적의 합계(앞면 + 뒷면) + (좌면 + 우면) = (4.2[m] × 1.6 × 2면) + (1.6[m] × 2.2[m] × 2면) = 20.48[m^2]

$\therefore$ 약제량 $= 14.78[\text{m}^3] \times \left(8 - 6\dfrac{0}{20.48}\right) \times 1.4 = 165.54[\text{kg}]$

(3) 헤드 1개의 방출량

헤드 1개당 방출량 = 약제량[kg] ÷ 헤드수[개] ÷ 방출시간[s]

$= 165.54[\text{kg}] \div 4$개 $\div 30[\text{s}] = 1.38[\text{kg/s}]$

해답 (1) 14.78[m^3]

(2) 165.54[kg]

(3) 1.38[kg/s]

13

소화용 펌프가 유량 4,000[L/min], 임펠러 직경 150[mm], 회전수 1,770[rpm], 양정 50[m]로 송수하고 있을 때 펌프를 교환하여 임펠러 직경 200[mm], 회전수 1,170[rpm]으로 운전하면 유량[L/min]과 양정[m]을 각각 얼마로 변하겠는가?

득점	배점
	5

(1) 유 량

(2) 양 정

해설

펌프의 상사법칙

- 유량 $Q_2 = Q_1 \times \left(\frac{N_2}{N_1}\right) \times \left(\frac{D_2}{D_1}\right)^3$
- 양정 $H_2 = H_1 \times \left(\frac{N_2}{N_1}\right)^2 \times \left(\frac{D_2}{D_1}\right)^2$
- 동력 $P_2 = P_1 \times \left(\frac{N_2}{N_1}\right)^3 \times \left(\frac{D_2}{D_1}\right)^5$

여기서, N : 회전수 D : 직경

(1) 유 량 $Q_2 = Q_1 \times \frac{N_2}{N_1} \times \left(\frac{D_2}{D_1}\right)^3$

$$= 4{,}000[\text{L/min}] \times \frac{1{,}170[\text{rpm}]}{1{,}770[\text{rpm}]} \times \left(\frac{200[\text{mm}]}{150[\text{mm}]}\right)^3 = 6{,}267.42[\text{L/min}]$$

(2) 양 정 $H_2 = H_1 \times \left(\frac{N_2}{N_1}\right)^2 \times \left(\frac{D_2}{D_1}\right)^2$

$$= 50[\text{m}] \times \left(\frac{1{,}170[\text{rpm}]}{1{,}770[\text{rpm}]}\right)^2 \times \left(\frac{200[\text{mm}]}{150[\text{mm}]}\right)^2 = 38.84[\text{m}]$$

해답 (1) 유량 : 6,267.42[L/min]
(2) 양정 : 38.84[m]

14

액화 이산화탄소 180[kg]을 20[℃]의 표준대기압 상태에서 250[m³]인 방호구역에 방출되었을 때 다음 각 물음에 답하시오.

득점	배점
	5

(1) 이산화탄소의 농도는 몇 [%]인가?
(2) 산소의 농도는 몇 [%]인가?

해설

(1) 이산화탄소의 농도

$$PV = nRT = \frac{W}{M}RT$$

여기서, P : 압력(1[atm]) V : 체적[m³]
W : 무게(180[kg]) M : 분자량(CO_2 : 44)
R : 기체상수(0.08205[atm · m³/kg−mol · K])
T : 절대온도(273+20[℃]=293[K])

$$V = \frac{WRT}{PM} = \frac{180[\text{kg}] \times 0.08205[\text{atm} \cdot \text{m}^3/\text{kg}-\text{mol} \cdot \text{K}] \times (273+20)[\text{K}]}{1[\text{atm}] \times 44} = 98.35[\text{m}^3]$$

$$\therefore\ CO_2\ 약제농도[\%] = \frac{약제방출체적[m^3]}{방호구역체적[m^3] + 약제방출체적[m^3]} \times 100$$

$$= \frac{98.35[m^3]}{250[m^3] + 98.35[m^3]} \times 100 = 28.23[\%]$$

(2) 산소의 농도

$$CO_2의\ 농도[\%] = \frac{21 - O_2}{21} \times 100$$

여기서, O_2 : 산소의 농도[%]

$$\therefore\ CO_2의\ 농도[\%] = \frac{21 - O_2}{21} \times 100$$

$$28.23 = \frac{21 - O_2}{21} \times 100$$

$$(28.23 \times 21) = 100(21 - O_2)$$

$$592.83 = 2,100 - 100O_2$$

$$100O_2 = 2,100 - 592.83$$

$$O_2 = \frac{1,507.17}{100}$$

$$= 15.07[\%]$$

해답 (1) 28.23[%]
(2) 15.07[%]

제4회 2012년 11월 3일 시행

※ 다음 물음에 대한 답을 해당 답란에 답하시오.(배점 : 100)

01

그림은 CO_2 소화설비의 소화약제 저장용기 주위의 배관 계통도이다. 방호구역은 A, B 두 부분으로 나누어지고, 각 구역의 소요 약제량은 A 구역은 2B/T, B 구역은 5B/T이라 할 때 그림을 보고 다음 물음에 답하시오.

득점	배점
	7

물 음

(1) 각 방호구역에 소요 약제량을 방출할 수 있게 조작관에 설치할 체크밸브의 위치를 표시하시오.

(2) ①, ②, ③, ④ 기구의 명칭은 무엇인가?

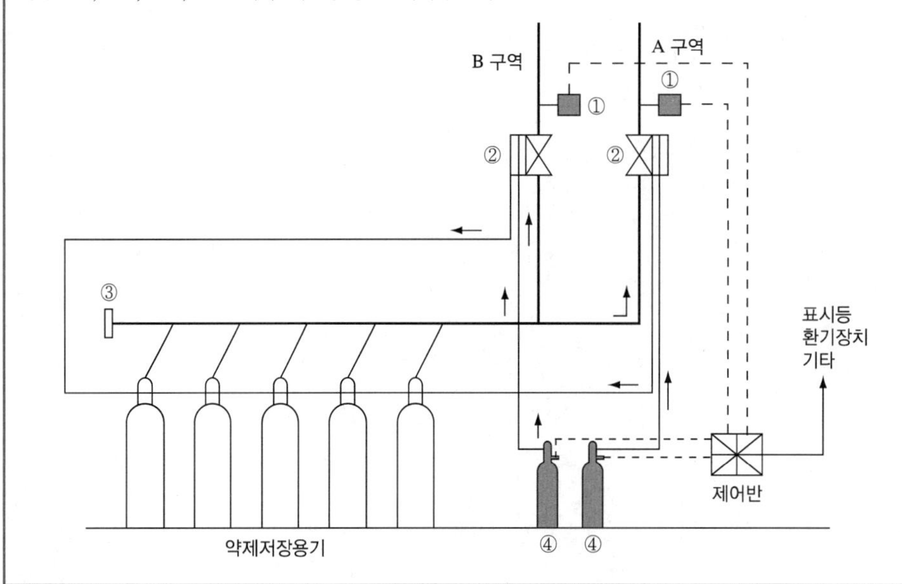

해설

이산화탄소 소화설비

- 체크밸브
  - 방호구역의 저장용기의 병수를 계산하여 **역류방지용**으로 **동관에 체크밸브**를 설치한다.
  - 저장용기와 집합관을 연결하는 **연결배관**에는 **체크밸브를 설치**하여야 한다(문제에서 제외하라는 단서가 있으면 제외함).

• 각 부속품

번 호	명 칭	구 조	설치기준
①	압력스위치		각 **방호구역당 1개씩** 설치한다.
②	선택밸브		**방호구역** 또는 **방호 대상물**마다 설치한다.
③	안전밸브		**집합관**에 1개를 설치한다.
④	기동용기		각 **방호구역당 1개씩** 설치한다.

해답 (1)

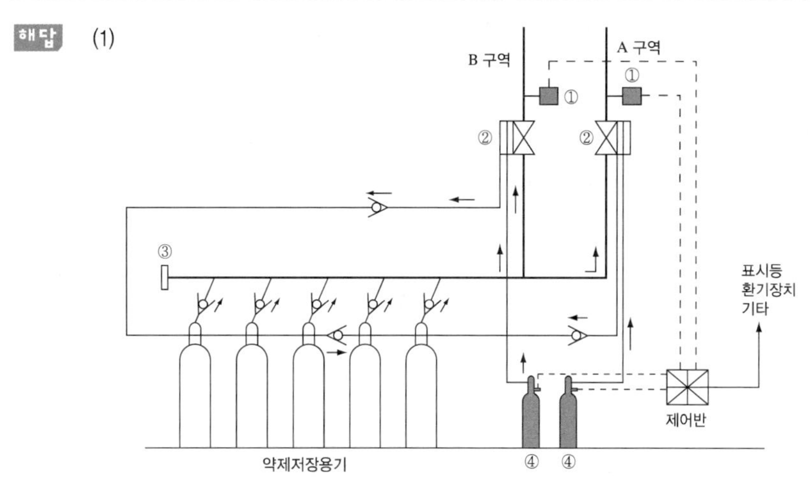

(2) ① 압력스위치 ② 선택밸브
③ 안전밸브 ④ 기동용 가스용기

PLUS ONE

B/T = Bottle(병)

기동용기함에서 방호구역마다의 체크밸브 및 약제저장용기에 CO_2가스를 공급하여 체크밸브 개방 및 약제저장용기를 개방, 가스가 역류하는 것을 방지하기 위해 가스체크밸브를 사용

02

배관의 관부속품 중 체크밸브(Check Valve)의 종류 중 스윙형과 리프트형 체크밸브를 비교하여 간단히 설명하시오.

득점	배점
	3

해설

체크밸브

- 역류방지를 목적으로 설치하는 밸브로서 호칭구경, 사용압력, 유수방향을 표시하여야 한다.
- 종 류
  - **리프트형 체크밸브** : 유체의 압력에 의해서 밸브가 개폐되는 밸브로 수평배관에 주로 사용하며 맥동현상이 발생하는 유체 또는 유속이 높은 배관에 적합하다.
  - **스윙 체크밸브** : 핀을 중심으로 디스크가 유체의 흐름에 따라 열리고 밸브 출구압력과 디스크의 무게에 따라 닫히는 구조로서 물올림장치와 같은 작은 배관에 사용한다.
  - **스모렌스키 체크밸브** : 평상시에는 체크밸브 기능을 하며 때로는 바이패스밸브를 열어서 거꾸로 물을 빼낼 수 있기 때문에 주배관상에 많이 사용한다.

해답 (1) **리프트형** : 유체의 압력에 의해서 밸브가 개폐되는 밸브로 수평배관에 주로 사용
(2) **스윙형** : 핀을 기준으로 밸브가 개폐하므로 물올림장치의 체크밸브로 주로 사용되며, 작은 배관에 주로 사용

03

다음 조건을 이용하여 개방된 고가수조에서 배관을 통하여 물을 방수할 때 Ⓐ지점에서 방출압력은 몇 [kPa]인지 구하시오.

득점	배점
	5

조 건

- 배관의 안지름은 100[mm]이고 배관 길이는 250[m]이다.
- 방출유량은 2,500[L/min], 배관의 총마찰손실수두는 7[m]이다.
- 대기압은 표준상태이고, 방출압력은 계기압력으로 구한다.

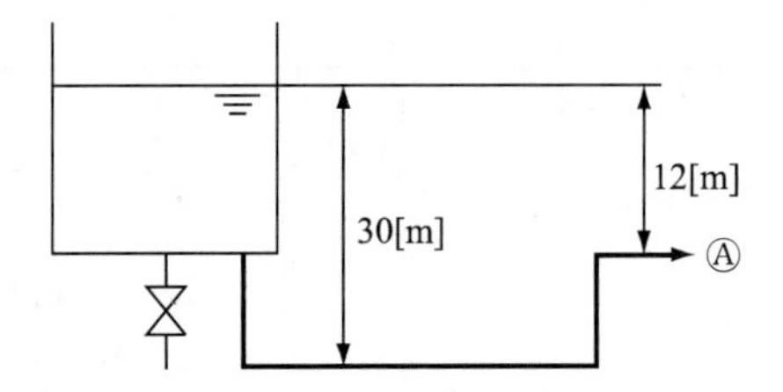

해설

베르누이 방정식을 적용하면

$$\frac{u_1^2}{2g}+\frac{p_1}{\gamma}+z_1=\frac{u_2^2}{2g}+\frac{p_2}{\gamma}+z_2+\Delta H$$

여기서,

- u_1, u_2 : 유속[m/s]
  - u_1 : 0(유동이 없으므로)
  - u_2 : 방출유속

$$Q_2 = u_2 A = u_2 \times \frac{\pi}{4} D^2 \qquad u_2 = \frac{4Q_2}{\pi D^2}$$

$$\therefore\ u_2 = \frac{4Q_2}{\pi D^2} = \frac{4 \times 2.5[\mathrm{m^3}]/60[\mathrm{s}]}{\pi \times (0.1[\mathrm{m}])^2} = 5.305[\mathrm{m/s}]$$

- g : 중력가속도(9.8[m/s²])
- p_1, p_2 : 압력(9.8[kPa]=[kN/m²])
  - p_1 : 0(개방된 상태)
  - p_2 : 구하는 방출압력
- γ : 물의 비중량(9,800[N/m³]=9.8[kN/m³])
- z_1, z_2 : 높이[m]
  - z_1 : 30[m]
  - z_2 : 30[m]−12[m]=18[m]
- ΔH : 총마찰손실수두(7[m])

∴ Ⓐ지점의 방출압력을 구하면

$$\frac{u_1^2}{2g} + \frac{p_1}{\gamma} + z_1 = \frac{u_2^2}{2g} + \frac{p_2}{\gamma} + z_2 + \Delta H$$

u_1, p_1은 0이므로 제외

$$0 + 0 + 30[\mathrm{m}] = \frac{(5.305[\mathrm{m/s}])^2}{2 \times 9.8[\mathrm{m/s^2}]} + \frac{p_2}{9.8[\mathrm{kN/m^3}]} + 18[\mathrm{m}] + 7[\mathrm{m}]$$

$$30[\mathrm{m}] - 1.44[\mathrm{m}] - 18[\mathrm{m}] - 7[\mathrm{m}] = \frac{p_2}{9.8[\mathrm{kN/m^3}]}$$

$$p_2 = (30 - 1.44 - 18 - 7)[\mathrm{m}] \times 9.8[\mathrm{kN/m^3}] = 34.89[\mathrm{kN/m^2}] = 34.89[\mathrm{kPa}]$$

해답 34.89[kPa]

04

다음 그림은 어느 실의 평면도이다. 이 실들 중 A실을 급기 가압하고자 한다. 주어진 조건을 이용하여 다음 물음에 답하시오(단, 소수점 다섯째자리까지 답하시오).

득점	배점
	10

조 건

- 실외부 대기의 기압은 절대압력으로 101,300[Pa]로서 일정하다.
- A실에 유지하고자 하는 기압은 절대압력으로 101,400[Pa]이다.
- 각 실의 문(Door)들의 틈새면적은 0.01[m²]이다.

• 어느 실을 급기 가압할 때 그 실의 문의 틈새를 통하여 누출되는 공기의 양은 다음의 식을 따른다.

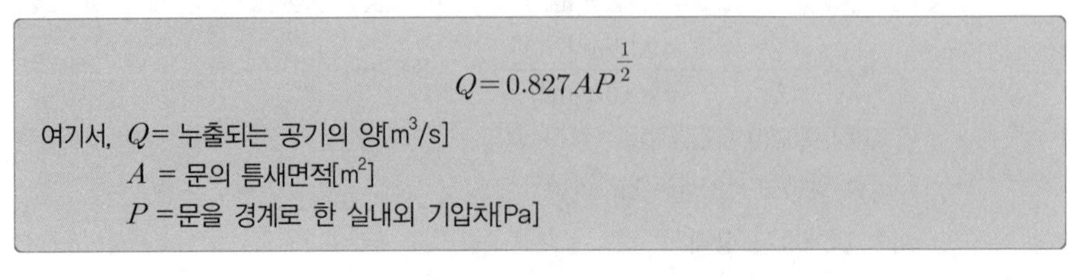

$$Q = 0.827AP^{\frac{1}{2}}$$

여기서, Q= 누출되는 공기의 양[m³/s]
A = 문의 틈새면적[m²]
P =문을 경계로 한 실내외 기압차[Pa]

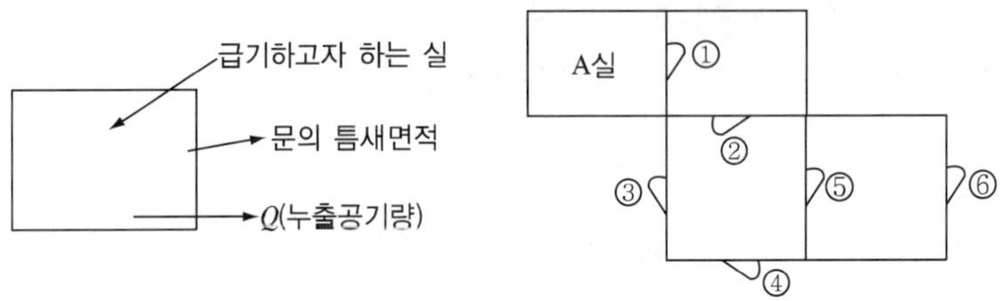

물 음

(1) 총 누설틈새면적[m²]을 구하시오.

(2) A실에 유입시켜야 할 풍량[m³/s]을 구하시오.

해설

(1) 총 누설틈새면적

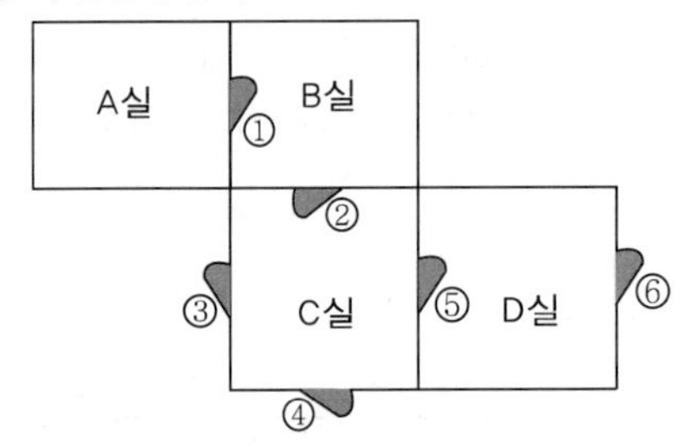

• ⑤와 ⑥은 직렬연결이므로

$$A_{5\sim6} = \frac{1}{\sqrt{\frac{1}{(A_5)^2} + \frac{1}{(A_6)^2}}} = \frac{1}{\sqrt{\frac{1}{(0.01)^2} + \frac{1}{(0.01)^2}}} = 0.00707[\text{m}^2]$$

• ④와 $A_{5\sim6}$은 병렬연결이므로

$$A_{4\sim6} = A_4 + A_{5\sim6} = 0.01[\text{m}^2] + 0.00707[\text{m}^2] = 0.01707[\text{m}^2]$$

• ③ 과 $A_{4\sim6}$은 병렬연결이므로

$$A_{3\sim6} = A_3 + A_{4\sim6} = 0.01[\text{m}^2] + 0.01707[\text{m}^2] = 0.02707[\text{m}^2]$$

• ②와 $A_{3\sim6}$은 직렬연결이므로

$$A_{2\sim6} = \frac{1}{\sqrt{\frac{1}{(A_2)^2} + \frac{1}{(A_{3\sim6})^2}}} = \frac{1}{\sqrt{\frac{1}{(0.01)^2} + \frac{1}{(0.02707)^2}}} = 0.00938[\text{m}^2]$$

• ①과 $A_{2\sim6}$은 직렬연결이므로

$$A_{1\sim6} = \frac{1}{\sqrt{\frac{1}{(A_1)^2}+\frac{1}{(A_{2\sim6})^2}}} = \frac{1}{\sqrt{\frac{1}{(0.01)^2}+\frac{1}{(0.00938)^2}}} = 0.00684[\mathrm{m}^2]$$

∴ 총 누설틈새면적 : 0.00684[m²]이다.

(2) 풍 량

$$Q = 0.827AP^{\frac{1}{2}}$$

• A실과 실외와의 차압 $P = 101{,}400 - 101{,}300 = 100[\mathrm{Pa}]$
• 각 실의 틈새면적 A=0.00684[m²]

∴ 풍량 $Q = 0.827 \times 0.00684[\mathrm{m}^2] \times 100^{\frac{1}{2}} = 0.05667[\mathrm{m}^3/\mathrm{s}]$

해답 (1) 총 누설틈새면적 : 0.00684[m²]
(2) 유입풍량 : 0.05667[m³/s]

05

옥내소화전설비나 스프링클러설비에 사용되는 압력체임버의 역할과 압력체임버에 설치하는 안전밸브의 작동범위를 쓰시오.

득점	배점
	5

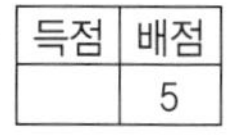

(1) 압력체임버의 역할 :
(2) 안전밸브의 작동범위 :

해설

압력체임버

(1) **역할** : 펌프의 2차측 게이트밸브에서 분기하여 전 배관 내의 압력을 감지하고 있다가 배관 내의 압력이 떨어지면 압력스위치가 작동하여 충압펌프(Jocky Pump, 보조펌프)는 자동기동 및 정지 또는 주펌프를 자동기동시키기 위하여 설치한다(주펌프는 자동으로 정지되지 아니한다).
(2) 안전밸브의 **작동압력범위** : **호칭압력**과 **호칭압력의 1.3배의 범위** 내에서 작동하여야 한다.

해답 (1) 충압펌프의 자동기동 및 정지, 주펌프의 자동기동
(2) 호칭압력과 호칭압력의 1.3배의 범위

06

다음 그림은 가로 30[m], 세로 20[m]인 직사각형 형태의 실의 평면도이다. 이 실의 내부에는 기둥이 없다. 이 실내에 방호반경 2.3[m]로 스프링클러헤드를 직사각형으로 배치하고자 할 때 가로 및 세로변의 최대 및 최소개수를 주어진 보기와 같이 작성 산출하시오(단, 반자 속에는 헤드를 설치하지 아니하며 헤드 설치 시 장애물은 모두 무시하고, 헤드 배치 간격은 헤드배치각도(θ)를 30도 및 60도 2가지로 최대/최소개수를 산출하시오).

득점	배점
	10

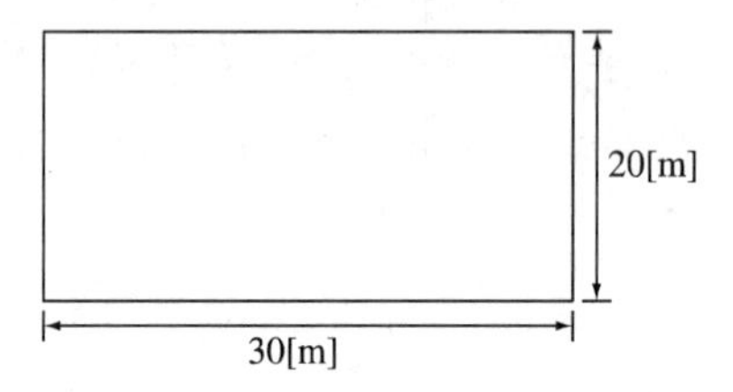

보 기

가로변 : 최소헤드수(6개), 최대헤드수(9개)
세로변 : 최소헤드수(3개), 최대헤드수(5개)

가로열의 헤드수 / 세로열의 헤드수	6	7	8	9
3	18	21	24	27
4	24	28	32	36
5	30	35	40	45

물 음

(1) 가로변 설치 헤드 최소개수는 몇 개인가?
(2) 가로변 설치 헤드 최대개수는 몇 개인가?
(3) 세로변 설치 헤드 최소개수는 몇 개인가?
(4) 세로변 설치 헤드 최대개수는 몇 개인가?
(5) 산출과정의 작성 "예"와 같이 헤드의 배치수량표를 만드시오.
(6) 만약 정사각형으로 배치할 때 헤드의 설치간격은?
(7) 정사각형으로 헤드 배치할 때 설치개수는 몇 개인가?
(8) 헤드가 폐쇄형으로 표시온도가 79[℃]일 때 작동온도의 범위는?

해설

(1) 가로변 헤드 최소개수

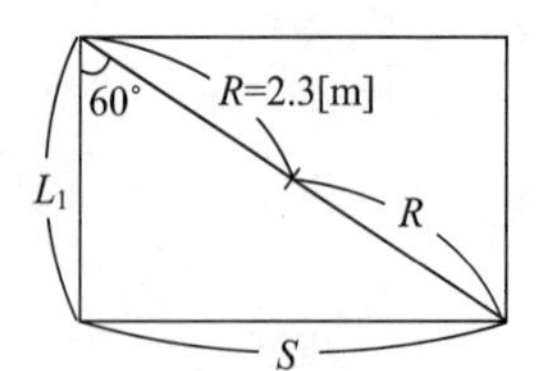

$$S = \sqrt{4R^2 - L_1^2} = \sqrt{4 \times 2.3^2 - 2.3^2} = 3.98[\text{m}]$$

여기서, R=수평거리(내화구조 2.3[m])
$L_1 = 2R\cos\theta = 2 \times 2.3 \times \cos 60° = 2.3[\text{m}]$

∴ 가로변의 헤드 최소개수= $\dfrac{\text{가로길이}}{S} = \dfrac{30[\text{m}]}{3.98[\text{m}]} = 7.54 \Rightarrow$ **8개**

(2) 가로변 헤드 최대개수

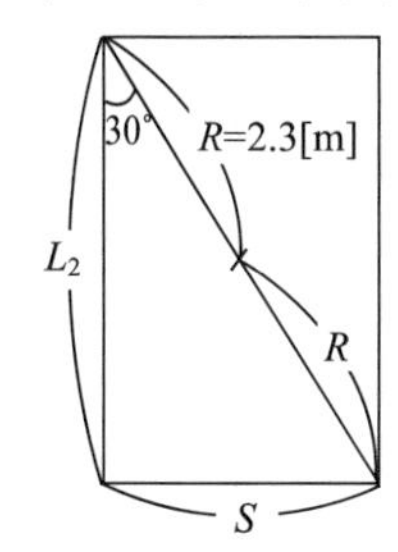

$$S = \frac{2R}{2} = \frac{2 \times 2.3[\text{m}]}{2} = 2.3[\text{m}]$$

∴ 가로변의 헤드 최대개수= $\dfrac{\text{가로길이}}{S} = \dfrac{30[\text{m}]}{2.3[\text{m}]} = 13.04 \Rightarrow$ **14개**

(3) 세로변 헤드 최소개수

S : (1)에서 구한 3.98[m]

∴ 세로변 헤드 최소개수 = $\dfrac{\text{세로길이}}{S} = \dfrac{20[\text{m}]}{3.98[\text{m}]} = 5.03 \Rightarrow$ **6개**

(4) 세로변 헤드 최대개수

S : (2)에서 구한 2.3[m]

∴ 세로변 헤드 최대개수 = $\dfrac{\text{세로길이}}{S} = \dfrac{20[\text{m}]}{2.3[\text{m}]} = 8.69 \Rightarrow$ **9개**

(5) 헤드의 배치수량표

세로변 헤드수 \ 가로변 헤드수	8	9	10	11	12	13	14
6	48	54	60	66	72	78	84
7	56	63	70	77	84	91	98
8	64	72	80	88	96	104	112
9	72	81	90	99	108	117	126

(6) 헤드의 설치간격

정사각형(정방형)의 경우 $\theta = 45°$

∴ $S = 2R\cos\theta = 2 \times 2.3[\text{m}] \times \cos 45° = 3.25[\text{m}]$

(7) 정사각형으로 헤드 배치 시 설치개수

① 가로변 소요헤드개수 = 30[m] ÷ 3.25[m] = 9.225 ⇒ 10개

② 세로변 소요헤드개수 = 20[m] ÷ 3.25[m] = 6.153 ⇒ 7개

∴ 총헤드개수 = 10개 × 7개 = 70개

(8) 폐쇄형 헤드의 작동온도

헤드의 작동온도범위는 표시온도의 ±3[%]이다.

∴ 작동온도 = (79[℃]×0.97) ~ (79[℃]×1.03) = 76.63 ~ 81.37[℃]

해답 (1) 8개 (2) 14개

(3) 6개 (4) 9개

(5) 헤드의 배치 수량표

세로열 헤드수 \ 가로열 헤드수	8	9	10	11	12	13	14
6	48	54	60	66	72	78	84
7	56	63	70	77	84	91	98
8	64	72	80	88	96	104	112
9	72	81	90	99	108	117	126

(6) 3.25[m]

(7) 70개

(8) 76.63 ~ 81.37[℃]

07

소화용 펌프가 유량 900[L/min], 양정 50[m]로 송수하고 있는 펌프의 전력계가 17[kW]를 나타내었다. 이때 회전수 1,800[rpm]이었다가 전압강하로 회전수가 1,500[rpm]으로 떨어졌다. 이 경우 펌프의 유량[L/min]은 얼마인가?

득점	배점
	3

해설

펌프의 상사법칙

$$\text{유량 } Q_2 = Q_1 \times \left(\frac{N_2}{N_1}\right) \times \left(\frac{D_2}{D_1}\right)^3$$

여기서, N : 회전수 D : 직경

$$\therefore \text{ 유량 } Q_2 = Q_1 \times \frac{N_2}{N_1} = 900[\text{L/min}] \times \frac{1{,}500[\text{rpm}]}{1{,}800[\text{rpm}]} = 750[\text{L/min}]$$

해답 750[L/min]

08

아래 그림과 같은 루프(Loop) 배관에 직접 연결된 살수헤드에서 200[L/min]의 유량으로 물이 방수되고 있다. 화살표 방향으로 흐르는 Q_1 및 Q_2의 유량[L/min]을 산출하시오.

득점	배점
	10

조 건

- 배관 마찰손실은 하젠-윌리엄스공식을 사용하되 계산 편의상 다음과 같다고 가정한다.

$$\Delta P = \frac{6 \times 10^4 \times Q^2}{100^2 \times d^5} \times L$$

여기서, ΔP : 마찰손실압력[MPa]
Q : 배관 내 유수량[L/min]
d : 배관의 안지름[mm]
L : 배관의 길이[m]

- 루프(Loop) 배관의 안지름은 40[mm]이다.
- 배관 부속품의 등가길이는 전부 무시한다.

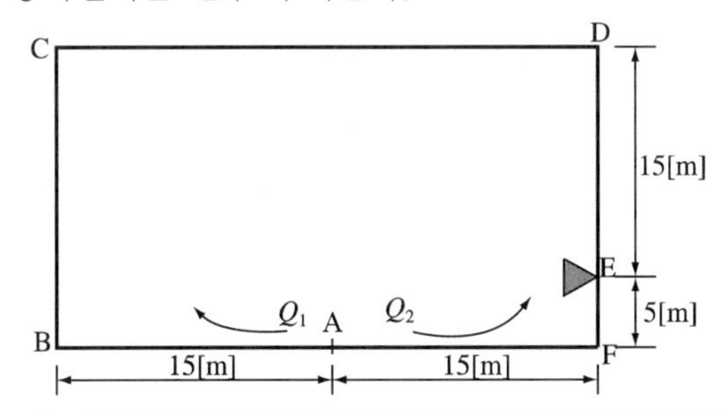

해설

$\Delta P_{ABCDE} = \Delta P_{AFE}$ 마찰손실은 같다.

$Q_1 + Q_2 = Q_{total}$

$$\Delta P_{ABCDE} = 6 \times 10^4 \times \frac{Q_1^2}{100^2 \times (40[\text{mm}])^5}(15[\text{m}] + 20[\text{m}] + 30[\text{m}] + 15[\text{m}])$$

$$\Delta P_{AFE} = 6 \times 10^4 \times \frac{Q_2^2}{100^2 \times (40[\text{mm}])^5}(15[\text{m}] + 5[\text{m}])$$

$6 \times 10^4 \times \dfrac{1}{100^2 \times (40[\text{mm}])^5}$ 을 공통으로 제거하면

$80Q_1^2 = 20Q_2^2$, $4Q_1^2 = Q_2^2$ 양변에 제곱근을 취하면

$\sqrt{Q_2^2} = \sqrt{4Q_1^2}$ $\quad \therefore Q_2 = 2Q_1$

$Q_1 = 1$일 때 $Q_2 = 2$이므로

$$\therefore Q_1 = 200[\text{L/min}] \times \frac{1}{1+2} = 66.67[\text{L/min}]$$

$$Q_2 = 200[\text{L/min}] \times \frac{2}{1+2} = 133.33[\text{L/min}]$$

해답 Q_1 = 66.67[L/min]
Q_2 = 133.33[L/min]

09

다음은 아파트의 각 세대별로 주방에 설치하는 주거용 주방자동소화장치의 설치기준이다. 각 물음의 (　　) 안에 알맞은 답을 쓰시오.

득점	배점
	4

(1) 설치장소를 쓰시오.
(2) 탐지부는 수신부와 분리하여 설치하되 공기보다 가벼운 가스와 공기보다 무거운 가스를 설치기준을 쓰시오.
① 공기보다 가벼운 가스 :
② 공기보다 무거운 가스 :

해설

주거용 주방자동소화장치의 설치기준

- **설치장소**
  - **아파트 등 및 30층 이상 오피스텔의 모든 층**

2012년 6월 11일 "소화기구의 화재안전기준" 개정으로 주거용 주방자동소화장치는 "아파트 등 및 30층 이상 오피스텔의 모든 층"에 설치하여야 한다.

- **설치기준**
  - 소화약제 **방출구**는 환기구(주방에서 발생하는 열기류 등을 밖으로 배출하는 장치)의 청소 부분과 분리되어 있어야 하며, 형식승인 받은 유효설치 높이 및 방호면적에 따라 설치할 것
  - **감지부**는 형식승인 받은 유효한 높이 및 위치에 설치할 것
  - 차단장치(전기 또는 가스)는 상시 확인 및 점검이 가능하도록 설치할 것
  - 가스용 주방자동소화장치를 사용하는 경우 **탐지부**는 수신부와 분리하여 설치하되, **공기보다 가벼운 가스(LNG)**를 사용하는 경우에는 **천장면으로부터 30[cm] 이하**의 위치에 설치하고, **공기보다 무거운 가스(LPG)**를 사용하는 장소에는 **바닥면으로부터 30[cm] 이하**의 위치에 설치할 것
  - **수신부**는 주위의 열기류 또는 습기 등과 주위온도에 영향을 받지 아니하고 사용자가 상시 볼 수 있는 장소에 설치할 것

해답 (1) 아파트 등 및 30층 이상 오피스텔의 모든 층
(2) ① 공기보다 가벼운 가스 : 천장면으로부터 30[cm] 이하
② 공기보다 무거운 가스 : 바닥면으로부터 30[cm] 이하

10

아래 그림은 포소화설비의 포방출구이다. 각 물음에 답하시오.

득점	배점
	10

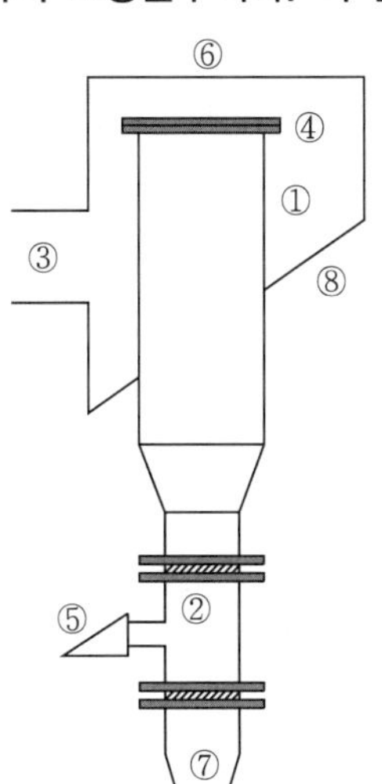

(1) 각 번호(①~⑦)의 명칭을 쓰시오.
(2) ⑧의 경사진 이유를 쓰시오.
(3) 작동 시 ②의 상태를 쓰시오.

해답 (1) ① 포체임버
② 폼메이커
③ 포방출구
④ 봉 판
⑤ 공기흡입구
⑥ 체임버 뚜껑
⑦ 스트레이너
(2) 방출포가 모두 탱크로 흘러들어가게 하기 위해
(3) 발포기로 포수용액에 공기를 흡입해서 포를 생성

11

성능이 동일한 소화펌프 2대를 병렬로 운전할 때 펌프 1대로 운전할 때와 비교하여 성능곡선을 완성하시오.

득점	배점
	5

양정 H

유량 Q

해설

펌프의 성능

펌프 2대 연결방법		직렬연결	병렬연결
성 능	유량(Q)	Q	$2Q$
	양정(H)	$2H$	H

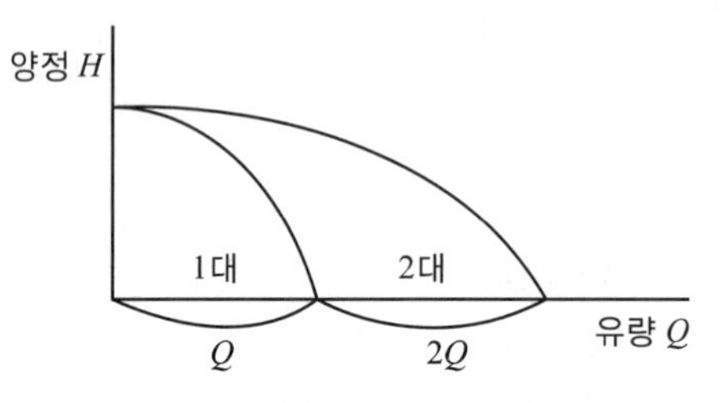

12

어떤 옥외소화전설비의 배관에 물이 흐르고 있다. 배관의 두 지점에 흐르는 물의 압력을 측정하여 보니 각각 0.45[MPa], 0.4[MPa]이었다. 만약 유량을 2배로 증가시켰을 경우 두 지점 간의 압력차[MPa]는 얼마인가?(단, 배관의 마찰손실압력은 하젠-윌리엄스공식을 이용한다)

득점	배점
	5

해설

하젠-윌리엄스식에서

$$\Delta P = 6.053 \times 10^4 \times \frac{Q^{1.85}}{C^{1.85} \times D^{4.87}}$$

여기서, ΔP : 배관 1[m]당 압력손실[MPa]

Q : 유량[L/min]

C : 조도

D : 관의 내경[mm]

$6.053 \times 10^4 \times \dfrac{1}{C^{1.85} \times D^{4.87}}$ 이 같은 조건에서 유량을 $2Q$로 변경하면

$\therefore \ \Delta P = (0.45[\text{MPa}] - 0.4[\text{MPa}]) \times 2^{1.85} = 0.18[\text{MPa}]$

해답 0.18[MPa]

13

전기실에 고압식으로 이산화탄소소화설비를 설치하고자 한다. 방호구역의 체적이 150[m^3], 방출계수는 1.33[kg/m^3], 설계농도를 50[%]로 할 경우 저장용기의 병수를 구하시오(단, 용기의 내용적은 68[L], 충전비는 1.8이다).

득점	배점
	5

해설

• 이산화탄소의 저장량

약제저장량 = 방호구역체적[m^2]×소요약제량[kg/m^3]

$\therefore\ 150[\text{m}^3] \times 1.33[\text{kg/m}^3] = 199.5[\text{kg}]$

• $\text{충전비} = \dfrac{\text{용기의 내용적[L]}}{\text{약제량[kg]}}$, $\text{약제량[kg]} = \dfrac{68[\text{L}]}{1.8} = 37.78[\text{kg}]$

$\therefore\ \text{소요병수} = 199.5[\text{kg}]/37.78[\text{kg}] = 5.28 \Rightarrow 6\text{병}$

해답 6병

14

스프링클러설비의 일제살수식 델류지밸브(Deludge Valve)의 작동방식의 종류 2가지를 쓰고 간단히 설명하시오.

득점	배점
	5

해설

델류지밸브(Deludge Valve)의 작동방식

(1) 가압개방식

관로상에 전자밸브(솔레노이드 밸브) 또는 수동개방밸브를 설치하여 화재 시 감지기가 작동하면 전자밸브를 개방 또는 수동으로 수동개방밸브를 개방하여 가압수가 밸브피스톤을 밀어 올려 밸브가 열리는 방식

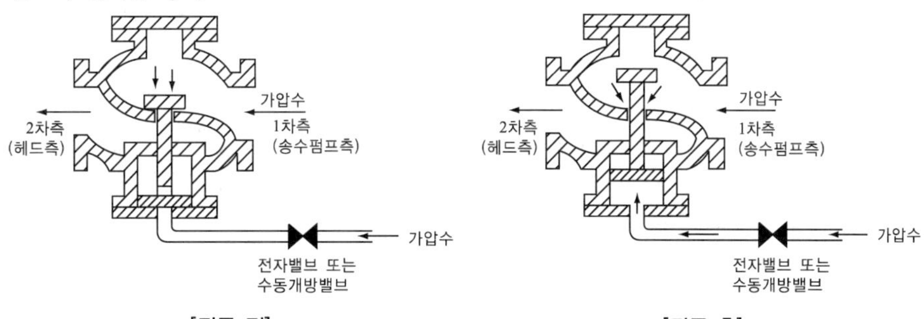

[작동 전] [작동 후]

(2) 감압개방식

관로상에 전자밸브(솔레노이드 밸브) 또는 수동개방밸브를 설치하여 화재 시 감지기가 작동하면 전자밸브를 개방 또는 수동으로 수동개방밸브를 개방하여 밸브의 실린더실이 감압되어 밸브가 열리는 방식

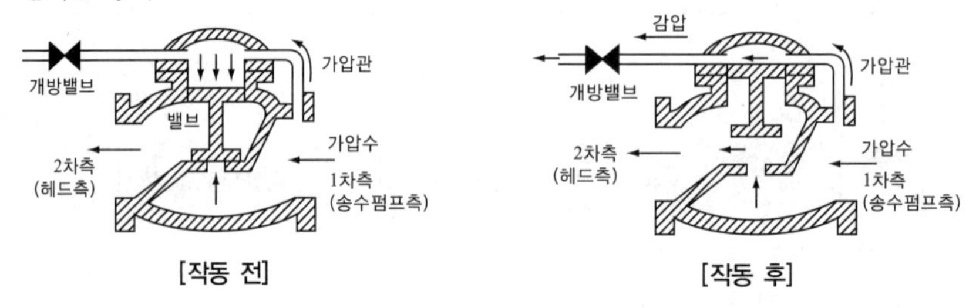

해답 (1) **가압개방식**

화재 시 감지기가 작동하면 전자밸브를 개방 또는 수동으로 수동개방밸브를 개방하여 가압수가 밸브피스톤을 밀어 올려 밸브가 열리는 방식

(2) **감압개방식**

화재 시 감지기가 작동하면 전자밸브를 개방 또는 수동으로 수동개방밸브를 개방하여 밸브의 실린더실이 감압되어 밸브가 열리는 방식

15

화재의 규모를 결정하는 데 사용하는 화재화중이란 용어의 정의를 쓰고 관계식을 쓰시오.

득점	배점
	5

해설

화재하중(Fire Load)

• 정 의

단위면적당 가연물의 양으로서 건물화재 시 발열량 및 화재의 위험성을 나타내는 용어이고, 화재의 규모를 결정하는데 사용된다.

• 화재하중 관계식

$$\text{화재하중 } Q = \frac{\sum(G_t \times H_t)}{H \times A} = \frac{Q_t}{4{,}500 \times A} [\text{kg/m}^2]$$

여기서, G_t : 가연물의 질량

H_t : 가연물의 단위발열량[kcal/kg]

H : 목재의 단위발열량(4,500[kcal/kg])

A : 화재실의 바닥면적[m^2]

Q_t : 가연물의 전체 발열량[kcal]

• 화재하중 값

특정소방대상물	주택・아파트	사무실	창 고	시 장	도서실	교 실
화재하중[kg/m^2]	30 ~ 60	30 ~ 150	200 ~ 1,000	100 ~ 200	100 ~ 250	30 ~ 45

해답 (1) 정의 : 단위면적당 가연물의 양으로서 건물화재 시 발열량 및 화재의 위험성을 나타내는 용어

(2) 관계식

$$\text{화재하중 } Q = \frac{\sum(G_t \times H_t)}{H \times A} = \frac{Q_t}{4{,}500 \times A}[\text{kg/m}^2]$$

여기서, G_t : 가연물의 질량

H_t : 가연물의 단위발열량[kcal/kg]

H : 목재의 단위발열량(4,500[kcal/kg])

A : 화재실의 바닥면적[m²]

Q_t : 가연물의 전체 발열량[kcal]

16

다음 옥외소화전설비의 소화전함에서 방수하는 장면이다. 다음 물음에 답하시오.

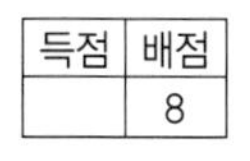

득점	배점
	8

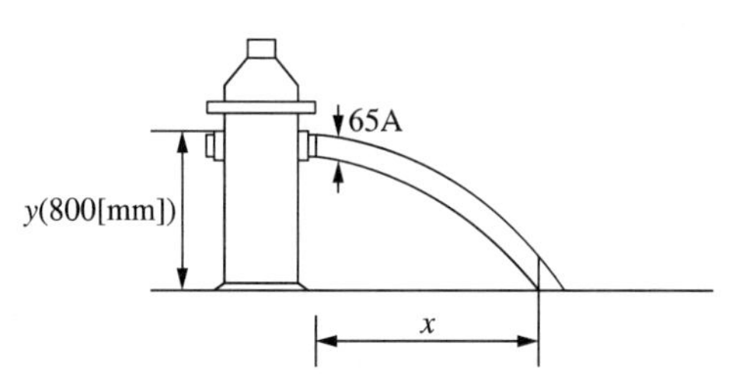

(1) 옥외소화전에서 물이 지면에 도달하는 거리가 16[m]일 경우 방수량[m³/s]을 구하시오.

(2) 화재안전기준에 의하여 법적 방수량으로 방사될 경우에 x의 거리를 구하시오.

해설

방수량과 x의 거리

(1) 방수량

① 시간 t초 후의 속도

$$u = \frac{S}{t}$$

여기서, u : 유속[m/s]

S : 유체가 x방향으로 이동한 거리

$t = \sqrt{\frac{2h}{g}}$: y방향으로의 낙하시간[s]

(h : 수직으로 낙하한 거리[m], g : 중력가속도(9.8[m/s²]))

② 유 속

자유낙하거리의 계산식을 이용하면

$$h = \frac{1}{2}gt^2 \qquad t = \sqrt{\frac{2h}{g}}$$

$$\therefore\ u = \frac{S}{\sqrt{\frac{2h}{g}}} = \frac{16[\text{m}]}{\sqrt{\frac{2\times 0.8[\text{m}]}{9.8[\text{m/s}^2]}}} = 39.60[\text{m/s}]$$

③ 방수량

$$Q = uA = 39.60[\text{m/s}]\times \frac{\pi}{4}(0.065[\text{m}])^2 = 0.13[\text{m}^3/\text{s}]$$

옥외소화전의 구경 : 65[mm] = 0.065[m]

(2) 법적 방수량으로 방사될 경우에 x의 거리

$$x = u\cdot t = u\times\sqrt{\frac{2h}{g}}$$

① $Q = uA \quad u = \dfrac{Q}{A} = \dfrac{0.35/60[\text{m}^3/\text{s}]}{\frac{\pi}{4}\times(0.065[\text{m}])^2} = 1.76[\text{m/s}]$

② x의 거리

$$x = u\times\sqrt{\frac{2h}{g}} = 1.76[\text{m/s}]\times\sqrt{\frac{2\times 0.8[\text{m}]}{9.8[\text{m/s}^2]}} = 0.71[\text{m}]$$

해답 (1) 0.13[m³/s]

(2) 0.71[m]

제 1 회 2013년 4월 20일 시행

※ 다음 물음에 대한 답을 해당 답란에 답하시오.(배점 : 100)

01

교육연구시설(연구소)에 스프링클러설비를 설치하고자 한다. 아래의 [조건]을 참조하여 다음 각 물음에 답하시오.

득점	배점
	12

조 건

- 건물의 층별 높이는 다음과 같으며 지상층은 모두 창문이 있는 건축물이다.

구 분	지하 2층	지하 1층	지상 1층	지상 2층	지상 3층	지상 4층	지상 5층
층높이[m]	5.5	4.5	4.5	4.5	4	4	4
반자높이[m] (헤드설치 시)	5.0	4.0	4.0	4.0	3.5	3.5	3.5
바닥면적[m^2]	2,500	2,500	2,000	2,000	2,000	1,800	900

- 지상 1층에 있는 국제회의실은 바닥으로부터 반자(헤드 부착면)까지의 높이가 4.3[m]이다.
- 지하 2층에 있는 물탱크의 저수조에는 바닥으로부터 3[m] 높이에 풋(Foot)밸브가 설치되어 있으며 이 높이까지 항상 물이 차 있다.
- 저수조는 일반급수용과 소방용을 겸용하여 내부 크기는 가로 8[m], 세로 5[m], 높이 4[m]이다.
- 스프링클러 헤드 설치 시 반자(헤드 부착면) 높이는 위 표에 따른다.
- 배관 및 관 부속의 마찰손실수두는 직관의 30[%]이다.
- 펌프의 효율은 60[%], 전달계수는 1.1이다.
- 산출량은 최소치를 적용한다.
- 소방관련법령 및 화재안전기준을 적용한다.

물 음

(1) 이 건축물에서 스프링클러설비를 설치하여야 하는 층을 쓰시오.
(2) 일반급수펌프의 흡수구와 소화펌프 흡수구 사이의 수직거리[m]를 구하시오.
(3) 옥상수조를 설치할 경우 옥상수조에 보유하여야 할 저수량[m^3]을 구하시오.
(4) 소화펌프의 정격토출량[L/min]은 얼마인가?
(5) 소화펌프의 전양정[m]을 구하시오.
(6) 소화펌프의 전동기 동력[kW]을 구하시오.

해설

(1) **스프링클러설비를 설치하여야 하는 층**

PLUS ONE

[스프링클러설비를 설치하여야 하는 특정소방대상물]-설치유지법률 시행령 별표 5
(위험물저장 및 처리시설 중 가스시설 또는 지하구는 제외한다)

1) **문화 및 집회시설**(동·식물원은 제외), **종교시설**(사찰·제실·사당은 제외), 운동시설(물놀이형 시설은 제외)로서 다음의 어느 하나에 해당하는 경우에는 모든 층
   가) 수용인원이 100명 이상인 것
   나) 영화상영관의 용도로 쓰이는 층의 바닥면적이 지하층 또는 무창층인 경우에는 500[m^2] 이상, 그 밖의 층의 경우에는 1천[m^2] 이상인 것
   다) 무대부가 지하층·무창층 또는 4층 이상의 층에 있는 경우에는 무대부의 면적이 300[m^2] 이상인 것
   라) 무대부가 다) 외의 층에 있는 경우에는 무대부의 면적이 500[m^2] 이상인 것
2) 판매시설, 운수시설 및 창고시설(물류터미널에 한정한다)로서 바닥면적의 합계가 5천[m^2] 이상이거나 수용인원이 500명 이상인 경우에는 모든 층
3) 층수가 6층 이상인 특정소방대상물의 경우에는 모든 층(단서는 법령 참조)
4) 다음의 어느 하나에 해당하는 용도로 사용되는 시설의 바닥면적의 합계가 600[m^2] 이상인 것은 모든 층
   가) 의료시설 중 정신의료기관
   나) 의료시설 중「의료법」제3조 제2항 제3호 라목에 따른 요양병원(이하 "요양병원"이라 한다)
   다) 노유자시설
   라) 숙박이 가능한 수련시설
5) 창고시설(물류터미널은 제외한다)로서 바닥면적 합계가 5천[m^2] 이상인 경우에는 모든 층
6) 천장 또는 반자(반자가 없는 경우에는 지붕의 옥내에 면하는 부분)의 높이가 10[m]를 넘는 랙식 창고(Rack Warehouse)(물건을 수납할 수 있는 선반이나 이와 비슷한 것을 갖춘 것을 말한다)로서 바닥면적의 합계가 1천5백[m^2] 이상인 것
7) 1)부터 6)까지의 특정소방대상물에 해당하지 않는 특정소방대상물의 **지하층·무창층**(축사는 제외한다) 또는 층수가 **4층 이상인 층으로서 바닥면적이 1천[m^2] 이상**인 층
8) 6)에 해당하지 않는 공장 또는 창고시설로서 다음의 어느 하나에 해당하는 시설
   가)「소방기본법 시행령」[별표 2]에서 정하는 수량의 1천 배 이상의 특수가연물을 저장·취급하는 시설
   나)「원자력안전법 시행령」제2조 제1호에 따른 중·저준위방사성폐기물(이하 "중·저준위방사성폐기물"이라 한다)의 저장시설 중 소화수를 수집·처리하는 설비가 있는 저장시설
9) 지하가(터널은 제외한다)로서 연면적 1천[m^2] 이상인 것
10) 기숙사(교육연구시설·수련시설 내에 있는 학생 수용을 위한 것을 말한다) 또는 복합건축물로서 연면적 5천[m^2] 이상인 경우에는 모든 층
11) 교정 및 군사시설 중 다음의 어느 하나에 해당하는 경우에는 해당 장소
   가) 보호감호소, 교도소, 구치소 및 그 지소, 보호관찰소, 갱생보호시설, 치료감호시설, 소년원 및 소년분류심사원의 수용거실
   나)「출입국관리법」제52조 제2항에 따른 보호시설(외국인보호소의 경우에는 보호대상자의 생활공간으로 한정한다. 이하 같다)로 사용하는 부분. 다만, 보호시설이 임차건물에 있는 경우는 제외한다.
   다)「경찰관 직무집행법」제9조에 따른 유치장

– 특정소방대상물(냉동창고는 제외한다)의 **지하층 · 무창층**(축사는 제외한다) 또는 층수가 **4층 이상**인 층으로서 **바닥면적이 1천[m^2] 이상**인 층에 설치하여야 하므로 **지하 2층, 지하 1층, 지상 4층**의 3개층에는 설치하여야 한다.

> **[참고]**
> 10층인 건축물에 소방종합정밀점검을 할 때 10층부터 아래층으로 점검을 하는데 4층까지는 스프링클러설비헤드가 설치되어 있는데 3층은 스프링클러설비헤드가 없는 특정소방대상물이 있다
> → **층수가 4층 이상인 층으로서 바닥면적이 1천[m^2] 이상인 층에는 스프링클러설비 설치 대상이다.**

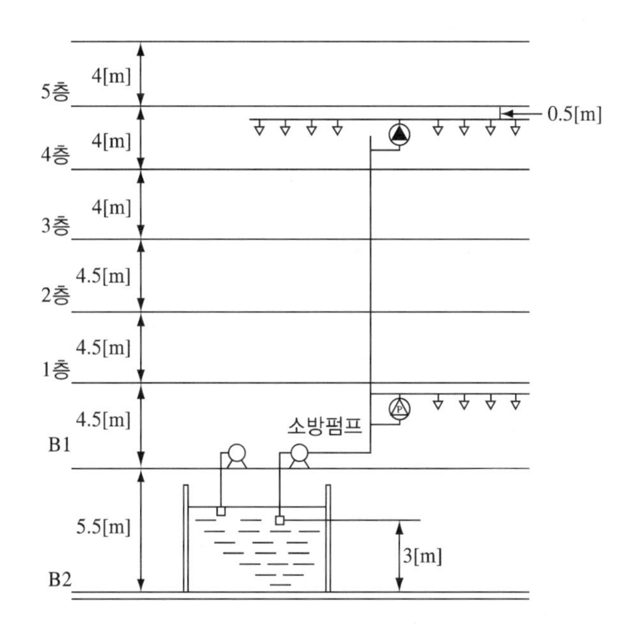

(2) **일반급수펌프의 흡수구와 소화펌프 흡수구 사이의 수직거리**

① 헤드의 기준개수 : 10층 이하이고 헤드의 부착높이가 8[m] 미만이므로 기준개수는 10개이다.

스프링클러설비 설치장소			기준개수
지하층을 제외한 층수가 10층 이하인 소방대상물	공장 또는 창고 (랙식 창고를 포함한다)	특수가연물을 저장 · 취급하는 것	30
		그 밖의 것	20
	근린생활시설 · 판매시설, 운수시설 또는 복합건축물	판매시설 또는 복합건축물 (판매시설이 설치된 복합건축물을 말한다)	30
		그 밖의 것	20
	그 밖의 것	헤드의 부착높이가 8[m] 이상인 것	20
		헤드의 부착높이가 8[m] 미만인 것	**10**
아파트			10
지하층을 제외한 층수가 11층 이상인 소방대상물(아파트를 제외한다) · 지하가 또는 지하역사			30

② 저수조의 양 = 10개 × 1.6[m^3] = 16[m^3]

③ 저수량을 산정함에 있어서 다른 설비와 겸용하여 스프링클러설비용 수조를 설치하는 경우에는 스프링클러설비의 풋밸브 · 흡수구 또는 수직배관의 급수구와 다른 설비의 풋밸브 · 흡수구 또는 수직배관의 급수구 사이의 수량을 그 유효수량으로 한다.

> 저수량
> = 저수조의 바닥면적 × 수직거리(일반급수펌프의 흡수구와 소화펌프 흡수구 사이의 수직거리)

$\therefore$ 16[m^3] = (8[m] × 5[m]) × 수직거리

$$\text{수직거리} = \frac{16[\text{m}^3]}{(8[\text{m}]\times 5[\text{m}])} = 0.4[\text{m}]$$

(3) **옥상수조에 보유하여야 할 저수량**

옥상수조 설치제외 대상이 아니므로 유효수량외의 1/3을 옥상에 저장하여야 하므로 옥상수조 저수량 = 10개 × 1.6[m^3] × 1/3 = **5.33[m^3] 이상**

(4) **소화펌프의 정격토출량**

토출량 = 10개 × 80[L/min] = **800[L/min] 이상**

(5) **소화펌프의 전양정**

$$H = h_1 + h_2 + 10$$

여기서, H : 펌프의 전양정[m]　　h_1 : 실양정 [m]
h_2 : 배관의 마찰손실 수두[m]

① 실양정(h_1) = 흡입양정 + 토출양정
= (5.5[m]−3[m]) + (4.5[m]×3개층)+(4[m]×1개층+3.5[m]×1개층)
= 23.5[m]

② 배관의 마찰손실 수두(h_2) = 23.5[m] × 0.3 = 7.05[m]

$\therefore$ 전양정 H = 23.5[m] + 7.05[m] + 10 = 40.55[m]

(6) **소화펌프의 전동기 동력**

$$P[\text{kW}] = \frac{\gamma \times Q \times H}{102 \times \eta} \times K$$

여기서, γ : 물의 비중량(1,000[kg$_f$/m^3])
Q : 유량[m^3/s] = 800[L/min] = 0.8[L/60s]
H : 펌프의 전양정(40.55[m])
K : 전달계수(1.1)
E : 펌프의 효율(0.6)

$$\therefore P[\text{kW}] = \frac{\gamma \times Q \times H}{102 \times \eta} \times K = \frac{1{,}000 \times 0.8/60 \times 40.55}{102 \times 0.6} \times 1.1 = 9.72[\text{kW}] \text{ 이상}$$

해답

(1) **지하 2층, 지하 1층, 지상 4층**
(2) 0.4[m]
(3) 5.33[m^3]
(4) 800[L/min]
(5) 40.55[m]
(6) 9.72[kW]

02

다음 그림과 같이 직육면체(바닥면적은 6[m]×6[m])의 물탱크에서 밸브를 완전히 개방하였을 때 최저 유효수면까지 물이 배수되는 소요시간[min]을 구하시오(단, 토출관의 안지름은 80[mm]이고, 밸브 및 배수관의 마찰손실은 무시한다).

득점	배점
	5

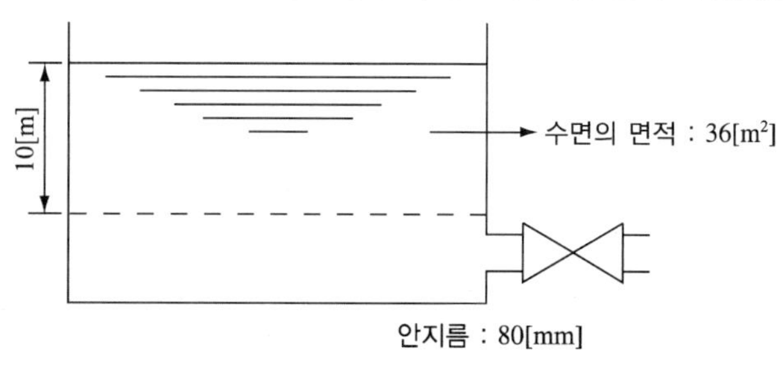

해설

연속 방정식을 적용하면

$$Q = u_1 A_1 = u_2 A_2$$

여기서, A_1 (수면의 단면적) : 36[m^2]　　u_1 : 수면강하속도

$A_2 = \frac{\pi}{4}D^2 = \frac{\pi}{4}(0.08\text{m})^2 = 0.00503[\text{m}^2]$

토리첼리식에서 $u_2 = \sqrt{2gH} = \sqrt{2 \times 9.8[\text{m/s}^2] \times 10[\text{m}]} = 14[\text{m/s}]$

$A_1 u_1 = A_2 u_2$

$36[\text{m}^2] \times u_1 = 0.00503[\text{m}^2] \times 14[\text{m/s}]$

$u_1 = 0.001956[\text{m/s}]$

표면하강 가속도 $a = \frac{u_0 - u_1}{t} = \frac{0 - 0.001956}{t} = \frac{-0.001956}{t}[\text{m/s}^2]$

t 시간 동안 이동한 거리를 구하면

$$s = u_1 t + \frac{1}{2}at^2$$

여기서, s : 10[m]　　u_1: 0.001956[m/s]

$a : \frac{-0.001956}{t}[\text{m/s}^2]$

$10 = 0.001956 \times t + \frac{1}{2}\left(\frac{-0.001956}{t}\right)t^2 = \frac{0.001956}{2}t$

$\therefore\ t = \frac{2 \times 10}{0.001956} = 10{,}224.9[\text{s}] \Rightarrow 170.41[\text{min}]$

해답 170.41분

03

그림과 같은 옥내소화전 설비를 아래의 조건에 따라 설치하려고 한다. 이때 다음 물음에 답하시오.

득점	배점
	15

조 건

- P_1 =옥내 소화전 펌프
- P_2 =잡용수 양수펌프
- 펌프의 풋밸브로부터 6층 옥내소화전함 호스 접결구까지의 마찰손실 및 저항 손실수두는 실 양정의 30[%]로 한다.
- 펌프의 체적효율(η_v)=0.95, 기계효율(η_m)=0.85, 수력효율(η_n)=0.8이다.
- 옥내 소화전의 개수는 각 층 3개씩이다.
- 소방호스의 마찰손실 수두는 7[m]이다.
- 전동기 전달계수(K)는 1.2이다.

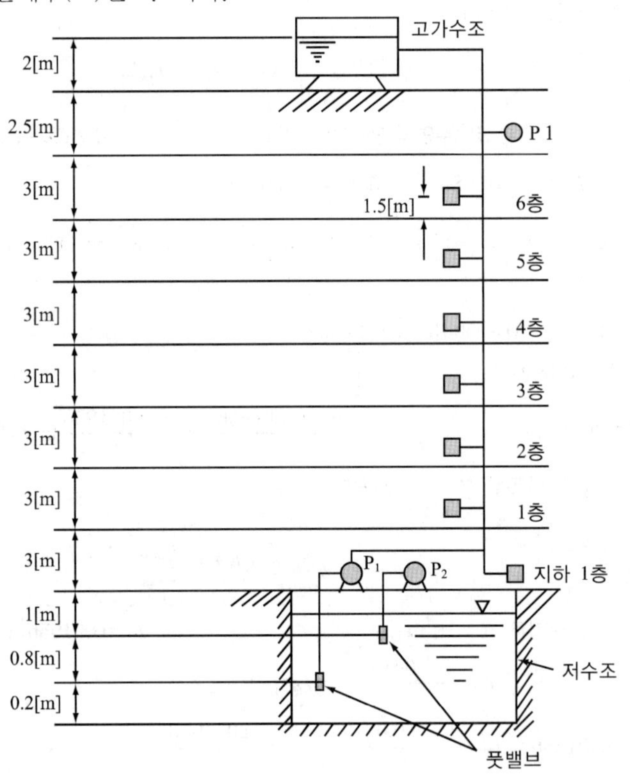

물 음

(1) 펌프의 토출량은 몇 [L/min]인가?

(2) 수원의 최소유효 저수량은 몇 [m^3]인가?(옥상수조를 포함한다)

(3) 펌프의 전양정은 몇 [m]인가?

(4) 펌프의 전효율은 몇 [%]인가?

(5) 펌프의 수동력, 축동력, 모터동력은 각각 몇 [kW]인가?
① 수동력 :
② 축동력 :
③ 모터동력 :
(6) 6층의 옥내소화전에 지름 40[mm] 소방호스 끝에 노즈구경 13[mm]인 노즐 팁이 부착되어 있다. 이때 유량 130[L/min]의 물을 대기 중으로 방수할 경우 다음의 물음에 답하시오(단, 유동에는 마찰이 없다).
① 소방호스의 평균 유속[m/s]을 구하시오.
② 소방호스에 연결된 방수노즐의 평균 유속[m/s]을 구하시오.
③ 운동량 때문에 생기는 반발력[N]을 계산하시오.
(7) 노즐 선단에서 봉상 방수의 경우 방수압 측정 요령을 쓰시오.

해설

(1) 최소유량

$$Q = N(\text{최대 5개}) \times 130[\text{L/min}]$$

$\therefore\ Q = N \times 130[\text{L/min}] = 3\text{개} \times 130[\text{L/min}] = 390[\text{L/min}]$

(2) 저수량

$$Q = N(\text{최대 5개}) \times 2.6[\text{m}^3]\ (130[\text{L/min}] \times 20[\text{min}])$$

$Q = N \times 2.6[\text{m}^3]\ (130[\text{L/min}] \times 20[\text{min}]) = 3\text{개} \times 2.6[\text{m}^3] = 7.8[\text{m}^3]$

∴ 수원은 유효수량 외에 유효수량의 $\frac{1}{3}$ 이상을 옥상(옥내소화전설비가 설치된 건축물의 주된 옥상)에 설치하여야 한다.

그래서 옥상수조를 포함하면 $7.8[\text{m}^3] + \left(7.8[\text{m}^3] \times \frac{1}{3}\right) = 10.4[\text{m}^3]$

[옥내소화전설비의 토출량과 수원]

층 수	토출량	수 원
29층 이하	N(최대 5개)×130[L/min]	N(최대 5개)×130[L/min]×20[min] = N(최대 5개)×2,600[L] = N(최대 5개)×2.6[m³]
30층 이상 49층 이하	N(최대 5개)×130[L/min]	N(최대 5개)×130[L/min]×40[min] = N(최대 5개)×5,200[L] = N(최대 5개)×5.2[m³]
50층 이상	N(최대 5개)×130[L/min]	N(최대 5개)×130[L/min]×60[min] = N(최대 5개)×7,800[L] = N(최대 5개)×7.8[m³]

(3) 전양정

$$H = h_1 + h_2 + h_3 + 17$$

여기서, H : 전양정[m]
h_1 : 소방호스마찰손실수두(7[m])

h_2 : 배관마찰손실수두(21.3[m] × 0.3 = 6.39[m])

h_3 : 실양정(흡입양정+토출양정) = (0.8[m] + 1[m]) + (3[m] ×6개층) + 1.5[m] = 21.3[m]

$\therefore\ H = 7[\text{m}] + 6.39[\text{m}] + 21.3[\text{m}] + 17 = 51.69[\text{m}]$

(4) 펌프효율(η)=기계효율(η_m)×체적효율(η_v)×수력효율(η_w)

$= 0.85 \times 0.95 \times 0.8 = 0.646 \times 100 = 64.6[\%]$

(5) 동 력

① 수동력[kW]= $\dfrac{\gamma QH}{102}$

② 축동력[kW]= $\dfrac{\gamma QH}{102\eta}$

③ 모터동력[kW]= $\dfrac{\gamma Q H}{102\ \eta} \times K$

여기서, γ : 비중량(1,000[kg_f/m^3]) Q : 유량[m^3/s]

H : 전양정[m] η : 효율

K : 전달계수

① 수동력 $= \dfrac{\gamma QH}{102} = \dfrac{1{,}000[\text{kg}_f/\text{m}^3] \times 0.39[\text{m}^3]/60[\text{s}] \times 51.69[\text{m}]}{102} = 3.29[\text{kW}]$

② 축동력 $= \dfrac{\gamma QH}{102\eta} = \dfrac{1{,}000[\text{kg}_f/\text{m}^3] \times 0.39[\text{m}^3]/60[\text{s}] \times 51.69[\text{m}]}{102 \times 0.646} = 5.10[\text{kW}]$

③ 모터동력 $= \dfrac{\gamma QH}{102\eta} \times K = \dfrac{1{,}000[\text{kg}_f/\text{m}^3] \times 0.39[\text{m}^3]/60[\text{s}] \times 51.69[\text{m}]}{102 \times 0.646} \times 1.2$

$= 6.12[\text{kW}]$

(6) ① 호스의 평균유속

$\therefore\ u = \dfrac{Q}{A} = \dfrac{0.13[\text{m}^3]/60[\text{s}]}{\dfrac{\pi}{4}(0.04[\text{m}])^2} = 1.72[\text{m/s}]$

② 방수노즐의 평균유속

$\therefore\ u = \dfrac{Q}{A} = \dfrac{0.13[\text{m}^3]/60[\text{s}]}{\dfrac{\pi}{4}(0.013[\text{m}])^2} = 16.32[\text{m/s}]$

③ 반발력

$$F = Q\rho u = Q\rho(u_2 - u_1)$$

여기서, F : 운동량에 의한 반발력[N]

Q : 유량[m^3/s]

ρ : 물의 밀도[$N \cdot s^2/m^4$]

u : 유속[m/s]

$\therefore\ F = Q\rho(u_2 - u_1) = 1{,}000[\text{N} \cdot \text{s}^2/\text{m}^4] \times 0.13[\text{m}^3]/60[\text{s}] \times (16.32 - 1.72)[\text{m/s}]$

$= 31.63[\text{N}]$

PLUS ONE

$$F = \frac{\gamma A_1 Q^2}{2g} \cdot \left(\frac{A_1 - A_2}{A_1 A_2} \right)^2$$

여기서, F : 플랜지볼트에 작용하는 힘[N]
γ : 비중량(9,800[N/m^3])
Q : 유량[m^3/s]
A_1 : 호스단면적[m^2]
A_2 : 노즐단면적[m^2]
g : 중력가속도(9.8[m/s^2])

(7) 방수압 측정방법

직사형 노즐이 선단에 노즐직경의 $0.5D$(내경)만큼 떨어진 지점에서 피토게이지상의 눈금을 읽어 압력을 구하고 유량을 계산한다.

$$Q = 0.6597 CD^2 \sqrt{10P}$$

여기서, Q : 유량[L/min]　　C : 유량계수
D : 노즐직경[mm]　　P : 압력[MPa]

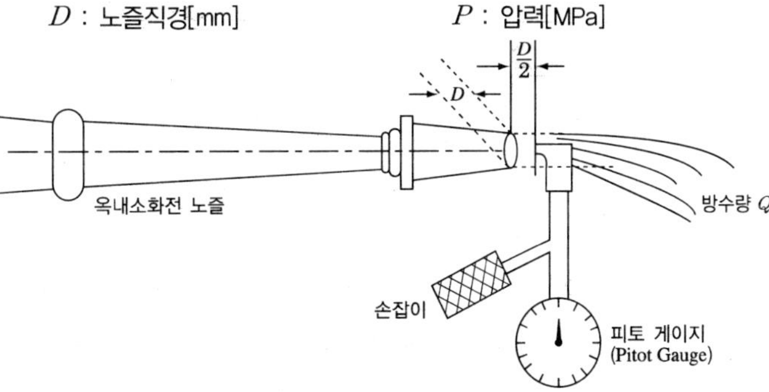

[방수량 측정 상세도]

해답

(1) 390[L/min]　　(2) 10.4[m^3]

(3) 51.69[m]　　(4) 64.6[%]

(5) ① 수동력 3.29[kW]
② 축동력 5.10[kW]
③ 모터동력 6.12[kW]

(6) ① 1.72[m/s]
② 16.32[m/s]
③ 31.63[N]

(7) 직사형 노즐이 선단에 노즐직경의 $0.5D$(내경)만큼 떨어진 지점에서 피토게이지상의 눈금을 읽어 압력을 구한다.

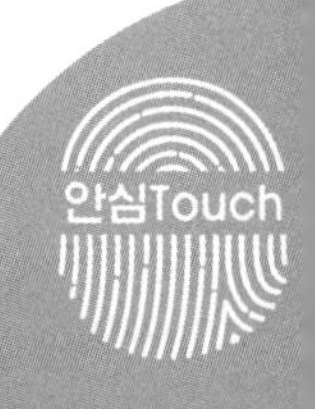

04

제3종 분말소화약제를 사용한 분말소화설비를 방호구역의 체적이 400[m³]인 전역방출방식으로 설치하고자 할 때 분사헤드의 최소개수는?(단, 분사헤드 1개의 방사량은 10[kg/min]이다)

득점	배점
	5

해설

방사헤드의 최소개수

$$\text{헤드 수} = \frac{\text{저장량[kg]}}{\text{방출량} \times \text{방사시간}}$$

여기서, 저장량[kg] = 방호구역체적[m^3]×약제량[kg/m^3] = 400[m^3]×0.36[kg/m^3] = 144[kg]

소화약제의 종별	체적 1[m³]당 약제량	가산량
제1종 분말	0.60[kg]	4.5[kg]
제2종 분말 또는 제3종 분말	0.36[kg]	2.7[kg]
제4종 분말	0.24[kg]	1.8[kg]

전역방출방식이나 국소방출방식의 분사헤드는 소화약제를 30초(0.5분) 이내 방사하여야 한다.

$$\therefore \text{헤드 수} = \frac{\text{저장량[kg]}}{\text{방출량} \times \text{방사시간}} = \frac{144[kg]}{10[kg/min] \times 0.5[min]} = 28.8\text{개} \Rightarrow 29\text{개}$$

해답 29개

05

직경이 30[cm]인 소화배관에 0.2[m³/s]의 유량으로 흐르고 있다. 이 관의 직경은 15[cm], 길이는 300[m]인 Ⓑ배관과 직경이 20[cm], 길이가 600[mm]인 Ⓐ배관이 그림과 같이 평행하게 연결되었다가 다시 30[cm]으로 합쳐 있다. 각 분기관에서의 관마찰계수는 0.022라 할 때 Ⓐ배관 및 Ⓑ배관의 유량을 계산하시오(단, Darcy-Weisbach식을 사용할 것).

득점	배점
	6

Ⓐ L=600[m] D=20[cm]

Q=0.2[m³/s] Ⓑ L=300[m] D=15[cm] Q=0.2[m³/s]

해설

Darcy-Weisbach 식을 이용하면

$$H = \frac{\Delta P}{\gamma} = \frac{flu^2}{2gD}$$

여기서 $H_Ⓐ = H_Ⓑ$ 가 같으므로

$$\frac{fl_A u_A^2}{2gD_A} = \frac{fl_B u_B^2}{2gD_B}$$

$$\frac{0.022\times600[\text{m}]\times u_A^2}{2\times9.8[\text{m/s}^2]\times0.2[\text{m}]}=\frac{0.022\times300[\text{m}]\times u_B^2}{2\times9.8[\text{m/s}^2]\times0.15[\text{m}]}$$

$$3.367u_A^2=2.245u_B^2$$

$$u_A=\sqrt{\frac{2.245}{3.367}u_B^2}=0.817u_B$$

$$Q_{\text{Total}}=Q_A+Q_B=A_Au_A+A_Bu_B$$

$$Q=\left[\frac{\pi(0.2[\text{m}])^2}{4}\times0.817u_B\right]+\left[\frac{\pi(0.15[\text{m}])^2}{4}\times u_B\right]=0.2[\text{m}^3/\text{s}]$$

$$0.0257u_B+0.01766u_B=0.2[\text{m}^3/\text{s}]$$

$$0.04336u_B=0.2[\text{m}^3/\text{s}]$$

Ⓑ의 유속 $u_B=\frac{0.2[\text{m}^3/\text{s}]}{0.04336}=4.61[\text{m/s}]$

Ⓐ의 유속 $u_A=0.817u_B=0.817\times4.61[\text{m/s}]=3.77[\text{m/s}]$

Ⓐ의 유량 $Q_A=A_Au_A=\frac{\pi(0.2[\text{m}])^2}{4}\times3.77[\text{m/s}]=0.118[\text{m}^3/\text{s}]$

Ⓑ의 유량 $Q_B=A_Bu_B=\frac{\pi(0.15[\text{m}])^2}{4}\times4.61[\text{m/s}]=0.081[\text{m}^3/\text{s}]$

해답 Ⓐ배관의 유량 : $0.12[\text{m}^3/\text{s}]$
Ⓑ배관의 유량 : $0.08[\text{m}^3/\text{s}]$

06

7층인 건축물의 전 층에 스프링클러설비를 설치하고자 한다. 다음 조건을 이용하여 화재안전기준에서 정한 방수압력과 방수량을 만족할 수 있도록 다음 물음에 답하시오.

득점	배점
	6

조 건

- 펌프로부터 가장 멀리 떨어져 있는 헤드까지의 배관의 길이는 70[m]이다.
- 펌프의 효율은 60[%]이고, 전달계수는 1.1이다.
- 배관의 마찰손실수두는 직관장의 30[%]에 해당하는 수치로 한다.
- 펌프의 실양정은 25[m]이다.
- 분당 토출량의 선정은 헤드 10개를 동시에 개방된 것으로 한다.

물 음

(1) 펌프의 토출량은 몇 [L/min]인가?
(2) 펌프의 소요양정은 몇 [m]인가?
(3) 펌프의 동력은 몇 [kW]인가?

(1) 펌프의 토출량

$$Q = N \times 80[\text{L/min}]$$

여기서, Q : 펌프의 토출량[L/min]　　N : 헤드 수

$\therefore\ Q = N \times 80[\text{L/min}] = 10 \times 80[\text{L/min}] = 800[\text{L/min}]$

(2) 펌프의 소요양정

$$H = h_1 + h_2 + 10$$

여기서, H : 전양정[m]

h_1 : 실양정(25[m])

h_2 : 배관마찰손실수두(70[m] × 0.3 = 21[m])

$\therefore\ H = 25[\text{m}] + 21[\text{m}] + 10 = 56[\text{m}]$

(3) 펌프의 동력

$$P[\text{kW}] = \frac{\gamma QH}{102\eta} \times K$$

$$\therefore\ P = \frac{\gamma QH}{102\eta} \times K = \frac{1{,}000[\text{kg}_f/\text{m}^3] \times 0.8[\text{m}^3]/60[\text{s}] \times 56[\text{m}]}{102 \times 0.6} \times 1.1 = 13.42[\text{kW}]$$

해답 (1) 800[L/min]
(2) 56[m]
(3) 13.42[kW]

07

숙박시설인 특정소방대상물의 바닥면적이 500[m^2]인 경우 소화기구의 능력단위는 얼마 이상인가?(단, 특정소방대상물의 주요 구조부는 비내화구조이다)

득점	배점
	3

해설

능력단위

소 방 대 상 물	소화기구의 능력단위
1. 위락시설	해당 용도의 바닥면적 30[m^2]마다 능력단위 1단위 이상
2. 공연장·집회장·관람장·문화재, 장례식장 및 의료시설	해당 용도의 바닥면적 50[m^2]마다 능력단위 1단위 이상
3. 근린생활시설, 판매시설, 운수시설, **숙박시설**, 노유자시설, 전시장, 공동주택, 업무시설, 방송통신시설, 공장, 창고시설, 항공기 및 자동차관련시설 및 관광휴게시설	해당 용도의 바닥면적 **100[m^2]마다** 능력단위 1단위 이상
4. 그 밖의 것	해당 용도의 바닥면적 200[m^2]마다 능력단위 1단위 이상

(주) 소화기구의 능력단위를 산출함에 있어서 건축물의 주요구조부가 내화구조이고, 벽 및 반자의 실내에 면하는 부분이 불연재료·준불연재료 또는 난연재료로 된 특정소방대상물에 있어서는 위 표의 기준면적의 2배를 해당 특정소방대상물의 기준면적으로 한다.

$$\therefore \text{능력단위} = \frac{\text{바닥면적}}{100[\text{m}^2]} = \frac{500[\text{m}^2]}{100[\text{m}^2]} = 5\text{단위}$$

해답 5단위

08

가로 15[m], 세로 14[m], 높이 3.5[m]인 전산실에 할로겐화합물 및 불활성기체 소화약제 중 HFC-23과 IG-541을 사용할 경우 아래 조건을 참조하여 다음 물음에 답하시오.

득점	배점
	12

조 건

- HFC-23의 소화농도는 A, C급 화재는 38[%], B급화재는 35[%]이다.
- HFC-23의 저장용기는 68[L]이며 충전밀도는 720.8[kg/m^3]이다.
- IG-541의 소화농도는 33[%]이다.
- IG-541의 저장용기는 80[L]용 15.8[m^3/병]을 적용하며 충전압력은 19.996[MPa]이다.
- 소화약제량 산정 시 선형상수를 이용하도록 하며 방사 시 기준온도는 30[℃]이다.

소화약제	K_1	K_2
HFC-23	0.3164	0.0012
IG-541	0.65799	0.00239

물 음

(1) HFC-23의 저장량은 최소 몇 [kg]인가?

(2) HFC-23의 저장용기 수는 최소 몇 병인가?

(3) 배관 구경 산정 조건에 따라 HFC-23의 약제량 방사 시 주배관의 방사유량은 몇 [kg/s] 이상인가?

(4) IG-541의 저장량은 최소 몇 [m^3]인가?

(5) IG-541의 저장용기 수는 최소 몇 병인가?

(6) 배관 구경 산정 조건에 따라 IG-541의 약제량 방사 시 주배관의 방사유량은 몇 [m^3/s] 이상인가?

해설

(1) HFC-23의 저장량

$$W = \frac{V}{S} \times \frac{C}{100 - C}$$

여기서, W : 소화약제의 무게[kg]

V : 방호구역의 체적(15[m]×14[m]×3.5[m] = 735[m^3])

C : 소화약제의 설계농도(38[%]×1.2 = 45.6[%])

PLUS ONE 체적에 따른 소화약제의 설계농도[%]는 상온에서 제조업체의 설계기준에서 정한 실험수치를 적용한다. 이 경우 설계농도는 소화농도[%]에 안전계수(**A·C급 화재 1.2**, B급 화재 1.3)를 곱한 값으로 할 것

S : 소화약제별 선형상수[$K_1 + K_2 \times t = 0.3164 + (0.0012 \times 30) = 0.3524$][$m^3$/kg]

t : 방호구역의 최소예상온도(30[℃])

$$\therefore W = \frac{V}{S} \times \frac{C}{100 - C} = \frac{735}{0.3524} \times \frac{45.6}{100 - 45.6} = 1{,}748.31[\text{kg}]$$

(2) HFC-23의 저장용기 수

약제의 중량=용기의 내용적[L]×충전밀도[kg/L]

∴ 약제의 중량 = 68[L] × 0.7208[kg/L] = 49.01[kg]

$$1[\text{m}^3] = 1{,}000[\text{L}]$$

∴ 용기의 병수 = 1,748.31[kg] ÷ 49.01[kg] = 35.67병 ⇒ 36병

(3) 주배관의 방사유량

$$W = \frac{V}{S} \times \frac{C}{100 - C}$$

여기서, W : 소화약제의 무게[kg]

V : 방호구역의 체적(15[m]×14[m]×3.5[m] = 735[m^3])

C : 소화약제의 설계농도(38[%]×1.2×0.95 = 43.32[%])

S : 소화약제별 선형상수[$K_1 + K_2 \times t = 0.3164 + (0.0012 \times 30) = 0.3524$][$m^3$/kg]

t : 방호구역의 최소예상온도(30[℃])

$$W = \frac{V}{S} \times \frac{C}{100 - C} = \frac{735}{0.3524} \times \frac{43.32}{100 - 43.32} = 1{,}594.08[\text{kg}]$$

PLUS ONE 배관의 구경은 해당 방호구역에 **할로겐화합물 소화약제**가 **10초 이내에**, **불활성기체 소화약제는 A·C급 화재 2분, B급 화재는 1분** 이내에 방호구역 각 부분에 최소설계농도의 95[%] 이상 해당하는 약제량이 방출되도록 하여야 한다.

$$\therefore \text{방사유량} = \frac{1{,}594.08[\text{kg}]}{10[\text{s}]} = 159.41[\text{kg/s}]$$

(4) 불활성기체 소화약제

$$X = 2.303 \frac{V_S}{S} \times \log\left(\frac{100}{100 - C}\right)$$

여기서, X : 공간용적당 더해진 소화약제의 부피[m^3/m^3]

V_S : 20[℃]에서 비체적 $K_1 + K_2 t = 0.65799 + (0.00239 \times 20[℃]) = 0.70579$[$m^3$/kg]

S : 소화약제별 선형상수 $K_1 + K_2 \times t = 0.65799 + (0.00239 \times 30) = 0.7297$[$m^3$/kg]

C : 소화약제의 설계농도(33[%]×1.2 = 39.6[%])

PLUS ONE 체적에 따른 소화약제의 설계농도[%]는 상온에서 제조업체의 설계기준에서 정한 실험수치를 적용한다. 이 경우 설계농도는 소화농도[%]에 안전계수(**A·C급 화재 1.2**, B급 화재 1.3)를 곱한 값으로 할 것

t : 방호구역의 최소예상온도(30[℃])

$$\therefore\ X = 2.303\frac{V_S}{S} \times \log\left(\frac{100}{100-C}\right) = 2.303 \times \frac{0.7058}{0.7297} \times \log\left(\frac{100}{100-39.6}\right) = 0.49[\mathrm{m^3/m^3}]$$

약제량 = 방호체적 × X = 735[m^3] × 0.49[m^3/m^3] = 360.15[m^3]

(5) IG-541의 저장용기 수

저장용기의 병수 = 360.15[m^3] ÷ 15.8m^3/병 = 22.8병 ⇒ 23병

(6) 주배관의 방사유량

$$X = 2.303\frac{V_S}{S} \times \log\left(\frac{100}{100-C}\right)$$

여기서, X : 공간용적당 더해진 소화약제의 부피[m^3/m^3]

V_S : 20[℃]에서 소화약제의 비체적(0.7058[m^3/kg])

S : 소화약제별 선형상수($K_1 + K_2 \times t$ = 0.65799 + (0.00239 × 30) = 0.7297[m^3/kg])

C : 소화약제의 설계농도(33[%] × 1.2 × 0.95 = 37.62[%])

t : 방호구역의 최소예상온도(30[℃])

$$\therefore\ X = 2.303\frac{V_S}{S} \times \log\left(\frac{100}{100-C}\right) = 2.303 \times \frac{0.7058}{0.7297} \times \log\left(\frac{100}{100-37.62}\right) = 0.46[\mathrm{m^3/m^3}]$$

약제량 = 방호체적 × X = 735[m^3] × 0.46[m^3/m^3] = 338.10[m^3]

$$\therefore\ \text{방사유량} = \frac{338.10[\mathrm{m^3}]}{120[\mathrm{s}]} = 2.82[\mathrm{m^3/s}]$$

해답

(1) 1,748.31[kg]
(2) 36병
(3) 159.41[kg/s]
(4) 360.15[m^3]
(5) 23병
(6) 2.82[m^3/s]

09

표면화재 방호대상물인 A, B, C, D실에 아래와 같은 조건으로 전역방출방식의 고압식 이산화탄소(CO_2) 소화설비를 설치하였을 경우에 아래 물음에 답하시오.

득점	배점
	8

조 건

• 방호구역의 조건

방호구역	크기[m]		개구부 면적[m^2]	개구부 상태	분사 헤드 설치수[개]
	면적	높이			
A실	18×18	5	6	자동폐쇄불가	40
B실	11×17	6	4	자동폐쇄가능	30
C실	5×8	4	4	자동폐쇄불가	8
D실	5×3	3	2	자동폐쇄가능	3

• CO_2 저장용기는 내용적 68[L]/충전량 45[kg]용의 것을 사용하는 것으로 한다.
• 각 실에 설치된 분사헤드의 방사율은 1개당 1.16[kg/mm^2 · min]으로 하며 CO_2 방출시간은 1분을 기준으로 한다.
• 소화약제의 산정기준 및 기타 필요한 사항은 국가화재안전기준을 적용한다.

물 음

(1) 방호구역의 각 실에 필요한 소화약제의 양[kg]을 산출하시오
(2) 용기 저장소에 저장하여야 할 소화약제의 용기수는 얼마인가?
(3) 각 실별로 설치된 분사헤드의 분출구 면적은 얼마이어야 하는가?
(4) 각 방호구역별 개방 직후의 유량은 몇 [kg/s]인가?

해설

(1) 소화약제량

소화약제량[kg]
= 방호구역체적[m^3]×소요약제량[kg/m^3]×보정계수+개구부면적[m^2]×개구부가산량[kg/m^2]

※ 개구부가산량은 자동폐쇄가 되지 않는 개구부에만 적용하고 보정계수는 주어지지 않으므로 생략한다.

[방호구역 체적당 약제량]

방호구역 체적	방호구역의 체적 1[m^3]에 대한 소화약제의 양	소화약제 저장량의 최저한도
45[m^3] 미만	1.00[kg]	45[kg]
45[m^3] 이상 150[m^3] 미만	0.90[kg]	
150[m^3] 이상 1,450[m^3] 미만	0.80[kg]	135[kg]
1,450[m^3] 이상	0.75[kg]	1,125[kg]

① A실= (18×18×5)[m^3] × 0.75[kg/m^3] + (6[m^3] × 5[kg/m^2]) =1,245[kg]
(방호구역체적은 18[m]×18[m]×5[m]=1,620[m^3]이므로 0.75[kg/m^3]을 적용한다)
② B실= (11×17×6)[m^3]× 0.8[kg/m^3] = 897.6[kg]
③ C실= (5×8×4) [m^3]× 0.8[kg/m^3] = 128[kg]
∴ 최저 한도량 135[kg] + (4[m^2] × 5[kg/m^2])=155[kg]
④ D실= (5×3×3)[m^3]× 0.9[kg/m^3] = 40.5[kg] ⇒ 최저한도량 45[kg]

(2) 용기의 수 =약제 충전량/45[kg]
① A실= 1,245[kg]/45[kg] = 27.67 ⇒ 28병
② B실= 897.6[kg]/45[kg] = 19.95 ⇒ 20병
③ C실= 155[kg]/45[kg] = 3.44 ⇒ 4병
④ D실= 45[kg]/45[kg] =1.0병
∴ 이 설비에 저장하여야 할 용기의 병수 : 28병(가장 많은 병수를 저장하여야 하므로 A실 기준임)

(3) 분사헤드의 분출구 면적
=약제량(필요소요약제병수×45[kg]/병)÷헤드개수÷방출률([kg/mm^2 · min · 개])÷1[min]
① A실= (28병×45[kg]/병)÷40개÷1.16([kg/mm^2 · min · 개])÷1[min] = 27.16[mm^2]
② B실= (20병×45[kg]/병)÷30개÷1.16([kg/mm^2 · min · 개])÷1[min] = 25.86[mm^2]
③ C실= (4병×45[kg]/병)÷8개÷1.16([kg/mm^2 · min · 개])÷1[min] = 19.40[mm^2]
④ D실= (1병×45[kg]/병)÷3개÷1.16([kg/mm^2 · min · 개])÷1[min] = 12.93[mm^2]

(4) 개방 직후의 유량
유량 =약제방출량 ÷ 방사시간

[방사시간]

방출방식	방호대상물	방출시간
전역방출방식	표면화재	1분
	심부화재	7분(설계농도가 2분 이내에 30[%] 도달할 것)
국소방출방식	-	30초

① A실= (28병 × 45[kg]/병) ÷ 60[s] = 21[kg/s]
② B실= (20병 × 45[kg]/병) ÷ 60[s] = 15[kg/s]
③ C실= (4병 × 45[kg]/병) ÷ 60[s] = 3[kg/s]
④ D실= (1병 × 45[kg]/병) ÷ 60[s] = 0.75[kg/s]

해답 (1) • 보일러실 : 1,245[kg]
• 변 전 실 : 897.6[kg]
• 발 전 실 : 155[kg]
• 축전지실 : 45[kg]

(2) 28병

(3) A실 : 27.16[mm^2]
B실 : 25.86[mm^2]
C실 : 19.40[mm^2]
D실 : 12.93[mm^2]

(4) A실 : 21[kg/s]
B실 : 15[kg/s]
C실 : 3[kg/s]
D실 : 0.75[kg/s]

10

다음은 제연설비에 대한 설명이다. ( ) 안에 적당한 말을 쓰시오.

득점	배점
	3

(1) 하나의 제연구역의 면적은 (①)[m^2] 이내로 하고 거실과 통로(복도를 포함한다)는 상호 제연구획할 것
(2) 예상제연구역의 각 부분으로부터 하나의 배출구까지의 수평거리는 (②)[m] 이내가 되도록 하여야 한다.
(3) 유입풍도 안의 풍속은 (③)[m/s] 이하로 하여야 한다.

해설

제연설비

(1) 제연구역의 구획 기준
① 하나의 제연구역의 면적은 1,000[m^2] 이내로 할 것
② 거실과 통로(복도를 포함한다)는 상호 제연구획할 것
③ 통로상의 제연구역은 보행중심선의 길이가 60[m]를 초과하지 아니할 것
④ 하나의 제연구역은 직경 60[m] 원 내에 들어갈 수 있을 것
⑤ 하나의 제연구역은 2개 이상 층에 미치지 아니하도록 할 것. 다만, 층의 구분이 불분명한 부분은 그 부분을 다른 부분과 별도로 제연구획하여야 한다.

(2) 예상제연구역의 각 부분으로부터 하나의 배출구까지의 수평거리는 10[m] 이내가 되도록 하여야 한다.
(3) 배출기의 흡입측 풍도 안의 풍속은 15[m/s] 이하로 하고 배출측 풍속은 20[m/s] 이하로 할 것
(4) 유입풍도 안의 풍속은 20[m/s] 이하로 할 것

해답 ① 1,000
② 10
③ 20

11

이산화탄소 및 할론 소화설비의 설치부품 중 피스톤릴리저의 기능을 간단히 쓰시오.

득점	배점
	3

해설

피스톤릴리져

소화약제(가스)가 방출함으로써 누설이 발생할 수 있는 자동방화문, 급배기댐퍼등에 설치하여 가스방출과 동시에 자동으로 개구부를 폐쇄하는 장치

명 칭	구 조	설치기준
피스톤릴리저		가스방출 시 자동적으로 개구부를 폐쇄시키는 장치로서 각 **방호구역당 1개씩** 설치한다.

해답 방호구역 내의 가스방출과 동시에 자동으로 개구부를 폐쇄하는 장치

12

지하 1층 지상 9층의 백화점 건물에 화재안전기준에 따라 아래 조건과 같이 옥내소화전설비를 설계하려고 할 때 펌프의 전양정을 구하시오.

득점	배점
	3

조 건

- 펌프는 지하층에 설치되어 있고 펌프로부터 옥상수조까지의 수직거리는 50[m]이다.
- 배관 및 관부속 마찰손실수두는 자연낙차의 20[%]로 한다.
- 펌프의 흡입측 배관에 설치된 연성계는 330[mmHg]를 지시하고 있다.
- 소방호스의 마찰손실수두는 8[m]이다.

해설

(1) 전양정

$$H = h_1 + h_2 + h_3 + 17$$

여기서, h_1 : 실양정(흡입양정 + 토출양정 = 4.49 + 50 = 54.49[m])

① 흡입양정$=\frac{330[\text{mmHg}]}{760[\text{mmHg}]}\times 10.332[\text{m}]=4.49[\text{m}]$

② 토출양정=50[m]

h_2 : 배관마찰손실수두(50[m]×0.2=10[m])

h_3 : 소방용 호스의 마찰손실수두(8[m])

∴ 펌프의 양정 $H=54.49[\text{m}]+10[\text{m}]+8[\text{m}]+17=89.49[\text{m}]$

해답 89.49[m]

13

다음 분말소화설비의 설치하는 장치를 설명하시오.

(1) 정압작동장치

(2) 클리닝장치

득점	배점
	6

해설

(1) **정압작동장치**

- 기능(역할) : 가압용 가스용기로부터 가스가 분말약제 저장용기에 유입되어 분말약제를 혼합 유동시킨 후 설정된 방출압력이 된 후 (소요시간 약 15~30초) 메인밸브(주밸브)를 개방시켜주는 장치이다.
- 종 류
  - 압력스위치(가스압식)방식 : 분말약제 저장용기에 유입된 가스압력에 의하여 설정된 압력이 되면 압력스위치가 압력을 감지하여 전자밸브를 개방시켜 메인밸브를 개방시키는 방식
  - 기계적(스프링식) 방식 : 분말약제 저장용기에 유입된 가스압력에 의하여 밸브의 레버를 당겨서 가스의 통로를 개방, 가스를 메인밸브로 보내어 메인밸브를 개방시키는 방식
  - 전기식(타이머) 방식 : 분말약제 저장용기에 유입된 가스가 설정된 압력에 도달하는 시간을 미리 산출하여 시한릴레이에 입력시키고 기동과 동시에 시한릴레이를 작동케 하여 입력시간이 지나면 릴레이가 작동전자밸브를 개방하여 메인밸브를 개방시키는 방법

(2) **클리닝장치**

소화약제 방출 후 송출배관에 잔존하는 분말약제를 청소하기 위하여 설치하는 장치이다.

해답 (1) 정압작동장치 : 가압용 가스용기로부터 가스가 분말약제 저장용기에 유입되어 분말약제를 혼합 유동시킨 후 설정된 방출압력이 된 후 (소요시간 약 15~30초) 주밸브를 개방시켜주는 장치

(2) 클리닝장치 : 소화약제 방출 후 송출배관에 잔존하는 분말약제를 청소하기 위하여 설치하는 장치

14

할론 소화설비에서 사용하는 Soaking Time을 설명하시오.

득점	배점
	3

해설

Soaking Time

할론 소화약제는 초기화재 시 표면화재에는 5~10[%]의 저농도로 사용하는데, 심부화재에 적용할 경우 소화 가능한 고농도를 유지하는 데 걸리는 시간을 말한다. Soaking Time은 가연물의 종류와 적재방법에 따라 다르나 약 10분정도 소요된다.

해답 할론 소화약제는 초기화재 시 표면화재에는 5~10[%]의 저농도로 사용하는데, 심부화재에 적용할 경우 소화 가능한 고농도를 유지하는 데 걸리는 시간

15

바닥면적이 1층 7,500[m^2], 2층 7,500[m^2]이고, 연면적이 32,500[m^2]인 건축물에 소화용수설비가 설치되어 있다. 다음 물음에 답하시오.

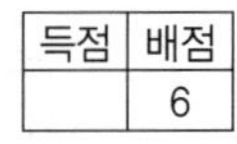

(1) 소화용수의 저수량은 몇 [m^3]인가?

(2) 흡수관투입구의 수 몇 개 이상으로 하여야 하는가?

(3) 채수구는 몇 개를 설치하여야 하는가?

(4) 가압송수장치의 1분당 양수량은 몇 [L] 이상으로 하여야 하는가?

해설

소화용수설비

(1) 소화용수의 저수량

소방 대상물의 구분	기준면적[m^2]
1층 및 2층의 바닥면적의 합계가 15,000[m^2] 이상인 소방대상물	7,500
그 밖의 소방대상물	12,500

∴ (32,500[m^2] ÷ 7,500[m^2]) = 4.33 ⇒ 5 × 20[m^3] = 100[m^3]

(2) 지하에 설치하는 소화용수 설비의 흡수관 투입구

① 한변이 0.6[m] 이상, 직경이 0.6[m] 이상인 것으로 할 것

② 소요수량이 80[m^3] 미만인 것은 1개 이상, **80[m^3] 이상**인 것은 **2개 이상**을 설치할 것

③ "흡수관 투입구"라고 표시한 표지를 할 것

∴ (1)에서 구한 소요수량이 100[m^3]이므로 80[m^3] 이상에 해당하여 **흡수관투입구**는 **2개 이상**이다.

(3) 채수구의 수

소요수량	20[m^3] 이상 40[m^3] 미만	40[m^3] 이상 100[m^3] 미만	100[m^3] 이상
채수구의 수	1개	2개	3개

(4) 가압송수장치의 1분당 양수량

소요수량	20[m^3] 이상 40[m^3] 미만	40[m^3] 이상 100[m^3] 미만	100[m^3] 이상
1분당 양수량	1,100[L] 이상	2,200[L] 이상	3,300[L] 이상

해답 (1) 100[m^3]
(2) 2개
(3) 3개
(4) 3,300[L]

16 옥내소화전설비의 노즐에서 방수압력이 0.7[MPa]를 초과할 경우 감압하는 방법 3가지를 쓰시오.

득점	배점
	4

해설

감압방식

(1) 중계펌프(Booster Pump)에 의한 방법
고층부와 저층부로 구역을 설정한 후 중계펌프를 건물 중간에 설치하는 방식으로 기존방식보다 설치비가 많이 들고 소화펌프의 설치대수가 증가한다.

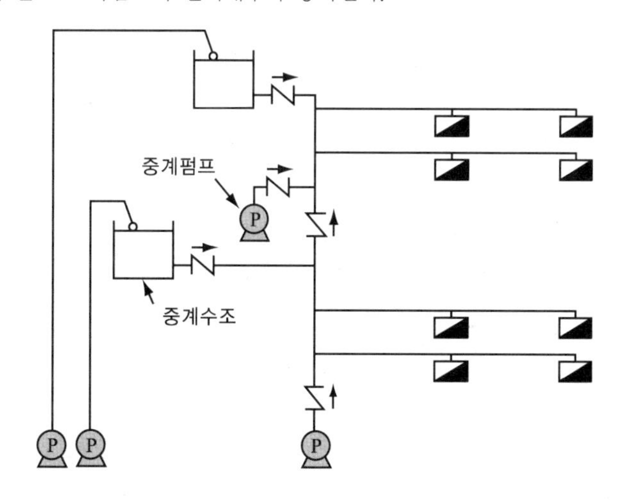

(2) 구간별 전용배관에 의한 방법
고층부와 저층부를 구분하여 펌프와 배관을 분리하여 설치하는 방식으로 저층부는 저양정 펌프를 설치하여 비교적 안전하지만 고층부는 고양정의 펌프를 설치하여야 한다.

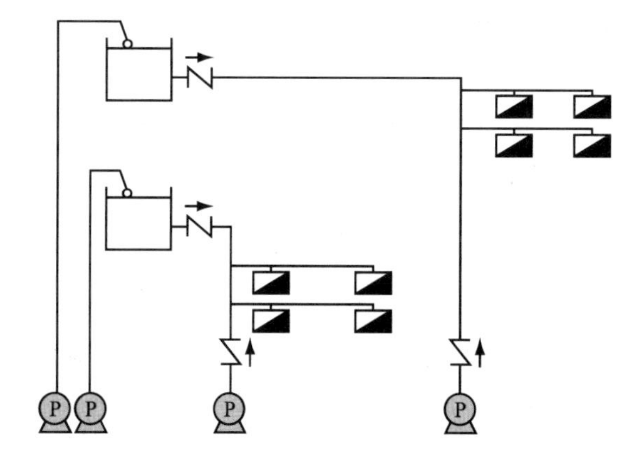

(3) 고가수조에 의한 방법
고가수조를 고층부와 저층부로 구역을 설정한 후 낙차의 압력을 이용하는 방식이다. 별도의 소화펌프가 필요 없으며 비교적 안정적인 방수압력을 얻을 수 있다.

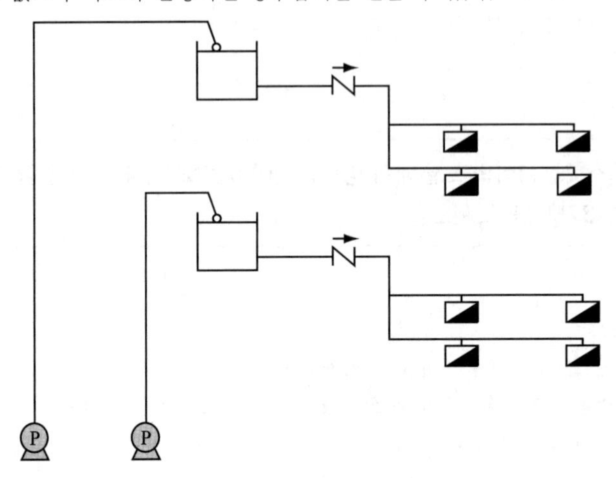

(4) 감압밸브에 의한 방법
호스접결구 인입측에 감압장치(감압밸브) 또는 오리피스를 설치하여 방사압력을 낮추거나 또는 펌프의 토출측에 압력조절밸브를 설치하여 토출압력을 낮추는 방식으로 가장 많이 사용하는 방식이다.

해답 (1) 중계펌프(Booster Pump)에 의한 방법
(2) 구간별 전용배관에 의한 방법
(3) 고가수조에 의한 방법
(4) 감압밸브에 의한 방법

제 2 회 2013년 7월 14일 시행

※ 다음 물음에 대한 답을 해당 답란에 답하시오.(배점 : 100)

01

절연유 봉입 변압기에 물분무소화설비를 그림과 같이 설치하고자 한다. 가로 5[m], 세로 3[m], 높이 1.8[m]일 때 다음 물음에 답하시오.

득점	배점
	6

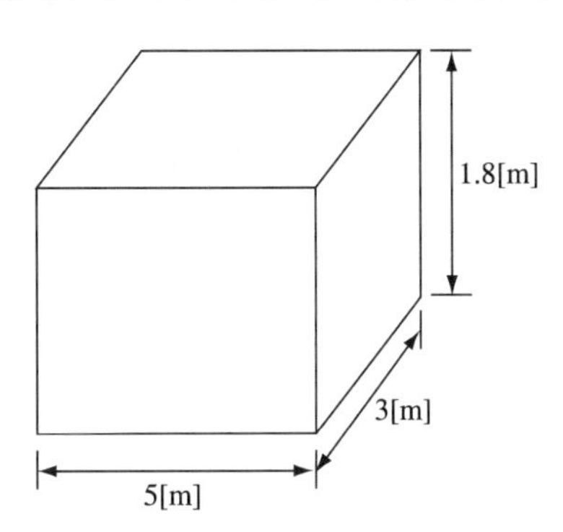

물 음

(1) 이 소화설비의 유량[L/min]을 구하시오.

(2) 이 소화설비의 저수량[m^3]을 구하시오.

(3) 고압의 전기기기가 있는 장소와 헤드 사이의 거리[cm]를 적으시오.

① 전압이 66[kV] 이하일 때

② 전압이 181[kV] 초과 220[kV] 이하일 때

해설

(1) 펌프의 토출량과 수원

소방대상물	펌프의 토출량[L/min]	수원의 양[L]
특수 가연물 저장, 취급	바닥면적(50[m^2] 이하는 50[m^2]) × 10[L/min · m^2]	바닥면적(50[m^2] 이하는 50[m^2]) × 10[L/min · m^2]×20[min]
차고, 주차장	바닥면적(50[m^2] 이하는 50[m^2]) × 20[L/min · m^2]	바닥면적(50[m^2] 이하는 50[m^2]) × 20[L/min · m^2]×20[min]
절연유 봉입변압기	**표면적(바닥부분 제외) × 10[L/min · m^2]**	**표면적(바닥부분 제외) × 10[L/min · m^2]×20[min]**
케이블트레이, 케이블덕트	투영된 바닥면적 × 12[L/min · m^2]	투영된 바닥면적 × 12[L/min · m^2]×20[min]
컨베이어 벨트	벨트부분의 바닥면적 × 10[L/min · m^2]	벨트부분의 바닥면적 × 10[L/min · m^2]×20[min]

∴ 유량 Q=표면적(바닥부분은 제외)× 10[L/min·m^2]

표면적=(5[m]×3[m]×1면)+ (5[m]×1.8[m]×2면)+(3[m]×1.8[m]×2면)=43.8[m^2]

유량 = 표면적(바닥부분 제외)×10[L/min · m^2] = 43.8[m^2]×10[L/min · m^2] = 438[L/min]

(2) 저수량

저수량=438[L/min]× 20[min]=8,760[L]=8.76[m^3]

(3) 고압의 전기기기가 있는 장소와 헤드 사이의 거리

전압[kV]	거리[cm]	전압[kV]	거리[cm]
66 이하	70 이상	154 초과 181 이하	180 이상
66 초과 77 이하	80 이상	181 초과 220 이하	210 이상
77 초과 110 이하	110 이상	220 초과 275 이하	260 이상
110 초과 154 이하	150 이상		

해답 (1) 유량 : 438[L/min]
(2) 저수량 : 8.76[m^3]
(3) ① 70[cm] 이상
② 210[cm] 이상

02

내경이 40[mm]인 소방용 호스에 내경이 13[mm]인 노즐이 부착되어 있다. 300[L/min]의 방수량으로 대기 중에 방사할 경우 다음 물음에 답하시오.

득점	배점
	8

물 음

(1) 소방용 호스의 평균유속[m/s]을 계산하시오.

(2) 소방용 호스에 부착된 노즐의 평균유속[m/s]을 계산하시오.

(3) 소방용 호스에 부착된 Flange volt(플랜지 볼트)에 작용하는 힘[N]을 계산하시오.

해설

(1) 호스의 평균유속

$$Q[\mathrm{m^3/s}] = Au = \frac{\pi D^2}{4} \times u \qquad u = \frac{4Q}{\pi D^2}$$

여기서, A : 배관단면적[m^2] u : 유속[m/s]
D : 배관직경[m]

$$\therefore\ u = \frac{4Q}{\pi D^2} = \frac{4 \times 0.3[\mathrm{m^3}]/60[\mathrm{s}]}{\pi \times (0.04[\mathrm{m}])^2} = 3.98[\mathrm{m/s}]$$

(2) 노즐의 평균유속

$$\therefore\ u = \frac{4Q}{\pi D^2} = \frac{4 \times 0.3[\text{m}^3]/60[\text{s}]}{\pi \times (0.013[\text{m}])^2} = 37.67[\text{m/s}]$$

(3) 플랜지 볼트에 작용하는 힘

$$F = \frac{\gamma A_1 Q^2}{2g}\left(\frac{A_1 - A_2}{A_1 A_2}\right)^2$$

여기서, F : 반발력[N]
γ : 비중량(9,800[N/m^3])
Q : 유량(0.3[m^3]/60[s])
g : 중력가속도(9.8[m/s^2])
A_1 : 소방호스의 단면적[m^2]
A_2 : 노즐의 단면적[m^2]

$$\therefore F = \frac{9{,}800 \times \frac{\pi}{4}(0.04[\text{m}])^2 \times (0.3[\text{m}^3]/60[\text{s}])^2}{2 \times 9.8[\text{m/s}^2]} \times \left(\frac{\frac{\pi}{4}(0.04[\text{m}])^2 - \frac{\pi}{4}(0.013[\text{m}])^2}{\frac{\pi}{4}(0.04[\text{m}])^2 \times \frac{\pi}{4}(0.013[\text{m}])^2}\right)^2$$

$= 713.19[\text{N}]$

해답 (1) 3.98[m/s]
(2) 37.67m/s]
(3) 713.19[N]

03

어떤 지하상가 제연설비를 화재안전기준과 아래조건에 따라 설치하려고 한다.

득점	배점
	7

조 건

- 주덕트의 높이제한은 600[mm]이다(강판 두께, 덕트 플랜지 및 보온두께는 고려지 않는다).
- 배출기는 원심 다익형이다.
- 각종 효율은 무시한다.
- 예상 제연구역의 설계 배출량은 45,000[m^3/h]이다.

물 음

(1) 배출기의 흡입측 주 덕트의 최소 폭[mm]을 계산하시오.
(2) 배출기의 배출측 주 덕트의 최소 폭[mm]를 계산하시오.
(3) 준공 후 풍량시험을 한 결과 풍량은 36,000[m^3/h], 회전수는 600[rpm], 축동력은 7.5[kW]로 측정되었다. 배출량 45,000[m^3/h]를 만족시키기 위한 배출구 회전수[rpm]를 계산하시오.

(1) 흡입측 주 덕트의 최소 폭

$$Q = u\,A$$

여기서, $Q = 45{,}000[m^3/h] = 45{,}000[m^3]/3{,}600[s] = 12.5[m^3/s]$
u = 풍속(배출기 흡입측 풍도 안의 풍속 : 15[m/s] 이하)
A = 0.6[m](600[mm]) × L

∴ $Q = uA$

$12.5[m^3/s] = 15[m/s] \times (0.6[m] \times L)$

덕트의 최소 폭 $L = 1.388[m] \Rightarrow 1{,}388[mm]$

(2) 배출측 주 덕트의 최소 폭

$$Q = u\,A$$

여기서, $Q = 45{,}000[m^3/h] = 45{,}000[m^3]/3{,}600[s] = 12.5[m^3/s]$
u = 풍속(배출기 흡입측 풍도 안의 풍속 : 20[m/s] 이하)
A = 0.6[m] × L

∴ $Q = u\,A$

$12.5[m^3/s] = 20[m/s] \times (0.6[m] \times L)$

덕트의 최소 폭 $L = 1.042[m] \Rightarrow 1{,}042[mm]$

(3) 배출구 회전수

$$\frac{Q_2}{Q_1} = \frac{N_2}{N_1}$$

여기서, Q : 풍량[m^3/h] N : 회전수[rpm]

∴ 배출구 회전수 $N_2 = N_1 \times \left(\frac{Q_2}{Q_1}\right) = 600[rpm] \times \left(\frac{45{,}000[m^3/h]}{36{,}000[m^3/h]}\right) = 750[rpm]$

해답 (1) 1,388[mm]
(2) 1,042[mm]
(3) 750[rpm]

04

지상 1층과 2층의 바닥면적의 합계가 20,000[m^2]인 경우 소화수조를 설치하는데 수원[m^3]과 채수구의 개수를 구하시오.

득점	배점
	5

(1) 수 원

소화수조 또는 저수조의 저수량은 특정소방대상물의 연면적을 다음 표에 따른 기준면적으로 나누어 얻은 수(소수점 이하의 수는 1로 본다)에 20[m^3]를 곱한 양 이상이 되도록 하여야 한다.

소방대상물의 구분	면 적
1. 1층 및 2층의 바닥면적 합계가 15,000[m^2] 이상인 소방대상물	7,500[m^2]
2. 제1호에 해당되지 아니하는 그 밖의 소방대상물	12,500[m^2]

$\therefore$ 20,000[m^2] ÷ 7,500[m^2] = 2.6⇒3.0

수원 = 3.0 × 20[m^3] = 60[m^3]

(2) 채수구의 설치기준

① 채수구는 다음 표에 따라 소방용호스 또는 소방용흡수관에 사용하는 구경 65[mm] 이상의 나사식 결합금속구를 설치할 것

소요수량	20[m^3] 이상 40[m^3] 미만	40[m^3] 이상 100[m^3] 미만	100[m^3] 이상
채수구의 수	1개	2개	3개

② 채수구는 지면으로부터의 높이가 0.5[m] 이상 1[m] 이하의 위치에 설치하고 "채수구"라고 표시한 표지를 할 것

해답 (1) 60[m^3]

(2) 2개

05

전기실에 제1종 분말소화약제를 사용한 분말소화설비를 전역방출방식의 가압식으로 설치하려고 한다. 다음 조건을 참조하여 각 물음에 답하시오.

득점	배점
	8

조 건

- 특정소방대상물의 크기는 가로 20[m], 세로 10[m], 높이 3[m]인 내화구조로 되어 있다.
- 분사헤드의 1개의 방사량은 초당 1.5[kg]이다.
- 소화약제 저장량은 30초 이내에 방사한다.

물 음

(1) 이 소화설비에 필요한 약제저장량은 몇 [kg]인가?

(2) 가압용가스로 질소를 사용할 때 청소에 필요한 양[L]은 얼마 이상인가?

(3) 이 소화설비에 필요한 분사헤드의 수는 몇 개인가?

(4) 분사헤드의 수를 화재안전기준에 맞게 도면에 그리시오.

해설

(1) 약제저장량

① 방호구역의 체적 1[m^3]에 대하여 다음 표에 따른 양

소화약제의 종별	방호구역의 체적 1[m^3]에 대한 소화약제의 양
제1종 분말	0.60[kg]
제2종 분말 또는 제3종 분말	0.36[kg]
제4종 분말	0.24[kg]

② 방호구역에 개구부와 자동폐쇄장치는 문제에서 주어지지 않으므로 제외한다.

$\therefore$ 약제저장량 = 방호구역 체적[m^3]×필요가스량[kg/m^3]

= (20×10×3)[m^3]×0.6[kg/m^3] = 360[kg]

(2) 청소에 필요한 양[L]

가압용가스에 질소가스를 사용하는 것의 **질소가스**는 **소화약제 1[kg]마다 40[L]**(35[℃]에서 1기압의 압력상태로 환산한 것) 이상, 이산화탄소를 사용하는 것의 이산화탄소는 소화약제 1[kg]에 대하여 20[g]에 배관의 청소에 필요한 양을 가산한 양 이상으로 할 것

∴ 청소에 필요한 양 = 360[kg] × 40[L/kg] = 14,400[L]

(3) 분사헤드의 수

$$\text{헤드의 수} = \frac{\text{저장량}}{\text{방사량} \times \text{방사시간[s]}} = \frac{360[\text{kg}]}{1.5[\text{kg/s}] \times 30[\text{s}]} = 8\text{개}$$

(4) 배치도

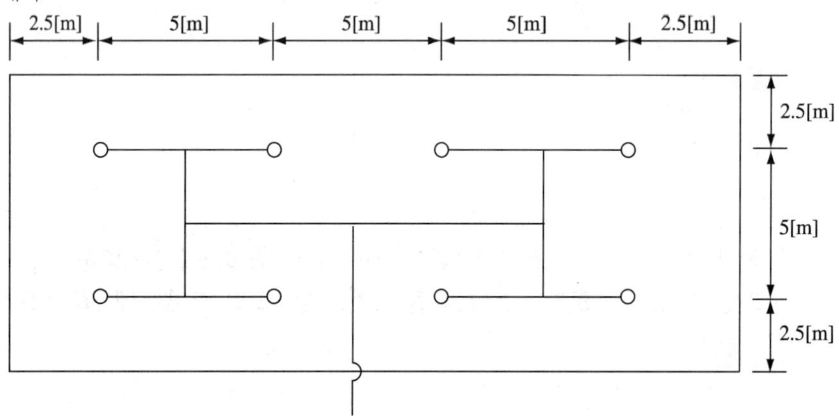

해답

(1) 360[kg]

(2) 14,400[L]

(3) 8개

(4) 배치도

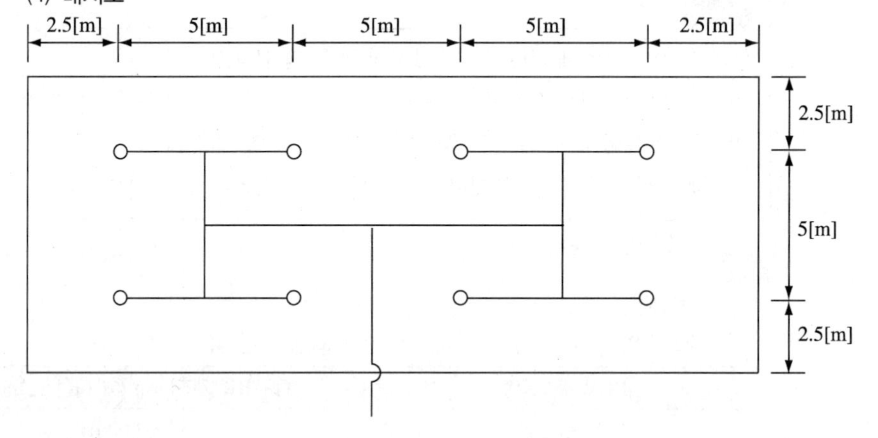

06

지상 10층 건물에 옥내 소화전을 설치하려고 한다. 각층에 옥내소화전 3개씩을 배치하며 이때 낙차는 24[m], 배관의 마찰손실수두는 8[m], 호스의 마찰손실수두가 7.8[m] 펌프효율이 55[%], 여유율은 10[%]이고, 소화전 1개당 방사량은 150[L/min]으로 20분간 연속 방수되는 것으로 하였을 때 다음 물음에 답하시오.

득점	배점
	9

물 음

(1) 펌프의 최소 토출량[m^3/min]을 구하시오.

(2) 전양정[m]을 구하시오.

(3) 펌프모터의 최소 동력[kW]을 구하시오.

(4) 수원의 최소 저수량[m^3]을 구하시오(주펌프와 동등 이상의 성능이 있는 별도의 펌프로서 내연기관의 기동과 연동하여 작동된다).

해설

(1) 최소 토출량

$$Q = N \times 150[\text{L/min}]$$

$\therefore\ Q = N \times 150[\text{L/min}] = 3\text{개} \times 150[\text{L/min}] = 450[\text{L/min}] = 0.45[\text{m}^3/\text{min}]$

(2) 전양정

$$H = h_1 + h_2 + h_3 + 17$$

여기서, H : 전양정[m]
h_1 : 실양정(24[m])
h_2 : 배관마찰손실수두(8[m])
h_3 : 소방호스마찰손실수두(7.8[m])

$\therefore\ H = 24[\text{m}] + 8[\text{m}] + 7.8[\text{m}] + 17 = 56.8[\text{m}]$

(3) 펌프모터의 최소 동력

$$P[\text{kW}] = \frac{0.163 \times Q \times H}{\eta} \times K$$

여기서, P : 전동기동력[kW]
Q : 유량(0.45[m^3/min])
H : 수두(56.8[m])
η : 효율(0.55)
K : 전달계수(1.1)

$\therefore\ P = \dfrac{0.163 \times 0.45[\text{m}^3/\text{min}] \times 56.8[\text{m}]}{0.55} \times 1.1 = 8.33[\text{kW}]$

(4) 최소 저수량

$$Q = N \times 150[\text{L/min}] \times 20[\text{min}] = N \times 3{,}000[\text{L}] = N \times 3[\text{m}^3]$$

여기서, N : 소화전 수(3개)

$\therefore\ Q = 3\text{개} \times 3[\text{m}^3] = 9[\text{m}^3]$

주펌프와 동등이상의 성능이 있는 별도의 펌프로서 내연기관의 기동과 연동하여 작동되면 옥상에 유효수량의 $\frac{1}{3}$을 설치할 필요가 없다.

[옥내소화전설비의 토출량과 수원]

구 분	층 수	토출량	수 원
29층 이하		N(최대 5개)×130[L/min]	N(최대 5개)×130[L/min]×20[min] =N(최대 5개)×2,600[L]=N(최대 5개)×2.6[m^3]
고층 건축물	30층 이상 49층 이하	N(최대 5개)×130[L/min]	N(최대 5개)×130[L/min]×40[min] =N(최대 5개)×5,200[L]=N(최대 5개)×5.2[m^3]
	50층 이상	N(최대 5개)×130[L/min]	N(최대 5개)×130[L/min]×60[min] =N(최대 5개)×7,800[L]=N(최대 5개)×7.8[m^3]

해답
(1) 0.45[m^3/min]
(2) 56.8[m]
(3) 8.33[kW]
(4) 9[m^3]

07

불연재료로 된 특정소방대상물 또는 그 부분으로서 옥내소화전방수구를 설치하지 아니할 수 있는 대상물 5개를 쓰시오.

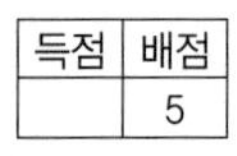

득점	배점
	5

해설

옥내소화전 방수구 설치제외 대상
(1) 냉장창고 중 온도가 영하인 **냉장실** 또는 냉동창고의 **냉동실**
(2) **고온의 노가 설치된 장소** 또는 물과 격렬하게 반응하는 물품의 저장 또는 취급 장소
(3) **발전소·변전소** 등으로서 전기시설이 설치된 장소
(4) **식물원·수족관·목욕실·수영장**(관람석 부분을 제외한다) 또는 그 밖의 이와 비슷한 장소
(5) **야외음악당·야외극장** 또는 그 밖의 이와 비슷한 장소

해답
(1) 냉장창고 중 온도가 영하인 냉장실 또는 냉동창고의 냉동실
(2) 고온의 노가 설치된 장소 또는 물과 격렬하게 반응하는 물품의 저장 또는 취급 장소
(3) 발전소·변전소 등으로서 전기시설이 설치된 장소
(4) 식물원·수족관·목욕실·수영장(관람석 부분은 제외) 또는 그 밖의 이와 비슷한 장소
(5) 야외음악당·야외극장 또는 그 밖의 이와 비슷한 장소

08

그림과 같이 연결송수구와 체크밸브 사이에 자동배수밸브를 설치하는 이유에 대하여 설명하시오.

득점	배점
	5

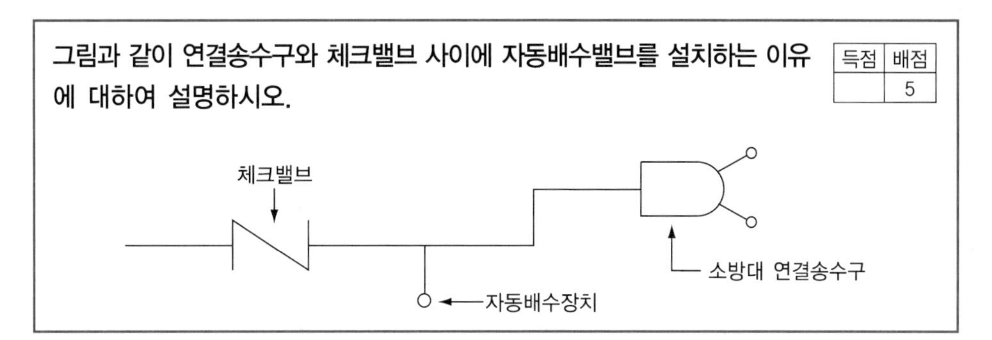

해답 소화 작업 후 배관 내에 고인 물을 자동으로 배수시켜 체크밸브와 연결송수구 사이에 배관의 부식 및 동파를 방지하기 위하여 설치한다.

09

할로겐화합물 및 불활성기체 소화설비의 저장용기 재충전 또는 교체기준을 쓰시오.

득점	배점
	5

해설

할로겐화합물 및 불활성기체 소화약제

(1) **용어 정의**(할로겐화합물 및 불활성기체 소화설비의 화재안전기준 제3조)

① 할로겐화합물 및 불활성기체 : 할로겐화합물(할론 1301, 할론 2402, 할론 1211은 제외) 및 불활성기체로서 전기적으로 비전도성이며 휘발성이 있거나 증발 후 잔여물을 남기지 않는 소화약제

② 할로겐화합물 소화약제 : 플루오린, 염소, 브롬 또는 아이오딘 중 하나 이상의 원소를 포함하고 있는 유기화합물을 기본성분으로 하는 소화약제

③ 불활성기체(다른 원소와 화학반응을 일으키기 어려운 기체) 소화약제 : 헬륨, 네온, 아르곤 또는 질소가스 중 하나 이상의 원소를 기본성분으로 하는 소화약제

(2) 할로겐화합물 및 불활성기체 소화설비를 설치해서는 안 되는 장소(할로겐화합물 및 불활성기체 소화설비의 화재안전기준 제5조)

① 사람이 상주하는 곳으로서 제7조 제2항의 최대허용설계농도를 초과하는 장소

② 위험물안전관리법 시행령 [별표 1]의 제3류위험물 및 제5류위험물을 사용하는 장소(다만, 소화성능이 인정되는 위험물은 제외한다)

(3) **저장용기 재충전** 또는 **교체기준**(할로겐화합물 및 불활성기체 소화설비의 화재안전기준 제6조)

① 할로겐화합물 소화약제 : 저장용기의 약제량 손실이 5[%]를 초과하거나 압력손실이 10[%]를 초과할 경우에는 재충전하거나 저장용기를 교체할 것

② 불활성기체 소화약제 : 저장용기의 압력손실이 5[%]를 초과할 경우 재충전하거나 저장용기를 교체할 것

해답 (1) 할로겐화합물 소화약제 : 저장용기의 약제량 손실이 5[%]를 초과하거나 압력손실이 10[%]를 초과할 경우에는 재충전하거나 저장용기를 교체할 것

(2) 불활성기체 소화약제 : 저장용기의 압력손실이 5[%]를 초과할 경우 재충전하거나 저장용기를 교체할 것

10

다음 물음에 화재안전기준에 맞게 답하시오.

득점	배점
	6

(1) 특정소방대상물인 의료시설에 설치하여야 하는 피난기구를 층별로 구분하여 답하시오.

① 지상3층

② 지상4층 이상 10층 이하

(2) 피난기구 설치 시 개구부에 관련되는 사항으로 ( ) 안에 적당한 답을 쓰시오.

> 피난기구는 계단・피난구 기타 피난시설로부터 적당한 거리에 있는 안전한 구조로 된 피난 또는 소화활동상 유효한 개구부[가로(①)[m] 이상 세로 (②)[m] 이상인 것을 말한다. 이 경우 개부구 하단이 바닥에서 (③)[m] 이상이면 발판 등을 설치하여야 하고, 밀폐된 창문은 쉽게 파괴할 수 있는 파괴장치를 비치하여야 한다]에 고정하여 설치하거나 필요한 때에 신속하고 유효하게 설치할 수 있는 상태에 둘 것

해설

(1) 소방대상물의 설치장소별 피난기구의 적응성(제4조제1항관련)

설치장소별 구분 \ 층 별	지하층	1층	2층	3층	4층 이상 10층 이하
1. 노유자시설	피난용트랩	미끄럼대・구조대・피난교・다수인피난장비・승강식피난기	미끄럼대・구조대・피난교・다수인피난장비・승강식피난기	미끄럼대・구조대・피난교・다수인피난장비・승강식피난기	피난교・다수인피난장비・승강식피난기
2. 의료시설・근린생활시설 중 입원실이 있는 의원・접골원・조산원	피난용트랩	–	–	미끄럼대・구조대・피난교・피난용트랩・다수인피난장비・승강식피난기	구조대・피난교・피난용트랩・다수인피난장비・승강식피난기
3. 「다중이용업소의 안전관리에 관한 특별법 시행령」 제2조에 따른 다중이용업소로서 영업장의 위치가 4층 이하인 다중이용업소	–	–	미끄럼대・피난사다리・구조대・완강기・다수인피난장비・승강식피난기	미끄럼대・피난사다리・구조대・완강기・다수인피난장비・승강식피난기	미끄럼대・피난사다리・구조대・완강기・다수인피난장비・승강식피난기
4. 그 밖의 것	피난사다리・피난용트랩	–	–	미끄럼대・피난사다리・구조대・완강기・피난교・피난용트랩・간이완강기・공기안전매트・다수인피난장비・승강식피난기	피난사다리・구조대・완강기・피난교・간이완강기・공기안전매트・다수인피난장비・승강식피난기

※ 비고 : 간이완강기의 적응성은 숙박시설의 3층 이상에 있는 객실에, 공기안전매트의 적응성은 공동주택(공동주택관리법 시행령 제2조의 규정에 해당하는 공동주택)에 한한다.

(2) 피난기구의 설치기준

① 피난기구는 계단·피난구 기타 피난시설로부터 적당한 거리에 있는 안전한 구조로 된 피난 또는 소화활동상 유효한 **개구부(가로 0.5[m] 이상 세로 1[m] 이상인 것**을 말한다. 이 경우 개부구 하단이 **바닥에서 1.2[m] 이상이면 발판 등을 설치**하여야 하고, 밀폐된 창문은 쉽게 파괴할 수 있는 파괴장치를 비치하여야 한다)에 고정하여 설치하거나 필요한 때에 신속하고 유효하게 설치할 수 있는 상태에 둘 것

② 피난기구를 설치하는 개구부는 서로 동일직선상이 아닌 위치에 있을 것. 다만, 피난교·피난용트랩·간이완강기·아파트에 설치되는 피난기구(다수인 피난장비는 제외한다) 기타 피난 상 지장이 없는 것에 있어서는 그러하지 아니하다.

③ 피난기구는 소방대상물의 기둥·바닥·보 기타 구조상 견고한 부분에 볼트조임·매입·용접 기타의 방법으로 견고하게 부착할 것

④ 4층 이상의 층에 피난사다리(하향식 피난구용 내림식사다리는 제외한다)를 설치하는 경우에는 금속성 고정사다리를 설치하고, 해당 고정사다리에는 쉽게 피난할 수 있는 구조의 노대를 설치할 것

⑤ 완강기는 강하 시 로프가 소방대상물과 접촉하여 손상되지 아니하도록 할 것

⑥ 완강기, 로프의 길이는 부착위치에서 지면 기타 피난상 유효한 착지 면까지의 길이로 할 것

⑦ 미끄럼대는 안전한 강하속도를 유지하도록 하고, 전락방지를 위한 안전조치를 할 것

⑧ 구조대의 길이는 피난 상 지장이 없고 안정한 강하속도를 유지할 수 있는 길이로 할 것

해답

(1) ① 지상3층 : 미끄럼대, 구조대, 피난교, 피난용트랩, 다수인피난장비, 승강식피난기
② 지상4층 이상 10층 이하 : 구조대, 피난교, 피난용트랩, 다수인피난 장비, 승강식피난기

(2) ① 0.5
② 1.0
③ 1.2

11

주거용 주방자동소화장치의 설치기준에 대한 설명이다. (   ) 안에 적당한 말을 쓰시오.

득점	배점
	4

탐지부는 수신부와 분리하여 설치하되, 공기보다 가벼운 가스를 사용하는 경우에는 (①)면으로부터 (②)[cm] 이하의 위치에 설치하고, 공기보다 무거운 가스를 사용하는 장소에는 (③)면으로부터 (④)[cm] 이하의 위치에 설치할 것

해설

주거용 주방자동소화장치의 설치기준

(1) 설치장소 : **아파트 등 및 30층 이상 오피스텔의 모든 층**

(2) 설치기준

① 소화약제 방출구는 환기구(주방에서 발생하는 열기류 등을 밖으로 배출하는 장치를 말한다)의 청소부분과 분리되어 있어야 하며, 형식승인 받은 유효설치 높이 및 방호면적에 따라 설치할 것

② 감지부는 형식승인 받은 유효한 높이 및 위치에 설치할 것

③ 차단장치(전기 또는 가스)는 상시 확인 및 점검이 가능하도록 설치할 것

④ 가스용 주방자동소화장치를 사용하는 경우 **탐지부**는 수신부와 분리하여 설치하되, **공기보다 가벼운 가스**를 사용하는 경우에는 **천장 면으로부터 30[cm] 이하**의 위치에 설치하고, **공기보다 무거운 가스**를 사용하는 장소에는 **바닥 면으로부터 30[cm] 이하**의 위치에 설치할 것
⑤ 수신부는 주위의 열기류 또는 습기 등과 주위온도에 영향을 받지 아니하고 사용자가 상시 볼 수 있는 장소에 설치할 것

해답 ① 천장
② 30
③ 바닥
④ 30

12

다음 조건을 참조하여 펌프의 NPSH(유효 흡입 양정)을 계산하고 캐비테이션의 발생유무를 쓰시오.

득점	배점
	8

조 건

- 흡입수두 : 3[m]
- 물의 포화증기압 : 2.33[kPa]
- 흡입배관 마찰손실수두 : 3.5[kPa]
- $NPSH_{re}$: 5
- 수조가 펌프보다 낮은 경우이다.

해설

유효흡입양정[부압수조방식(수조가 펌프보다 낮은 경우, 흡입일 때)]

$$NPSH_{av} = H_a - H_P - H_L - H_s$$

여기서, H_a = 대기압두(10.332[m])

H_P = 포화증기압두$\left(\frac{2.33[kPa]}{101.325[kPa]} \times 10.332[m] = 0.238[m]\right)$

H_L = 흡입관내 마찰손실수두$\left(\frac{3.5[kPa]}{101.325[kPa]} \times 10.332[m] = 0.357[m]\right)$

H_s = 흡입수두(3[m])

$\therefore NPSH_{av} = H_a - H_P - H_L - H_s = 10.332[m] - 0.238[m] - 0.357[m] - 3[m] = 6.737[m]$

[$NPSH_{av}$와 $NPSH_{re}$ 관계식]
㉠ 설계조건 : $NPSH_{av} \geqq NPSH_{re} \times 1.3$
㉡ 공동현상이 발생하는 조건 : $NPSH_{av} < NPSH_{re}$
㉢ 공동현상이 발생하지 않는 조건 : $NPSH_{av} > NPSH_{re}$

∴ 공동현상이 발생하지 않는 조건
= $NPSH_{av} > NPSH_{re}$ = 6.737[m] > 5[m]이므로 **공동현상이 발생하지 않는다.**

해답 (1) 6.74[m]
(2) 공동현상이 발생하지 않는다.

13

폐쇄형 헤드를 사용한 스프링클러 설비의 말단 배관 중 K점에 필요한 압력수의 수압을 주어진 조건을 이용하여 산정하시오.

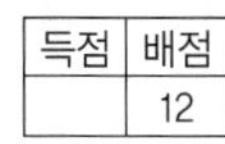

득점	배점
	12

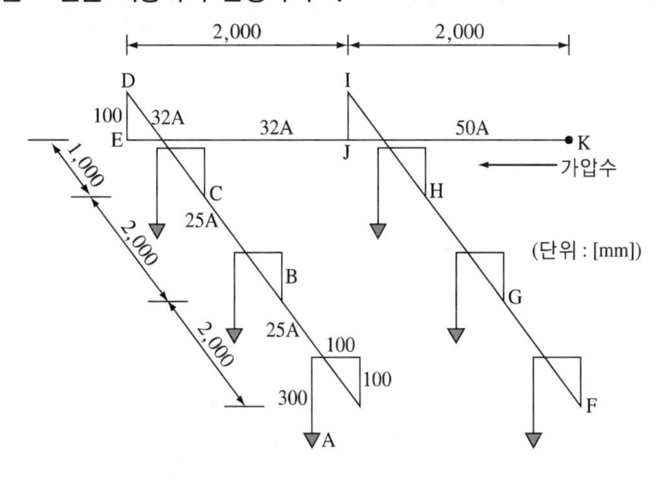

조 건

• 직관 마찰손실수두(100[m]당) (단위 : [m])

개 수	유 량	25A	32A	40A	50A
1	80[L/min]	39.82	11.38	5.40	1.68
2	160[L/min]	150.42	42.84	20.29	6.32
3	240[L/min]	307.77	87.66	41.51	12.93
4	320[L/min]	521.92	148.66	70.40	21.93
5	400[L/min]	789.04	224.75	106.31	32.99
6	480[L/min]		321.55	152.26	47.43

• 관이음쇠 마찰손실에 해당하는 직관 길이 (단위 : [m])

구 분	25A	32A	40A	50A
엘보(90°)	0.9	1.20	1.50	2.10
리듀서	0.54	0.72	0.90	1.20
티(직류)	0.27	0.36	0.45	0.60
티(분류)	1.50	1.80	2.10	3.00

• 헤드나사는 $PT\frac{1}{2}$(15A) 기준

• 헤드방사압은 0.1[MPa] 기준

• 수압산정에 필요한 계산과정을 상세히 명시할 것

해설

K점의 압력

구 간	관 경	유 량	직관 및 등가길이	마찰손실수두
K ~ J	50A	480[L/min] (헤드6개)	직관 : 2[m] 티(직류) 1EA×0.6[m]=0.6[m] 리듀서(50×32A) 1EA×1.2[m]=1.2[m] 총길이 : 3.8[m]	$3.8[m] \times \frac{47.43[m]}{100[m]}$ = 1.80[m]
J ~ C	32A	240[L/min] (헤드3개)	직관 : 2[m]+0.1[m]+1[m]=3.1[m] 엘보(90°) : 2EA×1.2=2.4[m] 티(직류) : 1EA×0.36[m]=0.36[m] 리듀서(32×25A) 1EA×0.72[m]=0.72[m] 총길이 : 6.58[m]	$6.58[m] \times \frac{87.66[m]}{100[m]}$ = 5.77[m]
C ~ B	25A	160[L/min] (헤드1개)	직관 : 2[m] 티(직류) : 1EA×0.27[m]=0.27[m] 총길이 : 2.27[m]	$2.27[m] \times \frac{150.42[m]}{100[m]}$ = 3.41[m]
B ~ A	25A	80[L/min] (헤드1개)	직관 : 2[m]+0.1[m]+0.1[m]+0.3[m]=2.5[m] 엘보(90°) : 3EA×0.9[m]=2.7[m] 리듀서(25×15A) : 1EA×0.54[m]=0.54[m] 총길이 : 5.74[m]	$5.74[m] \times \frac{39.82[m]}{100[m]}$ = 2.29[m]
총마찰손실수두				13.27[m]

(1) 총배관 마찰손실수두 : $13.27[\mathrm{m}] \Rightarrow \dfrac{13.27[\mathrm{m}]}{10.332[\mathrm{m}]} \times 101.325[\mathrm{kPa}] = 130.14[\mathrm{kPa}]$

(2) 헤드말단 최소방사압 수두 : 10[m]

(3) E ~ D 구간 입상수두 : 0.1[m]

(5) 헤드 A에서 수두 : $0.1[\mathrm{m}] - 0.3[\mathrm{m}] = -0.2[\mathrm{m}]$이므로

∴ K점에서 소요 압력수두

$$P = P_1 + P_2 + 101.325$$

$$= 130.14[\mathrm{kPa}] + \left[\frac{(-0.2+0.1)}{10.332} \times 101.325[\mathrm{kPa}]\right] + 101.325[\mathrm{kPa}] = 230.48[\mathrm{kPa}]$$

해답 230.48[kPa]

14

가로 20[m], 세로 10[m]인 특수가연물을 저장하는 창고에 포소화설비를 설치하고자 한다. 다음 조건에 따라 물음에 답하시오.

득점	배점
	12

조 건

- 포헤드를 정방형으로 설치한다.
- 포원액은 3[%] 수성막포이다.
- 전양정은 35[m], 효율은 65[%], 여유율은 10[%]이다.

물 음

(1) 포헤드의 수량은 몇 개인가?
(2) 수원의 저장량은 몇 $[m^3]$ 이상으로 하여야 하는가?
(3) 포원액의 양은 몇 [L] 이상으로 하여야 하는가?
(4) 전동기의 출력은 몇 [kW]인가?

해설

(1) 포헤드의 수량
정방형으로 배치한 경우

$$S = 2r\cos 45$$

여기서, S : 포헤드 상호 간 거리[m]　　r : 유효반경(2.1[m])

PLUS ONE
r : 유효반경(2.1[m])
포소화설비의 화재안전기준(NFSC 105) 제12조 참조

$S = 2 \times 2.1 \times \cos 45 = 2.97[m]$
① 가로 = 20[m] ÷ 2.97[m] = 6.73 ⇒ 7개
② 세로 = 10[m] ÷ 2.97[m] = 3.37 ⇒ 4개
∴ 헤드의 개수 = 7개×4개 = 28개

(2) 수원의 저장량
① 포헤드의 분당방사량

소방대상물	포 소화약제의 종류	바닥면적1$[m^2]$당 방사량
차고 · 주차장 및 항공기격납고	단백포 소화약제	6.5[L] 이상
	합성계면활성제포 소화약제	8.0[L] 이상
	수성막포 소화약제	3.7[L] 이상
소방기본법시행령 별표 2의 특수가연물을 저장 · 취급하는 소방대상물	단백포 소화약제	6.5[L] 이상
	합성계면활성제포 소화약제	6.5[L] 이상
	수성막포 소화약제	**6.5[L] 이상**

② 수 원
소방기본법시행령 별표 2의 **특수가연물**을 저장 · 취급하는 공장 또는 창고 : 포워터스프링클러설비 또는 포헤드설비의 경우에는 포워터스프링클러헤드 또는 포헤드(이하 "포헤드"라 한다)가 가장 많이 설치된 층의 포헤드(바닥면적이 $200[m^2]$를 초과한 층은 바닥면적 $200[m^2]$ 이내에 설치된 포헤드를 말한다)에서 동시에 표준방사량으로 **10분간** 방사할 수 있는 양 이상으로, 고정포방출설비의 경우에는 고정포방출구가 가장 많이 설치된 방호구역 안의 고정포방출구에서 표준방사량으로 10분간 방사할 수 있는 양 이상으로 한다. 이 경우 하나의 공장 또는 창고에 포워터스프링클러설비 · 포헤드설비 또는 고정포방출설비가 함께 설치된 때에는 각 설비별로 산출된 저수량 중 최대의 것을 그 특정소방대상물에 설치하여야 할 수원의 양으로 한다.

∴ 수원 = 면적×방사량×방사시간×농도
　= (20[m]×10[m])×6.5$[L/min \cdot m^2]$×10[min]×0.97 = 12,610[L] =12.61$[m^3]$

(3) 포원액의 양

∴ 원액의 양 = 면적×방사량×방사시간×농도

= (20[m]×10[m])×6.5[L/min·m^2]×10[min]×0.03 = 390[L]

(4) 전동기의 출력

$$P=\frac{0.163\times Q\times H}{\eta}\times K$$

여기서, P : 전동기동력[kW]

Q(유량) = (20×10)[m^2]×6.5[L/min·m^2] = 1,300[L/min] = 1.3[m^3/min]

H(전양정) = 35[m]

η (효율) = 0.65(65[%])

K(여유율) = 1.1(10[%])

$$\therefore\ P[\text{kW}]=\frac{0.163\times 1.3[\text{m}^3/\text{min}]\times 35[\text{m}]}{0.65}\times 1.1=12.55[\text{kW}]$$

해답

(1) 28개

(2) 12.61[m^3]

(3) 390[L]

(4) 12.55[kW]

제 4 회 2013년 11월 9일 시행

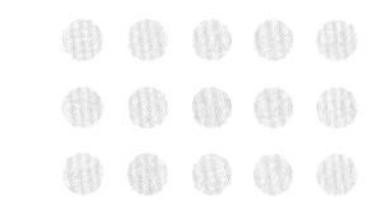

※ 다음 물음에 대한 답을 해당 답란에 답하시오.(배점 : 100)

01

바닥면적이 20[m]×30[m]일 때 특정소방대상물별 소화기구의 능력단위를 계산하시오.

득점	배점
	6

(1) 위락시설

(2) 판매시설

(3) 공연장(주요구조부가 내화구조이고 벽 및 반자의 실내에 면하는 부분이 불연재료이다)

해설

특정소방대상물별 소화기구의 능력단위기준

특정소방대상물	소화기구의 능력단위
1. **위락시설**	해당 용도의 바닥면적 **30[m^2]마다** 능력단위 1단위 이상
2. **공연장**·집회장·관람장·문화재·장례식장 및 의료시설	해당 용도의 바닥면적 **50[m^2]마다** 능력단위 1단위 이상
3. 근린생활시설·**판매시설**·운수시설·숙박시설·노유자시설·전시장·공동주택·업무시설·방송통신시설·공장·창고시설·항공기 및 자동차 관련 시설 및 관광휴게시설	해당 용도의 바닥면적 **100[m^2]마다** 능력단위 1단위 이상
4. 그 밖의 것	해당 용도의 바닥면적 200[m^2]마다 능력단위 1단위 이상

(주) 소화기구의 능력단위를 산출함에 있어서 건축물의 주요구조부가 내화구조이고, 벽 및 반자의 실내에 면하는 부분이 불연재료·준불연재료 또는 난연재료로 된 특정소방대상물에 있어서는 위 표의 **기준면적의 2배**를 해당 특정소방대상물의 기준면적으로 한다.

(1) 위락시설

$$\text{능력단위} = \frac{\text{바닥면적}}{\text{기준면적}}$$

$$\therefore \text{능력단위} = \frac{(20 \times 30)[m^2]}{30[m^2]} = 20\text{단위}$$

(2) 판매시설

$$\therefore \text{능력단위} = \frac{(20 \times 30)[m^2]}{100[m^2]} = 6\text{단위}$$

(3) 공연장(주요구조부가 내화구조이고 벽 및 반자의 실내에 면하는 부분이 불연재료이다)

$$\therefore \text{능력단위} = \frac{(20 \times 30)[m^2]}{50[m^2] \times 2\text{배}} = 6\text{단위}$$

해답 (1) 20단위
(2) 6단위
(3) 6단위

02

스프링클러 가압송수장치의 성능 시험을 위하여 오리피스로 시험한 결과 그림과 같이 수은주의 높이차가 500[mm]로 측정되었다. 이 오리피스를 통과하는 유량(L/s)은 얼마인가?(단, 수은의 비중은 13.6, 유량계수 C_o =0.94, 중력가속도 g =9.8[m/s^2]이다)

득점	배점
	5

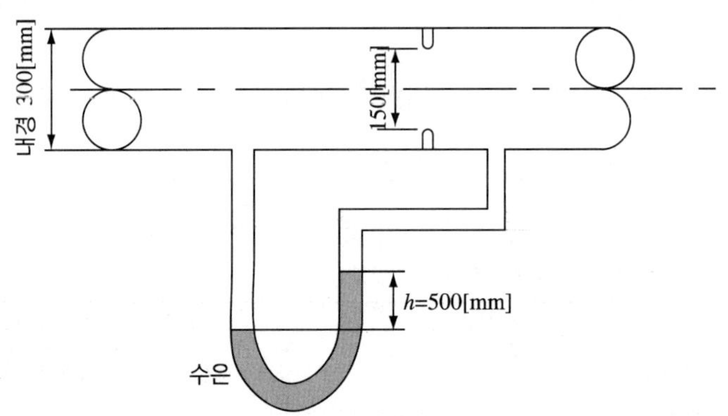

해설

유 량

$$Q = \frac{C_o A_2}{\sqrt{1-m^2}} \sqrt{2g \frac{(\gamma_1 - \gamma_2)}{\gamma_2} R}$$

(1) 유량계수 $C_o = 0.94$

(2) 면적 $A_2 = \frac{\pi}{4}(0.15[\mathrm{m}])^2$

(3) 개구비 $m = \frac{A_2}{A_1} = \left(\frac{D_2}{D_1}\right)^2 = \left(\frac{0.15}{0.3}\right)^2 = 0.25$

(4) 수은의 비중 $\gamma_1 = \gamma_w \times s = 1{,}000[\mathrm{kg_f/m^3}] \times 13.6 = 13{,}600[\mathrm{kg_f/m^3}]$

(5) 물의 비중 $\gamma_2 = 1{,}000[\mathrm{kg_f/m^3}]$

(6) 마노미터 읽음 R = 500[mm] = 0.5[m]

$$\therefore Q = \frac{0.94 \times \frac{\pi}{4}(0.15[\mathrm{m}])^2}{\sqrt{1-(0.25)^2}} \times \sqrt{2 \times 9.8 \times \frac{(13{,}600 - 1{,}000)}{1{,}000} \times 0.5}$$
$$= 0.1906[\mathrm{m^3/s}] = 190.6[\mathrm{L/s}]$$

해답 191[L/s]

03

경유를 저장하는 탱크의 내부직경이 40[m]인 플로팅루프(Floating Roof) 탱크에 포소화설비의 특형 방출구를 설치하여 방출하려고 할 때 다음 각 물음에 답하시오.

득점	배점
	10

조 건

- 소화약제는 3[%]용의 단백포를 사용하며 수용액의 분당 방출량은 8[L/m^2 · min]이고 방사시간은 20분으로 한다.
- 탱크내면과 굽도리판의 간격은 2.5[m]로 한다.
- 펌프의 효율은 65[%], 전동기 전달계수는 1.2로 한다.

물 음

(1) 상기탱크의 특형 방출구에 의하여 소화하는 데 필요한 수용액의 양, 수원의 양, 포소화 약제 원액의 양은 각각 얼마 이상이어야 하는가?(단위는 [L])

(2) 수원을 공급하는 가압송수장치의 분당 토출량[L/min]은 얼마 이상이어야 하는가?

(3) 펌프의 정격 전양정이 80[m]라고 할 때 전동기의 출력[kW]은 얼마 이상이어야 하는가?

해설

(1) Floating Roof Tank(FRT)의 경우 : 고정포방출방식 중 특형만 사용이 가능하고 상부 지붕이 유면에 떠 있는 상태로 전면에 포방출 시 지붕이 가라앉을 수도 있음

$$Q = A \times Q_1 \times T \times S$$

여기서, A : 탱크단면적[m^2] 산정 시 탱크 벽면과 굽도리판 사이에만 포를 방출하므로 양쪽 벽면을 고려해서 면적을 산정해야 함

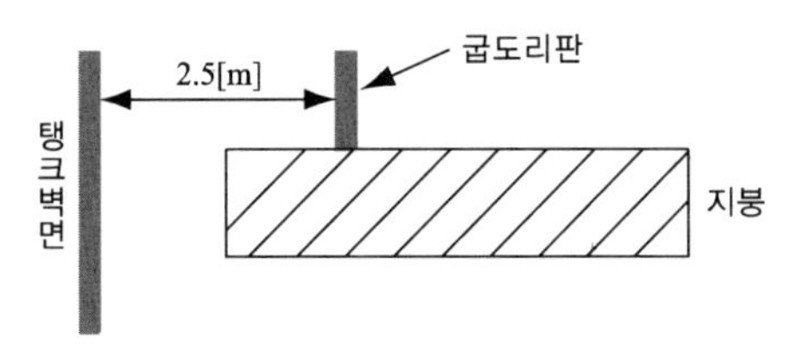

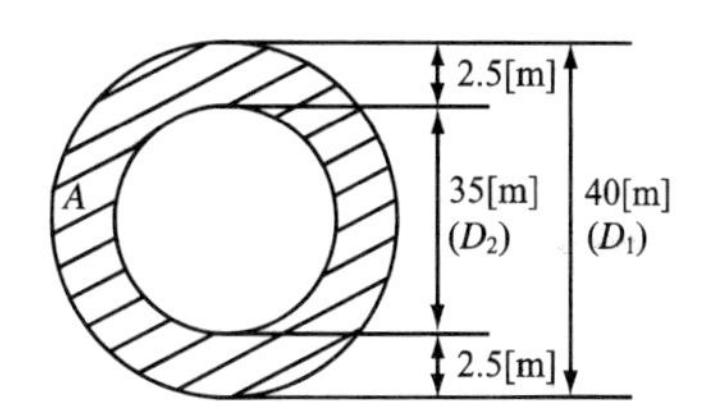

$A = \frac{\pi}{4}(D_1^2 - D_2^2) = \frac{\pi}{4}[(40[\text{m}])^2 - (35[\text{m}])^2] = 294.52[\text{m}^2]$

Q_F(포소화약제) $= 294.52[\text{m}^2] \times 8[\text{L/m}^2 \cdot \text{min}] \times 20[\text{min}] \times 0.03 = 1{,}413.70[\text{L}]$

Q_W(수원의 양) $= 294.52[\text{m}^2] \times 8[\text{L/m}^2 \cdot \text{min}] \times 20[\text{min}] \times 0.97 = 45{,}709.50[\text{L}]$

Q_T(수용액의 양) $= 45{,}709.50[\text{L}] + 1{,}413.70[\text{L}] = 47{,}123.20[\text{L}]$

∴ 포소화약제 1,413.70[L], 수원의 양 45,709.50[L], 수용액의 양 47,123.20[L]

(2) 20분간 방출하므로 분당 방출량

$47{,}123.20[\text{L}]/20[\text{min}] = 2{,}356.16[\text{L/min}]$

(3) 전동기 출력

$$P = \frac{0.163 \times Q \times H}{\eta} \times K$$

여기서, Q : 토출량$[\text{m}^3/\text{min}]$　　H : 전양정[m]
η : 전동기 효율　　K : 전달계수

$$\therefore\ P = \frac{0.163 \times Q \times H}{\eta} \times K = \frac{0.163 \times 2.356[\text{m}^3/\text{min}] \times 80[\text{m}]}{0.65} \times 1.2 = 56.72[\text{kW}]$$

해답 (1) ① 포소화약제 : 1,413.70[L]
② 수원의 양 : 45,709.50[L]
③ 수용액의 양 : 47,123.20[L]
(2) 2,356.16[L/min]
(3) 56.72[kW]

04

옥내소화전설비의 노즐에서 20분간 방수하면서 받아낸 소화수량을 측정하였더니 2,000[L]이었다. 이 노즐의 방수압[kPa]을 구하시오(단, 노즐의 구경은 20[mm]이다).

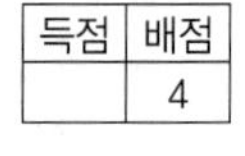

득점	배점
	4

해설

방수량

$$Q = 0.6597CD^2\sqrt{10P}$$

여기서 Q : 분당토출량(2,000[L]/[20min]=100[L/min])
C : 유량계수
D : 관경(또는 노즐구경)[mm]
P : 방수압력[MPa]

$$\therefore\ P = \frac{\left(\frac{Q}{0.6597 \times D^2}\right)^2}{10} = \frac{\left(\frac{100}{0.6597 \times 20^2}\right)^2}{10} = 0.01436[\text{MPa}] = 14.36[\text{kPa}]$$

해답 14.36[kPa]

05

어떤 특정소방대상물에 전기실, 발전기실 및 축전지실에 전역방출방식 이산화탄소 소화설비를 설치하려고 한다. 화재안전기준과 주어진 조건에 의하여 다음 각 물음에 답하시오.

득점	배점
	10

조 건

- 소화설비는 고압식으로 한다.
- 전기실의 크기 : 가로 5[m] × 세로 6[m] × 높이 4[m]
  전기실의 개구부크기 : 1[m] × 1[m] × 1개소(자동폐쇄장치 있음)
- 발전기실의 크기 : 가로 4[m] × 세로 4[m] × 높이 4[m]
  발전기실의 개구부크기 : 0.5[m] × 1[m] × 1개소(자동폐쇄장치 미설치)
- 축전지실의 크기 : 가로 6[m] × 세로 6[m] × 높이 4[m]
  축전지실의 개구부 크기 : 1[m] × 1[m] × 1개소(자동폐쇄장치 미설치)
- 가스용기 1본당 충전량은 45[kg]이다.
- 가스저장용기는 공용으로 한다.
- 가스량은 다음 표를 이용하여 산출한다.

방호구역의 체적[m^3]	소화약제의 양[kg/m^3]	소화약제 저장량의 최저한도[kg]
50 이상 ~ 150 미만	0.9	45
150 이상 ~ 1,500 미만	0.8	135

※ 개구부 가산량은 5[kg/m^2]으로 계산한다.

물 음

(1) 각 방호구역별로 필요한 가스용기의 본수는 몇 병인가?
(2) 전기실과 발전기실의 선택밸브 직후의 유량은 몇 [kg/s]인가?
(3) 저장용기의 내압시험 압력은 몇 [MPa]인가?
(4) 저장용기와 선택밸브 또는 개폐밸브 사이에는 내압시험 압력의 몇 배에서 작동하는 안전장치를 설치하여야 하는가?
(5) 분사헤드의 방출압력은 21[℃]에서 몇 [MPa] 이상이어야 하는가?
(6) 음향경보장치는 약제방사 개시 후 몇 분 동안 경보를 계속할 수 있어야 하는가?
(7) 가스용기의 개방밸브는 작동방식에 따른 분류 2가지는 무엇인가?

해설

(1) 가스용기의 본수
약제저장량[kg]
=방호구역체적[m^3]×소요약제량[kg/m^3] + 개구부면적[m^2]×개구부가산량[kg/m^2]

① 전기실 약제저장량= (5[m]×6[m]×4[m]) × 0.9[kg/m^3] = 108[kg]
∴ 저장용기수= 108[kg]/45[kg] = 2.4병 ⇒ 3병

② 발전기실 약제저장량
= [(4[m]×4[m]×4[m]) × 0.9[kg/m^3]] + [0.5[m]×1[m]×5[kg/m^2]] = 60.1[kg]
∴ 저장용기수= 60.1[kg]/45[kg] = 1.34 ⇒ 2병

③ 축전실 약제저장량

$=[(6[m]\times 6[m]\times 4[m])\times 0.9[kg/m^3]]+[(1[m]\times 1[m]\times 5[kg/m^2]]=134.6[kg]$

∴ 저장용기수$=134.6[kg]/45[kg]=2.99\Rightarrow 3$병

(2) 선택밸브 직후의 유량

[방출시간]

소방대상물		시 간
전역방출방식	가연성액체 또는 가연성가스등 **표면화재 방호 대상물**	1분
	종이, 목재, 석탄, 섬유류, 합성수지류 등 심부화재 방호대상물 (설계농도가 2분 이내에 30[%] 도달)	7분
국소방출방식		30초

① 전기실 : $135[kg](45[kg]\times 3$병$)/60[s]=2.25[kg/s]$

② 발전기실 : $90[kg](45[kg]\times 2$병$)/60[s]=1.5[kg/s]$

(3) 저장용기의 내압시험압력

고압식	저압식
25[MPa] 이상	3.5[MPa] 이상

(4) 안전장치의 작동압력

이산화탄소 소화약제 저장용기와 선택밸브 또는 개폐밸브 사이에는 **내압시험 압력의 0.8배**에서 작동하는 안전장치를 설치할 것

(5) 분사헤드의 방출압력

고압식	저압식
2.1[MPa] 이상	1.05[MPa] 이상

(6) 음향경보장치의 방사시간

소화약제의 방사개시 후 1분 이상까지 경보를 계속할 수 있는 것으로 할 것

(7) 개방밸브의 작동방식

① 전기식 : 솔레노이드밸브를 용기밸브에 부착하여 화재 발생 시 감지기의 작동에 의하여 수신기의 기동출력이 솔레노이드에 전달되어 파괴침이 용기밸브의 봉판을 파괴하여 약제를 방출되는 방식으로 패키지 타입에 주로 사용하는 방식이다.

② 가스압력식 : 감지기의 작동에 의하여 솔레노이드 밸브의 파괴침이 작동하면 기동용기가 작동하여 가스압에 의하여 니들밸브의 니들핀이 용기 안으로 움직여 봉판을 파괴하여 약제를 방출되는 방식으로 일반적으로 주로 사용하는 방식이다.

③ 기계식 : 용기밸브를 기계적인 힘으로 개방시켜 주는 방식이다.

해답 (1) ① 전기실 : 3병
② 발전기실 : 2병
③ 축전지실 : 3병

(2) ① 전기실 : 2.25[kg/s]
② 발전기실 : 1.5[kg/s]

(3) 25[MPa] 이상

(4) 0.8배

(5) 2.1[MPa] 이상

(6) 1분

(7) 전기식, 기계식

06

부압수조방식인 옥내소화전설비의 펌프 주변의 계통도이다. 이 도면에서 잘못된 곳 5가지를 지적하고 바르게 정정하시오.

득점	배점
	10

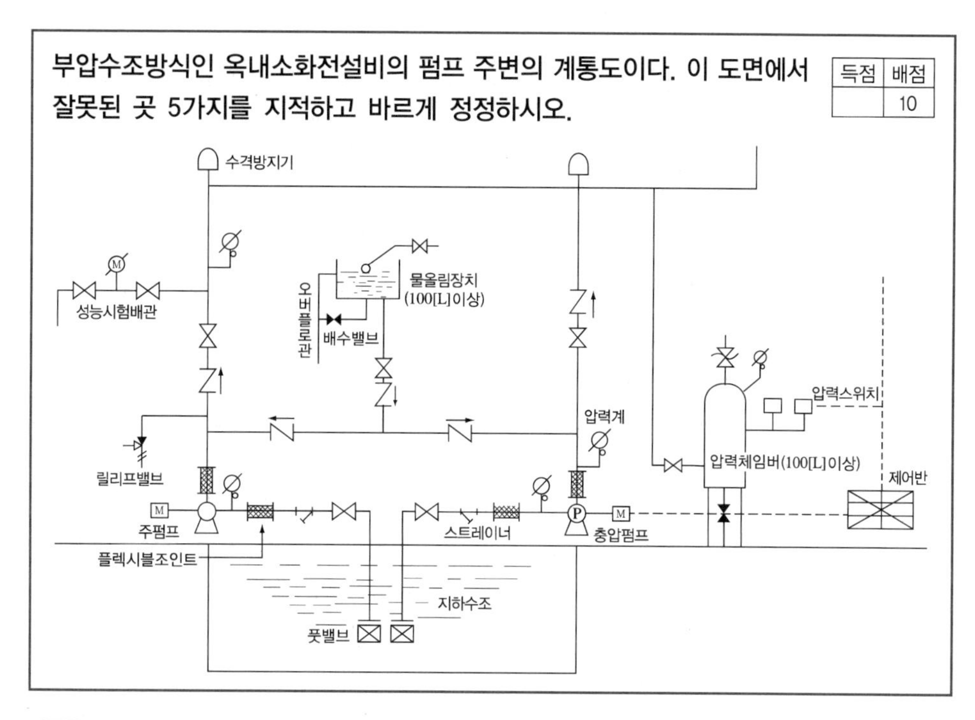

해설

(1) 옥내소화전설비의 계통도

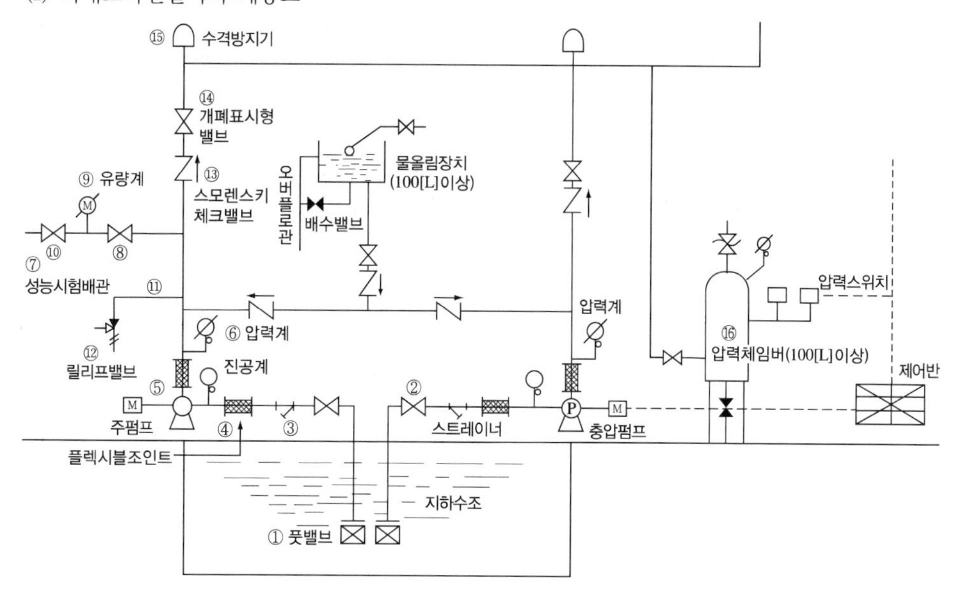

(2) 번호별 명칭 및 기능

번호	명 칭	기 능
①	풋밸브	여과 기능, 역류방지기능
②	개폐밸브	배관의 개·폐기능
③	스트레이너	흡입측 배관내의 이물질 제거(여과 기능)
④	플렉시블조인트	충격을 흡수하여 흡입측 배관의 보호
⑤	주펌프	소화수에 압력과 유속 부여
⑥	압력계	펌프의 토출측 압력 표시
⑦	성능시험배관	가압송수장치의 성능시험
⑧	개폐밸브	펌프 성능시험배관의 개·폐 기능
⑨	유량계	펌프의 유량 측정
⑩	유량조절밸브	펌프 성능시험배관의 개·폐 기능
⑪	순환배관	펌프의 체절운전 시 수온상승 방지
⑫	릴리프밸브	체절압력 미만에서 개방하여 압력수 방출
⑬	체크밸브	역류 방지, By-pass 기능, 수격작용방지
⑭	개폐표시형밸브	배관 수리 시 또는 펌프성능시험 시 개·폐 기능
⑮	수격방지기	펌프의 기동 및 정지 시 수격흡수 기능
⑯	기동용수압개폐장치 (압력체임버)	주펌프의 자동기동, 충압펌프의 자동기동 및 자동정지 기능, 압력변화에 따른 완충 작용, 압력변동에 따른 설비보호

해답

위 치	잘못된 부분	수정한 부분
주펌프의 흡입측	압력계 설치	진공계(연성계) 설치
충압펌프의 흡입측	압력계 설치	진공계(연성계) 설치
충압펌프의 주배관	개폐밸브 → 체크밸브의 순으로 설치	체크밸브 → 개폐밸브의 순으로 설치
주펌프의 성능시험배관 분기점	개폐밸브 이후에 분기	개폐밸브 이전에 분기
주펌프의 압력계	개폐밸브 이후에 압력계 설치	체크밸브 이전에 펌프토출측 플랜지 에서 가까운 곳에 압력계 설치

07

수리계산으로 배관의 유량과 압력을 해설할 때 동일한 지점에서 서로 다른 2개의 유량과 압력이 산출될 수 있으며 이런 경우에는 유량과 압력을 보정해 주어야 한다. 그림과 같이 6개의 물분무헤드에서 소화수가 방출되고 있을 때 조건을 참조하여 다음 물음에 답하시오.

득점	배점
	10

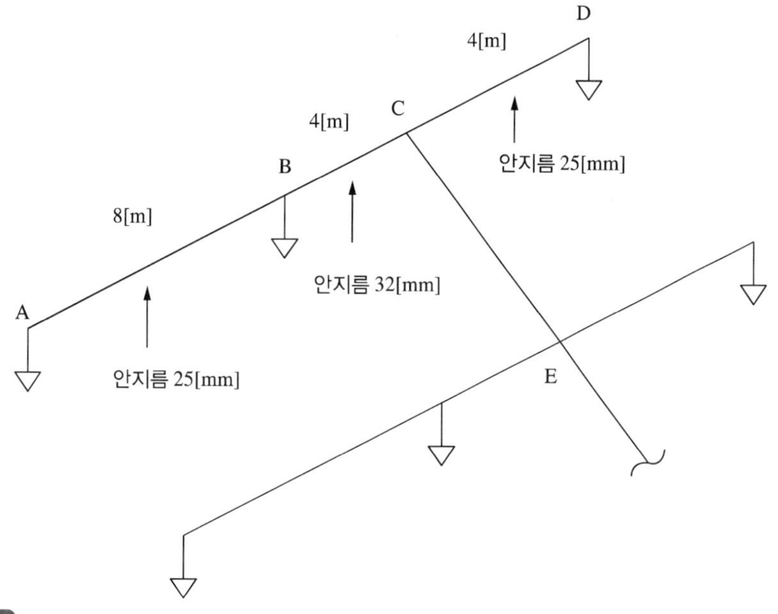

조 건

- A점의 방수압은 350[kPa], 유량은 60[L/min]이다.
- 각 헤드의 방출계수는 같다.
- 각 구간별 배관의 길이와 안지름은 다음과 같다.

구 분	A~B	B~C	C~D
배관길이	8[m]	4[m]	4[m]
배관 안지름	25[mm]	32[mm]	25[mm]

- 계산 시 동압은 무시한다.
- 직관 이외의 관로상 마찰손실은 무시한다.
- 직관의 마찰손실은 하젠-윌리엄스공식을 적용하며 조도계수는 100이다.

$$\Delta P = 6.053 \times 10^7 \times \frac{Q^{1.85}}{C^{1.85} \times d^{4.87}} \times L$$

단, ΔP : 배관의 마찰손실압력[MPa]
Q : 배관 내의 유량[L/min]
C : 조도계수(무차원)
d : 배관의 안지름[mm]
L : 배관의 길이[m]

물 음

(1) A지점 헤드에서 C지점까지의 경로 계산
① A~B 구간의 유량[L/min]과 마찰손실압력[kPa]을 구하시오.
② B지점 헤드의 압력[kPa]과 유량[L/min]을 구하시오.
③ B~C 구간의 유량[L/min]과 마찰손실압력[kPa]을 구하시오.
④ C지점 헤드의 압력[kPa]과 유량[L/min]을 구하시오.

(2) D지점 헤드의 유량과 압력이 A지점 헤드의 유량과 압력이 동일하다고 가정하고 D지점 헤드에서 C지점까지의 경로 계산
① D~C 구간의 유량[L/min]과 마찰손실압력[kPa]을 구하시오.
② C지점 헤드의 압력[kPa]과 유량[L/min]을 구하시오.

(3) A~C 경로에서 C지점과 D~C 경로에서 C지점에서는 유량과 압력이 서로 다르게 계산되므로 유량과 압력을 보정하여야 한다. 이 경우 D지점 헤드의 유량[L/min]을 얼마로 보정하여야 하는지 계산하시오.

(4) D지점 헤드의 유량을 (3)에서 구한 유량으로 보정하였을 때 C지점의 유량[L/min]과 압력[kPa]을 구하시오.

해설

(1) 계 산

① A~B 구간의 유량[L/min]과 마찰손실압력[kPa]

㉠ 유량 $Q_{A\sim B}$: 헤드가 하나이므로 60[L/min]

㉡ 마찰손실압력

$$P_{A\sim B} = 6.053\times10^7\times\frac{Q^{1.85}}{C^{1.85}\times d^{4.87}}\times L$$
$$= 6.053\times10^7\times\frac{60^{1.85}}{100^{1.85}\times25^{4.87}}\times8 = 29.29[\text{kPa}]$$

② B지점 헤드의 압력[kPa]과 유량[L/min]

㉠ 방사압력 P_B : 350 + 29.29 = 379.29[kPa]

㉡ 유량 $Q_B = K\sqrt{10P}$ $\quad K = \dfrac{Q}{\sqrt{10P}} = \dfrac{60}{\sqrt{10\times0.35}} = 32.07$

∴ 유량 $Q_B = K\sqrt{10P} = 32.07\times\sqrt{10\times0.37929} = 62.46[\text{L/min}]$

③ B ~ C구간의 유량[L/min]과 마찰손실압력[kPa]

㉠ 유량 $Q_{B\sim C} = Q_A + Q_B = 60+62.46 = 122.46[\text{L/min}]$

㉡ 마찰손실압력 $P_{B\sim C} = 6.053\times10^7\times\dfrac{122.46^{1.85}}{100^{1.85}\times32^{4.87}}\times4 = 16.47[\text{kPa}]$

④ C지점 헤드의 압력[kPa]과 유량[L/min]

㉠ 방사압력 P_C : 379.29 + 16.47 = 395.76[kPa]

㉡ 유량 : C점의 유량은 $Q_{B\sim C}$와 같은 122.46[L/min]

(2) C지점에서 D지점까지의 경로 계산

① D ~ C 구간의 유량[L/min]과 마찰손실압력[kPa]

㉠ 유량 $Q_{D\sim C}$: 헤드가 하나이므로 60[L/min]

㉡ 마찰손실압력 $P_{D\sim C} = 6.053 \times 10^7 \times \dfrac{60^{1.85}}{100^{1.85} \times 25^{4.87}} \times 4 = 14.64$[kPa]

② C지점 헤드의 압력[kPa]과 유량[L/min]

㉠ 방사압력 $P_C = P_D + P_{D\sim C} =$ 350 + 14.64 = 364.64[kPa]

㉡ 유량 : C점의 유량은 $Q_{D\sim C}$와 같은 60[L/min]

(3) D지점 헤드의 유량[L/min] 보정

$P_C = P_D + P_{C\sim D}$

395.76[kPa] $= P_D +$ 14.64[kPa]

$P_D =$ (395.76 − 14.64)[kPa] = 381.12[kPa]

$Q_D = K\sqrt{10P_D} = 32.07\sqrt{10 \times 0.38112[\text{MPa}]} = 62.61$[L/min]

(4) 유량 보정 시 C지점의 압력[kPa]과 유량[L/min]

① C지점의 유량

C지점의 유량 = $Q_{B\sim C} + Q_{D\sim C}$(보정한 유량) = 122.46 + 62.61 = 185.07[L/min]

② C지점의 압력

마찰손실압력 $P_{D\sim C} = 6.053 \times 10^7 \times \dfrac{62.61^{1.85}}{100^{1.85} \times 25^{4.87}} \times 4 = 15.84$[kPa]

∴ $P_C = P_D + P_{D\sim C} = 381.12 + 15.84 = 396.96$[kPa]

해답 (1) ① 유량 : 60[L/min], 마찰손실압력 : 29.29[kPa]
② 압력 : 379.29[kPa], 유량 : 62.46[L/min]
③ 유량 : 122.46[L/min], 마찰손실압력 : 16.47[kPa]
④ 압력 : 395.76[kPa], 유량 : 122.46[L/min]
(2) ① 유량 : 60[L/min], 마찰손실압력 : 14.64[kPa]
② 압력 : 364.64[kPa], 유량 : 60[L/min]
(3) 62.61[L/min]
(4) 유량 : 185.07[L/min], 압력 : 396.96[kPa]

08

어느 특정소방대상물의 실내용적이 500[m^3]이다. 40[℃] 때 실내산소의 농도를 10[%]로 하려면 필요한 이산화탄소는 몇 [kg]인가?(단, 0[℃], 1기압이다)

득점	배점
	5

해설

이산화탄소 소요량과 농도

$$탄산가스량(G) = \frac{21 - O_2}{O_2} \times V$$

여기서, O_2 = 연소한계 산소농도[%]　　V : 방호체적[m^3]

(1) 방출된 탄산가스량을 구하면

$$G = \frac{21 - 10}{10} \times 500[m^3] = 550[m^3]$$

(2) 부피(550[m^3])를 무게[kg]로 환산하면

$$PV = nRT = \frac{W}{M}RT$$

여기서, P : 압력(1[atm])　　V : 체적(550[m^3])
W : 무게[kg]　　M : 분자량(CO_2 : 44)
R : 기체상수(0.08205[atm · m^3/kg − mol · K])
T : 절대온도(273 + 0[℃] = 273[K])

$$\therefore W = \frac{PVM}{RT} = \frac{1[atm] \times 550[m^3] \times 44}{0.08205[atm\ m^3/kg - mol \cdot K] \times 273[K]} = 1,080.37[kg]$$

해답 1,080.37[kg]

09

식용유 및 지방질유 화재에는 분말소화약제 중 중탄산나트륨 분말 약제가 효과가 있다고 한다. 이 비누화현상과 효과에 대하여 설명하시오.

득점	배점
	5

해설

비누화현상 : 알칼리에 의하여 에스테르가 가수분해되어 알코올과 산의 알칼리염이 되는 반응으로 식용유 화재 시 질식효과와 억제효과를 나타낸다.

$$RCOOR' + NaOH \rightarrow RCOONa + R'OH$$

해답 (1) 비누화현상 : 알칼리에 의하여 에스테르가 가수분해되어 알코올과 산의 알칼리염이 되는 반응
(2) 효과 : 질식효과, 억제효과

10

습식 스프링클러설비를 아래의 조건을 이용하여 그림과 같이 9층 백화점 건물에 시공할 경우 다음 물음에 답하시오.

득점	배점
	10

조 건

- 배관 및 부속류의 마찰손실수두는 실양정의 40[%]이다.
- 펌프의 연성계 눈금은 −0.05[MPa]이다.
- 펌프의 체적효율(η_v) = 0.95, 기계효율(η_m) = 0.9, 수력효율(η_h) = 0.8이다.
- 전동기의 전달계수(K)는 1.2이다.

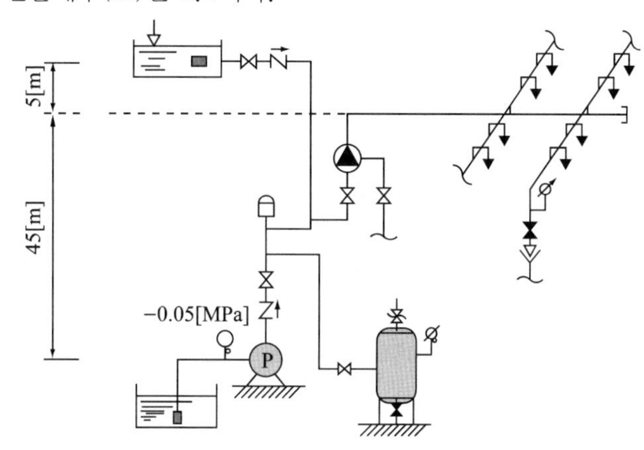

물 음

(1) 주펌프의 양정[m]을 구하시오.
(2) 주펌프의 토출량[L/min]을 구하시오.
(3) 주펌프의 효율[%]을 구하시오.
(4) 주펌프의 모터동력[kW]을 구하시오.

해설

(1) 양 정

$$H = h_1 + h_2 + 10$$

여기서, H : 전양정[m]

h_1 : 실양정(흡입양정+토출양정=5.1[m]+45[m]=50.1[m])

흡입양정 : $\dfrac{0.05[\text{MPa}]}{0.1013[\text{MPa}]} \times 10.332[\text{m}] = 5.1[\text{m}]$

h_2 : 배관마찰손실수두[m]=50.1×0.4=20.04[m]

$\therefore\ H = 50.1[\text{m}] + 20.04[\text{m}] + 10 = 80.14[\text{m}]$

(2) 토출량

$$Q = N \times 80[\text{L/min}]$$

여기서, N : 헤드 수(백화점 : 30개)

[헤드의 기준개수]

<table>
<tr><th colspan="3">소방대상물</th><th>헤드의 기준개수</th></tr>
<tr><td rowspan="6">지하층을 제외한 층수가 10층 이하인 소방대상물</td><td rowspan="2">공장 또는 창고
(랙식 창고 포함)</td><td>특수가연물을 저장, 취급하는 것</td><td>30</td></tr>
<tr><td>그 밖의 것</td><td>20</td></tr>
<tr><td rowspan="2">근린생활시설, 판매시설, 운수시설, 복합건축물</td><td>판매시설 또는 복합건축물
(판매시설이 설치된 복합건축물을 말한다)</td><td>30</td></tr>
<tr><td>그 밖의 것</td><td>20</td></tr>
<tr><td rowspan="2">그 밖의 것</td><td>헤드의 부착높이가 8[m] 이상의 것</td><td>20</td></tr>
<tr><td>헤드의 부착높이가 8[m] 미만의 것</td><td>10</td></tr>
<tr><td colspan="3">아파트</td><td>10</td></tr>
<tr><td colspan="3">지하층을 제외한 층수가 11층 이상인 소방대상물(아파트를 제외한다) 지하가 또는 지하역사</td><td>30</td></tr>
</table>

$\therefore Q = 30$개 $\times 80[\mathrm{L/min}] = 2{,}400[\mathrm{L/min}]$

(3) 효 율

전체효율(η)=체적효율(η_v)×기계효율(η_m)×수력효율(η_h)

$= 0.95 \times 0.9 \times 0.8 = 0.684 \times 100 = 68.4[\%]$

(4) 모터동력

$$P[\mathrm{kW}] = \frac{0.163 \times Q \times H}{\eta} \times K$$

여기서, Q : 유량[$\mathrm{m^3/min}$]　　H : 전양정[m]

η : 전체효율　　K : 전달계수

$$\therefore P[\mathrm{kW}] = \frac{0.163 \times 2.4[\mathrm{m^3/min}] \times 80.14[\mathrm{m}]}{0.684} \times 1.2 = 55.00[\mathrm{kW}]$$

해답 (1) 80.14[m] (2) 2,400[L/min]
(3) 68.4[%] (4) 55.00[kW]

11

지상 10층의 백화점 건물에 옥내소화전설비를 화재안전기준 및 조건에 따라 설치했을 때 각 물음에 답하시오.

득점	배점
	10

조 건

- 옥내소화전은 1층부터 5층까지는 각층에 7개, 6층부터 10층까지는 각층에 5개가 설치되었다고 한다.
- 펌프의 풋밸브에서 10층의 옥내소화전 방수구까지 수직거리는 40[m]이고 배관상 마찰손실(소방용 호스제외)은 20[m]로 한다.
- 소방용 호스의 마찰손실은 100[m]당 26[m]로 하고 호스 길이는 15[m], 수량은 2개이다.
- 계산 과정상 π=3.14로 한다.

물 음

(1) 펌프의 최소토출량[m^3/min]은 얼마인가?
(2) 수원의 최소 유효저수량[m^3]은 얼마인가?
(3) 옥상수조에 저장하여야 할 최소 유효저수량[m^3]은 얼마인가?
(4) 전양정[m]은 얼마인가?
(5) 펌프의 모터동력[kW]은 얼마 이상인가?(단, 펌프의 효율은 60[%]이다)
(6) 소방용 호스 노즐의 방사 압력을 측정한 결과 0.25[MPa]이었다. 10분간 방사 시 방사량[L]을 산출하시오
(7) 펌프의 토출측 주배관의 관경[mm]은 얼마 이상이어야 하는가?(단, 배관 내 유속은 4[m/s] 이하)

해설

(1) 최소토출량

$$Q = N(\text{최대 5개}) \times 130[\text{L/min}]$$

$\therefore Q = 5\text{개} \times 130[\text{L/min}] = 650[\text{L/min}] = 0.65[\text{m}^3/\text{min}]$

(2) 유효저수량

$$Q = N(\text{최대 5개}) \times 2.6[\text{m}^3]$$

$\therefore Q = 5\text{개} \times 2.6[\text{m}^3] = 13[\text{m}^3]$

PLUS ONE **수 원**

- 29층 이하 = N(최대 5개)×2.6[m³](호스릴 옥내소화전설비를 포함)
  (130[L/min]×20[min] = 2,600[L]=2.6[m³])
- 30층 이상 49층 이하 = N(최대 5개)×130[L/min]×40[min] = 5,200[L] = 5.2[m³]
- 50층 이상 = N(최대 5개)×130[L/min]×60[min] = 7,800[L] = 7.8[m³]

(3) 옥상수조에 저장하여야 할 최소유효저수량

$$\therefore \text{옥상주조저수량} = \frac{13[\text{m}^3]}{3} = 4.33[\text{m}^3]$$

(4) 전양정

$$H = h_1 + h_2 + h_3 + 17$$

여기서, H : 전양정[m]
h_1 : 실양정(40[m])
h_2 : 배관마찰손실수두(20[m])
h_3 : 소방호스마찰손실수두(15[m]/개×2개× $\frac{26[\text{m}]}{100[\text{m}]}$ = 7.8[m])

$$\therefore H = 40[\text{m}] + 20[\text{m}] + 7.8[\text{m}] + 17 = 84.8[\text{m}]$$

(5) 모터동력

$$P[\text{kW}] = \frac{0.163 \times Q \times H}{\eta} \times K$$

여기서, P : 모터동력[kW]
Q : 유량[m³/min]
H : 전양정[m]
η : 효율
K : 전달계수

$$\therefore P = \frac{0.163 \times 0.65[\text{m}^3/\text{min}] \times 84.8[\text{m}]}{0.6} = 14.97[\text{kW}]$$

(6) 방사량

$$Q = 0.6597\,CD^2\sqrt{10P}$$

여기서, Q : 유량[L/min]
C : 유량계수
D : 직경(옥내소화전 노즐 : 13[mm])
P : 방사압력[MPa]

$$Q = 0.6597 \times (13[\text{mm}])^2 \times \sqrt{10 \times 0.25[\text{MPa}]} \times 10[\text{min}] = 1{,}762.80[\text{L}]$$

(7) 주배관의 관경

$$Q = uA = u \times \frac{\pi}{4}D^2$$

$$\therefore D = \sqrt{\frac{4Q}{\pi u}} = \sqrt{\frac{4 \times 0.65[\text{m}^3]/60[\text{s}]}{\pi \times 4[\text{m/s}]}} = 0.0587[\text{m}] = 58.7[\text{mm}] \Rightarrow 65[\text{mm}]$$

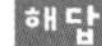

(1) 0.65[m³/min]
(2) 13[m³]
(3) 4.33[m³]
(4) 84.8[m]
(5) 14.97[kW]
(6) 1,762.80[L]
(7) 65[mm]

12

바닥면적 270[m^2], 높이 3.5[m]인 발전기실에 할로겐화합물 및 불활성 기체 소화설비를 설치하려고 한다. 다음 조건을 참고하여 물음에 답하시오.

득점	배점
	10

조 건

- HCFC Blend A의 A급 소화농도는 7.2[%], B급 소화농도는 10[%]이다.
- IG-541의 A급 및 B급 소화농도는 32[%]로 한다.
- 선형상수를 이용하여 풀이한다(단, HCFC Blend A의 K_1은 0.2413, K_2는 0.00088을 적용하고 IG-541의 K_1은 0.65799, K_2는 0.00239을 적용한다).
- 방사 시 온도는 20[℃]를 기준으로 한다.
- HCFC Blend A의 용기는 68[L]용 50[kg]으로 하며 IG-541의 용기는 80[L]용 12.4[m^3]으로 적용한다.
- 발전기실의 연료는 유류를 사용한다.
- IG-541의 비체적은 0.707[m^3/kg]이다.

물 음

(1) 발전기실에 필요한 HCFC Blend A의 약제량[kg]과 용기의 병수는 몇 병인가?
(2) 발전기실에 필요한 IG-541의 약제량[m^3]과 용기의 병수는 몇 병인가?

해설

(1) HCFC Blend A의 약제량과 용기의 병수

① 약제량

$$W = \frac{V}{S} \times \left(\frac{C}{100 - C}\right)$$

여기서, W : 소화약제의 무게[kg]
V : 방호구역의 체적($270 \times 3.5 = 945$[m^3])
S : 소화약제별 선형상수($K_1 + K_2 \times t = 0.2413 + 0.00088 \times 20 = 0.2589$[$m^3$/kg])
C : 체적에 따른 소화약제의 설계농도[설계농도는 소화농도(%)에 안전계수(A · C급 화재 : 1.2, B급 화재 : 1.3)을 곱한 값]
∴ 설계농도는 발전기실에 경유를 사용하므로 소화농도 10[%] × 1.3 = 13[%]이다.
t : 방호구역의 최소예상온도(20[℃])

$$\therefore W = \frac{V}{S} \times \left(\frac{C}{100 - C}\right) = \frac{945}{0.2589} \times \frac{13}{100 - 13} = 545.41[\text{kg}]$$

② 용기의 병수

HCFC Blend A의 용기는 68[L]용 50[kg]으로 저장하므로

$$\therefore \text{용기의 병수} = \frac{545.41[\text{kg}]}{50[\text{kg}]} = 10.91\text{병} \Rightarrow 11\text{병}$$

(2) IG-541의 약제량과 용기의 병수

① 약제량

$$X = 2.303\left(\frac{V_S}{S}\right) \times \log\left(\frac{100}{100 - C}\right)$$

여기서, X : 공간체적당 더해진 소화약제의 부피[m^3/m^3]

S : 소화약제별 선형상수($K_1 + K_2 \times t = 0.65799 + 0.00239 \times 20 = 0.7058[m^3/kg]$)

C : 체적에 따른 소화약제의 설계농도[%][설계농도는 소화농도[%]에 안전계수 (A・C급 화재 : 1.2, B급 화재 : 1.3)을 곱한 값]

∴ 설계농도는 발전기실에 경유를 사용하므로 소화농도 32[%] × 1.3 = 41.6[%]이다.

V_S : 20[℃]에서 소화약제의 비체적(0.707[m^3/kg])

t : 방호구역의 최소예상온도(20[℃])

$$\therefore X = 2.303\left(\frac{V_s}{S}\right) \times \log\left(\frac{100}{100 - C}\right) = 2.303 \times \frac{0.707}{0.7058} \times \log\frac{100}{100 - 41.6} = 0.5389[m^3/m^3]$$

약제량 = 방호체적 × $X = 945[m^3] \times 0.5389[m^3/m^3] = 509.26[m^3]$

② 용기의 병수

IG-541의 용기는 80[L]용 12.4[m^3]으로 적용하므로

$$\therefore \text{용기의 병수} = \frac{509.26[m^3]}{12.4[m^3]/\text{병}} = 41.06\text{병} \Rightarrow 42\text{병}$$

(1) HCFC Blend A

① 약제량 : 545.41[kg]

② 용기의 병수 : 11병

(2) IG-541

① 약제량 : 509.26[m^3]

② 용기의 병수 : 42병

13

다음 그림을 보고 밸브의 명칭과 용도를 쓰시오.

득점	배점
	5

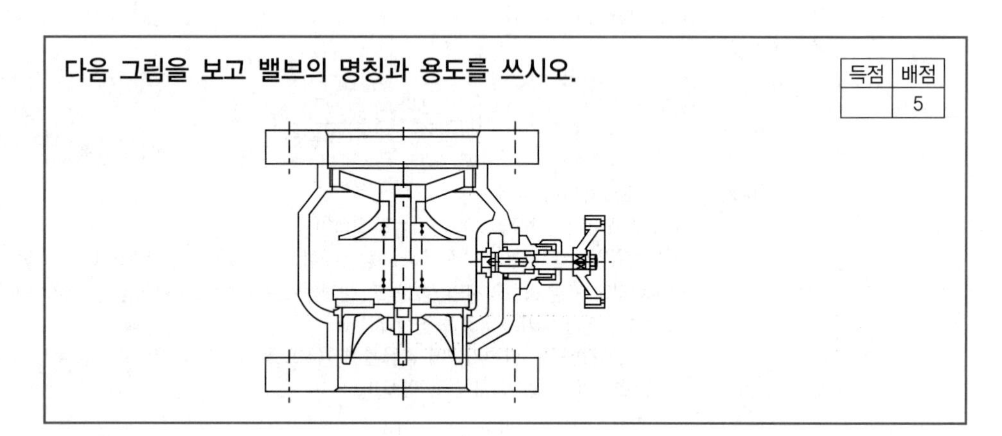

해설

스모렌스키 체크밸브

(1) 제조회사명을 밸브의 명칭으로 사용하며 서징현상에 강해 주배관용에 주로 사용한다.

(2) 토출측과 흡입측에 바이패스(By-pass)하는 밸브가 있어 수동으로 물을 역류할 수 있는 기능이 있다.

(3) 수평배관 및 수직배관에 모두 사용이 가능하다.

해답

(1) 스모렌스키 체크밸브

(2) 바이패스(By-pass)기능

제 1 회 2014년 4월 20일 시행

※ 다음 물음에 대한 답을 해당 답란에 답하시오.(배점 : 100)

01

다음 표의 빈 칸에 소방시설 도시기호의 명칭을 쓰시오.

득점	배점
	5

도시기호	명 칭	도시기호	명 칭

해설

도시기호 3-6

도시기호	명 칭	도시기호	명 칭
	유니언		플랜지
	플러그		맹플랜지
	캡		크로스
	가스체크밸브		체크밸브
	포헤드(입면도)		포헤드(평면도)
	감지헤드(평면도)		감지헤드(입면도)
	라인 프로포셔너		프레셔 사이드 프로포셔너
	프레셔 프로포셔너		옥외소화전

해답

도시기호	명 칭	도시기호	명 칭
	유니언		라인 프로포셔너
	가스체크밸브	H	옥외소화전
	포헤드(입면도)		

02

스프링클러 헤드의 반응시간지수(Response Time Index)를 식을 포함하여 간단히 설명하시오.

득점	배점
	5

해설

반응시간지수(RTI ; Response Time Index)

(1) 정의 : 기류의 온도, 속도 및 작동시간에 대하여 스프링클러 헤드의 반응을 예상하는 지수로서 RTI가 낮을수록 개방온도에 빨리 도달한다.

$$RTI = \tau\sqrt{u}$$

여기서, RTI : 반응시간지수[m · s]$^{0.5}$ τ : 감열체의 시간상수[s]
u : 기류의 속도[m/s]

(2) RTI값

① 조기반응 : 50 이하
② 특수반응 : 50 초과 80 이하
③ 표준반응 : 80 초과 350 이하

해답 기류의 온도, 속도 및 작동시간에 대하여 스프링클러 헤드의 반응을 예상하는 지수로서 RTI가 낮을수록 개방온도에 빨리 도달한다.

$$RTI = \tau\sqrt{u}$$

여기서, RTI : 반응시간지수[m · s]$^{0.5}$ τ : 감열체의 시간상수[s]
u : 기류의 속도[m/s]

03

특별피난계단의 계단실 및 부속실 제연설비에서 제연구역의 선정기준 4가지를 쓰시오.

득점	배점
	4

해설

제연구역의 선정기준

- 계단실 및 그 부속실을 동시에 제연하는 것
- 부속실만을 단독으로 제연하는 것

- 계단실 단독제연하는 것
- 비상용 승강기 승강장 단독 제연하는 것

> - 제연구역과 옥내 사이에 유지하여야 하는 최소차압은 40[Pa](옥내에 스프링클러설비가 설치된 경우에는 12.5[Pa] 이상으로 하여야 한다.
> - 제연설비가 가동되었을 경우 **출입문의 개방**에 **필요한 힘은 110[N] 이하**로 하여야 한다.

해답 (1) 계단실 및 그 부속실을 동시에 제연하는 것
(2) 부속실만을 단독으로 제연하는 것
(3) 계단실 단독제연하는 것
(4) 비상용 승강기 승강장 단독제연하는 것

04

플로팅루프 탱크(Floating Roof Tank)의 직경(내경)이 50[m]이며, 이 위험물 탱크에 다음 조건에 따라서 포소화설비를 설치할 경우 각 물음에 답하시오.

득점	배점
	7

조 건

- 굽도리판(Foam Dam)과 탱크 내벽의 간격은 1[m]이다.
- 사용약제는 단백포 3[%], 분당 방출량은 8[L/m^2 · min], 방사시간은 30분으로 한다.
- 수원을 공급하는 펌프의 효율은 65[%]이고, 전동기전달계수는 1.1이다.
- 포 혼합방식은 라인 프로포셔너방식이며, 기타 사항은 화재안전기준에 준한다.

물 음

(1) 탱크의 환상면적(포소화설비 포용면적[m^2]), 포수용액량[L], 포약제의 원액량[L], 수원의 양[L]을 구하시오.
① 탱크의 환상면적(계산과정 및 답) :
② 포수용액량(계산과정 및 답) :
③ 포원액량(계산과정 및 답) :
④ 수원의 양(계산과정 및 답) :
(2) 펌프의 전양정을 80[m]라 할 때 전동기 동력[kW]을 구하시오.

해설

(1) FRT 이므로 특형방출구 사용

$$Q_{\rm sol} = A \times Q_1 \times T$$

여기서, $Q_{\rm sol}$: 포수용액의 양[L]
A : 탱크단면적[m^2]
T : 방사시간[min]
Q_1 : 분당방출량[L/m^2 · min]

탱크의 환상면적 A는

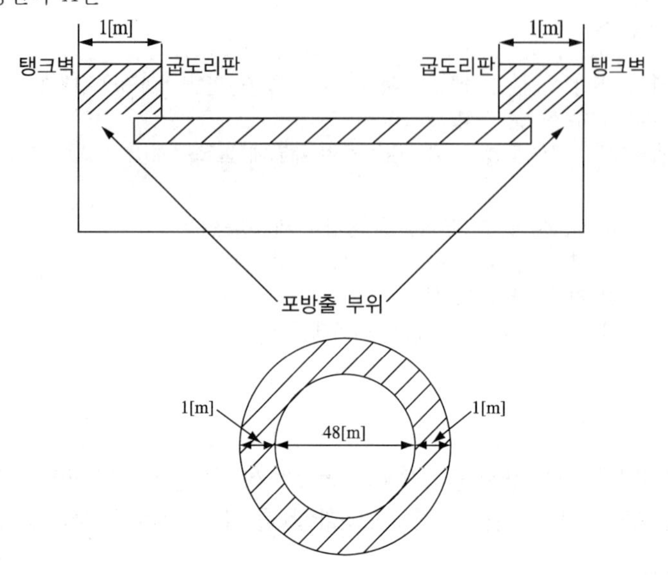

① 탱크의 환상면적 $A = \frac{\pi}{4}[(50[\mathrm{m}])^2 - (48[\mathrm{m}])^2] = 153.94[\mathrm{m}^2]$

② 포수용액량 $Q_{\mathrm{sol}} = A \times Q_1 \times T = 153.94[\mathrm{m}^2] \times 8[\mathrm{L/m^2} \cdot \mathrm{min}] \times 30[\mathrm{min}] = 36{,}945.6[\mathrm{L}]$

③ 포원액 $S_F = 36{,}945.6[\mathrm{L}] \times 0.03 = 1{,}108.37[\mathrm{L}]$

④ 수원 $S_W = 36{,}945.6[\mathrm{L}] \times 0.97 = 35{,}837.23[\mathrm{L}]$

(2) 전동기의 동력

$$P[\mathrm{kW}] = \frac{0.163 \times Q \times H}{\eta} \times K$$

여기서, Q(분당토출량)$= Q_{\mathrm{sol}} \div 30[\mathrm{min}]$

$= 36{,}945.6[\mathrm{L}] \div 30[\mathrm{min}] = 1{,}231.52[\mathrm{L/min}] = 1.23[\mathrm{m^3/min}]$

H : 전양정(80[m])

η : 효율(0.65)

K : 전달계수(1.1)

$$\therefore\ P[\mathrm{kW}] = \frac{0.163 \times 1.23[\mathrm{m^3/min}] \times 80[\mathrm{m}]}{0.65} \times 1.1 = 27.14[\mathrm{kW}]$$

해답 (1) ① 환상면적 : 153.94[m^2]

② 포수용액 : 36,945.6[L]

③ 포원액 : 1,108.37[L]

④ 수원 : 35,837.23[L]

(2) 27.14[kW]

05

할론 소화설비가 환경에 미치는 영향 때문에 할로겐화합물 및 불활성기체 소화설비로 대체되고 있는데 이와 관련하여 다음 각 물음에 답하시오.

득점	배점
	4점

(1) 할론 소화약제가 지구환경에 미치는 악영향 2가지를 쓰시오.

(2) 할로겐화합물 및 불활성기체 소화약제 중에서 연쇄반응 억제효과가 있는 소화약제는 방출시간을 10초 이내로 규정하고 있는데 이는 화재를 신속히 소화하기 위한 이유 이외에 다른 이유가 있다. 그중 하나를 간략히 쓰시오.

해설

(1) 할론 소화약제 미치는 영향

① 오존층 파괴 : 대기중에 방출된 할론가스가 성층권까지 상승하여 오존층을 파괴한다.

② 지구온난화 현상 : 할론이나 이산화탄소는 대기 중으로 방출하여 대기의 온도를 상승시켜 지구의 온난화현상을 초래한다.

① 오존 파괴지수(ODP)

어떤 물질의 오존파괴능력을 상대적으로 나타내는 지표

$$ODP = \frac{\text{어떤 물질 1[kg]이 파괴하는 오존량}}{\text{CFC}-11(\text{CFC}l_3)\ \text{1[kg]이 파괴하는 오존량}}$$

② 지구 온난화지수(GWP)

어떤 물질이 기여하는 온난화 정도를 상대적으로 나타내는 지표

$$GWP = \frac{\text{어떤 물질 1[kg]이 기여하는 온난화 정도}}{CO_2\ \text{1[kg]이 기여하는 온난화 정도}}$$

(2) 할로겐화합물 및 불활성기체 방출시간 10초로 제한하는 이유

약제방출 시 독성물질인 불화수소(HF) 등의 부산물의 생성을 최소화하여 인명의 안전을 도모하기 위하여 10초 이내로 제한한다.

해답

(1) 오존층파괴, 지구온난화현상

(2) 독성물질인 불화수소(HF) 등의 분해물질의 생성을 최소화하여 독성물질을 감소시켜 인명의 안전을 도모하기 위하여

06

습식 폐쇄형 스프링클러설비를 아래의 조건을 이용하여 8층의 백화점 건물에 설치할 경우 다음 물음에 답하시오.

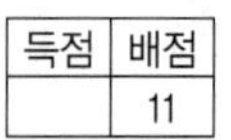

득점	배점
	11

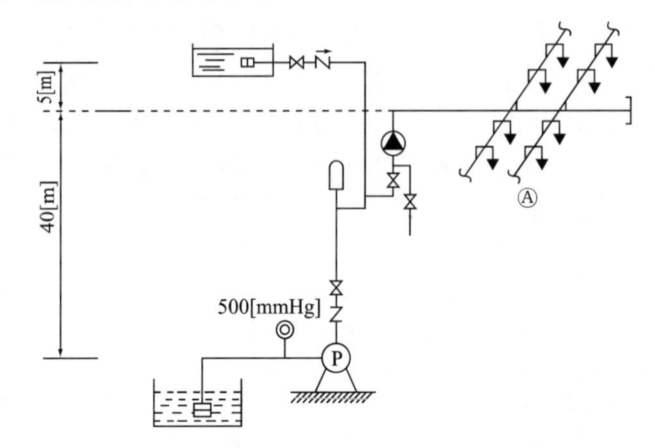

조 건

- 배관 및 부속류의 총 마찰손실수두는 펌프의 자연 낙차압의 40[%]이다.
- 지하수조의 풋밸브에서 펌프까지 필요한 흡입압력은 진공계 눈금에 나타난 500[mmHg]이다.
- 펌프의 체적효율(η_v)=0.95, 기계효율(η_m)=0.85, 수력효율(η_w)=0.75이다.
- 펌프의 동력전달계수(K)는 1.2이다.
- 이 백화점에서 스프링클러 헤드의 설치 수는 층별로 40개씩이다.

물 음

(1) 펌프에서 필요한 전양정[m]을 구하시오.

(2) 펌프의 최소 토출량[L/min]을 구하시오.

(3) 전동기에서 필요한 최소동력[kW]을 구하시오.

(4) 폐쇄형 스프링클러헤드의 선정은 설치장소의 최고주위온도에 따라 적절한 것을 선정해야 한다. 다음 표에서 나타난 설치장소의 최고 주위온도에 따라 설치해야 할 스프링클러 헤드의 표시온도범위 ①과 ②를 쓰시오.

설치장소의 최고주위온도	표시온도
39[℃] 미만	79[℃] 미만
39[℃] 이상 64[℃] 미만	①
64[℃] 이상 106[℃] 미만	②
106[℃] 이상	162[℃] 이상

(5) 화재안전기준에 따라 스프링클러설비의 수원은 유효수량의 1/3 이상을 옥상에 추가로 설치하여야 한다. 다만 특별한 경우 이를 설치하지 않아도 되는 예외사항이 있는데 다음에 제시한 예외사항 이외에 다른 3가지를 쓰시오.

① 지하층만 있는 건축물
② 화재안전기준에 따라 고가수조를 가압송수장치로 설치한 스프링클러설비

해설

(1) 펌프에서 필요한 전양정

$$H = h_1 + h_2 + 10$$

여기서, H : 전양정[m]
h_1 : 실양정{흡입양정+토출양정= $\left(\frac{500[\text{mmHg}]}{760[\text{mmHg}]} \times 10.332\right) + 40[\text{m}] = 46.797[\text{m}]$}
h_2 : 배관마찰손실수두{옥상수조로부터 낙차 (40+5)[m]×0.4=18[m]}

$\therefore\ H = 46.797[\text{m}] + 18[\text{m}] + 10 = 74.80[\text{m}]$

(2) 토출량

$$Q = N \times 80[\text{L/min}]$$

여기서, N : 헤드수(백화점 : 30개)

$\therefore\ Q = 30\text{개} \times 80[\text{L/min}] = 2{,}400[\text{L/min}]$

(3) 전동기 최소동력

PLUS ONE **동 력**

- 최소동력 $P_3 = \frac{\gamma\, Q\, H}{102 \times \eta} \times K$

여기서, γ : 비중량(1,000[kg_f/m^3]) Q : 유량[m^3/s]
H : 전양정[m] K : 전달계수

전효율(η_{Total})=체적효율(η_v)×기계효율(η_m)×수력효율(η_w)
$= 0.95 \times 0.85 \times 0.75 = 0.60562 \times 100 = 60.56[\%]$

$\therefore$ 최소동력

$$P_3 = \frac{\gamma QH}{102 \times \eta} \times K = \frac{1{,}000[\text{kg}_\text{f}/\text{m}^3] \times 2.4[\text{m}^3]/60[\text{s}] \times 74.8[\text{m}]}{102 \times 0.6056} \times 1.2 = 58.12[\text{kW}]$$

(4) 설치장소의 온도에 따른 표시온도

설치장소의 최고주위온도	표시온도
39[℃] 미만	79[℃] 미만
39[℃] 이상 64[℃] 미만	79[℃] 이상 121[℃] 미만
64[℃] 이상 106[℃] 미만	121[℃] 이상 162[℃] 미만
106[℃] 이상	162[℃] 이상

(5) 옥상에 1/3 설치 예외사항
① 지하층만 있는 건축물
② 고가수조를 가압송수장치로 설치한 스프링클러설비
③ 수원이 건축물의 최상층에 설치된 헤드보다 높은 위치에 설치된 경우

④ 건축물의 높이가 지표면으로부터 10[m] 이하인 경우
⑤ 주펌프와 동등 이상의 성능이 있는 별도의 펌프로서 내연기관의 기동과 연동하여 작동되거나 비상전원을 연결하여 설치한 경우
⑥ 화재안전기준에 따라 가압수조를 가압송수장치로 설치한 스프링클러설비

해답 (1) 74.80[m]
(2) 2,400[L/min]
(3) 58.12[kW]
(4) ① 79[℃] 이상 121[℃] 미만
② 121[℃] 이상 162[℃] 미만
(5) ① 수원이 건축물의 최상층에 설치된 헤드보다 높은 위치에 설치된 경우
② 건축물의 높이가 지표면으로부터 10[m] 이하인 경우
③ 주펌프와 동등 이상의 성능이 있는 별도의 펌프로서 내연기관의 기동과 연동하여 작동되거나 비상전원을 연결하여 설치한 경우

07

이산화탄소 소화설비의 화재안전기준에서 분사헤드를 설치하지 않아도 되는 장소 기준에 관하여 ( )의 ①~④에 알맞은 내용을 작성하시오.

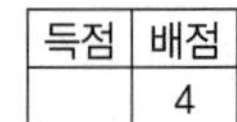

득점	배점
	4

물 음

(1) 방재실 · 제어실등 (①)(하)는 장소
(2) 나이트로셀룰로스 · 셀룰로이드제품 등 (②)을(를) 저장 · 취급하는 장소
(3) 나트륨 · 칼륨 · 칼슘 등 (③)을(를) 저장 · 취급하는 장소
(4) 전시장 등의 관람을 위하여 (④)(하)는 통로 및 전시실 등

해설

분사헤드 설치 제외 장소
(1) 방재실 · 제어실 등 **사람이 상시 근무**하는 장소
(2) 나이트로셀룰로스 · 셀룰로이드제품 등 **자기연소성물질**을 저장 · 취급하는 장소
(3) 나트륨 · 칼륨 · 칼슘 등 **활성금속물질**을 저장 · 취급하는 장소
(4) 전시장 등의 관람을 위하여 **다수인이 출입 · 통행**하는 통로 및 전시실 등

해답 (1) 사람이 상시 근무
(2) 자기연소성물질
(3) 활성금속물질
(4) 다수인이 출입 · 통행

08

옥상수조가 없는 13층의 백화점에 폐쇄형의 습식스프링클러 소화설비를 설치하려고 한다. 스프링클러설비를 작동하는 펌프의 전양정은 89[m]이며, 전동기의 효율은 60[%]일 때 다음을 구하시오(단, Sprinkler Head 설치개수는 각 층별로 50개씩이고, 전동기의 동력전달계수 1.1이다).

득점	배점
	5

물 음

(1) 펌프의 최소 토출량[m³/min]을 구하시오.
(2) 수원의 양[m³]을 구하시오.
(3) 펌프모터의 최소동력[kW]을 구하시오.

해설

(1) 최소 토출량

$$Q = N \times 80[\text{L/min}]$$

$\therefore\ Q = 30\text{개} \times 80[\text{L/min}] = 2{,}400[\text{L/min}] = 2.4[\text{m}^3/\text{min}]$

(2) 수원의 양

$$Q = N \times 1.6[\text{m}^3]$$

여기서, N : 헤드 수(11층 이상 : 30개)

$\therefore\ Q = 30\text{개} \times 1.6[\text{m}^3] = 48[\text{m}^3]$

(3) 전동기의 동력

$$P[\text{kW}] = \frac{\gamma Q H}{102 \times \eta} \times K$$

여기서, γ : 비중량(1,000[$\text{kg}_\text{f}/\text{m}^3$])
Q : 유량[m^3/s]
H : 전양정[m]
K : 전달계수
η : 효율[%]

$$\therefore\ P[\text{kW}] = \frac{\gamma Q H}{102 \times \eta} \times K = \frac{1{,}000[\text{kg}_\text{f}/\text{m}^3] \times 2.4[\text{m}^3]/60[\text{s}] \times 89[\text{m}]}{102 \times 0.6} \times 1.1$$
$$= 63.99[\text{kW}]$$

해답 (1) 2.4[m^3/min]
(2) 48[m^3]
(3) 63.99[kW]

09

아래 그림은 어느 거실에 대한 급기 및 배출풍도와 급기 및 배출 FAN을 나타내고 있는 평면도이다. 동일실 제연과 인접구역 상호 제연 시 댐퍼의 개방 및 폐쇄여부를 작성하시오[단, 각각의 괄호에 개방(혹은 열림) 또는 폐쇄(혹은 닫힘), ⊘ 표기는 댐퍼를 뜻함].

득점	배점
	6

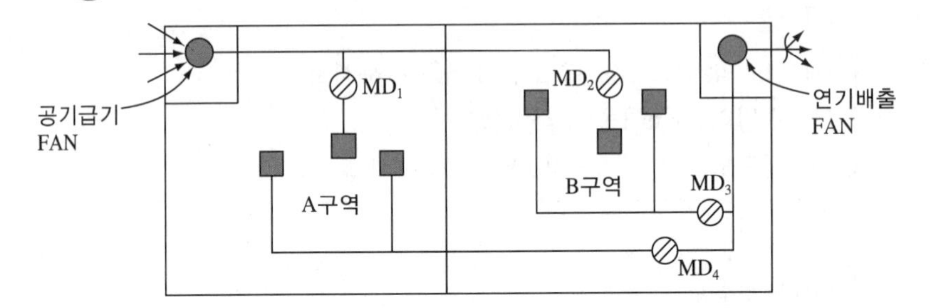

물 음

(1) 동일실 제연방식의 경우 간단히 서술하시오.

제연구역	급기댐퍼	배기댐퍼
A구역 화재 시	MD_1 ( )	MD_4 ( )
	MD_2 ( )	MD_3 ( )
B구역 화재 시	MD_2 ( )	MD_3 ( )
	MD_1 ( )	MD_4 ( )

(2) 인접구역 상호제연방식의 경우 간단히 서술하시오.

제연구역	급기댐퍼	배기댐퍼
A구역 화재 시	MD_2 ( )	MD_4 ( )
	MD_1 ( )	MD_3 ( )
B구역 화재 시	MD_1 ( )	MD_3 ( )
	MD_2 ( )	MD_4 ( )

해설

- 동일실 제연방식
  - 방식 : 화재실에 급기와 배기를 동시에 실시하는 방식
  - 댐퍼의 상태 : 화재실에는 급기와 배기를 동시에 실시하고 인접구역에는 급기와 배기를 폐쇄한다.

제연구역	급기댐퍼	배기댐퍼
A구역 화재 시	MD_1 열림	MD_4 열림
	MD_2 닫힘	MD_3 닫힘
B구역 화재 시	MD_2 열림	MD_3 열림
	MD_1 닫힘	MD_4 닫힘

- 인접구역 상호제연방식
  - 방식 : 화재실에는 배기(연기를 배출)하고 인접구역에는 급기를 실시하는 방식
  - 댐퍼의 상태 : A구역의 화재 시 화재구역인 **MD_4가 열려 연기를 배출하고 인접구역인 B구역의 MD_2가 열려 급기를 한다.**

제연구역	급기댐퍼	배기댐퍼
A구역 화재 시	MD_2 열림	MD_4 열림
	MD_1 닫힘	MD_3 닫힘
B구역 화재 시	MD_1 열림	MD_3 열림
	MD_2 닫힘	MD_4 닫힘

해답 (1) 동일실 제연방식

제연구역	급기댐퍼	배기댐퍼
A구역 화재 시	MD_1 열림	MD_4 열림
	MD_2 닫힘	MD_3 닫힘
B구역 화재 시	MD_2 열림	MD_3 열림
	MD_1 닫힘	MD_4 닫힘

(2) 인접구역 상호제연방식

제연구역	급기댐퍼	배기댐퍼
A구역 화재 시	MD_2 열림	MD_4 열림
	MD_1 닫힘	MD_3 닫힘
B구역 화재 시	MD_1 열림	MD_3 열림
	MD_2 닫힘	MD_4 닫힘

10

득점	배점
	6

제3종 분말을 사용하며 전역방출방식을 사용하는 분말소화설비에 있어서 방호구역의 체적이 1,000[m^3]일 때 다음을 구하시오(단, 2.5[m^2]의 면적을 가진 개구부가 3개 있으며 모두 자동폐쇄장치가 설치되어 있다. 또한 방호구역에 설치된 분사헤드의 1분당 방사량은 27[kg]이다).

물 음

(1) 필요 약제 저장량[kg]

(2) 필요 분사 헤드 수[개]

(3) 가압용 가스로 질소가스를 사용할 경우 필요한 질소가스의 소요량(35[℃], 1기압의 압력상태로 환산)은 몇 [L]인지 구하시오(단, 약제용기와 가압용가스용기는 각각 분리 설치되어 있다).

해설

분말소화약제

(1) 필요 약제 저장량

① 자동폐쇄장치가 설치되어 있지 않을 때 약제 저장량

> 소화약제 저장량[kg]
> = 방호구역 체적[m^3] × 소화약제량[kg/m^3]+개구부의 면적[m^2] × 가산량[kg/m^2]

② 자동폐쇄장치가 설치되어 있을 때 약제 저장량

소화약제 저장량[kg] = 방호구역 체적[m^3] × 소화약제량[kg/m^3]

③ 체적당 소화약제량

약제의 종류	소화약제량	가산량
제1종 분말	0.60[kg/m^3]	4.5[kg/m^2]
제2종 또는 제3종 분말	0.36[kg/m^3]	2.7[kg/m^2]
제4종 분말	0.24[kg/m^3]	1.8[kg/m^2]

$\therefore$ 약제량[kg] = 방호구역 체적 × $0.36[kg/m^3] = 1{,}000[m^3] \times 0.36[kg/m^3]$
$= 360[kg]$

(2) 필요 분사 헤드 수

$\therefore$ 헤드 수 $= \dfrac{\text{약제량}}{\text{방사량} \times \text{방사시간}} = \dfrac{360[kg]}{27[kg/min] \times 0.5[min](30[s])} = 26.67 \Rightarrow 27$개

분말소화약제 방출시간 : 30초 이내(전역방출방식, 국소방출방식 같다)

(3) 가압용가스 또는 축압용가스의 설치 기준

① 가압용가스 또는 축압용가스는 질소가스 또는 이산화탄소로 할 것

② **가압용가스에 질소가스**를 사용하는 것의 **질소가스**는 **소화약제 1[kg]마다 40[L]**(35[℃]에서 1기압의 압력상태로 환산한 것) 이상, 이산화탄소를 사용하는 것의 이산화탄소는 소화약제 1[kg]에 대하여 20[g]에 배관의 청소에 필요한 양을 가산한 양 이상으로 할 것

③ 축압용가스에 질소가스를 사용하는 것의 질소가스는 소화약제 1[kg]에 대하여 10[L](35[℃]에서 1기압의 압력상태로 환산한 것) 이상, 이산화탄소를 사용하는 것의 이산화탄소는 소화약제 1[kg]에 대하여 20[g]에 배관의 청소에 필요한 양을 가산한 양 이상으로 할 것

$\therefore$ 질소가스 소요량 = $360[kg] \times \dfrac{40[L]}{1kg} = 14{,}400[L]$

해답 (1) 필요 약제 저장량[kg]

- 계산과정 :
  저장량 = 방호구역 체적[m^3]×0.36[kg/m^3]=1,000[m^3]×0.36[kg/m^3]=360[kg]
- 답 : 360[kg]

(2) 필요 분사 헤드 수

- 계산과정 : 헤드수 $= \dfrac{\text{약제량}}{\text{방사량} \times \text{방사시간}}$
  $= \dfrac{360[kg]}{27[kg/min] \times 0.5[min]} = 26.67 \Rightarrow 27$개
- 답 : 27개

(3) 질소가스 소요량

- 계산과정 : $360[kg] \times \dfrac{40[L]}{1kg} = 14{,}400[L]$
- 답 : 14,400[L]

11

스프링클러설비 배관의 안지름을 수리계산에 의하여 선정하고자 한다. 그림에서 B ~ C구간의 유량을 165[L/min], E ~ F구간의 유량을 330[L/min]이라고 가정할 때 다음을 구하시오(단, 화재안전기준을 만족하도록 하여야 한다).

득점	배점
	6

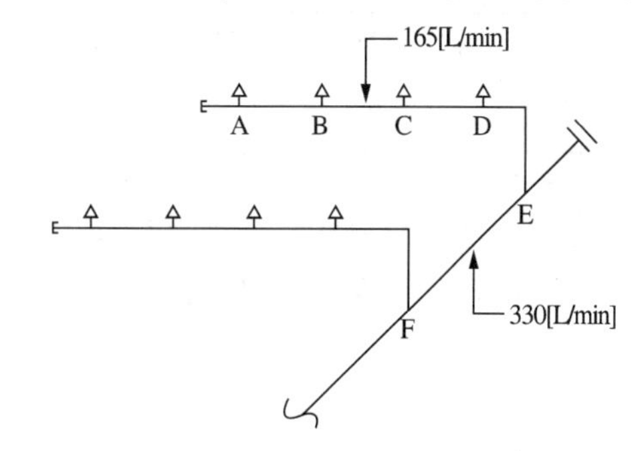

(1) B ~ C구간의 배관 안지름의 최솟값은 몇 [mm]인지 구하시오.
- 계산과정 :
- 답 :

(2) E ~ F구간의 배관 안지름의 최솟값은 몇 [mm]인지 구하시오.
- 계산과정 :
- 답 :

해설

안지름의 최솟값

수리계산에 따르는 경우 배관의 유속

> (1) 가지배관 : 6[m/s] 이하
> (2) 그 밖의 배관 : 10[m/s] 이하

(1) B~C구간의 배관 안지름의 최솟값

$$D=\sqrt{\frac{4Q}{\pi u}}=\sqrt{\frac{4\times 0.165[\mathrm{m}^3]/60[\mathrm{s}]}{\pi\times 6[\mathrm{m/s}]}}=0.02416[\mathrm{m}]=24.16[\mathrm{mm}]\Rightarrow 25[\mathrm{mm}]$$

(2) E~F구간의 배관 안지름의 최솟값

$$D=\sqrt{\frac{4Q}{\pi u}}=\sqrt{\frac{4\times 0.33[\mathrm{m}^3]/60[\mathrm{s}]}{\pi\times 10[\mathrm{m/s}]}}=0.02646[\mathrm{m}]=26.46[\mathrm{mm}]\Rightarrow 32[\mathrm{mm}]$$

교차배관의 최소구경은 40[mm] 이상이어야 한다.

해답

(1) • 계산과정 : $D=\sqrt{\frac{4Q}{\pi u}}=\sqrt{\frac{4\times 0.165[\mathrm{m}^3]/60[\mathrm{s}]}{\pi\times 6[\mathrm{m/s}]}}$

$=0.02416[\mathrm{m}]=24.16[\mathrm{mm}]\Rightarrow 25[\mathrm{mm}]$

• 답 : 25[mm]

(2) • 계산과정 : $D=\sqrt{\frac{4Q}{\pi u}}=\sqrt{\frac{4\times 0.33[\mathrm{m}^3]/60[\mathrm{s}]}{\pi\times 10[\mathrm{m/s}]}}$

$=0.02646[\mathrm{m}]=26.46[\mathrm{mm}]\Rightarrow 32[\mathrm{mm}]$

교차배관의 최소구경은 40[mm] 이상

• 답 : 40[mm]

12

아래의 [표]를 참조하여 화재안전기준에 따라 할로겐화합물 및 불활성기체 소화설비를 설치하려고 할 때 다음을 구하시오.

득점	배점
	8

압력배관용 탄소강관 SPPS 380[KSD 3562(Sch 40)]의 규격

호칭지름	25A	32A	40A	50A	65A	100A
바깥지름[mm]	34.0	42.7	48.6	60.5	76.3	114.3
관 두께[mm]	3.4	3.6	3.7	3.9	5.2	6.0

(1) 호칭지름이 32A인 압력배관용 탄소강관(Sch 40)에 분사헤드가 접속되어 있다. 이때 분사헤드 오리피스의 최대구경[mm]을 구하시오.
- 계산과정 :
- 답 :

(2) 호칭구경이 65A인 압력배관용 탄소강관(Sch 40)을 사용하여 용접이음으로 배관을 접합할 경우 배관에 적용할 수 있는 최대허용압력[MPa]을 구하시오(단, 인장강도는 380[MPa], 항복점은 220[MPa]이며, 이 배관에 전기저항 용접배관을 함에 따라 배관이음효율은 0.85이다).
- 계산과정 :
- 답 :

해설

(1) 오리피스의 최대구경

$$A = \frac{\pi}{4}D^2 \qquad D = \sqrt{\frac{4A}{\pi}}$$

여기서, A : 면적

분사헤드의 오리피스의 면적은 분사헤드가 연결되는 배관구경 면적의 70[%]를 초과하여서는 아니 된다.

$$A = \frac{\pi}{4}D^2 = \frac{\pi}{4}[42.7-(3.6\times 2)]^2 \times 0.7 = 692.86[\text{mm}^2]$$

$$\therefore \text{ 구경 } D = \sqrt{\frac{4A}{\pi}} = \sqrt{\frac{4\times 692.86}{\pi}} = 29.70[\text{mm}]$$

(2) 최대허용압력

$$\text{관의 두께 } t = \frac{PD}{2SE} + A$$

여기서, t : 관의 두께(65A = 5.2[mm])
P : 배관 허용압력[kPa]
D : 배관의 바깥지름(65A = 76.3[mm])
SE : 최대허용응력[kPa][배관재질 인장강도의 1/4값과 항복점의 2/3값 중 작은 값 × 배관이음효율 × 1.2]

① 배관재질 인장강도의 1/4값 = $380[\mathrm{MPa}]\times\frac{1}{4}=95[\mathrm{MPa}]=95{,}000[\mathrm{kPa}]$

② 항복점의 2/3값 = $220[\mathrm{MPa}]\times\frac{2}{3}=146.667[\mathrm{MPa}]=146{,}667[\mathrm{kPa}]$

∴ 최대허용응력 SE = $95[\mathrm{MPa}]\times0.85\times1.2=96.9[\mathrm{MPa}]=96{,}900[\mathrm{kPa}]$

A : 나사이음, 홈이음 등의 허용값[mm](헤드부분은 제외한다)

- 나사이음 : 나사의 높이
- 절단홈이음 : 홈의 깊이
- **용접이음 : 0**

※ 배관이음효율
- 이음매 없는 배관 : 1.0
- 전기저항 용접배관 : 0.85
- 가열맞대기 용접배관 : 0.60

∴ 최대허용압력 $P=\frac{(t-A)2SE}{D}=\frac{(5.2-0)\times2\times96{,}900[\mathrm{kPa}]}{76.3}$

$=13{,}207.86[\mathrm{kPa}]=13.21[\mathrm{MPa}]$

해답 (1) 오리피스의 최대구경
- 계산과정

$A=\frac{\pi}{4}D^2=\frac{\pi}{4}[42.7-(3.6\times2)]^2\times0.7=692.86[\mathrm{mm}^2]$

∴ 구경 $D=\sqrt{\frac{4A}{\pi}}=\sqrt{\frac{4\times692.86}{\pi}}=29.70[\mathrm{mm}]$

- 답 : 29.70[mm]

(2) 최대허용압력
- 계산과정

SE : 최대허용응력[kPa]

① 배관재질 인장강도의 1/4값 = $380[\mathrm{MPa}]\times\frac{1}{4}$ = 95[MPa] = 95,000[kPa]

② 항복점의 2/3값 = $220[\mathrm{MPa}]\times\frac{2}{3}$ = 146.667[MPa] = 146,667[kPa]

∴ 최대허용응력 SE = 95[MPa]×0.85×1.2 = 96.9[MPa] = 96,900[kPa]

최대허용압력 $P=\frac{(t-A)2SE}{D}=\frac{(5.2-0)\times2\times96{,}900[\mathrm{kPa}]}{76.3}$ = 13,207.86[kPa]

= 13.21[MPa]

- 답 : 13.21[MPa]

13

그림과 같은 소화펌프가 해발고도 1,000[m]에 설치되어 있다. 다음 조건을 참고하여 유효흡입수두(NPSHav)를 구하고 이 펌프에서 공동현상(Cavitation)이 발생하는지에 대해 판단하시오.

득점	배점
	5

조 건

- 대기압 = 1.033×10^5[Pa](해발고도 0[m]에서)
  = 0.901×10^5[Pa](해발고도 1,000[m]에서)
- 흡입측 배관의 총마찰손실수두는 0.7[m]이고 수위의 변화는 없다.
- 동일온도에서 포화수증기압은 2.355[kPa]이다
- 펌프 제조사에서 제시한 필요흡입수두는 4.5[m]이다.
- 중력가속도는 반드시 9.8[m/s²]으로 계산한다.

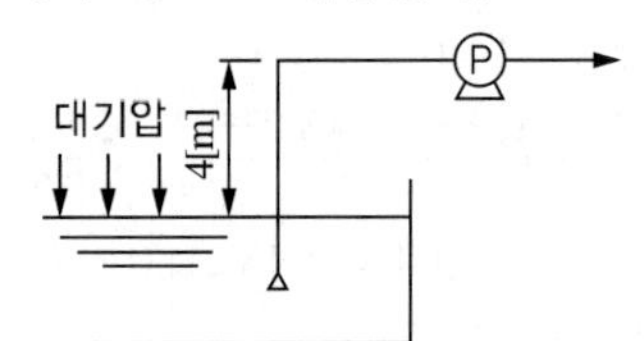

물 음

(1) 펌프의 유효흡입수두($NPSH_{av}$)[m]
- 계산과정 :
- 답 :

(2) 공동현상(Cavitation) 발생 여부
- 계산과정 :
- 답 :

해설

소화펌프

(1) 펌프의 유효흡입수두($NPSH_{av}$)[m]

부압수조방식이므로

$$NPSH_{av} = H_a - H_p - H_s - H_L$$

여기서, H_a : 대기압두$\left(\dfrac{0.901\times10^5[N/m^2]}{9{,}800[N/m^3]} = 9.19[m]\right)$

H_p : 포화수증기압두$\left(\dfrac{2.355\times1{,}000[N/m^2]}{9{,}800[N/m^3]} = 0.24[m]\right)$

Hs : 실양정(4[m])

H_L : 배관의 총 마찰손실수두(0.7[m])

$\therefore NPSH_{av} = 9.19[m] - 0.24[m] - 4[m] - 0.7[m] = 4.25[m]$

(2) 공동현상(Cavitation) 발생 여부

$NPSH_{av} < NPSH_{re}$: 공동현상이 발생하므로

$\therefore 4.25[m] < 4.5[m]$ = 공동현상이 발생한다.

해답 (1) 펌프의 유효흡입수두($NPSH_{av}$)[m]

- 계산과정

$NPSH_{av} = 9.19[m] - 0.24[m] - 4[m] - 0.7[m] = 4.25[m]$

- 답 : 4.25[m]

(2) 공동현상(Cavitation) 발생 여부

- 계산과정

$NPSH_{av}$ < $NPSH_{re}$: 공동현상이 발생하므로

$\therefore 4.25[m]$ < $4.5[m]$ = 공동현상이 발생한다.

- 답 : 공동현상 발생

14

경유를 연료로 사용하는 바닥면적이 100[m²]이고 높이가 3.5[m]인 발전기실에 할로겐화합물 및 불활성기체 소화설비를 설치하고자 한다. 제시한 [조건]을 이용하여 다음 각 물음에 답하시오.

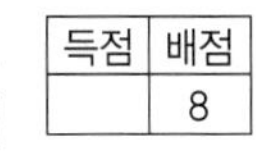

득점	배점
	8

조 건

- IG-541의 A, B급 소화농도는 32[%]로 한다.
- IG-541의 저장용기는 80[L]용 12.4[m³/병]으로 적용한다.
- 선형상수를 이용하도록 하며 방사 시 기준온도는 20[℃]이다.

소화약제	K_1	K_2
IG-541	0.65799	0.00239

- 불활성기체 약제 저장량 $X[m^3/m^3]$은 다음과 같다.

$$X = 2.303\frac{V_S}{S} \times \log\left(\frac{100}{100 - C}\right)$$

물 음

(1) 발전기실에 필요한 IG-541의 최소 용기수를 구하시오.

- 계산과정 :
- 답 :

(2) 할로겐화합물 및 불활성기체 소화약제의 구비조건을 5가지 쓰시오.

해설

(1) 발전기실에 필요한 IG-541의 최소 용기수

$$X = 2.303\frac{V_S}{S} \times \log\left(\frac{100}{100 - C}\right)$$

여기서, X : 공간체적당 더해진 소화약제의 부피[m³/m³]

V_S : 비체적(상온 20[℃]에서 $V_S = S$)

S : 소화약제별선형상수

$K_1 + (K_2 \times t) = 0.65799 + (0.00239 \times 20) = 0.7058[m^3/kg]$

t : 방호구역의 최소예상온도[℃]
C : 설계농도(소화농도 × 안전계수 = 32 × 1.3 = 41.6[%])

안전계수[A · C급 화재 : 1.2, B급(경유) 화재 : 1.3]

$$X = 2.303\frac{0.7058}{0.7058} \times \log\left(\frac{100}{100-41.6}\right) = 0.538[\mathrm{m^3/m^3}]$$

약제량 = 체적 × X = $(100[\mathrm{m^2}] \times 3.5[\mathrm{m}]) \times 0.538[\mathrm{m^3/m^3}] = 188.3[\mathrm{m^3}]$

∴ 최소 용기수 = $188.3[\mathrm{m^3}] \div 12.4[\mathrm{m^3}/병] = 15.18 \Rightarrow 16$병

(2) 할로겐화합물 및 불활성기체 소화약제의 구비조건
① 독성이 낮고 설계농도는 NOAEL 이하일 것
② 오존층파괴지수, 지구온난화지수가 낮을 것
③ 비전도성이고 소화 후 증발잔유물이 없을 것
④ 저장 시 분해하지 않고 용기를 부식시키지 않을 것
⑤ 소화효과는 할론 소화약제와 유사할 것

해답 (1) IG-541의 최소 용기수
- 계산과정 : $X = 2.303\frac{0.7058}{0.7058} \times \log\left(\frac{100}{100-41.6}\right) = 0.538[\mathrm{m^3/m^3}]$
  약제량 = 체적 × X = $(100[\mathrm{m^2}] \times 3.5[\mathrm{m}]) \times 0.538[\mathrm{m^3/m^3}] = 188.3[\mathrm{m^3}]$
  ∴ 최소 용기수 = $188.3[\mathrm{m^3}] \div 12.4[\mathrm{m^3}/병] = 15.18 \Rightarrow 16$병
- 답 : 16병

(2) 할로겐화합물 및 불활성기체 소화약제의 구비조건
① 독성이 낮고 설계농도는 NOAEL 이하일 것
② 오존층파괴지수, 지구온난화지수가 낮을 것
③ 비전도성이고 소화 후 증발잔유물이 없을 것
④ 저장 시 분해하지 않고 용기를 부식시키지 않을 것
⑤ 소화효과는 할론 소화약제와 유사할 것

15

득점	배점
	5

옥내소화전이 2개소 설치되어 있고 수원의 공급은 모터펌프로 한다. 수원으로부터 가장 먼 소화전의 소방용 호스의 마찰손실수두가 29.4[m]라고 할 때 다음 물음에 답하시오(단, 옥내소화전 방출유량 및 압력은 화재안전기준의 최소 수치로 하며 낙차는 무시하고 배관의 마찰손실수두는 3.6[m], 펌프의 효율은 0.65이며, 동력전달계수는 1.1로 한다).

(1) 펌프의 방출유량 Q[L/min]
- 계산과정 :
- 답 :

(2) 펌프의 방출압력 P[kPa]
- 계산과정 :
- 답 :

(3) 펌프의 최소 동력 H[kW]
- 계산과정 :
- 답 :

해설

옥내소화전설비

(1) 펌프의 방출유량 Q[L/min]

$$Q = N(\text{소화전수: 최대 5개}) \times 130[\text{L/min}]$$

$\therefore\ Q = N \times 130[\text{L/min}] = 2 \times 130[\text{L/min}] = 260[\text{L/min}]$

(2) 펌프의 방출압력 P[kPa]

$H = 29.4[\text{m}] + 3.6[\text{m}] + 0 + 17 = 50[\text{m}]$

$\therefore \dfrac{50[\text{m}]}{10.332[\text{m}]} \times 101.325[\text{kPa}] = 490.35[\text{kPa}]$

(3) 펌프의 최소 동력 H[kW]

$$H[\text{kW}] = \frac{\gamma QH}{102 \times \eta} \times K$$

여기서, γ : 물의 비중량(1,000[kg_f/m^3])　　Q : 방출유량(260[L/min])
H : 전양정[m]

$$H = h_1 + h_2 + h_3 + 17$$

여기서, h_1 : 호스의 마찰손실수두(29.4[m])
h_2 : 배관의 마찰손실수두(3.6[m])
h_3 : 낙차(0[m])

$\therefore\ H = 29.4[\text{m}] + 3.6[\text{m}] + 0 + 17 = 50[\text{m}]$

$\therefore\ H = \dfrac{\gamma QH}{102 \times \eta} \times K = \dfrac{1{,}000[\text{kg}_f/\text{m}^3] \times 0.26[\text{m}^3]/60[\text{s}] \times 50[\text{m}]}{102 \times 0.65} \times 1.1 = 3.59[\text{kW}]$

해답

(1) 방출유량
- 계산과정 : $Q = N \times 130[\text{L/min}] = 2 \times 130[\text{L/min}] = 260[\text{L/min}]$
- 답 : 260[L/min]

(2) 방출압력
- H : (전양정[m]) = 29.4[m] + 3.6[m] + 0 + 17 = 50[m]
- 답 : $\dfrac{50[\text{m}]}{10.332[\text{m}]} \times 101.325[\text{kPa}] = 490.35[\text{kPa}]$

(3) 펌프의 최소동력
- 계산과정

γ : 물의 비중량(1,000[kg_f/m^3]), Q : 방출유량(260[L/min])
H : (전양정[m]) = 29.4[m] + 3.6[m] + 0 + 17 = 50[m]

$\therefore\ H = \dfrac{\gamma QH}{102 \times \eta} \times K = \dfrac{1{,}000[\text{kg}_f/\text{m}^3] \times 0.26[\text{m}^3]/60[\text{s}] \times 50[\text{m}]}{102 \times 0.65} \times 1.1$
$= 3.59[\text{kW}]$

- 답 : 3.59[kW]

16

설비 배관방식 중 토너먼트 배관방식을 일반적으로 적용하기 유리한 소화설비의 종류 4가지를 쓰시오.

득점	배점
	6

해설

토너먼트 배관

(1) 목적 : 헤드의 방사량과 방사압력을 일정하게 유지하기 위하여

(2) 설치대상 : 이산화탄소소화설비, 할론소화설비, 할로겐화합물 및 불활성기체소화설비, 분말소화설비

[교차회로방식]

(1) 정의 : 하나의 방호구역 내에 2 이상의 화재감지기 회로를 설치하고 인접한 2 이상의 화재감지기가 동시에 감지되는 때에 소화설비가 작동하여 소화약제가 방출되는 방식

(2) 적용설비

① 준비작동식 스프링클러설비
② 일제살수식 스프링클러설비
③ 미분무소화설비
④ 이산화탄소소화설비
⑤ 할론 소화설비
⑥ 할로겐화합물 및 불활성기체소화설비
⑦ 분말소화설비

해답 (1) 이산화탄소소화설비
(2) 할론소화설비
(3) 할로겐화합물 및 불활성기체소화설비
(4) 분말소화설비

17

옥내소화전 호스로 화재 진압 시 사람이 받는 반발력[N]을 구하시오.(단, 소방호스의 내경은 40[mm], 노즐의 내경은 13[mm], 방수량은 150[L/min]라고 한다)

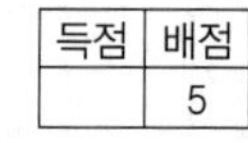

득점	배점
	5

• 계산과정 :

• 답 :

해설

반발력

$$F = Q\rho U = Q\rho(U_2 - U_1)$$

여기서, Q(유량) $= 150[\mathrm{L/min}] = 0.15[\mathrm{m^3}]/60[\mathrm{s}] = 0.0025[\mathrm{m^3/s}]$

ρ(밀도) $= 1{,}000[\mathrm{kg/m^3}]$

$$U_1(\text{호스의 유속}) = \frac{Q}{A} = \frac{Q}{\frac{\pi}{4}D^2} = \frac{0.0025[\mathrm{m^3/s}]}{\frac{\pi}{4}(0.04)[\mathrm{m^2}]} = 1.99[\mathrm{m/s}]$$

$$U_2(\text{노즐의 유속}) = \frac{Q}{A} = \frac{0.0025[\mathrm{m^3/s}]}{\frac{\pi}{4}(0.013[\mathrm{m}]^2)} = 18.84[\mathrm{m/s}]$$

$$\therefore F = Q\rho(U_2 - U_1) = 0.0025[\mathrm{m^3}] \times 1{,}000[\mathrm{kg/m^3}](18.84 - 1.99)[\mathrm{m/s}]$$

$$= 42.13[\mathrm{kg \cdot m/s^2}] = 42.13[\mathrm{N}]$$

해답 42.13[N]

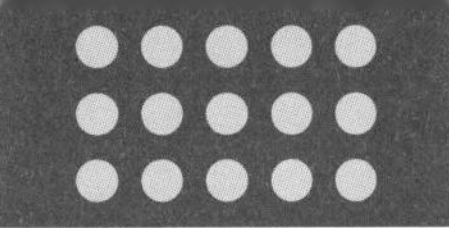

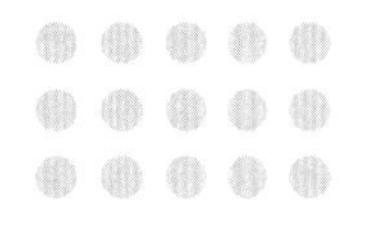

제 2 회 2014년 7월 6일 시행

※ 다음 물음에 대한 답을 해당 답란에 답하시오.(배점 : 100)

01

수계소화설비에 설치되어 있는 펌프의 성능시험방법을 순서대로 쓰시오.

득점	배점
	5

해설

펌프의 성능시험방법

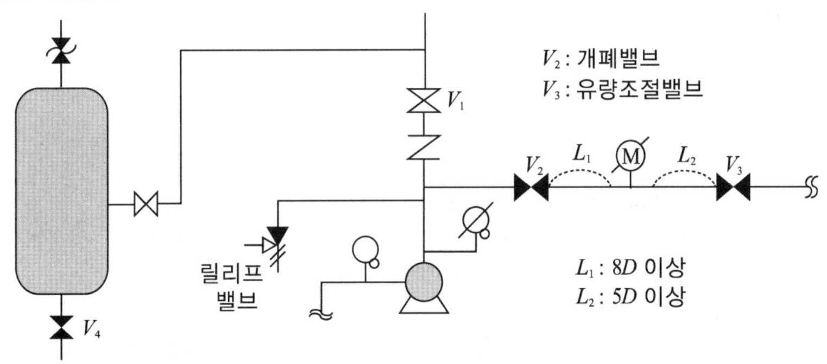

① 펌프의 토출측 주밸브(V_1)를 잠근다.

② 동력제어반에서 충압펌프와 주펌프를 수동 또는 정지위치에 놓는다.

③ 성능시험배관상의 개폐밸브(V_2)를 완전 개방한다.

④ 압력체임버의 배수밸브(V_4)를 개방하고 주펌프가 기동되면 배수밸브(V_4)를 잠근다.

> ④ 실제 현장에서는 주펌프를 수동으로 기동시킨다.

⑤ 성능시험배관상의 유량조절밸브(V_3)를 서서히 개방하여 유량계를 통과하는 유량이 정격토출유량(펌프사양에 명시됨)이 되도록 조절한다.

⑥ 성능시험배관상의 유량조절밸브(V_3)를 조금 더 개방하여 유량계를 통과하는 유량이 정격토출유량의 150[%]가 될 때 펌프의 토출측 압력은 정격토출압력의 65[%] 이상이어야 한다(압력계로 확인).

⑦ 주펌프를 정지하고 성능시험배관상의 밸브(V_2, V_3)를 서서히 잠근다.

⑧ 펌프의 토출측 주밸브(V_1)를 개방하고 동력제어반에서 충압펌프와 주펌프의 스위치를 자동위치로 한다.

해답 펌프의 성능시험방법

① 펌프의 토출측 주밸브(V_1) 폐쇄

② 동력제어반에서 충압펌프와 주펌프를 수동 또는 정지위치에 놓는다.

③ 성능시험배관상의 개폐밸브(V_2)를 완전 개방

④ 주펌프를 수동으로 기동시킨다.

⑤ 성능시험배관상의 유량조절밸브(V_3)를 서서히 개방하여 유량계를 통과하는 유량이 정격토출유량(펌프사양에 명시됨)이 되도록 조절한다.

⑥ 성능시험배관상의 유량조절밸브(V_3)를 조금 더 개방하여 유량계를 통과하는 유량이 정격토출유량의 150[%]가 될 때 펌프의 토출측 압력은 정격토출압력의 65[%] 이상이어야 한다.(압력계로 확인)

⑦ 주펌프를 정지하고 성능시험배관상의 밸브(V_2 , V_3)를 서서히 잠근다.

⑧ 펌프의 토출측 주밸브(V_1)를 개방하고 제어반에서 충압펌프와 주펌프의 스위치를 자동위치로 한다.

02

포소화설비에서 송액관에 배액밸브의 설치목적과 설치방법을 설명하시오.

득점	배점
	4

해설

송액관의 배액밸브

(1) 설치목적 : 포의 방출 종료 후 배관 안의 액을 배출하기 위하여

(2) 설치방법 : 적당한 기울기를 유지하도록 가장 낮은 부분에 설치한다.

PLUS ONE 포소화설비의 화재안전기준 제7조

송액관은 포의 방출 종료 후 배관 안의 액을 배출하기 위하여 적당한 기울기를 유지하도록 하고 그 낮은 부분에 배액밸브를 설치하여야 한다.

해답 (1) 설치목적 : 포의 방출 종료 후 배관 안의 액을 배출하기 위하여

(2) 설치방법 : 적당한 기울기를 유지하도록 가장 낮은 부분에 설치한다.

03

준비작동식 스프링클러설비 구성품 중 P.O.R.V(Pressure-Operated Relief Valve)의 작동방식과 기능을 쓰시오.

득점	배점
	5

해설

P.O.R.V(Pressure-Operated Relief Valve)

(1) 정의 : 준비작동식 유수검지장치가 개방되면 2차측의 수압을 이용하여 중간체임버로 가압수가 유입되지 않도록 중간체임버의 압력을 유지하여 준비작동식밸브가 닫히는 것을 방지하는 밸브

(2) 작동방식 : 기계적인 자동복구방지

(3) 기 능

① 준비작동식밸브의 자동복구방지 기능

② 2차측의 가압수를 이용하여 1차측의 가압수가 중간체임버로 유입되는 것을 방지하여 중간체임버 내부의 압력저하상태를 유지하는 기능

해답 (1) 작동방식 : 기계적인 자동복구방지

(2) 기 능

① 준비작동식밸브의 자동복구방지 기능

② 중간체임버 내부의 압력저하상태를 유지하는 기능

04

아래 도면은 어느 특정소방대상물인 전기실(A실), 발전기실(B실), 방재반실(C실), 배터리실(D실)을 방호하기 위한 할론 1301의 배관평면도이다. 도면 및 조건을 참조하여 할론 1301소화약제의 최소용기 개수를 산출하시오.

득점	배점
	15

도 면

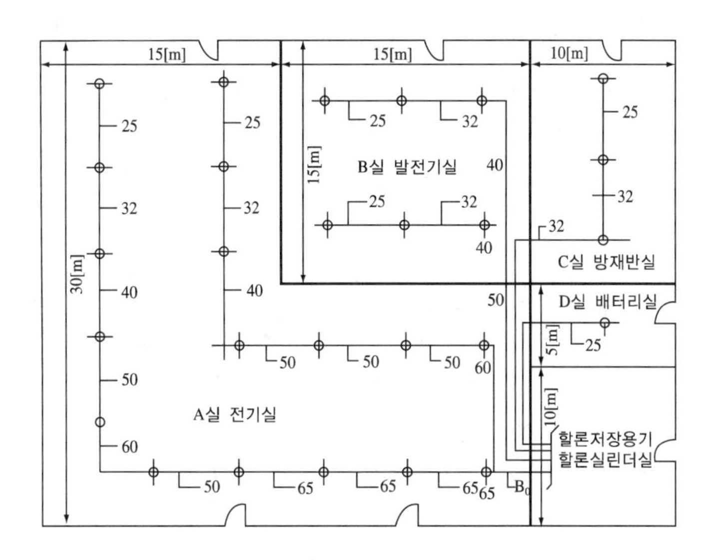

조 건

- 약제저장용기방식은 고압식이다.
- 용기 1개의 약제량은 50[kg]이고 내용적은 68[L]이다.
- 도면상 각 실에 대한 배관내용적(용기실 내의 입상관 포함)은 다음과 같다.

A실 배관내용적 : 198[L]	B실 배관내용적 : 78[L]
C실 배관내용적 : 28[L]	D실 배관내용적 : 10[L]

- 할론 집합관의 배관내용적은 88[L]이다.
- 할론약제저장용기와 집합관 사이의 연결관에 대한 내용적은 무시한다.
- 설비의 설계기준온도는 20[℃]로 한다.
- 액화 할론 1301의 비중은 20[℃]에서 1.6이다.
- 각 실의 개구부는 없다고 가정한다.
- 약제소요량 산출 시 각 실의 내부기둥 및 내용물의 체적은 무시한다.
- 각 실의 층고(바닥으로부터 천정까지 높이)는 각각 다음과 같다.

A실 및 B실 : 5[m]	C실 및 D실 : 3[m]

해설

최소 용기 개수

(1) A실 약제량 = [(30[m]×30[m]) − (15[m]×15[m])]×5[m]×0.32kg/[m^3] = 1,080[kg]

∴ 용기개수 = 1,080[kg] ÷ 50[kg] = 21.6병 ⇒ 22병

[참고] 할론소화설비의 화재안전기준 제4조 제6항
하나의 구역을 담당하는 소화약제 저장용기의 소화약제량의 체적합계보다 그 소화약제 방출 시 방출경로가 되는 배관(집합관 포함)의 내용적이 1.5배 이상일 경우에는 당해 방호구역에 대한 설비는 별도 독립방식으로 하여야 한다.

[A실] ① 약제의 체적 = 22병 × 50[kg] ÷ 1.6[kg/L](비중) = 687.5[L]
② 배관내용적 = 88[L]+198[L] = 286[L]
③ 배관내용적/약제의 체적 = 286[L]/687.5[L] = 0.42배
∴ A실은 별도의 독립방식으로 할 필요가 없다.

(2) B실 약제량 = (15[m]×15[m])×5[m]×0.32[kg/m^3] = 360[kg]
∴용기개수 = 360[kg] ÷ 50[kg] = 7.2병 ⇒ 8병

[B실] ① 약제의 체적 = 8병 × 50kg ÷ 1.6[kg/L](비중) = 250[L]
② 배관내용적 = 88[L]+78[L] = 166[L]
③ 배관내용적/약제의 체적 = 166[L]/250[L] = 0.66배
∴ B실은 별도의 독립방식으로 할 필요가 없다.

(3) C실 약제량 =(10[m]×15[m])]×3[m]×0.32[kg/m^3] = 144[kg]
∴용기개수 = 144[kg] ÷ 50[kg] = 2.88병 ⇒ 3병

[C실] ① 약제의 체적 = 3병 × 50[kg] ÷ 1.6[kg/L](비중) = 93.75[L]
② 배관내용적 = 88[L]+28[L] = 116[L]
③ 배관내용적/약제의 체적 = 116[L]/93.75[L] = 1.24배
∴ C실은 별도의 독립방식으로 할 필요가 없다.

(4) D실 약제량 =(10[m]×5[m])]×3[m]×0.32[kg/m^3] = 48[kg]
∴용기개수 = 48[kg] ÷ 50kg = 0.968병 ⇒ 1병

[D실] ① 약제의 체적 = 1병 × 50[kg] ÷ 1.6[kg/L](비중) = 31.25[L]
② 배관내용적 = 88[L]+10[L] = 98[L]
③ 배관내용적/약제의 체적 = 98[L]/31.25[L] = 3.14배
∴ D실은 별도의 독립방식으로 하여야 한다.
※ 이 문제는 약제량을 구하는 문제이지 방호구역에 대한 설비를 별도 독립방식으로 하라는 문제는 아니므로 참고하시기 바랍니다.

해답 A실 : 22병 B실 : 8병
C실 : 3병 D실 : 1병

05

그림은 어느 판매장의 무창층에 대한 제연설비 중 연기 배출풍도와 배출 FAN을 나타내고 있는 평면도이다. 주어진 조건을 이용하여 풍도에 설치되어야 할 제어댐퍼를 가장 적합한 지점에 표기한 다음 물음에 답하시오(단, 댐퍼의 표기는 ⊘의 모양으로 할 것).

득점	배점
	10

조 건

- 건물의 주요구조부는 모두 내화구조이다.
- 각 실은 불연성 구조물로 구획되어 있다.
- 복도의 내부면은 모두 불연재이고, 복도 내에 가연물을 두는 일은 없다.
- 각 실에 대한 연기배출방식에서 공동배출구역방식은 없다.
- 이 판매장에는 음식점은 없다.

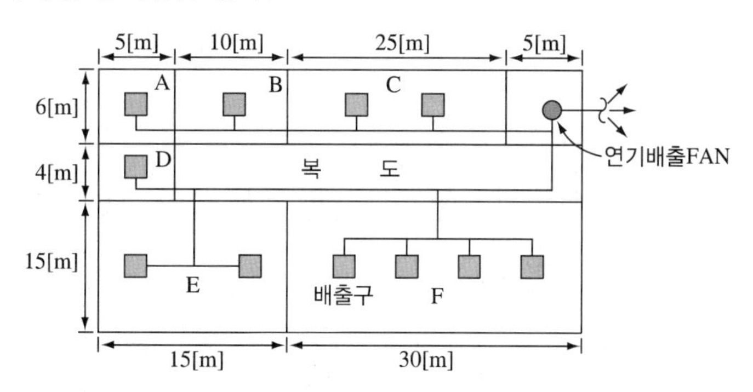

물 음

(1) 제어댐퍼를 설치하시오.
(2) 각 실(A, B, C, D, E, F)의 최소소요배출량은 얼마인가?
(3) 배출 FAN의 소요 최소배출용량은 얼마인가?
(4) C실에 화재가 발생했을 경우 제어댐퍼의 작동상황(개폐 여부)이 어떻게 되어야 하는지 설명하시오.

해설

(1) 각 구획별(A, B, C, D, E, F)로 제어를 해야 하므로 각 실별로 제어댐퍼(Motor Damper ; MD)를 사용. C의 경우 구획에 별도 2개의 배출구가 설치되어 있어 각각 설치하여야 함

(2) $400[m^2]$ 미만과 $400[m^2]$ 이상의 기준을 이용

① A실 : $5[m]\times6[m]\times1[m^3/m^2\cdot min]\times60[min/h]=1,800[m^3/h] \Rightarrow 5,000[m^3/h]$(최저배출량)

② B실 : $10[m]\times6[m]\times1[m^3/m^2\cdot min]\times60[min/h]=3,600[m^3/h] \Rightarrow 5,000[m^3/h]$(최저배출량)

③ C실 : $25[m]\times6[m]\times1[m^3/m^2\cdot min]\times60[min/h]=9,000[m^3/h]$

④ D실 : $5[m]\times4[m]\times1[m^3/m^2\cdot min]\times60[min/h]=1,200[m^3/h] \Rightarrow 5,000[m^3/h]$(최저배출량)

⑤ E실 : $15[m] \times 15[m] \times 1[m^3/m^2 \cdot min] \times 60[min/h] = 13,500[m^3/h]$

⑥ F실 : $15[m] \times 30[m] = 450[m^2]$으로

대각선의 직경(길이) $L = \sqrt{30^2 + 15^2} = 33.54[m]$

∴ $400[m^2]$ 이상이고 직경 $40[m]$원 안에 있으므로 배출량은 $40,000[m^3/h]$이다.

PLUS ONE **NFSC 501 제6조 ② 참조**

바닥면적이 $400[m^2]$ 이상이고 예상 제연구역이 직경 $40[m]$인 원의 범위 안에 있을 경우에는 배출량을 $40,000[m^3/h]$ 이상으로 할 것

(3) 배출량은 한 실에서만 화재가 발생하는 것으로 가정하고 가장 큰 값을 기준으로 하므로 F실이 $40,000[m^3/h]$이 된다.

(4) C실 화재발생 시에는 C실의 배기 제어댐퍼만 개방되고 그 외의 모든 제어댐퍼는 폐쇄되어야 한다.

CMH=$[m^3/h]$, CMM=$[m^3/min]$, CMS=$[m^3/s]$

해답 (1)

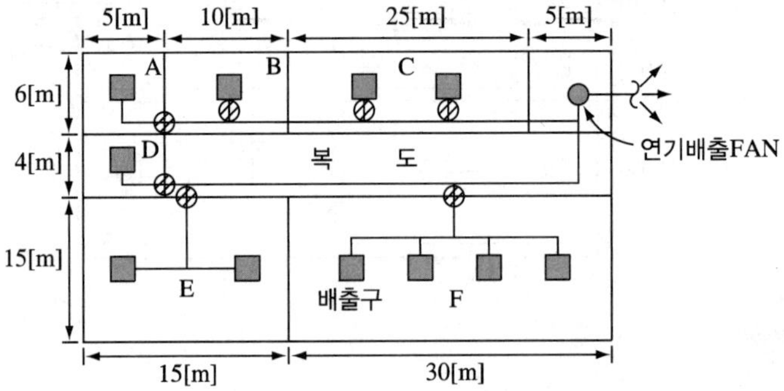

5[m] 10[m] 25[m] 5[m]
6[m] 4[m] 15[m]
A B C D E F
복 도
연기배출FAN
배출구
15[m] 30[m]

(2) A : $5,000[m^3/h]$ B : $5,000[m^3/h]$

C : $9,000[m^3/h]$ D : $5,000[m^3/h]$

E : $13,500[m^3/h]$ F : $40,000[m^3/h]$

(3) $40,000[m^3/h]$

(4) C실 화재발생 시에는 C실의 배기 제어댐퍼만 개방되고 그 외의 모든 제어댐퍼는 폐쇄되어야 함

06

다음은 10층 건물에 설치한 옥내소화전설비의 계통도이다. 각 물음에 답하시오.

득점	배점
	16

조 건

- 배관의 마찰손실수두는 40[m](소방호스, 관 부속품의 마찰손실수두 포함)이다.
- 펌프의 효율은 65[%]이다.
- 펌프의 여유율은 10[%] 적용한다.

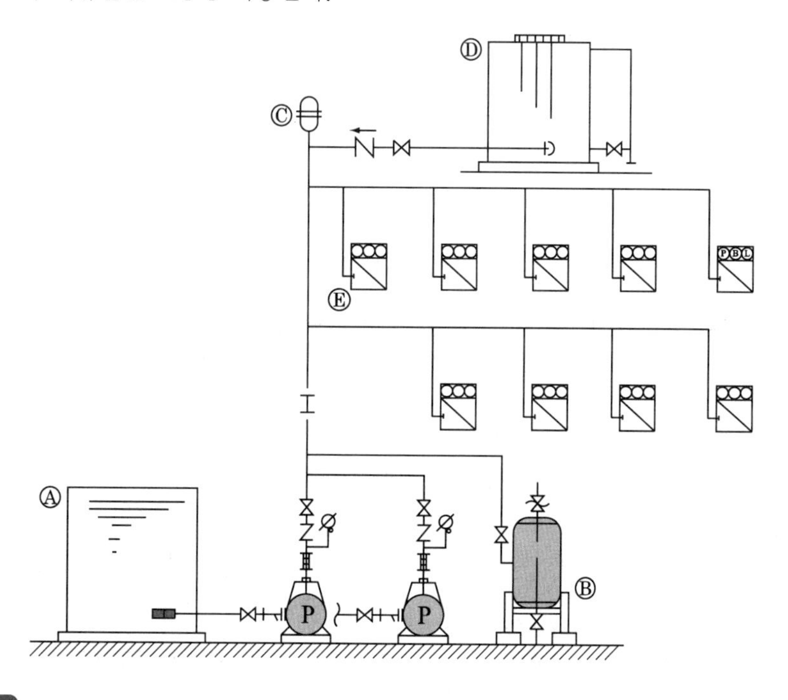

물 음

(1) Ⓐ~Ⓔ의 명칭을 쓰시오.

(2) Ⓓ에 보유하여야 할 최소유효저수량[m^3]은?

(3) Ⓑ의 주된 기능은?

(4) Ⓒ의 설치목적은 무엇인가?

(5) Ⓔ함의 문짝의 면적은 얼마 이상이어야 하는가?

(6) 펌프의 전동기 용량[kW]을 계산하시오.

해설

(1) 명 칭

Ⓐ 소화수조　　Ⓑ 기동용 수압개폐장치

Ⓒ 수격방지기　　Ⓓ 옥상수조

Ⓔ 옥내소화전(발신기세트 옥내소화전 내장형)

(2) 최소유효저수량

Ⓓ는 옥상수조로 유효수량 외의 1/3 이상을 저장하여야 한다.

① $Q = N \times 2.6[\text{m}^3] = 5 \times 2.6[\text{m}^3] = 13[\text{m}^3]$

② 옥상수조 $13[\text{m}^3] \times \frac{1}{3} = 4.33[\text{m}^3]$

(3) Ⓑ(기동용 수압개폐장치) : 소화설비의 배관 내 압력변동을 검지하여 자동으로 펌프를 기동 및 정지시키는 것으로서 압력체임버 또는 기동용 압력스위치 등을 말한다(주펌프는 자동정지되지 않는다).

(4) Ⓒ(수격방지기)의 목적 : 수직배관의 최상부에 설치하여 수격작용 방지(완충효과)

(5) Ⓔ(옥내소화전 함)의 문짝의 면적 : $0.5[\text{m}^2]$ 이상

(6) 전동기 용량

$$P[\text{kW}] = \frac{\gamma \times Q \times H}{\eta} \times K$$

여기서, Q : 유량 $= N \times 130[\text{L/min}] = 5 \times 130[\text{L/min}] = 650[\text{L/min}] = 0.65[\text{m}^3]/60[\text{s}]$
H : 전양정[m]

$$H = h_1 + h_2 + h_3 + 17$$

여기서, h_1 : 낙차(문제에서 주어진 데이터가 없으므로 0이다)
h_2(배관마찰손실수두) + h_3(소방호스마찰손실수두) = 40[m]
∴ $H = 40[\text{m}] + 17[\text{m}] = 57[\text{m}]$
η : 효율(65[%] = 0.65), K : 전달계수(1.1)

$$\therefore P[\text{kW}] = \frac{\gamma \times Q \times H}{102 \times \eta} \times K = \frac{1{,}000 \times 0.65[\text{m}^3]/60[\text{s}] \times 57[\text{m}]}{102 \times 0.65} \times 1.1 = 10.25[\text{kW}]$$

해답 (1) Ⓐ : 소화수조　Ⓑ : 기동용 수압개폐장치
Ⓒ : 수격방지기　Ⓓ : 옥상수조
Ⓔ : 옥내소화전(발신기세트 옥내소화전 내장형)
(2) $4.33[\text{m}^3]$ 이상　(3) 펌프의 자동기동 및 정지
(4) 배관 내의 수격작용 방지　(5) $0.5[\text{m}^2]$ 이상
(6) 10.25[kW]

07

근린생활시설(바닥면적이 $1{,}000[\text{m}^2]$이다)에 간이헤드를 이용하여 간이스프링클러설비를 설치하고자 할 때 전용수조 설치 시 수원의 양$[\text{m}^3]$은?

득점	배점
	4

- 계산과정 :
- 답 :

해설

간이스프링클러설비

(1) 수 원

① 상수도설비에 직접 연결하는 경우에는 수돗물

② ① 외의 수조("캐비넷형" 포함)를 설치하고자 하는 경우에는 적어도 1개 이상의 자동급수장치를 갖추어야 하며, 2개의 간이헤드에서 최소 10분[영 별표 5 제1호 마목 1) 가 또는 6)과 7)에 해당하는 경우에는 5개의 간이헤드에서 최소 20분] 이상 방수할 수 있는 양 이상을 수조에 확보할 것

(2) 가압송수장치

상수도설비에 직접 연결하거나 펌프・고가수조・압력수조・가압수조를 이용하는 가압송수장치를 설치하는 경우에 있어서의 정격토출압력은 가장 먼 가지배관에서 **2개**[영 별표 5 제1호 마목 1) 가 또는 6)과 7)에 해당하는 경우에는 5개]**의 간이헤드를 동시에 개방할 경우** 간이헤드 선단의 방수압력은 0.1[MPa] 이상, **간이스프링클러헤드 1개의 방수량**은 **50[L/min]** 이상이어야 한다.

[간이스프링클러설비의 수원]

별표 5 제1호 마목 1) 가, 6), 7)의 시설	$Q = N$(최대 5개) × 1,000[L](50[L/min] × 20[min]) $= N$(최대 5개) × 1[m^3]
그 밖의 시설	$Q = N$(최대 2개) × 500[L](50[L/min] × 10[min]) $= N$(최대 2개) × 0.5[m^3]

[영 별표 5 제1호, 마목]

1) 가. 근린생활시설로 사용하는 부분의 바닥면적 합계가 1,000[m^2] 이상인 것은 모든 층
6) 숙박시설 중 생활형 숙박시설로서 해당 용도로 사용되는 바닥면적의 합계가 600[m^2] 이상인 것
7) 복합건축물(하나의 건축물이 근린생활시설, 판매시설, 업무시설, 숙박시설, 위락시설의 용도와 주택의 용도로 함께 사용되는 복합건축물만 해당)로서 연면적 1,000[m^2] 이상인 것은 모든 층

∴ 수원 = N(헤드 수) × 50[L/min] × 20[min] = N(헤드 수) × 1,000[L]
= 5 × 1[m^3] = 5[m^3]

해답

- 계산과정
  수원 = N(헤드 수) × 50[L/min] × 20[min] = N(헤드 수) × 1,000[L]
  = 5 × 1[m^3] = 5[m^3]
- 답 : 5[m^3]

08

합성계면활성제포 1.5[%]형을 650배로 방출하였더니 포의 체적이 16.25 [m^3]이었다. 다음 물음에 답하시오.

득점	배점
	6

(1) 포 수용액의 양[L]을 구하시오.
(2) 포 원액의 양[L]을 구하시오.
(3) (1)에서 사용된 합성계면활성제 포 수용액을 사용하여 팽창비가 500이 되게 포를 방출한다면 방출된 포의 체적[L]을 구하시오.

해설

(1) 포 수용액의 양

$$\text{팽창비} = \frac{\text{방출 후 포의 체적[L]}}{\text{방출 전 포 수용액의 양[L]}}$$

$$\therefore\ 650 = \frac{16{,}250[\text{L}]}{x} \qquad \therefore\ x = 25[\text{L}]$$

$$1[\text{m}^3] = 1{,}000[\text{L}]$$

(2) 포 원액의 양

① 포 수용액의 양 : 25[L]

② 물의 양 : 25L × 0.985(98.5[%]) = 24.625[L]

∴ 원액의 양 = 수용액의 양 – 물의 양 = 25 – 24.625 = 0.375[L]

(3) $팽창비 = \frac{방출\ 후\ 포의\ 체적[L]}{방출\ 전\ 포\ 수용액의\ 양[L]}$

$500 = \frac{x}{25[L]}$

$\therefore\ x = 500 \times 25 = 12,500[L]$

해답 (1) 25[L]

(2) 0.375[L]

(3) 12,500[L]

09

가스계소화설비인 이산화탄소소화설비에서 솔레노이드(전자개방)밸브를 작동시키는 방법 4가지를 쓰시오.

득점	배점
	4

해설

솔레노이드(전자개방)밸브 작동 시험방법

(1) 방호구역 내 감지기 2개 회로 동작

화재 시 방호구역 내의 A, B감지기가 자동적으로 화재를 감지하여 정상적으로 작동되는지의 여부를 확인하는 시험

① A회로의 감지기 동작 : 해당 방호구역의 A회로의 화재표시등 및 경보 여부 확인

② B회로의 감지기 동작 : 해당 방호구역의 B회로의 화재표시등 및 경보 여부 확인 및 지연타이머가 동작 여부를 확인한다.

(2) 수동조작함의 수동조작스위치 동작

화재 발견자가 수동조작함을 수동으로 동작시켜 정상적으로 작동되는지의 여부를 확인하는 시험

① 수동조작함의 수동스위치를 조작하여 화재 발생 여부를 확인한다.

② 지연타이머의 세팅된 시간이 지난 후 솔레노이드밸브가 격발되는지 확인한다.

(3) 제어반의 동작시험스위치와 회로선택스위치 동작

동작시험스위치와 회로선택스위치를 정상적으로 작동되는지의 여부를 확인하는 시험

① 제어반의 솔레노이드밸브를 연동정지 상태로 전환한다.

② 동작시험스위치를 시험위치로 전환한다.

③ 회로선택스위치를 시험하고자 하는 방호구역의 A회로로 전환한다.

④ 회로선택스위치를 시험하고자 하는 방호구역의 B회로로 전환한다.

⑤ 지연타이머의 세팅된 시간이 지난 후 솔레노이드밸브가 격발되는지 확인한다.

(4) 제어반의 수동스위치 동작

제어반에 설치된 해당 방호구역의 수동 조작스위치를 조작하여 방호구역마다 시험을 하는 방법

(5) 솔레노이드밸브의 수동조작버튼 작동

정상적으로 작동되지 않을 때 사용하는 방법으로 솔레노이드밸브의 안전클립을 제거한 후 수동조작 버튼을 누르면 솔레노이드밸브가 동작한다.

해답 (1) 방호구역 내 감지기 2개 회로 동작
(2) 수동조작함의 수동조작스위치 동작
(3) 제어반의 동작시험스위치와 회로선택스위치 동작
(4) 제어반의 수동스위치 동작

10

다음 그림은 스프링클러설비의 Isometric Diagram이다. 이 도면과 주어진 조건을 참조하여 다음 빈칸을 채우시오.

득점	배점
	10

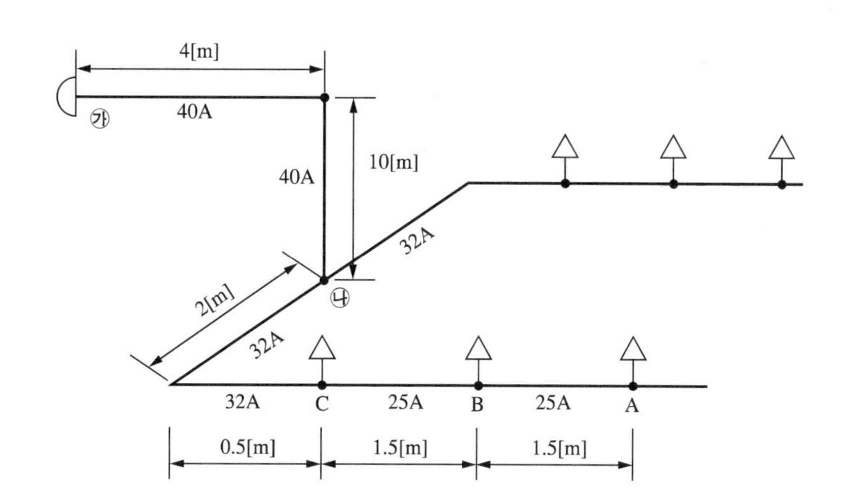

조 건

- 설치된 헤드는 개방형 헤드이다.
- A헤드의 방사량은 100[L/min], 방수압력은 0.25[MPa]이다.
- 관 부속 및 밸브류의 마찰손실은 무시한다.
- 수리 계산 시 속도수두는 무시한다.
- 연결송수구에서 압력은 일정하다고 가정한다.

구 간	유량 [L/min]	배관 길이[m]	1[m]당 마찰 손실압[MPa]	구간별마찰손 실압[MPa]	낙차 [m]	마찰손실압 합계[MPa]
헤드A	100	–	–	–	–	0.25
A~B	100	1.5	0.02	0.03	0	①
헤드B	②	–	–	–	–	–
B~C	③	1.5	0.04	④	0	⑤
헤드C	⑥	–	–	–	–	–
C~㉯	⑦	2.5	0.06	⑧	–	⑨
㉯~㉮	⑩	14	0.01	⑪	−10	⑫

해설

스프링클러설비

구 간	유량[L/min]	배관 길이[m]	1[m]당 마찰 손실압[MPa]	구간별마찰 손실압[MPa]	낙차 [m]	마찰손실압 합계[MPa]
헤드A	100	-	-	-	-	0.25
A~B	100	1.5	0.02	0.03	0	① 0.25+0.03=0.28
헤드B	② $K=\frac{Q}{\sqrt{10P}}$ $=\frac{100}{\sqrt{10\times0.25}}$ = 63.245 $\therefore\ Q=K\sqrt{10P}$ $=63.245\sqrt{10\times0.28}$ $=105.83$	-	-	-	-	-
B~C	③ 105.83+100=205.83	1.5	0.04	④ 1.5×0.04=0.06	0	⑤ 0.28+0.06=0.34
헤드C	⑥ $Q=K\sqrt{10P}$ $=63.245\sqrt{10\times0.34}$ $=116.62$	-	-	-	-	-
C~㉯	⑦ 116.62+205.83=322.45	2.5	0.06	⑧ 2.5×0.06=0.15	-	⑨ 0.34+0.15=0.49
㉯~㉮	⑩ 322.45×2=644.9	14	0.01	⑪ 14×0.01=0.14	-10	⑫ 0.49+0.14-0.1=0.53

해답 ① 0.28 ② 105.83 ③ 205.83 ④ 0.06
⑤ 0.34 ⑥ 116.62 ⑦ 322.45 ⑧ 0.15
⑨ 0.49 ⑩ 644.9 ⑪ 0.14 ⑫ 0.53

11

할로겐화합물 및 불활성기체 소화설비에서 할로겐화합물 소화약제 방출 시 설계농도를 계산하시오.

득점	배점
	7

(1) 10초 동안 약제가 방사될 시 설계농도의 95[%]에 해당하는 약제가 방출된다.
(2) 방호구역은 가로 4[m], 세로 5[m], 높이 4[m]이다.
(3) A급, C급 화재가 발생가능한 장소로서 소화농도는 8.5[%]이다.

해설

할로겐화합물 소화약제

$$W=\frac{V}{S}\times\frac{C}{100-C}$$

여기서, W : 소화약제의 무게[kg]
V : 방호구역의 체적[m^3]
t : 방호구역의 최소예상온도[℃]
S : 소화약제별 선형상수($K_1+K_2\times t$)[m^3/kg]
C : 소화약제의 설계농도[%]

∴ 소화약제의 설계농도 = 소화농도 × 안전계수 × 0.95(방출 시 95[%] 곱한다)
= 8.5[%] × 1.2 × 0.95 = 9.69[%]

[안전계수]
A, C급 화재 : 1.2, B급 화재 : 1.3

해답 9.69[%]

12

다음 그림과 조건을 보고 각 물음에 답하시오.

득점	배점
	8

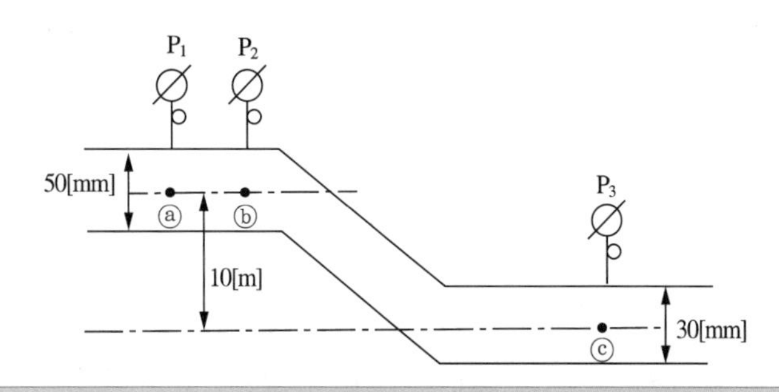

- ⓐ점의 압력 : 11[kPa]
- ⓑ점의 압력 : 10.5[kPa]
- ⓒ점의 압력 : 10.8[kPa]
- 유량 : 10[L/s]

(1) ⓐ점의 유속[m/s]은?
- 계산과정 :
- 답 :

(2) ⓒ점의 유속[m/s]은?
- 계산과정 :
- 답 :

(3) ⓐ점과 ⓑ지점 간의 마찰손실[m]은?
- 계산과정 :
- 답 :

(4) ⓐ점과 ⓒ지점 간의 마찰손실[m]은?
- 계산과정 :
- 답 :

유속과 마찰손실

(1) ⓐ점의 유속[m/s]

$$Q = uA \qquad u_a = \frac{Q}{A_a}$$

$$\therefore\ u_a = \frac{Q}{A_a} = \frac{10 \times 10^{-3}[\mathrm{m^3/s}]}{\frac{\pi}{4}(0.05[\mathrm{m}])^2} = 5.09[\mathrm{m/s}]$$

(2) ⓒ점의 유속[m/s]

$$Q = uA \qquad u_c = \frac{Q}{A_c}$$

$$\therefore\ u_c = \frac{Q}{A_c} = \frac{10 \times 10^{-3}[\text{m}^3/\text{s}]}{\frac{\pi}{4}(0.03[\text{m}])^2} = 14.15[\text{m/s}]$$

(3) ⓐ점과 ⓑ지점 간의 마찰손실[m]

$$\frac{u_a^2}{2g} + \frac{P_a}{\gamma} + Z_a = \frac{u_b^2}{2g} + \frac{P_b}{\gamma} + Z_b + \Delta H$$

여기서, $u_a = u_b$, $Z_a = Z_b$이므로

$$\therefore\ \text{마찰손실}\ H = \frac{P_a - P_b}{\gamma} = \frac{(11 - 10.5) \times 10^3[\text{N/m}^2]}{9{,}800[\text{N/m}^3]} = 0.051[\text{m}]$$

(4) ⓐ점과 ⓒ지점 간의 마찰손실[m]

$$\frac{u_a^2}{2g} + \frac{P_a}{\gamma} + Z_a = \frac{u_c^2}{2g} + \frac{P_c}{\gamma} + Z_c + \Delta H$$

$$\therefore\ \text{마찰손실}\ H = \frac{P_a - P_c}{\gamma} + \frac{u_a^2 - u_c^2}{2g} + (Z_a - Z_c)$$

$$= \frac{(11 - 10.8) \times 10^3[\text{N/m}^2]}{9{,}800[\text{N/m}^3]} + \frac{(5.09[\text{m/s}])^2 - (14.15[\text{m/s}])^2}{2 \times 9.8[\text{m/s}^2]} + 10[\text{m}] = 1.13[\text{m}]$$

해답 (1) ⓐ점의 유속[m/s]

- 계산과정 : $u_a = \frac{Q}{A_a} = \frac{10 \times 10^{-3}[\text{m}^3/\text{s}]}{\frac{\pi}{4}(0.05[\text{m}])^2} = 5.09[\text{m/s}]$
- 답 : 5.09[m/s]

(2) ⓒ점의 유속[m/s]

- $u_c = \frac{Q}{A_c} = \frac{10 \times 10^{-3}[\text{m}^3/\text{s}]}{\frac{\pi}{4}(0.03[\text{m}])^2} = 14.15[\text{m/s}]$
- 답 : 14.15[m/s]

(3) ⓐ점과 ⓑ지점 간의 마찰손실[m]

- 마찰손실 $H = \frac{P_a - P_b}{\gamma} = \frac{(11 - 10.5) \times 10^3[\text{N/m}^2]}{9{,}800[\text{N/m}^3]} = 0.05[\text{m}]$
- 답 : 0.05[m]

(4) ⓐ점과 ⓒ지점 간의 마찰손실[m]

$$\frac{u_a^2}{2g}+\frac{P_a}{\gamma}+Z_a=\frac{u_c^2}{2g}+\frac{P_c}{\gamma}+Z_c+\Delta H$$

• 마찰손실 $H=\frac{P_a-P_c}{\gamma}+\frac{u_a^2-u_c^2}{2g}+(Z_a-Z_c)$

$$=\frac{(11-10.8)\times10^3[\mathrm{N/m^2}]}{9{,}800[\mathrm{N/m^3}]}+\frac{(5.09[\mathrm{m/s}])^2-(14.15[\mathrm{m/s}])^2}{2\times9.8[\mathrm{m/s^2}]}+10[\mathrm{m}]$$

• 답 : 1.13[m]

13

체적이 120[m³]인 집진설비에 이산화탄소 소화설비를 설치하려고 한다. 이 설비에 저장하여야 할 용기의 병수는?(단, 내용적은 68[L], 충전비는 1.36이고, 개구부는 4.0[m²]이고 자동폐쇄장치는 설치되어 있다)

득점	배점
	5

해설

심부화재 방호대상물(종이, 목재, 석탄, 섬유류, 합성수지류 등)

(1) **자동폐쇄장치 미설치 시**

탄산가스저장량[kg] = 방호구역체적[m³]×필요가스량[kg/m³] + 개구부면적[m²]×가산량(10[kg/m²])

(2) **자동폐쇄장치 설치 시**

탄산가스저장량[kg] = 방호구역체적[m³]×필요가스량[kg/m³]

방호대상물	필요가스량	설계농도
유압기기를 제외한 전기 설비, 케이블실	1.3[kg/m³]	50[%]
체적 55[m³] 미만의 전기설비	1.6[kg/m³]	50[%]
서고, 전자제품창고, 목재가공품창고, 박물관	2.0[kg/m³]	65[%]
고무류·면화류 창고, 모피 창고, 석탄창고, **집진설비**	2.7[kg/m³]	75[%]

∴ 탄산가스저장량[kg] = 120[m³] × 2.7[kg/m³] = 324[kg]

$$\text{충전비}=\frac{\text{내용적}}{\text{약제의 중량}},\quad \text{약제의 중량}=\frac{\text{내용적}}{\text{충전비}}$$

$$\therefore \text{약제의 중량}=\frac{\text{내용적}}{\text{충전비}}=\frac{68[\mathrm{L}]}{1.36}=50[\mathrm{kg}]$$

$$\therefore \text{용기의 병수}=\frac{324[\mathrm{kg}]}{50[\mathrm{kg}]}=6.48\Rightarrow 7\text{병}$$

해답 7병

14

스프링클러헤드를 방호반경 2.1[m]로 하여 정방형으로 설치하고자 할 때 헤드와 헤드 간 수평거리는 몇 [m] 이하로 하여야 하는가?

득점	배점
	5

해설

헤드 간 거리

$$S = 2\,r\cos\theta$$

여기서, r : 헤드 간 수평거리

설치장소			설치기준
폭 1.2[m] 초과하는 천장 반자 덕트 선반 기타 이와 유사한 부분	무대부, 특수가연물		수평거리 1.7[m] 이하
	랙식 창고		수평거리 2.5[m] 이하 (특수 가연물 저장・취급하는 창고 : 1.7[m] 이하)
	공동주택(아파트) 세대 내의 거실		수평거리 3.2[m] 이하
	그 외의 소방대상물	기타 구조	수평거리 2.1[m] 이하
		내화구조	수평거리 2.3[m] 이하
랙식 창고	특수가연물		랙 높이 4[m] 이하마다
	그 밖의 것		랙 높이 6[m] 이하마다

$\therefore\ S = 2\,r\cos\theta = 2\times 2.1\times\cos 45° = 2.97[\text{m}]$

해답 2.97[m]

제4회 2014년 11월 1일 시행

※ 다음 물음에 대한 답을 해당 답란에 답하시오.(배점 : 100)

01

배관 내 유체가 흐를 때 발생하는 캐비테이션(공동현상)의 발생원인 및 방지대책을 각각 3가지만 쓰시오.

득점	배점
	6

(1) 발생원인

•

•

•

(2) 방지대책

•

•

•

해설

공동현상

(1) 정의

Pump의 흡입측 배관 내에서 발생하는 것으로 배관 내의 수온 상승으로 물이 수증기로 변화하여 물이 Pump로 흡입되지 않는 현상

(2) 공동현상의 발생원인

① Pump의 흡입측 수두, 마찰손실, Impeller 속도가 클 때

② Pump의 흡입관경이 작을 때

③ Pump 설치위치가 수원보다 높을 때

④ 관 내의 유체가 고온일 때

⑤ Pump의 흡입압력이 유체의 증기압보다 낮을 때

(3) 공동현상의 발생현상

① 소음과 진동 발생

② 관정 부식

③ Impeller의 손상

④ Pump의 성능저하(토출량, 양정, 효율감소)

(4) 공동현상의 방지대책

① Pump의 흡입측 수두, 마찰손실, Impeller 속도를 작게 한다.

② Pump 흡입관경을 크게 한다.

③ Pump 설치위치를 수원보다 낮게 하여야 한다.

④ Pump 흡입압력을 유체의 증기압보다 높게 한다.

⑤ 양흡입 Pump를 사용하여야 한다.

⑥ 양흡입 Pump로 부족 시 펌프를 2대로 나눈다.

해답 (1) **발생원인**

① Pump의 흡입측 수두, 마찰손실, Impeller 속도가 클 때
② Pump의 흡입관경이 작을 때
③ Pump 설치위치가 수원보다 높을 때

(2) **방지대책**

① Pump의 흡입측 수두, 마찰손실, Impeller 속도를 작게 한다.
② Pump 흡입관경을 크게 한다.
③ Pump 설치위치를 수원보다 낮게 하여야 한다.

02

수계소화설비의 펌프성능시험에 대하여 물음에 답하시오.

득점	배점
	5

(1) 펌프의 성능시험방법을 순서대로 쓰시오.
(2) 펌프성능시험결과 판정기준을 쓰시오.

해설

펌프의 성능시험방법

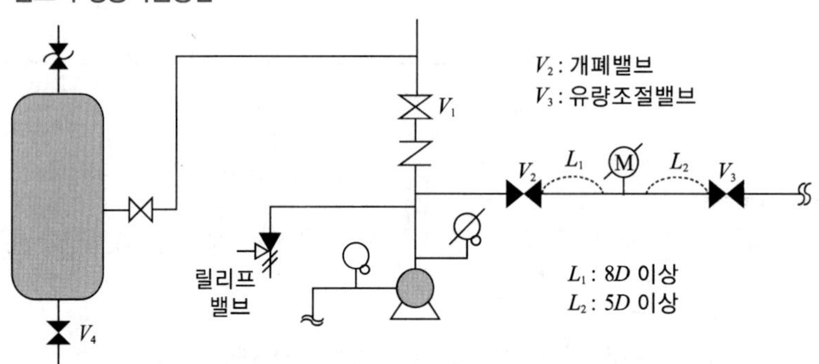

① 펌프의 토출측 주밸브(V_1)를 잠근다.
② 동력제어반에서 충압펌프와 주펌프를 수동 또는 정지위치에 놓는다.
③ 성능시험배관상의 개폐밸브(V_2)를 완전 개방한다.
④ 압력체임버의 배수밸브(V_4)를 개방하고 주펌프가 기동되면 배수밸브(V_4)를 잠근다.

> ④ 실제 현장에서는 주펌프를 수동으로 기동시킨다.

⑤ 성능시험배관상의 유량조절밸브(V_3)를 서서히 개방하여 유량계를 통과하는 유량이 정격토출유량(펌프사양에 명시됨)이 되도록 조절한다.
⑥ 성능시험배관상의 유량조절밸브(V_3)를 조금 더 개방하여 유량계를 통과하는 유량이 정격토출유량의 150[%]가 될 때 펌프의 토출측 압력은 정격토출압력의 65[%] 이상이어야 한다(압력계로 확인).
⑦ 주펌프를 정지하고 성능시험배관상의 밸브(V_2, V_3)를 서서히 잠근다.
⑧ 펌프의 토출측 주밸브(V_1)를 개방하고 동력제어반에서 충압펌프와 주펌프의 스위치를 자동위치로 한다.

해답 (1) 펌프의 성능시험방법

① 펌프의 토출측 주밸브(V_1) 폐쇄
② 동력제어반에서 충압펌프와 주펌프를 수동 또는 정지위치에 놓는다.

③ 성능시험배관상의 개폐밸브(V_2)를 완전 개방
④ 주펌프를 수동으로 기동시킨다.
⑤ 성능시험배관상의 유량조절밸브(V_3)를 서서히 개방하여 유량계를 통과하는 유량이 정격토출유량(펌프사양에 명시됨)이 되도록 조절한다.
⑥ 성능시험배관상의 유량조절밸브(V_3)를 조금 더 개방하여 유량계를 통과하는 유량이 정격토출유량의 150[%]가 될 때 펌프의 토출측 압력은 정격토출압력의 65[%] 이상이어야 한다(압력계로 확인).
⑦ 주펌프를 정지하고 성능시험배관상의 밸브(V_2, V_3)를 서서히 잠근다.
⑧ 펌프의 토출측 주밸브(V_1)를 개방하고 제어반에서 충압펌프와 주펌프의 스위치를 자동위치로 한다.

(2) 펌프의 성능은 체절운전 시 정격토출압의 140[%]를 초과하지 아니하고, 정격토출량의 150[%]로 운전 시 정격토출압력의 65[%] 이상이면 정상이다.

03

소방배관에는 배관용 탄소강관, 이음매없는 구리 및 구리합금관, 배관용 스테인리스강관을 사용하는데, 옥내소화전설비에서 소방용합성수지배관으로 설치할 수 있는 경우 3가지를 쓰시오.

득점	배점
	6

해설

소방용합성수지배관으로 설치할 수 있는 경우(옥내소화전설비)

(1) 배관을 지하에 매설하는 경우
(2) 다른 부분과 내화구조로 구획된 덕트 또는 피트의 내부에 설치하는 경우
(3) 천장(상층이 있는 경우에는 상층바닥의 하단을 포함한다)과 반자를 불연재료 또는 준불연재료로 설치하고 그 내부에 습식으로 배관을 설치하는 경우

해답 (1) 배관을 지하에 매설하는 경우
(2) 다른 부분과 내화구조로 구획된 덕트 또는 피트의 내부에 설치하는 경우
(3) 천장(상층이 있는 경우에는 상층바닥의 하단을 포함한다)과 반자를 불연재료 또는 준불연재료로 설치하고 그 내부에 습식으로 배관을 설치하는 경우

04

지하구의 화재안전기준에서 연소방지설비에 대한 설명이다. 다음 ( ) 안에 알맞은 답을 쓰시오.

득점	배점
	5

(1) 소화기 한 대의 총 중량은 사용 및 운반의 편리성을 고려하여 (①)[kg] 이하로 할 것
(2) 지하구 천장의 중심부에 설치하되 감지기와 천장 중심부 하단과의 수직거리는 (②)[cm] 이내로 할 것
(3) 연소방지설비의 헤드 간의 수평거리는 연소방지설비 전용헤드의 경우에는 (③)[m] 이하, 스프링클러헤드의 경우에는 (④)[m] 이하로 할 것
(4) 연소방지설비의 송수구는 구경 (⑤)[mm]의 쌍구형으로 할 것

해설

(1) 소화기 한 대의 총 중량은 사용 및 운반의 편리성을 고려하여 7[kg] 이하로 할 것
(2) 지하구 천장의 중심부에 설치하되 감지기와 천장 중심부 하단과의 수직거리는 30[cm] 이내로 할 것
(3) 헤드 간 수평거리

헤드의 종류	연소방지설비 전용헤드	스프링클러 헤드
수평거리	2[m] 이하	1.5[m] 이하

(4) 연소방지설비의 송수구는 구경 65[mm]의 쌍구형으로 할 것

해답

① 7
② 30
③ 2
④ 1.5
⑤ 65

05

포소화설비에서 송액관에 배액밸브의 설치목적과 설치방법을 설명하시오.

득점	배점
	4

해설

송액관의 배액밸브

(1) 설치목적 : 포의 방출 종료 후 배관 안의 액을 배출하기 위하여
(2) 설치방법 : 적당한 기울기를 유지하도록 가장 낮은 부분에 설치한다.

PLUS ONE

포소화설비의 화재안전기준 제7조

송액관은 포의 방출 종료 후 배관 안의 액을 배출하기 위하여 적당한 기울기를 유지하도록 하고 그 낮은 부분에 배액밸브를 설치하여야 한다.

해답

(1) 설치목적 : 포의 방출 종료 후 배관 안의 액을 배출하기 위하여
(2) 설치방법 : 적당한 기울기를 유지하도록 가장 낮은 부분에 설치한다.

06

펌프의 흡입이론에서 볼 때 물을 흡수할 수 있는 이론최대높이는 몇 [m]인가? (단, 대기압은 760[mmHg], 수은의 비중량 133,280[N/m³], 물의 비중량 9,800[N/m³]이다)

득점	배점
	6

해설

$P = \gamma H$

$$\gamma_1 H_1 = \gamma_2 H_2$$

여기서, γ : 비중량[N/m³]　　H : 높이[m]

∴ 이론최대높이 $H_2 = H_1 \times \frac{\gamma_1}{\gamma_2} = 0.76[\text{m}] \times \frac{133{,}280[\text{N/m}^3]}{9{,}800[\text{N/m}^3]} = 10.336[\text{m}]$

해답 10.34[m]

07

실의 크기가 가로 20[m]×세로 15[m]×높이 5[m]인 공간에서 커다란 화염의 화재가 발생하여 t초 시간이 지난 후의 청결층 높이 y[m]의 값이 1.8[m]가 되었다. 다음의 식을 이용하여 각 물음에 답하시오.

득점	배점
	5

조 건

$$Q = \frac{A(H-y)}{t}$$

여기서, Q : 연기의 발생량[m³/min]
A : 바닥면적[m²]
H : 층고[m]

- 위 식에서 시간 t[초]는 다음의 Hinkley식을 만족한다.

  공식 $t = \frac{20A}{Pf \times \sqrt{g}} \times \left(\frac{1}{\sqrt{y}} - \frac{1}{\sqrt{H}} \right)$

  단, g는 중력가속도(9.81[m/s²])이고 Pf는 화재경계의 길이로서 큰 화염의 경우 12[m], 중간화염의 경우 6[m], 작은 화염의 경우 4[m]를 적용한다.

- 연기 생성률(M, [kg/s])은 다음과 같다.

  $M[\text{kg/s}] = 0.188 \times Pf \times y^{\frac{3}{2}}$

물 음

(1) 상부의 배연구로부터 몇 [m³/min]의 연기를 배출해야 이 청결층의 높이가 유지되는지 계산하시오.

(2) 연기의 생성률[kg/s]을 구하시오.

(1) 청결층의 높이

$$t=\frac{20A}{Pf\times\sqrt{g}}\times\left(\frac{1}{\sqrt{y}}-\frac{1}{\sqrt{H}}\right)$$

여기서, A : 단면적(20[m]×15[m] = 300[m²])
Pf : 화재경계의 길이(큰화염 : 12[m])
g : 중력가속도(9.81[m/s²])
y : 청결층의 높이 값(1.8[m])
H : 층고(높이, 5[m])

$$t=\frac{20\times 300[\mathrm{m}^2]}{12[\mathrm{m}]\times\sqrt{9.81}}\times\left(\frac{1}{\sqrt{1.8[\mathrm{m}]}}-\frac{1}{\sqrt{5[\mathrm{m}]}}\right)=47.59[\mathrm{s}]$$

$$=\frac{47.59}{60[\mathrm{min}]}=0.7932[\mathrm{min}]$$

$$\therefore\ Q=\frac{A(H-y)}{t}=\frac{300[\mathrm{m}^2]\times(5[\mathrm{m}]-1.8[\mathrm{m}])}{0.7932}=1{,}210.29[\mathrm{m}^3/\mathrm{min}]$$

(2) 연기의 생성률

$$M[\mathrm{kg/s}]=0.188\times Pf\times y^{\frac{3}{2}}=0.188\times 12[\mathrm{m}]\times(1.8[\mathrm{m}])^{\frac{3}{2}}=5.45[\mathrm{kg/s}]$$

해답 (1) 1,210.29[m³/min]
(2) 5.45[kg/s]

08

소화배관에 사용되는 강관의 인장강도는 200[N/mm²], 안전율은 4, 최고사용압력은 4[MPa]이다. 이 배관의 스케줄수(Schedule No)는 얼마인가?

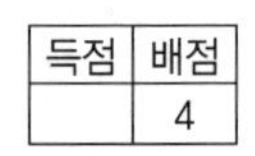

득점	배점
	4

해설

스케줄수

$$\text{Sch No}=\frac{\text{사용압력}[\mathrm{kN/m^2}]}{\text{재료의 허용응력}[\mathrm{kN/m^2}]}\times 1{,}000$$

$$\text{재료의 허용응력}[\mathrm{kN/m^2}]=\frac{\text{인장강도}[\mathrm{kN/m^2}]}{\text{안전율}[\mathrm{kN/m^2}]}$$

$$\text{안전율}=\frac{\text{인장강도}[\mathrm{kN/m^2}]}{\text{재료의 허용응력}[\mathrm{kN/m^2}]}$$

$$\text{재료의 허용응력}[\mathrm{kN/m^2}]=\frac{\text{인장강도}}{\text{안전율}}=\frac{200\times10^{-3}[\mathrm{kN}]/10^{-6}[\mathrm{m}^2]}{4}=50{,}000[\mathrm{kN/m^2}]$$

$$\therefore\ \text{스케줄수}=\frac{4[\mathrm{MN/m^2}]\times 1{,}000[\mathrm{kN/m^2}]}{50{,}000[\mathrm{kN/m^2}]}\times 1{,}000=80$$

해답 80

지하구의 화재안전기준에서 연소방지설비에 대하여 물음에 답하시오.

득점	배점
	6

(1) 바닥면적이 가로 39[m], 세로 20[m]인 건축물에 설치할 경우 연소방지설비전용 헤드의 수를 구하시오.

(2) 연소방지설비전용헤드를 사용할 경우 헤드가 4개 설치되어 있을 때 배관의 구경은 몇 [mm]로 하여야 하는가?

해설

연소방지설비

(1) 헤드 간 수평거리는 **연소방지설비 전용헤드의 경우에는 2[m] 이하**, 스프링클러헤드의 경우에는 1.5[m] 이하로 할 것

① 가로열의 헤드 수 = $\frac{39[m]}{2[m]} = 19.5 \Rightarrow 20$개

② 세로열의 헤드 수 = $\frac{20[m]}{2[m]} = 10$개

∴ 총 헤드 수 = 20 × 10 = 200개

(2) 연소방지설비전용헤드를 사용하는 경우 배관 구경에 따른 헤드 수

하나의 배관에 부착하는 살수헤드의 개수	1개	2개	3개	4개 또는 5개	6개 이상
배관의 구경[mm]	32	40	50	65	80

해답 (1) 200개 (2) 65[mm]

10

다음 물음에 답하시오

득점	배점
	6

(1) 20[℃]의 물 1[kg]이 100[℃]의 수증기가 되려면 몇 [kJ]가 필요한가?

(2) 제1종 분말 16,800[kg]이 열분해할 때 생성되는 이산화탄소의 몰수는?

(3) 1기압, 온도 15[℃]일 때 (2)에서 생성되는 이산화탄소의 부피[m^3]를 구하시오.

해설

(1) 열 량

$$Q = mc\Delta t + \gamma m$$

여기서, m : 무게(1[kg]) c : 비열(1[kcal/kg])
Δt : 온도차(100 − 20 = 80[℃]) γ : 물의 증발잠열(539[kcal/kg])

$\therefore\ Q = 1[kg]\times1[kcal/kg]\times(100-20)+539\times1[kg]=619[kcal]$

열량 = $619[kal]\times4.184[kJ/kcal] = 2,589.90[kJ]$

> 1[cal] = 4.184[J], 1[kcal] = 4.814[kJ]

(2) 이산화탄소의 몰수

$2NaHCO_3 \rightarrow Na_2CO_3 + H_2O + CO_2 + Q[Kcal]$

$2\times84[kg]$ —— $1[kg-mol]$

$16,800[kg]$ —— x

$$\therefore x = \frac{16,800[kg]\times1[kg-mol]}{2\times84[kg]} = 100[kg-mol]$$

(3) 이산화탄소의 부피

이상기체 상태방정식을 적용하면

$$PV=nRT \qquad V=\frac{nRT}{P}$$

여기서, P : 압력[atm], V : 부피[L]

n : mol수(100[kg-mol])

R : 기체상수$\left(0.08205\frac{[m^3\cdot atm]}{[kg-mol\cdot K]}\right)$

T : 절대온도(273+15=288[K])

$$\therefore\ V=\frac{100[kg-mol]\times0.08205\times288}{1[atm]}=2,363.04[m^3]$$

해답 (1) 2,589.9[kJ] (2) 100[kg-mol] (3) 2,363.04[m^3]

11

분사헤드의 방사압력이 0.2[MPa]일 때 방수량이 200[L/min]라고 하면, 방수량 400[L/min]으로 하였을 때 방사압력[MPa]을 구하시오.

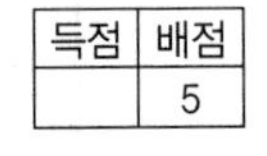

득점	배점
	5

해설

방수량

$$Q=K\sqrt{10P}$$

여기서, Q : 유량[L/min], K : 방출계수, P : 압력[MPa]

(1) 0.2[MPa]일 때 K를 구하면

$200[L/min]=K\sqrt{(10\times0.2[MPa])}$

$$\therefore K=\frac{200[L/min]}{\sqrt{2}[MPa]}=141.42$$

(2) 방수량 400[L/min]일 때 방수압력은

$Q=K\sqrt{10P}$

$$P=\frac{\left(\frac{Q}{K}\right)^2}{10}=\frac{\left(\frac{400}{141.42}\right)^2}{10}=0.8[MPa]$$

해답 0.8[MPa]

12

전압이 30[mmAq], 풍량 800[m³/min]이고 전동기 효율이 55[%], 전압력 손실과 제연량 누수도 고려한 여유율을 10[%] 증가시킨 것으로 할 때 배출기의 동력[kW]을 구하시오.

득점	배점
	4

해설

배출기 동력

$$P[\mathrm{kW}] = \frac{Q \times P_T}{102 \times 60 \times \eta} \times K$$

여기서, Q : 풍량$[\mathrm{m^3/min}]$ P_T : 전압($[\mathrm{mmH_2O}] = [\mathrm{mmAq}]$)

η : 효율 k : 전달계수

$$\therefore P[\mathrm{kW}] = \frac{800[\mathrm{m^3/min}] \times 30[\mathrm{mmAq}]}{102 \times 60 \times 0.55} \times 1.1 = 7.84[\mathrm{kW}]$$

해답 7.84[kW]

13

아래 조건을 참조하여 거실 제연설비에 대하여 물음에 답하시오.

득점	배점
	16

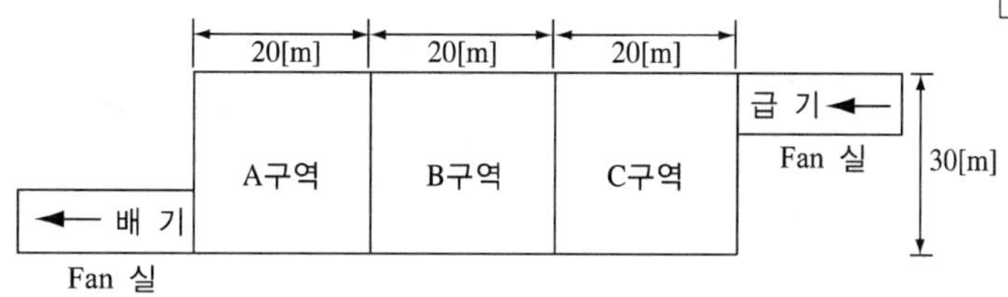

조 건

- 제연방식은 상호제연방식으로 공동예상제연구역이 각각 제연경계로 구획되어 있다.
- 덕트는 실선으로 표시한다.
- 급기덕트의 풍속은 15[m/s], 배기덕트의 풍속은 20[m/s]로 한다.
- Fan의 정압은 40[mmAq]로 한다.
- 천장 높이는 2.5[m]이다.

물 음

(1) 예상제연구역의 배출기의 배출량[$\mathrm{m^3/h}$]은 얼마 이상으로 하여야 하는가?
- 계산과정 :
- 답 :

(2) Fan의 동력[kW]을 구하시오(단, 효율 55[%], 여유율 10[%]이다).
- 계산과정 :
- 답 :

(3) 설계조건 및 물음에 따라 다음의 조건을 참조하여 설계(도면포함)하시오.

설계조건

- 덕트의 크기(각형 덕트로 하되 높이는 400[mm]로 한다)
- 급기구 및 배기구의 크기(정사각형) : 구역당 배기구 4개소, 급기구 3개소로 한다.
- 크기는 급기/배기량 [m^3/min]당 35[cm^2] 이상으로 한다.
- 덕트는 실선으로 표기한다.
- 댐퍼의 작동 여부는 표의 빈칸에 표기하시오.
- 효율은 무시하고, 댐퍼는 ⊘로 표시한다.

① 아래 도면에 급기구 및 배기구, 덕트 등을 완성하시오.

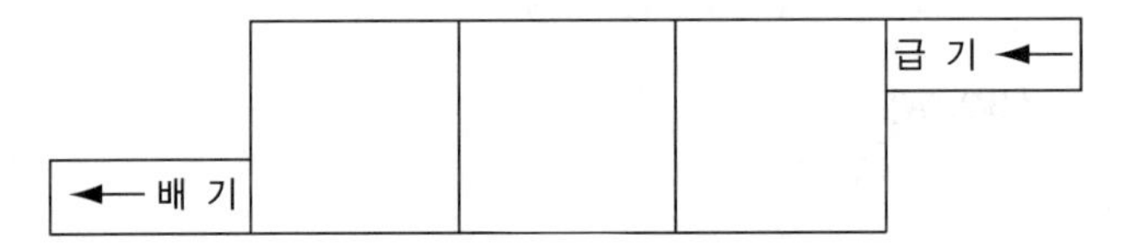

② 급기구와 배기구로 구분하여 필요한 개소별 풍량, 덕트의 단면적, 덕트의 크기를 설계하시오(단, 풍량, 덕트의 단면적, 덕트의 크기는 소수점 이하 첫째자리에서 반올림하여 정수로 나타내시오).

덕트의 구분		풍량(CMH)	덕트의 단면적 [mm^2]	덕트의 크기 (가로[mm]×세로[mm])
배기덕트	A	①	⑦	⑬
배기덕트	B	②	⑧	⑭
배기덕트	C	③	⑨	⑮
급기덕트	A	④	⑩	⑯
급기덕트	B	⑤	⑪	⑰
급기덕트	C	⑥	⑫	⑱

③ 배기댐퍼와 급기댐퍼의 작동상태를 표시하시오.
(댐퍼 작동상태 ○ : Open, ● : Close)

덕트의 구분	배기댐퍼			급기댐퍼		
	A구역	B구역	C구역	A구역	B구역	C구역
A구역 화재 시						
B구역 화재 시						
C구역 화재 시						

④ 급기구의 단면적[cm^2]과 크기[mm]를 계산하시오(정수로 답하시오).

⑤ 배기구의 단면적[cm^2]과 크기[mm]를 계산하시오(정수로 답하시오).

해설

거실 제연설비

(1) 배출량

① 바닥면적$=20[\text{m}]\times30[\text{m}]=600[\text{m}^2]$

② 원의 범위$=\sqrt{20^2+30^2}=36.06[\text{m}]$

③ 수직거리=천장높이 − (제연경계의 최소폭)$=2.5[\text{m}]-0.6[\text{m}]=1.9[\text{m}]$

> 제연경계는 **제연경계의 폭**이 **0.6[m] 이상**이고, **수직거리**는 **2[m] 이내**이어야 한다. 다만, 구조상 불가피한 경우는 2[m]를 초과할 수 있다.

※ 바닥면적 **400[m²] 이상**이고 예상제연구역이 **직경 40[m]**인 원의 범위 안에 있을 경우에는 배출량이 **40,000[m³/h] 이상**으로 할 것. 다만, 예상제연구역이 제연경계로 구획된 경우에는 그 수직거리에 따라 배출량은 다음 표에 의한다.

수직거리	배출량
2[m] 이하	**40,000[m³/h] 이상**
2[m] 초과 2.5[m] 이하	45,000[m³/h] 이상
2.5[m] 초과 3[m] 이하	50,000[m³/h] 이상
3[m] 초과	60,000[m³/h] 이상

배출량$=$바닥면적$\times1[\text{m}^3/\text{m}^2\cdot\text{min}]$

$=(20\times30)[\text{m}^2]\times1[\text{m}^3/\text{m}^2\cdot\text{min}]=600[\text{m}^3/\text{min}]=36,000[\text{m}^3/\text{h}]$

∴ 바닥면적 **400[m²]**($600[\text{m}^2]$) **이상**이고 예상제연구역이 **직경 40[m](36.06[m])**인 원의 범위 안에 있을 경우 ⇒ $36,000[\text{m}^3/\text{h}]$이라도 최소 **배출량이 40,000[m³/h] 이상이다.**

(2) 전동기의 동력

$$P[\text{kW}]=\frac{Q\times P_T}{102\times60\times\eta}\times K$$

여기서, P : 배출기 전동기 출력[kW]

Q : 풍량(40,000[m³]/60[min]= 666.67[m³/min])

P_T : 전압(40[mmH₂O]=[mmAq])

η : 전동기 효율

K : 전달계수

$$\therefore P[\text{kW}]=\frac{666.67\times40}{102\times60\times0.55}\times1.1=8.71[\text{kW}]$$

(3) 설계도면

① 도면 완성 : 해답참조

② 풍량, 덕트의 단면적, 덕트의 크기

㉠ 풍 량

덕트의 구분		풍량(CMH)
배기덕트	A	(1)에서 구한 배출량 40,000[m^3/h]
배기덕트	B	〃
배기덕트	C	〃
급기덕트	A	(1)에서 구한 배출량 40,000[m^3/h] ÷ 2 = 20,000[m^3/h]
급기덕트	B	〃
급기덕트	C	〃

※ 문제 조건에서 상호제연이므로 배기는 1개 구역, 급기는 2개 구역에서 진행되므로 급기덕트 풍량은 20,000[m^3/h]이다.

㉡ 배기덕트 및 급기덕트의 단면적

덕트의 구분		덕트의 단면적[mm^2]
배기덕트	A	$A=\dfrac{Q}{u}=\dfrac{40{,}000[m^3]/3600[s]}{20[m/s]}=0.5555555[m^2]=555{,}556[mm^2]$
배기덕트	B	〃
배기덕트	C	〃
급기덕트	A	$A=\dfrac{Q}{u}=\dfrac{20{,}000[m^3]/3{,}600[s]}{15[m/s]}=0.3703703[m^2]=370{,}370[mm^2]$
급기덕트	B	〃
급기덕트	C	〃

㉢ 덕트의 크기

덕트의 구분		덕트의 크기(가로[mm]×세로[mm])
배기덕트	A	$W=\dfrac{A}{H}=\dfrac{555{,}556[mm^2]}{400[mm]}=1{,}389[mm]$ ∴ 1,389[mm]×400[mm]
배기덕트	B	〃
배기덕트	C	〃
급기덕트	A	$W=\dfrac{A}{H}=\dfrac{370{,}370[mm^2]}{400[mm]}=926[mm]$ ∴ 926[mm]×400[mm]
급기덕트	B	〃
급기덕트	C	〃

③ 배기댐퍼와 급기댐퍼의 작동상태(댐퍼 작동상태 ○ : Open ● : Close)

덕트의 구분	배 기			급 기		
	A구역	B구역	C구역	A구역	B구역	C구역
A구역 화재 시	○	●	●	●	○	○
B구역 화재 시	●	○	●	○	●	○
C구역 화재 시	●	●	○	○	○	●

④ 급기구의 단면적[cm²]과 크기[mm]

• 급기구의 단면적 = $\dfrac{20{,}000[\text{m}^3]/60[\text{min}]}{3\text{개}} \times 35[\text{cm}^2 \cdot \text{min/m}^3] = 3{,}889[\text{cm}^2]$

• 급기구의 크기 $L = \sqrt{A} = \sqrt{3{,}889[\text{cm}^2]} = 62.36[\text{cm}] = 624[\text{mm}]$

∴ 급기구의 크기 : 가로 624[mm] × 세로 624[mm]

⑤ 배기구의 단면적[cm²]과 크기[mm]

• 배기구의 단면적 = $\dfrac{40{,}000[\text{m}^3]/60[\text{min}]}{4\text{개}} \times 35[\text{cm}^2 \cdot \text{min/m}^3] = 5{,}833[\text{cm}^2]$

• 배기구의 크기 $L = \sqrt{A} = \sqrt{5{,}833[\text{cm}^2]} = 76.37[\text{cm}] = 764[\text{mm}]$

∴ 배기구의 크기 : 가로 764[mm] × 세로 764[mm]

해답 (1) 40,000[m³/h]

(2) 8.71[kW]

(3) ①

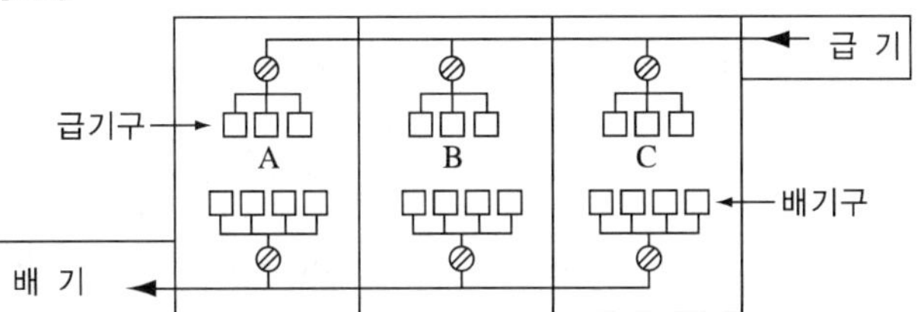

②

덕트의 구분		풍량(CMH)	덕트의 단면적 [mm²]	덕트의 크기 (가로[mm]×세로[mm])
배기덕트	A	① 40,000	⑦ 555,556	⑬ 1,389×400
배기덕트	B	② 40,000	⑧ 555,556	⑭ 1,389×400
배기덕트	C	③ 40,000	⑨ 555,556	⑮ 1,389×400
급기덕트	A	④ 20,000	⑩ 370,370	⑯ 926×400
급기덕트	B	⑤ 20,000	⑪ 370,370	⑰ 926×400
급기덕트	C	⑥ 20,000	⑫ 370,370	⑱ 926×400

③

덕트의 구분	배 기			급 기		
	A구역	B구역	C구역	A구역	B구역	C구역
A구역 화재 시	○	●	●	●	○	○
B구역 화재 시	●	○	●	○	●	○
C구역 화재 시	●	●	○	○	○	●

④ 급기구의 단면적 : 3,889[cm²], 크기 : 가로 624[mm] × 세로 624[mm]

⑤ 배기구의 단면적 : 5,833[cm²], 크기 : 가로 764[mm] × 세로 764[mm]

14

주차장 건물에 물분무소화설비를 설치하려고 한다. 법정 수원의 용량[m^3]은 얼마 이상이어야 하는지 구하시오(단, 주차장의 바닥면적은 100[m^2]이다).

득점	배점
	3

해설

물분무소화설비펌프의 토출량과 수원

소방대상물	펌프의 토출량[L/min]	수원의 양[L]
특수 가연물 저장, 취급	바닥면적(50[m^2] 이하는 50[m^2]) × 10[L/min · m^2]	바닥면적(50[m^2] 이하는 50[m^2]) × 10[L/min · m^2]×20[min]
차고, 주차장	바닥면적(50[m^2] 이하는 50[m^2]) × 20[L/min · m^2]	바닥면적(50[m^2] 이하는 50[m^2]) × 20[L/min · m^2]×20[min]
절연유 봉입변압기	표면적(바닥부분 제외) × 10[L/min · m^2]	표면적(바닥부분 제외) × 10[L/min · m^2]×20[min]
케이블트레이, 케이블덕트	투영된 바닥면적 × 12[L/min · m^2]	투영된 바닥면적 × 12[L/min · m^2]×20[min]
컨베이어 벨트	벨트부분의 바닥면적 × 10[L/min · m^2]	벨트부분의 바닥면적 × 10[L/min · m^2]×20[min]

$\therefore$ 수원 $= 100[\text{m}^2] \times 20[\text{L/min} \cdot \text{m}^2] \times 20[\text{min}] = 40{,}000[\text{L}] = 40[\text{m}^3]$

해답 40[m^3]

15

지상 20층인 건축물에 옥내소화전설비를 설치하려고 한다. 각 층에 옥내소화전 7개씩 설치되고, 실양정은 60[m]이다. 이 건축물의 방수량[L/min]과 수원[m^3]의 양을 산출하시오(단, 수원은 옥상수조를 포함한다).

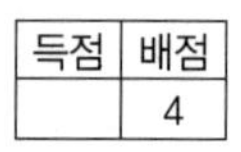

득점	배점
	4

해설

옥내소화전설비의 방수량과 수원

(1) 최소토출량

$$Q = N(\text{최대 5개}) \times 130[\text{L/min}]$$

여기서 N : 소화전 수(5개)

$\therefore Q = N \times 130[\text{L/min}] = 5\text{개} \times 130[\text{L/min}] = 650[\text{L/min}]$

(2) 수 원

$$Q = N(\text{최대 5개}) \times 2.6[\text{m}^3]$$

$Q = 5\text{개} \times 2.6[\text{m}^3] = 13.0[\text{m}^3]$

옥상에 $\frac{1}{3}$을 저장하여야 하므로 $13[\text{m}^3] \times \frac{1}{3} = 4.33[\text{m}^3]$

$\therefore$ 수원 $= 13.0[\text{m}^3] + 4.33[\text{m}^3]$

$= 17.33[\text{m}^3]$

해답 (1) 방수량 : 650[L/min] (2) 수원 : 17.33[m^3]

16

지상 5층인 건축물에 옥내소화전을 설치하려고 한다. 각층에 설치된 소화전은 4개씩 배치하며 이때 실양정은 30[m], 배관의 마찰손실수두는 실양정의 10[%], 호스의 마찰손실수두는 3.5[m], 펌프의 효율은 60[%], 전달계수는 1.1이라고 본다. 다음 물음에 답하시오(단, 유속은 4[m/s]이다).

득점	배점
	15

(1) 펌프의 최소토출량[L/min]을 구하시오.

(2) 주배관의 최소구경[mm]을 계산하시오.

(3) 이 설비에서 유량측정장치의 최대 유량측정치는 얼마 이상이어야 하는가?

(4) 전양정[m]을 구하시오.

(5) 성능시험배관은 펌프의 토출측에 설치된 ( ) 이전에서 분기하여 설치하고, 유량측정장치를 기준으로 전단 직관부에 ( )를 후단 직관부에는 ( )밸브를 설치할 것. ( ) 안에 적당한 말을 쓰시오.

(6) 펌프의 성능에서 체절운전 시 체절압력은 몇 [MPa]을 초과하지 않아야 하는가?

해설

옥내소화전설비

(1) 최소토출량

$$Q = N \times 130[\mathrm{L/min}]$$

$\therefore Q = N \times 130[\mathrm{L/min}] = 4개 \times 130[\mathrm{L/min}] = 520[\mathrm{L/min}]$

(2) 주배관의 구경

$$D = \sqrt{\frac{4\,Q}{\pi\,u}}$$

여기서, Q : 520[L/min], u : 유속(4[m/s])

$\therefore D = \sqrt{\frac{4Q}{\pi u}} = \sqrt{\frac{4 \times 0.52[\mathrm{m}^3]/60[\mathrm{s}]}{\pi \times 4}} = 0.0525[\mathrm{m}] = 52.5[\mathrm{mm}] \Rightarrow 65[\mathrm{mm}]$

(3) 유량측정장치는 펌프의 정격토출량의 **175[%] 이상** 측정할 수 있는 성능이 있을 것

$\therefore Q = 520[\mathrm{L/min}] \times 1.75(175[\%]) = 910[\mathrm{L/min}]$

현장에서 성능시험배관에 설치된 유량계가 최상단의 눈금이 910[L/min]을 읽을 수 있어야 한다.

(4) 전양정

$$H = h_1 + h_2 + h_3 + 17[\mathrm{m}]$$

여기서, H : 전양정[m]

h_1 : 실양정(30[m])

h_2 : 배관마찰손실수두(30[m] × 0.10 = 3[m])

h_3 : 소방호스마찰손실수두(3.5[m])

$\therefore H = 30[\mathrm{m}] + 3[\mathrm{m}] + 3.5[\mathrm{m}] + 17 = 53.5[\mathrm{m}]$

(5) 펌프의 성능시험배관

펌프의 성능은 체절운전 시 정격토출압력의 140[%]를 초과하지 아니하고, 정격토출량의 150[%]로 운전 시 정격토출압력의 65[%] 이상이 되어야 한다.

PLUS ONE **펌프의 성능시험배관 설치기준**

1. 성능시험배관은 펌프의 토출측에 설치된 **개폐밸브** 이전에서 분기하여 설치하고, 유량측정장치를 기준으로 전단 직관부에 **개폐밸브**를 후단 직관부에는 **유량조절밸브**를 설치할 것
2. 유량측정장치는 성능시험배관의 직관부에 설치하되, 펌프의 정격토출량의 175[%] 이상 측정할 수 있는 성능이 있을 것

(6) 체절운전 시 체절압력[(5)번 참조]

∴ 체절압력 = 0.525[MPa](53.5[m]) × 1.4 = 0.73[MPa] 미만에서 작동

$$\frac{53.5[\text{m}]}{10.332[\text{m}]} \times 0.101325[\text{MPa}] = 0.525[\text{MPa}]$$

해답

(1) 520[L/min]
(2) 65[mm]
(3) 910[L/min]
(4) 53.5[m]
(5) 개폐밸브, 개폐밸브, 유량조절밸브
(6) 0.73[MPa]

제 1 회 2015년 4월 18일 시행

※ 다음 물음에 대한 답을 해당 답란에 답하시오.(배점 : 100)

01

다음 폐쇄형 스프링클러설비 도면에서 관 부속품의 수량을 표에서 완성하시오.

득점	배점
	6

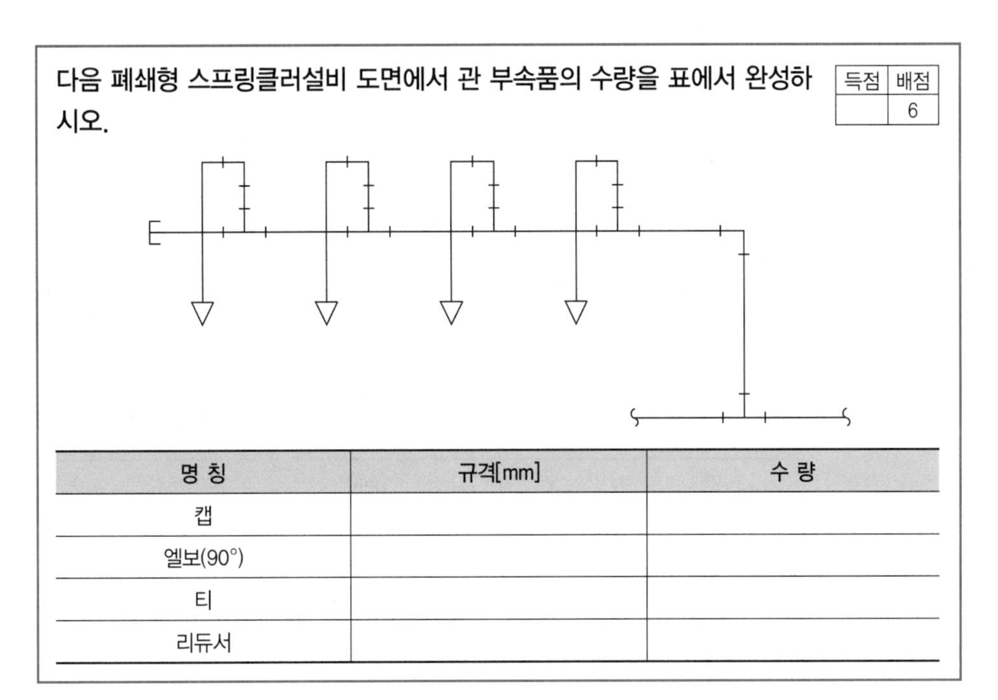

명 칭	규격[mm]	수 량
캡		
엘보(90°)		
티		
리듀서		

해설

관 부속품의 수량

(1) 폐쇄형 스프링클러헤드의 관경이 담당하는 헤드의 개수

관경[mm]	25	32	40	50	65	80	90	100
담당하는 헤드의 수[개]	2	3	5	10	30	60	80	100

(2) 도면에 따른 관 부속품

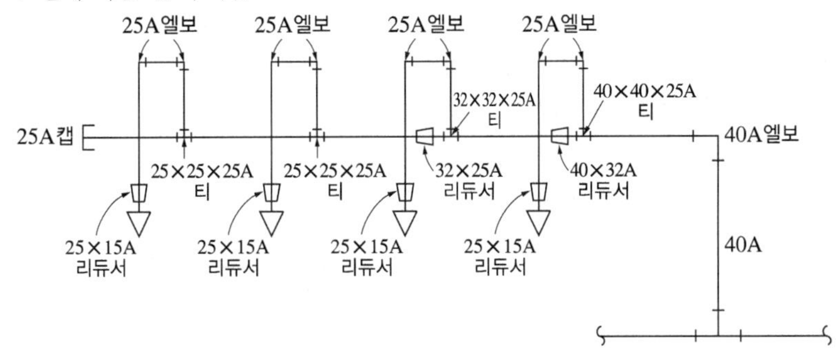

명 칭	규격[mm]	수 량
캡(Cap)	25	1
엘보(90° Elbow)	40	1
	25	8
티(Tee)	40	1
	32	1
	25	2
리듀서(Reducer)	40×32	1
	32×25	1
	25×15	4

해답 관 부속품의 수량

명 칭	규격[mm]	수 량
캡	25	1
엘보(90°)	40	1
	25	8
티	40	1
	32	1
	25	2
리듀서	40×32	1
	32×25	1
	25×15	4

02

다음 그림과 같이 양정 50[m] 성능을 갖는 펌프가 운전 중 노즐에서 방수압을 측정하여 보니 0.15[MPa]이었다. 만약 노즐의 방수압을 0.25[MPa]으로 증가하고자 할 때 조건을 참조하여 펌프가 요구하는 양정[m]은 얼마인가?

득점	배점
	6

조 건

- 배관의 마찰손실은 하젠-윌리엄스공식을 이용한다.
- 노즐의 방출계수 $K=100$으로 한다.
- 펌프의 특성곡선은 토출유량과 무관하다.
- 펌프와 노즐은 수평관계이다.

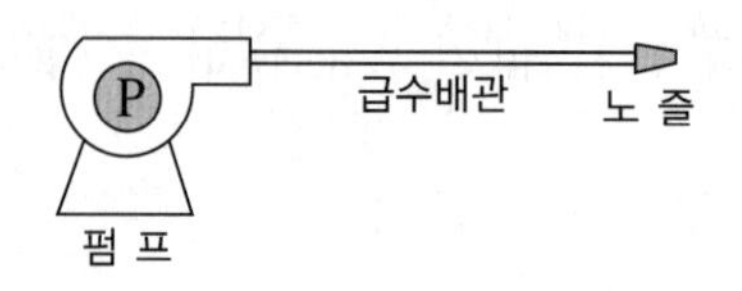

해설

(1) 양정 50[m], 방수압이 0.15[MPa]일 때 방수량

$$Q = K\sqrt{10P}$$

여기서, Q : 유량[L/min], K : 방출계수, P : 압력[MPa]

$\therefore\ Q = K\sqrt{10P} = 100\sqrt{10 \times 0.15[\text{MPa}]} = 122.47[\text{L/min}]$

(2) 노즐의 방수압이 0.25[MPa]일 때 방수량

$\therefore\ Q = K\sqrt{10P} = 100\sqrt{10 \times 0.25[\text{MPa}]} = 158.11[\text{L/min}]$

(3) 하젠-윌리엄스 식에서

$$\Delta P_{\text{Loss}} = 6.053 \times 10^4 \times \frac{Q^{1.85}}{C^{1.85} \times D^{4.87}} \times L$$

ΔP_{Loss} : 손실값[MPa] Q : 유량[L/min] C : 조도
D : 내경[mm] L : 상당직관장[m]

① 0.15[MPa]와 0.25[MPa]에서 $6.053 \times 10^4 \times \frac{Q^{1.85}}{C^{1.85} \times D^{4.87}} \times L$이 같으므로

$\Delta P_1 = 0.49[\text{MPa}](50[\text{m}]) - 0.15[\text{MPa}] = 0.34[\text{MPa}]$

$\Delta P_2 = \Delta P_1 \times \left(\frac{Q_2}{Q_1}\right)^{1.85} = 0.34[\text{MPa}] \times \left(\frac{158.11}{122.47}\right)^{1.85} = 0.545[\text{MPa}]$

$\therefore$ 펌프토출양정 = 0.545[MPa] + 0.25[MPa] = 0.795[MPa] = 81.07[m]

해답 81.07[m]

03

다음 그림은 스프링클러설비의 송수구 주위 배관을 나타낸 것이다. 각 물음에 답하시오.

득점	배점
	8

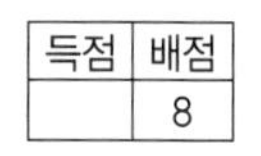

①
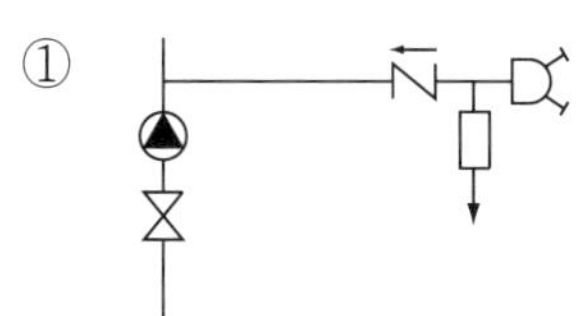

②
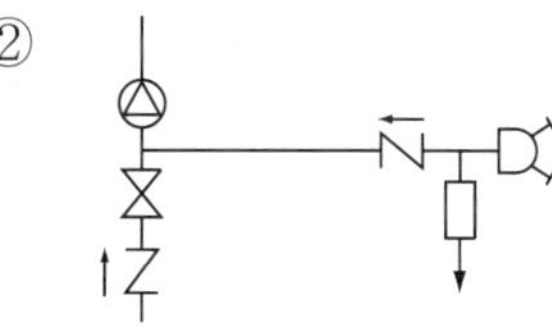

③
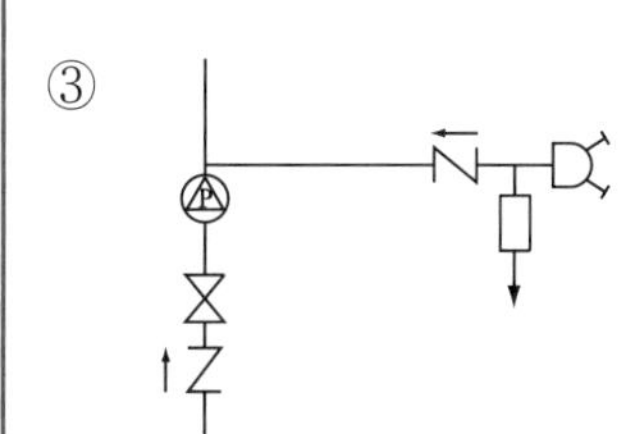

④
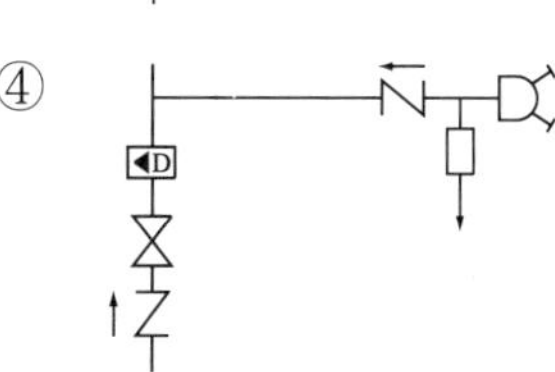

물 음

(1) 그림을 보고 번호에 따른 스프링클러설비의 종류를 쓰시오.
(2) 각 번호에 따른 유수검지장치의 밸브명칭을 쓰시오.

해설

스프링클러설비의 비교

항목 \ 종류		습식 스프링클러설비	건식 스프링클러설비	준비작동식 스프링클러설비	일제살수식 스프링클러설비
사용 헤드		폐쇄형	폐쇄형	폐쇄형	개방형
배관	1차측	가압수	가압수	가압수	가압수
	2차측	가압수	압축공기	대기압, 저압공기	대기압(개방)
경보밸브		습식 유수검지장치	건식 유수검지장치	준비작동식 유수검지장치	일제개방밸브
감지기의 유무		없 다	없 다	있 다	있 다

해답 (1) ① 습식 스프링클러설비 ② 건식 스프링클러설비
③ 준비작동식 스프링클러설비 ④ 일제살수식 스프링클러설비
(2) ① 습식 유수검지장치 ② 건식 유수검지장치
③ 준비작동식 유수검지장치 ④ 일제개방밸브

04

다음은 각종 제연방식 중 자연제연방식에 대한 내용이다. 주어진 조건을 참조하여 각 물음에 답하시오.

득점	배점
	6

조 건

- 연기층과 공기층의 높이차는 3[m]이다.
- 화재실의 온도는 22[℃]이고, 외부온도는 0[℃]이다.
- 공기평균분자량은 28이고, 연기 평균분자량은 29라고 가정한다.
- 내부 및 외부의 기압은 1기압이다.
- 중력가속도는 9.8[m/s^2]로 한다.

물 음

(1) 연기의 유출속도[m/s]를 산출하시오.
(2) 외부풍속[m/s]를 산출하시오.

해설

(1) 연기의 유출속도

$$u = \sqrt{2gH\left(\frac{\rho_a}{\rho_s} - 1\right)}$$

여기서, u : 연기속도[m/s]
g : 중력가속도(9.8[m/s^2])
ρ_s : 연기밀도[kg/m^3]
ρ_a : 공기밀도[kg/m^3]
H : 연기와 공기의 높이차[m]

① 연기의 밀도

$$\rho = \frac{PM}{RT}$$

여기서, P : 압력[N/m²]　　　M : 분자량
R : 기체상수(8,314[N · m/kg-mol · K])
T : 절대온도(273 + 22 = 295[K])

$$\therefore \rho_s = \frac{PM}{RT} = \frac{101{,}325[\text{N/m}^2] \times 29[\text{kg/kg-mol}]}{8{,}314[\text{N} \cdot \text{m/kg-mol} \cdot \text{K}] \times 295[\text{K}]} = 1.20[\text{kg/m}^3]$$

② 공기의 밀도

$$\therefore \rho_a = \frac{PM}{RT} = \frac{101{,}325[\text{N/m}^2] \times 28[\text{kg/kg-mol}]}{8{,}314[\text{N} \cdot \text{m/kg-mol} \cdot \text{K}] \times 273[\text{K}]} = 1.25[\text{kg/m}^3]$$

③ 연기의 유출속도

$$u_s = \sqrt{2gH\left(\frac{\rho_a}{\rho_s} - 1\right)} = \sqrt{2 \times 9.8[\text{m/s}^2] \times 3[\text{m}] \times \left(\frac{1.25[\text{kg/m}^3]}{1.2[\text{kg/m}^3]} - 1\right)} = 1.57[\text{m/s}]$$

(2) 외부풍속

$$u_o = u_s \times \sqrt{\frac{\rho_s}{\rho_a}}$$

여기서, u_s : 연기의 유출속도[m/s]
ρ_s : 연기밀도[kg/m³]　　　ρ_a : 공기밀도[kg/m³]

$$\therefore u_o = u_s \times \sqrt{\frac{\rho_s}{\rho_a}} = 1.57[\text{m/s}] \times \sqrt{\frac{1.20[\text{kg/m}^3]}{1.25[\text{kg/m}^3]}} = 1.54[\text{m/s}]$$

해답 (1) 1.57[m/s]
(2) 1.54[m/s]

05

다음의 그림은 어느 실의 평면도로서 A_1, A_2는 출입문이며, 출입문 외의 틈새가 없다고 한다. 출입문이 닫힌 상태에서 실을 가압하여 실과 외부 간 50[Pa]의 기압차를 얻기 위하여 실에 급기시켜야 할 풍량은 몇 [m³/s]가 되겠는가? (단, 닫힌 문 A_1, A_2에 의해 공기가 유통될 수 있는 틈새의 면적은 각각 0.01[m²]이다)

득점	배점
	5

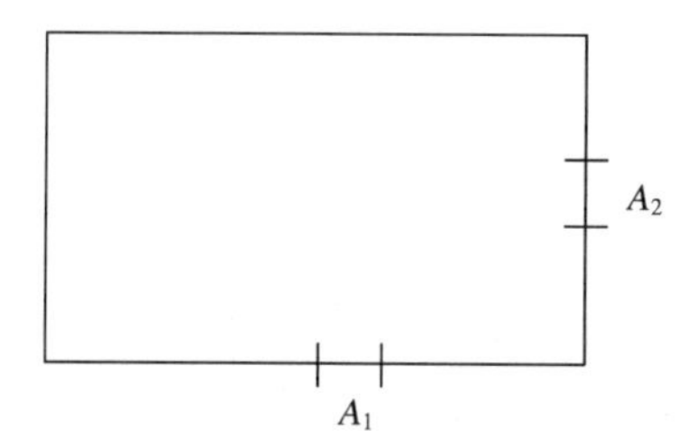

풍 량

$$Q = 0.827 \times A \times \sqrt{P}$$

여기서 Q : 풍량[m³/s]

A : 누설틈새면적(A_1과 A_2 : 병렬상태)

$A_{\text{Total}} = A_1 + A_2 = 0.01[\text{m}^2] + 0.01[\text{m}^2] = 0.02[\text{m}^2]$

P : 차압(50[Pa])

$\therefore\ Q = 0.827 \times 0.02[\text{m}^2] \times \sqrt{50[\text{Pa}]} = 0.117[\text{m}^3/\text{s}]$

해답 0.12[m³/s]

06

그림과 같이 연결송수구와 체크밸브 사이에 자동배수밸브를 설치하는 이유에 대하여 설명하시오.

득점	배점
	5

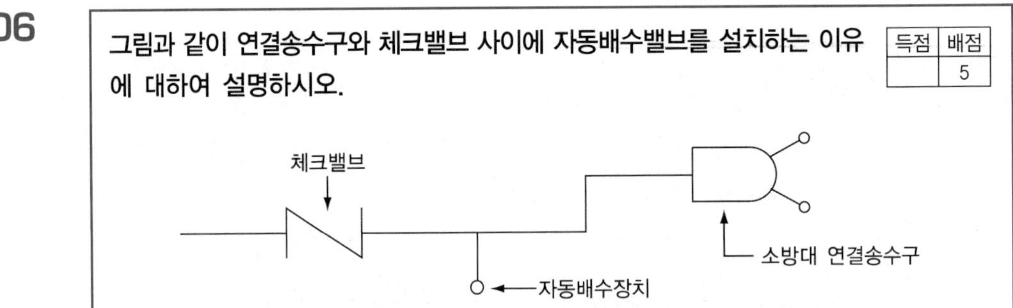

해답 소화 작업 후 배관 내에 고인 물을 자동으로 배수시켜 체크밸브와 연결송수구 사이에 배관의 부식 및 동파를 방지하기 위하여 설치한다.

07

체적이 600[m³]인 밀폐된 통신기기실에 설계농도 5[%]의 할론 1301 소화설비를 전역방출방식으로 적용하였다. 68[L]의 내용적을 가진 축압식 저장용기 수를 3병으로 할 경우 저장용기의 충전비는 얼마인가?

득점	배점
	5

해설

(1) 약제량을 구하면

약제저장량[kg]=방호구역체적[m³]×소요약제량[kg/m³]=600[m³]×0.32[kg/m³]=192[kg]

[전역방출방식의 할론 필요가스량]

소방대상물	소화약제	필요가스량	가산량 (자동폐쇄장치 미설치 시)
차고, 주차장, 전기실, 통신기기실, 전산실 등	할론 1301	0.32[kg/m³]	2.4[kg/m²]

(2) 충전비

$$충전비 = \frac{용기체적[L]}{약제저장량[kg]}$$

문제에서 용기체적이 68[L]이고, 3병에 저장해야 하므로

192[kg]/3병=64[kg]/병

$$\therefore \ 충전비 = \frac{68[L]}{64[kg]} = 1.06$$

해답 1.06

08

다음과 같이 옥외소화전이 설치된 소방대상물에서 옥외소화전함의 설치수량을 간략하게 쓰시오.

득점	배점
	3

(1) 옥외소화전 7개 설치 시

(2) 옥외소화전 17개 설치 시

(3) 옥외소화전 37개 설치 시

해설

옥외소화전의 소화전함

(1) 옥외소화전함의 설치기준 : 5[m] 이내의 장소

소화전의 개수	설치 기준
10개 이하	옥외소화전마다 5[m] 이내에 1개 이상
11개 이상 30개 이하	11개를 각각 분산
31개 이상	옥외소화전 3개마다 1개 이상

옥외소화전은 수평거리가 40[m] 이하마다 설치하고 옥외소화전함(65A 소방호스와 관창 보관)이 옥외소화전 가까이 있어야 화재를 신속하게 소화할 수 있다.

[옥외소화전과 소화전함의 설치]

(2) 옥외소화전 설비의 소화전함 표면에는 "옥외소화전"이라고 표시한 표지를 할 것

(3) 가압송수장치의 조작부 또는 그 부근에는 가압송수장치의 기동을 명시하는 적색등을 설치할 것

해답 (1) 옥외소화전 7개 설치 시 : 옥외소화전마다 5[m] 이내에 1개 이상의 소화전함을 설치(소화전함 7개 설치)

(2) 옥외소화전 17개 설치 시 : 11개를 각각 분산하여 소화전함을 설치

(3) 옥외소화전 37개 설치 시 : 옥외소화전 3개마다 1개 이상의 소화전함을 설치
(37/3=12.3 ⇒ 13개)

09

할론 소화설비의 계통도에서 그림의 약제방출방식의 종류를 쓰고 그 방출방식을 설명하시오.

득점	배점
	5

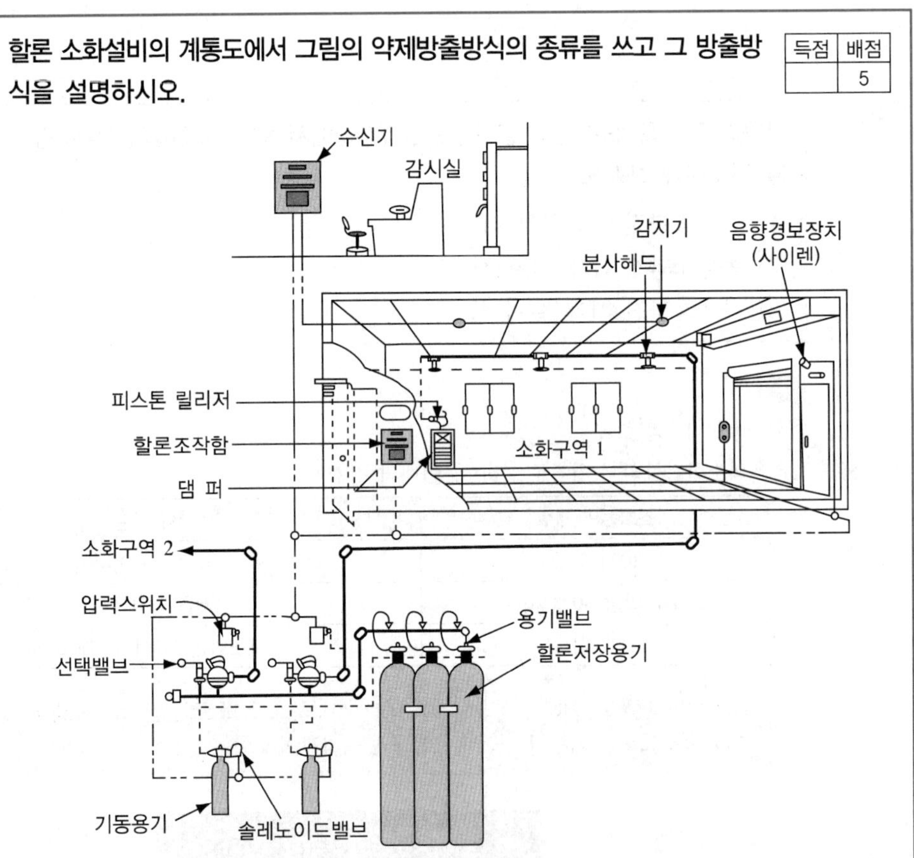

해설

할론 소화설비의 약제방출방식

(1) 전역방출방식 : 고정식 할론 공급장치에 배관 및 분사헤드를 고정·설치하여 밀폐 방호구역 내에 할론을 방출하는 설비

(2) 국소방출방식 : 고정식 할론 공급장치에 배관 및 분사헤드를 설치하여 직접 화점에 할론을 방출하는 설비로 화재 발생 부분에만 집중적으로 소화약제를 방출하도록 설치하는 방식

(3) 호스릴방식 : 분사헤드가 배관에 고정되어 있지 않고 소화약제 저장용기에 호스를 연결하여 사람이 직접 화점에 소화약제를 방출하는 이동식소화설비

해답 (1) 방출방식 : 전역방출방식
(2) 설명 : 고정식 할론 공급장치에 배관 및 분사헤드를 고정·설치하여 밀폐 방호구역 내에 할론을 방출하는 설비

10

스프링클러설비의 폐쇄형과 개방형 헤드에 대하여 답하시오.

득점	배점
	6

(1) 폐쇄형 헤드
- 기 능 :
- 설치장소 :

(2) 개방형 헤드
- 기 능 :
- 설치장소 :

해설

스프링클러설비

(1) 폐쇄형 헤드
- 기능 : 화재 감지 및 가압수 방출
- 설치장소 : 근린생활시설, 판매시설, 운수시설, 복합건축물, 11층 이상 소방대상물 등

(2) 개방형 헤드
- 기능 : 가압수 방출
- 설치장소 : 무대부 또는 연소할 우려가 있는 개구부

해답 (1) 폐쇄형 헤드
- 기능 : 화재 감지 및 가압수 방출
- 설치장소 : 근린생활시설, 판매시설 등

(2) 개방형 헤드
- 기능 : 가압수 방출
- 설치장소 : 무대부 또는 연소할 우려가 있는 개구부

11

업무시설의 지하층 전기설비 등에 다음과 같이 이산화탄소소화설비를 설치하고자 한다. 주어진 조건에 적합하게 답하시오.

득점	배점
	13

조 건

- 설비는 전역방출방식으로 하며 설치장소는 전기설비실, 케이블실, 서고, 모피창고임
- 전기설비실과 모피창고에는 가로 1[m]×세로 2[m]의 자동폐쇄장치가 설치되지 않은 개구부가 각각 1개씩 설치됨
- 저장용기의 내용적은 68[L]이며, 충전비는 1.511으로 동일 충전비를 가짐
- 전기설비실과 케이블실은 동일 방호구역으로 설계함
- 소화약제 방출시간은 모두 7분으로 함
- 각 실에 설치할 노즐의 방사량은 각 노즐 1개당 10[kg/min]으로 함
- 각 실의 평면도는 다음과 같다(각 실의 층고는 모두 3[m]임).

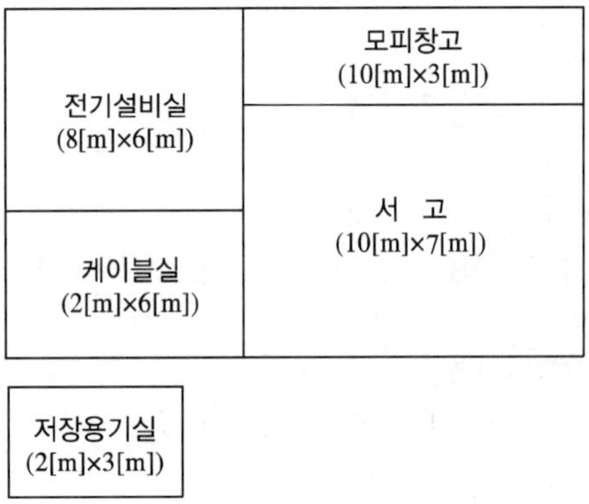

물 음

(1) 모피창고의 실제 소요가스량[kg]을 구하시오.
(2) 저장용기 1병에 충전되는 가스량[kg]을 구하시오.
(3) 저장용기 실에 설치할 저장용기의 수는 몇 병인지 구하시오.
(4) 설치하여야 할 선택밸브의 수는 몇 개인지 구하시오.
(5) 모피창고에 설치할 헤드 수는 모두 몇 개인지 구하시오(단, 실제 방출 병 수로 계산).
(6) 서고의 선택밸브 주 배관의 유량은 몇 [kg/min]인지 구하시오(실제 방출 병 수로 계산).

해설

(1) 각 실의 소요약제량

소화약제 저장량[kg]
= 방호구역 체적[m^3]×소화약제량[kg/m^3]+개구부의 면적[m^2]×가산량[kg/m^2]

[종이, 목재, 석탄, 섬유류, 합성수지류 등 심부화재 방호대상물]

방호대상물	방호구역 1[m^3]에 대한 소화약제의 양	설계농도[%]	개구부 가산량[kg/m^2] (자동폐쇄장치 미설치 시)
유압기기를 제외한 **전기설비 · 케이블실**	1.3[kg]	50	10[kg]
체적 55[m^3] 미만의 전기설비	1.6[kg]	50	10[kg]
서고, 전자제품창고, 목재가공품 창고, 박물관	2.0[kg]	65	10[kg]
고무류, 면화류창고, **모피창고**, 석탄창고, 집진설비	2.7[kg]	75	10[kg]

① 전기설비실=(8[m]×6[m]×3[m]×1.3[kg/m^3])+(1[m]×2[m]×10[kg/m^2])
=207.2[kg]

② **모피창고**=(10[m]×3[m]×3[m]×2.7[kg/m^3])+(1[m]×2[m]×10[kg/m^2])
=263[kg]

③ 케이블실=2[m]×6[m]×3[m]×1.3[kg/m^3]=46.8[kg]

④ 서고=10[m]×7[m]×3[m]×2.0[kg/m^3]=420[kg]

∴ 모피창고의 실제 소요가스량 : 263[kg]

(2) 1병에 충전되는 가스량

$$충전비 = \frac{용기체적[L]}{약제저장량[kg]}$$

$$1.511 = \frac{68[L]}{약제\ 저장량[kg]}$$

$$∴ 약제\ 저장량 = \frac{68[L]}{1.511} = 45.00[kg]$$

(3) 저장용기의 수

① 전기설비실 + 케이블실(동일 방호구역)

• 저장용기의 수$=\dfrac{(207.2+46.8)[kg]}{45[kg]}=5.64 \Rightarrow$ 6병

② 모피창고

• 저장용기의 수$=\dfrac{263[kg]}{45[kg]}=5.84 \Rightarrow$ 6병

③ 서 고

• 저장용기의 수$=\dfrac{420[kg]}{45[kg]}=9.33 \Rightarrow$ 10병

※ 약제량이 가장 많은 방호구역을 기준으로 하므로 10병을 저장하여야 한다.

(4) 선택밸브는 각 방호구역마다 설치하므로 모피창고, 전기설비실+케이블실(동일 방호구역), 서고의 3개가 필요하다.

(5) 모피창고의 헤드 수

약제 병수 = 263[kg] ÷ 45[kg] = 5.84병 ⇒ 6병

6병 × 45[kg] = 270[kg]

[대상물별 방사시간]

특정소방대상물	시 간
가연성 액체 또는 가연성 가스 등 표면화재 방호대상물	1분
종이, 목재, 석탄, 섬유류, 합성수지류 등 심부화재 방호대상물(설계농도가 2분 이내에 30[%] 도달)	7분
국소방출방식	30초

분당 약제 방출량 = 270[kg] ÷ 7분 = 38.571[kg/분]

문제에서 각 노즐 1개당 10[kg/분]이므로

∴ 소요노즐개수 = 38.571[kg/분] ÷ 10[kg/분] = 3.85개 ⇒ 4개

(6) 서고의 주배관의 유량

420[kg] ÷ 45[kg] = 9.33병 ⇒ 10병

실제 방출량 10병 × 45[kg] = 450[kg]

∴ 분당 방출량 = 450[kg] ÷ 7분 = 64.29[kg/min]

해답 (1) 263[kg] (2) 45.00[kg]

(3) 10병 (4) 3개

(5) 4개 (6) 64.29[kg/min]

12

다음 도면은 스프링클러설비의 계통도이다. 조건에 따라 물음에 답하시오.

득점	배점
	12

조 건

- H-1 헤드의 방사압력 : 0.1[MPa]
- 각 헤드 간의 압력차이 : 0.02[MPa]
- 가지배관의 유속은 6[m/s]이다.

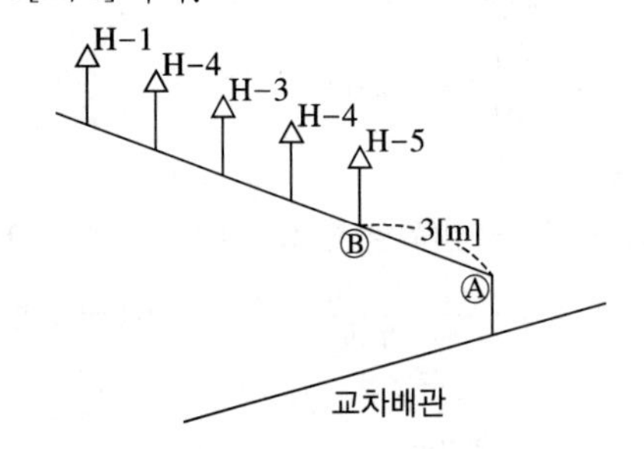

물 음

(1) A 지점에서의 필요한 최소압력은 몇 [MPa]인가?

(2) 각 헤드(H-1~H-5) 간의 방수량은 각각 몇 [L/min]인가?

(3) A~B 구간의 유량은 몇 [L/min]인가?

(4) A~B 구간의 배관 내경은 최소 몇 [mm]로 하여야 하는가?

해설

스프링클러설비의 물음

(1) A 지점에서의 필요한 최소압력

최소압력(P)=0.1+0.02+0.02+0.02+0.02+0.03(3[m])=0.21[MPa]

(2) 각 헤드(H-1~H-5) 간의 방수량

$$Q=K\sqrt{10P} \qquad K=\frac{Q}{\sqrt{10P}}=\frac{80}{\sqrt{10\times 0.1}}=80$$

① H-1의 방수량(Q)= $K\sqrt{10P}=80\sqrt{10\times 0.1[\text{MPa}]}=80[\text{L/min}]$

② H-2의 방수량(Q)= $80\sqrt{10\times(0.1+0.02)[\text{MPa}]}=87.64[\text{L/min}]$

③ H-3의 방수량(Q)= $80\sqrt{10\times(0.1+0.02+0.02)[\text{MPa}]}=94.66[\text{L/min}]$

④ H-4의 방수량(Q)= $80\sqrt{10\times(0.1+0.02+0.02+0.02)[\text{MPa}]}=101.19[\text{L/min}]$

⑤ H-5의 방수량(Q)= $80\sqrt{10\times(0.1+0.02+0.02+0.02+0.02)[\text{MPa}]}=107.33[\text{L/min}]$

(3) A~B 구간의 유량

Q=80+87.64+94.66+101.19+107.33=470.82[L/min]

(4) A~B 구간의 배관 내경

$$Q=uA=u\times\frac{\pi}{4}D^2 \qquad \therefore D=\sqrt{\frac{4Q}{\pi u}}$$

$\therefore\ D=\sqrt{\frac{4Q}{\pi u}}=\sqrt{\frac{4\times 0.4708[\text{m}^3]/60[\text{s}]}{\pi\times 6[\text{m/s}]}}$=0.0408[m]=40.8[mm] → 50[mm]

※ 스프링클러설비의 가지배관의 유속 : 6[m/s]

해답

(1) 0.21[MPa]

(2) ① H-1의 방수량 : 80[L/min]

② H-2의 방수량 : 87.64[L/min]

③ H-3의 방수량 : 94.66[L/min]

④ H-4의 방수량 : 101.19[L/min]

⑤ H-5의 방수량 : 107.33[L/min]

(3) 470.82[L/min]

(4) 50[mm]

13

어떤 지하상가에 제연설비를 화재안전기준과 아래 조건을 참조하여 다음 각 물음에 답하시오.

득점	배점
	8

조 건

- 배출기는 원심식 다익형이다.
- 주 덕트의 높이 제한은 1,000[mm]이다(강판두께, 덕트플랜지 및 보온 두께는 고려하지 않는다).
- 예상 제연구역의 설계풍량은 43,200[m^3/h]이다.
- 기타 조건은 무시한다.

물 음

(1) 배출기의 배출측 주 덕트의 최소 폭[m]을 계산하시오.

(2) 배출기의 흡입측 주 덕트의 최소 폭[m]을 계산하시오.

(3) 준공 후 풍량시험을 한 결과 풍량은 36,000[m^3/h], 회전수 650[rpm], 축동력 7.5[kW]로 측정되었다. 배출량 43,200[m^3/h]를 만족시키기 위한 배출기의 회전수[rpm]를 계산하시오.

(4) 풍량은 36,000[m^3/h]일 때 전압이 50[mmH_2O]이다. 풍량은 43,200[m^3/h]으로 변경할 때 전압은 몇 [mmH_2O]인가?

해설

제연설비

(1) 배출측 주 덕트의 최소 높이

$$Q = uA$$

① Q(유량) = 43,200[m^3/h] = 43,200[m^3]/3,600[s] = 12[m^3/s]

② u(배출측 덕트의 속도) = 20[m/s] 이하

$$\therefore A = \frac{Q}{u} = \frac{12[\mathrm{m^3/s}]}{20[\mathrm{m/s}]} = 0.6[\mathrm{m^2}]$$

③ A(단면적) = 높이 × 폭

$$\therefore 폭 = \frac{단면적[\mathrm{m^2}]}{높이[\mathrm{m}]} = \frac{0.6[\mathrm{m^2}]}{1[\mathrm{m}]} = 0.6[\mathrm{m}]$$

(2) 흡입측 주 덕트의 최소 높이

$$Q = uA$$

① Q(유량) = 43,200[m^3/h] = 43,200[m^3]/3,600[s] = 12[m^3/s]

② u(흡입측 덕트의 속도) = 15[m/s] 이하

$$\therefore A = \frac{Q}{u} = \frac{12[\mathrm{m^3/s}]}{15[\mathrm{m/s}]} = 0.8[\mathrm{m^2}]$$

③ A(단면적) = 높이 × 폭

$$\therefore 폭 = \frac{단면적[\mathrm{m^2}]}{높이[\mathrm{m}]} = \frac{0.8[\mathrm{m^2}]}{1[\mathrm{m}]} = 0.8[\mathrm{m}]$$

(3) 배출기의 회전수

① 유량 $Q_2 = Q_1 \times \left(\frac{N_2}{N_1}\right) \times \left(\frac{D_2}{D_1}\right)^3$

② 양정 $H_2 = H_1 \times \left(\frac{N_2}{N_1}\right)^2 \times \left(\frac{D_2}{D_1}\right)^2$

③ 동력 $P_2 = P_1 \times \left(\frac{N_2}{N_1}\right)^3 \times \left(\frac{D_2}{D_1}\right)^5$

$\frac{Q_2}{Q_1} = \frac{N_2}{N_1}$ (Q : 풍량, N : 회전수)

$\therefore$ 배출구 회전수 $N_2 = N_1 \times \left(\frac{Q_2}{Q_1}\right) = 650[\text{rpm}] \times \left(\frac{43{,}200[\text{m}^3/\text{h}]}{36{,}000[\text{m}^3/\text{h}]}\right) = 780[\text{rpm}]$

(4) 풍량 변경 시 전압

$$Q_2 = Q_1 \times \left(\frac{N_2}{N_1}\right)$$

$$\frac{Q_2}{Q_1} = \frac{N_2}{N_1}$$

$$H_2 = H_1 \times \left(\frac{N_2}{N_1}\right)^2$$

$$\frac{H_2}{H_1} = \left(\frac{N_2}{N_1}\right)^2$$

$\frac{H_2}{H_1} = \left(\frac{Q_2}{Q_1}\right)^2$ 와 $\frac{Q_2}{Q_1} = \frac{N_2}{N_1}$ 이므로

$\therefore H_2 = H_1 \times \left(\frac{Q_2}{Q_1}\right)^2 = 50[\text{mmH}_2\text{O}] \times \left(\frac{43{,}200}{36{,}000}\right)^2 = 72[\text{mmH}_2\text{O}]$

해답

(1) 0.8[m]
(2) 0.6[m]
(3) 780[rpm]
(4) 72[mmH_2O]

14

지름 200[mm]인 원형관 속을 0.15[kg/s]의 질량유량으로 공기가 흐르고 있다. 관 속 공기의 압력은 0.2[MPa], 온도는 20[℃]일 때 관 속을 흐르는 공기의 평균속도는 몇 [m/s]인가?(단, 공기의 기체상수는 0.287[kJ/kg · K]이다)

득점	배점
	5

해설

먼저 밀도를 구하면

$P = \rho RT$

$\rho = \frac{P}{RT} = \frac{0.2 \times 10^3[\text{kN/m}^2]}{0.287[\text{kJ/kg} \cdot \text{K}] \times 293[\text{K}]} = 2.38[\text{kg/m}^3]$

$$[kJ] = [kN \cdot m]$$

$\therefore\ \overline{m} = Au\rho$

$$u = \frac{\overline{m}}{A\rho} = \frac{0.15[kg/s]}{\frac{\pi}{4}(0.2[m])^2 \times 2.38[kg/m^3]} = 2.00[m/s]$$

해답 2.00[m/s]

15

다음 그림과 같이 스프링클러설비의 가압송수장치를 고가수조방식으로 설치할 경우 다음 물음에 답하시오(단, 중력가속도는 반드시 9.8[m/s²]를 적용한다).

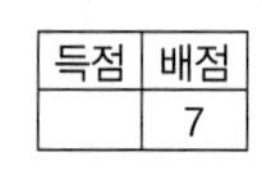

득점	배점
	7

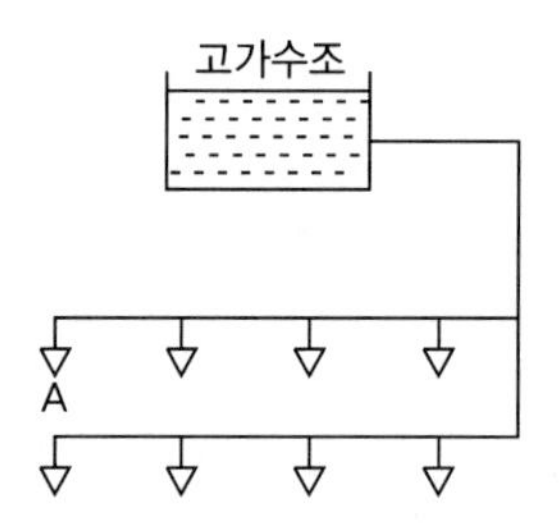

(1) 고가수조에서 최상부층 말단 스프링클러헤드 A까지의 낙차가 15[m]이고, 배관의 마찰손실압력이 0.04[MPa]일 때 최상층 말단 스프링클러헤드 선단에서의 방수압력[MPa]을 구하시오.
- 계산과정 :
- 답 :

(2) (1)에서 A헤드 선단에서의 방수압력을 0.12[MPa] 이상으로 나오게 하려면 현재 위치에 고가수조를 몇 [m] 더 높여야 하는지 구하시오(배관의 마찰손실압력은 0.04[MPa] 기준이다).
- 계산과정 :
- 답 :

해설

고가수조방식 스프링클러설비

(1) 헤드 선단의 방수압력

$$P = \gamma H \quad \gamma = \rho g \quad P = \rho g H$$

여기서, ρ : 물의 밀도(1,000[kg/m^3] g : 중력가속도(9.8[m/s^2])
H = 15[m] − 4.08[m](0.04[MPa] = 10.92[m])

$\therefore$ $P = \rho g H = 1{,}000[\text{kg/m}^3] \times 9.8[\text{m/s}^2] \times 10.92[\text{m}] = 107{,}016[\text{kg} \cdot \text{m/m}^2 \cdot \text{s}^2]$
= 107.0[kPa] = 0.11[MPa]

[다른 방법]

15[m] 수두 = $\dfrac{15[\text{m}]}{10.332[\text{m}]} \times 0.101325[\text{MPa}] = 0.147[\text{MPa}]$

A점에서의 방수압력 = 낙차(15[m]) − 배관 마찰손실압력(0.04[MPa])
= 0.147[MPa] − 0.04[MPa]
= 0.107[MPa]
= 0.11[MPa]

(2) 수조의 높이

방수압력 = 낙차의 환산수두압 − 배관의 마찰손실압력

0.12[MPa] = (0.147 + x)[MPa] − 0.04[MPa]

x를 구하면 x = 0.013[MPa] = 1.33[m]

[낙차의 환산수두압(15m)]

$$\frac{15[\text{m}]}{10.332[\text{m}]} \times 0.101325[\text{MPa}] = 0.147[\text{MPa}]$$

해답 (1) 0.11[MPa]
(2) 1.33[m]

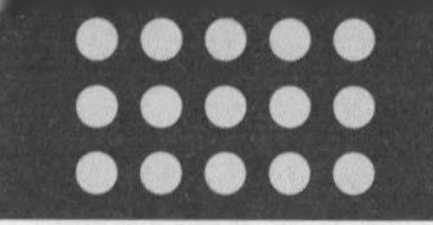

제 2 회 2015년 7월 12일 시행

※ 다음 물음에 대한 답을 해당 답란에 답하시오.(배점 : 100)

01

부압식 스프링클러설비에서 준비작동식밸브 1차측과 2차측의 상태와 동작원리를 설명하시오.

득점	배점
	2

해설

스프링클러설비의 비교

항목 \ 종류		습 식	건 식	부압식	준비작동식	일제살수식
사용 헤드		폐쇄형	폐쇄형	폐쇄형	폐쇄형	개방형
배관	1차측	가압수	가압수	가압수	가압수	가압수
	2차측	가압수	압축공기	부압수	대기압, 저압공기	대기압(개방)
경보밸브		알람체크밸브	건식밸브	준비작동밸브	준비작동밸브	일제개방밸브
시험밸브의 유무		있 다	있 다	있 다	없 다	없 다
감지기의 유무		없 다	없 다	있 다	있 다	있 다
감지기 설치방식		–	–	단일회로	교차회로	교차회로

• 부압식 스프링클러설비
가압송수장치에서 준비작동식유수검지장치의 1차측까지는 항상 정압의 물이 가압되고, 2차측 폐쇄형 스프링클러헤드까지는 소화수가 부압으로 되어 있다가 화재 시 감지기의 작동에 의해 진공펌프가 정지되고, 정압으로 변하여 유수가 발생하여 헤드 개방에 의해서 물을 방사한다.

해답 (1) 1차측 : 가압수, 2차측 : 부압수
(2) 가압송수장치에서 준비작동식유수검지장치의 1차측까지는 항상 정압의 물이 가압되고, 2차측 폐쇄형 스프링클러헤드까지는 소화수가 부압으로 되어 있다가 화재 시 감지기의 작동에 의해 진공펌프가 정지되고, 정압으로 변하여 유수가 발생하여 헤드 개방에 의해서 물을 방사한다.

02

면적 600[m^2], 높이 4[m]인 주차장에 제3종 분말소화약제를 전역방출방식으로 설치하려고 한다. 이곳에는 자동폐쇄장치가 설치되어 있지 않는 개구부의 면적이 10[m^2]일 때 다음 물음에 답하시오.

득점	배점
	6

(1) 분말소화약제 저장량은 몇 [kg] 이상인가?
(2) 축압용가스에 질소가스를 사용하는 경우 질소가스의 양[m^3]은?

해설

분말소화약제

(1) 분말소화약제 저장량

> 약제저장량[kg]
> =방호구역체적[m^3]×필요가스량[kg/m^3]+개구부면적[m^2]×가산량[kg/m^2]

소화약제의 종별	체적 1[m^3]당 약제량	가산량
제1종 분말	0.60[kg]	4.5[kg]
제2종 분말 또는 제3종 분말	**0.36[kg]**	**2.7[kg]**
제4종 분말	0.24[kg]	1.8[kg]

∴ 약제저장량[kg]=방호구역체적[m^3]×필요가스량[kg/m^3]+개구부면적[m^2]×가산량[kg/m^2]
=\{(600[m^2]×4[m])×0.36[kg/m^3]\}+\{10[m^2]×2.7[kg/m^2]\}
=891[kg]

(2) 가압용가스 또는 축압용가스의 설치 기준

① 가압용가스 또는 축압용가스는 질소가스 또는 이산화탄소로 할 것

② 가압용가스에 질소가스를 사용하는 것의 질소가스는 소화약제 1[kg]마다 40[L](35[℃]에서 1기압의 압력상태로 환산한 것) 이상, 이산화탄소를 사용하는 것의 이산화탄소는 소화약제 1[kg]에 대하여 20[g]에 배관의 청소에 필요한 양을 가산한 양 이상으로 할 것

③ 축압용가스에 질소가스를 사용하는 것의 질소가스는 소화약제 1[kg]에 대하여 10[L](35[℃]에서 1기압의 압력상태로 환산한 것) 이상, 이산화탄소를 사용하는 것의 이산화탄소는 소화약제 1[kg]에 대하여 20[g]에 배관의 청소에 필요한 양을 가산한 양 이상으로 할 것

가스 / 종류	질 소	이산화탄소
가압용	40[L/kg] 이상	소화약제 1[kg]에 대하여 20[g]에 배관의 청소에 필요한 양을 가산한 양 이상
축압용	10[L/kg] 이상	소화약제 1[kg]에 대하여 20[g]에 배관의 청소에 필요한 양을 가산한 양 이상

∴ 질소가스의 양=약제량×10[L/kg]=891[kg]×10[L/kg]=8,910[L]=8.91[m^3] 이상

(1) 891[kg]
(2) 8.91[m^3] 이상

03

어떤 특정소방대상물에 제연설비를 설치하였다. 제연구의 면적 2[m^2], 유속 2[m/s]이고 전압이 30[mmAq], 온도 20[℃]에서 다음 물음에 답하시오(단, 여유율은 10[%], 효율은 60[%]이다).

득점	배점
	6

(1) 배출기의 풍량[m^3/min]을 구하시오.
(2) 배출기의 동력[kW]을 구하시오.

해설

(1) **풍량**$=2[m^2]\times 2[m/s]\times 60[s/min]=240[m^3/min]$

(2) **배출기의 동력**

$$P[kW]=\frac{Q\times P_T}{102\times 60\times \eta}\times K$$

여기서, Q : 풍량$[m^3/min]$ P_T : 전압($[mmH_2O]=[mmAq]$)

η : 효 율 K : 전달계수

$$\therefore\ P[kW]=\frac{240[m^3/min]\times 30[mmAq]}{102\times 60\times 0.6}\times 1.1=2.16[kW]$$

해답 (1) $240[m^3/min]$

(2) 2.16[kW]

04

수계 소화설비에서 발생하는 맥동현상 방지대책 5가지를 기술하시오.	득점	배점
		6

해설

맥동현상(Surging)

(1) **정의** : Pump의 입구와 출구에 부착된 진공계와 압력계의 침이 흔들리고 동시에 토출유량의 변화를 가져오는 현상

(2) **발생원인**

① Pump의 양정곡선($Q-H$)이 산(山) 모양의 곡선으로 상승부에서 운전하는 경우
② 유량조절 밸브가 배관 중 수조의 위치 후방에 있을 때
③ 배관 중에 수조가 있을 때
④ 배관 중에 기체상태의 부분이 있을 때
⑤ 운전 중인 Pump를 정지할 때

(3) **방지대책**

① Pump 내의 양수량을 증가시킨다.
② Impeller의 회전수를 증가시킨다.
③ 배관 내의 잔류공기 제거한다.
④ Pump의 양정곡선($Q-H$)으로 상승부에서 운전하는 것을 피한다.
⑤ 배관 중 수조를 제거한다.

해답 (1) Pump 내의 양수량을 증가시킨다.

(2) Impeller의 회전수를 증가시킨다.

(3) 배관 내의 잔류공기 제거한다.

(4) Pump의 양정곡선($Q-H$)으로 상승부에서 운전하는 것을 피한다.

(5) 배관 중 수조를 제거한다.

05

경유를 저장하는 탱크의 내부직경이 40[m]인 플로팅루프(Floating Roof) 탱크에 포소화설비의 특형 방출구를 설치하여 방출하려고 할 때 다음 각 물음에 답하시오.

득점	배점
	20

조 건

- 소화약제는 3[%]용의 단백포를 사용하며, 수용액의 분당 방출량은 12[L/m² · min]이고 방사시간은 20분으로 한다.
- 탱크내면과 굽도리판의 간격은 2.5[m]로 한다.
- 펌프의 효율은 60[%], 전동기 전달계수는 1.2로 한다.

물 음

(1) 소화하는 데 필요한 원액의 양[L]은?
(2) 소화하는 데 필요한 수원의 양[L]은?
(3) 소화하는 데 필요한 수용액의 양[L]은?
(4) 팽창비를 구하는 식과 고발포와 저발포를 구분하시오.
(5) 저발포 소화약제에 사용하는 소화약제 5가지를 쓰시오.
(6) 25[%] 환원시간에 대하여 설명하시오.

해설

(1) **원액의 양**

$$Q = A \times Q_1 \times T \times S$$

A : 탱크단면적[m²] 산정 시 탱크 벽면과 굽도리판 사이에만 포를 방출하므로 양쪽 벽면을 고려해서 면적을 산정해야 함

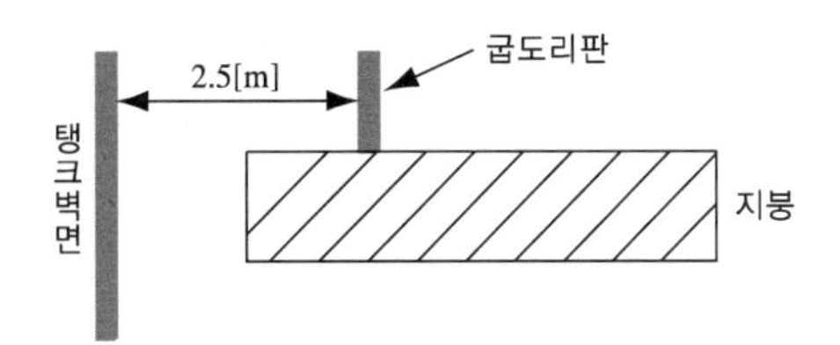

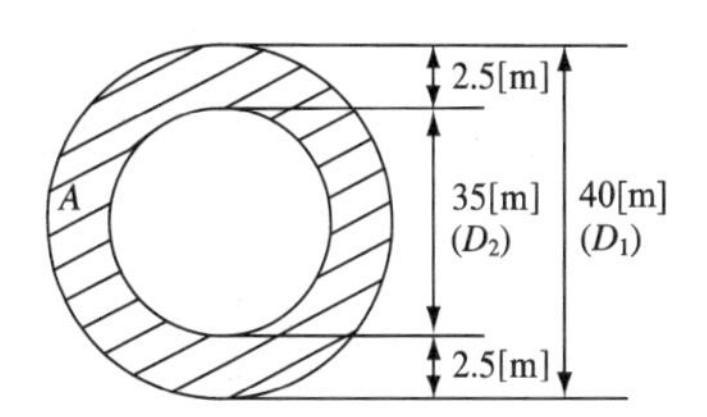

$A = \frac{\pi}{4}(D_1^2 - D_2^2) = \frac{\pi}{4}[(40[m])^2 - (35[m])^2] = 294.52[m^2]$

∴ Q_F(원액의 양) 294.52[m²]×12[L/m² · min]×20[min]×0.03 = 2,120.54[L]

(2) **수원의 양[L]**

∴ Q_W(수원의 양) = 294.52[m²]×12[L/m² · min]×20[min]×0.97 = 68,564.26[L]

(3) **수용액의 양[L]**

① Q_T(수용액의 양) = 원액의 양+수원의 양 = 2,120.54[L]+68,564.26[L] = 70,684.8[L]

[다른 방법] Q_T(수용액의 양) = 294.52[m²]×12[L/m² · min]×20[min] = 70,684.8[L]

(4) **팽창비**

① 팽창비

$$팽창비 = \frac{발포\ 후\ 포체적}{발포\ 전\ 수용액체적(물+원액)} = \frac{발포\ 후\ 포체적[L]}{\frac{원액의\ 양[L]}{농도[\%]}}$$

② 포의 팽창비율에 따른 포 방출구

팽창비율에 의한 포의 종류	포방출구의 종류
팽창비가 20 이하인 것(저발포)	포헤드
팽창비가 80 이상 1,000 미만인 것(고발포)	고발포용 고정포방출구

(5) **저발포 소화약제에 사용하는 소화약제**

구 분	약제 종류	약제 농도	팽창비
저발포용	단백포	3[%], 6[%]	6배 이상 20배 이하
	합성계면활성제포	3[%], 6[%]	6배 이상 20배 이하
	수성막포	3[%], 6[%]	5배 이상 20배 이하
	내알콜용포	3[%], 6[%]	6배 이상 20배 이하
	불화단백포	3[%], 6[%]	6배 이상 20배 이하
고발포용	합성계면활성제포	1[%], 1.5[%], 2[%]	80배 이상 1,000배 미만

(6) **25[%] 환원시간**

채취한 포에서 환원하는 포 수용액량이 실린더 내의 포에 함유되어 있는 전 포 수용액량의 25[%](1/4) 환원에 요하는 시간으로 분으로 나타낸다.

포소화약제의 종류	25[%] 환원시간[분]
단백포소화약제	1
합성계면활성제포소화약제	3
수성막포소화약제	1

해답

(1) 2,120.54[L]

(2) 68,564.26[L]

(3) 70,684.8[L]

(4) 팽창비

① $팽창비 = \frac{발포\ 후\ 포체적}{발포\ 전\ 수용액체적(물+원액)} = \frac{발포\ 후\ 포체적[L]}{\frac{원액의\ 양[L]}{농도[\%]}}$

② 고발포 : 팽창비가 80 이상 1,000 미만인 것
　저발포 : 팽창비가 20 이하인 것

(5) 단백포, 합성계면활성제포, 수성막포, 내알코올포, 불화단백포

(6) 채취한 포에서 환원하는 포 수용액량이 실린더 내의 포에 함유되어 있는 전 포 수용액량의 25[%](1/4) 환원에 요하는 시간[분]

06 수계 소화설비에 사용하는 기동용 수압개폐장치(압력체임버)에 설치된 압력스위치의 Range와 Diff의 의미를 설명하시오.

득점	배점
	3

해설

압력체임버(기동용 수압개폐장치)

(1) 구조 : 압력계, 주펌프 및 보조펌프의 압력스위치, 안전밸브, 배수밸브

(2) 기 능

① 충압펌프(Jocky Pump) 또는 주펌프를 작동시킨다.

② 규격방수압력을 방출한다.

> 압력체임버의 용량 : 100[L], 200[L]

(3) 압력스위치

① Range : 펌프의 작동 중단점(주펌프는 제외)

② Diff : Range에 설정된 압력에서 Diff에 설정된 압력만큼 떨어지면 펌프가 다시 작동되는 압력의 차이

> **[Range의 압력설정]**
> 해당 설비의 양정 계산 시 산정된 총양정을 10 : 1로 환산하여 그 압력을 맞추어 설정한다.

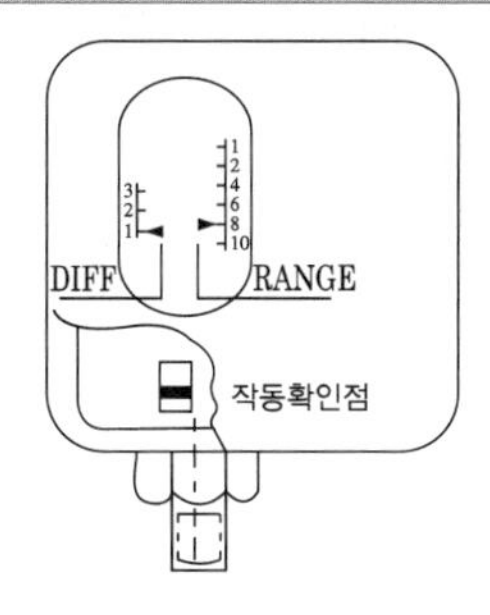

해답 (1) Range : 펌프의 작동 중단점

(2) Diff : Range에 설정된 압력에서 Diff에 설정된 압력만큼 떨어지면 펌프가 다시 작동되는 압력의 차이

07 건식 스프링클러소화설비는 건식밸브 2차측이 압축공기나 압축질소가스로 채워져 있어 설비 작동 시 습식설비보다 물을 방수하는 데 시간이 걸린다. 이를 방지하기 위해 설치하는 기구의 명칭을 2가지 쓰시오.

득점	배점
	3

해설

가속장치

(1) 액셀레이터(Accelater)

건식설비에 있어서는 물이 스프링클러를 통해 압력을 갖고 분출되는 시간이 압축공기의 장애로 인해 습식설비보다 늦게 되어 초기 소화에 차질이 생기므로 습식설비와 같은 초기 소화를 할 수 있도록 배관 내의 공기를 빼주는 속도를 증가시키기 위하여 보통 액셀레이터 및 익저스터를 사용한다.

(2) 익저스터(Exhauster)

건식설비의 드라이밸브(건식밸브)에 설치하여 액셀레이터와 같이 공기와 물을 조정하여 초기소화를 돕기 위하여 압축공기를 빼주는 속도를 증가시키기 위하여 사용되는 것이다.

해답 액셀레이터(Accelater), 익저스터(Exhauster)

08

다음 그림은 어느 실의 평면도이다. 이 실들 중 A실을 급기 가압하고자 한다. 주어진 조건을 이용하여 다음 물음에 답하시오.

득점	배점
	9

조 건

- 실외부 대기의 기압은 절대압력으로 101.3[kPa]로서 일정하다.
- A실에 유지하고자 하는 기압은 절대압력으로 101.5[kPa]이다.
- 각 실 문(Door)들의 틈새면적은 0.01[m^2]이다.
- 어느 실을 급기 가압할 때 그 실 문의 틈새를 통하여 누출되는 공기의 양은 다음의 식을 따른다.

$$Q = 0.827AP^{\frac{1}{2}}$$

단, Q : 누출되는 공기의 양[m^3/s]
A : 문의 틈새 면적[m^2]
P : 문을 경계로 한 실내외 기압차(파스칼)

물 음

(1) 총 틈새면적[m^2]을 구하시오.

(2) A실에 유입시켜야 할 풍량은 [s]당 몇 [L]인가?

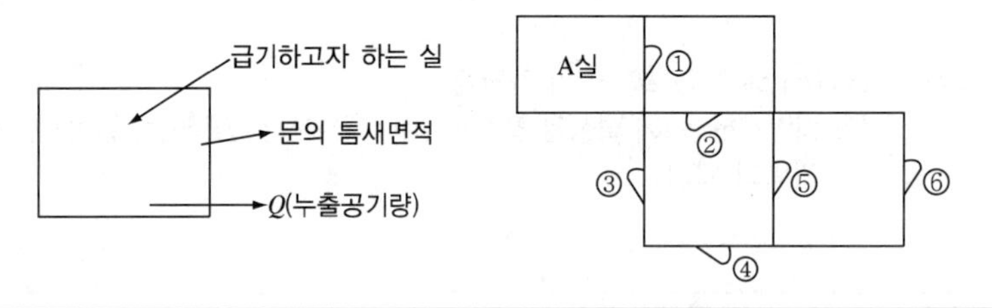

해설

(1) 총 틈새면적

$$Q = 0.827AP^{\frac{1}{2}}$$

① A실과 실외와의 차압(P)=101.5−101.3=0.2[kPa]=200[Pa]

② 각 실의 틈새면적

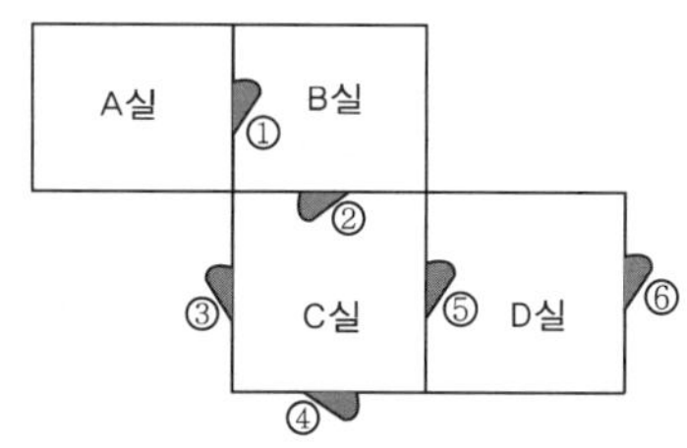

• ⑤와 ⑥은 직렬연결이므로

$$A_{5\sim6} = \frac{1}{\sqrt{\frac{1}{(A_5)^2}+\frac{1}{(A_6)^2}}} = \frac{1}{\sqrt{\frac{1}{(0.01)^2}+\frac{1}{(0.01)^2}}} = 0.00707[\text{m}^2]$$

• ④와 $A_{5\sim6}$은 병렬연결이므로

$A_{4\sim6} = A_4 + A_{5\sim6} = 0.01[\text{m}^2] + 0.00707[\text{m}^2]$

• ③과 $A_{4\sim6}$은 병렬연결이므로

$A_{3\sim6} = A_3 + A_{4\sim6} = 0.01[\text{m}^2] + 0.01707[\text{m}^2] = 0.02707[\text{m}^2]$

• ②와 $A_{3\sim6}$은 직렬연결이므로

$$A_{2\sim6} = \frac{1}{\sqrt{\frac{1}{(A_2)^2}+\frac{1}{(A_{3\sim6})^2}}} = \frac{1}{\sqrt{\frac{1}{(0.01)^2}+\frac{1}{(0.02707)^2}}} = 0.00938[\text{m}^2]$$

• ①과 $A_{2\sim6}$은 직렬연결이므로

$$A_{1\sim6} = \frac{1}{\sqrt{\frac{1}{(A_1)^2}+\frac{1}{(A_{2\sim6})^2}}} = \frac{1}{\sqrt{\frac{1}{(0.01)^2}+\frac{1}{(0.00938)^2}}} = 0.00684[\text{m}^2]$$

∴ 총 틈새면적 : $0.00684[\text{m}^2]$

(2) 풍량(Q)$=0.827\times0.00684[\text{m}^2]\times200^{\frac{1}{2}}=0.080[\text{m}^3/\text{s}]=80[\text{L/s}]$

해답 (1) $0.00684[\text{m}^2]$

(2) 80[L]

09

옥내소화전설비의 가압송수장치의 체절운전의 시험방법을 기술하시오.

득점	배점
	9

해설

체절운전의 시험방법

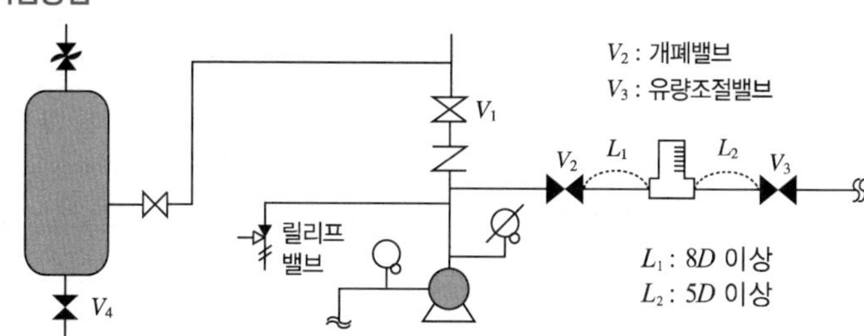

(1) 동력제어반에서 충압펌프의 운전스위치를 수동(정지)으로 한다.
(2) 펌프의 토출측 주밸브 V_1을 잠근다.
(3) 성능시험배관상에 설치된 V_2, V_3 밸브가 잠겨 있는지 확인한다(평상시 잠김 상태임).
(4) 동력제어반에서 주펌프를 수동으로 기동한다.
(5) 릴리프밸브가 개방될 때의 압력을 압력계에서 읽고, 그 값이 체절압력 미만인지 확인한다.

[현장에서는]
(1) 제어반에서 **충압펌프와 주펌프의** 운전스위치를 **수동(정지)**으로 한다.
(2) 펌프의 토출측 주밸브 V_1을 잠근다.
(3) 성능시험배관상에 설치된 V_2, V_3 밸브가 잠겨 있는지 확인한다(평상시 잠김 상태임).
(4) 주펌프를 수동 기동한다.
(5) **펌프명판에 기재된 내용이 양정 100[m]이면**
100[m]=1.0[MPa]이니까 1.0[MPa]×1.4배=1.4[MPa] 미만에서 릴리프밸브가 개방되면 정상이다.

해답 (1) 동력제어반에서 충압펌프의 운전스위치를 수동(정지)으로 한다.
(2) 펌프의 토출측 주밸브를 잠근다.
(3) 성능시험배관상에 설치된 개폐밸브가 잠겨 있는지 확인한다.
(4) 동력제어반에서 주펌프를 수동으로 기동한다.
(5) 릴리프밸브가 개방될 때의 압력을 압력계에서 읽고 그 값이 체절압력 미만인지 확인한다.

10

특정소방대상물에 지진이 발생할 경우 소방시설이 정상적으로 작동될 수 있도록 내진설계에 맞게 설치하여야 하는 소방시설의 종류를 쓰시오.

득점	배점
	3

해설

내진설계를 설치하여야 하는 소방시설(설치유지법률 제9조의2, 시행령 제15조의2)

(1) 옥내소화전설비 (2) 스프링클러설비 (3) 물분무 등 소화설비

해답 (1) 옥내소화전설비 (2) 스프링클러설비 (3) 물분무 등 소화설비

11

다음 그림과 같은 배관에 물이 흐를 경우 ①, ②, ③에 흐르는 각각의 유량을 계산하시오(단, ①, ②, ③ 배관의 마찰손실수두는 각각 10[m]이고 유량과 관경은 다음 그림과 같고 다음 Hazen-Williams의 식을 이용한다).

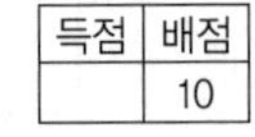

$$P[\mathrm{MPa}] = 6.053 \times 10^4 \times \frac{Q^{1.85}}{C^{1.85} \times D^{4.87}} \times L$$

① L=20[m], D=50[mm]
② L=40[m], D=80[mm]
③ L=60[m], D=100[mm]
2,000[L/min] → 2,000[L/min]

해설

유 량

(1) 각 배관에 흐르는 유량을 Q_1, Q_2, Q_3라 하면

(2) Hazen-Williams의 식을 이용하면

- $P_1[\text{MPa}] = 6.053 \times 10^4 \times \dfrac{Q_1^{1.85}}{C^{1.85} \times 50^{4.87}} \times 20$
- $P_2[\text{MPa}] = 6.053 \times 10^4 \times \dfrac{Q_2^{1.85}}{C^{1.85} \times 80^{4.87}} \times 40$
- $P_3[\text{MPa}] = 6.053 \times 10^4 \times \dfrac{Q_2^{1.85}}{C^{1.85} \times 100^{4.87}} \times 60$

$P_1 = P_2 = P_3$이므로

$$\frac{Q_1^{1.85}}{50^{4.87}} \times 20 = \frac{Q_2^{1.85}}{80^{4.87}} \times 40 = \frac{Q_3^{1.85}}{100^{4.87}} \times 60$$

위의 식 각항에 $\dfrac{100^{4.87}}{20}$을 곱하면

$$\left(\frac{100}{50}\right)^{4.87} \times Q_1^{1.85} \times 1 = \left(\frac{100}{80}\right)^{4.87} \times Q_2^{1.85} \times 2 = \left(\frac{100}{100}\right)^{4.87} \times Q_3^{1.85} \times 3$$

$$Q_2^{1.85} = \left(\frac{\frac{100}{50}}{\frac{100}{80}}\right)^{4.87} \times \frac{1}{2} \times Q_1^{1.85}$$

$$Q_2 = (1.6)^{\frac{4.87}{1.85}} \times \left(\frac{1}{2}\right)^{\frac{1}{1.85}} Q_1 = 2.369\,Q_1$$

$$Q_3^{1.85} = \left(\frac{\frac{100}{50}}{\frac{100}{100}}\right)^{4.87} \times \frac{1}{3} \times Q_1^{1.85}$$

$$Q_3 = (2)^{\frac{4.87}{1.85}} \times \left(\frac{1}{3}\right)^{\frac{1}{1.85}} Q_1 = 3.424\,Q_1$$

(3) 각각의 유량을 구하면

$Q_1 + Q_2 + Q_3 = 2{,}000[\text{L/min}]$

$Q_1 + 2.369\,Q_1 + 3.424\,Q_1 = 2{,}000[\text{L/min}]$

$\therefore\ Q_1 = 294.42[\text{L/min}]$

$Q_2 = 2.369\,Q_1 = 2.369 \times 294.42[\text{L/min}] = 697.48[\text{L/min}]$

$Q_3 = 3.424\,Q_1 = 3.424 \times 294.42[\text{L/min}] = 1{,}008.09[\text{L/min}]$

해답 $Q_1 = 294.42[\text{L/min}]$, $Q_2 = 697.48[\text{L/min}]$, $Q_3 = 1{,}008.09[\text{L/min}]$

12

어떤 물분무 소화설비의 배관에 물이 흐르고 있다. 두 지점에 흐르는 물의 압력을 측정해 보니 각각 0.5[MPa], 0.42[MPa]이었다. 만약 유량을 2배로 송수하였다면 두 지점 간의 압력차는 얼마인가?(단, 배관의 마찰손실압력은 하젠-윌리엄스 공식을 이용하시오)

득점	배점
	4

해설

하젠-윌리엄스 식에서

$$\Delta P_m = 6.053 \times 10^4 \times \frac{Q^{1.85}}{C^{1.85} \times D^{4.87}}$$

여기서, ΔP_m : 배관 1[m]당 압력손실[MPa]
Q : 유량[L/min]
C : 조도
D : 관의 내경[mm]

$\therefore$ $\Delta P_m = Q^{1.85}$이므로 유량을 2배로 증가하였을 때 압력차는

$\Delta P = (P_1 - P_2 \times Q^{1.85}) = (0.5 - 0.42)[\text{MPa}] \times (2)^{1.85} = 0.29[\text{MPa}]$

해답 0.29[MPa]

13

사무소 건물의 지하층에 있는 발전기실에 화재안전기준과 다음 조건에 따라 전역방출식(표면화재) 이산화탄소 소화설비를 설치하려고 한다. 다음 각 물음에 답하시오.

득점	배점
	10

조 건

- 소화설비는 고압식으로 한다.
- 발전기실이 크기 : 가로 7[m]×세로 10[m]×높이 5[m]
  발전기실의 개구부 크기 : 1.8[m]×3[m]×2개소(자동폐쇄장치 있음)
- 가스용기 1병당 충진량 : 45[kg]
- 소화약제의 양은 0.8[kg/m³], 개구부 가산량 5[kg/m²]을 기준으로 산출한다.

물 음

(1) 가스용기는 몇 병이 필요한가?
(2) 개방밸브 직후의 유량은 몇 [kg/s]인가?
(3) 음향경보장치는 약제방출개시 후 얼마동안 경보를 계속할 수 있어야 하는가?
(4) 약제저장용기의 개방밸브는 작동방식에 따라 3가지로 분류된다. 그 명칭을 쓰시오.

해설

(1) 가스용기의 병수

약제저장량 = 방호구역체적$[m^3]$×소요약제량$[kg/m^3]$+개구부면적$[m^2]$×개구부가산량$[kg/m^2]$

$= (7[m] \times 10[m] \times 5[m]) \times 0.8[kg/m^3] = 280[kg]$

※ 개구부에 자동폐쇄장치가 설치되므로 개구부 가산량은 계산할 필요가 없다.

∴ 저장가스 용기 병수 = 280[kg]/45[kg] = 6.22 → 7병

방호구역 체적	방호구역의 체적 $1[m^3]$에 대한 소화약제의 양	소화약제 저장량 최저한도의 양
$45[m^3]$ 미만	1.00[kg]	45[kg]
$45[m^3]$ 이상 $150[m^3]$ 미만	0.90[kg]	
$150[m^3]$ 이상 $1,450[m^3]$ 미만	**0.80[kg]**	135[kg]
$1,450[m^3]$ 이상	0.75[kg]	1,125[kg]

(2) 약제저장용기의 밸브 직후의 용량이고 방출시간 60[s]이므로

$$\text{개방밸브 직후 유량} = \frac{\text{병당 충전량}}{\text{약제방출시간}} = \frac{45[kg]}{60[s]} = 0.75[kg/s]$$

[약제의 방사시간]

설비의 종류		전역방출방식	국소방출방식
이산화탄소소화설비	표면화재	1분	30초
	심부화재	7분	
할론 소화설비		10초	10초
할로겐화합물 및 불활성기체 소화설비	할로겐화합물 소화약제	10초 이내 95[%] 이상 방출	
	불활성기체 소화약제	A・C급 화재 2분, B급 화재는 1분 이내에 95[%] 이상 방출	
분말소화설비		30초	30초

(3) 음향경보장치 경보시간

설비의 종류	경보시간	설비의 종류	경보시간
이산화탄소소화설비	1분 이상	할론 소화설비	1분 이상
할로겐화합물 및 불활성기체 소화설비	1분 이상	분말소화설비	1분 이상

(4) 약제저장용기의 개방밸브 작동방식

① 전기식 : 솔레노이드밸브를 용기밸브에 부착하여 화재 발생 시 감지기의 작동에 의하여 수신기의 기동출력이 솔레노이드에 전달되어 파괴침이 용기밸브의 봉판을 파괴하여 약제를 방출되는 방식으로 패키지 타입에 주로 사용하는 방식이다.

② 가스압력식 : 감지기의 작동에 의하여 솔레노이드 밸브의 파괴침이 작동하면 기동용기가 작동하여 가스압에 의하여 니들밸브의 니들핀이 용기 안으로 움직여 봉판을 파괴하여 약제를 방출되는 방식으로 일반적으로 주로 사용하는 방식이다.

③ 기계식 : 용기밸브를 기계적인 힘으로 개방시켜 주는 방식이다.

해답 (1) 7병 (2) 0.75[kg/s]

(3) 1분 이상 (4) ① 전기식, ② 가스압력식, ③ 기계식

14

방호구역의 체적 200[m^3]인 전기실에 전역방출방식으로 이산화탄소소화설비를 설치하려고 한다. 다음 조건을 참조하여 용기의 병수를 구하시오.

득점	배점
	5

조 건

- 방출률은 1.6[kg/m^3], 개구부 보충량 5[kg/m^2]이다.
- 용기는 68[L], 충전비는 1.9이다.
- 자동폐쇄장치가 설치되어 있다.

해설

(1) 병당 약제량

$$충전비 = \frac{용기체적[L]}{약제량[kg]}$$

$$1.9 = \frac{68[L]}{약제량}$$

$$\therefore\ 약제량 = \frac{68[L]}{1.9} = 35.79[kg]$$

(2) 용기의 병수

$$용기의\ 병수 = \frac{약제량[kg]}{병당\ 약제량[kg]}$$

$$용기의\ 병수 = \frac{200[m^3] \times 1.6[kg/m^3]}{35.79[kg]} = 8.94 \Rightarrow 9병$$

해답 9병

15

스프링클러설비에서 헤드의 방사압력이 0.3[MPa]이고, 표준형헤드를 설치하였다면 헤드에서의 방사량[L/min]은 얼마인가?(방출계수는 80이다)

득점	배점
	5

해설

헤드의 방사량

$$Q = K\sqrt{10P}$$

여기서 Q : 유량[L/min]　　K : 방출계수
P : 압력[MPa]

$\therefore\ Q = 80\sqrt{10 \times 0.3[MPa]} = 138.564[L/min]$

해답 138.56[L/min]

제4회 2015년 11월 7일 시행

※ 다음 물음에 대한 답을 해당 답란에 답하시오.(배점 : 100)

01

경유를 저장하는 위험물 옥외저장탱크의 높이가 7[m], 직경 10[m]인 콘루프 탱크(Con Roof Tank)에 Ⅱ형 포방출구 및 옥외보조포소화전 2개가 설치되었다.

득점	배점
	10

조 건

- 배관의 낙차수두와 마찰손실수두는 55[m]이다.
- 폼체임버 압력수두로 양정계산(그림 참조, 보조포소화전 압력수두는 무시)한다.
- 펌프의 효율은 65[%]이고, 전달계수는 1.1이다.
- 배관의 송액량은 제외한다.

※ 그림 및 별표를 참조하여 계산하시오.

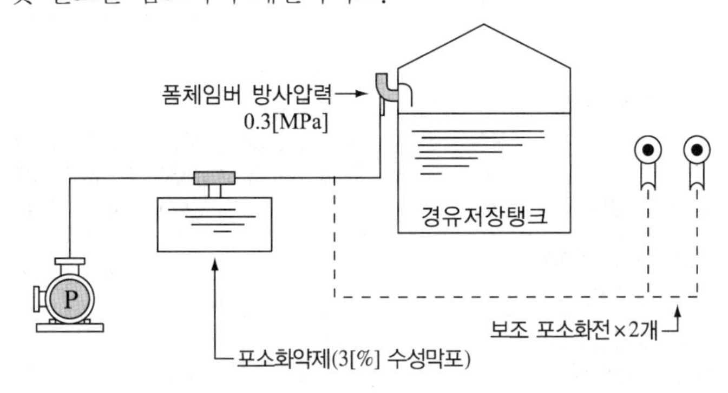

[별표] 고정포방출구의 방출량 및 방사시간

포방출구의 종류 / 위험물의 구분	Ⅰ형		Ⅱ형		특형		Ⅲ형		Ⅳ형	
	포수용액량 [L/m²]	방출률 [L/m²·min]	포수용액량 [L/m²]	방출률 [L/m²·min]	포수용액량 [L/m²]	방출률 [L/m²·min]	포수용액량 [L/m²]	방출률 [L/m²·min]	포수용액량 [L/m²]	방출률 [L/m²·min]
제4류 위험물 중 인화점이 21[℃] 미만인 것	120	4	220	4	240	8	220	4	220	4
제4류 위험물 중 인화점이 21[℃] 이상 70[℃] 미만인 것	80	4	120	4	160	8	120	4	120	4
제4류 위험물 중 인화점이 70[℃] 이상인 것	60	4	100	4	120	8	100	4	100	4
제4류 위험물 중 수용성의 것	160	8	240	8	–	–	–	–	240	8

물 음

(1) 포소화약제의 양[L]을 구하시오.
　① 고정포방출구의 포소화약제량(Q_1)
　② 옥외보조포소화전 약제량(Q_2)
(2) 펌프 동력[kW]을 계산하시오.

해설

(1) 포소화약제의 양
　① 고정포방출구의 포소화약제량

$$Q_1 = A \times Q_m \times T \times S$$

여기서 A : 탱크의 액 표면적[m^2]
　Q_m : 분당방출량(4[$L/m^2 \cdot min$])
　T : 방출시간(30[min])
　S : 약제농도(0.03)

$$\therefore \ Q_1 = \frac{\pi \times (10[m])^2}{4} \times 4[L/m^2 \cdot min] \times 30[min] \times 0.03 = 282.74[L]$$

포방출구의 종류 / 위험물의 구분	Ⅰ형		Ⅱ형		특형		Ⅲ형		Ⅳ형	
	포수용액량 [L/m²]	방출률 [L/m²·min]	포수용액량 [L/m²]	방출률 [L/m²·min]	포수용액량 [L/m²]	방출률 [L/m²·min]	포수용액량 [L/m²]	방출률 [L/m²·min]	포수용액량 [L/m²]	방출률 [L/m²·min]
제4류 위험물 중 인화점이 21[℃] 미만인 것	120	4	220	4	240	8	220	4	220	4
제4류 위험물 중 인화점이 21[℃] 이상 70[℃] 미만인 것	80	4	120	4	160	8	120	4	120	4
제4류 위험물 중 인화점이 70[℃] 이상인 것	60	4	100	4	120	8	100	4	100	4
제4류 위험물 중 수용성의 것	160	8	240	8	-	-	-	-		

• 경유(제4류 위험물 제2석유류)로서 인화점이 50~70[℃]이므로 방출률 4[$L/m^2 \cdot min$]이고, 방출시간이 30[min]이므로 포 수용액량은 120[L/m^2]이다.

[표 설명]
① 인화점이 21[℃] 미만인 것 : 특수인화물(에테르, 이황화탄소, 아세트알데하이드), 제1석유류(휘발유, 아세톤, 벤젠, 톨루엔)
② 인화점이 21[℃] 이상 70[℃] 미만인 것 : 제2석유류(등유, 경유, 초산, 의산)
③ 인화점이 70[℃] 이상인 것 : 제3석유류(중유, 에틸렌글리콜, 글리세린)
④ 수용성의 것 : 알코올류, 아세톤, 초산, 의산, 글리세린, 에틸렌글리콜 등

② 보조포소화전 약제량

$$Q_2 = N \times S \times 8{,}000[\mathrm{L}](400[\mathrm{L/min}] \times 20[\mathrm{min}])$$

여기서, N : 호스접결구 수(최대 3개)
S : 약제농도

$\therefore\ Q_2 = 2 \times 0.03 \times 8{,}000[\mathrm{L}] = 480[\mathrm{L}]$

(2) 펌프 동력

$$P[\mathrm{kW}] = \frac{0.163 \times Q \times H}{\eta} \times K$$

① $Q = A \times Q_m + 400[\mathrm{L/min}] \times N$

Q_m : 분당방출량$(4[\mathrm{L/m^2} \cdot \mathrm{min}])$
N : 보조포소화전 개수(2개)

$\therefore\ Q = \frac{\pi \times (10[\mathrm{m}])^2}{4} \times 4[\mathrm{L/m^2} \cdot \mathrm{min}] + 400[\mathrm{L/min}] \times 2$개

$= 1{,}114[\mathrm{L/min}] = 1.114[\mathrm{m^3/min}]$

② H : 양정(55[m]+30.59[m](0.3[MPa])=85.59[m])

$\therefore\ P = \frac{0.163 \times 1.114[\mathrm{m^3/min}] \times 85.59[\mathrm{m}]}{0.65} \times 1.1 = 26.30[\mathrm{kW}]$

[다른 방법]

$$P[\mathrm{kW}] = \frac{\gamma QH}{102 \times \eta} \times K$$

여기서 γ : 물의 비중량(1,000[$\mathrm{kg_f/m^3}$])
Q : 방수량[$\mathrm{m^3/s}$]
H : 전양정[m]
η : 펌프의 효율
K : 전달계수

$\therefore\ P[\mathrm{kW}] = \frac{\gamma QH}{102 \times \eta} \times K$

$= \frac{1{,}000 \times 1.114[\mathrm{m^3}]/60[\mathrm{s}] \times 85.59[\mathrm{m}]}{102 \times 0.65} \times 1.1 = 26.37[\mathrm{kW}]$

(1) ① 282.74[L]
② 480[L]
(2) 26.30[kW]

02

옥내소화전설비가 3층 5개, 4층 3개가 설치되어 있다. 펌프의 성능시험배관이 구경을 보기에서 구하시오(단, 실양정 30[m], 펌프토출압 0.4[MPa]이다).

득점	배점
	4

25[mm], 32[mm], 40[mm], 50[mm], 650[mm], 80[mm]

성능시험배관의 구경

$$Q = 0.6597CD^2\sqrt{10P}[\text{MPa}]$$

펌프의 성능은 체절운전 시 정격토출압력의 140[%]를 초과하지 아니하고, 정격토출량의 150[%]로 운전 시 정격토출압력의 65[%] 이상이 되어야 한다.

(1) 펌프의 토출량

Q = 소화전수(최대 5개)×130[L/min] = 5×130[L/min] = 650[L/min]

(2) 성능시험배관의 구경

$\therefore\ Q = 0.6597CD^2\sqrt{10P}[\text{MPa}]$

$650 \times 1.5 = 0.6597D^2\sqrt{10 \times 0.4 \times 0.65}$

$D = 30.27[\text{mm}] \Rightarrow 32[\text{mm}]$

해답 32[mm]

03

제연설비에서 많이 사용하는 솔레노이드 댐퍼, 모터댐퍼의 기능을 비교 설명하시오.

득점	배점
	6

(1) 솔레노이드 댐퍼 :

(2) 모터 댐퍼 :

해설

댐퍼(Damper)

(1) 솔레노이드 댐퍼 : 솔레노이드가 누르게 핀을 이동시켜 댐퍼를 작동시키는 방식으로 개구부의 면적이 작은 곳에 설치한다.

(2) 모터 댐퍼 : 모터에 의해 누르게 핀을 이동시켜 댐퍼를 작동시키는 방식으로 개구부의 면적이 큰 곳에 설치한다.

PLUS ONE **퓨즈 댐퍼**

댐퍼 내부에 퓨즈가 있어 일정온도 이상의 기류가 발생되면 퓨즈가 용융되어 폐쇄되는 댐퍼

해답 (1) 솔레노이드 댐퍼 : 솔레노이드가 누르게 핀을 이동시켜 댐퍼를 작동시키는 방식으로 개구부의 면적이 작은 곳에 설치한다.

(2) 모터 댐퍼 : 모터에 의해 누르게 핀을 이동시켜 댐퍼를 작동시키는 방식으로 개구부의 면적이 큰 곳에 설치하며 제연설비에 주로 사용하는 댐퍼이다.

04

다음은 각종 제연방식 중 자연제연방식에 대한 내용이다. 주어진 조건을 참조하여 각 물음에 답하시오.

득점	배점
	10

조 건

- 연기층과 공기층의 높이차는 3[m]이다.
- 화재실의 온도는 707[℃]이고, 외부온도는 27[℃]이다.
- 공기평균분자량은 28이고, 연기의 평균분자량은 29라고 가정한다.
- 화재실 및 실외의 기압은 1기압이다.
- 중력가속도는 9.8[m/s^2]로 한다.

물 음

(1) 연기의 유출속도[m/s]를 산출하시오.
(2) 외부풍속[m/s]을 산출하시오.
(3) 자연제연방식을 변경하여 화재실 상부에 배연기(배풍기)를 설치해 연기를 배출하는 형식으로 한다면 그 방식은 무엇인가?
(4) 일반적으로 가장 많이 이용하고 있는 제연방식을 3가지만 쓰시오.
(5) 화재실의 바닥면적이 300[m^2]이고 Fan의 효율은 60[%], 전압 70[mmAq], 여유율 10[%]로 할 경우 설비의 풍량을 송풍할 수 있는 배출기의 최소동력[kW]을 산출하시오.

해설

(1) 연기의 유출속도

$$u = \sqrt{2gH\left(\frac{\rho_a}{\rho_s} - 1\right)}$$

여기서, u : 연기속도[m/s]
g : 중력가속도(9.8[m/s^2])
ρ_s : 연기밀도[kg/m^3]
ρ_a : 공기밀도[kg/m^3]
H : 연기와 공기의 높이차[m]

① 연기의 밀도

$$\rho = \frac{PM}{RT}$$

여기서, P : 압력[N/m^2]
M : 분자량
R : 기체상수(8,314[N · m/kg-mol · K])
T : 절대온도(273 + 707 = 980[K])

$$\therefore \ \rho_s = \frac{PM}{RT} = \frac{101{,}325[\text{N/m}^2] \times 29[\text{kg/kg-mol}]}{8{,}314[\text{N} \cdot \text{m/kg-mol} \cdot \text{K}] \times 980[\text{K}]} = 0.36[\text{kg/m}^3]$$

② 공기의 밀도

$$\rho_a = \frac{PM}{RT} = \frac{101{,}325[\text{N/m}^2] \times 28[\text{kg/kg-mol}]}{8{,}314[\text{N} \cdot \text{m/kg-mol} \cdot \text{K}] \times (273+27)[\text{K}]} = 1.14[\text{kg/m}^3]$$

③ 연기의 유출속도

$$u_s = \sqrt{2gH\left(\frac{\rho_a}{\rho_s}-1\right)} = \sqrt{2\times 9.8[\mathrm{m/s^2}]\times 3[\mathrm{m}]\times\left(\frac{1.14[\mathrm{kg/m^3}]}{0.36[\mathrm{kg/m^3}]}-1\right)} = 11.29[\mathrm{m/s}]$$

(2) 외부풍속

$$u_o = u_s \times \sqrt{\frac{\rho_s}{\rho_a}}$$

여기서, u_s : 연기의 유출속도[m/s]

ρ_s : 연기밀도[kg/m^3]　　ρ_a : 공기밀도[kg/m^3]

$$\therefore\ u_o = u_s \times \sqrt{\frac{\rho_s}{\rho_a}} = 11.29[\mathrm{m/sec}]\times\sqrt{\frac{0.36[\mathrm{kg/m^3}]}{1.14[\mathrm{kg/m^3}]}} = 6.34[\mathrm{m/s}]$$

(3), (4) 제연방식의 종류

① 자연제연방식 : 화재 시 발생되는 온도 상승에 의해 발생한 부력 또는 외부 공기의 흡출효과에 의하여 내부의 실 상부에 설치된 창 또는 전용의 제연구로부터 연기를 옥외로 배출하는 방식

② 스모크타워제연방식 : 전용 샤프트를 설치하여 건물 내·외부의 온도차와 화재 시 발생되는 열기에 의한 밀도의 차이를 이용하여 지붕외부의 **루프모니터** 등을 이용하여 옥외로 배출환기 시키는 방식

③ 기계제연방식

㉠ 제1종 기계 제연방식 : 제연팬으로 급기와 배기를 동시에 행하는 제연방식

㉡ 제2종 기계 제연방식 : 제연팬으로 급기를 하고, 자연배기를 하는 제연방식

㉢ 제3종 기계 제연방식 : **제연팬으로 배기**를 하고, 자연급기를 하는 제연방식

(5) 배출기의 동력

$$P[\mathrm{kW}] = \frac{Q\times P_T}{102\times\eta}\times K$$

여기서, Q : 풍량(300[m^2]×1[m^3/min]×60[min]=18,000[m^3/h]=18,000[m^3]/3,600[s]=5[m^3/s])

P_T : 전압$\left(\frac{70[\mathrm{mmHg}]}{760[\mathrm{mmHg}]}\times 10{,}332[\mathrm{mmAq}] = 951.6[\mathrm{mmAq}]\right)$

η : 전동기효율(0.6)

K : 전달계수(1.1)

$$\therefore\ P = \frac{5[\mathrm{m^3/s}]\times 951.6[\mathrm{mmAq}]}{102\times 0.6}\times 1.1 = 85.52[\mathrm{kW}]$$

해답

(1) 11.29[m/s]

(2) 6.34[m/s]

(3) 제3종 기계제연방식(흡입방연방식)

(4) ① 자연제연방식

② 스모크타워제연방식

③ 기계제연방식

(5) 85.52[kW]

05

득점	배점
	10

수리계산으로 배관의 유량과 압력을 해설할 때 동일한 지점에서 서로 다른 2개의 유량과 압력이 산출될 수 있으며 이런 경우에는 유량과 압력을 보정해 주어야 한다. 그림과 같이 6개의 물분무헤드에서 소화수가 방출되고 있을 때 조건을 참조하여 다음 물음에 답하시오.

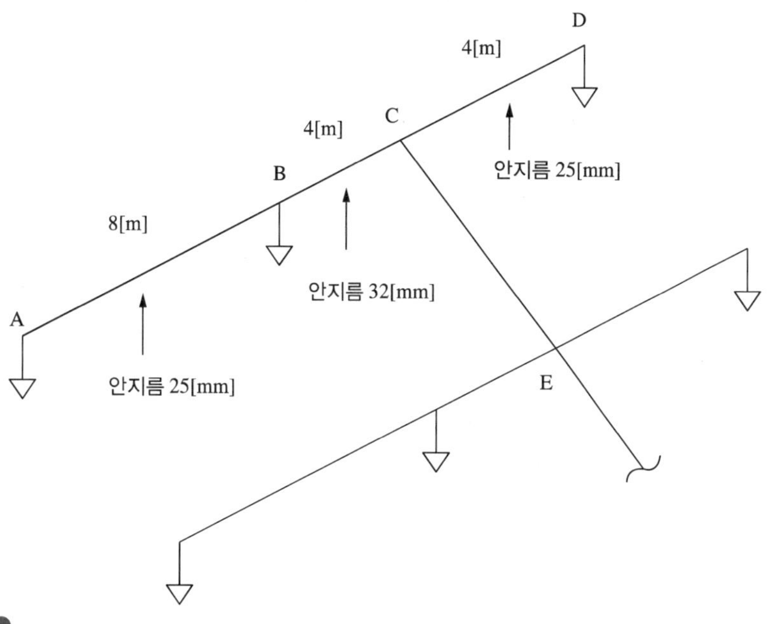

조 건

- A점의 방수압은 350[kPa], 유량은 60[L/min]이다.
- 각 헤드의 방출계수는 같다.
- 각 구간별 배관의 길이와 안지름은 다음과 같다.

구 분	A~B	B~C	C~D
배관길이	8[m]	4[m]	4[m]
배관 안지름	25[mm]	32[mm]	25[mm]

- 계산 시 동압은 무시한다.
- 직관 이외의 관로상 마찰손실은 무시한다.
- 직관의 마찰손실은 하젠-윌리엄스공식을 적용하며 조도계수는 100이다.

$$\Delta P = 6.053 \times 10^7 \times \frac{Q^{1.85}}{C^{1.85} \times d^{4.87}} \times L$$

단, ΔP : 배관의 마찰손실압력[MPa]　　Q : 배관 내의 유량[L/min]
　　C : 조도계수(무차원)　　d : 배관의 안지름[mm]
　　L : 배관의 길이[m]

물 음

(1) A지점 헤드에서 C지점까지의 경로 계산

① A~B 구간의 유량[L/min]과 마찰손실압력[kPa]을 구하시오.

② B지점 헤드의 압력[kPa]과 유량[L/min]을 구하시오.

③ B~C 구간의 유량[L/min]과 마찰손실압력[kPa]을 구하시오.

④ C지점 헤드의 압력[kPa]과 유량[L/min]을 구하시오.

(2) D지점 헤드의 유량과 압력이 A지점 헤드의 유량과 압력이 동일하다고 가정하고 D지점 헤드에서 C지점까지의 경로 계산

① D~C 구간의 유량[L/min]과 마찰손실압력[kPa]을 구하시오.

② C지점 헤드의 압력[kPa]과 유량[L/min]을 구하시오.

(3) A~C 경로에서 C지점과 D~C 경로에서 C지점에서는 유량과 압력이 서로 다르게 계산되므로 유량과 압력을 보정하여야 한다. 이 경우 D지점 헤드의 유량[L/min]을 얼마로 보정하여야 하는지 계산하시오.

(4) D지점 헤드의 유량을 (3)에서 구한 유량으로 보정하였을 때 C지점의 유량[L/min]과 압력[kPa]을 구하시오.

해설

(1) 계 산

① A~B 구간의 유량[L/min]과 마찰손실압력[kPa]

㉠ 유량 $Q_{A \sim B}$: 헤드가 하나이므로 60[L/min]

㉡ 마찰손실압력

$$P_{A \sim B} = 6.053 \times 10^7 \times \frac{Q^{1.85}}{C^{1.85} \times d^{4.87}} \times L$$

$$= 6.053 \times 10^7 \times \frac{60^{1.85}}{100^{1.85} \times 25^{4.87}} \times 8 = 29.29[\text{kPa}]$$

② B지점 헤드의 압력[kPa]과 유량[L/min]

㉠ 방사압력 P_B : 350 + 29.29 = 379.29[kPa]

㉡ 유량 $Q_B = K\sqrt{10P}$ $\quad K = \dfrac{Q}{\sqrt{10P}} = \dfrac{60}{\sqrt{10 \times 0.35}} = 32.07$

$\therefore$ 유량 $Q_B = K\sqrt{10P} = 32.07 \times \sqrt{10 \times 0.37929} = 62.46[\text{L/min}]$

③ B ~ C구간의 유량[L/min]과 마찰손실압력[kPa]

㉠ 유량 $Q_{B \sim C} = Q_A + Q_B = 60 + 62.46 = 122.46[\text{L/min}]$

㉡ 마찰손실압력 $P_{B \sim C} = 6.053 \times 10^7 \times \dfrac{122.46^{1.85}}{100^{1.85} \times 32^{4.87}} \times 4 = 16.47[\text{kPa}]$

④ C지점 헤드의 압력[kPa]과 유량[L/min]

㉠ 방사압력 P_C : 379.29 + 16.47 = 395.76[kPa]

㉡ 유량 : C점의 유량은 $Q_{B \sim C}$와 같은 122.46[L/min]

(2) C지점에서 D지점까지의 경로 계산

① D ~ C 구간의 유량[L/min]과 마찰손실압력[kPa]

㉠ 유량 $Q_{D\sim C}$: 헤드가 하나이므로 60[L/min]

㉡ 마찰손실압력 $P_{D\sim C} = 6.053 \times 10^7 \times \dfrac{60^{1.85}}{100^{1.85} \times 25^{4.87}} \times 4 = 14.64$[kPa]

② C지점 헤드의 압력[kPa]과 유량[L/min]

㉠ 방사압력 $P_C = P_D + P_{D\sim C} =$ 350 + 14.64 = 364.64[kPa]

㉡ 유량 : C점의 유량은 $Q_{D\sim C}$와 같은 60[L/min]

(3) D지점 헤드의 유량[L/min] 보정

$P_C = P_D + P_{C\sim D}$

$395.76[\text{kPa}] = P_D + 14.64[\text{kPa}]$

$P_D = (395.76 - 14.64)[\text{kPa}] = 381.12[\text{kPa}]$

$Q_D = K\sqrt{10P_D} = 32.07\sqrt{10 \times 0.38112[\text{MPa}]} = 62.61[\text{L/min}]$

(4) 유량 보정 시 C지점의 압력[kPa]과 유량[L/min]

① C지점의 유량

C지점의 유량 = $Q_{B\sim C} + Q_{D\sim C}$(보정한 유량) $= 122.46 + 62.61 = 185.07$[L/min]

② C지점의 압력

마찰손실압력 $P_{D\sim C} = 6.053 \times 10^7 \times \dfrac{62.61^{1.85}}{100^{1.85} \times 25^{4.87}} \times 4 = 15.84$[kPa]

$\therefore\ P_C = P_D + P_{D\sim C} = 381.12 + 15.84 = 396.96$[kPa]

해답 (1) ① 유량 : 60[L/min], 마찰손실압력 : 29.29[kPa]

② 압력 : 379.29[kPa], 유량 : 62.46[L/min]

③ 유량 : 122.46[L/min], 마찰손실압력 : 16.47[kPa]

④ 압력 : 395.76[kPa], 유량 : 122.46[L/min]

(2) ① 유량 : 60[L/min], 마찰손실압력 : 14.64[kPa]

② 압력 : 364.64[kPa], 유량 : 60[L/min]

(3) 62.61[L/min]

(4) 유량 : 185.07[L/min], 압력 : 396.96[kPa]

06

가스압력식 기동장치가 설치된 이산화탄소 소화설비의 전자개방밸브 작동방법을 5가지 쓰시오.

득점	배점
	5

해설

전자개방밸브 작동방법

(1) **방호구역 내 감지기 2개회로 동작**

화재 시 방호구역 내의 A, B 감지기가 자동적으로 화재를 감지하여 정상적으로 작동되는지의 여부를 확인하는 시험

① A 회로의 감지기 동작 : 해당 방호구역 A 회로의 화재표시등 및 경보 여부확인

② B 회로의 감지기 동작 : 해당 방호구역 B 회로의 화재표시등 및 경보 여부확인 및 지연타이머가 동작 여부를 확인한다(지연타이머의 세팅된 시간이 지난 후 솔레노이드밸브가 격발되는지 확인한다).

(2) **수동조작함의 수동조작스위치 동작**

화재 발견자가 수동조작함을 수동조작으로 동작시켜 정상적으로 작동되는지의 여부를 확인하는 시험

① 수동조작함의 조작스위치를 조작하여 화재발생 여부를 확인한다.

② 지연타이머의 세팅된 시간이 지난 후 솔레노이드밸브가 격발되는지 확인한다.

(3) **제어반의 동작시험스위치와 회로선택스위치 동작**

동작시험스위치와 회로선택스위치를 이용하여 정상적으로 작동되는지의 여부를 확인하는 시험

① 제어반의 솔레노이드밸브와 연동정지스위치를 정상상태로 전환한다.

② 회로선택스위치를 시험하고자 하는 방호구역의 A 회로로 전환한다.

③ 동작시험스위치를 시험위치로 전환한다.

④ 회로선택스위치를 시험하고자 하는 방호구역의 B 회로로 전환한다.

⑤ 지연타이머의 세팅된 시간이 지난 후 솔레노이드밸브가 격발되는지 확인한다.

(4) **제어반의 수동스위치 동작**

제어반에 설치된 해당 방호구역의 수동조작 스위치를 조작하여 방호구역마다 시험을 하는 방법이다.

(5) **솔레노이드밸브의 수동조작버튼 작동**

정상적으로 작동되지 않을 때 사용하는 방법으로 솔레노이드밸브의 안전클립을 제거한 후 수동조작버튼을 누르면 솔레노이드밸브가 동작한다.

해답

(1) 방호구역 내 감지기 2개회로 동작
(2) 수동조작함의 수동조작스위치 동작
(3) 제어반의 동작시험스위치와 회로선택스위치 동작
(4) 제어반의 수동스위치 동작
(5) 솔레노이드밸브의 수동조작버튼 작동

07

다음은 펌프의 기동용 수압개폐장치(압력체임버)와 그 주변과의 연관성을 나타내는 그림이다. 기동용 압력체임버 공기를 재충전하려고 할 때의 조작순서를 요약하여 쓰시오(단, 현재 펌프는 작동중지 상태이다).

득점	배점
	5

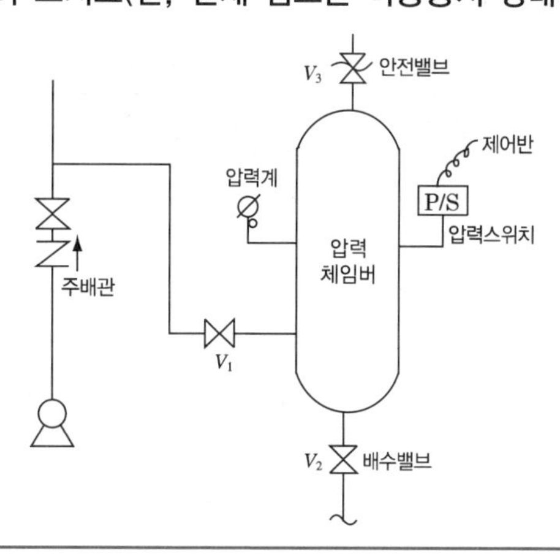

해설

압력체임버 공기 교체하는 순서

(1) 동력제어반에서 주펌프와 충압펌프를 정지(수동위치)시킨다.

(2) V_1 밸브를 폐쇄하고 V_2, V_3를 개방하여 탱크 내의 물을 완전히 배수한다(압력을 확인).

> **[탱크 내의 물을 완전히 배수하려면]**
> ① 상단에 안전밸브(안전변)가 설치되어 있으면 안전밸브를 개방하면 빨리 배수된다.
> ② 상단에 릴리프밸브가 설치되어 있으면 압력스위치로 가는 동관을 분리하면 빨리 배수된다.

(3) V_3에 의하여 공기가 유입되면 V_3를 폐쇄한다.

(4) 그리고 V_2밸브를 폐쇄한다.

(5) V_1을 개방하고 충압펌프를 자동으로 기동시킨다.

(6) 주배관의 가압수가 압력체임버로 유입되도록 한다.

(7) 충압펌프는 일정압력(정지점)이 되면 자동 정지된다.

(8) 동력제어반에서 주펌프를 자동위치로 복구한다.

해답

(1) 동력제어반에서 주펌프와 충압펌프를 정지(수동위치)시킨다.

(2) V_1 밸브를 폐쇄하고 V_2, V_3를 개방하여 탱크 내의 물을 완전히 배수한다.

(3) V_3와 V_2 밸브를 폐쇄한다.

(4) V_1을 개방하고 충압펌프를 자동으로 기동시킨다.

(5) 주배관의 가압수가 압력체임버로 유입되도록 한다.

(6) 일정한 압력이 되면 충압펌프는 정지된다.

(7) 동력제어반에서 주펌프를 자동위치로 복구한다.

08

옥내소화전설비의 펌프 토출측 주배관의 구경을 선정하려 한다. 주배관 내의 유량이 650[L/min], 유속이 4[m/s]일 경우 배관관경을 다음 보기에서 선정하시오.

득점	배점
	5

[보 기]

급수관의 구경[mm]	25	32	40	50	65	80	90	100

해설

유량 구하는 공식에서

$$Q = AV \qquad D = \sqrt{\frac{4Q}{\pi V}}$$

여기서, Q(유량) = 650[L/min] = 0.65[m^3]/60[s] = 0.01083[m^3/s]
V(유속) = 4[m/s]

$$\therefore\ D = \sqrt{\frac{4Q}{\pi V}} = \sqrt{\frac{4 \times 0.01083[\mathrm{m^3/s}]}{\pi \times 4[\mathrm{m/s}]}} = 0.0587[\mathrm{m}] = 58.7[\mathrm{mm}] \rightarrow 65[\mathrm{mm}]$$

해답 65[mm]

09

다음 그림의 조건을 참조하여 펌프의 유효흡입양정(NPSH)을 계산하시오(단, 대기압은 1[atm]이다).

득점	배점
	5

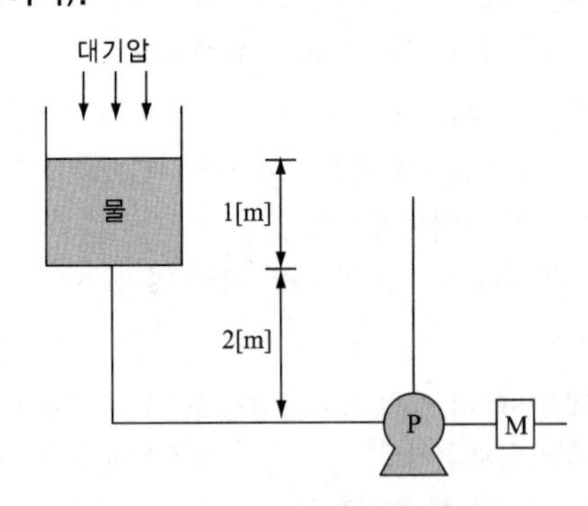

조 건

- 물의 온도는 20[℃]이며, 증기압은 0.015[MPa]이다.
- 배관마찰손실은 2[m]이다.

해설

흡입양정(NPSH)

(1) 흡입 NPSH(**부압수조방식**, 수면이 펌프 중심보다 낮을 경우)

$$\text{유효 NPSH} = H_a - H_p - H_s - H_L$$

여기서, H_a : 대기압두[m]

H_p : 포화수증기압두[m]

H_s : 흡입실양정[m]

H_L : 흡입측 배관 내의 마찰손실두수[m]

(2) 압입 NPSH(**정압수조방식**, 수면이 펌프 중심보다 높을 경우)

$$\text{유효 NPSH} = H_a - H_p + H_s - H_L$$

여기서, H_a : 대기압두(1[atm]=10.33[m])

H_p : 포화수증기압두(0.015[MPa]=1.53[m])

H_s : 흡입실양정(1+2=3[m])

H_L : 흡입측 배관 내의 마찰손실수두(2[m])

∴ 유효흡입양정(NPSH)=10.33[m]−1.53[m]+3[m]−2[m]=9.80[m]

해답 9.80[m]

10

그림과 같은 옥내소화전 설비를 다음의 조건에 따라 설치하려고 한다. 이때 다음 물음에 답하시오.

득점	배점
	10

조 건

- P_1 =옥내소화전펌프
- P_2 =잡용수 양수펌프
- 펌프의 풋밸브로부터 6층 옥내소화전함 호스 접결구까지의 마찰손실 및 저항 손실수두는 실양정의 30[%]로 한다.
- 펌프의 효율은 60[%]이다.
- 옥내 소화전의 개수는 각 층 5개씩이다.
- 소방호스의 마찰손실 수두는 7[m]이고 전동기 전달계수(K)는 1.2이다.

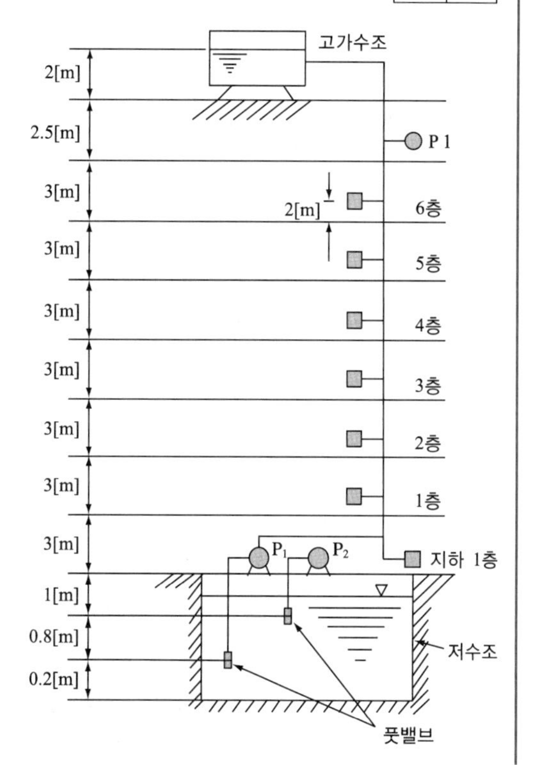

물 음

(1) 펌프의 최소유량은 몇 [L/min]인가?
(2) 수원의 최소유효 저수량은 몇 [m^3]인가?
(3) 옥상에 설치하여야 하는 수원의 양은 몇 [m^3]인가?
(4) 펌프의 양정은 몇 [m]인가?
(5) 펌프의 수동력, 축동력, 모터동력은 각각 몇 [kW]인가?
(6) 노즐에서 방수압력이 0.7[MPa]를 초과할 경우 감압하는 방법 3가지를 쓰시오.
(7) 노즐 선단에서 봉상 방수의 경우 방수압 측정 요령을 쓰시오.

해설

(1) 최소유량

$$Q = N(\text{최대 5개}) \times 130[\text{L/min}]$$

$\therefore\ Q = N \times 130[\text{L/min}] = 5\text{개} \times 130[\text{L/min}] = 650[\text{L/min}]$

(2) 저수량

$$Q = N(\text{최대 5개}) \times 2.6[\text{m}^3](130[\text{L/min}] \times 20[\text{min}])$$

$\therefore\ Q = N \times 2.6[\text{m}^3](130[\text{L/min}] \times 20[\text{min}]) = 5\text{개} \times 2.6[\text{m}^3] = 13.0[\text{m}^3]$

(3) 옥상에 설치하여야 하는 수원의 양
수원은 유효수량 외에 유효수량의 1/3 이상을 옥상(옥내소화전설비가 설치된 건축물의 주된 옥상)에 설치하여야 한다.

$\therefore\ 13.0[\text{m}^3] \times \dfrac{1}{3} = 4.33[\text{m}^3]$

[옥내소화전설비의 토출량과 수원]

층 수	토출량	수 원
29층 이하	N(최대 5개)×130[L/min]	N(최대 5개)×130[L/min]×20[min] = N(최대 5개)×2,600[L] = N(최대 5개)×2.6[m^3]
30층 이상 49층 이하	N(최대 5개)×130[L/min]	N(최대 5개)×130[L/min]×40min = N(최대 5개)×5,200[L] = N(최대 5개)×5.2[m^3]
50층 이상	N(최대 5개)×130[L/min]	N(최대 5개)×130[L/min]×60[min] = N(최대 5개)×7,800[L] = N(최대 5개)×7.8[m^3]

(4) 양 정

$$H = h_1 + h_2 + h_3 + 17(\text{노즐방사압력})$$

여기서, H : 전양정[m]
h_1 : 소방호스마찰손실수두(7[m])
h_2 : 배관마찰손실수두(21.8[m]×0.3=6.54[m])
h_3 : 실양정(흡입양정+토출양정)=(0.8[m]+1[m])+(3[m]×6개층)+2[m]=21.8[m]

$\therefore\ H = 7[\text{m}] + 6.54[\text{m}] + 21.8[\text{m}] + 17 = 52.34[\text{m}]$

(5) 동 력

① 수동력[kW]$=\frac{\gamma QH}{102}$　② 축동력[kW]$=\frac{\gamma QH}{102\eta}$　③ 모터동력[kW]$=\frac{\gamma QH}{102\eta}\times K$

여기서, γ : 비중량(1,000[kg_f/m^3])　Q : 유량[m^3/s]
H : 전양정[m]　η : 펌프효율(0.68)
K : 전달계수

① 수동력$=\frac{\gamma QH}{102}=\frac{1,000[kg_f/m^3]\times 0.65[m^3]/60[s]\times 52.34[m]}{102}=5.56[kW]$

② 축동력$=\frac{\gamma QH}{102\eta}=\frac{1,000[kg_f/m^3]\times 0.65[m^3]/60[s]\times 52.34[m]}{102\times 0.6}=9.26[kW]$

③ 모터동력$=\frac{\gamma QH}{102\eta}\times K=\frac{1,000[kg_f/m^3]\times 0.65[m^3]/60[s]\times 52.34[m]}{102\times 0.6}\times 1.2$
$=11.12[kW]$

(6) 감압방식

① 중계펌프(Booster Pump)에 의한 방법
고층부와 저층부로 구역을 설정한 후 중계펌프를 건물 중간에 설치하는 방식으로 기존방식보다 설치비가 많이 들고 소화펌프의 설치대수가 증가한다.

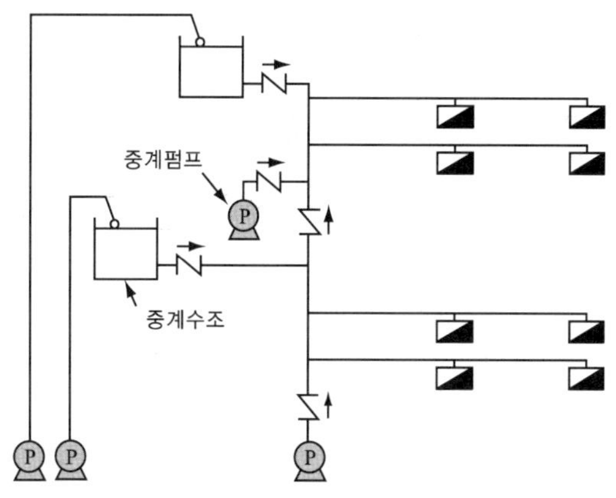

② 구간별 전용배관에 의한 방법
고층부와 저층부를 구분하여 펌프와 배관을 분리하여 설치하는 방식으로 저층부는 저양정 펌프를 설치하여 비교적 안전하지만, 고층부는 고양정의 펌프를 설치하여야 한다.

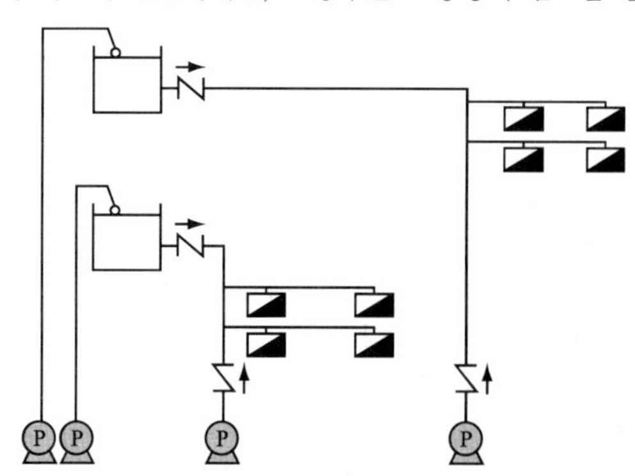

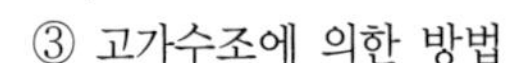

③ 고가수조에 의한 방법

고가수조를 고층부와 저층부로 구역을 설정한 후 낙차의 압력을 이용하는 방식이다. 별도의 소화펌프가 필요 없으며, 비교적 안정적인 방수압력을 얻을 수 있다.

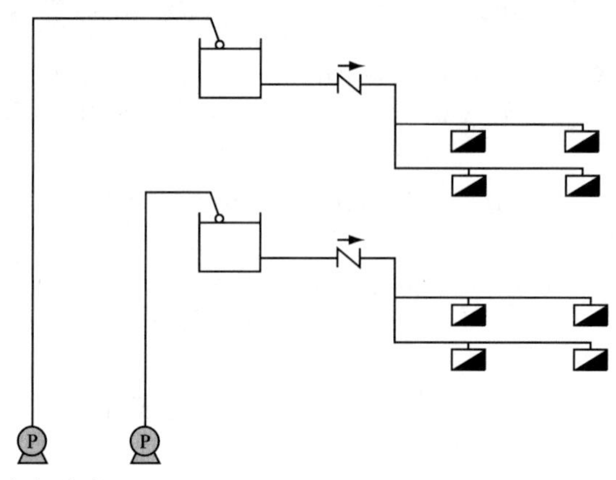

④ 감압밸브에 의한 방법

호스접결구 인입측에 감압장치(감압밸브) 또는 오리피스를 설치하여 방사압력을 낮추거나 또는 펌프의 토출측에 압력조절밸브를 설치하여 토출압력을 낮추는 방식으로 가장 많이 사용하는 방식이다.

(7) 방수압 측정방법

직사형 노즐이 선단에 노즐직경의 $0.5D$(내경)만큼 떨어진 지점에서 피토게이지상의 눈금을 읽어 압력을 구하고 유량을 계산한다.

$$Q = 0.6597\,CD^2\sqrt{10\,P}$$

여기서, Q : 유량[L/min] C : 유량계수 D : 노즐직경[mm] P : 압력[MPa]

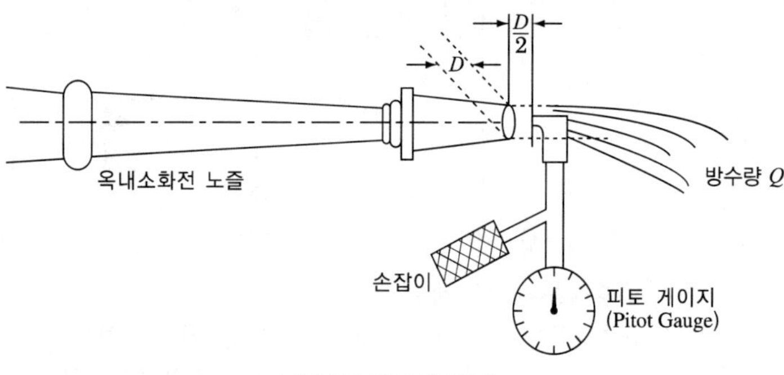

[방수량 측정 상세도]

해답

(1) 650[L/min]

(2) 13.0[m^3]

(3) 4.33[m^3]

(4) 52.34[m]

(5) ① 수동력 : 5.56[kW] ② 축동력 : 9.26[kW] ③ 모터동력 : 11.12[kW]

(6) ① 중계펌프(Booster Pump)에 의한 방법
② 고가수조에 의한 방법
③ 감압밸브에 의한 방법

(7) 직사형 노즐이 선단에 노즐직경의 $0.5D$(내경)만큼 떨어진 지점에서 피토게이지상의 눈금을 읽어 압력을 구하고 유량을 계산한다.

11

옥내소화전 노즐(관창)의 방수압력을 피토게이지를 사용하여 측정하니 0.25[MPa]이었다. 이때 노즐을 통하여 방수되는 물의 순간 유출속도[m/s]를 계산하시오.

득점	배점
	4

해설

유출속도

$$V = \sqrt{2gH}$$

여기서, g : 중력가속도

H : 수두$\left(\dfrac{0.25[\text{MPa}]}{0.101325[\text{MPa}]} \times 10.332[\text{m}] = 25.49[\text{m}]\right)$

$\therefore V = \sqrt{2gH} = \sqrt{2 \times 9.8[\text{m/s}^2] \times 25.49[\text{m}]} = 22.35[\text{m/s}]$

해답 22.35[m/s]

12

업무시설의 지하층 전기설비 등에 다음과 같이 이산화탄소소화설비를 설치하고자 한다. 주어진 조건에 적합하게 답하시오.

득점	배점
	10

조 건

- 설비는 전역방출방식으로 하며 설치장소는 전기설비실, 케이블실, 서고, 모피창고임
- 전기설비실과 모피창고에는 가로 1[m]×세로 2[m]의 자동폐쇄장치가 설치되지 않은 개구부가 각각 1개씩 설치됨
- 저장용기의 내용적은 68[L]이며, 충전비는 1.511으로 동일 충전비를 가짐
- 전기설비실과 케이블실은 동일 방호구역으로 설계함
- 소화약제 방출시간은 모두 7분으로 함
- 각 실에 설치할 노즐의 방사량은 각 노즐 1개당 10[kg/min]으로 함
- 각 실의 평면도는 다음과 같다(각 실의 층고는 모두 3[m]임).

전기설비실 (8[m]×6[m])	모피창고 (10[m]×3[m])
	서 고 (10[m]×7[m])
케이블실 (2[m]×6[m])	

저장용기실 (2[m]×3[m])

물 음

(1) 모피창고의 실제 소요가스량[kg]을 구하시오.
(2) 저장용기 1병에 충전되는 가스량[kg]을 구하시오.
(3) 저장용기 실에 설치할 저장용기의 수는 몇 병인지 구하시오.
(4) 설치하여야 할 선택밸브의 수는 몇 개인지 구하시오.
(5) 모피창고에 설치할 헤드 수는 모두 몇 개인지 구하시오(단, 실제 방출 병 수로 계산).
(6) 서고의 선택밸브 주 배관의 유량은 몇 [kg/min]인지 구하시오(실제 방출 병 수로 계산).

해설

(1) 각 실의 소요약제량

소화약제 저장량[kg]
= 방호구역 체적[m³]×소화약제량[kg/m³]+개구부의 면적[m²]×가산량[kg/m²]

[종이, 목재, 석탄, 섬유류, 합성수지류 등 심부화재 방호대상물]

방호대상물	방호구역 1[m³]에 대한 소화약제의 양	설계농도[%]	개구부 가산량[kg/m²] (자동폐쇄장치 미설치 시)
유압기기를 제외한 **전기설비 · 케이블실**	**1.3[kg]**	50	**10[kg]**
체적 55[m³] 미만의 전기설비	1.6[kg]	50	10[kg]
서고, 전자제품창고, 목재가공품 창고, 박물관	**2.0[kg]**	65	**10[kg]**
고무류, 면화류창고, **모피창고**, 석탄창고, 집진설비	**2.7[kg]**	75	**10[kg]**

① 전기설비실 $=(8[m]\times6[m]\times3[m]\times1.3[kg/m^3])+(1[m]\times2[m]\times10[kg/m^2])$
$=207.2[kg]$

② **모피창고** $=(10[m]\times3[m]\times3[m]\times2.7[kg/m^3])+(1[m]\times2[m]\times10[kg/m^2])$
$=\mathbf{263[kg]}$

③ 케이블실 $=2[m]\times6[m]\times3[m]\times1.3[kg/m^3]=46.8[kg]$

④ 서고 $=10[m]\times7[m]\times3[m]\times2.0[kg/m^3]=420[kg]$

∴ 모피창고의 실제 소요가스량 : 263[kg]

(2) 1병에 충전되는 가스량

$$\text{충전비}=\frac{\text{용기체적[L]}}{\text{약제저장량[kg]}}$$

$$1.511=\frac{68[L]}{\text{약제 저장량[kg]}}$$

$$\therefore \text{약제 저장량}=\frac{68[L]}{1.511}=45.00[kg]$$

(3) 저장용기의 수

① 전기설비실 + 케이블실(동일 방호구역)

• 저장용기의 수$=\frac{(207.2+46.8)[kg]}{45[kg]}=5.64\Rightarrow 6$병

② 모피창고

• 저장용기의 수$=\frac{263[kg]}{45[kg]}=5.84\Rightarrow 6$병

③ 서 고

• 저장용기의 수$=\frac{420[kg]}{45[kg]}=9.33\Rightarrow 10$병

※ 약제량이 가장 많은 방호구역을 기준으로 하므로 10병을 저장하여야 한다.

(4) 선택밸브는 각 방호구역마다 설치하므로 모피창고, 전기설비실+케이블실(동일 방호구역), 서고의 3개가 필요하다.

(5) 모피창고의 헤드 수

약제 병수$=263[kg]\div 45[kg]=5.84$병 $\Rightarrow 6$병

6병 $\times\ 45[kg]=270[kg]$

[대상물별 방사시간]

특정소방대상물	시 간
가연성 액체 또는 가연성 가스 등 표면화재 방호대상물	1분
종이, 목재, 석탄, 섬유류, 합성수지류 등 심부화재 방호대상물(설계농도가 2분 이내에 30[%] 도달)	7분
국소방출방식	30초

분당 약제 방출량=270[kg]÷7분=38.571[kg/분]

문제에서 각 노즐 1개당 10[kg/분]이므로

∴ 소요노즐개수$=38.571$[kg/분] ÷ 10[kg/분]$=3.85$개 $\Rightarrow$ 4개

(6) 서고의 주배관의 유량

$420[kg]\div 45[kg] = 9.33$병 $\Rightarrow 10$병

실제 방출량 10병×45[kg] = 450[kg]

∴ 분당 방출량$=450[kg]\div 7$분 $=64.29[kg/min]$

해답 (1) 263[kg] (2) 45.00[kg]
(3) 10병 (4) 3개
(5) 4개 (6) 64.29[kg/min]

13

지하 1층, 지상 9층인 백화점에 스프링클러설비가 설치되어 있다. 다음 조건을 참조하여 물음에 답하시오.

득점	배점
	4

조 건

- 펌프는 지하 1층에 설치되어 있다.
- 펌프에서 옥상수조까지 수직거리 45[m]이다.
- 배관의 마찰손실수두는 자연낙차의 20[%]이다.
- 펌프 흡입측의 진공계의 눈금은 350[mmHg]이다.
- 설치된 헤드수는 80개이고, 펌프의 효율은 68[%]이다.

물 음

(1) 이 펌프의 체절압력은 몇 [kPa]인가?

(2) 이 펌프의 축동력은 몇 [kW]인가?

해설

(1) 체절압력

먼저 펌프의 전양정을 구하면

$$H = h_1 + h_2 + 10$$

여기서, h_1 : 낙차$\left(45[\mathrm{m}] + \dfrac{350[\mathrm{mmHg}]}{760[\mathrm{mmHg}]} \times 10.332[\mathrm{m}] = 49.76[\mathrm{m}]\right)$

h_2 : 배관의 마찰손실수두(45[m]×0.2=9.0[m])

$\therefore$ 전양정$(H) = h_1 + h_2 + 10 = 49.76 + 9.0 + 10 = 68.76[\mathrm{m}]$

$\therefore$ 체절압력$= \left(\dfrac{68.76[\mathrm{m}]}{10.332[\mathrm{m}]}\right) \times 101.325[\mathrm{kPa}] \times 1.4 = 944.05[\mathrm{kPa}] = 0.94[\mathrm{MPa}]$

(2) 축동력

$$\text{축동력[kW]} = \frac{\gamma Q H}{102\eta}$$

여기서, γ : 비중량(1,000[$\mathrm{kg_f/m^3}$])

Q : 유량[$\mathrm{m^3/s}$]

– 백화점의 기준 헤드수는 30개이므로,

30개×80[L/min]=2,400[L/min]=2.4[$\mathrm{m^3}$]/60[s]

H : 전양정[m]

η : 펌프효율(0.68)

$\therefore$ 축동력$[\mathrm{kW}] = \dfrac{\gamma Q H}{102\eta} = \dfrac{1{,}000[\mathrm{kg_f/m^3}] \times 2.4[\mathrm{m^3}]/60[\mathrm{s}] \times 68.76[\mathrm{m}]}{102 \times 0.68} = 39.65[\mathrm{kW}]$

해답 (1) 944.05[kPa]

(2) 39.65[kW]

14

가스 계통의 소화설비에 사용되는 할론 소화약제는 환경에 미치는 영향 때문에 할로겐화합물 및 불활성기체 소화설비로 대체되는 과정에 있다. 다음 각 물음에 답하시오.

득점	배점
	5

(1) 할론 소화약제 방사 시 지구촌에 미치는 영향 2가지만 쓰시오.

(2) 할로겐화합물 및 불활성기체 소화약제는 방사시간을 10초 이내로 제한하고 있는데, 그 이유를 간단히 쓰시오.

해설

(1) 할론 소화약제 미치는 영향

① 오존층 파괴 : 대기 중에 방출된 할론가스가 성층권까지 상승하여 오존층을 파괴한다.

② 지구온난화현상 : 할론이나 이산화탄소는 대기 중으로 방출하여 대기의 온도를 상승시켜 지구의 온난화현상을 초래한다.

> ① 오존 파괴지수(ODP)
> 어떤 물질의 오존파괴능력을 상대적으로 나타내는 지표
> $$ODP = \frac{\text{어떤 물질 } 1[kg]\text{이 파괴하는 오존량}}{CFC-11(CFCl_3)\ 1[kg]\text{이 파괴하는 오존량}}$$
> ② 지구온난화지수(GWP)
> 어떤 물질이 기여하는 온난화 정도를 상대적으로 나타내는 지표
> $$GWP = \frac{\text{어떤 물질 } 1[kg]\text{이 기여하는 온난화 정도}}{CO_2\ 1[kg]\text{이 기여하는 온난화 정도}}$$

(2) 할로겐화합물 및 불활성기체 소화약제 방출시간 10초로 제한하는 이유

약제 방출 시 독성물질인 불화수소(HF) 등의 부산물의 생성을 최소화하여 인명의 안전을 도모하기 위하여 10초 이내로 제한한다.

해답 (1) 오존층파괴(ODP), 지구온난화(GWP)
(2) 할론물질이 열분해로 유해물질이 생성되기 때문

15

특별피난계단 및 비상용승강기 승강장에 설치하는 급기가압방식인 제연설비에 대하여 물음에 답하시오.

득점	배점
	6

(1) 제연구역의 선정기준을 쓰시오.

(2) 제연구역과 옥내 사이의 압력차[Pa]는 얼마이어야 하는가?

① 옥내에 스프링클러설비 설치 시 :

② 옥내에 스프링클러설비 미설치 시 :

해설

(1) **제연구역의 선정기준**

① 계단실 및 그 부속실을 동시에 제연하는 것
② 부속실만을 단독으로 제연하는 것
③ 계단실 단독 제연하는 것
④ 비상용승강기 승강장 단독 제연하는 것

(2) **차압 등**

① 제연구역과 옥내와의 사이에 유지하여야 하는 최소차압은 40[Pa](옥내에 스프링클러설비가 설치된 경우에는 12.5[Pa]) 이상으로 하여야 한다.
② 제연설비가 가동되었을 경우 출입문의 개방에 필요한 힘은 110[N] 이하로 하여야 한다.
③ 출입문이 일시적으로 개방되는 경우 개방되지 아니하는 제연구역과 옥내와의 차압은 ①의 기준에 불구하고, ①의 기준에 따른 차압의 70[%] 미만이 되어서는 아니 된다.
④ 계단실과 부속실을 동시에 제연하는 경우 부속실의 기압은 계단실과 같게 하거나 계단실의 기압보다 낮게 할 경우에는 부속실과 계단실의 압력 차이는 5[Pa] 이하가 되도록 하여야 한다.

해답 (1) ① 계단실 및 그 부속실을 동시에 제연하는 것
② 부속실만을 단독으로 제연하는 것
③ 계단실 단독 제연하는 것
④ 비상용승강기 승강장 단독 제연하는 것

(2) ① 옥내에 스프링클러설비 설치 시 : 12.5[Pa] 이상
② 옥내에 스프링클러설비 미설치 시 : 40[Pa] 이상

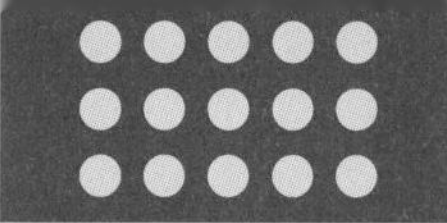

제 1 회

2016년 4월 17일 시행

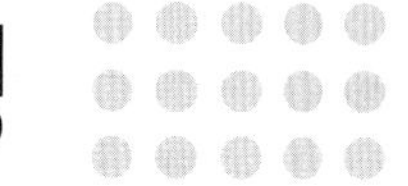

※ 다음 물음에 대한 답을 해당 답란에 답하시오.(배점 : 100)

01

절연유 봉입 변압기에 물분무소화설비를 그림과 같이 적용하고자 한다. 바닥부분을 제외한 변압기의 표면적을 100[m^2]라고 할 때 다음 물음에 답하시오(표준방사량은 1[m^2]당 10[LPM]으로 하며 물분무헤드의 방사압력은 0.4[MPa]로 한다).

득점	배점
	4

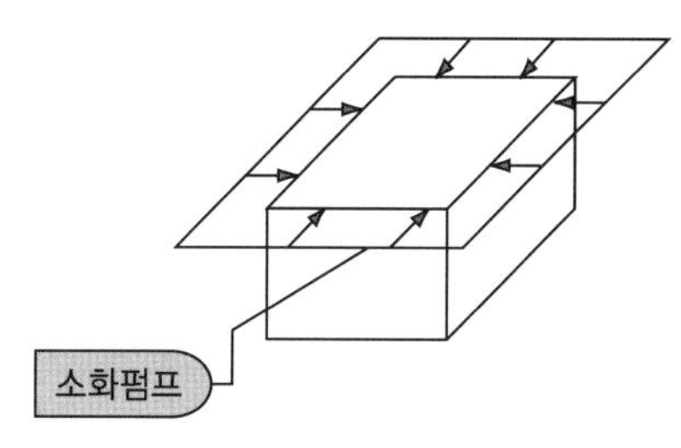

[물분무헤드 8개 설치]

(1) 헤드 한 개당 방사량[L/min]은 얼마인가?

(2) 소화수로 저장하여야 할 저장량[m^3]은 얼마인가?

해설

(1) 헤드의 분당 방사량

$$헤드의\ 분당\ 방사량 = \frac{방사량}{헤드수}$$

여기서, 방사량 Q[L/min] = 표면적[m^2]×10[L/min · m^2]
= 100[m^2]×10[L/min · m^2] = 1,000[L/min]

$\therefore$ 헤드의 분당 방사량 $= \dfrac{1{,}000[\text{L/min}]}{8개} = 125[\text{L/min}]$

(2) 저장량

$$Q = A \times Q_1 \times T$$

여기서, A : 면적[m^2]　　Q : 표준방사량[L/min · m^2]
T : 시간[min]

$\therefore Q = A \times Q_1 \times T = 100[\text{m}^2] \times 10[\text{L/min} \cdot \text{m}^2] \times 20[\text{min}] = 20{,}000[\text{L}] = 20[\text{m}^3]$

해답 (1) 125[L/min]
(2) 20[m^3]

02

그림에서 "㉮"실을 급기 가압하여 옥외와의 압력차가 50[Pa]이 유지되도록 하려고 한다. 급기량은 몇 $[m^3/min]$이어야 하는가?

득점	배점
	6

조 건

- 급기량(Q)은 $Q = 0.827 \times A \times \sqrt{P_1 - P_2}$로 구한다.
- 그림에서 A_1, A_2, A_3, A_4는 닫힌 출입문으로 공기누설 틈새면적은 모두 $0.01[m^2]$로 한다(Q : 급기량$[m^3/s]$, A : 틈새면적$[m^2]$, P_1, P_2 : 급기 가압실 내·외의 기압[Pa]).

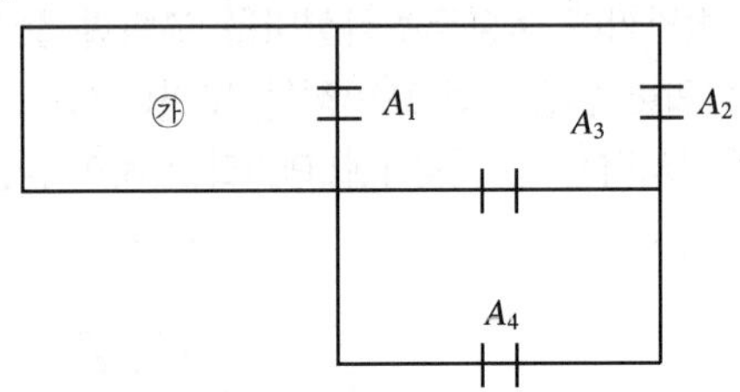

해설

- A_3와 A_4의 누설면적은 직렬관계

$$A_3 + A_4 = \frac{1}{\sqrt{\frac{1}{(A_3)^2} + \frac{1}{(A_4)^2}}} = \frac{1}{\sqrt{\frac{1}{(0.01[m^2])^2} + \frac{1}{(0.001[m^2])^2}}} = 7.071 \times 10^{-3}[m^2]$$

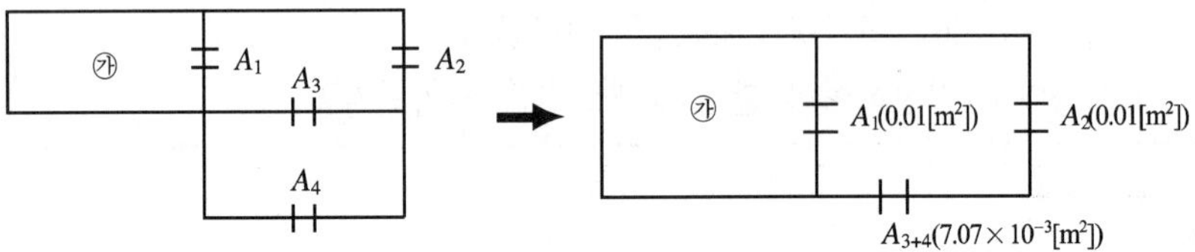

- A_2와 A_{3+4}는 병렬관계

$$A_2 + A_{3+4} = 0.01[m^2] + 7.071 \times 10^{-3}[m^2] = 0.017071[m^2]$$

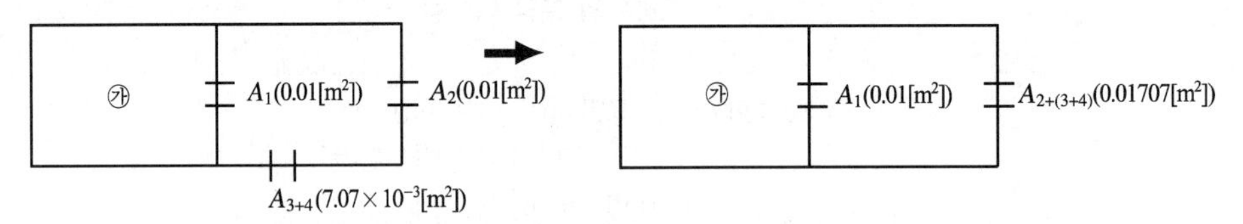

- A_1과 A_{2+3+4}는 직렬관계

$$A_1 + A_{2+3+4} = \frac{1}{\sqrt{\frac{1}{(A_1)^2} + \frac{1}{(A_{2+3+4})^2}}} = \frac{1}{\sqrt{\frac{1}{(0.01[m^2])^2} + \frac{1}{(0.017[m^2])^2}}} = 0.00863[m^2]$$

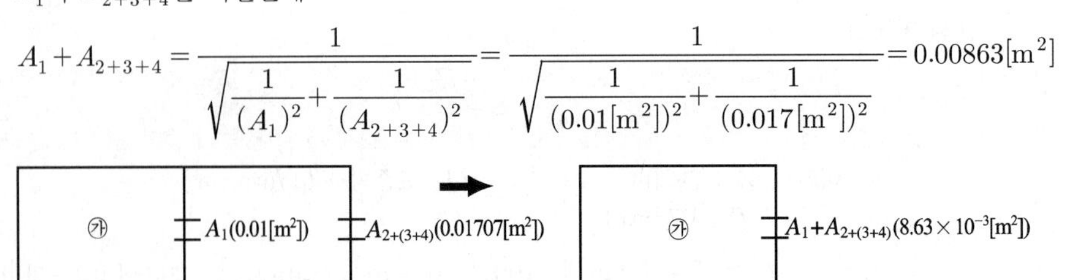

$\therefore\ Q = 0.827 \times A \times \sqrt{50[\text{Pa}]} = 0.827 \times 0.00863[\text{m}^2] \times \sqrt{50} = 0.05047[\text{m}^3/\text{s}]$

$[\text{m}^3/\text{s}]$를 $[\text{m}^3/\text{min}]$으로 환산하면 $0.05047[\text{m}^3/\text{s}] \times 60[\text{s}/\text{min}] = 3.028[\text{m}^3/\text{min}]$

해답 $3.03[\text{m}^3/\text{min}]$

03

전기실에 제1종 분말소화약제를 사용한 분말소화설비를 전역방출방식의 가압식으로 설치하려고 한다. 다음 조건을 참조하여 각 물음에 답하시오.

득점	배점
	10

조 건

- 특정소방대상물의 크기는 가로 11[m], 세로 9[m], 높이 4.5[m]인 내화구조로 되어 있다.
- 특정소방대상물의 중앙에 가로 1[m], 세로 1[m]의 기둥이 있고, 기둥을 중심으로 가로, 세로 보가 교차되어 있으며, 보는 천장으로부터 0.6[m], 너비 0.4[m]의 크기이고, 보와 기둥은 내열성 재료이다.
- 전기실에는 0.7[m] × 1.0[m], 1.2[m] × 0.8[m]인 개구부가 각각 1개씩 설치되어 있으며, 1.2[m] × 0.8[m]인 개구부에는 자동폐쇄장치가 설치되어 있다.
- 방호공간에 내화구조 또는 내열성 밀폐재료가 설치된 경우에는 방호공간에서 제외할 수 있다.
- 방사헤드의 방출률은 $7.82[\text{kg/mm}^2 \cdot \text{min} \cdot 개]$이다.
- 약제 저장용기 1개의 내용적은 50[L]이다.
- 방사헤드 1개의 오리피스(방출구) 면적은 $0.45[\text{cm}^2]$이다.
- 소화약제 산정기준 및 기타 필요한 사항은 화재안전기준에 준한다.

물 음

(1) 저장에 필요한 제1종 분말소화약제의 최소 양[kg]은?
- 계산과정 :
- 답 :

(2) 저장에 필요한 약제 저장용기의 수[병]는?
- 계산과정 :
- 답 :

(3) 설치에 필요한 방사 헤드의 최소 개수[개]는?
(단, 소화약제의 양은 문항 "(2)"에서 구한 저장용기 수의 소화약제 양으로 한다)
- 계산과정 :
- 답 :

(4) 설치에 필요한 전체 방사 헤드의 오리피스 면적$[\text{mm}^2]$은?
- 계산과정 :
- 답 :

(5) 방사 헤드 1개의 방사량[kg/min]은?
- 계산과정 :
- 답 :

(6) 문항 "(2)"에서 산출한 저장용기수의 소화약제가 방출되어 모두 열분해 시 발생한 CO_2의 양은 몇 [kg]이며, 이때 CO_2의 부피는 몇 [m^3]인가?
(단, 방호구역 내의 압력은 120[kPa], 주위온도는 500[℃]이고, 제1종 분말 소화약제 주성분에 대한 각 원소의 원자량은 다음과 같으며, 이상기체 상태 방정식을 따른다고 한다.

원소기호	Na	H	C	O
원자량	23	1	12	16

• 계산과정 :
• 답 : CO_2의 양[kg] :
CO_2의 부피[m^3] :

해설

분말소화약제

(1) 제1종 분말 소화약제의 최소 양(전역방출방식의 약제량)
① 방호구역의 체적 1[m^3]에 대하여 다음 표에 따른 양

소화약제의 종별	방호구역의 체적 1[m^3]에 대한 소화약제의 양
제1종 분말	**0.60[kg]**
제2종 분말 또는 제3종 분말	0.36[kg]
제4종 분말	0.24[kg]

② 방호구역의 개구부에 자동폐쇄장치를 설치하지 아니한 경우에는 ①에 따라 산출한 양에 다음 표에 따라 산출한 양을 가산한 양

소화약제의 종별	가산량(개구부의 면적 1[m^2]에 대한 소화약제의 양)
제1종 분말	4.5[kg]
제2종 분말 또는 제3종 분말	2.7[kg]
제4종 분말	1.8[kg]

※ 이 문제는 자동폐쇄장치가 설치되어 있지 않으므로 개구부의 0.7[m]×1[m]에는 가산량은 계산하여야 한다.
㉠ 특정소방대상물의 체적 = (11 × 9 × 4.5)[m^3] = 445.5[m^3]
㉡ 기둥의 체적 = (1 × 1 × 4.5)[m^3] = 4.5[m^3]
㉢ 보의 체적

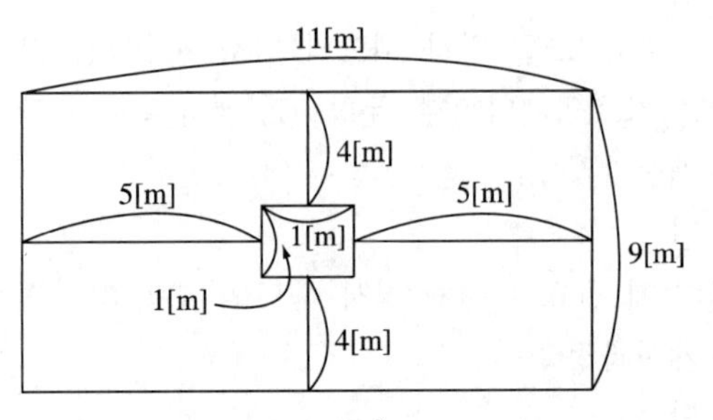

㉮ 가로 보의 체적 = (5 × 0.6 × 0.4)[m^3] × 2개(양쪽) = 2.4[m^3]
㉯ 세로 보의 체적 = (4 × 0.6 × 0.4)[m^3] × 2개(양쪽) = 1.92[m^3]
※ 보의 체적의 합계 = 2.4[m^3] + 1.92[m^3] = 4.32[m^3]

∴ 방호구역의 체적 = 특정소방대상물의 체적－기둥의 체적－보의 체적
= 445.5[m³] - 4.5[m³] - 4.32[m³] = 436.68[m³]

∴ 약제저장량=방호구역 체적[m³]×필요가스량[kg/m³]+개구부면적[m²]×가산량[kg/m²]
=(436.68[m³]×0.6[kg/m³]) +(0.7[m]×1[m]×4.5[kg/m²])= 265.16[kg]

(2) 약제 저장용기의 수

소화약제의 종별	충전비
제1종 분말(탄산수소나트륨을 주성분으로 한 분말)	**0.8[L/kg]**
제2종 분말(탄산수소칼륨을 주성분으로 한 분말)	1.0[L/kg]
제3종 분말(인산염을 주성분으로 한 분말)	**1.0[L/kg]**
제4종 분말(탄산수소칼륨과 요소가 화합된 분말)	**1.25[L/kg]**

$$\text{충전비}=\frac{\text{용기 체적[L]}}{\text{약제 무게[kg]}},\ \text{약제무게}=\frac{50[L]}{0.8[L/kg]}=62.5[kg]$$

∴ 저장용기의 수 = 265.16[kg] ÷ 62.5[kg] = 4.24 ⇒ 5병

(3) 설치에 필요한 방사 헤드의 최소 개수

$$\therefore \text{헤드 수}=\frac{\text{저장량[kg]}}{\text{면적}[mm^2]\times\text{방사시간[min]}\times\text{방출률}[kg/mm^2\cdot min\cdot\text{개}]}$$

$$=\frac{5\text{병}\times 62.5[kg]}{0.45[cm^2]\times 30[s]\times 7.82[kg/mm^2\cdot min\cdot\text{개}]}$$

$$=\frac{5\text{병}\times 62.5[kg]}{45[mm^2]\times 30[s]\times 7.82[kg/mm^2\cdot 60s\cdot\text{개}]}$$

$$=\frac{5\text{병}\times 62.5[kg]\times 60}{45[mm^2]\times 30[s]\times 7.82[kg/mm^2\cdot s\cdot\text{개}]}$$

$= 1.78 \Rightarrow$ 2개

(4) 설치에 필요한 전체 방사 헤드의 오리피스 면적

∴ 헤드 오리피스 면적 = 헤드 수× 1개 면적 = 2개 × (0.45 × 100[mm²])= 90[mm²]

(5) 방사 헤드 1개의 방사량

$$\therefore \text{방사량}=\frac{\text{약제량}}{\text{헤드 수}\times\text{방사시간}}=\frac{5\text{병}\times 62.5[kg]}{2\text{개}\times 0.5[min]}=312.5[kg/min]$$

(6) 열분해 시 발생한 CO_2의 양과 CO_2의 부피

① 이산화탄소의 약제량

$2NaHCO_3 \rightarrow Na_2CO_3 + CO_2 + H_2O$

2×84[kg] ╲╱ 44[kg]

312.5[kg] ╱╲ x

$$\therefore x=\frac{312.5[kg]\times 44[kg]}{2\times 84[kg]}=81.85[kg]$$

※ 약제량= 62.5[kg]×5병 =312.5[kg]

② 이산화탄소의 부피

$$PV = nRT = \frac{W}{M}RT$$

여기서, P : 압력(1[atm])
V : 부피[m³]
n : mol수(무게/분자량)
W : 무게(81.85[kg])
M : 분자량(44)
R : 기체상수($0.08205[\text{m}^3 \cdot \text{atm/kg-mol} \cdot \text{K}]$)
T : 절대온도(273+[℃] = 273 + 500 = 773[K])

$$V = \frac{WRT}{PM} = \frac{81.85[\text{kg}] \times 0.08205 \times 773[\text{K}]}{\left(\frac{120[\text{kPa}]}{101.325[\text{kPa}]}\right) \times 1[\text{atm}] \times 44} = 99.62[\text{m}^3]$$

해답

(1) 265.16[kg]
(2) 5병
(3) 2개
(4) 90[mm²]
(5) 312.5[kg/min]
(6) CO_2의 양[kg] = 81.85[kg]
CO_2의 부피[m³] = 99.62[m³]

04

소화용 펌프가 유량 4,000[L/min], 임펠러 직경 150[mm], 회전수 1,770[rpm], 양정 50[m]로 송수하고 있을 때 펌프를 교환하여 임펠러 직경 200[mm], 회전수 1,170[rpm]으로 운전하면 유량[L/min]과 양정[m]은 각각 얼마로 변하겠는가?

득점	배점
	5

(1) 유 량
(2) 양 정

해설

펌프의 상사법칙

- 유량 $Q_2 = Q_1 \times \left(\frac{N_2}{N_1}\right) \times \left(\frac{D_2}{D_1}\right)^3$
- 양정 $H_2 = H_1 \times \left(\frac{N_2}{N_1}\right)^2 \times \left(\frac{D_2}{D_1}\right)^2$
- 동력 $P_2 = P_1 \times \left(\frac{N_2}{N_1}\right)^3 \times \left(\frac{D_2}{D_1}\right)^5$

여기서, N : 회전수
D : 직경

(1) 유량 $Q_2 = Q_1 \times \frac{N_2}{N_1} \times \left(\frac{D_2}{D_1}\right)^3$

$$= 4{,}000[\text{L/min}] \times \frac{1{,}170[\text{rpm}]}{1{,}770[\text{rpm}]} \times \left(\frac{200[\text{mm}]}{150[\text{mm}]}\right)^3 = 6{,}267.42[\text{L/min}]$$

(2) 양정 $H_2 = H_1 \times \left(\frac{N_2}{N_1}\right)^2 \times \left(\frac{D_2}{D_1}\right)^2$

$$= 50[\text{m}] \times \left(\frac{1{,}170[\text{rpm}]}{1{,}770[\text{rpm}]}\right)^2 \times \left(\frac{200[\text{mm}]}{150[\text{mm}]}\right)^2 = 38.84[\text{m}]$$

해답 (1) 유량 : 6,267.42[L/min]
(2) 양정 : 38.84[m]

05

내경이 100[mm]인 소방용 호스에 내경이 30[mm]인 노즐이 부착되어 있다. 1.5[m^3/min]의 방수량으로 대기 중에 방사할 경우 아래 조건에 따라 각 물음에 답하시오.

득점	배점
	10

조 건

마찰손실은 무시한다.

물 음

(1) 소방용 호스의 평균유속[m/s]을 계산하시오.
(2) 소방용 호스에 부착된 노즐의 평균유속[m/s]을 계산하시오.
(3) 소방용 호스에 부착된 Flange Volt(플랜지 볼트)에 작용하는 힘[N]을 계산하시오.

해설

(1) 호스의 평균유속

$$Q[\mathrm{m}^3/\mathrm{s}] = Au = \frac{\pi}{4}D^2 \times u \qquad u = \frac{4Q}{\pi D^2}$$

여기서, A : 배관단면적[m^2]　　u : 유속[m/s]
D : 배관직경[m]

$$\therefore u = \frac{4Q}{\pi D^2} = \frac{4 \times 1.5[\mathrm{m}^3]/60[\mathrm{s}]}{\pi \times (0.1[\mathrm{m}])^2} = 3.18[\mathrm{m/s}]$$

(2) 노즐의 평균유속

$$\therefore u = \frac{4Q}{\pi D^2} = \frac{4 \times 1.5[\mathrm{m}^3]/60[\mathrm{s}]}{\pi \times (0.03[\mathrm{m}])^2} = 35.37[\mathrm{m/s}]$$

(3) 플랜지 볼트에 작용하는 힘

$$F = \frac{\gamma A_1 Q^2}{2g}\left(\frac{A_1 - A_2}{A_1 A_2}\right)^2$$

여기서, F : 반발력[kg$_f$]　　γ : 비중량(1,000[kg$_f$/m^3])
Q : 유량(1.5[m^3]/60[s])　　g : 중력가속도(9.8[m/s^2])
A : 단면적[m^2]

$$F = \frac{1{,}000 \times \frac{\pi}{4}(0.1[\mathrm{m}])^2 \times (1.5[\mathrm{m}^3]/60[\mathrm{s}])^2}{2 \times 9.8[\mathrm{m/s}^2]}\left(\frac{\frac{\pi}{4}(0.1[\mathrm{m}])^2 - \frac{\pi}{4}(0.03[\mathrm{m}])^2}{\frac{\pi}{4}(0.1[\mathrm{m}])^2 \times \frac{\pi}{4}(0.03[\mathrm{m}])^2}\right)^2$$

$$= 415.08[\mathrm{kg_f}]$$

$1[kg_f] = 9.8[N]$이므로

$\therefore\ F[N] = 415.08[kg] \times \dfrac{9.8[N]}{1[kg]} = 4{,}067.78[N]$

해답 (1) 3.18[m/s]
(2) 35.37[m/s]
(3) 4,067.78[N]

06

지하 1층 지상 9층의 백화점 건물에 화재안전기준에 따라 아래 조건과 같이 스프링클러설비를 설계하려고 한다. 다음 각 물음에 답하시오.

득점	배점
	4

조 건

- 펌프는 지하층에 설치되어 있고 펌프 중심에서 옥상수조까지 수직거리는 50[m]이다.
- 배관 및 관부속 마찰손실수두는 자연낙차의 20[%]로 한다.
- 펌프의 흡입측 배관에 설치된 연성계는 300[mmHg]를 지시하고 있다.
- 각 층에 설치하는 헤드 수는 80개이다.
- 모든 규격차는 최소량을 적용한다.
- 펌프는 체적효율 95[%], 기계효율 90[%], 수력효율 80[%]이다.
- 펌프의 전달계수 $K = 1.1$이다.

물 음

(1) 전양정[m]을 산출하시오.
(2) 펌프의 최소유량[L/min]을 산출하시오.
(3) 펌프의 효율[%]을 산출하시오.
(4) 펌프의 축동력[kW]을 산출하시오.

해설

(1) 전양정

$$H = h_1 + h_2 + 10$$

여기서, h_1 : 실양정(흡입양정 +토출양정 = 4.08 + 50 = 54.08[m])

① 흡입양정$= \dfrac{300[mmHg]}{760[mmHg]} \times 10.332[m] = 4.08[m]$

② 토출양정=50[m]

h_2 : 배관마찰손실수두(50[m]×0.2 = 10[m])

자연 낙차 : 펌프 중심에서 옥상수조까지의 거리

$\therefore\ H = 54.08[m] + 10[m] + 10 = 74.08[m]$

(2) 펌프의 최소유량

$$Q = N \times 80[L/min]$$

여기서, N : 헤드수(백화점 : 30개)

$\therefore\ Q = N \times 80[L/min] = 30$개 $\times 80[L/min] = 2{,}400[L/min]$

(3) 펌프효율(η_{Total})=체적효율(η_v)×기계효율(η_m)×수력효율(η_w)

$= 0.95 \times 0.9 \times 0.8 = 0.684 \times 100 = 68.4[\%]$

(4) 펌프의 축동력

$$P[\text{kW}] = \frac{0.163 \times Q \times H}{\eta}$$

여기서, P : 전동기동력[kW]　　Q : 유량(2.4[m^3/min])

H : 전양정(74.08[m])　　η : 펌프효율

$$\therefore P[\text{kW}] = \frac{0.163 \times 2.4[m^3/min] \times 74.08[m]}{0.684} = 42.37[\text{kW}]$$

해답 (1) 74.08[m]　(2) 2,400[L/min]

(3) 68.4[%]　(4) 42.37[kW]

07

폐쇄형 헤드를 사용한 스프링클러설비의 일부 배관 계통도이다. 주어진 조건을 참조하여 각 물음에 답하시오.

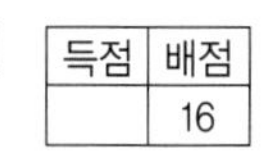

득점	배점
	16

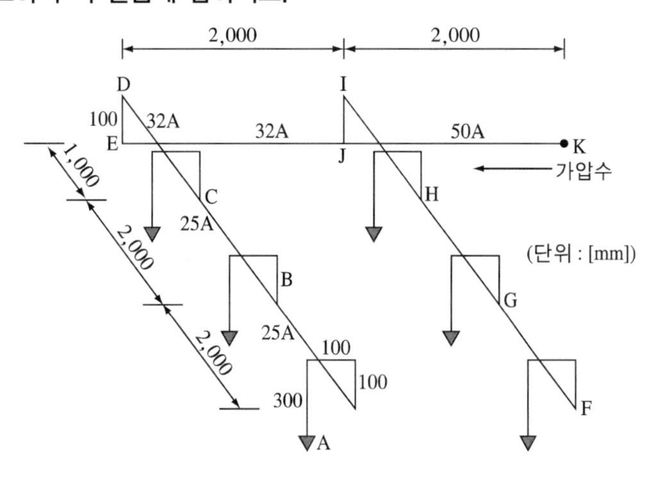

조 건

• 직관 마찰손실수두(100[m]당)　(단위 : [m])

개 수	유 량	25A	32A	40A	50A
1	80[L/min]	**39.82**	11.38	5.40	1.68
2	160[L/min]	**150.42**	42.84	20.29	6.32
3	240[L/min]	307.77	**87.66**	41.51	12.93
4	320[L/min]	521.92	148.66	70.40	21.93
5	400[L/min]	789.04	224.75	106.31	32.99
6	480[L/min]		321.55	152.26	**47.43**

• 관이음쇠 마찰손실에 해당하는 직관길이 (단위 : [m])

구 분	25A	32A	40A	50A
엘보(90°)	0.9	1.20	1.50	2.10
리듀서	0.54	0.72	0.90	1.20
티(직류)	0.27	0.36	0.45	0.60
티(분류)	1.50	1.80	2.10	3.00

• 헤드나사는 PT$\frac{1}{2}$(15A) 기준

• 헤드방사압은 0.1[MPa] 기준

물 음

(1) ① A ~ B 구간의 마찰손실수두[m]를 산출하시오.
② B ~ C 구간의 마찰손실수두[m]를 산출하시오.
③ C ~ J 구간의 마찰손실수두[m]를 산출하시오.
④ J ~ K 구간의 마찰손실수두[m]를 산출하시오.

(2) 낙차수두[m]를 산출하시오.

(3) 배관상 총마찰손실수두[m]를 산출하시오.

(4) 전양정[m]을 산출하시오.

(5) K점에 필요한 압력수의 수압[MPa]을 산출하시오.

해설

(1)

구 간	관 경	유 량	직관 및 등가길이	마찰손실수두
K ~ J	50A	480[L/min] (헤드6개)	직관 : 2[m] 티(직류) 1개×0.6[m]=0.6[m] 리듀서(50×32A) 1개×1.2[m]=1.2[m] 총길이 : 3.8[m]	$3.8[m] \times \frac{47.43[m]}{100[m]}$ $= 1.80[m]$
J ~ C	32A	240[L/min] (헤드3개)	직관 : 2[m]+0.1[m]+1[m]=3.1[m] 엘보(90°) : 2개×1.2=2.4[m] 티(직류) : 1개×0.36[m]=0.36[m] 리듀서(32×25A) 1개×0.72[m]=0.72[m] 총길이 : 6.58[m]	$6.58[m] \times \frac{87.66[m]}{100[m]}$ $= 5.77[m]$
C ~ B	25A	160[L/min] (헤드2개)	직관 : 2[m] 티(직류) : 1개×0.27[m]=0.27[m] 총길이 : 2.27[m]	$2.27[m] \times \frac{150.42[m]}{100[m]}$ $= 3.41[m]$
B ~ A	25A	80[L/min] (헤드1개)	직관 : 2[m]+0.1[m]+0.1[m]+0.3[m]=2.5[m] 엘보(90°) : 3개×0.9[m]=2.7[m] 리듀서(25×15A) : 1개×0.54[m]=0.54[m] 총길이 : 5.74[m]	$5.74[m] \times \frac{39.82[m]}{100[m]}$ $= 2.29[m]$
총마찰손실수두				13.27[m]

(2) $h_1 = 100[mm] + 100[mm] - 300[mm] = -100[mm] = -0.1[m]$

(3) $h_2 = 2.29[m] + 3.41[m] + 5.77[m] + 1.80[m] = 13.27[m]$

(4) $H = h_1 + h_2 + 10[\mathrm{m}]$

$\therefore H = -0.1[\mathrm{m}] + 13.27[\mathrm{m}] + 10[\mathrm{m}] = 23.17[\mathrm{m}]$

(5) $P = \dfrac{23.17[\mathrm{m}]}{10.332[\mathrm{m}]} \times 0.101325[\mathrm{MPa}] = 0.23[\mathrm{MPa}]$

해답 (1) ① 2.29[m] ② 3.41[m] ③ 5.77[m] ④ 1.80[m]
(2) −0.1[m] (3) 13.27[m]
(4) 23.17[m] (5) 0.23[MPa]

08

스프링클러설비의 가지배관 시공 시 배관방식을 토너먼트방식으로 해서는 안 되는 이유와 토너먼트방식으로 설치할 수 있는 소화설비의 종류 4가지를 쓰시오.

득점	배점
	6

해설

토너먼트 배관

(1) **설치해서는 안 되는 이유**

① 수격작용이 발생하기 때문

② 헤드의 방사량과 방사압력을 일정하게 유지하기 어렵기 때문

(2) **설치대상** : 이산화탄소소화설비, 할론소화설비, 할로겐화합물 및 불활성기체소화설비, 분말소화설비

[교차회로방식]
(1) 정의 : 하나의 방호구역 내에 2 이상의 화재감지기 회로를 설치하고 인접한 2 이상의 화재감지기가 동시에 감지되는 때에 소화설비가 작동하여 소화약제가 방출되는 방식
(2) 적용설비
① 준비작동식 스프링클러설비 ② 일제살수식 스프링클러설비
③ 미분무소화설비 ④ 이산화탄소소화설비
⑤ 할론소화설비 ⑥ 할로겐화합물 및 불활성기체소화설비
⑦ 분말소화설비

해답 (1) 설치해서는 안 되는 이유
① 수격작용이 발생하기 때문
② 헤드의 방사량과 방사압력을 일정하게 유지하기 어렵기 때문
(2) 설치할 수 있는 소화설비
① 이산화탄소소화설비 ② 할론소화설비
③ 할로겐화합물 및 불활성기체소화설비 ④ 분말소화설비

09

길이가 800[m]인 배관 속을 2.5[m/s]의 속도로 물이 흐르고 있을 때 출구의 밸브를 1.3초 후에 폐쇄하면 압력상승[kPa]은 얼마가 되겠는가?(단, 수관 속의 유속(a)은 1,000[m/s]이다)

득점	배점
	5

해설

압력상승

$$\Delta P = \frac{9.81au}{g}$$

여기서, ΔP : 상승압력[kPa]　　a : 압력파의 상승속도[m/s]
u : 유속[m/s]　　g : 중력가속도[9.8m/s²]

$$\therefore \ \Delta P = \frac{9.81au}{g} = \frac{9.81 \times 1{,}000[\mathrm{m/s}] \times 2.5[\mathrm{m/s}]}{9.8[\mathrm{m/s^2}]} = 2{,}502.55[\mathrm{kPa}]$$

해답 2,502.55[kPa]

10

할로겐화합물 및 불활성기체 소화설비의 저장용기의 기준에 관한 설명이다. 다음 (　　) 안에 적합한 수치를 쓰시오.

득점	배점
	3

저장용기의 약제량 손실이 (①)[%]를 초과하거나 압력손실이 (②)[%]를 초과할 경우에는 재충전하거나 저장용기를 교체할 것. 다만, 불활성기체 소화약제 저장용기의 경우에는 압력손실이 (③)[%]를 초과할 경우 재충전하거나 저장용기를 교체하여야 한다.

해설

할로겐화합물 및 불활성기체

(1) **용어 정의**(할로겐화합물 및 불활성기체 소화설비의 화재안전기준 제3조)
　① 할로겐화합물 및 불활성기체 : 할로겐화합물(할론 1301, 할론 2402, 할론 1211은 제외) 및 불활성기체로서 전기적으로 비전도성이며, 휘발성이 있거나 증발 후 잔여물을 남기지 않는 소화약제
　② 할로겐화합물 소화약제 : 플루오린, 염소, 브롬 또는 아이오딘 중 하나 이상의 원소를 포함하고 있는 유기화합물을 기본 성분으로 하는 소화약제
　③ 불활성기체 소화약제 : 헬륨, 네온, 아르곤 또는 질소가스 중 하나 이상의 원소를 기본 성분으로 하는 소화약제

(2) 할로겐화합물 및 불활성기체 소화설비를 설치해서는 안 되는 장소(할로겐화합물 및 불활성기체 소화설비의 화재안전기준 제5조)
　① 사람이 상주하는 곳으로서 제7조 제2항의 최대허용설계농도를 초과하는 장소
　② 위험물안전관리법 시행령 [별표 1]의 제3류 위험물 및 제5류 위험물을 사용하는 장소(다만, 소화성능이 인정되는 위험물은 제외한다)

(3) **저장용기 재충전 또는 교체기준**(할로겐화합물 및 불활성기체 소화설비의 화재안전기준 제6조)
　저장용기의 **약제량 손실이 5[%]를 초과**하거나 **압력손실이 10[%]를 초과**할 경우에는 재충전하거나 저장용기를 교체할 것. 다만, **불활성기체 소화약제** 저장용기의 경우에는 **압력손실이 5[%]를 초과**할 경우 재충전하거나 저장용기를 교체하여야 한다.

해답 ① 5
② 10
③ 5

11

수계소화설비에서 펌프의 성능시험인 체절운전시험, 정격운전시험, 최대운전시험을 나타내는 펌프의 성능곡선을 그리시오.

득점	배점
	5

해설

펌프의 성능시험

(1) 성능시험

① 무부하시험(체절운전시험) : 펌프토출측의 주밸브와 성능시험배관의 유량조절밸브를 잠근 상태에서 운전할 경우에 양정이 전격양정의 140[%] 이하인지 확인하는 시험

② 정격부하시험 : 펌프를 기동한 상태에서 유량조절밸브를 개방하여 유량계의 유량이 정격유량 상태(100[%])일 때 토출압력계와 흡입압력계의 차이가 정격압력이상이 되는지 확인하는 시험

③ 피크부하시험(최대운전시험) : 유량조절밸브를 개방하여 정격 토출량의 150[%]로 운전 시 정격토출압력의 65[%] 이상이 되는지 확인하는 시험

(2) 펌프의 성능곡선

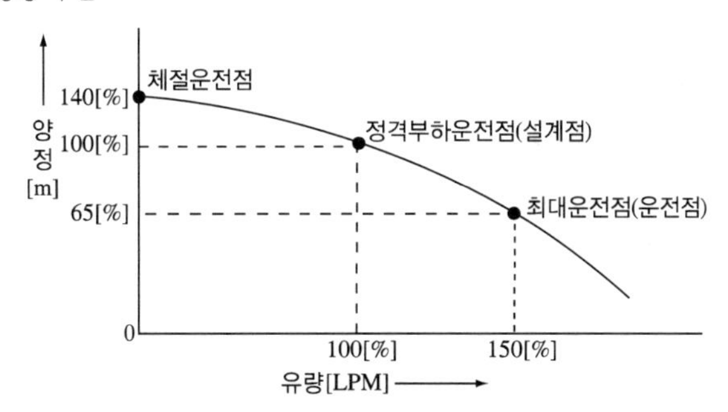

(3) 체절압력의 정의 : 펌프토출측의 배관이 모두 잠긴 상태에서, 즉 물이 전혀 방출되지 않고 펌프가 계속 작동되어 압력이 최상한점에 도달하여 더 이상 올라갈 수 없는 상태에서 Pump가 공회전할 때의 압력

해답 펌프의 성능곡선

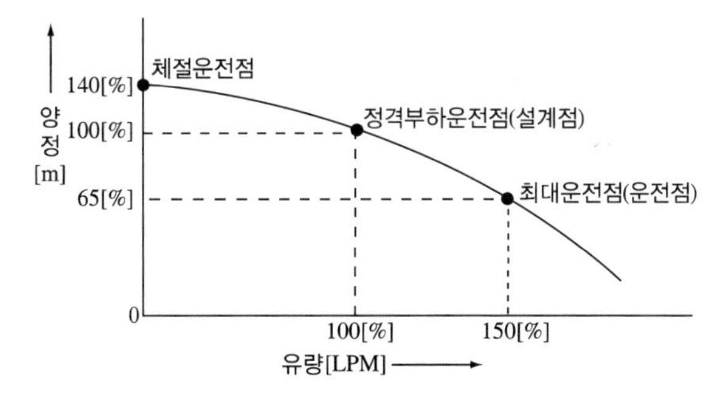

12

다음은 저압식 이산화탄소소화설비 계통도이다. 항상 닫혀 있는 밸브와 열려있는 밸브의 번호를 열거하시오.

득점	배점
	5

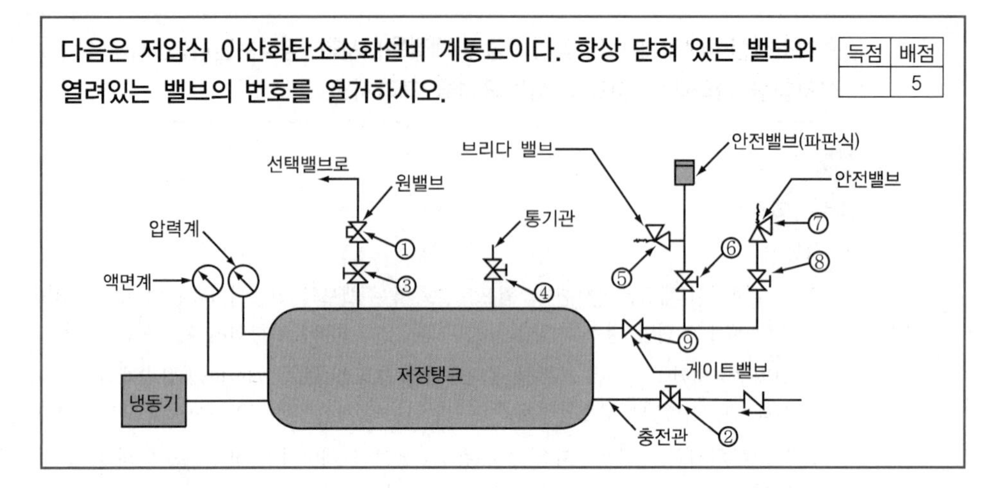

해설

① 약제방출 시에만 개방
② 개폐밸브는 충전 시에만 개방
④ 약제저장 탱크 공기 유통 시에 사용개방
⑤, ⑦ 과압 발생 시에만 개방

해답 (1) 항상 닫혀있는 밸브 : ① ② ④ ⑤ ⑦
(2) 항상 열려있는 밸브 : ③ ⑥ ⑧ ⑨

13

다음 도면 중 Ⓐ, Ⓑ, Ⓒ, Ⓓ의 배관명칭을 쓰시오.

득점	배점
	4

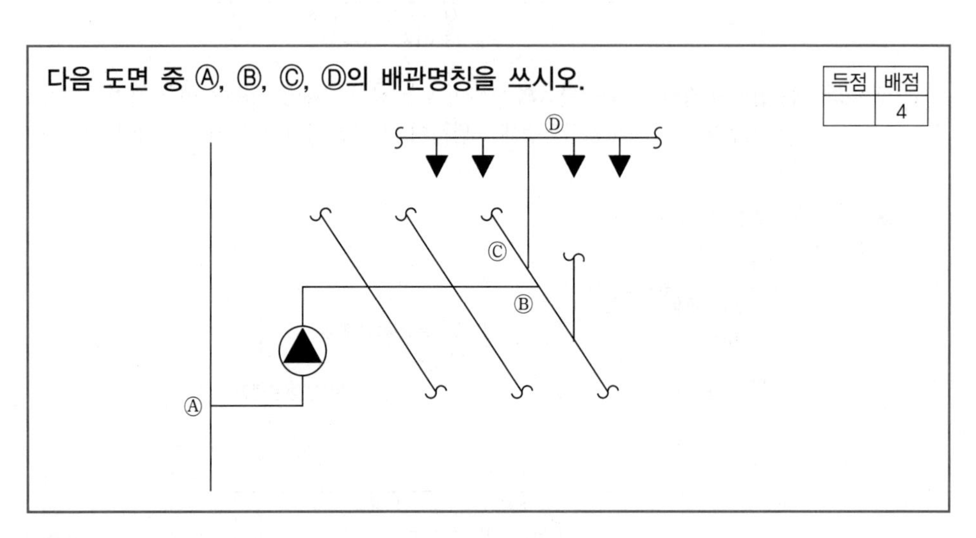

해설

배관의 종류 및 설치기준

- 주배관 : 각 층을 수직으로 관통하는 수직배관
- 가지배관 : 헤드에 직접 설치되는 배관
  - 토너먼트방식이 아닐 것
  - 한쪽 가지배관에 설치되는 헤드의 개수는 8개 이하로 할 것
  - 기울기는 헤드를 향하여 $\frac{1}{250}$ 이상으로 할 것

• 급수배관 : 수원 또는 송수구로부터 헤드로 급수하는 배관
 - 전용으로 할 것
 - 급수를 차단할 수 있는 개폐밸브는 개폐표시형으로 할 것
• 교차배관 : 수직배관을 통하여 가지배관에 연결되는 배관
 - 교차배관은 가지배관과 수평으로 설치하거나 또는 가지배관 밑에 설치하고 최소 구경은 40[mm] 이상이 되도록 할 것
 - 청소구는 교차배관 끝에 개폐밸브를 설치하고 호스접결이 가능한 나사식 또는 고정배수 배관식으로 할 것
 - 하향식 헤드를 설치하는 경우에 가지배관으로부터 헤드에 이르는 헤드접속배관은 가지관 상부에서 분기할 것
• 수평주행배관 : 교차배관을 설치하는 주배관
 - 교차배관 밑에 설치할 것
 - 헤드를 향하여 상향으로 기울기는 $\frac{1}{500}$ 이상으로 할 것
• 수직배수배관 : 유수검지장치의 배수를 위하여 수직으로 설치하는 배관으로 구경은 50[mm] 이상이다.

해답 Ⓐ 주배관 Ⓑ 수평주행배관
Ⓒ 교차배관 Ⓓ 가지배관

14

스프링클러설비에 설치하는 기동용수압개폐장치인 압력체임버의 역할과 압력체임버에 설치되는 안전밸브의 작동범위를 쓰시오.

득점	배점
	5

(1) 압력체임버의 역할 :
(2) 압력체임버에 설치하는 안전밸브의 작동압력범위 :

해설

압력체임버

(1) **기동용 수압개폐장치(압력체임버)의 기능**

펌프의 2차측 게이트밸브에서 분기하여 전 배관 내의 압력을 감지하고 있다가 배관 내의 압력이 떨어지면 압력스위치가 작동하여 충압펌프(Jocky Pump, 보조펌프) 또는 주펌프를 자동 기동 및 정지시키기 위하여 설치한다(주펌프는 수동정지).

(2) **압력체임버의 기능**(기동용수압개폐장치의 형식승인 및 제품검사기술기준 제10조)

① 압력체임버의 압력스위치는 용기 내의 압력이 작동압력이 되는 경우와 중지압력이 되는 경우에 즉시 작동 및 정지되어야 한다.

② **압력체임버의 안전밸브**는 **호칭압력과 호칭압력의 1.3배의 압력범위** 내에서 작동되어야 한다.

해답 (1) 배관 내의 압력 저하 시 충압펌프와 주펌프의 자동기동 및 충압펌프의 자동정지(주펌프는 2006년 12월 30일 이후에는 수동정지)
(2) 호칭압력과 호칭압력의 1.3배의 압력범위

15

지하 2층이고 지상 3층인 특정소방대상물의 각 층의 바닥면적은 1,500[m²]일 때 소화기를 몇 개 비치하여야 하는가?(단, 주요구조부가 내화구조가 아니고 소화기의 능력단위는 3단위이다)

득점	배점
	8

(1) 지하 2층 : 보일러실 100[m²]이다.
(2) 지하 1층, 지하 2층 : 주차장이다.
(3) 지상 1층에서 지상 3층 : 업무시설이다.

해설

소화기 개수 산출

(1) **소방대상물별 소화기구의 능력단위기준**

특정소방대상물	소화기구의 능력단위
위락시설	해당 용도의 바닥면적 30[m²]마다 능력단위 1단위 이상
공연장・집회장・관람장・문화재・장례식장 및 의료시설	해당 용도의 바닥면적 50[m²]마다 능력단위 1단위 이상
근린생활시설・판매시설・운수시설・숙박시설・노유자시설・전시장・공동주택・**업무시설**・방송통신시설・공장・창고・**항공기 및 자동차관련시설** 및 관광휴게시설	해당 용도의 **바닥면적 100[m²]마다** 능력단위 1단위 이상
그 밖의 것	해당 용도의 **바닥면적 200[m²]마다** 능력단위 1단위 이상

(주) 소화기구의 능력단위를 산출함에 있어서 **건축물의 주요구조부가 내화구조**이고, 벽 및 반자의 실내에 면하는 부분이 불연재료・준불연재료 또는 난연재료로 된 특정소방대상물에 있어서는 위 표의 **기준면적의 2배**를 당해 특정소방대상물의 기준면적으로 한다.

(2) **부속용도별로 추가하여야 할 소화기구**
보일러실, 건조실, 세탁소, 대량화기취급소, 음식점, 다중이용업소, 기숙사, 노유자시설, 의료시설, 업무시설 등 해당 **용도의 바닥면적 25[m²]마다 능력단위 1단위 이상의 소화기로** 하고, 그 외에 **자동확산소화기**를 바닥면적 10[m²] 이하는 1개, 10[m²] 초과는 2개를 설치할 것

[풀이]

(1) **지하 2층**

주차장(항공기 및 자동차관련시설)

① $\text{주차장} = \dfrac{1{,}500[\text{m}^2]}{100[\text{m}^2]} = 15\text{단위}$, $\text{소화기 개수} = \dfrac{15\text{단위}}{3\text{단위}} = 5\text{개}$

② $\text{보일러실} = \dfrac{100[\text{m}^2]}{25[\text{m}^2]} = 4\text{단위}$, $\text{소화기 개수} = \dfrac{4\text{단위}}{3\text{단위}} = 1.33 \rightarrow 2\text{개}$

∴ 총 개수 소화기 = 주차장 + 보일러실 = 5 + 2 = 7개

(2) **지하 1층**

$\text{주차장} = \dfrac{1{,}500[\text{m}^2]}{100[\text{m}^2]} = 15\text{단위}$, $\text{소화기 개수} = \dfrac{15\text{단위}}{3\text{단위}} = 5\text{개}$

(3) **지상 1층에서 지상 3층**

업무시설 = $\frac{1,500[m^2]}{100[m^2]}$ = 15단위, 소화기 개수 = $\frac{15단위}{3단위}$ = 5개

∴ 지상 1층에서 3층이므로 3개층 × 5 = 15개

(4) **총 소화기의 개수**

5개(지하 2층 주차장) + 2개(보일러실) + 5개(지하 1층) +15개(지상층) = 27개

해답 27개

16

옥외소화전설비에서 노즐선단의 방수압력이 0.4[MPa]이었다면 방수량은 몇 [LPM]이 되겠는가?

득점	배점
	4

해설

방수량

$$Q = 0.6597\, CD^2 \sqrt{10P}$$

여기서, Q : 유량[L/min] C : 유량계수

D^2 : 노즐직경(19[mm]) P : 방사압[MPa]

$\therefore Q = 0.6597 \times (19[mm])^2 \times \sqrt{10 \times 0.4[MPa]} = 476.30[L/min]$(LPM)

※ 옥내소화전설비의 노즐직경은 약 13[mm], 옥외소화전설비의 노즐직경은 19[mm]이다.

해답 476.30[LPM]

제 2 회 2016년 6월 25일 시행

※ 다음 물음에 대한 답을 해당 답란에 답하시오.(배점 : 100)

01

물계통의 소화설비에서 수원의 수위가 펌프보다 낮은 위치에 있는 가압송수장치에는 물올림장치를 설치한다. 설치기준을 3가지만 쓰시오.

득점	배점
	5

해설

물올림장치의 설치기준

(1) 물올림장치에는 전용의 탱크를 설치할 것

(2) 탱크의 유효수량은 100[L] 이상으로 하되, 구경 15[mm] 이상의 급수배관에 따라 해당 탱크에 물이 계속 보급되도록 할 것

해답 (1) 물올림장치에는 전용의 탱크를 설치할 것
(2) 탱크의 유효수량은 100[L] 이상으로 할 것
(3) 구경 15[mm] 이상의 급수배관에 따라 탱크에 물이 계속 보급되도록 할 것

02

방호구역의 체적이 500[m^3]인 소방대상물에 이산화탄소소화설비를 설치하였다. 이곳에 CO_2 100[kg]을 방사하였을 때 CO_2의 농도[%]를 구하시오(단, 실내압력은 121.59[kPa], 실내온도는 25[℃]이다).

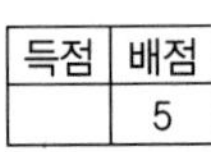

득점	배점
	5

해설

• 이상기체상태방정식으로 체적을 구하여 농도를 구한다.

$$PV = nRT = \frac{W}{M}RT \qquad V = \frac{WRT}{PM}$$

여기서, P : 압력$\left(\frac{121.59[\text{kPa}]}{101.325[\text{kPa}]}\times 1[\text{atm}] = 1.2[\text{atm}]\right)$

V : 체적[m^3]

W : 무게[kg]

M : 분자량

R : 기체상수(0.08205[atm·m^3/kg-mol·K]

T : 절대온도(273+[℃])

$$\therefore V = \frac{100[\text{kg}]\times 0.08205[\text{atm}\cdot\text{m}^3/\text{kg}-\text{mol}\cdot\text{K}]\times(273+25)[\text{K}]}{1.2[\text{atm}]\times 44} = 46.31[\text{m}^3]$$

· 이산화탄소의 농도를 구하면

$$CO_2 \text{농도}[\%] = \frac{\text{약제방출체적}[m^3]}{\text{방호구역체적}[m^3] + \text{약제방출체적}[m^3]} \times 100$$

$$= \frac{46.31[m^3]}{500[m^3] + 46.31[m^3]} \times 100 = 8.48[\%]$$

해답 8.48[%]

03

관로를 유동하는 물의 유속을 측정하고자 그림과 같은 장치를 설치하였다. U자 관의 읽음이 20[cm]일 때 유속은 몇 [m/s]인지 구하시오(단, 수은의 비중은 13.6, 속도계수는 1로 한다).

득점	배점
	5

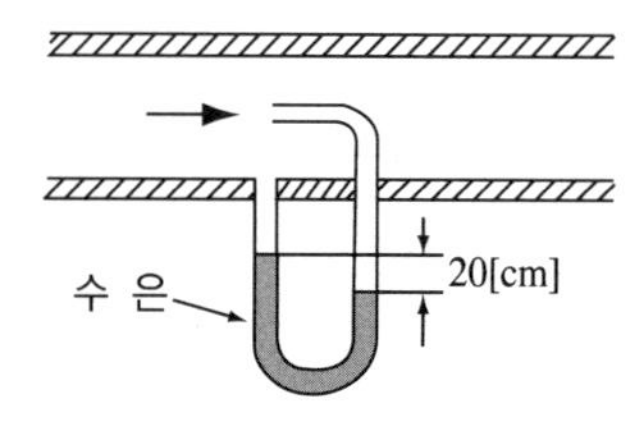

해설

유 속

$$u = c\sqrt{2\,g\,H\left(\frac{\gamma_s - \gamma}{\gamma}\right)}$$

여기서, c : 유량계수
g : 중력가속도(9.8[m/s])
H : 높이차(0.2[m])
γ_s : 수은의 비중량(13,600[kg$_f$/m^3])
γ : 물의 비중량(1,000[kg$_f$/m^3])

$$\therefore\ u = \sqrt{2 \times 9.8[m/s^2] \times 0.2[m] \times \left(\frac{13{,}600 - 1{,}000}{1{,}000}\right)} = 7.028[m/s]$$

해답 7.03[m/s]

04

아래 그림은 어느 거실에 대한 급기 및 배출풍도와 급기 및 배출 FAN을 나타내고 있는 평면도이다. 동일실 제연과 인접구역 상호 제연 시 댐퍼의 개방 및 폐쇄여부를 작성하시오[단, 각각의 괄호에 개방(혹은 열림) 또는 폐쇄(혹은 닫힘), ⊘ 표기는 댐퍼를 뜻함]

득점	배점
	10

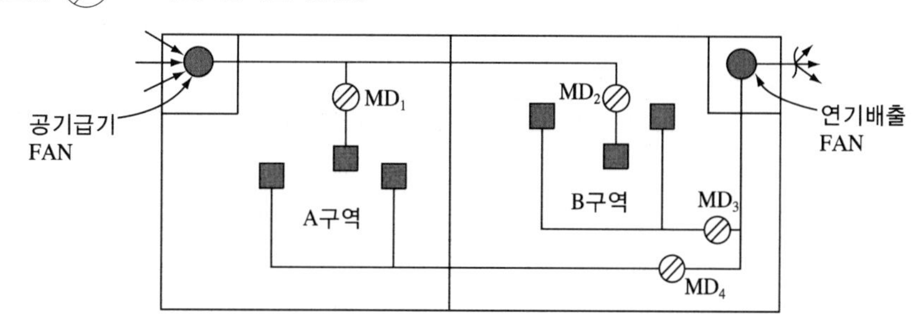

물 음

(1) 동일실 제연방식의 경우 간단히 서술하시오.

제연구역	급기댐퍼	배기댐퍼
A구역 화재 시	MD_1 (　)	MD_4 (　)
	MD_2 (　)	MD_3 (　)
B구역 화재 시	MD_2 (　)	MD_3 (　)
	MD_1 (　)	MD_4 (　)

(2) 인접구역 상호제연방식의 경우 간단히 서술하시오.

제연구역	급기댐퍼	배기댐퍼
A구역 화재 시	MD_2 (　)	MD_4 (　)
	MD_1 (　)	MD_3 (　)
B구역 화재 시	MD_1 (　)	MD_3 (　)
	MD_2 (　)	MD_4 (　)

해설

- 동일실 제연방식
  - 방식 : 화재실에 급기와 배기를 동시에 실시하는 방식
  - 댐퍼의 상태 : 화재실에는 급기와 배기를 동시에 실시하고 인접구역에는 급기와 배기를 폐쇄한다.

제연구역	급기댐퍼	배기댐퍼
A구역 화재 시	MD_1 열림	MD_4 열림
	MD_2 닫힘	MD_3 닫힘
B구역 화재 시	MD_2 열림	MD_3 열림
	MD_1 닫힘	MD_4 닫힘

- 인접구역 상호제연방식
  - 방식 : 화재실에는 배기(연기를 배출)하고 인접구역에는 급기를 실시하는 방식
  - 댐퍼의 상태 : A구역의 화재 시 화재구역인 **MD_4가 열려 연기를 배출하고 인접구역인 B구역의 MD_2가 열려 급기를 한다.**

제연구역	급기댐퍼	배기댐퍼
A구역 화재 시	**MD_2 열림**	**MD_4 열림**
	MD_1 닫힘	MD_3 닫힘
B구역 화재 시	MD_1 열림	MD_3 열림
	MD_2 닫힘	MD_4 닫힘

해답 (1) 동일실 제연방식

제연구역	급기댐퍼	배기댐퍼
A구역 화재 시	MD_1 열림	MD_4 열림
	MD_2 닫힘	MD_3 닫힘
B구역 화재 시	MD_2 열림	MD_3 열림
	MD_1 닫힘	MD_4 닫힘

(2) 인접구역 상호제연방식

제연구역	급기댐퍼	배기댐퍼
A구역 화재 시	MD_2 열림	MD_4 열림
	MD_1 닫힘	MD_3 닫힘
B구역 화재 시	MD_1 열림	MD_3 열림
	MD_2 닫힘	MD_4 닫힘

05

다음 조건을 참조하여 펌프의 NPSH(유효흡입양정)을 계산하고, 캐비테이션의 발생유무를 쓰시오.

득점	배점
	6

조 건

- 흡입수두 : 3[m]
- 물의 포화증기압 : 2.33[kPa]
- 흡입배관 마찰손실수두 : 3.5[kPa]
- $NPSH_{re}$: 5
- 수조가 펌프보다 낮은 경우이다.

해설

- 유효흡입양정[부압수조방식(수조가 펌프보다 낮은 경우, 흡입일 때)]

$$NPSH_{av} = H_a - H_P - H_L - H_s$$

여기서, H_a = 대기압두(10.332[m])

H_p = 포화증기압두$\left(\frac{2.33[kPa]}{101.325[kPa]} \times 10.332[m] = 0.238[m]\right)$

H_L = 흡입관 내 마찰손실수두$\left(\frac{3.5[kPa]}{101.325[kPa]} \times 10.332[m] = 0.357[m]\right)$

H_s = 흡입수두(3[m])

$\therefore NPSH_{av} = H_a - H_P - H_L - H_s = 10.332[m] - 0.238[m] - 0.357[m] - 3[m] = 6.737[m]$

[$NPSH_{av}$와 $NPSH_{re}$의 관계식]

㉠ 설계조건 : $NPSH_{av} \geqq NPSH_{re} \times 1.3$

㉡ 공동현상이 발생하는 조건 : $NPSH_{av} < NPSH_{re}$

㉢ 공동현상이 발생되지 않는 조건 : $NPSH_{av} > NPSH_{re}$

- 공동현상이 발생되지 않는 조건

$= NPSH_{av} > NPSH_{re} = 6.737[m] > 5[m]$이므로 **공동현상이 발생하지 않는다.**

해답 (1) 6.74[m]

(2) 공동현상이 발생하지 않는다.

06

> **배관 내의 유체온도 및 외부온도의 변화에 따라 배관이 팽창 또는 수축하므로 배관, 기구의 파손이나 굽힘을 방지하기 위하여 배관 도중에 신축이음을 사용한다. 이때 사용되는 신축이음의 종류 5가지를 쓰시오.**

득점	배점
	5

해설

신축이음(Expansion Joint)

(1) **정의** : 배관의 온도, 압력변화에 따라 일어나는 팽창, 수축을 흡수하여 배관 및 장치를 보호하는 기구이다.

(2) **설치목적**
- ① 배관의 파손방지
- ② 배관의 신축흡수
- ③ 기기의 보호

(3) **종 류**
- ① **루프형(Loop Type)** : 배관을 Loop형으로 굽혀서 신축, 흡수하는 형태로서 고온, 고압에 적당하고 설치공간이 크다.
- ② **스위블형(Swivel Type)** : 2개 이상의 엘보를 사용하여 나사회전에 의하여 신축, 흡수하는 형태로서 신축흡수량이 작고 굴곡부에서 압력이 강하하며, 시공비가 저렴하다.
- ③ **슬리브형(Sleeve Type)** : 슬리브의 슬라이딩에 의하여 신축, 흡수하는 형태로서 신축흡수량이 크고 설치공간이 작으며, 설치 시 패킹마모에 주의하여야 한다.
- ④ **벨로스형(Bellows Type)** : 관의 내·외부 영향이 벨로스(주름관)의 신축에 따라서 흡수되는 방식으로 누수가 없고 중·저압에 적당하다.
- ⑤ **볼조인트형(Ball Joint Type)** : 배관에 관절과 같은 볼이 자유롭게 움직일 수 있도록 조인트를 설치해서 관의 내·외부의 영향을 흡수하는 방식

해답

(1) 루프형
(2) 스위블형
(3) 슬리브형
(4) 벨로스형
(5) 볼조인트형

07

> **소방대상물에 스프링클러설비를 설치하는 경우 적용대상에 따라 개방형 헤드 또는 폐쇄형 헤드를 설치한다. 폐쇄형 헤드 설치 시 유수검지장치에서 가장 먼 가지배관 끝부분에 설비의 작동상태를 확인할 수 있는 장치를 설치한다. 장치에 대한 다음 각 물음에 답하시오.**
>
> **물 음**
>
> (1) 장치의 명칭
> (2) 장치의 구성요소
> (3) 장치의 설치목적

득점	배점
	6

해설

시험장치

(1) 설치기준

① 유수검지장치에서 가장 먼 가지배관의 끝으로부터 연결하여 설치할 것

② 시험장치 배관의 구경은 유수검지장치에서 가장 먼 가지배관의 구경과 동일한 구경으로 하고, 그 끝에 개방형헤드를 설치할 것. 이 경우 개방형헤드는 반사판 및 프레임을 제거한 오리피스만으로 설치할 수 있다(**압력계는 법적으로 설치기준이 아니다**).

③ 시험배관의 끝에는 물받이통 및 배수관을 설치하여 시험 중 방사된 물이 바닥에 흘러내리지 아니하도록 할 것(예외 : 목욕실·화장실 또는 그 밖의 곳으로서 배수처리가 쉬운 장소)

(2) 설치 목적

헤드를 개방하지 않고 다음의 작동상태를 확인하기 위하여 설치한다.

① 유수검지장치의 기능이 작동되는지를 확인

② 수신반의 화재표시등 점등 및 경보가 작동되는지를 확인

③ 해당 방호구역의 음향경보장치가 작동되는지를 확인

④ 기동용수압개폐장치(압력체임버)의 작동으로 펌프가 작동되는지를 확인

(3) 시험밸브 작동 시 확인사항

① 수신반의 확인사항

㉠ 화재표시등 점등 확인

㉡ 수신반의 경보(버저) 작동 확인

㉢ 알람밸브 작동표시등 점등 확인

② 펌프 자동기동 여부확인

③ 해당구역의 경보(사이렌) 작동확인

시험장치 설치 : 습식유수검지장치, 건식유수검지장치, 부압식스프링클러설비

해답 (1) 시험장치

(2) 개폐밸브, 반사판 및 프레임을 제거한 개방형헤드

(3) 시험밸브를 개방하여 유수검지장치의 작동과 기동용수압개폐장치의 작동으로 펌프가 자동기동여부 확인

08

다음의 조건을 참조하여 제연설비에 대한 각 물음에 답하시오.

득점	배점
	10

조 건

- 거실 바닥면적은 390[m^2]이고 경유 거실이다.
- Duct의 길이는 80[m]이고, Duct 저항은 0.2[mmAq/m]이다.
- 배출구 저항은 8[mmAq], 그릴 저항은 3[mmAq], 부속류 저항은 덕트 저항의 50[%]로 한다.
- 송풍기는 Sirocco Fan을 선정하고 효율은 50[%]로 하고 전동기 전달계수 K = 1.1이다.

물 음

(1) 예상제연구역에 필요한 배출량[m^3/h]은 얼마인가?
(2) 송풍기에 필요한 전압[mmAq]은 얼마인가?
(3) 송풍기의 전동기 동력[kW]은 얼마인가?
(4) 바닥면적 100[m^2] 미만의 거실에서 최저배출량은 5,000[m^3/h] 이상으로 규정하고 있다. 그 이유를 설명하시오.
(5) 다익(Multiblade)형 Fan의 특징 2가지를 쓰시오.

해설

(1) 배풍량

400[m^2] 미만이고 1[m^2]당 1[m^3/min]의 배출량이 소요, 경유 거실이므로 1.5배 가산하여야 하므로

Q= 바닥면적[m^2] × 1[$m^3/m^2 \cdot$ min] × 60[min] × 1.5

= 390[m^2] × 1[$m^3/m^2 \cdot$ min] × 60[min] × 1.5 = 35,100[m^3/h]

CMH = [m^3/h], CMM = [m^3/min], CMS = [m^3/s]

(2) 전 압

P_T = 덕트 길이에 따른 손실압 + 배출구저항손실압 + 그릴저항손실압 + 관부속류의 덕트저항

= 80[m] × 0.2[mmAq/m] + 8[mmAq] + 3[mmAq] + (80[m] × 0.2[mmAq/m]) × 0.5

= 35[mmAq]

(3) 전동기의 동력

$$P[\text{kW}] = \frac{Q \times P_T}{102\eta} \times K$$

여기서, P : 동력[kW]
Q : 풍량[m^3/s]
P_T : 전압[mmAq]
η : 효 율
K : 전달계수

$$\therefore\ P = \frac{35,100[\text{m}^3]/3,600[\text{s}] \times 35[\text{mmAq}]}{102 \times 0.5} \times 1.1 = 7.36[\text{kW}]$$

(4) 별도 구획된 거실의 경우 400[m^2] 미만이라도 거실의 연기의 농도나 확산을 저하시킬 수 있기 때문에 최저 배출량 5,000[m^3/h] 이상으로 배출하도록 규정하고 있다.

(5) 다익팬의 특징
① 비교적 큰 풍량을 얻을 수 있다.
② 설치공간이 적다.
③ 깃의 설치각도가 90°보다 크다.
④ 풍량에 따른 풍압의 변화가 적다.

해답

(1) 35,100[m^3/h]
(2) 35[mmAq]
(3) 7.36[kW]
(4) 거실의 연기의 농도나 확산을 저하시킬 수 있기 때문에
(5) ① 풍량이 크다.
② 설치공간이 적다.
③ 풍량에 따른 풍압의 변화가 작다.

09

아래 도면은 준비작동식 스프링클러설비의 계통도를 나타낸 것이다. 화재 발생 시 수신반, 감지기, 압력스위치, 전자밸브, 준비작동밸브 등 상호 간의 작동 연계성(Operation Sequence)을 간단히 쓰시오.

득점	배점
	5

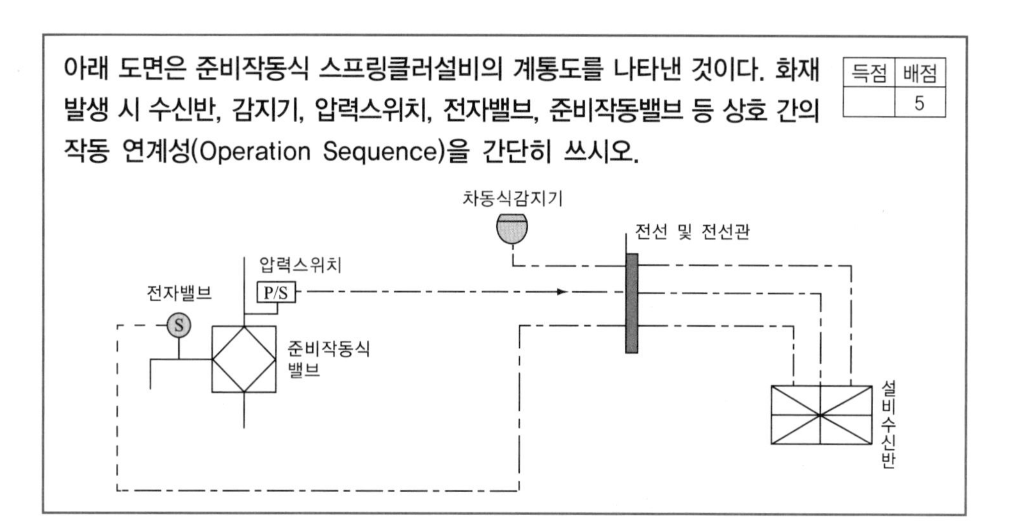

해설

준비작동식 스프링클러설비의 작동원리

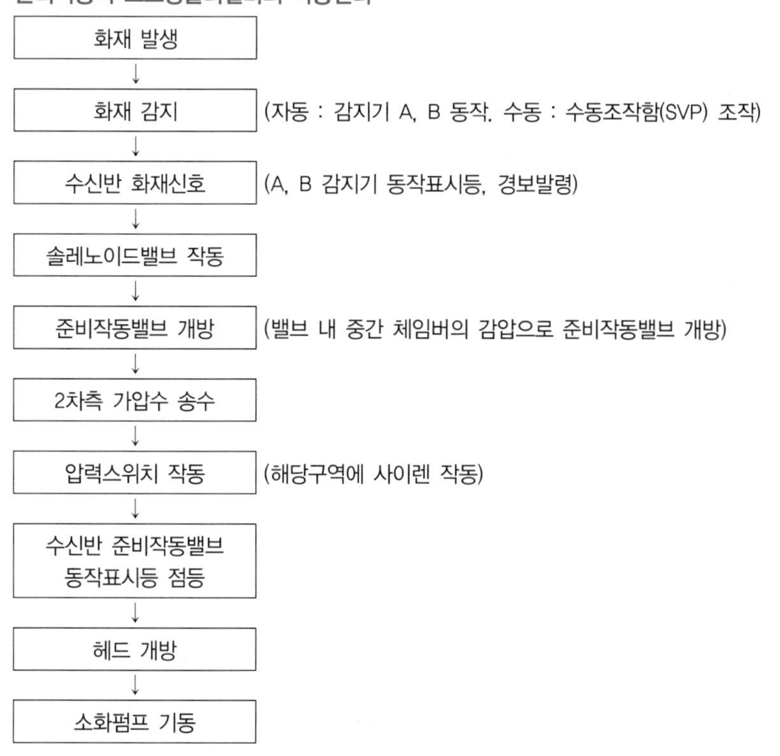

해답 화재 발생 → 감지기 A, B 작동 → 수신반에 화재통보 → 경종 작동 → 솔레노이드밸브(전자밸브) → 준비작동밸브 개방 → 압력스위치 작동 → 수신반 준비작동식 밸브동작 표시등 점등 → 소화펌프 기동

10

배관방식 중 토너먼트 배관방식을 일반적으로 적용하기 유리한 소화설비의 종류 4가지를 쓰시오.

득점	배점
	4

해설

토너먼트 배관
- 목적 : 헤드의 방사량과 방사압력을 일정하게 유지하기 위하여
- 설치대상 : 이산화탄소소화설비, 할론소화설비, 할로겐화합물 및 불활성기체소화설비, 분말소화설비

[교차회로방식]
(1) 정의 : 하나의 방호구역 내에 2 이상의 화재감지기 회로를 설치하고 인접한 2 이상의 화재감지기가 동시에 감지되는 때에 소화설비가 작동하여 소화약제가 방출되는 방식
(2) 적용설비
① 준비작동식 스프링클러설비
② 일제살수식 스프링클러설비
③ 미분무소화설비
④ 이산화탄소소화설비
⑤ 할론소화설비
⑥ 할로겐화합물 및 불활성기체소화설비
⑦ 분말소화설비

해답
(1) 이산화탄소소화설비
(2) 할론소화설비
(3) 할로겐화합물 및 불활성기체소화설비
(4) 분말소화설비

11

다음의 표는 분말소화설비에 관한 것이다. 빈칸에 적당한 답을 쓰시오.

득점	배점
	8

종 별	주성분	기 타		
1종		안전밸브 작동압력	가압식	
2종			축압식	
3종		충전비		
4종		가압용 가스용기를 3병 이상 설치한 경우 전자개방밸브 수		

해답

종 별	주성분	기 타		
1종	탄산수소나트륨	안전밸브 작동압력	가압식	최고사용압력의 1.8배 이하
2종	탄산수소칼륨		축압식	내압시험압력의 0.8배 이하
3종	인산암모늄	충전비		0.8 이상
4종	탄산수소칼륨+요소	가압용 가스용기를 3병 이상 설치한 경우 전자개방밸브 수		2병

12

지상 18층의 아파트에 스프링클러설비를 화재안전기준과 다음 조건에 따라 설계하려고 한다. 다음 각 물음에 답하시오.

득점	배점
	7

조 건

- 전양정은 76[m]이다.
- 펌프의 효율은 65[%]이다.
- 모든 규격치는 최소량을 적용한다.
- 옥상수조는 없는 건축물이다.

물 음

(1) 펌프의 최소유량[L/min]을 산정하시오.
(2) 수원의 최소유효저수량[m^3]은 얼마인가?
(3) 펌프의 축동력[kW]을 계산하시오.
(4) 옥상수조를 철거할 경우 추가되는 설비를 쓰시오.

해설

(1) 펌프의 최소유량

$$Q = N \times 80[\text{L/min}]$$

여기서, N : 헤드 수(아파트 : 10개)

$\therefore\ Q = 10\text{개} \times 80[\text{L/min}] = 800[\text{L/min}]$

(2) 저수량

$$Q = N \times 1.6[\text{m}^3]$$

$\therefore\ Q = 10 \times 1.6[\text{m}^3] = 16[\text{m}^3]$

(3) 펌프의 축동력

$$P[\text{kW}] = \frac{\gamma \times Q \times H}{102 \times \eta}$$

여기서, γ : 비중량(1,000[kg_f/m^3]) Q : 유량(800[L/min]=0.8[m^3]/60[s])
H : 전양정[m] η : 효 율

$$\therefore\ P[\text{kW}] = \frac{1{,}000[\text{kg}_f/\text{m}^3] \times (0.8[\text{m}^3]/60[\text{s}]) \times 76[\text{m}]}{102 \times 0.65} = 15.28[\text{kW}]$$

(4) 옥상수조를 철거할 경우
① 주펌프와 동등 이상의 성능이 있는 별도의 펌프로서 내연기관의 기동과 연동하여 작동되거나 비상전원을 연결하여 설치한 예비펌프
② 자가발전설비 또는 축전지설비에 따른 예비전원

해답
(1) 800[L/min]
(2) 16[m^3]
(3) 15.28[kW]
(4) ① 주펌프와 동등 이상의 성능을 가진 엔진펌프(내연기관의 의한 펌프) 설치
② 옥상수조의 원래 목적인 펌프고장과 정전의 경우를 대비하여 비상전원인 발전기에 연결된 펌프 설치

13

다음과 같은 조건이 주어질 때 할론 1301의 소화설비를 설계하는 데 필요한 다음 각 물음에 답하시오.

득점	배점
	10

조 건

- 약제소요량 120[kg](출입구 자동폐쇄장치 설치)
- 초기 압력강하 1.6[MPa]
- 고저에 의한 압력손실 0.04[MPa]
- A, B 간의 마찰저항에 의한 압력손실 0.04[MPa]
- B−C, B−D 간의 각 압력손실 0.02[MPa]
- 약제 저장압력 4.2[MPa]
- 작동 30초 이내에 약제 전량이 방출

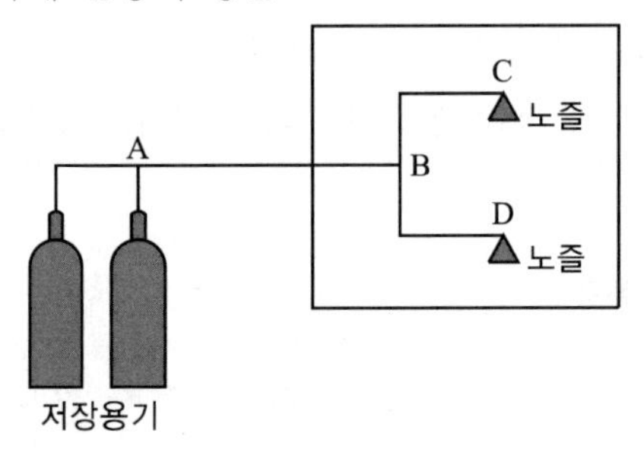

물 음

(1) 소화설비가 작동하였을 때 A−B 간의 배관 내를 흐르는 유량[kg/s]은 얼마인가?

(2) B−C 간 약제의 유량[kg/s]은 얼마인가?(단, B−D 간 약제의 유량과 같다)

(3) C점 노즐에서 방출되는 약제의 압력[MPa]은 얼마인가?

(4) 노즐 1개의 방사량[kg/개]은 얼마인가?

(5) C점 노즐에서의 방출량이 2.5[kg/s·cm^2]이면 헤드의 등가분구면적[cm^2]은 얼마인가?

해설

(1) A−B 간의 배관 내를 흐르는 유량

∴ 유량 = 120[kg] ÷ 30[s] = 4[kg/s]

> 화재안전기준에서 할론약제의 방출시간은 10초이지만 조건에서 30초로 주어짐

(2) B−C 간 약제의 유량

토너먼트배관으로 마찰손실이 B~C와 B~D로 2개로 나누어지므로

∴ 유량 = 4[kg/s] ÷ 2 = 2[kg/s]

(3) P=초기 저장압력−초기 압력강하−고저에 의한 압력손실−A, B 구간의 마찰저항에 의한 마찰손실−(B~C 또는 B~D 간의 각 압력손실)

= 4.2[MPa] − 1.6[MPa] − 0.04[MPa] − 0.04[MPa] − 0.02[MPa] = 2.5[MPa]

(4) 노즐 1개의 방사량

약제 소요량 120[kg], 노즐 2개로 방사하므로

∴ 120[kg]/2개=60[kg/개]

(5) 헤드의 등가분구면적$=\dfrac{2[\text{kg/s}]}{2.5[\text{kg/s}\cdot\text{cm}^2]}=0.8[\text{cm}^2]$

해답 (1) 4[kg/s]
(2) 2[kg/s]
(3) 2.5[MPa]
(4) 60[kg/개]
(5) 0.8[cm^2]

14

체적이 600[m^3]인 밀폐된 통신기기실에 설계농도 5[%]의 할론 1301 소화설비를 전역방출방식으로 적용하였다. 68[L]의 내용적을 가진 축압식 저장용기 수를 3병으로 할 경우 저장용기의 충전비는 얼마인가?

득점	배점
	5

해설

(1) 약제량을 구하면

약제저장량[kg] = 방호구역체적[m^3]×소요약제량[kg/m^3] = 600[m^3]×0.32[kg/m^3] = 192[kg]

[전역방출방식의 할론 필요가스량]

소방대상물	소화약제	필요가스량	가산량 (자동폐쇄장치 미설치 시)
차고, 주차장, 전기실, 통신기기실, 전산실 등	할론 1301	0.32[kg/m^3]	2.4[kg/m^2]

(2) 충전비

$$충전비 = \frac{용기체적[L]}{약제저장량[kg]}$$

문제에서 용기체적이 68[L]이고, 3병에 저장해야 하므로

192[kg]/3병 = 64[kg]/병

$$\therefore 충전비 = \frac{68[L]}{64[kg]} = 1.060$$

해답 1.06

15

다음 그림은 어느 실의 평면도이다. 이 실들중 A실을 급기 가압하고자 한다. 주어진 조건을 이용하여 A실에 유입시켜야 할 풍량은 몇 [m³/s]가 되는지 산출하시오.

득점	배점
	9

조 건

- 실외부 대기의 기압은 절대압력으로 101,300[Pa]로서 일정하다.
- A실에 유지하고자 하는 기압은 절대압력으로 101,400[Pa]이다.
- 각 실의 문(Door)들의 틈새면적은 0.01[m²]이다.
- 어느 실을 급기 가압할 때 그 실의 문의 틈새를 통하여 누출되는 공기의 양은 다음의 식을 따른다.

$$Q = 0.827AP^{\frac{1}{2}}$$

여기서, Q = 누출되는 공기의 양[m³/s]
A = 문의 틈새면적[m²]
P =문을 경계로 한 실내외 기압차[Pa]

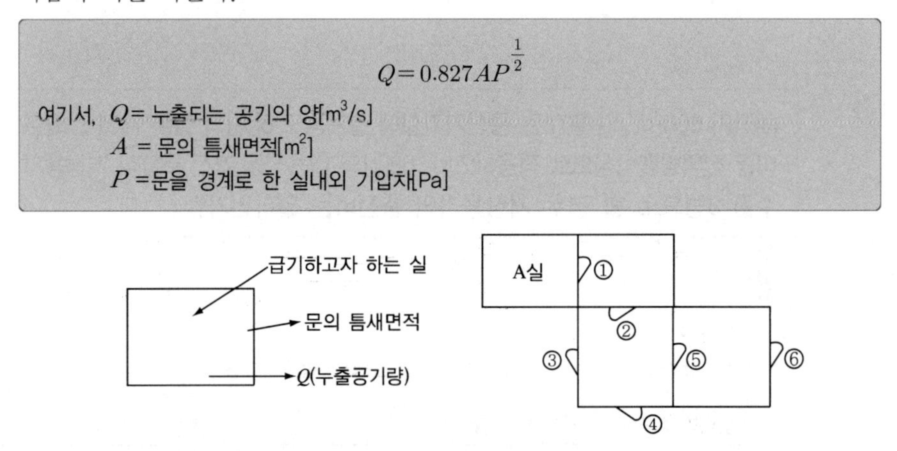

해설

총 틈새면적

$$Q = 0.827AP^{\frac{1}{2}}$$

- A실과 실외와의 차압 $P = 101{,}400 - 101{,}300 = 100$[Pa]
- 각 실의 틈새면적

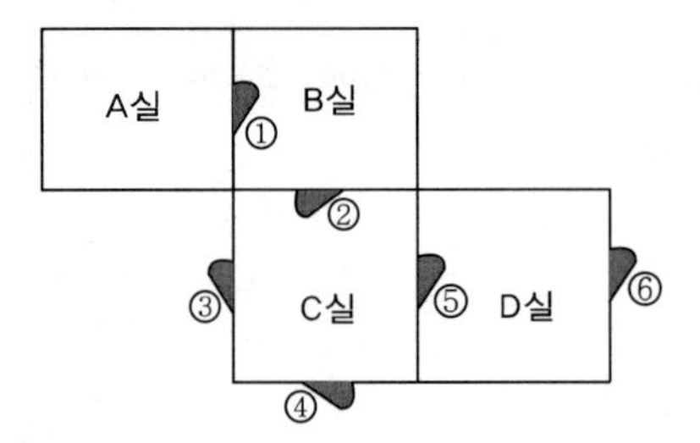

- ⑤와 ⑥은 직렬연결이므로

$$A_{5\sim6} = \frac{1}{\sqrt{\frac{1}{(A_5)^2} + \frac{1}{(A_6)^2}}} = \frac{1}{\sqrt{\frac{1}{(0.01)^2} + \frac{1}{(0.01)^2}}} = 0.00707[\text{m}^2]$$

- ④와 $A_{5\sim6}$은 병렬연결이므로

$$A_{4\sim6} = A_4 + A_{5\sim6} = 0.01[\text{m}^2] + 0.00707[\text{m}^2] = 0.01707[\text{m}^2]$$

– ③과 $A_{4\sim6}$은 병렬연결이므로

$$A_{3\sim6} = A_3 + A_{4\sim6} = 0.01[\mathrm{m}^2] + 0.01707[\mathrm{m}^2] = 0.02707[\mathrm{m}^2]$$

– ②와 $A_{3\sim6}$은 직렬연결이므로

$$A_{2\sim6} = \frac{1}{\sqrt{\frac{1}{(A_2)^2} + \frac{1}{(A_{3\sim6})^2}}} = \frac{1}{\sqrt{\frac{1}{(0.01)^2} + \frac{1}{(0.02707)^2}}} = 0.00938[\mathrm{m}^2]$$

– ①과 $A_{2\sim6}$은 직렬연결이므로

$$A_{1\sim6} = \frac{1}{\sqrt{\frac{1}{(A_1)^2} + \frac{1}{(A_{2\sim6})^2}}} = \frac{1}{\sqrt{\frac{1}{(0.01)^2} + \frac{1}{(0.00938)^2}}} = 0.00684[\mathrm{m}^2]$$

∴ 총 틈새면적 : $0.006841[\mathrm{m}^2]$이므로

∴ 풍량 $Q = 0.827 \times 0.006841[\mathrm{m}^2] \times 100^{\frac{1}{2}} = 0.0566[\mathrm{m}^3/\mathrm{s}]$

해답 유입풍량 : $0.06[\mathrm{m}^3/\mathrm{s}]$

제 4 회 2016년 11월 12일 시행

※ 다음 물음에 대한 답을 해당 답란에 답하시오.(배점 : 100)

01

다음의 그림은 어느 실의 평면도로서 A_1, A_2는 출입문이며, 출입문 외의 틈새가 없다고 한다. 출입문이 닫힌 상태에서 실을 가압하여 실과 외부간 50[Pa]의 기압차를 얻기 위하여 실에 급기시켜야 할 풍량은 몇 [m³/s]가 되겠는가? (단, 닫힌 문 A_1, A_2에 의해 공기가 유통될 수 있는 틈새의 면적은 각각 0.01[m²]이다)

득점	배점
	5

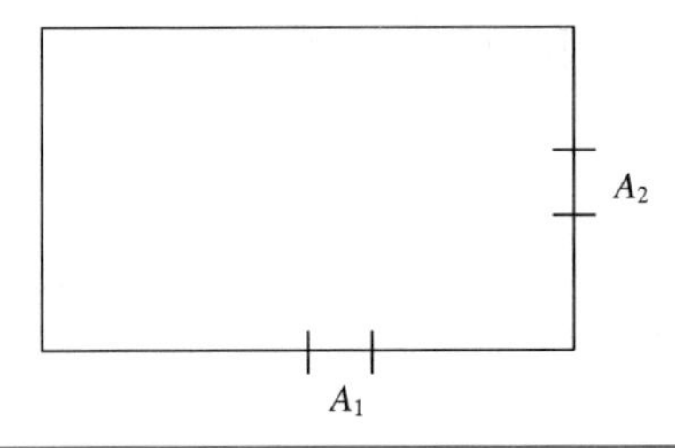

해설

풍 량

$$Q = 0.827 \times A \times \sqrt{P}$$

여기서, Q : 풍량[m³/s]

A : 누설틈새면적(A_1과 A_2 : 병렬상태)

$A_{\text{Total}} = A_1 + A_2 = 0.01[\text{m}^2] + 0.01[\text{m}^2] = 0.02[\text{m}^2]$

P : 차압(50[Pa])

$\therefore\ Q = 0.827 \times 0.02[\text{m}^2] \times \sqrt{50[\text{Pa}]} = 0.117[\text{m}^3/\text{s}]$

해답 0.12[m³/s]

02

소방배관에는 배관용 탄소강관, 이음매없는 구리 및 구리합금관, 배관용 스테인리스강관을 사용하는데 소방용합성수지배관으로 설치할 수 있는 경우 3가지를 쓰시오(스프링클러설비를 제외한 수계소화설비에 해당한다).

득점	배점
	6

해설

소방용합성수지배관으로 설치할 수 있는 경우

(1) 배관을 지하에 매설하는 경우

(2) 다른 부분과 내화구조로 구획된 덕트 또는 피트의 내부에 설치하는 경우

(3) 천장(상층이 있는 경우에는 상층바닥의 하단을 포함한다)과 반자를 불연재료 또는 준불연재료로 설치하고 **그 내부에 습식으로 배관을 설치하는 경우**

해답 (1) 배관을 지하에 매설하는 경우
(2) 다른 부분과 내화구조로 구획된 덕트 또는 피트의 내부에 설치하는 경우
(3) 천장(상층이 있는 경우에는 상층바닥의 하단을 포함한다)과 반자를 불연재료 또는 준불연재료로 설치하고 그 내부에 습식으로 배관을 설치하는 경우

03

탬퍼스위치의 설치목적과 설치하여야 하는 위치 4개소를 기술하시오.

득점	배점
	5

해설

탬퍼스위치

- **탬퍼스위치의 설치목적**

급수배관에 설치하여 급수배관의 개·폐 상태를 제어반에서 감시할 수 있는 스위치

- 탬퍼스위치(급수개폐밸브 작동표시 스위치)의 **설치기준**
  - 급수개폐밸브가 잠길 경우 탬퍼스위치의 동작으로 인하여 감시제어반 또는 수신기에 표시되어야 하며 경보음을 발할 것
  - 탬퍼스위치는 감시제어반 또는 수신기에서 동작의 유무확인과 동작시험, 도통시험을 할 수 있을 것
  - 급수개폐밸브의 작동표시 스위치에 사용되는 전기배선은 내화전선 또는 내열전선으로 설치할 것
- **탬퍼스위치의 설치위치**

① 주펌프의 흡입측 배관에 설치된 개폐밸브
② 주펌프의 토출측 배관에 설치된 개폐밸브
③ 유수검지장치, 일제개방밸브의 1, 2차측의 개폐밸브
④ 고가수조(옥상수조)와 주배관의 수직배관과 연결된 관로상의 개폐밸브

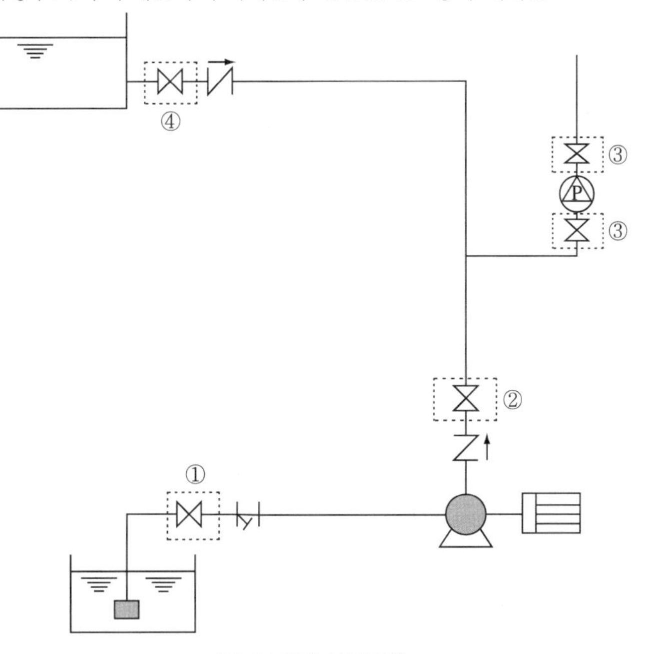

[탬퍼스위치 설치위치]

해답 (1) 설치목적
급수배관에 설치하여 급수배관의 개·폐 상태를 제어반에서 감시할 수 있는 스위치
(2) 설치위치
① 주펌프의 흡입측과 토출측 배관에 설치된 개폐밸브
② 유수검지장치의 1, 2차측의 개폐밸브
③ 고가수조와 주배관의 수직배관과 연결된 관로상의 개폐밸브
④ 일제개방밸브의 1, 2차측의 개폐밸브

04

옥내소화전설비의 감시제어반의 기능 5가지를 쓰시오.

득점	배점
	5

해설

감시제어반의 기능

(1) 각 펌프의 작동여부를 확인할 수 있는 표시등 및 음향경보기능이 있어야 할 것
(2) 각 펌프를 자동 및 수동으로 작동시키거나 중단시킬 수 있어야 할 것
(3) 비상전원을 설치한 경우에는 상용전원 및 비상전원의 공급여부를 확인할 수 있어야 할 것
(4) 수조 또는 물올림탱크가 저수위로 될 때 표시등 및 음향으로 경보할 것
(5) 각 확인회로(기동용수압개폐장치의 압력스위치회로·수조 또는 물올림탱크의 감시회로를 말한다)마다 도통시험 및 작동시험을 할 수 있어야 할 것
(6) 예비전원이 확보되고 예비전원의 적합여부를 시험할 수 있어야 할 것

해답 (1) 각 펌프의 작동여부를 확인할 수 있는 표시등 및 음향경보기능이 있어야 할 것
(2) 각 펌프를 자동 및 수동으로 작동시키거나 중단시킬 수 있어야 할 것
(3) 비상전원을 설치한 경우에는 상용전원 및 비상전원의 공급여부를 확인할 수 있어야 할 것
(4) 수조 또는 물올림탱크가 저수위로 될 때 표시등 및 음향으로 경보할 것
(5) 각 확인회로(기동용수압개폐장치의 압력스위치회로·수조 또는 물올림탱크의 감시회로를 말한다)마다 도통시험 및 작동시험을 할 수 있어야 할 것

05

포소화설비에서 송액관에 배액밸브의 설치목적과 설치방법을 설명하시오.

득점	배점
	4

해설

송액관의 배액밸브

(1) 설치목적 : 포의 방출 종료 후 배관 안의 액을 배출하기 위하여
(2) 설치방법 : 적당한 기울기를 유지하도록 가장 낮은 부분에 설치한다.

PLUS ONE **포소화설비의 화재안전기준 제7조**
송액관은 포의 방출 종료 후 배관 안의 액을 배출하기 위하여 적당한 기울기를 유지하도록 하고 그 낮은 부분에 배액밸브를 설치하여야 한다.

해답 (1) 설치목적 : 포의 방출 종료 후 배관 안의 액을 배출하기 위하여
(2) 설치방법 : 적당한 기울기를 유지하도록 가장 낮은 부분에 설치한다.

06

스프링클러설비 배관의 안지름을 수리계산에 의하여 선정하고자 한다. 그림에서 B ~ C구간의 유량을 165[L/min], E ~ F구간의 유량을 330[L/min]이라고 가정할 때 다음을 구하시오(단, 화재안전기준을 만족하도록 하여야 한다).

득점	배점
	6

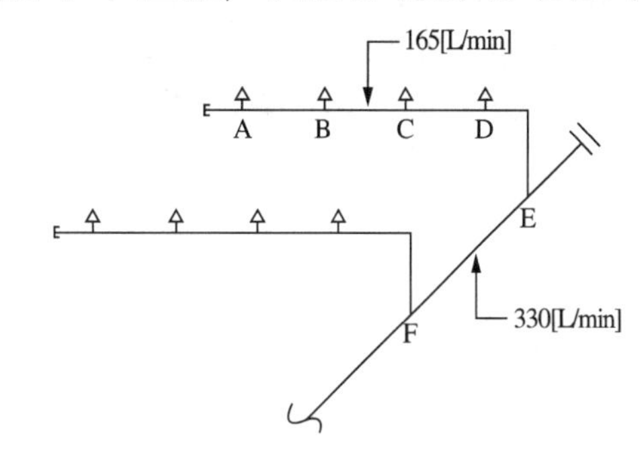

(1) B ~ C구간의 배관 안지름의 최솟값은 몇 [mm]인지 구하시오.
- 계산과정 :
- 답 :

(2) E ~ F구간의 배관 안지름의 최솟값은 몇 [mm]인지 구하시오.
- 계산과정 :
- 답 :

해설

안지름의 최솟값

수리계산에 따르는 경우 배관의 유속

(1) 가지배관 : 6[m/s] 이하
(2) 그 밖의 배관 : 10[m/s] 이하

(1) B~C구간의 배관 안지름의 최솟값

$$D=\sqrt{\frac{4Q}{\pi u}}=\sqrt{\frac{4\times 0.165[\mathrm{m}^3]/60[\mathrm{s}]}{\pi\times 6[\mathrm{m/s}]}}=0.02416[\mathrm{m}]=24.16[\mathrm{mm}]\Rightarrow 25[\mathrm{mm}]$$

(2) E~F구간의 배관 안지름의 최솟값

$$D=\sqrt{\frac{4Q}{\pi u}}=\sqrt{\frac{4\times 0.33[\mathrm{m}^3]/60[\mathrm{s}]}{\pi\times 10[\mathrm{m/s}]}}=0.02646[\mathrm{m}]=26.46[\mathrm{mm}]\Rightarrow 32[\mathrm{mm}]$$

교차배관의 최소구경은 40[mm] 이상이어야 한다.

해답

(1) • 계산과정 : $D=\sqrt{\frac{4Q}{\pi u}}=\sqrt{\frac{4\times 0.165[\mathrm{m}^3]/60[\mathrm{s}]}{\pi\times 6[\mathrm{m/s}]}}$
$=0.02416[\mathrm{m}]=24.16[\mathrm{mm}]\Rightarrow 25[\mathrm{mm}]$
• 답 : 25[mm]

(2) • 계산과정 : $D=\sqrt{\dfrac{4Q}{\pi u}}=\sqrt{\dfrac{4\times 0.33[\mathrm{m}^3]/60[\mathrm{s}]}{\pi\times 10[\mathrm{m/s}]}}$

$= 0.02646[\mathrm{m}] = 26.46[\mathrm{mm}] \Rightarrow 32[\mathrm{mm}]$

교차배관의 최소구경은 40[mm] 이상

• 답 : 40[mm]

07

어떤 제연설비에서 풍량이 16,000[m³/h]이고 소요전압 100[mmAq]일 때 배출기는 사일런트팬을 사용하려고 한다. 이때 배출기의 이론 소요동력[kW]을 구하시오(단, 효율은 50[%]이고 여유율은 없는 것으로 한다).

득점	배점
	5

해설

배출기의 축동력

$$P[\mathrm{kW}] = \frac{Q\times P_T}{102\eta}$$

여기서, P : 전동기 축동력[kW]

Q : 풍량(16,000[m³]/3,600[s] = 4.44[m³/s]

P_T : 전압(100[mmAq]) η : 효율(0.5)

$$\therefore\ P[\mathrm{kW}] = \frac{4.44[\mathrm{m^3/s}]\times 100[\mathrm{mmAq}]}{102\times 0.5} = 8.71[\mathrm{kW}]$$

① 수동력 $P[\mathrm{kW}] = \dfrac{Q\times P_T}{102}$

② 축동력 $P[\mathrm{kW}] = \dfrac{Q\times P_T}{102\times\eta}$

③ 전동기 동력 $P[\mathrm{kW}] = \dfrac{Q\times P_T}{102\times\eta}\times K$

해답 8.71[kW]

08

위험물의 옥외탱크에 Ⅰ형 고정포방출구로 포소화설비를 설치하고자 할 때 다음 조건을 보고 물음에 답하시오.

득점	배점
	8

조 건

- 탱크의 지름 : 12[m]
- 사용약제는 수성막포(6[%])로 단위 포소화수용액의 양은 2.27[L/min·m²]이며 방수시간은 30분이다.
- 보조포소화전은 1개가 설치되어 있다.
- 배관의 길이는 20[m](포원액탱크에서 포방출구까지), 관내경은 150[m], 기타의 조건은 무시한다.

물 음

(1) 포원액량[L]을 구하시오.

(2) 전용 수원의 양[m^3]을 구하시오.

해설

고정포방출방식

약제량
= 고정포방출구의 양 + 보조포소화전의 양 + 배관 보정량

구 분	약제량	수원의 양
① 고정포방출구	$Q = A \times Q_1 \times T \times S$ Q : 포소화약제의 양[L] A : 탱크의 액표면적[m^2] Q_1 : 단위포소화 수용액의 양[L/m^2 · min] T : 방출시간(포수용액의 양÷방출률[min]) S : 포소화약제 사용농도[%]	$Q_W = A \times Q_1 \times T$
② 보조포소화전	$Q = N \times S \times 8{,}000[\mathrm{L}]$ Q : 포소화약제의 양[L] N : 호스 접결구수(3개 이상일 경우 3개) S : 포소화약제의 사용농도[%]	$Q_W = N \times 8{,}000[\mathrm{L}]$
③ 배관보정	가장 먼 탱크까지의 송액관(내경 75[mm] 이하 제외)에 충전하기 위하여 필요한 양 $Q = Q_A \times S = \frac{\pi}{4} d^2 \times l \times s \times 1{,}000$ Q : 배관 충전 필요량[L] Q_A : 송액관 충전량[L] S : 포소화약제 사용농도[%]	$Q_W = Q_A$
※ 고정포방출방식 약제저장량 = ① + ② + ③		

(1) 소화약제량

- 고정포방출구

$$Q = A \times Q_1 \times T \times S = \frac{\pi}{4}(12[\mathrm{m}])^2 \times 2.27[\mathrm{L/min \cdot m^2}] \times 30[\mathrm{min}] \times 0.06 = 462.11[\mathrm{L}]$$

- 보조포소화전

$$Q = N \times S \times 8{,}000[\mathrm{L}] = 1\text{개} \times 0.06 \times 8{,}000[\mathrm{L}] = 480[\mathrm{L}]$$

- 배관보정량

$$Q = Q_A \times S = \frac{\pi}{4} d^2 \times l \times S \times 1{,}000$$

$$= \frac{\pi}{4}(0.15[\mathrm{m}])^2 \times 20[\mathrm{m}] \times 0.06 \times 1{,}000 = 21.21[\mathrm{L}]$$

∴ 소화약제 저장량 = $461.88 + 480 + 21.21 = 963.09[\mathrm{L}]$

(2) 수원의 저장량

- 고정포방출구

$Q = A \times Q_1 \times T \times S = \frac{\pi}{4}(12[\text{m}])^2 \times 2.27[\text{L/min} \cdot \text{m}^2] \times 30[\text{min}] \times 0.94 = 7{,}239.81[\text{L}]$

- 보조포소화전

$Q = N \times S \times 8{,}000[\text{L}] = 1\text{개} \times 0.94 \times 8{,}000[\text{L}] = 7{,}520[\text{L}]$

- 배관보정량

$Q = Q_A \times S = \frac{\pi}{4}d^2 \times l \times S \times 1{,}000$

$= \frac{\pi}{4}(0.15[\text{m}])^2 \times 20[\text{m}] \times 0.94 \times 1{,}000 = 332.22[\text{L}]$

∴ 소화약제 저장량 = $7{,}239.81 + 7{,}520 + 322.22 = 15{,}082.03[\text{L}] = 15.08[\text{m}^3]$

해답 (1) 963.09[L]
(2) 15.08[m^3]

09

바닥면적 440[m^2], 높이 3.5[m]인 발전기실에 할로겐화합물 및 불활성 기체 소화설비를 설치하려고 한다. 다음 조건을 참고하여 물음에 답하시오.

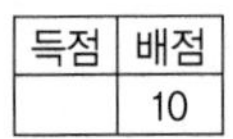

득점	배점
	10

조 건

- HCFC Blend A의 A급 소화농도는 7.2[%], B급 소화농도는 10[%]이다.
- IG-541의 A급 및 B급 소화농도는 32[%]로 한다.
- 선형상수를 이용하여 풀이한다(단, HCFC Blend A의 K_1은 0.2413, K_2는 0.00088을 적용하고, IG-541의 K_1은 0.65799, K_2는 0.00239을 적용한다).
- 방사 시 온도는 20[℃]를 기준으로 한다.
- HCFC Blend A의 용기는 68[L]용 50[kg]으로 하며, IG-541의 용기는 80[L]용 12.4[m^3]으로 적용한다.
- 발전기실의 연료는 유류를 사용한다.
- IG-541의 비체적은 0.707[m^3/kg]이다.

물 음

(1) 발전기실에 필요한 HCFC Blend A의 약제량[kg]과 용기의 병수는 몇 병인가?
(2) 발전기실에 필요한 IG-541의 약제량[m^3]과 용기의 병수는 몇 병인가?

해설

(1) HCFC Blend A의 약제량과 용기의 병수

① 약제량

$$W = \frac{V}{S} \times \left(\frac{C}{100 - C}\right)$$

여기서, W : 소화약제의 무게[kg] V : 방호구역의 체적(440×3.5 = 1,540[m³])

S : 소화약제별 선형상수($K_1 + K_2 \times t$ = 0.2413+0.00088×20 = 0.2589[m³/kg])

C : 체적에 따른 소화약제의 설계농도

[설계농도는 소화농도[%]에 안전계수(A・C급 화재 : 1.2, B급 화재 : 1.3)을 곱한 값]

∴ 설계농도는 발전기실에 경유를 사용하므로 소화농도 10[%]×1.3 = 13[%]이다.

t : 방호구역의 최소예상온도(20[℃])

$$\therefore\ W = \frac{V}{S} \times \left(\frac{C}{100 - C}\right) = \frac{1{,}540}{0.2589} \times \frac{13}{100 - 13} = 888.82[\text{kg}]$$

② 용기의 병수

HCFC Blend A의 용기는 68[L]용 50[kg]으로 저장하므로

$$\text{용기의 병수} = \frac{888.82[\text{kg}]}{50[\text{kg}]} = 17.78\text{병} \rightarrow 18\text{병}$$

(2) IG-541의 약제량과 용기의 병수

① 약제량

$$X = 2.303\left(\frac{V_s}{S}\right) \times \log\left(\frac{100}{100 - C}\right)$$

여기서, X : 공간체적당 더해진 소화약제의 부피[m³/m³]

S : 소화약제별 선형상수($K_1 + K_2 \times t$ = 0.65799+0.00239×20 = 0.7058[m³/kg])

C : 체적에 따른 소화약제의 설계농도[%]

[설계농도는 소화농도[%]에 안전계수(A・C급 화재 : 1.2, B급 화재 : 1.3)을 곱한 값]

∴ 설계농도는 발전기실에 경유를 사용하므로 소화농도 32[%]×1.3 = 41.6[%]이다.

V_s : 20[℃]에서 소화약제의 비체적(0.707[m³/kg])

t : 방호구역의 최소예상온도(20[℃])

$$\therefore\ X = 2.303\left(\frac{V_s}{S}\right) \times \log\left(\frac{100}{100 - C}\right) = 2.303 \times \frac{0.707}{0.7058} \times \log\frac{100}{100 - 41.6}$$

$$= 0.5389[\text{m}^3/\text{m}^3]$$

약제량 = 방호체적×X = 1,540[m³]×0.5389[m³/m³] = 829.91[m³]

② 용기의 병수

IG-541의 용기는 80[L]용 12.4[m³]으로 적용하므로

$$\text{용기의 병수} = \frac{829.91[\text{m}^3]}{12.4[\text{m}^3]} = 66.93\text{병} \rightarrow 67\text{병}$$

해답 (1) HCFC Blend A

① 약제량 : 888.82[kg]

② 용기의 병수 : 18병

(2) IG-541

① 약제량 : 829.91[m³]

② 용기의 병수 : 67병

안심Touch

10

주어진 평면도와 설계조건을 기준으로 하여 방호대상물에 전역방출방식으로 할론 1301 소화설비를 설계하려고 한다. 각 실에 설치된 노즐당 설계방출량은 몇 [kg/s]인지 구하시오.

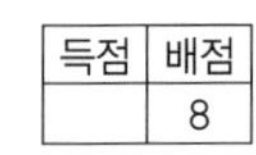

득점	배점
	8

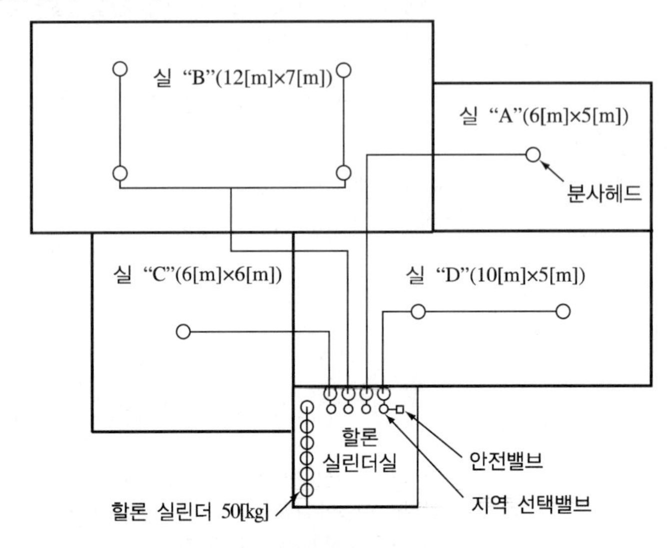

[할론 배관 평면도]

설계조건

- 건물의 층고(높이)는 5[m]이다.
- 개방방식은 가스압력식이다.
- 방호구역은 4개구역으로서 개구부는 무시한다.
- 약제저장용기는 50[kg/병]이다.
- A, C실의 기본약제량은 0.33[kg/m^3], B, D실의 기본약제량은 0.52[kg/m^3]이다.
- 분사헤드의 수는 도면 수량기준으로 한다.
- 설계방출량[kg/s] 계산 시 약제용량은 적용되는 용기의 용량기준으로 한다.

해설

약제소요량과 용기 수를 구하여 유량을 구한다.

- **A실의 노즐당 설계방출량**
  - 약제량

$$약제량 = 방호구역체적[m^3] \times 소요약제량[kg/m^3]$$

$\therefore$ 약제량 $= 6[m] \times 5[m] \times 5[m](층고) \times 0.33[kg/m^3] = 49.5[kg]$

  - 용기의 병수

$$용기의\ 병수 = \frac{약제저장량}{1병당\ 약제량}$$

$\therefore$ 용기의 병수 $= \dfrac{49.5[kg]}{50[kg]} = 0.99병 \Rightarrow 1병$

– 노즐당 설계방출량

$$방출량 = \frac{약제량 \times 병수}{헤드의\ 수 \times 약제방출시간[s]}$$

[약제방사시간]

설비의 종류		전역방출방식	국소방출방식
할론 소화설비		**10초 이내**	**10초 이내**
이산화탄소소화설비	표면화재	1분 이내	30초 이내
	심부화재	7분 이내	30초 이내
분말소화설비		30초 이내	30초 이내

$$\therefore\ 방출량 = \frac{50[kg] \times 1병}{1개 \times 10[s]} = 5[kg/s]$$

- **B실의 노즐당 설계방출량**
  - 약제량 $= 12[m] \times 7[m] \times 5[m](층고) \times 0.52[kg/m^3] = 218.4[kg]$
  - 용기의 병수 $= \dfrac{218.4[kg]}{50[kg]} = 4.37병 \Rightarrow 5병$
  - 노즐당 설계방출량 $= \dfrac{50[kg] \times 5병}{4개 \times 10[s]} = 6.25[kg/s]$
- **C실의 노즐당 설계방출량**
  - 약제량 $= 6[m] \times 6[m] \times 5[m](층고) \times 0.33[kg/m^3] = 59.4[kg]$
  - 용기의 병수 $= \dfrac{59.4[kg]}{50[kg]} = 1.19병 \Rightarrow 2병$
  - 노즐당 설계방출량 $= \dfrac{50[kg] \times 2병}{1개 \times 10[s]} = 10[kg/s]$
- **D실의 노즐당 설계방출량**
  - 약제량 $= 10[m] \times 5[m] \times 5[m](층고) \times 0.52[kg/m^3] = 130[kg]$
  - 용기의 병수 $= \dfrac{130[kg]}{50[kg]} = 2.6병 \Rightarrow 3병$
  - 노즐당 설계방출량 $= \dfrac{50[kg] \times 3병}{2개 \times 10[s]} = 7.5[kg/s]$

해답 A실 : 5[kg/s]
B실 : 6.25[kg/s]
C실 : 10[kg/s]
D실 : 7.5[kg/s]

11

아래 그림은 일제 개방형 스프링클러소화설비 계통도의 일부를 나타낸 것이다. 주어진 조건을 참조하여 답란의 빈칸을 채우시오.

득점	배점
	10

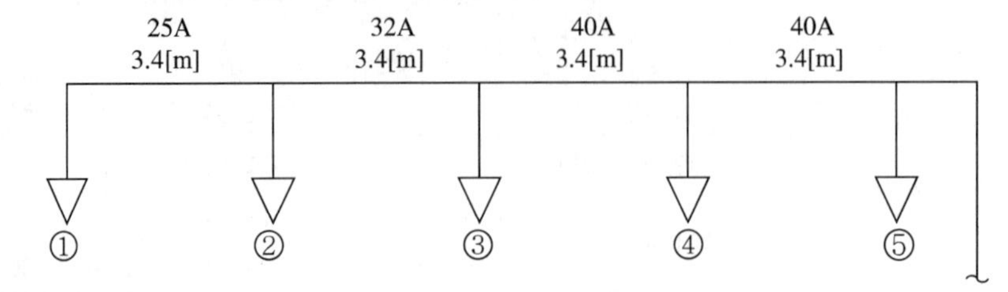

조 건

- 배관마찰손실 압력은 하젠-윌리엄스공식을 따르되 계산의 편의상 다음 식과 같다고 가정한다.

$$\Delta P = \frac{6 \times 10^4 \times Q^2}{120^2 \times d^5} \times L$$

단, ΔP : 마찰손실압력[MPa]
Q : 배관 내의 유수량[L/min]
d : 배관의 안지름[mm]

- 헤드는 개방형 헤드이며 각 헤드의 방출계수(K)는 동일하며 방수압력 변화와 관계없이 일정하고 그 값은 $K = 80$이다.
- 가지관과 헤드 간의 마찰손실은 무시한다.
- 각 헤드의 방수량은 서로 다르다.
- 배관 내경은 호칭경과 같다고 가정한다.
- 배관부속은 무시한다.
- 계산과정 및 답은 소수점 둘째자리까지 나타내시오.
- 헤드번호 ①의 방수압은 0.1[MPa]이다.

답 란

헤드번호	방수압	방수량
①	0.1[MPa]	80[L/min]
②		
③		
④		
⑤		

해설

각 지점의 방수압력과 방수량

(1) ① 지점
㉠ 말단의 방수압력 : 0.1[MPa]
㉡ 방수량 : 80[L/min]

(2) ② 지점

유량, 관경, 배관의 길이를 계산하면

㉠ 방수압력

$$\triangle P_{①\sim②} = \frac{6\times 10^4 \times Q^2}{120^2\times d^5} = \frac{6\times 10^4\times (80[L/min])^2}{120^2\times (25[mm])^5}\times 3.4[m] = 0.0093[MPa]$$

∴ P = 0.1[MPa] + 0.0093[MPa] = 0.1093[MPa] ⇒ 0.11[MPa](소수점 둘째자리까지 계산)

㉡ 방수량

$$Q = K\sqrt{10P} = 80\sqrt{10\times 0.11} = 83.90[L/min]$$

(3) ③ 지점

㉠ 방수압력

$$\triangle P_{②\sim③} = \frac{6\times 10^4\times (80+83.90[L/min])^2}{120^2\times (32[mm])^5}\times 3.4[m] = 0.011[MPa]$$

∴ P = 0.11[MPa] + 0.011[MPa] = 0.121[MPa] ⇒ 0.12[MPa]

㉡ 방수량

$$Q = K\sqrt{10P} = 80\sqrt{10\times 0.12} = 87.64[L/min]$$

(4) ④ 지점

㉠ 방수압력

$$\triangle P_{③\sim④} = \frac{6\times 10^4\times (80+83.90+87.64[L/min])^2}{120^2\times (40[mm])^5}\times 3.4[m] = 0.009[MPa]$$

∴ P = 0.12[MPa] + 0.009[MPa] = 0.129[MPa] ⇒ 0.13[MPa]

㉡ 방수량

$$Q = K\sqrt{10P} = 80\sqrt{10\times 0.13} = 91.21[L/min]$$

(5) ⑤ 지점

㉠ 방수압력

$$\triangle P_{④\sim⑤} = \frac{6\times 10^4\times (80+83.90+87.64+91.21[L/min])^2}{120^2\times (40[mm])^5}\times 3.4[m] = 0.016[MPa]$$

∴ P = 0.13[MPa] + 0.016[MPa] = 0.146[MPa] ⇒ 0.15[MPa]

㉡ 방수량

$$Q = K\sqrt{10P} = 80\sqrt{10\times 0.15} = 97.98[L/min]$$

해답

헤드번호	방수압	방수량
①	말단 방수압 0.1[MPa]	80[L/min]
②	$\triangle P_{①\sim②} = \frac{6\times 10^4\times (80[L/min])^2}{120^2\times (25[mm])^5}\times 3.4[m] = 0.0093[MPa]$ ∴ P = 0.1[MPa] + 0.0093[MPa] = 0.1093[MPa] ⇒ 0.11[MPa]	$Q = K\sqrt{10P} = 80\sqrt{10\times 0.11} = 83.90[L/min]$
③	$\triangle P_{②\sim③} = \frac{6\times 10^4\times (80+83.90[L/min])^2}{120^2\times (32[mm])^5}\times 3.4[m] = 0.011[MPa]$ ∴ P = 0.11[MPa] + 0.011[MPa] = 0.121[MPa] ⇒ 0.12[MPa]	$Q = K\sqrt{10P} = 80\sqrt{10\times 0.12[MPa]} = 87.64[L/min]$

④	$\triangle P_{③\sim④}$ $=\dfrac{6\times 10^4\times(80+83.90+87.64[\text{L/min}])^2}{120^2\times(40[\text{mm}])^5}\times 3.4[\text{m}]$ $=0.009[\text{MPa}]$ $\therefore\ P$ = 0.12[MPa] + 0.009[MPa] = 0.129[MPa] ⇒ 0.13[MPa]	$Q=K\sqrt{10P}$ $=80\sqrt{10\times 0.13[\text{MPa}]}$ $=91.21[\text{L/min}]$
⑤	$\triangle P_{④\sim⑤}$ $=\dfrac{6\times 10^4\times(80+83.90+87.64+91.21[\text{L/min}])^2}{120^2\times(40[\text{mm}])^5}\times 3.4[\text{m}]$ $=0.016[\text{MPa}]$ $\therefore\ P$ = 0.13[MPa] + 0.016[MPa] = 0.146[MPa] ⇒ 0.15[MPa]	$Q=K\sqrt{10P}$ $=80\sqrt{10\times 0.145[\text{MPa}]}$ $=97.98[\text{L/min}]$

12

다음 그림의 조건을 참조하여 펌프의 유효흡입양정(NPSH)을 계산하시오(단, 대기압은 1[atm]이다).

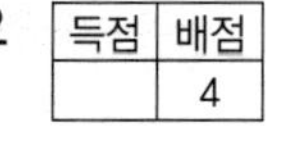

득점	배점
	4

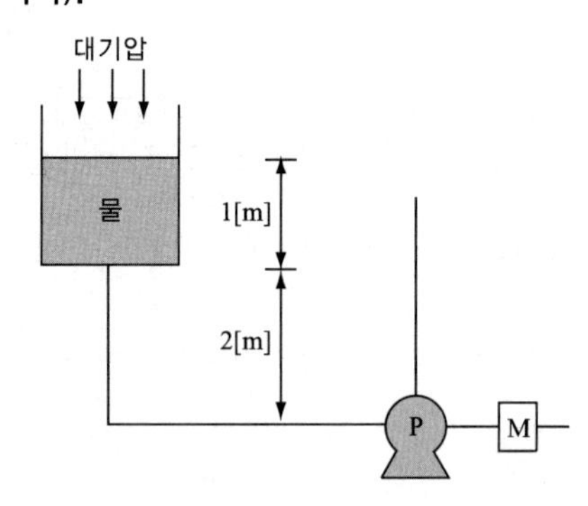

조 건

- 물의 온도는 20[℃]이며, 증기압은 0.015[MPa]이다.
- 배관마찰손실은 2[m]이다.

해설

흡입양정(NPSH)

(1) 흡입 NPSH(**부압수조방식**, 수면이 펌프 중심보다 낮을 경우)

$$\text{유효 NPSH}=H_a-H_p-H_s-H_L$$

여기서, H_a : 대기압두[m]

H_p : 포화수증기압두[m]

H_s : 흡입실양정[m]

H_L : 흡입측 배관 내의 마찰손실두수[m]

(2) 압입 NPSH(**정압수조방식**, 수면이 펌프 중심보다 높을 경우)

$$\text{유효 NPSH} = H_a - H_p + H_s - H_L$$

여기서, H_a : 대기압두(1[atm]=10.33[m])
H_p : 포화수증기압두(0.015[MPa]=1.53[m])
H_s : 흡입실양정(1+2=3[m])
H_L : 흡입측 배관 내의 마찰손실수두(2[m])

∴ 유효흡입양정(NPSH)=10.33[m]−1.53[m]+3[m]−2[m]=9.80[m]

해답 9.80[m]

13

아래 그림과 같이 양정 50[m] 성능을 갖는 펌프가 운전 중 노즐에서 방수압을 측정하여 보니 0.15[MPa]이었다. 만약 노즐의 방수압을 0.25[MPa]으로 증가하고자 할 때 조건을 참조하여 펌프가 요구하는 양정[m]은 얼마인가?

득점	배점
	10

조 건

- 배관의 마찰손실은 하젠-윌리엄스공식을 이용한다.
- 노즐의 방출계수 K=100으로 한다.
- 펌프의 특성곡선은 토출유량과 무관하다.
- 펌프와 노즐은 수평관계이다.

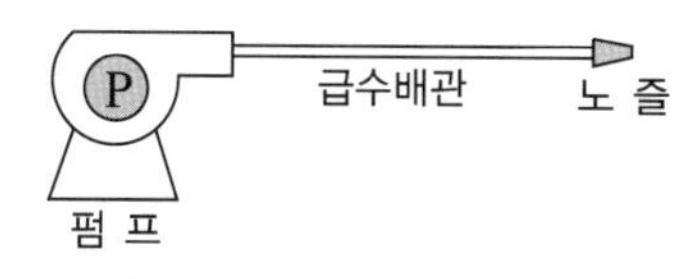

해설

- 양정 50[m]일 때 방수압이 0.15[MPa]이므로

$$Q = K\sqrt{10P}$$

여기서, Q : 유량[L/min]　　K : 방출계수
P : 압력[MPa]

$$\therefore\ Q_1 = K\sqrt{10P} = 100\sqrt{10 \times 0.15[\text{MPa}]} = 122.47[\text{L/min}]$$

- 노즐의 방수압이 0.25[MPa]이므로

$$\therefore\ Q_2 = K\sqrt{10P} = 100\sqrt{10 \times 0.25[\text{MPa}]} = 158.11[\text{L/min}]$$

- 하젠-윌리엄스 식에서

$$\Delta P_{\text{Loss}} = 6.053 \times 10^4 \times \frac{Q^{1.85}}{C^{1.85} \times D^{4.87}} \times L$$

여기서, ΔP_{Loss} : 손실값[MPa]　　Q : 유량[L/min]
C : 조도　　D : 내경[mm]
L : 상당직관장[m]

– 0.15[MPa]와 0.25[MPa]에서 $6.053 \times 10^4 \times \dfrac{Q^{1.85}}{C^{1.85} \times D^{4.87}} \times L$이 같으므로

$$\Delta P_1 = 0.49[\text{MPa}](50[\text{m}]) - 0.15[\text{MPa}] = 0.34[\text{MPa}]$$

$$\Delta P_2 = \Delta P_1 \times \left(\frac{Q_2}{Q_1}\right)^{1.85} = 0.34 \times \left(\frac{158.11}{122.47}\right)^{1.85} = 0.545[\text{MPa}]$$

$$\therefore \text{ 펌프토출양정} = 0.545[\text{MPa}] + 0.25[\text{MPa}] = 0.795[\text{MPa}]$$

$$= \frac{0.795[\text{MPa}]}{0.101325[\text{MPa}]} \times 10.332[\text{m}] = 81.07[\text{m}]$$

해답 81.07[m]

14

다음에 해당하는 밸브류 및 관부속품을 쓰시오.

득점	배점
	8

(1) (　　) : 펌프의 흡입측에 설치하여 배관 내의 이물질을 제거하는 기능
(2) (　　) : 90°로 각진 부분의 배관 연결용 관이음쇠
(3) (　　) : 직경이 서로 다른 배관을 연결하는 데 사용되는 관이음쇠
(4) (　　) : 옥내・외소화전의 방수구를 개폐하는 밸브
(5) (　　) : 체절운전 시 펌프를 보호하기 위하여 설치하는 것으로 펌프와 체크밸브 사이에서 분기한 순환배관상에 체절압력 미만에서 개방되는 밸브

해설

밸브류 및 관부속품

(1) 스트레이너 : 펌프의 흡입측에 설치하여 배관 내의 이물질을 제거하는 기능
(2) 90° 엘보 : 90°로 각진 부분으로 배관의 방향을 바꾸는 관이음쇠
(3) 리듀서 : 직경이 서로 다른 배관을 연결하는 관이음쇠
(4) 앵글밸브 : 옥내・외소화전의 방수구를 개폐하는 밸브
(5) 릴리프밸브 : 체절운전 시 펌프를 보호하기 위하여 설치하는 것으로 펌프와 체크밸브 사이에서 분기한 순환배관상에 체절압력 미만에서 개방되는 릴리프밸브를 설치한다.

해답 (1) 스트레이너
(2) 90° 엘보
(3) 리듀서
(4) 앵글밸브
(5) 릴리프밸브

15

할로겐화합물 및 불활성기체 소화설비에 압력배관용 탄소강관(KS D 3562)의 배관을 사용할 때 다음 조건을 참고하여 최대허용압력[MPa]을 구하시오.

득점	배점
	6

조 건

- 압력배관용 탄소강관의 인장강도는 420[MPa]이고, 항복점은 250[MPa]이다.
- 배관이음효율은 0.85이고, 용접이음에 따른 허용값은 무시한다.
- 배관의 최대허용응력(SE)은 배관의 재질 인장강도 1/4값과 항복점의 2/3 중 작은 값(q)을 기준으로 다음의 식을 적용한다.

$$SE = q \times \text{배관이음효율} \times 1.2$$

- 적용되는 배관의 바깥지름은 114.3[mm]이고, 두께는 6.0[mm]이다.
- 기타 조건(헤드의 설치부분)은 제외한다.

해설

최대허용압력[MPa]

$$t = \frac{PD}{2SE} + A \qquad P = \frac{(t-A) \times 2SE}{D}$$

여기서, P : 최대허용압력[MPa]

SE : 최대허용응력[배관재질 인장강도 1/4값과 항복점의 2/3 중 작은 값×배관이음효율×1.2]

- **배관재질 인장강도 1/4값 = 420[MPa]×1/4 = 105[MPa]**
- 항복점의 2/3값 = 250[MPa]×2/3 = 166.7[MPa]

$$\therefore\ SE = 105[\text{MPa}] \times 0.85 \times 1.2 = 107.1[\text{MPa}]$$

t : 배관의 두께(6.0[mm])

D : 배관의 바깥지름(114.3[mm])

A : 나사이음, 홈이음의 허용값[mm](헤드 설치부분은 제외)

$$\therefore\ P = \frac{(t-A)2SE}{D} = \frac{(6-0) \times 2 \times 107.1}{114.3} = 11.24[\text{MPa}]$$

해답 11.24[MPa]

제 1 회 2017년 4월 16일 시행

※ 다음 물음에 대한 답을 해당 답란에 답하시오.(배점 : 100)

01

교육연구시설(연구소)에 스프링클러설비를 설치하고자 한다. 아래의 [조건]을 참조하여 다음 각 물음에 답하시오.

득점	배점
	12

조 건

- 건물의 층별 높이는 다음과 같으며 지상층은 모두 창문이 있는 건축물이다.

구 분	지하 2층	지하 1층	지상 1층	지상 2층	지상 3층	지상 4층	지상 5층
층높이[m]	5.5	4.5	4.5	4.5	4	4	4
반자높이[m] (헤드설치 시)	5.0	4.0	4.0	4.0	3.5	3.5	3.5
바닥면적[m^2]	2,500	2,500	2,000	2,000	2,000	1,800	900

- 지상 1층에 있는 국제회의실은 바닥으로부터 반자(헤드 부착면)까지의 높이가 4.3[m]이다.
- 지하 2층에 있는 물탱크의 저수조에는 바닥으로부터 3[m] 높이에 풋(Foot)밸브가 설치되어 있으며 이 높이까지 항상 물이 차 있다.
- 저수조는 일반급수용과 소방용을 겸용하여 내부 크기는 가로 8[m], 세로 5[m], 높이 4[m]이다.
- 스프링클러 헤드 설치 시 반자(헤드 부착면) 높이는 위 표에 따른다.
- 배관 및 관 부속의 마찰손실수두는 직관의 30[%]이다.
- 펌프의 효율은 60[%], 전달계수는 1.1이다.
- 산출량은 최소치를 적용한다.
- 소방관련법령 및 화재안전기준을 적용한다.

물 음

(1) 이 건축물에서 스프링클러설비를 설치하여야 하는 층을 쓰시오.
(2) 일반급수펌프의 흡수구와 소화펌프 흡수구 사이의 수직거리[m]를 구하시오.
(3) 옥상수조를 설치할 경우 옥상수조에 보유하여야 할 저수량[m^3]을 구하시오.
(4) 소화펌프의 정격토출량[L/min]은 얼마인가?
(5) 소화펌프의 전양정[m]을 구하시오.
(6) 소화펌프의 전동기 동력[kW]을 구하시오.

(1) **스프링클러설비를 설치하여야 하는 층**

PLUS ONE

[스프링클러설비를 설치하여야 하는 특정소방대상물]-설치유지법률 시행령 별표 5
(위험물저장 및 처리시설 중 가스시설 또는 지하구는 제외한다)

1) **문화 및 집회시설**(동・식물원은 제외), **종교시설**(사찰・제실・사당은 제외), 운동시설(물놀이형 시설은 제외)로서 다음의 어느 하나에 해당하는 경우에는 모든 층
   가) 수용인원이 100명 이상인 것
   나) 영화상영관의 용도로 쓰이는 층의 바닥면적이 지하층 또는 무창층인 경우에는 500[m^2] 이상, 그 밖의 층의 경우에는 1천[m^2] 이상인 것
   다) 무대부가 지하층・무창층 또는 4층 이상의 층에 있는 경우에는 무대부의 면적이 300[m^2] 이상인 것
   라) 무대부가 다) 외의 층에 있는 경우에는 무대부의 면적이 500[m^2] 이상인 것
2) 판매시설, 운수시설 및 창고시설(물류터미널에 한정한다)로서 바닥면적의 합계가 5천[m^2] 이상이거나 수용인원이 500명 이상인 경우에는 모든 층
3) 층수가 6층 이상인 특정소방대상물의 경우에는 모든 층(단서는 법령 참조)
4) 다음의 어느 하나에 해당하는 용도로 사용되는 시설의 바닥면적의 합계가 600[m^2] 이상인 것은 모든 층
   가) 의료시설 중 정신의료기관
   나) 의료시설 중 의료법 제3조 제2항 제3호 라목에 따른 요양병원(이하 “요양병원”이라 한다)
   다) 노유자시설
   라) 숙박이 가능한 수련시설
5) 창고시설(물류터미널은 제외한다)로서 바닥면적 합계가 5천[m^2] 이상인 경우에는 모든 층
6) 천장 또는 반자(반자가 없는 경우에는 지붕의 옥내에 면하는 부분)의 높이가 10[m]를 넘는 랙식 창고(Rack Warehouse)(물건을 수납할 수 있는 선반이나 이와 비슷한 것을 갖춘 것을 말한다)로서 바닥면적의 합계가 1천5백[m^2] 이상인 것
7) 1)부터 6)까지의 특정소방대상물에 해당하지 않는 특정소방대상물의 지하층・무창층(축사는 제외한다) 또는 층수가 4층 이상인 층으로서 바닥면적이 1천[m^2] 이상인 층
8) 6)에 해당하지 않는 공장 또는 창고시설로서 다음의 어느 하나에 해당하는 시설
   가) 소방기본법 시행령 [별표 2]에서 정하는 수량의 1천 배 이상의 특수가연물을 저장・취급하는 시설
   나) 원자력안전법 시행령 제2조 제1호에 따른 중・저준위방사성폐기물(이하 “중・저준위방사성폐기물”이라 한다)의 저장시설 중 소화수를 수집・처리하는 설비가 있는 저장시설
9) 지하가(터널은 제외한다)로서 연면적 1천[m^2] 이상인 것
10) 기숙사(교육연구시설・수련시설 내에 있는 학생 수용을 위한 것을 말한다) 또는 복합건축물로서 연면적 5천[m^2] 이상인 경우에는 모든 층
11) 교정 및 군사시설 중 다음의 어느 하나에 해당하는 경우에는 해당 장소
   가) 보호감호소, 교도소, 구치소 및 그 지소, 보호관찰소, 갱생보호시설, 치료감호시설, 소년원 및 소년분류심사원의 수용거실
   나) 출입국관리법 제52조 제2항에 따른 보호시설(외국인보호소의 경우에는 보호대상자의 생활공간으로 한정한다. 이하 같다)로 사용하는 부분. 다만, 보호시설이 임차건물에 있는 경우는 제외한다.
   다) 경찰관 직무집행법 제9조에 따른 유치장

– 특정소방대상물(냉동창고는 제외한다)의 **지하층·무창층**(축사는 제외한다) 또는 층수가 **4층 이상**인 층으로서 바닥면적이 1천[m^2] 이상인 층에 설치하여야 하므로 **지하 2층, 지하 1층, 지상 4층**의 3개층에는 설치하여야 한다.

[참고]
10층인 건축물에 소방종합정밀점검을 할 때 10층부터 아래층으로 점검을 하는데 4층까지지는 스프링클러설비헤드가 설치되어 있는데 3층은 스프링클러설비헤드가 없는 특정소방대상물이 있다.
→ **층수가 4층 이상인 층으로서 바닥면적이 1천[m^2] 이상인 층에는 스프링클러설비 설치 대상이다.**

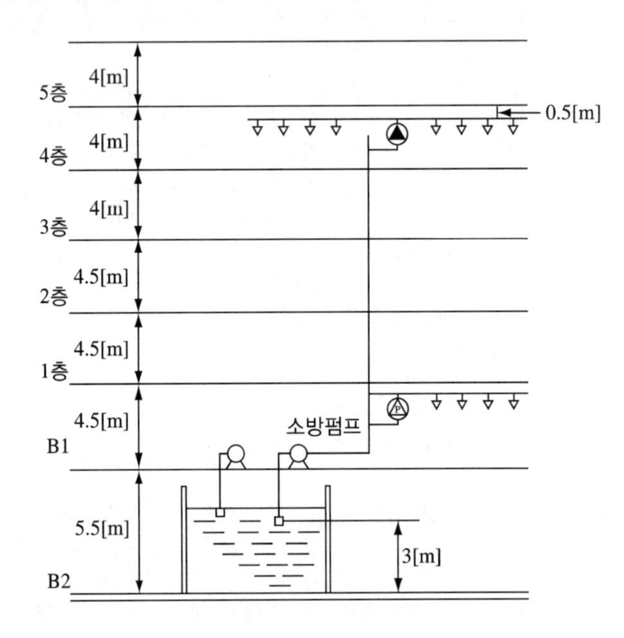

(2) **일반급수펌프의 흡수구와 소화펌프 흡수구 사이의 수직거리**

① 헤드의 기준개수 : 10층 이하이고 헤드의 부착높이가 8[m] 미만이므로 기준개수는 10개이다.

스프링클러설비 설치장소			기준개수
지하층을 제외한 층수가 10층 이하인 소방대상물	공장 또는 창고(랙식 창고를 포함한다)	특수가연물을 저장·취급하는 것	30
		그 밖의 것	20
	근린생활시설·판매시설, 운수시설 또는 복합건축물	판매시설 또는 복합건축물(판매시설이 설치된 복합건축물을 말한다)	30
		그 밖의 것	20
	그 밖의 것	헤드의 부착높이가 8[m] 이상인 것	20
		헤드의 부착높이가 8[m] 미만인 것	**10**
아파트			10
지하층을 제외한 층수가 11층 이상인 소방대상물(아파트를 제외한다)·지하가 또는 지하역사			30

② 저수조의 양 = 10개 × 1.6[m^3] = 16[m^3]

③ 저수량을 산정함에 있어서 다른 설비와 겸용하여 스프링클러설비용 수조를 설치하는 경우에는 스프링클러설비의 풋밸브·흡수구 또는 수직배관의 급수구와 다른 설비의 풋밸브·흡수구 또는 수직배관의 급수구 사이의 수량을 그 유효수량으로 한다.

> 저수량
> = 저수조의 바닥면적 × 수직거리(일반급수펌프의 흡수구와 소화펌프 흡수구 사이의 수직거리)

∴ 16[m^3] = (8[m] × 5[m]) × 수직거리

$$\text{수직거리} = \frac{16[\text{m}^3]}{(8[\text{m}] \times 5[\text{m}])} = 0.4[\text{m}]$$

(3) **옥상수조에 보유하여야 할 저수량**

옥상수조 설치제외 대상이 아니므로 유효수량외의 1/3을 옥상에 저장하여야 하므로 옥상수조 저수량 = 10개 × 1.6[m^3] × 1/3 = **5.33[m^3] 이상**

(4) **소화펌프의 정격토출량**

토출량 = 10개 × 80[L/min] = **800[L/min] 이상**

(5) **소화펌프의 전양정**

$$H = h_1 + h_2 + 10$$

여기서, H : 펌프의 전양정[m]　　h_1 : 실양정[m]
h_2 : 배관의 마찰손실 수두[m]

① 실양정(h_1) = 흡입양정 + 토출양정
= (5.5[m]−3[m]) + (4.5[m]×3개층)+(4[m]×1개층+3.5[m]×1개층)
= 23.5[m]

② 배관의 마찰손실 수두(h_2) = 23.5[m] × 0.3 = 7.05[m]

∴ 전양정 H = 23.5[m] + 7.05[m] + 10 = 40.55[m]

(6) **소화펌프의 전동기 동력**

$$P[\text{kW}] = \frac{\gamma \times Q \times H}{102 \times \eta} \times K$$

여기서, γ : 물의 비중량(1,000[kg$_f$/m^3])
Q : 유량[m^3/s] = 800[L/min] = 0.8[L]/60[s]
H : 펌프의 전양정(40.55[m])
K : 전달계수(1.1)
E : 펌프의 효율(0.6)

$$\therefore\ P[\text{kW}] = \frac{\gamma \times Q \times H}{102 \times \eta} \times K = \frac{1{,}000 \times 0.8/60 \times 40.55}{102 \times 0.6} \times 1.1 = 9.72[\text{kW}]\ \text{이상}$$

해답 (1) **지하 2층, 지하 1층, 지상 4층**
(2) 0.4[m]
(3) 5.33[m^3]
(4) 800[L/min]
(5) 40.55[m]
(6) 9.72[kW]

02

그림은 서로 직렬된 2개의 실 Ⅰ, Ⅱ의 평면도로서 A_1, A_2는 출입문이며, 각 실은 출입문 이외의 틈새가 없다고 한다. 출입문이 닫힌 상태에서 실 Ⅰ을 급기 가압하여 실 Ⅰ과 외부 간에 50[Pa]의 기압차를 얻기 위하여 실 Ⅰ에 급기시켜야 할 풍량은 몇 [m³/s]가 되겠는가?(단, 닫힌 문 A_1, A_2에 의해 공기가 유통될 수 있는 틈새의 면적은 각각 0.02[m²]이며, 임의의 어느 실에 대한 급기량 Q[m³/s]와 얻고자 하는 기압차[Pa]의 관계식은 $Q = 0.827 \times A \times P^{\frac{1}{2}}$ 이다)

득점	배점
	5

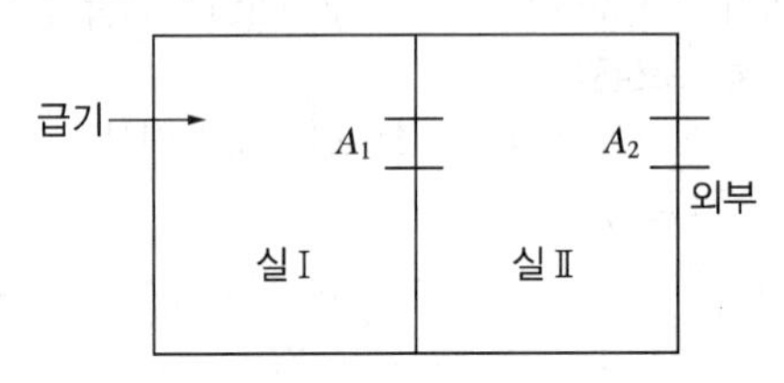

해설

누설면적에 대한 보충량은

$$Q = 0.827AP^{1/n}$$

여기서, Q : 풍량[m³/s]
A : 누설총면적[m²]
P : 차압[Pa]
n : 창문(1.6), 문(2.0)

실 Ⅰ의 A_1과 실Ⅱ의 A_2는 직렬관계이므로 합성 틈새면적 A는,

$$A = \frac{1}{\sqrt{\frac{1}{(A_1)^2} + \frac{1}{(A_2)^2}}} = \frac{1}{\sqrt{\frac{1}{(0.02[\text{m}^2])^2} + \frac{1}{(0.02[\text{m}^2])^2}}} = 0.0141[\text{m}^2]$$

$$\therefore \; Q = 0.827 \times 0.0141[\text{m}^2] \times (50[\text{Pa}])^{\frac{1}{2}} = 0.082[\text{m}^3/\text{s}]$$

해답 0.08[m³/s]

03

다음 혼합물의 연소 상한계와 하한계를 구하고 이 물질의 연소 가능 범위를 구하시오.

득점	배점
	8

물 질	조성농도[%]	인화점[°F]	LFL[%]	UFL[%]
수 소	5	가스	4	75
메 탄	10	−306	5	15
프로판	5	가스	2.1	9.5
아세톤	10	가스	2.5	13
공 기	70			
합 계	100			

(1) 연소상한계 : (   )[%]
  • 계산과정 :
  • 답 :
(2) 연소하한계 : (   )[%]
  • 계산과정 :
  • 답 :
(3) 연소가능범위 : (   )[%]

해설

연소상한계(UFL)와 연소하한계(LFL) 르샤틀리에 법칙으로 구한다.

$$L_m = \frac{100}{\frac{V_1}{L_1} + \frac{V_2}{L_2} + \cdots + \frac{V_n}{L_n}}$$

여기서, L_m : 혼합가스의 연소범위(상한값, 하한값의 용량[%])
V_1, V_2, V_3 : 가연성가스의 용량[%]
L_1, L_2, L_3 : 연소상한계(UFL) 또는 연소하한계(LFL) 값

$$V_1 + V_2 + \cdots + V_n = 100$$

※ 가연성가스의 합이 100인데, 이 문제는 조연성가스인 공기가 70[%]이므로 분자의 100 대신에 30을 대입하여야 한다).

$$L_m = \frac{30}{\frac{V_1}{L_1} + \frac{V_2}{L_2} + \cdots + \frac{V_n}{L_n}}$$

(1) L_m(연소상한계) = $\frac{30}{\frac{5}{75} + \frac{10}{15} + \frac{5}{9.5} + \frac{10}{13}}$ = 14.79[%]

(2) L(연소하한계) = $\frac{30}{\frac{5}{4} + \frac{10}{5} + \frac{5}{2.1} + \frac{10}{2.5}}$ = 3.11[%]

(3) 연소가능범위 : 3.11~14.79[%]

해답 (1) 연소상한계 14.79[%]   (2) 연소하한계 3.11[%]
(3) 연소범위 : 3.11~14.79[%]

04

스프링클러설비의 배관 방식 중 격자형 배관(Gridded System)방식과 루프형 배관(Looped System)방식을 간단히 그림으로 나타내시오.

득점	배점
	6

해설

설비의 배관 방식

(1) 격자형 배관(Gridded System)
교차배관을 헤드가 설치된 가지배관에 연결하여 가압수를 공급할 때 가지배관의 양쪽방향으로 급수가 이루어지는 배관 방식이다.

(2) 트리형 배관(Tree System)

가압수 유체의 흐름방향이 주배관에서 교차배관으로 가지배관을 거쳐 헤드의 순서로 방수되는 단일방향의 배관방식으로, 일반적으로 화재안전기준에 따른다.

(3) 루프형 배관(Looped System)

가지배관은 연결하지 않고 교차배관과 교차배관이 서로 연결되는 배관방식

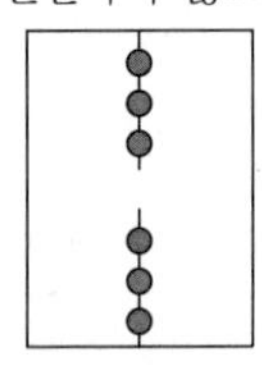

[루프(Loop)형 배관]

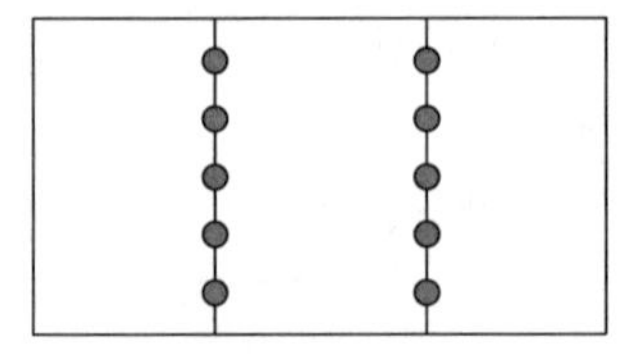

[격자(Grid)형 배관]

해답

(1) 격자형 배관(Gridded System)

교차배관을 헤드가 설치된 가지배관에 연결하여 가압수를 공급할 때 가지배관의 양쪽방향으로 급수가 이루어지는 배관 방식이다.

(2) 루프형 배관(Looped System)

가지배관은 연결하지 않고 교차배관과 교차배관이 서로 연결되는 배관 방식이다.

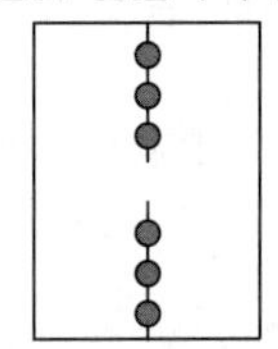

[루프(Loop)형 배관]

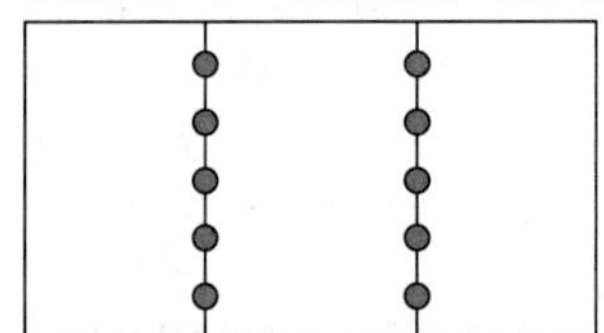

[격자(Grid)형 배관]

05

스프링클러 가압송수장치의 성능시험을 위하여 오리피스로 시험한 결과 그림과 같이 수은주의 높이차가 500[mm]로 측정되었다. 이 오리피스를 통과하는 유량[L/s]은 얼마인가?(단, 수은의 비중은 13.6, 유량계수 C_o = 0.94, 중력가속도 g = 9.8[m/s^2]이다)

득점	배점
	5

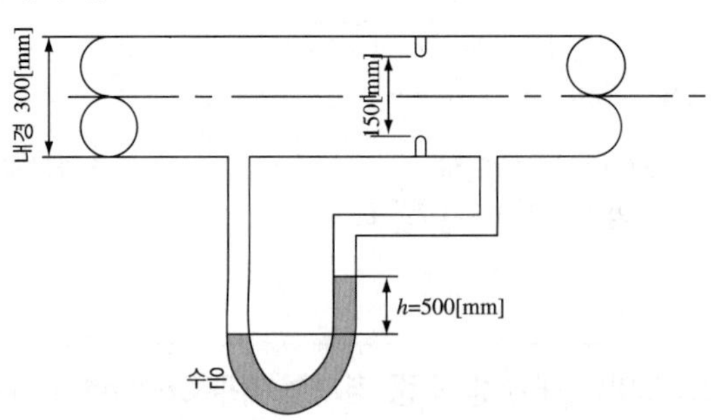

해설

유 량

$$Q = \frac{C_o A_2}{\sqrt{1-m^2}} \sqrt{2g \frac{(\gamma_1 - \gamma_2)}{\gamma_2} R}$$

(1) 유량계수 $C_o = 0.94$

(2) 면적 $A_2 = \frac{\pi}{4}(0.15[\text{m}])^2$

(3) 개구비 $m = \frac{A_2}{A_1} = \left(\frac{D_2}{D_1}\right)^2 = \left(\frac{0.15}{0.3}\right)^2 = 0.25$

(4) 수은의 비중량 $\gamma_1 = \gamma_w \times s = 1{,}000[\text{kg}_\text{f}/\text{m}^3] \times 13.6 = 13{,}600[\text{kg}_\text{f}/\text{m}^3]$

(5) 물의 비중량 $\gamma_2 = 1{,}000[\text{kg}_\text{f}/\text{m}^3]$

(6) R : 마노미터 읽음(500[mm] = 0.5[m])

$$\therefore\ Q = \frac{0.94 \times \frac{\pi}{4}(0.15[\text{m}])^2}{\sqrt{1-(0.25)^2}} \times \sqrt{2 \times 9.8 \times \frac{(13{,}600 - 1{,}000)}{1{,}000} \times 0.5}$$

$$= 0.1906[\text{m}^3/\text{s}] = 191[\text{L/s}]$$

해답 191[L/s]

06

판매장에 제연설비를 다음 조건과 같이 설치할 때 전동기의 출력[kW]은 최소 얼마이어야 하는지 구하시오.

득점	배점
	5

조 건

- 팬(Fan)의 풍량은 50,000[CMH]이다.
- 덕트의 길이는 120[m], 단위 길이당 덕트 저항은 0.2[mmAq/m]로 한다.
- 배기구 저항은 8[mmAq], 배기그릴 저항은 4[mmAq], 부속류의 저항은 덕트저항의 40[%]로 한다.
- 송풍기 효율은 50[%]로 하고, 전달계수 K는 1.1로 한다.

해설

전동기의 출력

$$P[\text{kW}] = \frac{Q \times P_T}{102 \times \eta} \times K$$

여기서, Q : 풍량(50,000[CMH]=50,000[m³/h]=50,000÷3,600=13.9[m³/s])

P_T (전압)=24+8+4+9.6 = 45.6[mmAq]

① 덕트 저항=120[m]×0.2[mmAq/m]=24[mmAq]

② 배기구 저항=8[mmAq]

③ 배기그릴 저항=4[mmAq]

④ 부속류의 저항=24[mmAq]×0.4=9.6[mmAq]

η : 효율(50[%]=0.5) K : 전달계수(1.1)

$$\therefore\ P[\text{kW}] = \frac{Q \times P_T}{102 \times \eta} \times K = \frac{13.9[\text{m}^3/\text{s}] \times 45.6[\text{mmAq}]}{102 \times 0.5} \times 1.1 = 13.67[\text{kW}]$$

해답 13.67[kW]

07

지하 1층의 용도가 판매시설로서 본 용도로 사용하는 바닥 면적이 3,000[m^2]일 경우 이 장소에 분말소화기 1개의 소화능력단위가 A급 화재기준으로 3단위의 소화기를 설치할 경우 본 판매시설에 필요한 소화능력단위 수와 분말소화기의 수는 최소 몇 개가 필요한지 구하시오(단, 설명되지 않은 기타 조건은 무시한다)

득점	배점
	6

(1) 필요한 소화능력단위 수 :

(2) 필요한 분말소화기의 수 :

해설

소화능력단위와 소화기의 수

(1) 소화능력단위 수

[소방대상물별 소화기구의 능력단위기준(제4조 제1항 제2호 관련)]

소방대상물	소화기구의 능력단위
위락시설	해당 용도의 바닥면적 30[m^2]마다 능력단위 1단위 이상
공연장·집회장·관람장·문화재 및 의료시설	해당 용도의 바닥면적 50[m^2]마다 능력단위 1단위 이상
근린생활시설, **판매시설**, 숙박시설, 노유자시설, 전시장, 공동주택, 업무시설, 방송통신시설, 공장, 창고, 운수자동차관련시설 및 관광휴게시설	해당 용도의 바닥면적 **100[m^2]마다** 능력단위 1단위 이상
그 밖의 것	해당 용도의 바닥면적 200[m^2]마다 능력단위 1단위 이상

(주) 소화기구의 능력단위를 산출함에 있어서 건축물의 주요구조부가 내화구조이고, 벽 및 반자의 실내에 면하는 부분이 불연재료·준불연재료 또는 난연재료로 된 소방대상물에 있어서는 위 표의 기준면적의 2배를 해당소방대상물의 기준면적으로 한다.

$$\therefore \text{능력단위} = \frac{\text{바닥면적}}{100[m^2]} = \frac{3,000[m^2]}{100[m^2]} = 30\text{단위}$$

(2) 분말 소화기의 수

$$\text{소화기 수} = \frac{30\text{단위}}{3\text{단위}} = 10\text{개}$$

해답 (1) 능력단위 : 30단위
(2) 소화기의 수 : 10개

08

원심펌프의 회전속도가 1,800[rpm], 양정은 30[m], 토출량은 2,400[LPM]이었다. 만약 펌프의 회전속도를 3,600[rpm]으로 변경하였을 경우, 다음 물음에 답하시오.

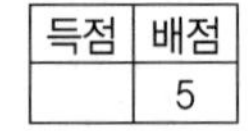

물 음

(1) 전양정은 얼마인가?

(2) 전동기동력은 처음 동력의 몇 배인가?

해설

상사법칙

① 유량 $Q_2 = Q_1 \times \left(\frac{N_2}{N_1}\right) \times \left(\frac{D_2}{D_1}\right)^3$

② 양정 $H_2 = H_1 \times \left(\frac{N_2}{N_1}\right)^2 \times \left(\frac{D_2}{D_1}\right)^2$

③ 동력 $P_2 = P_1 \times \left(\frac{N_2}{N_1}\right)^3 \times \left(\frac{D_2}{D_1}\right)^5$

여기서 N : 회전수 D : 직경

(1) 전양정

$$H_2 = H_1 \times \left(\frac{N_2}{N_1}\right)^2 \times \left(\frac{D_2}{D_1}\right)^2 = 30[\text{m}] \times \left(\frac{3{,}600[\text{rpm}]}{1{,}800[\text{rpm}]}\right)^2 = 120[\text{m}]$$

(2) $P_2 = P_1 \times \left(\frac{N_2}{N_1}\right)^3 \times \left(\frac{D_2}{D_1}\right)^5$ 에서 직경이 동일하므로

$$P_2 = P_1 \times \left(\frac{N_2}{N_1}\right)^3 \times \left(\frac{D_2}{D_1}\right)^5 = P_1 \times \left(\frac{3{,}600[\text{rpm}]}{1{,}800[\text{rpm}]}\right)^3 = 8P_1$$

∴ 8배

해답 (1) 120[m]

(2) 8배

09

경유를 저장하는 탱크의 내부직경이 40[m]인 플로팅루프(Floating Roof) 탱크에 포소화설비의 특형방출구를 설치하여 방출하려고 할 때 다음 각 물음에 답하시오.

득점	배점
	10

조 건

- 소화약제는 3[%]용의 단백포를 사용하며, 수용액의 분당 방출량은 $10[\text{L/m}^2 \cdot \text{min}]$이고 방사시간은 20분으로 한다.
- 탱크 내면과 굽도리판의 간격은 2[m]로 한다.
- 펌프의 효율은 65[%], 전동기 전달계수는 1.2로 한다.

물 음

(1) 상기탱크의 특형 방출구에 의하여 소화하는 데 필요한 수용액의 양, 수원의 양, 포소화약제 원액의 양은 각각 얼마 이상이어야 하는가?(단위는 [L])

(2) 수원을 공급하는 가압송수장치의 분당 토출량[L/min]은 얼마 이상이어야 하는가?

(3) 펌프의 정격 전양정이 120[m]라고 할 때 전동기의 출력[kW]은 얼마 이상이어야 하는가?

해설

(1) Floating Roof Tank(FRT)의 경우 고정포 방출 방식 중 특형만 사용이 가능 : 상부 지붕이 유면에 떠 있는 상태로 전면에 포방출 시 지붕이 가라앉을 수도 있음

$$Q = A \times Q_1 \times T \times S$$

A : 탱크단면적[m²] 산정 시 탱크 벽면과 굽도리판 사이에만 포를 방출하므로 양쪽 벽면을 고려해서 면적을 산정해야 함

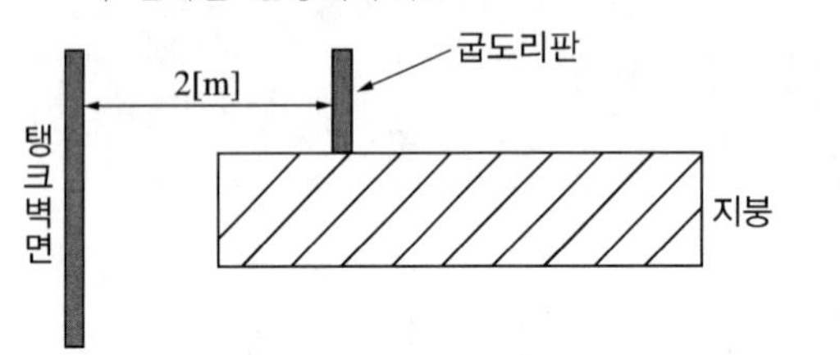

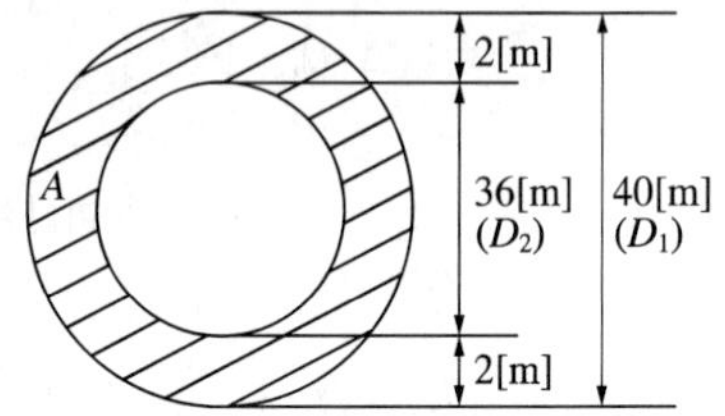

$A = \frac{\pi}{4}(D_1^2 - D_2^2) = \frac{\pi}{4}[(40[\text{m}])^2 - (36[\text{m}])^2] = 238.76[\text{m}^2]$

Q_F(포소화약제) = 238.76[m²]×10[L/m²·min]×20[min]×0.03 = 1,432.56[L]

Q_W(수원의 양) = 238.76[m²]×10[L/m²·min]×20[min]×0.97 = 46,319.44[L]

Q_T(수용액의 양) = 46,319.44[L]+1,432.56[L] = 47,752[L]

∴ 포소화약제 1,432.56[L], 수원의 양 46,319.44[L], 수용액의 양 47,752[L]

(2) 20분간 방출하므로 분당 방출량

47,752[L]/20[min] = 2,387.6[L/min]

(3) 전동기 출력

$$P = \frac{0.163 \times Q \times H}{\eta} \times K$$

여기서 Q : 토출량[m³/min]　　H : 전양정[m]

η : 전동기 효율　　K : 전달계수

$\therefore P = \frac{0.163 \times Q \times H}{\eta} \times K = \frac{0.163 \times 2.388[\text{m}^3/\text{min}] \times 120[\text{m}]}{0.65} \times 1.2 = 86.23[\text{kW}]$

해답

(1) ① 포소화약제 : 1,432.56[L]
② 수원의 양 : 46,319.44[L]
③ 수용액의 양 : 47,752[L]

(2) 2,387.6[L/min]

(3) 86.23[kW]

10

유리벌브형 스프링클러헤드의 주요 구성요소 3가지를 쓰시오.

득점	배점
	3

해설

유리벌브형(Glass Bulb Type)

(1) 형태 : 감열체 중 유리구 안에 액체 등을 넣어 봉한 것을 말한다.

(2) 구성요소 : 프레임, 반사판(디플렉터), 유리벌브

퓨즈블링크 : 감열체 중 이융성 금속으로 융착되거나 이융성 물질에 의하여 조립된 것

해답 (1) 프레임
(2) 반사판
(3) 유리벌브

11

소화설비의 급수배관에 사용하는 개폐표시형 밸브 중 버터플라이(볼 형식 이외) 외의 밸브를 꼭 사용하여야 하는 배관의 이름과 그 이유를 기술하시오.

득점	배점
	4

해설

급수배관에 설치되어 급수를 차단할 수 있는 개폐밸브(옥내소화전방수구를 제외한다)는 개폐표시형으로 하여야 한다. 이 경우 펌프의 흡입측 배관에는 버터플라이밸브 외의 개폐표시형 밸브를 설치하여야 한다.

해답 (1) 배관 : 펌프 흡입측 배관
(2) 이유 : 마찰손실이 커서 공동현상이 발생할 우려가 있기 때문

12

화재안전기준에 따라 설치된 연결송수관설비의 송수구에 대하여 물음에 답하시오.

득점	배점
	6

(1) 지면으로부터 높이가 (　　)[m] 이상 (　　)[m] 이하의 위치에 설치할 것
(2) 송수구의 구경은 (　　)[mm]의 (　　)으로 할 것
(3) 송수구는 연결송수관의 수직배관마다 (　　)개 이상을 설치할 것. 다만, 하나의 건축물에 설치된 각 수직배관이 중간에 (　　)가 설치되지 아니한 배관으로 상호 연결되어 있는 경우에는 건축물마다 1개씩 설치할 수 있다.

해설

연결송수관설비의 송수구 설치기준

(1) 지면으로부터 높이가 0.5[m] 이상 1[m] 이하의 위치에 설치할 것
(2) 송수구의 구경은 65[mm]의 쌍구형으로 할 것
(3) 송수구는 연결송수관의 수직배관마다 1개 이상을 설치할 것. 다만, 하나의 건축물에 설치된 각 수직배관이 중간에 개폐밸브가 설치되지 아니한 배관으로 상호 연결되어 있는 경우에는 건축물마다 1개씩 설치할 수 있다.

해답 (1) 0.5, 1
(2) 65, 쌍구형
(3) 1, 개폐밸브

13

다음은 할론 소화설비의 배치도이다. 아래 그림의 조건에 적합하도록 체크밸브를 도시하시오.

득점	배점
	10

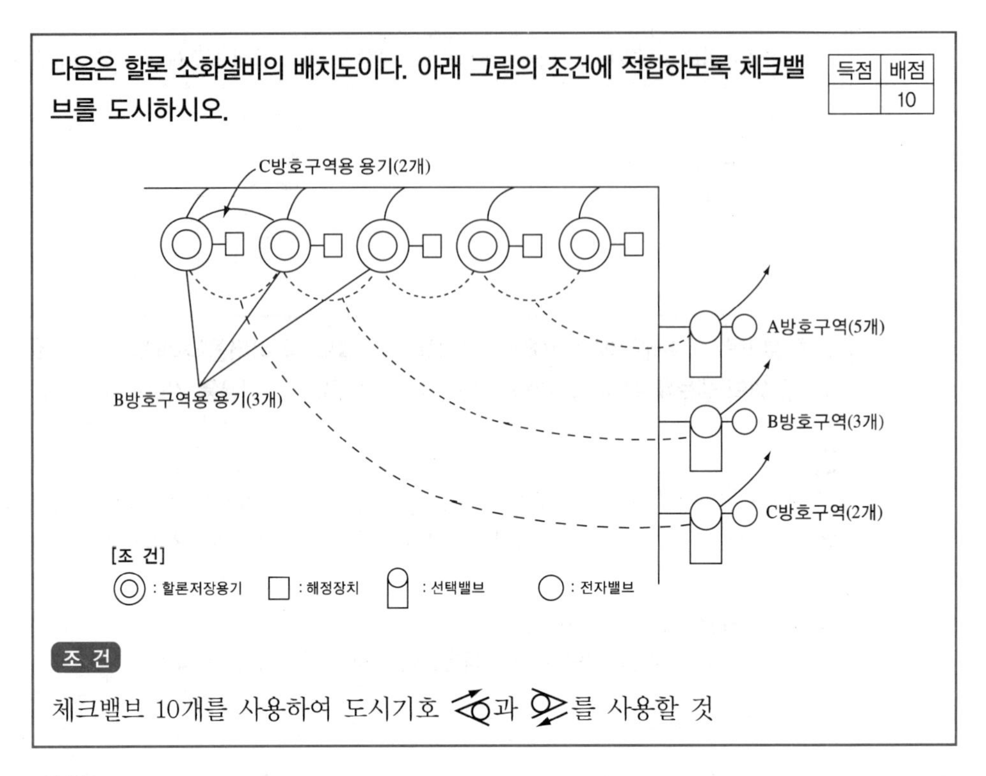

조 건

체크밸브 10개를 사용하여 도시기호 ⊲과 ⊳를 사용할 것

해설

가스체크밸브는 방출된 가스의 역류방지를 위해 사용하며 **약제저장용기에서 집합관 사이에도 설치하여야 한다.**

해답

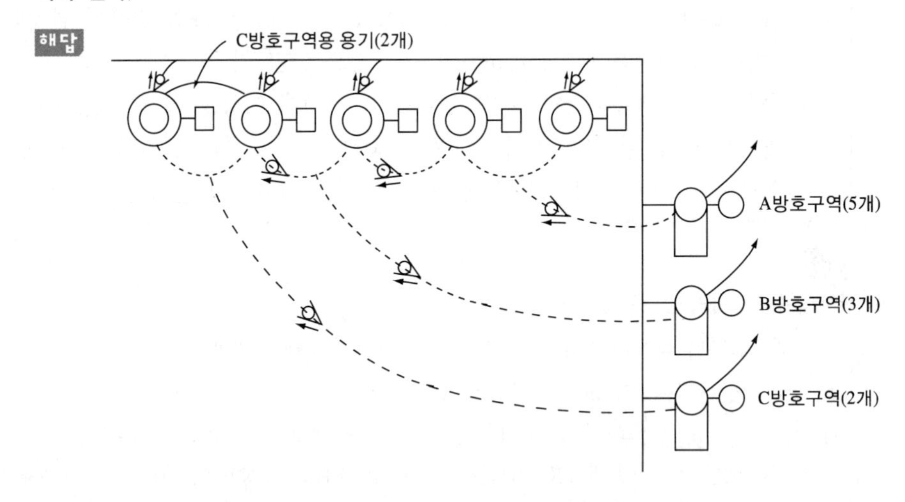

14

아래 그림과 같은 루프(Loop) 배관에 직접 연결된 살수헤드에서 200[L/min]의 유량으로 물이 방수되고 있다. 화살표 방향으로 흐르는 Q_1 및 Q_2의 유량[L/min]을 산출하시오.

득점	배점
	10

조 건

- 배관 마찰손실은 하젠-윌리엄스공식을 사용하되 계산 편의상 다음과 같다고 가정한다.

$$\Delta P = \frac{6 \times 10^4 \times Q^2}{100^2 \times d^5}$$

여기서, ΔP : 배관 1[m]당 마찰손실압력[MPa]　　Q : 배관 내 유수량[L/min]
d : 배관의 안지름[mm]

- 루프(Loop) 배관의 안지름은 40[mm]이다.
- 배관 부속품의 등가길이는 전부 무시한다.

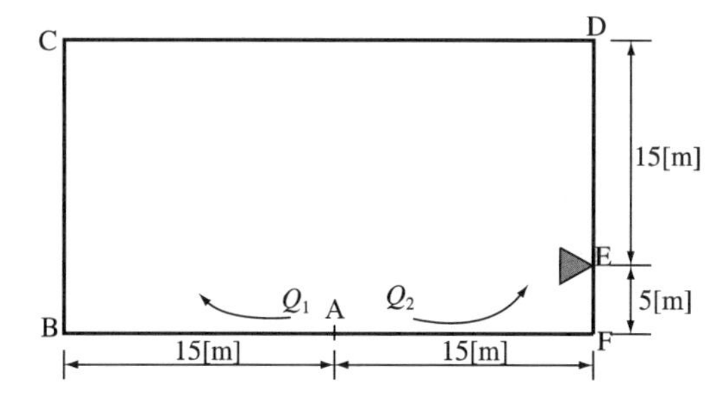

해설

$\Delta P_{ABCDE} = \Delta P_{AFE}$ 마찰손실은 같다.

$Q_1 + Q_2 = Q_{total}$

$$\Delta P_{ABCDE} = 6 \times 10^4 \times \frac{Q_1^2}{100^2 \times (40[mm])^5}(15[m] + 20[m] + 30[m] + 15[m])$$

$$\Delta P_{AFE} = 6 \times 10^4 \times \frac{Q_2^2}{100^2 \times (40[mm])^5}(15[m] + 5[m])$$

$6 \times 10^4 \times \dfrac{1}{100^2 \times (40[mm])^5}$ 을 공통으로 제거하면

$80Q_1^2 = 20Q_2^2$, $4Q_1^2 = Q_2^2$ 양변에 제곱근을 취하면

$\sqrt{Q_2^2} = \sqrt{4Q_1^2}$　$\therefore Q_2 = 2Q_1$

$Q_1 = 1$일 때 $Q_2 = 2$이므로

$$\therefore Q_1 = 200[L/min] \times \frac{1}{1+2} = 66.67[L/min]$$

$$Q_2 = 200[L/min] \times \frac{2}{1+2} = 133.33[L/min]$$

해답 Q_1 = 66.67[L/min]
Q_2 = 133.33[L/min]

15

다음 관부속품 및 밸브에 대하여 알맞은 답을 쓰시오.

득점	배점
	5

(1) 유체의 이물질을 제거할 목적으로 배관에 설치하는 것
(2) 배관의 구경이 서로 다른 관을 연결할 때 사용하는 관 이음쇠
(3) 유체의 흐름이 직각으로 흐를 때 사용하는 밸브
(4) 펌프의 순환배관상에 설치하는 것으로서 체절압력 미만에서 작동하는 밸브
(5) 펌프의 성능시험배관의 후단에 설치하는 밸브

해설

관부속품 및 밸브

(1) 스트레이너 : 유체의 이물질을 제거할 목적으로 펌프의 흡입측 배관에 설치
(2) 리듀서 : 배관의 구경이 서로 다른 관을 연결할 때 사용하는 관 이음쇠
(3) 앵글밸브 : 유체의 흐름이 직각으로 흐를 때 사용하는 밸브
(4) 릴리프밸브 : 펌프의 순환배관상에 설치하는 것으로 체절압력 미만에서 작동하는 밸브
(5) 유량조절밸브 : 펌프의 성능시험배관의 후단에 설치하는 밸브

해답 (1) 스트레이너
(2) 리듀서
(3) 앵글밸브
(4) 릴리프밸브
(5) 유량조절밸브

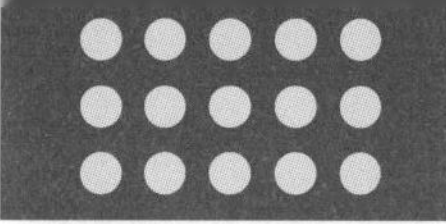

제 **2** 회

2017년 6월 25일 시행

※ 다음 물음에 대한 답을 해당 답란에 답하시오.(배점 : 100)

01

가로 15[m], 세로 14[m], 높이 3.5[m]인 전산실에 할로겐화합물 및 불활성 기체 중 HFC-23과 IG-541을 사용할 경우 아래 조건을 참조하여 다음 물음에 답하시오.

득점	배점
	12

조 건

- HFC-23의 소화농도는 A, C급 화재는 38[%], B급 화재는 35[%]이다.
- HFC-23의 저장용기는 68[L]이며 충전밀도는 720.8[kg/m^3]이다.
- IG-541의 소화농도는 33[%]이다.
- IG-541의 저장용기는 80[L]용 15.8[m^3/병]을 적용하며 충전압력은 19.996[MPa]이다.
- 소화약제량 산정 시 선형상수를 이용하도록 하며 방사 시 기준온도는 30[℃]이다.

소화약제	K_1	K_2
HFC-23	0.3164	0.0012
IG-541	0.65799	0.00239

물 음

(1) HFC-23의 저장량은 최소 몇 [kg]인가?
(2) HFC-23의 저장용기 수는 최소 몇 병인가?
(3) 배관 구경 산정 조건에 따라 HFC-23의 약제량 방사 시 주배관의 방사유량은 몇 [kg/s] 이상인가?
(4) IG-541의 저장량은 최소 몇 [m^3]인가?
(5) IG-541의 저장용기 수는 최소 몇 병인가?
(6) 배관 구경 산정 조건에 따라 IG-541의 약제량 방사 시 주배관의 방사유량은 몇 [m^3/s] 이상인가?

해설

(1) HFC-23의 저장량

$$W = \frac{V}{S} \times \frac{C}{100 - C}$$

여기서, W : 소화약제의 무게[kg]

V : 방호구역의 체적(15[m]×14[m]×3.5[m] = 735[m^3])

C : 소화약제의 설계농도(38[%]×1.2 = 45.6[%])

PLUS ONE 체적에 따른 소화약제의 설계농도[%]는 상온에서 제조업체의 설계기준에서 정한 실험수치를 적용한다. 이 경우 설계농도는 소화농도[%]에 안전계수(**A·C급 화재 1.2**, B급 화재 1.3)를 곱한 값으로 할 것

S : 소화약제별 선형상수[$K_1 + K_2 \times t$ = 0.3164 + (0.0012×30)=0.3524][m^3/kg]

t : 방호구역의 최소예상온도(30[℃])

$$\therefore W = \frac{V}{S} \times \frac{C}{100-C} = \frac{735}{0.3524} \times \frac{45.6}{100-45.6} = 1{,}748.31\,[\text{kg}]$$

(2) HFC-23의 저장용기 수

> 약제의 중량=용기의 내용적[L]×충전밀도[kg/L]

∴ 약제의 중량 = 68[L] × 0.7208[kg/L] = 49.01[kg]

> $$1\,[\text{m}^3] = 1{,}000\,[\text{L}]$$

∴ 용기의 병수 = 1,748.31[kg] ÷ 49.01[kg] = 35.67병 ⇒ 36병

(3) 주배관의 방사유량

> $$W = \frac{V}{S} \times \frac{C}{100-C}$$

여기서, W : 소화약제의 무게[kg]

V : 방호구역의 체적(15[m] × 14[m] × 3.5[m] = 735[m^3])

C : 소화약제의 설계농도(38[%] × 1.2 × 0.95 = 43.32[%])

S : 소화약제별 선형상수[$K_1 + K_2 \times t$ = 0.3164 + (0.0012 × 30) = 0.3524][m^3/kg]

t : 방호구역의 최소예상온도(30[℃])

$$\therefore W = \frac{V}{S} \times \frac{C}{100-C} = \frac{735}{0.3524} \times \frac{43.32}{100-43.32} = 1{,}594.08\,[\text{kg}]$$

PLUS ONE 배관의 구경은 해당 방호구역에 할로겐화합물 소화약제는 **10초 이내에, 불활성기체 소화약제는 A·C급 화재 2분, B급 화재 1분** 이내에 방호구역 각 부분에 최소설계농도의 95[%] 이상 해당하는 약제량이 방출되도록 하여야 한다.

$$\therefore \text{방사유량} = \frac{1{,}594.08\,[\text{kg}]}{10\,[\text{s}]} = 159.41\,[\text{kg/s}]$$

(4) 불활성기체 소화약제

> $$X = 2.303\frac{V_S}{S} \times \log\left(\frac{100}{100-C}\right)$$

여기서, X : 공간용적당 더해진 소화약제의 부피[m^3/m^3]

V_S : 20[℃]에서 비체적 $K_1 + K_2 t$ = 0.65799 + (0.00239 × 20[℃]) = 0.70579[m^3/kg]

S : 소화약제별 선형상수 $K_1 + K_2 \times t$ = 0.65799 + (0.00239 × 30) = 0.7297[m^3/kg]

C : 소화약제의 설계농도(33[%] × 1.2 = 39.6[%])

PLUS ONE 체적에 따른 소화약제의 설계농도[%]는 상온에서 제조업체의 설계기준에서 정한 실험수치를 적용한다. 이 경우 설계농도는 소화농도[%]에 안전계수(**A·C급 화재 1.2**, B급 화재 1.3)를 곱한 값으로 할 것

t : 방호구역의 최소예상온도(30[℃])

$\therefore\ X = 2.303\dfrac{V_S}{S} \times \log\left(\dfrac{100}{100-C}\right) = 2.303 \times \dfrac{0.7058}{0.7297} \times \log\left(\dfrac{100}{100-39.6}\right) = 0.49[m^3/m^3]$

약제량 = 방호체적 × X = 735[m³] × 0.49[m³/m³] = 360.15[m³]

(5) IG-541의 저장용기 수

저장용기의 병수 = 360.15[m³] ÷ 15.8m³/병 = 22.8병 ⇒ 23병

(6) 주배관의 방사유량

$$X = 2.303\frac{V_S}{S} \times \log\left(\frac{100}{100-C}\right)$$

여기서, X : 공간용적당 더해진 소화약제의 부피[m³/m³]

V_S : 20[℃]에서 소화약제의 비체적(0.7058[m³/kg])

S : 소화약제별 선형상수($K_1 + K_2 \times t$ = 0.65799 + (0.00239 × 30) = 0.7297[m³/kg])

C : 소화약제의 설계농도(33[%] × 1.2 × 0.95 = 37.62[%])

t : 방호구역의 최소예상온도(30[℃])

$\therefore\ X = 2.303\dfrac{V_S}{S} \times \log\left(\dfrac{100}{100-C}\right) = 2.303 \times \dfrac{0.7058}{0.7297} \times \log\left(\dfrac{100}{100-37.62}\right) = 0.46[m^3/m^3]$

약제량 = 방호체적 × X = 735[m³] × 0.46[m³/m³] = 338.10[m³]

$\therefore$ 방사유량 $= \dfrac{338.10[m^3]}{120[s]} = 2.82[m^3/s]$

해답

(1) 1,748.31[kg]
(2) 36병
(3) 159.41[kg/s]
(4) 360.15[m³]
(5) 23병
(6) 2.82[m³/s]

02

건식 스프링클러설비의 가압송수장치(펌프방식)의 성능시험을 실시하고자 한다. 다음 주어진 도면을 참고로 성능시험순서 및 시험결과 판정기준을 쓰시오.

득점	배점
	5

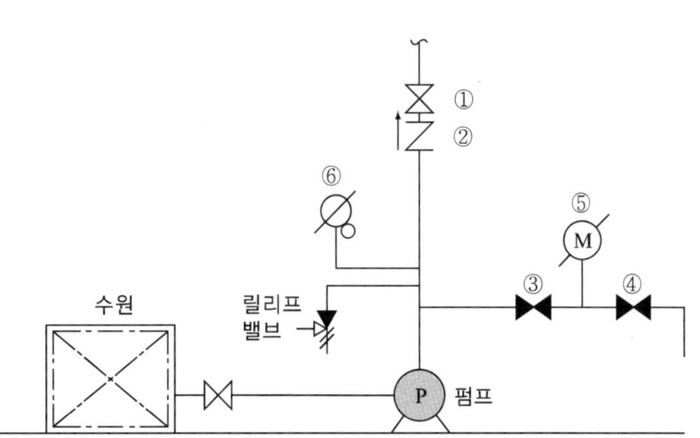

(1) 성능시험 순서

(2) 판정기준

해설

펌프의 성능시험방법 및 성능곡선

- 성능시험방법
  - 무부하시험(체절운전시험)
    펌프토출측의 주밸브와 성능시험배관의 유량조절밸브를 잠근 상태에서 운전할 경우에 양정이 전격양정의 140[%] 이하인지 확인하는 시험
  - 정격부하시험
    펌프를 기동한 상태에서 유량조절밸브를 개방하여 유량계의 유량이 정격유량상태(100[%])일 때 토출압력계와 흡입압력계의 차이가 정격압력 이상이 되는지 확인하는 시험
  - 피크부하시험(최대운전시험)
    유량조절밸브를 개방하여 정격토출량의 150[%]로 운전 시 정격토출압력의 65[%] 이상이 되는지 확인하는 시험
- 펌프의 성능곡선

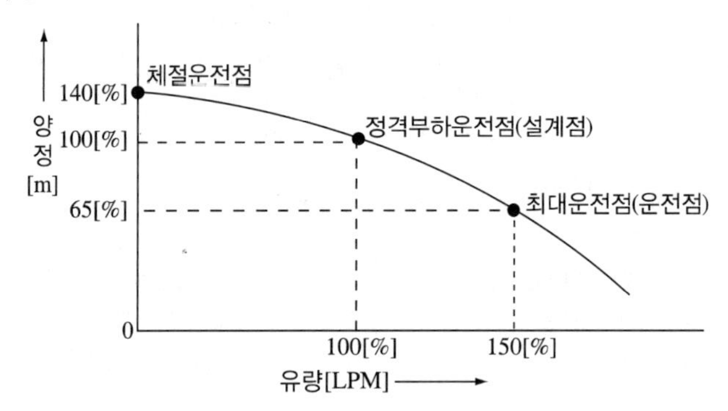

- 펌프의 성능시험(유량측정시험)방법(유량조절밸브가 있는 경우)

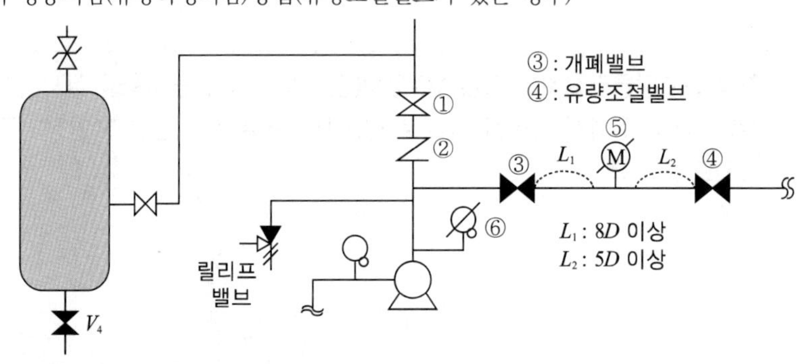

- 펌프의 토출측 주밸브(①)를 잠근다.
- 성능시험배관상의 개폐밸브(③)를 완전 개방한다.
- 동력제어반에서 충압펌프를 수동 또는 정지위치에 놓는다.
- 동력제어반에서 주펌프를 수동으로 기동시킨다.
- 성능시험배관상의 유량조절밸브(④)를 서서히 개방하여 유량계를 통과하는 유량이 정격토출유량(펌프사양에 명시됨)이 되도록 조절한다.

> 이때 정격토출유량이 되었을 때 펌프 토출측 압력계를 보고 정격토출압력(펌프 사양에 명시된 전양정 ÷ 10의 값) 이상인지 확인한다.

- 성능시험배관상의 유량조절밸브(④)를 조금 더 개방하여 유량계를 통과하는 유량이 정격토출유량의 150[%]가 되도록 조절한다.

> **[예 시]**
> 펌프의 토출유량이 400[LPM](L/min)이면 400×1.5 = 600[LPM]이면 된다.

- 이때 펌프의 토출측 압력은 정격토출압력의 65[%] 이상이어야 한다.

> **[예 시]**
> 펌프의 전양정이 60[m]이면 약 0.6[MPa]이므로
> 현장에서는 0.6×0.65 = 0.39[MPa] 이상이어야 한다.
> ※ 주펌프를 기동하여 유량 600[L/min]으로 운전 시 압력이 0.39[MPa] 이상이 나와야 펌프의 성능시험은 양호하다.

- 주펌프를 정지하고 성능시험 배관상의 밸브 ③, ④를 서서히 잠근다.
- 펌프의 토출측 주밸브 ①을 개방하고 동력제어반에서 충압펌프를 자동으로 하면 정지점까지 압력이 도달하면 정지된다. 그리고 주펌프를 자동 위치로 한다.

해답 (1) 성능시험 순서
- 펌프의 토출측 주밸브(①)를 잠근다.
- 성능시험배관상의 개폐밸브(③)를 완전 개방한다.
- 동력제어반에서 주펌프를 수동으로 기동시킨다.
- 성능시험배관상의 유량조절밸브(④)를 서서히 개방하여 유량계를 통과하는 유량이 정격토출유량(펌프사양에 명시됨)이 되도록 조절한다.
- 성능시험배관상의 유량조절밸브(④)를 조금 더 개방하여 유량계를 통과하는 유량이 정격토출유량의 150[%]가 되도록 조절한다.
- 이때 펌프의 토출측 압력은 정격토출압력의 65[%] 이상이어야 한다.
- 주펌프를 정지하고 성능시험 배관상의 밸브 ③, ④를 서서히 잠근다.
- 펌프의 토출측 주밸브 ①을 개방하고 동력제어반에서 충압펌프를 자동으로 하면 정지점까지 압력이 도달하면 정지된다. 그리고 주펌프를 자동 위치로 한다.

(2) 판정기준

펌프의 성능은 체절운전 시 정격토출압력의 140[%]를 초과하지 아니하면, 정격토출량의 150[%]로 운전 시 정격토출압력의 65[%] 이상이면 정상이다.

03

옥내소화전설비의 봉상방수 할 경우 노즐 선단에서 방수압을 측정하려고 한다. 측정방법을 간단히 설명하시오.

득점	배점
	6

해설

방수압 측정방법

직사형 노즐이 선단에 노즐직경의 $\frac{1}{2}D$(내경)만큼 떨어진 지점에서 피토게이지상의 눈금을 읽어 압력을 구하고 유량을 계산한다.

$$Q = 0.6597CD^2\sqrt{10P}$$

여기서, Q : 유량[L/min]
C : 유량계수
D : 노즐직경[mm]
P : 압력[MPa]

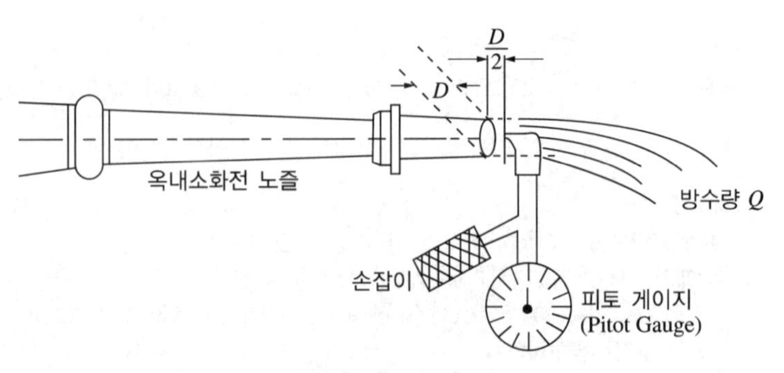

[방수량 측정 상세도]

해답 직사형 노즐이 선단에 노즐직경의 $\frac{1}{2}D$(내경)만큼 떨어진 지점에서 피토게이지상의 눈금을 읽어 압력을 구하고 유량을 계산한다.

04

스프링클러설비가 설치된 건축물에 종합정밀점검을 실시하고자 한다. 전동기의 점검항목을 쓰시오.

득점	배점
	3

해설

전동기의 종합정밀 점검항목(17. 6. 8일 개정)

① 베이스에 고정 및 커플링 결합 상태
② 원활한 회전 여부(진동 및 소음 상태)
③ 본체의 방청상태

해답 ① 베이스에 고정 및 커플링 결합 상태
② 원활한 회전 여부(진동 및 소음 상태)
③ 본체의 방청상태

05

비중이 0.8인 물질이 흐르는 배관에 수은마노미터를 설치하여 한쪽 끝은 대기에 노출시켰다. 내부의 게이지 압력이 58.8[kPa]이라면 수은주의 높이 차이는 몇 [cm]인가?

득점	배점
	5

해설

수은마노미터

$$\Delta P = \frac{g}{g_c} R(\gamma_A - \gamma_B)$$

여기서, R : 마노미터 읽음(수은주의 높이)
γ_A : 수은의 비중량(13.6×9,800[N/m^3])
γ_B : 유체의 비중량(0.8×9,800[N/m^3])

$58.8 \times 1,000\,[\mathrm{N/m^2}] = R[(13.6 \times 9,800) - (0.8 \times 9,800)][\mathrm{N/m^3}]$

$58.800 = R(133,280 - 7,840)\,[\mathrm{N/m^3}]$

$$\therefore\ R=\frac{58{,}800[\mathrm{N/m^2}]}{125{,}440[\mathrm{N/m^3}]}=0.46875[\mathrm{m}]=46.88[\mathrm{cm}]$$

해답 46.88[cm]

06

다음 옥외소화전설비의 소화전함에서 방수하는 장면이다. 다음 물음에 답하시오.

득점	배점
	6

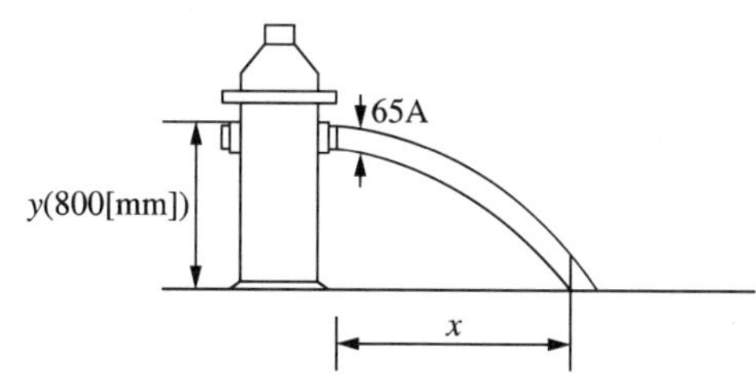

(1) 옥외소화전에서 물이 지면에 도달하는 거리가 16[m]일 경우 방수량[m^3/s]을 구하시오.

(2) 화재안전기준에 의하여 법적 방수량으로 방사될 경우에 x의 거리를 구하시오.

해설

방수량과 x의 거리

(1) 방수량

① 시간 t초 후의 속도

$$u=\frac{S}{t}$$

여기서, u : 유속[m/s]　　S : 유체가 x방향으로 이동한 거리

$t=\sqrt{\frac{2h}{g}}$: y방향으로의 낙하시간[s]

(h : 수직으로 낙하한 거리[m], g : 중력가속도(9.8[m/s^2]))

② 유 속

자유낙하거리의 계산식을 이용하면

$$h=\frac{1}{2}gt^2 \qquad t=\sqrt{\frac{2h}{g}}$$

$$\therefore\ u=\frac{S}{\sqrt{\frac{2h}{g}}}=\frac{16[\mathrm{m}]}{\sqrt{\frac{2\times0.8[\mathrm{m}]}{9.8[\mathrm{m/s^2}]}}}=39.60[\mathrm{m/s}]$$

③ 방수량

$$Q=uA=39.60[\mathrm{m/s}]\times\frac{\pi}{4}(0.065[\mathrm{m}])^2=0.13[\mathrm{m^3/s}]$$

옥외소화전의 구경 : 65[mm] = 0.065[m]

(2) 법적 방수량으로 방사될 경우에 x의 거리

$$x = u \cdot t = u \times \sqrt{\frac{2h}{g}}$$

① $Q = uA \quad u = \frac{Q}{A} = \frac{0.35/60[\text{m}^3/\text{s}]}{\frac{\pi}{4} \times (0.065[\text{m}])^2} = 1.76[\text{m/s}]$

② x의 거리

$$x = u \times \sqrt{\frac{2h}{g}} = 1.76[\text{m/s}] \times \sqrt{\frac{2 \times 0.8[\text{m}]}{9.8[\text{m/s}^2]}} = 0.71[\text{m}]$$

해답 (1) $0.13[\text{m}^3/\text{s}]$

(2) $0.71[\text{m}]$

07

다음은 10층 건물에 설치한 옥내소화전설비의 계통도이다. 각 물음에 답하시오.

득점	배점
	14

조 건

- 배관의 마찰손실수두는 40[m](소방호스, 관 부속품의 마찰손실수두 포함)이다.
- 펌프의 효율은 65[%]이다.
- 펌프의 여유율은 10[%] 적용한다.

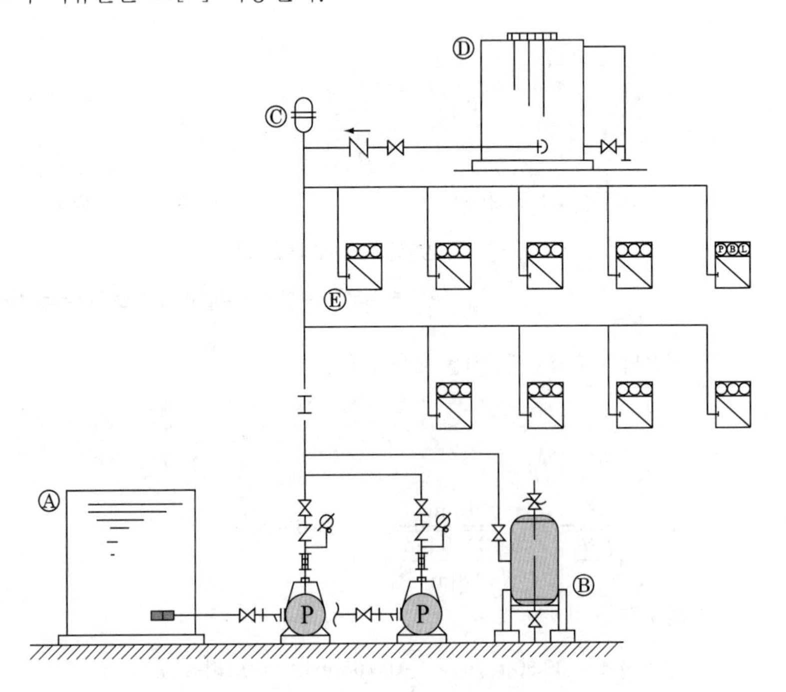

물 음

(1) Ⓐ ~ Ⓔ의 명칭을 쓰시오.
(2) Ⓓ에 보유하여야 할 최소유효저수량[m^3]은?
(3) Ⓑ의 주된 기능은?
(4) Ⓒ의 설치목적은 무엇인가?
(5) Ⓔ함의 문짝의 면적은 얼마 이상이어야 하는가?
(6) 펌프의 전동기 용량[kW]을 계산하시오.

해설

(1) 명 칭
Ⓐ 소화수조
Ⓑ 기동용 수압개폐장치
Ⓒ 수격방지기
Ⓓ 옥상수조
Ⓔ 옥내소화전(발신기세트 옥내소화전 내장형)

(2) 최소유효저수량
Ⓓ는 옥상수조로 유효수량 외의 1/3 이상을 저장하여야 한다.
① $Q = N \times 2.6[m^3] = 5 \times 2.6[m^3] = 13[m^3]$
② 옥상수조 $13[m^3] \times \frac{1}{3} = 4.33[m^3]$

(3) Ⓑ(기동용 수압개폐장치) : 소화설비의 배관 내 압력변동을 검지하여 자동으로 펌프를 기동 및 정지시키는 것으로서 압력체임버 또는 기동용 압력스위치 등을 말한다(주펌프는 자동정지되지 않는다).

(4) Ⓒ(수격방지기)의 목적 : 수직배관의 최상부에 설치하여 수격작용 방지(완충효과)

(5) Ⓔ(옥내소화전 함)의 문짝의 면적 : $0.5[m^2]$ 이상

(6) 전동기 용량

$$P[kW] = \frac{\gamma \times Q \times H}{\eta} \times K$$

여기서, Q : 유량$= N \times 130[L/min]$
$= 5 \times 130[L/min] = 650[L/min] = 0.65[m^3]/60[s]$
H : 전양정[m]

$$H = h_1 + h_2 + h_3 + 17$$

여기서, h_1 : 낙차(문제에서 주어진 데이터가 없으므로 0이다)
h_2(배관마찰손실수두)+h_3(소방호스마찰손실수두)$= 40[m]$
$\therefore H = 40[m] + 17[m] = 57[m]$
η : 효율(65[%] = 0.65) K : 전달계수(1.1)

$$\therefore P[kW] = \frac{\gamma \times Q \times H}{102 \times \eta} \times K = \frac{1{,}000 \times 0.65[m^3]/60[s] \times 57[m]}{102 \times 0.65} \times 1.1 = 10.25[kW]$$

해답 (1) Ⓐ : 소화수조
Ⓑ : 기동용 수압개폐장치
Ⓒ : 수격방지기
Ⓓ : 옥상수조
Ⓔ : 옥내소화전(발신기세트 옥내소화전 내장형)
(2) 4.33[m^3] 이상
(3) 펌프의 자동기동 및 정지
(4) 배관 내의 수격작용 방지
(5) 0.5[m^2] 이상
(6) 10.25[kW]

08

그림은 어느 공장에 설치된 지하매설 소화용 배관도이다. "가 ~ 마" 까지의 각각의 옥외소화전의 측정수압이 표와 같을 때 다음 각 물음에 답하시오.

득점	배점
	18

가 나 다 라 마
Flow →
φ200[mm] φ200[mm] φ150[mm] φ200[mm]
277[m] 152[m] 133[m] 277[m]

위치 / 압력	가	나	다	라	마
정압(靜壓)	5.57	5.17	5.72	5.86	5.52
방사압력	4.9	3.79	2.96	1.72	0.69

※ 방사압력은 소화전의 노즐 캡을 열고 소화전 본체 직근에서 측정한 Residual Pressure를 말한다.

(1) 다음은 동수경사선(Hydraulic Gradient)을 작성하기 위한 과정이다. 주어진 자료를 활용하여 표의 빈 곳을 채우시오(단, 계산과정을 보일 것).

항목 / 소화전	구경[mm]	실관장[m]	측정압력[MPa] 정 압	측정압력[MPa] 방사압력	펌프로부터 각 소화전까지 전마찰손실[MPa]	소화전 간의 배관마찰손실[MPa]	Gauge Elevation[MPa]	경사선의 Elevation[MPa]
가	-	-	0.557	0.49	①	-	0.029	0.519
나	200	277	0.517	0.379	②	⑤	0.069	⑩
다	200	152	0.572	0.296	③	0.138	⑧	0.31
라	150	133	0.586	0.172	0.414	⑥	0	⑪
마	200	277	0.552	0.069	④	⑦	⑨	⑫

(단, 기준 Elevation으로부터의 정압은 0.586[MPa]로 본다)

(2) 상기 ㉮항에서 완성된 표를 자료로 하여 답안지의 동수경사선과 Pipe Profile을 완성하시오.

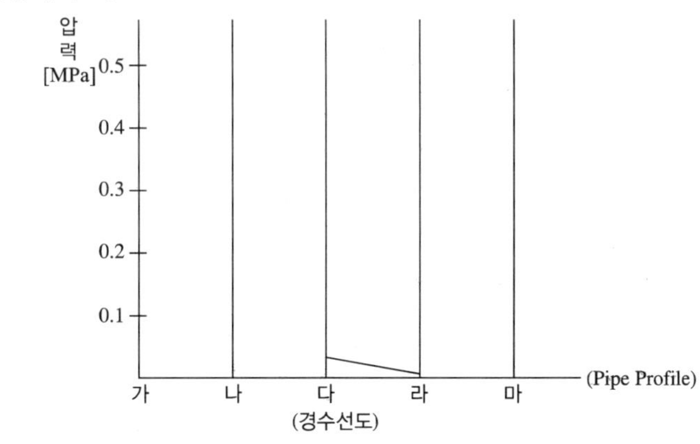

해설

동수경사선 작성

- 펌프로부터 각 소화전까지 전마찰 손실=정압−방사압력
- 소화전 간의 배관마찰손실
  =펌프로부터 소화전까지 전마찰손실−펌프로부터 전단 소화전까지의 전마찰손실
- 게이지압력(Gauge Elevation)=기준정압 Elevation−정압
- 경사선의 Elevation=방사압력+Gauge Elevation

소화전	측정압력 [MPa]		펌프로부터 각 소화전까지 전마찰 손실[MPa]	소화전 간의 배관마찰손실 [MPa]	Gauge Elevation [MPa]	경사선의 Elevation[MPa]
	정 압	방사압력	정압−방사압력	각소화전 호스까지 마찰손실차	기준정압 Elevation (0.0586[MPa] −정압)	방사압력 +Gauge Elevation
가	0.557	0.49	① 0.557−0.49 =0.067	−	0.586−0.557 =0.029	0.49+0.029 =0.519
나	0.517	0.379	② 0.517−0.379 =0.138	⑤ 0.138−0.067 =0.071	0.586−0.517 =0.069	⑩ 0.379+0.069 =0.448
다	0.572	0.296	③ 0.572−0.296 =0.276	0.276−0.138 =0.138	⑧ 0.586−0.572 =0.014	0.296+0.014 =0.31
라	0.586	0.172	0.586−0.172 =0.414	⑥ 0.414−0.276 =0.138	0.586−0.586 =0	⑪ 0.172+0 =0.172
마	0.552	0.069	④ 0.552−0.069 =0.483	⑦ 0.483−0.414 =0.069	⑨ 0.586−0.552 =0.034	⑫ 0.069+0.034 =0.103

해답 (1)

번 호	계산식	답	번 호	계산식	답
①	0.557−0.49=0.067	0.067	⑦	0.483−0.414=0.069	0.069
②	0.517−0.379=0.138	0.138	⑧	0.586−0.572=0.014	0.014
③	0.572−0.296=0.276	0.276	⑨	0.586−0.552=0.034	0.034
④	0.552−0.069=0.483	0.483	⑩	0.379+0.069=0.448	0.448
⑤	0.138−0.067=0.071	0.071	⑪	0.172+0=0.172	0.172
⑥	0.414−0.276=0.138	0.138	⑫	0.069+0.034=0.103	0.103

(2)

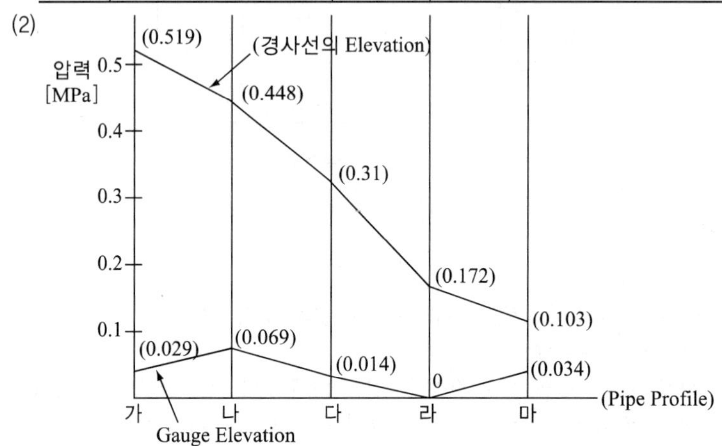

09

옥내소화전설비에 설치하는 충압펌프가 수시로 기동 및 정지를 반복한다. 그 원인으로 생각되는 사항을 5가지를 쓰시오.

득점	배점
	5

해설

충압펌프가 수시로 기동 및 정지를 반복되는 원인

- 펌프 토출측의 체크밸브 2차측의 배관이 누수될 때
- 압력탱크의 배수밸브가 개방 또는 누수될 때
- 펌프 토출측의 체크밸브가 미세한 개방으로 역류될 때
- 송수구의 체크밸브가 미세한 개방으로 역류될 때
- 옥상수조의 배관상 체크밸브가 완전히 폐쇄되지 않고 밀리는 경우
- 말단시험밸브의 배수밸브가 미세한 개방 또는 누수될 때(스프링클러설비에 해당)
- 자동경보밸브의 배수밸브가 미세한 개방 또는 누수될 때(스프링클러설비에 해당)

해답 ① 펌프 토출측의 체크밸브 2차측의 배관이 누수될 때
② 압력탱크의 배수밸브가 개방 또는 누수될 때
③ 펌프 토출측의 체크밸브가 미세한 개방으로 역류될 때
④ 송수구의 체크밸브가 미세한 개방으로 역류될 때
⑤ 옥상수조의 배관상에 설치된 체크밸브가 밀리는 경우

10

알람밸브가 설치된 습식스프링클러설비에서 시험밸브 개방 시 알람밸브가 작동할 때 경보가 발령되지 않는 경우 그 원인을 3가지 쓰시오.	득점	배점
		5

해설

알람밸브 작동 시 경보가 발령되지 않는 경우

- 알람밸브에 설치된 압력 스위치가 단선인 경우
- 해당 방호구역의 사이렌이 고장난 경우
- 수신기의 사이렌(경종)스위치가 정지위치에 있는 경우
- 알람밸브에 설치된 경보정지밸브가 폐쇄된 경우

해답 ① 알람밸브에 설치된 압력 스위치가 단선인 경우
② 알람밸브에 설치된 경보정지밸브가 폐쇄된 경우
③ 해당 방호구역의 사이렌이 고장난 경우

11

특별피난계단의 계단실 및 부속실 제연설비의 화재안전기준에서 차압에 대하여 다음 물음에 ( ) 안에 적당한 숫자로 답하시오. (득점 / 배점 5)

(1) 제연구역과 옥내와의 사이에 유지하여야 하는 최소차압은 ( )[Pa](옥내에 스프링클러설비가 설치된 경우에는 ( )[Pa]) 이상으로 하여야 한다.
(2) 제연설비가 가동되었을 경우 출입문의 개방에 필요한 힘은 ( )[N] 이하로 하여야 한다.
(3) 출입문이 일시적으로 개방되는 경우 개방되지 아니하는 제연구역과 옥내와의 차압은 (1)의 기준에 불구하고 제(1)의 기준에 따른 차압의 ( )[%] 미만이 되어서는 아니 된다.
(4) 계단실과 부속실을 동시에 제연하는 경우 부속실의 기압은 계단실과 같게 하거나 계단실의 기압보다 낮게 할 경우에는 부속실과 계단실의 압력 차이는 ( )[Pa] 이하가 되도록 하여야 한다.

해설

특별피난계단의 계단실 및 부속실 제연설비의 차압 기준

(1) 제4조 제1호의 기준에 따라 제연구역과 옥내와의 사이에 유지하여야 하는 최소차압은 **40[Pa]**(옥내에 스프링클러설비가 설치된 경우에는 **12.5[Pa]**) **이상**으로 하여야 한다.
(2) 제연설비가 가동되었을 경우 출입문의 개방에 필요한 힘은 **110[N] 이하**로 하여야 한다.
(3) 제4조 제2호의 기준에 따라 출입문이 일시적으로 개방되는 경우 개방되지 아니하는 제연구역과 옥내와의 차압은 제1항의 기준에 불구하고 (1)의 기준에 따른 차압의 **70[%] 미만**이 되어서는 아니 된다.
(4) 계단실과 부속실을 동시에 제연 하는 경우 부속실의 기압은 계단실과 같게 하거나 계단실의 기압보다 낮게 할 경우에는 부속실과 계단실의 압력 차이는 **5[Pa] 이하**가 되도록 하여야 한다.

해답 (1) 40, 12.5　(2) 110
(3) 70　(4) 5

12

득점	배점
	10

다음 그림은 일제개방형 스프링클러설비 계통도의 일부를 나타낸 것이다. 주어진 조건을 참조하여 구간별 유량 및 손실압력을 계산하시오.

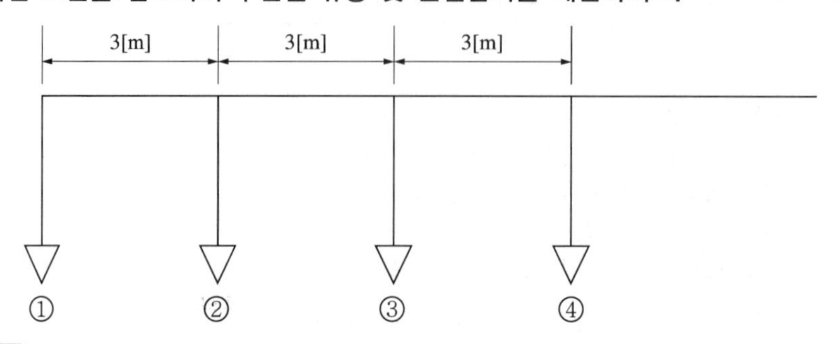

조 건

- 배관 마찰손실압력은 하젠-윌리엄스 공식을 따르되 계산의 편의상 다음 식과 같다고 가정한다.

$$\Delta P = \frac{6 \times 10^4 \times Q^2}{100^2 \times d^5} \times L$$

여기서, ΔP : 마찰손실압력[MPa]
Q : 배관 내의 유수량[L/min]
d : 배관의 안지름[mm]
L : 배관의 길이[m]

- 헤드는 개방형 헤드이고 각 헤드의 방출계수(K)는 동일하며, 방수압력 변화와 관계없이 일정하고 그 값은 $K = 100$이다.
- 가지관과 헤드 간의 마찰손실은 무시한다.
- 각 헤드의 방수량은 서로 다르다.
- 배관 내경은 32[mm]로 일정하다.
- 구간별 배관의 등가길이는 3[m]로 일정하다.
- 계산과정 및 답은 소수점 둘째자리까지 나타내시오.
- 살수 시 최저방수압이 되는 헤드에서의 방수압은 0.1[MPa]이다.

구 간	유량[L/min]	손실압력[MPa]
①	80	0.1
①~②		
②~③		
③~④		

해설

구 간	유량[L/min]	손실압력[MPa]
①	80	0.1
①~②	$P_1 = 0.1[\mathrm{MPa}]$ $Q_1 = K\sqrt{10P} = 100\sqrt{10 \times 0.1[\mathrm{MPa}]}$ $= 100[\mathrm{L/min}]$	ΔP ①~② $= 6 \times 10^4 \times \dfrac{(100)^2}{100^2 \times (32)^5} \times (3+3)[\mathrm{m}]$ $= 0.01[\mathrm{MPa}]$
②~③	$P_2 = 0.1 + 0.01[\mathrm{MPa}] = 0.11[\mathrm{MPa}]$ $Q_2 = K\sqrt{10P} = 100\sqrt{10 \times 0.11[\mathrm{MPa}]}$ $= 104.88[\mathrm{L/min}]$ $Q_2 = 100[\mathrm{L/min}] + 104.88[\mathrm{L/min}]$ $= 204.88[\mathrm{L/min}]$	ΔP ②~③ $= 6 \times 10^4 \times \dfrac{(204.88)^2}{100^2 \times (32)^5} \times (3+3)[\mathrm{m}]$ $= 0.05[\mathrm{MPa}]$
③~④	$P_3 = 0.11 + 0.05[\mathrm{MPa}] = 0.16[\mathrm{MPa}]$ $Q_3 = K\sqrt{10P} = 100\sqrt{10 \times 0.16[\mathrm{MPa}]}$ $= 126.49[\mathrm{L/min}]$ $Q_3 = 204.88[\mathrm{L/min}] + 126.49[\mathrm{L/min}]$ $= 331.37[\mathrm{L/min}]$	ΔP ③~④ $= 6 \times 10^4 \times \dfrac{(331.37)^2}{100^2 \times (32)^5} \times (3+3)[\mathrm{m}]$ $= 0.12[\mathrm{MPa}]$

13

7층인 건축물에 연결송수관설비와 옥내소화전설비의 배관을 겸용으로 사용하고 있다. 다음 조건을 참조하여 물음에 답하시오.

득점	배점
	6

조 건

- 층당 소화전은 5개이다.
- 실양정은 20[m]이다.
- 배관의 마찰손실은 실양정의 20[%]이다.
- 관부속류의 마찰손실은 배관 마찰손실의 50[%]이다.
- 소방용호스 마찰손실수두는 3.9[m]이다.

물 음

(1) 전양정[m]을 구하시오.

(2) 성능시험배관의 구경을 구하여 다음 표에서 구하시오.

25A, 32A, 40A, 50A, 65A, 80A

(3) 유량측정장치의 최대정격토출량[L/min]은 얼마인가?

(4) 배관을 겸용할 경우 주 배관의 규격[mm]은 얼마 이상으로 하여야 하는가?

해설

옥내소화전설비와 연결송수관설비 겸용 시

(1) 전양정

$$H = h_1 + h_2 + h_3 + 17$$

여기서, h_1 : 소방용호스 마찰손실수두(3.9[m])

h_2 : 배관의 마찰손실수두[(20[m]×0.2)+(20[m]×0.2×0.5)=6[m]]

h_3 : 실양정(20[m])

$H = h_1 + h_2 + h_3 + 17 = 3.9 + 6 + 20 + 17 = 46.9$[m]

(2) 성능시험배관

$$1.5Q = 0.6597CD^2\sqrt{10P \times 0.65}$$

여기서, Q = 130[L/min]×5 = 650[L/min]

$1.5 \times 650[\text{L/min}] = 0.6597 \times 1 \times D^2 \times \sqrt{10 \times \left(\frac{46.9[\text{m}]}{10.332[\text{m}]} \times 0.101325[\text{MPa}]\right) \times 0.65}$

∴ D = 29.24[mm] → 32A

(3) 유량측정장치의 최대정격토출량

유량측정장치는 성능시험배관의 직관부에 설치하되 펌프의 정격토출량의 175[%]까지 측정할 수 있는 성능이 있을 것

최대측정유량 = 펌프의 정격토출량×1.75

∴ 650[L/min]×1.75 = 1,137.50[L/min]

(4) 연결송수관설비와 배관을 겸용할 경우 주 배관의 구격 : 100[mm] 이상

방수구로 연결되는 배관 : 65[mm] 이상

해답

(1) 46.9[m]

(2) 32A

(3) 1,137.50[L/min]

(4) 100[mm]

제4회 2017년 11월 11일 시행

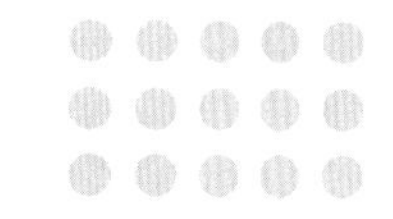

※ 다음 물음에 대한 답을 해당 답란에 답하시오.(배점 : 100)

01

다음 (　　) 안에 적당한 말을 쓰시오.

득점	배점
	4

"미분무"란 물만을 사용하여 소화하는 방식으로 최소설계압력에서 헤드로부터 방출되는 물입자 중 (　　)[%]의 누적체적분포가 (　　)[μm] 이하로 분무되고 (　　)화재에 적응성을 갖는 것을 말한다.

해설

"미분무"란 물만을 사용하여 소화하는 방식으로 최소설계압력에서 헤드로부터 방출되는 물입자 중 **99[%]**의 누적체적분포가 **400[μm] 이하**로 분무되고 A, B, **C급 화재**에 적응성을 갖는 것을 말한다.

해답 99, 400, A B C급

02

분말 소화설비에 설치하는 정압작동 장치의 기능과 압력 스위치 방식에 대하여 작성하시오.

득점	배점
	6

(1) 정압작동장치의 기능

(2) 압력 스위치 방식

해설

정압작동장치

• 기 능

15[MPa]의 압력으로 충전된 가압용 가스용기에서 1.5~2.0[MPa]로 감압하여 저장용기에 보내어 약제와 혼합하여 소정의 방사압력에 달하여(통상 15~30초) **주밸브를 개방시키기 위하여 설치하는 것**으로 저장용기의 압력이 낮을 때는 열려 가스를 보내고 적정압력에 달하면 정지하는 구조로 되어 있다.

• 종 류

- 압력스위치(가스압식) 방식 : 분말약제 저장용기에 유입된 가스압력에 의하여 설정된 압력이 되면 압력스위치가 압력을 감지하여 전자밸브를 개방시켜 메인밸브를 개방시키는 방식
- 기계적(스프링식) 방식 : 분말약제 저장용기에 유입된 가스압력에 의하여 밸브의 레버를 당겨서 가스의 통로를 개방, 가스를 메인밸브로 보내어 메인밸브를 개방시키는 방식
- 전기식(타이머) 방식 : 분말약제 저장용기에 유입된 가스가 설정된 압력에 도달하는 시간을 미리 산출하여 시한릴레이에 입력시키고 기동과 동시에 시한릴레이를 작동케 하여 입력시간이 지나면 릴레이가 작동전자밸브를 개방하여 메인밸브를 개방시키는 방법

해답

(1) 정압작동장치 기능 : 약제저장용기에 내부 압력이 설정압력이 되었을 때 주밸브를 개방하는 장치

(2) 압력스위치 방식 : 약제 탱크 내부의 압력에 의해서 움직이는 압력스위치를 설치하여 일정한 압력에 도달했을 때 압력스위치가 닫혀 전자밸브를 개방하여 주밸브 개방용의 가스를 보내는 방식

03

소방시설의 가압송수장치에서 주로 사용하는 펌프로 터빈 펌프와 벌류트 펌프가 있다. 이들 펌프의 특징을 비교하여 다음 표의 빈칸에 유, 무, 대, 소, 고, 저 등으로 작성하시오.

득점	배점
	6

	벌류트 펌프	터빈 펌프
임펠러에 안내날개(유, 무)		
송출 유량(대, 소)		
송수 압력(고, 저)		

해설

- **벌류트 펌프** : 양정이 낮고 양수량이 많은 경우에 사용하며, 안내날개가 없음
- **터빈 펌프** : 양정이 높고 양수량이 적은 경우에 사용하며, 안내날개가 있음

해답

	벌류트 펌프	터빈 펌프
임펠러에 안내날개(유, 무)	무	유
송출 유량(대, 소)	대	소
송수 압력(고, 저)	저	고

04

다음 그림과 같이 바닥면이 자갈로 되어 있는 절연유 봉입 변압기에 물분무소화설비를 설치하고자 한다. 화재안전기준을 참고하여 각 물음에 답하시오.

득점	배점
	8

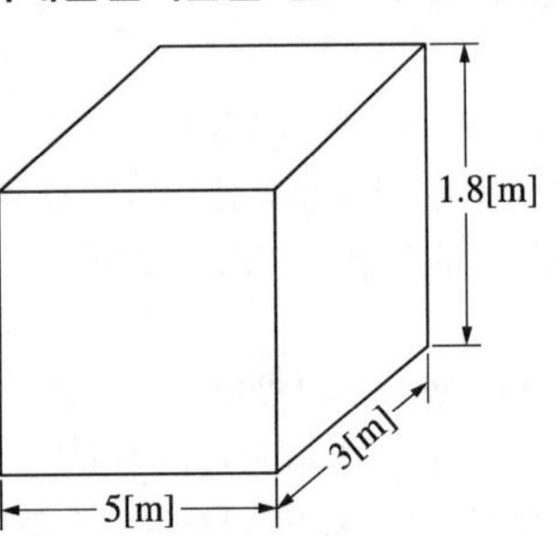

(1) 소화펌프의 최소토출량[L/min]을 구하시오.

(2) 필요한 최소의 수원의 양[m^3]을 구하시오.

(3) 다음은 고압의 전기기기가 있는 장소의 물분무헤드와 전기기기의 이격기준이다. 다음 표를 완성하시오.

전압[kV]	거리[cm]	전압[kV]	거리[cm]
66 이하	(①) 이상	154 초과 181 이하	180 이상
66 초과 77 이하	80 이상	181 초과 220 이하	(②) 이상
77 초과 110 이하	110 이상	220 초과 275 이하	260 이상
110 초과 154 이하	150 이상	–	–

해설

(1) 펌프의 토출량과 수원

소방대상물	펌프의 토출량[L/min)	수원의 양[L]
특수가연물 저장, 취급	바닥면적(50[m^2] 이하는 50m^2) ×10[L/min · m^2]	바닥면적(50[m^2] 이하는 50[m^2]) ×10[L/min · m^2]×20[min]
차고, 주차장	바닥면적(50[m^2] 이하는 50[m^2]) ×20[L/min · m^2]	바닥면적(50[m^2] 이하는 50[m^2]) ×20[L/min · m^2]×20[min]
절연유 봉입변압기	**표면적(바닥부분 제외) ×10[L/min · m^2]**	**표면적(바닥부분 제외) ×10[L/min · m^2]×20[min]**
케이블트레이, 케이블덕트	투영된 바닥면적×12[L/min · m^2]	투영된 바닥면적 ×12[L/min · m^2]×20[min]
컨베이어 벨트	벨트부분의 바닥면적×10[L/min · m^2]	벨트부분의 바닥면적 ×10[L/min · m^2]×20[min]

유량(Q) = 표면적(바닥부분은 제외)×10[L/min · m^2]

표면적 = (5[m]×3[m]×1면)+(5[m]×1.8[m]×2면)+(3[m]×1.8[m]×2면) = 43.8[m^2]

∴ 유량 = 표면적(바닥부분 제외)×10[L/min · m^2] = 43.8[m^2]×10[L/min · m^2] = 438[L/min]

(2) 수 원

수원=438[L/min]×20[min] = 8,760[L] = 8.76[m^3]

(3) 고압의 전기기기가 있는 장소와 헤드 사이의 거리

전압[kV]	거리[cm]	전압[kV]	거리[cm]
66 이하	**70 이상**	154 초과 181 이하	180 이상
66 초과 77 이하	80 이상	**181 초과 220 이하**	**210 이상**
77 초과 110 이하	110 이상	220 초과 275 이하	260 이상
110 초과 154 이하	150 이상	–	–

해답 (1) 438[L/min]
(2) 8.76[m^3]
(3) ① 70, ② 210

05

다음 그림은 어느 실의 평면도이다. 이 실들 중 A실을 급기 가압하고자 한다. 주어진 조건을 이용하여 다음 물음에 답하시오.

득점	배점
	8

조 건

- 실외부 대기의 기압은 절대압력으로 101.3[kPa]로서 일정하다.
- A실에 유지하고자 하는 기압은 절대압력으로 101.4[kPa]이다.
- 각 실의 문(Door)들의 틈새면적은 0.01[m²]이다.
- 어느 실을 급기 가압할 때 그 실의 문 틈새를 통하여 누출되는 공기의 양은 다음의 식을 따른다.

$$Q = 0.827AP^{\frac{1}{2}}$$

단, Q : 누출되는 공기의 양[m³/s]
A : 문의 틈새 면적[m²]
P : 문을 경계로 한 실내외 기압차[Pa]

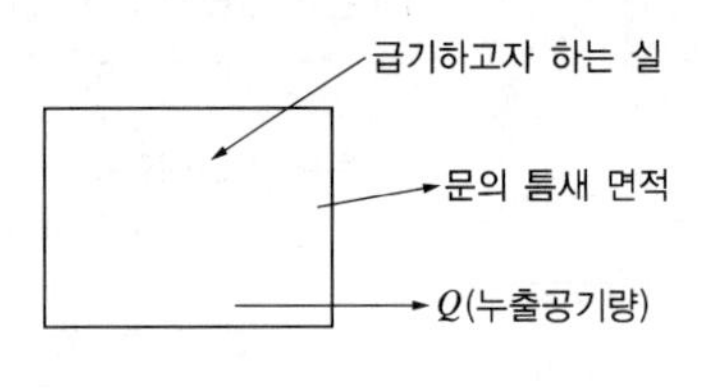

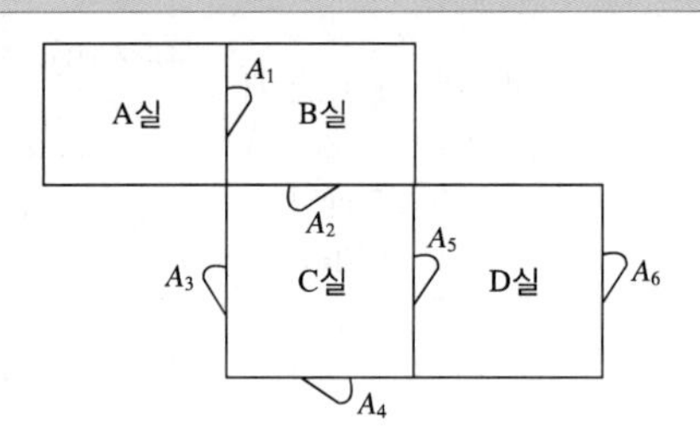

물 음

(1) 총 누설틈새면적[m²]을 구하시오(단, 소수점 다섯째자리까지 구할 것).
(2) A실에 유입시켜야 할 풍량[m³/s]을 구하시오.

해설

총 틈새면적

$$Q = 0.827AP^{\frac{1}{2}}$$

(1) 누설틈새면적

- A실과 실외와의 차압 Q = 101,400−101,300 = 100[Pa]
- 각 실의 틈새면적

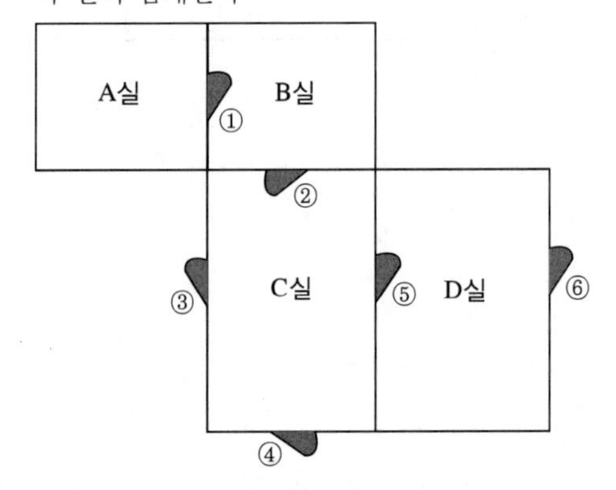

• ⑤와 ⑥은 직렬연결이므로

$$A_{5\sim6} = \frac{1}{\sqrt{\frac{1}{(A_5)^2}+\frac{1}{(A_6)^2}}} = \frac{1}{\sqrt{\frac{1}{(0.01)^2}+\frac{1}{(0.01)^2}}} = 0.00707[\text{m}^2]$$

• ④와 $A_{5\sim6}$은 병렬연결이므로

$$A_{4\sim6} = A_4 + A_{5\sim6} = 0.01[\text{m}^2] + 0.00707[\text{m}^2] = 0.01707[\text{m}^2]$$

• ③과 $A_{4\sim6}$은 병렬연결이므로

$$A_{3\sim6} = A_3 + A_{4\sim6} = 0.01[\text{m}^2] + 0.01707[\text{m}^2] = 0.02707[\text{m}^2]$$

• ②와 $A_{3\sim6}$은 직렬연결이므로

$$A_{2\sim6} = \frac{1}{\sqrt{\frac{1}{(A_2)^2}+\frac{1}{(A_{3\sim6})^2}}} = \frac{1}{\sqrt{\frac{1}{(0.01)^2}+\frac{1}{(0.02707)^2}}} = 0.00938[\text{m}^2]$$

• ①과 $A_{2\sim6}$은 직렬연결이므로

$$A_{1\sim6} = \frac{1}{\sqrt{\frac{1}{(A_1)^2}+\frac{1}{(A_{2\sim6})^2}}} = \frac{1}{\sqrt{\frac{1}{(0.01)^2}+\frac{1}{(0.00938)^2}}} = 0.00684[\text{m}^2]$$

∴ 총 틈새면적 : 0.00684[m^2]이므로

(2) 풍량(Q) = $0.827 \times 0.00684[\text{m}^2] \times 100^{\frac{1}{2}} = 0.0566[\text{m}^3/\text{s}]$

해답 (1) 0.00684[m^2]

(2) 유입풍량 : 0.06[m^3/s]

06

제연설비의 설치장소는 제연구역으로 구획하도록 명시하고 있다. 다음 ( ) 안에 해당되는 단어를 기재하시오.

득점	배점
	5

(1) 하나의 제연구역의 면적은 (①)[m^2] 이내로 할 것
(2) 거실과 통로(복도를 포함한다)는 (②)할 것
(3) 통로상의 제연구역은 보행중심선의 길이가 (③)[m]를 초과하지 아니할 것
(4) 하나의 제연구역은 직경 (④)[m] 원 내에 들어갈 수 있을 것
(5) 하나의 제연구역은 (⑤) 이상 층에 미치지 아니하도록 할 것. 다만, 층의 구분이 불분명한 부분은 그 부분을 다른 부분과 별도로 제연구획하여야 한다.

해설

제연설비의 설치장소의 제연구역 기준

(1) 하나의 제연구역의 면적은 **1,000[m^2] 이내**로 할 것
(2) 거실과 통로(복도를 포함한다)는 **상호 제연구획**할 것
(3) 통로상의 제연구역은 보행중심선의 길이가 **60[m]**를 초과하지 아니할 것
(4) 하나의 제연구역은 직경 **60[m]** 원 내에 들어갈 수 있을 것
(5) 하나의 제연구역은 **2개** 이상 층에 미치지 아니하도록 할 것. 다만, 층의 구분이 불분명한 부분은 그 부분을 다른 부분과 별도로 제연구획하여야 한다.

해답 ① 1,000
② 상호 제연구역
③ 60
④ 60
⑤ 2개

07

피난구조설비는 피난기구와 인명구조기구로 나눈다. 이때 인명구조기구의 종류를 3가지 쓰시오.

득점	배점
	3

해설

피난구조설비 : 화재가 발생할 경우 피난하기 위하여 사용하는 기구 또는 설비

- 피난기구 : 미끄럼대, 피난사다리, 구조대, 완강기, 피난교, 공기안전매트, 다수인피난장비 그 밖의 피난기구
- 인명구조기구 : 방열복, 방화복(안전모, 보호장갑, 안전화 포함), 공기호흡기 및 인공소생기
- 피난유도선, 유도등 및 유도표지
- 비상조명등 및 휴대용비상조명등

해답 ① 방열복
② 방화복
③ 공기호흡기

08

지하구의 화재안전기준에서 연소방지설비에 대한 설명이다. 다음 (   ) 안에 알맞은 답을 쓰시오.

득점	배점
	6

(1) 소화기 한 대의 총 중량은 사용 및 운반의 편리성을 고려하여 (①)[kg] 이하로 할 것
(2) 지하구 천장의 중심부에 설치하되 감지기와 천장 중심부 하단과의 수직거리는 (②)[cm] 이내로 할 것
(3) 연소방지설비의 헤드 간의 수평거리는 연소방지설비 전용헤드의 경우에는 (③)[m] 이하, 스프링클러헤드의 경우에는 (④)[m] 이하로 할 것
(4) 연소방지설비의 송수구는 구경 (⑤)[mm]의 쌍구형으로 할 것
(5) 연소방지설비의 송수구로부터 (⑥)[m] 이내에 살수구역 안내표지를 설치할 것

해설

(1) 소화기 한 대의 총 중량은 사용 및 운반의 편리성을 고려하여 7[kg] 이하로 할 것
(2) 지하구 천장의 중심부에 설치하되 감지기와 천장 중심부 하단과의 수직거리는 30[cm] 이내로 할 것
(3) 헤드 간 수평거리

헤드의 종류	연소방지설비 전용헤드	스프링클러 헤드
수평거리	2[m] 이하	1.5[m] 이하

(4) 연소방지설비의 송수구는 구경 65[mm]의 쌍구형으로 할 것
(5) 연소방지설비의 송수구로부터 1[m] 이내에 살수구역 안내표지를 설치할 것

해답 ① 7 ② 30
③ 2 ④ 1.5
⑤ 65 ⑥ 1

09

다음은 스프링클러설비의 폐쇄형과 개방형헤드의 설명에 대하여 답하시오.

득점	배점
	5

구 분	폐쇄형헤드	개방형헤드
차이점		
적용설비		

해설

스프링클러설비

구 분	폐쇄형헤드	개방형헤드
차이점	• 감열부가 있다	• 감열부가 없다
적용설비	• 습식 스프링클러설비 • 건식 스프링클러설비 • 준비작동식 스프링클러설비	• 일제살수식 스프링클러설비
설치장소	• 근린생활시설 및 판매시설 • 아파트 • 복합건축물 • 지하가, 지하역사	• 무대부 • 연소우려가 있는 개구부 • 천장이 높은 건축물

해답

구 분	폐쇄형헤드	개방형헤드
차이점	• 감열부가 있다	• 감열부가 없다
적용설비	• 습식 스프링클러설비 • 건식 스프링클러설비 • 준비작동식 스프링클러설비	• 일제살수식 스프링클러설비

10

용도가 근린생활시설인 특정소방대상물에 옥내소화전이 각 층에 4개씩 설치되어 있다. 다음 각 물음에 답하시오.

득점	배점
	9

(1) 펌프의 토출량[L/min]은 얼마 이상으로 하여야 하는가?

(2) 펌프 토출측 배관의 최소호칭구경을 보기에서 선택하시오.

호칭구경	40A	50A	65A	80A	100A
내경[mm]	42	53	69	81	105

(3) 펌프의 성능시험배관상에 설치하는 유량측정장치의 최대 측정유량[L/min]은 얼마인가?

(4) 배관의 마찰손실 및 소방용호스의 마찰손실수두가 10[m]이고 실양정이 25[m]일 경우 펌프성능은 정격토출량의 150[%]로 운전 시 정격토출압력[MPa]은 얼마 이상이 되어야 하는가?

(5) 중력가속도가 9.8[m/s^2]일 경우 체절압력[MPa]은 얼마인가?

(6) 펌프의 성능시험배관상 전단 직관부 및 후단 직관부에 설치하는 밸브의 명칭을 쓰시오.

해설

(1) 펌프의 토출량

$$Q = N(\text{소화전의 수, 최대 5개}) \times 130[\text{L/min}]$$

$\therefore\ Q = 4 \times 130[\text{L/min}] = 520[\text{L/min}]$

(2) 배관의 최소구경

$$Q = uA = u \times \frac{\pi}{4}d^2 \qquad d = \sqrt{\frac{4Q}{\pi u}}$$

여기서, u : 펌프의 토출측 주배관의 유속(4[m/s] 이하)

$$\therefore\ d = \sqrt{\frac{4Q}{\pi u}} = \sqrt{\frac{4 \times 0.52[\text{m}^3]/60[\text{s}]}{\pi \times 4[\text{m/s}]}} = 0.05252[\text{m}] = 52.52[\text{mm}] \rightarrow 50\text{A}$$

(3) 최대 측정유량

유량측정장치는 성능시험배관의 직관부에 설치하되 펌프의 정격토출량의 175[%]까지 측정할 수 있는 성능이 있을 것

$$\text{최대측정유량} = \text{펌프의 정격토출량} \times 1.75$$

$\therefore$ 520[L/min]×1.75 = 910[L/min]

(4) 정격토출압력

펌프성능은 정격토출량의 150[%]로 운전 시 정격토출압력[MPa]은 65[%] 이상이 되어야 한다.

$$H = h_1 + h_2 + h_3 + 17$$

여기서, h_1 : 소방용호스 마찰손실수두

h_2 : 배관의 마찰손실수두

h_3 : 실양정(25[m])

$H = h_1 + h_2 + h_3 + 17$ = $10(h_1 + h_2)+25+17$ = 52[m]

52[m] → [MPa]로 환산하면

$\frac{52[m]}{10.332[m]}$×0.101325[MPa] = 0.51[MPa]

∴ 정격토출압력[MPa]은 65[%] 이상이 되어야 하므로 0.51[MPa]×0.65 = 0.33[MPa]

(5) 체절압력

$P = \rho g H = 1{,}000[kg/m^3] \times 9.8[m/s^2] \times 52[m] = 509{,}600[kg/m \cdot s^2]$

$= 509{,}600[Pa] = 0.5096[MPa]$

∴ 체절압력 = 0.5096[MPa]×1.4 = 0.71[MPa]

$$[Pa] = [N/m^2] = [\frac{kg \cdot \frac{m}{s^2}}{m^2}] = [\frac{kg \cdot m}{s^2 \cdot m^2}] = [kg/m \cdot s^2]$$

(6) 펌프 성능시험배관

전단 직관부에 개폐밸브, 후단 직관부에는 유량조절밸브를 설치하여야 한다.

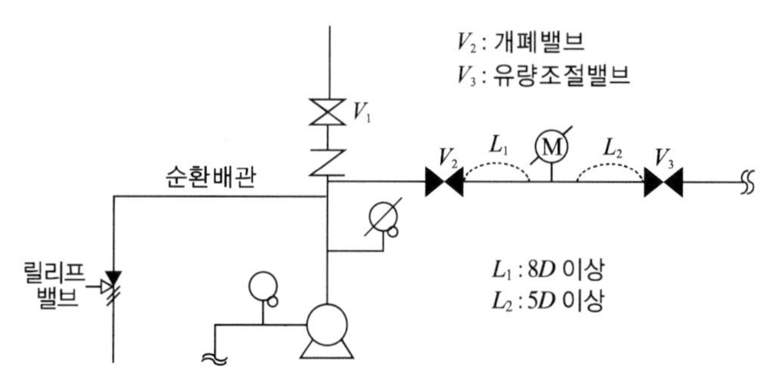

해답

(1) 520[L/min]
(2) 50A
(3) 910[L/min]
(4) 0.33[MPa]
(5) 0.71[MPa]
(6) 전단직관부 : 개폐밸브, 후단 직관부 : 유량조절밸브

11

다음은 위험물 옥외저장탱크에 포소화설비를 설치한 도면이다. 도면 및 주어진 조건을 참조하여 각 물음에 답하시오.

득점	배점
	14

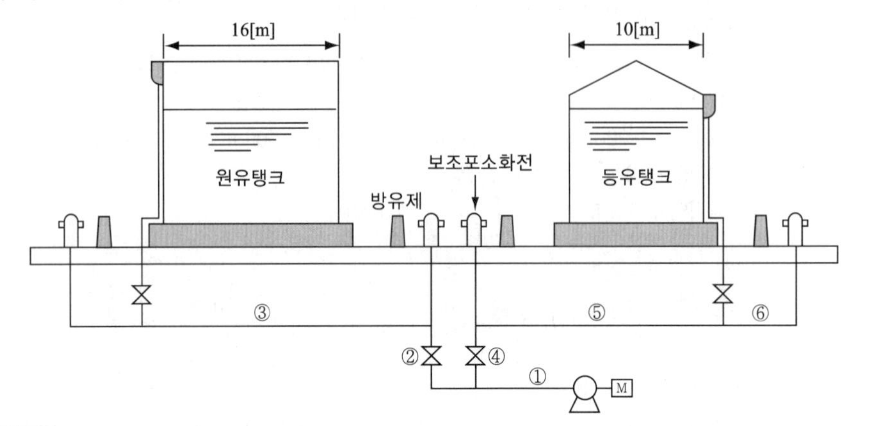

조 건

- 원유저장탱크는 플로팅루프탱크이며 탱크직경은 16[m], 탱크 내 측면과 굽도리판(Foam Dam) 사이의 거리는 0.6[m], 특형방출구수는 2개이다.
- 등유저장탱크는 콘루프탱크이며 탱크직경은 10[m], Ⅱ형 방출구수는 2개이다.
- 포약제는 3[%]형 단백포이다.
- 각 탱크별 포수용액의 방수량 및 방사시간은 아래와 같다.

구 분	원유저장탱크	등유저장탱크
방수량	8[L/m^2 · min]	4[L/m^2 · min]
방사시간	30분	30분

- 보조포소화전 : 4개
- 구간별 배관의 길이는 다음과 같다.

번 호	①	②	③	④	⑤	⑥
배관길이[m]	20	10	50	100	20	150

- 송액배관의 내경 산출은 $D = 2.66\sqrt{Q}$ 공식을 이용한다.
- 송액배관 내의 유속은 3[m/s]로 한다.
- 화재는 저장탱크 2개에서 동시에 발생하는 경우는 없는 것으로 간주한다.

물 음

(1) 각 옥외저장탱크에 필요한 방사량[L/min]을 산출하시오.

(2) 각 옥외저장탱크에 필요한 포원액의 양[L]을 산출하시오.

　① 원유탱크

　② 등유탱크

(3) 보조포소화전에 필요한 방사량[L/min]을 산출하시오.

(4) 보조포소화전에 필요한 포원액의 양[L]을 산출하시오.

(5) 번호별로 각 송액배관의 구경[mm]을 산출하시오.

(6) 송액배관에 필요한 포약제의 양[L]을 산출하시오.
(7) 포소화설비에 필요한 포약제의 양[L]을 산출하시오.

해설

(1) 방사량

① 원유탱크 $Q_S = A \times Q_1 = \frac{\pi}{4}(16^2 - 14.8^2)[\mathrm{m}^2] \times 8[\mathrm{L/m^2 \cdot min}] = 232.23[\mathrm{L/min}]$

② 등유탱크 $Q_S = A \times Q_1 = \frac{\pi}{4}(10[\mathrm{m}])^2 \times 4[\mathrm{L/m^2 \cdot min}] = 314.16[\mathrm{L/min}]$

※ 원유탱크는 FRT이므로 면적 구할 때 주의 요함

(2) 포원액의 양
① 원유탱크 $Q_F = A \times Q_1 \times T \times S = 232.23[\mathrm{L/min}] \times 30[\mathrm{min}] \times 0.03 = 209.00[\mathrm{L}]$
② 등유탱크 $Q_F = A \times Q_1 \times T \times S = 314.16[\mathrm{L/min}] \times 30[\mathrm{min}] \times 0.03 = 282.74[\mathrm{L}]$

(3) 보조포소화전 방사량
$Q_S = N(\text{최대 3개}) \times 400[\mathrm{L/min}] = 3 \times 400[\mathrm{L/min}] = 1{,}200[\mathrm{L/min}]$

(4) 보조포소화전 포원액의 양
$Q_F = N(\text{최대 3개}) \times S \times 8{,}000[\mathrm{L}] = 3\text{개} \times 0.03 \times 8{,}000[\mathrm{L}] = 720[\mathrm{L}]$

(5) 송액배관의 구경
$D = 2.66\sqrt{Q}$를 이용해서 직경을 구한다.
㉠ 배관 ① = 탱크 중 최대송액량 + 보조포소화전 송액량
$= 314.16[\mathrm{L/min}] + (3 \times 400)[\mathrm{L/min}] = 1{,}514.16[\mathrm{L/min}]$
$\therefore D = 2.66\sqrt{1{,}514.16[\mathrm{L/min}]} = 103.51[\mathrm{mm}] \Rightarrow 125[\mathrm{mm}]$

배관 ①에 연결된 보조포소화전은 4개이고 호스 접결구수는 8개이지만 최대 3개만 적용한다.

㉡ 배관 ② = 원유탱크 송액량 + 보조포소화전 송액량
$= 232.23[\mathrm{L/min}] + (3 \times 400)[\mathrm{L/min}] = 1{,}432.23[\mathrm{L/min}]$
$\therefore D = 2.66\sqrt{1{,}432.23[\mathrm{L/min}]} = 100.67[\mathrm{mm}] \Rightarrow 125[\mathrm{mm}]$

배관 ②에 연결된 보조포소화전은 2개이고 호스 접결구수는 4개이지만 최대 3개만 적용한다.

㉢ 배관 ③ = 원유탱크 송액량 + 보조포소화전 송액량
$= 232.23[\mathrm{L/min}] + (2 \times 400)[\mathrm{L/min}] = 1{,}032.23[\mathrm{L/min}]$
$\therefore D = 2.66\sqrt{1{,}032.23[\mathrm{L/min}]} = 85.46[\mathrm{mm}] \Rightarrow 90[\mathrm{mm}]$
㉣ 배관 ④ = 등유탱크 송액량 + 보조포소화전 송액량
$= 314.16[\mathrm{L/min}] + (3 \times 400)[\mathrm{L/min}] = 1{,}514.16[\mathrm{L/min}]$
$\therefore D = 2.66\sqrt{1{,}514.16[\mathrm{L/min}]} = 103.51[\mathrm{mm}] \Rightarrow 125[\mathrm{mm}]$

배관 ④에 연결된 보조포소화전은 4개이고 호스 접결구수는 8개이지만 최대 3개만 적용한다.

㉤ 배관 ⑤ = 등유탱크 송액량 + 보조포소화전 송액량
$= 314.16[\mathrm{L/min}] + (2 \times 400)[\mathrm{L/min}] = 1{,}114.16[\mathrm{L/min}]$
$\therefore D = 2.66\sqrt{1{,}114.16[\mathrm{L/min}]} = 88.79[\mathrm{mm}] \Rightarrow 90[\mathrm{mm}]$

ⓑ 배관 ⑥ = 보조포소화전 송액량

$= 2 \times 400[L/min] = 800[L/min]$

$\therefore D = 2.66\sqrt{800[L/min]} = 75.23[mm] \Rightarrow 80[mm]$

배관 ⑥에 탱크의 송액량은 필요없고 보조포소화전은 2개이다.

(6) 송액배관 전부를 적용한다(배관 75[mm] 이하는 제외한다).

$$Q_F = A \cdot L \cdot S$$

여기서, A : 배관단면적[m^2]　　L : 배관길이[m]

$$Q_F = \left[\left(\frac{\pi \times (0.125[m])^2}{4} \times 20[m]\right) + \left(\frac{\pi \times (0.125[m])^2}{4} \times 10[m]\right) + \left(\frac{\pi \times (0.09[m])^2}{4} \times 50[m]\right) + \left(\frac{\pi \times (0.125[m])^2}{4} \times 100[m]\right) + \left(\frac{\pi \times (0.09[m])^2}{4} \times 20[m]\right) + \left(\frac{\pi \times (0.08[m])^2}{4} \times 150[m]\right)\right] \times 0.03 = 0.085337[m^3] = 85.34[L]$$

(7) Q_T= 탱크 중 최대필요량(고정포) + 보조포소화전 필요량 + 송액관 필요량

$= 282.74[L] + 720[L] + 85.34[L] = 1,088.08[L]$

해답

(1) ① 원유탱크 : 232.23[L/min]

② 등유탱크 : 314.16[L/min]

(2) ① 원유탱크 : 209.00[L]

② 등유탱크 : 282.74[L]

(3) 1,200[L/min]

(4) 720[L]

(5) 배관 ① : 125[mm]　　배관 ② : 125[mm]

배관 ③ : 90[mm]　　배관 ④ : 125[mm]

배관 ⑤ : 90[mm]　　배관 ⑥ : 80[mm]

(6) 85.34[L]

(7) 1,088.08[L]

12

다음 도면은 스프링클러설비의 계통도이다. 조건에 따라 물음에 답하시오.

득점	배점
	12

조 건

- H-1 헤드의 방사압력 : 0.1[MPa]
- 각 헤드 간의 압력차이 : 0.02[MPa]
- 배관의 구경은 40[mm]이고, 가지배관의 유속은 6[m/s]이다.

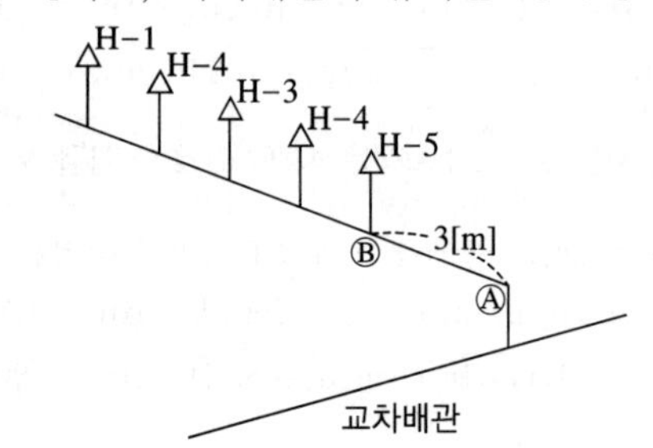

물 음

(1) A 지점에서의 필요한 최소압력은 몇 [MPa]인가?
(2) 각 헤드(H-1~H-5) 간의 방수량은 각각 몇 [L/min]인가?
(3) A~B 구간의 유량은 몇 [L/min]인가?
(4) A~B 구간의 배관 내경은 최소 몇 [mm]로 하여야 하는가?

해설

스프링클러설비의 물음

(1) A 지점에서의 필요한 최소압력
최소압력(P)=0.1+0.02+0.02+0.02+0.02+0.03(3[m])=0.21[MPa]

(2) 각 헤드(H-1~H-5) 간의 방수량

$$Q=K\sqrt{10P} \qquad K=\frac{Q}{\sqrt{10P}}=\frac{80}{\sqrt{10\times 0.1}}=80$$

① H-1의 방수량(Q)= $K\sqrt{10P}=80\sqrt{10\times 0.1[\text{MPa}]}=80[\text{L/min}]$
② H-2의 방수량(Q)= $80\sqrt{10\times(0.1+0.02)[\text{MPa}]}=87.64[\text{L/min}]$
③ H-3의 방수량(Q)= $80\sqrt{10\times(0.1+0.02+0.02)[\text{MPa}]}=94.66[\text{L/min}]$
④ H-4의 방수량(Q)= $80\sqrt{10\times(0.1+0.02+0.02+0.02)[\text{MPa}]}=101.19[\text{L/min}]$
⑤ H-5의 방수량(Q)= $80\sqrt{10\times(0.1+0.02+0.02+0.02+0.02)[\text{MPa}]}=107.33[\text{L/min}]$

(3) A~B 구간의 유량
Q=80+87.64+94.66+101.19+107.33=470.82[L/min]

(4) A~B 구간의 배관 내경

$$Q=uA=u\times\frac{\pi}{4}D^2 \qquad \therefore\ D=\sqrt{\frac{4Q}{\pi u}}$$

$$\therefore\ D=\sqrt{\frac{4Q}{\pi u}}=\sqrt{\frac{4\times 0.4708[\text{m}^3]/60[\text{s}]}{\pi\times 6[\text{m/s}]}}=0.0408[\text{m}]=40.8[\text{mm}]\ \rightarrow\ 50[\text{mm}]$$

해답 (1) 0.21[MPa]
(2) ① H-1의 방수량 : 80[L/min]
② H-2의 방수량 : 87.64[L/min]
③ H-3의 방수량 : 94.66[L/min]
④ H-4의 방수량 : 101.19[L/min]
⑤ H-5의 방수량 : 107.33[L/min]
(3) 470.82[L/min]
(4) 50[mm]

13

지하 1층, 지상 9층인 백화점에 스프링클러설비가 설치되어 있다. 다음 조건을 참조하여 물음에 답하시오.

득점	배점
	6

조 건

- 펌프는 지하 1층에 설치되어 있다.
- 펌프에서 옥상수조까지 수직거리 45[m]이다.
- 배관의 마찰손실수두는 자연낙차의 20[%]이다.
- 펌프 흡입측의 진공계의 눈금은 350[mmHg]이다.
- 설치된 헤드수는 80개이고, 펌프의 효율은 68[%]이다.

물 음

(1) 이 펌프의 체절압력은 몇 [kPa]인가?

(2) 이 펌프의 축동력은 몇 [kW]인가?

해설

(1) 체절압력

펌프의 전양정을 구하면

$$H = h_1 + h_2 + 10$$

여기서, h_1 : 낙차$\left(45[\mathrm{m}] + \dfrac{350[\mathrm{mmHg}]}{760[\mathrm{mmHg}]} \times 10.332[\mathrm{m}] = 49.76[\mathrm{m}]\right)$

h_2 : 45[m]×0.2 = 9[m]

∴ 전양정 $H = h_1 + h_2 + 10 = 49.76 + 9 + 10 = 68.76[\mathrm{m}]$

∴ 체절압력 = $\left(\dfrac{68.76[\mathrm{m}]}{10.332[\mathrm{m}]} \times 101.325[\mathrm{kPa}]\right) \times 1.4 = 944.05[\mathrm{kPa}]$

(2) 축동력

$$\text{축동력[kW]} = \frac{\gamma QH}{102\eta}$$

여기서, γ : 비중량[1,000kg$_f$/m^3]

Q : 유량[m^3/s]

- 백화점의 기준 헤드수는 30개이므로
  30개×80[L/min] = 2,400[L/min] = 2.4[m^3]/60[s]

H : 전양정[m]

η : 펌프효율(0.68)

∴ 축동력[kW] = $\dfrac{\gamma QH}{102\eta} = \dfrac{1{,}000[\mathrm{kg_f/m^3}] \times 2.4[\mathrm{m^3}]/60[\mathrm{s}] \times 68.76[\mathrm{m}]}{102 \times 0.68} = 39.65[\mathrm{kW}]$

해답 (1) 944.05[kPa]

(2) 39.65[kW]

제 1 회 2018년 4월 15일 시행

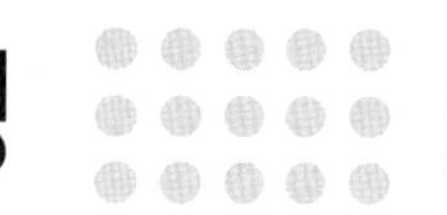

※ 다음 물음에 대한 답을 해당 답란에 답하시오.(배점 : 100)

01

경유를 저장하는 위험물 옥외저장탱크의 높이가 7[m], 직경 10[m]인 콘루프 탱크(Con Roof Tank)에 Ⅱ형 포방출구 및 옥외보조포소화전 2개가 설치되었다.

득점	배점
	15

조 건

- 배관의 낙차수두와 마찰손실수두는 55[m]이다.
- 폼체임버 압력수두로 양정계산(그림 참조, 보조포소화전 압력수두는 무시)한다.
- 펌프의 효율은 65[%]이고, 전달계수는 1.1이다.
- 배관의 송액량은 제외한다.

※ 그림 및 별표를 참조하여 계산하시오.

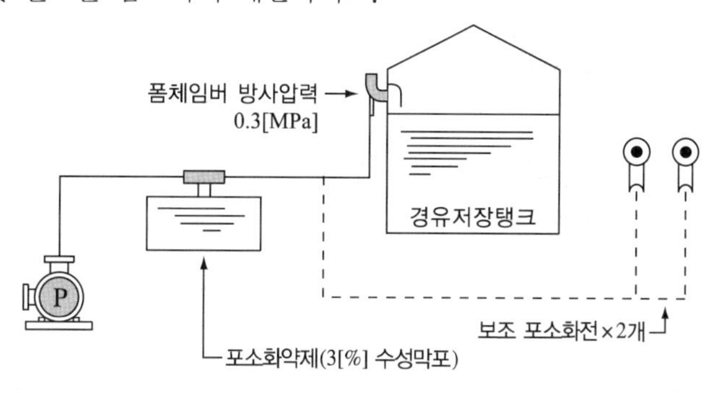

[별표] 고정포방출구의 방출량 및 방사시간

포방출구의 종류 / 위험물의 구분	Ⅰ형		Ⅱ형		특형		Ⅲ형		Ⅳ형	
	포수용액량 [L/m²]	방출률 [L/m²·min]	포수용액량 [L/m²]	방출률 [L/m²·min]	포수용액량 [L/m²]	방출률 [L/m²·min]	포수용액량 [L/m²]	방출률 [L/m²·min]	포수용액량 [L/m²]	방출률 [L/m²·min]
제4류 위험물 중 인화점이 21[℃] 미만인 것	120	4	220	4	**240**	**8**	220	4	220	4
제4류 위험물 중 인화점이 21[℃] 이상 70[℃] 미만인 것	80	4	**120**	**4**	160	8	120	4	120	4
제4류 위험물 중 인화점이 70[℃] 이상인 것	60	4	100	4	120	8	100	4	100	4

물 음

(1) 포소화약제의 양[L]을 구하시오.

① 고정포방출구의 포소화약제량(Q_1)

② 옥외보조포소화전 약제량(Q_2)

(2) 펌프 동력[kW]을 계산하시오.

해설

(1) 포소화약제의 양

① 고정포방출구의 포소화약제량

$$Q_1 = A \times Q_m \times T \times S$$

여기서, A : 탱크의 액 표면적[m^2]　　Q_m : 분당방출량(4[$L/m^2 \cdot min$])

T : 방출시간(30[min])　　S : 약제농도(0.03)

$$\therefore\ Q_1 = \frac{\pi \times (10[m])^2}{4} \times 4[L/m^2 \cdot min] \times 30[min] \times 0.03 = 282.74[L]$$

포방출구의 종류 / 위험물의 구분	Ⅰ형		Ⅱ형		특형		Ⅲ형		Ⅳ형	
	포수 용액량 [L/m²]	방출률 [L/m²·min]	포수 용액량 [L/m²]	방출률 [L/m²·min]	포수 용액량 [L/m²]	방출률 [L/m²·min]	포수 용액량 [L/m²]	방출률 [L/m²·min]	포수 용액량 [L/m²]	방출률 [L/m²·min]
제4류 위험물 중 인화점이 21[℃] 미만인 것	120	4	220	4	240	8	220	4	220	4
제4류 위험물 중 인화점이 21[℃] 이상 70[℃] 미만인 것	80	4	120	4	160	8	120	4	120	4
제4류 위험물 중 인화점이 70[℃] 이상인 것	60	4	100	4	120	8	100	4	100	4

경유(제4류 위험물 제2석유류)로서 인화점이 50~70[℃]이므로 방출률 4[$L/min \cdot m^2$]이고 방출시간이 30[min]이므로 포 수용액량은 120[L/m^2]이다.

표 설명
- 인화점이 21[℃] 미만인 것 : 특수인화물(에테르, 이황화탄소, 아세트알데하이드), 제1석유류(휘발유, 아세톤, 벤젠, 톨루엔)
- 인화점이 21[℃] 이상 70[℃] 미만인 것 : 제2석유류(등유, 경유, 초산, 의산)
- 인화점이 70[℃] 이상인 것 : 제3석유류(중유 = 벙커C유, 에틸렌글리콜, 글리세린)

② 보조포소화전 약제량

$$Q_2 = N \times S \times 8{,}000[L](400[L/min] \times 20[min])$$

여기서, N : 호스접결구 수(최대 3개)

S : 약제농도

$$\therefore\ Q_2 = 2 \times 0.03 \times 8{,}000[L] = 480[L]$$

(2) 펌프 동력

$$P[\text{kW}] = \frac{0.163 \times Q \times H}{\eta} \times K$$

① $Q = A \times Q_m + 400[\text{L/min}] \times N$

여기서, Q_m : 분당방출량(4[L/m² · min])

N : 보조 포소화전 개수(2개)

$\therefore Q = \frac{\pi \times (10[\text{m}])^2}{4} \times 4[\text{L/m}^2 \cdot \text{min}] + 400[\text{L/min}] \times 2\text{개}$

$= 1{,}114[\text{L/min}] = 1.114[\text{m}^3/\text{min}]$

② H : 양정{55[m] +30.59[m](0.3[MPa]) = 85.59[m]}

$\therefore P = \frac{0.163 \times 1.114[\text{m}^3/\text{min}] \times 85.59[\text{m}]}{0.65} \times 1.1 = 26.30[\text{kW}]$

[다른 방법]

$$P[\text{kW}] = \frac{\gamma\, Q\, H}{102 \times \eta} \times K$$

여기서, γ : 물의 비중량(1,000[kg$_f$/m³]) Q : 방수량[m³/s]

H : 전양정[m] η : 펌프의 효율

K : 전달계수

$\therefore P[\text{kW}] = \frac{\gamma\, Q\, H}{102 \times \eta} \times K = \frac{1{,}000 \times 1.114[\text{m}^3]/60[\text{s}] \times 85.59[\text{m}]}{102 \times 0.65} \times 1.1 = 26.37[\text{kW}]$

해답 (1) ① 282.74[L]

② 480[L]

(2) 26.30[kW]

02

실의 크기가 가로 20[m]×세로 15[m]×높이 5[m]인 공간에서 커다란 화염의 화재가 발생하여 t초 시간이 지난 후의 청결층 높이 y[m]의 값이 1.8[m]가 되었다. 다음의 식을 이용하여 각 물음에 답하시오.

득점	배점
	5

조 건

$$Q = \frac{A(H-y)}{t}$$

여기서, Q : 연기의 발생량[m³/min]

A : 바닥면적[m²]

H : 층고[m]

• 위 식에서 시간 t[초]는 다음의 Hinkley식을 만족한다.

공식 $t = \frac{20A}{Pf \times \sqrt{g}} \times \left(\frac{1}{\sqrt{y}} - \frac{1}{\sqrt{H}}\right)$

단, g는 중력가속도(9.81[m/s²])이고 Pf는 화재경계의 길이로서 큰 화염의 경우 12[m], 중간화염의 경우 6[m], 작은 화염의 경우 4[m]를 적용한다.

- 연기 생성률(M, [kg/s])은 다음과 같다.

$$M[\text{kg/s}] = 0.188 \times Pf \times y^{\frac{3}{2}}$$

물 음

(1) 상부의 배연구로부터 몇 [m³/min]의 연기를 배출해야 이 청결층의 높이가 유지되는지 계산하시오.

(2) 연기의 생성률[kg/s]을 구하시오.

해설

(1) 청결층의 높이

$$t = \frac{20A}{Pf \times \sqrt{g}} \times \left(\frac{1}{\sqrt{y}} - \frac{1}{\sqrt{H}} \right)$$

여기서, A : 단면적(20[m]×15[m] = 300[m²])
Pf : 화재경계의 길이(큰화염 : 12[m])
g : 중력가속도(9.81[m/s²])
y : 청결층의 높이 값(1.8[m])
H : 층고(높이, 5[m])

$$t = \frac{20 \times 300[\text{m}^2]}{12[\text{m}] \times \sqrt{9.81}} \times \left(\frac{1}{\sqrt{1.8[\text{m}]}} - \frac{1}{\sqrt{5[\text{m}]}} \right) = 47.59[\text{s}]$$

$$= \frac{47.59}{60[\text{min}]} = 0.7932[\text{min}]$$

$$\therefore\ Q = \frac{A(H-y)}{t} = \frac{300[\text{m}^2] \times (5[\text{m}] - 1.8[\text{m}])}{0.7932} = 1{,}210.29[\text{m}^3/\text{min}]$$

(2) 연기의 생성률

$$M[\text{kg/s}] = 0.188 \times Pf \times y^{\frac{3}{2}} = 0.188 \times 12[\text{m}] \times (1.8[\text{m}])^{\frac{3}{2}} = 5.45[\text{kg/s}]$$

해답 (1) 1,210.29[m³/min]
(2) 5.45[kg/s]

03

면적 600[m²], 높이 4[m]인 주차장에 제3종 분말소화약제를 전역방출방식으로 설치하려고 한다. 이곳에는 자동폐쇄장치가 설치되어 있지 않는 개구부의 면적이 10[m²]일 때 다음 물음에 답하시오.

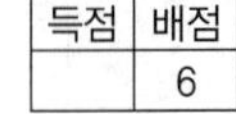

득점	배점
	6

(1) 분말소화약제 저장량은 몇 [kg] 이상인가?

(2) 축압용가스에 질소가스를 사용하는 경우 질소가스의 양[m³]은?

분말소화약제

(1) 분말소화약제 저장량

약제저장량[kg]
=방호구역체적[m^3]×필요가스량[kg/m^3]+개구부면적[m^2]×가산량[kg/m^2]

소화약제의 종별	체적 1[m^3]당 약제량	가산량
제1종 분말	0.60[kg]	4.5[kg]
제2종 분말 또는 제3종 분말	**0.36[kg]**	**2.7[kg]**
제4종 분말	0.24[kg]	1.8[kg]

∴ 약제저장량[kg]=방호구역체적[m^3]×필요가스량[kg/m^3]+개구부면적[m^2]×가산량[kg/m^2]
=$\{(600[m^2]\times4[m])\times0.36[kg/m^3]\}+\{10[m^2]\times2.7[kg/m^2]\}$
=891[kg]

(2) 가압용가스 또는 축압용가스의 설치 기준

① 가압용가스 또는 축압용가스는 질소가스 또는 이산화탄소로 할 것

② 가압용가스에 질소가스를 사용하는 것의 질소가스는 소화약제 1[kg]마다 40[L](35[℃]에서 1기압의 압력상태로 환산한 것) 이상, 이산화탄소를 사용하는 것의 이산화탄소는 소화약제 1[kg]에 대하여 20[g]에 배관의 청소에 필요한 양을 가산한 양 이상으로 할 것

③ 축압용가스에 질소가스를 사용하는 것의 질소가스는 소화약제 1[kg]에 대하여 10[L](35[℃]에서 1기압의 압력상태로 환산한 것) 이상, 이산화탄소를 사용하는 것의 이산화탄소는 소화약제 1[kg]에 대하여 20[g]에 배관의 청소에 필요한 양을 가산한 양 이상으로 할 것

가스 / 종류	질 소	이산화탄소
가압용	40[L/kg] 이상	소화약제 1[kg]에 대하여 20[g]에 배관의 청소에 필요한 양을 가산한 양 이상
축압용	10[L/kg] 이상	소화약제 1[kg]에 대하여 20[g]에 배관의 청소에 필요한 양을 가산한 양 이상

∴ 질소가스의 양=약제량×10[L/kg]=891[kg]×10[L/kg]=8,910[L]=8.91[m^3] 이상

해답 (1) 891[kg]
(2) 8.91[m^3] 이상

04

다음 그림은 어느 습식 스프링클러설비에서 배관의 일부를 나타내는 평면도이다 점선 내에 필요한 관 부속품의 개수를 답란의 빈칸에 기입하시오.

득점	배점
	10

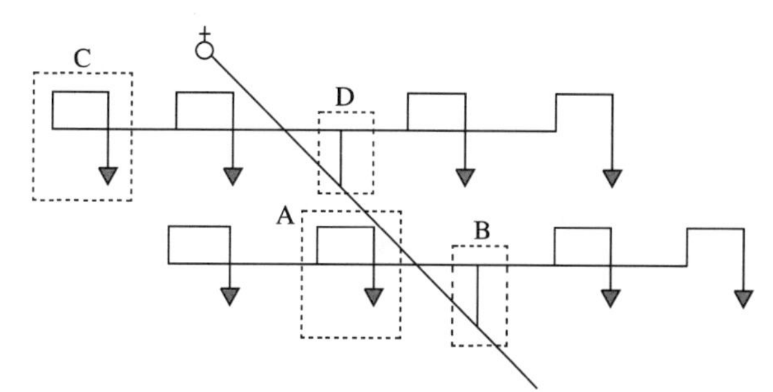

지 점	관부속	규 격	수 량	지 점	관부속	규 격	수 량
A	티	25×25×25A	( )	B	티	50×50×40A	( )
	니 플	25A	( )		티	40×40×40A	( )
	엘 보	25A	( )		니 플	40A	( )
	리듀서	25×15A	( )		니 플	50A	( )
					리듀서	40×25A	( )
C	엘 보	25A	( )		리듀서	50×40A	( )
	니 플	25A	( )				
	리듀서	25×15A	( )	D	티	40×40×40A	( )
					니 플	40A	( )
					리듀서	40×25A	( )

해답

[폐쇄형 스프링클러헤드의 관경이 담당하는 헤드의 개수]

관경[mm]	25	32	40	50	65	80	90	100
담당하는 헤드의 수 (개)	2	3	5	10	30	60	80	100

[A 구역]

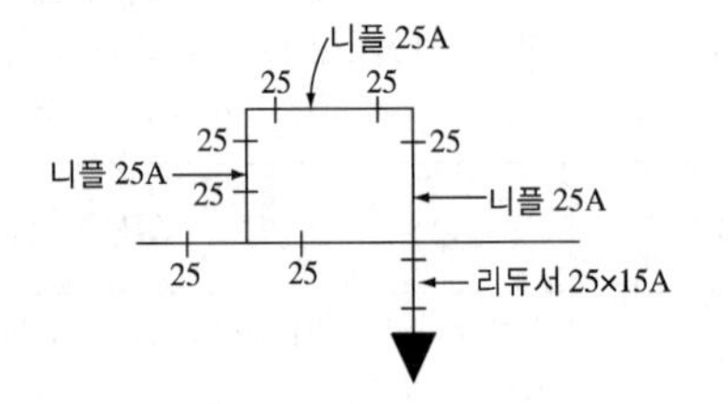

관부속	규 격	수 량
티	25×25×25A	1개
니 플	25A	3개
엘 보	25A	2개
리듀서	25×15A	1개

[B 구역]

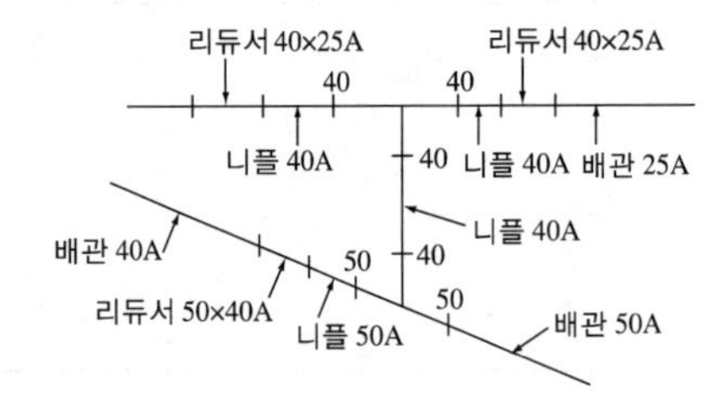

관부속	규 격	수 량
티	50×50×40A	1개
티	40×40×40A	1개
니 플	40A	3개
니 플	50A	1개
리듀서	40×25A	2개
리듀서	50×40A	1개

[C 구역]

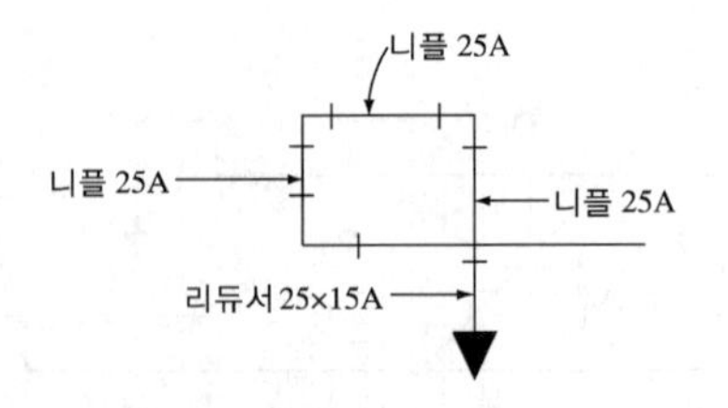

관부속	규 격	수 량
엘 보	25A	3개
니 플	25A	3개
리듀서	25×15A	1개

[D 구역]

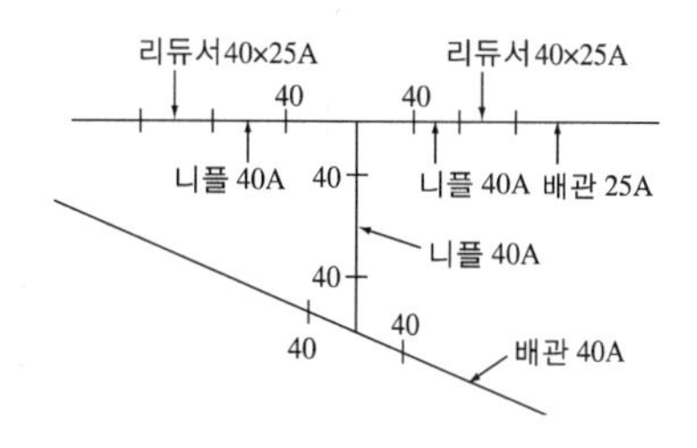

관부속	규 격	수 량
티	40×40×40A	2개
니 플	40A	3개
리듀서	40×25A	2개

05

아래 조건을 참조하여 거실 제연설비에 대하여 물음에 답하시오.

득점	배점
	16

20[m] 20[m] 20[m]

급 기 ← Fan 실

A구역 B구역 C구역 30[m]

← 배 기 Fan 실

조 건

- 제연방식은 상호제연방식으로 공동예상제연구역이 각각 제연경계로 구획되어 있다.
- 덕트는 실선으로 표시한다.
- 급기덕트의 풍속은 15[m/s], 배기덕트의 풍속은 20[m/s]로 한다.
- Fan의 정압은 40[mmAq]로 한다.
- 천장 높이는 2.5[m]이다.

물 음

(1) 예상제연구역의 배출기의 배출량[m^3/h]은 얼마 이상으로 하여야 하는가?
- 계산과정 :
- 답 :

(2) Fan의 동력[kW]을 구하시오(단, 효율 55[%], 여유율 10[%]이다).
- 계산과정 :
- 답 :

(3) 설계조건 및 물음에 따라 다음의 조건을 참조하여 설계(도면포함)하시오.

설계조건

- 덕트의 크기(각형 덕트로 하되 높이는 400[mm]로 한다)
- 급기구 및 배기구의 크기(정사각형) : 구역당 배기구 4개소, 급기구 3개소로 한다.
- 크기는 급기/배기량 [m^3/min]당 35[cm^2] 이상으로 한다.
- 덕트는 실선으로 표기한다.
- 댐퍼의 작동 여부는 표의 빈칸에 표기하시오.
- 효율은 무시하고, 댐퍼는 ⊘로 표시한다.

① 아래 도면에 급기구 및 배기구, 덕트 등을 완성하시오.

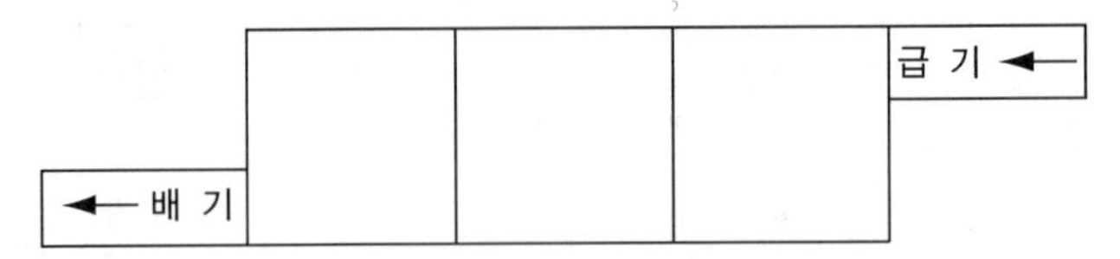

② 급기구와 배기구로 구분하여 필요한 개소별 풍량, 덕트의 단면적, 덕트의 크기를 설계하시오(단, 풍량, 덕트의 단면적, 덕트의 크기는 소수점 이하 첫째자리에서 반올림하여 정수로 나타내시오).

덕트의 구분		풍량(CMH)	덕트의 단면적 [mm^2]	덕트의 크기 (가로[mm]×세로[mm])
배기덕트	A	①	⑦	⑬
배기덕트	B	②	⑧	⑭
배기덕트	C	③	⑨	⑮
급기덕트	A	④	⑩	⑯
급기덕트	B	⑤	⑪	⑰
급기덕트	C	⑥	⑫	⑱

③ 배기댐퍼와 급기댐퍼의 작동상태를 표시하시오.
(댐퍼 작동상태 ○ : Open, ● : Close)

덕트의 구분	배기댐퍼			급기댐퍼		
	A구역	B구역	C구역	A구역	B구역	C구역
A구역 화재 시						
B구역 화재 시						
C구역 화재 시						

④ 급기구의 단면적[cm^2]과 크기[mm]를 계산하시오(정수로 답하시오).
⑤ 배기구의 단면적[cm^2]과 크기[mm]를 계산하시오(정수로 답하시오).

해설

거실 제연설비

(1) 배출량

① 바닥면적 = 20[m]×30[m] = 600[m^2]

② 원의 범위 = $\sqrt{20^2+30^2}$ = 36.06[m]

③ 수직거리 = 천장높이 − (제연경계의 최소폭) = 2.5[m] − 0.6[m] = 1.9[m]

> 제연경계는 **제연경계의 폭**이 **0.6[m] 이상**이고, **수직거리**는 2[m] **이내**이어야 한다. 다만, 구조상 불가피한 경우는 2[m]를 초과할 수 있다.

※ 바닥면적 **400[m^2] 이상**이고 예상제연구역이 **직경 40[m]**인 원의 범위 안에 있을 경우에는 배출량이 **40,000[m^3/h] 이상**으로 할 것. 다만, 예상제연구역이 제연경계로 구획된 경우에는 그 수직거리에 따라 배출량은 다음 표에 의한다.

수직거리	배출량
2[m] 이하	**40,000[m³/h] 이상**
2[m] 초과 2.5[m] 이하	45,000[m³/h] 이상
2.5[m] 초과 3[m] 이하	50,000[m³/h] 이상
3[m] 초과	60,000[m³/h] 이상

배출량 = 바닥면적 × 1[m³/m² · min]

= (20×30)[m²]×1[m³/m² · min] = 600[m³/min] = 36,000[m³/h]

∴ 바닥면적 **400[m²]**(600[m²]) **이상**이고 예상제연구역이 **직경 40[m](36.06[m])**인 원의 범위 안에 있을 경우 ⇒ 36,000[m³/h]이라도 최소 **배출량이 40,000[m³/h] 이상이다.**

(2) 전동기의 동력

$$P[\mathrm{kW}] = \frac{Q \times P_T}{102 \times 60 \times \eta} \times K$$

여기서, P : 배출기 전동기 출력[kW]

Q : 풍량(40,000[m³]/60[min] = 666.67[m³/min])

P_T : 전압(40[mmH₂O] = [mmAq])

η : 전동기 효율

K : 전달계수

$$\therefore P[\mathrm{kW}] = \frac{666.67 \times 40}{102 \times 60 \times 0.55} \times 1.1 = 8.71[\mathrm{kW}]$$

(3) 설계도면

① 도면 완성 : 해답참조

② 풍량, 덕트의 단면적, 덕트의 크기

㉠ 풍 량

덕트의 구분		풍량(CMH)
배기덕트	A	(1)에서 구한 배출량 40,000[m³/h]
배기덕트	B	〃
배기덕트	C	〃
급기덕트	A	(1)에서 구한 배출량 40,000[m³/h] ÷ 2 = 20,000[m³/h]
급기덕트	B	〃
급기덕트	C	〃

※ 문제 조건에서 상호제연이므로 배기는 1개 구역, 급기는 2개 구역에서 진행되므로 급기덕트 풍량은 20,000[m³/h]이다.

㉡ 배기덕트 및 급기덕트의 단면적

덕트의 구분		덕트의 단면적[mm²]
배기덕트	A	$A = \frac{Q}{u} = \frac{40,000[\mathrm{m^3}]/3,600[\mathrm{s}]}{20[\mathrm{m/s}]} = 0.5555555[\mathrm{m^2}] = 555,556[\mathrm{mm^2}]$
배기덕트	B	〃
배기덕트	C	〃
급기덕트	A	$A = \frac{Q}{u} = \frac{20,000[\mathrm{m^3}]/3,600[\mathrm{s}]}{15[\mathrm{m/s}]} = 0.3703703[\mathrm{m^2}] = 370,370[\mathrm{mm^2}]$
급기덕트	B	〃
급기덕트	C	〃

㉢ 덕트의 크기

덕트의 구분		덕트의 크기(가로[mm]×세로[mm])
배기덕트	A	$W = \dfrac{A}{H} = \dfrac{555,556[\text{mm}^2]}{400[\text{mm}]} = 1,389[\text{mm}]$ ∴ 1,389[mm]×400[mm]
배기덕트	B	〃
배기덕트	C	〃
급기덕트	A	$W = \dfrac{A}{H} = \dfrac{370,370[\text{mm}^2]}{400[\text{mm}]} = 926[\text{mm}]$ ∴ 926[mm]×400[mm]
급기덕트	B	〃
급기덕트	C	〃

③ 배기댐퍼와 급기댐퍼의 작동상태(댐퍼 작동상태 ○ : Open ● : Close)

덕트의 구분	배 기			급 기		
	A구역	B구역	C구역	A구역	B구역	C구역
A구역 화재 시	○	●	●	●	○	○
B구역 화재 시	●	○	●	○	●	○
C구역 화재 시	●	●	○	○	○	●

④ 급기구의 단면적[cm^2]과 크기[mm]

• 급기구의 단면적 $= \dfrac{20,000[\text{m}^3]/60[\text{min}]}{3개} \times 35[\text{cm}^2 \cdot \text{min/m}^3] = 3,889[\text{cm}^2]$

• 급기구의 크기 $L = \sqrt{A} = \sqrt{3,889[\text{cm}^2]} = 62.36[\text{cm}] = 624[\text{mm}]$

∴ 급기구의 크기 : 가로 624[mm] × 세로 624[mm]

⑤ 배기구의 단면적[cm^2]과 크기[mm]

• 배기구의 단면적 $= \dfrac{40,000[\text{m}^3]/60[\text{min}]}{4개} \times 35[\text{cm}^2 \cdot \text{min/m}^3] = 5,833[\text{cm}^2]$

• 배기구의 크기 $L = \sqrt{A} = \sqrt{5,833[\text{cm}^2]} = 76.37[\text{cm}] = 764[\text{mm}]$

∴ 배기구의 크기 : 가로 764[mm] × 세로 764[mm]

해답 (1) 40,000[m^3/h]

(2) 8.71[kW]

(3) ①

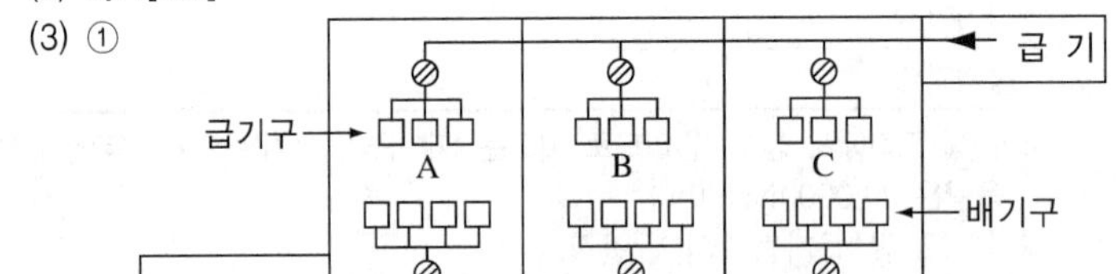

②

덕트의 구분		풍량(CMH)	덕트의 단면적 [mm^2]	덕트의 크기 (가로[mm]×세로[mm])
배기덕트	A	① 40,000	⑦ 555,556	⑬ 1,389×400
배기덕트	B	② 40,000	⑧ 555,556	⑭ 1,389×400
배기덕트	C	③ 40,000	⑨ 555,556	⑮ 1,389×400
급기덕트	A	④ 20,000	⑩ 370,370	⑯ 926×400
급기덕트	B	⑤ 20,000	⑪ 370,370	⑰ 926×400
급기덕트	C	⑥ 20,000	⑫ 370,370	⑱ 926×400

③

덕트의 구분	배 기			급 기		
	A구역	B구역	C구역	A구역	B구역	C구역
A구역 화재 시	○	●	●	●	○	○
B구역 화재 시	●	○	●	○	●	○
C구역 화재 시	●	●	○	○	○	●

④ 급기구의 단면적 : 3,889[cm^2], 크기 : 가로 624[mm] × 세로 624[mm]
⑤ 배기구의 단면적 : 5,833[cm^2], 크기 : 가로 764[mm] × 세로 764[mm]

06

바닥면적이 1층 7,500[m^2], 2층 7,500[m^2]이고, 연면적이 32,500[m^2]인 건축물에 소화용수설비가 설치되어 있다. 다음 물음에 답하시오.

득점	배점
	6

(1) 소화용수의 저수량은 몇 [m^3]인가?
(2) 흡수관투입구의 수 몇 개 이상으로 하여야 하는가?
(3) 채수구는 몇 개를 설치하여야 하는가?
(4) 가압송수장치의 1분당 양수량은 몇 [L] 이상으로 하여야 하는가?

해설

소화용수설비

(1) 소화용수의 저수량

소방 대상물의 구분	기준면적[m^2]
1층 및 2층의 바닥면적의 합계가 15,000[m^2] 이상인 소방대상물	7,500
그 밖의 소방대상물	12,500

∴ (32,500[m^2] ÷ 7,500[m^2]) = 4.33 ⇒ 5 × 20[m^3] = 100[m^3]

(2) 지하에 설치하는 소화용수 설비의 흡수관 투입구
① 한 변이 0.6[m] 이상, 직경이 0.6[m] 이상인 것으로 할 것
② 소요수량이 80[m^3] 미만인 것은 1개 이상, **80[m^3] 이상**인 것은 **2개 이상**을 설치할 것
③ "흡수관 투입구"라고 표시한 표지를 할 것

∴ (1)에서 구한 소요수량이 100[m^3]이므로 80[m^3] 이상에 해당하여 **흡수관투입구**는 **2개 이상**이다.

(3) 채수구의 수

소요수량	20[m^3] 이상 40[m^3] 미만	40[m^3] 이상 100[m^3] 미만	100[m^3] 이상
채수구의 수	1개	2개	3개

(4) 가압송수장치의 1분당 양수량

소요수량	20[m^3] 이상 40[m^3] 미만	40[m^3] 이상 100[m^3] 미만	100[m^3] 이상
1분당 양수량	1,100[L] 이상	2,200[L] 이상	3,300[L] 이상

해답

(1) 100[m^3]
(2) 2개
(3) 3개
(4) 3,300[L]

07

건식 스프링클러설비의 가압송수장치(펌프방식)의 성능시험을 실시하고자 한다. 다음 주어진 도면을 참고로 성능시험순서 및 시험결과 판정기준을 쓰시오.

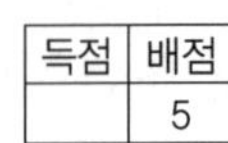

득점	배점
	5

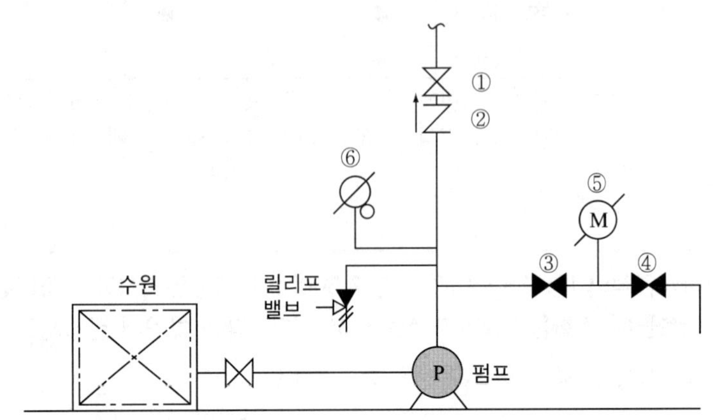

(1) 성능시험 순서

(2) 판정기준

해설

펌프의 성능시험방법 및 성능곡선

- 성능시험방법
  - 무부하시험(체절운전시험)
    펌프토출측의 주밸브와 성능시험배관의 유량조절밸브를 잠근 상태에서 운전할 경우에 양정이 전격양정의 140[%] 이하인지 확인하는 시험
  - 정격부하시험
    펌프를 기동한 상태에서 유량조절밸브를 개방하여 유량계의 유량이 정격유량상태(100[%])일 때 토출압력계와 흡입압력계의 차이가 정격압력 이상이 되는지 확인하는 시험
  - 피크부하시험(최대운전시험)
    유량조절밸브를 개방하여 정격토출량의 150[%]로 운전 시 정격토출압력의 65[%] 이상이 되는지 확인하는 시험
- 펌프의 성능곡선

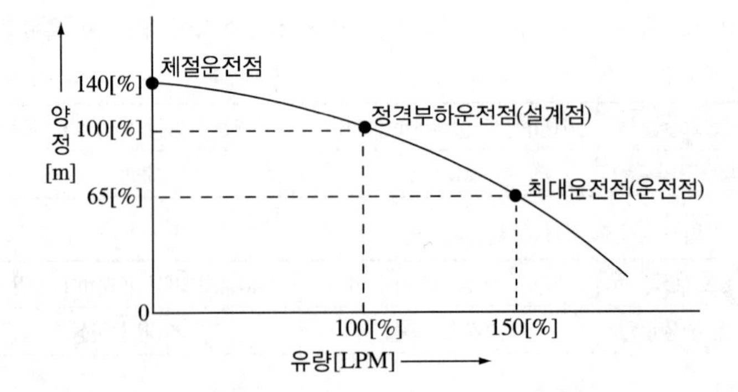

• 펌프의 성능시험(유량측정시험)방법(유량조절밸브가 있는 경우)

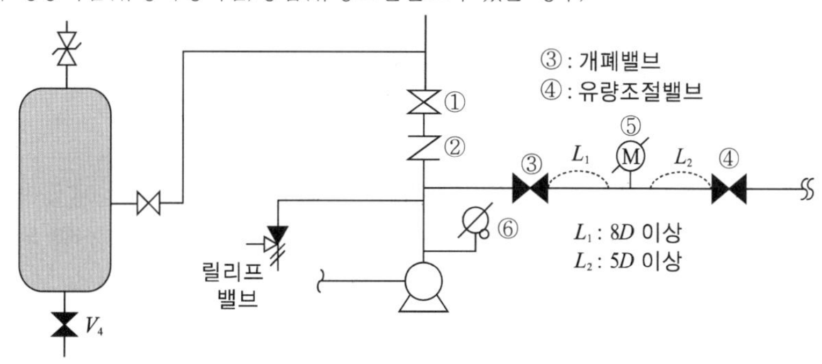

• 펌프의 토출측 주밸브(①)를 잠근다.
• 성능시험배관상의 개폐밸브(③)를 완전 개방한다.
• 동력제어반에서 충압펌프를 수동 또는 정지위치에 놓는다.
• 동력제어반에서 주펌프를 수동으로 기동시킨다.
• 성능시험배관상의 유량조절밸브(④)를 서서히 개방하여 유량계를 통과하는 유량이 정격토출유량(펌프사양에 명시됨)이 되도록 조절한다.

> 이때 정격토출유량이 되었을 때 펌프 토출측 압력계를 보고 정격토출압력(펌프 사양에 명시된 전양정 ÷ 10의 값) 이상인지 확인한다.

• 성능시험배관상의 유량조절밸브(④)를 조금 더 개방하여 유량계를 통과하는 유량이 정격토출유량의 150[%]가 되도록 조절한다.

> **[예 시]**
> 펌프의 토출유량이 400[LPM](L/min)이면 400×1.5 = 600[LPM]이면 된다.

• 이때 펌프의 토출측 압력은 정격토출압력의 65[%] 이상이어야 한다.

> **[예 시]**
> 펌프의 전양정이 60[m]이면 약 0.6[MPa]이므로
> 현장에서는 0.6×0.65 = 0.39[MPa] 이상이어야 한다.
> ※ 주펌프를 기동하여 유량 600[L/min]으로 운전 시 압력이 0.39[MPa] 이상이 나와야 펌프의 성능시험은 양호하다.

• 주펌프를 정지하고 성능시험 배관상의 밸브 ③, ④를 서서히 잠근다.
• 펌프의 토출측 주밸브 ①을 개방하고 동력제어반에서 충압펌프를 자동으로 하면 정지점까지 압력이 도달하면 정지된다. 그리고 주펌프를 자동 위치로 한다.

해답 (1) 성능시험 순서
- 펌프의 토출측 주밸브(①)를 잠근다.
- 성능시험배관상의 개폐밸브(③)를 완전 개방한다.
- 동력제어반에서 주펌프를 수동으로 기동시킨다.
- 성능시험배관상의 유량조절밸브(④)를 서서히 개방하여 유량계를 통과하는 유량이 정격토출유량(펌프사양에 명시됨)이 되도록 조절한다.
- 성능시험배관상의 유량조절밸브(④)를 조금 더 개방하여 유량계를 통과하는 유량이 정격토출유량의 150[%]가 되도록 조절한다.
- 이때 펌프의 토출측 압력은 정격토출압력의 65[%] 이상이어야 한다.
- 주펌프를 정지하고 성능시험 배관상의 밸브 ③, ④를 서서히 잠근다.
- 펌프의 토출측 주밸브 ①을 개방하고 동력제어반에서 충압펌프를 자동으로 하면 정지점까지 압력이 도달하면 정지된다. 그리고 주펌프를 자동 위치로 한다.

(2) 판정기준

펌프의 성능은 체절운전 시 정격토출압력의 140[%]를 초과하지 아니하면, 정격토출량의 150[%]로 운전 시 정격토출압력의 65[%] 이상이면 정상이다.

08

다음 그림은 국소방출방식의 이산화탄소소화설비이다. 각 물음에 답하시오 (단, 고압식이며 방호대상물은 제1종 가연물이고, 가연물이 비산할 우려가 있는 경우이다).

득점	배점
	7

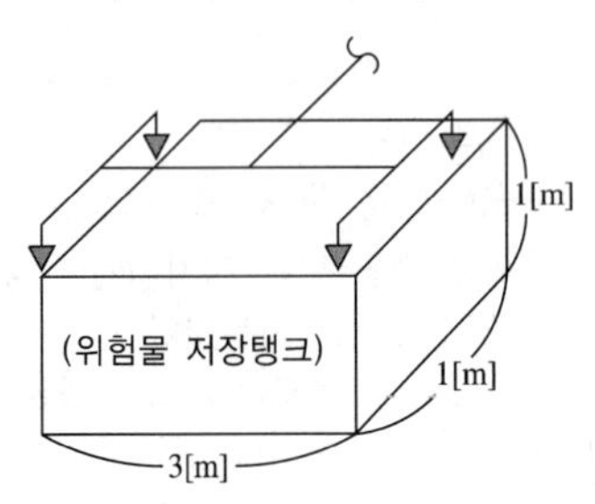

물 음

(1) 방호공간 체적[m^3]은 얼마인가?

(2) 소화약제 최소저장량[kg]은 얼마인가?

(3) 헤드 1개의 방출량[kg/s]은 얼마인가?

해설

(1) 방호공간 체적

방호공간 : 방호대상물의 각 부분으로부터 0.6[m]의 거리에 따라 둘러싸인 공간

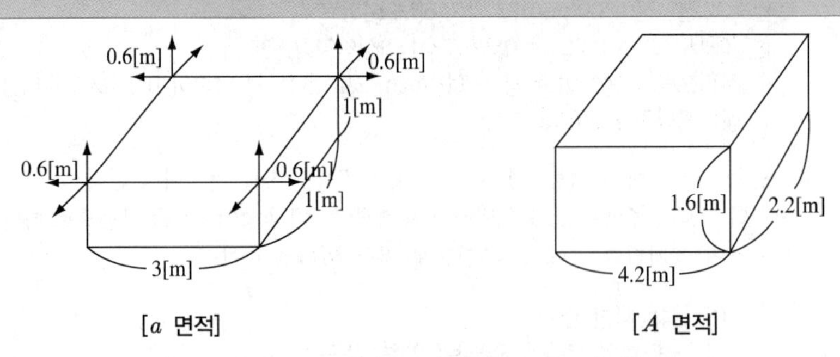

[a 면적] [A 면적]

∴ 방호공간체적[m^3] = $4.2[m] \times 2.2[m] \times 1.6[m] = 14.784[m^3]$

(2) 소화약제의 최소저장량

$$\text{약제저장량[kg]} = \text{방호공간체적}[m^3] \times \left(8 - 6\frac{a}{A}\right) \times \begin{pmatrix} \text{고압식 } 1.4 \\ \text{저압식 } 1.1 \end{pmatrix}$$

여기서, a : 방호대상물 주위에 설치된 벽면적의 합계(방호대상물 주위에 설치된 벽이 없거나 벽에 대한 조건이 없는 경우에는 "0"이다)

A : 방호공간의 벽면적의 합계(앞면 + 뒷면) + (좌면 + 우면) = (4.2[m] × 1.6 × 2면) + (1.6[m] × 2.2[m] × 2면) = 20.48[m^2]

∴ 약제량 $= 14.78[m^3] \times \left(8 - 6\frac{0}{20.48}\right) \times 1.4 = 165.54[kg]$

(3) 헤드 1개의 방출량

헤드 1개당 방출량=약제량[kg]÷헤드수[개]÷방출시간[s]

=165.54[kg] ÷ 4개 ÷ 30[s]=1.38[kg/s]

해답 (1) 14.78[m^3]

(2) 165.54[kg]

(3) 1.38[kg/s]

09

다음 그림과 같이 스프링클러설비의 가압송수장치를 고가수조방식으로 설치할 경우 다음 물음에 답하시오(단, 중력가속도는 반드시 9.8[m/s^2]를 적용한다).

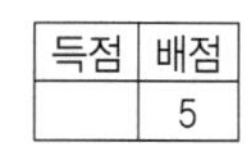

득점	배점
	5

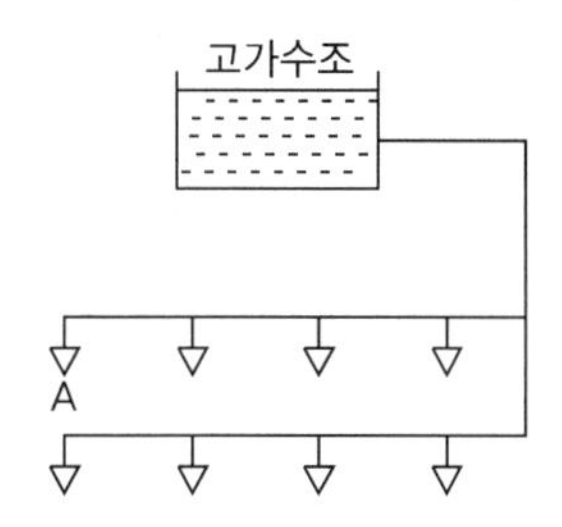

(1) 고가수조에서 최상부층 말단 스프링클러헤드 A까지의 낙차가 15[m]이고, 배관의 마찰손실압력이 0.04[MPa]일 때 최상층 말단 스프링클러헤드 선단에서의 방수압력[MPa]을 구하시오.

• 계산과정 :

• 답 :

(2) (1)에서 A헤드 선단에서의 방수압력을 0.12[MPa] 이상으로 나오게 하려면 현재 위치에 고가수조를 몇 [m] 더 높여야 하는지 구하시오(배관의 마찰손실압력은 0.04[MPa] 기준이다).

• 계산과정 :

• 답 :

해설

고가수조방식 스프링클러설비

(1) 헤드 선단의 방수압력

$$P=\gamma H,\quad \gamma=\rho g \quad P=\rho g H$$

여기서, ρ : 물의 밀도(1,000[kg/m^3])

g : 중력가속도(9.8[m/s^2])

$H=15[m]-4.08[m](0.04[MPa])=10.92[m]$

$\therefore\ P=\rho g H=1{,}000[kg/m^3]\times 9.8[m/s^2]\times 10.92[m]=107{,}016[kg\cdot m/m^2\cdot s^2]$

$=107.0[kPa]=0.11[MPa]$

PLUS ONE **단위환산**

$$[Pa] = [\frac{N}{m^2}] = [\frac{kg \cdot \frac{m}{s^2}}{m^2}] = [\frac{kg \cdot m}{m^2 \cdot s^2}] = [kg/m \cdot s^2]$$

(2) 수조의 높이

방수압력 = 낙차의 환산수두압 - 배관의 마찰손실압력

0.12[MPa] = (0.147 + x)[MPa] - 0.04[MPa]

x를 구하면 x = 0.013[MPa] = 1.33[m]

해답 (1) 0.11[MPa]

(2) 1.33[m]

10

다음은 아파트의 각 세대별로 주방에 설치하는 주거용 주방자동소화장치의 설치기준이다. 각 물음의 ( ) 안에 알맞은 답을 쓰시오.

득점	배점
	5

(1) ( )는 상시 확인 및 점검이 가능하도록 설치할 것

(2) 탐지부는 수신부와 분리하여 설치하되 공기보다 가벼운 가스를 사용하는 경우에는 천장면으로부터 (①)의 위치에 설치하고 공기보다 무거운 가스를 사용하는 장소에는 바닥면으로부터 (②)의 위치에 설치 할 것

해설

주거용 주방자동소화장치의 설치기준

(1) 설치장소

아파트 등 및 30층 이상 오피스텔의 모든 층

(2) 설치기준

① 소화약제 방출구는 환기구(주방에서 발생하는 열기류 등을 밖으로 배출하는 장치)의 청소부분과 분리되어 있어야 하며, 형식승인 받은 유효설치 높이 및 방호면적에 따라 설치할 것

② 감지부는 형식승인 받은 유효한 높이 및 위치에 설치할 것

③ 차단장치(전기 또는 가스)는 상시 확인 및 점검이 가능하도록 설치할 것

④ 가스용 주방자동소화장치를 사용하는 경우 탐지부는 수신부와 분리하여 설치하되, 공기보다 가벼운 가스를 사용하는 경우에는 천장면으로부터 30[cm] 이하의 위치에 설치하고, 공기보다 무거운 가스를 사용하는 장소에는 바닥면으로부터 30[cm] 이하의 위치에 설치할 것

⑤ 수신부는 주위의 열기류 또는 습기 등과 주위온도에 영향을 받지 아니하고 사용자가 상시 볼 수 있는 장소에 설치할 것

해답 (1) 차단장치(전기 또는 가스)

(2) ① 30[cm] 이하 ② 30[cm] 이하

11

액화 이산화탄소 45[kg]을 20[℃] 대기 중(표준대기압)에 방출하였을 경우 각 물음에 답하시오.

득점	배점
	10

물 음

(1) 이산화탄소의 부피[m^3]는 얼마가 되겠는가?

(2) 방호구역공간의 체적이 90[m^3]인 곳에 약제를 방출하였다면 CO_2의 농도[%]는 얼마가 되겠는가?

해설

(1) 부 피

$$PV = nRT = \frac{W}{M}RT$$

여기서, P : 압력[atm] V : 체적[m^3]

W : 무게[kg] M : 분자량

R : 기체상수(0.08205[atm · m^3/kg－mol · K])

T : 절대온도(273+[℃])

$$\therefore V = \frac{WRT}{PM} = \frac{45[kg] \times 0.08205[atm \cdot m^3/kg-mol \cdot K] \times (273+20)[K]}{1[atm] \times 44} = 24.59[m^3]$$

(2) $$CO_2 \text{ 약제농도}[\%] = \frac{\text{약제방출체적}[m^3]}{\text{방호구역체적}[m^3] + \text{약제방출체적}[m^3]} \times 100$$

$$= \frac{24.59[m^3]}{90[m^3] + 24.59[m^3]} \times 100 = 21.46[\%]$$

해답 (1) 24.59[m^3] (2) 21.46[%]

12

스프링클러설비의 화재안전기준에서 조기반응형 스프링클러헤드를 설치하여야 하는 대상물을 쓰시오.

득점	배점
	5

해설

조기반응형 스프링클러헤드 설치대상물

(1) 공동주택 · 노유자시설의 거실

(2) 오피스텔 · 숙박시설의 침실, 병원의 입원실

해답 ① 공동주택의 거실

② 노유자시설의 거실

③ 오피스텔의 침실

④ 숙박시설의 침실

⑤ 병원의 입원실

13 연결살수설비의 종합정밀점검에서 송수구의 점검항목을 쓰시오.

득점	배점
	5

연결살수설비의 종합정밀점검

항 목	점검항목
송수구	송수구의 설치개수 적부
	설치장소 및 설치위치, 표시의 적부
	송수구 접결나사의 보호상태
	선택밸브의 설치장소 환경 및 설치위치의 적부
	자동선택밸브의 작동시험 가능 여부
헤 드	설치장소, 헤드 상호 간 거리의 적부
	살수장애 여부
	가연성가스시설인 경우 살수범위의 적부
	헤드설치제외 적용의 적부

해답
① 송수구의 설치개수 적부
② 설치장소 및 설치위치, 표시의 적부
③ 송수구 접결나사의 보호상태
④ 선택밸브의 설치장소 환경 및 설치위치의 적부
⑤ 자동선택밸브의 작동시험 가능 여부

제 2 회 2018년 6월 25일 시행

※ 다음 물음에 대한 답을 해당 답란에 답하시오.(배점 : 100)

01

건식 스프링클러에 하향식 헤드를 부착하는 경우 드라이펜던트(건식형)의 헤드를 사용한다. 사용목적과 구조 및 기능에 대하여 간단히 설명하시오.

득점	배점
	5

해답 (1) 사용목적 : 하향식 배관의 경우 배관 안에 물이 배수되지 않아 동파 및 부식의 원인이 됨
(2) 구조 및 기능 : 배관 안에 부동액 또는 질소를 봉입해 하향식 헤드가 감열되어 개방되는 경우 부동액 및 질소가 방사된 후에 물이 방사될 수 있도록 되어 있음

02

스프링클러설비에 설치하는 건식밸브의 기능을 두가지 쓰시오.

득점	배점
	4

해설

건식밸브의 기능

- 경보기능 : 화재 시 건시밸브의 클래퍼가 개방되어 가압수가 압력스위치를 작동시켜 화재경보를 발생시킨다.
- 역류방지(체크밸브)기능 : 클래퍼를 중심으로 1차측에는 가압수를 2차측은 압축공기로 압축되어 2차측의 압축공기가 1차측으로 유입되는 것을 방지하기 위하여

해답 (1) 경보기능
(2) 역류방지기능

03

이산화탄소소화설비의 종합정밀점검 항목에서 수동식기동장치의 점검항목을 쓰시오.

득점	배점
	5

해설

종합정밀점검항목에서 기동장치의 점검항목

(1) 수동식 기동장치
① 방호구역별 또는 방호대상물 설치 위치(높이 포함) 및 기능
② 조작부의 보호판 및 기동장치의 표지상태
③ 전원 등 상태
④ 음향경보장치와 연동기능
⑤ 방출지연비상스위치 작동상태

(2) 자동식 기동장치
 ① 수동기동 기능유무 및 상태
 ② 전기식 기동장치의 경우 저장용기에 대한 전자개방밸브의 배치적정 여부 및 전자개방밸브의 설치
 ③ 가스압력식 지동장치의 경우 기공용가스용기의 용적 · 충전량 · 충전비 및 압력게이지의 적정여부
 ④ 기계식 기동장치의 경우 개방장치의 시험작동상태

해답 ① 방호구역별 또는 방호대상물 설치 위치(높이 포함) 및 기능
② 조작부의 보호판 및 기동장치의 표지상태
③ 전원 등 상태
④ 음향경보장치와 연동기능
⑤ 방출지연비상스위치 작동상태

04

소화설비의 급수배관에 사용하는 개폐 표시형 밸브 중 버터플라이(볼형식 이외)외의 밸브를 꼭 사용하여야 하는 배관의 이름과 그 이유를 기술하시오.

득점	배점
	4

해설
급수배관에 설치되어 급수를 차단할 수 있는 개폐밸브(옥내소화전방수구를 제외한다)는 개폐표시형으로 하여야 한다. 이 경우 펌프의 흡입측 배관에는 버터플라이밸브 외의 개폐표시형밸브를 설치하여야 한다.

해답 (1) 배관 : 펌프 흡입측 배관
(2) 이유 : 마찰손실이 커서 공동현상이 발생할 우려가 있기 때문

05

아래 도면은 어느 특정소방대상물인 전기실(A실), 발전기실(B실), 방재반실(C실), 배터리실(D실)을 방호하기 위한 할론 1301의 배관평면도이다. 도면 및 조건을 참조하여 할론 1301소화약제의 최소용기 개수를 산출하시오.

득점	배점
	15

도 면

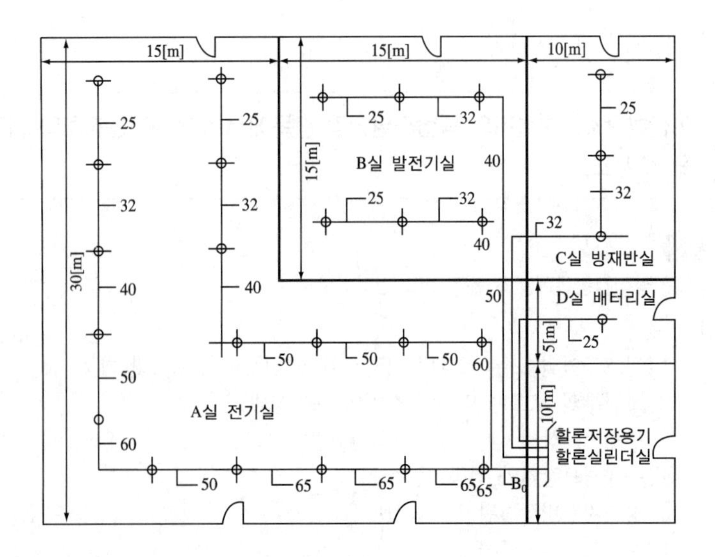

조 건

- 약제저장용기방식은 고압식이다.
- 용기 1개의 약제량은 50[kg]이고 내용적은 68[L]이다.
- 도면상 각 실에 대한 배관내용적(용기실내의 입상관 포함)은 다음과 같다.

A실 배관내용적 : 198[L]	B실 배관내용적 : 78[L]
C실 배관내용적 : 28[L]	D실 배관내용적 : 10[L]

- 할론 집합관의 배관내용적은 88[L]이다.
- 할론약제저장용기와 집합관 사이의 연결관에 대한 내용적은 무시한다.
- 설비의 설계기준온도는 20[℃]로 한다.
- 액화 할론 1301의 비중은 20[℃]에서 1.6이다.
- 각 실의 개구부는 없다고 가정한다.
- 약제소요량 산출 시 각 실의 내부기둥 및 내용물의 체적은 무시한다.
- 각 실의 층고(바닥으로부터 천정까지 높이)는 각각 다음과 같다.

A실 및 B실 : 5[m]	C실 및 D실 : 3[m]

해설

최소 용기 개수

- A실 약제량 $=\{(30[m]\times30[m])-(15[m]\times15[m])\}\times5[m]\times0.32[kg/m^3]=1,080[kg]$

  ∴ 용기개수 $=1,080[kg]\div50[kg]=21.6$병 ⇒ 22병

> **[참고] 할론소화설비의 화재안전기준 제4조 제6항**
> 하나의 구역을 담당하는 소화약제 저장용기의 소화약제량의 체적합계보다 그 소화약제 방출 시 방출경로가 되는 배관(집합관 포함)의 내용적이 1.5배 이상일 경우에는 해당 방호구역에 대한 설비는 별도 독립방식으로 하여야 한다.
> [A실] ① 약제의 체적=22병×50[kg]÷1.6[kg/L](비중)=687.5[L]
> ② 배관내용적=88[L]+198[L]=286[L]
> ③ 배관내용적/약제의 체적=286[L]/687.5[L]=0.42배
> ∴ A실은 별도의 독립방식으로 할 필요가 없다.

- B실 약제량 $=(15[m]\times15[m])\times5[m]\times0.32[kg/m^3]=360[kg]$

  ∴ 용기개수 $=360[kg]\div50[kg]=7.2$병 ⇒ 8병

> [B실] ① 약제의 체적=8병 ×50[kg]÷1.6[kg/L](비중)=250[L]
> ② 배관내용적=88[L]+78[L]=166[L]
> ③ 배관내용적/약제의 체적=166[L]/250[L]=0.66배
> ∴ B실은 별도의 독립방식으로 할 필요가 없다.

- C실 약제량 $=(10[m]\times15[m])\times3[m]\times0.32[kg/m^3]=144[kg]$

  ∴ 용기개수 $=144[kg]\div50[kg]=2.88$병 ⇒ 3병

> [C실] ① 약제의 체적=3병×50[kg]÷1.6[kg/L](비중)=93.75[L]
> ② 배관내용적=88[L]+28[L]=116[L]
> ③ 배관내용적/약제의 체적=116[L]/93.75[L]=1.24배
> ∴ C실은 별도의 독립방식으로 할 필요가 없다.

• D실 약제량=(10[m]×5[m])×3[m]×0.32[kg/m³]=48[kg]

∴ 용기개수=48[kg] ÷ 50[kg]=0.968병 ⇒ 1병

[D실] ① 약제의 체적=1병×50[kg]÷1.6[kg/L](비중)=31.25[L]
② 배관내용적=88[L]+10[L]=98[L]
③ 배관내용적/약제의 체적=98[L]/31.25[L]=3.14배

∴ D실은 별도의 독립방식으로 하여야 한다.

※ 이 문제는 약제량을 구하는 문제이지 방호구역에 대한 설비를 별도 독립방식으로 하라는 문제는 아니므로 참고하시기 바랍니다.

해답 A실 : 22병 B실 : 8병
C실 : 3병 D실 : 1병

06

다음 그림은 어느 스프링클러설비의 Isometric Diagram이다. 이 도면과 주어진 조건에 의하여 헤드 A만을 개방하였을 때 실제 방수량을 계산하시오.

득점	배점
	15

조 건

• 펌프의 양정력은 토출량에 관계없이 일정하다고 가정한다(펌프토출압 = 0.3[MPa]).

• 헤드의 방출계수(K)는 90이다.

• 배관의 마찰손실은 하젠-윌리엄스공식을 따르되 계산의 편의상 다음 식과 같다고 가정한다.

$$\Delta P = \frac{6 \times 10^4 \times Q^2}{120^2 \times d^5}$$

단, ΔP : 배관 1[m]당 마찰손실압력[MPa]
Q : 배관 내의 유수량[L/min]
d : 배관의 안지름[mm]

• 배관의 호칭구경별 안지름은 다음과 같다.

호칭구경	25ϕ	32ϕ	40ϕ	50ϕ	65ϕ	80ϕ	100ϕ
내 경	28	37	43	54	69	81	107

• 배관부속 및 밸브류의 등가길이[m]는 아래 표와 같으며, 이 표에 없는 부속 또는 밸브류의 등가길이는 무시해도 좋다.

호칭구경	25[mm]	32[mm]	40[mm]	50[mm]	65[mm]	80[mm]	100[mm]
90°엘보	0.8	1.1	1.3	1.6	2.0	2.4	3.2
티측류	1.7	2.2	2.5	3.2	4.1	4.9	6.3
게이트밸브	0.2	0.2	0.3	0.3	0.4	0.5	0.7
체크밸브	2.3	3.0	3.5	4.4	5.6	6.7	8.7
알람밸브	–	–	–	–	–	–	8.7

• 가지관과 헤드 간의 마찰손실은 무시한다.

• 배관의 마찰손실, 등가길이, 마찰손실압력은 호칭구경 25ϕ와 같이 구하도록 한다.

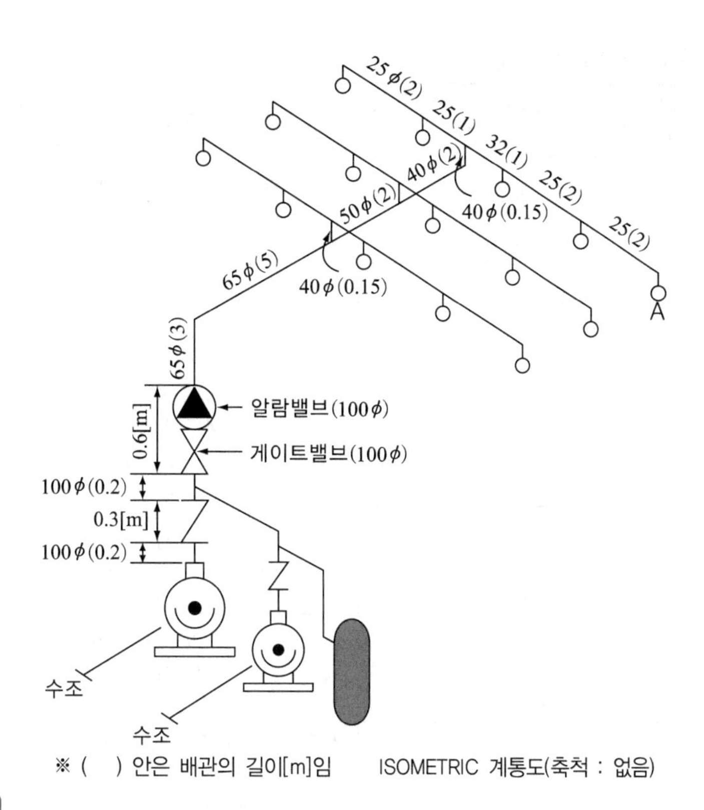

※ ( ) 안은 배관의 길이[m]임 ISOMETRIC 계통도(축척 : 없음)

산출근거

호칭구경	배관의 마찰손실[MPa]	등가길이	마찰손실압력[MPa]
25φ	$\triangle P = 2.421 \times 10^{-7} \times Q^2$	직관 : 2+2=4 엘보 : 1×0.8=0.8 계 : 4.8[m]	$1.162 \times 10^{-6} \times Q^2$
32φ			
40φ			
50φ			
65φ			
100φ			

(1) 배관의 총마찰손실[MPa] :

(2) 실층고 환산 낙차수두[m] :

(3) A점의 방수량[L/min] :

(4) A점의 방수압[MPa] :

해답 산출근거

호칭구경	배관의 마찰손실 [MPa]	등가길이	마찰손실압력[MPa]
25ϕ	$\Delta P = 6\times10^4\times\frac{Q^2}{120^2\times28^5}$ $=2.421\times10^{-7}\times Q^2$	직관 : 2[m]+2[m]=4[m] 엘보 : 1개×0.8[m]=0.8[m] 계 : 4.8[m]	$2.421\times10^{-7}\times Q^2\times4.8[m]$ $=1.162\times10^{-6}\times Q^2$
32ϕ	$\Delta P = 6\times10^4\times\frac{Q^2}{120^2\times37^5}$ $=6.008\times10^{-8}\times Q^2$	직관 : 1[m] 계 : 1[m]	$6.008\times10^{-8}\times Q^2\times1[m]$ $=6.008\times10^{-8}\times Q^2$
40ϕ	$\Delta P = 6\times10^4\times\frac{Q^2}{120^2\times43^5}$ $=2.834\times10^{-8}\times Q^2$	직관 : 2[m]+0.15[m]=2.15[m] 90°엘보 : 1.3[m] 티측류 : 2.5[m] 계 : 5.95[m]	$2.834\times10^{-8}\times Q^2\times5.95[m]$ $=1.686\times10^{-7}\times Q^2$
50ϕ	$\Delta P = 6\times10^4\times\frac{Q^2}{120^2\times54^5}$ $=9.074\times10^{-9}\times Q^2$	직관 : 2[m] 계 : 2[m]	$9.074\times10^{-9}\times Q^2\times2[m]$ $=1.815\times10^{-8}\times Q^2$
65ϕ	$\Delta P = 6\times10^4\times\frac{Q^2}{120^2\times69^5}$ $=2.664\times10^{-9}\times Q^2$	직관 : 5[m]+3[m]=8[m] 90°엘보 : 2[m] 계 : 10[m]	$2.664\times10^{-9}\times Q^2\times10[m]$ $=2.664\times10^{-8}\times Q^2$
100ϕ	$\Delta P = 6\times10^4\times\frac{Q^2}{120^2\times107^5}$ $=2.97\times10^{-10}\times Q^2$	직관 : 0.2[m]+0.2[m]=0.4[m] 체크밸브 : 8.7[m] 게이트밸브 : 0.7[m] 알람밸브 : 8.7[m] 계 : 18.5[m]	$2.97\times10^{-10}\times Q^2\times18.5[m]$ $=5.495\times10^{-9}\times Q^2$

(1) 배관의 총마찰손실

$$: (1.162\times10^{-6}\times Q^2)+(6.008\times10^{-8}\times Q^2)+(1.686\times10^{-7}\times Q^2)$$
$$+(1.815\times10^{-8}\times Q^2)+(2.664\times10^{-8}\times Q^2)+(5.495\times10^{-9}\times Q^2)$$
$$=1.44\times10^{-6}Q^2$$
$$\therefore\ 1.44\times10^{-6}Q^2[\text{MPa}]$$

(2) **실층고 환산 낙차수두**

0.2[m]+0.3[m]+0.2[m]+0.6[m]+3[m]+0.15[m]=4.45[m]

(3) **A점의 방수량** : $Q=K\sqrt{10P}$ 에서 K=90

P(헤드압)=펌프토출압−(실층고낙차환산수두압+배관손실압)

$$P=0.3-(0.044+1.44\times10^{-6}Q^2)=0.256-1.44\times10^{-6}Q^2[\text{MPa}]$$

$$4.45[\text{m}]=\frac{4.45[\text{m}]}{10.332[\text{m}]}\times0.101325[\text{MPa}]=0.044[\text{MPa}]$$

$$\therefore Q=90\sqrt{10\times(0.256-1.44\times10^{-6}Q^2)}$$

양변을 제곱하여 풀면

$$Q^2=90^2(2.56-1.44\times10^{-5}Q^2) \qquad Q^2=90^2\times2.56-90^2\times1.44\times10^{-5}Q^2)$$

$$Q^2=20{,}736-0.1166Q^2 \qquad Q^2+0.1166Q^2=20{,}736$$

$$1.1166Q^2=20{,}736 \qquad Q=\sqrt{\frac{20{,}736}{1.1166}}=136.27[\text{L/min}]$$

$\therefore Q$=136.27[L/min]

(4) A점의 방수압 : $Q = K\sqrt{10P}$

$$10P = \left(\frac{Q}{K}\right)^2 = \left(\frac{136.27[\mathrm{L/min}]}{90}\right)^2 = 2.29$$

$$\therefore\ P = \frac{2.29[\mathrm{MPa}]}{10} = 0.229[\mathrm{MPa}]$$

07

경유를 연료로 사용하는 바닥면적이 100[m^2]이고 높이가 3.5[m]인 발전기실에 할로겐화합물 및 불활성기체 소화설비를 설치하고자 한다. 제시한 [조건]을 이용하여 다음 각 물음에 답하시오.

득점	배점
	8

조 건

- IG-541의 A, B급 소화농도는 32[%]로 한다.
- IG-541의 저장용기는 80[L]용 12.4[m^3/병]으로 적용한다.
- 선형상수를 이용하도록 하며 방사 시 기준온도는 20[℃]이다.

소화약제	K_1	K_2
IG-541	0.65799	0.00239

- 불활성기체 약제 저장량 X[m^3/m^3]은 다음과 같다.

$$X = 2.303\frac{V_S}{S} \times \log\left(\frac{100}{100 - C}\right)$$

물 음

(1) 발전기실에 필요한 IG-541의 최소 용기수를 구하시오.
- 계산과정 :
- 답 :

(2) 할로겐화합물 및 불활성기체의 구비조건을 5가지 쓰시오.

해설

(1) 발전기실에 필요한 IG-541의 최소 용기수

$$X = 2.303\frac{V_S}{S} \times \log\left(\frac{100}{100 - C}\right)$$

여기서, X : 공간체적당 더해진 소화약제의 부피[m^3/m^3]

V_S : 비체적(상온 20[℃]에서 $V_S = S$)

S : 소화약제별선형상수

$$K_1 + (K_2 \times t) = 0.65799 + (0.00239 \times 20) = 0.7058[\mathrm{m^3/kg}]$$

t : 방호구역의 최소예상온도[℃]

C : 설계농도(소화농도 × 안전계수 = 32 × 1.3 = 41.6[%])

안전계수[A · C급 화재 : 1.2, B급(경유) 화재 : 1.3]

$X = 2.303\dfrac{0.7058}{0.7058} \times \log\left(\dfrac{100}{100-41.6}\right) = 0.538[\text{m}^3/\text{m}^3]$

약제량 = 체적 × X = (100[m^2]×3.5[m]) × 0.538[m^3/m^3] = 188.3[m^3]

∴ 최소 용기수 = 188.3[m^3] ÷ 12.4[m^3/병] = 15.18 ⇒ 16병

(2) 할로겐화합물 및 불활성기체의 구비조건

① 독성이 낮고 설계농도는 NOAEL 이하일 것
② 오존층파괴지수, 지구온난화지수가 낮을 것
③ 비전도성이고 소화 후 증발잔유물이 없을 것
④ 저장 시 분해하지 않고 용기를 부식시키지 않을 것
⑤ 소화효과는 할론 소화약제와 유사할 것

해답 (1) IG-541의 최소 용기수

• 계산과정 : $X = 2.303\dfrac{0.7058}{0.7058} \times \log\left(\dfrac{100}{100-41.6}\right) = 0.538[\text{m}^3/\text{m}^3]$

약제량 = 체적 × X = (100[m^2]×3.5[m]) × 0.538[m^3/m^3] = 188.3[m^3]

∴ 최소 용기수 = 188.3[m^3] ÷ 12.4[m^3/병] = 15.18 ⇒ 16병

• 답 : 16병

(2) 할로겐화합물 및 불활성기체의 구비조건

① 독성이 낮고 설계농도는 NOAEL 이하일 것
② 오존층파괴지수, 지구온난화지수가 낮을 것
③ 비전도성이고 소화 후 증발잔유물이 없을 것
④ 저장 시 분해하지 않고 용기를 부식시키지 않을 것
⑤ 소화효과는 할론 소화약제와 유사할 것

08

경유를 저장하는 위험물 옥외저장탱크의 높이가 7[m], 직경 10[m]인 콘루프 탱크(Con Roof Tank)에 Ⅱ형 포방출구 및 옥외보조포소화전 2개가 설치되었다.

득점	배점
	10

조 건

• 배관의 낙차수두와 마찰손실수두는 55[m]이다.
• 폼체임버 압력수두로 양정계산(그림 참조, 보조포소화전 압력수두는 무시)한다.
• 펌프의 효율은 65[%]이고, 전달계수는 1.1이다.
• 배관의 송액량은 제외한다.

※ 그림 및 별표를 참조하여 계산하시오.

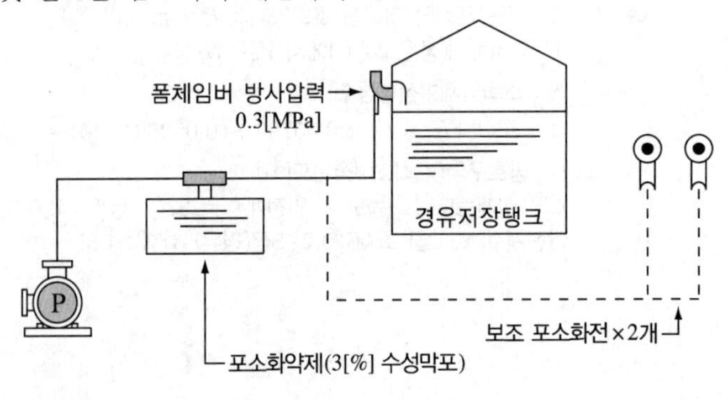

[별표] 고정포방출구의 방출량 및 방사시간

포방출구의 종류 / 위험물의 구분	Ⅰ형		Ⅱ형		특형		Ⅲ형		Ⅳ형	
	포수용액량 [L/m²]	방출률 [L/m²·min]	포수용액량 [L/m²]	방출률 [L/m²·min]	포수용액량 [L/m²]	방출률 [L/m²·min]	포수용액량 [L/m²]	방출률 [L/m²·min]	포수용액량 [L/m²]	방출률 [L/m²·min]
제4류 위험물 중 인화점이 21[℃] 미만인 것	120	4	220	4	240	8	220	4	220	4
제4류 위험물 중 인화점이 21[℃] 이상 70[℃] 미만인 것	80	4	120	4	160	8	120	4	120	4
제4류 위험물 중 인화점이 70[℃] 이상인 것	60	4	100	4	120	8	100	4	100	4
제4류 위험물 중 수용성의 것	160	8	240	8	–	–	–	–	240	8

물 음

(1) 포소화약제의 양[L]을 구하시오.

① 고정포방출구의 포소화약제량(Q_1)

② 옥외보조포소화전 약제량(Q_2)

(2) 펌프 동력[kW]을 계산하시오.

해설

(1) 포소화약제의 양

① 고정포방출구의 포소화약제량

$$Q_1 = A \times Q_m \times T \times S$$

여기서, A : 탱크의 액 표면적[m²]

Q_m : 분당방출량(4[L/m² · min])

T : 방출시간(30[min])

S : 약제농도(0.03)

$$\therefore\ Q_1 = \frac{\pi \times (10[\text{m}])^2}{4} \times 4[\text{L/m}^2 \cdot \text{min}] \times 30[\text{min}] \times 0.03 = 282.74[\text{L}]$$

안심Touch

포방출구의 종류 / 위험물의 구분	Ⅰ형		Ⅱ형		특형		Ⅲ형		Ⅳ형	
	포수용액량 [L/m²]	방출률 [L/m²·min]	포수용액량 [L/m²]	방출률 [L/m²·min]	포수용액량 [L/m²]	방출률 [L/m²·min]	포수용액량 [L/m²]	방출률 [L/m²·min]	포수용액량 [L/m²]	방출률 [L/m²·min]
제4류 위험물 중 인화점이 21[℃] 미만인 것	120	4	220	4	240	8	220	4	220	4
제4류 위험물 중 인화점이 21[℃] 이상 70[℃] 미만인 것	80	4	120	4	160	8	120	4	120	4
제4류 위험물 중 인화점이 70[℃] 이상인 것	60	4	100	4	120	8	100	4	100	4
제4류 위험물 중 수용성의 것	160	8	240	8	-	-	-	-		

• 경유(제4류 위험물 제2석유류)로서 인화점이 50~70[℃]이므로 방출률 4[L/m² · min]이고, 방출시간이 30[min]이므로 포 수용액량은 120[L/m²]이다.

[표 설명]

① 인화점이 21[℃] 미만인 것 : 특수인화물(에테르, 이황화탄소, 아세트알데하이드), 제1석유류(휘발유, 아세톤, 벤젠, 톨루엔)
② 인화점이 21[℃] 이상 70[℃] 미만인 것 : 제2석유류(등유, 경유, 초산, 의산)
③ 인화점이 70[℃] 이상인 것 : 제3석유류(중유, 에틸렌글리콜, 글리세린)
④ 수용성의 것 : 알코올류, 아세톤, 초산, 의산, 글리세린, 에틸렌글리콜 등

② 보조포소화전 약제량

$$Q_2 = N \times S \times 8{,}000[\mathrm{L}](400[\mathrm{L/min}] \times 20[\mathrm{min}])$$

여기서, N : 호스접결구 수(최대 3개)
S : 약제농도

$\therefore\ Q_2 = 2 \times 0.03 \times 8{,}000[\mathrm{L}] = 480[\mathrm{L}]$

(2) 펌프 동력

$$P[\mathrm{kW}] = \frac{0.163 \times Q \times H}{\eta} \times K$$

① $Q = A \times Q_m + 400[\mathrm{L/min}] \times N$

Q_m : 분당방출량$(4[\mathrm{L/m^2 \cdot min}])$
N : 보조포소화전 개수(2개)

$\therefore\ Q = \dfrac{\pi \times (10[\mathrm{m}])^2}{4} \times 4[\mathrm{L/m^2 \cdot min}] + 400[\mathrm{L/min}] \times 2$개

$= 1{,}114[\mathrm{L/min}] = 1.114[\mathrm{m^3/min}]$

② H : 양정$(55[\mathrm{m}] + 30.59[\mathrm{m}](0.3[\mathrm{MPa}]) = 85.59[\mathrm{m}])$

$\therefore\ P = \dfrac{0.163 \times 1.114[\mathrm{m^3/min}] \times 85.59[\mathrm{m}]}{0.65} \times 1.1 = 26.30[\mathrm{kW}]$

[다른 방법]

$$P[\text{kW}] = \frac{\gamma QH}{102 \times \eta} \times K$$

여기서, γ : 물의 비중량(1,000[kgf/m³]) Q : 방수량[m³/s]
H : 전양정[m] η : 펌프의 효율
K : 전달계수

$$\therefore\ P[\text{kW}] = \frac{\gamma QH}{102 \times \eta} \times K$$

$$= \frac{1{,}000 \times 1.114[\text{m}^3]/60[\text{s}] \times 85.59[\text{m}]}{102 \times 0.65} \times 1.1 = 26.37[\text{kW}]$$

해답 (1) ① 282.74[L] ② 480[L]
(2) 26.30[kW]

09

그림과 같은 옥내소화전 설비를 다음의 조건에 따라 설치하려고 한다. 이때 다음 물음에 답하시오.

득점	배점
	10

조 건

- P_1 = 옥내소화전펌프
- P_2 = 잡용수 양수펌프
- 펌프의 풋밸브로부터 6층 옥내소화전함 호스 접결구까지의 마찰손실 및 저항 손실수두는 실양정의 30[%]로 한다.
- 펌프의 효율은 60[%]이다.
- 옥내 소화전의 개수는 각 층 5개씩이다.
- 소방호스의 마찰손실 수두는 7[m]이고 전동기 전달계수(K)는 1.2이다.

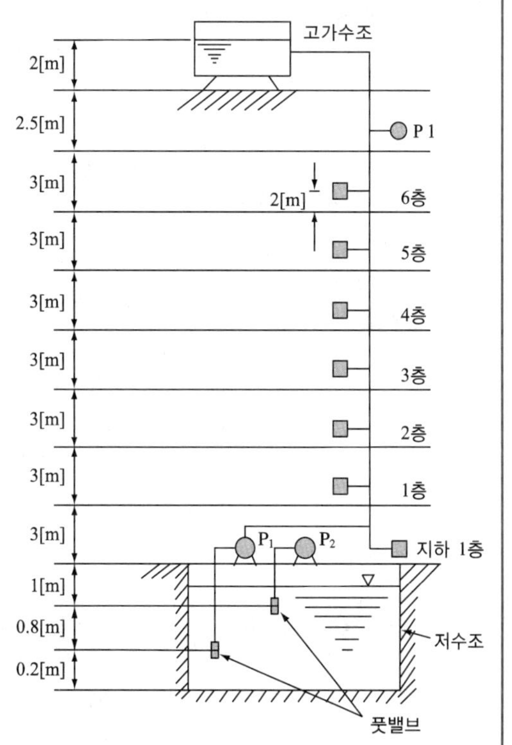

물 음

(1) 펌프의 최소유량은 몇 [L/min]인가?
(2) 수원의 최소유효 저수량은 몇 [m³]인가?
(3) 옥상에 설치하여야 하는 수원의 양은 몇 [m³]인가?
(4) 펌프의 양정은 몇 [m]인가?
(5) 펌프의 수동력, 축동력, 모터동력은 각각 몇 [kW]인가?
(6) 노즐에서 방수압력이 0.7[MPa]를 초과할 경우 감압하는 방법 3가지를 쓰시오.
(7) 노즐 선단에서 봉상 방수의 경우 방수압 측정 요령을 쓰시오.

해설

(1) 최소유량

$$Q = N(\text{최대 5개}) \times 130[\text{L/min}]$$

$\therefore\ Q = N \times 130[\text{L/min}] = 5\text{개} \times 130[\text{L/min}] = 650[\text{L/min}]$

(2) 저수량

$$Q = N(\text{최대 5개}) \times 2.6[\text{m}^3](130[\text{L/min}] \times 20[\text{min}])$$

$\therefore\ Q = N \times 2.6[\text{m}^3](130[\text{L/min}] \times 20[\text{min}]) = 5\text{개} \times 2.6[\text{m}^3] = 13.0[\text{m}^3]$

(3) 옥상에 설치하여야 하는 수원의 양

수원은 유효수량 외에 유효수량의 1/3 이상을 옥상(옥내소화전설비가 설치된 건축물의 주된 옥상)에 설치하여야 한다.

$\therefore\ 13.0[\text{m}^3] \times \frac{1}{3} = 4.33[\text{m}^3]$

[옥내소화전설비의 토출량과 수원]

층 수	토출량	수 원
29층 이하	N(최대 5개)×130[L/min]	N(최대 5개)×130[L/min]×20[min] = N(최대 5개)×2,600[L] = N(최대 5개)×2.6[m^3]
30층 이상 49층 이하	N(최대 5개)×130[L/min]	N(최대 5개)×130[L/min]×40min = N(최대 5개)×5,200[L] = N(최대 5개)×5.2[m^3]
50층 이상	N(최대 5개)×130[L/min]	N(최대 5개)×130[L/min]×60[min] = N(최대 5개)×7,800[L] = N(최대 5개)×7.8[m^3]

(4) 양 정

$$H = h_1 + h_2 + h_3 + 17$$

여기서, H : 전양정[m]
h_1 : 소방호스마찰손실수두(7[m])
h_2 : 배관마찰손실수두(21.8[m]×0.3=6.54[m])
h_3 : 실양정(흡입양정+토출양정)=(0.8[m]+1[m])+(3[m]×6개층)+2[m]=21.8[m]

$\therefore\ H = 7[\text{m}] + 6.54[\text{m}] + 21.8[\text{m}] + 17 = 52.34[\text{m}]$

(5) 동 력

① 수동력[kW] $= \frac{\gamma QH}{102}$　② 축동력[kW] $= \frac{\gamma QH}{102\eta}$　③ 모터동력[kW] $= \frac{\gamma QH}{102\eta} \times K$

여기서, γ : 비중량(1,000[$\text{kg}_\text{f}/\text{m}^3$])　Q : 유량[m^3/s]
H : 전양정[m]　η : 펌프효율(0.68)
K : 전달계수

① 수동력 $= \frac{\gamma QH}{102} = \frac{1{,}000[\text{kg}_\text{f}/\text{m}^3] \times 0.65[\text{m}^3]/60[\text{s}] \times 52.34[\text{m}]}{102} = 5.56[\text{kW}]$

② 축동력 $= \frac{\gamma QH}{102\eta} = \frac{1{,}000[\text{kg}_\text{f}/\text{m}^3] \times 0.65[\text{m}^3]/60[\text{s}] \times 52.34[\text{m}]}{102 \times 0.6} = 9.26[\text{kW}]$

③ 모터동력$=\dfrac{\gamma QH}{102\eta}\times K=\dfrac{1{,}000[\text{kg}_f/\text{m}^3]\times 0.65[\text{m}^3]/60[\text{s}]\times 52.34[\text{m}]}{102\times 0.6}\times 1.2$

$=11.12[\text{kW}]$

(6) 감압방식

① 중계펌프(Booster Pump)에 의한 방법

고층부와 저층부로 구역을 설정한 후 중계펌프를 건물 중간에 설치하는 방식으로 기존방식보다 설치비가 많이 들고 소화펌프의 설치대수가 증가한다.

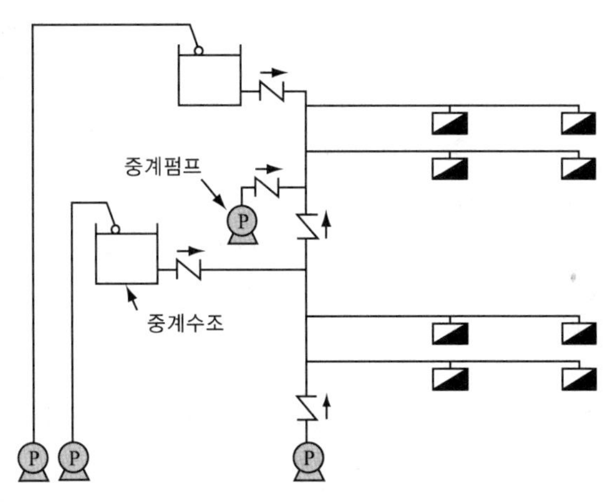

② 구간별 전용배관에 의한 방법

고층부와 저층부를 구분하여 펌프와 배관을 분리하여 설치하는 방식으로 저층부는 저양정 펌프를 설치하여 비교적 안전하지만, 고층부는 고양정의 펌프를 설치하여야 한다.

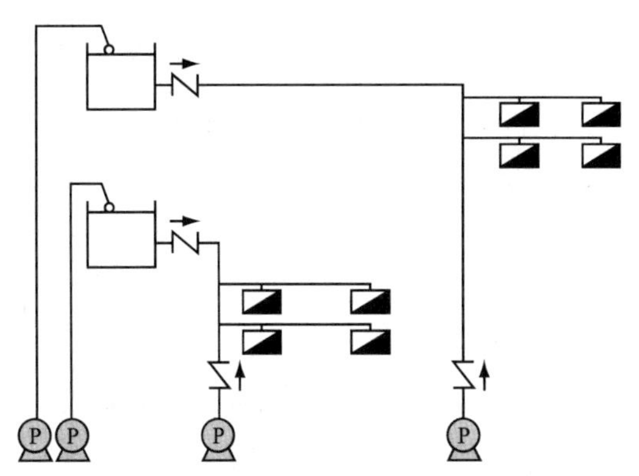

③ 고가수조에 의한 방법

고가수조를 고층부와 저층부로 구역을 설정한 후 낙차의 압력을 이용하는 방식이다. 별도의 소화펌프가 필요 없으며, 비교적 안정적인 방수압력을 얻을 수 있다.

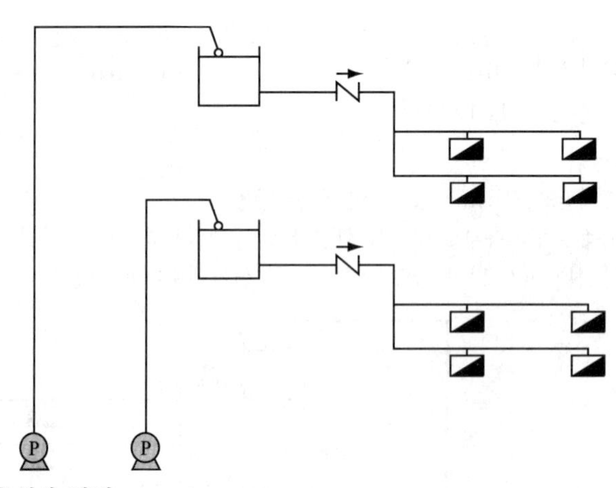

④ 감압밸브에 의한 방법

호스접결구 인입측에 감압장치(감압밸브) 또는 오리피스를 설치하여 방사압력을 낮추거나 또는 펌프의 토출측에 압력조절밸브를 설치하여 토출압력을 낮추는 방식으로 가장 많이 사용하는 방식이다.

(7) 방수압 측정방법

직사형 노즐이 선단에 노즐직경의 $0.5D$(내경)만큼 떨어진 지점에서 피토게이지상의 눈금을 읽어 압력을 구하고 유량을 계산한다.

$$Q = 0.6597\,CD^2\sqrt{10\,P}$$

여기서, Q : 유량[L/min]　D : 노즐직경[mm]　C : 유량계수　P : 압력[MPa]

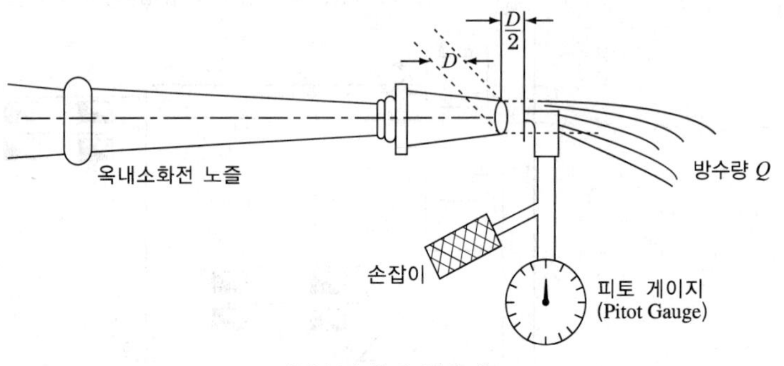

[방수량 측정 상세도]

해답 (1) 650[L/min]

(2) 13.0[m³]

(3) 4.33[m³]

(4) 52.34[m]

(5) ① 수동력 : 5.56[kW] ② 축동력 : 9.26[kW] ③ 모터동력 : 11.12[kW]

(6) ① 중계펌프(Booster Pump)에 의한 방법

② 고가수조에 의한 방법

③ 감압밸브에 의한 방법

(7) 직사형 노즐이 선단에 노즐직경의 $0.5D$(내경)만큼 떨어진 지점에서 피토게이지상의 눈금을 읽어 압력을 구하고 유량을 계산한다.

10

가로 20[m], 세로 10[m]인 특수가연물을 저장하는 창고에 포소화설비를 설치하고자 한다. 다음 조건에 따라 물음에 답하시오.

득점	배점
	12

조 건

- 포헤드를 정방형으로 설치한다.
- 포원액은 3[%] 수성막포이다.
- 전양정은 35[m], 효율은 65[%], 여유율은 10[%]이다.

물 음

(1) 포헤드의 수량은 몇 개인가?
(2) 수원의 저장량은 몇 [m^3] 이상으로 하여야 하는가?
(3) 포원액의 양은 몇 [L] 이상으로 하여야 하는가?
(4) 전동기의 출력은 몇 [kW]인가?

해설

(1) 포헤드의 수량
정방형으로 배치한 경우

$$S = 2r\cos 45$$

여기서, S : 포헤드 상호 간 거리[m]　　r : 유효반경(2.1[m])

$S = 2 \times 2.1 \times \cos 45 = 2.97[\text{m}]$

① 가로 = 20[m] ÷ 2.97[m] = 6.73 ⇒ 7개
② 세로 = 10[m] ÷ 2.97[m] = 3.37 ⇒ 4개
∴ 헤드의 개수 = 7개×4개 = 28개

(2) 수원의 저장량
① 포헤드의 분당방사량

소방대상물	포 소화약제의 종류	바닥면적 1[m^2]당 방사량
차고・주차장 및 항공기격납고	단백포 소화약제	6.5[L] 이상
	합성계면활성제포 소화약제	8.0[L] 이상
	수성막포 소화약제	3.7[L] 이상
소방기본법 시행령 별표 2의 특수가연물을 저장・취급하는 소방대상물	단백포 소화약제	6.5[L] 이상
	합성계면활성제포 소화약제	6.5[L] 이상
	수성막포 소화약제	**6.5[L] 이상**

② 수 원
소방기본법 시행령 별표 2의 **특수가연물**을 저장・취급하는 공장 또는 창고 : 포워터스프링클러설비 또는 포헤드설비의 경우에는 포워터스프링클러헤드 또는 포헤드(이하 "포헤드"라 한다)가 가장 많이 설치된 층의 포헤드(바닥면적이 200[m^2]를 초과한 층은 바닥면적 200[m^2] 이내에 설치된 포헤드를 말한다)에서 동시에 표준방사량으로 **10분간** 방사할 수 있는 양 이상으로, 고정포방출설비의 경우에는 고정포방출구가 가장 많이 설치된 방호구역 안의 고정포방출구에서 표준방사량으로 10분간 방사할 수 있는 양 이상으로 한다. 이 경우 하나의 공장 또는 창고에 포워터스프링클러설비・포헤드설비 또는 고정포방출설비가 함께 설치된 때에는 각 설비별로 산출된 저수량 중 최대의 것을 그 특정소방대상물에 설치하여야 할 수원의 양으로 한다.

∴ 수원 = 면적×방사량×방사시간×농도

= (20[m]×10[m])×6.5[L/min · m^2]×10[min]×0.97 = 12,610[L] = 12.61[m^3]

(3) 포원액의 양

∴ 원액의 양 = 면적×방사량×방사시간×농도

= (20[m]×10[m])×6.5[L/min · m^2]×10[min]×0.03 = 390[L]

(4) 전동기의 출력

$$P = \frac{0.163 \times Q \times H}{\eta} \times K$$

여기서, P : 전동기동력[kW]

Q(유량) = (20×10)[m^2]×6.5[L/min · m^2] = 1,300[L/min] = 1.3[m^3/min]

H(전양정) = 35[m]

η (효율) = 0.65(65[%])

K(여유율) = 1.1(10[%])

$$\therefore P[\mathrm{kW}] = \frac{0.163 \times 1.3[\mathrm{m^3/min}] \times 35[\mathrm{m}]}{0.65} \times 1.1 = 12.55[\mathrm{kW}]$$

해답
(1) 28개
(2) 12.61[m^3]
(3) 390[L]
(4) 12.55[kW]

11

이산화탄소 소화설비의 과압배출구를 설치하여야 하는 장소를 쓰시오.

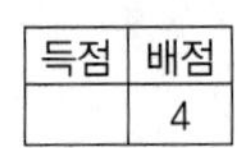

득점	배점
	4

해설

이산화탄소 소화설비의 방호구역에 소화약제가 방출 시 과압으로 인하여 구조물 등에 손상이 생길 우려가 있는 장소에는 고압배출구를 설치하여야 한다.

해답 소화약제가 방출 시 과압으로 인하여 구조물 등에 손상이 생길 우려가 있는 장소

12

옥내소화전설비의 가압송수장치의 체절운전의 시험방법을 기술하시오.

득점	배점
	8

해설

체절운전의 시험방법

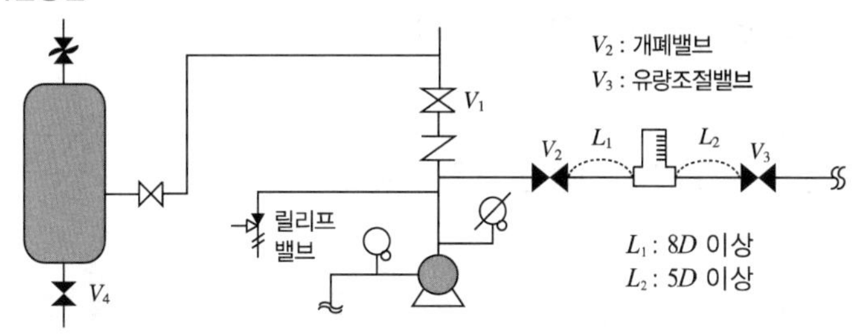

(1) 동력제어반에서 충압펌프의 운전스위치를 수동(정지)으로 한다.

(2) 펌프의 토출측 주밸브 V_1을 잠근다.

(3) 성능시험배관상에 설치된 V_2, V_3 밸브가 잠겨 있는지 확인한다(평상시 잠김 상태임).

(4) 압력체임버의 배수밸브 V_4를 개방하고, 주펌프가 기동되면 V_4를 잠근다.

(5) 릴리프밸브가 개방될 때의 압력을 압력계에서 읽고, 그 값이 체절압력 미만인지 확인한다.

[현장에서는]

(1) 제어반에서 **충압펌프와 주펌프의** 운전스위치를 **수동(정지)**으로 한다.

(2) 펌프의 토출측 주밸브 V_1을 잠근다.

(3) 성능시험배관상에 설치된 V_2, V_3 밸브가 잠겨 있는지 확인한다(평상시 잠김 상태임).

(4) 주펌프를 수동으로 기동시킨다.

(5) **펌프명판에 기재된 내용이 양정 100[m]이면**

100[m]=1.0[MPa]이니까 1.0[MPa]×1.4배=1.4[MPa] 미만에서 릴리프밸브가 개방되면 정상이다.

해답

(1) 동력제어반에서 충압펌프의 운전스위치를 수동(정지)으로 한다.

(2) 펌프의 토출측 주밸브를 잠근다.

(3) 성능시험배관상에 설치된 개폐밸브가 잠겨 있는지 확인한다(잠긴 상태이다).

(4) 주펌프를 수동으로 기동시킨다.

(5) 릴리프밸브가 개방될 때의 압력을 압력계에서 읽고 그 값이 체절압력 미만인지 확인한다.

제4회 2018년 11월 10일 시행

※ 다음 물음에 대한 답을 해당 답란에 답하시오.(배점 : 100)

01

다음 (   ) 안에 적당한 말을 쓰시오.

득점	배점
	4

"미분무"란 물만을 사용하여 소화하는 방식으로 최소설계압력에서 헤드로부터 방출되는 물입자 중 (   )[%]의 누적체적분포가 (   )[μm] 이하로 분무되고 (   )화재에 적응성을 갖는 것을 말한다.

해설

"미분무"란 물만을 사용하여 소화하는 방식으로 최소설계압력에서 헤드로부터 방출되는 물입자 중 **99[%]**의 누적체적분포가 **400[μm] 이하**로 분무되고 **A, B, C급 화재**에 적응성을 갖는 것을 말한다.

해답 99, 400, A B C급

02

분말 소화설비에 설치하는 정압작동 장치의 기능과 압력 스위치 방식에 대하여 작성하시오.

득점	배점
	6

(1) 정압작동 장치의 기능
(2) 압력 스위치 방식

해설

정압작동장치

- 기 능
  15[MPa]의 압력으로 충전된 가압용 가스용기에서 1.5~2.0[MPa]로 감압하여 저장용기에 보내어 약제와 혼합하여 소정의 방사압력에 달하여(통상 15~30초) **주밸브를 개방시키기 위하여 설치하는 것**으로 저장용기의 압력이 낮을 때는 열려 가스를 보내고 적정압력에 달하면 정지하는 구조로 되어 있다.
- 종 류
  - 압력스위치(가스압식) 방식 : 분말약제 저장용기에 유입된 가스압력에 의하여 설정된 압력이 되면 압력스위치가 압력을 감지하여 전자밸브를 개방시켜 메인밸브를 개방시키는 방식
  - 기계적(스프링식) 방식 : 분말약제 저장용기에 유입된 가스압력에 의하여 밸브의 레버를 당겨서 가스의 통로를 개방, 가스를 메인밸브로 보내어 메인밸브를 개방시키는 방식
  - 전기식(타이머) 방식 : 분말약제 저장용기에 유입된 가스가 설정된 압력에 도달하는 시간을 미리 산출하여 시한릴레이에 입력시키고 기동과 동시에 시한릴레이를 작동케 하여 입력시간이 지나면 릴레이가 작동전자밸브를 개방하여 메인밸브를 개방시키는 방법

해답
(1) 정압작동장치 기능 : 약제저장용기에 내부 압력이 설정압력이 되었을 때 주밸브를 개방하는 장치
(2) 압력스위치 방식 : 약제 탱크 내부의 압력에 의해서 움직이는 압력스위치를 설치하여 일정한 압력에 도달했을 때 압력스위치가 닫혀 전자밸브를 개방하여 주밸브 개방용의 가스를 보내는 방식

03

다음은 스프링클러설비의 폐쇄형과 개방형헤드의 설명에 대하여 답하시오.

득점	배점
	6

구 분	폐쇄형헤드	개방형헤드
차이점		
적용설비		

해설

스프링클러설비

구 분	폐쇄형헤드	개방형헤드
차이점	• 감열부가 있다	• 감열부가 없다
적용설비	• 습식스프링클러설비 • 건식스프링클러설비 • 준비작동식스프링클러설비	• 일제살수식 스프링클러설비
설치장소	• 근린생활시설 및 판매시설 • 아파트 • 복합건축물 • 지하가, 지하역사	• 무대부 • 연소우려가 있는 개구부 • 천장이 높은 건축물

해답

구 분	폐쇄형헤드	개방형헤드
차이점	• 감열부가 있다	• 감열부가 없다
적용설비	• 습식스프링클러설비 • 건식스프링클러설비 • 준비작동식스프링클러설비	• 일제살수식 스프링클러설비

04

다음 그림과 같이 바닥면이 자갈로 되어 있는 절연유 봉입 변압기에 물분무소화설비를 설치하고자 한다. 화재안전기준을 참고하여 각 물음에 답하시오.

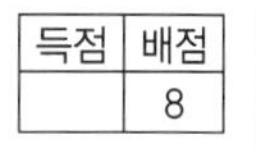

득점	배점
	8

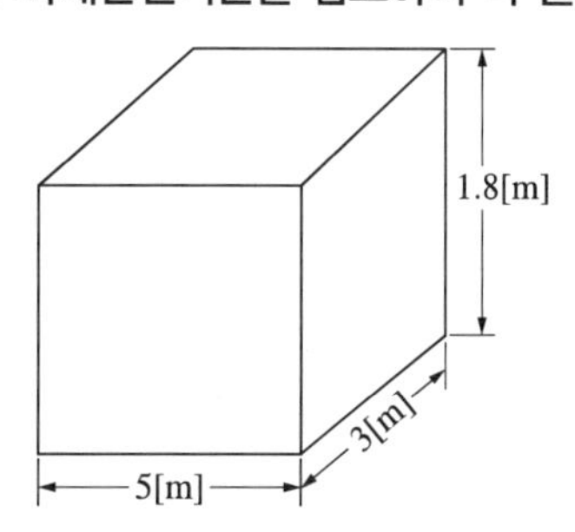

(1) 소화펌프의 최소토출량[L/min]을 구하시오.

(2) 필요한 최소의 수원의 양[m^3]을 구하시오.

(3) 다음은 고압의 전기기기가 있는 장소의 물분무헤드와 전기기기의 이격기준이다. 다음 표를 완성하시오.

전압[kV]	거리[cm]	전압[kV]	거리[cm]
66 이하	(①) 이상	154 초과 181 이하	180 이상
66 초과 77 이하	80 이상	181 초과 220 이하	(②) 이상
77 초과 110 이하	110 이상	220 초과 275 이하	260 이상
110 초과 154 이하	150 이상	–	–

해설

(1) 펌프의 토출량과 수원

소방대상물	펌프의 토출량[L/min]	수원의 양[L]
특수가연물 저장, 취급	바닥면적(50[m^2] 이하는 50m^2)×10[L/min·m^2]	바닥면적(50[m^2] 이하는 50[m^2])×10[L/min·m^2]×20[min]
차고, 주차장	바닥면적(50[m^2] 이하는 50[m^2])×20[L/min·m^2]	바닥면적(50[m^2] 이하는 50[m^2])×20[L/min·m^2]×20[min]
절연유 봉입변압기	**표면적(바닥부분 제외)×10[L/min·m^2]**	**표면적(바닥부분 제외)×10[L/min·m^2]×20[min]**
케이블트레이, 케이블덕트	투영된 바닥면적×12[L/min·m^2]	투영된 바닥면적×12[L/min·m^2]×20[min]
컨베이어 벨트	벨트부분의 바닥면적×10[L/min·m^2]	벨트부분의 바닥면적×10[L/min·m^2]×20[min]

유량(Q) = 표면적(바닥부분은 제외)×10[L/min·m^2]

표면적 = (5[m]×3[m]×1면)+(5[m]×1.8[m]×2면)+(3[m]×1.8[m]×2면) = 43.8[m^2]

∴ 유량 = 표면적(바닥부분 제외)×10[L/min·m^2] = 43.8[m^2]×10[L/min·m^2] = 438[L/min]

(2) 수 원

수원=438[L/min]×20[min] = 8,760[L] = 8.76[m^3]

(3) 고압의 전기기기가 있는 장소와 헤드 사이의 거리

전압[kV]	거리[cm]	전압[kV]	거리[cm]
66 이하	**70 이상**	154 초과 181 이하	180 이상
66 초과 77 이하	80 이상	**181 초과 220 이하**	**210 이상**
77 초과 110 이하	110 이상	220 초과 275 이하	260 이상
110 초과 154 이하	150 이상	–	–

해답 (1) 438[L/min]

(2) 8.76[m^3]

(3) ① 70, ② 210

05

다음 그림은 어느 실의 평면도이다. 이 실들 중 A실을 급기 가압하고자 한다. 주어진 조건을 이용하여 다음 물음에 답하시오.

득점	배점
	8

조 건

- 실외부 대기의 기압은 절대압력으로 101.3[kPa]로서 일정하다.
- A실에 유지하고자 하는 기압은 절대압력으로 101.4[kPa]이다.
- 각 실의 문(Door)들의 틈새면적은 0.01[m^2]이다.
- 어느 실을 급기 가압할 때 그 실의 문 틈새를 통하여 누출되는 공기의 양은 다음의 식을 따른다.

$$Q = 0.827AP^{\frac{1}{2}}$$

단, Q : 누출되는 공기의 양[m^3/s]
A : 문의 틈새 면적[m^2]
P : 문을 경계로 한 실내외 기압차[Pa]

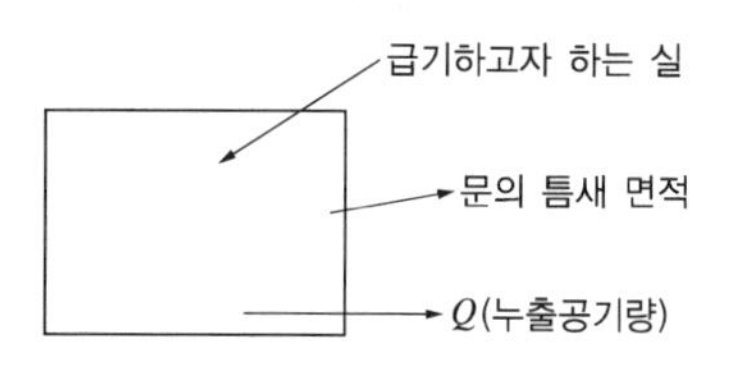

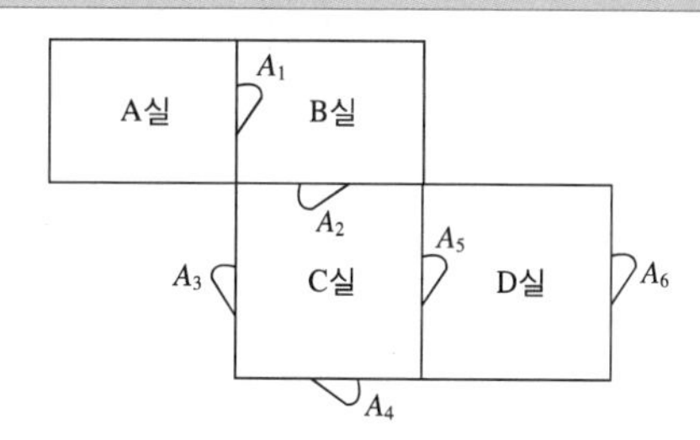

물 음

(1) 총 누설틈새면적[m^2]을 구하시오(단, 소수점 다섯째자리까지 구할 것).
(2) A실에 유입시켜야 할 풍량[m^3/s]을 구하시오.

해설

총 틈새면적

$$Q = 0.827AP^{\frac{1}{2}}$$

(1) 누설틈새면적

- A실과 실외와의 차압 Q = 101,400－101,300 = 100[Pa]
- 각 실의 틈새면적

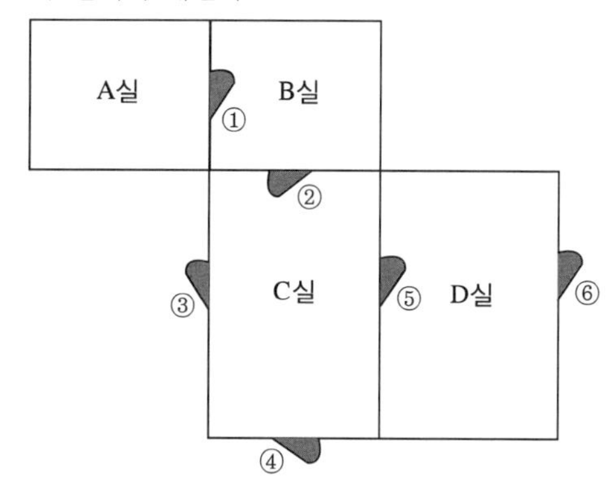

• ⑤와 ⑥은 직렬연결이므로

$$A_{5\sim6} = \frac{1}{\sqrt{\frac{1}{(A_5)^2}+\frac{1}{(A_6)^2}}} = \frac{1}{\sqrt{\frac{1}{(0.01)^2}+\frac{1}{(0.01)^2}}} = 0.00707[\text{m}^2]$$

• ④와 $A_{5\sim6}$은 병렬연결이므로

$$A_{4\sim6} = A_4 + A_{5\sim6} = 0.01[\text{m}^2] + 0.00707[\text{m}^2] = 0.01707[\text{m}^2]$$

• ③과 $A_{4\sim6}$은 병렬연결이므로

$$A_{3\sim6} = A_3 + A_{4\sim6} = 0.01[\text{m}^2] + 0.01707[\text{m}^2] = 0.02707[\text{m}^2]$$

• ②와 $A_{3\sim6}$은 직렬연결이므로

$$A_{2\sim6} = \frac{1}{\sqrt{\frac{1}{(A_2)^2}+\frac{1}{(A_{3\sim6})^2}}} = \frac{1}{\sqrt{\frac{1}{(0.01)^2}+\frac{1}{(0.02707)^2}}} = 0.00938[\text{m}^2]$$

• ①과 $A_{2\sim6}$은 직렬연결이므로

$$A_{1\sim6} = \frac{1}{\sqrt{\frac{1}{(A_1)^2}+\frac{1}{(A_{2\sim6})^2}}} = \frac{1}{\sqrt{\frac{1}{(0.01)^2}+\frac{1}{(0.00938)^2}}} = 0.00684[\text{m}^2]$$

∴ 총 틈새면적 : 0.00684[m²]이므로

(2) 풍량(Q) = $0.827 \times 0.00684[\text{m}^2] \times 100^{\frac{1}{2}} = 0.0566[\text{m}^3/\text{s}]$

해답 (1) 0.00684[m²]
(2) 유입풍량 : 0.06[m³/s]

06

제연설비의 설치장소는 제연구역으로 구획하도록 명시하고 있다. 다음 (   ) 안에 해당되는 단어를 기재하시오.

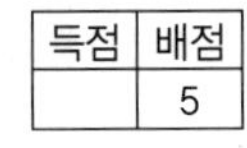

득점	배점
	5

(1) 하나의 제연구역의 면적은 (①)[m²] 이내로 할 것
(2) 거실과 통로(복도를 포함한다)는 (②)할 것
(3) 통로상의 제연구역은 보행중심선의 길이가 (③)[m]를 초과하지 아니할 것
(4) 하나의 제연구역은 직경 (④)[m] 원 내에 들어갈 수 있을 것
(5) 하나의 제연구역은 (⑤) 이상 층에 미치지 아니하도록 할 것. 다만, 층의 구분이 불분명한 부분은 그 부분을 다른 부분과 별도로 제연구획하여야 한다.

해설

제연설비의 설치장소의 제연구역 기준

(1) 하나의 제연구역의 면적은 **1,000[m²] 이내**로 할 것
(2) 거실과 통로(복도를 포함한다)는 **상호 제연구획**할 것
(3) 통로상의 제연구역은 보행중심선의 길이가 **60[m]**를 초과하지 아니할 것
(4) 하나의 제연구역은 직경 **60[m]** 원 내에 들어갈 수 있을 것
(5) 하나의 제연구역은 **2개** 이상 층에 미치지 아니하도록 할 것. 다만, 층의 구분이 불분명한 부분은 그 부분을 다른 부분과 별도로 제연구획하여야 한다.

해답 ① 1,000
② 상호 제연구역
③ 60
④ 60
⑤ 2개

07

피난구조설비는 피난기구와 인명구조기구로 나눈다. 이때 인명구조기구의 종류를 3가지 쓰시오.

득점	배점
	3

해설

피난구조설비 : 화재가 발생할 경우 피난하기 위하여 사용하는 기구 또는 설비

- 피난기구 : 미끄럼대, 피난사다리, 구조대, 완강기, 피난교, 공기안전매트, 다수인피난장비 그 밖의 피난기구
- 인명구조기구 : 방열복 및 방화복(안전모, 보호장갑, 안전화 포함), 공기호흡기 및 인공소생기
- 피난유도선, 유도등 및 유도표지
- 비상조명등 및 휴대용비상조명등

해답 ① 방열복
② 방화복
③ 공기호흡기

08

지하구의 화재안전기준에서 연소방지설비에 대한 설명이다. 다음 ( ) 안에 알맞은 답을 쓰시오.

득점	배점
	6

(1) 소화기 한 대의 총 중량은 사용 및 운반의 편리성을 고려하여 (①)[kg] 이하로 할 것
(2) 지하구 천장의 중심부에 설치하되 감지기와 천장 중심부 하단과의 수직거리는 (②)[cm] 이내로 할 것
(3) 연소방지설비의 헤드 간의 수평거리는 연소방지설비 전용헤드의 경우에는 (③)[m] 이하, 스프링클러헤드의 경우에는 (④)[m] 이하로 할 것
(4) 연소방지설비의 송수구는 구경 (⑤)[mm]의 쌍구형으로 할 것
(5) 연소방지설비의 송수구로부터 (⑥)[m] 이내에 살수구역 안내표지를 설치할 것

해설

(1) 소화기 한 대의 총 중량은 사용 및 운반의 편리성을 고려하여 7[kg] 이하로 할 것
(2) 지하구 천장의 중심부에 설치하되 감지기와 천장 중심부 하단과의 수직거리는 30[cm] 이내로 할 것
(3) 헤드 간 수평거리

헤드의 종류	연소방지설비 전용헤드	스프링클러 헤드
수평거리	2[m] 이하	1.5[m] 이하

(4) 연소방지설비의 송수구는 구경 65[mm]의 쌍구형으로 할 것
(5) 연소방지설비의 송수구로부터 1[m] 이내에 살수구역 안내표지를 설치할 것

해답 ① 7　② 30
③ 2　④ 1.5
⑤ 65　⑥ 1

09

용도가 근린생활시설인 특정소방대상물에 옥내소화전이 각 층에 4개씩 설치되어 있다. 다음 각 물음에 답하시오.

득점	배점
	9

(1) 펌프의 토출량[L/min]은 얼마 이상으로 하여야 하는가?
(2) 펌프 토출측 배관의 최소호칭구경을 보기에서 선택하시오.

호칭구경	40A	50A	65A	80A	100A
내경[mm]	42	53	69	81	105

(3) 펌프의 성능시험배관상에 설치하는 유량측정장치의 최대 측정유량[L/min]은 얼마인가?
(4) 배관의 마찰손실 및 소방용호스의 마찰손실수두가 10[m]이고 실양정이 25[m]일 경우 펌프성능은 정격토출량의 150[%]로 운전 시 정격토출압력[MPa]은 얼마 이상이 되어야 하는가?
(5) 중력가속도가 9.8[m/s^2]일 경우 체절압력[MPa]은 얼마인가?
(6) 펌프의 성능시험배관상 전단 직관부 및 후단 직관부에 설치하는 밸브의 명칭을 쓰시오.

해설

(1) 펌프의 토출량

$Q = N$(소화전의 수, 최대 5개)×130[L/min]

∴ Q = 4×130[L/min] = 520[L/min]

(2) 배관의 최소구경

$$Q = uA = u \times \frac{\pi}{4}d^2 \qquad d = \sqrt{\frac{4Q}{\pi u}}$$

여기서, u : 펌프의 토출측 주배관의 유속(4[m/s] 이하)

$$\therefore\ d = \sqrt{\frac{4Q}{\pi u}} = \sqrt{\frac{4 \times 0.52[\mathrm{m^3}]/60[\mathrm{s}]}{\pi \times 4[\mathrm{m/s}]}} = 0.05252[\mathrm{m}] = 52.52[\mathrm{mm}] \rightarrow 50\mathrm{A}$$

(3) 최대 측정유량
유량측정장치는 성능시험배관의 직관부에 설치하되 펌프의 정격토출량의 175[%]까지 측정할 수 있는 성능이 있을 것

최대측정유량 = 펌프의 정격토출량×1.75

∴ 520[L/min]×1.75 = 910[L/min]

(4) 정격토출압력

펌프성능은 정격토출량의 150[%]로 운전 시 정격토출압력[MPa]은 65[%] 이상이 되어야 한다.

$$H = h_1 + h_2 + h_3 + 17$$

여기서, h_1 : 소방용호스 마찰손실수두

h_2 : 배관의 마찰손실수두

h_3 : 실양정(25[m])

$H = h_1 + h_2 + h_3 + 17 = 10(h_1 + h_2) + 25 + 17 = 52[\mathrm{m}]$

52[m] → [MPa]로 환산하면

$\dfrac{52[\mathrm{m}]}{10.332[\mathrm{m}]} \times 0.101325[\mathrm{MPa}] = 0.51[\mathrm{MPa}]$

∴ 정격토출압력[MPa]은 65[%] 이상이 되어야 하므로 $0.51[\mathrm{MPa}] \times 0.65 = 0.33[\mathrm{MPa}]$

(5) 체절압력

$P = \rho g H = 1{,}000[\mathrm{kg/m^3}] \times 9.8[\mathrm{m/s^2}] \times 52[\mathrm{m}] = 509{,}600[\mathrm{kg/m \cdot s^2}]$

$= 509{,}600[\mathrm{Pa}] = 0.5096[\mathrm{MPa}]$

∴ 체절압력 = $0.5096[\mathrm{MPa}] \times 1.4 = 0.71[\mathrm{MPa}]$

$$[\mathrm{Pa}] = [\mathrm{N/m^2}] = \left[\frac{\mathrm{kg} \cdot \frac{\mathrm{m}}{\mathrm{s^2}}}{\mathrm{m^2}}\right] = \left[\frac{\mathrm{kg \cdot m}}{\mathrm{s^2 \cdot m^2}}\right] = [\mathrm{kg/m \cdot s^2}]$$

(6) 펌프 성능시험배관

전단 직관부에 개폐밸브, 후단 직관부에는 유량조절밸브를 설치하여야 한다.

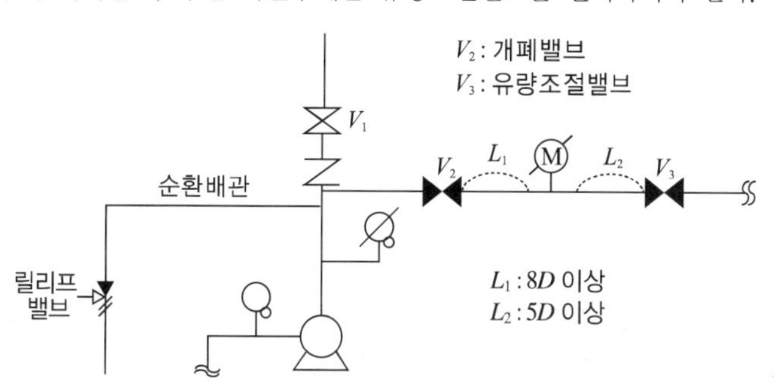

해답

(1) 520[L/min]

(2) 50A

(3) 910[L/min]

(4) 0.33[MPa]

(5) 0.71[MPa]

(6) 전단직관부 : 개폐밸브, 후단 직관부 : 유량조절밸브

10

펌프의 이상운전 중 공동현상(Cavitation)의 발생원인 및 방지대책을 각각 4가지씩 기술하시오.

득점	배점
	8

(1) 발생원인

(2) 방지대책

해설

공동현상

(1) 공동현상의 발생원인
① Pump의 **흡입측 수두, 마찰손실, Impeller 속도가 클 때**
② Pump의 **흡입관경**이 **작을 때**
③ Pump 설치위치가 수원보다 높을 때
④ 관 내의 유체가 **고온**일 때
⑤ Pump의 흡입압력이 유체의 증기압보다 낮을 때

(2) 공동현상의 방지대책
① Pump의 흡입측 수두, 마찰손실, Impeller 속도를 작게 한다.
② Pump 흡입관경을 크게 한다.
③ Pump 설치위치를 수원보다 낮게 하여야 한다.
④ Pump 흡입압력을 유체의 증기압보다 높게 한다.
⑤ 양흡입 Pump를 사용하여야 한다.
⑥ 양흡입 Pump로 부족 시 펌프를 2대로 나눈다.

해답 (1) **발생원인**
① Pump의 흡입측 수두, 마찰손실, Impeller 속도가 클 때
② Pump의 흡입관경이 작을 때
③ Pump 설치위치가 수원보다 높을 때
④ 관 내의 유체가 고온일 때

(2) **방지대책**
① Pump의 흡입측 수두, 마찰손실, Impeller 속도를 작게 한다.
② Pump 흡입관경을 크게 한다.
③ Pump 설치위치를 수원보다 낮게 하여야 한다.
④ Pump 흡입압력을 유체의 증기압보다 높게 한다.

11

다음은 위험물 옥외저장탱크에 포소화설비를 설치한 도면이다. 도면 및 주어진 조건을 참조하여 각 물음에 답하시오.

득점	배점
	14

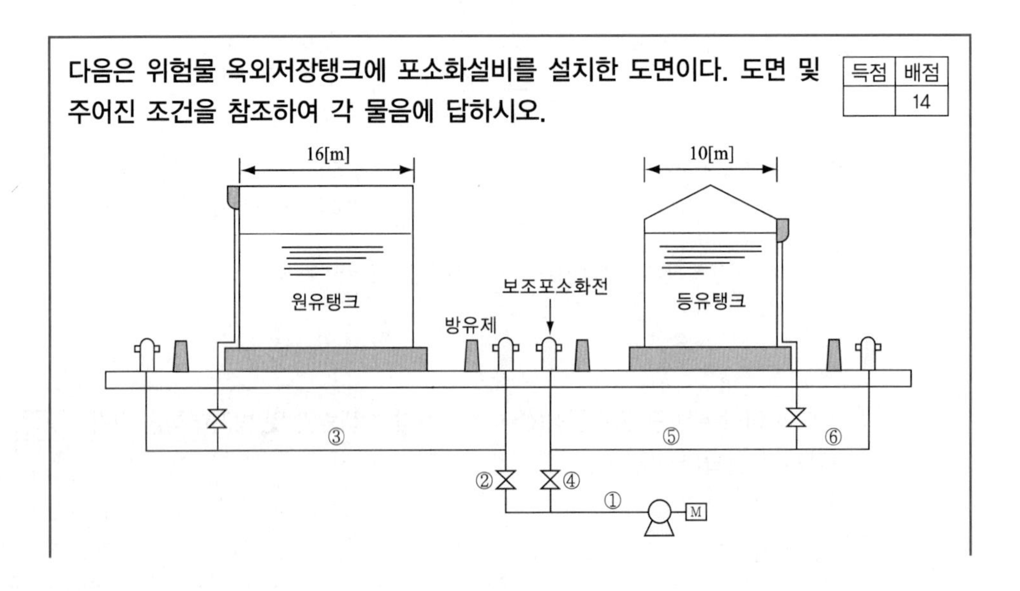

조 건

- 원유저장탱크는 플로팅루프탱크이며 탱크직경은 16[m], 탱크 내 측면과 굽도리판(Foam Dam) 사이의 거리는 0.6[m], 특형방출구수는 2개이다.
- 등유저장탱크는 콘루프탱크이며 탱크직경은 10[m], Ⅱ형 방출구수는 2개이다.
- 포약제는 3[%]형 단백포이다.
- 각 탱크별 포수용액의 방수량 및 방사시간은 아래와 같다.

구 분	원유저장탱크	등유저장탱크
방수량	$8[L/m^2 \cdot min]$	$4[L/m^2 \cdot min]$
방사시간	30분	30분

- 보조포소화전 : 4개
- 구간별 배관의 길이는 다음과 같다.

번 호	①	②	③	④	⑤	⑥
배관길이[m]	20	10	50	100	20	150

- 송액배관의 내경 산출은 $D = 2.66\sqrt{Q}$ 공식을 이용한다.
- 송액배관 내의 유속은 3[m/s]로 한다.
- 화재는 저장탱크 2개에서 동시에 발생하는 경우는 없는 것으로 간주한다.

물 음

(1) 각 옥외저장탱크에 필요한 방사량[L/min]을 산출하시오.
(2) 각 옥외저장탱크에 필요한 포원액의 양[L]을 산출하시오.
　① 원유탱크
　② 등유탱크
(3) 보조포소화전에 필요한 방사량[L/min]을 산출하시오.
(4) 보조포소화전에 필요한 포원액의 양[L]을 산출하시오.
(5) 번호별로 각 송액배관의 구경[mm]을 산출하시오.
(6) 송액배관에 필요한 포약제의 양[L]을 산출하시오.
(7) 포소화설비에 필요한 포약제의 양[L]을 산출하시오.

해설

(1) 방사량

① 원유탱크 $Q_S = A \times Q_1 = \frac{\pi}{4}(16^2 - 14.8^2)[m^2] \times 8[L/m^2 \cdot min] = 232.23[L/min]$

② 등유탱크 $Q_S = A \times Q_1 = \frac{\pi}{4}(10[m])^2 \times 4[L/m^2 \cdot min] = 314.16[L/min]$

※ 원유탱크는 FRT이므로 면적 구할 때 주의 요함

(2) 포원액의 양

① 원유탱크 $Q_F = A \times Q_1 \times T \times S = 232.23[L/min] \times 30[min] \times 0.03 = 209.00[L]$

② 등유탱크 $Q_F = A \times Q_1 \times T \times S = 314.16[L/min] \times 30[min] \times 0.03 = 282.74[L]$

(3) 보조포소화전 방사량

$Q_S = N$(최대 3개) $\times$ 400[L/min] = 3 $\times$ 400[L/min] = 1,200[L/min]

(4) 보조포소화전 포원액의 양

$Q_F = N$(최대 3개) $\times$ $S \times$ 8,000[L] = 3개 $\times$ 0.03 $\times$ 8,000[L] = 720[L]

(5) 송액배관의 구경

$D = 2.66\sqrt{Q}$를 이용해서 직경을 구한다.

㉠ 배관 ① = 탱크 중 최대송액량 + 보조포소화전 송액량

$= 314.16[\text{L/min}] + (3 \times 400)[\text{L/min}] = 1{,}514.16[\text{L/min}]$

$\therefore D = 2.66\sqrt{1{,}514.16[\text{L/min}]} = 103.51[\text{mm}] \Rightarrow 125[\text{mm}]$

> 배관 ①에 연결된 보조포소화전은 4개이고 호스 접결구수는 8개이지만 최대 3개만 적용한다.

㉡ 배관 ② = 원유탱크 송액량 + 보조포소화전 송액량

$= 232.23[\text{L/min}] + (3 \times 400)[\text{L/min}] = 1{,}432.23[\text{L/min}]$

$\therefore D = 2.66\sqrt{1{,}432.23[\text{L/min}]} = 100.67[\text{mm}] \Rightarrow 125[\text{mm}]$

> 배관 ②에 연결된 보조포소화전은 2개이고 호스 접결구수는 4개이지만 최대 3개만 적용한다.

㉢ 배관 ③ = 원유탱크 송액량 + 보조포소화전 송액량

$= 232.23[\text{L/min}] + (2 \times 400)[\text{L/min}] = 1{,}032.23[\text{L/min}]$

$\therefore D = 2.66\sqrt{1{,}032.23[\text{L/min}]} = 85.46[\text{mm}] \Rightarrow 90[\text{mm}]$

㉣ 배관 ④ = 등유탱크 송액량 + 보조포소화전 송액량

$= 314.16[\text{L/min}] + (3 \times 400)[\text{L/min}] = 1{,}514.16[\text{L/min}]$

$\therefore D = 2.66\sqrt{1{,}514.16[\text{L/min}]} = 103.51[\text{mm}] \Rightarrow 125[\text{mm}]$

> 배관 ④에 연결된 보조포소화전은 4개이고 호스 접결구수는 8개이지만 최대 3개만 적용한다.

㉤ 배관 ⑤ = 등유탱크 송액량 + 보조포소화전 송액량

$= 314.16[\text{L/min}] + (2 \times 400)[\text{L/min}] = 1{,}114.16[\text{L/min}]$

$\therefore D = 2.66\sqrt{1{,}114.16[\text{L/min}]} = 88.79[\text{mm}] \Rightarrow 90[\text{mm}]$

㉥ 배관 ⑥ = 보조포소화전 송액량

$= 2 \times 400[\text{L/min}] = 800[\text{L/min}]$

$\therefore D = 2.66\sqrt{800[\text{L/min}]} = 75.23[\text{mm}] \Rightarrow 80[\text{mm}]$

> 배관 ⑥에 탱크의 송액량은 필요없고 보조포소화전은 2개이다.

(6) 송액배관 전부를 적용한다(배관 75[mm] 이하는 제외한다).

$$Q_F = A \cdot L \cdot S$$

여기서, A : 배관단면적[m^2] L : 배관길이[m]

$$Q_F = \left[\left(\frac{\pi \times (0.125[\text{m}])^2}{4} \times 20[\text{m}]\right) + \left(\frac{\pi \times (0.125[\text{m}])^2}{4} \times 10[\text{m}]\right) + \left(\frac{\pi \times (0.09[\text{m}])^2}{4} \times 50[\text{m}]\right)\right.$$
$$\left. + \left(\frac{\pi \times (0.125[\text{m}])^2}{4} \times 100[\text{m}]\right) + \left(\frac{\pi \times (0.09[\text{m}])^2}{4} \times 20[\text{m}]\right) + \left(\frac{\pi \times (0.08[\text{m}])^2}{4} \times 150[\text{m}]\right)\right]$$
$$\times 0.03 = 0.085337[\text{m}^3] = 85.34[\text{L}]$$

(7) Q_T= 탱크 중 최대필요량(고정포) + 보조포소화전 필요량 + 송액관 필요량
= 282.74[L] + 720[L] + 85.34[L] = 1,088.08[L]

해답 (1) ① 원유탱크 : 232.23[L/min]
② 등유탱크 : 314.16[L/min]
(2) ① 원유탱크 : 209.00[L]
② 등유탱크 : 282.74[L]
(3) 1,200[L/min]
(4) 720[L]
(5) 배관 ① : 125[mm] 배관 ② : 125[mm]
배관 ③ : 90[mm] 배관 ④ : 125[mm]
배관 ⑤ : 90[mm] 배관 ⑥ : 80[mm]
(6) 85.34[L]
(7) 1,088.08[L]

12

다음 도면은 스프링클러설비의 계통도이다. 조건에 따라 물음에 답하시오.

득점	배점
	12

조 건

- H-1 헤드의 방사압력 : 0.1[MPa]
- 각 헤드 간의 압력 차이 : 0.02[MPa]
- 배관의 구경은 40[mm]이고, 가지배관의 유속은 6[m/s]이다.

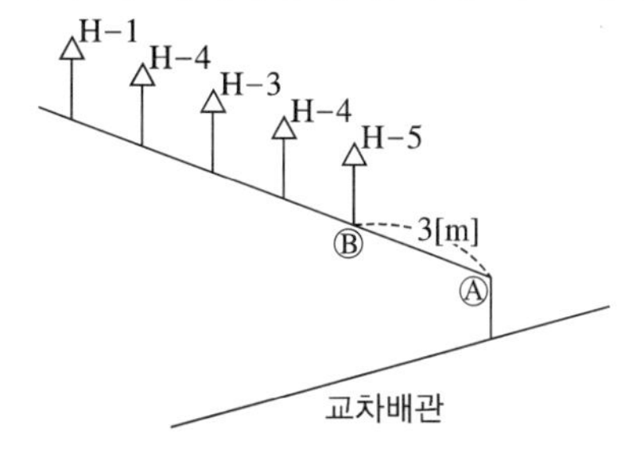

물 음

(1) A 지점에서의 필요한 최소압력은 몇 [MPa]인가?
(2) 각 헤드(H-1~H-5) 간의 방수량은 각각 몇 [L/min]인가?
(3) A~B 구간의 유량은 몇 [L/min]인가?
(4) A~B 구간의 배관 내경은 최소 몇 [mm]로 하여야 하는가?

해설

스프링클러설비의 물음

(1) A 지점에서의 필요한 최소압력
최소압력(P) = 0.1 + 0.02 + 0.02 + 0.02 + 0.02 + 0.03(3[m]) = 0.21[MPa]

(2) 각 헤드(H-1~H-5) 간의 방수량

$$Q = K\sqrt{10P} \qquad K = \frac{Q}{\sqrt{10P}} = \frac{80}{\sqrt{10 \times 0.1}} = 80$$

① H-1의 방수량(Q)$= K\sqrt{10P} = 80\sqrt{10 \times 0.1[\text{MPa}]} = 80[\text{L/min}]$

② H-2의 방수량(Q)$= 80\sqrt{10 \times (0.1 + 0.02)[\text{MPa}]} = 87.64[\text{L/min}]$

③ H-3의 방수량(Q)$= 80\sqrt{10 \times (0.1 + 0.02 + 0.02)[\text{MPa}]} = 94.66[\text{L/min}]$

④ H-4의 방수량(Q)$= 80\sqrt{10 \times (0.1 + 0.02 + 0.02 + 0.02)[\text{MPa}]} = 101.19[\text{L/min}]$

⑤ H-5의 방수량(Q)$= 80\sqrt{10 \times (0.1 + 0.02 + 0.02 + 0.02 + 0.02)[\text{MPa}]} = 107.33[\text{L/min}]$

(3) A~B 구간의 유량

$Q = 80 + 87.64 + 94.66 + 101.19 + 107.33 = 470.82[\text{L/min}]$

(4) A~B 구간의 배관 내경

$$Q = uA = u \times \frac{\pi}{4}D^2 \qquad \therefore D = \sqrt{\frac{4Q}{\pi u}}$$

$$\therefore D = \sqrt{\frac{4Q}{\pi u}} = \sqrt{\frac{4 \times 0.4708[\text{m}^3]/60[\text{s}]}{\pi \times 6[\text{m/s}]}} = 0.0408[\text{m}] = 40.8[\text{mm}] \rightarrow 50[\text{mm}]$$

해답 (1) 0.21[MPa]

(2) ① H-1의 방수량 : 80[L/min]

② H-2의 방수량 : 87.64[L/min]

③ H-3의 방수량 : 94.66[L/min]

④ H-4의 방수량 : 101.19[L/min]

⑤ H-5의 방수량 : 107.33[L/min]

(3) 470.82[L/min]

(4) 50[mm]

13

18층의 복도식 아파트 1동에 아래와 같은 조건으로 습식 스프링클러소화설비를 설치하고자 한다. 아래의 문제에 답하시오.

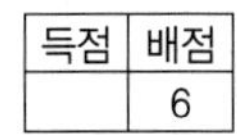

득점	배점
	6

조 건

- 층별 방호면적 : 990[m^2]
- 실양정 : 65[m], 마찰손실수두 : 25[m],
- 헤드의 방사압력 : 0.1[MPa], 펌프의 효율 : 60[%], 전달계수 : 1.1
- 배관 내의 유속 : 2.0[m/s]

물 음

(1) 본 소화설비의 주 펌프의 토출량을 구하시오(단, 헤드 적용 수량은 최대 기준 개수를 적용한다).

(2) 전용 수원의 확보량[m^3]을 구하시오(옥상수조는 제외).

(3) 소화펌프의 축동력[kW]을 구하시오.

해설

(1) 토출량

$$Q = N(\text{헤드 수}) \times 80[\text{L/min}]$$

여기서, N : 헤드 수(아파트 : 10개)

$\therefore\ Q = 10 \times 80[\text{L/min}] = 800[\text{L/min}]$

(2) 수 원

$$Q = N(\text{헤드 수}) \times 80[\text{L/min}] \times 20[\text{min}]$$

$\therefore\ Q = 10 \times 80[\text{L/min}] \times 20[\text{min}] = 16{,}000[\text{L}] = 16[\text{m}^3]$

(3) 축동력

$$P[\text{kW}] = \frac{0.163 \times Q \times H}{\eta}$$

여기서, Q : 토출량(0.8[m³/min])
H : 전수두(실양정+마찰손실수두+방사압력=65[m]+25[m]+10[m]=100[m])
η : 효율(0.6)

$$\therefore\ P = \frac{0.163 \times Q \times H}{\eta} = \frac{0.163 \times 0.8[\text{m}^3/\text{min}] \times 100[\text{m}]}{0.6} = 21.73[\text{kW}]$$

해답 (1) 800[L/min]
(2) 16[m³]
(3) 21.73[kW]

14

체적이 120[m³]인 집진설비에 이산화탄소 소화설비를 설치하려고 한다. 이 설비에 저장하여야 할 용기의 병수는?(단, 내용적은 68[L], 충전비는 1.36이고, 개구부는 4.0[m²]이고 자동폐쇄장치는 설치되어 있다)

득점	배점
	5

해설

심부화재 방호대상물(종이, 목재, 석탄, 섬유류, 합성수지류 등)

(1) **자동폐쇄장치 미설치 시**

탄산가스저장량[kg]=방호구역체적[m³]×필요가스량[kg/m³]+개구부면적[m²]×가산량(10[kg/m²])

(2) **자동폐쇄장치 설치 시**

탄산가스저장량[kg]=방호구역체적[m³]×필요가스량[kg/m³]

방호대상물	필요가스량	설계농도
유압기기를 제외한 전기 설비, 케이블실	1.3[kg/m³]	50[%]
체적 55[m³] 미만의 전기설비	1.6[kg/m³]	50[%]
서고, 전자제품창고, 목재가공품창고, 박물관	2.0[kg/m³]	65[%]
고무류·면화류 창고, 모피 창고, 석탄창고, **집진설비**	2.7[kg/m³]	75[%]

∴ 탄산가스저장량[kg] = 120[m^3] × 2.7[kg/m^3] = 324[kg]

$$충전비 = \frac{내용적}{약제의\ 중량},\ 약제의\ 중량 = \frac{내용적}{충전비}$$

∴ 약제의 중량 $= \frac{내용적}{충전비} = \frac{68[L]}{1.36} = 50[kg]$

∴ 용기의 병수 $= \frac{324[kg]}{50[kg]} = 6.48 \Rightarrow 7$병

해답 7병

제 1 회

2019년 4월 14일 시행

※ 다음 물음에 대한 답을 해당 답란에 답하시오.(배점 : 100)

01

포소화설비에서 송액관에 배액밸브의 설치목적과 설치방법을 설명하시오.

득점	배점
	4

해설

송액관의 배액밸브

(1) 설치목적 : 포의 방출 종료 후 배관 안의 액을 배출하기 위하여

(2) 설치방법 : 적당한 기울기를 유지하도록 가장 낮은 부분에 설치한다.

PLUS ONE

포소화설비의 화재안전기준 제7조

송액관은 포의 방출 종료 후 배관 안의 액을 배출하기 위하여 적당한 기울기를 유지하도록 하고 그 낮은 부분에 배액밸브를 설치하여야 한다.

해답 (1) 설치목적 : 포의 방출 종료 후 배관 안의 액을 배출하기 위하여

(2) 설치방법 : 적당한 기울기를 유지하도록 가장 낮은 부분에 설치한다.

02

제연설비의 설치장소는 다음 기준에 따라 제연구역으로 구획하여야 한다. 기준 3가지를 쓰시오.

득점	배점
	3

해설

제연구역의 구획 기준

- 하나의 제연구역의 면적은 1,000[m^2] 이내로 할 것
- 거실과 통로(복도를 포함한다)는 상호 제연 구획할 것
- 통로상의 제연구역은 보행중심선의 길이가 60[m]를 초과하지 아니할 것
- 하나의 제연구역은 직경 60[m] 원 내에 들어갈 수 있을 것
- 하나의 제연구역은 2개 이상 층에 미치지 아니하도록 할 것. 다만, 층의 구분이 불분명한 부분은 그 부분을 다른 부분과 별도로 제연구획하여야 한다.

해답 (1) 하나의 제연구역의 면적은 1,000[m^2] 이내로 할 것

(2) 거실과 통로(복도를 포함한다)는 상호 제연 구획할 것

(3) 통로상의 제연구역은 보행중심선의 길이가 60[m]를 초과하지 아니할 것

03

그림은 어느 옥내소화전설비의 계통을 나타내는 Isometric Diagram이다. 이 설비에서 펌프의 정격토출량이 200[L/min]일 때 주어진 조건을 이용하여 물음에 답하시오.

득점	배점
	18

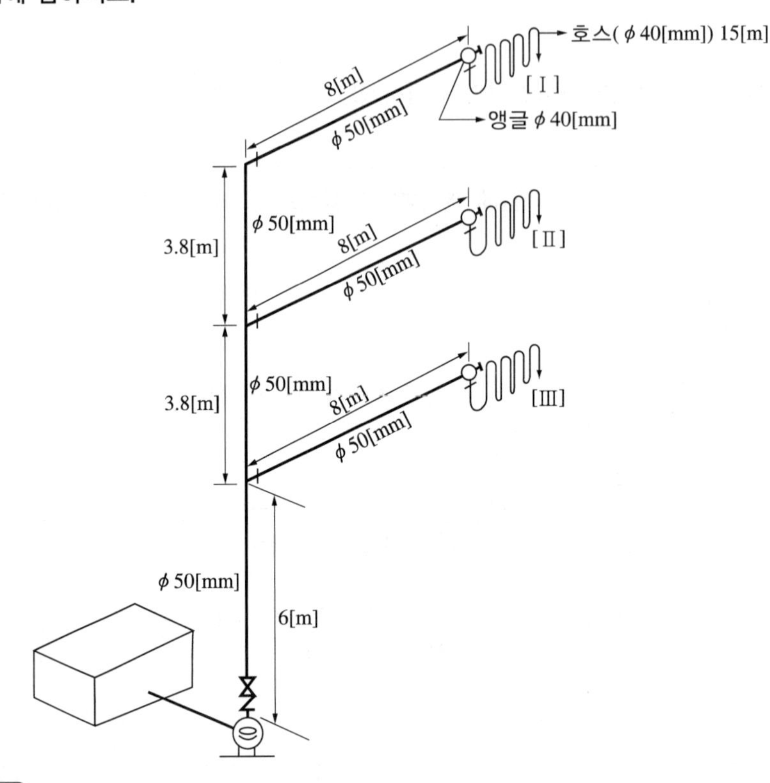

조 건

- 옥내소화전[I]에서 호스 관창 선단의 방수압과 방수량은 각각 0.17[MPa], 130[L/min]이다.
- 호스길이 100[m]당 130[L/min]의 유량에서 마찰손실수두는 15[m]이다.
- 각 밸브와 배관부속의 등가길이는 다음과 같다.

관부속품	등가길이	관부속품	등가길이
앵글밸브(40[mm])	10[m]	엘보(50[mm])	1[m]
게이트밸브(50[mm])	1[m]	분류티(50[mm])	4[m]
체크밸브(50[mm])	5[m]		

- 배관의 마찰손실압은 다음의 공식을 따른다고 가정한다.

$$\Delta P = \frac{6 \times 10^4 \times q^2}{120^2 \times d^5} \times L$$

여기서, ΔP : 마찰손실압력[MPa]

q : 유량[L/min]

d : 관의 내경[mm](φ50[mm] 배관의 경우 내경은 53[mm], φ40[mm]의 배관의 경우 내경은 42[mm]로 한다.

• 펌프의 양정은 토출량의 대소에 관계없이 일정하다고 가정한다.
• 정답을 산출할 때 펌프 흡입측의 마찰손실수두, 정압, 동압 등은 일체 계산에 포함시키지 않는다.
• 본 조건에 자료가 제시되지 아니한 것은 계산에 포함되지 아니한다.

물 음

(1) 소방호스의 마찰손실수두[m]를 구하시오.
  • 계산과정 :
  • 답 :

(2) 최고위 앵글밸브에서의 마찰손실압력[kPa]을 구하시오.
  • 계산과정 :
  • 답 :

(3) 최고위 앵글밸브의 인입구로부터 펌프 토출구까지 배관의 총 등가길이[m]를 구하시오.
  • 계산과정 :
  • 답 :

(4) 최고위 앵글밸브의 인입구로부터 펌프 토출구까지의 마찰손실압력[kPa]을 구하시오.
  • 계산과정 :
  • 답 :

(5) 펌프 전동기의 소요동력[kW]을 구하시오(단, 펌프의 효율은 0.6, 전달계수는 1.1이다).
  • 계산과정 :
  • 답 :

(6) 옥내소화전[Ⅲ]을 조작하여 방수하였을 때의 방수량을 q[L/min]라고 할 때,
  ① 이 소화전호스를 통하여 일어나는 마찰손실압력[Pa]을 구하시오(단, q는 기호 그대로 사용하고, 마찰손실의 크기는 유량의 제곱에 정비례한다).
   • 계산과정 :
   • 답 :
  ② 해당 앵글밸브 인입구로부터 펌프 토출구까지의 마찰손실압력[Pa]을 구하시오(단, q는 기호 그대로 사용한다).
   • 계산과정 :
   • 답 :
  ③ 해당 앵글밸브의 마찰손실압력[Pa]을 구하시오(단, q는 기호 그대로 사용한다).
   • 계산과정 :
   • 답 :

④ 호스 관창선단의 방수량[L/min]과 방수압[kPa]을 구하시오.
- 계산과정 :
- 답 :

해설

옥내소화전설비

(1) 소방호스의 마찰손실수두[m]

$$\therefore\ 15[\text{m}] \times \frac{15[\text{m}]}{100[\text{m}]} = 2.25[\text{m}]$$

(2) 최고위 앵글밸브에서의 마찰손실압력[kPa]

$$\therefore\ \Delta P = \frac{6 \times 10^4 \times q^2}{120^2 \times d^5} \times L = \frac{6 \times 10^4 \times 130^2}{120^2 \times 42^5} \times 10[\text{m}] = 0.005388[\text{MPa}] = 5.39[\text{kPa}]$$

(3) 최고위 앵글밸브의 인입구로부터 펌프 토출구까지 배관의 총 등가길이

구 분	등가 길이
직 관	6.0[m] + 3.8[m] + 3.8[m] + 8.0[m] = 21.6[m]
관부속품	체크밸브 : 5[m] 게이트밸브 : 1[m], 90°엘보 : 1[m]
합 계	28.6[m](21.6[m] + 5[m] + 1[m] + 1[m])

직류티는 도면에 2개가 있으나 문제조건에 없으니까 제외함

(4) 최고위 앵글밸브의 인입구로부터 펌프 토출구까지의 마찰손실압력

$$\therefore\ \Delta P = \frac{6 \times 10^4 \times q^2}{120^2 \times d^5} \times L = \frac{6 \times 10^4 \times 130^2}{120^2 \times 53^5} \times 28.6[\text{m}] = 0.004816[\text{MPa}] = 4.82[\text{kPa}]$$

(5) 펌프 전동기의 소요동력

$$P[\text{kW}] = \frac{0.163 \times Q \times H}{\eta} \times K$$

① 토출량 : 200[L/min]
② 전양정

$$H = h_1 + h_2 + h_3 + 17(\text{노즐방사압력})$$

여기서, H : 전양정[m], h_1 : 호스마찰손실수두(15[m]$\times\frac{15}{100}$=2.25[m])

h_2 : 배관마찰손실수두(5.39[kPa]+4.82[kPa] = $\frac{10.21[\text{kPa}]}{101.325[\text{kPa}]} \times 10.332[\text{m}] = 1.04[\text{m}]$)

h_3 : 실양정(6[m]+3.8[m]+3.8[m]=13.6[m])

※ 전양정 H = 2.25[m] + 1.04[m] + 13.6[m] + 17 = 33.89[m]

$$\therefore\ P[\text{kW}] = \frac{0.163 \times 0.2[\text{m}^3/\text{min}] \times 33.89[\text{m}]}{0.6} \times 1.1 = 2.03[\text{kW}]$$

(6) 옥내소화전[III]을 조작하여 방수하였을 때의 방수량을 q[L/min]라고 할 때,

① 소화전호스를 통하여 일어나는 마찰손실압력

(1)에서 호스의 마찰손실수두가 $2.25[\text{m}] = \frac{2.25[\text{m}]}{10.332[\text{m}]} \times 101.325[\text{kPa}] = 22.07[\text{kPa}]$이다.

조건에서 "마찰손실의 크기는 유량의 제곱에 정비례한다"로서 비례식을 이용하면

$22.07[kPa] : 130^2 = P[kPa] : q^2$

$130^2 \times P = 22.07 \times q^2$

$\therefore P = \dfrac{22.07q^2}{130^2} = 0.001306q^2[kPa] = 1.306 \times 10^{-3}q^2[kPa] = 1.306q^2[Pa]$

② 해당 앵글밸브 인입구로부터 펌프 토출구까지의 마찰손실압력

먼저 총 등가길이를 구하면

구 분	등가 길이
직 관	6.0[m] + 8.0[m] = 14[m]
관부속품	체크밸브 : 5[m] 게이트밸브 : 1[m] 분류 티 : 4[m]
합 계	24.0[m]

$\therefore \Delta P = \dfrac{6 \times 10^4 \times q^2}{120^2 \times d^5} \times L = \dfrac{6 \times 10^4 \times q^2}{120^2 \times 53^5} \times 24[m] = 2.39 \times 10^{-7}q^2[MPa] = 0.24q^2[Pa]$

③ 해당 앵글밸브의 마찰손실압력

$\therefore \Delta P = \dfrac{6 \times 10^4 \times q^2}{120^2 \times d^5} \times L = \dfrac{6 \times 10^4 \times q^2}{120^2 \times 42^5} \times 10[m] = 3.19 \times 10^{-7}q^2[MPa] = 0.32q^2[Pa]$

④ 호스 관창선단의 방수압과 방수량

㉮ 방수량

$$q = K\sqrt{10P}$$

㉠ D : 구경[mm]

㉡ P(압력)을 구하기 위하여

$$P = P_1 + P_2 + P_3 + 0.17$$

여기서, P_1 = 소방호스의 마찰손실수두압[MPa]{(1)에서 구한 2.25[m] = 0.022[MPa]}

P_2 = 0.005388[MPa][(2)에서 구한 값]+0.004816[MPa][(4)에서 구한 값] = 0.01[MPa]

P_3 = 0.059[MPa](토출양정 6[m]) + 0.037[MPa](3.8[m])+ 0.037[MPa](3.8[m])

= 0.133[MPa]

※ $P = 0.022 + 0.01 + 0.133 + 0.17 = 0.335[MPa]$

∴ 옥내소화전 방수압(P_4)

$$P_4 = P - P_1 - P_2 - P_3$$

여기서, $P = 0.335[MPa]$

$P_1 = 1.306 \times 10^{-3}q^2[kPa] = 13.06 \times 10^{-7}q^2[MPa]$

$P_2 = 3.19 \times 10^{-7}q^2[MPa] + 2.39 \times 10^{-7}q^2[MPa] = 5.58 \times 10^{-7}q^2[MPa]$

$P_3 = 6[m] = \dfrac{6[m]}{10.332[m]} \times 0.101325[MPa] = 0.059[MPa]$

$\therefore P_4 = P - P_1 - P_2 - P_3$

$= 0.335[MPa] - (13.06 + 5.58) \times 10^{-7}q^2[MPa] - 0.059[MPa]$

$= 0.335[MPa] - 0.059[MPa] - 18.64 \times 10^{-7}q^2[MPa]$

$= 0.276[MPa] - 18.64 \times 10^{-7}q^2[MPa]$

※ 공식에 대입하면

$$q = K\sqrt{10P}$$

$$K = \frac{q}{\sqrt{10\,P}} = \frac{130[\text{L/min}]}{\sqrt{10 \times 0.17[\text{MPa}]}} = 99.705$$

방수량을 구하면

$$q = K\sqrt{10P} = 99.705 \times \sqrt{10 \times (0.276 - 18.64 \times 10^{-7}q^2)[\text{MPa}]}$$

양변에 제곱을 하면

$$q^2 = (99.705)^2 \times \left(\sqrt{2.76 - 18.64 \times 10^{-6}q^2}\right)^2$$

$$q^2 = (99.705)^2 \times (2.76 - 18.64 \times 10^{-6}q^2)$$

$$q^2 = 27{,}437.40 - 0.1853q^2$$

$$q^2 + 0.1853q^2 = 27{,}437.40$$

$$(1 + 0.1853)q^2 = 27{,}437.40$$

$$1.1853q^2 = 27{,}437.40$$

$$q^2 = \frac{27{,}437.40}{1.1853} = 23{,}148.06$$

$$\therefore\ q = \sqrt{23{,}148.06} = 152.14[\text{L/min}]$$

㉯ 방수압

$$P_4 = 0.276[\text{MPa}] - 18.64 \times 10^{-7}q^2[\text{MPa}]$$

$$= 0.276[\text{MPa}] - 18.64 \times 10^{-7} \times (152.14[\text{L/min}])^2[\text{MPa}]$$

$$= 0.232855[\text{MPa}] = 232.86[\text{kPa}]$$

(1) 2.25[m]
(2) 5.39[kPa]
(3) 28.6[m]
(4) 4.82[kPa]
(5) 2.03[kW]
(6) ① $1.31q^2$[Pa]
② $0.24q^2$[Pa]
③ $0.32q^2$[Pa]
④ 방수량 : 152.14[L/min], 방수압 : 232.86[kPa]

04

지하 2층이고 지상 3층인 특정소방대상물의 각 층의 바닥면적은 1,500[m^2]일 때 소화기를 몇 개 비치하여야 하는가?(단, 주요구조부가 내화구조가 아니고 소화기의 능력단위는 3단위이다)

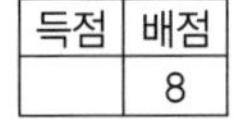

득점	배점
	8

(1) 지하 2층 : 보일러실 100[m^2]이다.
(2) 지하 1층, 지하 2층 : 주차장이다.
(3) 지상 1층에서 지상 3층 : 업무시설이다.

해설

소화기 개수 산출

(1) 특정소방대상물별 소화기구의 능력단위기준

특정소방대상물	소화기구의 능력단위
1. 위락시설	해당 용도의 바닥면적 30[m²]마다 능력단위 1단위 이상
2. 공연장·집회장·관람장·문화재·장례식장 및 의료시설	해당 용도의 바닥면적 50[m²]마다 능력단위 1단위 이상
3. 근린생활시설·판매시설·운수시설·숙박시설·노유자시설·전시장·공동주택·**업무시설**·방송통신시설·공장·창고시설·**항공기 및 자동차 관련 시설** 및 관광휴게시설	해당 용도의 **바닥면적 100[m²]마다 능력단위 1단위 이상**
4. 그 밖의 것	해당 용도의 바닥면적 200[m²]마다 능력단위 1단위 이상

(주) 소화기구의 능력단위를 산출함에 있어서 건축물의 주요구조부가 내화구조이고, 벽 및 반자의 실내에 면하는 부분이 불연재료·준불연재료 또는 난연재료로 된 특정소방대상물에 있어서는 앞 표의 기준면적의 2배를 해당 특정소방대상물의 기준면적으로 한다.

$$\text{능력단위} = \frac{\text{바닥면적}}{\text{기준면적}}$$

(2) 부속용도별로 추가하여야 할 소화기구

용도별	소화기구의 능력단위
1. 다음 각목의 시설. 다만, 스프링클러설비·간이스프링클러설비·물분무 등 소화설비 또는 상업용 주방자동소화장치가 설치된 경우에는 자동확산소화기를 설치하지 아니 할 수 있다. ① 보일러실(아파트의 경우 방화구획된 것을 제외한다)·건조실·세탁소·대량화기취급소 ② 음식점(지하가의 음식점을 포함한다)·다중이용업소·호텔·기숙사·노유자 시설·의료시설·업무시설·공장·장례식장·교육연구시설·교정 및 군사시설의 주방(다만, 의료시설·업무시설 및 공장의 주방은 공동취사를 위한 것에 한한다). ③ 관리자의 출입이 곤란한 변전실·송전실·변압기실 및 배전반실(불연재료로 된 상자 안에 장치된 것을 제외한다)	1. 해당 용도의 바닥면적 25[m²]마다 능력단위 1단위 이상의 소화기로 하고, 그 외에 자동확산소화기를 바닥면적 10[m²] 이하는 1개, 10m² 초과는 2개를 설치 할 것 2. ②의 주방의 경우, 1호에 의하여 설치하는 소화기중 1개 이상은 주방화재용 소화기(K급)를 설치하여야 한다.

[풀이]

(1) 지하 2층

① 주차장(항공기 및 자동차관련시설)

$$\text{능력단위} = \frac{\text{바닥면적}}{\text{기준면적}} = \frac{1{,}500[\text{m}^2]}{100[\text{m}^2]} = 15\text{단위},\ \text{소화기 개수} = \frac{15\text{단위}}{3\text{단위}} \fallingdotseq 5\text{개}$$

② 보일러실

$$\text{능력단위} = \frac{\text{바닥면적}}{\text{기준면적}} = \frac{100[\text{m}^2]}{25[\text{m}^2]} = 4\text{단위},\ \text{소화기 개수} = \frac{4\text{단위}}{3\text{단위}} \fallingdotseq 1.33 \Rightarrow 2\text{개}$$

∴ 소화기 총 개수= 5개 + 2개 = 7개

(2) 지하 1층(주차장)

$$\text{능력단위} = \frac{\text{바닥면적}}{\text{기준면적}} = \frac{1{,}500[m^2]}{100[m^2]} = 15\text{단위},\ \text{소화기 개수} = \frac{15\text{단위}}{3\text{단위}} = 5\text{개}$$

(3) 지상 1층에서 지상 3층(업무시설)

$$\text{능력단위} = \frac{\text{바닥면적}}{\text{기준면적}} = \frac{1{,}500[m^2]}{100[m^2]} = 15\text{단위},\ \text{소화기 개수} = \frac{15\text{단위}}{3\text{단위}} \times 3\text{개층} = 15\text{개}$$

(4) 전체 총 소화기 개수

5개(지하2층 주차장)+2개(지하2층 보일러실)+5개(지하1층)+15개(지상층)=27개

해답 27개

05

가로 10[m], 세로 8[m], 높이가 4[m]인 발전기실에 할로겐화합물 소화약제인 FK-5-1-12를 설치하려고 한다. 조건을 참고하여 다음 물음에 답하시오.

득점	배점
	6

조 건

- 방사 시 온도는 21[℃]이다.
- 선형상수는 $K_1 = 0.0664$, $K_2 = 0.0002741$이다.
- 발전실에 경유를 사용하고 설계농도는 12[%]이다.
- 저장용기는 68[L]용기에 45[kg]을 저장한다.

물 음

(1) 발전실에 필요한 소화약제량[kg]을 구하시오.
(2) 발전기실에 필요한 저장용기의 병수를 구하시오.

해설

소화약제량과 용기의 병수

(1) 소화약제량

$$W = \frac{V}{S} \times \frac{C}{100 - C}$$

여기서, W : 소화약제량[kg]　　V : 방호구역의 체적
S : 소화약제별 선형상수($K_1 + K_2 t = 0.0664 + (0.0002741 \times 21) = 0.0721561[m^3/kg]$)
C : 체적에 따른 소화약제의 설계농도(12[%]) = 소화농도 × 안전계수
(A ・C급 화재 : 1.2, B급 화재 : 1.3)

이 문제는 설계농도가 12[%]로 주어졌다.

$$\therefore W = \frac{V}{S} \times \frac{C}{100 - C} = \frac{(10 \times 8 \times 4)[m^3]}{0.0721561} \times \frac{12}{100 - 12} \fallingdotseq 604.75[kg]$$

(2) 저장용기의 병수

$$\text{용기의 병수} = \frac{\text{저장량}}{\text{용기의 저장량}} = \frac{604.75[kg]}{45[kg]} \fallingdotseq 13.44 \Rightarrow 14\text{병}$$

해답 (1) 604.75[kg]
(2) 14병

06

다음 그림과 같이 바닥면이 자갈로 되어 있는 절연유 봉입 변압기에 물분무소화설비를 설치하고자 한다. 화재안전기준을 참고하여 각 물음에 답하시오.

득점	배점
	8

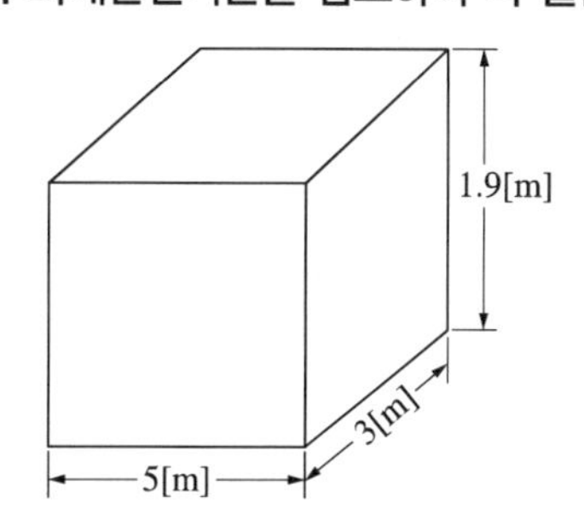

(1) 소화펌프의 최소토출량[L/min]을 구하시오.

(2) 필요한 최소의 수원의 양[m^3]을 구하시오.

(3) 다음은 고압의 전기기기가 있는 장소의 물분무헤드와 전기기기의 이격기준이다. 다음 표를 완성하시오.

전압[kV]	거리[cm]	전압[kV]	거리[cm]
66 이하	(①) 이상	154 초과 181 이하	180 이상
66 초과 77 이하	80 이상	181 초과 220 이하	(③) 이상
77 초과 110 이하	(②) 이상	220 초과 275 이하	260 이상
110 초과 154 이하	150 이상		

해설

(1) 펌프의 토출량과 수원

소방대상물	펌프의 토출량[L/min]	수원의 양[L]
특수 가연물 저장, 취급	바닥면적(50[m^2] 이하는 50[m^2]) × 10[L/min · m^2]	바닥면적(50[m^2] 이하는 50[m^2]) × 10[L/min · m^2]×20[min]
차고, 주차장	바닥면적(50[m^2] 이하는 50[m^2]) × 20[L/min · m^2]	바닥면적(50[m^2] 이하는 50[m^2]) × 20[L/min · m^2]×20[min]
절연유 봉입변압기	**표면적(바닥부분 제외) × 10[L/min · m^2]**	**표면적(바닥부분 제외) × 10[L/min · m^2]×20[min]**
케이블트레이, 케이블덕트	투영된 바닥면적 × 12[L/min · m^2]	투영된 바닥면적 × 12[L/min · m^2]×20[min]
컨베이어 벨트	벨트 부분의 바닥면적 × 10[L/min · m^2]	벨트 부분의 바닥면적 × 10[L/min · m^2]×20[min]

유량 Q= 표면적(바닥부분은 제외) × 10[L/min · m^2]

표면적=(5[m]×3[m]×1면)+ (5[m]×1.9[m]×2면)+(3[m]×1.9[m]×2면)=45.4[m^2]

∴ 유량 = 표면적(바닥부분 제외)×10[L/min · m^2] = 45.4m^2×10[L/min · m^2] = 454[L/min]

(2) 수 원

수원 = 454[L/min] × 20[min] = 9,080[L] = 9.08[m^3]

(3) 고압의 전기기기가 있는 장소와 헤드 사이의 거리

전압[kV]	거리[cm]	전압[kV]	거리[cm]
66 이하	70 이상	154 초과 181 이하	180 이상
66 초과 77 이하	80 이상	181 초과 220 이하	210 이상
77 초과 110 이하	110 이상	220 초과 275 이하	260 이상
110 초과 154 이하	150 이상		

해답 (1) 454[L/min]

(2) 9.08[m^3]

(3) ① 70

② 110

③ 210

07

가로 10[m], 세로 15[m], 높이 4[m]인 전기실에 화재안전기준과 다음 조건에 따라 전역방출방식의 이산화탄소 소화설비를 설치하려고 한다. 조건을 참조하여 각 물음에 답하시오.

득점	배점
	5

조 건

- 대기압은 760[mmHg]이고, CO_2 방출 후 방호구역 내 압력은 770[mmHg]이며 기준 온도는 20[℃]이다.
- CO_2의 분자량은 44이고 기체상수 $R = 0.082$[atm · m^3/kg-mol · K]이다.
- 개구부는 자동폐쇄장치가 설치되어 있다.

물 음

(1) 이산화탄소 소화약제를 방사 후 방호구역 내 산소농도가 14[%]이었다. 방호구역 내 이산화탄소 농도[%]를 구하시오.

(2) 방사된 이산화탄소의 양[kg]은 얼마인가?

해설

(1) 이산화탄소의 농도

$$CO_2[\%] = \frac{21 - O_2[\%]}{21} \times 100$$

$\therefore\ CO_2[\%] = \frac{21-14}{21} \times 100 \fallingdotseq 33.33[\%]$

(2) 이산화탄소의 양

$$\text{방사가스체적}[m^3] = \frac{21 - O_2[\%]}{O_2[\%]} \times V[m^3]$$

$\therefore\ \text{방사가스체적}[m^3] = \frac{21-14}{14} \times (10[m] \times 15[m] \times 4[m]) = 300[m^3]$

체적을 무게로 환산하면

$$PV = nRT = \frac{W}{M}RT$$

여기서, P : 압력[atm] V : 체적[m^3]
W : 무게[kg] M : 분자량
R : 기체상수(0.082[atm · m^3/kg − mol · K]) T : 절대온도(273 + [℃])

$$\therefore W = \frac{PVM}{RT} = \frac{\frac{770[\text{mmHg}]}{760[\text{mmHg}]} \times 1[\text{atm}] \times 300[\text{m}^3] \times 44}{0.082[\text{atm} \cdot \text{m}^3/\text{kg} - \text{mol} \cdot \text{K}] \times 293[\text{K}]} \fallingdotseq 556.63[\text{kg}]$$

해답 (1) 33.33[%]
(2) 556.63[kg]

08

지하구의 화재안전기준에서 연소방지설비에 대하여 다음 물음에 답하시오.

득점	배점
	6

(1) 바닥면적이 가로 40[m], 세로 20[m]인 건축물에 설치할 경우 연소방지설비전용 방수헤드의 수를 구하시오.
(2) 연소방지설비전용헤드를 사용할 경우 헤드가 8개 설치되어 있을 때 배관의 구경은 몇 [mm]로 하여야 하는가?

해설

연소방지설비

(1) 방수헤드 간의 수평거리는 연소방지설비 전용헤드의 경우에는 2[m] 이하, 스프링클러헤드의 경우에는 1.5[m] 이하로 할 것

① 가로열의 헤드수 = $\frac{40[\text{m}]}{2[\text{m}]}$ = 20개

② 세로열의 헤드수 = $\frac{20[\text{m}]}{2[\text{m}]}$ = 10개

∴ 총 헤드 수 = 20 × 10 = 200개

(2) 연소방지설비전용헤드를 사용하는 경우 배관 구경에 따른 헤드 수

하나의 배관에 부착하는 살수헤드의 개수	1개	2개	3개	4개 또는 5개	6개 이상
배관의 구경[mm]	32	40	50	65	80

해답 (1) 200개
(2) 80[mm]

09

수계소화설비의 펌프의 성능곡선을 그리고 화재안전기준에 의하여 펌프의 성능시험배관 설치기준 2가지를 쓰시오.

득점	배점
	8

펌프의 성능시험 및 성능시험배관

(1) 성능시험

① 무부하시험(체절운전시험) : 펌프토출측의 주밸브와 성능시험배관의 유량조절밸브를 잠근 상태에서 운전할 경우에 양정이 전격양정의 140[%] 이하인지 확인하는 시험

② 정격부하시험 : 펌프를 기동한 상태에서 유량조절밸브를 개방하여 유량계의 유량이 정격유량상태(100[%])일 때 토출압력계와 흡입압력계의 차이가 정격압력 이상이 되는지 확인하는 시험

③ 피크부하시험(최대운전시험) : 유량조절밸브를 개방하여 정격 토출량의 150[%]로 운전 시 정격토출압력의 65[%] 이상이 되는지 확인하는 시험

(2) 펌프의 성능곡선

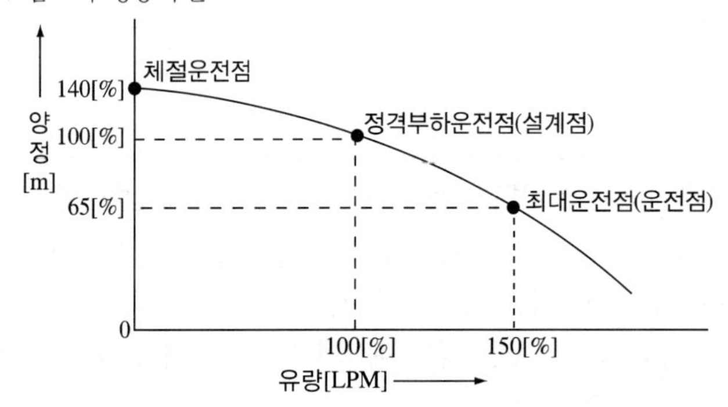

(3) 성능시험배관의 설치기준

① 성능시험배관은 펌프의 토출측에 설치된 개폐밸브 이전에서 분기하여 설치하고 유량측정장치를 기준으로 전단 직관부에 개폐밸브를, 후단 직관부에는 유량조절밸브를 설치할 것

② 유량측정장치는 성능시험배관의 직관부에 설치하되 펌프의 정격토출량의 175[%] 이상 측정할 수 있는 성능이 있을 것

해답 (1) 펌프의 성능곡선

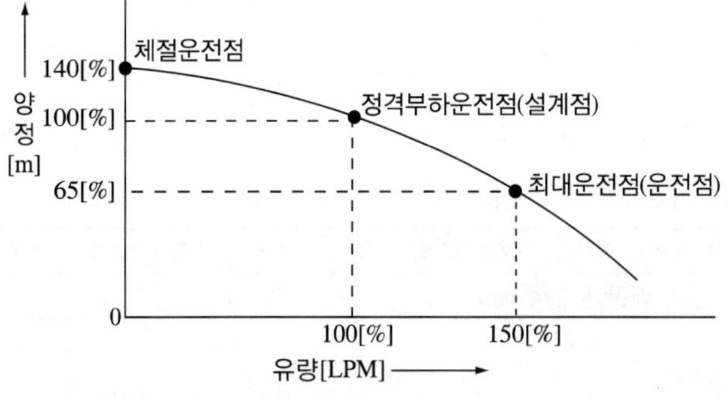

(2) 성능시험배관의 설치기준

① 성능시험배관은 펌프의 토출측에 설치된 개폐밸브 이전에서 분기하여 설치하고 유량측정장치를 기준으로 전단 직관부에 개폐밸브를, 후단 직관부에는 유량조절밸브를 설치할 것

② 유량측정장치는 성능시험배관의 직관부에 설치하되 펌프의 정격토출량의 175[%] 이상 측정할 수 있는 성능이 있을 것

10

그림은 어느 판매장의 무창층에 대한 제연설비 중 연기 배출풍도와 배출 FAN을 나타내고 있는 평면도이다. 주어진 조건을 이용하여 풍도에 설치되어야 할 제어댐퍼를 가장 적합한 지점에 표기한 다음 물음에 답하시오(단, 댐퍼의 표기는 ⊘의 모양으로 할 것).

득점	배점
	10

조 건

- 건물의 주요구조부는 모두 내화구조이다.
- 각 실은 불연성 구조물로 구획되어 있다.
- 복도의 내부면은 모두 불연재이고, 복도 내에 가연물을 두는 일은 없다.
- 각 실에 대한 연기배출방식에서 공동배출구역방식은 없다.
- 이 판매장에는 음식점은 없다.

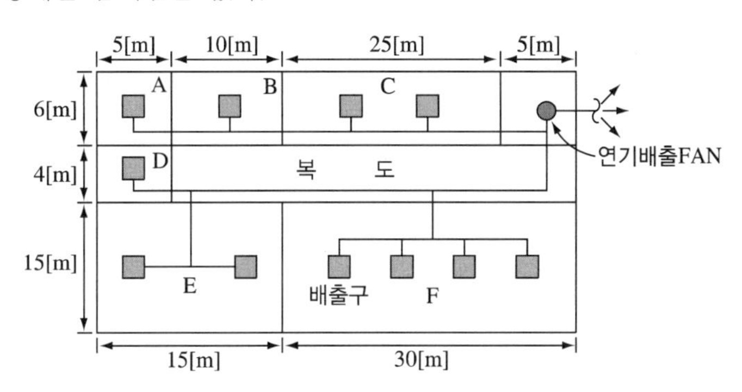

물 음

(1) 제어댐퍼를 설치하시오.

(2) 각 실(A, B, C, D, E, F)의 최소소요배출량은 얼마인가?

(3) 배출 FAN의 소요 최소배출용량은 얼마인가?

(4) C실에 화재가 발생했을 경우 제어댐퍼의 작동상황(개폐 여부)이 어떻게 되어야 하는지 설명하시오.

해설

(1) 각 구획별(A, B, C, D, E, F)로 제어를 해야 하므로 각 실별로 제어댐퍼(Motor Damper ; MD)를 사용. C의 경우 구획에 별도 2개의 배출구가 설치되어 있어 각각 설치하여야 함

(2) $400[m^2]$ 미만과 $400[m^2]$ 이상의 기준을 이용

① A실 : $5[m] \times 6[m] \times 1[m^3/m^2 \cdot min] \times 60[min/h] = 1{,}800[m^3/h] \Rightarrow 5{,}000[m^3/h]$(최저배출량)

② B실 : $10[m] \times 6[m] \times 1[m^3/m^2 \cdot min] \times 60[min/h] = 3{,}600[m^3/h] \Rightarrow 5{,}000[m^3/h]$(최저배출량)

③ C실 : $25[m] \times 6[m] \times 1[m^3/m^2 \cdot min] \times 60[min/h] = 9{,}000[m^3/h]$

④ D실 : $5[m] \times 4[m] \times 1[m^3/m^2 \cdot min] \times 60[min/h] = 1{,}200[m^3/h] \Rightarrow 5{,}000[m^3/h]$(최저배출량)

⑤ E실 : $15[m] \times 15[m] \times 1[m^3/m^2 \cdot min] \times 60[min/h] = 13{,}500[m^3/h]$

⑥ F실 : $15[m] \times 30[m] = 450[m^2]$으로 대각선의 직경(길이) $L = \sqrt{30^2 + 15^2} = 33.54[m]$

∴ 400[m^2] 이상이고 직경 40[m]원 안에 있으므로 배출량은 40,000[m^3/h]이다.

PLUS ONE **NFSC 501 제6조 ② 참조**
바닥면적이 400[m^2] 이상이고 예상 제연구역이 직경 40[m]인 원의 범위 안에 있을 경우에는 배출량을 40,000[m^3/h] 이상으로 할 것

(3) 배출량은 한 실에서만 화재가 발생하는 것으로 가정하고 가장 큰 값을 기준으로 하므로 F실이 40,000[m^3/h]이 된다.

(4) C실 화재발생 시에는 C실의 배기 제어댐퍼만 개방되고 그 외의 모든 제어댐퍼는 폐쇄되어야 한다.

CMH=[m^3/h], CMM=[m^3/min], CMS=[m^3/s]

해답 (1)

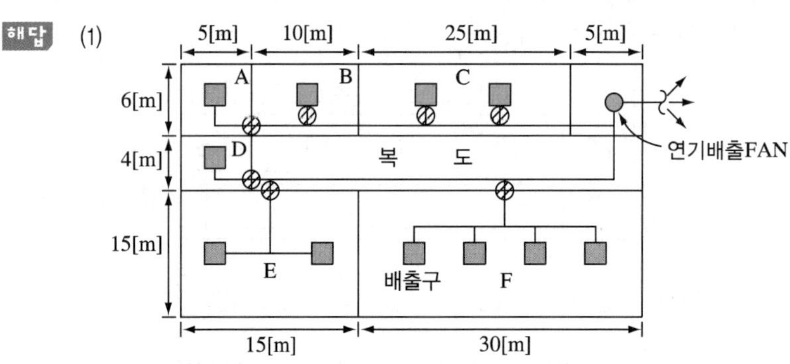

(2) A : 5,000[m^3/h] B : 5,000[m^3/h]
C : 9,000[m^3/h] D : 5,000[m^3/h]
E : 13,500[m^3/h] F : 40,000[m^3/h]

(3) 40,000[m^3/h]

(4) C실 화재발생 시에는 C실의 배기 제어댐퍼만 개방되고 그 외의 모든 제어댐퍼는 폐쇄되어야 함

11

지상 10층인 백화점 건물에 화재안전기준에 따라 아래 조건과 같이 스프링클러설비를 설계하려고 한다. 다음 각 물음에 답하시오.

득점	배점
	10

조 건

- 펌프는 지하층에 설치되어 있고 펌프중심에서 옥상수조까지 수직거리는 50[m]이다.
- 배관 및 관부속 마찰손실수두는 자연낙차의 20[%]로 한다.
- 펌프의 흡입측 배관에 설치된 연성계는 300[mmHg]를 지시하고 있다.
- 모든 규격차는 최소량을 적용한다.
- 펌프는 체적효율 95[%], 기계효율 90[%], 수력 효율 80[%]이다.
- 펌프의 전달계수 $K=1.1$이다.

물 음

(1) 전양정[m]을 산출하시오.
(2) 펌프의 최소유량[L/min]을 산출하시오.
(3) 펌프의 효율[%]을 산출하시오.
(4) 펌프의 축동력[kW]을 산출하시오.

해설

(1) 전양정

$$H = h_1 + h_2 + 10$$

여기서, h_1 : 실양정(흡입양정 + 토출양정 = 4.08 + 50 = 54.08[m])

① 흡입양정 = $\frac{300[\text{mmHg}]}{760[\text{mmHg}]} \times 10.332[\text{m}] \fallingdotseq 4.08[\text{m}]$

② 토출양정 = 50[m]

h_2 : 배관마찰손실수두(50[m] × 0.2 = 10[m])

∴ $H = 54.08[\text{m}] + 10[\text{m}] + 10 = 74.08[\text{m}]$

(2) 펌프의 최소유량

$$Q = N \times 80[\text{L/min}]$$

여기서, N : 헤드 수(백화점 : 30개)

[헤드의 기준개수]

소방대상물			헤드의 기준개수
지하층을 제외한 층수가 10층 이하인 소방대상물	공장 또는 창고 (랙식 창고 포함)	특수가연물을 저장, 취급하는 것	30
		그 밖의 것	20
	근린생활시설, 판매시설, 운수시설 또는 복합건축물	판매시설 또는 복합건축물 (판매시설이 설치된 복합건축물을 말한다)	30
		그 밖의 것	20
	그 밖의 것	헤드의 부착높이가 8[m] 이상의 것	20
		헤드의 부착높이가 8[m] 미만의 것	10
아파트			10
지하층을 제외한 층수가 11층 이상인 소방대상물(아파트를 제외한다) 지하가 또는 지하역사			30

∴ $Q = N \times 80[\text{L/min}] = 30\text{개} \times 80[\text{L/min}] = 2{,}400[\text{L/min}] = 2.4[\text{m}^3/\text{min}]$

(3) 펌프효율(η_{Total}) = 체적효율(η_v)×기계효율(η_m)×수력효율(η_w)

$= 0.95 \times 0.9 \times 0.8 = 0.684 \times 100 = 68.4[\%]$

(4) 펌프의 축동력

$$P[\text{kW}] = \frac{0.163 \times Q \times H}{\eta}$$

여기서, P : 전동기동력[kW] Q : 유량[m^3/min]
H : 전양정[m] η : 펌프효율

∴ $P[\text{kW}] = \frac{0.163 \times 2.4[\text{m}^3/\text{min}] \times 74.08[\text{m}]}{0.684} \fallingdotseq 42.37[\text{kW}]$

해답 (1) 74.08[m]
(2) 2,400[L/min]
(3) 68.4[%]
(4) 42.37[kW]

12

경유를 저장하는 탱크의 내부직경이 50[m]인 플로팅루프탱크(Floating Roof Tank)에 포말소화설비의 특형방출구를 설치하여 방호하려고 할 때 다음의 물음에 답하시오.

득점	배점
	10

조 건

- 소화약제는 3[%]용의 단백포를 사용하며 수용액의 분당방출량은 8[L/m² · min]이고 방사시간은 20분을 기준으로 한다.
- 탱크 내면과 굽도리판의 간격은 1.4[m]로 한다.
- 펌프의 효율은 60[%], 전동기의 전달계수는 1.1로 한다.

물 음

(1) 상기 탱크의 특형 고정포 방출구에 의하여 소화하는 데 필요한 수용액의 양[m³], 수원의 양[m³], 포소화약제 원액의 양[m³]은 각각 얼마 이상이어야 하는가?
(2) 수원을 공급하는 가압송수장치(펌프)의 분당토출량[L/min]은 얼마 이상이어야 하는가?
(3) 펌프의 전양정이 80[m]라고 할 때 전동기의 출력[kW]은 얼마 이상이어야 하는가?
(4) 이 설비의 고정포방출구의 종류는 무엇인가?

해설

(1) 수용액의 양

$$Q = A \times Q_1 \times T \times S$$

A : 탱크단면적[m²]
A에서 특형방출구이므로 탱크 양 벽면과 굽도리판 사이를 고려해서 면적을 구하면

$$A = \frac{\pi}{4}[(50[\text{m}])^2 - (47.2[\text{m}])^2] = 213.75[\text{m}^2]$$

Q_1 : 단위면적당 분당 방사포 수용액 양(8[L/m² · min])
T : 방사시간(20[min])

- 포 원액의 양 Q = 213.75[m²] × 8[L/min · m²] × 20[min] × 0.03 = 1,026[L] ≒ 1.03[m³]
- 수원의 양 Q = 213.75[m²] × 8[L/min · m²] × 20min × 0.97 = 33,174[L] ≒ 33.17[m³]
- 수용액의 양 Q = 원액의 양 + 수원의 양 = 1.03[m³] + 33.17[m³] = 34.2[m³]

(2) 분당 토출량[L/min]

20분간 방사하므로 $34.2[\text{m}^3]/20[\text{min}] = 1.71[\text{m}^3/\text{min}]$

(3) 전동기 출력

$$P[\text{kW}] = \frac{0.163 \times Q \times H}{\eta} \times K$$

여기서, Q : 유량(1.71[m³/min]) H : 전양정(80[m])
K : 전달계수(1.1) η : 효율(60[%])

$$\therefore\ P[\text{kW}] = \frac{0.163 \times Q \times H}{\eta} \times K = \frac{0.163 \times 1.71[\text{m}^3/\text{min}] \times 80[\text{m}]}{0.6} \times 1.1 \fallingdotseq 40.88[\text{kW}]$$

(4) 플로팅루프탱크(Floating Roof Tank) : 특형 포방출구

해답 (1) 수용액의 양 : 34.2[m³], 수원의 양 : 33.17[m³], 원액의 양 : 1.03[m³]
(2) 1.71[m³/min]
(3) 40.88[kW]
(4) 특형 포방출구

13

방호대상물 규격이 가로 4[m], 세로 3[m], 높이 2[m]인 특수가연물 제1종이 있다. 화재 시 비산할 우려가 있어 밀폐된 용기에 저장하였다. 이산화탄소 소화설비 국소방출방식으로 설계할 때, 고압식의 경우 약제 저장량은 몇 [kg]인지 구하시오(단, 소방대상물 주위에 고정벽은 설치되어 있지 않다).

득점	배점
	4

해설

국소방출방식의 CO_2 약제저장량

소방대상물	약제 저장량[kg]	
	고압식	저압식
윗면이 개방된 용기에 저장하는 경우와 화재 시 연소면이 한정되고, 가연물이 비산할 우려가 없는 경우	방호대상물의 표면적[m²] × 13[kg/m²] × 1.4	방호 대상물의 표면적[m²] × 13[kg/m²] × 1.1
상기 이외의 것	방호 공간의 체적[m³] $\times\left(8-6\frac{a}{A}\right)$[kg/m³] × 1.4	방호 공간의 체적[m³] $\times\left(8-6\frac{a}{A}\right)$[kg/m³] × 1.1

방호대상물의 표면적(4×3=12[m²])

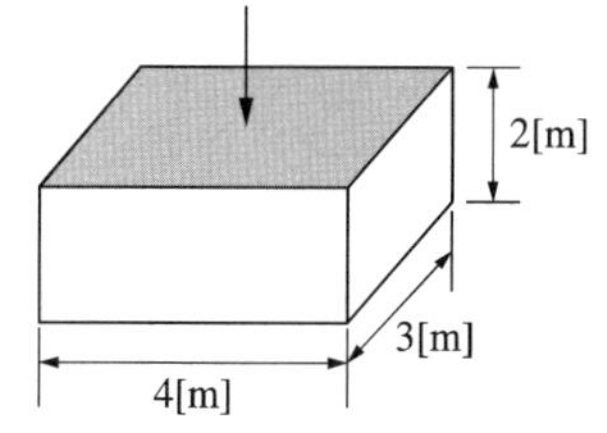

$$\therefore\ \text{약제저장량} = 12[\text{m}^2] \times 13[\text{kg/m}^2] \times 1.4 = 218.4[\text{kg}]$$

해답 218.4[kg]

제 2 회 2019년 6월 29일 시행

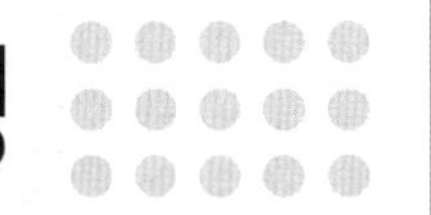

※ 다음 물음에 대한 답을 해당 답란에 답하시오.(배점 : 100)

01

소화설비의 배관상에 설치하는 계기류 중 압력계, 진공계, 연성계의 설치 위치와 지시압력범위를 쓰시오.

득점	배점
	4

(1) 압력계
　① 설치위치 :
　② 측정범위 :
(2) 진공계
　① 설치위치 :
　② 측정범위 :
(3) 연성계
　① 설치위치 :
　② 측정범위 :

해설

구 분 / 항 목	압력계	진공계	연성계
설치위치	펌프 토출측	펌프 흡입측	펌프 흡입측
지시압력범위	0.05 ~ 200[MPa]	0 ~ 76[cmHg]	0 ~ 76[cmHg] 0.1 ~ 2.0[MPa]

※ 연성계는 +압력과 진공압(−압력)을 측정할 수 있다.

해답 (1) 압력계
　① 설치위치 : 펌프의 토출측
　② 측정범위 : 0.05~200[MPa]
(2) 진공계
　① 설치위치 : 펌프의 흡입측
　② 측정범위 : 0~76[cmHg]
(3) 연성계
　① 설치위치 : 펌프의 흡입측
　② 측정범위 : 0~76[cmHg], 0.1~2.0[MPa]

02

폐쇄형 헤드를 사용한 스프링클러설비에서 나타난 스프링클러헤드 중 A점에 설치된 헤드 1개만이 개방되었을 때 A점에서의 헤드 방사압력은 몇 [MPa]인가?

득점	배점
	10

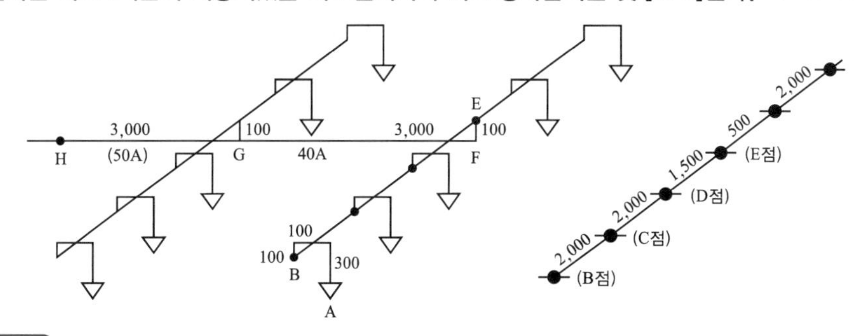

조 건

- 급수관 중 H점에서의 가압수 압력은 0.15[MPa]로 계산한다.
- 티 및 엘보는 직경이 다른 티 및 엘보는 사용치 않는다.
- 스프링클러헤드는 15A 헤드가 설치된 것으로 한다.
- 직관마찰손실(100[m]당) (단위 : [m])

유 량	25A	32A	40A	50A
80[L/min]	39.82	11.38	5.40	1.68

(A점에서의 헤드 방수량 80[L/min]로 계산한다)

- 관이음쇠 마찰손실에 해당하는 직관길이 (단위 : [m])

구 분	25A	32A	40A	50A
엘보(90°)	0.9	1.20	1.50	2.10
리듀서	(25×15A)0.54	(32×25A)0.72	(40×32A)0.90	(50×40A)1.20
티(직류)	0.27	0.36	0.45	0.60
티(분류)	1.50	1.80	2.10	3.00

- 방사압력 산정에 필요한 계산과정을 상세히 명시하고, 방사압력을 소수점 4자리까지 구하시오(소수점 4자리 미만은 삭제).

해설

구 간	관 경	유 량	직관 및 등가길이[m]	100[m]당 마찰손실[m]	마찰손실[m]
G~H	50A	80[L/min]	직관 : 3[m] 관부속품 티(직류)1개×0.60=0.60[m] 리듀서(50×40)1개×1.20=1.20[m] 계 : 4.80[m]	1.68	$4.8\times\frac{1.68}{100}$ =0.0806

E ~ G	40A	80[L/min]	직관 : 3+0.1=3.1[m] 관부속 엘보(90°)1개×1.50=1.50[m] 티(분류)1개×2.10=2.10[m] 리듀서(40×32)1개×0.90=0.90[m] 계 : 7.60[m]	5.40	$7.60 \times \frac{5.40}{100}$ =0.4104
D ~ E	32A	80[L/min]	직관 : 1.5[m] 관부속 티(직류)1개×0.36=0.36[m] 리듀서(32×25)1개×0.72=0.72[m] 계 : 2.58[m]	11.38	$2.58 \times \frac{11.38}{100}$ =0.2936
A ~ D	25A	80[L/min]	직관 : 2+2+0.1+0.1+0.3=4.5[m] 관부속 티(직류)1개×0.27=0.27[m] 엘보(90°)3개×0.9=2.70[m] 리듀서(25×15)1개×0.54=0.54[m] 계 : 8.01[m]	39.82	$8.01 \times \frac{39.82}{100}$ =3.1895
			총 계		3.9741[m]

- E ~ F구간에서 100[mm] 상승= 0.1[m]
- B ~ A구간에서 100[mm] 상승 후 300[mm] 하강= 0.1[m] − 0.3[m] = − 0.2[m]

  ∴ 총마찰손실= 3.9741[m] + 0.1[m] − 0.2[m] = 3.8741[m] ⇒ 0.0380[MPa]
- A점의 방사압력을 구하면

  A 헤드에서 방사압력= 0.15[MPa] − 0.0380[MPa] = 0.1120[MPa]

해답 0.1120[MPa]

03

20층인 아파트에 화재안전기준에 따라 아래 조건과 같이 옥내소화전설비와 스프링클러설비를 겸용하여 설계하고자 한다. 다음 각 물음에 답하시오.

득점	배점
	10

조 건

- 펌프로부터 최상층의 스프링클러 헤드까지의 수직거리는 60[m]이다.
- 옥내소화전은 각 층당 3개 설치되어 있다.
- 배관의 마찰손실수두는 펌프의 실양정의 30[%]이다.
- 펌프의 흡입측 배관에 설치된 연성계는 325[mmHg]을 나타내고 있다.
- 건축물의 층고는 3[m]이다.
- 펌프의 효율은 60[%]이고, 전달계수는 1.1이다.
- 소방호스의 마찰손실수두는 3[m]이다.
- 최고 위의 헤드의 방사압력은 0.12[MPa]이다.

물 음

(1) 펌프의 전양정[m]을 산출하시오.
(2) 이 소화설비의 토출량을 산출하시오.
(3) 이 소화설비의 수원의 양[m^3]을 산출하시오.
(4) 펌프의 축동력[kW]을 산출하시오.
(5) 옥내소화전설비의 감시제어반과 동력제어반을 구분하여 설치하지 않아도 되는 경우를 쓰시오.

해설

(1) 전양정

① 스프링클러설비의 전양정

$$H = h_1 + h_2 + 12$$

여기서, H : 펌프의 전양정[m]

h_1 : 실양정[m] = 흡입양정 + 토출양정

$= \left(\frac{325[\text{mmHg}]}{760[\text{mmHg}]} \times 10.332[\text{m}]\right) + 60[\text{m}] \fallingdotseq 64.42[\text{m}]$

h_2 : 배관의 마찰손실 수두[m] = 64.42[m] × 0.3 ≒ 19.33[m]

12 : 헤드의 방사압력 환산수두

∴ 전양정 H = 64.42[m] + 19.33[m] + 12 = 95.75[m]

② 옥내소화전설비설비의 전양정

$$H = h_1 + h_2 + h_3 + 17$$

여기서, H : 전양정[m]

h_1 : 소방호스마찰손실수두(3[m])

h_2 : 배관마찰손실수두(64.42[m] × 0.3 ≒ 19.33[m])

h_3 : 실양정 = 흡입양정 + 토출양정

$= \left(\dfrac{325[\text{mmHg}]}{760[\text{mmHg}]} \times 10.332[\text{m}]\right) + 60[\text{m}] \fallingdotseq 64.42[\text{m}]$

$\therefore\ H = 3[\text{m}] + 19.33[\text{m}] + 64.42[\text{m}] + 17 = 103.75[\text{m}]$

※ 옥내소화전설비의 전양정(103.75[m])과 스프링클러설비의 전양정(95.75[m]) 중 큰 값을 적용하므로 103.75[m]를 적용한다.

(2) 펌프의 토출량

① 스프링클러설비의 토출량

$$Q = N \times 80[\text{L/min}] = 10 \times 80[\text{L/min}] = 800[\text{L/min}]$$

여기서, N : 헤드 수(아파트 : 10개)

② 옥내소화전설비설비의 토출량

$$Q = N \times 130[\text{L/min}] = 3 \times 130[\text{L/min}] = 390[\text{L/min}]$$

∴ 토출량 = 스프링클러설비+옥내소화전설비=$800[\text{L/min}] + 390[\text{L/min}]$
$= 1{,}190[\text{L/min}]$

(3) 수원의 양

① 스프링클러설비의 수원

$$Q = N \times 80[\text{L/min}] \times 20[\text{min}] = 10 \times 1{,}600[\text{L}] = 10 \times 1.6[\text{m}]^3 = 16[\text{m}^3]$$

여기서, N : 헤드 수(아파트 : 10개)

② 옥내소화전설비설비의 수원

$$Q = N \times 130[\text{L/min}] \times 20[\text{min}] = 3 \times 2{,}600[\text{L}] = 3 \times 2.6[\text{m}^3] = 7.8[\text{m}^3]$$

∴ 수원의 양 = 스프링클러설비+옥내소화전설비 = $16[\text{m}^3] + 7.8[\text{m}^3] = 23.8[\text{m}^3]$

(4) 축동력

$$P[\text{kW}] = \frac{\gamma \times Q \times H}{102 \times \eta} \times K$$

여기서, γ : 물의 비중량(1,000[kg_f/m^3])

Q : 유량[m^3/s] = 1,190[L/min] = 1.19[m^3]/60[s] = 0.0198[m^3/s]

H : 펌프의 전양정(103.75[m])

K : 전달계수(1.1)

E : 펌프의 효율(0.6)

$$\therefore\ P[\text{kW}] = \frac{\gamma \times Q \times H}{102 \times \eta} \times K = \frac{1{,}000 \times 0.0198 \times 103.75}{102 \times 0.6} \times 1.1 \fallingdotseq 36.92[\text{kW}]$$

(5) 감시제어반과 동력제어반을 구분하여 설치하지 않아도 되는 경우

① 비상전원 설치대상에 해당되지 아니하는 특정소방대상물에 설치되는 옥내소화전설비

② 내연기관에 따른 가압송수장치를 사용하는 옥내소화전설비

③ 고가수조에 따른 가압송수장치를 사용하는 옥내소화전설비
④ 가압수조에 따른 가압송수장치를 사용하는 옥내소화전설비

옥내소화전설비나 스프링클러설비는 동일하다.

해답 (1) 103.75[m] (2) 1,190[L/min]
(3) 23.8[m^3] (4) 36.92[kW]
(5) ① 비상전원 설치대상에 해당되지 아니하는 특정소방대상물에 설치되는 옥내소화전설비
② 내연기관에 따른 가압송수장치를 사용하는 옥내소화전설비
③ 고가수조에 따른 가압송수장치를 사용하는 옥내소화전설비
④ 가압수조에 따른 가압송수장치를 사용하는 옥내소화전설비

04

지상 10층의 백화점 건물에 옥내소화전설비를 화재안전기준 및 조건에 따라 설치되었을 때 아래 그림을 참조하여 각 물음에 답하시오.

득점	배점
	15

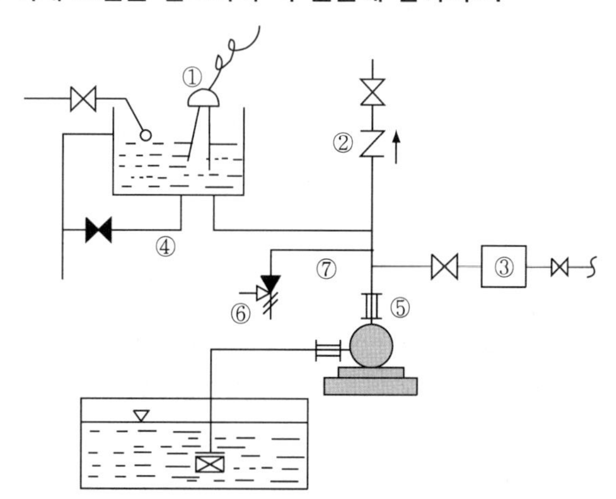

조 건

- 옥내소화전은 1층부터 5층까지는 각 층에 7개, 6층부터 10층까지는 각 층에 5개가 설치되었다고 한다.
- 펌프의 풋밸브에서 10층의 옥내소화전 방수구까지 수직거리는 40[m]이고 배관상 마찰손실(소방용 호스제외)은 20[m]로 한다.
- 소방용 호스의 마찰손실은 100[m]당 26[m]로 하고 호스 길이는 15[m], 수량은 2개이다.
- 계산 과정상 $\pi = 3.14$로 한다.

물 음

(1) 펌프의 최소 토출량[m^3/min]은 얼마인가?
(2) 수원의 최소 유효저수량[m^3](옥상수조를 포함한다)은 얼마인가?
(3) 펌프의 모터동력[kW]은 얼마 이상인가?(단, 펌프의 효율은 60[%]이고, 전달계수는 1.1로 한다)

(4) 소방용 호스 노즐의 방사 압력을 측정한 결과 0.25[MPa]이었다. 10분간 방사 시 방사량[L]을 산출하시오.
(5) 그림에서 각 번호의 명칭을 쓰시오.
(6) 그림에서 ⑤번을 설치하는 이유를 설명하시오.
(7) 그림에서 ⑦번 배관을 설치하는 이유를 설명하시오.

해설

(1) 최소 토출량

$$Q = N(\text{최대 5개}) \times 130[\text{L/min}]$$

$\therefore\ Q = 5\text{개} \times 130[\text{L/min}] = 650[\text{L/min}] = 0.65[\text{m}^3/\text{min}]$

(2) 유효저수량

$$\text{수원} = N(\text{최대 5개}) \times 2.6[\text{m}^3]$$

- 수원 $= 5\text{개} \times 2.6[\text{m}^3] = 13[\text{m}^3]$
- 옥상에 저장량 $= 13[\text{m}^3] \times \dfrac{1}{3} ≒ 4.33[\text{m}^3]$

$\therefore$ 유효저수량 $= 13[\text{m}^3] + 4.33[\text{m}^3] = 17.33[\text{m}^3]$

[수 원]

① 29층 이하 = N(최대 5개)× 2.6[m³](호스릴 옥내소화전설비를 포함)
(130[L/min] × 20[min] = 2,600[L] = 2.6[m³])
② 30층 이상 49층 이하 = N(최대 5개) × 130[L/min] × 40[min] = 5,200[L] = 5.2[m³]
③ 50층 이상 = N(최대 5개) × 130[L/min] × 60[min] = 7,800[L] = 7.8[m³]

(3) 모터동력

$$P[\text{kW}] = \frac{0.163 \times Q \times H}{\eta} \times K$$

여기서, P : 모터동력[kW]
Q : 유량[m³/min]
H : 전양정[m]

$$H = h_1 + h_2 + h_3 + 17 = 40[\text{m}] + 20[\text{m}] + 7.8[\text{m}] + 17 = 84.8[\text{m}]$$

여기서, H : 전양정[m]
h_1 : 실양정(40[m])
h_2 : 배관마찰손실수두(20[m])
h_3 : 소방호스마찰손실수두$\left(15[\text{m}]/\text{개} \times 2\text{개} \times \dfrac{26[\text{m}]}{100[\text{m}]} = 7.8[\text{m}]\right)$
η : 효율(60[%] = 0.6)
K : 전달계수(1.1)

$$\therefore P = \frac{0.163 \times 0.65[\text{m}^3/\text{min}] \times 84.8[\text{m}]}{0.6} \times 1.1 ≒ 16.47[\text{kW}]$$

(4) 방사량

$$Q = 0.6597\,CD^2\sqrt{10P}$$

여기서, Q : 유량[L/min]　　C : 유량계수
D : 직경[mm]　　P : 방사압력[MPa]

$Q = 0.6597 \times (13[\text{mm}])^2 \times \sqrt{10 \times 0.25[\text{MPa}]} \times 10[\text{min}] ≒ 1{,}762.80[\text{L}]$

(5) 각 번호의 명칭

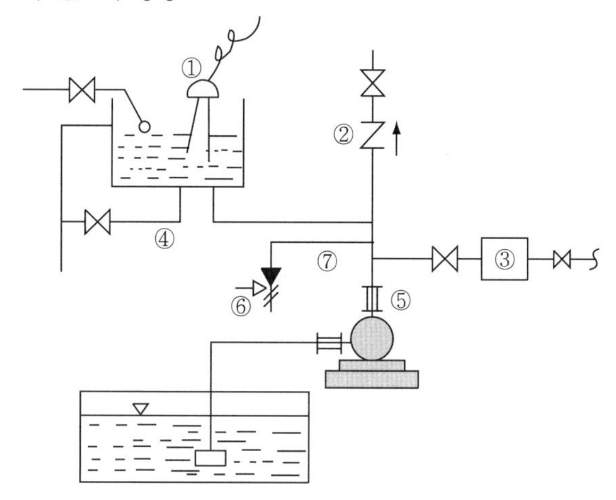

① 감수경보장치 : 탱크에 물이 부족할 때 감시제어반에 신호를 전하는 장치
② 체크밸브 : 역류를 방지하기 위하여 설치한다.
③ 유량계 : 펌프의 성능시험 시 정격토출량의 150[%]로 운전 시 정격토출압력의 65[%] 이상이 되는 지 확인하는 유량계이다.
④ 배수관 : 물올림장치의 청소나 보수 시 물을 배수하기 위한 배관
⑤ 플렉시블 조인트 : 펌프의 기동이나 정지 시 충격을 완화하기 위하여 설치한다.
⑥ 릴리프밸브 : 순환배관상에 설치하며 체절압력 미만에서 작동한다.
⑦ 순환배관 : 펌프의 체절운전 시 체절압력에서 가압수를 방출하여 수온의 상승을 방지하기 위하여 설치하는 배관

(6) ⑤번을 설치하는 이유

플렉시블 조인트 : 펌프의 기동이나 정지 시 충격을 완화하기 위하여 설치한다.

(7) ⑦번 배관을 설치하는 이유

펌프의 체절운전 시 체절압력에서 가압수를 방출하여 수온의 상승을 방지하기 위하여 순환배관을 설치한다.

해답

(1) $0.65[\text{m}^3/\text{min}]$　　(2) $17.33[\text{m}^3]$
(3) 16.47[kW]　　(4) 1,762.80[L]
(5) ① 감수경보장치(플로트스위치)　　② 체크밸브
③ 유량계　　④ 배수관
⑤ 플렉시블 조인트(신축배관)　　⑥ 릴리프밸브
⑦ 순환배관
(6) 펌프의 기동이나 정지 시 충격을 완화하기 위하여
(7) 펌프의 체절운전 시 체절압력에서 가압수를 방출하여 수온의 상승을 방지하기 위하여 순환배관을 설치한다.

05

다음 그림과 같이 직육면체(바닥면적은 6[m]×6[m])의 물탱크에서 밸브를 완전히 개방하였을 때 최저 유효수면까지 물이 배수되는 소요시간[min]을 구하시오(단, 토출관의 안지름은 80[mm]이고, 밸브 및 배수관의 마찰손실은 무시한다).

득점	배점
	5

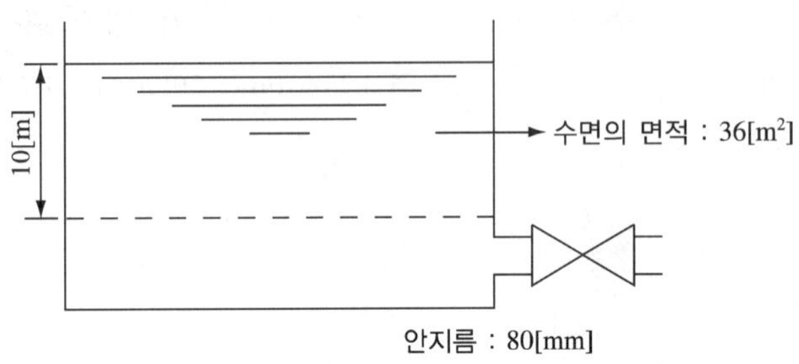

해설

연속 방정식을 적용하면

$$Q = u_1 A_1 = u_2 A_2$$

여기서, A_1 (수면의 단면적) : 36[m^2] u_1 : 수면강하속도

$A_2 = \frac{\pi}{4}D^2 = \frac{\pi}{4}(0.08\text{m})^2 = 0.00503[\text{m}^2]$

토리첼리식에서 $u_2 = \sqrt{2gH} = \sqrt{2 \times 9.8[\text{m/s}^2] \times 10[\text{m}]} = 14[\text{m/s}]$

$A_1 u_1 = A_2 u_2$

$36[\text{m}^2] \times u_1 = 0.00503[\text{m}^2] \times 14[\text{m/s}]$

$u_1 = 0.001956[\text{m/s}]$

표면하강 가속도 $a = \frac{u_0 - u_1}{t} = \frac{0 - 0.001956}{t} = \frac{-0.001956}{t}[\text{m/s}^2]$

t 시간 동안 이동한 거리를 구하면

$$s = u_1 t + \frac{1}{2}at^2$$

여기서, s : 10[m] u_1 : 0.001956[m/s]

$a : \frac{-0.001956}{t}[\text{m/s}^2]$

$10 = 0.001956 \times t + \frac{1}{2}\left(\frac{-0.001956}{t}\right)t^2 = \frac{0.001956}{2}t$

$\therefore\ t = \frac{2 \times 10}{0.001956} = 10{,}224.9[\text{s}] \Rightarrow 170.41[\text{min}]$

해답 170.41분

06

포소화설비에서 포소화약제 혼합방식을 5가지 쓰시오.

득점	배점
	3

해설

포소화약제의 혼합장치

- 펌프 프로포셔너 방식(Pump Proportioner, 펌프 혼합방식) : 펌프의 토출관과 흡입관 사이의 배관 도중에 설치한 흡입기에 펌프에서 토출된 물의 일부를 보내고 농도조절 밸브에서 조정된 포소화약제의 필요량을 포소화약제 탱크에서 펌프 흡입측으로 보내어 약제를 혼합하는 방식
- 라인 프로포셔너 방식(Line Proportioner, 관로 혼합방식) : 펌프와 발포기의 중간에 설치된 벤투리관의 벤투리 작용에 따라 포소화약제를 흡입·혼합하는 방식. 이 방식은 옥외소화전에 연결 주로 1층에 사용하며 원액 흡입력 때문에 송수압력의 손실이 크고, 토출측 호스의 길이, 포원액 탱크의 높이 등에 민감하므로 아주 정밀설계와 시공을 요한다.
- 프레셔 프로포셔너 방식(Pressure Proportioner, 차압 혼합방식) : 펌프와 발포기의 중간에 설치된 벤투리관의 벤투리작용과 펌프 가압수의 포소화약제 저장탱크에 대한 압력에 따라 포소화약제를 흡입 혼합하는 방식. 현재 우리나라에서는 3[%] 단백포 차압혼합방식을 많이 사용하고 있다.
- 프레셔 사이드 프로포셔너 방식(Pressure Side Proportioner, 압입 혼합방식) : 펌프의 토출관에 압입기를 설치하여 포소화 약제 압입용 펌프로 포소화약제를 압입시켜 혼합하는 방식
- 압축공기포 믹싱체임버방식 : 압축공기 또는 압축질소를 일정비율로 포 수용액에 강제 주입 혼합하는 방식

해답

(1) 펌프 프로포셔너 방식
(2) 라인 프로포셔너 방식
(3) 프레셔 프로포셔너 방식
(4) 프레셔 사이드 프로포셔너 방식
(5) 압축공기포 믹싱체임버방식

07

어떤 소방대상물에 옥외소화전 5개를 화재안전기준과 다음 조건에 따라 설치하려고 한다. 다음 각 물음에 답하시오.

득점	배점
	6

조 건

- 옥외소화전은 지상용 A형을 사용한다.
- 펌프에서 첫째 옥외소화전까지의 직관길이는 150[m] 관의 내경은 100[mm]이다.
- 모든 규격치는 최소량을 적용한다.

물 음

(1) 수원의 최소 유효저수량은 몇 [m^3]인가?(단, 옥상수조는 제외한다)
(2) 펌프의 최소 유량[m^3/min]은 얼마인가?
(3) 소화전 설치개수에 따른 옥외소화전함의 설치기준을 쓰시오.

해설

(1) 수 원

$$Q = N(\text{최대 2개}) \times 7[m^3]$$

$\therefore\ Q = N(\text{최대 2개}) \times 7[m^3] = 2 \times 7[m^3] = 14[m^3]$

(2) 최소유량 $Q = N(\text{최대 2개}) \times 350[L/min]$

$= 2 \times 350[L/min] = 700[L/min] = 0.7[m^3/min]$

(3) 옥외소화전의 소화전함

① 옥외소화전함의 설치기준 : 5[m] 이내의 장소

소화전의 개수	설치 기준
10개 이하	옥외소화전마다 5[m] 이내에 1개 이상
11개 이상 30개 이하	11개를 각각 분산
31개 이상	옥외소화전 3개마다 1개 이상

② 옥외소화전 설비의 소화전함 표면에는 "옥외소화전"이라고 표시한 표지를 할 것

③ 가압송수장치의 조작부 또는 그 부근에는 가압송수장치의 기동을 명시하는 적색등을 설치할 것

해답 (1) $14[m^3]$

(2) $0.7[m^3/min]$

(3) 옥외소화전함의 설치기준 : 5[m] 이내의 장소

소화전의 개수	설치 기준
10개 이하	옥외소화전마다 5[m] 이내에 1개 이상
11개 이상 30개 이하	11개를 각각 분산
31개 이상	옥외소화전 3개마다 1개 이상

08

할론 소화설비에 대하여 다음 물음에 답하시오.

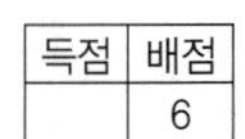

득점	배점
	6

(1) 헤드 1개당 분구면적이 $1[cm^2]$, 헤드방출량 $2[kg/s \cdot cm^2]$, 헤드개수 5개일 때 약제소요량[kg]을 계산하시오.

(2) 소화배관에 사용되는 강관의 인장강도는 $200[N/mm^2]$, 안전율은 4, 최고사용압력은 4[MPa]이다. 이 배관의 스케줄수(Schedule No)를 계산하시오.

해설

(1) 약제소요량

=헤드개수(5개)×분구면적($1[cm^2]$)×헤드 방출량($2[kg/s \cdot cm^2]$)×방출시간(10[s])

$=5\text{개} \times 1[cm^2]/1\text{개} \times 2[kg/s \cdot cm^2] \times 10[s] = 100[kg]$

(2) 스케줄수

$$\text{Sch No} = \frac{\text{사용압력}[kN/m^2]}{\text{재료의 허용응력}[kN/m^2]} \times 1{,}000$$

$$\text{재료의 허용응력}[kN/m^2] = \frac{\text{인장강도}[kN/m^2]}{\text{안전율}}$$

$$\text{안전율} = \frac{\text{인장강도}[kN/m^2]}{\text{재료의 허용응력}[kN/m^2]}$$

$$\text{재료의 허용응력}[kN/m^2] = \frac{\text{인장강도}}{\text{안전율}} = \frac{200 \times 10^{-3}[kN]/10^{-6}[m^2]}{4} = 50,000[kN/m^2]$$

$$\therefore \text{ 스케줄수} = \frac{4[MN/m^2] \times 1,000[kN/m^2]}{50,000[kN/m^2]} \times 1,000 = 80$$

해답 (1) 100[kg]
(2) 80

09

병원 화재 시 사용할 수 있는 피난기구를 층별로 쓰시오.

득점	배점
	6

(1) 3층
(2) 4~10층

해설

병원(의료시설)의 피난기구의 적응성

지하층	3층	4층 이상 10층 이하
피난용 트랩	미끄럼대 구조대 피난교 피난용트랩 다수인피난장비 승강식 피난기	구조대 피난교 피난용트랩 다수인피난장비 승강식 피난기

해답 (1) 미끄럼대, 구조대, 피난교, 피난용트랩, 다수인피난장비, 승강식 피난기
(2) 구조대, 피난교, 피난용트랩, 다수인피난장비, 승강식 피난기

10

다음 조건을 기준으로 이산화탄소소화설비에 대한 물음에 답하시오.

득점	배점
	15

조 건

- 특정소방대상물의 천장까지의 높이는 3[m]이고 방호구역의 크기와 용도는 다음과 같다.

통신기기실 가로 12[m] × 세로 10[m] 자동폐쇄장치 설치	전자제품창고 가로 20[m] × 세로 10[m] 개구부 2[m] × 2[m]
위험물저장창고 가로 32[m] × 세로 10[m] 자동폐쇄장치 설치	

- 소화약제는 고압저장방식으로 하고 충전량은 45[kg]이다.
- 통신기기실과 전자제품창고는 전역방출방식으로 설치하고 위험물 저장창고에는 국소방출방식을 적용한다.

- 개구부 가산량은 10[kg/m^2], 사용하는 CO_2는 순도 99.5[%], 헤드의 방사율은 1.3[kg/mm^2 · min · 개]이다.
- 위험물저장창고에는 가로 세로가 각각 5[m], 높이가 2[m]인 개방된 용기에 제4류 위험물을 저장한다.
- 주어진 조건 외는 소방관련법규 및 화재안전기준에 준한다.

물 음

(1) 각 방호구역에 대한 약제저장량은 몇 [kg] 이상인가?
① 통신기기실 ② 전자제품창고
③ 위험물저장창고

(2) 각 방호구역별 약제저장용기는 몇 병인가?
① 통신기기실 ② 전자제품창고
③ 위험물저징창고

(3) 통신기기실 헤드의 방사압력은 몇 [MPa]이어야 하는가?

(4) 통신기기실에서 설계농도에 도달하는 시간은 몇 분 이내여야 하는가?

(5) 전자제품창고의 헤드 수를 14개로 할 때 헤드의 분구 면적[mm^2]을 구하시오.

(6) 약제저장용기는 몇 [MPa] 이상의 내압시험압력에 합격한 것으로 하여야 하는가?

(7) 전자제품 창고에 저장된 약제가 모두 분사되었을 때 CO_2의 체적은 몇 [m^3]이 되는가?(단, 온도는 25[℃]이다)

(8) 소화설비용으로 강관을 사용할 때의 배관기준을 설명하시오.

> 강관을 사용하는 경우의 배관은 압력배관용 탄소강관(KS D 3562) 중 스케줄 (①) 이상의 것 또는 이와 동등 이상의 강도를 가진 것으로 (②) 등으로 방식처리된 것을 사용할 것. 다만, 배관의 호칭구경이 20[mm] 이하인 경우에는 스케줄 40 이상인 것을 사용할 수 있다.

해설

- 전역방출방식
소요약제저장량[kg]
=방호구역체적[m^3]×소요약제량[kg/m^3]+개구부면적[m^2]×개구부가산량[kg/m^2]

[종이, 목재, 석탄, 섬유류, 합성수지류 등 심부화재 방호대상물]

방호대상물	방호구역 1[m^3]에 대한 소화약제의 양	설계농도[%]	개구부 가산량[kg/m^2] (자동폐쇄장치 미설치 시)
유압기기를 제외한 전기설비 · 케이블실	1.3[kg]	50	10[kg]
체적 55[m^3] 미만의 전기설비	1.6[kg]	50	10[kg]
서고, **전자제품창고**, 목재가공품 창고, 박물관	**2.0[kg]**	65	**10[kg]**
고무류, 면화류창고, 모피창고, 석탄창고, 집진설비	2.7[kg]	75	10[kg]

• 국소방출방식

㉠ 윗면이 개방된 용기에 저장하는 경우, 화재 시 연소면이 한정되고 가연물이 비산할 우려가 없는 경우

$$\text{소요약제저장량[kg]} = \text{방호대상물 표면적[m}^2] \times 13[\text{kg/m}^2] \times \begin{pmatrix} \text{고압식 } 1.4 \\ \text{저압식 } 1.1 \end{pmatrix}$$

㉡ ㉠ 외의 경우

$$\text{소요약제저장량[kg]} = \text{방호공간의 체적[m}^3] \times Q \times \begin{pmatrix} \text{고압식 } 1.4 \\ \text{저압식 } 1.1 \end{pmatrix}$$

$$Q = 8 - 6\frac{a}{A}$$

여기서, Q : 소요약제량[kg/m³]

A : 방호공간의 벽면적의 합계[m²]

a : 방호대상물 주위에 설치된 벽면적의 합계[m²]

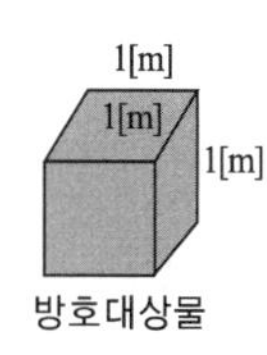

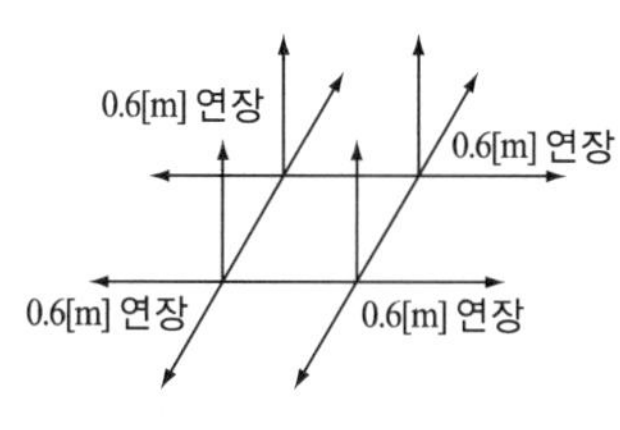

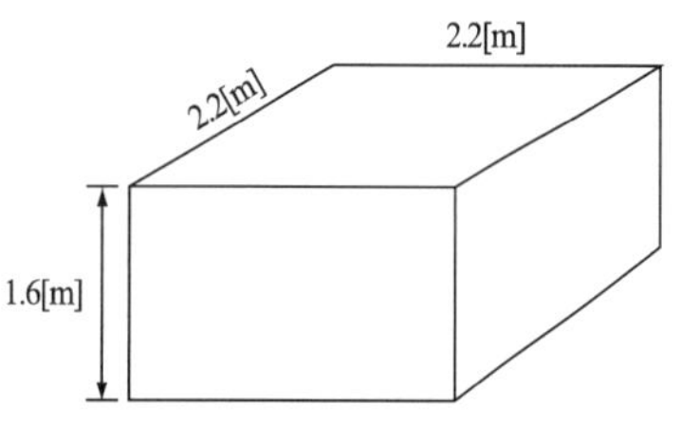

(1) 약제저장량

① 통신기기실(전역방출)

$Q = (12[\text{m}] \times 10[\text{m}] \times 3[\text{m}]) \times 1.3[\text{kg/m}^3] = 468[\text{kg}]$

$\therefore$ 순도 99.5[%]이므로 $\dfrac{468[\text{kg}]}{0.995} = 470.35[\text{kg}]$

② 전자제품창고(전역방출)

$Q = (20[\text{m}] \times 10[\text{m}] \times 3[\text{m}]) \times 2[\text{kg/m}^3] + (2[\text{m}] \times 2[\text{m}]) \times 10[\text{kg/m}^3] = 1{,}240[\text{kg}]$

$\therefore$ 순도 99.5[%]이므로 $\dfrac{1{,}240[\text{kg}]}{0.995} = 1{,}246.23[\text{kg}]$

개구부가산량은 표면화재 5[kg/m²], 심부화재 10[kg/m²]

③ 위험물 저장창고(국소방출)

$Q = (5[\text{m}] \times 5[\text{m}]) \times 13[\text{kg/m}^2] \times 1.4(\text{고압식}) = 455[\text{kg}]$

$\therefore$ 순도 99.5[%]이므로 $\dfrac{455[\text{kg}]}{0.995} = 457.29[\text{kg}]$

(2) 약제저장용기

① 통신기기실 470.35[kg]/45[kg] = 10.45병 ⇒ 11병

② 전자제품창고 1,246.23[kg]/45[kg] = 27.69병 ⇒ 28병

③ 위험물 저장창고 457.29[kg]/45[kg] = 10.16병 ⇒ 11병

(3) 헤드의 방사압력

고압식	저압식
2.1[MPa] 이상	1.05[MPa] 이상

(4) 특정소방대상물의 약제 방사시간

특정소방대상물		시 간
전역방출방식	가연성 액체 또는 가연성 가스 등 표면화재 방호 대상물	1분
	종이, 목재, 석탄, 섬유류, 합성수지류 등 **심부화재** 방호대상물 (설계농도가 2분 이내에 30[%] 도달)	7분
국소방출방식		30초

(5) 헤드의 분구 면적

=약제량[kg]÷헤드수[개]÷헤드의 방사율(1.3[kg/mm²·분·개])÷방출시간[min]

$=(28\text{병} \times 45[\text{kg}]) \div 14\text{개} \div 1.3[\text{kg/mm}^2\cdot\text{분}\cdot\text{개}] \div 7\text{분} = 9.89[\text{mm}^2]$

(6) 내압시험압력

① 고압식 : 25[MPa] 이상

② 저압식 : 3.5[MPa] 이상

(7) 이상기체 방정식

$$PV = nRT = \frac{W}{M}RT$$

여기서, P : 압력[atm]　V : 체적[m³]

W : 무게(28병×45[kg] = 1,260[kg])　M : 분자량

R : 기체상수(0.08205[atm·m³/kg-mol·K])

T : 절대온도(273+25[℃] = 298[K])

$$\therefore V = \frac{WRT}{PM} = \frac{1{,}260[\text{kg}] \times 0.08205[\text{atm}\cdot\text{m}^3/\text{kg}-\text{mol}\cdot\text{K}] \times 298[\text{K}]}{1[\text{atm}] \times 44} = 700.18[\text{m}^3]$$

(8) 배관의 설치기준

① 강관을 사용하는 경우의 배관은 압력배관용 탄소강관(KS D 3562) 중 **스케줄 80**(저압식에 있어서는 스케줄 40) 이상의 것 또는 이와 동등 이상의 강도를 가진 것으로 **아연도금** 등으로 방식처리된 것을 사용할 것. 다만, 배관의 호칭구경이 20[mm] 이하인 경우에는 스케줄 40 이상인 것을 사용할 수 있다.

② 동관을 사용하는 경우의 배관은 이음이 없는 동 및 동합금관(KS D 5301)으로서 고압식은 16.5[MPa] 이상, 저압식은 3.75[MPa] 이상의 압력에 견딜 수 있는 것을 사용할 것

해답 (1) ① 통신기기실 : 470.35[kg]

② 전자제품창고 : 1,246.23[kg]

③ 위험물저장창고 : 457.29[kg]

(2) ① 통신기기실 : 11병

② 전자제품창고 : 28병

③ 위험물저장창고 : 11병

(3) 2.1[MPa] 이상

(4) 7분(설계농도가 2분 이내에 30[%] 도달)

(5) 9.89[mm²]

(6) 25[MPa]

(7) 700.18[m³]

(8) ① 80

② 아연도금

11

다음의 조건을 참조하여 제연설비에 대한 각 물음에 답하시오.

득점	배점
	8

조 건

- 거실 바닥면적은 390[m²]이고 경유 거실이다.
- Duct의 길이는 80[m]이고, Duct저항은 0.2[mmAq/m]이다.
- 배출구 저항은 8[mmAq], 그릴저항은 3[mmAq], 부속류저항은 덕트저항의 50[%]로 한다.
- 송풍기는 Sirocco Fan을 선정하고 효율은 50[%]로 하고 전동기 전달계수 $K=1.1$이다.

물 음

(1) 예상제연구역에 필요한 배출량[m³/h]은 얼마인가?
(2) 송풍기에 필요한 정압[mmAq]은 얼마인가?
(3) 송풍기의 전동기 동력[kW]은 얼마인가?
(4) 회전수가 1,750[rpm]일 때 이 송풍기의 정압을 1.2배로 높이려면 회전수 얼마로 증가시켜야 하는지 계산하시오.

해설

(1) 배풍량

400[m²] 미만이고 1[m²]당 1[m³/min]의 배출량이 소요, 경유 거실이므로 1.5배 가산하여야 하므로

$Q=$ 바닥면적$[m^2]\times 1[m^3/m^2\cdot min]\times 60[min]\times 1.5$

$=390[m^2]\times 1[m^3/m^2\cdot min]\times 60[min]\times 1.5=35{,}100[m^3/h]$

> CMH = [m³/h], CMM = [m³/min], CMS = [m³/s]

(2) 정 압

$P=$ 덕트길이에 따른 손실압 + 배출구저항손실압 + 그릴저항손실압 + 관부속류의 덕트저항

$=80[m]\times 0.2[mmAq/m]+8[mmAq]+3[mmAq]+(80[m]\times 0.2[mmAq/m])\times 0.5$

$=35[mmAq]$

(3) 전동기의 동력

$$P[kW]=\frac{Q\times P_T}{102\eta}\times K$$

여기서, P : 동력[kW]　　Q : 풍량[m³/s]　　P_T : 정압[mmAq]

η : 효율　　K : 전달계수

$\therefore\ P=\dfrac{35{,}100[m^3]/3{,}600[s]\times 35[mmAq]}{102\times 0.5}\times 1.1 ≒ 7.36[kW]$

(4) 회전수

$$H_2=H_1\times\left(\frac{N_2}{N_1}\right)^2$$

여기서, H : 양정[m]　　N : 회전수

$\therefore\ N_2=N_1\times\sqrt{\dfrac{H_2}{H_1}}=1{,}750[rpm]\times\sqrt{\dfrac{1.2}{1}} ≒ 1{,}917.03[rpm]$

해답 (1) 35,100[m³/h]
(2) 35[mmAq]
(3) 7.36[kW]
(4) 1,917.03[rpm]

12

제연 TAB(Testing Adjusting Balancing) 과정에서 제연설비에 대하여 다음 조건을 보고 제연설비 작동 중에 거실에서 부속실로 통하는 출입문 개방에 필요한 힘[N]을 구하시오.

득점	배점
	6

조 건

- 지하 2층, 지상 20층 공동주택
- 부속실과 거실 사이의 차압은 50[Pa]
- 제연설비 작동 전 거실에서 부속실로 통하는 출입문 개방에 필요한 힘은 60[N]
- 출입문 높이 2.1[m], 폭은 1.1[m]
- 문의 손잡이에서 문의 모서리까지의 거리 0.1[m]
- K_d - 상수(1.0)

해설

제연설비 작동 중에 거실에서 부속실로 통하는 출입문 개방에 필요한 힘[N]

$$\text{개방력 } F = F_{dc} + F_p = F_{dc} + \frac{K_d\, W A\, \Delta P}{2(W-d)}$$

여기서, F_{dc} : 작동 전 거실에서 부속실로 통하는 출입문 개방에 필요한 힘[N]
F_p : 차압에 의해 방화문에 미치는 힘
K_d : 상수(1.0)
W : 문의 폭[m]
A : 방화문의 면적[m²]
ΔP : 비제연구역과의 차압[Pa]
d : 손잡이에서 문 끝까지의 거리[m]

$$\therefore F = F_{dc} + \frac{K_d\, W A\, \Delta P}{2(W-d)}$$

$$= 60[\text{N}] + \frac{1.0 \times 1.1[\text{m}] \times (2.1 \times 1.1)[\text{m}^2] \times 50[\text{N/m}^2]}{2 \times (1.1[\text{m}] - 0.1[\text{m}])} ≒ 123.53[\text{N}]$$

해답 123.53[N]

13

직경이 30[cm]인 소화배관에 0.2[m³/s]의 유량으로 흐르고 있다. 이 관의 직경은 15[cm], 길이는 300[m]인 Ⓑ배관과 직경이 20[cm], 길이가 600[mm]인 Ⓐ배관이 그림과 같이 평행하게 연결되었다가 다시 30[cm]으로 합쳐 있다. 각 분기관에서의 관마찰계수는 0.022이라 할 때 Ⓐ배관 및 Ⓑ배관 부분의 유량을 계산하시오(단, Darcy-Weisbach식을 사용할 것).

득점	배점
	6

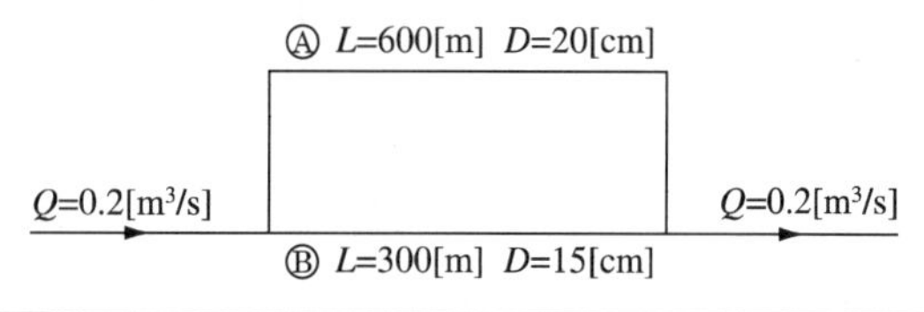

해설

Darcy-Weisbach 식을 이용하면

$$H = \frac{\Delta P}{\gamma} = \frac{f l u^2}{2 g D}$$

여기서, $H_{Ⓐ} = H_{Ⓑ}$가 같으므로

$$\frac{f l_A u_A^2}{2 g D_A} = \frac{f l_B u_B^2}{2 g D_B}$$

$$\frac{0.022 \times 600[\mathrm{m}] \times u_A^2}{2 \times 9.8[\mathrm{m/s}]^2 \times 0.2[\mathrm{m}]} = \frac{0.022 \times 300[\mathrm{m}] \times u_B^2}{2 \times 9.8[\mathrm{m/s^2}] \times 0.15[\mathrm{m}]}$$

$$3.367 u_A^2 = 2.245 u_B^2$$

$$u_A = \sqrt{\frac{2.245}{3.367} u_B^2} \fallingdotseq 0.817 u_B$$

$$Q_{\mathrm{Total}} = Q_A + Q_B = A_A u_A + A_B u_B$$

$$Q = \frac{\pi (0.2[\mathrm{m}])^2}{4} \times 0.817 u_B + \frac{\pi (0.15[\mathrm{m}])^2}{4} \times u_B = 0.2[\mathrm{m^3/s}]$$

$$0.0257 u_B + 0.01766 u_B = 0.2[\mathrm{m^3/s}]$$

$$0.04336 u_B = 0.2[\mathrm{m^3/s}]$$

Ⓑ의 유속

$$u_B = \frac{0.2[\mathrm{m^3/s}]}{0.04336} \fallingdotseq 4.61[\mathrm{m/s}]$$

Ⓐ의 유속

$$u_A = 0.817 u_B = 0.817 \times 4.61[\mathrm{m/s}] \fallingdotseq 3.77[\mathrm{m/s}]$$

Ⓐ의 유량

$$Q_A = A_A u_A = \frac{\pi (0.2[\mathrm{m}])^2}{4} \times 3.77[\mathrm{m/s}] \fallingdotseq 0.118[\mathrm{m^3/s}]$$

Ⓑ의 유량

$$Q_B = A_B u_B = \frac{\pi (0.15[\mathrm{m}])^2}{4} \times 4.61[\mathrm{m/s}] \fallingdotseq 0.081[\mathrm{m^3/s}]$$

해답 Ⓐ배관의 유량 : 0.12[m³/s], Ⓑ배관의 유량 : 0.08[m³/s]

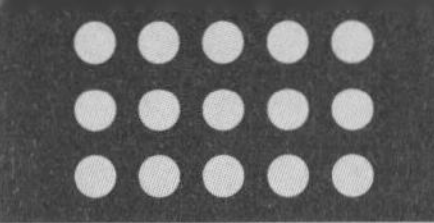

제4회 2019년 11월 9일 시행

※ 다음 물음에 대한 답을 해당 답란에 답하시오.(배점 : 100)

01

스프링클러설비의 수원은 유효수량 외에 유효수량의 1/3을 옥상에 설치하여야 하는데 설치하지 않아도 되는 경우 4가지를 쓰시오.

득점	배점
	4

해설

옥상에 유효수량의 1/3 설치 예외사항

- 지하층만 있는 경우
- 고가수조를 가압송수장치로 설치한 스프링클러설비
- 가압수조를 가압송수장치로 설치한 스프링클러설비
- 수원이 건축물의 최상층에 설치된 헤드보다 높은 위치에 설치된 경우
- 건축물의 높이가 지표면으로부터 10[m] 이하인 경우
- 주 펌프와 동등 이상의 성능이 있는 별도의 펌프로서 내연기관의 기동과 연동하여 작동되거나 비상전원 연결을 하여 설치한 경우

해답

(1) 지하층만 있는 경우
(2) 고가수조를 가압송수장치로 설치한 스프링클러설비
(3) 가압수조를 가압송수장치로 설치한 스프링클러설비
(4) 수원이 건축물의 최상층에 설치된 헤드보다 높은 위치에 설치된 경우

02

사무소 건물의 지하층에 있는 방호구역에 화재안전기준과 다음 조건에 따라 전역방출방식(표면화재) 이산화탄소 소화설비를 설치하려고 한다. 다음 각 물음에 답하시오.

득점	배점
	12

조건

- 소화설비는 고압식으로 한다.
- 통신기기실의 크기 : 가로 7[m] × 세로 10[m] × 높이 5[m]
  통신기기실의 개구부 크기 : 1.8[m] × 3[m] × 2개소(자동폐쇄장치 있음)
- 전기실이 크기 : 가로 10[m] × 세로 10[m] × 높이 5[m]
  전기실의 개구부 크기 : 1.8[m] × 3[m] × 2개소(자동폐쇄장치 없음)
- 가스용기 1병당 충진량 : 45[kg]
- 소화약제의 양은 0.8[kg/m^3], 개구부 가산량 5[kg/m^2]을 기준으로 산출한다.

(1) 각 방호구역의 가스 용기는 몇 병이 필요한가?
(2) 밸브 개방 직후의 유량은 몇 [kg/s]인가?
(3) 이 설비의 집합관에 필요한 용기의 병수는?
(4) 통신기기실의 분사헤드의 방사압력은?
(5) 약제저장용기의 개방밸브는 작동방식에 따라 3가지로 분류된다. 그 명칭을 쓰시오.

해설

(1) 가스용기의 본수

① 통신기기실의 약제저장량

= 방호구역체적[m^3] × 소요약제량[kg/m^3] + 개구부면적[m^2] × 개구부가산량[kg/m^2]

= (7[m] × 10[m] × 5[m]) × 0.8[kg/m]^3 = 280[kg]

※ 개구부에 자동폐쇄장치가 설치되므로 개구부 가산량은 계산할 필요가 없다.

∴ 저장가스 용기 본수 = 280[kg]/45[kg] ≒ 6.22 ⇒ 7병

② 전기실의 약제저장량

= 방호구역체적[m^3] × 소요약제량[kg/m^3] + 개구부면적[m^2] × 개구부가산량[kg/m^2]

= (10[m] × 10[m] × 5[m]) × 0.8[kg/m^3] + [(1.8[m] × 3[m] × 2개소) × 5[kg/m^2] = 454[kg]

∴ 저장가스 용기 본수 = 454[kg]/45[kg] ≒ 10.09 ⇒ 11병

방호구역 체적	방호구역의 체적 1[m^3]에 대한 소화약제의 양	소화약제 저장량의 최저한도의 양
45[m^3] 미만	1.00[kg]	45[kg]
45[m^3] 이상 150[m^3] 미만	0.90[kg]	
150[m^3] 이상 1,450[m^3] 미만	**0.80[kg]**	135[kg]
1,450[m^3] 이상	0.75[kg]	1,125[kg]

(2) 약제저장용기의 밸브 개방 직후의 용량이고 방출시간 60[s]이므로

$$\text{밸브 개방 직후 유량} = \frac{\text{병당 충전량}}{\text{약제방출시간}} = \frac{45[kg]}{60[s]} = 0.75[kg/s]$$

[약제의 방사시간]

설비의 종류		전역방출방식	국소방출방식
이산화탄소소화설비	표면화재	1분	30초
	심부화재	7분 (설계농도가 2분이내에 30[%]에 도달)	
할론소화설비		10초	10초
할로겐화합물 및 불활성기체소화설비	할로겐화합물소화약제	10초 이내 설계농도의 95[%] 이상 방출	
	불활성기체소화약제	A ·C급화재 2분, B급화재 1분 이내에 설계농도의 95[%] 이상 방출	
분말소화설비		30초	30초

(3) 집합관의 용기의 병수

가장 많이 소요되는 방호구역 기준으로 전기실이 기준이므로 11병이다.

(4) 분사헤드의 방사압력

구 분	고압식	저압식
방사압력	2.1[MPa] 이상	1.05[MPa] 이상

(5) 약제저장용기의 개방밸브 작동방식

① 전기식 : 솔레노이드밸브를 용기밸브에 부착하여 화재 발생 시 감지기의 작동에 의하여 수신기의 기동출력이 솔레노이드에 전달되어 파괴침이 용기밸브의 봉판을 파괴하여 약제를 방출되는 방식으로 패키지 타입에 주로 사용하는 방식이다.

② 가스압력식 : 감지기의 작동에 의하여 솔레노이드 밸브의 파괴침이 작동하면 기동용기가 작동하여 가스압에 의하여 니들밸브의 니들핀이 용기 안으로 움직여 봉판을 파괴하여 약제를 방출되는 방식으로 일반적으로 주로 사용하는 방식이다.

③ 기계식 : 용기밸브를 기계적인 힘으로 개방시켜 주는 방식이다.

해답 (1) 통신기기실 : 7병, 전기실 : 11병　　(2) 0.75[kg/s]

(3) 11병　　(4) 2.1[MPa] 이상

(5) 전기식, 가스압력식, 기계식

03

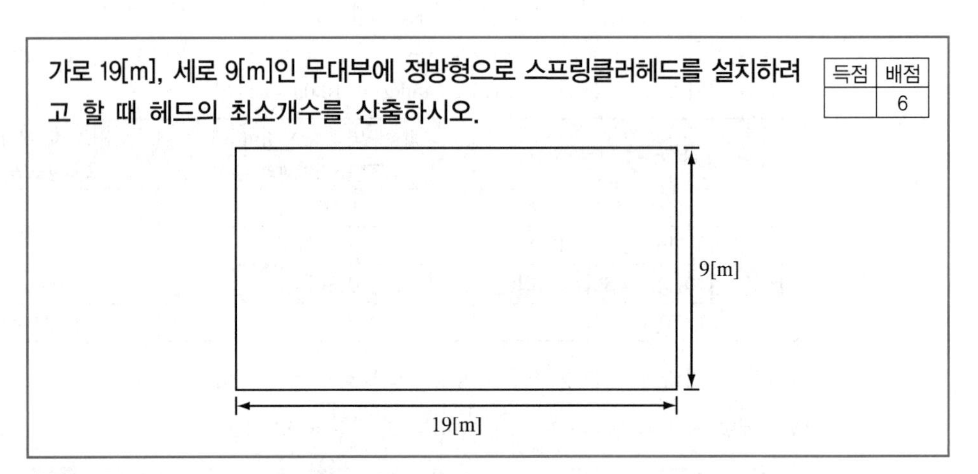

가로 19[m], 세로 9[m]인 무대부에 정방형으로 스프링클러헤드를 설치하려고 할 때 헤드의 최소개수를 산출하시오.

득점	배점
	6

헤드의 최소개수

헤드 간 거리 $S=2R\cos\theta$

무대부 수평거리 $R=1.7[\text{m}]$

$\therefore\ S=2\times1.7[\text{m}]\times\cos45^{\circ}\fallingdotseq2.404[\text{m}]$

(1) 가로 소요헤드 개수 = 가로길이$(19[\text{m}])\div2.404\fallingdotseq7.903\Rightarrow$ 8개

(2) 세로 소요헤드 개수 = 세로길이$(9[\text{m}])\div2.404\fallingdotseq3.743\Rightarrow$ 4개

$\therefore$ 최소개수 = 8개 × 4개 = 32개

해답 32개

04

그림은 서로 직렬된 2개의 실 Ⅰ, Ⅱ의 평면도로서 A_1, A_2는 출입문이며, 각 실은 출입문 이외의 틈새가 없다고 한다. 출입문이 닫힌 상태에서 실 Ⅰ을 급기 가압하여 실 Ⅰ과 외부 간에 50[Pa]의 기압차를 얻기 위하여 실 Ⅰ에 급기시켜야 할 풍량은 몇 [m^3/s]가 되겠는가?(단, 닫힌 문 A_1, A_2에 의해 공기가 유통될 수 있는 틈새의 면적은 각각 0.02[m^2]이며, 임의의 어느 실에 대한 급기량 Q[m^3/s]와 얻고자 하는 기압차[Pa]의 관계식은 $Q = 0.827 \times A \times P^{\frac{1}{2}}$ 이다)

득점	배점
	5

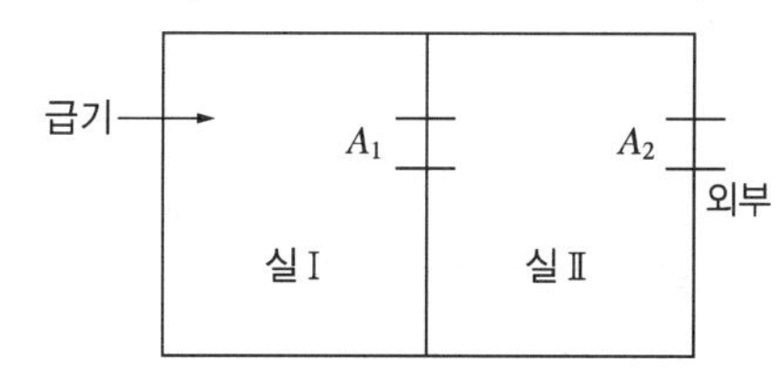

해설

누설면적에 대한 보충량은

$$Q = 0.827AP^{1/n}$$

여기서, Q : 풍량[m^3/s]
A : 누설총면적[m^2]
P : 차압[Pa]
n : 창문(1.6), 문(2.0)

실 Ⅰ의 A_1과 실Ⅱ의 A_2는 직렬관계이므로 합성 틈새면적 A는

$$A = \frac{1}{\sqrt{\frac{1}{(A_1)^2} + \frac{1}{(A_2)^2}}} = \frac{1}{\sqrt{\frac{1}{(0.02\text{m}^2)^2} + \frac{1}{(0.02\text{m}^2)^2}}} = 0.0141[\text{m}^2]$$

$$\therefore\ Q = 0.827 \times 0.0141[\text{m}^2] \times (50[\text{Pa}])^{\frac{1}{2}} = 0.083[\text{m}^3/\text{s}]$$

해답 0.08[m^3/s]

05

이산화탄소소화설비의 분사헤드를 설치하지 않아도 되는 장소이다. 다음 ( )에 알맞은 내용을 쓰시오.

득점	배점
	4

- 방재실, 제어실 등 사람이 상시 근무하는 장소
- 나이트로셀룰로스, 셀룰로이드 제품 등 (①)을 저장, 취급하는 곳
- 칼륨, 나트륨, 칼슘 등 (②)을 저장, 취급하는 장소
- 전시장 등의 관람을 위하여 다수인이 출입, 통행하는 통로 및 전시실 등

이산화탄소 분사헤드의 설치제외 장소
- 방재실, 제어실 등 사람이 상시 근무하는 장소
- 나이트로셀룰로스, 셀룰로이드 제품 등 **자기연소성물질**을 저장, 취급하는 곳
- 칼륨, 나트륨, 칼슘 등 **활성금속물질**을 저장, 취급하는 장소
- 전시장 등의 관람을 위하여 다수인이 출입, 통행하는 통로 및 전시실 등

해답 ① 자기연소성물질
② 활성금속물질

06

할로겐화합물 및 불활성기체소화설비에 대하여 다음 물음에 답하시오.

득점	배점
	8

(1) 할로겐화합물 소화약제의 정의
(2) 불활성기체 소화약제의 정의
(3) 할로겐화합물 소화약제와 불활성기체 소화약제의 교체시기
(4) 할로겐화합물 소화약제와 불활성기체 소화약제를 설치할 수 없는 장소

해설

할로겐화합물 및 불활성기체소화설비

(1) **할로겐화합물 소화약제의 정의**
플루오린, 염소, 브롬 또는 아이오딘 중 하나 이상의 원소를 포함하고 있는 유기화합물을 기본성분으로 하는 소화약제

(2) **불활성기체 소화약제의 정의**
헬륨, 네온, 아르곤 또는 질소가스 중 하나 이상의 원소를 기본성분으로 하는 소화약제

(3) 할로겐화합물 소화약제와 불활성기체 소화약제의 **재충전 및 교체시기**
① 할로겐화합물 소화약제 : **약제량 손실이 5[%]를 초과**하거나 **압력 손실이 10[%]를 초과**할 경우
② 불활성기체 소화약제 : **압력 손실이 5[%]를 초과**할 경우

(4) **할로겐화합물 소화약제와 불활성기체 소화약제를 설치할 수 없는 장소**
① 사람이 상주하는 곳으로 최대허용설계농도를 초과하는 장소
② 제3류 위험물 및 제5류 위험물을 사용하는 장소

해답 (1) 플루오린, 염소, 브롬 또는 아이오딘 중 하나 이상의 원소를 포함하고 있는 유기화합물을 기본 성분으로 하는 소화약제
(2) 헬륨, 네온, 아르곤 또는 질소가스 중 하나 이상의 원소를 기본성분으로 하는 소화약제
(3) ① 할로겐화합물 소화약제 : 약제량 손실이 5[%]를 초과하거나 압력 손실이 10[%]를 초과할 경우
② 불활성기체 소화약제 : 압력 손실이 5[%]를 초과할 경우
(4) ① 사람이 상주하는 곳으로 최대허용설계농도를 초과하는 장소
② 제3류 위험물 및 제5류 위험물을 사용하는 장소

07

1층 바닥면적이 7,500[m^2]이고 전체 5층인 건물에 총 바닥면적의 합계가 30,000[m^2]인 건축물에 소화용수설비가 설치되어 있다. 다음 물음에 답하시오.

득점	배점
	6

(1) 소화용수의 저수량[m^3]은 얼마인가?

(2) 흡수관투입구의 수는 몇 개 이상으로 하여야 하는가?

(3) 채수구는 몇 개를 설치하여야 하는가?

(4) 가압송수장치의 1분당 양수량은 몇 [L] 이상으로 하여야 하는가?

해설

소화용수설비

(1) 소화용수의 저수량

소방 대상물의 구분	기준면적[m^2]
1층 및 2층의 바닥면적의 합계가 15,000[m^2] 이상인 소방대상물	7,500
그 밖의 소방대상물	12,500

∴ (30,000[m^2] ÷ 12,500[m^2]) = 2.4 ⇒ 3 × 20[m^3] = 60[m^3]

(2) 지하에 설치하는 소화용수 설비의 흡수관 투입구

① 한 변이 0.6[m] 이상, 직경이 0.6[m] 이상인 것으로 할 것

② 소요수량이 80[m^3] 미만인 것에 있어서는 1개 이상, 80[m^3] 이상인 것에 있어서는 2개 이상을 설치할 것

③ "흡수관 투입구"라고 표시한 표지를 할 것

∴ (1)에서 구한 소요수량이 60[m^3]이므로 80[m^3] 미만이므로 흡수관투입구는 1개이다.

(3) 채수구의 수

소요수량	20[m^3] 이상 40[m^3] 미만	40[m^3] 이상 100[m^3] 미만	100[m^3] 이상
채수구의 수	1개	2개	3개

(4) 가압송수장치의 1분당 양수량

소요수량	20[m^3] 이상 40[m^3] 미만	40[m^3] 이상 100[m^3] 미만	100[m^3] 이상
1분당 양수량	1,100[L] 이상	2,200[L] 이상	3,300[L] 이상

해답 (1) 60[m^3]　(2) 1개

(3) 2개　(4) 2,200[L]

08

옥내소화전에 관한 설계 시 아래 조건을 읽고 답하시오(단, 소수점 이하는 반올림하여 정수만 나타내시오).

득점	배점
	14

조 건

- 건물규모 : 3층×각 층의 바닥면적 1,200[m^2]
- 옥내소화전 수량 : 총 12개(각 층당 4개 설치)
- 소화펌프에서 최상층 소화전호스 접결구까지 수직거리 : 15[m]
- 소방호스 : ø40[mm]×15[m](고무내장)

• 호스의 마찰손실 수두값(호스 100[m]당)

유량 [L/min] \ 구분	호스의 호칭구경[mm]					
	40		50		65	
	아마호스	고무내장호스	아마호스	고무내장호스	아마호스	고무내장호스
130	26[m]	12[m]	7[m]	3[m]	–	–
350	–	–	–	–	10[m]	4[m]

• 배관 및 관부속의 마찰손실수두 합계 : 30[m]

• 배관 내경

호칭구경	15A	20A	25A	32A	40A	50A	65A	80A	100A
내경[mm]	16.4	21.9	27.5	36.2	42.1	53.2	69	81	105.3

• 펌프의 동력전달계수

동력전달형식	전달계수
전동기	1.1
전동기 이외의 것	1.2

• 펌프의 구경에 따른 효율(단, 펌프의 구경은 펌프의 토출측 주배관의 구경과 같다)

펌프의 구경[mm]	40	50 ~ 65	80	100	125 ~ 150
펌프의 효율(E)	0.45	0.55	0.60	0.65	0.70

물 음

(1) 소방펌프의 정격유량과 정격양정을 계산하시오(단, 흡입양정은 무시).

(2) 소화펌프의 토출측 최소관경을 구하시오.

(3) 소화펌프를 디젤엔진으로 구동 시 디젤엔진의 동력[kW]을 계산하시오.

(4) 펌프의 성능시험에 관한 설명이다. 다음 ( ) 안에 적당한 수치를 쓰시오.

> 펌프의 성능은 체절운전 시 정격토출압력의 (①)[%]를 초과하지 아니하고, 유량측정장치는 성능시험배관의 직관부에 설치하되, 펌프의 정격토출량의 (②)[%] 이상 측정할 수 있는 성능이 있어야 한다.

(5) 만일 펌프로부터 제일 먼 옥내소화전노즐과 가장 가까운 곳의 옥내소화전 노즐의 방수압력 차이가 0.4[MPa]이며 펌프로부터 제일 먼 거리에 있는 옥내소화전 노즐의 방수압력이 0.17[MPa], 방수유량이 130[LPM]인 경우 가장 가까운 소화전의 방수유량[LPM]은 얼마인가?

(6) 옥상에 저장하여야 할 소화용수량[m^3]은 얼마인가?

해설

(1) 정격유량과 정격양정

① 정격유량 $Q = N \times 130[\text{L/min}] = 4\text{개} \times 130[\text{L/min}] = 520[\text{L/min}]$

② 정격양정

$$H = h_1 + h_2 + h_3 + 17$$

여기서, h_1 : 실양정(흡입양정+토출양정=15[m])

h_2 : 배관마찰손실수두(30[m])

h_3 : 소방호스마찰손실수두$\left(15[\mathrm{m}] \times \dfrac{12[\mathrm{m}]}{100[\mathrm{m}]} = 1.8[\mathrm{m}]\right)$

$\therefore\ H = 15[\mathrm{m}] + 30[\mathrm{m}] + 1.8[\mathrm{m}] + 17 = 63.8[\mathrm{m}] \Rightarrow 64[\mathrm{m}]$

(2) 토출측의 최소관경

$$D = \sqrt{\frac{4Q}{\pi u}}$$

여기서, Q : 유량(0.52[m^3]/60[s] = 0.00867[m^3/s])

u : 유속(4[m/s] 이하)

$\therefore\ D = \sqrt{\dfrac{4 \times 0.00867[\mathrm{m}^3]}{\pi \times 4[\mathrm{m/s}]}} = 0.0525[\mathrm{m}]$ = 52.52[mm] ⇒ 50A(조건 참조)

[배관 내경]

호칭구경	15A	20A	25A	32A	40A	50A	65A	80A	100A
내경[mm]	16.4	21.9	27.5	36.2	42.1	53.2	69	81	105.3

(3) 디젤엔진의 동력

$$P[\mathrm{kW}] = \frac{\gamma \times Q \times H}{102 \times \eta} \times K$$

여기서, γ : 비중량(1,000[kg$_f$/m^3])

Q : 유량(0.00867[m^3/s])

H : 전양정(63.8[m])

η : 효율에서 구경(50[mm] ⇒ 효율0.55)

K : 전달계수(1.2)

$\therefore\ P = \dfrac{1{,}000[\mathrm{kg_f/m^3}] \times 0.00867[\mathrm{m^3/s}] \times 63.8[\mathrm{m}]}{102 \times 0.55} \times 1.2 = 11.83[\mathrm{kW}] = 12[\mathrm{kW}]$

(4) **펌프의 성능**

펌프의 성능은 체절운전 시 정격토출압력의 **140[%]**를 초과하지 아니하고, 정격토출량의 150[%]로 운전 시 정격토출압력의 65[%] 이상이 되어야 하며, 펌프의 성능시험배관은 다음의 기준에 적합하여야 한다.

① 성능시험배관은 펌프의 토출측에 설치된 개폐밸브 이전에서 분기하여 설치하고, 유량측정장치를 기준으로 전단 직관부에 개폐밸브를 후단 직관부에는 유량조절밸브를 설치할 것

② **유량측정장치**는 성능시험배관의 직관부에 설치하되, 펌프의 정격토출량의 **175[%]** 이상 측정할 수 있는 성능이 있을 것

(5) 방수유량

가장 가까운 곳의 방사압 $P = 0.17[\mathrm{MPa}] + 0.4[\mathrm{MPa}] = 0.57[\mathrm{MPa}]$

$$Q = K\sqrt{10P}$$

여기서, Q : 유량[L/min]　　K : 방출계수

P : 압력[MPa]

$K = \dfrac{Q}{\sqrt{10P}} = \dfrac{130[\mathrm{L/min}]}{\sqrt{10 \times 0.17[\mathrm{MPa}]}} = 99.71$

$Q = 99.71 \times \sqrt{10 \times 0.57[\mathrm{MPa}]} = 238.05[\mathrm{L/min}] \Rightarrow 238[\mathrm{L/min}]$

(6) 옥상수조저수량

옥상수조에는 유효수량 외의 $\frac{1}{3}$ 이상을 저장하여야 하므로

$$\therefore\ Q = N \times 2.6[\text{m}^3] \times \frac{1}{3} = 4\text{개} \times 2.6[\text{m}^3] \times \frac{1}{3} = 3.47[\text{m}^3] \Rightarrow 3[\text{m}^3]$$

해답 (1) 정격유량 : 520[L/min], 정격양정 : 64[m]
(2) 50A
(3) 12[kW]
(4) ① 140
② 175
(5) 238[L/min]
(6) $3[\text{m}^3]$

09

식용유 및 지방질유 화재에는 분말소화약제 중 중탄산나트륨 분말 약제가 효과가 있다고 한다. 이 비누화현상과 효과에 대하여 설명하시오.

득점	배점
	5

해설

비누화현상 : 알칼리에 의하여 에스테르가 가수분해되어 알코올과 산의 알칼리염이 되는 반응으로 식용유 화재 시 질식효과와 억제효과를 나타낸다.

RCOOR′ + NaOH → RCOONa + R′OH

해답 (1) 비누화현상 : 알칼리에 의하여 에스테르가 가수분해되어 알코올과 산의 알칼리염이 되는 반응
(2) 효과 : 질식효과, 억제효과

10

포소화약제 중 수성막포의 장점과 단점을 각각 2가지를 쓰시오.

득점	배점
	5

해설

수성막포의 장점과 단점

- **장 점**
  - 안정성이 좋아 장기보관이 가능하다.
  - 내약품성이 좋아 타 약제와 겸용으로 사용할 수 있다.
  - 석유류 표면에 신속히 피막을 형성하여 유류 증발을 억제하여 석유류 화재에 적합하다.
  - 내유성이 우수하고 유동성이 높은 약제이다.
- **단 점**
  - 내열성이 약해 탱크 벽면의 잔화가 남는 윤화현상이 발생한다.
  - 가격이 비싸고 고발포로 사용할 수 없다.
  - 휘발성이 큰 석유류의 화재에는 적합하지 않다.

해답 (1) 장 점
① 안정성이 좋아 장기보관이 가능하다.
② 내약품성이 좋아 타 약제와 겸용으로 사용할 수 있다.
(2) 단 점
① 가격이 비싸고 고발포로 사용할 수 없다.
② 휘발성이 큰 석유류의 화재에는 적합하지 않다.

11

연결송수관설비에 가압송수장치가 높이 120[m]의 건물에 설치되어 있다. 다음 물음에 답하시오.

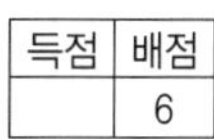

득점	배점
	6

(1) 가압송수장치 설치 이유를 간단히 설명하시오.
(2) 가압송수장치 펌프의 토출량은 몇 [m^3/min] 이상이어야 하는지 쓰시오
(단, 계단식 아파트가 아니고, 해당 층에 설치된 방수구가 3개 이하이다).
(3) 최상층 노즐 선단의 방수압력은 몇 [MPa] 이상이어야 하는지 쓰시오.

해설

연결송수관설비

(1) 지표면에서 최상층 방수구의 높이가 70[m] 이상의 소방대상물에는 연결송수관설비의 가압송수장치를 설치하여야 한다.

가압송수장치 설치 이유 : 소방차에서 토출되는 양정만으로는 부족한 높이(70[m] 이상)에서 규정 방수압력을 얻기 위하여 설치한다.

(2) 펌프의 토출량은 2,400[L/min](계단식 아파트의 경우에는 1,200[L/min]) 이상이 되는 것으로 할 것. 다만, 해당 층에 설치된 방수구가 3개를 초과(방수구가 5개 이상인 경우에는 5개)하는 것에 있어서는 1개마다 800[L/min](계단식 아파트의 경우에는 400[L/min])를 가산한 양이 되는 것으로 할 것

[연결송수관설비의 펌프 토출량(아파트가 아닌 경우)]
① 방수구가 3개 이하 Q = 2,400[L/min] 이상
② 방수구가 4개일 때 Q = 2,400[L/min] + 800[L/min] 이상
③ 방수구가 5개일 때 Q = 2,400[L/min] + 800[L/min] + 800[L/min] 이상

(3) 펌프의 양정은 최상층에 설치된 노즐선단의 압력이 0.35[MPa] 이상의 압력이 되도록 할 것

해답 (1) 소방차에서 토출되는 양정만으로는 부족한 높이(70[m] 이상)에서 규정 방수압을 얻기 위하여
(2) 2,400[L/min]
(3) 0.35[MPa]

12

제연설비 제연구획 ①실, ②실의 소요 풍량합계[m^3/min]와 축동력[kW]을 구하시오(단, 이때 송풍기의 전압은 100[mmAq], 전압효율은 50[%]임).

득점	배점
	7

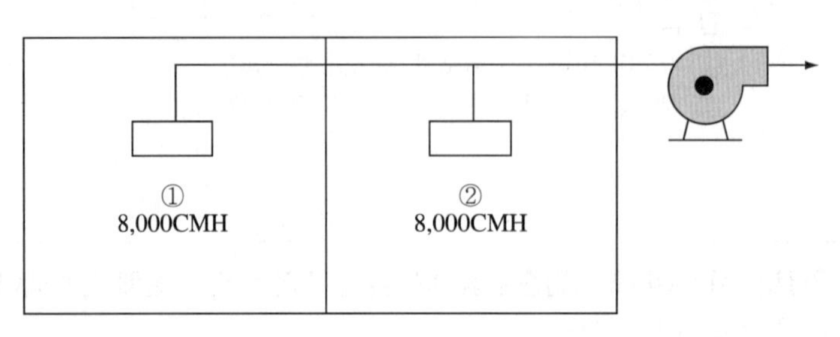

(1) 최소풍량 합계

(2) 축동력

해설

(1) 최소풍량 합계

공동제연방식의 경우 ①실과 ②실의 배출량의 합은 16,000[CMH]이므로(각각 벽으로 구획된 경우에는 ①과 ②실의 합이다)

$\therefore\ 16{,}000[m^3]/60[min] = 266.67[m^3/min]$

> CMH=Cubic Meter per Hour[m^3/h]

(2) 축동력

$$P = \frac{Q \times P_T}{102 \times \eta}$$

여기서, P : 동력[kW], Q : 풍량[m^3/s]

P_T : 풍압[mmAq], η : 효율[%]

$$\therefore\ P = \frac{Q \times P_T}{102 \times \eta} = \frac{266.67[m^3]/60[s] \times 100[mmAq]}{102 \times 0.5} = 8.714[kW]$$

해답 (1) 266.67[m^3/min]

(2) 8.71[kW]

13

어떤 소방대상물에 옥외소화전 5개를 화재안전기준과 다음 조건에 따라 설치하려고 한다. 다음 각 물음에 답하시오.

득점	배점
	9

조 건

- 옥외소화전은 지상용 A형을 사용한다.
- 펌프에서 첫째 옥외소화전까지의 직관길이는 150[m] 관의 내경은 100[mm]이다.
- 모든 규격치는 최소량을 적용한다.

물 음

(1) 수원의 최소 유효저수량은 몇 [m³]인가?

(2) 펌프의 최소 유량[m³/min]은 얼마인가?

(3) 직관부분에서의 마찰손실수두[m]는 얼마인가?
(Darcy-Weisbach의 식을 사용하고 마찰손실 계수는 0.02이다)

해설

(1) 수 원

$$Q = N(\text{최대 2개}) \times 7[\text{m}^3]$$

$\therefore Q = N(\text{최대 2개}) \times 7[\text{m}^3] = 2 \times 7[\text{m}^3] = 14[\text{m}^3]$

(2) 최소유량 $Q = N(\text{최대 2개}) \times 350[\text{L/min}]$
$= 2 \times 350[\text{L/min}] = 700[\text{L/min}] = 0.7[\text{m}^3/\text{min}]$

(3) 다르시-바이스바흐식을 적용하면

$$\Delta H = \frac{fLu^2}{2gD}$$

① f : 관마찰계수(0.02), L : 배관의 길이(150[m])

② Q : 유량($0.7[\text{m}^3]/60[\text{s}] = 0.01167[\text{m}^3/\text{s}]$)

$Q = uA$ 에서 유속 u는

$$u = \frac{Q}{\frac{\pi}{4}D^2} = \frac{0.01167[\text{m}^3/\text{s}]}{\frac{\pi}{4}(0.1[\text{m}])^2} \fallingdotseq 1.4859[\text{m/s}]$$

$$\therefore \Delta H = \frac{fLu^2}{2gD} = \frac{0.02 \times 150[\text{m}] \times (1.485[\text{m/s}])^2}{2 \times 9.8[\text{m/s}^2] \times 0.1[\text{m}]} \fallingdotseq 3.375[\text{m}]$$

해답

(1) 14[m³]

(2) 0.7[m³/min]

(3) 3.38[m]

14

가로 15[m], 세로 14[m],높이 3.5[m]인 전산실에 불활성기체소화약제 중 IG-541을 사용할 경우 아래 조건을 참조하여 다음 물음에 답하시오.

득점	배점
	9

조 건

- IG-541의 소화농도는 33[%]이다.
- IG-541의 저장용기는 80[L]용 15.8[m^3/병]을 적용하며 충전압력은 19.996[MPa]이다.
- 소화약제량 산정 시 선형상수를 이용하도록 하며 방사 시 기준온도는 30[℃]이다.

소화약제	K_1	K_2
IG-541	0.65799	0.00239

물 음

(1) IG-541의 저장량은 최소 몇 [m^3]인가?
(2) IG-541의 저장용기 수는 최소 몇 병인가?
(3) 배관 구경 산정 조건에 따라 IG-541의 약제량 방사 시 주배관의 방사유량은 몇 [m^3/s] 이상인가?
(4) 방사시간과 방사량을 쓰시오.

해설

(1) 불활성기체 소화약제

$$X = 2.303\frac{V_S}{S} \times \log\left(\frac{100}{100 - C}\right)$$

여기서, X : 공간용적에 더해진 소화약제의 부피[m^3/m^3]
V_S : 20[℃]에서 소화약제의 비체적
($K_1 + K_2 t$=0.65799+(0.00239×20[℃])=0.70579[m^3/kg])
S : 소화약제별 선형상수[$K_1 + K_2 \times t$=0.65799+(0.00239×30)=0.7297][m^3/kg]
C : 소화약제의 설계농도(33[%]×1.2= 39.6[%])
t : 방호구역의 최소예상온도(30[℃])

> 체적에 따른 소화약제의 설계농도[%]는 상온에서 제조업체의 설계기준에서 정한 실험수치를 적용한다. 이 경우 설계농도는 소화농도[%]에 안전계수(**A · C급 화재 1.2**, B급 화재 1.3)를 곱한 값으로 할 것

$$\therefore\ X = 2.303\frac{V_S}{S} \times \log\left(\frac{100}{100 - C}\right) = 2.303 \times \frac{0.7058}{0.7297} \times \log\left(\frac{100}{100 - 39.6}\right) = 0.49[\text{m}^3/\text{m}^3]$$

약제량 $=$ 방호체적 $\times X = 15[\text{m}] \times 14[\text{m}] \times 3.5[\text{m}] \times 0.49[\text{m}^3/\text{m}^3] = 360.15[\text{m}^3]$

(2) IG-541의 저장용기 수

저장용기의 병수 = 360.15[m^3] ÷ 15.8[m^3]/병 ≒ 22.8병 ⇒ 23병

(3) 주배관의 방사유량

$$X = 2.303\frac{V_S}{S} \times \log\left(\frac{100}{100 - C}\right)$$

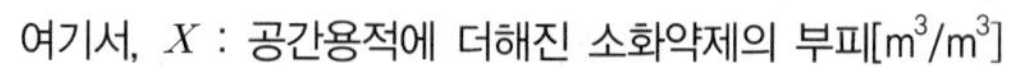

여기서, X : 공간용적에 더해진 소화약제의 부피[m³/m³]
V_S : 20[℃]에서 소화약제의 비체적(0.7058[m³/kg])
S : 소화약제별 선형상수[$K_1+K_2\times t$=0.65799+(0.00239×30)=0.7297][m³/kg]
C : 소화약제의 설계농도(33[%]×1.2×0.95=37.62[%])
t : 방호구역의 최소예상온도(30[℃])

$$\therefore X = 2.303\frac{V_S}{S}\times\log\left(\frac{100}{100-C}\right) = 2.303\times\frac{0.7058}{0.7297}\times\log\left(\frac{100}{100-37.62}\right)$$
$$= 0.46[\mathrm{m}^3/\mathrm{m}^3]$$

약제량 = 방호체적 × X = (15[m]×14[m]×3.5[m]) × 0.46[m³/m³] = 338.1[m³]

$$\therefore \text{방사유량} = \frac{338.1[\mathrm{m}^3]}{120[\mathrm{s}]} = 2.82[\mathrm{m}^3/\mathrm{s}]$$

(4) 방사시간과 방사량

배관의 구경은 해당 방호구역에 할로겐화합물소화약제가 10초 이내에, 불활성기체소화약제는 A·C급 화재 2분, B급 화재는 1분 이내에 방호구역 각 부분에 최소설계농도의 95[%] 이상 해당하는 약제량이 방출되도록 하여야 한다.

해답 (1) 360.15[m³]
(2) 23병
(3) 2.82[m³/s]
(4) 방사시간 : 2분 이내, 방사량 : 최소설계농도의 95[%] 이상

제 1 회 2020년 5월 24일 시행

※ 다음 물음에 대한 답을 해당 답란에 답하시오.(배점 : 100)

01 다음 옥외소화전설비의 소화전함에서 방수하는 장면이다. 다음 물음에 답하시오.

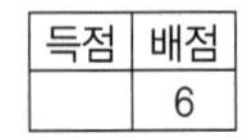

득점	배점
	6

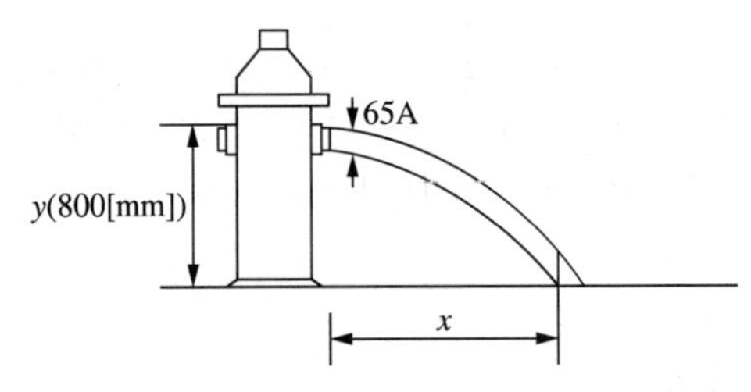

(1) 옥외소화전에서 물이 지면에 도달하는 거리가 16[m]일 경우 방수량[m^3/s]을 구하시오.

(2) 화재안전기준에 의하여 법적 방수량으로 방사될 경우에 x의 거리를 구하시오.

해설

방수량과 x의 거리

(1) 방수량

① 시간 t초 후의 속도

$$u = \frac{S}{t}$$

여기서, u : 유속[m/s]　　S : 유체가 x방향으로 이동한 거리

$t = \sqrt{\frac{2h}{g}}$: y방향으로의 낙하시간[s]

(h : 수직으로 낙하한 거리[m], g : 중력가속도(9.8[m/s^2])

② 유 속

자유낙하거리의 계산식을 이용하면

$$h = \frac{1}{2}gt^2 \qquad t = \sqrt{\frac{2h}{g}}$$

$$\therefore\ u = \frac{S}{\sqrt{\frac{2h}{g}}} = \frac{16[\mathrm{m}]}{\sqrt{\frac{2\times 0.8[\mathrm{m}]}{9.8[\mathrm{m/s^2}]}}} = 39.60[\mathrm{m/s}]$$

③ 방수량

$$Q = uA = 39.60[\text{m/s}] \times \frac{\pi}{4}(0.065[\text{m}])^2 = 0.13[\text{m}^3/\text{s}]$$

옥외소화전의 구경 : 65[mm] = 0.065[m]

(2) 법적 방수량으로 방사될 경우에 x의 거리

$$x = u \cdot t = u \times \sqrt{\frac{2h}{g}}$$

① $Q = uA \quad u = \dfrac{Q}{A} = \dfrac{0.35/60[\text{m}^3/\text{s}]}{\dfrac{\pi}{4} \times (0.065[\text{m}])^2} = 1.76[\text{m/s}]$

② x의 거리

$$x = u \times \sqrt{\frac{2h}{g}} = 1.76[\text{m/s}] \times \sqrt{\frac{2 \times 0.8[\text{m}]}{9.8[\text{m/s}^2]}} = 0.71[\text{m}]$$

해답 (1) $0.13[\text{m}^3/\text{s}]$
(2) $0.71[\text{m}]$

02

직사각형 관로망에서 배관 Ⓐ지점에서 0.6[m³/s]의 유량으로 물이 들어와서 Ⓑ와 Ⓒ지점에서 0.2[m³/s], 0.4[m³/s]의 유량으로 물이 흐르고 있다. 다음 조건을 참조하여 Q_1, Q_2, Q_3의 유량[m³/s]을 각각 구하시오(단, 배관마찰손실수두 d_1, d_2는 동일하며 다르시-바이스바흐 방정식을 이용하여 유량을 구한다).

득점	배점
	6

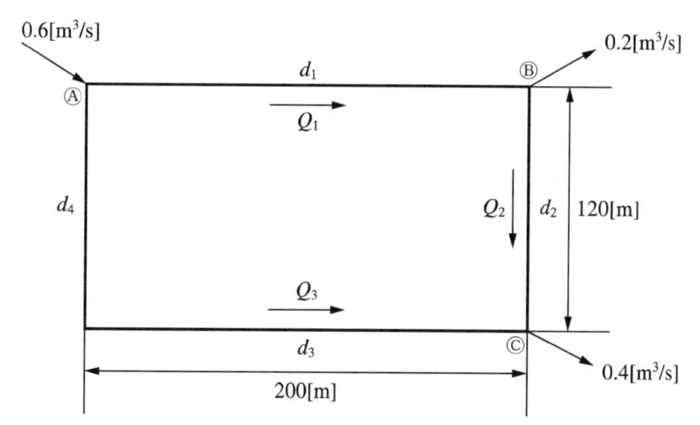

조 건

- 내경 $d_1 = 0.4[\text{m}]$, $d_2 = 0.4[\text{m}]$, $d_3 = 0.322[\text{m}]$, $d_4 = 0.322[\text{m}]$이다.
- 관마찰계수 $f_1 = 0.025$, $f_2 = 0.025$, $f_3 = 0.028$, $f_4 = 0.028$이다.

해설

다르시-바이스바흐 방정식을 이용하면

• 유 속

$$H = \frac{flu^2}{2gd}$$

여기서, H : 마찰손실수두[m]
f : 관의 마찰손실계수
l : 배관의 길이
u : 유속[m/s]
g : 중력가속도(9.8[m/s²])
d : 배관의 내경[m]

$H = \frac{f_2 l_2 u_2^2}{2gd_2} = \frac{f_3 l_3 u_3^2}{2gd_3}$

여기서, $2g$는 동일하다.

$\frac{f_2 l_2 u_2^2}{d_2} = \frac{f_3 l_3 u_3^2}{d_3}$

$\frac{0.025 \times 120[\mathrm{m}] \times u_2^2}{0.4[\mathrm{m}]} = \frac{0.028 \times 200[\mathrm{m}] \times u_3^2}{0.322[\mathrm{m}]}$

$7.5u_2^2 = 17.391u_3^2$

$u_2 = \sqrt{\frac{17.391}{7.5}} \times u_3 = 1.523u_3$

유량과 유속을 비교하여 u_3를 구하면

$Q_C = Q_2 + Q_3 = u_2 A_2 + u_3 A_3$

$0.4[\mathrm{m^3/s}] = 1.523u_3 \times \frac{\pi}{4}(0.4[\mathrm{m}])^2 + u_3 \times \frac{\pi}{4} \times (0.322[\mathrm{m}])^2$

$0.4[\mathrm{m^3/s}] = u_3 \times 0.273[\mathrm{m^2}]$

$u_3 = \frac{0.4[\mathrm{m^3/s}]}{0.273[\mathrm{m^2}]} = 1.465[\mathrm{m/s}]$

• 유 량

$$Q = uA$$

$Q_3 = u_3 A_3 = 1.476[\mathrm{m/s}] \times \frac{\pi}{4} \times (0.322[\mathrm{m}])^2 = 0.12[\mathrm{m^3/s}]$

$Q_A = Q_1 + Q_3$, $Q_C = Q_2 + Q_3$ 이므로

$Q_2 = Q_C - Q_3 = 0.4[\mathrm{m^3/s}] - 0.12[\mathrm{m^3/s}] = 0.28[\mathrm{m^3/s}]$

$Q_1 = Q_A - Q_3 = 0.6[\mathrm{m^3/s}] - 0.12[\mathrm{m^3/s}] = 0.48[\mathrm{m^3/s}]$

해답 Q_1 : 0.48[m³/s], Q_2 : 0.28[m³/s], Q_3 : 0.12[m³/s]

03

화재안전기준에 의한 승강식피난기 및 하향식 피난구용 내림식사다리의 설치 기준이다. 다음 (　) 안에 적당한 말이나 숫자를 채우시오.

득점	배점
	3

(1) 대피실의 면적은 (　)[m^2]{2세대 이상일 경우에는 (　)[m^2]} 이상으로 하고, 건축법 시행령 제46조 제4항의 규정에 적합하여야 하며 하강구(개구부) 규격은 직경 (　)[cm] 이상일 것. 단, 외기와 개방된 장소에는 그러하지 아니 한다.

(2) 대피실의 출입문은 (　)으로 설치하고, 피난방향에서 식별할 수 있는 위치에 "대피실" 표지판을 부착할 것. 단, 외기와 개방된 장소에는 그러하지 아니 한다.

(3) 착지점과 하강구는 상호 수평거리 (　)[cm] 이상의 간격을 둘 것

(4) 승강식피난기는 (　) 또는 법 제42조 제1항에 따라 성능시험기관으로 지정받은 기관에서 그 성능을 검증받은 것으로 설치할 것

해설

승강식피난기 및 하향식 피난구용 내림식사다리의 설치 기준

- 승강식피난기 및 하향식 피난구용 내림식사다리는 설치경로가 설치층에서 피난층까지 연계될 수 있는 구조로 설치할 것. 다만, 건축물의 구조 및 설치 여건상 불가피한 경우에는 그러하지 아니한다.
- **대피실의 면적**은 **2[m^2](2세대 이상일 경우에는 3[m^2]) 이상**으로 하고, 건축법 시행령 제46조 제4항의 규정에 적합하여야 하며 **하강구(개구부) 규격은 직경 60[cm] 이상**일 것. 단, 외기와 개방된 장소에는 그러하지 아니 한다.
- 하강구 내측에는 기구의 연결 금속구 등이 없어야 하며 전개된 피난기구는 하강구 수평투영면적 공간 내의 범위를 침범하지 않는 구조이어야 할 것. 단, 직경 60[cm] 크기의 범위를 벗어난 경우이거나, 직하층의 바닥 면으로부터 높이 50[cm] 이하의 범위는 제외 한다.
- 대피실의 출입문은 **갑종방화문**으로 설치하고, 피난방향에서 식별할 수 있는 위치에 "대피실" 표지판을 부착할 것. 단, 외기와 개방된 장소에는 그러하지 아니 한다.
- 착지점과 **하강구는 상호 수평거리 15[cm] 이상**의 간격을 둘 것
- 대피실 내에는 비상조명등을 설치할 것
- 대피실에는 층의 위치표시와 피난기구 사용설명서 및 주의사항 표지판을 부착할 것
- 대피실 출입문이 개방되거나, 피난기구 작동 시 해당층 및 직하층 거실에 설치된 표시등 및 경보장치가 작동되고, 감시 제어반에서는 피난기구의 작동을 확인할 수 있어야 할 것
- 사용 시 기울거나 흔들리지 않도록 설치할 것
- 승강식피난기는 **한국소방산업기술원** 또는 법 제42조 제1항에 따라 성능시험기관으로 지정받은 기관에서 그 성능을 검증받은 것으로 설치할 것

해답
(1) 2, 3, 60
(2) 갑종방화문
(3) 15
(4) 한국소방산업기술원

04

화재안전기준에 의한 주거용 주방자동소화장치의 설치 기준이다. 다음 ( ) 안에 적당한 말이나 숫자를 채우시오.

득점	배점
	3

(1) 소화약제 방출구는 환기구(주방에서 발생하는 열기류 등을 밖으로 배출하는 장치를 말한다)의 ( )과 분리되어 있어야 하며, 형식승인 받은 유효설치 높이 및 ( )에 따라 설치할 것

(2) 차단장치( )는 상시 확인 및 점검이 가능하도록 설치할 것

(3) 가스용 주방자동소화장치를 사용하는 경우 탐지부는 수신부와 분리하여 설치하되, 공기보다 가벼운 가스를 사용하는 경우에는 ( )으로부터 ( )[cm] 이하의 위치에 설치하고, 공기보다 무거운 가스를 사용하는 장소에는 ( )으로부터 30[cm] 이하의 위치에 설치할 것

해설

주거용 주방자동소화장치의 설치기준

- 소화약제 방출구는 환기구(주방에서 발생하는 열기류 등을 밖으로 배출하는 장치를 말한다)의 **청소부분**과 분리되어 있어야 하며, 형식승인 받은 유효설치 높이 및 **방호면적**에 따라 설치할 것
- 감지부는 형식승인 받은 유효한 높이 및 위치에 설치할 것
- 차단장치(**전기 또는 가스**)는 상시 확인 및 점검이 가능하도록 설치할 것
- 가스용 주방자동소화장치를 사용하는 경우 탐지부는 수신부와 분리하여 설치하되, **공기보다 가벼운 가스**를 사용하는 경우에는 **천장 면으로부터 30[cm] 이하**의 위치에 설치하고, **공기보다 무거운 가스**를 사용하는 장소에는 **바닥 면으로부터 30[cm] 이하**의 위치에 설치할 것
- 수신부는 주위의 열기류 또는 습기 등과 주위온도에 영향을 받지 아니하고 사용자가 상시 볼 수 있는 장소에 설치할 것

해답 (1) 청소부분, 방호면적
(2) 전기 또는 가스
(3) 천장 면, 30, 바닥 면

05

건식 스프링클러설비 등에 사용하는 드라이펜던트형 헤드(Dry Pendent Type Sprinkler Head)를 설치하는 목적에 대하여 쓰시오.

득점	배점
	4

해설

건식 스프링클러설비에서 상향형 헤드를 사용하여야 하는데 하향형 헤드를 사용하는 경우에는 동파를 방지하기 위하여 롱니플 내에 질소를 주입한 드라이펜던트형 헤드를 사용한다.

해답 하향식 헤드의 동파방지를 위하여 사용한다.

06

그림과 같은 옥내소화전설비를 다음 조건과 화재안전기준에 따라 설치하려고 한다. 다음 각 물음에 답하시오.

득점	배점
	10

조 건

- P_1 : 옥내소화전 펌프
- P_2 : 잡용수 양수펌프
- 펌프의 풋(후드)밸브로부터 9층 옥내소화전함의 호스접속구까지 마찰손실 및 저항손실수두는 실양정의 25[%]로 한다.
- 펌프의 효율은 70[%]이다.
- 옥내소화전의 개수는 각 층 2개씩이다.
- 소화호스의 마찰손실수두는 8[m]이다.

물 음

(1) 펌프의 최소유량은 몇 [L/min]인가?

(2) 수원의 최소유효저수량은 몇 [m^3]인가?(옥상수조를 포함한다)

(3) 펌프의 양정은 몇 [m]인가?

(4) 펌프의 축동력은 몇 [kW]인가?

(5) 체절운전 시 수온의 상승을 방지하기 위한 순환배관의 최소구경은 몇 [mm]인가?

(6) 방수압력이 0.7[MPa]을 초과하는 경우에 감압장치를 설치하여야 하는데 감압방법 4가지를 쓰시오.

해설

(1) 최소유량

$Q = N(\text{소화전의 수}) \times 130[\text{L/min}] = 2 \times 130[\text{L/min}] = 260[\text{L/min}]$

조건에서 소화전은 각 층에 2개씩 설치되어 있다.

(2) 유효저수량

$Q = N \times 2.6[\text{m}^3] = 2\text{개} \times 2.6[\text{m}^3] = 5.2[\text{m}^3]$

∴ 옥상수조를 포함하면

$$5.2[\text{m}^3] + \left(5.2[\text{m}^3] \times \frac{1}{3}\right) = 6.93[\text{m}^3]$$

[옥상 설치 제외 대상]

① 지하층만 있는 건축물
② 고가수조를 가압송수장치로 설치한 옥내소화전설비
③ 수원이 건축물의 최상층에 설치된 방수구보다 높은 위치에 설치된 경우
④ 건축물의 높이가 지표면으로부터 10[m] 이하인 경우
⑤ 주펌프와 동등 이상의 성능이 있는 별도의 펌프로서 내연기관의 기동과 연동하여 작동되거나 비상전원을 연결하여 설치한 경우
⑥ 학교, 공장, 창고시설로서 동결의 우려가 있는 장소에 있어서는 기동스위치에 보호판을 부착하여 옥내소화전함 내에 설치할 수 있는 경우
⑦ 가압수조를 가압송수장치로 설치한 옥외소화전설비
※ ⑥은 수계소화설비에서 옥내소화전설비만 해당된다.

(3) 펌프의 양정

$$H = h_1 + h_2 + h_3 + 17$$

여기서, h_1 : 실양정(흡입양정+토출양정$= 0.8[\text{m}] + 1.0[\text{m}] + (4.0[\text{m}] \times 9\text{층}) + 2.0[\text{m}] = 39.8[\text{m}]$)
h_2 : 배관마찰손실수두($39.8[\text{m}] \times 0.25 = 9.95[\text{m}]$)
h_3 : 소방용 호스의 마찰손실수두(8[m])

∴ $H = 39.8[\text{m}] + 9.95[\text{m}] + 8[\text{m}] + 17 = 74.75[\text{m}]$

(4) 축동력

$$P[\text{kW}] = \frac{0.163 \times Q \times H}{\eta}$$

여기서, P : 전동기동력[kW]　　Q : 유량[m³/min]
H : 전양정[m]　　η : 펌프효율

∴ $P[\text{kW}] = \dfrac{0.163 \times Q \times H}{\eta} = \dfrac{0.163 \times 0.26[\text{m}^3/\text{min}] \times 74.75[\text{m}]}{0.7} = 4.53[\text{kW}]$

(5) 순환배관의 구경 : 20[mm] 이상

(6) 감압방법

① 중계펌프에 의한 방법 : 고층부와 저층부로 구역을 설정한 후 중계펌프를 건물 중간에 설치하는 방식
② 구간용 전용배관에 의한 방법 : 고층부와 저층부를 구분하여 펌프와 배관을 분리하여 설치하는 방식

③ 고가수조에 의한 방법 : 고가수조를 고층부와 저층부로 구역을 설정한 후 낙차의 압력을 이용하는 방식

④ 감압밸브에 의한 방법 : 호스접결구 인입측에 감압장치 또는 오리피스를 설치하여 낮추거나 또는 펌프의 토출측에 압력조절밸브를 설치하여 토출압력을 낮추는 방식

해답

(1) 260[L/min]

(2) 6.93[m^3]

(3) 74.75[m]

(4) 4.53[kW]

(5) 20[mm] 이상

(6) 중계펌프 방식, 구간용 전용배관방식, 고가수조 방식, 감압밸브 또는 오리피스 설치방식

07

그림은 CO_2 소화설비의 소화약제 저장용기 주위의 배관 계통도이다. 방호구역은 A, B 두 부분으로 나누어지고, 각 구역의 소요 약제량은 A 구역은 2B/T, B 구역은 5B/T이라 할 때 그림을 보고 다음 물음에 답하시오.

득점	배점
	7

물 음

(1) 각 방호구역에 소요 약제량을 방출할 수 있게 조작관에 설치할 체크밸브의 위치를 표시하시오.

(2) ①, ②, ③, ④ 기구의 명칭은 무엇인가?

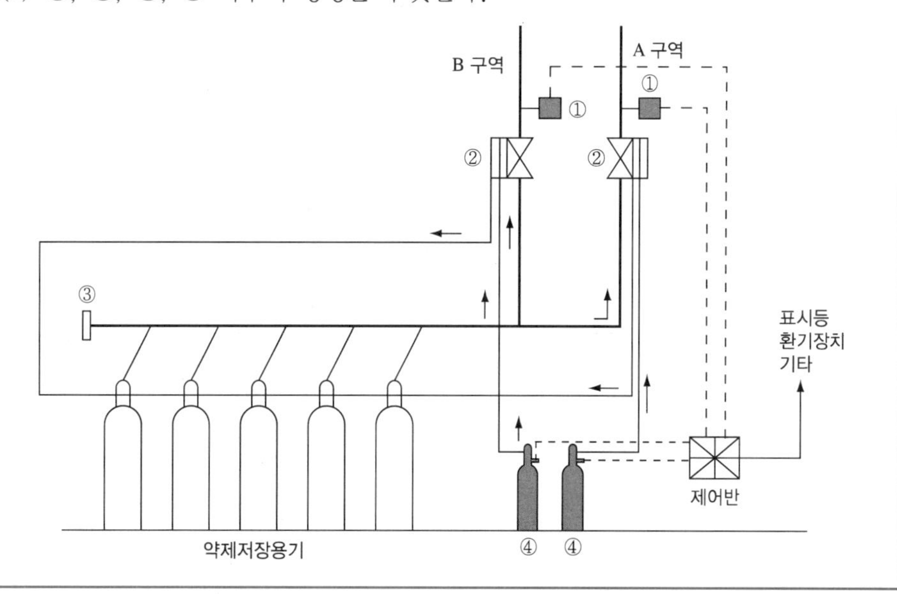

해설

이산화탄소 소화설비

• 체크밸브
- 방호구역의 저장용기의 병수를 계산하여 **역류방지용**으로 **동관에 체크밸브**를 설치한다.
- 저장용기와 집합관을 연결하는 **연결배관**에는 **체크밸브를 설치**하여야 한다.

• 각 부속품

번 호	명 칭	구 조	설치기준
①	압력스위치		각 **방호구역당 1개씩** 설치한다.
②	선택밸브		**방호구역** 또는 **방호 대상물**마다 설치한다.
③	안전밸브		**집합관**에 1개를 설치한다.
④	기동용기		각 **방호구역당 1개씩** 설치한다.

해답 (1)

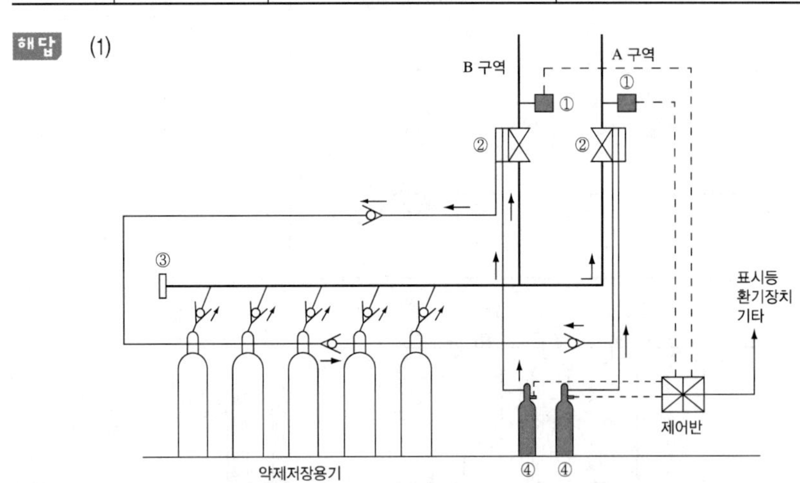

(2) ① 압력스위치 ② 선택밸브
③ 안전밸브 ④ 기동용 가스용기

PLUS ONE B/T = Bottle(병)

기동용기함에서 방호구역마다의 체크밸브 및 약제저장용기에 CO_2가스를 공급하여 체크밸브 개방 및 약제저장용기를 개방, 가스가 역류하는 것을 방지하기 위해 가스체크밸브를 사용

08

지상 10층에 옥내소화전설비가 설치되어 있다. 다음 조건을 이용하여 펌프의 전양정을 구하시오.

득점	배점
	3

조 건

- 진공계의 지시압은 150[mmHg]이다.
- 펌프에서 최상층의 소화전까지의 수직거리는 50[m]이다.
- 배관의 마찰손실수두는 실양정의 30[%]이다.
- 소방호스의 마찰손실수두는 실양정의 10[%]이다.

해설

전양정

$$H = h_1 + h_2 + h_3 + 17$$

여기서, H : 전양정[m]　　h_1 : 소방용 호스의 마찰손실수두[m]
h_2 : 배관의 마찰손실수두[m]　　h_3 : 낙차의 마찰손실수두[m]

① 실양정(낙차) = 흡입양정 + 토출양정

$$= \left(\frac{150[\text{mmHg}]}{760[\text{mmHg}]} \times 10.332[\text{m}]\right) + 50[\text{m}] = 52.04[\text{m}]$$

② 소방용 호스의 마찰손실수두 = 52.04[m] × 0.1 = 5.204[m]

③ 배관의 마찰손실수두 = 52.04[m] × 0.3 = 15.61[m]

∴ 전양정 = 5.204[m] + 15.61[m] + 52.04[m] + 17 = 89.85[m]

해답 89.85[m]

09

다음 조건을 기준으로 이산화탄소 소화설비에 대한 물음에 답하시오.

득점	배점
	8

조 건

- 소방대상물의 천장까지의 높이는 3[m]이고 방호구역의 크기와 용도는 다음과 같다.

<table>
<tr><td>통신기기실
가로 12[m] × 세로 10[m]
자동폐쇄장치 설치</td><td>전자제품창고
가로 20[m] × 세로 10[m]
개구부 2[m] × 2[m]</td></tr>
<tr><td colspan="2">위험물저장창고
가로 32[m] × 세로 10[m]
자동폐쇄장치 설치</td></tr>
</table>

- 소화약제는 고압저장방식으로 하고 충전량은 45[kg]이다.
- 통신기기실과 전자제품창고는 전역방출방식으로 설치하고 위험물 저장창고에는 국소방출방식을 적용한다.
- 개구부 가산량은 10[kg/m^2], 사용하는 CO_2는 순도 99.5[%], 헤드의 방사율은 1.3[kg/mm^2 · min · 개]이다.

- 위험물저장창고에는 가로, 세로가 각각 5[m], 높이가 2[m]인 개방된 용기에 제4류 위험물을 저장한다.
- 주어진 조건 외는 소방관련법규 및 소방화재안전기준에 준한다.

물 음

(1) 각 방호구역에 대한 약제저장량은 몇 [kg] 이상인가?
① 통신기기실
② 전자제품창고
③ 위험물저장창고

(2) 각 방호구역별 약제저장용기는 몇 병인가?
① 통신기기실
② 전자제품창고
③ 위험물저장창고

(3) 통신기기실 헤드의 방사압력은 몇 [MPa]이어야 하는가?

해설

- 전역방출방식
소요약제저장량[kg]
= 방호구역체적[m^3] × 소요약제량[kg/m^3] + 개구부면적[m^2] × 개구부가산량[kg/m^2]

[종이, 목재, 석탄, 섬유류, 합성수지류 등 심부화재 방호대상물]

방호대상물	방호구역 1[m^3]에 대한 소화약제의 양	설계농도 [%]	개구부 가산량[kg/m^2] (자동폐쇄장치 미설치 시)
유압기기를 제외한 전기설비 · 케이블실	1.3[kg]	50	10[kg]
체적 55[m^3] 미만의 전기설비	1.6[kg]	50	10[kg]
서고, 전자제품창고, 목재가공품 창고, 박물관	2.0[kg]	65	10[kg]
고무류, 면화류창고, 모피창고, 석탄창고, 집진설비	2.7[kg]	75	10[kg]

- 국소방출방식
㉠ 윗면이 개방된 용기에 저장하는 경우, 화재 시 연소면이 한정되고 가연물이 비산할 우려가 없는 경우

$$\text{소요약제저장량[kg]} = \text{방호대상물 표면적}[m^2] \times 13[kg/m^2] \times \begin{pmatrix} \text{고압식 } 1.4 \\ \text{저압식 } 1.1 \end{pmatrix}$$

㉡ ㉠ 외의 경우

$$\text{소요약제저장량[kg]} = \text{방호공간의 체적}[m^3] \times Q \times \begin{pmatrix} \text{고압식 } 1.4 \\ \text{저압식 } 1.1 \end{pmatrix}$$

$$Q = 8 - 6\frac{a}{A}$$

여기서, Q : 소요약제량[kg/m^3]　　A : 방호공간의 벽면적의 합계[m^2]
a : 방호대상물 주위에 설치된 벽면적의 합계[m^2]

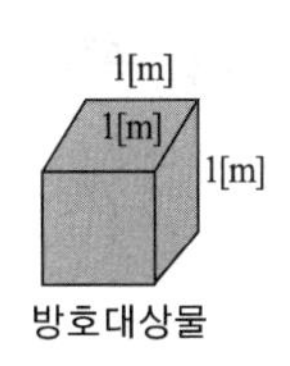

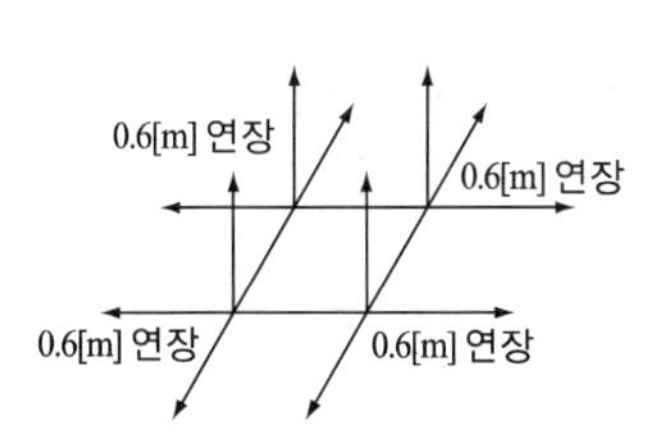

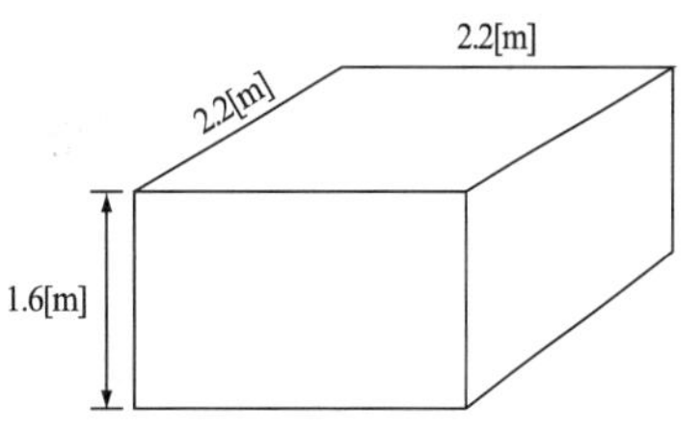

(1) 약제저장량

① 통신기기실(전역방출)

$$Q = (12[\text{m}] \times 10[\text{m}] \times 3[\text{m}]) \times 1.3[\text{kg/m}^3] = 468[\text{kg}]$$

∴ 순도 99.5[%]이므로 $\dfrac{468[\text{kg}]}{0.995} = 470.35[\text{kg}]$

② 전자제품창고(전역방출)

$$Q = (20[\text{m}] \times 10[\text{m}] \times 3[\text{m}]) \times 2[\text{kg/m}^3] + (2[\text{m}] \times 2[\text{m}]) \times 10[\text{kg/m}^3] = 1{,}240[\text{kg}]$$

∴ 순도 99.5[%]이므로 $\dfrac{1{,}240[\text{kg}]}{0.995} = 1{,}246.23[\text{kg}]$

개구부가산량은 표면화재 5[kg/m^2], 심부화재 10[kg/m^2]

③ 위험물 저장창고(국소방출)

$$Q = (5[\text{m}] \times 5[\text{m}]) \times 13[\text{kg/m}^2] \times 1.4(\text{고압식}) = 455[\text{kg}]$$

∴ 순도 99.5[%]이므로 $\dfrac{455[\text{kg}]}{0.995} = 457.29[\text{kg}]$

(2) 약제저장용기

① 통신기기실 $470.35[\text{kg}]/45[\text{kg}] = 10.45$병 ⇒ 11병

② 전자제품창고 $1{,}246.23[\text{kg}]/45[\text{kg}] = 27.69$병 ⇒ 28병

③ 위험물 저장창고 $457.29[\text{kg}]/45[\text{kg}] = 10.16$병 ⇒ 11병

(3) 헤드의 방사압력

고압식	저압식
2.1[MPa] 이상	10.5[MPa] 이상

해답 (1) ① 통신기기실 : 470.35[kg]
② 전자제품창고 : 1,246.23[kg]
③ 위험물저장창고 : 457.29[kg]

(2) ① 통신기기실 : 11병
② 전자제품창고 : 28병
③ 위험물저장창고 : 11병

(3) 2.1[MPa] 이상

10

습식 스프링클러설비를 아래의 조건을 이용하여 그림과 같이 9층 백화점 건물에 시공할 경우 다음 물음에 답하시오.

득점	배점
	12

조 건

- 배관 및 부속류의 마찰손실수두는 실양정의 40[%]이다.
- 펌프의 연성계 눈금은 −0.05[MPa]이다.
- 펌프의 체적효율(η_v) = 0.95, 기계효율(η_m) = 0.9, 수력효율(η_h) = 0.8이다.
- 전동기의 전달계수(K)는 1.2이다.

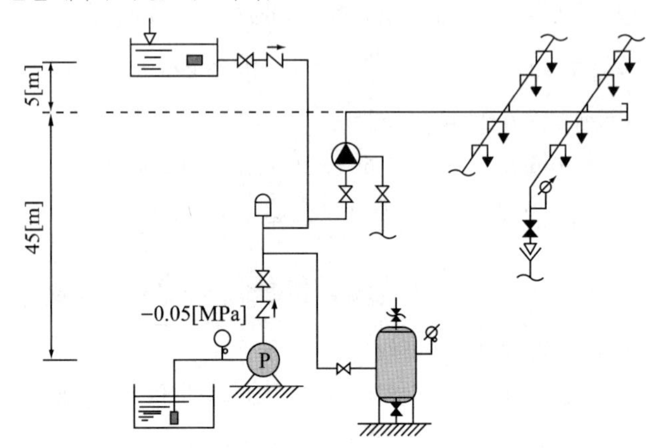

물 음

(1) 주펌프의 양정[m]을 구하시오.
(2) 주펌프의 토출량[L/min]을 구하시오.
(3) 주펌프의 효율[%]을 구하시오.
(4) 주펌프의 모터동력[kW]을 구하시오.

해설

(1) 양 정

$$H = h_1 + h_2 + 10$$

여기서, H : 전양정[m]

h_1 : 실양정(흡입양정+토출양정]=45[m]+5.1[m](0.05[MPa])=50.1[m])

h_2 : 배관마찰손실수두[m]=50.1×0.4=20.04[m]

[참고]
① 실양정 = 흡인양정 + 토출양정 = 50.1[m]
② 자연낙차압 = 45[m] + 5[m] = 50[m]

$\therefore\ H = 50.1[m] + 20.04[m] + 10 = 80.14[m]$

(2) 토출량

$$Q = N \times 80[L/min]$$

여기서, N : 헤드 수(백화점 : 30개)

[헤드의 기준개수]

<table>
<tr><th colspan="3">특정소방대상물</th><th>헤드의 기준개수</th></tr>
<tr><td rowspan="6">지하층을 제외한 층수가 10층 이하인 소방대상물</td><td rowspan="2">공장 또는 창고(랙식 창고를 포함한다)</td><td>특수가연물을 저장, 취급하는 것</td><td>30</td></tr>
<tr><td>그 밖의 것</td><td>20</td></tr>
<tr><td rowspan="2">근린생활시설, 판매시설, 운수시설 또는 복합건축물</td><td>판매시설 또는 복합건축물(판매시설이 설치되는 복합건축물을 말한다)</td><td>30</td></tr>
<tr><td>그 밖의 것</td><td>20</td></tr>
<tr><td rowspan="2">그 밖의 것</td><td>헤드의 부착높이가 8[m] 이상의 것</td><td>20</td></tr>
<tr><td>헤드의 부착높이가 8[m] 미만의 것</td><td>10</td></tr>
<tr><td colspan="3">아파트</td><td>10</td></tr>
<tr><td colspan="3">지하층을 제외한 층수가 11층 이상인 특정소방대상물(아파트를 제외한다) 지하가 또는 지하역사</td><td>30</td></tr>
</table>

$\therefore\ Q = 30\text{개} \times 80[\text{L/min}] = 2{,}400[\text{L/min}]$

(3) 효 율

전체효율(η)=체적효율(η_v)×기계효율(η_m)×수력효율(η_h)

$= 0.95 \times 0.9 \times 0.8 = 0.684 \times 100 = 68.4[\%]$

(4) 모터동력

$$P[\text{kW}] = \frac{0.163 \times Q \times H}{\eta} \times K$$

여기서, Q : 유량[m^3/min]　　H : 전양정[m]

η : 전체효율　　K : 전달계수

$$\therefore\ P[\text{kW}] = \frac{0.163 \times 2.4[\text{m}^3/\text{min}] \times 80.14[\text{m}]}{0.684} \times 1.2 = 55.00[\text{kW}]$$

해답 (1) 80.14[m]　　(2) 2,400[L/min]

(3) 68.4[%]　　(4) 55.00[kW]

11

다음 그림은 어느 실의 평면도이다. 이들 실 중 A실을 급기 가압하고자 한다. 주어진 조건을 참조하여 문의 총합성 틈새면적[m^2]을 계산하시오.

득점	배점
	5

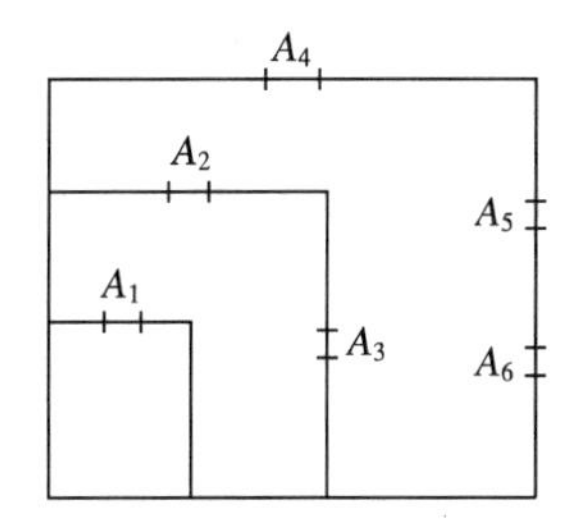

조 건

- A_1 ~ A_3 문의 틈새면적은 0.02[m^2]이다.
- A_4 ~ A_6 문의 틈새면적은 0.01[m^2]이다.

해설

A_4, A_5, A_6 틈새면적의 합은 병렬

$A_4 + A_5 + A_6 = 0.01[\text{m}^2] + 0.01[\text{m}^2] + 0.01[\text{m}^2] = 0.03[\text{m}^2]$

A_2, A_3 틈새면적의 합은 병렬

$A_2 + A_3 = 0.02[\text{m}^2] + 0.02[\text{m}^2] = 0.04[\text{m}^2]$

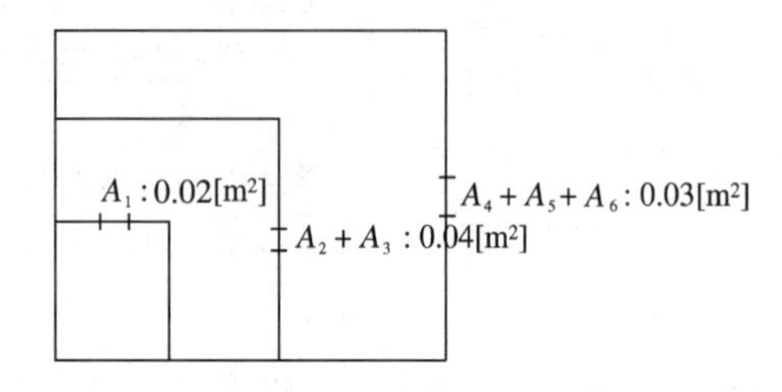

$A_4 + A_5 + A_6$과 $A_2 + A_3$의 틈새면적의 합은 직렬

$$A_{2\sim6} = \frac{1}{\sqrt{\frac{1}{(A_4+A_5+A_6)^2} + \frac{1}{(A_2+A_3)^2}}} = \frac{1}{\sqrt{\frac{1}{(0.03[\text{m}^2])^2} + \frac{1}{(0.04[\text{m}^2])^2}}}$$

$= 0.024[\text{m}^2]$

$A_{2\sim6}$과 A_1의 틈새면적의 합은 직렬

$$A_{1\sim6} = \frac{1}{\sqrt{\frac{1}{(A_2+A_3+A_4+A_5+A_6)^2} + \frac{1}{A_1^2}}} = \frac{1}{\sqrt{\frac{1}{(0.024[\text{m}^2])^2} + \frac{1}{(0.02[\text{m}^2])^2}}}$$

$= 0.0153 = 0.02[\text{m}^2]$

해답 $0.02[\text{m}^2]$

12

경유를 저장하는 탱크의 내부직경이 50[m]인 플로팅루프탱크(Floating Roof Tank)에 포말소화설비의 특형방출구를 설치하여 방호하려고 할 때 다음의 물음에 답하시오.

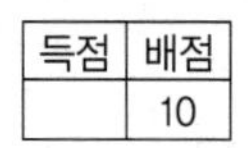

득점	배점
	10

조 건

- 소화약제는 3[%]용의 단백포를 사용하며 수용액의 분당방출량은 $8[\text{L/m}^2 \cdot \text{min}]$이고 방사시간은 20분을 기준으로 한다.
- 탱크 내면과 굽도리판의 간격은 1.4[m]로 한다.
- 펌프의 효율은 60[%], 전동기의 전달계수는 1.1로 한다.

물 음

(1) 상기 탱크의 특형 고정포 방출구에 의하여 소화하는 데 필요한 수용액의 양 $[m^3]$, 수원의 양$[m^3]$, 포소화약제 원액의 양$[m^3]$은 각각 얼마 이상이어야 하는가?
(2) 수원을 공급하는 가압송수장치(펌프)의 분당토출량[L/min]은 얼마 이상이어야 하는가?
(3) 펌프의 전양정이 80[m]라고 할 때 전동기의 출력[kW]은 얼마 이상이어야 하는가?
(4) 이 설비의 고정포방출구의 종류는 무엇인가?

해설

(1) 수용액의 양

$$Q = A \times Q_1 \times T \times S$$

A : 탱크단면적$[m^2]$
A에서 특형방출구이므로 탱크 양 벽면과 굽도리판 사이를 고려해서 면적을 구하면

$$A = \frac{\pi}{4}[(50[m])^2 - (47.2[m])^2] = 213.75[m^2]$$

Q_1 : 단위면적당 분당 방사포 수용액 양(8[L/m^2 · min])
T : 방사시간(20[min])

- 포 원액의 양 $Q = 213.75[m^2] \times 8[L/min \cdot m^2] \times 20[min] \times 0.03 = 1,026[L] \fallingdotseq 1.03[m^3]$
- 수원의 양 $Q = 213.75[m^2] \times 8[L/min \cdot m^2] \times 20min \times 0.97 = 33,174[L] \fallingdotseq 33.17[m^3]$
- 수용액의 양 Q = 원액의 양 + 수원의 양 = $1.03[m^3] + 33.17[m^3] = 34.2[m^3]$

(2) 분당 토출량[L/min]
20분간 방사하므로 $34.2[m^3]/20[min] = 1.71[m^3/min]$

(3) 전동기 출력

$$P[kW] = \frac{0.163 \times Q \times H}{\eta} \times K$$

여기서, Q : 유량(1.71$[m^3/min]$) H : 전양정(80[m])
K : 전달계수(1.1) η : 효율(60[%])

$$\therefore P[kW] = \frac{0.163 \times Q \times H}{\eta} \times K = \frac{0.163 \times 1.71[m^3/min] \times 80[m]}{0.6} \times 1.1 \fallingdotseq 40.88[kW]$$

(4) 플로팅루프탱크(Floating Roof Tank) : 특형 포방출구

해답 (1) 수용액의 양 : 34.2$[m^3]$, 수원의 양 : 33.17$[m^3]$, 원액의 양 : 1.03$[m^3]$
(2) 1.71$[m^3/min]$
(3) 40.88[kW]
(4) 특형 포방출구

13

어떤 지하상가 제연설비를 화재안전기준과 아래조건에 따라 설치하려고 한다.

득점	배점
	10

조 건

- 주덕트의 높이제한은 500[mm]이다(강판 두께, 덕트 플랜지 및 보온두께는 고려지 않는다).
- 배출기는 원심 다익형이다.
- 각종 효율은 무시한다.
- 예상 제연구역의 설계 배출량은 40,000[m^3/h]이다.

물 음

(1) 배출기의 흡입측 주 덕트의 최소 폭[mm]을 계산하시오.
(2) 배출기의 배출측 주 덕트의 최소 폭[mm]를 계산하시오.
(3) 준공 후 풍량시험을 한 결과 풍량은 32,000[m^3/h], 회전수는 500[rpm], 축동력은 7.0[kW]로 측정되었다. 배출량 40,000[m^3/h]를 만족시키기 위한 배출구 회전수[rpm]를 계산하시오.
(4) 회전수를 높여 배출량을 만족시킬 경우 예상 축동력[kW]을 계산하시오.

해설

(1) 흡입측 주 덕트의 최소 폭

$$Q = u\,A$$

여기서, Q = 40,000[m^3/h]=40,000[m^3]/3,600[s]=11.1[m^3/s]
u = 풍속(배출기 흡입측 풍도 안의 풍속 : 15[m/s] 이하)
A = 0.5[m](500[mm]) × L

∴ $Q = uA$

11.1[m^3/s]=15[m/s] × (0.5[m] × L)

덕트의 최소 폭 L = 1.48[m] = 1,480[mm]

(2) 배출측 주 덕트의 최소 폭

$$Q = u\,A$$

여기서, Q = 40,000[m^3/h]=40,000[m^3]/3,600[s]=11.1[m^3/s]
u = 풍속(배출기 흡입측 풍도 안의 풍속 : 20[m/s] 이하)
A = 0.5[m] × L

∴ $Q = u\,A$

11.1[m^3/s]=20[m/s] × (0.5[m] × L)

덕트의 최소 폭 L = 1.11[m] ⇒ 1,110[mm]

(3) 배출구 회전수

$$\frac{Q_2}{Q_1} = \frac{N_2}{N_1}$$

여기서, Q : 풍량[m^3/h] N : 회전수[rpm]

∴ 배출구 회전수 $N_2 = N_1 \times \left(\frac{Q_2}{Q_1}\right) = 500[\text{rpm}] \times \left(\frac{40,000[\text{m}^3/\text{h}]}{32,000[\text{m}^3/\text{h}]}\right) = 625[\text{rpm}]$

(4) 축동력

$$P_2 = P_1 \times \left(\frac{N_2}{N_1}\right)^3 = 7[\text{kW}] \times \left(\frac{625}{500}\right)^3 = 13.67[\text{kW}]$$

해답 (1) 1,480[mm]
(2) 1,110[mm]
(3) 625[rpm]
(4) 13.67[kW]

14

다음 조건을 이용하여 할로겐화합물 및 불활성기체 소화설비에서 할로겐화합물 소화약제를 10초 동안 방사된 약제량을 구하시오.

득점	배점
	5

조 건

- 10초 동안 약제가 방사될 시 설계농도의 95[%]에 해당하는 약제가 방출된다.
- 방호구역은 가로 4[m], 세로 5[m], 높이 4[m]이다.
- 선형상수 $K_1 = 0.2413$, $K_2 = 0.00088$, 온도는 20[℃]이다.
- A급, C급 화재가 발생 가능한 장소로서 소화농도는 8.5[%]이다.

해설

할로겐화합물 소화약제량

$$W = \frac{V}{S} \times \frac{C}{100 - C}$$

여기서, W : 소화약제의 무게[kg]　　V : 방호구역의 체적(4[m]×5[m]×4[m] = 80[m³])
S : 소화약제별 선형상수 ($K_1 + K_2 \times t$ = 0.2413 + 0.00088 × 20 = 0.2589)
t : 방호구역의 최소예상온도[℃]
C : 소화약제의 설계농도[소화농도 × 1.2(안전율) = 8.5[%] × 1.2 = 10.2[%]

여기서, 95[%]에 해당하는 약제가 방출하므로 10.2[%] × 0.95 = 9.69[%]

① 약제 방출 시 : 10.2[%] × 0.95 = 9.69[%]
② 저장할 때 : 10.2[%]에 0.95를 곱하지 않는 10.2[%]이다.

$$\therefore W = \frac{80}{0.2589} \times \frac{9.69}{100 - 9.69} = 33.15[\text{kg}]$$

해답 33.15[kg]

15

전기실에 제1종 분말소화약제를 사용한 분말소화설비를 전역방출방식의 가압식으로 설치하려고 한다. 다음 조건을 참조하여 각 물음에 답하시오.

득점	배점
	8

조 건

- 특정소방대상물의 크기는 가로 20[m], 세로 10[m], 높이 3[m]인 내화구조로 되어 있다.
- 분사헤드의 1개의 방사량은 초당 1.5[kg]이다.
- 소화약제 저장량은 30초 이내에 방사한다.

물 음

(1) 이 소화설비에 필요한 약제저장량은 몇 [kg]인가?
(2) 가압용가스로 질소를 사용할 때 청소에 필요한 양[L]은 얼마 이상인가?
(3) 이 소화설비에 필요한 분사헤드의 수는 몇 개인가?
(4) 분사헤드의 수를 화재안전기준에 맞게 도면에 그리시오.

해설

(1) 약제저장량

① 방호구역의 체적 1[m^3]에 대하여 다음 표에 따른 양

소화약제의 종별	방호구역의 체적 1[m^3]에 대한 소화약제의 양
제1종 분말	0.60[kg]
제2종 분말 또는 제3종 분말	0.36[kg]
제4종 분말	0.24[kg]

② 방호구역에 개구부와 자동폐쇄장치는 문제에서 주어지지 않으므로 제외한다.

∴ 약제저장량 = 방호구역 체적[m^3]×필요가스량[kg/m^3]

= (20×10×3)[m^3]×0.6[kg/m^3] = 360[kg]

(2) 청소에 필요한 양[L]

가압용가스에 질소가스를 사용하는 것의 **질소가스**는 **소화약제 1[kg]마다 40[L]**(35[℃]에서 1기압의 압력상태로 환산한 것) 이상, 이산화탄소를 사용하는 것의 이산화탄소는 소화약제 1[kg]에 대하여 20[g]에 배관의 청소에 필요한 양을 가산한 양 이상으로 할 것

∴ 청소에 필요한 양 = 360[kg] × 40[L/kg] = 14,400[L]

(3) 분사헤드의 수

$$\text{헤드의 수} = \frac{\text{저장량}}{\text{방사량} \times \text{방사시간[s]}} = \frac{360[\text{kg}]}{1.5[\text{kg/s}] \times 30[\text{s}]} = 8\text{개}$$

(4) 배치도

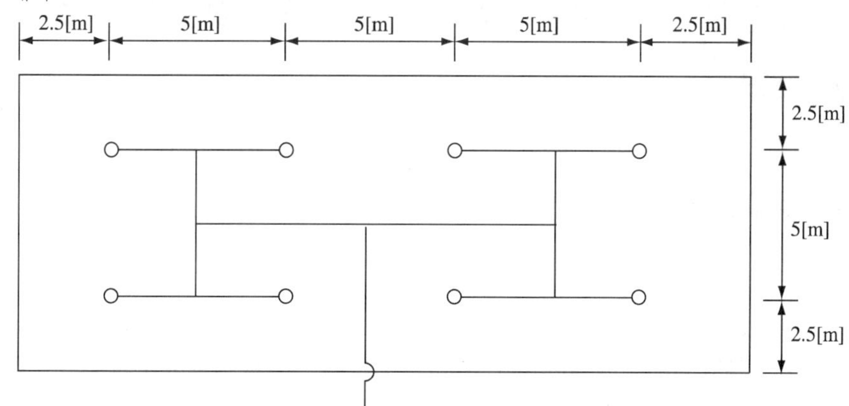

해답

(1) 360[kg]

(2) 14,400[L]

(3) 8개

(4) 배치도

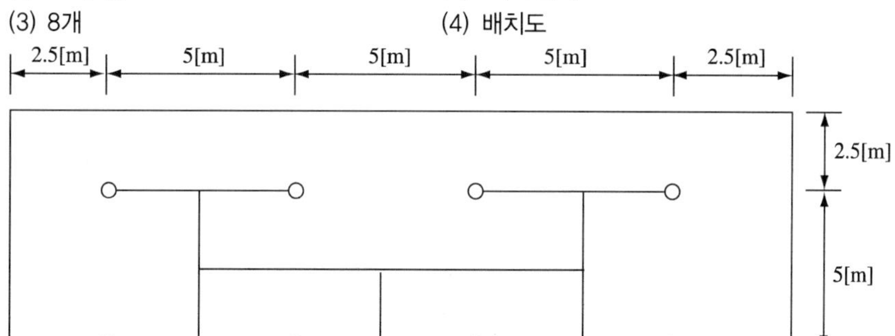

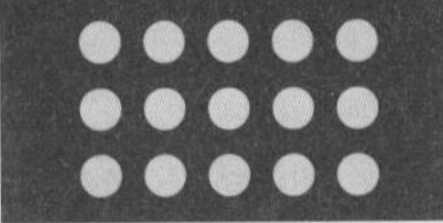

제 2 회 2020년 7월 25일 시행

※ 다음 물음에 대한 답을 해당 답란에 답하시오.(배점 : 100)

01

소화용 펌프가 유량 4,000[L/min], 임펠러 직경 150[mm], 회전수 1,770[rpm], 양정 50[m]로 송수하고 있을 때 펌프를 교환하여 임펠러 직경 200[mm], 회전수 1,170[rpm]으로 운전하면 유량[L/min]과 양정[m]을 각각 얼마로 변하겠는가?

득점	배점
	5

(1) 유 량

(2) 양 정

해설

펌프의 상사법칙

- 유량 $Q_2 = Q_1 \times \left(\frac{N_2}{N_1}\right) \times \left(\frac{D_2}{D_1}\right)^3$
- 양정 $H_2 = H_1 \times \left(\frac{N_2}{N_1}\right)^2 \times \left(\frac{D_2}{D_1}\right)^2$
- 동력 $P_2 = P_1 \times \left(\frac{N_2}{N_1}\right)^3 \times \left(\frac{D_2}{D_1}\right)^5$

여기서, N : 회전수 D : 직경

(1) 유 량 $Q_2 = Q_1 \times \frac{N_2}{N_1} \times \left(\frac{D_2}{D_1}\right)^3$

$$= 4{,}000[\text{L/min}] \times \frac{1{,}170[\text{rpm}]}{1{,}770[\text{rpm}]} \times \left(\frac{200[\text{mm}]}{150[\text{mm}]}\right)^3 = 6{,}267.42[\text{L/min}]$$

(2) 양 정 $H_2 = H_1 \times \left(\frac{N_2}{N_1}\right)^2 \times \left(\frac{D_2}{D_1}\right)^2$

$$= 50[\text{m}] \times \left(\frac{1{,}170[\text{rpm}]}{1{,}770[\text{rpm}]}\right)^2 \times \left(\frac{200[\text{mm}]}{150[\text{mm}]}\right)^2 = 38.84[\text{m}]$$

해답 (1) 유량 : 6,267.42[L/min]

(2) 양정 : 38.84[m]

02

간이스프링클설비의 화재안전기준에서 상수도직결형 및 캐비닛형 간이스프링클러설비를 제외한 가압송수장치를 설치하여야 하는 특정소방대상물의 기준을 쓰시오.

득점	배점
	5

해설

간이스프링클러설비의 펌프로 설치하여야 하는 대상

(1) 근린생활시설로 사용하는 부분의 바닥면적의 합계가 1,000[m^2] 이상인 것은 모든 층
(2) 생활형 숙박시설로서 해당 용도로 사용되는 바닥면적의 합계가 600[m^2] 이상인 것
(3) 복합건축물(별표 2 제30호 나목의 복합건축물만 해당한다)로서 연면적 1,000[m^2] 이상인 것은 모든 층

[별표 2 제30호 나목의 복합건축물]
나. 하나의 건축물이 근린생활시설, 판매시설, 업무시설, 숙박시설 또는 위락시설의 용도와 주택의 용도로 함께 사용되는 것

해답 (1) 근린생활시설로 사용하는 부분의 바닥면적의 합계가 1,000[m^2] 이상인 것은 모든 층
(2) 생활형 숙박시설로서 해당 용도로 사용되는 바닥면적의 합계가 600[m^2] 이상인 것
(3) 복합건축물(별표 2 제30호 나목의 복합건축물만 해당)로서 연면적 1,000[m^2] 이상인 것은 모든 층

03

다음 혼합물의 연소 상한계와 하한계를 구하고 이 물질의 연소 가능 범위를 구하시오.

득점	배점
	9

물 질	조성농도[%]	인화점[°F]	LFL[%]	UFL[%]
수 소	5	가 스	4	75
메 탄	10	−306	5	15
프로판	5	가 스	2.1	9.5
아세톤	10	가 스	2.5	13
공 기	70			
합 계	100			

(1) 연소상한계 : (　　)[%]
- 계산과정 :
- 답 :

(2) 연소하한계 : (　　)[%]
- 계산과정 :
- 답 :

(3) 연소가능범위여부를 판단하고 설명하시오.

해설

연소상한계(UFL)와 연소하한계(LFL)를 르샤틀리에 법칙으로 구한다.

$$L_m = \frac{100}{\dfrac{V_1}{L_1} + \dfrac{V_2}{L_2} + \cdots + \dfrac{V_n}{L_n}}$$

여기서, L_m : 혼합가스의 연소범위(상한값, 하한값의 용량[%])
V_1, V_2, V_3 : 가연성 가스의 용량[%]
L_1, L_2, L_3 : 연소상한계(UFL) 또는 연소하한계(LFL)의 값

$$V_1 + V_2 + \cdots + V_n = 100$$

※ 가연성 가스의 합이 100인데 이 문제는 조연성 가스인 공기가 70[%]이므로 분자의 100 대신에 30을 대입하여야 한다.

$$L_m = \frac{30}{\dfrac{V_1}{L_1} + \dfrac{V_2}{L_2} + \cdots + \dfrac{V_n}{L_n}}$$

(1) $L_m(\text{연소상한계}) = \dfrac{30}{\dfrac{5}{75} + \dfrac{10}{15} + \dfrac{5}{9.5} + \dfrac{10}{13}} = 14.79[\%]$

(2) $L(\text{연소하한계}) = \dfrac{30}{\dfrac{5}{4} + \dfrac{10}{5} + \dfrac{5}{2.1} + \dfrac{10}{2.5}} = 3.11[\%]$

(3) 연소가능여부

가연성 가스의 합계=수소 + 메탄 + 프로판 +아세톤
=5 +10+5+10=30[%]

※ 혼합가스 연소범위는 3.11~14.79[%]인데 가연성 가스의 합계가 30[%]이므로 연소하지 않는다.

해답 (1) 연소상한계 14.79[%]
(2) 연소하한계 3.11[%]
(3) 연소가 불가능하다.

04

특정소방대상물로서 아래 용도로 사용되는 바닥면적이 960[m^2]일 경우 소화기의 능력단위를 산정하시오(단, 벽 및 반자의 실내에 면하는 부분이 불연재료 · 준불연재료 또는 난연재료로 된 소방대상물이다).

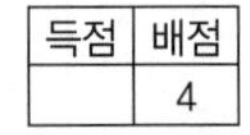

득점	배점
	4

(1) 내화구조인 전시장 :
(2) 내화구조가 아닌 위락시설 :

해설

소방대상물별 소화기구의 능력단위기준

소방대상물	소화기구의 능력단위
1. **위락시설**	해당 용도의 바닥면적 30[m^2]마다 능력단위 1단위 이상
2. 공연장, 집회장, 관람장, 문화재 및 의료시설	해당 용도의 바닥면적 50[m^2]마다 능력단위 1단위 이상
3. 근린생활시설, 판매시설 , 숙박시설, 노유자시설, 전시장, 공동주택, 업무시설, 방송통신시설, 공장, 창고시설, 항공기 및 자동차관련시설 및 관광휴게시설	해당 용도의 **바닥면적 100[m^2]마다** 능력단위 1단위 이상
4. 그 밖의 것	해당 용도의 바닥면적 200[m^2]마다 능력단위 1단위 이상

※ 소화기구의 능력단위를 산출함에 있어서 건축물의 **주요구조부가 내화구조**이고, **벽 및 반자의 실내에 면하는 부분이 불연재료・준불연재료 또는 난연재료로 된 소방대상물**에 있어서는 위 표의 **기준면적의 2배**를 해당 소방대상물의 기준면적으로 함

(1) 내화구조인 전시장

$$능력단위 = \frac{바닥면적}{기준면적 \times 2} = \frac{960[m^2]}{100[m^2] \times 2} = 4.8 \Rightarrow 5단위$$

(2) 내화구조가 아닌 위락시설

$$능력단위 = \frac{바닥면적}{기준면적} = \frac{960[m^2]}{30[m^2]} = 32단위$$

해답 (1) 5단위
(2) 32단위

05

화재안전기준에 준하여 설치된 연결송수관설비에 대하여 다음 물음에 답하시오.

득점	배점
	8

(1) 가압송수장치를 설치하여야 하는 높이와 설치하는 이유
(2) 펌프의 흡입측에 진공계 또는 연성계를 설치하지 않아도 되는 경우 2가지
(3) 펌프의 양정은 최상층에 설치된 노즐 선단의 압력
(4) 11층 이상의 부분에 설치하는 방수구는 쌍구형으로 하여야 하는데 단구형으로 설치할 수 있는 경우 2가지

해설

연결송수관설비

(1) 가압송수장치(펌프) 설치하는 높이와 설치이유
① 가압송수장치(펌프) 설치하는 높이 : 70[m] 이상
② 설치이유 : 소방자동차에서 공급되는 수압(양정)만으로는 부족하기 때문에 높이 70[m] 이상에서 규정방수압을 얻기 위하여 펌프를 설치한다.

(2) 펌프의 흡입측에 진공계 또는 연성계를 설치하지 않아도 되는 경우
① 수원의 수위가 펌프의 위치보다 높게 설치된 경우
② 수직회전축 펌프를 사용할 경우

(3) 노즐 선단의 압력 : 0.35[MPa] 이상

(4) 단구형으로 설치할 수 있는 경우
① 아파트의 용도로 사용되는 층
② 스프링클러설비가 유효하게 설치되어 있고 방수구가 2개소 이상 설치된 층

해답 (1) 가압송수장치
① 가압송수장치(펌프) 설치하는 높이 : 70[m] 이상
② 설치이유 : 규정방수압을 얻기 위하여 펌프를 설치한다.
(2) 진공계 또는 연성계를 설치하지 않아도 되는 경우 2가지
① 수원의 수위가 펌프의 위치보다 높게 설치된 경우
② 수직회전축 펌프를 사용할 경우
(3) 0.35[MPa] 이상
(4) 단구형으로 설치할 수 있는 경우
① 아파트의 용도로 사용되는 층
② 스프링클러설비가 유효하게 설치되어 있고 방수구가 2개소 이상 설치된 층

06

위험물을 취급하는 옥내 일반취급소에 전역방출방식의 분말소화설비를 설치하고자 한다. 방호대상이 되는 일반취급소의 용적은 3,000[m³]이며 자동폐쇄장치가 설치되지 않은 개구부의 면적은 20[m²]이고, 방호구역 내에 설치되어 있는 불연성 물체의 용적은 500[m³]이다. 이때 분말약제 소요량[kg]을 구하시오.

득점	배점
	5

조 건
- 방호구역 1[m³]당 약제량은 0.36[kg]으로 한다.
- 개구부 가산량은 1[m²]당 2.7[kg]으로 한다.

해설
분말약제 소요량[kg]
=방호구역체적[m^3]×약제량[kg/m^3]+개구부면적[m^2]×개구부가산량[kg/m^2]
(방호구역체적은 3,000[m^3]이나 불연성 물질의 체적이 500[m^3]이므로 고려하여야 한다)
∴ 분말약제 소요량[kg]

$$= (3{,}000[m^3] - 500[m^3]) \times 0.36[kg/m^3] + 20[m^2] \times 2.7[kg/m^2] = 954[kg]$$

해답 954[kg]

07

지상 10층의 백화점 건물에 옥내소화전설비를 화재안전기준 및 조건에 따라 설치되었을 때 아래 그림을 참조하여 각 물음에 답하시오.

득점	배점
	25

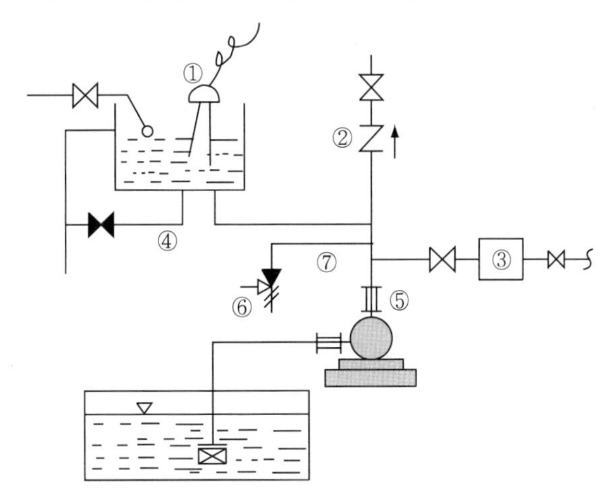

조 건

- 옥내소화전은 1층부터 5층까지는 각층에 7개, 6층부터 10층까지는 각층에 5개가 설치되었다고 한다.
- 펌프의 풋밸브에서 10층의 옥내소화전 방수구까지 수직거리는 40[m]이고 배관상 마찰손실(소방용 호스 제외)은 20[m]로 한다.
- 소방용 호스의 마찰손실은 100[m]당 26[m]로 하고 호스 길이는 15[m], 수량은 2개이다.
- 계산 과정상 π=3.14로 한다.

물 음

(1) 펌프의 최소토출량[m^3/min]은 얼마인가?
(2) 수원의 최소유효저수량[m^3]은 얼마인가?
(3) 옥상수조에 저장하여야 할 최소유효저수량[m^3]은 얼마인가?
(4) 전양정[m]은 얼마인가?
(5) 펌프의 모터동력[kW]은 얼마 이상인가?(단, 펌프의 효율은 60[%]이다)
(6) 소방용 호스 노즐의 방사 압력을 측정한 결과 0.25[MPa]이었다. 10분간 방사시 방사량[L]을 산출하시오.
(7) 펌프의 토출측 주배관의 관경[mm]은 얼마 이상이어야 하는가?(단, 배관 내 유속은 4[m/s] 이하)
(8) 펌프의 성능시험배관 최소관경[mm]을 보기에서 선정하시오.

> 25[mm], 32[mm], 40[mm], 50[mm], 65[mm], 80[mm], 100[mm]

(9) 그림에서 각 번호의 명칭을 쓰시오.
(10) 그림에서 ⑦번 배관의 설치이유를 간단히 쓰시오.

해설

(1) 최소토출량

$$Q = N(\text{최대 5개}) \times 130[\text{L/min}]$$

$\therefore\ Q = 5\text{개} \times 130[\text{L/min}] = 650[\text{L/min}] = 0.65[\text{m}^3/\text{min}]$

(2) 유효저수량

$$Q = N(\text{최대 5개}) \times 2.6[\text{m}^3]$$

$\therefore\ Q = 5\text{개} \times 2.6[\text{m}^3] = 13[\text{m}^3]$

PLUS ONE **수 원**

- 29층 이하 = N(최대 5개) × 2.6[m^3](호스릴 옥내소화전설비를 포함)
  (130[L/min] × 20[min] = 2,600[L] = 2.6[m^3])
- 30층 이상 49층 이하 = N(최대 5개) × 130[L/min] × 40[min] = 5,200[L] = 5.2[m^3]
- 50층 이상 = N(최대 5개) × 130[L/min] × 60[min] = 7,800[L] = 7.8[m^3]

(3) 옥상수조에 저장하여야 할 최소유효저수량

$\therefore$ 옥상수조 저수량 $= \dfrac{13[\text{m}^3]}{3} = 4.33[\text{m}^3]$

(4) 전양정

$$H = h_1 + h_2 + h_3 + 17$$

여기서, H : 전양정[m]
h_1 : 실양정(40[m])
h_2 : 배관마찰손실수두(20[m])
h_3 : 소방호스마찰손실수두(15[m]/개 × 2개 × $\dfrac{26[\text{m}]}{100[\text{m}]}$ = 7.8[m])

$\therefore\ H = 40[\text{m}] + 20[\text{m}] + 7.8[\text{m}] + 17 = 84.8[\text{m}]$

(5) 모터동력

$$P[\text{kW}] = \frac{0.163 \times Q \times H}{\eta} \times K$$

여기서, P : 모터동력[kW]
Q : 유량[m^3/min]
H : 전양정[m]
η : 효율
K : 전달계수

$\therefore\ P = \dfrac{0.163 \times 0.65[\text{m}^3/\text{min}] \times 84.8[\text{m}]}{0.6} = 14.97[\text{kW}]$

(6) 방사량

$$Q = 0.6597\, CD^2 \sqrt{10P}$$

여기서, Q : 유량[L/min]
C : 유량계수
D : 직경[mm]
P : 방사압력[MPa]

$Q = 0.6597 \times (13[\text{mm}])^2 \times \sqrt{10 \times 0.25[\text{MPa}]} \times 10[\text{min}] = 1{,}762.80[\text{L}]$

(7) 주배관의 관경

$$Q = uA = u \times \frac{\pi}{4} D^2$$

$$\therefore \ D = \sqrt{\frac{4Q}{\pi u}} = \sqrt{\frac{4 \times 0.65[\mathrm{m}^3]/60[\mathrm{s}]}{\pi \times 4[\mathrm{m/s}]}} = 0.0587[\mathrm{m}] = 58.7[\mathrm{mm}] \Rightarrow 65[\mathrm{mm}]$$

(8) 성능시험배관의 최소관경

성능시험 중 과부하시험 시 유량이 정격토출량의 150[%]를 토출 시 정격토출압력의 65[%] 이상이어야 한다는 시험조건에서

$Q = 0.6597 D^2 \sqrt{10P}$ 에서 $D^2 = \dfrac{Q}{0.6597\sqrt{10P}}$ $(P = 84.8[\mathrm{m}] = 0.832[\mathrm{MPa}])$

$D = \sqrt{\dfrac{Q}{0.6597\sqrt{10P}}}$ 에서 Q는 최대시험유량인 150[%] 유량 $1.5Q$를

압력 P는 그때의 압력요건인 정격토출 압력의 65[%] 이상인 $0.65P$를 대입하여야 함

$$D = \sqrt{\frac{1.5Q}{0.6597\sqrt{10 \times 0.65\mathrm{P}}}} = \sqrt{\frac{1.5 \times (650[\mathrm{L/min}])}{0.6597\sqrt{10 \times 0.65 \times (0.832[\mathrm{MPa}])}}}$$

$$= 25.21[\mathrm{mm}] \Rightarrow 32[\mathrm{mm}]$$

(9) 도 면

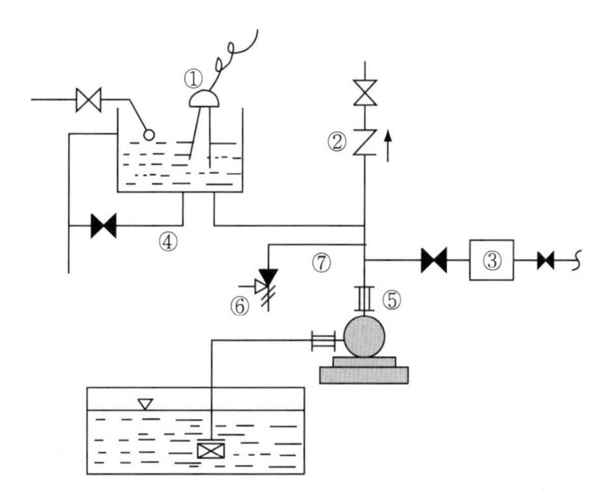

① 감수경보장치 : 탱크에 물이 부족할 때 감시제어반에 신호를 전하는 장치
② 체크밸브 : 역류를 방지하기 위하여 설치한다.
③ 유량계 : 펌프의 성능시험 시 정격토출량의 150[%]로 운전 시 정격토출압력의 65[%] 이상이 되는 지 확인하는 유량계이다.
④ 배수관 : 물올림장치의 청소나 보수 시 물을 배수하기 위한 배관
⑤ 플렉시블 조인트 : 펌프의 기동이나 정지 시 충격을 완화하기 위하여 설치한다.
⑥ 릴리프밸브 : 순환배관상에 설치하며 체절압력 미만에서 작동한다.
⑦ 순환배관 : 펌프의 체절운전 시 체절압력에서 가압수를 방출하여 수온의 상승을 방지하기 위하여 설치하는 배관

해답

(1) 0.65[m^3/min]
(2) 13[m^3]
(3) 4.33[m^3]
(4) 84.8[m]
(5) 14.97[kW]
(6) 1,762.80[L]
(7) 65[mm]
(8) 32[mm]
(9) ① 감수경보장치(플로트스위치) ② 체크밸브
③ 유량계 ④ 배수관
⑤ 플렉시블 조인트(신축배관) ⑥ 릴리프밸브
⑦ 순환배관
(10) 펌프의 체절운전 시 체절압력 미만에서 가압수를 방출하여 수온의 상승을 방지하기 위하여

08

가스계소화약제인 할로겐화합물 및 불활성기체 소화약제의 구비조건을 쓰시오.

득점	배점
	5

해설

할로겐화합물 및 불활성기체 소화약제의 구비조건

- 독성이 낮고 설계농도는 NOAEL(인간의 심장에 영향을 주지 않는 최대 허용농도) 이하일 것
- 오존층파괴지수(ODP), 지구온난화지수(GWP)가 낮을 것
- 소화효과는 할론소화약제와 유사할 것
- 비전도성이고 소화 후 증발잔유물이 없을 것
- 저장 시 분해하지 않고 용기를 부식시키지 않을 것

해답

(1) 독성이 낮고 설계농도는 NOAEL 이하일 것
(2) 오존층파괴지수, 지구온난화지수가 낮을 것
(3) 소화효과는 할론소화약제와 유사할 것
(4) 비전도성이고 소화 후 증발잔유물이 없을 것
(5) 저장 시 분해하지 않고 용기를 부식시키지 않을 것

09

직경이 30[cm]인 소화배관에 0.2[m^3/s]의 유량으로 흐르고 있다. 이 관의 직경은 15[cm], 길이는 300[m]인 Ⓑ배관과 직경이 20[cm], 길이가 600[mm]인 Ⓐ배관이 그림과 같이 평행하게 연결되었다가 다시 30[cm]으로 합쳐 있다. 각 분기관에서의 관마찰계수는 0.022라 할 때 Ⓐ배관 및 Ⓑ배관의 유량을 계산하시오(단, Darcy-Weisbach식을 사용할 것).

득점	배점
	6

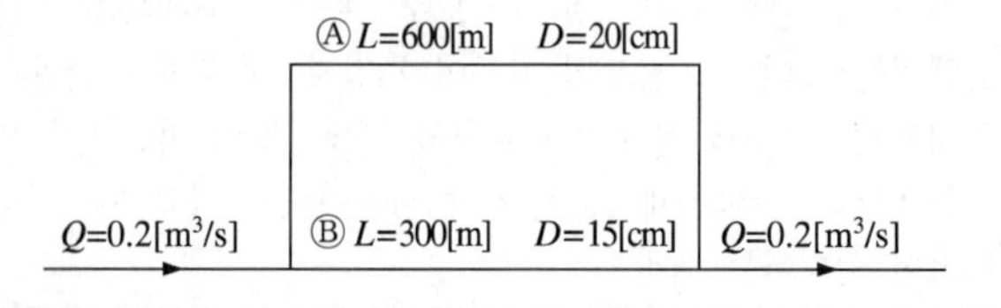

해설

Darcy-Weisbach 식을 이용하면

$$H = \frac{\Delta P}{\gamma} = \frac{f l u^2}{2gD}$$

여기서, $H_{Ⓐ} = H_{Ⓑ}$ 가 같으므로

$$\frac{f l_A u_A^2}{2gD_A} = \frac{f l_B u_B^2}{2gD_B}$$

$$\frac{0.022 \times 600[\text{m}] \times u_A^2}{2 \times 9.8[\text{m/s}^2] \times 0.2[\text{m}]} = \frac{0.022 \times 300[\text{m}] \times u_B^2}{2 \times 9.8[\text{m/s}^2] \times 0.15[\text{m}]}$$

$3.367u_A^2 = 2.245u_B^2$

$u_A = \sqrt{\frac{2.245}{3.367} u_B^2} = 0.817u_B$

$Q_{\text{Total}} = Q_A + Q_B = A_A u_A + A_B u_B$

$Q = \left[\frac{\pi (0.2[\text{m}])^2}{4} \times 0.817u_B\right] + \left[\frac{\pi (0.15[\text{m}])^2}{4} \times u_B\right] = 0.2[\text{m}^3/\text{s}]$

$0.0257u_B + 0.01766u_B = 0.2[\text{m}^3/\text{s}]$

$0.04336u_B = 0.2[\text{m}^3/\text{s}]$

Ⓑ의 유속 $u_B = \frac{0.2[\text{m}^3/\text{s}]}{0.04336} = 4.61[\text{m/s}]$

Ⓐ의 유속 $u_A = 0.817u_B = 0.817 \times 4.61[\text{m/s}] = 3.77[\text{m/s}]$

Ⓐ의 유량 $Q_A = A_A u_A = \frac{\pi (0.2[\text{m}])^2}{4} \times 3.77[\text{m/s}] = 0.118[\text{m}^3/\text{s}]$

Ⓑ의 유량 $Q_B = A_B u_B = \frac{\pi (0.15[\text{m}])^2}{4} \times 4.61[\text{m/s}] = 0.081[\text{m}^3/\text{s}]$

해답 $Q_A = 0.12[\text{m}^3/\text{s}]$

$Q_B = 0.08[\text{m}^3/\text{s}]$

10

다음은 각종 제연방식 중 자연제연방식에 대한 내용이다. 주어진 조건을 참조하여 각 물음에 답하시오.

득점	배점
	10

조 건

- 연기층과 공기층의 높이차는 3[m]이다.
- 화재실의 온도는 707[℃]이고, 외부온도는 27[℃]이다.
- 공기평균분자량은 28이고, 연기의 평균분자량은 29라고 가정한다.
- 화재실 및 실외의 기압은 1기압이다.
- 중력가속도는 9.8[m/s^2]로 한다.

물음

(1) 연기의 유출속도[m/s]를 산출하시오.
(2) 외부풍속[m/s]을 산출하시오.
(3) 자연제연방식을 변경하여 화재실 상부에 배연기(배풍기)를 설치해 연기를 배출하는 형식으로 한다면 그 방식은 무엇인가?
(4) 일반적으로 가장 많이 이용하고 있는 제연방식을 3가지만 쓰시오.
(5) 화재실의 바닥면적이 300[m²]이고 Fan의 효율은 60[%], 전압 70[mmHg], 여유율 10[%]로 할 경우 설비의 풍량을 송풍할 수 있는 배출기의 최소동력[kW]을 산출하시오.

해설

(1) 연기의 유출속도

$$u=\sqrt{2gH\left(\frac{\rho_a}{\rho_s}-1\right)}$$

여기서, u : 연기속도[m/s] g : 중력가속도(9.8[m/s²])
ρ_s : 연기밀도[kg/m³] ρ_a : 공기밀도[kg/m³]
H : 연기와 공기의 높이차[m]

① 연기의 밀도

$$\rho=\frac{PM}{RT}$$

여기서, P : 압력[N/m²] M : 분자량
R : 기체상수(8,314[N · m/kg-mol · K])
T : 절대온도(273 + 707 = 980[K])

$$\therefore\ \rho_s=\frac{PM}{RT}=\frac{101{,}325[\mathrm{N/m^2}]\times 29[\mathrm{kg/kg-mol}]}{8{,}314[\mathrm{N\cdot m/kg-mol\cdot K}]\times 980[\mathrm{K}]}=0.36[\mathrm{kg/m^3}]$$

② 공기의 밀도

$$\therefore\ \rho_a=\frac{PM}{RT}=\frac{101{,}325[\mathrm{N/m^2}]\times 28[\mathrm{kg/kg-mol}]}{8{,}314[\mathrm{N\cdot m/kg-mol\cdot K}]\times(273+27)[\mathrm{K}]}=1.14[\mathrm{kg/m^3}]$$

③ 연기의 유출속도

$$u_s=\sqrt{2gH\left(\frac{\rho_a}{\rho_s}-1\right)}=\sqrt{2\times 9.8[\mathrm{m/s^2}]\times 3[\mathrm{m}]\times\left(\frac{1.14[\mathrm{kg/m^3}]}{0.36[\mathrm{kg/m^3}]}-1\right)}=11.29[\mathrm{m/s}]$$

(2) 외부풍속

$$u_o=u_s\times\sqrt{\frac{\rho_s}{\rho_a}}$$

여기서, u_s : 연기의 유출속도[m/s]
ρ_s : 연기밀도[kg/m³] ρ_a : 공기밀도[kg/m³]

$$\therefore\ u_o=u_s\times\sqrt{\frac{\rho_s}{\rho_a}}=11.29[\mathrm{m/s}]\times\sqrt{\frac{0.36[\mathrm{kg/m^3}]}{1.14[\mathrm{kg/m^3}]}}=6.34[\mathrm{m/s}]$$

(3), (4) 제연방식의 종류

① 자연제연방식 : 화재 시 발생되는 온도 상승에 의해 발생한 부력 또는 외부 공기의 흡출효과에 의하여 내부의 실 상부에 설치된 창 또는 전용의 제연구로부터 연기를 옥외로 배출하는 방식

② 스모크타워제연방식 : 전용 샤프트를 설치하여 건물 내·외부의 온도차와 화재 시 발생되는 열기에 의한 밀도의 차이를 이용하여 지붕외부의 **루프모니터** 등을 이용하여 옥외로 배출환기시키는 방식

③ 기계제연방식

㉮ 제1종 기계 제연방식 : 제연팬으로 급기와 배기를 동시에 행하는 제연방식

㉯ 제2종 기계 제연방식 : 제연팬으로 급기를 하고, 자연배기를 하는 제연방식

㉰ 제3종 기계 제연방식 : **제연팬으로 배기**를 하고, 자연급기를 하는 제연방식

(5) 배출기의 동력

$$P[\mathrm{kW}] = \frac{Q \times P_T}{102 \times \eta} \times K$$

Q : 풍량(300[m^2]×1[m^3/min]×60[min]=18,000[m^3/h]=18,000[m^3]/3,600[s]=5[m^3/s]

P_T : 전압$\left(\frac{70[\mathrm{mmHg}]}{760[\mathrm{mmHg}]} \times 10{,}332[\mathrm{mmAq}] = 951.6[\mathrm{mmAq}]\right)$

η : 전동기효율(0.6)

K : 전달계수(1.1)

$$\therefore\ P = \frac{5[\mathrm{m^3/s}] \times 951.6[\mathrm{mmAq}]}{102 \times 0.6} \times 1.1 = 85.52[\mathrm{kW}]$$

해답

(1) 11.29[m/s]

(2) 6.34[m/s]

(3) 제3종 기계제연방식(흡입방연방식)

(4) ① 자연제연방식
② 스모크타워제연방식
③ 기계제연방식

(5) 85.52[kW]

11

가로 19[m], 세로 9[m]인 무대부에 정방형으로 스프링클러헤드를 설치하려고 할 때 헤드의 최소개수를 산출하시오.

득점	배점
	6

9[m]
19[m]

해설

헤드의 최소개수

헤드 간 거리 $S=2R\cos\theta$

무대부 수평거리 $R=1.7[m]$

$\therefore\ S=2\times1.7[m]\times\cos45° \fallingdotseq 2.404[m]$

(1) 가로 소요헤드 개수= 가로길이 (19[m]) ÷ 2.404 ≒ 7.903 ⇒ 8개

(2) 세로 소요헤드 개수= 세로길이 (9[m]) ÷ 2.404 ≒ 3.743 ⇒ 4개

∴ 최소개수= 8개 × 4개 = 32개

해답 32개

12

어떤 사무소 건물의 지하층에 있는 발전기실 및 축전지실에 전역방출방식 이산화탄소소화설비를 설치하려고 한다. 화재안전기준과 주어진 조건에 의하여 다음 각 물음에 답하시오.

득점	배점
	12

조 건

- 소화설비는 고압식으로 한다.
- 발전기실의 크기 : 가로 6[m] × 세로 10[m] × 높이 5[m]
- 발전기실의 개구부크기 : 1.8[m] × 3[m] × 2개소(자동폐쇄장치 있음)
- 축전지실의 크기 : 가로 5[m] × 세로 6[m] × 높이 4[m]
- 축전지실의 개구부 크기 : 0.9[m] × 2[m] × 1개소(자동폐쇄장치 없음)
- 가스용기 1병당 충전량 : 50[kg]
- 가스저장용기는 공용으로 한다.
- 가스량은 다음 표를 이용하여 산출한다.

방호구역의 체적[m^3]	소화약제의 양[kg/m^3]	소화약제 저장량의 최저한도[kg]
50 이상 ~ 150 미만	0.9	45
150 이상 ~ 1,500 미만	0.8	135

※ 개구부 가산량은 5[kg/m^2]으로 계산한다.

물 음

(1) 각 방호구역별로 필요한 가스용기의 본수는 몇 병인가?

(2) 집합장치에 필요한 가스용기의 본수는 몇 병인가?

(3) 각 방호구역별 선택밸브 직후의 유량은 몇 [kg/s]인가?

(4) 저장용기의 내압시험압력은 몇 [MPa]인가?

(5) 안전장치의 작동압력[MPa] 범위는 얼마인가?

(6) 분사헤드의 방출압력은 21[℃]에서 몇 [MPa] 이상이어야 하는가?

(7) 음향경보장치는 약제방사 개시 후 몇 분 동안 경보를 계속할 수 있어야 하는가?

(8) 각 방호구역에 필요한 음향경보장치는 각각 몇 개씩인가?

(9) 가스용기의 개방밸브는 작동방식에 따라 3가지로 분류되는데 그 각각의 명칭은 무엇인가?

(1) 가스용기의 본수
약제저장량[kg]
=방호구역체적$[m^3]$×소요약제량$[kg/m^3]$+개구부면적$[m^2]$×개구부가산량$[kg/m^2]$
① 발전기실
약제량$=(6[m]\times 10[m]\times 5[m])\times 0.8[kg/m^3]=240[kg]$
∴ 저장용기수$=240[kg]/50[kg]=4.8 \Rightarrow$ 5병
② 축전실 약제량
$=(5[m]\times 6[m]\times 4[m])\times 0.9[kg/m^3]+(0.9[m]\times 2[m]\times 5[kg/m^2])=117[kg]$
∴ 저장용기수$=117[kg]/50[kg]=2.34 \Rightarrow$ 3병

자동폐쇄장치가 설치되어 있지 않으면 개구부 면적을 계산한다.

(2) 집합장치에 필요한 가스용기의 본수
가장 많이 소요되는 방호구역 기준으로 발전기실이 기준이므로 5병이다.

(3) 선택밸브 직후의 유량

특정소방대상물		시 간
전역방출방식	가연성 액체 또는 가연성 가스등 **표면화재 방호대상물**	1분
	종이, 목재, 석탄, 섬유류, 합성수지류 등 심부화재 방호대상물(설계농도가 2분 이내에 30[%] 도달)	7분
국소방출방식		30초

① 발전기실 : $250[kg](50[kg]\times 5병)/60[s]=4.17[kg/s]$
② 축전지실 : $150[kg](50[kg]\times 3병)/60[s]=2.50[kg/s]$

(4) 저장용기의 내압시험압력

고압식	저압식
25[MPa] 이상	3.5[MPa] 이상

(5) 안전장치의 작동압력
이산화탄소소화약제 저장용기와 선택밸브 또는 개폐밸브 사이에는 **내압시험압력**의 **0.8배**에서 작동하는 **안전장치**를 설치할 것
∴ 작동압력 = 내압시험압력 × 0.8 = 25[MPa] × 0.8 = 20[MPa]

(6) 분사헤드의 방출압력

고압식	저압식
2.1[MPa] 이상	1.05[MPa] 이상

(7) 음향경보장치의 방사시간
소화약제의 방사개시 후 **1분 이상**까지 **경보**를 계속할 수 있는 것으로 할 것

(8) 음향경보장치의 개수
음향경보장치는 각 **방호구역**마다 1개씩 설치하여야 한다.

(9) 개방밸브의 작동방식
① **전기식** : 솔레노이드밸브를 용기밸브에 부착하여 화재 발생 시 감지기의 작동에 의하여 수신기의 기동출력이 솔레노이드에 전달되어 파괴침이 용기밸브의 봉판을 파괴하여 약제를 방출되는 방식으로 패키지 타입에 주로 사용하는 방식이다.

② **가스압력식** : 감지기의 작동에 의하여 솔레노이드밸브의 파괴침이 작동하면 기동용기가 작동하여 가스압에 의하여 니들밸브의 니들핀이 용기 안으로 움직여 봉판을 파괴하여 약제를 방출되는 방식으로 일반적으로 주로 사용하는 방식이다.

③ **기계식** : 용기밸브를 기계적인 힘으로 개방시켜 주는 방식이다.

해답 (1) 저장용기의 병수
발전기실 : 5병, 축전실 : 3병
(2) 5병
(3) 발전실 : 4.17[kg/s], 축전지실 : 2.50[kg/s]
(4) 25[MPa] 이상
(5) 20[MPa]
(6) 2.1[MPa] 이상
(7) 1분 이상
(8) 1개
(9) 전기식, 가스압력식, 기계식

제3회 2020년 10월 17일 시행

※ 다음 물음에 대한 답을 해당 답란에 답하시오.(배점 : 100)

01

경유를 저장하는 탱크의 내부 직경인 50[m]인 플루팅루프탱크(Floating Roof Tank)에 포소화설비의 특형 방출구를 설치하여 방출하려고 할 때 다음 각 물음에 답하시오.

득점	배점
	7

조 건

- 소화약제는 3[%]용의 단백포를 사용하며 수용액의 분당 방출량은 8[L/m²·min]이고 방사시간은 30분으로 한다.
- 탱크내면과 굽도리판의 간격은 1[m]로 한다.
- 펌프의 효율은 60[%]이고, 펌프의 양정은 80[m]이다.

물 음

(1) 탱크의 액표면적[m²]을 구하시오.

(2) 탱크의 특형 방출구에 의하여 소화하는 데 필요한 포원액의 양, 수원의 양, 수용액의 양을 각각 구하시오.

① 포원액의 양

② 수원의 양

③ 수용액의 양

(3) 전동기의 출력[kW]을 구하시오.

해설

포 소화설비

(1) 원액의 양

$$Q = A \times Q_1 \times T \times S$$

여기서, Q : 원액의 양, 수원의 양
A : 탱크단면적[m²]
Q_1 : 수용액의 분당 방출량[L/min·m²]
T : 방사시간[min]
S : 농도[%]

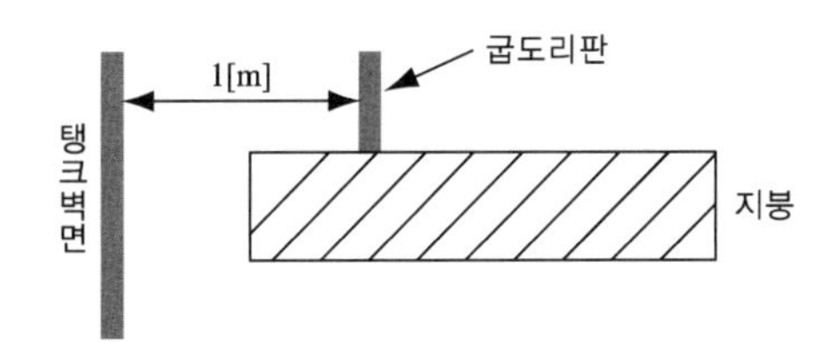

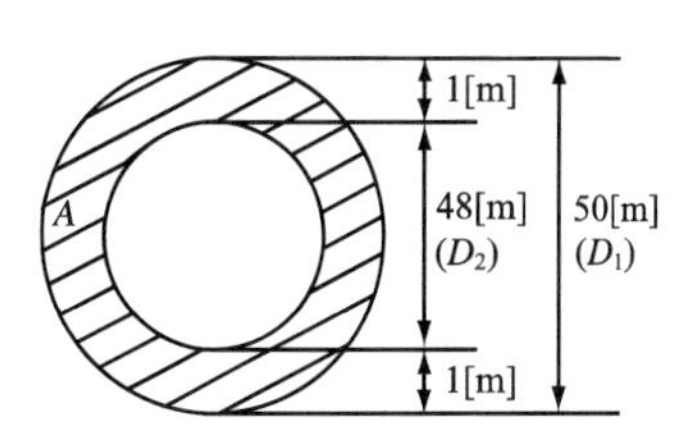

탱크단면적 산정 시 탱크 벽면과 굽도리판 사이에만 포를 방출하므로 양쪽 벽면을 고려해서 면적을 산정해야 한다.

$$A = \frac{\pi}{4}(D_1^2 - D_2^2) = \frac{\pi}{4}[(50[\mathrm{m}])^2 - (48[\mathrm{m}])^2] = 153.94[\mathrm{m}^2]$$

(2) 포원액의 양, 수원의 양, 수용액의 양

① 포원액의 양

$$Q = A \times Q_1 \times T \times S$$

Q_F(원액의 양) = 153.94[m²] × 8[L/m² · min] × 30[min] × 0.03 = 1,108.37[L]

② 수원의 양[L]

Q_W(수원의 양) = 153.94[m²] × 8[L/m² · min] × 30[min] × 0.97 = 35,837.23[L]

③ 수용액의 양[L]

㉠ Q_T(수용액의 양) = 원액의 양 + 수원의 양 = 1,108.37[L] + 35,837.23[L] = 36,945.60[L]

㉡ Q_T(수용액의 양) = 153.94[m²] × 8[L/m² · min] × 30[min] = 36,945.60[L]

(3) 전동기의 출력

$$P = \frac{0.163 \times Q \times H}{\eta} \times K$$

여기서, Q : 토출량$\left(\frac{36,945.60[\mathrm{L}]}{30[\mathrm{min}]} = 1,231.52[\mathrm{L/min}] = 1.23152[\mathrm{m^3/min}]\right)$

H : 전양정(80[m])

η : 전동기 효율(60[%] = 0.6)

K : 전달계수(주어지지 않으므로 무시한다)

$$\therefore P = \frac{0.163 \times Q \times H}{\eta} \times K = \frac{0.163 \times 1.23152[\mathrm{m^3/min}] \times 80[\mathrm{m}]}{0.6} = 26.77[\mathrm{kW}]$$

해답 (1) 153.94[m²]

(2) ① 포원액의 양 : 1,108.37[L]

② 수원의 양 : 35,837.23[L]

③ 수용액의 양 : 36,945.60[L]

(3) 26.77[kW]

주어진 평면도와 설계조건을 기준으로 하여 방호대상물에 전역방출방식으로 할론 1301 소화설비를 설계하려고 한다. 각 실에 설치된 노즐당 설계방출량은 몇 [kg/s]인지 구하시오.

득점	배점
	8

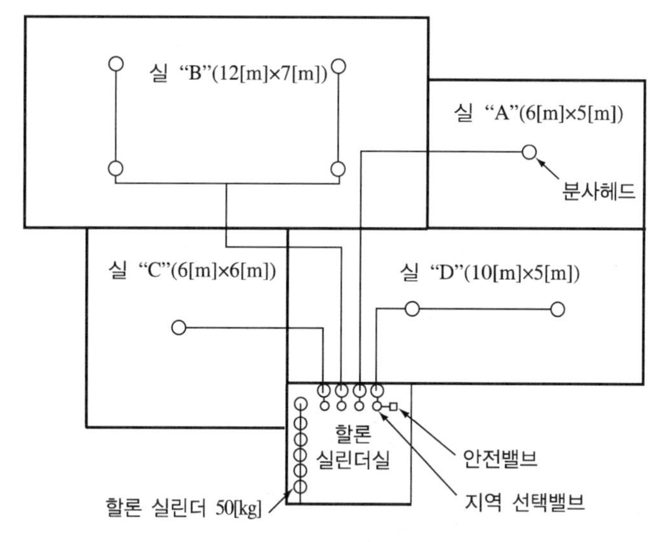

[할론 배관 평면도]

조 건

- 할론 저장용기는 고압식 용기로서 각 용기의 약제량은 50[kg]이다.
- 개방방식은 가스압력식이다.
- 방호구역은 4개구역으로서 개구부는 무시한다.
- 각 방호구역의 체적[m^3]당 약제소요량 기준은 다음과 같다.

A실	B실	C실	D실
0.33[kg/m^3]	0.52[kg/m^3]	0.33[kg/m^3]	0.52[kg/m^3]

- 건물의 층고(높이)는 5[m]이다.
- 분사헤드의 수는 도면 수량기준으로 한다.
- 설계방출량[kg/s] 계산 시 약제용량은 적용되는 용기의 용량기준으로 한다.

물 음

(1) A실의 노즐당 설계방출량[kg/s]
(2) B실의 노즐당 설계방출량[kg/s]
(3) C실의 노즐당 설계방출량[kg/s]
(4) D실의 노즐당 설계방출량[kg/s]

해설

약제소요량과 용기 수를 구하여 설계방출량을 구한다.

(1) A실의 노즐당 설계방출량

① 약제량

약제량 = 방호구역체적$[m^3]$×소요약제량$[kg/m^3]$

∴ 약제량 = 6[m] × 5[m] × 5[m](층고) × 0.33$[kg/m^3]$ = 49.5[kg]

② 용기의 병수

$$용기의\ 병수 = \frac{약제저장량}{1병당\ 약제량}$$

$$\therefore 용기의\ 병수 = \frac{49.5[kg]}{50[kg]} = 0.99병 \Rightarrow 1병$$

③ 노즐당 설계방출량

$$방출량 = \frac{약제량 \times 병수}{헤드의\ 수 \times 약제방출시간[s]}$$

[약제방사시간]

설비의 종류		전역방출방식	국소방출방식
할론소화설비		10초 이내	10초 이내
이산화탄소소화설비	표면화재	1분 이내	30초 이내
	심부화재	7분 이내	30초 이내
분말소화설비		30초 이내	30초 이내

$$\therefore 방출량 = \frac{50[kg] \times 1병}{1개 \times 10[s]} = 5[kg/s]$$

(2) B실의 노즐당 설계방출량

① 약제량 = 12[m] × 7[m] × 5[m](층고) × 0.52$[kg/m^3]$ = 218.4[kg]

② $용기의\ 병수 = \frac{218.4[kg]}{50[kg]} = 4.37병 \Rightarrow 5병$

③ $노즐당\ 설계방출량 = \frac{50[kg] \times 5병}{4개 \times 40[s]} = 6.25[kg/s]$

(3) C실의 노즐당 설계방출량

① 약제량 = 6[m] × 6[m] × 5[m](층고) × 0.33$[kg/m^3]$ = 59.4[kg]

② $용기의\ 병수 = \frac{59.4[kg]}{50[kg]} = 1.19병 \Rightarrow 2병$

③ $노즐당\ 설계방출량 = \frac{50[kg] \times 2병}{1개 \times 10[s]} = 10[kg/s]$

(4) D실의 노즐당 설계방출량

① 약제량 = 10[m] × 5[m] × 5[m](층고) × 0.52$[kg/m^3]$ = 130[kg]

② $용기의\ 병수 = \frac{130[kg]}{50[kg]} = 2.6병 \Rightarrow 3병$

③ $노즐당\ 설계방출량 = \frac{50[kg] \times 3병}{2개 \times 10[s]} = 7.5[kg/s]$

해답
(1) A실 : 5[kg/s]
(2) B실 : 6.25[kg/s]
(3) C실 : 10[kg/s]
(4) D실 : 7.5[kg/s]

03

다음 그림과 조건을 보고 각 물음에 답하시오.

득점	배점
	6

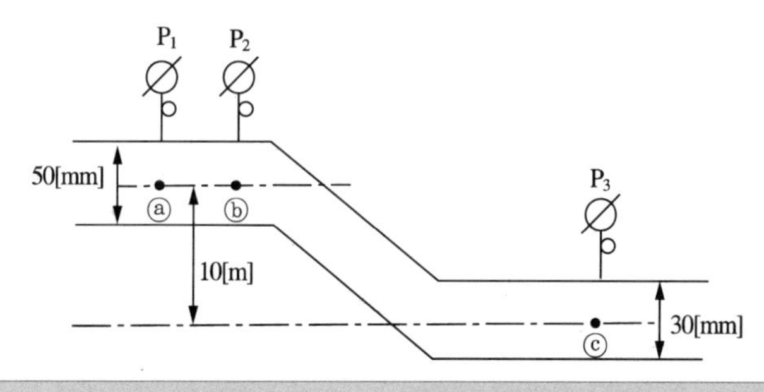

- ⓐ점의 압력 : 11[kPa]
- ⓑ점의 압력 : 10.5[kPa]
- ⓒ점의 압력 : 10.8[kPa]
- 유량 : 10[L/s]

(1) ⓐ점의 유속[m/s]은?
- 계산과정 :
- 답 :

(2) ⓒ점의 유속[m/s]은?
- 계산과정 :
- 답 :

(3) ⓐ점과 ⓑ지점 간의 마찰손실[m]은?
- 계산과정 :
- 답 :

(4) ⓐ점과 ⓒ지점 간의 마찰손실[m]은?
- 계산과정 :
- 답 :

해설

유속과 마찰손실

(1) ⓐ점의 유속[m/s]

$$Q = uA \qquad u_a = \frac{Q}{A_a}$$

$$\therefore\ u_a = \frac{Q}{A_a} = \frac{10 \times 10^{-3}[\mathrm{m^3/s}]}{\frac{\pi}{4}(0.05[\mathrm{m}])^2} = 5.09[\mathrm{m/s}]$$

(2) ⓒ점의 유속[m/s]

$$Q = uA \qquad u_c = \frac{Q}{A_c}$$

$$\therefore\ u_c = \frac{Q}{A_c} = \frac{10 \times 10^{-3}[\mathrm{m^3/s}]}{\frac{\pi}{4}(0.03[\mathrm{m}])^2} = 14.15[\mathrm{m/s}]$$

(3) ⓐ점과 ⓑ지점 간의 마찰손실[m]

$$\frac{u_a^2}{2g}+\frac{P_a}{\gamma}+Z_a=\frac{u_b^2}{2g}+\frac{P_b}{\gamma}+Z_b+\Delta H$$

여기서, $u_a=u_b$, $Z_a=Z_b$이므로

∴ 마찰손실 $H=\frac{P_a-P_b}{\gamma}=\frac{(11-10.5)\times 10^3[\text{N/m}^2]}{9{,}800[\text{N/m}^3]}=0.051[\text{m}]$

(4) ⓐ점과 ⓒ지점 간의 마찰손실[m]

$$\frac{u_a^2}{2g}+\frac{P_a}{\gamma}+Z_a=\frac{u_c^2}{2g}+\frac{P_c}{\gamma}+Z_c+\Delta H$$

∴ 마찰손실 $H=\frac{P_a-P_c}{\gamma}+\frac{u_a^2-u_c^2}{2g}+(Z_a-Z_c)$

$=\frac{(11-10.8)\times 10^3[\text{N/m}^2]}{9{,}800[\text{N/m}^3]}+\frac{(5.09[\text{m/s}])^2-(14.15[\text{m/s}])^2}{2\times 9.8[\text{m/s}^2]}+10[\text{m}]=1.2[\text{m}]$

해답 (1) ⓐ점의 유속[m/s]

- 계산과정 : $u_a=\frac{Q}{A_a}=\frac{10\times 10^{-3}[\text{m}^3/\text{s}]}{\frac{\pi}{4}(0.05[\text{m}])^2}=5.09[\text{m/s}]$
- 답 : 5.09[m/s]

(2) ⓒ점의 유속[m/s]

- $u_c=\frac{Q}{A_c}=\frac{10\times 10^{-3}[\text{m}^3/\text{s}]}{\frac{\pi}{4}(0.03[\text{m}])^2}=14.15[\text{m/s}]$
- 답 : 14.15[m/s]

(3) ⓐ점과 ⓑ지점 간의 마찰손실[m]

- 마찰손실 $H=\frac{P_a-P_b}{\gamma}=\frac{(11-10.5)\times 10^3[\text{N/m}^2]}{9{,}800[\text{N/m}^3]}=0.05[\text{m}]$
- 답 : 0.05[m]

(4) ⓐ점과 ⓒ지점 간의 마찰손실[m]

$$\frac{u_a^2}{2g}+\frac{P_a}{\gamma}+Z_a=\frac{u_c^2}{2g}+\frac{P_c}{\gamma}+Z_c+\Delta H$$

- 마찰손실 $H=\frac{P_a-P_c}{\gamma}+\frac{u_a^2-u_c^2}{2g}+(Z_a-Z_c)$

$=\frac{(11-10.8)\times 10^3[\text{N/m}^2]}{9{,}800[\text{N/m}^3]}+\frac{(5.09[\text{m/s}])^2-(14.15[\text{m/s}])^2}{2\times 9.8[\text{m/s}^2]}+10[\text{m}]$

$=1.2[\text{m}]$

- 답 : 1.2[m]

04

면적 600[m^2], 높이 4[m]인 주차장에 제3종 분말소화약제를 전역방출방식으로 설치하려고 한다. 이곳에는 자동폐쇄장치가 설치되어 있지 않는 개구부의 면적이 10[m^2]일 때 다음 물음에 답하시오.

득점	배점
	6

(1) 분말소화약제 저장량은 몇 [kg] 이상인가?

(2) 축압용가스에 질소가스를 사용하는 경우 질소가스의 양[m^3]은?

해설

분말소화약제

(1) 분말소화약제 저장량

> 약제저장량[kg]
> =방호구역체적[m^3]×필요가스량[kg/m^3]+개구부면적[m^2]×가산량[kg/m^2]

소화약제의 종별	체적 1[m^3]당 약제량	가산량
제1종 분말	0.60[kg]	4.5[kg]
제2종 분말 또는 제3종 분말	**0.36[kg]**	**2.7[kg]**
제4종 분말	0.24[kg]	1.8[kg]

∴ 약제저장량[kg]=방호구역체적[m^3]×필요가스량[kg/m^3]+개구부면적[m^2]×가산량[kg/m^2]
=\{(600[m^2]×4[m])×0.36[kg/m^3]\}+\{10[m^2]×2.7[kg/m^2]\}
=891[kg]

(2) 가압용가스 또는 축압용가스의 설치 기준

① 가압용가스 또는 축압용가스는 질소가스 또는 이산화탄소로 할 것

② 가압용가스에 질소가스를 사용하는 것의 질소가스는 소화약제 1[kg]마다 40[L](35[℃]에서 1기압의 압력상태로 환산한 것) 이상, 이산화탄소를 사용하는 것의 이산화탄소는 소화약제 1[kg]에 대하여 20[g]에 배관의 청소에 필요한 양을 가산한 양 이상으로 할 것

③ 축압용가스에 질소가스를 사용하는 것의 질소가스는 소화약제 1[kg]에 대하여 10[L](35[℃]에서 1기압의 압력상태로 환산한 것) 이상, 이산화탄소를 사용하는 것의 이산화탄소는 소화약제 1[kg]에 대하여 20[g]에 배관의 청소에 필요한 양을 가산한 양 이상으로 할 것

가스 / 종류	질 소	이산화탄소
가압용	40[L/kg] 이상	소화약제 1[kg]에 대하여 20[g]에 배관의 청소에 필요한 양을 가산한 양 이상
축압용	10[L/kg] 이상	소화약제 1[kg]에 대하여 20[g]에 배관의 청소에 필요한 양을 가산한 양 이상

∴ 질소가스의 양=약제량×10[L/kg]=891[kg]×10[L/kg]=8,910[L]=8.91[m^3] 이상

해답 (1) 891[kg]

(2) 8.91[m^3] 이상

05

물분무소화설비를 차고 또는 주차장에 설치할 때, 배수설비기준을 경계턱, 기름분리장치, 바닥기울기에 대하여 각각 기술하시오(단, 배수설비기준에 대하여 주의점을 기술할 것).

득점	배점
	3

(1) 경계턱
(2) 기름분리장치
(3) 바닥기울기

해설

차고 또는 주차장에 설치하는 물분무소화설비의 배수설비의 기준

- 차량이 주차하는 장소의 적당한 곳에 높이 **10[cm] 이상**의 **경계턱**으로 배수구를 설치할 것
- 배수구에는 새어나온 기름을 모아 소화할 수 있도록 길이 **40[m] 이하**마다 집수관·소화피트 등 **기름분리장치**를 설치할 것
- 차량이 주차하는 바닥은 배수구를 향하여 **100분의 2 이상**의 **기울기**를 유지할 것
- 배수설비는 가압송수장치의 최대송수능력의 수량을 유효하게 배수할 수 있는 크기 및 기울기로 할 것

해답
(1) 경계턱 : 10[cm] 이상의 경계턱으로 배수구 설치
(2) 기름분리장치 : 배수구에는 새어나온 기름을 모아 소화할 수 있도록 길이 40[m] 이하마다 집수관, 소화피트 등 기름분리장치를 설치
(3) 바닥기울기 : 배수구를 향하여 100분의 2 이상의 기울기를 유지

06

지하구의 화재안전기준에서 연소방지설비에 대한 설명이다. 다음 (   ) 안에 알맞은 답을 쓰시오.

득점	배점
	6

(1) 소화기 한 대의 총 중량은 사용 및 운반의 편리성을 고려하여 (①)[kg] 이하로 할 것
(2) 지하구 천장의 중심부에 설치하되 감지기와 천장 중심부 하단과의 수직거리는 (②)[cm] 이내로 할 것
(3) 연소방지설비의 헤드 간의 수평거리는 연소방지설비 전용헤드의 경우에는 (③)[m] 이하, 스프링클러헤드의 경우에는 (④)[m] 이하로 할 것
(4) 연소방지설비의 송수구는 구경 (⑤)[mm]의 쌍구형으로 할 것
(5) 연소방지설비의 송수구로부터 (⑥)[m] 이내에 살수구역 안내표지를 설치할 것

해설

(1) 소화기 한 대의 총 중량은 사용 및 운반의 편리성을 고려하여 7[kg] 이하로 할 것
(2) 지하구 천장의 중심부에 설치하되 감지기와 천장 중심부 하단과의 수직거리는 30[cm] 이내로 할 것
(3) 헤드 간 수평거리

헤드의 종류	연소방지설비 전용헤드	스프링클러 헤드
수평거리	2[m] 이하	1.5[m] 이하

(4) 연소방지설비의 송수구는 구경 65[mm]의 쌍구형으로 할 것
(5) 연소방지설비의 송수구로부터 1[m] 이내에 살수구역 안내표지를 설치할 것

해답 ① 7 ② 30
③ 2 ④ 1.5
⑤ 65 ⑥ 1

07

초고층 건축물에 발생하는 연돌효과(Stack Effect)에 대하여 다음 물음에 답하시오.

득점	배점
	5

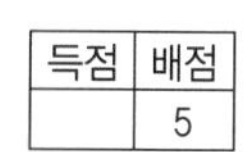

(1) 연돌효과의 정의 :
(2) 제연설비에 미치는 영향 :

해설

연돌효과(Stack Effect)

- 정 의
  건축물 내·외부의 온도차 및 건축물의 높이에 발생되는 압력차이로 실내 연기가 수직 유동경로를 따라 최하층에서 최상층으로 이동하는 현상
- 제연설비에 미치는 영향
  화재 시 건축물 내·외부의 온도차이로 인해 연기가 최하층에서 최상층으로 이동하는 전 층 확대
- 굴뚝효과에 의한 압력차(ΔP)

$$\Delta P = 3{,}460h\left(\frac{1}{T_o} - \frac{1}{T_i}\right)$$

여기서, h : 중성대로부터 높이[m] T_o : 외부공기의 온도(273+[℃])[K]
T_i : 내부공기의 온도(273+[℃])[K]

해답 (1) 연돌효과의 정의 : 건축물 내·외부의 온도차 및 건축물의 높이에 발생되는 압력 차이로 실내 연기가 수직 유동경로를 따라 최하층에서 최상층으로 이동하는 현상
(2) 제연설비에 미치는 영향 : 화재 시 건축물 내·외부의 온도 차이로 인해 연기가 최하층에서 최상층으로 이동하는 전 층 확대

08

다음 그림은 어느 실의 평면도이다. 이 실들 중 A실을 급기 가압하고자 한다. 주어진 조건을 이용하여 다음 물음에 답하시오(단, 소수점 다섯째자리까지 답하시오).

득점	배점
	6

조 건

- 실외부 대기의 기압은 절대압력으로 101,300[Pa]로서 일정하다.
- A실에 유지하고자 하는 기압은 절대압력으로 101,400[Pa]이다.

- 각 실의 문(Door)들의 틈새면적은 0.01[m²]이다.
- 어느 실을 급기 가압할 때 그 실의 문의 틈새를 통하여 누출되는 공기의 양은 다음의 식을 따른다.

$$Q = 0.827AP^{\frac{1}{2}}$$

여기서, Q = 누출되는 공기의 양[m³/s]
A = 문의 틈새면적[m²]
P = 문을 경계로 한 실내외 기압차[Pa]

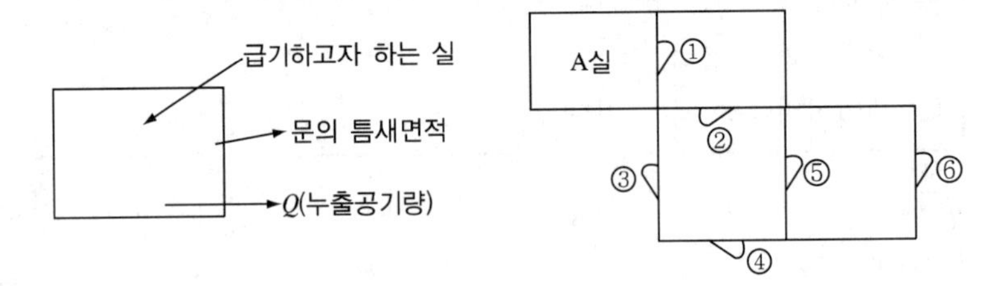

물 음

(1) 총 누설틈새면적[m²]을 구하시오.
(2) A실에 유입시켜야 할 풍량[m³/s]을 구하시오.

해설

(1) 총 누설틈새면적

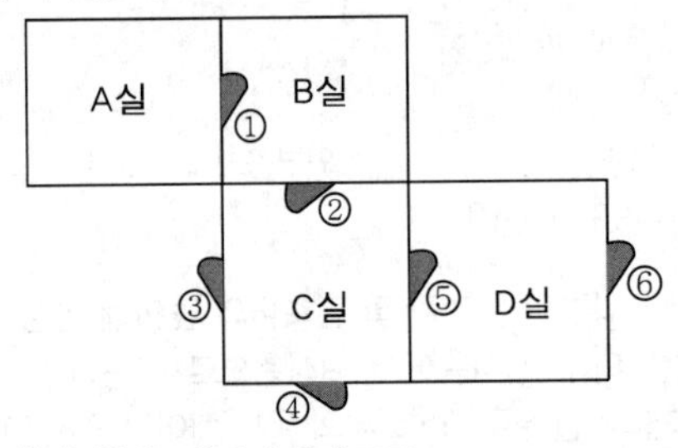

- ⑤와 ⑥은 직렬연결이므로

$$A_{5\sim6} = \frac{1}{\sqrt{\frac{1}{(A_5)^2} + \frac{1}{(A_6)^2}}} = \frac{1}{\sqrt{\frac{1}{(0.01)^2} + \frac{1}{(0.01)^2}}} = 0.00707[\text{m}^2]$$

- ④와 $A_{5\sim6}$은 병렬연결이므로

$$A_{4\sim6} = A_4 + A_{5\sim6} = 0.01[\text{m}^2] + 0.00707[\text{m}^2] = 0.01707[\text{m}^2]$$

- ③ 과 $A_{4\sim6}$은 병렬연결이므로

$$A_{3\sim6} = A_3 + A_{4\sim6} = 0.01[\text{m}^2] + 0.01707[\text{m}^2] = 0.02707[\text{m}^2]$$

- ②와 $A_{3\sim6}$은 직렬연결이므로

$$A_{2\sim6} = \frac{1}{\sqrt{\frac{1}{(A_2)^2} + \frac{1}{(A_{3\sim6})^2}}} = \frac{1}{\sqrt{\frac{1}{(0.01)^2} + \frac{1}{(0.02707)^2}}} = 0.00938[\text{m}^2]$$

• ①과 $A_{2\sim6}$은 직렬연결이므로

$$A_{1\sim6} = \frac{1}{\sqrt{\frac{1}{(A_1)^2}+\frac{1}{(A_{2\sim6})^2}}} = \frac{1}{\sqrt{\frac{1}{(0.01)^2}+\frac{1}{(0.00938)^2}}} = 0.00684[\mathrm{m}^2]$$

∴ 총 누설틈새면적 : 0.00684[m^2]이다.

(2) 풍 량

$$Q = 0.827AP^{\frac{1}{2}}$$

• A실과 실외와의 차압 $P = 101{,}400 - 101{,}300 = 100[\mathrm{Pa}]$
• 각 실의 틈새면적 A = 0.00684[m^2]

∴ 풍량 $Q = 0.827 \times 0.00684[\mathrm{m}^2] \times 100^{\frac{1}{2}} = 0.05657[\mathrm{m}^3/\mathrm{s}]$

해답 (1) 총 누설틈새면적 : 0.00684[m^2]
(2) 유입풍량 : 0.05657[m^3/s]

09

지하 2층 지상 12층의 사무소 건물에 있어서 화재안전기준과 아래 조건에 따라 스프링클러설비를 설계하려고 한다. 다음 각 물음에 답하시오.

득점	배점
	12

조 건

• 11층 및 12층에 설치하는 폐쇄형 스프링클러헤드의 수량은 각각 80개이다.
• 입상관의 내경은 150[mm]이고 배관길이는 40[m]이다.
• 펌프의 풋밸브로부터 최상층 스프링클러헤드까지의 실고는 60[m]이다.
• 입상관의 마찰손실수두를 제외한 펌프의 풋밸브로부터 최상층, 가장 먼 스프링클러헤드까지의 마찰 및 저항손실수두는 20[m]이다.
• 모든 규격치는 최소량을 적용한다.
• 펌프의 효율은 65[%]이다.

물 음

(1) 펌프의 최소유량[L/min]을 산정하시오.
(2) 수원의 최소유효저수량[m^3]은 얼마인가?(옥상수조는 제외한다)
(3) 입상관에서의 마찰손실수두[m]를 계산하시오(입상관은 직관으로 간주하고 Darcy-Weisbach의 식을 사용, 마찰손실계수는 0.02이다).
(4) 펌프 최소양정[m]를 계산하시오.
(5) 펌프의 전동기 동력[kW]를 계산하시오.

(6) 불연재료로 된 천정에 헤드를 아래 그림과 같이 정방형으로 배치하려고 한다. A 및 B의 최대길이를 계산하시오(단, 건물은 내화구조이다).

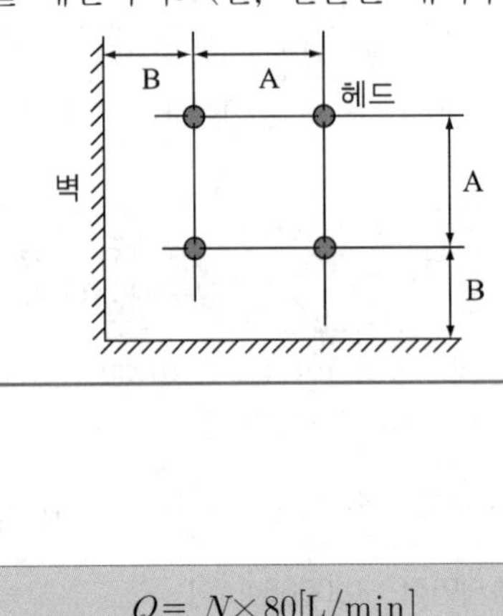

해설

(1) 최소유량

$$Q = N \times 80[\text{L/min}]$$

여기서, N : 헤드 수(11층 이상 : 30개)

∴ $Q = 30\text{개} \times 80[\text{L/min}] = 2,400[\text{L/min}]$

[폐쇄형 스프링클러 헤드의 설치개수 및 수원의 양]

소방 대상물			헤드의 기준개수	수원의 양
지하층을 제외한 10층 이하 소방대상물	공장, 창고(랙식 창고 포함)	특수가연물 저장·취급	30	$30 \times 1.6[m^3] = 48[m^3]$
		그 밖의 것	20	$20 \times 1.6[m^3] = 32[m^3]$
	근린생활시설 판매시설 운수시설 복합건축물	판매시설 또는 복합건축물(판매시설이 설치되는 복합건축물을 말한다)	30	$30 \times 1.6[m^3] = 48[m^3]$
		그 밖의 것	20	$20 \times 1.6[m^3] = 32[m^3]$
	그 밖의 것	헤드의 부착높이 8m 이상	20	$20 \times 1.6[m^3] = 32[m^3]$
		헤드의 부착높이 8m 미만	10	$10 \times 1.6[m^3] = 16[m^3]$
아파트			10	$10 \times 1.6[m^3] = 16[m^3]$
11층 이상인 특정소방대상물(아파트는 제외), 지하가, 지하역사			30	$30 \times 1.6[m^3] = 48[m^3]$

(2) 저수량

$$Q = N \times 1.6[m^3]$$

∴ $Q = 30\text{개} \times 1.6[m^3] = 48[m^3]$

(3) 마찰손실수두(Darcy-Weisbach식)

$$\Delta h_L = \frac{fLu^2}{2gD}$$

여기서, f : 마찰손실계수(0.02) L : 배관길이(40[m])

D : 배관직경(0.15[m])

u : 유속[m/s]($u = \frac{Q}{A} = \frac{2.4[m^3]/60[s]}{\frac{\pi}{4} \times (0.15[m])^2} = 2.26[m/s]$)

g : 중력가속도(9.8[m/s²])

$$\therefore \ \Delta h_L = \frac{0.02 \times 40[\text{m}] \times (2.26[\text{m/s}])^2}{2 \times 9.8[\text{m/s}^2] \times 0.15[\text{m}]} = 1.39[\text{m}]$$

(4) 최소양정

$$H = h_1 + h_2 + 10[\text{m}]$$

여기서, H : 전양정[m] h_1 : 실양정(60[m])
h_2 : 배관마찰손실수두(1.39 + 20 = 21.39[m])

$$\therefore \ H = 60[\text{m}] + 21.39[\text{m}] + 10[\text{m}] = 91.39[\text{m}]$$

(5) 전동기 동력

$$P[\text{kW}] = \frac{0.163 \times Q \times H}{\eta}$$

여기서, P : 전동기동력[kW] Q : 유량[m^3/min]
H : 전양정[m] η: 펌프효율

$$\therefore \ P[\text{kW}] = \frac{0.163 \times Q \times H}{\eta} = \frac{0.163 \times 2.4[\text{m}^3/\text{min}] \times 91.39[\text{m}]}{0.65} = 55.00[\text{kW}]$$

(6) A와 B의 최대길이

정방형 배치이고 내화구조이므로 $R = 2.3$[m]이다.

$$\text{A} = 2R\cos 45^\circ$$

① $\text{A} = 2R\cos 45^\circ = 2 \times 2.3[\text{m}] \times \cos 45^\circ = 3.253[\text{m}]$

② $\text{B} = \frac{1}{2} \times \text{A} = \frac{1}{2} \times 3.253[\text{m}] = 1.627[\text{m}]$

해답
(1) 2,400[L/min]
(2) 48[m^3]
(3) 1.39[m]
(4) 총양정 : 91.39[m]
(5) 축동력 : 55.00[kW]
(6) A : 3.25[m], B : 1.63[m]

10

그림과 같은 옥내소화전설비를 다음 조건과 화재안전기준에 따라 설치하려고 한다. 각 물음에 답하시오.

득점	배점
	8

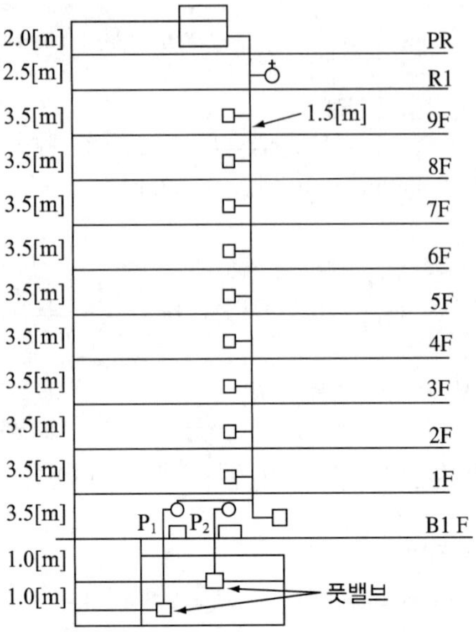

조 건

- P_1 : 옥내소화전 펌프
- P_2 : 일반용 펌프
- 펌프의 풋밸브로부터 9층 옥내소화전함의 호스접속구까지 마찰손실 및 저항손실수두는 실양정의 30[%]로 한다.
- 펌프의 효율은 65[%]이다.
- 옥내소화전의 개수는 각 층 2개씩이다.
- 소방호스의 마찰손실수두는 7.8[m]이다.
- 펌프 P_1의 풋밸브와 바닥면과의 간격은 0.2[m]이다.

물 음

(1) 펌프의 최소유량[L/min]은 얼마인가?

(2) 수원의 최소유효저수량[m^3]은 얼마인가?(옥상수조를 포함한다)

(3) 펌프의 양정[m]은 얼마인가?

(4) 펌프의 축동력[kW]은 얼마인가?

해설

(1) 최소유량

$Q = N(\text{소화전의 수}) \times 130[\text{L/min}] = 2 \times 130[\text{L/min}] = 260[\text{L/min}]$

조건에서 소화전은 각 층에 2개씩 설치되어 있다.

(2) 유효저수량

$Q = N \times 2.6[\text{m}^3] = 2\text{개} \times 2.6[\text{m}^3] = 5.2[\text{m}^3]$

∴ 옥상수조를 포함하면

$5.2[\text{m}^3] + \left(5.2[\text{m}^3] \times \dfrac{1}{3}\right) = 6.93[\text{m}^3]$)

(3) 펌프의 양정

$$H = h_1 + h_2 + h_3 + 17$$

여기서,

h_1 : 실양정(흡입양정 + 토출양정 = (1 − 0.2)[m] + 1.0[m] + (3.5[m] × 9층) + 1.5[m] = 34.8[m])

h_2 : 배관마찰손실수두(34.8[m] × 0.3 = 10.44[m])

h_3 : 소방용 호스의 마찰손실수두(7.8[m])

∴ $H = 34.8[\text{m}] + 10.44[\text{m}] + 7.8[\text{m}] + 17 = 70.04[\text{m}]$

(4) 축동력

$$P[\text{kW}] = \frac{0.163 \times Q \times H}{\eta}$$

∴ $P[\text{kW}] = \dfrac{0.163 \times Q \times H}{\eta} = \dfrac{0.163 \times 0.26[\text{m}^3/\text{min}] \times 70.04[\text{m}]}{0.65} = 4.57[\text{kW}]$

해답 (1) 260[L/min]
(2) 6.93[m^3]
(3) 70.04[m]
(4) 4.57[kW]

11

한 개의 방호구역으로 구성된 가로 15[m], 세로 15[m], 높이 6[m]인 랙식 창고에 특수가연물을 저장하고 있는 표준형 폐쇄형 스프링클러 헤드를 정방형으로 설치하려고 한다. 이 창고에 설치되는 스프링클러 헤드의 총 개수를 구하시오.

득점	배점
	5

해설

헤드의 총 개수

$$S = 2R\cos\theta$$

랙식 창고에 특수가연물을 저장하는 경우 헤드까지의 수평거리 : 1.7[m] 이하

∴ $S = 2R\cos\theta = 2 \times 1.7 \times \cos 45° = 2.404[\text{m}]$

① 가로 헤드 개수 = 가로길이(15[m]) ÷ 2.404 ≒ 6.24 ⇒ 7개

② 세로 헤드 개수 = 세로길이(15[m]) ÷ 2.404 ≒ 6.24 ⇒ 7개

∴ 헤드 총 개수 = 7개 × 7개 = 49개

해답 49개

12

그림은 어느 공장에 설치된 지하매설 소화용 배관도이다. "가 ~ 마"까지의 각각의 옥외소화전의 측정수압이 표와 같을 때 다음 각 물음에 답하시오.

득점	배점
	15

가 나 다 라 마

Flow →

ϕ200[mm] ϕ200[mm] ϕ150[mm] ϕ200[mm]

277[m] 152[m] 133[m] 277[m]

위치 / 압력	가	나	다	라	마
정압(靜壓)	5.57	5.17	5.72	5.86	5.52
방사압력	4.9	3.79	2.96	1.72	0.69

※ 방사압력은 소화전의 노즐 캡을 열고 소화전 본체 직근에서 측정한 Residual Pressure를 말한다.

(1) 다음은 동수경사선(Hydraulic Gradient)을 작성하기 위한 과정이다. 주어진 자료를 활용하여 표의 빈 곳을 채우시오(단, 계산과정을 보일 것).

항목 / 소화전	구경 [mm]	실관장 [m]	측정압력[MPa]		펌프로부터 각 소화전까지 전마찰손실 [MPa]	소화전 간의 배관마찰손실 [MPa]	Gauge Elevation [MPa]	경사선의 Elevation [MPa]
			정 압	방사 압력				
가	–	–	0.557	0.49	①	–	0.029	0.519
나	200	277	0.517	0.379	②	⑤	0.069	⑩
다	200	152	0.572	0.296	③	0.138	⑧	0.31
라	150	133	0.586	0.172	0.414	⑥	0	⑪
마	200	277	0.552	0.069	④	⑦	⑨	⑫

(단, 기준 Elevation으로부터의 정압은 0.586[MPa]로 본다)

(2) 상기 ㉮항에서 완성된 표를 자료로 하여 답안지의 동수경사선과 Pipe Profile을 완성하시오.

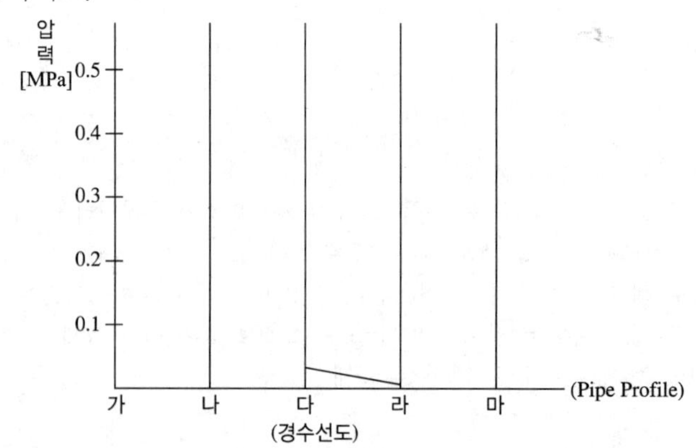

해설

동수경사선 작성

- 펌프로부터 각 소화전까지 전마찰 손실=정압−방사압력
- 소화전 간의 배관마찰손실
  =펌프로부터 소화전까지 전마찰손실−펌프로부터 전단 소화전까지의 전마찰손실
- 게이지압력(Gauge Elevation)=기준정압 Elevation−정압
- 경사선의 Elevation=방사압력+Gauge Elevation

소화전	측정압력 [MPa]		펌프로부터 각 소화전까지 전마찰 손실[MPa]	소화전 간의 배관마찰손실 [MPa]	Gauge Elevation [MPa]	경사선의 Elevation[MPa]
	정 압	방사압력	정압−방사압력	각소화전 호스까지 마찰손실차	기준정압 Elevation (0.0586[MPa] −정압)	방사압력 +Gauge Elevation
가	0.557	0.49	① 0.557−0.49 =0.067	−	0.586−0.557 =0.029	0.49+0.029 =0.519
나	0.517	0.379	② 0.517−0.379 =0.138	⑤ 0.138−0.067 =0.071	0.586−0.517 =0.069	⑩ 0.379+0.069 =0.448
다	0.572	0.296	③ 0.572−0.296 =0.276	0.276−0.138 =0.138	⑧ 0.586−0.572 =0.014	0.296+0.014 =0.31
라	0.586	0.172	0.586−0.172 =0.414	⑥ 0.414−0.276 =0.138	0.586−0.586 =0	⑪ 0.172+0 =0.172
마	0.552	0.069	④ 0.552−0.069 =0.483	⑦ 0.483−0.414 =0.069	⑨ 0.586−0.552 =0.034	⑫ 0.069+0.034 =0.103

해답 (1)

번 호	계산식	답	번 호	계산식	답
①	0.557−0.49=0.067	0.067	⑦	0.483−0.414=0.069	0.069
②	0.517−0.379=0.138	0.138	⑧	0.586−0.572=0.014	0.014
③	0.572−0.296=0.276	0.276	⑨	0.586−0.552=0.034	0.034
④	0.552−0.069=0.483	0.483	⑩	0.379+0.069=0.448	0.448
⑤	0.138−0.067=0.071	0.071	⑪	0.172+0=0.172	0.172
⑥	0.414−0.276=0.138	0.138	⑫	0.069+0.034=0.103	0.103

(2)

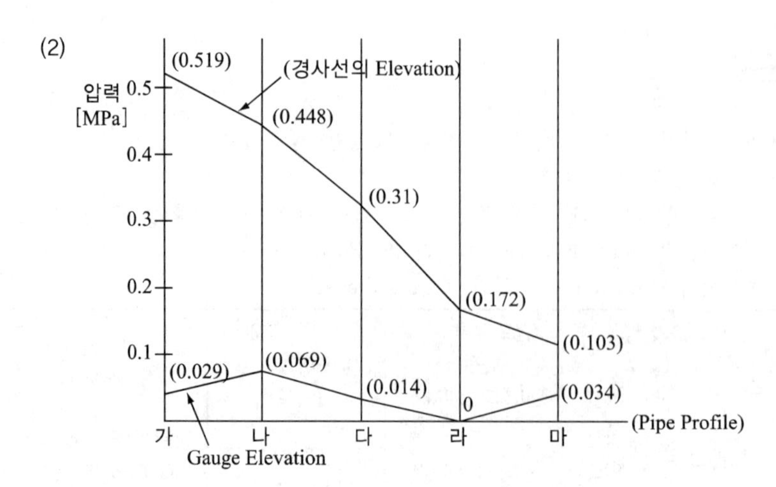

13

용도가 근린생활시설인 특정소방대상물에 옥내소화전이 각 층에 4개씩 설치되어 있다. 다음 각 물음에 답하시오.

득점	배점
	9

(1) 펌프의 토출량[L/min]은 얼마 이상으로 하여야 하는가?

(2) 펌프 토출측 배관의 최소호칭구경을 보기에서 선택하시오.

호칭구경	40A	50A	65A	80A	100A
내경[mm]	42	53	69	81	105

(3) 펌프의 성능시험배관상에 설치하는 유량측정장치의 최대 측정유량[L/min]은 얼마인가?

(4) 배관의 마찰손실 및 소방용호스의 마찰손실수두가 10[m]이고 실양정이 25[m]일 경우 펌프성능은 정격토출량의 150[%]로 운전 시 정격토출압력[MPa]은 얼마 이상이 되어야 하는가?

(5) 중력가속도가 9.8[m/s^2]일 경우 체절압력[MPa]은 얼마인가?

(6) 펌프의 성능시험배관상 전단 직관부 및 후단 직관부에 설치하는 밸브의 명칭을 쓰시오.

해설

(1) 펌프의 토출량

$$Q = N(\text{소화전의 수, 최대 5개}) \times 130[\text{L/min}]$$

$\therefore Q = 4 \times 130[\text{L/min}] = 520[\text{L/min}]$

(2) 배관의 최소구경

$$Q = uA = u \times \frac{\pi}{4}d^2 \qquad d = \sqrt{\frac{4Q}{\pi u}}$$

여기서, u : 펌프의 토출측 주배관의 유속(4[m/s] 이하)

$$\therefore d = \sqrt{\frac{4Q}{\pi u}} = \sqrt{\frac{4 \times 0.52[\text{m}^3]/60[\text{s}]}{\pi \times 4[\text{m/s}]}} = 0.05252[\text{m}] = 52.52[\text{mm}] \rightarrow 50\text{A}$$

(3) 최대 측정유량

유량측정장치는 성능시험배관의 직관부에 설치하되 펌프의 정격토출량의 175[%]까지 측정할 수 있는 성능이 있을 것

최대측정유량 = 펌프의 정격토출량×1.75

∴ 520[L/min]×1.75 = 910[L/min]

(4) 정격토출압력

펌프성능은 정격토출량의 150[%]로 운전 시 정격토출압력[MPa]은 65[%] 이상이 되어야 한다.

$$H = h_1 + h_2 + h_3 + 17$$

여기서, h_1 : 소방용호스 마찰손실수두

h_2 : 배관의 마찰손실수두

h_3 : 실양정(25[m])

$H = h_1 + h_2 + h_3 + 17 = 10(h_1 + h_2) + 25 + 17 = 52[m]$

52[m] → [MPa]로 환산하면

$\frac{52[m]}{10.332[m]} \times 0.101325[MPa] = 0.51[MPa]$

∴ 정격토출압력[MPa]은 65[%] 이상이 되어야 하므로 0.51[MPa]×0.65 = 0.33[MPa]

(5) 체절압력

$P = \rho g H = 1{,}000[kg/m^3] \times 9.8[m/s^2] \times 52[m] = 509{,}600[kg/m \cdot s^2]$

$= 509{,}600[Pa] = 0.5096[MPa]$

∴ 체절압력 = 0.5096[MPa]×1.4 = 0.71[MPa]

$$[Pa] = [N/m^2] = [\frac{kg \cdot \frac{m}{s^2}}{m^2}] = [\frac{kg \cdot m}{s^2 \cdot m^2}] = [kg/m \cdot s^2]$$

(6) 펌프 성능시험배관

전단 직관부에 개폐밸브, 후단 직관부에는 유량조절밸브를 설치하여야 한다.

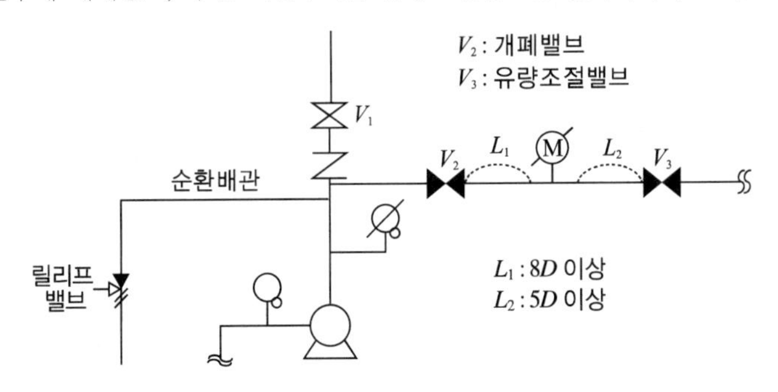

해답 (1) 520[L/min]
(2) 50A
(3) 910[L/min]
(4) 0.33[MPa]
(5) 0.71[MPa]
(6) 전단직관부 : 개폐밸브, 후단 직관부 : 유량조절밸브

14

이산화탄소 소화설비의 전역방출방식에 있어서 표면화재 방호대상물의 소화약제 저장량에 대한 표를 나타낸 것이다. 다음 빈칸에 적당한 숫자로 채우시오.

득점	배점
	4

방호구역의 체적	방호구역의 1[m³]에 대한 소화약제의 양	소화약제 저장량의 최저한도의 양
(①)[m³] 미만	(②)[kg]	45[kg]
(①)[m³] 이상 150[m³] 미만	0.9[kg]	
150[m³] 이상 1,450[m³] 미만	(③)[kg]	135[kg]
1,450[m³] 이상	0.75[kg]	(④)[kg]

해설

표면화재 방호대상물의 소화약제 저장량

방호구역의 체적	방호구역의 1[m³]에 대한 소화약제의 양	소화약제 저장량의 최저한도의 양
45[m³] 미만	1.00[kg]	45[kg]
45[m³] 이상 150[m³] 미만	0.9[kg]	
150[m³] 이상 1,450[m³] 미만	0.80[kg]	135[kg]
1,450[m³] 이상	0.75[kg]	1,125[kg]

해답

① 45　　② 1.00

③ 0.80　　④ 1,125

좋은 책을 만드는 길
독자님과 함께하겠습니다.

도서나 동영상에 궁금한 점, 아쉬운 점, 만족스러운 점이
있으시다면 어떤 의견이라도 말씀해 주세요.
시대고시기획은 독자님의 의견을 모아 더 좋은 책으로 보답하겠습니다.

www.sidaegosi.com

1+1=2

소방설비기사 과년도 기출문제 실기 기계편

개정8판1쇄 발행	2021년 03월 05일 (인쇄 2021년 01월 27일)
초 판 발 행	2013년 04월 05일 (인쇄 2013년 03월 08일)
발 행 인	박영일
책 임 편 집	이해욱
편 저	이덕수
편 집 진 행	윤진영 · 김경숙
표지디자인	조혜령
편집디자인	심혜림 · 정경일
발 행 처	(주)시대고시기획
출 판 등 록	제10-1521호
주 소	서울시 마포구 큰우물로 75 [도화동 538 성지 B/D] 9F
전 화	1600-3600
팩 스	02-701-8823
홈 페 이 지	www.sidaegosi.com
I S B N	979-11-254-8974-0(13500)
정 가	27,000원

시대고시기획 시대고시기획 시대고시기획 出版圖書